U0225890

深水油气勘探开发·丛书

深海沉积体系：过程、沉积物、环境、构造及沉降

Deep Marine Systems：Processes，Deposits，Environments，Tectonics and Sedimentation

［英］Kevin T. Pickering   Richard N. Hiscott   著

范国章   邵大力   许小勇   马宏霞   鲁银涛   王   彬   等译

石 油 工 业 出 版 社

内 容 提 要

本书介绍了深海沉积体系的基本地质知识，包括深海沉积的基本特征、沉积环境、沉积过程及发育机理、沉积构造等，并介绍了深海储层圈闭特征及含油气系统等，对我国深海油气勘探有重要的指导意义。

本书可供从事油气勘探、开发的地质人员、工程人员及石油院校相关专业师生参考。

图书在版编目（CIP）数据

深海沉积体系：过程、沉积物、环境、构造及沉降/（英）凯文 T. 皮克林（Kevin T. Pickering），（英）理查德 N. 希斯科特（Richard N. Hiscott）著；范国章等译 . — 北京：石油工业出版社，2020.9

书名原文：Deep Marine Systems：Processes，Deposits，Environments，Tectonics and Sedimentation

ISBN 978-7-5183-3750-7

Ⅰ.①深… Ⅱ.①凯… ②理…③范… Ⅲ.①深海-海洋沉积学-研究

Ⅳ.①P736.21

中国版本图书馆 CIP 数据核字（2019）第 259275 号

出版发行：石油工业出版社

　　　　（北京安定门外安华里 2 区 1 号　 100011）

　　　　网　址：www.petropub.com

　　　　编辑部：（010）64523544

　　　　图书营销中心：（010）64523633

经　　销：全国新华书店

印　　刷：北京中石油彩色印刷有限责任公司

2020 年 9 月第 1 版　 2020 年 9 月第 1 次印刷

787 毫米×1092 毫米　 开本：1/16　 印张：49.75

字数：1170 千字

定价：400.00 元

（如发现印装质量问题，我社图书营销中心负责调换）

版权所有，翻印必究

中文版序

20世纪90年代以来，随着石油资源需求日益增加和石油技术快速发展，全球深水油气勘探开发业务蓬勃发展，深水油气储量和产量增长显著，与此相得益彰的是对深水沉积和深水油气地质的研究引起高度重视。进入21世纪以来，深水油气勘探开发投资已成为石油工业上游年度预算的重要组成部分。专家预测，未来全球油气总储量增量的44%将来自深水区。可见深水油气是全球油气勘探开发的重要发展方向，具有广阔的发展前景。

"深水"一词在石油工业界有两种不同含义。一种是工程意义上的深水，通常是指现代水深大于500~3000m海域，这个水深作业是常规钻井船所不能实现的。另一种是指沉积于深水中的沉积物，也就是在重力流作用下，沉积于风暴浪基面以下陆坡中上部到盆地底部的沉积物。

深水沉积体系是现代沉积中不易触及、难于观测和研究的沉积体系类型。因此，尽管深水沉积体系的研究已有数十年时间，但相对于其他更易观测和记录的沉积体系而言，人们对深水沉积体系的研究和理解要落后许多。特别是在我国长期的陆相含油气盆地勘探过程中，很少涉及真正意义上的深水沉积。由于缺乏深水油气田实例，深水沉积或者浊流沉积的概念虽然传入我国已有30余年时间，但国内鲜有深入研究者，深水沉积和深水油气的研究与国际上的差距是十分明显的。

应该指出，从全球范围看，深水油气勘探和生产活动目前主要集中在美国墨西哥湾和南大西洋深水区域，世界上其他许多深水沉积盆地（包括我国的南海深水区）的勘探尚处于未成熟勘探阶段。我国的深水油气勘探尚处于起步阶段，深水沉积和深水油气地质研究理论、方法和技术等方面与国外均存在较大的差距。

为加强海洋深水油气地质学科建设，中国石油勘探开发研究院组织有关专家翻译了由Kevin T. Pickering 和 Richard N. Hiscott 教授编写的《深海沉积体系》一书，本书全面、综合地将前人对深海沉积体系的研究成果进行了概述和总结。第一部分对深海沉积过程和沉积产物进行了全面的总结和归纳，并提出一套更为合理的划分方案；第二部分以沉积体系的方式，对现今深海沉积体系和古老露头中的深海沉积体系分别进行总结和论述，几乎涵盖了所有对深水沉积体系的海底、地震和露头研究实例；第三部分从构造的角度分析了深海沉积体系和板块构造之间的相互关系。全书内容极为丰富，为我们提供了内容广泛的深海沉积体系方面的研究成果和进展。

相信本书中文版的出版发行，必将对我国深水沉积研究、海洋油气勘探和日益国际化背景下的深水油气勘探起到积极的促进作用。

中国科学院院士

译者前言

近 20 年来，随着深水油气勘探开发技术的进步，全球深水—超深水油气勘探发现储量和开发产量逐年上升，深水油气成为全球油气勘探大发现中的亮点和国际石油公司竞相追逐的热点。借助于国际石油公司大量的勘探与开发实践和第一手基础资料，这些年来作为这些油气田主要储层的深水沉积物及其沉积物理过程的研究，取得了飞速的发展和巨大的进步。同时，随着现代深海探测技术的不断发展，大大促进了人类对深海环境的实验、理论和直接观测研究，显著提升了对深海环境中的沉积物和沉积过程的理解和认识。当前，我国各大石油公司、高校、科学院所等部门正积极投身于深海沉积体系的研究工作中，但深海沉积物成因、沉积过程及储层分布规律等方面仍然存在诸多科学问题，制约着深水油气勘探开发评价，特别是深水沉积储层的地质研究和开发方案的部署，迫切需要加强深海沉积体系的理论和实例研究。

Kevin T. Pickering 和 Richard N. Hiscott 合著的《Deep Marine Systems》（《深海沉积体系》）一书出版于 2016 年，是一本全面了解深海沉积不可多得的著作。该书系统介绍了深海沉积的过程、沉积环境与产物，以及沉积和构造之间的关系，其内容广泛，实例丰富，论述翔实。全书分为三部分，第一部分讨论了深海沉积环境的基本构成，以及沉积物的搬运和沉积特征，并提出了一种系统的沉积物分类方案，还介绍了深海遗迹化石和层序地层方面的进展。第二部分精心挑选了多个具有代表性的现代和古老深海沉积的研究实例，系统描述了特定沉积环境下的沉积模型及研究进展。第三部分将构造和沉积结合起来，讨论不同构造背景下的深海沉积体系的特征，其中涉及了大量大洋科学钻探方面的数据和资料。

我们相信，本书对目前正在探索中的我国深海沉积研究及深海油气勘探和开发具有较强的参考指导作用。在中国石油杭州地质研究院姚根顺教授指导下，范国章、邵大力、许小勇、马宏霞、鲁银涛、王彬等同志，以及中国地质大学（武汉）的范若颖老师分别翻译了有关章节。其中，第 1 章由王彬翻译，第 2 章由范国章翻译，第 3 章由范若颖、许小勇翻译，第 4 章由许小勇翻译，第 5、6 章由马宏霞翻译，第 7、8 章由鲁银涛翻译，第 9—12 章由邵大力翻译 。全书由范国章、许小勇、马宏霞进行统一校对整理，杭州地质研究院的张远泽和中国科学院深海科学与工程研究所的秦永鹏博士参与了部分译文的校对工作，杭州地质研究院吕福亮教授对中译本的出版提出了诸多宝贵建议。

在本书中译本出版之际，我们要感谢本书作者提供了丰富的深海沉积物和沉积过程相关的数据和资料，感谢作者允许出版中文译本。由于国内深海沉积专著及相关研究资料较少，加上经验欠缺，译校过程中难免存在不足之处，欢迎读者批评指正。

原书前言

　　我们与 Francis Hein 合著出版《深海环境：碎屑沉积与构造地质学》一书（Pickering
等，1989）已经超过 25 年了。在此期间，人们对现代和古代的深水沉积环境及其对控制沉
积的物理过程的理解都取得了巨大进展。现代技术进步也使我们能够对深水环境进行更深
入的研究，如侧扫声呐技术的改进、地震数据采集和处理技术的进步以及深水钻探技术在
工业界和学术研究方面取得的巨大进步。实验、理论和观测的研究进展，显著提高了我们
对深水环境的流体动力学和沉积过程的认知和理解，包括超临界流在沉积记录中扮演的重
要作用。

　　对深水沉积体系结构单元的深入认识，以及层序地层学在深水沉积体系中的应用，都
提升了对沉积动力学特征的认识，异旋回（盆地外）和自旋回（盆地内）沉积动力学特征
受局部、区域或全球范围内基准面变化（海平面变化、构造升降等）的控制。越来越多的
地层几何形态的模拟实验被试图用于深水沉积可能形成规模的物理解释［大型水槽试验，
如荷兰乌得勒支大学的欧洲水箱（EUROTANK）；明尼苏达大学/ 美国地质调查局的圣安东
尼瀑布（Falls）实验室；得克萨斯大学奥斯汀分校的 STEP 盆地实验室］。过去 20 年的研
究，使人们更加了解气候变化和气候模式的变化对环境变化和深水沉积的重要性，如米兰
科维奇旋回、太阳黑子周期、极端天气和非线性海洋—大气动力学（参见 Dansgaard - Oe-
schger 旋回和 Heinrich 事件）。虽然其中许多过程仍然知之甚少，但它们越来越多地被认为
与深水沉积环境所观察到的沉积层序样式有关。我们在编写第一本书时，甚至没有认识到
内潮汐在海洋沉积物搬运和沉积过程中的重要性。以上所述只是深水沉积学近期重大进展
的一部分，也是本书与 1989 年版不同之所在。然而，上述诸多过程的物理学解释仍超出了
本书范围，我们讨论的是如何解释深水沉积地层中观测到的物理现象。

　　相较于第一本书，我们希望第二本书能成为综合体现基于过程、环境和大规模板块构
造的现代和古代的深海沉积过程的著作。过去 25 年的研究和经验促使我们写作了这本包括
深水沉积学最重要进展的新书。虽然目前可以找到诸多涵盖这一快速扩展的不同知识领域
的著作，但以我们的拙见，一本综合性图书实难包括如此广泛且要求概念一致的所有研究
领域。我们致力于编写一本关于深海沉积学最新的、内容范围不限且结构均衡的书。我们
专注于碎屑岩沉积学，特别是硅质碎屑沉积，本书的许多内容同样适用于碳酸盐岩、火山
碎屑岩或混杂岩性环境。本书包含了盆地构造和结构对深海盆地沉积控制方面的内容，但
有关深海环境的地球化学和岩类学方面的详细内容仍超出了本书范围。

　　本书分为三大部分。第一部分讨论了深海环境的基本构成和深海沉积的搬运和沉积特

征。在考虑深水沉积的定量和半定量特征分析之后，提出了一种深水沉积物（即相）的系统分类方案。与 1989 年版不同，本书增加了几个章节，包括深水沉积中的遗迹化石，时空整合（结合层序地层学）和沉积物重力流（SGF）沉积的统计学特征，侧重于深水沉积层序中相的垂向叠加特征，讨论了如何通过观测的统计的准则来识别这些层序。

第二部分涉及特定的深海沉积环境。包括：漂积物和深海沉积物波，现代海底扇及相关沉积体系，古代海底扇及相关沉积体系。与 1989 年版不同，本书将对海底峡谷、海底水道和席状体系沉积的描述和讨论归纳到两个章节，一章写现代沉积体系，另一章写古代沉积体系。这是为了反映深海沉积体系中上倾和下倾部分之间的紧密联系，并与层序地层学家所采用的方法一致。近年来进行了多项深海沉积体系的露头—地下综合研究，这些研究大大提高了我们对深海环境的认识，如西班牙比利牛斯山脉的艾恩萨项目（英国伦敦大学学院），南非卡鲁盆地的陆坡项目（最初是英国利物浦大学，现在是曼彻斯特大学和利兹大学），爱尔兰西部克莱尔盆地的钻探项目（爱尔兰都柏林大学），以及新西兰北岛塔拉纳基盆地的钻探项目（新西兰奥克兰大学）。本书精挑细选了几个代表性的现代和古代研究案例，以反映对特定沉积环境研究进展的重要思想和模型。

第三部分是构造和沉积，将前面讨论的各种深海环境整合到板块构造地质学框架之中。我们采用传统的板块四分法，划分为拉张体系、俯冲边缘、前陆盆地和走滑边缘。这些章节涉及大量的海洋科学钻探项目所形成的数据库和出版物，如海洋钻探计划（ODP）、综合海洋钻探计划和国际海洋发现计划（均缩写为 IODP），特别是诸如南凯海槽发震带钻探计划（NanTroSEIZE）。

我们的主要目标是编写一本真正的综合性的图书，每个科目都采用标准化的术语和概念方法。这就要求我们对多数引用的不同作者的相分类或流体过程名称进行重新归纳划分，以保持与本书第 1 章所采用的过程模型相一致。我们向所有对这项修正工作感到不满的作者致歉，但为了保持所有章节术语的一致性，我们别无选择。多数读者会发现，本书很明显地借鉴了很多我们自己的经验，采用了多个我们最熟悉和最容易获得的实例。书中所有未注明出处的露头照片均来自个人收藏。

第 3 章遗迹化石需要专家知识背景，因此我们邀请托马斯·赫德（Thomas Heard）撰写关于遗迹学方面的章节。初稿的其他章节由以下作者共同完成：第 1、5、6、7 和 9 章由 Richard Hiscott 编写，第 2、4、8、10、11 和 12 章由 Kevin Pickering 编写。第 5 章的大部分摘自 Hiscott 的学生 Sherif Awadallah 的博士论文，博士非常慷慨地应允了资料的引用。随后其他的共同作者对初稿进行了审阅和修改，经过多次反复直到对内容满意为止。许多同事在不同的准备阶段阅读了手稿，他们的建设性意见和建议大大提高了本书的科学性和可读性。Kathleen Marsaglia 教授（加州大学北岭分校）曾将部分章节的早期稿件用于硕士学位课程，根据其学生的反馈信息，对部分章节进行了改进重写。

非常感谢 Wiley 出版社工作人员的帮助和专业精神，尤其是 Ian Francis 和 Kelvin Matthews，没有他们的承诺和鼓励，本书是不可能出版的。特别感谢 Ian 参与了本书出版合同的修订，让出版计划变成现实。尽管由于我们日程繁忙，延误了有关章节的编写，Ian 仍然鼓励并坚信我们一定能够实现目标。

感谢我们职业生涯中一起工作过的研究生，共同探索深水沉积及其搬运过程相关的一系列问题。Pickering 的学生：Keith Myers，Richard Blewett，Sarah Davies，Tommy McCann，Julian Clark，Vincent Hilton，John Millington，Nick Drinkwater，Sarah Gabbott，Clare Stephens，Clair Souter，Jane Alexander，Jordi Corregidor，Christine Street，David Hodgson，Susan Hipperson，Sarah Boulton，Martin Gibson，Nicole Bayliss，Thomas Heard，Clare Sutcliffe，Kanchan Das Gupta，Gayle Hough，Richard Ford，Rachel Quarmby，Veronica Bray，Bethan Harris，Edward Armstrong，Pierre Warburton，James Scotchman，Blanca Cantalejo 和 Nikki Dakin。Richard Hiscott 的学生：Scott Gardiner，David Mosher，Paul Myrow，Tim England，Louise Quinn，Cuiyan Ma，Chengsheng（Colin）Chen，Abdelmagid Mahgoub，Sherif Awadallah，Martin Guerrero Suastegui，Renee Ferguson 和 BursinIsler。

最后，感谢我们各自家人多年来的支持，本书占用了太多本该属于家庭的休闲时间，感谢 Louise Pickering 和 Paula Flynn。

Kevin T. Pickering

Richard N. Hiscott

2015 年 7 月

目　　录

第1章　物理和生物沉积过程

（a）实验产生的浊流（Jeff Peakall 提供）；（b）日本东南部三浦半岛中新统 Misaki 组深海火山碎屑岩中的滑动沉积及上覆粉砂质浊流沉积。

（a）

（b）

1.1 概述

本章主要论述两个方面内容：（1）阐述从陆地搬运至深海的过程中，陆地的碎屑物所经历的主要搬运和沉积过程；（2）解释远洋沉积物（软泥、白垩岩和硅质岩）和富有机质泥岩（如黑色页岩和有机质含量大于2%的腐泥）的物质来源。因为没有陆地提供物源，远洋沉积物和富有机质泥岩的形成可能与生物骨骼堆积作用相关；即使有少量来自陆地的沉积物，其影响也远远没有海水的化学作用大。另外，第3章将详细描述与生物扰动相关的生物作用过程。

在全球陆架边缘，将碎屑颗粒沉积搬运至陆架外深水区的搬运和沉积过程主要有三种：（1）贴近海底的重力流（如浊流和碎屑流），（2）构成大洋深层环流的温盐环流；（3）风成表面流或河流羽流。另外，在上陆坡和海底峡谷头部等局部地区，潮汐流、海面波浪和海水密度界面上的内波也是搬运沉积物的重要流体。

为了揭示深海油气储层中砂岩和砾岩的成因，有必要了解沉积物重力流的动力学特征。沉积物重力流（Middleton 和 Hampton，1973）是一种携带悬浮矿物和岩屑颗粒的、混合环境流体（常为海水）的、贴近海底表面流动的密度流；也是一种特殊类型的颗粒重力流（McCaffrey 等，2001），隶属这类颗粒重力流的颗粒可以是雪崩中的雪和冰，而流体也可以是火山碎屑流中的热火山气体。在工程实践中，在只考虑颗粒大小、不考虑流体相态和内聚力的条件下，将流动的固液混合物分为颗粒流、泥石流和粉流。本书将使用地质学上广泛应用的术语"沉积物重力流"，但是在文献检索和阅读的过程中，读者要熟知其他学科中使用的相关术语。

在绝大部分情况下，沉积物重力流的碎屑颗粒都是处于悬浮状态，并不直接与海底面相互接触。在某些较稀薄的沉积物重力流中，无论是否经历牵引搬运，悬浮颗粒最终降落到海底沉积的过程，称为选择性沉积（selective deposition），其悬浮颗粒按大小、形状、密度或其他特性逐一沉积（Ricci Lucchi，1995；也称为逐渐沉积，Talling 等，2012）。在某些较高浓度或黏性的碎屑流中，悬浮颗粒不能完全自由地运动，因此悬浮颗粒将以整体堆积方式沉积，该沉积过程称为块状沉积（Ricci Lucchi，1995；或整体沉积，Talling 等，2012）。选择性沉积物和块状沉积物有着显著的差别，前者通常具有层状层理与构造，而后者多为块状构造、内部结构差及塑性变形强烈，或发育颗粒间相互作用及孔隙流体逃逸的证据。整体滑动沉积是块状沉积的特例，半固结的沉积地层失稳后，向下坡方向滑动的过程中，保留了原失稳地层中部分原始沉积结构和构造；当失稳地层停止滑动时，失稳地层内部将产生剪切变形，并形成褶皱。

沿陆架边缘向盆地输送沉积物的搬运过程可以分为四个演化阶段：（1）初始形成阶段；（2）早期演化阶段，流体将快速转化为近似稳定的平衡状态；（3）长距离搬运阶段，沉积物被搬运到陆坡或更远的地方；（4）最终沉积阶段。在绝大多数情况下，流体中颗粒物浓度沿流动路径会发生系统性变化；因为只有在颗粒物浓度较低时，沉积物和水的混合物才能完全变成湍流，所以颗粒物浓度是流体搬运过程的一个重要变量。如果湍流不存在，与矿物密度相当的颗粒物将很难被悬浮及长距离搬运，也不能形成波纹交错层理等沉积构造。

图 1.1 展示了深海沉积搬运过程及其对应的流体演化阶段；同时也展示了在不同的演化阶段流体浓度的变化趋势。例如，由陆架区风暴或者海底峡谷头部的潮汐作用形成的低浓度悬浮物，以浊流的形式向下坡方向移动，将颗粒物搬运数十至数百千米。其他初始过程，如在陡峭斜坡上的沉积物滑动，能形成更高浓度的沉积物重力流——碎屑流。因为大部分碎屑流可能无法稀释成湍流，所以不可能将所携带的沉积物搬运到很远的深海盆地内。

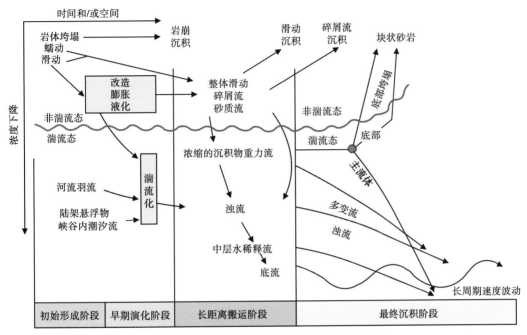

图 1.1　沉积物重力流及其他深海沉积搬运过程的演化示意图
（据 Middleton 和 Hampton，1973；Walker，1978，修改）

纵坐标为流体浓度，横坐标为时间或空间。因为不同流体在时间/空间上的演化差异很大，所以图中纵坐标和横坐标均无单位刻度。例如，浊流的流动可能只持续数小时到数天，而沿等深线流动的底流（即温盐环流）的速度波动则会持续几千年。值得注意的是非湍流态的流体多为块状沉积，沉积物仅仅反映当驱动力不足以维持流体运动时，原始流体所携带的沉积物随即被堆积下来的过程。相反，在运动过程中湍流态流体所携带的沉积物因沉降而减少，伴随着沉积的进行，流体浓度变得越来越低

　　与湍流态、富含水的低浓度沉积物重力流（如浊流）相比，非湍流态、高浓度沉积物重力流（如碎屑流）的演化过程和沉积方式有根本的差别。当高浓度沉积物重力流减速时，如果流体内部阻力（例如颗粒间摩擦力，黏土矿物间静电粘结力）超过重力，那么流体将停止向盆地方向运动，转而开始沉积。在顺流向的垂切面上，上覆重量累积会导致流体自上而下重力增加，所以流体底部重力是最大的；当剪切应力造成流体内部变形时，流体底部是最后停止变形的区域，即只有流体上部停止变形后，流体底部才会最终停止变形（图1.2）。当内部结构均一的碎屑流缓慢减速时，首先是剪切应力最小的流体顶部停止变形，然后从流体顶部自上而下逐渐停止变形。如果将碎屑流变形的停止过程等同于沉积过程，那么碎屑流的沉积过程可以称为"自上而下"沉积，并伴随产生了独有的沉积结构和构造。

在减速碎屑流的顶部，存在一个向下逐渐增厚的弱变形或无变形区，称之为"流体塞"（Johnson，1970）。相反，当湍流态沉积物重力流减速时，流体负载的颗粒物会有选择地逐粒沉积。因此，在某段时间内，颗粒物会像下雨一样向流体底部沉降，该沉积过程被称为是"从下向上"沉积；沉积时流体能量逐渐下降，导致绝大多数沉积物都具有粒序层理。与非湍流态流体不同，低浓度沉积物重力流随着沉积载荷的减少而逐渐被稀释，当流体密度降低到与清澈海水相似时，低浓度沉积物重力流就会失去其原有的特性。

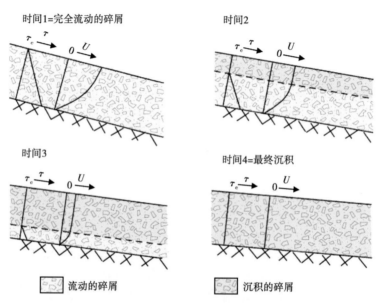

图 1.2　非湍流态碎屑流减速及沉积的四种状态

顺流向剖面展示了碎屑流沉积物的内部组构、结构和构造是如何被向下逐渐变厚的"流体塞"锁定的。在"流体塞"中，重力产生的剪切应力（τ）没有达到临界剪切应力，即小于颗粒摩擦力和静电粘结力，所以沉积物内部几乎没有变形。坡度的减小代表了剪切应力的减小。图中每个剖面都展示了对应的剪切应力（τ）和速度（U）。

从状态 1 到状态 4，"流体塞"速度都是正值，且"流体塞"速度不随深度变化。该类沉积物重力流中的沉积物"自上而下"逐渐沉积，流体底部在剪切应力的作用下变形（如时间 3）

　　尽管上述沉积过程可以解释很多深海沉积物的内部结构和构造，但是"自上而下"和"自下而上"的沉积之间有时很难区别。例如某些中等浓度或含黏土沉积物重力流（Baas等，2011），当该类流体快速减速时，流体内部固体颗粒的沉降会抑制近流体底部的湍流。该类流体的密度和浓度具有很强的成层性，因此流体的底部和顶部表现出不同的形式。如果流体平均浓度低（小于体积的 5%），颗粒会从流体顶部的湍流中沉降，导致流体越来越稀薄；在靠近流体底部，有时摩擦阻力会使基底剪切层固定，形成类似于高浓度重力流的沉积物。如果流体平均浓度高（大于体积的 5%），且含有大量黏土，快速减速会产生二元结构的沉积层，上部沉积数量不等的粉砂、砂以及黏土沉积（Baas等，2011）。在二元结构沉积层之上，因为剪切应力不足，导致黏性流体停止流动，产生一个厚度变化的"半流体塞"。随着流体流速降低，"半流体塞"的厚度向下增厚，形成结构非常复杂的沉积物。

在简要介绍之后，我们将深入探讨与深海沉积物有关的沉积过程，系统研究深海沉积过程的最佳出发点在哪里？跟随图 1.1 的指引，从陆架边缘沉积物重力流向深海搬运沉积物的沉积过程开始。在大洋盆地的深处，温盐环流是搬运沉积物的重要动力，但这些区域也会存在事件性沉积物重力流沉积，因为重力流沉积发生频率低，所以洋盆里绝大部分时间处于平静状态。在现今及地质历史时期，沉积物重力流形成了很多类型的沉积相，因此本章将重点描述沉积物重力流分类及特征，并详细描述流体的性质和沉积过程以及与之对应的沉积结构和构造，同时总结了远洋沉积和深海生物扰动作用。

1.2 陆架边缘沉积过程

1.2.1 陆架泥岩的搬运作用

陆架上高浓度悬浮物可能与两个因素有关：（1）携带大量泥质颗粒的河流注入；（2）波浪（Geyer 等，2004）、潮汐和内波对陆架底部的搅动（Cacchione 和 Southard，1974）。这些悬浮沉积可能通过风力驱动的洋流或陆架上流出的冷水搬离陆架（Postma，1969；McCave，1972；McGrail 和 Carnes，1983；Wilson 和 Roberts，1995；Ivanov 等，2004）。另外，细粒悬浮物也会以稀释浊流的方式从陆架上搬走，稀释浊流可能沿着海底流动，直到下陆坡或陆隆；也可能沿着海水密度分界面流动（图 1.3）（Postma，1969；Mc-Cave，1972；Gorsline 等，1984）。稀释悬浮物可能以非限制性席状流的形式沿着相对平滑的上陆坡向下流动；也可能被冲沟或峡谷限制，在弱潮汐流的作用下悬浮作用增强。有证据表明：大量的陆架泥质碎屑物被稀释浊流搬运至深海陆隆，使得陆隆处沉积速率最大（Nelson 和 Stanley，1984）。

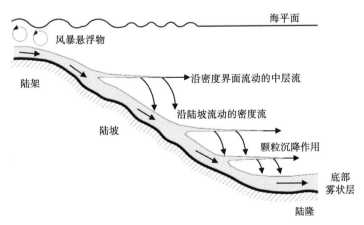

图 1.3 稀释浊流沿陆坡流动示意图（据 McCave，1972，修改）

箭头长度代表相对流体浓度，雾状层是环境流体的一部分，靠近大陆边缘处持久的水流使得细粒悬浮物难以沉积下来，导致该区域悬浮物浓度较高

在窄陆架区，河流三角洲悬浮羽流可以越过陆架坡折（Emery 和 Milliman，1978；Thornton，1981，1984），直接到达陆坡和陆隆区。在两极地区，春季融水可能会携带沉积物，流过陆地，穿越海上浮冰区，直接沉积到陆坡区（Reimnitz 和 Bruder，1972）。

陆架上的泥质碎屑通过河流羽流、稀释浊流、密度界面流等方式搬运，穿过陆坡，最终到达海底，形成大量的沉积物，我们称之为"半深海沉积"，其沉积速率为 10~60cm/ka（Krissek，1984；Nelson 和 Stanley，1984）。严格意义上的远洋沉积，悬浮物中最细的颗粒，以悬浮微生物粪粒的形式搬运到海底。在泥质浓度较高的地区，例如河口外悬浮物中的粉砂和黏土颗粒通过静电、有机物和细菌粘结在一起，形成絮凝物（Gibbs 和 Konwar，1986；Curran 等，2002；Geyer 等，2004），在很多沉积环境中，絮凝物的沉积速率接近于 1mm/s（即 100m/d），比絮凝物分解后的沉积速率要快得多（Gibbs，1985a，b；Hill，1998；Geyer 等，2004）。在富泥浊流中，以絮凝物形式沉积下来的比例甚至超过 75%（Curran 等，2004）；依据陆架上的测量数据，絮凝物直径大于 100~200μm，但絮凝物密度很小，且随着直径增大其密度变小（Hill 和 McCave，2001）。

随着季节的更替，穿过陆架边缘向深海移动的细粒悬浮物的粒度和有机质含量也会发生改变。在贫氧/缺氧盆地中，小尺度季节性变化能被沉积物所记载；在富氧盆地陆坡区，季节性纹层很难保存下来，常常被生物扰动所破坏。Dimberline 和 Woodcock（1987），Tyler 和 Woodcock（1987）认为：志留纪威尔士盆地中次毫米级粉砂和有机质交替互层是春季藻类暴发和冬季粉砂注入增加的周期性循环的结果；在此基础上，Dimberline 和 Woodcock（1987）计算出该地层的沉积速率为 60~150cm/ka。图 1.4 为底流和中层水稀释流以平流方

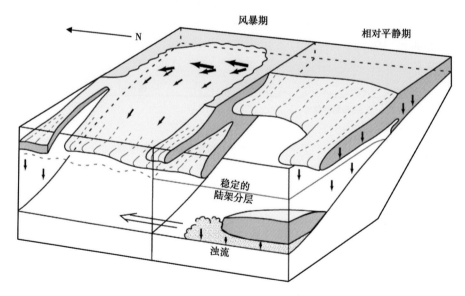

图 1.4　威尔士盆地半深海沉积（志留系 Bailey Hill 组）和浊积砂岩（Brimmon Wood 段）沉积模式
（据 Dimberline 和 Woodcock，1987，修改）
波浪和洋流（如箭头所示）将悬浮的粉砂、细砂和有机质（蓝色舌状体）搬离陆架，形成稀释的底流和中层流；然后碎屑颗粒发生垂向沉降（垂向短箭头）。在贫氧/缺氧条件下，半深海沉积物中的季节性纹层将被保存下来

式搬运陆架沉积物的沉积模式，在风暴间隙期，形成粉砂与富有机质季节性纹层；在风暴期间，形成不规则的粉砂/砂质粒序层理。

1.2.2　海底峡谷流体

Shepard 等（1979）采集了海底峡谷的流速数据，覆盖范围超过 4000m 水深。通常峡谷内流体主要有两种运动方向：沿峡谷向上游或向下游方向流动，且呈周期性交替变化，变化周期一般是 15 分钟至 24 小时。在法国瓦尔河外的峡谷内，Gennesseaux 等（1971）记录到了持续时间最长的沿峡谷向下游方向的流动，其持续时间长达 5 天；在纽约哈德逊峡谷内，沿着峡谷向下游方向流动的流体持续时间长达 3 天（Cacchione 等，1978），上述两个例子中流体的速度都发生了变化。

尽管美国东海岸峡谷的监测数据显示沿峡谷向上游和下游流动的流体持续时间大致相当，但在大多数峡谷内，流体以沿峡谷向下游流动为主（图 1.5）。在不同峡谷中，流体速度的变化周期相差很大，例如在深度超过 200m 海域，流体速度的变化周期接近半日潮（Shepard 等，1974）；而在小潮差海域，流体速度的变化周期只有在水深更深的海域才会与潮汐周期接近（例如墨西哥西海岸峡谷）。Shepard 等（1979）分析了沿峡谷向上游和向下游流动的流体的平均变化周期、峡谷轴部数据点的水深及潮差之间的关系；总体上来说，短周期与小潮差、浅水相关，而长周期与大潮差、深水相关。

尽管大多数流体都沿着峡谷向上游或向下游方向流动，但也有例外，如加利福尼亚州圣克拉拉三角洲外胡内米峡谷，流体的流向变化很大；哈德逊峡谷内流体的流向与峡谷走向的相关性很小，而卡梅尔峡谷内流体的流向与峡谷走向的相关性非常好。与峡谷上下游方向呈一定角度流动的流体，称为"跨峡谷流"（Shepard 和 Marshall，1978）。尽管在相对狭窄的哈德逊峡谷内出现了大量的跨峡谷流，但是该类型流体通常发育在相对宽广的峡谷中，例如考艾岛西北的卡拉卡希海峡。较强的跨峡谷流往往出现在低潮时期，可能与低潮时期强烈的风驱水流有关。在加利福尼亚州圣克鲁斯岛以西的圣巴巴拉海峡中，跨峡谷流以向东流为主，与该地区表层流方向相似（Shepard 和 Marshall，1978）。目前，对跨峡谷流来源的了解仍然很少；Shepard 等（1979）提出一个假设，认为该类型流体在宽广峡谷中具有蜿蜒流动的样式，与陆上溪流在宽广河谷内蜿蜒流动类似。

浅水流速表的测量数据表明：风速与峡谷内流体的强度和方向之间存在相关性（图 1.6），至少，风暴来临前的压力波可能会影响峡谷内部分流体；然而在其他情形下，两者之间又似乎没有任何联系。例如在一次风暴期间，拉霍亚峡谷海域的风速达到 65km/h，峡谷内流体的最大流速随着风速的增加而增加，但是峡谷内流体向上游和下游流动的周期没有变化，最终记录到骤增的向下最大流速 50cm/s。不幸的是，流速表被此次流速骤增的流体所毁坏，无法记录后期的流速变化，最终流速表在峡谷下游 0.5km 处被找回，部分被沉积物和海藻掩埋。同时，在风暴或流速骤增期间粉砂质峡谷底面被侵蚀出深达 0.5m 的水槽。Shepard 和 Marshall（1973a，b）将峡谷内涌流及其相关的侵蚀特征归因于风暴产生的沿峡谷向下游流动的浊流。据报道，在陆地风暴期间，曾经在斯克利浦斯海底峡谷头部记录到速度高达 190cm/s 的流体，沿峡谷向下游流动（Inman 等，1976）；类似的流体在其他峡谷内也有记录（Gennesseaux 等，1971；Reimnitz，1971；Shepard 等，1975）。

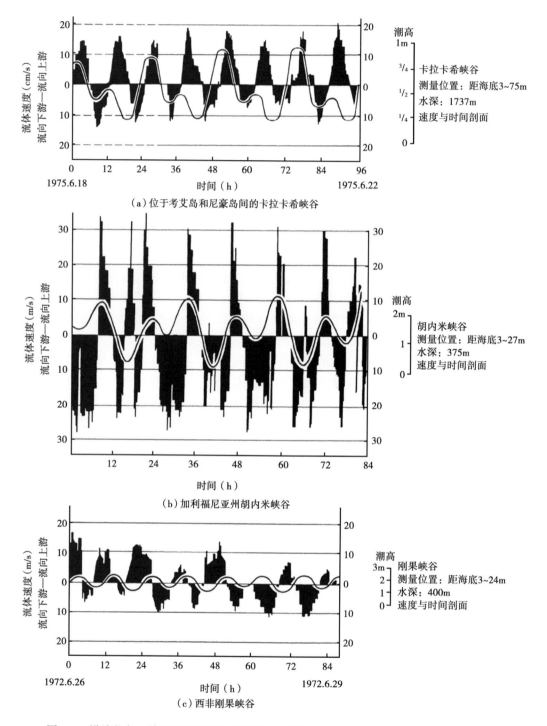

（a）位于考艾岛和尼豪岛间的卡拉卡希峡谷

（b）加利福尼亚州胡内米峡谷

（c）西非刚果峡谷

图1.5　沿峡谷向上游和下游周期性振荡流向示意图（据 Shepard 和 Marshall，1978，修改）
潮汐数据源自距峡谷最近的潮汐站

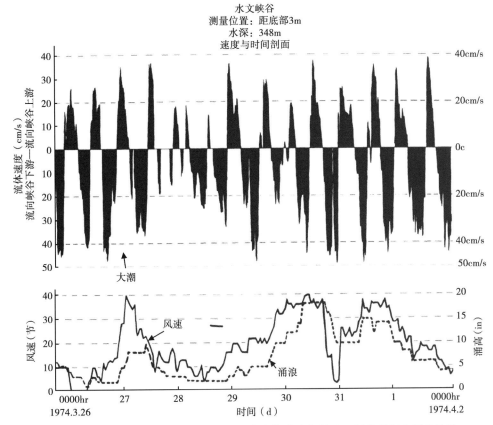

图 1.6　风暴期马萨诸塞州外的水文峡谷内流体流速与风速、涌浪高度之间的关系。
最慢流速发生在风速和涌浪减弱的时候（据 Shepard 和 Marshall，1978，修改）

　　有时，测量得到的峡谷内流体的流速足以搬运砂级颗粒，Shanmugam（2003）提倡用此来解释峡谷沉积物中的牵引构造，比如波纹层理，因为该类型层理可能部分是潮汐成因而非浊流成因。

　　峡谷内的背景和同时代沉积物以细粒悬浮物为主，推测该类悬浮物是由沿峡谷流动的周期性流体搬运而来（Drake 等，1978）。最近的海底监测研究显示，蒙特利峡谷内一次高能沉积物重力流可以将砂和砾石向峡谷下游方向搬运数百米距离（Paull 等，2003），沉积了厚达 125cm 的多孔砂岩和砾岩、局部富含泥质基质和饱含水。虽然高能沉积物重力流在现今峡谷中并不占据重要份额，但是在古老沉积记录中并非如此（第 8 章）；其主因可能是高能沉积物重力流是低频的、偶发性事件，所以在现代沉积中很少被记录下来；或者是其严格地受控于低海平面时期。

1.2.3　内波

　　内波产生于分层水体的密度界面之上，密度界面可能是与温度有关的密度跃层，或是上层淡水（如近河流三角洲）和下层海水的接触面。在大陆边缘的沉积环境中，内波与潮

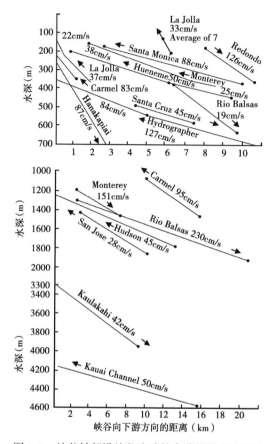

汐（半日潮或一日潮）有关，产生于大陆架边缘附近（Wright，1995）。内波的周期取决于垂向的密度梯度；从变温层发育的开阔海到淡水羽流覆盖的浅海，内波周期变化范围为 20min 至略低于 5min。内波的振幅可数十米，大部分的内波是孤立波或成群的孤立波，振幅和能量特别大。

当密度跃层与陆架倾斜海底汇聚时，内波在浅滩处形成强烈的流体。在水体变浅和破碎作用下，孤立波产生强烈的湍流（Kao 等，1985），从而能够携带悬浮沉积物，随后在重力作用下沿陆坡向下流动。内波在海底峡谷中比较活跃，内波周期的相移表明，内波向峡谷上游的流动主要发生在水深小于 1000m 时，个别在 1000 ~ 2000m 水深（图 1.7；Shepard 和 Marshall，1978）。在其他的峡谷中，内波倾向于沿峡谷向深海方向流动。Shepard 等（1979）将圣克鲁斯、圣芭芭拉和巴尔萨斯峡谷内沿峡谷向下游方向流动的内波归因于峡谷头部移动水团的注入。

图 1.7　峡谷轴部沿峡谷流动的内波的流向及流速
（据 Shepard 和 Marshall，1978 修编）
因为不同流速表的波峰存在系统误差，特别是内波沿峡谷向上游流动的情况下，所以内波的流速是近似速度

1.2.4　沉积滑动和块体搬运复合体（MTCs）

在沿陆坡向下的重力作用下，三角洲前缘或上陆坡的沉积物将以沉积块体的形式被搬运到深水区。如果块体仅仅是缓慢移动，未沿着某个拆离面沿陆坡向下飞速移动，也没有发生块体破裂，称之为蠕动。尽管在地震剖面上已发现与蠕动类似的特征，并将其解释为蠕动（Hill 等，1982；Mulder 和 Cochonat，1996），但在古老沉积序列中没有与蠕动相对应的结构与构造。地层失稳后向下陆坡的快速移动会形成沉积滑动体（图 1.8）和海底碎屑流。沉积滑动体向下陆坡的滑动可以形成轻微—强烈褶皱变形、断裂及角砾化的块体（Barnes 和 Lewis，1991）；滑动块体的头部表现为伸展特征，而趾部则表现为挤压、褶皱和逆冲特征（图 1.8）。如果滑动块体因软泥和水的混入导致原生层理完全被破坏，那么滑动体将会转变为黏性碎屑流（图 1.9）。

根据工程学会滑坡技术委员会的定义，海底块体运动可以分为滑动（平移或转动）、倒塌、伸展、崩落、流动（Locat，2001；地震实例描述据 Moscardelli 等，2006；Moscardelli 和 Wood，2007）。多样的块体运动产生了一系列彼此相关联的沉积物，简称为块体搬运复合体（MTCs）。

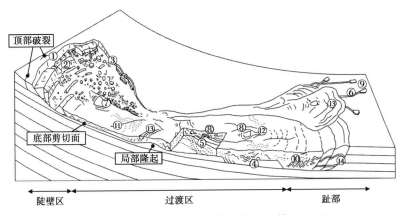

图 1.8 块体滑动沉积示意图（据 Bull 等，2009）

①头部滑塌痕；②伸展脊和块体；③侧边缘；④底部剪切面断坡与断坪；⑤底部剪切面沟槽；⑥底部剪切面擦痕；
⑦残留块体；⑧平移块体；⑨逃逸块体；⑩褶皱；⑪纵向剪切（一级流体组构）；⑫二级流体组构；
⑬压力脊；⑭褶皱和逆冲体系

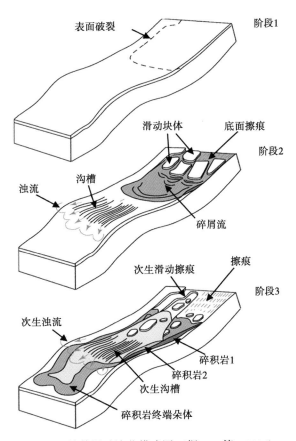

图 1.9 块体滑动演化模式图（据 Gee 等，2006）

阶段 1：海底发生破裂；阶段 2：在滑塌头部，出现板状块体、基底面擦痕、碎屑流和浊流；在滑塌头部下方，
浊流侵蚀海底，形成沟槽。阶段 3：滑塌头部的次生块体滑动事件触发次生碎屑流和浊流

Pickering and Corregidor（2005）将块体搬运复合体定义为：

黏塑性变形漂积体、中—粗砾岩、砾质泥岩、泥屑角砾岩和砾质砂岩的杂乱沉积；其代表了滑动、滑塌、浊流和碎屑流等一系列沉积过程。

我们推荐使用术语"块体搬运沉积（MTD）"来表述单一沉积事件；采用"块体搬运复合体（MTCs）"来表述多次复合沉积事件，但是在很多情况下，二者的区分非常困难。

块体搬运复合体是现代海洋和古老深海中最常见的表层沉积物（Schipp 等，2013；Shanmugam，2015）。例如，Embley（1980）声称，至少40%的北美东部陆隆被块体流沉积物所覆盖，其中包括碎屑流沉积。在陆坡上，可能会形成连续的滑动到黏性碎屑流的完整沉积序列。当滑动发生时，块体沿着海底某个深度处的光滑或不平的失稳面运动（图 1.10）；沿着失稳面，由地震冲击（Morgenstern，1967）、表面波（Lu 等，1991）或内波产生的重力加速度和周期性加速度超过了沉积物的内部剪切强度；而沉积物内部剪切强度取决于含水率、沉积结构、孔隙压力和有机质含量等特征。

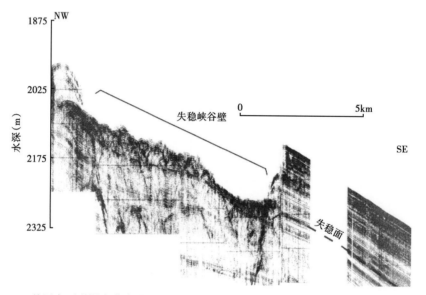

图 1.10　美国大西洋沿岸蒙森峡谷壁失稳部分的地震剖面图（据 O'Leary，1993，修改）
左侧失稳面上覆盖杂乱的 MTC 沉积；右侧失稳面位于海床之下 150m 处。峡谷壁边缘处的
明显拉升现象，实际上是由声波在水和沉积物的传播时间差产生的

细粒沉积物具有多样的指示其物理状态的岩土力学性质（Bennett 和 Nelson，1983），从而帮助我们判断沉积物会在什么条件下失稳和滑动。陆源泥质沉积物的滑动与下列因素有关：（1）坡度（Moore，1961），（2）沉积速率（Hein 和 Gorsline，1981），（3）沉积物对地震波产生的周期性剪切应力的响应。盆地边缘斜坡上的沉积速率变化范围很大，Hein 和 Gorsline（1981）推断，当沉积速率达到 30mg/（cm^2·a）后，斜坡失稳事件才能普遍出现。加利福尼亚州边隆的圣巴巴拉盆地，在坡度小于 1°的斜坡上，当沉积速率超过 50mg/（cm^2·a），泥石流/碎屑流广泛分布（Hein 和 Gorsline，1981）。在很多地区，沉积物滑动多发生在非常缓的斜坡上（图 1.11），表明其多与富含水、快速沉积有关。

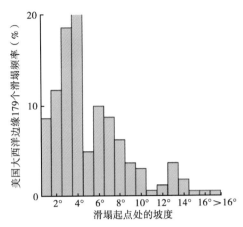

图 1.11 美国大西洋边缘海底滑动（MTCs）的频率分布与滑动起点处斜坡坡度的关系图
（据 Booth 等，1993，修改）

虽然剪切强度也是其他变量的函数，如有机质含量（Keller，1982）、有机质腐烂或水合物分解产生的气体（Carpenter，1981）、细菌和真菌的粘结（Meadows 等 1994），但是沉积速率实际上决定了沉积物含水量和剪切强度（S）。

Keller（1982）认为：黏性沉积物中有机碳含量超过 4%～5%，具有：（1）含水量极高；（2）液化和塑性极限非常高；（3）湿体积密度非常低；（4）抗剪强度非常低；（5）敏感度高；（6）固结度高；（7）孔隙超压情况下失稳可能性高。

静态无限斜坡模型常被用来分析倾斜底面上沉积物的稳定性（Moore，1961；Morgenstern，1967）。假设某个倾斜斜坡上的厚层沉积物，在海底之下由于沉积物的累积重量增加，使得剪切应力向下呈线性增加。只要沉积物强度向下的增长速率大于剪切应力的增长速率，沉积物就会一直保持稳定。沉积物的强度是由内摩擦、静电粘结力和有机质粘结等产生的。在大多数的自然条件下，沉积物中有机物分解析出的气体和持久的高含水量（导致孔隙流体压力升高）会阻止沉积物的有效固结。一旦达到某个深度，沿着倾斜面的剪切应力超过阻力，那么沿着该倾斜面的滑移和失稳将不可避免地发生。当然，失稳面在下坡方向的末端必须穿过层面上升到海底，以便将滑动块体输送到更深的水域。Booth 等（1985）研制出安全系数（SF）的概念。SF 定义为阻力与剪切应力的比值。ψ = 超孔隙压力，Z = 海底之下的垂直深度，γ' = $\rho_s g'$，ρ_s = 沉积物密度，约化重力 g' = $g(\rho_s - \rho)/\rho_s$，ρ = 海水密度，g = 重力加速度，φ = 内摩擦角（物质的某种特性），α = 斜坡坡度。

$$SF = \left(1 - \frac{\psi}{r'Z\cos^2\alpha}\right)\left(\frac{\tan\phi}{\tan\alpha}\right) \tag{1.1}$$

实例研究（Athanasiou-Grivas，1978）表明：当 $SF>1.3$ 时，沉积物失稳概率很低；当 $SF<0.9$ 时，沉积物失稳几乎是必然。SF 值与沉积物密度呈正相关，与超孔隙流体压力呈负相关。Booth 等（1985）提供了一个列线图，在给定沉积速率、固结系数、沉积物厚度、斜坡角度和内摩擦角的前提下，求取孔隙流体不逸出条件下的 SF 值。假设超孔隙压力完全是由细粒低渗透的沉积物封闭孔隙水造成的，采用固结理论可求取沉积物的超孔隙压力（Gibson，1958）。

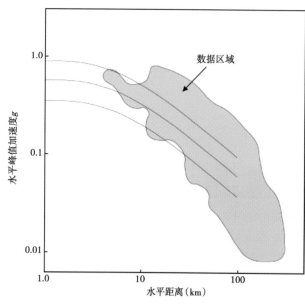

图 1.12　加利福尼亚州 1994 年北岭地震水平峰值
加速度随震中距离变化的曲线图
（据 Mueller，1994，修改）

绿色区域包含超过 150 个数据点，数据来源于穆勒（1994）。
曲线分别为 6.7 级地震的平均峰值加速度（实线）
和正负 1 个标准偏差的加速度（虚线）

无限斜坡模型可以推广到地震成因的地面加速度叠加的情况（Morgenstern，1967；Hampton 等，1978）。如地震强度等水平峰值加速度自震中向外逐渐减小（图 1.12）。地震安全系数（ESF）可以表示为（Booth 等，1985）：

$$ESF = \frac{SF\gamma'\tan\alpha}{\gamma a_x + \gamma'\tan\alpha} \qquad (1.2)$$

其中，$\gamma = \rho g$，$a_x =$以重力形式表示的水平加速度系数（例如 $0.1g$）。

图 1.13 来自 Booth 等（1985），用于估算地震引起的水平地面加速度，以便在广泛的斜坡和安全系数以及合理的比重范围内，将 ESF 值降低到 1.0。在估算安全系数时，必须考虑地面震动导致的超孔隙压力增大。毫无疑问，即使是很小的震动引起的加速度也会对海底斜坡的稳定性产生极不利的影响（Morgenstern，1967）。

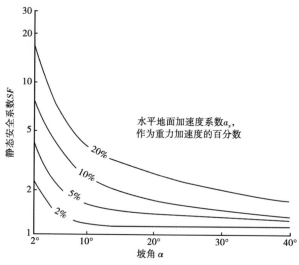

图 1.13　在给定斜坡坡度、沉积物密度（$1.5\sim2.0\mathrm{g/cm^3}$），将静态安全系数降到 1.0
所需的水平地面加速度（a_x）（据 Booth 等，1985，简化）

如果 $SF = 2.0$ 且 $\alpha = 10°$，水平地面加速度大约为 $0.07g$ 或更大时，安全系数就会降到 1.0 或更小，此时失稳就可能发生。在相同的斜坡上，当 $SF = 4.0$ 时，地面加速度至少到 $0.2g$ 才能导致失稳。注意：SF 是斜坡角度和超孔隙流体压力的函数

1.3 深层流、温盐环流、清水流

大部分的深海盆地（尤其是大西洋）以平均速度 10~30cm/s 的地转流为特征（McCave 等，1980；Hollister 和 McCave，1984），其短期速度可以达到 70cm/s（Richardson 等，1981）。大洋深层环流是温盐效应的结果，以北大西洋为例，冰冷的、高密度的海水沿着格陵兰岛的海岸下沉到挪威海里，并以底流的形式向南移动（Worthington，1976）；在南大西洋，威德尔海的成冰作用导致海水的盐度与密度增加，高密度的海水下沉，并沿着海底向北流动（Stommel 和 Arons，1961；Pond 和 Picard，1978）；Mantyla 和 Reid（1983）概述了其他海域的冰冷底流的特征。在科里奥利力的作用下，深海底流在北半球向右偏转，在南半球向左偏转，其结果是沿陆坡等深线流动，并在洋盆西侧上升，实际上沿着海底地形的等深线流动。举两个底流的实例，一个是西边界潜流（WBU），沿着北美东部的陆隆流动（图 1.14），深度在 2000~3000m，峰值速度约为 25~70cm/s（Stow 和 Lovell，1979）；另一个是深层西边界流（DWBC），深度在 4000~5000m（Richardson 等，1981）。西边界潜流（WBU）来源于挪威海，而深层西边界流（DWBC）则由南极底层水形成（Hogg，1983）。上述底流携带低浓度的悬浮物（密度一般小于 0.1~0.2g/m³），并形成厚层的海底雾状层（Ewing 和 Thorndike，1965；Biscaye 和 Eittreim，1977）。浓度短期内可高到 12g/m³（Biscaye 等，1980；Gardner 等，1985）。其悬浮物主要筛选自海底沉积物，其余部分来源于陆架冷水和陆架边缘的稀释浊流（Postma，1969）。

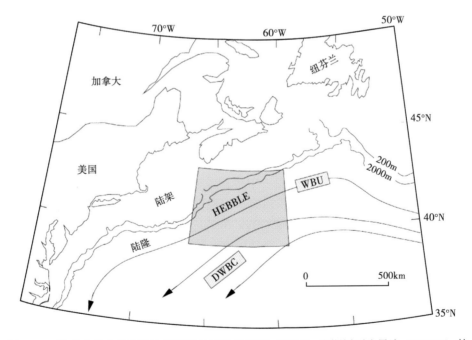

图 1.14 沿着北美东部大陆边缘流动的西边界潜流（WBU）和深层西边界流（DWBC）的
近似流径（据 Hollister 和 McCave，1984，修改）
HEBBLE 区域是底流长期监测区，也是高能海底边界层实验的首字母缩写

西边界潜流（WBU）和深层西边界流（DWBC）都具长距离搬运细粒沉积物的能力。例如，红色泥岩是圣劳伦斯地区（加拿大东部，纬度45°）石炭系和三叠纪的风化产物，Heezen 和 Hollister（1971）发现其由北向南被搬运到布雷克高原（30°N），搬运距离大约2000km。在纽芬兰陆隆区（Carter 和 Schafer，1983），西边界潜流（WBU）在 2600~2800m 深度上与海底相交（中心速度≤35cm/s），具有搬运 0.1mm 粒径沉积物的能力；导致细粒沉积物在流体内保持悬浮状态，形成厚度可达 800m 的雾状层。

在新斯科舍省的陆隆上，深层西边界流（DWBC）的高速流（$U \leq 70$cm/s）位于 4500 ~5000m 的深度（Richardson 等，1981；Bulfinch 和 Ledbetter，1984）。多学科的"高能海底边界层实验"详细研究了深层西边界流（DWBC）的特征和作用（Nowell 和 Hollister，1985；McCave 和 Hollister，1985；Hollister 和 Nowell，1991a，b）。深层西边界流（DWBC）之下的海底由粗粉砂沉积组成，且发育纵向沙纹（Bulfinch 和 Ledbetter，1984；Swift 等，1985；Tucholke 等，1985）。中心高速流主要影响粒度 5ϕ~8ϕ 的粉砂，净堆积速率为 5.5cm/ka，但是高浓度雾状层的侵蚀和沉积的相互交替可以产生较高的瞬时堆积速率（Hollister 和 Mc-Cave，1984）。底流会随时间发生非常复杂的变化，可能涉及流速的巨大变化和流向的逆转；Hollister 和 McCave（1984）将变化最剧烈时的底流称为"深海风暴"，其持续时间从几天到几周不等，流速超过20cm/s，并产生高浓度的悬浮物。"深海风暴"是深层环流和风力驱动的表层流相互作用的结果（Faugères 和 Mulder，2011）。根据新斯科舍省外 HEBBLE 地区 5 年来的监测数据，每年大约发生三次"深海风暴"（Hollister 和 McCave，1984）。

等深流沉积，或等积岩（Hollister 和 Heezen，1972），可以分成两类：（1）泥质等积岩；（2）砂质等积岩（参见第 6.3 节）。泥质等积岩是细粒的、均匀块状的沉积，发育强烈的生物扰动（McCave 等，2002），少见不规则层、纹层和透镜层。泥质等积岩主要是由分选差的粉砂和黏土组成，砂质含量高达 15%；内部沉积物包含均质泥到斑块状粉砂和泥；通常是生物和陆源混合颗粒。根据 Hollister 和 McCave（1984），短时间内泥岩的沉积速率可以高达约 17cm/a，并伴随着快速的生物改造作用。

砂质等积岩由块状的、强烈生物扰动的不规则薄层（<5cm）组成，可能发育平行或交错层理，层理可能通过重矿物和有孔虫的含量变化来表现。该类等积岩既可能发育正粒序，也可能发育反粒序；其层理面可能是突变接触关系，也可能是渐变接触关系；内部沉积物的粒度为粗粉砂—少量的中砂，分选差—中等；砂质相是强能量流体的分选作用形成的，内部的沉积构造仅在流体特别密集的和强能量的地区才被保存下来；典型实例是源于直布罗陀海峡，流入加迪斯湾的地中海底流（Stow 和 Faugères，2008）。此外，当潮汐或风驱流通过限制性海峡时，也会产生高速流，并且可以在数百米深的水体中得以持续（Colella 和 d'Alessandro，1988；Ikehara，1989）。

通常，泥质和砂质等积岩会同时出现在向上变粗再变细的沉积序列中（Faugères 等，1984；Stow 和 Piper，1984b）。自下至上，完整的沉积序列为：均质泥岩—斑块状粉砂岩和泥岩—细粒砂质等积岩相，然后再以正粒序的形式回到泥质等积岩相（图 1.15）。沉积序列中粒度、沉积构造和成分的变化可能与长周期（1~30ka）的平均流速的波动有关（Stow 和 Piper，1984b）。Stow 和 Faugres（2008）注意到：当流体能量很强时，不会发生沉积；当流速最大时（图 1.15），可能会产生沉积间断或侵蚀；如果等积岩粒序剖面的顶部发生侵蚀作用，那么可能产生顶部削截，或者在不整合面上产生底部削截。

在某些沉积序列中，泥质等积岩与泥质浊积岩难以区别（Bouma，1972；Stow，1979）。此外，位于陆坡和陆隆的底流经常改造砂质浊积岩，形成底流改造型浊积砂岩。在洋盆的沉降中心，底流会形成以生物碎屑为主的巨大漂积体（McCave 等，1980；Stow 和 Holbrook，1984），该类型生物等积岩与深海沉积岩也难以区别。

自 20 世纪 90 年代初以来，部分学者认为，油田中韵律性互层砂岩或分选好的大型砂岩透镜体是底流沉积，或是底流改造型沉积（Mutti，1992；Shanmugam 等，1993a，b，1995；Shanmugam，2008）。上述前人认为底流沉积中有一部分是粗粒砂岩，但本书认为它们并不是底流/底流改造型沉积，因为形成该类砂岩所需的流速及其变化率比现代海洋中任何已知的底流都要强很多。

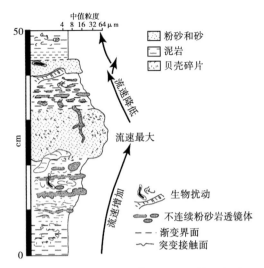

图 1.15 葡萄牙南部海域 Faro Drift 的双序列等积岩的相模式图

（据 Redrawn Gonthier 等，1984，修改）

正如部分学者所认为的那样（Shanmugam 等，1995；Jordan 等，1994；Shanmugam，2008），具有突变顶面的沙纹透镜体和爬升波纹层理并不是判断底流沉积的唯一标志。当浊流流经海底时，或许因为流体的不稳定，而产生具有顶面突变的波纹；如 Kneller（1995）提出的衰减加速流。更有甚者，当流体缺少粉砂质颗粒时，也能形成顶面突变的波纹层理。另外，爬升波纹层理是悬浮物在波纹迁移期间快速沉积而成（Allen，1971；Jobe 等，2012），恰好与浊流中悬浮物的快速沉积方式相一致（图 1.16）。

因为广泛和强烈的生物扰动作用，所以在现代的底流沉积中很少能见到层理发育的砂岩（Stow 和 Faugères，2008），故本书不认同 Shanmugam（2008）提出的砂质等深流沉积物

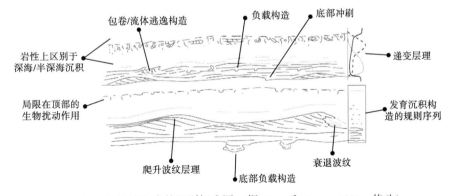

图 1.16 细粒浊积岩的识别标准图（据 Piper 和 Stow，1991，修改）

减速沉积物重力流快速沉积，并形成了软沉积变形构造（如负荷构造）和爬升波纹层理。而温盐流的沉积速率低很多，无法形成上述沉积构造。多种沉积构造的同时出现排除了清水底流沉积（等深流）的成因

富含层理的观点。基于现今底流活跃区的表层底形，我们采纳"现实主义"观点；很显然，缓慢沉积时，由于潜穴产生强烈的沉积物扰动，所以底形迁移形成的层理未能被保存在地质记录中，关于该问题在第6.5节有更深入的论述。

1.4 密度流和沉积物重力流

（1）在重力作用下，密度较大流体向密度较小流体下方流动时，就会产生密度流。当受到很小的剪切应力时，像水和空气之类的流体即会产生连续变形。在剪切应力达到临界值之前，流体不会发生变形；在达到临界值之后，流体将发生连续变形；当剪切应力再次降低到临界值之下时，流体变形将会停止。

（2）两种流体间的密度差可能与多种因素相关，如成分差异（例如油浮在水上）、温度差异（例如冷空气进入温暖的房间）、悬浮物含量（例如颗粒重力流）以及强烈的盐度差异，例如实验室内的盐水流和现代黑海的盐水底流（Di Iorio 等，1999；Hiscott 等，2013）。

稀释密度流主要由水或空气组成，除非特别薄，否则即便在十分低缓的斜坡上也是湍流状态。

自然界中，湍流态密度流在海洋和大气层中广泛发育（Simpson，1982，1997），它们以干雪崩和火山喷发的形式出现，将悬浮沉积物从陆地搬运到湖泊和大洋。而在实验室里，湍流态密度流是利用悬浮物和盐水模拟而成（Hallworth 等，1996；图1.17；Gladstone 等，2004；图1.18）。

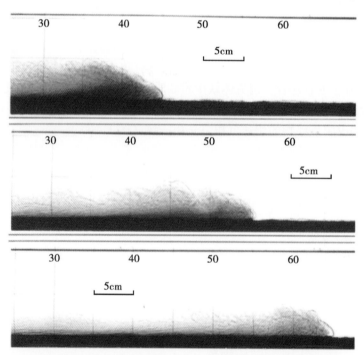

图1.17　通过向酸性淡水中释放含有酸碱指示剂的碱性盐水，生成湍流态密度流的连续影像
酸碱指示剂会将盐水染成紫色。当盐水与上覆中性环境流体混合后，将变成红色。在流体的上部和头部的后面，盐水与环境流体的混合作用非常强烈。在这些区域，红色和白色的对比提供了湍流涡旋外形的精细图像。细节见 Hallworth 等，（1996）

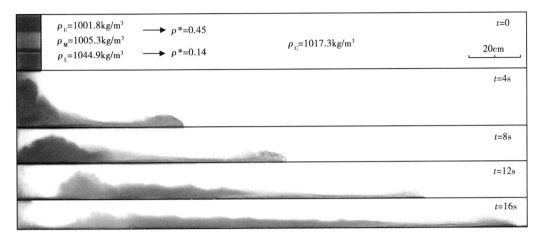

图1.18 三层含盐的湍流态密度流的连续影像图

流体下部的密度最大。ρ^*=层间密度差；ρ_c=平均流体密度；t=流体流动时间。三种颜色（红、黄、蓝）
由人工染色产生，过渡色表示流体演化期间的相互混合。（例如红色+黄色=橙色；蓝色+黄色=绿色）。
细节见 Gladstone 等（2004）

在沉积物重力流中，由颗粒和水组成的混合物的密度大于环境流体（正常海水）的密度，所以颗粒和水沿着斜坡向下移动。起初，重力仅仅作用于混合物中的固体颗粒，使得它们向斜坡下方流动；在该过程中，水是被动混入。换而言之，是重力作用拉动颗粒，而颗粒拉动水。如果有足够的重力势能转化为流体的动能，那么流体可能就会变成湍流态，流体相中的涡流是保持流体悬浮的根本原因。如果满足以下条件，流体将会继续向下移动：（1）作用于流体的重力在斜坡产生的剪切应力超过斜坡表面对流体的摩擦阻力；（2）某种颗粒的支撑机制阻止颗粒的沉降。例如，在几度或更缓的斜坡上，有少数支撑机制能够维持沉积物的悬浮状态，使得沉积物向下游方向运动。下面介绍几种主要的沉积物颗粒的支撑机制：

（1）湍流。它是低黏度流体的特征。在该类流体中，惯性力对流体运动的影响比黏滞力更大。湍流是旋转涡流的叠加，它的流速趋近于在平均流速的上下随机波动。即使流体颗粒的密度比湍流更大，湍流中速度波动的向上分量也能按照颗粒的沉降速度将颗粒抛撒到流体中，所以湍流中的颗粒，尤其是最细的颗粒会被均匀地抛撒在整个流体中。

（2）浮力。它是周围流体向物体提供的浮力。如果周围流体的密度与物体相同，那么物体将悬浮在流体中。如果周围流体的密度更高，那么浮力是正值，物体将漂浮在流体表面，如干木材浮在水面上。如果周围流体的密度比物体低，但比水的密度高，那么此时作用于物体的重力比物体在水中的重力要小一些，即相当于清水中一个较小物体的重力。浮力使得密度较大流体（如碎屑流）即使在低流速条件下，也能够携带较大的碎屑颗粒。

（3）颗粒碰撞和近似碰撞（也称颗粒相互作用）。在流体中，运动更快的颗粒可能会被下方运动较慢的颗粒弹回，因此颗粒向下游运动的部分动量会转化为向上的分散压力（Bagnold，1956）。在这种情况下，运动的颗粒集合体会发生膨胀或者扩张，从而增加颗粒间的垂直间隔，导致颗粒间摩擦力降低。该支撑机制只在颗粒浓度较高的情况下起作用，

19

且不能在低缓斜坡上作为维持沉积物重力流流动的唯一支撑机制。

（4）超孔隙压力和流体逃逸。当颗粒的分散趋势很快稳定时，快速的沉降会使孔隙间的流体无法向上逃逸，此时会出现超孔隙压力。此外，低渗透率也会阻止逸出的孔隙水向上流动，导致孔隙中的流体压力显著增加，并超过静水压力。超孔隙压力会使颗粒分离（就好像颗粒被充气枕头隔开一样），导致颗粒间的摩擦力减少，从而保持颗粒继续做相对运动。在流体的局部区域，受压的孔隙流体会沿着优势通道快速逃逸。在此过程中，流体可能会淘洗细粒基质，形成多孔的柱状构造。

（5）基质强度。它是细粒或分选差的沉积物与水的浓缩混合物的特性。因为该类混合物的内部变形受到颗粒间的摩擦力（摩擦强度）以及黏土和粉砂颗粒间静电引力（内聚强度）的抵抗，所以很小的剪切应力并不能使混合物流动，其变形特性与牛顿流体不同。在牛顿流体中，外加的剪切应力"τ"与流体黏度"μ"和速度梯度"du/dy"的乘积成比例。以水为例，不管外加的剪应力多么小，都会发生变形。但是对于具有基质强度的物质，外加的剪切应力必须达到临界值，才能使其变形；同样，如果沿着斜坡向下的重力分量不足以在流体底面上产生所需的剪切应力，那么流体将会停止运动，即使是在低缓斜坡上也同样如此。当该类流体流动时，流体内部大的碎屑更容易发生沉降，但是流体内部基质强度会降低碎屑的沉降趋势。因为大的碎屑只有把周围单颗粒和粘结颗粒都推开，并克服剩余强度和内聚强度，才会沉降下来。

图 1.19 总结了沉积物重力流中各类支撑机制的相对重要性。自左边的浊流到右边的黏性流，流体浓度逐渐增加，第 1.4.1 节解释了图中的各类流体。

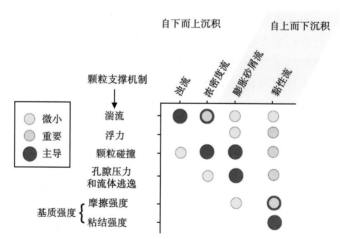

图 1.19　沉积物重力流中各类支撑机制的相对重要性

流体定义见 1.4.1 节。在橙色和红色圆圈叠加的地方，支撑机制的重要性介于重要与主导之间

在流体演化后期，各种沉积过程都可能在沉积物上留下痕迹，但是这些沉积作用过程并不对应某个特定的搬运机制。因此，在解释各种深海沉积物的来源时，必须区分长距离搬运机制和本地沉积机制对沉积物的影响。例如，Middleton 和 Hampton（1973，1976）认为颗粒流沉积是沉积物重力流沉积系列中的一个端元。颗粒流内的支撑机制完全来自颗粒

碰撞和近似碰撞引起的流体膨胀（Bagnold，1956）。沙丘前缘砂子的崩落就是一种常见的颗粒流。然而，纯粹的颗粒流并不能在洋盆边缘的平缓斜坡上移动，要求斜坡坡度超过13°（Straub，2001）。因为有最小坡度的要求，所以很多文献中称为颗粒流的沉积，实际上是浓密度流或膨胀砂屑流（第1.4.1节）沉积，上述两种流体都能在坡度小于1°~2°的斜坡上流动。在浓密度流的流动过程中，湍流产生的悬浮力提供了长时间的支撑机制，但是在流体快速减速和颗粒沉降时，靠近流体底部的湍流逐渐被剪切层上部的颗粒碰撞和近似碰撞（即颗粒间相互作用）代替。因此，浓密度流最终的沉积物主要或完全地记录了颗粒碰撞和颗粒浓度升高的沉积特征（图1.19），表现为分选差、层理不发育、可能的反粒序到正粒序等特征。尽管上述沉积物不是湍流沉积，而是颗粒相互作用的产物，但是沉积前的长距离搬运机制仍然是大型湍流。在膨胀砂屑流中，沉积物颗粒的含量高、粒径大小不等、粒度范围从粗粉砂到砾，使得沉积物可以较好地记录颗粒间相互作用（图1.19）。

1.4.1　分类

目前，对沉积物重力流特征的认识已经有了很大的提高（Talling等，2012），主要得益于：（1）现代海洋中沉积物重力流的分析方法有了很大的改进（将已知或估计的过去事件输入数学模型中，比较输出结果与已知结果的匹配程度）；（2）1995年后，沉积物重力流的动力学和沉积机制研究的再兴起；（3）大量与高浓度流体相关的实验。在此基础上，形成了新的沉积物重力流分类方案，并且在深海沉积物重力流和火山碎屑物质扩散研究之间催生了有趣的交叉点（Pierson和Costa，1987；Gladstone等，2004）。

从沉积物和流体理论的角度看，虽然目前被广泛接受的沉积物重力流的分类方案还存在一些问题，但仍然被用于推断流体的搬运机制（Middleton和Hampton，1973；Lowe，1982；Middleton，1993；Hiscott等，1997a；Mulder和Alexander，2001；Talling等，2012）。G. Shanmugam及其同事多次质疑之前的沉积物重力流的分类方案（Shanmugam，1996，1997，2000，2002，2003；Shanmugam和Moiola，1995；Shanmugam等，1994，1995，1997）。对于单个流体的不同组成部分（例如上段为浊流，而下段为砂质碎屑流），更倾向于用不同部分的沉积物特征来分别命名（例如在单次事件沉积中的正粒序与无粒序）。G. Shanmugam及其同事主张，几乎所有的牵引流层理（例如平行层理、波纹层理、爬升波纹层理）都是由底流形成的，而不是沉积物重力流，并且认为与过程相关的术语不应该用在搬运机制中，而应该仅仅用于沉积机制中（Shanmugam，2000）。此外，Shanmugam的分类方案可能会导致在波痕和沙丘上的所有垮塌成因的前积层都被认为是颗粒流沉积。综上所述，我们不采用Shanmugam的分类方案。实际上，应当采用实验数据和深水沉积实例的数据，来解释流体长距离的搬运过程和沉积过程。

G. Shanmugam及其同事识别出许多流体分类方案的缺陷，其思想起源于大部分的大型非黏性沉积物重力流的垂向分层特征，流体底面的动力学状态与流体的主体部分差异很大。另外，因为流体最终的沉积厚度通常比整个流体的厚度薄很多，因此流体底部的沉积过程保存得更为完整（图1.20）。我们认为将单个流体分割成多个不同的组分并分别命名是没有意义的。在本书中，即使一个沉积物重力流从顶部到底部或从头部到尾部拥有多种不同的支撑机制，我们也会明确地将其作为单一的、分层的流体或混合流，而不是两种或更多不同的流体。但是 G. Shanmugam 的下述观点是正确的：由于存在后期沉积作用的强烈影响，正确解释深海砂质和砾质沉积物的长距离搬运机制是个巨大的挑战。

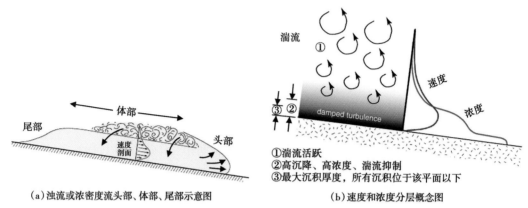

（a）浊流或浓密度流头部、体部、尾部示意图　　（b）速度和浓度分层概念图

图 1-20　沉积过程中颗粒快速沉降会增加近底床浓度，使湍流减弱，
颗粒碰撞普遍，沉积无序、最终的沉积厚度要比流体厚度薄得多

Mulder 和 Alexander（2001）的分类方案是基于流体流变学的理论，并且有很多自然环境下的研究结果支持。本书将主要使用该分类方案，并将部分术语略微修改，作为本章和随后章节的基础。该分类方案的要点概述如下，读者也可以直接阅读原文以获得更多的背景资料。

根据流体的流变行为，沉积物重力流被分为黏性流和摩擦流（部分学者称为粒状流）。图 1.21 中展示了各类流体中固体颗粒体积浓度的大概范围。黏性流具有基质强度，是由泥质中细颗粒间的静电引力产生的。黏性流与本节讨论的其他流体不同，具有假塑性流变学特征，因此，其浓度不会因为沉积过程中颗粒的损耗或周围水的加入而变小。实际上，黏性流内部的颗粒倾向于"粘在一起"，而摩擦流（非黏性）的颗粒则分散在水中。摩擦流的流变行为直接与颗粒和水的相对比例相关。一般来说，摩擦流的沉积方式是选择性沉积，而黏性流则是整体沉积。

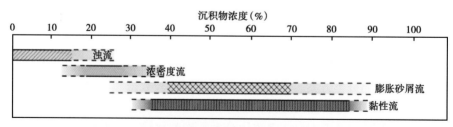

图 1.21　典型沉积物重力流近似固体颗粒浓度（据 Mulder 和 Alexander，2001，修改）
虚线显示在不同流体典型沉积浓度的基础上扩展后的浓度范围。因为流体的分层和沉积物的
不同结构，不同类型的流体之间会有重叠的部分

我们将沉积物重力流分成四种（图1.22）：黏性流（cohesive flows）、膨胀砂屑流（inflat-ed sandflows）、浓密度流（concentrated density flows）和浊流（turbidity currents），后三种属于摩擦流。黏性流可进一步分为碎屑流和泥石流，碎屑流由分选较差的沉积物（砾石体积≥5%，砂岩含量变化大）组成，可以搬运巨砾级的软沉积物碎屑或岩石碎屑以及巨大的漂浮块体或滑动岩块；泥石流的固体部分包含砾岩（体积含量<5%）砂岩和泥岩，砂泥比大于1。泥石流很少搬运粗粒沉积物，除非是孤立的大型块体。当流体内部的颗粒非常粗，泥质很少时，流体的内聚力会很小，这种流体称为膨胀砂屑/砾石流，或膨胀砾石流。

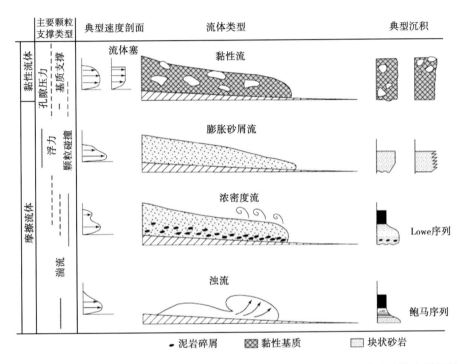

图1.22 黏性和摩擦（非黏性）沉积物重力流的流体特征、典型沉积物和颗粒支撑机制
（据Mulder和Alexander，2001，修改）

Mulder和Alexander（2001）认为有些流体的名称与实际的物理性质不同，因此本书中将弃用那些术语，并在表1.1列出本书所用的术语及与现有流体分类方案相对应的术语。同时，Mulder和Alexander（2001）分类方案中的部分术语在本书中被替代，例如，因为"超浓"的含义模棱两可，所以这里没有使用。本书采纳Shanmugam（2000）的建议，当流体的搬运和沉积过程不受限制时，使用术语"沉积物重力流"。

表1.1 已发表的重力流名称与本书使用的分类方案的对比表

本书	近似相当的术语
（黏性）碎屑流和泥石流	碎屑流（debris flow）和泥石流（mudflow）
膨胀砂屑流	液化流（liquefied flow）（Middleton和Hampton，1976）
	变密度颗粒流（density-modified grain flow）（Lowe，1976a）
	非黏性碎屑流（cohesionless debris flow）（Postma，1986）

续表

本书	近似相当的术语
膨胀砂屑流	砂屑流（sand flow）（Nemec 等，1988；Nemec，1990）
	砂质碎屑流（sandy debris flow）（Shanmugam，1996）
	超浓密度流（hyperconcentrated density flow）（Mulder 和 Alexander，2001）
浓密度流	高浓度浊流（high-concerntration turbidity current）（Lowe，1982）
浊流	低浓度浊流（low-concerntration turbidity current）（Middleton 和 Hampton，1973）
	浊流（turbidity flow）（Mulder 和 Alexander，2001）

注：两个加粗的名称是 Mulder 和 Alexander（2001）采用的，但本书中没有使用。

我们替换了由 Mulder 和 Alexander（2001）建议的两个流体命名，但保留了其分类方案的划分标准。在 20 世纪早期的文献中，术语"浊流（turbidity current）"和"碎屑流（debris flow）"的使用就已经占有优势地位，因此本书不使用"浊流（turbidity flow）"（包括 Mulder 和 Alexander，2001 及其他学者的术语）和"碎屑流（debris current）"；同样，本书不使用"超浓密度流"（Mulder 和 Alexander，2001），因为在描述火山碎屑流事件有关的脉冲性流体事件中，"超浓流体（hyperconcentrated flow）"有着不同的用法（Beverage 和 Culbertson，1964；Pierson 和 Costa，1987）。为了避免与这类流体混淆，本书用"膨胀砂屑流"（也可变为"膨胀砂屑/砾石流"和"膨胀砾石流"）替代"超浓缩密度流"。"膨胀砂屑流"是建立在 Stanley 等（1978），Nemec 等（1988）和 Nemec（1990）使用的术语"砂屑流"的基础之上，用来描述以较强的颗粒间相互作用及液化为特征的层状含砂流体。因为"砂屑流"容易与"颗粒流"混淆，因此本书采用"膨胀碎屑流"加以区别（Bagnold，1956），在颗粒流中，颗粒大多是碰撞接触（或近似碰撞接触），就像沙丘表面的砂子崩塌一样。与颗粒流不同，在 Mulder 和 Alexander（2001），Nemec 等（1988）以及本书等所定义的膨胀砂屑流或相同含义的流体中，颗粒的分布比颗粒流更加分散，流体通过颗粒碰撞和高孔隙流体压力保持颗粒的分散状态，且有能力在低缓的斜坡上流动。

在本章描述沉积过程和沉积物的时候，我们利用了上述文献中的观测结果，虽然相关名称可能不同，但是含义相同。原作者可能不支持我们所采用的流体命名，但是为了避免不同术语的使用对读者产生困扰，我们采用了相一致的术语。

本章中描述的四类流体能够在相对平缓（<5°）的斜坡上将沉积物颗粒长距离搬运到深海里。在坡度小于 1°的斜坡上，黏性流沉积和膨胀砂屑流沉积非常普遍（Prior 和 Coleman，1982；Damuth 和 Flood，1984；Simm 和 Kidd，1984；Thornton，1984；Nelson 等，1992；Aksu 和 Hiscott，1992；Masson 等，1993；Schwab 等，1996），说明上述流体能够从陆坡上部流动数千米，从而到达深海平原（Embley，1980）。浊流可以在平坦的盆底上流动很长的距离，甚至沿着斜坡向上也可以流动很长的距离（Komar，1977；Elmore 等，1979；Hiscott 和 Pickering，1984；Pickering 和 Hiscott，1985；Underwood 和 Norville，1986；Lucchi 和 Camerlenghi，1993）。例如，Hacquebard 等（1981）记录了一次更新世的浊流事件，流体内的煤炭碎片从加拿大东部陆缘搬运到索姆深海平原，搬运距离至少达 1800km。Chough 和 Hesse（1976）发现大西洋西北部 Mid-Ocean 的水道中，浊流的流动距离达到 4000km。另

外，浓密度流也会流至梯度极低的大型海底扇的扇中区域，充分说明了浓密度流具有长距离搬运的能力（Pirmez 等，1997）。

Mulder 和 Alexander（2001）详细地区分了沉积物重力流的主要支撑机制和沉积机制（图 1.23），可以用于解释"块状砂岩"的起源（Stow 和 Johansson，2000）。在膨胀砂屑流沉积中，由摩擦"冻结"导致的整体沉积内发育杂乱的颗粒组构（Hiscott 和 Middleton，1980）。浓密度流中的无层理沉积物虽然与上述膨胀砂屑流的沉积宏观上相似，但是在浓密度流的内部发育大量的高角度的叠瓦状组构（Hiscott 和 Middleton，1980）。这些沉积组构出现的原因是靠近沉积底床的强剪切力将悬浮物中卸载的颗粒定向排列。在浊流中，当悬浮物的沉降速率太快，颗粒的牵引就不足以形成沉积层理，会形成块状的 Ta 段（Lowe，1988；Arnott 和 Hand，1989；Allen，1991；Hiscott 等，1997a），但在这类沉积物中，颗粒的长轴平行于流体运动方向，并且发育 10°~15° 向上游倾斜的叠瓦状构造。因此，Hiscott 等（1997a）认为对颗粒组构的精细研究可以帮助区别块状砂岩的搬运机制。

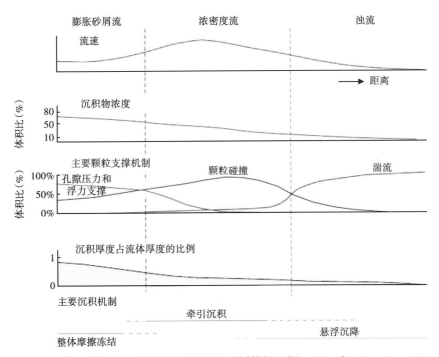

图 1.23 膨胀砂屑流、浓密度流和浊流支撑机制的不同特征（据 Mulder 和 Alexander，2001，修改）
不同支撑机制曲线的交叉点用来划分不同流体。与黏性流一样，膨胀砂屑流的沉积物厚度与
流体自身的厚度相似。相反，浊积岩比其相关浊流的厚度薄

1.4.2 流体间的相互转化

有人提出密度流的转化可能会使流体出现分层和内部浓度不连续变化的情况（图1.24），或者，使流体特征在运动过程中发生剧烈地变化。以下介绍四种流体转化的模式：

（1）根据 Fisher（1983）的定义，体转化是指流体向下游运动时，湍流和层流之间的转化，或者是指在有海水混入的情况下，滑动和碎屑流之间的转化（古老实例；McCave 和

Jones，1988；Jones 等，1992；Talling 等，2004；Pickering 和 Corregidor，2005；Strachan，2008；Haughton 等，2009；Talling 等，2010）。

（2）重力转化是指流体因为重力分离成上下两个部分，下部为高浓度层状流，上部为浓度较低的湍流（Postma 等，1988）。

（3）面转化。这种转化发生在高浓度流体的前缘或顶部，这些区域会与周边的环境流体发生剪切侵蚀，从而产生一个更稀的湍流（Hampton，1972；Talling 等，2002；Strachan，2008）。

（4）流体化转化。这种转换主要发生在高浓度火山碎屑流之上，淘洗出的物质形成一个次生的低浓度湍流（淘洗＝逃逸流体在向上运动的过程中，将细颗粒分选出来）。

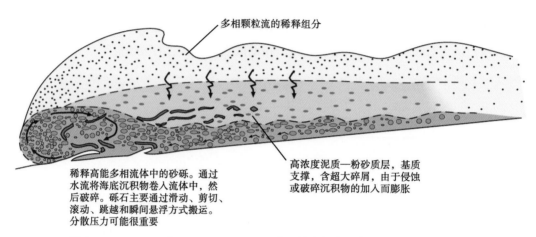

多相颗粒流的稀释组分

稀释高能多相流体中的砂砾。通过水流将海底沉积物卷入流体中，然后破碎。砾石主要通过滑动、剪切、滚动、跳越和瞬间悬浮方式搬运。分散压力可能很重要

高浓度泥质—粉砂质层，基质支撑，含超大碎屑，由于侵蚀或破碎沉积物的加入而膨胀

图 1.24　Pickering 和 Corregidor（2005）建立的多相态混合沉积物重力流模式图
用于解释比利牛斯山南部艾恩萨盆地内某些杂乱的地层

由重力转化、面转化和流体化转化产生的层状流体可能沉积粒度或结构突变的混合层（Gladstone 和 Sparks，2002；Talling 等，2004；Pickering 和 Corregidor，2005；Amy 和 Talling，2006；Strachan，2008；Haughton 等，2009；Talling 等，2010；图 1.25）。层状流的两个部分也可能流经不同的路径和距离，在不同区域发生沉积。

在古老的沉积物中，很难确定一个混合层是由流体转化形成的，还是由两个（或更多）独立的流体事件形成的。Amy 和 Talling（2006）讨论了亚平宁山脉互层的浊积岩和碎积岩，认为二者是同一次流体事件的流体转化形成的，碎积岩的分布范围比浊积岩要小很多（图 1.26）。在北海侏罗纪深水沉积中，Haughton 等（2003）发现了具有突变结构的二元沉积，即沉积在浊积砂层之上的碎积岩（图 1.27），他们认为这是由不同的流体形成的。但是这些不同的流体是同一失稳事件产生的，都属于砂质浓密度流。

Talling 等（2007）研究了西北非海上的阿加迪尔盆地、塞纳河和马德拉深海平原的巨大沉积物滑动及其相关的碎屑流和浊流。从大陆坡底部向深海方向，Talling 等（2007）发现一套厚度大于 1m 的沉积层，由下部的层状砂岩和中部的泥质砂岩组成。这套中部的泥质砂岩被解释为同源的碎积岩。碎积岩上部被浊流成因的泥岩所覆盖。假设这套浊积岩和泥质碎积岩的密度为 1.8g/cm³，则它们的总体积可达 125km³，是全世界所有流向海洋的河流

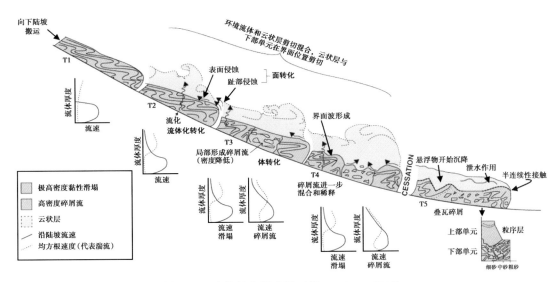

图 1.25 流体转化模式图（据 Strachan，2008）

T1 到 T4 表示流体转化的不同阶段。图上展示了 T1 到 T4 的垂向速度剖面，T3 和 T4 处有两个垂向速度剖面，
展示了滑塌和碎屑流在垂向速度剖面上的不同点。T5 显示了滑塌停止后的沉积单元及垂向的岩性剖面。
T2 的面转化和 T3 的体转化是推测出来的

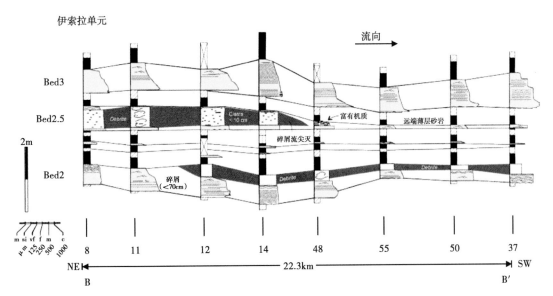

图 1.26 意大利马诺索阿伦西亚地区浊积岩与碎积岩的分布图。碎积岩的分布更为局限
（据 Amy 和 Talling，2006）

年流量的 10 倍。这些研究表明，陡坡坡折带以下以及海底的强烈侵蚀区形成的重力流会沉积广泛分布的碎积岩。在沉积序列中，相关联的碎积岩出现在中部，被浊流形成的砂岩和泥岩包裹。

岩性

■ 泥岩
■ 砂质泥岩
□ 富黏土砂岩
□ 砂岩

沉积构造

石英颗粒
固结纹层
带状纹层
垂向泄水构造
剪切泄水构造

平行层理
泥砾
旋扭构造
炭屑
砂屑
砂岩侵入

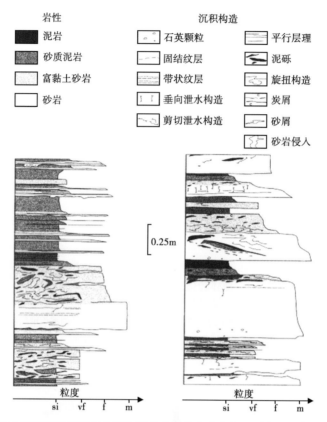

0.25m

粒度

si vf f m

粒度

si vf f m

图1.27　挪威北海侏罗系富砂扇扇缘关联碎积岩和砂岩相（引自 Haughton 等，2003）

在马德拉群岛深海平原有一套1~10m厚的泥质重力流沉积物，是无粒序变化的块状泥岩。通过对这套沉积物的详细研究，McCave 和 Jones（1988）及 Jones 等（1992）将它解释为高密度（5~100kg/m³）的非湍流沉积。这套流体与海水的密度差相当于流体的体积浓度小于6%，Baas 和 Best（2002）在实验中模拟了非湍流状态的泥质流体，流速为0.33m/s。McCave 和 Jones（1988）及 Jones 等（1992）认为，湍流状态的流体会通过体转化的形式形成层状的和黏性的重力流。当湍流强烈衰减时，悬浮物合并形成黏性层，并通过颗粒间作用力来阻止粗碎屑的差异沉降。在流向马德拉深海平原的水道内，泥质重力流与天然堤的缺失说明水道内流体密度较高（Masson，1994）。

Haughton 等（2009）将流动过程中发生转化的重力流称为复合流，其沉积物被称为混合事件层。他们提出了一个复合流及其沉积物的分类标准（图1.28a）。在流体流动的下游方向，复合流的浓度增加，并部分转化成泥石流或碎屑流，而其他类型的流体则会被逐渐稀释，进行有序沉积，并以细粒沉积为主（图1.28b1、图1.28b2）。有三种作用过程能促使复合流的浓度增加，并且抑制湍流的产生（Haughton 等，2010；图1.29）：（1）富黏土流体的减速，使得黏滞效应占主导地位；（2）流体中的黏土物质发生分离，进入流体的尾部和侧翼，使得湍流的强度衰减；（3）流动过程中软碎屑的分解，会增加悬浮物中的黏土含量，该过程被称为"膨胀"。Sumner 等（2009）和 Baas 等（2011）对第一种作用过程开展了实验研究。他们模拟了含10%悬浮黏土、粉砂和砂的流体的快速减速过程，Baas等（2011）认为当流体内部湍流支撑力的下降明显快于同时期黏性支撑力的增加时，流体的砂屑搬运能力快速下降，会在底部形成相对干净的砂屑段沉积。

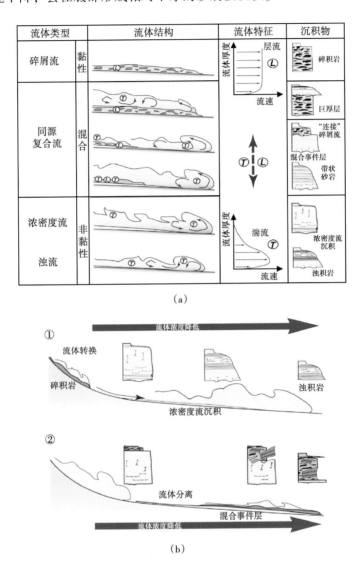

图1.28　（a）水下沉积物重力流沉积的混合事件层的分类模式（据Haughton等，2009）；（b1）在很多深水沉积体系中，碎积岩、浓密度流沉积和浊积岩等占据主要地位。向下游方向，从碎积岩到浓密度流沉积，最终到浊积岩的序列反映了流体向下游逐渐变稀；（b2）在某些沉积体系中，向下游方向，流体从非黏性流体（浓密度流与浊流）转化为黏性流的高密度和低密度浊流，对应本书的浓密度流和浊流

另一种产生复合事件层的方式是：碎屑流和浓密度流同时产生，后者的流动速度更快，超过了黏度更大的前者，之后两者相继沉积下来（图1.29d）。

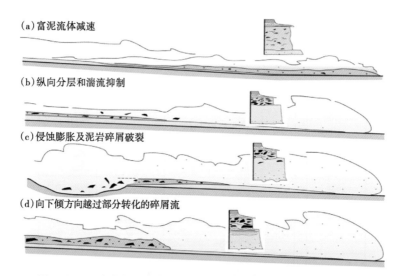

(a) 富泥流体减速

(b) 纵向分层和湍流抑制

(c) 侵蚀膨胀及泥岩碎屑破裂

(d) 向下倾方向越过部分转化的碎屑流

图 1.29　混合事件层的沉积成因模式图（据 Haughton 等，2010）

（a）湍流的损失和富黏土流体的减速；（b）纵向上黏土和黏土碎屑的分离抑制了尾部和边缘的湍流；
（c）流体中黏土碎屑的膨胀和分解，使得底床附近的黏土含量增高；（d）向下倾方向跳跃的流体可能
与浓密度流同步触发，或者通过部分转化，在前面形成浓密度流

1.5　浊流和浊积岩

1.5.1　浊流定义和流动方程

浊流是一种密度流，其中颗粒悬浮物构成高密度的流体，颗粒的支撑机制主要依靠湍流漩涡上升速度的波动（Bagnold，1966；Leeder，1983）。浊流携带的沉积物分散在整个流体中，但流体底部的颗粒物浓度最高（Stacey 和 Bowen，1988；Middleton，1993；Felix，2001）。与河流和水槽中的流体类似，浊流中最粗的颗粒总是位于流体的最底部。根据不同的触发方式，浊流可以分为两种（1）持续时间较短，快速通过海底的观察点；（2）持续时间较长，流量稳定，具有长期稳定的流体供给源，例如河流供给的异重流（Mulder 和 Syvitski，1995；Mulder 等，2001，2003；Alexander 和 Mulder，2002；Felix 等，2006）。因为异重流携带大量的悬浮物，密度高于海水密度，因此以底流的方式沿三角洲前缘向下流动。它是用来衡量河流流量的一个参数。

Ph. Kuenen 及其同事们创造了"浊流"这一名称，是因为他们当时研究的密度流因为有悬浮物而"浑浊"，而不是因为这些流体是湍流（Talling 等，2012）。然而，现在我们通常将该术语与湍流联系在一起。这里我们采用 Mulder 和 Alexander（2001）对浊流的定义，将"浊流"用于描述以湍流作为主要支撑机制的流体（图 1.19 和图 1.23）。这些流体下部固体颗粒的体积浓度可以超过 9%［拜格诺（1962）极限值］（图 1.21），超越该极限值后，流体内开始产生颗粒间相互作用。在自然界中，当流体内含有不同粒径的颗粒时，流体会根据颗粒的密度及其他特性发生分层，所以两个平均密度完全相同的流体在底部可能具有

完全不同的浓度。因为流体底部的浓度控制着流体的沉降速率、湍流强度和沉积构造的形成，因此一些浊流和稀释浓密度流的沉积物具有一些相似的特征。例如，一些浊积岩底部的块状段很可能更多地指示了悬浮物的沉积速率，而不是流体的绝对浓度（Lowe，1988；Arnott 和 Hand，1989；Allen，1991）。悬浮物的沉积速率将会随着流体的减速而发生变化，所以两个平均浓度及湍流强度完全相同的浊流可能在一个位置沉积块状砂岩（快速沉积），但是在另一个位置沉积层状砂岩（慢速沉积）。

流体浓度与流体的速度有关，因此也与盆地边缘的坡度相关。在平缓斜坡上，粗砂和砾很可能通过膨胀砂屑流或浓密度流搬运，而不是浊流。流体浓度会影响流体的密度和黏度，但对浊流的流体动力学作用很小。但是当颗粒浓度很高时，会导致颗粒间碰撞成为重要的支撑机制（图1.23），或湍流受到抑制，特别是近底层位置（图1.30）。

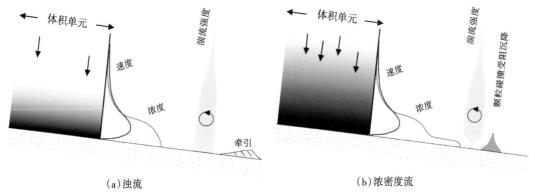

（a）浊流　　　　　　　　　　　　　　　　（b）浓密度流

图 1.30　浊流和浓密度流近底部颗粒支撑机制对比

虽然两类沉积物重力流都是湍流，但后者在沉积底床附近具有很强的颗粒间相互作用力，湍流在此处受到抑制，牵引构造很难形成

短期浊流沉积过程的模拟是非常困难的。因为受实验尺度的限制，流体可能无法达到自然界均衡状态的速度和沉积物浓度（Middleton，1993）。实验模拟表明（Laval 等，1988）：流体速度与流体初始体积的平方根成正比，随着流体初始密度的增加而增加，与流体密度和环境流体密度比值的平方根成正比。Zeng 和 Lowe（1997a, b）用数值模拟证实了上述结论。

Dade 等（1994）、Dade 和 Huppert（1995）建立了数学模型用于解释浊流的演化和沉积。陆坡流体浓度降低的主因是周围海水的卷入（Dade 等，1994）。在接近水平的海底，如盆底平原或海底扇远端，流体浓度会随着悬移载荷的沉积逐渐降低（Dade 和 Huppert，1995）。与陆坡位置相比，在接近水平的海底，海水的卷入不明显。当浊流流过水平的海底（流体高度小于 0.075 倍水深）时，Dade 和 Huppert（1995）利用箱式模型预测浊流最大沉积厚度大约是平均沉积厚度的三倍。他们发现浊流的最大沉积厚度位于最近端和最远端沉积物之间的五分之一处。浊流的搬运距离（流体到达盆底平原的位置）与流体初始减少的重力和体积成正比，且与颗粒的平均沉降速度成反比。对于混合负载的流体，预测向下游方向沉积分选性变好。

当斜坡角度不变时，Dade 等（1994）模拟预测了浊流的沉积厚度和沉积构造、流体速度和弗劳德数的变化，以及浊流的搬运距离。模型显示，沉积导致的沉积物损失的速率和海水卷入导致的悬浮物稀释的速率控制着流体演变的规律。当这个模型用于搬运距离约300km 的浊流时，模拟的结果显示仅仅因为海水的卷入，流体厚度就会从 100m 增加到超过1000m，长度从 1km 增加到超过 10km。

Zeng 和 Lowe（1997a，b）也对浊流进行了数值模拟，并利用比特湾水域海峡的浊流数据对模型进行了验证。模拟的流体具有明显的粒度分层和相对较低的浓度。模拟的沉积物显示出与自然界的浊积岩类似的粒序分布特征。当浊流的浓度更高时，模拟结果显示沉积物没有明显粒序，粒序构造仅在粗粒沉积中发育。这些模拟的浊流与比特湾水域观测到的最小规模的浊流可以进行很好的对比。

在斜坡角度不变的条件下，对于连续供给的流体或者不常见的大规模涌流，有效稳定流体（即 $\partial U_B / \partial_t = 0$；$U_B = $ 体速度）可能位于流体的体部。流体的最大速度位于流体的下段（图 1.31），是平均速度的 1.6 倍（Felix，2004）。流体内最细的颗粒在整个流体段都具有相同的浓度；而最粗的颗粒大多数集中在流体底部（Rouse，1937；Hiscott，1994a）。因为靠近流体底部的平均速度低于速度最大值附近的平均速度（图 1.31），所以流体内部粗颗粒组分的运动落后于细颗粒组分；这种颗粒搬运速率的差异可能会导致浊流反粒序的产生（Hand 和 Ellison，1985；Hand，1997）。

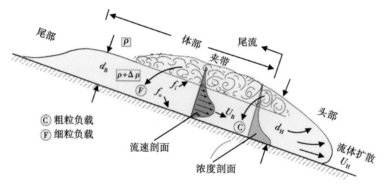

图 1.31　理想浊流沿流向截面图

分为头部、体部和尾部，头部后方尾流内的颗粒沉降会产生侧向的颗粒递变特征

以上描述的流体稳定性只是考虑平均条件下的情况，因为速度的波动会通过界面波（Simpson，1997；Baas 和 Best，2002）和长周期脉冲（Best 等，2005）叠加到流体上。

Gladstone 等（2004）的实验研究了垂向和沿流向的流体分层如何影响沉积物的粒序特征和沉积构造。实验证实，强烈的垂向粒度分层必然导致沿流向的侧向粒序展布（图1.18）。大多数情况下，流体的下段会含有较粗的沉积物。如果这些粗颗粒同时具有较高的浓度，那么粗粒沉积物可能会超过流体上段中的细粒沉积物，这个结果与 Hand（1997）的预测结果相反。此外，沿流动方向上的连续沉积会产生粒序层，而粒序的平滑度（或粒序渐变的程度）取决于流体的初始密度结构。

Pratson 等（2000）建立的数学模型模拟了浊流的演化和沉积。本书只提供了相对简单的公式用于模拟均质、不发生侵蚀和沉积的浊流，主要用于研究浊流速度和厚度的控制因素。对于更复杂的模拟过程，读者可以阅读 Pratson 等（2000），Stacey 和 Bowen（1988）和其他文献。

如 Middleton（1966b）所示，浊流体部的速度由 Chezy-type 方程表示：

$$U_B^2 = \left(\frac{8g}{f_o + f_i} \right) \left(\frac{\Delta\rho}{\rho + \Delta p} \right) d_B \tan\alpha \tag{1.3}$$

式中，$\Delta\rho$ 为流体和海水的密度差值，ρ 为海水密度，d_B 为流体体部厚度，α 为底部坡度，f_o 为流体底面无量纲达西—韦史巴赫摩擦系数，f_i 为流体顶面无量纲达西—韦史巴赫摩擦系数。摩擦系数来自河流和水槽实验的经验值，但浊流不同于河流，在浊流中，流体和上覆海水之间也存在摩擦力。根据 Middleton 和 Southard（1984），大型天然浊流的 f_o 和 f_i 之和可能约为 0.01。对于亚临界流体（弗劳德数，$F < 1.0$），$f_o \gg f_i$；但对于超临界流体（$F > 1.0$），因流体顶面存在强烈的海水混合作用，$f_i > f_o$。

在低缓斜坡上，流体头部速度 U_H 与海底坡度的关系并不明显，Middleton（1966a）给出方程：

$$U_H^2 = 0.56 g d_H \left(\frac{\Delta\rho}{\rho + \Delta p} \right) \tag{1.4}$$

在较陡的斜坡上，坡度在 2°~10°之间，流体头部的速度与海底坡度有关：

$$U_H^2 = g d_H \left(\frac{\Delta\rho}{\rho + \Delta\rho} \right) (0.50\cos\alpha + t\sin\alpha) \tag{1.5}$$

小型涌浪的实验表明经验系数 t 在 1.6~4.0 之间（Hay，1983a）。当 $\alpha = 1°$ 且 $t = 3.3$ 时，公式（1.5）变为公式（1.4），但当 $\alpha = 10°$ 时，公式（1.4）中的常数应为 1.1，而不是 0.56。在平缓斜坡上，头部速度和体部速度的比值接近于 1，但在较陡的斜坡上，两者比值小于 1（图 1.32）。即使流体体部的悬浮物到达流体头部，流体头部也不会大幅度扩张。因为流体头部后方的强烈湍流区和流体分离区的悬浮物损失速率与流体体部的悬浮物进

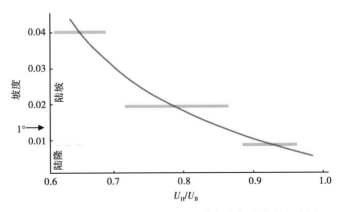

图 1.32 头部速度与体部速度的比值与底部坡度的交会图

数据来自 Middleton（1966a）浊流水槽实验。绿色的水平线表示数据的范围，大陆边缘海底坡度的范围是累加的结果

入头部的速率会保持平衡状态（Simpson，1982，1997；图1.31）。当流体体部喷射出的颗粒到达流体顶部时，依据沉降速度，粗颗粒回到靠近头部的体部，细颗粒回到头部后面的很远处。流体中密度分层导致的侧向粒序会因上述过程增强，具体表现为粗粒悬浮物靠近流体头部，细粒悬浮物靠近流体尾部（Walker，1965）。

公式（1.3）到公式（1.5）仅能用于理解某一地区浊流沿流径的流动状态。因为随着海水的卷入和负载悬浮物的沉积，流体的厚度和浓度沿着流向会发生变化。但是深海中发育天然堤的水道是一个特例，水道内流体在流动过程中，流体厚度的增加会被越过天然堤的漫溢所抵消。同时，流体的缩短也影响沉积物的浓度，因为流体体部的后端（位于陡坡）会逐渐赶上流体体部的前端（位于缓坡）（Hiscott 等，1997b）。因此，在发育天然堤的水道中，浊流的主要特性在很长距离内都不会发生明显的变化。

1.5.2 自然变量和触发过程

最初，浊流的流动和沉积理论主要基于简单的、小规模实验的结果（Middleton，1993），这些实验预测的浊流沉积相特征比自然界中遇到的相特征更为简单。实际上，因为自然界中的浊流具有很强的分层性（Gladstone 等，2004），并且通常会遇到不规则的海底地形，如与主流向相反的斜坡，或者被弯曲水道限制，这些情况都会改变流体的行为和方向，可能产生构造复杂的地层，或者具有渐变特征的粒序层和构造复杂层（Pickering 和 Hiscott，1985；Marjanac，1990；Pickering 等，1992，1993a；Edwards，1993；Edwards，等，1994；Haughton，1994；Gladstone 等，2004）。盆地地形和环境流体的密度分层对流体的影响（图1.17 和图1.18）直到最近才有相关的实验研究（Kneller 等，1991；Alexander 和 Morris，

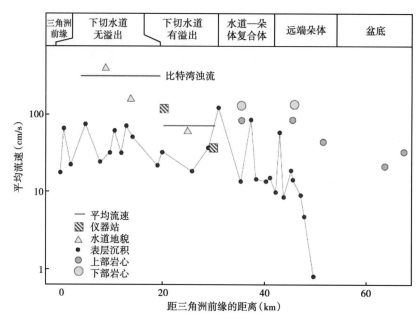

图1.33 沿着比特湾水域浊流路径测得的浊流速度与依据浊积岩沉积结构所估算的浊流速度
（据 Zeng 等，1991，修改）

1994；Kneller，1995；Rimoldi 等，1996；Gladstone 等，2004）。虽然将这些小尺度的实验结果应用到大尺度的自然环境是一个挑战，但关键在于解释古老沉积序列的时候，我们应考虑到复杂的地形和特殊的海洋环境对沉积过程的影响。

由于设计和部署海底监测系统存在很大的难度，所以我们对海洋中浊流的研究还不够深入。很多已经发表的浊流研究结果都是来源于湖泊和油气储层的研究（Middleton 1993）。很多学者对倾倒尾矿产生的人工浊流进行了研究（Normark 和 Dickson，1976；Hay，1987a，b；Hay 等，1982；Normark，1989）。在斯克里普斯海底峡谷中，初期浊流有记录的最小速度为 1.9m/s（Inman 等，1976）。Zeng 等（1991，1997a，b）观测了峡湾内三角洲供给的天然浊流，研究了浊流的沉积物特征，并进行了数值模拟。对于更大规模的天然浊流，只有通过以下手段才能进行间接的研究，如检查海底电缆的断点或仪器组的位移记录，海底水道弯曲处天然堤的高度变化，以及沉积物的厚度和其他沉积特征（Heezen 和 Ewing，1952；Heezen 等，1954；Gennesseaux 等，1980；Normark 等，1993b）。表 1.2 总结了上述一些定量研究的成果。

表 1.2 浊流的平均流体参数估算表

位置	M=测量值 C=计算值 H=追算值	计算基础	密度差 （kg/m³）	流体体部速度 （m/s）	备注	资料来源
劳伦扇，1929 年的事件	C，H	电缆断点，海底特征，理论	约 95	19	砾石波纹被确认为更老的沉积（Wynn 等，2002b）	Piper 等（1988）
蒙特利扇，加利福尼亚州	C	天然堤高度差异，理论		20~4		Komar（1969）
瓦尔峡谷中下游	C，H	砂岩分布和粒度，理论	约 95~25	约 10~2	给定近端到远端的分布范围	Piper 和 Savoye（1993）
瓦尔峡谷	C，H	电缆断点，海底特征，理论	25~8	约 8~3	仅有浊流的"羽状流"（浓度给定）	Mulder 等（1997）
拉布拉多海（NAMOC）	C，H	颗粒大小	87	8	水道内流体的底部	Klaucke 等（1997）
比特湾水域，加拿大	M，C	流量计，沉积物颗粒大小	26~2	3.3~0.5	海水密度 1023kg/m³	Zeng 等（1991）
斯克利普斯峡谷，加利福尼亚州	M	流量计		1.9		Inman 等（1976）
鲁珀特湾，加拿大	C	水道几何形态，尾料卸载速率	100	约 1.3	浪涌型浊流	Hay（1987b）
扎伊尔海底峡谷	M	流量计，沉积物捕集器		1.2	40m 厚的粗砂	Khripounoff 等（2003）

续表

位置	M=测量值 C=计算值 H=追算值	计算基础	密度差 （kg/m³）	流体体部速度 （m/s）	注解	资料来源
拉布拉多海 （NAMOC）	C	水道几何形态	12~1	0.86~0.05	给定近端到远端的分布范围	Klaucke 等（1997）
海军扇，加利福尼亚州	C，H	颗粒大小，水道几何形态，理论		0.8~0.1		Bowen 等（1984）
拉布拉多海 （NAMOC）	C，H	颗粒大小	4	0.45	水道内流体的顶部	Klaucke 等（1997）
鲁珀特湾，加拿大	C	水道几何形态，尾料卸载速率	30	0.4	持续的尾粒排放	Hay（1987）
勒塞尔夫扇，苏必尔湖	M	流量计和水样	0.05	0.12~0.08		Normark（1989）

注：当没有给出海水密度时，海水密度采用1030kg/m³，最高速度的流体位于表的顶部

1929年加拿大东部7.2级地震诱发了劳伦水道内大规模的浊流。这次浊流事件被很好地记录下来，称为"1929年大浅滩浊流"。它冲断了一系列的海底电缆，在约5200m的水深处沉积了约1m厚的细砂到粉砂的粒序层（图1.34）（Heezen和Ewing，1952；Heezen等，1954；Fruth，1965）。这次浊流携带了约200km³的沉积物，通过计算得出浊流的最大流速和相应流体厚度分别为19m/s和约400m（Piper等，1988）。为了携带足够的沉积物通过劳伦扇峡谷搬运至索姆深海平原，1929年的浊流必须携带足够的沉积物通过劳伦扇的峡谷，持续流经峡谷内某一点的时间达2~3h。劳伦峡谷中（图1.35）发育一套波长为10~70m的大型的砾石底形，Piper等（1988）和Hughes Clarke等（1990）最初将它归因为1929年的浊流事件。但是，有人提出了不同的解释，认为砾石的搬运和大型底形的改造与更新世冰期湖泊的大型异重流相关（D. J. W. Piper，Wynn等，2002b）。

浊流的触发机制包括以下几个过程（Normark和Piper，1991；Van den Berg等，2002）：（1）来自河流和冰川融水的异重流（Heezen等，1964）；（2）由风暴、地震或局部失稳等因素导致峡谷头部的砂岩液化（Seed和Lee，1966；Andresen和Bjerrum，1967），液化后环境水的卷入和流体的加速；（3）在失稳之后，由非黏性物质组成的超陡斜坡的逐渐后退所导致的后续失稳事件（Van den Berg等，2002；Mastbergen和Van den Berg，2003）；（4）碎屑流前缘的侵蚀作用（Hampton，1972；Talling等，2002），或者水跃时碎屑流的增厚和稀释（Weirich，1988）；（5）沉积滑动体的稀释（Ricci Lucchi，1975b；Cita等，1984；Hughes Clarke等，1990）；（6）在峡谷头部，有风暴产生的悬浮沉积物（Inman等，1976，Fukushima等，1985）；（7）陆架悬浮物沿着斜坡向下搬运的流体；（8）来自火山碎屑的火山灰流体。

因为携带高浓度的悬浮物，河水比海水密度大，所以河水入海后，以水下流的方式沿海底流动，这种流体称为异重流。它是用来衡量河流流量的参数。术语"燃烧"（ignition）

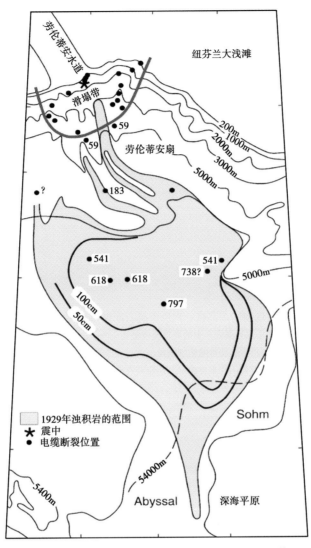

图 1.34 1929 年大银滩地震所产生的砂质浊积岩分布（据 Piper 等，1988，修改）
电缆断点旁边的数字是地震发生后电缆中断发生的时间（以分为单位）。水深等高线
以米为单位。浊积岩厚度以厘米为单位

用来阐述浊流在加速流动的过程中，夹带了更多的沉积物，导致流体的速度进一步增加，同时流体的规模也增加（Parker，1982）。Normark 和 Piper（1991）研究认为，"燃烧"浊流的初始体积浓度约为 0.01，初始速度约为 1m/s（细砂）至 1.2m/s（中砂），流动的坡度要超过 3°（图 1.36）。但是 Pratson 等（2000）认为"燃烧"浊流倾向于出现在 2°~2.5° 的斜坡上。低于此范围时，"燃烧"浊流会减速并消亡；而高于此范围时，后期加入浊流的沉积物减少，使得"燃烧"浊流的规模也减小。

地震通常被视为诱发浊流的潜在因素（Hiscott 等，1993；Beattie 和 Dade，1996）。地震的复发间隔遵循幂分布，许多浊积岩的厚度变化也是如此（Hiscott 等，1993；Rothman

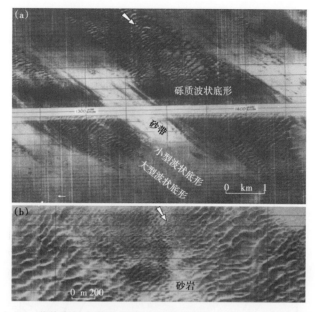

图 1.35 劳伦扇的东部峡谷内巨型砾石底形（据 Wynn 等，2002b）

很可能是在大陆冰盖减小期间由洪水暴发产生的异重流改造而成的。（a）被砂质带掩埋的大型和小型富砾波纹区域。（b）使用 1km 条带测量系统获得的精细图像，大小不等的弯曲的富砾波纹局部被砂质沉积所覆盖。原始图片来自加拿大地质调查局 D. J. W. Piper

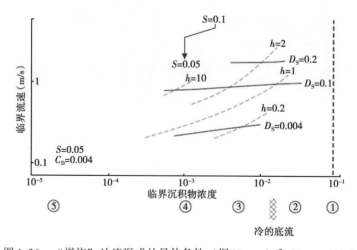

图 1.36 "燃烧"浊流形成的最佳条件（据 Normark 和 Piper，1991）

图中展示了在 $S=0.05$ 的斜坡上，不同流体厚度（h，m）和颗粒大小（D_s，mm）的条件下，流体的临界速度和临界浓度。假设阻力系数 $C_D=0.004$，同时，图中也展示了因 S 增加到 0.1 而引起的浓度的近似偏移。带圈的数字是不同地区的悬浮物浓度：①中国黄河，洪水期（Wright 等，1988）；②阿拉斯加州苏西特纳河，洪水期（Hoskin 和 Burrell，1972）；③阿拉斯加冰河湾，所记录的最大流量（Hoskin 和 Burrell，1972）；④拉荷亚峡谷头部，砂屑的"燃烧"条件（Fukushima 等，1985）；⑤圣克拉拉河洪水期，近岸水域内的沉积物浓度（Drake 等，1972）。"冷的底流"是指能够在海洋中产生水下流的近似沉积物浓度（Gilbert，1983）

等，1994；Drummond 和 Wilkinson，1996）。根据 Kuribayashi 和 Tatsuoka（1977），Keefer（1984）等研究，只有震级大于 5.0 的地震才能产生显著的砂岩液化，且随着距震中距离的增加，砂岩液化所需的最小震级也会增加。他们的数据显示，7.0 级的地震能够将距震中约 100km 范围内的沉积物液化。Duda（1965）利用 1905—1964 年间的历史记录，推测了整个环太平洋汇聚边缘 7 级以上地震的复发间隔，约 0.063 年（23 天）。因此，对于每个 100km 长的海沟，平均的地震复发间隔约为 25 年，这与日本周围的地震数据基本一致（Mogi，1990）。频繁的地震能够液化沉积物，并在大范围内诱发沉积物重力流（Keefer，1984）。

异重流的产生是因为携带沉积物的河水的密度远大于海水的密度，因此河水在河口地带能够直接下沉到海底，并以浊流的形式流入海洋。Mulder 和 Syvitski（1995）解释了异重流产生的必要条件，并且证明了在现代海洋中存在异重流的可能，特别是亚洲地区具有高沉积物负载的河流。他们推断，河流的沉积物浓度至少要达到 $40kg/m^3$ 才能形成异重流。但是 Parsons 等（2001）的实验表明沉积物浓度低至 $1kg/m^3$ 就能形成异重流。因为温暖的、负载沉积物的河口淡水流与下伏冰冷的盐水团之间存在指状对流，这种对流会引发沉积物的不稳定性，并导致海底的异重流带走大量的悬浮物。该过程发生的关键条件是海水的盐度梯度向下增加，而温度梯度向上增加。Mulder 和 Syvitski（1995）统计了世界各地的河流数据，预测 147 条河流中有 9 条河流每年会产生异重流，但是 Parsons 等（2001）降低了异重流产生的条件，预测有 61 条河流可能产生异重流。这 61 条河流提供了 53% 的海洋沉积物，因此是现代沉积物的重要来源（Parsons 等，2001）。

读者可能会对 Parsons 等（2001）使用的"异重流"一词产生疑问。因为 Parsons 等（2001）描述的流体没有直接从河道中流出，而是由表面异重羽流因对流驱动坍塌所产生的。Parsons 等（2001）的实验结果表明该类坍塌发生在非常靠近河口的地方，他们预测自然界也是如此，因此相关的沉积物重力流与河流物质的输入也有很密切的关系。Geyer 等（2004）提出，通过"前缘俘获（frontal trapping）"也会产生异重流。他们认为波浪搅动作用会使三角洲来源的泥质颗粒保持悬浮和高浓度状态，从而产生泥质重力流（Geyer 等，2004）。因为悬浮的泥质颗粒在靠近河口的海床附近堆积，并且波浪引起的海水和河水的混合作用会确保悬浮物的密度超过海水密度。因此波浪边界层中泥质颗粒的高浓度特征有助于形成 Geyer 等（2004）所提到的异重流，在某些情况下，"前缘俘获带"泥质颗粒的浓度能够达到"浮泥（fluid mud）"的浓度（>10000mg/L）（Geyer 等，2004）。

Felix 等（2006）采用了一种略微不同的方法，更加仔细地研究了密度分层和河口混合作用的影响。他们认为：当海洋和颗粒悬浮物间的密度差仅为零点几 kg/m^3 时，就能产生异重流，这个值低于 Mulder 和 Syvitski（1995）以及 Parsons 等（2001）提出的密度差。

在法国瓦尔河近海的研究中，Mulder 等（1997）发现每隔 5~21 年就会出现持续时间达一天的异重流，并且 Mulder 等（2001）发现异重流的沉积物呈现出反粒序到正粒序的特征（图 1.37）。地质记录中与异重流相关的浊积岩的数量仍然是未知数，但古老沉积中正粒序占据主要地位，而不是从反粒序到正粒序，说明异重流可能不如 Parsons 等（2001）和 Felix 等（2006）所预测的那样普遍。然而有一些古老的例子具有异重流沉积的特征（Soyinka 和 Slatt，2008）。因此需要更多的来自现代自然环境的数据来评估异重流作为浊流形成机制的重要性。

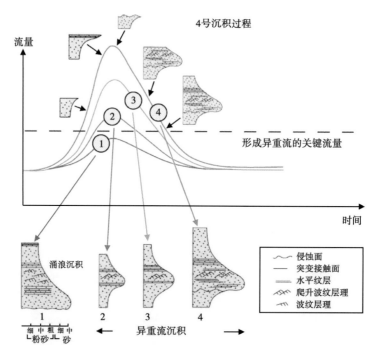

图 1.37　涌浪浊积岩的正粒序与河流洪水上涨—下降期产生的反粒序—正粒序异重流沉积对比
（据 Mulder 等，2001，修改）

1.5.3　超临界态浊流

亚临界态的浊流（弗劳德数，$F<1.0$）与超临界态的浊流（$F>1.0$）存在本质的区别，其中

$$F^2 = \frac{U_B^2}{\left(\dfrac{\Delta\rho}{\rho+\Delta\rho}\right)gd_B} \qquad (1.6)$$

对于稀释流体而言，$\Delta\rho/(\rho+\Delta\rho) \approx \Delta\rho/\rho$，公式 1.6 简化为：

$$F^2 = \frac{U_B^2}{RCgd_B} \qquad (1.7)$$

其中 R 是颗粒的浸没重量（石英为 1.65g/cm），C 是颗粒的体积分数。该弗劳德数的公式只适用于稀释浊流，但同样适用于解释流体浓度和超临界态流体转换间的关系。即便在低速条件下，很多稀释流体也能转变为超临界态流体；但 Huang 等（2009）认为，在确定从超临界态向亚临界态转变的弗劳德数时，要保持谨慎态度。

当摩擦系数 $f=0.02$ 时，Komar（1971）认为：当坡度>0.5°时，浊流将出现超临界态。许多盆地边缘斜坡和海底扇扇根的坡度都超过了该临界坡度值（表 1.3）。当海底梯度下降时，流体向亚临界态转变，并且可能发生水跃，伴随着强烈湍流和流体均匀化作用（Middleton，1970；Komar，1971）；另外，在限制性迷你盆地中，还将产生向上游迁移的流体（Toniolo 等，2006）；对于海底广泛分布的冲刷面和透镜状沉积而言，水跃发挥了相当大的作用（Mutti 和 Normark，1987，1991；Garcia 和 Parker，1989；Alexander 和 Morris，1994；Vicente Bravo 和 Robles，1995）。

表 1.3　典型海底扇和盆地边缘斜坡的坡度

位置	坡度（°）	资料来源
被动大陆边缘陆坡上段（上陆坡）	3~6	Heezen 等（1959）
被动大陆边缘陆坡下段（下陆坡）	1.5~3	Heezen 等（1959）
被动大陆边缘陆隆	0.1~1	Heezen 等（1959）
转换大陆边缘陡坡	10~30	Aksu 等（2000）
弧前盆地两侧边缘	6~12	Tappin 等（2007）
增生楔体下边坡	>8	Tappin 等（2007）
海底峡谷	1~3	Nelson 和 Kulm（1973）
扇根水道	0.2~0.5	Barnes 和 Normark（1984）
叠覆扇朵体	0.1~0.4	Barnes 和 Normark（1984）
扇端	0.1~0.2	Barnes 和 Normark（1984）
碳酸盐岩台地边缘斜坡	4~40	Mullins 和 Neumann（1979）

1.5.4　浊流的自悬浮作用

通常认为，浊流可以携带砂质碎屑穿过盆地边缘斜坡，而不产生沉积甚至可能产生侵蚀作用（例如流体"燃烧"）。通过对浊积岩中被改造的颗石藻组合的研究，Weaver（1994）阐述了马德拉深海平原上大型富泥浊流在流经斜坡时"过路不沉积"的特性；此时，浊流在斜坡或斜坡水道内处于"自我维持"的状态（Southard 和 Mackintosh，1981），Bagnold（1962）称之为自悬浮作用（图 1.38）。换言之，颗粒悬浮物的过剩密度和沿斜坡向下的重力分量共同推动流体向盆地方向流动；湍流则是保持流体内颗粒悬浮的重要因素（Middleton，1976；Leeder，1983；Eggenhuisen 和 McCaffrey，2012）；与此同时，流体中悬浮物与上覆海水的密度差，使得流体能够持续流动且持续产生湍流，使得颗粒能够有效地悬浮在流体中。Middleton（1966c），Allen（1982）和 Pantin（1979）等认为：除了陡坡处沉积

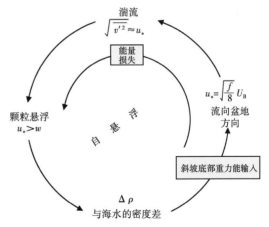

图 1.38　自悬浮作用的概念图

如果重力能输入值=能量损失值，流体将会处于"自我维持"状态。沉降速率为 w 的颗粒，将通过一般强度的垂直速度波动（$u_* \approx \sqrt{v'^2}$）发生悬浮

的厚层浊流携带细粒，真正的自悬浮作用在自然界并不常见。对于非自悬浮态的浊流，部分悬浮载荷通过流体沉降而沉积。

Southard 和 Mackintosh（1981）及 Middleton 和 Southard（1984）认为：Bagnold（1962）用于描述自悬浮作用的数学方程得不到实验结果的支持。因为 Bagnold（1962）的能量守恒方程存在缺陷，导致了能量系统的错误（Paola 和 Southard，1983）。也正如 Middleton 和 Southard（1984）所描述的那样，Bagnold（1962）方程没有考虑这样一个事实：只有小部分流体能量（约占 2%），可用于悬浮泥砂，其余都用于克服流体边界处的摩擦阻力并产生浊流和热量。Pantn（1979）修正了 Bagnold（1962）自悬浮方程，引入效率因子（e），表达如下：

$$e\alpha U_s > w \tag{1.8}$$

式中，α 为斜坡角度，U_s 为悬浮物的搬运速度，w 为颗粒的沉降速度，在某个实例中，Pantin（1979）将 e 设定为 0.01。通常来说，Pantin（1979）认为流体密度是自悬浮作用的主控因素，自悬浮的临界密度与斜坡坡度、流体厚度、颗粒大小和阻力系数有关。当流体密度低于临界值时，浊流会"减弱"并沉积下来；当流体密度高于临界值时，流体将会"爆炸"（即"燃烧"）并实现自悬浮。对于第二种状态，目前只适用于比细砂更细的沉积物；Pantin（2001）在小规模实验中实现了流体的自悬浮。利用 Pantin（1979）和 Parker（1982）的理论预测加利福尼亚州斯克里普斯海底峡谷内侵蚀性浊流的形成条件，结果表明当浊流的初始速度超过 0.5m/s 时，浊流就会产生"燃烧"现象（Fukushima 等 .1985），与 Inman 等（1976）在该峡谷中的观测数据一致。

1.5.5　流动路径上障碍物的影响

在自然环境中，流体必须翻越或绕过障碍物；在极端情况下，浊流会被障碍物反射回来，产生具有回流特征的特殊沉积物以及由流体连续通过同一地点而产生粒序中断的特征（Pickering 和 Hiscott，1985；Haughton，1994）。在遇到障碍物时，流体通常会发生偏转或被迫减速以便翻越障碍物；当障碍物高度与流体厚度相当时，流体相对于原始流动路径的偏移量最大。在实验室内，Kneller 等（1991）、Alexander 和 Morris（1994）、Kneller（1995）、Morris 和 Alexander（2003）等模拟了不同高度和几何形状的障碍物对流体路径的影响。在障碍物顶部，沉积物厚度较薄，但是在障碍物前方与流向斜交的区域，流体扰动产生的水跃会使沉积物突然增厚（图 1.39）。

1.5.6　浊积岩

浊积岩是浊流的沉积产物，保存着流体演化过程中选择性沉积的证据（即颗粒在流体中能自由移动，并在垂向上或侧向上都具有好的分选性），主要有粒序层理、成层性特征，或发育中—低角度叠瓦状构造的颗粒组构（Hiscott 和 Middleton，1980；Arnott 和 Hand，1989）。正如 Mulder 和 Alexander（2001）所解释的那样，在浊积岩中湍流和选择性沉积作用比颗粒间相互作用更强（图 1.22）。浊积岩的沉积特征取决于沉积模式和长距离搬运机制（图 1.1），其沉积过程主要与以下两个因素有关：（1）沉积底床附近的流体浓度，

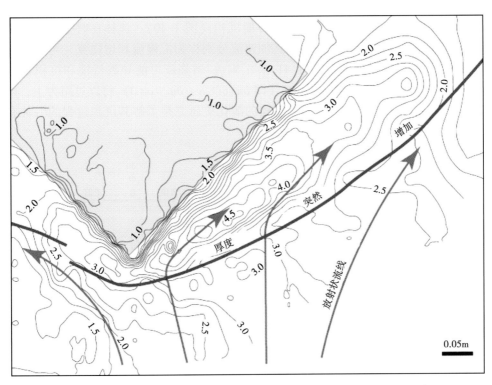

图1.39 存在障碍物的条件下，水槽实验中模拟的发散流体的沉积厚度

（据 Morris 和 Alexander，2003 修改）

等值线以毫米为单位。浊流（紫色线）来自图的底部。障碍物（绿色）是一个前缘高2.4cm的楔形。流体初始的悬浮物浓度为1.222g/cm^3（10%），最大的头部速度为24cm/s，粒度大小为80μm。障碍物的存在引发了流体的水跃。在水跃的下游方向，流体膨胀导致流体的速度下降和沉积作用增强（例如在红线之上的区域，沉积厚度突然增加）。在流体水跃发生的地方，流体的流动方向（紫色线）产生剧烈变化

（2）沉积速率。沉积速率取决于流体的能力（即能够搬运的最粗颗粒）和流量（即单位时间内流体通过横截面的沉积物通量）的下降速率，而流体能力和流量的下降意味着平均流速的下降（Hiscott，1994a）。流体速度下降与以下因素有关：（1）坡度降低；（2）流体分离；（3）底面摩擦力增加；（4）颗粒间相互作用力增加（粒间摩擦力）；（5）沉积造成的流体密度下降；（6）等深流或科里奥利效应导致的偏离，慢速的泥质流体沿着大致平行于斜坡的等深线流动，而不是沿着斜坡向下游流动（Hill，1984a）。Van Andel 和 Komar（1969）提供了一个数学公式，用于表述颗粒间摩擦力、底面和层间摩擦力以及沉积造成的浊流动能的损失。即使在平缓的斜坡上，富泥流体的流动距离也比贫泥流体要远得多，也不会遭受严重的沉积物损失（Salaheldin 等，2000）。因此，在向盆地输送泥和砂的过程中，富泥流体更加"高效"，而浊流的相对"效率"已经被用于表征不同类型的海底扇沉积（第7章）。

浊流的减速可以用 $du/dt < 0$ 来表示，其中 t 是时间，$du/dt = \partial u/\partial t + u \cdot \partial u/\partial x$。流体的减速有两种：（1）时间上的减速（非稳态流，$\partial u/\partial t < 0$，称为减弱流）；（2）空间上的减速

（非均一流，$u \cdot \partial u / \partial x < 0$ 称为发散流），减速可以是其中的一种或两种的结合。沉积被认为是发散流和减弱流的组合，但其他组合也可能沉积（图 1.40）。流体在时空上的五种减速和加速组合 ［Kneller（1995）在时空上将加速流分别称为汇聚流和增强流］ 可能产生不同粒序特征和结构序列的沉积物（图 1.41）。汇聚流/增强流可能导致侵蚀和沉积物的混入（例如流体"燃烧"），速度不变的流体（即 $\partial u / \partial t + u \cdot \partial u / \partial x = 0$）将以过路为主，即使有沉积也会很少。确定浊流速度、时间、距离的演化史研究是了解其沉积过程的一种有效方法（图 1.42）。

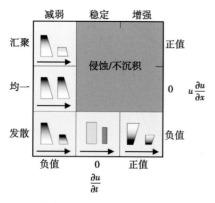

图 1.40　浊流在时间和空间上加速和减速的定义图
（据 Kneller，1995，修改）

时间上为汇聚流和发散流，空间上为减弱流和增强流。
箭头指向流体下游方向。图中预测了粒序剖面，
其中白色为砂，黑色为泥

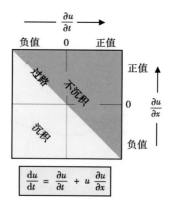

图 1.41　将流体的加速空间细分为沉积区、
侵蚀区（或不沉积）和过路区
（据 Kneller，1995，修改）

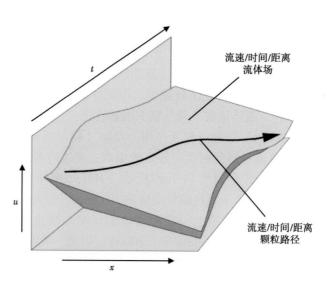

图 1.42　浊流（箭头）速度随着时间（t）和流动路径（x）变化示意图（据 Kneller，1995）

Komar（1985）根据 11 个中新统浊积岩样品（发育纹互层和交错层理）的中值粒径，采用两种方法计算流体的速度，推断减速浊流的速度变化历史；他发现通过粒径估算的速度和基于高流态向低流态转化估算的速度之间存在较大差异。造成该差异的原因可能是将浊流中悬浮物的沉积归因于搬运能力减弱的假设不合理（Hiscott，1994a）。Hiscott（1994a）认为，沉积的根本原因是沉积物输送能力随着湍流强度降低而逐渐丧失（另见 Leeder 等，2005）。即使流体速度远高于悬浮单颗粒所需的速度，一旦流速降低，处于满载的浊流也必须通过沉积而卸载部分载荷。

假设浊流悬浮物最大粒径为 1mm，根据悬浮判别标准 $u_* > w$，流体的剪切速度必须远大于 12cm/s，才足以悬浮粒径为 1mm 的颗粒（Blatt 等，1980）；当满载流体的剪切速度从 50cm/s 降到 20cm/s（平均速度从约 15m/s 降到 5.5m/s）时，将有 85% 的悬浮物被卸载（包括所有 1mm 大小的悬浮物）。因为颗粒开始沉降时间与沉至底床时间存在时间差，所以沉积并不会立马发生。不管怎样，即使是流体始终能够携带悬浮物中的最大颗粒，大部分的原始悬浮物也会被沉积下来。控制沉积的因素是流体所能携带悬浮物的极限（即沉积物输送量），而不是相同速度下清水流体所能悬浮最大颗粒的极限。显而易见，基于搬运能力估算的流体速度可能只是浊流流速的下限值，实际浊流流速可能比计算值要大得多，但仍然会沉积大量的悬浮颗粒。

很少有人尝试浊流的沉积监测，而实验室内的研究无法提供与自然界大型流体类似的沉积物，但是能够帮助了解其沉积过程。Middleton（1967）监测了低浓度和高浓度流（即浊流和浓密度流）的粒序沉积层。低浓度流的沉积具有良好的粒度分级特征；受实验条件限制，没有产生牵引搬运，也没有形成平行纹层和底床形态等。Lüthi（1981）研究了没有侧向限制的浊流沉积作用，浊流离开入口后可以自由横向扩散。随着距沟槽出口距离的增加，速度和粒度都在下降；沉积层理从平行层理变为爬升波纹层理，再变为更细粒的平行层理，这与古老浊积岩剖面上的沉积层理变化一致，分别对应于 Bouma（1962）序列的 Tb、Tc 和 Td 段。

迄今为止，关于浊积岩内部特征的详细观测大多来自对古老沉积物的研究。Bouma（1962）（图 1.43）总结了在法国南部阿尔卑斯山的 Grès de Peira-Cava 砂岩中 1061 个浊积岩层内岩相变化特征。在完整的鲍马序列浊积岩中，Ta 段可能形成于悬浮物的快速沉降期，且不存在牵引作用；其他段被认为与流体减速时期底形变化有关，但不存在沙丘底形（Harms 和 Fahnestock，1965；Walker，1965）。在自然界中，多数浊积岩并不包含 5 个完整的鲍马序列段，而是缺少一段或多段；缺少上段、以块状砂岩为主的序列可能是浓密度流沉积（见第 1.6 节）。鲍马序列是中等粒度、涌浪型浊流的良好沉积模式（Mulder 和 Alexander，2001），但对于完全由鲍马 Td 和 Te 段组成的细粒浊积岩而言，鲍马序列又过于粗略。

Shanmugam（2000，2008）对 Bouma（1962）序列 Tb—Td 段的成因有截然不同的观点，将 Tb—Td 段的纹层归因于温盐环流、潮汐、浅水内波或风驱成因的深水底流对砂层顶部的改造。Shanmugam 认为，原生砂岩很可能是砂质碎屑流沉积（即膨胀砂屑流），而不是浊流沉积，只将底部的正粒序 Ta 段归因于浊流的直接沉积。Shanmugam（2000）指出，假如纹层是浊流成因，那么应该存在 Lowe（1982），Bouma（1962）及 Stow 和 Shanmugam（1980）理想序列中所有 16 个序列段的实例，而自然界中却很难见到完整的鲍马序列。（Shan-

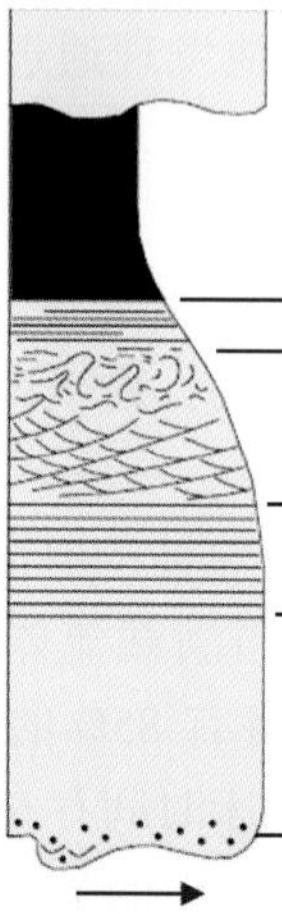

粒度	鲍马（1962）分类	解释
泥岩	纹层—均质泥岩	低密度尾部浊流沉积及远洋或半远洋沉积
粉砂岩	水平层理	颗粒和絮状物的剪切分选
砂岩	波纹爬升波纹，包卷层理	低流态下部
砂岩	平行层理	高流态平底
粗砂岩	块状或粒序砂岩—砾岩	无牵引搬运的快速沉积

图 1.43　浊积岩中沉积构造理想序列（据 Bouma，1962；解释引自 Harms 和 Fahnestock，1965；Walker，1965；Middleton，1967；Walton，1967；Stow 和 Bowen，1980）

mugam，2000）认为"在地质历史记录中缺失完整的 16 个序列段的浊积岩层，说明理想的浊积岩相模式是错误的"。对此我们有不同的看法，Shanmugam 假设的前提条件是沉积物重力流减速发生在同一个位置点，并认为全部粒度的沉积物及沉积结构应当出现在同一块岩心上或者同一个露头剖面上。相反，在沉积物重力流以膨胀砂屑流的形式沿着斜坡向下流动的过程中，周围海水的加入使流体先后稀释为浓密度流和浊流。最早，沉积物由粒度最粗的部分组成，具有高沉降速率成因的块状结构，或者具有指示颗粒间相互作用的沉积结构［例如 Hiscott（1994b）的间隔分层］，且可能会被残余稀释流的薄层细粒沉积物所覆盖（很可能被后来的流体侵蚀）。然后，残余流体继续沿着斜坡向下流动，形成具有不同的沉积结构和序列的细粒沉积物。因此，如果沉积物重力流具有足够广泛的悬浮物粒径，就有可能发育具有 16 个序列段的完整沉积。理论上，Shanmugam（2000）可能是正确的；实际上，16 个序列段将沿着数十到数百千米的流径分布，永远不可能同时出现在同一位置。更多关于 Bouma 层序成因的争论，例如底流沉积参见第 6.3 节。

1.5.7　浊积岩中的交错层理

对于鲍马序列浊积岩中缺失沙丘尺度的交错层理，目前至少存在有五种解释。

（1）Walker（1965）认为，当浊流减速时，其过快的沉积速率导致底形的形成速度与流体的减速过程难以平衡，例如形成大规模的沙丘需要较长的时间。因此，只有当流体速度降到能够使波纹保持长期稳定时，才会形成沙丘。Allen（1969）观点与此类似（图 1.44），根据浊流的粒径，可以计算出能量的变化范围，其中形成沙丘的浊流流速太快，没有足够的时间形成沙丘，并且该类浊流的流速变化处在一个狭窄的范围内（Allen，1982）；此外，在浊流沉积的初期，高沉积速率也会阻碍纹层的形成（Arnott 和 Hand，1989）。

（2）Walker（1965）认为，很多浊流的厚度太小，不足以形成沙丘；只有当流体的厚度与底形高度的比约为 5:1 时，才能够形成沙丘。自然界中，最大流速位于流体顶面之下，可能还存在很强的密度分层，形成50cm高的沙丘需要5~10m厚的流体（Walker，1965）。

（3）即使浊流的动力学条件适合形成沙丘，绝大多数的浊流也因为沉积物太细，而不能形成沙丘（图1.44中路径AA′；Walton，1967；Allen，1982）。实验研究表明，在粒度小于0.1mm的沉积物中，不存在沙丘（Allen，1982）；观测数据也支持该观点，例如与陆源细粒浊积岩相比，粗粒生物碎屑浊积岩发育鲍马Tb段相关的丘状交错层理（Hubert，1966a；Thompson和Thomasson，1969；Allen，1970）。

（4）鲍马Tb和Tc段间的水跃也可能导致交错层理缺失，虽然浊积岩上部的平行层理不一定表明超临界态流体的存在，但存在发育超临界态流体的可能，长波长的逆行沙丘纹层可能会很平缓（Hand等，1972）。在水跃的下游，流体厚度增加，流速急剧下降，可能失去形成稳定沙丘的流态。向上游迁移的水跃将在平坦的沉积底床上形成波纹的叠加，因为水跃一般发生在海底斜坡上或海底扇上段，所以上述沙纹层仅限于上述局部区域（Komar，1971）。

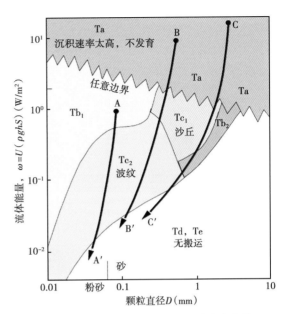

图1.44 Allen（1969，1982）对绝大多数
浊积岩缺失沙丘尺度交错层理的解释
即使浊流内颗粒的沉积速率下降到足以产生牵引相关的
底形时，也不会产生上述的层理。因为，（1）适合沙丘
的流体不会沉积，呈现过路的状态，（2）底形稳定之前，
没有足够时间让沙丘生长

（5）沉积物中较高悬浮物浓度可以将高流态稳定的平面底形向下拓展到低流速中，因此，最终转变为低流态的情况将发生在波纹的稳定范围内，而不是沙丘（Lowe，1988）。

目前还没有关于自然界大型浊流沉积机理的数据，但并非所有关于浊积岩中缺失丘状层理的五种解释都是有效的。有趣的是，越来越多的海底扇水道和水道末端区域的侧扫声呐记录了大型砂砾石底形的存在（图1.35），既有横切水流方向，又有平行于水流方向（Piper等，1988；Malinverno等，1988；Hughes Clarke等，1990；Wynn等，2002b）。迄今为止，没有证据表明这些底形包含露头或岩心中识别的交错层理（Piper和Kontopoulos，1994）。

1.5.8 浊积岩中的逆行沙丘

目前，尚不清楚超临界浊流（$F > 1.0$）能否形成某种特定的沉积构造。在河流和水槽中，超临界流体会产生逆行沙丘。逆行沙丘顺流或逆流迁移，产生低角度倾斜层理（Middleton，1965）。Skipper（1971）、Skipper和Bhattacharjee（1978）描述了加拿大魁北克奥陶系Cloridorme组厚层浊积岩底部交错层系中的波状构造。因为这些构造的前积层倾斜方向与槽模测得的古水流方向相反，他们将其解释为短波长逆行沙丘（波长65cm）。这些沙丘形成的流体动力学机制很难解释（Hand等，1972），因为浊流中逆行沙丘的波长应是流体厚度的12倍。因此Pickering和Hiscott（1985）提出了不同的解释。他们将Cloridorme组的该段地层解释为受限前陆盆地的盆底沉积环境，当大型浊流被边缘斜坡阻挡，会反复地发生反弹或偏转。另外，也有其他沉积构造记录了浊流流动方向的反转，包括底模构造和波纹层理。Pickering 和 Hiscott（1985）研究了 Skipper（1971）所描述底形的颗粒组构，表明流体流动方向与大多数槽模所展示的方向相反，这个结论得到 Yagishita 和 Taira（1989）的实验支持。因此，Cloridorme 组的底形不是逆行沙丘，而是亚临界流动条件下沙丘迁移的记录（图 1.45）。

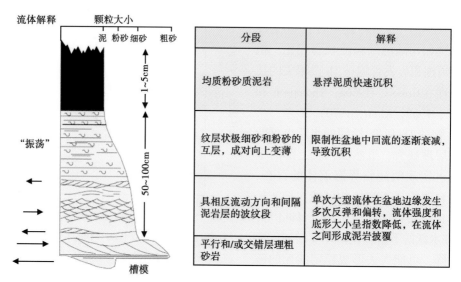

分段	解释
均质粉砂质泥岩	悬浮泥质快速沉积
纹层状极细砂和粉砂的互层，成对向上变薄	限制性盆地中回流的逐渐衰减，导致沉积
具相反流动方向和间隔泥岩层的波纹段	单次大型流体在盆地边缘发生多次反弹和偏转，流体强度和底形大小呈指数降低，在流体之间形成泥岩披覆
平行和/或交错层理粗砂岩	

图 1.45 大型反弹浊流的沉积序列剖面（据 Pickering 和 Hiscott，1985）
流体在限制性盆底内沉积，上覆厚层泥岩盖层，单层厚度可超过 10m

Prave 和 Duke（1990）、Yagishita（1994）描述了浊积岩内长约 1m 的波状底形，解释为逆行沙丘。我们认为 Yagishita（1994）记录的波状底形内部的水平纹层是间隔层理，是由强烈的、不稳定的流体沉积而成。但是上述两种解释和 Skipper（1971）最初的解释，都存在同样的问题：无法说明为什么波状底形的波长比浊流的逆行沙丘短。除非浊流具有强烈的内部分层特征，否则，很难解释上述现象。虽然还没有确定性结论，但我们认为真正的逆行沙丘是非常稀少的，或者是因为它的波长很长，振幅很低，导致难以识别。

在蒙特利扇天然堤上发育了一组超大型泥质的波状底形（图 1.46；波高 2~37m，波长 0.3~2.1km），这套底形被解释为低浓度、低速（约 10cm/s）、100~800m 厚的浊流形成的逆行沙丘（Normark 等，1980）。类似的，在其他天然堤和一些非限制性斜坡上，长波长的泥质波状底形都被解释为逆行沙丘（Ercilla 等，2002；Normark 等，2002）。在深海岩心和露头中，这些泥质波状底形的内部纹层都非常平坦。当与这些底形相关的超临界流体不再出现，后期的细粒浊积岩和半深海沉积物就会覆盖这些底形，并保持它们的形态。

1.5.9 低浓度浊流成因的浊积岩

Piper（1978）、Stow（1979）、Stow 和 Bowen（1980）、Stow 和 Shanmugam（1980）、Stow 和 Piper（1984b）等描述了低浓度泥质浊流。对于泥质浊积岩而言，Bouma（1962）的砂质浊积岩序列有些相对粗略，因此许多泥质浊积岩只包含鲍马序列中的 Td 和 Te 段。目前，

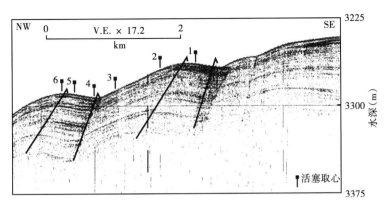

图 1.46　蒙特利扇峡谷西部的天然堤沉积物波剖面图（引自 Normark 等，2002）

天然堤脊部距右侧 20km。箭头指示沉积物波的波峰和波谷的迁移

存在多个泥质浊积岩的分类方案（图 1.47），Stow 和 Shanmugam（1980）将泥质浊积岩分为 T_0—T_8 共 9 段，分别是悬浮物沉降和牵引成因的 T_0—T_2 段、粉砂颗粒和黏土絮凝物剪切分选成因的 T_3—T_5 段以及无牵引条件下悬浮物的沉降 T_6—T_8 段，其中 T_0 段对应鲍马序列的 Tc 段。与鲍马序列相似，上述 T_0—T_8 段的完整序列并不常见，常缺失顶部、底部和中间的序列（Stow 和 Piper，1984b）。T_3 段内规律性分布的薄层水平层理由流体底部的剪切分选导致粉砂

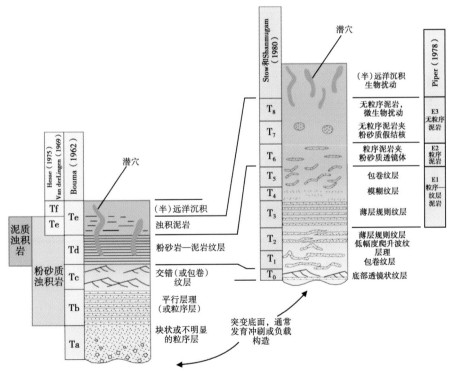

图 1.47　细粒浊积岩细分方案（据 Hesse，1975；Piper，1978；van der Lingen，1969；Stow 和 Shanmugam，1980）

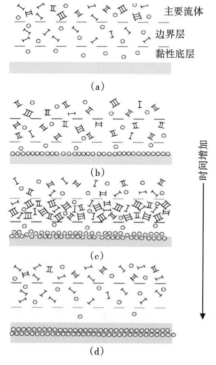

图 1.48 通过浊流边界的粉砂和黏土沉积物
形成粉砂和泥岩薄层的四个演化阶段示意图
（引自 Stow 和 Bowen，1980）

和黏土颗粒的交替沉积形成（Stow 和 Bowen，1980；Kranck，1984）。依据该模式，在粉砂颗粒和黏土絮状物沉降的过程中，界面剪切力的增加会导致黏土絮状物破碎（图 1.48a），粉砂颗粒会穿过黏性层，形成粉砂薄层（图 1.48b）。与此同时，在顶面上越来越多的沉积物聚集会使黏土浓度增大，发生再絮凝作用（图 1.48c）。在某个临界浓度上，黏土能够形成足够大的聚集体，不受剪切应力分解的影响，也能够快速穿过黏性层，最终沉降下来，形成泥岩层（图 1.48d），这种粉砂和泥质沉积物的旋回会在细粒悬浮物中反复发生。

Hesse 和 Chough（1980）给出了细粒浊积岩中水平层理的第二种解释方案，认为富粉砂的纹层形成于黏性层被反复聚集和清扫时期，上述过程导致黏土颗粒被搬离边界，且单个粉砂质薄层的复合特征支持该理论模型。富黏土薄层形成于聚集和破碎被大型涡流抑制的时期。此外，脉冲式的流体事件（Best 等，2005）可能也会导致黏性层的变化。

Stow 等（1990）在研究孟加拉扇远端带状、生物扰动的泥岩时，提出了"半浊积岩（hemiturbidite）"的概念。其认为上述泥岩是浊流减弱时期的沉积产物，可能需要经历几周到数月的时间，沉积厚度才能达到 1m。流体上浮（即浮力使稀释悬浮物从海底分离）产生以黏土和泥质颗粒为主的悬浮云团，然后沉降，并在最顶部形成泥岩层。Damuth 和 Kumar（1975a）描述了亚马逊扇灰色的"半深海"泥岩，其可能与 Stow 等（1990）的"半浊积岩"类似，并将其解释为稀释、厚层的泥质浊流在整个扇体的扩散。

1.5.10 浊积岩粒度与厚度沿下游方向的变化趋势

如果浊流是单一物源，并且沉积物颗粒的粒度连续变化，那么浊积岩的厚度与粒度之间会存在很好的相关性（图 1.49；Sadler，1982）。萨德勒（Sadler）曲线展示了浊积岩沿斜坡向下游方向的变化趋势：（1）近端，为相对较薄的中粒沉积层；（2）中部，为较厚的粗粒沉积层；（3）远端，为厚度逐渐变薄的、颗粒逐渐变细的沉积层。其"远端"沉积特征很容易解释。通过计算，Sadler（1982）发现：在给定流体密度和斜率且粒度均匀分布的条件下，沉积层厚度与底床剪切应力三次方的平方根成正比。因此，当浊流减速时，其搬运能力和载荷量的下降会导致沉积物粒度变细、厚度变薄。但是在近端，沉积物的粒度和厚度沿着斜坡向下游方向有一个短暂的增加趋势，该趋势需要一个更合理的解释。Sadler 引用 Kuenen（1951）的实验结果：从浊流的头部到尾部，浊流的密度和搬运能力在纵向上发生衰减。因此，当处于自悬浮状态的浊流减速时，浊流尾部将最先开始沉积，因为尾部的密度和搬运能力相对低。Sadler（1982）认为：最近源的浊积岩厚度增大、粒度变粗；直到某一点时，除靠近浊流的头部区域外，流体其余部分都将发生沉积。

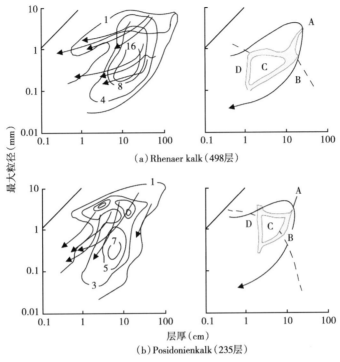

图 1.49　两个研究区下石炭统浊积岩厚度与最大粒径交会图（据 Sadler，1982）

左侧图显示数据点密度的等值线，相应的数据包括浊积层的厚度和与之对应的最大粒径。X 轴为"底面到顶面的距离"，箭头指示垂向粒度分布曲线。右侧图展示了位于底部的鲍马序列 Ta—Td 段沉积物的最大粒度值分布范围。绿色区为 Tb、Tc 和 Td 段的重叠区域。虚线为 Ta 段的下限，它与其他段有很大的重叠区。箭头表示横向粒度分布曲线，基于左侧图的等值线获得

　　Dade 和 Huppert（1995）还预测深海盆地平原上的浊积岩厚度先增加后减少，但他们给出与 Sadler（1982）不一样的解释，"早期快速移动的浊流迅速地通过某一点，虽然此时沉积速率很高，但被卸载下来的沉积物却很少；在大多数的时候，涌浪通过某个固定点的持续时间很长，但缓慢流动的流体很少沉积"。

　　Dade 等（1994）建立了斜坡上浊积岩厚度与流体速度之间的数学公式：

$$BT = \frac{U_B W_s \cos\alpha}{kF^2 g'_b} \tag{1.9}$$

式中，W_s 为平均沉降速率，BT 为浊积层厚度，$g'_b = g\varphi_b\left[(\rho_{clasts}-\rho)/\rho\right]$，$\rho$ 为海水密度，φ_b 为固体颗粒的体积，α 为斜坡坡度，U_B 为涌浪速度，k 为涌浪高度/涌浪长度，F 为弗劳德数（除了沉积作用的末端之外，几乎恒定不变），在这种情况下，BT 与底床剪切应力的平方根成正比（因为 $\tau_o \propto \left[U_B^2\right]$）（Sadler，1982）。

1.5.11 浊流沉积的时间尺度

浊流沉积的时间尺度主要有三个方面：

（1）海底某个位置沉积一套浊积岩所需要的时间；

（2）浊流从触发到消失（浊流内的几乎所有沉积物都已沉积）所花费的时间；

（3）浊流的沉积间隔（或频率）。

海底某个位置沉积一套浊积岩所需要的时间近似或者小于整个浊流通过某个特定横截面所花费的时间。如果浊流的头部和前部呈现侵蚀性或不沉积特征，那么沉积可能仅占浊流通过时间的一小段。在极端条件下，细粒悬浮物在大型浊流通过后的数周时间内才能消散，尤其是在限制性盆地平原（Pickering 和 Hiscott，1985）。但是当评估在某一地点浊积岩的沉积时间时，通常不考虑被浊流影响的海水恢复到之前状态的时间，一般只是对鲍马 Ta—Td 的砂/粉砂段的堆积时间进行评估。在实验室条件下，Arnott 和 Hand（1989）研究了在悬浮物稳定沉降到底床的过程中，浊流沉积构造和组构的发展特征。他们建立了叠瓦状沉积构造的角度（β）与加积速率 x（cm/min）之间的线性关系：

$$\beta = 10.7 + 1.36x \tag{1.10}$$

对于阿巴拉契亚山脉的奥陶系浊积岩，利用上述线性关系可以得到浊流的加积速率达到 7~12cm/min，因此沉积一套 9.1m 厚的砂岩层需要花费 1.25 小时（Hiscott 和 Middleton，1980）。Allen（1991）利用 Ta—Tb 段的加积速率（Arnott 和 Hand，1989）及 Tb—Tc 段加积速率（Allen，1971），估算了 Komar（1985）所描述的一套 27cm 厚的浊积岩的沉积时间，结果需要花费几十分钟。Piper 等（1988）使用浊积岩的体积及深水水道的预计流量对1929 年 Grand Banks 事件进行了估算，它们推断浊流至少需要花费 2~3 小时才能通过某个特定的水道横截面，最终到达索姆深海平原。Jobe 等（2012）用 TDURE 数学模型（Baas等，2000）计算了来自三个野外的 44 个砂岩段（发育爬升波纹层理）的沉降速率和堆积时间。对于平均厚度为 26cm 的 Tc 段和 37cm 的 Tbc 层，相应地爬升波纹交错层理和整层的沉积速率分别为 0.15mm/s 和 0.26 mm/s，平均堆积时间分别为 27 分钟和 35 分钟。对于涌浪型浊流，从触发到消失（流体内部的沉积物几乎全部沉积）所花费的总时间大约是浊流的总搬运距离除以浊流头部的平均速度。大型天然浊流从触发到消失一般需要几天的时间［例如 Dade 和 Huppert（1995）所描述的 Black Shell 浊积岩］。电缆断裂时间表明：1929 年 Grand Banks 浊流到达索姆深海平原北纬 34° 的位置用了大约一天的时间（Doxsee，1948；Piper 等，1988）。浊流以 1m/s 的平均速度穿越 800km 长的亚马逊水道，到达亚马逊海底扇（第 7 章），花费将近 9 天的时间才完成了所有的旅程。另外，一次富泥浊流穿越加利福尼亚的海底扇，用了约 6 天（Bowen 等，1984）。还有一些浊流被认为是半连续事件，包括在河流流量高峰期的异重流，以及工业排放的持续数周至数月的悬浮物（Hay，1987b）。

浊流的频率可以依据地层年龄除以浊积岩的数量来进行估算，但是估算的前提条件是不存在海底侵蚀作用，且浊积岩保存完整。另外，在上述计算过程中，浊积岩的数量只包括那些到达取样点并沉积的浊流，但是很多浊流可能沿着其他路径流动，因此这种方法低估了斜坡上部失稳产生的浊流总量。在浊积层厚度变化的沉积序列中，可以估算不同厚度的浊积层的频率，尽管数量较少岩层的频率估算结果并不可信。

浊流发生的间隔范围很广，这种变化既取决于沉积物供给的变化率，也取决于流体的初始触发机制。例如，更新世浊积岩在亚马逊扇的天然堤上沉积了彩色带状泥，其堆积速率高达 25m/ka，发生频率可能接近一年一次（Hiscott 等，1997b）。Piper 和 Normark（1983）估计 Navy 海底扇上不同部位浊流发生频率的变化范围是 1~1000 年。Simm 等（1991）发现，过去 12.7 万年期间到达马德拉深海平原的大型细粒浊流的出现频率约为 2.5 万年/次。在西太平洋渐新世弧前盆地内，浊积岩厚度在 1~3000cm 范围内变化，Hiscott 等（1993）按照厚度将浊积岩分为 7 个类别，确定这个区域的浊流发生频率为 3~1000 年/次。

1.6 浓密度流及其沉积物

在实验和理论上，对浓密度流的理解远不及浊流。高浓度（体积浓度 15%~40%；图 1.21）可以形成与众不同的沉积物特征：在靠近底床的下段，可能形成层流，而在远离底床的上段，浓度较低且湍流较多。沉积物中能见到典型的颗粒间相互作用的特征，暗示着底床附近存在湍流的抑制（图 1.20）。根据 Mulder 和 Alexander 等（2001）的观点，沉积过程包括：（1）因颗粒间摩擦力增加，而产生整体快速沉积（Middleton，1967）；（2）因颗粒碰撞和分散压力，在流体底部形成反粒序；（3）在不稳定流体下，形成间隔分层（以前称为牵引毯）（Hiscott 和 Middleton，1979，1980；Hiscott，1994b；Sohn，1997）；（4）无牵引机制的选择性沉积（Arnott 和 Hand，1989）；（5）推移负载和悬浮负载的交替沉积（Walker，1975a）；（6）远离底床的泥屑沉积；（7）不稳定疏松颗粒坍塌时，因孔隙流体的排出，而产生的流体逃逸构造（Lowe 和 LoPiccolo，1974）。

因为浊流和浓密度流之间相互转换取决于湍流和其他颗粒支撑机制的相对重要性，所以在整个生命周期内，流体类型可能会发生一次或多次转换。如果海底波动或流体流量变化，导致流体速度沿着流动路径交替变化，就可能出现上述流体类型转换的情况（Kneller 和 Branney，1995；图 1.42）。速度急剧下降会引起颗粒沉降速率增高及流体下部颗粒间相互作用增强，如果在沉积阶段该支撑机制占主导地位，那么沉积物将展示浓密度流的沉积特征。因此，在解释沉积环境和沉积物分布时，应该始终记住上述两种流体可能会相互转换。

1.6.1 浓密度流沉积物

Middleton（1967）在高浓度流体的实验中，阐述了快速、整体沉积导致位于沉积顶部的"快速层"容易因亥姆霍兹波影响而变形。沉积物以粗尾粒序为特征。野外研究发现了 Bouma（1962）浊积岩序列中所没有的沉积构造。其中的一种最初被称为牵引毯构造，后来 Hiscott（1994b）重新命名为间隔分层。术语"牵引毯"（Dzulynski 和 Sanders，1962；Lowe，1982）用于描述浓密度流沉积物中 5~10cm 厚的反粒序层理（图 1.50）。正如最初设想的那样，上述牵引毯上的碎屑在剪切作用下密集地分散在层面之上，并由分散压力维持（Bagnold，1956），直到达到触发整体沉积的临界厚度。在此类沉积物中，强烈的颗粒间相互作用是形成底部反粒序及颗粒叠瓦状排列（通常角度 > 20°）的主因（Hiscott 和 Middleton，1979）。

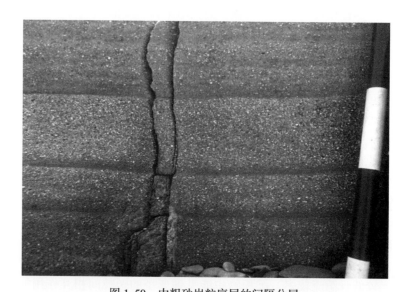

图 1.50　中粗砂岩粒序层的间隔分层

5~10cm 厚分层带的底部为反粒序特征，向上变为无构造和无粒序特征，砂岩的颗粒组构具有明显的高角度的
叠瓦沉积构造。图片未展示顶底面。图中比例尺一格为 10cm

Hiscott（1994b）发现用于解释沉积物重力流"牵引毯"剪切作用的物理模型存在严重缺陷。具体而言，在整个"牵引毯"中剪切应力应该是恒定不变的（Sumer 等，1996；Pugh 和 Wilson，1999），因此没有理由期望会发生一系列沉积过程，正如 Hiscott 和 Middleton（1979）、Lowe（1982）所提出的那样——每个"牵引毯"从上到下都如同被"冻结"一样。此后，Legros（2002）将分散压力作为反粒序的形成机制。此外，剪切实验（Savage 和 Sayed，1984）表明：即便是很大的剪切应力也不能移动剪切超过 10 个粒径的深度。Hiscott（1994b）对这种反粒序沉积使用了更具描述性的术语"间隔分层"，将这种分层特征解释为：在大型浊流内强烈水动力波动和聚集—清扫循环下，沉积物如下雨般沉降到海床上。在地层底部的"动力筛"机制形成了反粒序特征（Middleton，1970；Savage 和 Lun，1988）。在"动力筛"作用下，分散分布的细颗粒通过较大颗粒间的空隙，最终占据剪切层下段。Sohn（1997）认为"牵引毯"无法解释"间隔分层"，并阐明"牵引毯"是由逐步加积作用形成而不是剪切层的摩擦"冻结"。摩擦"冻结"的沉积模式不会在沉积物中形成任何分层，并且也不太可能在砂质沉积物中产生反粒序（Sohn，1997）。

Aalto（1976）、Hiscott 和 Middleton（1979）、Hein（1982）、Lowe（1982）、Mulder 和 Alexander（2001）等发表了浓密度流沉积物的沉积构造序列。Hiscott 和 Middleton（1979）根据转换矩阵对加拿大魁北克 Tourelle 组海底扇（Hiscott，1980）中的 214 个中粗砂岩层进行分析。图 1.51 为马尔可夫转换链及沉积过程解释，该转换与 Hiscott 和 Middleton（1979）所发表的略有不同，原因是独立实验矩阵的计算方法发生了变化（修改了行和列总数的迭代拟合；Powers 和 Easterling，1982）。除了底部的冲刷和充填构造之外，整体快速沉积作用形成的沉积物首先是粗—中粒的块状砂岩，或者是在高度不稳定流体动力条件下产生的"间隔分层"段。在早期沉积阶段，没有证据表明存在选择性的牵引作用，可能是因为沉积速率超过4cm/s时，平面分层的发育会受到抑制（Arnott和Hand，1989）。在大多数层的顶部，稀释的尾部流速减慢，形成类似的鲍马序列。在某些情况下，稀释的流体尾部改造早期砂质沉积物的顶面，形成大型波纹和沙丘；然后沿着海底扇表面继续向下流动，在海底扇远端沉积细粒物质（Lowe，1982）。

表1.4 Tourelle组214个厚层砂岩层的转换矩阵

沉积类型	向上转换次数								
	1	2	3	4	5	6	7	8	9
1-底部冲刷	0	155	20	2	0	0	0	0	37
2-块状/粒序层理	135	0	10	13	21	10	9	12	23
3-内部冲刷	4	27	0	0	0	0	0	0	1
4-平面分层	7	1	0	0	5	11	2	0	0
5-波纹层理	25	0	0	0	0	0	0	3	0
6-卷曲变形	12	0	0	0	0	0	1	0	0
7-交错层理	9	0	0	2	1	0	0	0	0
8-泥质纹层	16	0	0	0	0	0	0	0	0
9-间隔分层	6	50	2	0	0	2	0	1	0

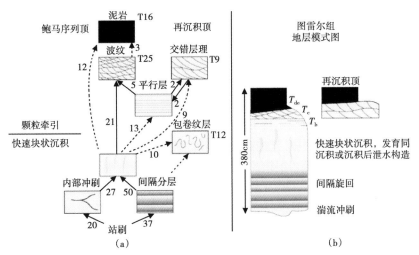

图1.51 （a）加拿大魁北克Tourelle组214个厚砂岩层（平均厚度380cm）在9种"沉积类型"之间的转换链，上述厚砂岩层是由浓密度流体沉积而成。数字代表各个沉积类型之间的转换次数，T25表示波纹层理段转换次数最多25次。顶部保存完整的层仅有62个，其他152个层的顶部在叠置时产生了斜切效应。构造的划分要么通过快速块状沉积（"冻结"）产生，要么通过牵引流选择性沉积产生。在某些情况下，中尺度的交错层理指示层顶部发育沉积后改造作用。箭头指示了转换的统计显著性，实线箭头表示显著性大于98%，虚线箭头表示显著性大于93%。没有箭头代表沉积类型间的转换只有一次。（b）基于转换图的沉积模式图，附带标有鲍马序列（1962）的解释

Hein（1982）记录了深水水道内砾岩、砾质砂岩和粗砂岩中的沉积构造序列，与 Walker（1975a）所描述砾岩、Hiscott 和 Middleton（1979）所描述砂岩的沉积构造序列类似。另外，Hein（1982）识别出同沉积—沉积后的泄水构造段，发育特别丰富的碟状构造。并且，与 Hiscott 和 Middleton（1979）细粒沉积物相比，Hein（1982）砾石质砂岩中的交错层理更加丰富。Hein（1982）将部分交错层理归因于稀释流体对沉积物顶面的改造作用，这些稀释流体来自邻近的其他海底水道（Piper 和 Normark，1983）。

Soh（1987）研究了日本中部中新统—上新统厚层层状粒序砾岩，推导出流体发生沉积时主要搬运过程的转变——从流体底部以颗粒碰撞为主的颗粒剪切力，转变为近流体顶部低浓度的黏性流阻力。

总之，上述描述的共性特征是：在沉积早期阶段，颗粒间相互作用和孔隙流体逃逸占主导；随后变为紊流条件下缓慢的、选择性的沉积作用。同时，这些流体具有密度分层，并且紊流的抑制局限于流体下段。目前，尚不清楚这些流体的不同段之间是否存在明显的分界面，也不清楚流体的分层是长周期的，还是在沉积作用开始时颗粒强烈沉降的结果。

1.6.2　浓密度流沉积物中的大型泥屑

很多浓密度流沉积物含有大型泥屑，有些分散在层底面之上，有些聚集成一簇或一排（Walker，1985；Postma 等，1988；Shanmugam 等，1995）。依据泥屑在层内"漂浮"的现象，研究者提出了很多的模式，用于解释沉积物重力流或分层流体如何悬浮泥岩碎屑。Postma 等（1988）在 25°斜坡上开展水槽实验，其结果表明高浓度的层状惯性流和低浓度紊流之间的界面上能够搬运大型泥屑（图 1.52），并提出在经历"重力转换"之后，自然界中较大型的双层流体能够以相同的方式在坡度较低的斜坡上搬运（Fisher，1983）。Shanmugam 等（1995）将块状砂岩中的"漂浮"碎屑解释为膨胀砂屑流沉积（砂质碎屑流），而不是浊流或浓密度流沉积。Hiscott 等（1997a）对之一结论提出了异议，他指出浓密度流的沉积过程是由底部向上逐步堆积（Kneller 和 Branney，1995），因此，沉积过程中，海底对应于最终沉积面之上的某个面。如果泥屑沿着底床滚动或滑动，然后停止移动，随后将被砂岩掩埋，就好似悬浮在砂岩层中。浓密度流内超大型泥屑的流动速度远小于流体平均速度（Hand 和 llison，1985），所以超大型泥屑会在沉积一定厚度的砂岩后停止滚动和滑动，并沉积下来。

最近对"混合事件层"的解释中，Haughton 等（2009）将底部有粒序的砂岩段中的大型漂浮泥屑解释为流体性质转换的产物（重力转换），即从湍流密度流转换为碎屑流。底部沉积记录了湍流沉积的证据，因此具有粒序特征（图 1.28a），富含泥屑的层段则泥质含量更高、更无序，因为它们是黏性流体在晚期阶段的沉积产物。又或者是，携带大型泥屑的碎屑流和浓密度流是同时触发的（图 1.29），其沉积物相互叠置，从而形成了上段具有大型泥屑的单一事件层（Haughton 等，2010）。

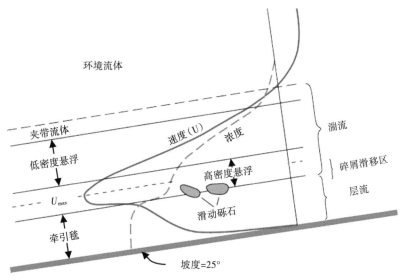

图 1.52　分层重力流内大型泥屑的搬运机制图（据 Postma 等，1988）

实验坡度为 25°，在自然界中很难见到

1.7　膨胀砂屑流及其沉积物

　　一般来说，膨胀砂屑流（Inflated sandflow）的体积密度范围为 40%~70%（图 1.21），流体内部绝大部分的颗粒为粗粉砂及以上粒径，主要组成部分为砂，可能也含不等量的砾石。膨胀砂屑流的内聚力很小（图 1.19 和图 1.22），且颗粒之间的孔隙连通性很好。Mulder 和 Alexander（2001）认为上述特性有利于砂屑流吸收海水，导致大部分膨胀砂屑流转变为浓密度流。膨胀砂屑流缺少明显的内聚强度，但存在一定的摩擦强度。因为当流体的浓度非常高时（即流速降低开始沉积时），颗粒之间的相互粘结会产生摩擦强度。因此膨胀砂屑流的沉积方式是摩擦"冻结"导致的整体沉积。

　　尽管内聚力不是颗粒支撑的重要因素，但砂屑流在缓坡上流动时需要少量的间隙泥（interstitial mud）或较差的颗粒分选。因为含泥质或者分选差的砂岩具有非常小的孔喉，这会显著降低沉积物颗粒之间的渗透性，从而减缓支撑颗粒物的超孔隙流体压力的耗散（图 1.19）。如果没有少量泥提供的孔隙流体压力或内聚力，膨胀砂屑流将完全依靠颗粒之间的相互作用来维持悬浮状态，并成为纯粹的颗粒流。如前所述，颗粒流的形成坡度必须大于 13°。但是 Mulder 和 Alexander（2001）指出，如果流体中含有 2% 的泥，其余沉积物为细砂，那么砂屑流是能够在缓坡上流动的。如果沉积物主要是粗砂或者砾石，那么当流体中水含量达到 25%~40%，泥含量达到 20%~25% 时，砂屑流可以在缓坡上滑动（Hampton，1975；Marr 等，2001）。但实际上，当流体内的颗粒分选较差，泥体积浓度不超过 2% 时，粗砂之间的细砂可以显著降低孔隙流体的逃逸速率。

当泥含量较低，砂质沉积物分选较差时，膨胀砂屑流的流动性主要依靠的是高孔隙流体压力的持续增加以及颗粒之间的相互作用。当流体内沉积物含有 10%~25% 的泥时，膨胀砂屑流的流动方式就可能类似于 Lowe 等（2003）描述的"泥浆流（slurry flows）"。Mulder 和 Alexander（2001）指出黏性颗粒（即泥）的存在，会增加流体的连贯性（coherence），这种连贯性是泥质含量较高的砂屑流能够长距离流动的原因。Marr 等（2001）将"连贯性"定义为泥浆混合物粘结在一起支撑沉积物的能力。对于具有较低连贯性（即泥含量低）的砂屑流，材料的流变强度不能完全抵抗由砂屑流产生的动态应力（Marr 等，2001），因此砂屑流内部会发生强烈的变形。

因为膨胀砂屑流较低的连贯性和孔隙连通性，膨胀砂屑流比富含泥的黏性流更容易与周围海水产生"剪切混合（shear mixing）"（Marr 等，2001；Talling 等，2002）。剪切混合是指重力流在环境流体下方移动时，其前部和顶部产生的侵蚀作用，这种侵蚀过程会产生次生的稀释浊流（Hampton，1972）。

因为膨胀砂屑流的颗粒浓度高，因此不会发生与选择性沉积和牵引搬运相关的沉积物层理，且流体内不会形成因差异沉降而导致的颗粒分选（Mulder 和 Alexander，2001）；因此，膨胀砂屑流的沉积物缺乏正粒序或只发育较差的粗尾递变层理特征（Marr 等，2001）。另外，这类流体在以下两种条件下可能产生反粒序特征：（1）颗粒之间的相互作用较强；（2）砂屑流的底部经历较强和较长时间的剪切运动，导致搬运能力下降（Hampton，1975）。高孔隙流体压力的耗散，通常会产生碟状和柱状的流体逃逸构造。在泥质含量较高的沉积物中，虽然内聚力很小，但是它很重要。它促进了各种剪切和变形构造的发育和保存（Lowe 等，2003）。如果膨胀砂屑流的上界面和海水剪切混合产生了浊流，那么浊流沉积可能会直接覆盖在原生膨胀砂屑流沉积之上。但实际上，浊流更可能继续向下运动，沉积在更低、更远的斜坡上（Marr 等，2001）。

虽然摩擦"冻结"是导致沉积的原因，但 Mulder 和 Alexander（2001）认为膨胀砂屑流不会整体沉积。实验结果表明，陆地上摩擦流形成的较厚沉积物，是由连续薄层沉积物的加积形成的（Major，1997）。但是水下较厚的流体沉积可能表现得不太一样。当剪切应力下降至摩擦强度以下，流体从顶部向下"冻结"时，因流体顶部的剪切应力最低，因此顶部流体中的颗粒最先粘结，形成一个半流体塞，随着流体速度的继续变慢，流体塞向下逐渐变厚。

Branney 和 Kokelaar（2002）提出了一种综合模式，主要应用于弱黏性重力流产生的沉积（图 1.53）。区分这些流体的主要特征有：流体的浓度、剪切速率和沉积速率（图 1.54）。对于低浓度的浊流而言，高剪切速率会产生牵引构造，低剪切速率很少产生牵引构造，但形成块状沉积。对于较高浓度的流体，加积层上的高剪切速率会形成突变界面和较强的颗粒组构，而扩散沉积边界（可能是强烈孔隙流体逃逸过程所致）的低剪切速率，会导致较弱的颗粒组构，形成液化和流体逃逸特征的沉积。

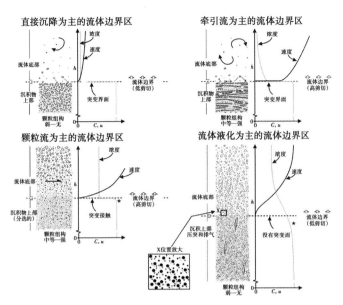

图 1.53 砂质重力流沉积物中沉积物特征、剪切速率和流体浓度之间的关系（据 Branney 和 Koke，2002）

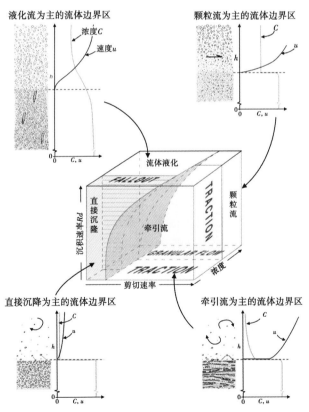

图 1.54 砂质重力流沉积过程立体示意图（据 Branney 和 Kokelaar，2002）
高浓度流体（上部两种沉积）形成典型的膨胀砂屑流和浓密度流沉积

1.8 黏性流及其沉积物

1.8.1 定义和流动方程

黏性流（Cohesive flow）以粘在一起为特征，它们在沿海底流动时作为整体移动（Marr等，2001）。这种内聚力是由带静电的黏土矿物产生的。Mulder 和 Alexander（2001）对泥石流（mudflow）和碎屑流（debris flow）进行了划分。泥石流沉积物的砾石含量<5%，且泥比砂多；碎屑流沉积物由分选更差的沉积物组成（砾石含量>5%，砂含量变化范围广），而且可能含有巨砾级的软沉积物或岩块，以及大型的漂浮块体。"碎屑流"通常用于描述流体过程和沉积物。这种用法通常没有问题，但是为了更清晰地表达，本书中将过程和沉积物进行了区分，"碎屑流"在这里仅表示流体过程，碎积岩（debrite）则用来描述其沉积产物。

目前，黏性流的研究主要集中在陆地环境（Johnson，1970，1984；Pierson，1981；Takahashi，1981；Middleton 和 Wilcock，1994）。Takahashi（1981）认为，黏性流是"颗粒分散在水或泥浆中，流体浓度略微低于最终沉积的浓度……其中所有颗粒和孔隙间流体都受重力影响而移动"。陆地环境的黏性流能够搬运重达 2700t 的巨石（Takahashi，1981），流体密度范围 $2.0 \sim 2.5 g/cm^3$，流动速度可达 20m/s。灾难性的海底黏性流可以携带（或推动）重达 $230 \times 10^4 t$ 的巨石（水中重量；Marjanac，1985）。

实验和理论研究表明（Hampton，1975，1979；Rodine 和 Johnson，1976），黏性流只需要少量的填隙基质（泥+水浆），约 5%，就可以在极其平缓的斜坡上流动。这些基质具有以下多种功能，（1）可以润滑较大的碎屑，使碎屑能够相互滑动；（2）为密度略高的碎屑提供浮力；（3）通常具有较高的孔隙压力，因此能够增大浮力，降低流动的摩擦阻力（Pierson，1981；Ilstad 等，2004a）。

流变学方面，黏性流类似于湿的混凝土，它的强度由两个部分组成：一是内聚强度，由黏土颗粒之间的静电引力产生；二是摩擦强度，由于碎屑之间的接触、流体与底面之间的接触产生。根据 Pierson（1981）的研究，摩擦强度远超过内聚强度，是黏性流碎屑支撑的主要来源。黏性流的强度使其沉积物明显高于周边的地形，并且具有陡峭的弯月状边缘。黏性流的强度和基质中碎屑的浮力，使其能够携带比自身体积密度更大的碎屑。

塑性材料的特征是材料在超过屈服强度之前不会发生变形。一旦开始变形（流动），层流通常在临界屈服强度小于剪切力的黏性流占主导地位。其他时候，摩擦力或内聚力将抵抗流体的变形。流体流动期间的颗粒支撑主要来自：（1）流体通过细粒基质的摩擦阻力，类似于 Middleton（1970）描述的动力筛选过程；（2）基质内聚力或强度，它小于分散碎屑所施加的向下的力；（3）浮力（仅部分）；（4）黏性基质中的孔隙压力；（5）分散压力（Bagnold，1956，1973；Pierson，1981）。Lowe（1982）认为，在许多情况下，最大的碎屑并未真正悬浮，而是相互接触，通过滚动、滑动和间歇性的跳跃向下游方向搬运。

黏性流的流动是高剪切力作用导致底部变形的结果。流体的体部或边缘，剪切应力较低，并不能总是超过屈服强度，因此流体的上部可以像半刚性的流体塞一样漂移（Johnson，1970）。随着剪切总应力的减小（即底部坡度的减小），或颗粒间摩擦力的增加，半刚性流体塞向下增厚，当流体底部的剪切应力小于屈服强度时，整个块体停止移动（"冻结"）。同样地，流体边缘的低剪切应力，导致了边缘的"冻结"和"堤岸"的形成。Johnson（1970）赞同碎屑流的宾汉塑性流模型或库伦黏性理论模型（其他模型参见 Iverson，1997）。宾汉塑性流模型的数学表达式是：

$$\tau = k + \mu \left[\frac{\mathrm{d}u}{\mathrm{d}y}\right] \quad \tau_{\mathrm{crit}} = k \tag{1.11}$$

式中，k 为黏性流的强度＝流体流动所需的临界剪应力（τ），μ 为流体开始流动后，流体的动态黏度，$\mathrm{d}u/\mathrm{d}y$ 为流动中任意层（y）的速度变化率。当 $k = 0$ 时，该等式等同于牛顿黏度定律。库仑黏性理论模型的类似表达式是：

$$\tau = C + \sigma_{\mathrm{n}}\tan\varphi + \mu \left[\frac{\mathrm{d}u}{\mathrm{d}y}\right] \quad \tau_{\mathrm{crit}} = C + \sigma_{\mathrm{n}}\tan\varphi \tag{1.12}$$

式中，C 为内聚强度，取决于黏土颗粒之间的静电引力；$\sigma_{\mathrm{n}}\tan\varphi$ 为摩擦强度，取决于颗粒间的摩擦；σ_{n} 为正应力；φ 为内摩擦角。

与之相比，Takahashi（1981）更偏爱基于分散压力建立的"膨胀流体"流变模型（Bagnold，1956）。Locat（1997）建立了一种具有两个黏度范围的双线性流变模型。在高应变率下，碎屑流表现为低黏度的宾汉流体特征，而在低应变速率下，碎屑流表现为高黏度的牛顿流体特征。这种双线性模型与实验数据较吻合（Imran 等，2001）。

虽然内聚力是泥石流和碎屑流中颗粒的主要支撑机制，但是自然流体在颗粒支撑机制的相对重要性方面，表现出了很大的变化。特别是孔隙流体压力的升高，在诠释许多黏性流的流动性方面非常重要（Pierson，1981；Pierson 和 Costa，1987；Ilstad 等，2004a）。一旦富泥的沉积物崩塌，且产生内聚力的静电键被破坏，即使在较低斜坡上，流体也会向下流动。这反映了黏土和细粉砂的触变性，其中强度取决于流体的近期变形史。

1.8.2 黏性流中的湍流

大多数黏性流是层流，在流线上没有流体的混合。大型的黏性流可能为湍流（Enos，1977；Middleton 和 Southard，1984），但不应将其归为浊流或浓密度流，因为它们缺乏更稀薄流体所具有的明显的垂直浓度梯度（图 1.30），而且当它们减速时，会重新回到层流状态，并形成半刚性流体塞。在层流中，碎屑的旋转和碰撞以及流体的蜿蜒流动，都会产生次生环流，这些次生环流可能导致黏性流的内部混合。

对于宾汉塑性流体，湍流的鉴定标准基于的是雷诺数（R）和宾汉数（B），其中

$$R = \frac{Ud\rho}{\mu} \tag{1.13}$$

$$B = \frac{\tau_{\mathrm{crit}}d}{\mu U} \tag{1.14}$$

式中，U 为平均流速，d 为流体厚度，ρ 为流体密度，μ 为流体开始流动后的动态黏度。Hampton（1972）首先根据实验数据（图 1.55）绘制的图件表明，当 R 或 B 的值较大时，

鉴别湍流的保守标准是：

$$R \geqslant 1000B \tag{1.15}$$

等同于：

$$\frac{pU^2}{\tau_{\text{crit}}} \geqslant 1000 \tag{1.16}$$

该无量纲数被 Hiscott 和 Middleton（1979）命名为汉普顿数（Hampton Number），他们采用合理的流体强度和密度，表明即便是大型、快速的碎屑流也可能不是湍流状态。

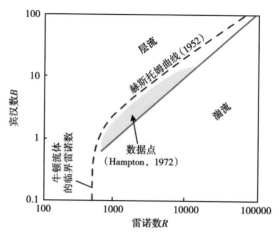

图 1.55　宾汉塑性流体中宾汉数与雷诺数的关系（据 Hiscott 和 Middleton，1979；基于 Hampton，1972）
虽然图中的原始实验数据来源于管道内的流体，但本书已经将流体尺度调整到二维沉积物重力流的正确值

黏性流底部的冲刷对流体层流的影响通常是微不足道的（Takahashi，1981）。这可能是由于滑水效应导致的结果，使黏性流能够沿着薄层的超压水膜或含水量高的低黏度泥流层流动（Mohriget 等，1998；Ilstad 等，2004b）。此外，湍流的缺乏会降低流体的侵蚀能力。然而，由于流体底面的高剪切应力，流体下面的沉积物可能被拽起并混入流体中（Hiscott 和 James，1985；Dakin 等，2012）。当大型的黏性流冲击海底斜坡时，它们可以挖掘和破坏下面的地层（Hiscott 和 Aksu，1994），并产生 10~30m 深的侵蚀水道、凹槽和冲刷坑。这些侵蚀构造的沉积与局部的沉积物液化有关，例如未固结或弱固结的下伏层会因为上覆沉积物的快速沉积而发生液化（Dakin 等，2012）。因为流体倾向于流向地势较低的地方，因此黏性流沉积也可能出现在其他流体过程形成的水道中。

1.8.3　黏性流的搬运能力

Hampton（1975）预测了黏性流的搬运能力——可以搬运的最大碎屑直径（D_{max}）：

$$D_{\text{max}} = \frac{8.8k}{g(\rho_{\text{clast}} - \rho_{\text{matrix}})} \tag{1.17}$$

式中，k 为强度，g 为重力加速度，ρ 为密度。

Hampton（1975）用高岭石与水混合作为基质，通过实验发现：（1）黏性流的搬运能力随着含水量的增加呈指数降低，含水量为40%时，大约能搬运20cm的碎屑，含水量上升至60%时，大约能搬运2cm的碎屑（大致是黏性流的搬运下限，图1.21）；（2）剪切后的搬运能力比剪切前更小，含水量60%时，大约为0.5mm；（3）流体的持续时间小于1小时，流体搬运能力随流体持续时间下降；（4）黏性流的搬运能力与流速无关。

当碎屑流的粗砂和砾石含量超过20%时，随着粗碎屑浓度的增加，流体的搬运能力会急剧增加（Hampton，1979）。因为粗碎屑产生了较高的孔隙流体压力，抵消了碎屑沉降的趋势。超出的孔隙压力（高于静水压力）会通过降低正应力来降低流动强度。当粗碎屑浓度超过50%时，碎屑的碰撞提供了额外的支撑（Rodine和Johnson，1976），流体的搬运能力继续显著升高，且高于公式（1.17）（Hampton，1979）的预测值。这种高浓度的黏性流的主要支撑机制可能是颗粒之间的相互作用（Pierson，1981；Takahashi，1981），而含砂量较高的黏性流则转变为膨胀砂屑流。

海底黏性流与陆地黏性流相似，通常以"波浪式"的不稳定方式向前流动，这些"波浪"可以相互超越，或者因为更多流体的混入而发生分离（图1.56）。该过程对黏性流的沉积结构和最终沉积物产生影响。

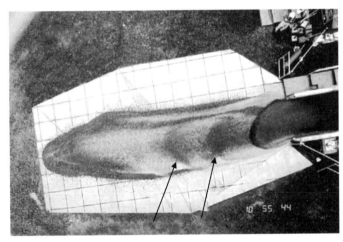

图1.56　陆上碎屑流的实验模拟（据 Major，1997）

碎屑流的顶面发育一系列前进的波浪（箭头）。网格方块的边长为1m，右上角的人作为比例尺

1.8.4　黏性流的沉积物，包括碎积岩

黏性流的沉积模式导致其沉积物分选差，缺乏明显的内部分层；但在流体减速过程中，流体底部的不均匀流动，可能会形成较粗的分层（Hampton，1975；Thornton，1984；Aksu，1984），较差的碎屑组构（Lindsay，1968；Aksu，1984；Hiscott和James，1985），丘状的顶部和锥形的边缘。黏性流的粒度特征较差，但有时也可能产生正粒序或反粒序（Naylor，1980；Aksu，1984；Shultz，1984）。由于黏性流底部的剪切强度最大、时间最长，导致流体的搬运能力下降，这种情况下，可能在底部产生逆粒序（Hampton，1975）。同一个黏性流可能会沉积具有完全不同结构的舌状体或朵体（Johnson，1984），因此很难通过地质

记录区分不同的黏性流事件（图 1.57）。

图 1.57　实验模拟的叠合碎屑流沉积

箭头指示了叠合面位置，这种界面在野外露头中很难发现。比例尺左边的刻度为厘米，照片由 J. J. Major 提供

高分辨率侧扫声呐成像系统，发现了越来越多的海底黏性流沉积。部分黏性流的表面可见不规则的块体（图 1.58）（Prior 等，1984），也可能具有明显的木纹状擦痕。在一些冰川的表面也发现类似的擦痕，代表了塑性流动（图 1.59）（Masson 等，1993；Weaver 等，1995）。这些流线与 Marr 等（2001）在实验中模拟出的压缩脊相似。密西西比扇水道末端

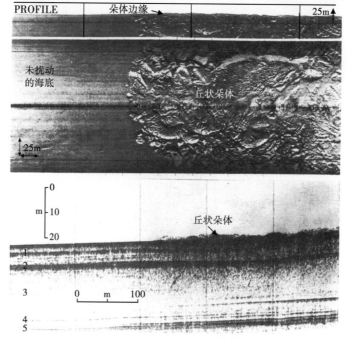

图 1.58　加拿大 Bute Inlet 丘状碎积岩朵体的侧扫声呐图（100kHz）及其对应的剖面（据 Prior 等，1984）

和天然堤远端低黏度流体形成了灌木状沉积物（图1.60）（Twichell等，1992；Schwab等，1996；Talling等，2010）。Talling等（2010）将这些指状沉积物解释为1m厚的泥石流沉积，并夹有大量黏土和细砂岩，向下游方向逐渐过渡为浊流阶段，并形成干净的、具有粒序特征的砂体。Talling等（2010）认为，随着流体顶部黏土浓度的增加，流体会发生转变，导致湍流衰减，内聚力增强。蒙特利扇水道末端的朵体中也发现了相似的指状砂质沉积物（推测为超高浓度流沉积，本章称为膨胀砂屑流沉积）（Klaucke等，2004）。亚马逊扇的"块体搬运复合体"，也具有泥石流的声学特征，主要由扭曲变形的粉砂和泥质沉积物组成（Piper等，1997）。携带块体的流体和产生木纹擦痕的流体，可能具有不同的流变学特征和黏度特征。

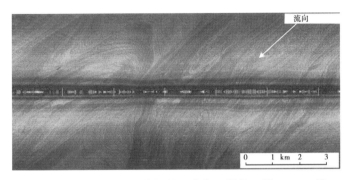

图1.59　TOBI声呐（30kHz）获得的"木纹"结构（据Weaver等，1995）

Saharan碎屑流沉积表面，水深4350m，可见平行于流动方向的条带、压力脊和纵向剪切，浅色代表高反向散射，中心线是船的运行轨迹

图1.60　密西西比扇水道末端的灌木状重力流沉积平面图（据Paskevich等，2001）

Schwab等（1996）和Talling等（2010）解释为泥流沉积

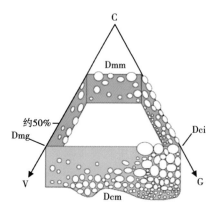

图 1.61　不同类型碎积岩之间的
关系示意图（据 Shultz，1984）

Shultz（1984）将碎积岩中碎屑的递变方式和基质的体积浓度归因于内聚力、碎屑相互作用力（分散压力）和流态之间的相对重要性。四个不同端元相之间的沉积特征是连续变化的：Dmm—块状、基质支撑的碎积岩；Dmg—基质支撑、正粒序的碎积岩；Dci—碎屑支撑、反粒序的碎积岩；Dcm—块状、碎屑支撑的碎积岩。

黏性流沉积中的较大碎屑（粗砾和巨砾）集中沉积在底部或中部。部分较大的砾石可能嵌入下伏岩层中（Masson 等，1993），也可能出露在顶部（图1.22），这两种不同的砾石沉积位置，可以通过宾汉塑性模型进行流变强度的定量评估（Johnson，1970）。

宾汉塑性强度，也可以根据碎积岩边缘的形状和流动停止时的沉积厚度 T_{crit} 来计算（Johnson，1970），公式如下：

$$T_{crit} = \frac{k}{\gamma_d \sin\alpha} \tag{1.18}$$

式中，γ_d 为黏性流的比重，α 为坡角。注意 γ_d 为 $g'\rho_{flow}$，其中 $g' = g (\rho_{flow} - \rho_{water}) / \rho_{flow}$。

Hiscott 和 James（1985）以及 Kessler 和 Moorhouse（1984）根据碎屑的突起或形态计算了黏性流的强度。他们分别计算了寒武—奥陶系和侏罗系的沉积物的强度，位于 1~100Pa 之间。估算的强度位于 Johnson（1970）计算的陆上黏性流强度的范围内。

1.8.5　海底与陆上粘性流

虽然海底和陆上黏性流的沉积相和沉积后改造过程完全不同，但是事实上它们形成的沉积物差异很小。剪应力取决于流体与环境流体之间的密度差异，因此可以预测，在相似屈服强度的情况下，水下黏性流的流动需要更高的坡度。但是在非常低的斜坡上，也有发现海底黏性流的记录，这种黏性流的流动性可能与滑水过程相关（Mohrig 等，1998）。一般来说，海底黏性流的屈服强度低于陆上黏性流，主要有 3 方面的原因：（1）海底黏性流是海水和湿泥的混合，（2）海底黏性流的水分难以渗入海底之下的地层中，（3）大量孔隙间流体导致的高孔隙流体压力（Pierson，1981）。前人的观察发现，同等厚度的沉积物中，水下黏性流沉积的砾石比陆上黏性流沉积的砾石小（Nemec 等，1980；Gloppen 和 Steel，1981；Nemec 和 Steel，1984），表明水下黏性流的黏性比陆上黏性流要弱。

1.9　生物和有机物沉积

在远离陆源的地区，主要有四种远洋沉积物来源：（1）生物成因硅质岩，在赤道（放射虫）或 60°纬度（硅藻）较高产；（2）生物成因碳酸盐岩（有孔虫、超微化石、翼足类生物），位于碳酸盐补偿深度（CCD）以内的地区；（3）冰筏颗粒，沿着冰山的漂流轨迹分布；（4）红色黏土，位于没有生物或冰川供给的环境（图1.62和图1.63）。在某些情况下，远洋沉积物也可能在大陆附近聚集，但仅限于陆源输入相对较少的地区（如加利福尼亚湾；Calvert，1966）。未固结的生物成因远洋沉积称为软泥。如果硅质软泥的埋藏和岩化作用强烈，就会变成硅藻岩或放射虫岩，最终燧石化。而钙质软泥则变成白垩，最终成为隐晶质石灰岩。

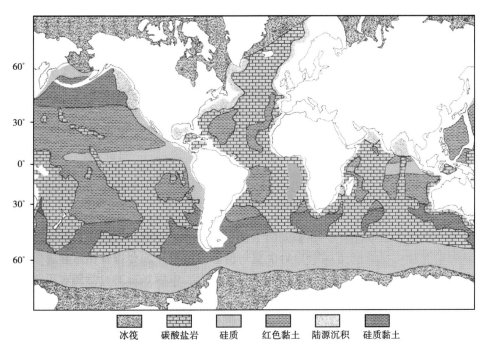

图 1.62　全球海洋主要沉积物类型分布图（据 Jenkyns，1986）

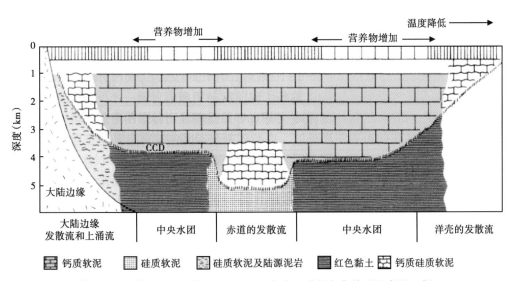

图 1.63　太平洋主要沉积物类型分布与 CCD 和近地表有机质的产率关系示意图（据 Ramsay，1977）

这里需要从沉积物的角度考虑，对远洋（pelagic）和半远洋（hemipelagic）这两个词加以区分。本书中，远洋颗粒定义为从陆架坡折以外进入海洋的颗粒，或者由开阔海域生物体产生，随后沉降到海底的颗粒。因此，远洋沉积颗粒包括生物硅质骨架（硅藻、放射虫）、钙质骨骼（有孔虫、超微化石）、风吹的尘土（Staukel 等，2011；Wan 等，2012；Xu 等，2012）或落在海面上的火山灰，以及冰山融化产生的碎屑。半远洋沉积一般含 5%~50% 的远洋沉积物，但局部可高达 75%，其余部分由陆源泥质沉积物组成。这些泥质沉积通过海岸侵蚀或河流体系（三角洲、河口等）进入海洋。这种陆源沉积被风暴和洋流从陆架向深海搬运并沉积下来。

死亡的浮游生物的实际沉降速率比较低，因为它们有空腔，因此比直接根据体积直径预测的沉降速率要低。例如，直径是石英颗粒 2.4 倍的浮游有孔虫具有和石英颗粒相同的沉降速率（Berger 和 Piper，1972）。由于洋流的搬运，这种缓慢的沉降可能会导致浮游生物产量高的区域与其在海底的沉积位置不一致。但事实上，现代海洋中并没有观察到上述的不一致特征，主要有以下三个原因（Berger 和 Piper，1972）：（1）表面流搬运沉降壳体的方向主要与远洋沉积相带平行；（2）深部流体通常将沉降壳体带回到表面流发育的区域；（3）许多壳体聚集成群以粪球粒形态进入海底，集体沉降的速度比单一沉降更快。

有机物可能来源于陆地，如陆源有机物，或者来源于海藻和其他海洋有机化合物的保存。有机物的埋藏主要与有两个过程相关：一是较高的沉积速率（没有足够的时间或氧化剂来分解海底物质），另一个是在缺氧—厌氧条件下的沉积。沿大陆边缘和开阔洋区域，富营养海洋上升流会导致高的沉积速率，特别是海洋有机物的堆积。完全或部分封闭的水体可能含有特殊的化学特征（如分层特征和含氧量低的底层水），并导致富有机质的沉积。例如地中海（Kidd 等，1978；Rossignol-Strick，1985；Emeis 和 Weissert，2009；Möbius 等，2010）和日本海（Ishiwatari 等，1994；Stax 和 Stein，1994）在新近纪和第四纪周期性形成的腐泥，以及在海洋中广泛分布的阿尔布阶黑色页岩（Jenkyns，1980）。腐泥是指总有机物含量大于 2% 的泥质沉积（Kidd 等，1978）。沉积物中有机物的分解会耗尽周围的氧气，使孔隙水缺氧。如果底层水也同样缺氧，沉积物中将没有生物存在，完全不受生物潜穴的影响，许多情况下形成了典型的细粒纹层状古老黑色页岩沉积。

深海处的生物碳酸盐颗粒的最大沉积深度取决于碳酸盐补偿深度（CCD）的位置，以及翼足类的浅文石补偿深度（ACD）。这些临界深度（低于这个深度不会出现钙质残留物）与海洋环流、纬度、海水化学性质和地质时间有关（图 1.64）。随着空间和时间的变化，这些控制因素会在垂向和纵向产生相变，即相组合和沉积序列的变化。因此在不同地区会形成不同的沉积单元或组合，每个沉积单元和组合都有各自的环境意义。

海平面高位时通常伴随气候的改善、生物多样性的增加、中层水氧浓度的降低以及开阔洋 CCD 位置的变浅（图 1.64）；此外远洋沉积凝缩段沉积进一步扩大，同时在许多深海碎屑体系中普遍发育泥质沉积。目前处于全新世海平面高位期，世界上大部分深海碎屑体系基本处于休眠状态，缺乏物源供给，并被远洋或半远洋沉积覆盖。许多海底扇的表面都覆盖一层厚约 1m 的浅棕色、远洋、有孔虫软泥或泥灰岩，例如，亚马逊海底扇（Damuth 和 Kumar，1975a；Damuth 和 Flood，1985）和密西西比海底扇（Bouma 等，1986）。这套沉积大概是 1.1 万年以来的远洋沉积。

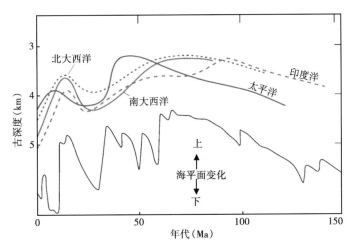

图1.64 大西洋、太平洋和印度洋的CCD深度及全球海平面变化曲线（据Kennett，1982）

远洋沉积速率通常为1~60mm/ka（图1.65）。但是在陆架外侧和陆坡上部存在上升流的区域，沉积速率可以达到100mm/ka。洋流控制了冷水团和热水团的混合、生物的生产力、上升流的位置和各种化学沉积物（如磷酸盐）的分布。海洋环流与水深、盆地地貌、低氧或缺氧环境及生物生产力的相互作用，决定了开阔海洋（如生物成因）沉积物的潜在分布。

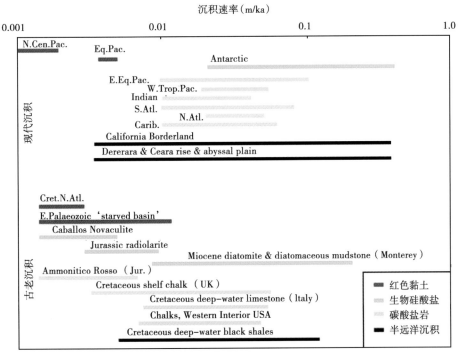

图1.65 现代和古老的远洋和半远洋沉积物的沉积速率图（据Scholle和Ekdale，1983）
古老远洋沉积物的沉积速率是现代的60%~70%

现今的海洋环流模式非常清楚，它们对细粒沉积相和生物相的分布产生了深远的影响，但是除了 DSDP 和 ODP 钻井提供的数据外，关于古老海洋洋流模式的相关数据非常少。例如，基于部分 DSDP 数据（图 1.66），重建了古新世和渐新世的海洋环流，通过对比发现，大陆的分布在很大程度上控制了海洋的环流。在印度与亚洲板块碰撞之前的古新世，存在一个赤道太平洋—特提斯环流，并推断出南太平洋和大西洋的顺时针极地环流。渐新世时期，特提斯仅残余相对较小的破碎洋盆，现今的大部分海洋环流在当时就已经建立，其中包括南极环流。

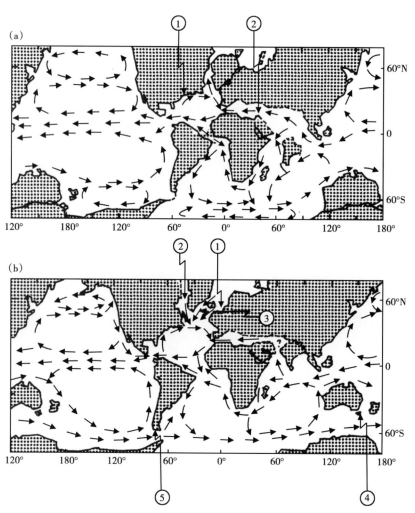

图 1.66　古新世和渐新世的陆地分布和海洋表层环流模式图（据 Leggett，1985；Haq，1981）

(a) 古新世：①初始墨西哥湾环流；②特提斯环流

(b) 渐新世：①挪威—格陵兰海；②北拉布拉多海峡；③格陵兰岛—冰岛—法罗岭；④南塔斯曼台地；⑤德雷克海峡

大西洋中部 DSDP 站点的结果表明，早白垩世墨西哥湾环流已经具备了初始形态（图 1.67），远洋与半远洋沉积主要由纹泥层、粒序层理黏土和石灰岩—页岩组成（Robertson，

1984；Sheridan 和 Gradstein 等，1983）。由陆源植物碎屑、海洋浮游生物和碎屑岩的含量波动形成的细粒纹层泥岩，可能反映了短周期（数十至数百年）的气候变化。发育粒序层理的黏土和黑色页岩表明，细粒浊积岩在上陆坡的最低含氧带发生了再沉积。石灰岩—页岩组合表明气候变化的时间尺度为 2 万~6 万年，富有机质的页岩形成在大量植物碎屑进入海洋时的潮湿气候环境下（Robertson，1984）。远洋白垩中大量的放射虫表明，上升流会增加表层海水的营养物质，这些营养物质可能来自特提斯西部的富营养水体（图 1.67）。这个例子说明了古海洋学在解释古老深海硅质碎屑和碳酸盐混合沉积物（包括富含有机质的页岩）的重要性。

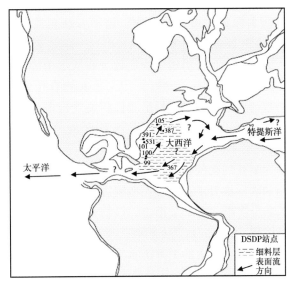

图 1.67　早白垩世大西洋中部环流的重建
（据 Robertson，1984）
根据部分 DSDP 站点的位置，推断了表层
环流和纹层状沉积物的可能分布

1.9.1　生物沉积的环境信息

通过对物种比例（基于统计的函数）和形态变化（异常壳体）的研究，许多化石群可以提供海水古盐度（如甲藻孢囊、底栖有孔虫、介形虫）和古温度（如浮游有孔虫）的信息。在这里，我们强调底栖有孔虫研究的两个标准，这些标准对古水深和水柱的氧化作用提供了约束。

前人在加利福尼亚边境地区和美国西部的新近系所做的开创性工作，确立了利用底栖有孔虫组合确定古水深的技术（Natland，1933；Bandy，1953；Ingle，1975）。Ingle（1975，1980）解释了这种方法的实施过程和局限性，并提供了加利福尼亚州近海的部分统计数据。例如，浮游有孔虫占内陆架动物群的 0~10%，占外陆架动物群的 10%~50%，占上陆坡（<1000m）动物群的 20%~80%，占盆地动物群的 30% 以下。放射虫数量在陆架边缘明显增加，每克样品中从低于 5 个增加到 500~1000 个。只有在已知底栖有孔虫上限深度的情况下，才可用于确定古水深，因为有孔虫死后会向下搬运，污染上陆坡的动物群骨架样本。例如，加利福尼亚州陆架边缘以外发现的 50%~100% 的底栖有孔虫壳体被搬运过。将这种方法应用于古老沉积地层时需要特别谨慎，因为现今底栖有孔虫的上限深度，取决于现代海洋中温度、养分、氧气浓度等的分层特征。因此 Ingle（1980）建议，现代加利福尼亚近海底栖有孔虫的上限深度，可以用于古近纪和新近纪的寒冷时期，但是对于较温暖时期（如晚古新世 —中始新世早期、渐新世末期、中中新世），东太平洋和墨西哥湾等热带地区的底栖有孔虫上限深度更为可靠。随着深度的增加，用于区分底栖有孔虫的水深范围会变宽（如半深海上部区域为 150~500m，而半深海中上部区域为 500~1500m）。

因为古近纪和新近纪的底栖有孔虫与现代亲属具有相似的行为，所以估算古近纪和新近纪的水深最为可靠。然而，这种方法也曾成功应用于上白垩统的岩石（Sliter，1973；England 和 Hiscott，1992）。

底栖有孔虫还可用于确定过去底层水中的溶解氧浓度，但是氧气稀少，生物难以生存的环境除外。Kaiho（1991）定义了底栖有孔虫氧指数（BFOI）。当指数在 3ml/L 以下时，该指数与底层水的氧含量呈线性相关（Kaiho，1994）。BFOI 采用三个底栖有孔虫形态群的相对比例来估算过去的底层水氧含量。Kaiho 采用了 Bernhard（1986）、Corliss 和 Chen（1988）的形态群概念来定义这些群体。"贫氧环境"物种是扁平、锥形或细长的，通常具有薄而多孔的壳壁且没有镶边。"有氧环境"物种展示出多种壳体形态，包括球形、平凸、双凸和圆形螺旋锥状具有大型镶边和厚壁的物种。"中间环境"通常比"贫氧环境"拥有更大的分类群，并部分镶边。该物种呈现锥形、圆柱形和平面螺旋形及具有小而薄壳壁的螺旋锥形。Kaminski 等（2002）利用 BFOI 指数，成功地估算了土耳其马尔马拉海分层盐水的古环境，在过去的 1 万年属于贫氧环境。

1.10 小结

深海沉积物长距离横向搬运的主要动力有：（1）浊流；（2）浓密度流；（3）黏性流；（4）深层温盐环流，流动方向通常平行于等深线；（5）陆架区稀释泥质悬浮物的搬运；（6）沉积物滑动形成的块体搬运。图 1.68 是图 1.1 的完善版，将各种搬运过程与其对应的

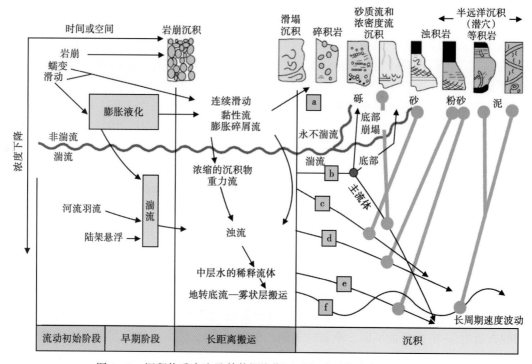

图 1.68　沉积物重力流及其他深海搬运过程随颗粒浓度变化概要图

沉积物联系起来。黏性流的沉积物分选很差，通常缺乏分层，碎屑组构发育不好，形成具有锥形边缘的不规则丘状体。浓密度流沉积物（以及不常见的膨胀砂屑流）展示了颗粒之间的相互作用（表现为反粒序）和孔隙流体逸出（表现为碟状和管状构造）的证据；然而，这些过程只受限于沉积时间，而没有揭示流体长距离的搬运机制。

细粒沉积物可以通过浊流、底流（等深流）或稀释悬浮物的沉降等方式沉积。这些沉积物具有一些不同的特征，但在许多情况下很难解释，因为沉积物可能是多个沉积过程的叠加，或者沉积后受生物扰动影响。

沉积滑动可能涉及所有粒度级别的沉积物，但是在沉积速率较高地区的弱固结、富含水的沉积物中最为常见。即使在非常低的斜坡上，由于地震的周期性振动，沉积物滑动的敏感性也急剧增加。图 1.68 中没有生物沉积物和富有机质泥，因为它们不是离散流体事件形成的。

生物沉积物在生物生产率高的地方堆积，比如沉积深度浅（碳酸盐）或沉积速率较高（硅质岩）的地区，这里的生物体死后的壳体得以保存或仅部分溶解。富含有机物的沉积物聚集在生产率较高的区域（例如上升流区），那里的沉积速率太高，不允许有机物在海底发生显著氧化，或者由于氧化有机物消耗溶解氧的速度快于缓慢海流所能提供的溶解氧，所以底部水体缺氧。

第 2 章　沉积产物（岩相）

　　（a）小砾和卵石聚集形成的泥砾球体。露头位置：西班牙比利牛斯山脉艾恩萨盆地，中新统艾恩萨扇体 I（Ainsa I）的采石场露头。相机镜头盖作为比例尺。（b）碎屑流沉积的侵蚀底面（岩相 A1.4）。露头位置：西班牙比利牛斯山脉艾恩萨盆地，中始新统莫瑞罗扇体 I（Morillo I）露头。罗盘作为比例尺（位于砂岩中部），参见 Dakin 等（2013）。

（a）

（b）

2.1 概述

本章首先简要描述深水硅质碎屑沉积的五种分类体系，然后简要介绍地震相特征，最后详细介绍本书使用的岩相体系。这五种分类体系及相关的综述性文献如下：

（1）Mutti 和 Ricci Lucchi 的描述分类体系（Mutti，1992）；

（2）Mutti 的成因分类体系（Mutti，1992）；

（3）Walker 的描述分类体系（Walker，1992）；

（4）Ghibaudo 的编码分类体系（Ghibaudo，1992）；

（5）Pickering 等（1986a，1989）的分级描述分类体系（本书）。

严格以沉积过程为导向的沉积物重力流分类体系［如 1.4.1 节中介绍的 Mulder 和 Alexander（2001）分类体系］，由于不适用于野外露头描述，本书未做论述。

2.2 岩相分类

岩相分类的基础源于 Emiliano Mutti 和 Franco Ricci Lucchi（Mutti 和 Ricci Lucchi，1972—1975；Mutti，1977，1992）的分类。这种描述性分类（图 2.1）主要针对重力流沉积的砾岩、砂岩和粉砂岩。对于泥岩和生物成因沉积并没有分类指导作用。重力流的每一

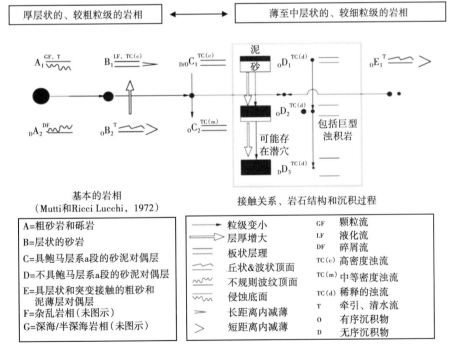

图 2.1 深海岩相 A-E 的相对粒度、顶底接触关系、原生沉积构造、流体类型（右上标）等特征
（据 Mutti 和 Ricci Lucchi，1972）
左下标指示沉积物有序（O）或无序（D）；右下标指示亚相类型

次沉积通常都不对应一种岩相类型，而大体相似的一组地层构成了 Mutti 和 Ricci Lucchi 分类体系中的各种岩相。这种分类体系相对较粗，在针对野外露头的中—大尺度的地层描述中应用最好。

Mutti（1979，1992）的成因分类可以作为理论基础，用于理解单块体从陆坡失稳并沉积到盆底的演化过程。部分成因岩相逻辑上可以从一种岩相演变为另一种岩相（如 F7→F8→F9），这些岩相组合形成了 Mutti 等（1994）所谓的"基本相带（elementary facies tracts）"。需要注意的是，这些顺流方向的转化通常是推测的，而非直接观测的。另外，黏性碎屑流很少转化成砂质浊流和浓密度流，而且许多碎屑流可能从来没有经历过流体类型的转化。因此，这种成因分类是基于丰富野外经验，形成的一系列可能的流体转化和演变路径。这种分类在描述沉积过程时是有用的，例如，针对野外踏勘或盆地充填过程的概述。

Walker（1978，1992）分类体系由 Mutti 和 Ricci Lucchi（1972）的分类简化而来，但

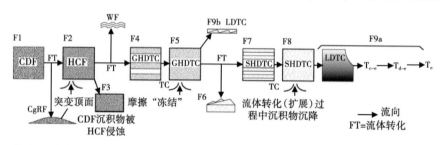

图 2.2　重力流岩相特征（F1—F9 和 WF）及黏性碎屑流到低密度浊流的搬运和沉积过程

（据 Mutti，1992）

F1＝基质支撑、塑性变形和分散的大碎屑（部分可在顶部凸出）；F2＝底部冲刷，分散的大块泥岩碎屑，稍显粒序特征；F3＝碎屑支撑的砾石层，大多不成层，通常具反粒序特征；F4＝间隔层状的厚层粗砂层（Hiscott，1994b）；F5＝厚层粗砂层，发育泄水构造且分选differ；F6＝粗粒板状交错层理砂岩，无粒序（与 Mutti 1977 岩相 E 相同）；F7＝薄层粗砂岩层，发育水平层理，通常很薄（Hiscott，1994a）；F8＝块状中—细砂岩层，可能发育粒序（等同于 Bouma 的 Ta 段）；F9＝纹层状极细—粉砂岩层，顶部泥岩披覆（等同于 Bouma 的 Tb—Te 段）；WF＝沉积厚度小于 20cm 的粗砂—砾岩层，分选极差，具微弱波状纹层，通常上覆 F2，下伏 F4；CgRF＝顶面凸起的砾石残留沉积；TC＝牵引毯；FT＝流体转化

图中部分岩相 100% 由事件沉积构成，另一些则在单次重力流沉积过程中转化形成。

本书使用不同的流体分类方案（见表 1.1）

使用了描述性名称而非数字编码来划分岩相和岩相组合（表2.1）。因此，特别适用于在野外和文献中进行综述性描述。泥岩没有进行生物成因沉积和化学成因沉积分类。

表 2.1　Walker（1978，1992）的岩相分类体系

岩相、岩相组合	关键特征
经典浊积岩	含鲍马序列
厚层状的浊积岩（≥1m）	
薄层状的浊积岩	
—标准类型	单一波状层理，少见撕裂碎屑
—CCC浊积岩	爬升波纹、包卷层理，常见撕裂碎屑
块状砂岩	侵蚀和叠合，微粒序到无粒序层、泄水构造
含砾砂岩	正粒序、水平层状，少见交错层理、叠瓦构造，普遍发育叠合层
砾岩	
粒序—层状的砾岩	无反粒序、叠瓦构造、水平和交错层理
粒序砾岩	无反粒序或层状特征，存在叠瓦构造
反—正粒序砾岩	不具成层性，存在叠瓦构造
无序砾岩	无粒序、层状，也无叠瓦构造
砾质泥岩、碎屑流、滑塌和滑动沉积	
含砾泥岩	砾岩和变形的沉积碎屑
碎屑流沉积	
滑塌页岩和泥岩	大量软沉积褶皱
滑塌薄层浊积岩	
含沉积块体的棱角状碎屑滑塌沉积	

在 Walker（1992）分类体系发表后，Ghibaudo（1992）也发表了关于河流和冰川沉积的分类体系（图2.3），并使用一系列简单代码来描述单期流体沉积的关键特征。与 Mutti 和 Ricci Lucchi（1972）的分类体系一样，它关注的是重力流沉积，并不针对泥岩，生物成因或化学成因的沉积物。根据野外描述的精细程度，可以采用详细的代码或简洁的代码。

Pickering 等（1968a，1989 修改以及本书）定义了由砾到泥的所有沉积物的分类。并进行了层级细分，允许不同层级的详细分类直至单个流体单元，并且易于修改或扩展成为新的岩相。如果需要进行更为精细的描述，这种分类体系也可适用于描述亚相，例如在详细的地层统计分析中展示不同的鲍马序列组合（见5.2节）。这种分类与 Mutti 和 Ricci Lucchi（1972）的描述性分类不同，每一种重力流沉积通常被赋予一个特定的岩相名称。这种分类的不足之处主要是使用了一系列字母数字编码，不容易记住。但是，这种分类体系最初并非主要用于野外描述，因此不需要记住这些岩相编码。

Pickering 等的分类体系贯穿全书，本章将进行详细的解释和描述。在此之前，我们将简要论述如何通过地震剖面推测岩相特征。

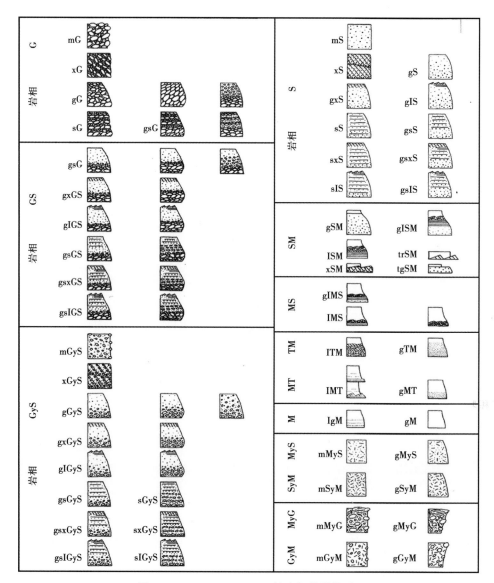

图 2.3 Ghibaudo（1992）的岩相分类体系

使用大小写字母代码表示重力流沉积物：G＝砾岩，GS＝砾—砂岩，S＝砂岩，M＝泥岩，T＝粉砂岩，可单独使用也可联合使用，砂岩—泥岩（SM），粉砂岩—泥岩（TM），泥岩—砂岩（MS）或泥岩—粉砂岩（MT）；Gy＝含砾，My＝含泥，g＝粒序层，s＝板状层理，x＝交错层理，l＝纹层层理，r＝波纹层理，m＝块状，t＝薄层状

2.2.1 地震相

只有高分辨率地震形成的成像资料才能够与露头中的沉积特征进行对比。如利用表面或深拖电火花或低能量电火花系统（如 HUNTEC 深拖系统）获得的 3.5kHz 的近海底剖面。这些系统的垂直分辨率能够达到几十厘米到 1m。气枪或水枪震源剖面，特别是那些以油气勘探为目的剖面，通常只有几十米的分辨能力（McQuillin 等，1984），不能识别露头描述的沉积相。

Damuth（1980）利用 3.5kHz 成像剖面，对地震相进行了清晰的描述和解释。通常，声波的穿透能力越强，近海底反射越规则，则沉积物越细粒越均匀。相反，砂和砾通常会反射大量的声波能量，并吸收大部分剩余的能量。因此，内部反射难以识别，下伏沉积物信息受到屏蔽。30~35Hz 地震数据的典型应用实例，是对块体搬运沉积的解释，在块体搬运沉积的底部发育大型的滑塌，参见 Moscardelli 等（2006）以及 Moscardelli 和 Wood（2007）的文献。

电火花系统广泛应用于陆架地区，其地层的真实特征可以通过活塞或振动取心获得（King，1981；Piper &Fader，1990）。砂岩沉积物通常形成一个发散的、不连续的强振幅反射界面，并抑制声波向深层穿透。纹层泥岩或粉砂岩层形成中等强度振幅的平行反射层，薄砂层形成强振幅反射层。泥岩表现为相对透明的、弱振幅反射特征。在富泥剖面中声波穿透深度最大。碎屑流沉积物形成不连续反射层，通常具有不规则的反射界面。泥质碎屑流沉积的反射界面较弱，并且几乎不影响声波的穿透能力。砂质碎屑流沉积和膨胀砂质流体（inflated sand flows）沉积表现为较强的界面反射，并抑制声波向深层穿透。

Normark 等（1998）和 Piper 等（1999）对美国加利福尼亚州圣莫妮卡（Santa Monica）盆地的深拖电火花体系采集的地震数据进行了解释。将弱振幅反射层解释为泥岩沉积，中等—强振幅平行反射解释为泥岩夹粉砂岩或薄砂岩沉积。振幅越强表明厚层砂岩的比例越高。厚层砂岩表现为不连续强振幅反射，并抑制声波向深层穿透。

2.2.2　Pickering 等的分类体系

本书使用的"岩相"，指具有一定物理、化学和生物特征的沉积岩或沉积物。对于重力流沉积物，单一岩相的尺度与单次重力流沉积相匹配。定义不同岩相的主要属性包括：层理类型和厚度、沉积构造、成分和结构。单一岩相的文字描述与照片如下。

为了简洁，本章主要使用现代、未固结沉积物的术语。因此，砾、砂、泥、粉砂和黏土等术语也包括了用于描述古代已成岩的岩石类型：砾岩、砂岩、泥岩、粉砂岩和黏土岩。沉积厚度的术语，使用 Ingram（1954）的定义：

（1）纹层（laminate），<1cm；

（2）极薄层（very thin beds），1~3cm；

（2）薄层（thin beds），3~10cm；

（3）中层（medium beds），10~30cm；

（5）厚层（thick beds），30~100cm；

（6）极厚层（very thick beds），>100cm。

本书的分类方案进行了层级的划分（表 2.2，图 2.4）。首先将多个相似的岩相（facies）组合形成岩相群（facies group），将两种或多种岩相群组合形成岩相类（Facies classes）。根据如下分类标准：（1）砾岩、砂岩、粉砂岩层的结构（图 2.4）；（2）泥岩夹层或披覆的相对厚度；（3）岩相 F 的内部结构，以及岩相 G 的成分，划分为 7 种岩相类（A—G）。岩相类 A—E 的次级分类，主要划分为无序和有序两个岩相群（A1，A2 等），无序指缺少清晰的分层或粒序特征，有序指发育清晰的沉积构造。岩相类 F 基本都是无序的，但可以通过异地碎屑和变形地层划分为两种岩相群。岩相类 G 划分为生物成因软泥（oozes）、泥质软泥、生物成因泥岩和化学成因沉积物。

表 2.2 本书中所采用的岩相类、岩相群和岩相

岩相类 岩相群 岩相	见文中详细描述
A 砾岩、泥质砾岩、砾质泥岩、砾质砂岩，砾石含量≥5% 　A1 无序砾岩、泥质砾岩、砾质泥岩和砾质砂岩 　　A1.1 无序砾岩 　　A1.2 无序泥质砾岩 　　A1.3 无序砾质泥岩 　　A1.4 无序砾质砂岩 　A2 有序砾岩和砾质砂岩 　　A2.1 层状砾岩 　　A2.2 反粒序砾岩 　　A2.3 正粒序砾岩 　　A2.4 粒序—层状砾岩 　　A2.5 层状砾质砂岩 　　A2.6 反粒序砾质砂岩 　　A2.7 正粒序砾质砂岩 　　A2.8 粒序—层状砾质砂岩	D 粉砂岩、粉砂质泥岩和粉砂岩—泥岩互层，泥>80%、粉砂≥40%、砂 0~20% 　D1 无序粉砂岩和粉砂质泥岩 　　D1.1 块状粉砂岩 　　D1.2 泥质粉砂岩 　　D1.3 斑杂粉砂岩和泥岩 　D2 有序粉砂岩和泥质粉砂岩 　　D2.1 粒序—层状粉砂岩 　　D2.2 厚层不规则粉砂岩和泥岩纹层 　　D2.3 薄层不规则粉砂岩和泥岩纹层
	E 泥≥95%、粉砂<40%、砂以上粒度<5%、生物成因<25% 　E1 无序泥岩和黏土 　　E1.1 块状泥岩 　　E1.2 杂色泥岩 　　E1.3 斑杂泥岩 　E2 有序泥岩 　　E2.1 粒序泥岩 　　E2.2 纹层状泥岩和黏土
B 砂岩，砂>80%，砾<5% 　B1 无序砂岩 　　B1.1 中—厚层无序砂岩 　　B1.2 薄层粗粒砂岩 　B2 有序砂岩 　　B2.1 平行—层状砂岩 　　B2.2 交错—层状砂岩	F 杂乱沉积 　F1 外来碎屑 　　F1.1 碎石 　　F1.2 落石和孤立喷出物 　F2 扭曲变形沉积 　　F2.1 同变形褶皱和扭曲变形沉积 　　F2.2 角砾状和球状沉积
C 砂泥互层和泥质砂岩，砂 20%~80%，泥<80%（大部分为粉砂） 　C1 无序泥质砂岩 　　C1.1 差分选泥质砂岩 　　C1.2 斑杂泥质砂岩 　C2 有序砂—泥互层 　　C2.1 极厚—厚层状砂泥互层 　　C2.2 中厚层状砂泥互层 　　C2.3 薄层砂泥互层 　　C2.4 极厚—厚层状、泥为主的砂泥互层 　　C2.5 中等—极厚层状、泥为主的浆状砂泥互层	G 生物成因软泥（生物成因>75%）、泥质软泥（生物成因 50%~75%）、生物成因泥岩（生物成因 25%~50%）和化学成因沉积物，陆源砂和砾<5% 　G1 生物成因软泥和泥质软泥 　　G1.1 生物成因软泥 　　G1.2 泥质软泥 　G2 生物成因泥岩 　　G2.1 生物成因泥岩 　G3 化学成因沉积物

　　为了方便大尺度成图和野外现场工作，将沉积地层细分为岩相类或岩相群比较合适。对于更为详细的分析，必须开展具体岩相的识别。在描述和定义不同深水沉积环境，建立沉积模型的过程中，将大量岩相融合到一起分析是非常有效的方法，并且在这一层级的描述中，本书定义的岩相类和岩相群特别有用。

　　本书保留了 Mutti 和 Ricci Lucchi 分类体系的总体框架。主要区别在于：（1）不再单独使用岩相类 E，将其归入其他岩相中；（2）Mutti 和 Ricci Lucchi 的岩相类 D 仅限于粉砂和

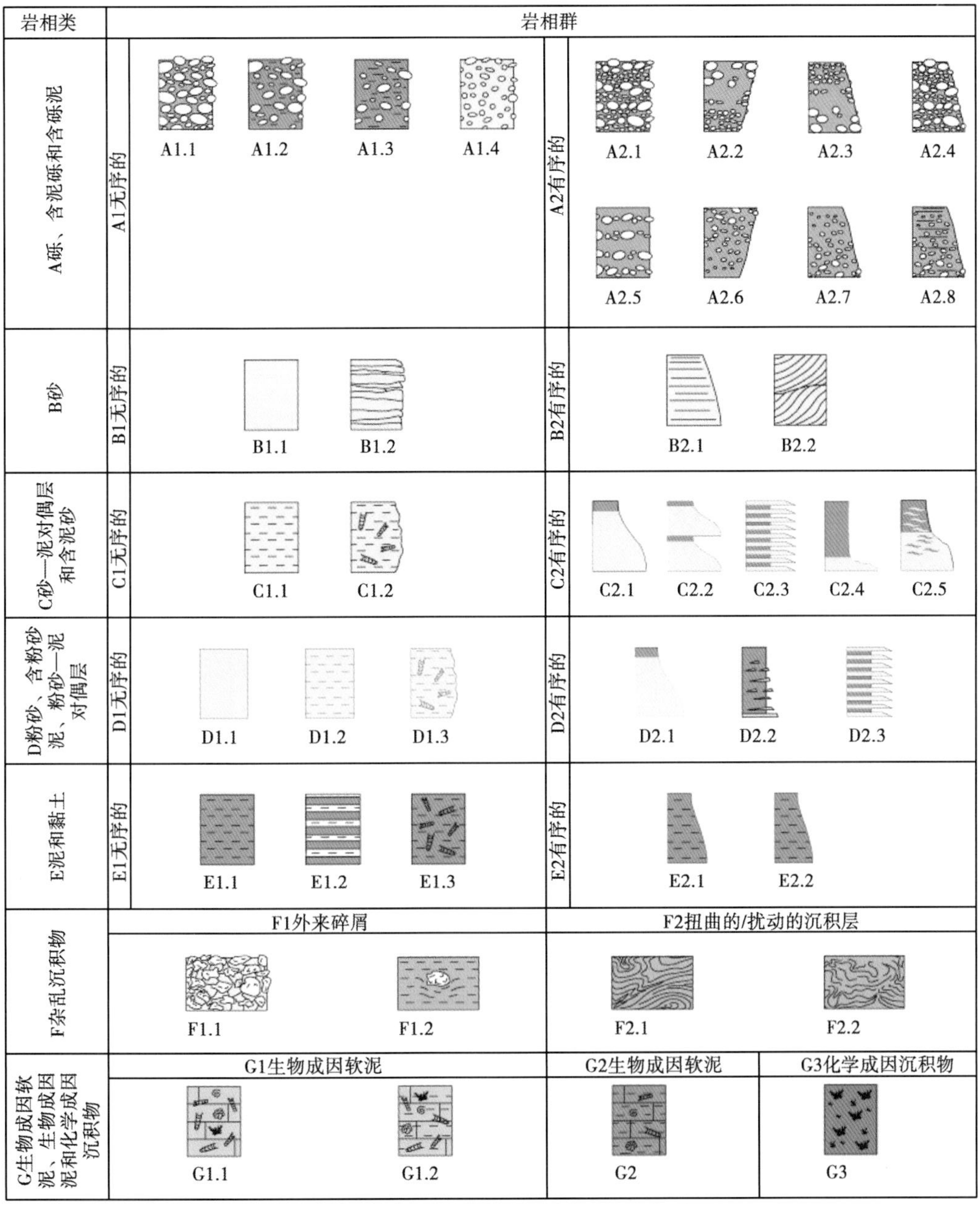

图 2.4　本书所采用的岩相分类体系图（据 Pickering 等，1995a，修改）

粉砂质泥岩中，而不用于砂岩中；（3）增加针对泥岩的新岩相类 E；（4）分类定义了三个层级，而非两个，允许在一个分类体系中使用更多的岩相，且目前仍在不断补充完善。

　　本书的分类体系不使用术语"岩相组合"，其原因在于"岩相组合"在沉积记录中代表了岩相的时间和空间分布。然而，本书的岩相类和岩相群是由结构相似的岩相组成，在垂向或横向上具有相关性，但可能来自不同的物源。

2.3 岩相类 A：砾岩、泥质砾岩、砾质泥岩、砾质砂岩，砾≥5%

岩相类 A 包括最粗粒的深水碎屑沉积物，其砾石或更粗粒物质含量≥5%。这种岩相类包括碎屑支撑砾岩、砂质支撑砾岩、泥质砾岩和砾质泥岩。后两种岩性泥岩的含量可能多于砾岩，但它们的搬运过程不同于这一岩相类中泥质含量较小（<10%）的沉积物；这些富泥沉积物包含在 Stow（1985，1986）定义的岩相类 F 中。

深水区的砾岩和砾质砂岩通常认为是"再沉积的"，以区别于河流和浅海沉积物；一般认为其首先沉积于浅水，而后搬运至深水（Walker，1975a）。在许多情况下，再沉积砾岩不同于其他连续沉积的特征，不足以证明其为深水沉积。

Walker（1975a，1976，1977，1978）为再沉积砾岩定义了一系列描述性的岩相（图 2.5，表 2.1）。他认为沉积过程和沉积速率决定了最终砾岩沉积结构的有序程度。其对"有序"和"无序"砾岩的划分成为大多数其他分类的基础（Kelling 和 Holroyd，1978；Piper 等，1978），也包括本书在内。Walker 推测在空间分布上，砾岩相的近端主要为无序沉积夹反—正粒序层，正粒序和粒序—层状沉积主要分布在末端。Surlyk（1984）详细描述了一个砾岩相的空间分布，位于格陵兰东部一个深大断陷盆地内，距离盆地边缘约 15km，但并没有发现这样的空间分布模式。相反地，砾岩相分布与距离物源远近并不是简单的对应关系。

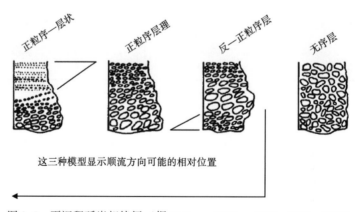

图 2.5　再沉积砾岩相特征（据 Walker，1975a，1976，1977，1978）

2.3.1 岩相群 A1：无序砾岩、泥质砾岩、砾质泥岩和砾质砂岩

该岩相群中砾岩可能是碎屑颗粒支撑、砂质支撑、或泥质支撑。这些沉积物通常发育在中—厚和超厚沉积地层中，沉积层厚度多变。沉积层的外形通常反映沉积物重力流发育的地貌特征。可以识别出四种岩相：A1.1，无序砾岩；A1.2，无序泥质砾岩；A1.3，无序砾质泥岩；A1.4，无序砾质砂岩。

2.3.1.1　岩相 A1.1：无序砾岩（图 2.6）

通常，这种砾岩相的沉积厚度大于其他砾岩相。特殊情况下，单层厚度可以达到几十米。一般情况下厚度为 0.5~5m。有时砾石层也可能是薄—超薄的夹层，厚度只有单个砾石大小。砾石层可能为平底，也可能为深度冲刷底面。顶界面的外形可能是不规则的、波状或单个砾石凸在沉积层之外。横向上，砾石逐渐被砂岩稀释，不规则分布的砾石形成粗糙的层理，砾石体成豆荚状外形。另外，主要流体的边缘可能形成鼻状凸起，类似于光滑水平面上的水滴边缘。

碎屑尺寸由细砾到巨砾不等，沉积层内表现为分选差（图 2.6），碎屑外形与成分和继承性外形有关。因此，无序砾岩可以是棱角状也可以是磨圆较好的碎屑。虽然集中分布的椭圆形碎屑表现为似层状平行排列，或似叠瓦状（Hiscott 和 James，1985），但碎屑缺少有序的构造。各种定向排列、塑性变形、泥岩夹层比较常见。岩相 A1.1 横向和/或垂向上可演变为岩相 A1.4。

(a)　　　　　　　　　　　　　　　(b)

(c)　　　　　　　　　　　　　　　(d)

图 2.6　岩相 A1.1：无序砾岩

（a）加拿大魁北克省加斯佩半岛 Grosses Rocks 奥陶系陆坡水道充填物；（b）西班牙比利牛斯山脉艾恩萨盆地中始新统 Gerbe I 水道体系；（c）西班牙比利牛斯山脉艾恩萨盆地中始新统 Charo 峡谷充填。地质锤长度约 35cm，这些砾岩沉积物的侵蚀边界近似垂直切入薄层岩相中；（d）西班牙比利牛斯山脉艾恩萨盆地中始新统 Morillo I 扇体系，岩相 A1.1 位于人站立位置之上的侵蚀沉积物，为分米厚度的鹅卵石和砾石，厚度约 25cm

搬运过程：浓密度流，膨胀（infalted）砂/砾流体和碎屑流。

沉积过程：由于颗粒间的摩擦和内聚作用，"冻结"于陆坡底部。

参考文献：Hendry（1973），Marschalko（1975），Carter 和 Norris（1977），Long（1977），Stanley 等（1978），Surlyk（1978，1984），Winn 和 Dott（1978），Johnson 和 Walker（1979），Nemec 等（1980），Hein 和 Walker（1982），Okada 和 Tandon（1984），Hiscott 和 James（1985），Fullthorpe 和 Melillo（1988），Bøe（1994），Bernhardt 等（2011），Dykstra 等（2012），Bayliss 和 Pickering（2015a，b）。

2.3.1.2 岩相 A1.2：无序泥质砾岩（图 2.7）

岩相 A1.2 为基质支撑，块状泥质砾岩，泥或黏土级基质占 10%~50%（图 2.7）。地层厚度中等—极厚层。在小型露头中地层表现为板状，但许多层逐渐变薄为鼻状。底部常见小型侵蚀，但顶部通常呈不规则和丘状。大砾石和巨砾可能均匀分散在整个地层中，也可能分布于地层顶部，或形成粗尾粒序层。在 100~200m 厚的巨厚层中，可包含巨大的块体或滑动岩体，含有与该岩相相同的组分。例如，在南斯拉夫（Marjanac，1985）发育一套厚度约 170m 的巨厚地层，其中包含一个 300m×150m×30m 大小的块体；在西班牙（Labaume

（a） （b）

图 2.7 岩相 A1.2：无序泥质砾岩

（a）日本中部 Ashigara 群上新统—更新统 Hata 组；比例尺长度 10cm；（b）西班牙比利牛斯山脉艾恩萨盆地中
始新统艾恩萨体系 A3 井岩心照片；岩心宽度约 6.5cm，井中深度为地面以下深度，单位为米

等，1983a，b）发育一套厚度达 200m 的巨型浊积岩层，其中包含一个厚度约 50m 的碳酸盐岩块体。

碎屑粒级分布趋于多峰形态，有序性差。如果发育沉积构造，一般为不明显的平行－亚平行纹层和/或粗糙排列的扁平或杆状碎屑层。碎屑构成可能包括火山岩、沉积岩、变质岩、生物成因岩，或未成岩的沉积物。这种岩相通常与岩相类 A 的其他沉积或岩相类 F 的沉积物相关联。

搬运过程：黏性碎屑流。巨大的块体在超压层或液化泥质层内部滑动（Labaume 等，1983a，b）。

沉积过程：由于颗粒间的摩擦力和内聚力，"冻结"在陆坡底部。

参考文献：Selected references：Jeffery（1922），Crowell（1957），Johnson（1970），Hampton（1972），Mutti 和 Ricci Lucchi（1972），Rodine 和 Johnson（1976），Embley（1976），Enos（1977），Kurtz 和 Anderson（1979），Winn 和 Dott（1979），Page 和 Suppe（1981），Lowe（1982），Naylor（1982），Labaume 等（1983a），Middleton 和 Southard（1984），Hiscott andJames（1985），Marjanac（1985），Pickering & Corregidor（2005），Dykstra 等（2012）。

2.3.1.3　岩相 A1.3：无序砾质泥岩（图 2.8）

岩相 A1.3 包括（1）砾质泥岩和橄榄岩，特别是在古代活动大陆边缘，（2）冰碛沉积物，砾石含量高，包括大西洋北部所谓海因里希层（Broecker 等，1992）。特征类似于 A1.2，只是沉积物含有 50%～95% 的泥质或黏土沉积（图 2.8）。地层范围从分米到米级；个别地层可能达到几十米厚。大多数地层横向不连续，形状不规则，且内部组构、基质含量和地层形态在很短的距离内表现出明显的变化。粒序特征在砾质泥岩和橄榄岩中不发育，但可能在杂乱的冰碛沉积单元中发育。

碎屑组成与岩相 A1.2 类似，通常含有大量粉砂—泥质碎片和块体。在古老实例中，基质和碎屑之间塑性差异，可能形成构造剪切的基质包裹住相对未变形碎屑的现象。

搬运过程：黏性泥质流（碎屑流），源于融化的冰川沉积。

沉积过程：对于泥质流，当流体底部的剪切应力小于内聚强度时，"冻结"在陆坡底部。对于冰碛沉积物，为选择性沉积。

参考文献：见岩相 A1.2 以及 Kuhn 和 Meischner（1988），Cremer（1989），Eyles（1990），Wang 和 Hesse（1996），Strand 等（1995），Normark 等（1997），Cornamusini（2004），Bernhardt 等（2011），Bayliss & Pickering（2015a，b）。

2.3.1.4　岩相 A1.4：无序砾质砂岩（图 2.9）

岩相 A1.4 以砂岩基质中大碎屑的分散分布为特征。泥级沉积物约占百分之几。地层的形态和厚度与岩相 A1.1 相似。在碎屑广泛发育的位置，沉积层的界面难以确定。冲刷面、负载构造和大型底模在砾质砂岩中得到了较好的保存。细砾和粗砾碎屑常见，而大卵石（cobble）和巨砾（boulder）比较少见。碎屑含量变化较大，发育不规则斑块和高浓度碎屑层，其厚度薄到单个砾石大小；泥岩碎屑也常见于岩相 A1.4 中，在浓度较高的地方，碎屑呈棱角状的，这种沉积层最好定义为泥质角砾层。

通常不存在粒序、层理和大碎屑的定向排列。较大碎屑可能集中在沉积层的底部，然

图 2.8　岩相 A1.3：无序砾质泥岩

（a）西班牙东南部塔维纳斯（Tabernas）盆地中新统，相机镜头盖为比例尺；（b）日本中部 Ashigara 群上新统
—更新统 Hata 组，笔记本高 19cm；（c）挪威北极地区芬马克郡上寒武统 Kongsfjord 组，相机镜头盖为比例尺；
（d）牙买加始新统 Richmond 组，相机镜头盖为比例尺

后突然向上进入碎屑含量较少的含砾砂岩层中。或者"漂浮"碎屑向上逐渐减少，形成粗尾递变。

搬运过程：浓密度流，膨胀砂质流。

沉积过程：随着流速减缓，颗粒间摩擦增加，颗粒快速大量沉积形成砾岩—砂岩混合物。

参考文献：Dzulynski 等（1959），Bartow（1966），Ricci Lucchi（1969），Walker 和 Mutti（1973），Carter 和 Lindqvist（1975），Lowe（1976a），Piper 等（1978），Surlyk（1978），Walker（1978），Winn 和 Dott（1978），Hein（1982），Hein 和 Walker（1982），Cornamusini（2004），Dziadzio 等（2006），Janocko 等（2012b），Stright 等（2014），Pickering 等（2015）。

2.3.2　岩相群 A2：有序砾岩和砾质砂岩

有序砾岩和砾质砂岩在特征上与 Lowe（1982）的方案密切相关。本书识别了八种岩相，可能看起来很复杂，但岩相易于识别，并且在主要的砾岩地层中，这些分类比任何简易分类更灵活。

图 2.9 岩相 A1.4：无序砾质砂岩

（a）西班牙比利牛斯山脉艾恩萨盆地中始新统 Gerbe I 体系；（b）俄罗斯北部 Rybachi-Sredni 半岛上寒武统沉积，相机镜头盖作为比例尺；（c）美国加利福尼亚 Point Lobos 上白垩统—古新统 Carmelo 组，层状砾岩夹层，手机作为比例尺；（d）西班牙比利牛斯山脉艾恩萨盆地中始新统艾恩萨体系 A3 井岩心照片，岩心宽度约 6.5cm，井中深度为地面以下深度，单位为米

2.3.2.1 岩相 A2.1：层状砾岩

在细砾岩（图 2.10）和砾质砂岩中，再沉积砾岩层理是最常见的特征。层状、粗粒、碎屑支撑的古老砾岩的最佳实例，是 Winn 和 Dott（1977，1979）描述的智利南部的露头。

这些沉积层呈透镜状，楔状倾斜地层厚达 12m，丘状沉积体厚达到 4m。沉积的单层厚度从单颗卵石厚度到超过 1m。这些古老砾岩中，可识别出冲刷面和侵蚀性底面。

(a)　　　　　　　　　　　　　　　　　　(b)

图 2.10　岩相 2.1：层状砾岩

（a）魁北克阿帕拉契亚山脉寒武—奥陶系 Cap Enrage 组，右侧为顶部；（b）美国加利福尼亚 Point Lobos 上白垩统—古新统卡梅洛（Pigeon Point）组（Anderson 等，2006），富砾层发育低角度层理

　　叠瓦状构造发育：Winn 和 Dott（1977，1979）描述了 a、b 两个向上游倾斜的碎屑层面，其中 a 轴与流向平行。大尺度层理，特别是地层边界不明显的地方，可能很难与单一、叠置、粒序块状砾石层区分开。

　　Piper 等（1988）描述了现代海底 Laurentian 扇在水深 2000~4500m 位置发育的砾石波，波高 2~5m、波长 50~100m。类似的砾石波在法国尼斯的 Var 扇中也有发现（Malinverno 等，1988）。Laurentian 扇体的砾石波在晚更新世冰山暴发事件中形成（D. J. W. Piper，in Wynn 等，2002b）。虽然曾经期望这些砾石波发育层状或交错层理的沉积物，但有限的潜水观察表明，主要发育块状到粒序层理的砾石层（Hughes Clarke 等，1990）。目前，在现代深水沉积层中尚未发现包含类似于岩相 A2.1 的内部层理特征。但是，Ito 和 Saito（2006）描述了来自日本东南部 Boso 半岛上新统到更新统的实例。

　　搬运过程：浓密度流。

　　沉积过程：从悬浮状态选择性沉积，之后以底砂负载形式牵引搬运。

　　参考文献：Winn 和 Dott（1977，1979），Hein（1982），Piper 等（1988），Sohn（1997），Wynn 等（2002a），Ito 和 Saito（2006），Dykstra 等（2012），Ito 等（2014）。

2.3.2.2　岩相 A2.2：反粒序砾岩

　　反粒序砾石层（图 2.11）在许多再沉积的粗粒沉积序列中占有重要的比例。沉积层通常为透镜状，具有侵蚀底面、横向减薄，碎屑浓度变化等特征，形成了复杂的地层特征。反粒序层最大厚度可达几米，常见厚度为 0.5~4m。分选差和大碎屑是这种岩相的典型特征。碎屑叠瓦构造较发育。

　　整套沉积地层可能表现为反粒序（图 2.11），或底部反粒序但上部砾岩表现为块状或正粒序特征。在厚度较大的反粒序地层中，至少 5%~20% 的沉积比上覆地层碎屑更细（通

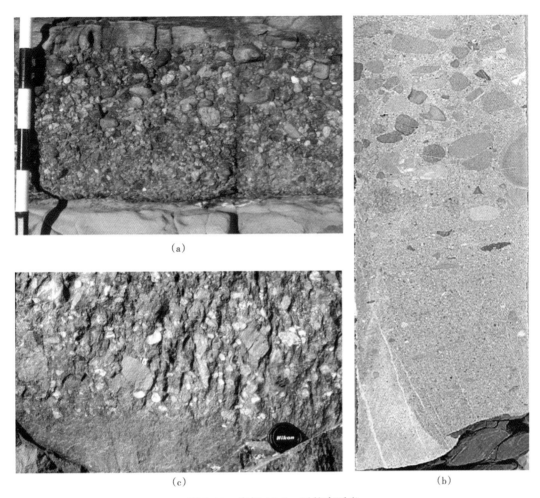

(a)

(c)

(b)

图 2.11　岩相 A2.2：反粒序砾岩

（a）日本茨城县白垩系 Nakaminato 组，比例尺一格 10cm；（b）西班牙比利牛斯山脉艾恩萨盆地中始新统艾恩萨体系 A3 井岩心照片，岩心宽度约 6.5cm；（c）英国威尔士盆地 Elan 峡谷下志留统（Llandovery）Caban Coch 砾岩，相机镜头盖作为比例尺

常为细到粗粒的卵石）。上下沉积地层之间的过渡带通常呈突变特征；粗粒碎屑集中于沉积层底界之上的一段距离内。

反粒序砾岩沉积的顶部可能是突变的，表现为砾岩和砂岩的突变，或是向上砂岩含量的增加，因此沉积层顶部沉积的粒度分布具有双峰特征。

搬运过程：浓密度流体转化的晚期阶段。

沉积过程：由于颗粒间摩擦作用的增加，高密度牵引毯快速沉积。明显的叠瓦作用是由颗粒间的相互作用导致的。反粒序可能具有相同的成因，或者在搬运路径上，较粗颗粒的沉积发生在较细颗粒沉积之后。

参考文献：Davies 和 Walker（1974），Surlyk（1978，1984），Howell 和 Link（1979），Johnson 和 Walker（1979），Winn 和 Dott（1979），Nemec 等（1980），Watson（1981），

Hein（1982），Okada 和 Tandon（1984），Soh（1987），Surpless 等（2009）。

2.3.2.3 岩相 A2.3：正粒序砾岩

在单一沉积序列中，正粒序地层与反粒序或无序地层相比，粒度更细一些。但是，地层厚度与其他砾岩相似，范围从 0.5m 到几米（图 2.12）。由于局部的深度冲刷和大规模下切，地层表现出明显的厚度变化。正粒序砾岩是碎屑支撑岩相中最为常见的一种。

图 2.12　岩相 A2.3：正粒序砾岩

（a）西班牙比利牛斯山脉艾恩萨盆地中始新统 Morillo 体系，罗盘—测斜仪作为比例尺；（b）日本茨城县白垩系 Nakaminato 组，比例尺间隔长度 10cm，下伏砂岩中发育碟状构造；（c）西班牙比利牛斯山脉艾恩萨盆地中始新统 Gerbe 体系，比例尺长度 15cm

正粒序存在多种发育模式。突变的粒序层主要表现为粗尾递变，最粗的碎屑仅发育在沉积层的最底部并且快速向上变为细卵石。由大卵石（cobbles）向上渐变为细砾砂岩的特征比较少见，但可以发育在非常厚的沉积地层中。与反粒序砾岩相比，该岩相较少发育叠瓦构造。

搬运过程：浓密度流。

沉积过程：由悬浮状态选择性沉积。碎屑在沉积后较少或没有经历牵引搬运过程，可能是因为相对较快的沉积作用。

参考文献：Marschalko（1964），Hendry（1972，1978），Mutti 和 Ricci Lucchi（1972），Davies 和 Walker（1974），Walker（1977），Winn 和 Dott（1978），Nemec 等（1980），Hein（1982），Hein 和 Walker（1982），Surlyk（1984），Siedlecka 等（1994），Surpless 等（2009）。

2.3.2.4 岩相 A2.4：粒序—层状砾岩

Walker（1975a，1976）建立了"粒序—层状地层模式"，表现为发育平行、斜交和交错层理的砾质砂岩叠覆在粒序砾岩之上（图 2.13）。粒序—层状砾岩层与其他碎屑支撑砾岩相比，沉积层厚度较薄、粒度较细。但沉积层形态变化较少，底部突变，常见槽状冲刷—充填层理 。

地层中的碎屑粒度向顶部逐渐变小。或者下部碎屑支撑部分表现为"不明显粒序（delayed grading）"。粒序—层状砾岩被认为是碎屑支撑卵石砾岩和粒序—层状砾质砂岩相 A2.8 的过渡岩相。

(a)　　　　　　　　　　　　　(b)

(c)

图 2.13　岩相 A2.4：粒序—层状砾岩

（a）西班牙比利牛斯山脉艾恩萨盆地中始新统 Morillo 体系，罗盘—测斜仪作为比例尺；（b）加拿大魁北克省加
斯佩半岛 Grosses Rocks 下奥陶统，图中人作为比例尺；（c）挪威北极地区芬马克郡上寒武统 Kongsfjord 组，
相机镜头盖作为比例尺

搬运过程：浓密度流。

沉积过程：由悬浮状态选择性沉积，仅在上部沉积过程中存在牵引作用。

参考文献：Hubert 等（1970），Hendry（1972），Mutti 和 Ricci Lucchi（1972），Davies
和 Walker（1974），Rocheleau 和 Lajoie（1974），Walker（1975a，1976，1977，1978），
Aalto（1976），Surlyk（1978，1984），Johnson 和 Walker（1979），Hein（1982），Hein 和
Walker（1982），Vicente Bravo 和 Robles（1995），Cornamusini（2004），Pickering 等
（2015）。

2.3.2.5 岩相 A2.5：层状砾质砂岩

层状砾质砂岩表现为富砂和富砾层的交互沉积（图 2.14）。通常单层表现为正粒序和反粒序的渐变接触。地层横向起伏形成不规则薄层和透镜体。在粒度较细段（如含少量卵石的细砾砂岩或粗—中粒砂岩），也可能发育层理。

（a）

（b）

（c）

图 2.14　岩相 A2.5：层状砾质砂岩

（a）法国东南部孔特次盆渐新统 Annot 砂岩层，手机作为比例尺，长度约 10cm；（b）左图岩相 A2.4 层理的放大显示，手机作为比例尺，长度约 10cm；（c）牙买加瓦格沃特（Wagwater）群始新统里士满（Richmond）组，相机镜头盖作为比例尺

沉积地层形态变化多样，厚度约 0.5~3m。由于砾质砂岩单元可能是复合沉积，因此很难定义单期重力流沉积。总的来说，整套沉积地层分选差；少量卵石可能以不规则薄层和侵蚀充填形式存在。

搬运过程：浓密度流。

沉积过程：从悬浮状态选择性沉积，之后以底负载形式牵引搬运。

参考文献：Hendry（1973，1978），Hein（1982），Hein 和 Walker（1982），Lowe

（1982），Surlyk（1984）。

2.3.2.6 岩相 A2.6：反粒序砾质砂岩

发育良好粒序特征的砾质砂岩相可以与反粒序砾岩相 A2.2 类比，只是相对不常见。通常更容易发现几厘米厚的不含卵石层，并快速过渡为块状或正粒序特征的砾质砂岩。或者发育 5~10cm 厚的少量砾石层和砾质砂岩的交互沉积，发育明显的层理。在这些情况下，很难定义单一的沉积单元。

岩相 A2.6 通常发育在平底沉积层中，其厚度通常小于其他砾质砂岩相。发育良好的多期次、反粒序层指示其为过渡岩相，过渡为具有"间隔层理"（岩相 B2.1）的厚层的小砾岩相。

搬运过程：浓密度流。

沉积过程：反粒序可能由"动力筛选（kinetic sieve）"过程形成，此时较粗颗粒上升至剪切分散的顶部（Middleton，1970）。或者，反粒序是搬运过程中较粗粒部分的沉积滞后于较细粒部分造成的。

参考文献：Lowe（1982）。

图 2.15　岩相 A2.6：反粒序砾质砂岩纽芬兰盆地 ODP 1276A 站点位始新统岩心照片（210-1276A-9R2，55-74cm）。大卵石之上，50cm 厚的沉积为正粒序。重力流沉积位于叠合砂岩层的底部 2m。

比例尺长度 10cm

2.3.2.7 岩相 A2.7：正粒序砾质砂岩

正粒序砾质砂岩（图 2.16）在深水碎屑岩沉积中极其常见。通常，这种岩相的厚度大于层状和反粒序砾质砂岩层。冲刷构造常见，多数地层表现为不规则。当地层叠合或碎屑浓度较低时，地层接触关系可能不是很清晰。

岩相 A2.7 的典型特征为发育完整的正粒序，其最常见的是粗尾粒序，但有时也可见其他递变。在许多实例中，表现为 2~3m（从底到顶）厚的正粒序。

搬运过程：浓密度流。

沉积过程：从悬浮状态选择性沉积，特点为快速埋藏，无明显牵引搬运。

参考文献：Hubert 等（1970），Aalto（1976），Long（1977），Walker（1977，1978），Stanley 等（1978），Watson（1981），Hein（1982），Surpless 等（2009）。

2.3.2.8 岩相 A2.8：粒序—层状砾质砂岩

岩相 A2.8 在地层厚度、地层形态和碎屑大小上与岩相 A2.7 具有相似性（图 2.17）。横向上，常见两种岩相的过渡。底部冲刷特征常见，在砾石薄层发育较多的层段，上部地层的接触关系难以确定。

该类岩相表现为从底到顶的完整粒序特征，虽然粗粒碎屑层向上会重复出现。但是，比细砾更粗的碎屑颗粒通常局限在地层下部。层理可以包括平行层理、斜交层理、多期复合层理或巨型波状交错层理。岩相 A2.8 被认为是粒序—层状砾岩相 A2.4 和岩相类 B（砂岩相）的过渡沉积。

图 2.16　岩相 A2.7：正粒序砾质砂岩

日本 Boso 半岛上新统 Kiyomusi 组，比例尺间隔长度 10cm

（a）　　　　　　　　　　　　　　　　　　（b）

图 2.17　岩相 A2.8：粒序—层状砾质砂岩

（a）加拿大魁北克省加斯佩半岛下奥陶统 Tourelle 组，箭头长度 10cm；（b）加拿大纽芬兰盆地新世界岛志留系 Milliners Arm 组，沉积过程中发育负载和火焰构造，被上覆流体剪切，推测古水流方向向右，相机镜头盖作为比例尺

搬运过程：浓密度流，在单一地点（即 Kneller1995 年提出的流体减弱条件下）随时间变得更稀。

沉积过程：从悬浮状态选择性沉积。最初的沉积速度快，后续没有牵引搬运作用。当沉积速率较高时，颗粒在埋藏前，作为床砂载荷形成层理。

参考文献：Hubert 等（1970）、Rocheleau 和 Lajoie（1974）、Aalto（1976）、Walker（1978）、Hein（1982）、Hein 和 Walker（1982）、Surlyk（1984）、Pickering 等（2015）。

2.4　岩相类 B：砂岩，砂>80％、砾<5％

该岩相类砂岩的泥和粉砂基质含量<20％，砾石含量<5％。根据发育或不发育明显沉积构造特点，岩相类 B 划分为有序的和无序两个岩相群。地层厚度和形态变化极大。该岩相类中，多数沉积层不能用 Bouma（1962）的经典浊积岩体系进行描述。

文献中常见对岩相类 B 的特征描述包括：Mutti 和 Ricci Lucchi（1972）的"砂质相（arenaceous facies）"，Stanley 和 Samders（1965）的块状沉积层，Stanley 和 Vnrug（1972）、Dzulynski 等（1959）和 Kuenen（1964）的"滑塌浊积岩（fluxoturbidites）"的描述。

2.4.1　岩相群 B1：无序砂岩

无序或块状砂岩，对应 Walker 和 Mutti（1973）提出的块状砂岩相 B1 和 B2（分别发育和不发育碟状构造）以及 Mutti 和 Ricci Lucchi（1972）提出的砂岩相 B，是许多深水沉积砂岩的特征（Stauffer，1967；Carter 和 Lindqvist，1975；Keith 和 Friedman，1977；Piper 等，1978；Hiscott 和 Middleton，1979；Cas，1979；Hiscott，1980；Lowe，1982；Normark 等，1997；Plink-Björklund 和 Steel，2004；Lien 等，2006；Janocko 等，2012b）。岩相群 B1 包括两种岩相。

2.4.1.1　岩相 B1.1：中—厚层无序砂岩

岩相 B1.1 由横向连续，平行到高度不规则的中—厚沉积层组成（图 2.18）。底模不太发育。缺少粒序特征或发育不明显，粗尾递变发育，小砾石集中在底部的薄层范围内。最为明显的内部沉积特征为流体逃逸构造，主要发育在沉积地层的上半段，包括碟状构造（图 2.18）和管状构造（图 2.18）（Wentworth，1967；Lowe 和 LoPicollo，1974；Lowe，1975；Mount，1993；Nichols 等，1994）。该岩相中发育碟状构造的砂岩分选较好，其逃逸孔隙水的向上渗透能够形成相对不渗透的"固结纹层"（Lowe 和 LoPicollo，1974），当纹层破坏时，发育成独特的碟状。在分选较差的砂岩中，孔隙流体的逃逸现象并不普遍，而是局部呈管状（Hiscott 和 Middleta，1979），发育在黏土堵塞墙区域（Mount，1993）。

许多情况下，液化作用在该岩相的浅埋藏沉积地层中普遍发育，导致在顶部发育类似底辟的隆起（图 2.18），层内砂体流动导致的起伏形态，或上覆单元大规模向下坍塌形成大量碎屑（图 2.18）。这可能与露头级别，或更大规模的砂岩侵入复合体类似（Hiscott，1979；Nichols，1995；Dixon 等，1995）。

搬运过程：浓密度流，膨胀砂质流体（见表 1.1）。

沉积过程：由快速减弱的流体沉积而成，牵引构造无法形成（Arnott 和 Hand，1989；Kneller 和 Branney，1995），或者在浓度扩散体系中颗粒间的摩擦导致快速的沉积。任何一种情况，在沉积期间或之后，颗粒充填沉积都可能坍塌，导致剩余孔隙流体的逸出，形成流体逃逸构造和/或其他变形构造。

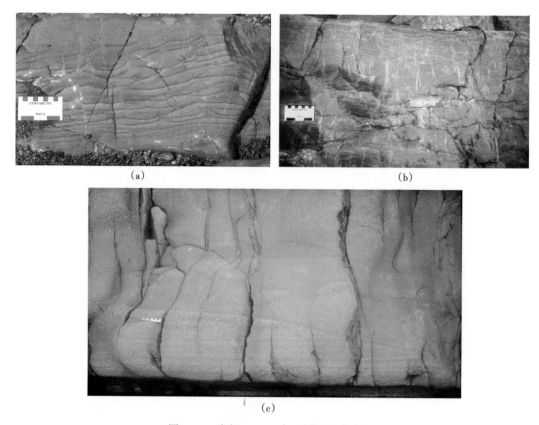

图 2.18　岩相 B1.1：中—厚层无序砂岩

所有比例尺间隔为 1cm。（a）（b）加拿大魁北克阿帕拉契亚山脉寒武—奥陶系 Cap Enrage 组，碟状构造之间和流体逃逸柱中的灰白色沉积物，是由于逃逸孔隙水的冲刷形成的；（c）威尔士盆地下志留统（Llandovery）Aberystwyth Grits 地层，叠合砂岩至少包括四期冲刷形成的块状砂岩沉积，位于底部岩相 B2.1 平行层理砂岩之上

参考文献：Stauffer（1967），Middleton（1970），Carter 和 Lindqvist（1975），Aalto（1976），Lowe（1976a，b），Keith 和 Friedman（1977），Piper 等（1978），Cas（1979）（a2 段），Hiscott 和 Middleton（1979），Jordan（1981），Hein（1982），Lowe（1982）（S3 段），Surlyk（1984），Kneller 和 Branney（1995），Hiscott 等（1997a），Normark 等（1997），Badescu 等（2000），Plink-Bjorklund 和 Steel（2004），Cornamusini（2004）。

2.4.1.2　岩相 B1.2：薄层粗粒砂岩

岩相 B1.2 区别于其他岩相的典型特征为层薄但组成颗粒粗（图 2.19），卵石较少见，棱角状粉砂和泥砾时有出现，沉积层内部无构造。

沉积地层通常不规则，常见楔状或起伏的外形，顶面突变。该岩相在许多情况下与岩相 B2.2 相关，在某些方面与 Mutti 和 Ricci Lucchi（1972，1975）体系的岩相 E 类似，但该岩相通常粒度更粗且缺少内部构造。通常不发育粒序，含少量小砾夹层。在某些层中，砾石向上凸出至上覆岩相中。

搬运过程：沉积物重力流之下的底负载搬运或强底流搬运。

（a）　　　　　　　　　　　　　　　　　（b）

图 2.19　岩相 B1.2：薄层粗粒砂岩

（a）加拿大纽芬兰中北部中—上奥陶统（Caradoc-Ashgill）Point Leamington 组；（b）西班牙比利牛斯山脉艾恩萨
　盆地中始新统艾恩萨体系的扇缘和盆地—陆坡沉积，L2 井岩心，货币虫富集层，岩心宽度 6.5cm

沉积过程：底负载颗粒沉积。

参考文献：Mutti 和 Ricci Lucchi（1972，1975），Mutti（1977）。

2.4.2　岩相群 B2：有序砂岩

该岩相群包括任何发育良好沉积构造，且明显不属于鲍马序列的砂岩。多种流体逃逸
构造可能叠加在原始流体沉积构造之上。岩相群 B2 包含的沉积物具有 Mutti 和 Ricci Lucchi
（1972）体系 B1、B2 岩相的诸多特征。该岩相群识别了两种岩相。

2.4.2.1　岩相 B2.1：平行—层状砂岩

Hiscott 和 Middleton（1979，1980）首次详细描述了这种岩相。该岩相的层理大多是带
状层，厚度几厘米至 10cm，单层均表现为底部反粒序（图 2.20）。在厚—极厚地层中，
带状表现为内部构造，总体呈正粒序。Hiscott 和 Middleton（1979）在每个层理段的底部到
顶部，识别出了如下构造和结构：（1）底部发育水平或近水平侵蚀面；（2）反粒序砂层，
粒度从 2~3ϕ 到 1ϕ；（3）无构造或块状构造砂岩层，粒度-1ϕ 到 1ϕ，常见发育较好的颗粒
叠瓦构造。

Hiscott（1994a）将这种构造重新命名为"间隔层理（spaced stratification）"以取代常
用的成因命名"牵引毯层理"。间隔层理不同段之间的砂没有构造，且可能发育类似于岩相
B1.1 的流体逃逸构造。顶部渐变为粉砂岩，且可能发育波纹层理。

搬运过程：浓密度流。

沉积过程：重复的突然冲刷旋回，大的浊流顺流冲刷形成下部侵蚀界面和小于 1cm 反
粒序层，随后快速加积形成几厘米厚的无纹层砂岩（Hiscott，1994b）。更厚的块状层段记
录更长时间段内颗粒的快速堆积，且无牵引作用（与岩相 B1.1 类似）。

图 2.20 岩相 B2.1：平行—层状砂岩

（a）南非二叠系卡鲁沉积体系细粒砂岩实例；（b）、（c）和（d）来自加拿大北克帕拉契亚山脉下奥陶统 Tourel-le 组，比例尺单位是 cm；（b）厚 165cm 的沉积层，整体正粒序特征，但包含了反粒序间隔层理带；（c）粒序层下段表现为层状特征；（d）分隔层理带的放大照片，箭头指示单层的底界，底部 1~1.5cm 呈反粒序特征，由细砂变为中—粗砂；（e）西班牙比利牛斯山脉艾恩萨盆地中始新统艾恩萨体系 A1 井岩心照片，岩心宽度约 6.5cm

参考文献：Chipping（1972），Mutti 和 Ricci Lucchi（1975）（B1），Hendry（1972），Hiscott 和 Middleton（1979，1980），Lowe（1982），Hiscott（1994b），Sohn（1997），O´Brien 等（2001），Plink‐Bjorklund 和 Steel（2004），Cantero 等（2012）；Stevenson 等（2014）。

2.4.2.2 岩相 B2.2：交错—层状砂岩

岩相 B2.2 的小砾—粗粒砂岩的分选优于其他砂岩相。这种岩相的薄层厚度多变，粒度很粗。

沉积地层包含交错层理，典型厚度为 10~25cm（图 2.21），发育单组或多组板状或槽状交错层理。内部纹层倾角较低，或处于近水平的角度。沉积层通常不规则，呈透镜、分叉和叠合的特征；底部可能侵蚀接触，顶部为突变接触。前积层通过粗粒和细粒层的交替互层来定义，粗粒沉积聚集在前积层的坡脚。岩相 B2.2 中可能发育特别陡和平躺褶皱的交错层理［类似于 Allen & Banks（1972）定义的类型 1］。沉积地层中很少出现泥质碎屑的富集。

搬运过程：浊流之下的底负载搬运或限制性水道中的强底流搬运。

图 2.21　岩相 B2.2：大尺度交错—层状砂岩

（a）加拿大纽芬兰西部湾伍兹岛寒武系 Blow-me-down Brook 组，笔记本高度约 20cm；（b）挪威北极地区芬马克郡上寒武统 Kongsfjord 组上段；（c）法国东南部 Peira Cava 渐新统 Gres d Annot 组，极粗粒、交错—层状砂层，厚度约 25cm；（d）照片（c）中岩相 B2.2 放大照片，比例尺为 1 欧元硬币；（e）岩心中的交错—层状砂岩，西班牙比利牛斯山脉艾恩萨盆地中始新统艾恩萨体系，岩心宽度约 6.5cm

沉积过程：在中—大规模底形之上，形成岩崩（颗粒流）或间歇性悬浮搬运，或形成冲刷。

参考文献：Hubert（1966b），Scott（1966），Piper（1970），Mutti 和 Ricci Lucchi（1972），Mutti（1977），Hiscott 和 Middleton（1979），Hein（1982），Hein 和 Walker（1982），Pickering（1982a），Lowe（1982），Vicente Bravo 和 Robles（1995），Lien 等（2006），Pickering 等（2015）。Mutti 和 Ricci Lucchi（1972，1975）和 Mutti（1977）将相对薄层的"沙丘"形态的透镜状沉积物定义为相 E，本书将其归入该岩相。

2.5　岩相类 C：砂泥互层和泥质砂岩，砂 20%~80%、泥<80%

岩相类 C 的大部分沉积可以用经典浊积岩的鲍马序列（1962）来描述。沉积地层形态多变，不能用于区分岩相组成。一般来说，地层呈席状。在许多情况下，单期沉积物重力流沉积是粒序层，大部分砂岩段的顶部存在泥岩。

这类沉积物以深水沉积为特征（Kuenen 和 Migliorini，1950；Dzulynski 等，1959；Bouma，1962，1964；Bouma 和 Brouwer，1964，Dzulynski 和 Walton，1965；Macdonald 等，2011a）。通过大量的实验和理论工作，对这类砂岩的沉积过程取得了较好的理解。

这一岩相类与 Mutti 和 Ricci Lucchi（1972，1975）以及 Walker 和 Mutti（1973）定义的岩相群 C1 和 C2 相似，但不是严格的类比。岩相类 C 是 Walker（1976，1978，1992）定义的"经典的"或"典型的"浊积岩。"近端"和"末端"作为这一类沉积的描述术语（Walker，1976b，1970），在本书分类中并未用来区分厚层和薄层，因为相对沉积物供给而言，薄层不一定处于末端（Nelson 等，1975）。

岩相类 C 细分为有序和无序两个岩相群。对于无序岩相群，岩相的区分是以结构一致性为基础；对于有序岩相群，以沉积地层厚度为基础。沉积层厚度是有用的环境指示标志，并且在野外易于测量。沉积层厚度大部分与粒度相关（Sadler，1982；Middleton 和 Neal，1989；Dide 等，1994），也与内部沉积构造有关，因此，岩相代表了从最粗粒和最厚层到最细粒和最薄层的范围。

2.5.1　岩相群 C1：无序泥质砂岩

2.5.1.1　岩相 C1.1：差分选泥质砂岩

岩相 C1.1 以差分选、高含量（可达80%）的粉砂和黏土沉积为特征（图 2.22）。最大的粒级通常为粗到细粒砂岩。发育正粒序，个别情况下，在沉积层底部的粗—极粗粒砂岩中可能发育粗尾递变粒序。沉积层最上段是粉砂质泥岩，下部是泥质砂岩，界面通常比较清楚，底部发育一系列底模，顶部平坦或渐变。

通常不存在内部沉积构造，但在最下部的几厘米可能存在模糊的平行纹理，以及与粉砂质泥岩假结核相关的包卷层理。这些液化构造让地层具有旋转的外观，并被部分学者称之为"泥浆层"（Morris，1971；Hiscott 和 Middleton，1979；Strong 和 Walker，1981）。

粉砂质泥砾或"碎屑"的比例多变（图 2.22）。在某些沉积层中，可见几米长的筏状沉积"悬浮"在沉积物中。这些筏状体的长度可能大于沉积层的厚度（Hiscott，1980）。

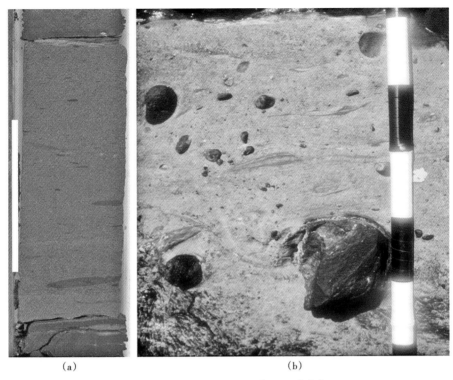

（a）　　　　　　　　　　　　　（b）

图 2.22　岩相 C1.1：差分选泥质砂岩

（a）纽芬兰盆地 ODP 1276A 站点，白垩系（阿尔布阶）（210-1276A-68R2，43~65cm），悬浮的、水平的泥砾和突变的顶面，比例尺长度10cm；（b）日本茨城县白垩系 Nakaminato 组 2~3m 厚的重力流沉积局部放大照片，比例尺单位长度10cm

搬运过程：砂/泥负载黏性流。

沉积过程：由于颗粒间摩擦或内聚力的增加，而快速沉积。沉积物保持足够的塑性，并发生重力负载。

参考文献：Wood 和 Smith（1959），Burne（1970），Morris（1971），Skipper 和 Middleton（1975），Mutti 等（1978），Hiscott 和 Middleton（1979），Hiscott（1980），Pickering（1981b），Strong 和 Walker（1981），Pickering 和 Hiscott（1985），Myrow 和 Hiscott（1991），Normark 等（1997），Lowe 和 Guy（2000），Lowe 等（2003），Pyles 和 Jennette（2009），Brunt 等（2012），Talling 等（2013），Terlaky 和 Arnott（2014）。

2.5.1.2　岩相 C1.2：斑杂泥质砂岩

斑杂泥质砂岩通常极薄—中等厚度（<1cm 至约20cm），不规则到片状形态。其顶底均可能突变或渐变接触，并且在同一层的不同部分也是可变的。交错纹层和平行纹层较少见（图 2.23），但常见粗粒物质的不规则分布（层状或透镜状）。可能发育模糊的正粒序或反粒序特征。

生物扰动普遍存在，并可能掩盖任何原始的层理构造。粒度主要为细砂（对应岩相 D1.3斑杂粉砂岩），分选差到中等。颗粒通常为陆源和生物成因，主要取决于原始沉积物源。

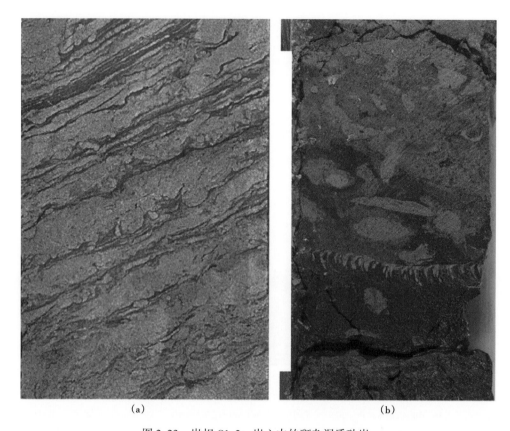

(a)   (b)

图 2.23 岩相 C1.2：岩心中的斑杂泥质砂岩

（a）西班牙比利牛斯山脉艾恩萨盆地中始新统艾恩萨体系岩心；（b）伊豆—博宁弧前盆地 ODP 792E 站点，
中新统岩心照片（126-792E-21R2，6~18cm），比例尺长度 10cm

搬运过程：通过强底流簸选细粒、底负载砂岩。

沉积过程：粗粒负载选择性沉积，并通过沉积后的生物扰动作用，使砂、泥混合。

参考文献：McCave 等（1980），Stow（1982），Stow 和 Piper（1984a，b），Gonthier 等（1984），Shipboard Scientific Party（2004a）。

2.5.2 岩相群 C2：有序砂—泥互层

岩相群 C2 包含中等分选到差分选的砂—泥互层，表现为部分或完全鲍马序列的特征（图 2.24）。发育标志性的正粒序特征（Kuenen，1953；Ksiazkiewicz，1954）。工具痕和冲刷痕都是常见的底模特征。底部表现为冲刷构造、负载构造，或平坦特征。如果上部包含大量的泥质，沉积层顶部通常是光滑平坦的。

生物扰动在部分层段或整个层发育，但向顶部更常见。液化构造，包括包卷构造和流体逃逸构造常见。

完整的鲍马（1962）序列包括 Ta-e，但实际常见的可能是缺失顶、底的序列。爬升波纹层理发育在细—极细粒砂岩中（Jobe 等，2012）。

图 2.24　（a）岩相类 C 的主要相关岩相（岩相 C2.1，少量 C2.2），挪威北极地区芬马克郡上寒武统 Kongsfjord 组上段；（b）岩相类 C 的主要相关岩相（岩相 C2.2），英格兰湖区下志留统（Llandovery）地层；（c）岩相类 C 的主要相关岩相（岩相 C2.2 和 C2.3）。爱尔兰西部克莱尔郡石炭系（Namurian）Ross 组上段，罗盘—测斜仪作为比例尺

该岩相群共识别了五种岩相，前三种完全基于沉积层的厚度（表 2.2）：

（1）岩相 C2.1，极厚—厚层状砂泥互层；

（2）岩相 C2.2，中厚层状砂泥互层；

（3）岩相 C2.3，薄层砂泥互层；

（4）岩相 C2.4，极厚—厚层状、泥为主的砂泥互层；

（5）岩相 C2.5，中等—极厚层状、泥为主的浆状砂泥互层。

通常，岩相 C2.1 沉积始于为鲍马 Ta 段（图 2.25a），岩相 C2.2 沉积始于 Tb 段（图 2.25b），岩相 C2.3 沉积始于 Tc 段（图 2.5cde）。岩相 C2.3 的特征为非常薄的沉积层，通常<3cm，砂泥比>1，发育低幅度波纹层理（波高<2cm），波长相对长，可达分米级。这些波纹可能具有迎流面侵蚀，背流面沉积的特征，随后被粉砂岩/泥岩披覆。Mutti（1977）岩相 E 中的部分实例，也包含在这一类中。岩相 2.3 另一种不常见的形式来自 ODP 169 航次，位于沉积大洋扩张中心（位于 Juan de Fuca 洋脊北端的中央峡谷，Bent Hill 块状硫化物沉积）的硫化物带交错层理砂岩，发育富铜硫化物沉积构造，代替了沉积物重力流砂岩沉积（Zierenberg 等，2000）。

岩相 C2.1 在密度流向浊流过渡时沉积，岩相 C2.2 以及 C2.3 沉积在浓度和速度逐步降低的浊流阶段。

图 2.25　岩相 C2.1、C2.2、C2.3

（a）伊豆—博宁（Izu-Bonin）弧前盆地 ODP 793 站点，下中新统粒序岩相 C2.1 砂泥互层，无牵引构造（126-793b-19R3，70~95cm），比例尺长度 10cm；（b）伊豆—博宁弧前盆地 ODP 792 站点，下渐新统岩相 C2.2，鲍马 Tbcd 段照片（126-792E-56R4，13~34cm），比例尺长度 10cm；（c）亚马逊扇 ODP 942 站点，波纹透镜状极细砂岩照片（155-942A-6H5，93~109cm）；（d，e）西班牙比利牛斯山脉艾恩萨盆地中始新统艾恩萨体系，薄层砂泥互层以及极粗粒的沉积层；（f）加拿大魁北克省加斯佩半岛中—上奥陶统 Cloridorme 组，爬升波纹—层状层理，比例尺单位 10cm

主要的沉积过程是悬浮状态的选择性沉积，随后被埋藏（鲍马 Ta 段；Arnott 和 Hand，1989），或作为底负载进行牵引搬运（鲍马 Tab、Tc 段）。泥质段的沉积与岩相类 D 泥质浊流相似。

岩相 C2.4 由厚—极厚层的、泥为主的砂泥互层组成，厚度一般为 1~15m，是指示沉积过程中流体反转的内部证据（图 2.26），常见顶部泥岩层，约占沉积厚度的 80%。底端砂岩段是粒序层，不同流体方向的粒序段被泥岩分隔（Hiscott 和 Pickering，1984；Pickering 和 Hiscott，1985）。内部构造包括巨型波纹、波纹和爬升波纹层理，波状和平行层理以及假结核。Pickering 和 Hiscott（1985）将这些不常见的浊积岩解释为限制性盆地中大规模浓密度浊流的沉积物，反映了初始流体中的砂—粉砂，在沉积过程中，经历了多次转向和反射。顶部厚层粉砂质泥岩盖层，形成于高浓度泥质的快速沉降。为了强调岩相 C2.4 沉积中反射和滞流沉积的重要性，Pickering 和 Hiscott（1985）称其为包容性浊流（contained turbidity currents）。

参考文献：岩相 C2.1，C2.2 和 C2.3 部分的参考文献是丰富的。为了避免列出过长的文献列表，作者推荐如下著作，Doyle 和 Pilkey（1979），Siemers（1981）和 Tillman 和 Ali（1982）岩相 C2.4 实例描述有 van Andel 和 Komar（1969），Ricci Lucchi 和 Valmori（1980），Ricci Lucchi（1981），iscott 和 Pickering 1984），Pickering 和 Hiscott（1985），Pickering 等（1992，1993a，b），Edwards（1993），Edwards 等（1994），和 Haughton（1994）。

岩相 C2.5（一种新的岩相：图 2.27）由中—极厚层泥为主的浆状砂泥互层组成，通常厚几十厘米到几米。典型特征包括大量沉积变形，假结核、剪切薄层、弯曲和不连续薄层、塑性褶皱和破裂纹层。底部更富砂，部分发育平层或交错层状，但整体沉积厚度通常很薄。Lowe 和 Gug（2000）以及 Lowe 等（2003）将这些内部扭曲和高泥质含量的层，称为"泥浆层（slurry bed）"（"泥浆层"也应用于无序泥质砂岩，即岩相 C1.1，既无构造也无粒序）。Lowe 和 Gug（2000）在 Britamia 油田的泥浆层识别了七种沉积构造类型：（M1）流动构造和无构造段，用于标记沉积层的底；（M2）混合浆状和带状段；（M3）纤细纹层段；（M4）碟状构造段；（M5）细粒带状—纹层段；（M6）坍塌混合层段，初始为纹层到带状；（M7）垂直流体逃逸构造段。Lowe 等（2003）建议流体通常在浓密度流阶段开始沉积，其特征为湍流悬浮颗粒，底负载搬运和沉积，或直接悬浮沉积物（M1）。泥质在流体中大部分以颗粒或凝絮物的形式搬运，流体力学上表现为粉砂—砂粒大小的颗粒。当流体减弱，泥质和矿物颗粒均开始沉降，增大了近底部颗粒的浓度和流体密度。通过剪切和摩擦，刚性矿物颗粒，泥质颗粒沉降至底层，导致黏土表面积、流体内聚力、抗剪切力和黏度的增加。最终，底层湍流减弱，将其转变为内聚力为主的剪切层或黏滞层。M2 中的条带被认为反映了内聚力为主的剪切层的形成、演化和沉积。在泥质含量少的流体中，由悬浮到沉降的速度更快，导致了薄层、短期的黏性层的发育，并形成纤细纹层段（M3），并在最高悬浮载荷沉降速率的泥质流体中，直接悬浮沉积，形成碟状构造段 M4。Lowe 等（2003）展示了将这些段叠加在一起形成的一系列沉积类型，包括：（1）碟状构造层；（2）碟状构造和纤细纹层沉积；（3）带状和纤细纹层和/或碟状构造层；（4）带状层为主；（5）厚带状和混合浆状层（图 2.27）。这些不同层的类型，主要反映了流体的泥质含量和悬浮沉降速

图 2.26　岩相 C2.4：极厚—厚层状、泥为主砂泥互层

（a）岩相 C2.4，浅色、厚层、块状、粉砂质泥顶与岩相类 C 浊积岩互层，蒙特卡西诺（Monte Cassio）上白垩统复理石，属于所谓的"蠕虫状复理石（Helminthoid Flysch）"，河流和村庄作为比例尺；（b）加拿大魁北克省加斯佩半岛中—上奥陶统（Caradoc-Ashgill）Cloridorme 组，岩相 C2.4 底部沉积，沉积层底部双向交错层理（见箭头），比例尺长度 5cm；（c）加拿大魁北克省加斯佩半岛中上奥陶统（Caradoc-Ashgill）Cloridorme 组，岩相 C2.4 中段沉积、纹层泥岩的逐渐减薄归因于大量重力流滞留在盆地凹陷内；（d）西班牙比利牛斯山脉中始新统 Jaca 盆地 Cotefable 附近的岩相 C2.4，地层倒转，厚约 12m，照片中人（约 2m 高）的头顶与砂岩底部重合，向右为地层上部，发育灰色块状层，地层的粉砂岩段发育良好的板状层理

率的变化。Blackbourn 和 Thomson（2000）提出了条带状形成的不同的解释。他们认为在沉积过程中，粗粒黑云母和"其他轻组分（黏土、碳质碎屑等）"沉淀到流体的底部，并通过相同的动力筛选过程（Lowe 等，2003）保留在近底层位置。当黏土和云母含量在近底层增加时，黏土絮凝形成似胶状聚合物，增大了黏度，抑制了湍流，并最终触发了底部富云母层和在上覆流体底部大范围无云母带的沉积，形成一个深—浅条带层组。黑带的颜色较深，归因于后期与"黑云母"颗粒相关的压实溶解作用，而非更高的泥质含量。

参考文献：Lowe 和 Guy（2000），Lowe 等（2003），Romans 等（2011），Piper 等（2012），Paull 等（2014）。

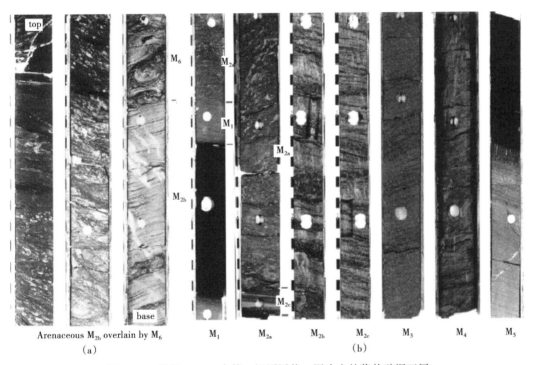

图 2.27 岩相 C2.5：中等—极厚层状、泥为主的浆状砂泥互层

（a）浆状层的沉积构造段 M6 和 M2b，M6 段为极细粒砂和粉砂混合变形的单元，向上变为变形泥岩（据 Lowe 等，2003）；（b）浆状层的沉积构造段 M1、M2、M3、M4 和 M5。16/26-131 井的 M1 为薄且平坦的层，标记为浆状层 50 的底。M1 覆盖在一泥岩单元之上，并上覆 M2a 混合浆状段。M2a（层 46 的底，16/26-B8 井）为薄层的 M2c 段，上覆非常厚的混合浆状到大型条带状的 M2a 单元。M2b 和 M2c（层 46，16/26-24 井）分别由极厚的条带和中厚条带砂组成。纤细纹层 M3 段（层 34/36，16/28-138 井）展示了细小且近垂直的流体逃逸通道（浅色纹纹）。碟状构造 M4 段（层 62，16/26-B5 井）展示了中等弯曲的碟状交错—被大型垂直和近垂直流体逃逸通道切割（浅）。最右侧岩心（层 86，16/26-B10 井）展示了模糊的碟状构造 M4 段，上覆细粒平坦的砂质细条带的 M5 段，向上渐变为纹层状的粉砂和泥，而没有交错纹层或其他流体构造。比例尺位于岩心段的左边，单位长度 0.1ft（30mm）（据 Lowe 等，2003）

2.6 岩相类 D：粉砂岩和粉砂质泥岩，泥<80%、粉砂≥40%、砂 0~20%

岩相类 D 包含了粉砂和黏土为主的沉积。主要文献包括 Mutti（1977），Nelson 等（1978），Piper（1978），Stow（1979，1981），Stow 和 Lovell（1979），Lundegard 等（1980），Kelts 和 Arthur（1981），Kelts 和 Niemitz（1982），Stanley 和 Maldonado（1981），Gorsline（1984），Stow 和 Piper（1984，b），Piper 和 Deptuck（1997），以及 Bouma 和 Stone（2000，及其中文献）。沉积物中粉砂的范围从超过 90%到约 40%的粉砂，其中部分可能是极细粒砂岩。粗粉砂在泥岩和砂岩纹层互层中常见。该岩相类包含了广泛的沉积特征：（1）厚度，从>1m 的厚层到<1mm 的纹层；（2）平行、透镜状或极不规则层；（3）块状或小型流体产生的沉积构造薄层；（4）正、反粒序不明显的粒序纹层；（5）含大量细砂的粗粉砂层，泥岩中含 10%细粉砂。

该类沉积包含了第 1 章罗列的大多数搬运过程的沉积物。特别是，它们可以形成在浓密度流的尾部，浊流的体部，或者来源于深水底流的悬浮沉积。粉砂和黏土也能通过表面流和风搬运，然后沉降形成岩相类 G 的半深海沉积物。岩相类 D 通常容易产生滑塌，形成岩相类 F 沉积。

在岩相类 D 中，本书识别了两个主要岩相群，无序（D1）和有序（D2）岩相群，每个岩相群包含多种岩相。与岩相群 C2 类似，岩相群 D2 的细分也是基于沉积层的厚度。

2.6.1 岩相群 D1：无序粉砂岩和粉砂质泥岩

岩相群 D1 包括所有粉砂岩、泥质粉砂岩和不规则层间粉砂岩和泥岩，表现为稍有规则或一致的特征。但是，它们也可表现为差粒序和不规则的层状或透镜状。

2.6.1.1 岩相 D1.1：块状粉砂岩（图 2.28）

岩相 D1.1 常见中—厚层状、侧面平行的块状粉砂岩。底部可能发育正粒序和少量反粒序。通常沉积物为细—粗粉砂，富砂层中常见漂浮的泥砾。粉砂的分选从差到好均有发育。

搬运过程：粉砂为主的浓密度流，或流动性高的粉砂质黏性流。

沉积过程：由于内聚力和颗粒间摩擦的增大，从浓缩体系中快速沉积。

图 2.28　岩相 D1.1：块状粉砂岩
（据 Normark 等，1997）
亚马逊扇水道—天然堤体系的天然堤沉积
（ODP 155 航次；155-937c-6H-3，36~58cm）

参考文献：Piper（1973，1978），Jipa 和 Kidd（1974），Stanley 和 Maldonado（1981），Stow（1984），Stow 等（1986），Edwards 等（1995），Normark 等（1997），Pyles 和 Jennette（2009），Oliveira 等（2011）。

2.6.1.2 岩相 D1.2：泥质粉砂岩

岩相 D1.2（图 2.29）发育薄—厚层，差分选，块状泥质粉砂岩。粒序不发育，或者发育不明显的正粒序。通常沉积层具有突变的底面，可能沉积在侵蚀面之上，上部界面渐变为更细粒的岩相。生物扰动通常局限于岩相 D1.2 的上部。

图 2.29　岩相 D1.2：泥质粉砂岩与岩相 B1.2 和 C2.3 互层（据 Surpless 等，2009）

美国加利福尼亚中新统 Monterey 组

搬运过程：泥为主的浓密度流。部分沉积物的蠕变或滑动可能有助于搬运。

沉积过程：粉砂颗粒和泥质絮凝物从悬浮态快速沉积，在黏性层或沉积层上都没有粒度分选。

参考文献：Piper（1978），Chough 和 Hesse（1980），Stow（1984），Wetzel（1984），Bouma 等（1986），Stow 等（1986），Stow 等（1990），Awadallah 等（2001），Rebesco 和 Camerelenghi（2008），Surpless 等（2009）。

2.6.1.3　岩相 D1.3：斑杂粉砂岩和泥岩

岩相 D1.3 通常呈极薄、纹层状和透镜状，由泥岩和斑杂粉砂组成。（图 2.30）沉积层形态不规则，顶和底均是突变到渐变。正粒序和反粒序发育在单一薄层尺度上，厚度可达几十厘米。分选差到中等，生物扰动广泛发育。随着粒度增大，这种岩相变为岩相 C1.2（斑杂泥质砂岩）；粒度变小则演变为岩相 E1.3（斑杂泥岩）。

搬运过程：长期活跃的底流。

沉积过程：从悬浮状态选择性沉积，原始沉积构造大部分被生物扰动破坏。

参考文献：Piper 和 Brisco（1975），Stow（1982），Faugères 等（1984），Gonthier 等（1984），Stow 和 Piper（1984a），Bouma 等（1986），Chough 和 Hesse（1985），Strand（1995），Normark 等（1997），Rebesco 和 Camerelenghi（2008）。

图 2.30　岩相 D1.3：斑杂粉砂岩和泥岩
纽芬兰盆地白垩系（塞诺曼阶）地层，ODP
1276A 站点，（210−1276A−32R1，48~62cm），
比例尺长度 10cm

2.6.2　岩相群 D2：有序粉砂岩和泥质粉砂岩

岩相群 D2 由粉砂岩和泥质粉砂岩组成，既可以是离散的泥岩和粉砂岩，也可以是泥岩和粉砂岩的薄互层。该群也包括发育粉砂岩透镜体或纹层的富有机质泥岩层。发育层理、粒序和可预测的沉积构造序列是岩相群 D2 的常见特征。

2.6.2.1　岩相 D2.1：粒序—层状粉砂岩

岩相 D2.1 厚度薄—中等（<30cm），极少发育厚层。底界表现为突变和冲刷，顶界趋于渐变。正粒序为主。内部沉积构造可用鲍马序列（1962）描述（图 2.31）。许多情况下，岩相 D2.1 全部以纹层状的形式发育。沉积物为粉砂级，向上变为黏土级。这种岩相，在一定程度上，与砂质岩相 C2.2 和 C2.3 重叠。

搬运过程：浊流。

沉积过程：从悬浮状态的选择性沉积，随后沿底部牵引搬运，形成纹层。顶部黏土沉积来自絮凝状悬浮物，后续无牵引搬运。

参考文献：Dewey（1962），Piper（1973，1978），Jipa 和 Kidd（1974），Pickering（1982a，1984a），Stow 和 Piper（1984），Rigsby 等（1994），Strand 等（1995），Normark 等（1997），Pyles 和 Jennette（2009），Ghadeer 和 Macquaker（2011），Romans 等（2011），Expedition 317 Scientists（2010），Expedition 339 Scientists（2012）。

2.6.2.2　岩相 D2.2：厚层不规则粉砂岩和泥岩纹层

岩相 D2.2 沉积的典型特征为泥岩中发育中—厚层的透镜状粉砂岩纹层（图 2.32），或不规则、卷曲、近水平的粉砂岩薄层。在一些情况下，粉砂岩纹层因负载进入下伏泥岩中形成不规则的负载构造以及火焰构造，或分离出负载球（假结核）。通常粉砂岩和泥岩比超

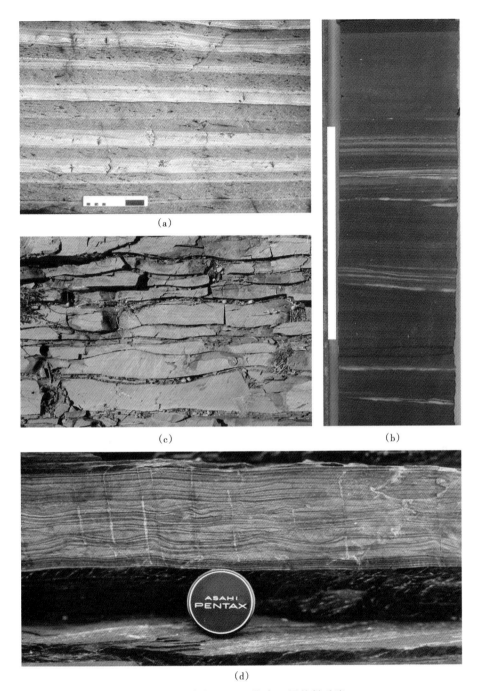

（a）

（c）

（b）

（d）

图 2.31　岩相 D2.1：粒序—层状粉砂岩

（a）威尔士盆地下志留统（Llandovery）Aberystwyth Grits 地层，比例尺长度 15cm；（b）纽芬兰盆地白垩系（塞诺曼—阿尔布阶）岩心，ODP 1276A 站点（210-1276A-37R3，93~114cm），比例尺长度 10cm，比例尺之上的典型块状层为岩相 D1.1；（c）南非二叠系卡鲁沉积体系，硬币作为比例尺，直径约 2cm；（d）挪威北极地区芬马克郡前寒武系 Kongsfjord 组上段，相机镜头盖作为比例尺

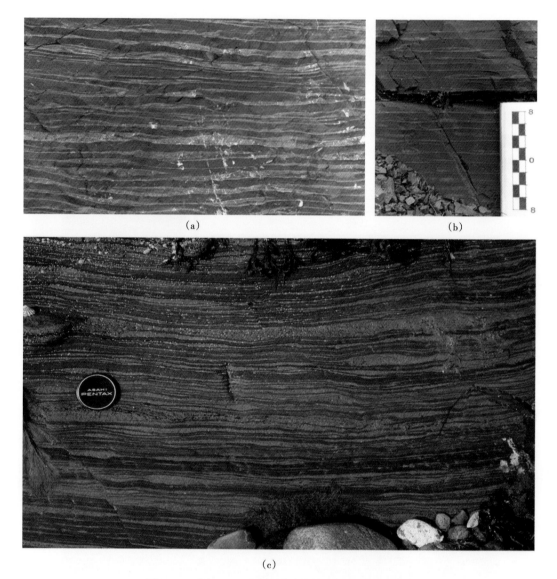

(a)

(b)

(c)

图 2.32　岩相 D2.2：厚层不规则粉砂岩和泥岩纹层

（a）和（b）纽芬兰阿瓦隆半岛 False Cape，Haydrynian（新元古界）Conception 组，左边厚度 18cm，比例尺在右边，
单位为厘米；（c）苏格兰东北部上侏罗统（Kimeridge），这被称为"虎纹"相

过 2∶1。岩相 D2.2 常见厚层粉砂纹层，常见波状突变的顶和冲刷突变的底。单层内部存在微纹层和弱正粒序特征。纹层组可能以正粒序排列，纹层单元显示部分构造特征。典型的沉积粒级为中—粗粉砂岩夹细粉砂岩和泥岩。岩相 D2.2 与岩相 D2.1 和岩相 D2.3 是渐变的。岩相 D2.2 等同于 Piper（1978）的 E1 段以及 Stow 和 Shanmugam（1980）的 T0-2 段。

搬运过程：浊流或相对弱的底流。

沉积过程：从悬浮状态相对快的选择性沉积（仅限浊积岩），随后为粉砂为主的牵引搬运。缺少生物扰动指示了快速沉积或缺少多细胞生物（前寒武系实例）。

参考文献：Piper（1972a，1972b，1973，1978），Stow（1976，1979，1981，1984），Nelson（1976），Nelson 等（1978），Lundegard 等（1980），Stow 和 Shanmugam（1980），Kelts 和 Arthur（1981），Kelts 和 Niemitz（1982），Pickering（1982b，1983a，1984b），Stow 和 Piper（1984），Gardiner 和 Hiscott（1988），Normark 等（1997），Dolan 等（1990），Wignall 和 Pickering（1993），Rebesco 和 Camerelenghi（2008）。

2.6.2.3　岩相 D2.3：薄层不规则粉砂岩和泥岩纹层

岩相 D2.3 发育薄—中等厚度的沉积层，包括泥岩中的水平粉砂岩薄层，透镜状、不明显的细粉砂纹层（图 2.33）。这些纹层通常组合成粒序纹层单元，其中连续的粉砂岩纹层向上粒度变细，厚度约 2~10cm。这些单元表现为有序或部分有序的沉积构造序列。粉砂岩和泥岩比从 2:1 到 1:2。粉砂岩纹层的顶和底表现为突变到渐变的特征。粒度主要为中—细粉砂岩和泥岩。岩相 D2.3 与岩相 D2.2 和 D2.1 是渐变的。这种岩相等同于 Pipe（1978）的 E1、E2 以及 Stow 和 Shanmugan（1980）T2-6 段。

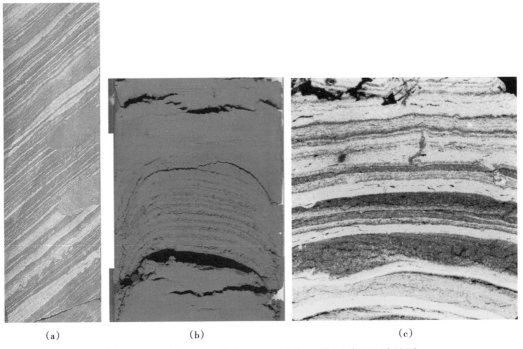

(a)　　　　　　　　　(b)　　　　　　　　　(c)

图 2.33　岩相 D2.3：岩心中的薄层不规则粉砂岩和泥岩纹层

（a）西班牙比利牛斯山脉艾恩萨盆地中始新统艾恩萨体系，斜层理是由于倾斜取心造成的；（b）亚马逊扇 ODP 931 站点（155-931B-4H6，116~121cm），比例尺长度 10cm；（c）薄片照片，其中粉砂岩（黑）和泥岩（灰）纹层类似于中间照片，亚马逊扇 ODP 931 站点（155-931A-4H2，78~80cm），厚度 1.5cm

搬运过程：主要为浊流，也可能为较弱的底流。

沉积过程：正如 Stow 和 Bowen（1980）描述的，对于浊积岩，由悬浮态缓慢均匀的沉积，并将粉砂岩颗粒和黏土絮状物在黏性底层进行剪切分选。由底流形成的沉积实例需要一个不利于潜穴的环境。

参考文献：参见相 D2.2，Stow 和 Bowen（1980），Rigsby 等（1994），Normark 等（1997），Expedition 339 Scientists（2012）。

2.7 岩相类 E：泥≥95%、粉砂<40%、砂<5%、生物成因<25%

岩相类 E 包括了部分最细粒的深海沉积，如粉砂质黏土和黏土。沉积地层从极厚（几米厚）基本无成层特征的沉积，到极薄的纹层沉积。沉积层大部分平行，发育底面冲刷。接触面可能发育生物扰动。单层可能是块状、粒序、不规则或纹层状的，并且显示不同的生物扰动程度。

这类岩相在现代沉积中广泛分布，包括大洋红层沉积、厚层近端泥质浊积岩、薄层盆地浊积岩、泥质等深积岩，以及覆盖陆坡和陆隆位置的半远洋沉积。这些沉积物可能经历后期蠕动，或归因于海底滑动和碎屑流。

（a）　　（b）

图 2.34　岩相 E1.1：块状泥岩

ODP 135 航次（太平洋西南部 Lau 盆地）835 站点（135-835A-1H-4，20~45cm），上上新统—更新统泥质超微化石软泥，解释为浊积泥岩（Te）。（a）岩心照片；（b）同一岩心的 X 射线照片。岩心宽度约 6.5cm。ODP 835 站点（参见 Rothwell 等，1994）

深海泥岩相关的文献较少，因此对其沉积环境和沉积过程的细节知之甚少，如下作者对这一研究方向做了大量的努力：Piper（1978），Stow 和 Lovell（1979），Stanley 和 Maldonado（1981）Stanley（1981）Gorsline（1980，1984），Hoffert（1980）以及 Stow 和 Piper（1984b）。

与其他岩相类一样，有序和无序岩相群之间存在天然的差异。借助薄片（岩石或岩心）的 X 射线照片，扫描电镜，或剥离技术，可以更好地研究这类细粒岩相的许多属性。

2.7.1　岩相群 E1：无序泥岩和黏土

岩相群 E1 由泥岩、粉砂质泥岩和黏土组成，通常为厚层、均一块状沉积层。沉积特征通常不明显。多数情况下，其成因不清楚。本书识别了三种岩相。

2.7.1.1　岩相 E1.1：块状泥岩（图 2.34）

厚层沉积（1m 到几十米）段常见块状泥岩；层理欠发育或缺失。这种岩相在现代和古老地层中均常见。整体缺少沉积构造，包括原生的和次生的，局部可能发育不明显的纹理、成分、色带、纹层和潜穴斑纹。泥岩粒度为黏土级或粉砂岩和黏土的混合，砂岩极少。成分通常非常均一，主要为陆源。岩相 E1.1 与生物成因泥岩（G2）、泥质浊积岩（E2.1）、滑塌沉积（F2）和泥质碎屑流沉积

（A1.3）等有关。

搬运过程：绝大部分未知，可能包括厚层泥质浊流搬运，和半远洋物质通过洋流或滑塌的横向搬运。

沉积过程：由于缺少重要的浮游生物，絮状物可能快速沉积。快速沉积可能是由富泥浊流在限制性盆地内的滞流导致的（Pickering 和 Hiscott，1985）。McCave 和 Jones（1988）以及 Jones 等（1992）认为泥质浊流在盆地平原末端减弱形成黏性泥质流，形成了块状泥岩沉积。

参考文献：Piper（1978），Stanley 和 Maldonado（1981），Stanley（1981），Kelts 和 Arthur（1981），Stow（1984），Pickering 和 Hiscott（1985），Stow 等（1986），McCave 和 Jones（1988），Hiscott 等（1989），Jones 等（1992），Rigsby 等（1994），Rothwell 等（1994），Flood 等（1997），Normark 等（1997），Oliveira 等（2011）。

2.7.1.2　岩相 E1.2：杂色泥岩

许多泥为主的沉积不仅包括经典的"大洋红层"，而且包括各种颜色（红、绿、棕、灰等）的层间泥岩，大部分缺少沉积构造；这些都是岩相 E1.2 的特征（图 2.35）。该岩相沉积厚度可达几十米。单层基于颜色的变化而确定。通常沉积层是平行的，具有突变或渐变的顶底。原生沉积构造大部分缺失，次生构造常见，如生物扰动，染色斑纹和潜穴。粒度主要为粉砂到黏土。岩相 E1.2 的成分主要是陆源的（≤25%生物成因物质），通常含有明显的火山碎屑和自生矿物，常见锰铁结核和结晶，有时发育痕量金属富集。化学组成的微弱差异、氧化阶段和有机碳数量控制了颜色的变化。有机碳含量高时沉积黑色泥岩（岩相 E2.2）。岩相 E1.2 通常与生物成因软泥和泥质软泥（G1）以及细粒浊积岩（D2 和 E2）有关。

搬运过程：洋流和/或风力作用横向搬运半远洋物质；原地生物成因。

沉积过程：单个颗粒沉降或颗粒聚集沉降。

参考文献：Arthur 和 Natland（1979），Hoffert（1980），Arthur 等（1984），Jenkyns（1986），Normark 等（1997），O'Brien 等（2001）。

图 2.35　岩相 E1.2：杂色泥岩
亚马逊扇 ODP 934 站点（155 – 934A – 1H3，7~22cm）。经硫化亚铁染色后带状条纹更加突出，比例尺长度 10cm

2.7.1.3　岩相 E1.3：斑杂泥岩（图 2.36）

岩相 E1.3 由相对均一、薄—厚层泥岩组成，成层性较差。残余原始沉积构造包括波状层理，模糊或较好的平行层理（图 5.16）。潜穴（斑纹）普遍存在。主要粒度为黏土，相对粉砂质的层段（粉砂斑纹）也常见。当粉砂含量变大时，岩相 E1.3 变为岩相 D1.3。成分上，该岩相表现出相当大的变化，但通常由混合的陆源和生物成分组成，有或没有火山碎屑。该岩相通常与可能的等深流沉积物（D1.3 和 C1.2）、生物成因泥岩（G2）和细粒浊积岩（D2、E2）有关。

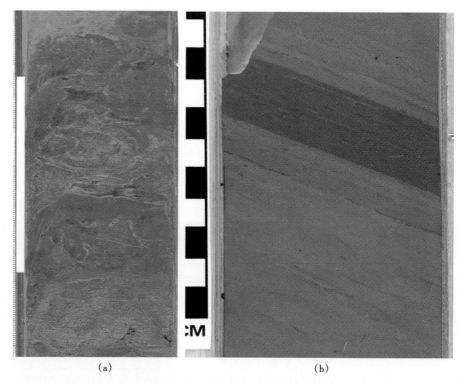

（a） （b）

图 2.36 岩相 E1.3：斑杂泥岩

（a）亚马逊扇 ODP 941 站点（155-941B-1H4，12~31cm）。比例尺长度 10cm；（b）西班牙比利牛斯山脉艾恩萨盆地中始新统艾恩萨体系 A6 井岩心。比例尺单位为厘米

搬运过程：底流中悬浮搬运，通常为等深流。同一流体中粉砂颗粒可能以底负载方式移动。

沉积过程：颗粒或颗粒聚集从悬浮态沉降。广泛发育沉积后生物扰动。

参考文献：Stow（1982），Faugères 等（1984），Gonthier 等（1984），Chough 和 Hesse（1985），Strand 等（1995），Normark 等（1997），O'Brien 等（2001）。

2.7.2 岩相群 E2：有序泥岩

当砂和泥表现出一定的内部结构时称之为岩相群 E2。岩相群 E1 是完全渐变关系。岩相包括薄层或厚层的泥岩、粉砂质泥岩和黏土。存在两个明显不同的岩相：粒序泥岩和纹层状泥岩。

2.7.2.1 岩相 E2.1：粒序泥岩

岩相 E2.1（图 2.37）广泛分布，特别是在深盆环境，但也可能发育在近端。沉积层可以表现为超过 1m 的独立单粒序层，或厚度变化的粒序层。单层可能发育广泛的冲刷底面；厚层可能为透镜状。大部分层表现为正粒序特征。向沉积层顶部，生物扰动大量增加。

（a）　　　　　　　　　　　　　　　　　　　　（b）

图 2.37　岩相 E2.1：粒序泥岩（据 Stow 等，1986）

（a）加拿大魁北克省 CapSte-Anne Capdes Rosiers 组，浅绿色和深灰色条带泥岩。浅色单元发育突变底面，指示
为重力流沉积，顶部深灰色，推测为半深海泥，比例尺长度 45cm；（b）墨西哥湾密西西比扇 DSDP 96 航次
（样品 615-22-2，15~45cm）粉砂质泥岩岩芯，分选差，底部碳质，向上渐变为细粒泥岩

颜色和成分的渐变通常比颗粒渐变更为明显，主要为陆源成分，底部趋于粉砂，向上黏土含量增大。该岩相在底部可能发育薄层粉砂岩纹层。在发育生物成因物质的位置，整体结构更粗一点。岩相 E1.2 与粉砂岩—泥岩浊积岩相（D2.3 和 D2.1）是渐变关系，通常与岩相类 F 和 G 一起出现。

搬运过程：浊流。

沉积过程：流体减速过程中，选择性沉降或絮凝沉降。埋藏之前，没有明显的牵引作用。沉积后发生生物扰动。

参考文献：Piper（1978），Kelts 和 Arthur（1981），Stow（1984），Stow 等（1986），Bouma 等（1986），Weedon 和 McCave（1991），O'Brien 等（2001），Lucchi 等（2002），Bernhardt 等（2011）。

2.7.2.2　岩相 E2.2：纹层状泥岩和黏土

岩相 E2.2 发育在薄—厚层泥为主的沉积中（厚度可达几十米），通常占沉积层的 10%~60%。单层或层段厚度从 1cm 到分米，通常发育较好的平行纹层或独特的"纹泥（varve）"（图 2.38）。纹层表现为浅色，成分和/或结构多变。生物扰动通常缺失，但存在小规模局部潜穴。黏土和细粉砂沉积为主，某些情况下，存在薄层粉砂岩纹层。

该岩相成分是陆源和生物成因的混合，含 1%~10% 有机碳（极少数>20%），常见少量的铁硫化物。岩相 E2.2 包括腐殖泥，是古老地质记录中的海洋"黑色页岩"的初期形式。这种岩相通常与软泥和生物成因泥岩（岩相类 G）以及细粒浊积岩相关（E2.1 和 D2）。

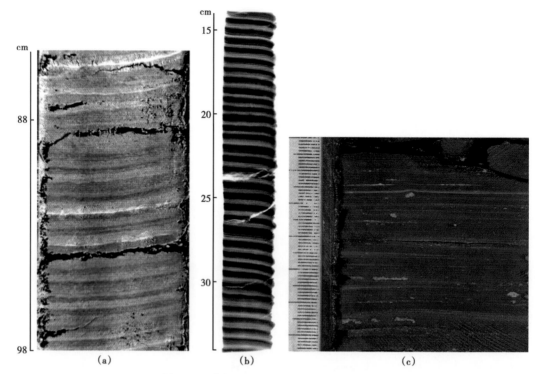

图 2.38　岩相 E2.2：纹层状泥岩和黏土岩

英国哥伦比亚 Bomcouver 岛 Saanich Inlet ODP169S 航次岩心（Bornhold 等，1998）：（a）灰白色纹层（硅藻软泥）与深色含硅藻泥质纹层交互（岩心段 169S-1034B-3H-6，85~98cm）；（b）交互纹层状沉积的 X 射线照片，显示厘米级灰白色（富硅藻）和深色沉积交互发育（包含陆源沉积），其中发育亚纹层多达 10 个（岩心段 169S-1034B-4H-3，14~34cm）；（c）纽芬兰盆地白垩系（阿尔布阶）ODP 1276A 站点（210-1276A-72R5，103~111cm），黄铁矿结核，黄铁矿的存在证实了这些富有有机质纹层泥岩中存在天然硫化物，比例尺长度 6.5cm

搬运过程：原地生产有机质，通过洋流搬运半远洋物质，浊流中的泥质悬浮载荷周期性注入。

沉积过程：选择性沉降或聚集沉降。少量粉砂底负载牵引。"纹层"与陆源物质输入的周期性变化有关。缺氧的底部水体有利于有机质保存。

参考文献：Arthur 等（1984），Stow 和 Dean（1984），Dimberline 和 Woodcock（1987），Tyler 和 Woodcock（1987），Normark 等（1997），Stow 等（1990），Gersonde 等（1999），O'Brien 等（2001），Lucchi 等（2002），Oliveira 等（2011），Brunt 等（2012）。

2.8　岩相类 F：杂乱沉积

岩相类 F 由杂乱混合的沉积物组成，包括了大规模陆坡块体搬运或冰碛作用形成的深水岩相。该岩相不包括原地液化作用形成的杂乱沉积。该岩相的沉积厚度和形态从单层碎屑（卵石、巨砾）到厚达数百米的整个陆坡沉积。识别出两个岩相群：F1，外来碎屑；F2，扭曲变形沉积。

　　岩相的横向和垂向过渡可以发生在很短距离内，例如，从海底滑塌的中央到边缘。在横向和垂向岩相变化较大的情况下，研究人员只能以岩相群的形式来描述一个沉积序列。

2.8.1　岩相群 F1：外来碎屑

　　岩相群 F1 由块体或碎屑组合而成，可以是完全独立的，或者与其他类似碎屑相关。总的来说，基质的分选较差，表现为双峰到多峰的粒级分布，有时存在整体结构和成分的横向变化。基质或外来碎屑（F1）沉积物，通常比碎屑的粒度更细。没有结论性的证据说明基质沉积与碎屑岩沉积是同时的。然而，纹理关系表明，"基质"在沉积后渗透到空隙中或覆盖于碎屑之上。

　　在许多古老的实例中，岩相群 F1 沉积受后期构造作用的影响。在某些情况下，基质由于压实作用而表现出脆性，但在其他实例中，即使异地碎屑相对未变形，其在构造变形期间也普遍存在剪切（Abbate 等，1970）。

　　该岩相群识别了两种岩相：F1.1，碎石；F1.2，落石和孤立喷出物。

2.8.1.1　岩相 F1.1：碎石

　　岩相 F1.1 由棱角状到次棱角状砾石和巨砾杂乱堆积形成，通常以塌砾或岩屑堆的形式堆积在相对陡的海底悬崖和陆坡边缘（图 2.39）。在古老的实例中，基质类似于岩粉，没有任何与流体相关的沉积构造；碎屑之间的剩余孔洞由悬浮沉积物披覆充填。在现代的实例中，碎石沉积之间要么没有沉积物，要么包含有限和不完整的基质。

　　碎屑主要产生挤压变形和下伏沉积物的破裂，表现的小规模同沉积断层和碎屑周围岩层的变形和减薄。无论大块体在哪里出现，都需要进行详细的沉积记录和成图，来揭示沉积物披覆和碎屑的"外来"属性，可能需要动物群数据来确定这类岩相中碎石成分的年龄关系。

　　碎屑成分包括火成岩、变质岩和沉积岩。碎石岩屑的成岩程度差异很大。同时，碎屑可能经历了内部的沉积变形。独立的或外来的碎屑，在古老沉积的文献中有较好的记录，例如，意大利南部亚平宁山脉中生代 Laganegro 盆地灰岩块体，最大长度达 250m（Wood，1981），意大利南部 Longobucco 群的孤立块体，规模达 50m×50m×100m，苏格兰东北部的上侏罗统的泥盆纪发育的凯思内斯砂岩（45m×27m×? m）（Bailey 和 Weir，1932；Pickering，1984b）。岩相 F1.1 与岩相群 A1 和 F2 沉积有关。海山火山岛记录了超级大的滑动块体聚集，单个块体规模可达几百米至几千米，例如，Lipman 等（1988），Moore 等（1989）和 Jacobs（1995）描述的夏威夷海岭，以及 Watt 等（2012）描述的蒙特塞拉特。

　　搬运过程：海底岩崩、滑塌，沿超压滑脱面滑动，碎屑流。

　　沉积过程：由于底部摩擦而停止运动。一些碎屑流中移动的大块体可能会搁浅，尽管流体其他部分仍继续向盆地运动，导致块体附近存在少量或没有沉积的记录。

　　参考文献：Bailey 和 Weir（1932），Flores（1955），Abbate 等（1970），Hsü（1974），Surlyk（1978），Pickering（1984b），Teale（1985），Normark 等（1993a），Petersen 等（2009）。

2.8.1.2　岩相 F1.2：落石和孤立喷出物

　　岩相 F1.2 的落石和孤立喷出物通常比它们的基质或主沉积物尺寸更大，或者以孤立沉

图 2.39　岩相 F1.1：碎石（据 Petersen 等，2009）

（a）深潜照相机拍摄的附着珊瑚的岩石塌砾照片，萨摩亚群岛东南约 150km 的 Lan 盆地东北部 Mata Fitu 海底火山斜坡，水深约 2240m，珊瑚之上的两个绿点是激光，相距 15cm，NOAA-Earth Ocean-Interactions 和 WHOI-MISO Tow-Cam（Http：//www.whoi.edu/page.do? pid=17619）；（b）伊豆—博宁（Izu-Bonin）弧前盆地渐新统岩心，ODP 793 站点（126-793B-87R2，67~84cm），火山碎屑之间的原始空隙被成岩胶结物充填；（c）未分选的塌砾碎石覆盖在较大岩体之上，Logatchev 热液区域（大西洋中脊中段，14°45′N）

积的形式发育，或者以大量冰碛物的形式发育。在高纬度地区，大量的砾、砂、粉砂和黏土等物质可以从融化的冰川中分离出来（Srivastawa 等，1987；Dowdeswell 等，1994），并形成一个真正的砾岩相（岩相 A1.3）。碎屑的成分、外形和其他属性主要取决于源区。例如，落石可能显示冰川条纹、抛光或刻面等特征。这些特征支持海冰的解释，但不能确定为该环境，因为冰川碎屑可能在其他环境再作用。

搬运过程：包裹在浮冰中，或位于浮冰之上。漂浮筏也可能是海草或浮木，但极少见。在火山爆发期间，火山弹喷出，之后以弹道轨迹入海。

沉积过程：选择性沉降。对于冰碛沉积，通过两种触发机制释放：融化，或负载沉积物的冰山突然倾覆。

参考文献：Boltunov（1970），Ovenshine（1970），Anderson 等（1979），Edwards（1986），Srivastava 等（1987），Cremer（1989），Eyles 和 Eyles（1989），Dowdeswell 等（1994），Krissek（1989，1995），Breza 和 Wise（1992），McKelvey 等（1995），Rea 等（1995），Thiede 和 Myhre（1996），Cofaigh 和 Dowdeswell（2001），Barker 和 Camerlenghi（2002），Tarlao 等（2005），Schultz 等（2005），Benediktsson（2013），Ojakangas 等（2014）。包括 ODP 145 航次讨论冰碛沉积物的文章。

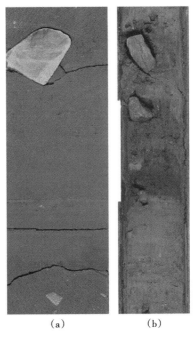

（a） （b）

图 2.40　岩相 F1.2：落石和孤立喷出物
（a）泥岩背景中的落石，来自南极东部 Bydz 湾的陆架岩心，ODP 119 航次 739 站点，岩心 119-739C-34R，68~87cm（Hamberg 等，1991）；（b）加拿大北极地区巴芬湾岩心，ODP 645 站点（105-645F-3H4，31~61cm），泥岩中出现孤立的落石，下伏一灰色富含岩屑的碳酸盐岩冰碛单元。比例尺长度 10cm

2.8.2　岩相群 F2：扭曲变形沉积

岩相群 F2 指沉积层的准同生变形段，以及沉积层的部分或整体沿拆离剪切面或滑动面横向转化形成的沉积层。沉积层的典型厚度是米级，但其范围从厘米级到几百米，界面从光滑、平坦也可以，到极不规则，岩体底部具有较深的侵蚀冲刷面。沉积层内部可以基本未受扰动也可以强烈扰动，并以此为标准划分为岩相 F2.1 同变形褶皱和扭曲变形沉积，岩相 F2.2 角砾状和球状沉积。

参考文献：关于这种岩相群的现代和古老实例的文献有 Doyle 和 Pilkey（1979），Watkins 等（1979），Saxov 和 Nieuwenhuis（1982），Jones 和 Preston（1987），Schwab 等（1993），Lykousis 等（2007），Mosher 等（2010）及和 Yamada 等（2012）。关于与沉积物滑动有关的属于岩相群 F2 的一系列岩相描述的文章有 Moore（1961），Laird（1968），Lewis（1971），Ricci Lucchi（1975a），Roberts 等（1976），Woodcock（1976a，b，1979a，b），Clari 和 Ghibaudo（1979），Doyle 和 Pilkey（1979），Watkins 等（1979），Pickering（1982b，

1984a，1987a），Saxov 和 Nieuwenhuis（1982），Barnes 和 Lewis（1991），Normark 等（1997），Piper 等（1997），Lucente 和 Pini（2003），Masson 等（2006），Vanneste 等（2006），Surpless 等（2009），Oliveira 等（2011），Watt 等（2012）。

2.8.2.1 岩相 F2.1：同变形褶皱和扭曲变形沉积

岩相 F2.1 由褶皱和扭曲变形的地层组成，其本质上是连续到半连续的地层，具有不规则外形，厚度从厘米到几十米（图 2.41）。内部滑动或剪切面可见，并限定了沉积界面（图 2.41）。上部和下部的界面是多变的，从光滑和平坦到极不规则，地层厚度沿着走向通常存在变化。

该岩相的内部构造、地层厚度和粒度变化很大。任何褶皱层段都有一致的翻转，并且褶皱局部具有相对固定的波长和振幅。通常这种岩相的粗粒层和纹层保持了它们的横向连续性；富泥沉积往往发生塑性变形并注入微裂纹中（Pickering，1984a，1987a）。通常岩相 F2.1 经短距离的横向和垂向变化，即可变为岩相 F2.2。

在古老岩石中，岩相 F2.1 的规模往往阻止了它们垂向和横向的延伸。典型露头展示了大规模沉积滑动体内部的复杂性（例如，意大利亚平宁山脉中新统 Marnoso arenacea 组 "Casaglia Monte della Coloma 沉积滑动体"，厚度数百米米，宽数万米；Lucente 和 Pini，2003）。在现代大陆边缘和其他深海环境中，这种岩相在深层和浅层地震剖面、侧扫声呐和深海钻探中都有识别出来。在地震剖面上，岩相 F2.1 沉积表现为非层状反射和/或杂乱反射层特征。侧扫声呐图像表现为不规则的丘状地貌。在岩心上，这种岩相中常见地层反转以及拉伸、变薄、剪切、断裂（通常为微断裂）、褶皱和倒转地层。

搬运过程：由于沉积物的沉积过载，或者周期性的震动（地震、海啸），导致的滑动和滑塌。

沉积过程：由于重力作用平衡了底部和内部摩擦，在陆坡底部停止搬运。

2.8.2.2 岩相 F2.2：角砾状和球状沉积

岩相 F2.2 是由 F2.1 渐变而成的，其典型特征是高度角砾状和球状的地层，其中碎块杂乱堆积，厚度变化大，但总体上比岩相 F2.1 薄。沉积层形态多变，从平行到非常不规则和透镜状。沉积层通常由相对细粒的基质以及角砾状到磨圆较好的碎块组成（图 2.42）。岩相 F2.2 是一种形态沉积，具有相对均质的组成。可能存在原始未变形的地层，通常许多碎块是褶皱/扭曲的。

球状地层的命名是因为圆形碎块是岩相 F2.2 最常见的特征。通常界面是光滑的，厚度沿走向多变。可见残余层理，塑性变形包裹了纹层/层，或作为大部分"均质"层中的一"小部分"。球状地层可以在较短的距离内穿过微断裂普遍发育区变为岩相 F2.1。

岩相 F2.2 的角砾变形特征丰富：叠瓦状的，无序的、长形的、棱角形的、次棱角形的层内碎块，通常发育细砂岩、粉砂岩、泥岩和黏土，地层厚度为分米级。顶底界面不规则，可能存在部分侵蚀下切。通常角砾状地层与流体逃逸构造有关。

搬运过程：重力导致滑动，滑动期间发生内部变形和角砾化。

沉积过程：如岩相 F2.1。

(a) (b)

(c) (d)

(e)

图 2.41 岩相 F2.1：同变形褶皱和扭曲变形沉积

（a）西班牙比利牛斯山脉艾恩萨盆地中始新统艾恩萨体系；（b）西班牙北部阿尔明扎的"黑色复理石"（Deva 组），比例尺位于中部褶皱轴部，长度 1m；（c）日本东南部三浦半岛上新统—更新统；（d）加拿大魁北克省加斯佩半岛，中奥陶统 Cloridorme 组，比例尺单位长度 10cm；（e）爱尔兰西部克莱尔郡 Ross 组（"Ross 滑塌体"），照片中人为比例尺

(a)

(b)

图 2.42　岩相 F2.2：角砾状和球状沉积

（a）加拿大纽芬兰中北部中—上奥陶统（Caradoc-Ashgill）Point Leamington 组，地质锤为比例尺；

（b）苏格兰东北部上侏罗统（钦莫利阶）岩相 F2.1 中的小规模同沉积断层

2.9　岩相类 G：生物成因软泥（生物成因>75%）、泥质软泥（生物成因 50%~75%）、生物成因泥岩（生物成因 25%~50%）和化学成因沉积物，陆源砂和砾<5%

生物成因和化学成因沉积在全球海洋中普遍存在，在古老沉积地层中也被广泛描述。岩相类 G 的大部分岩相是在缺少大量底流情况下，通过水体缓慢沉降形成的，或者直接化学沉淀形成。在沉积物聚集的诸多过程中，需要流体的对流来提供（1）悬浮沉积物，（2）氧分，（3）和其他化学物质。该岩相类定义了三种不同的岩相群：G1，生物成因软泥和泥质软泥；G2，生物成因泥岩；G3，化学成因沉积物。

岩相群 G1 和 G2 的主要特征有：（1）极低的沉积聚集速率和连续的生物扰动（除非在缺氧盆地中；Byers，1977）；（2）缺少原始沉积构造或持续底流；（3）除了与气候或其他控制因素相关的周期性旋回外，其他沉积序列的组成基本均匀；（4）多变的生物成因组分，主要为浮游生物成因；（5）通常为极细粒且长距离搬运的陆源组分；（6）通常是一个重要的自生组分。

真正的生物成因沉积（岩相群 G1）在开阔海中聚集，主要由浮游生物的完整或部分骨架组成，以及少量极细粉砂和黏土，大部分主要通过风力搬运至开阔海。陆源物质的实际比例通常由于生物成因碎片的优先溶解而有所增加。完全的溶解作用形成了岩相 E1.2 的杂色远洋黏土（生物成因 ≤25%；通常 <1%）。

生物成因泥岩（岩相群 G2）聚集在大陆边缘和靠近陆源沉积的其他环境中。它们由生物成因物质（>25%~50%）以及粉砂和黏土等陆源碎屑组成。生物成因含量降低时过渡为岩相 E1.1 和 E1.3。这两种岩相和岩相群 G2 的沉积物称为半远洋沉积。

化学成因沉积物（岩相群 G3）几乎全部由自生矿物组成，诸如铁锰结核和磷灰石。这些沉积物非常复杂，但是具体的讨论远超本书的范畴。感兴趣的读者可以参考相关的书籍，如 Horn（1972），Glasby（1977），Bentor（1980），Baturin（1982）以及 Hüneke 和 Mulder（2011）部分章节。

2.9.1　岩相群 G1：生物成因软泥和泥质软泥

2.9.1.1　岩相 G1.1：生物成因软泥

生物成因软泥（图 2.43）是远离陆源的开阔海盆地的最典型产物。在过去的 145 年中，它们一直是众多学科研究的对象，因此，对它们的沉积特征较为熟知。一些重要的分析可以在如下文献中找到，Arrhenius（1963），Hsu 和 Jenkyns（1974），Cook 和 Enos（1977）以及 Jenkyns（1986）。

软泥主要由浮游生物（>75%）组成，要么钙质（颗石藻类、有孔虫类、翼足类、超微浮游生物），要么硅质（放射虫、硅鞭藻），或两者的混合（Berger，1974）。岩相 G1.1 也包括 "硅藻土"，包含硅藻的残骸，是一种硬壳藻类，粒级从 <1μm 到 >1mm，通常为 10~200μm。这些主要成分在海水中易溶解。其他组分（Lisitzin，1972）可能包括极细粒的陆源物质（主要有石英、长石和黏土矿物）、火山矿物（例如，钠云母及其衍生黏土矿物）、自生矿物（例如，磷酸盐、重晶石、沸石类、铁锰结核及包壳），以及极少数的外星物质（陨石和富铱尘埃）。正常含氧条件下，有机碳含量极低，但在缺氧条件下，黑色页岩有机碳含量可能大于 20%（Isaacs，1981；Arthur 等，1984）。生物成因蛋白石也可以是该相的一种组分或主要组分（Anderson 和 Ravelo，2001；Hillenbrand 和 Futterer，2001）。南中国海的绿色黏土被解释为富有机质黏土的成岩蚀变（Tamburini，2003）。

沉积速率低，通常从 <1mm/ka 到 10mm/ka，但在上升流发育区，可能比正常情况高一个数量级。由于生物扰动作用，沉积物通常是均质的，没有任何原始流体形成的构造。各

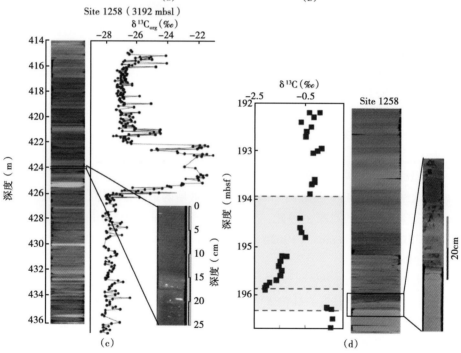

图 2.43　岩相 G1.1：生物成因软泥

硅质的生物扰动放射虫（生物成因）泥岩（燧石），表现为红色（a）和灰色（b）沉积物，来自加拿大纽芬兰中北部中—上奥陶统（Caradoc-Ashgill）Point Leamington 组岩心。生物成因软泥已被解释为与主要的海洋事件有关，例如西太平洋德梅拉拉洋隆横断带的 ODP 207 航次（Mosher 等，2007）；（c）ODP 1258 站点的 δ^{13} Corg 数据，展示了晚白垩世大洋缺氧事件 2 的证据（Erbacher 等，2005）。相邻照片是一张垂向高度压缩的岩心照片。深度为海底以下，单位为米，放大段是 OAE 2 的示例岩心照片，以正常纵横比例显示；（d）ODP 1255 站点的 δ^{13}C 数据，包含了古新世/始新世的最大热值（DETM）（引自 Nunes 和 Norris，2006）。相邻的岩心照片是高度垂向压缩，放大的岩心照片以正常的纵横比显示

种潜穴可能被保存下来（图 2.43），主要依赖环境因素的变化，如水深、颗粒大小、沉积物沉积速率和氧化还原条件（Seilacher，1967；Werner 和 Wetzel，1982），主要的遗迹化石有：Zoophycus、Chondrites、Planolites、Scolicia、Trichichnus、Teichichnus 和 Lophoctenium（见第三章）。

生物成因软泥的颗粒大小很大程度上依赖生物成因成分的组合。颗石藻非常小（黏土级），然而，一些富有孔虫或富硅藻软泥的平均颗粒大小可达到粉砂级。陆源组分大部分是黏土级的。由于生物成因颗粒的水力等效数据（Berthois 和 le Calves，1960；Maiklem，1968；Berger 和 Piper，1972；Braithwaite，1973）过于匮乏，因此，极少进行深海软泥的全粒级分析。不同类型的生物成因软泥的特征、成分和分布主要取决于：（1）水深和碳酸盐岩补偿深度（CCD）；（2）陆源/火山物质的来源和类型以及供给过程；（3）表层水的生产率和生物成因物质的类型；（4）表层流和底部循环模式；（5）气候和盆地地理条件；（6）物理化学条件（Lisitzin，1972；Berger，1974）。

生物成因成分在水体中相对缓慢地沉降，且非常缓慢地被埋藏，因此会在水体或海底暴露相当长的时间。Gorsline（1984）和 McCave（1984）讨论了单颗粒或较大絮凝沉降的实际沉降过程。

沉积过程：选择性或聚集沉降。

参考文献：Arrhenius（1963），Lisitzin（1972），Berger（1974），Broecker（1974），Hsü 和 Jenkyns（1974），Jenkyns（1986），Werner 和 Wetzel（1982），Arthur 等（1984），Gorsline（1984），Isaacs（1984），McCave（1984），Bouma 等（1986），Stow 等（1990），O'Connell（1990），Rothwell 等（1994），Bahk 等（2000），Whitcar 和 Elvert（2000），Nederbragt 和 Thurow（2001），Exon 等（2004），Lyle 和 Wilson（2004）。

2.9.1.2　岩相 G1.2：泥质软泥（图 2.44）

从生物成因物质>75%的生物成因软泥到生物成因物质<25%的远洋黏土（岩相 E1.2），形成了一个连续的岩相序列。泥质生物成因软泥是一个相对中间的沉积类型，其属性特征表现为软泥和黏土之间的过渡。它们不同于几乎不含陆源粉砂的真正半深海沉积物，其处于开阔海环境而非大陆边缘相。这种相的沉积层缺少物理沉积构造，但普遍存在生物扰动构造。

搬运过程：通过风力作用注入和/或作为非常稀释的洋流的悬浮负载。

沉积过程：选择性或聚集沉降。

参考文献：见岩相 G1.1。

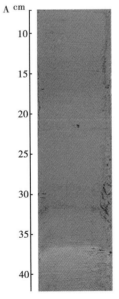

图 2.44　岩相 G1.2：泥质软泥
（据 Barker 等，1999）

块状含硅藻软泥（顶部），帕尔默深海 ODP 178 航次 1099 站点，178-1099 A-2H-3 的 31~32cm 处发育一纹层，7~42cm 见角毛藻属孢子植物

2.9.2 岩相群 G2：生物成因泥岩

在作者早期发表的岩相体系文献中（Pickering 等，1986a），这种岩相和岩相群都命名为"半远洋沉积岩"，但探究岩相类 E 的属性和解释发现，许多岩相类 E 中的泥也与文献中描述的半远洋沉积类似（图 2.45）。基于这一原因，成因术语"半远洋沉积岩"作为一种岩相的名称不再在本书中使用，岩相 G2.1 的生物成因含量在 25%～50%，而之前为 5%～75%（Pickering 等，1986a）。这种岩相对粉砂含量没有要求，但多数实例包含了陆源粉砂和黏土的混合沉积。砂质含量最高可达 15%，但主要来自生物成因（也就是浮游生物有机体）。

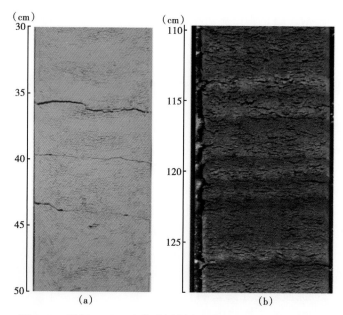

图 2.45　岩相 G2.1：生物成因泥岩（据 Kanazawa 等，2001）

(a) 太平洋西北部 ODP 1179 站点岩心，放射虫软泥（192-1179C-20H-6 岩心，30～50cm）；

(b) IODP 318 航次 U1357 站点岩心，全新世硅藻软泥，独特的季节性纹层

这些沉积物分选差，没有规则的粒序。在已发表文献中，常常采用与岩相类 E 相似的术语进行描述，如"背景沉积""普遍存在"或"互层"岩相等。在高纬度地区（例如，北冰洋和巴芬湾），浮冰可能是细粒泥岩和生物成因泥岩的主要贡献者。

半远洋沉积岩（岩相 G2.1、E1.1、E1.3 和其他岩相类 E 沉积物）通常没有详细的描述，但它们占据了许多沉积序列的较大部分。针对现代半远洋沉积岩的详细描述包括 Stanley 等（1972）、Moore（1974）、Rupke（1975）、Kolla 等（1980a）、Stanley 和 Maldonado（1981）、Hill（1984b）、Isaacs（1984）和 Thornton（1984）。许多文章认为半远洋沉积岩可能来自古老陆坡和盆地环境（Hesse，1975；Piper 等 1976；Ingersoll，1987a，b；Hicks，1981；Pickering，1982b；Wang & Hesse，1996）。这些岩相通常呈均质和块状，层理欠发育或无层理，没有原始流体成因构造，如纹层或侵蚀面，但在缺氧条件下可能保存沉积纹层

（Isaac，1984；Thornton，1984），或者保存在大量潜穴活动之前的前寒武系地层中。

正常含氧条件下，生物扰动无处不在，通常形成斑杂状均匀的沉积物。潜穴遗迹可能保存下来，主要遗迹化石与岩相 G1.1 一样。发育硫化铁和杂斑也是半远洋沉积的常见特征。

生物成因泥岩可以是钙质的或硅质的。通常是浮游生物和原地底栖生物的混合沉积。陆源组分在海洋的大部分位置是均匀的，并且向陆源方向存在组分渐变的趋势。在整个地质记录和现代海洋中，半远洋沉积岩的性质差异很大，主要与构造、气候、物源区和海洋物理化学条件有关。它们可能是远距离搬运，通过风力和浮冰搬运陆源碎屑，在某些情况下这占据沉积物的较大比例。

搬运过程：来自河流三角洲和其他沿岸地区的陆源物质，主要通过风力、浮冰、中—底部流体的悬浮作用来搬运 。

沉积过程：选择性或聚集沉降。

参考文献：Stanley 等 （1972），Hesse （1975），Rupke （1975），Piper 等 （1976），Stanley 和 Maldonado （1981），Pickering （1982b），Gorsline （1984），Gorsline 等 （1984），Isaacs （1984），Thornton （1984），O′Connell （1990），Wang 和 Hesse （1996）。

2.10　侵入岩 （碎屑岩脉和岩床）

流化构造 （如，碎屑岩脉和岩床） 是深水沉积体系的常见特征，与液化作用和脆性变形 （沉积断层） 有关。沉积后变形可以发生在上述任一岩相中，规模从小—中尺度 （图 2.46） 到大规模尺度 （图 2.47），甚至千米级规模，例如泥火山 （Dimitrov，2002）。全球有许多关于泥火山沉积体系的描述，其中研究最充分的实例有巴巴多斯岛增生楔及其周围地区 （Langseth 等，1988；Henry 等，1990；Lance 等，1998；Sullivan 等，2004）、班达弧 （Barber 等，1986；van Weering 等，1989）、南凯增生楔和弧前沉积 （Pickering，1993b；Kuramoto 等，2001；Ashi，2008）。流化和液化构造 （如小型碟状和柱状构造），可能是最早形成的侵入构造，通常与沉积作用同时发生 （图 2.46b 和 c）。侵入岩形成也可能与地震活动同时发生，例如，可以观察到其沿断层带发育 （图 2.42b 和图 2.46d）。

对于这类沉积的特征和形成机制，已经开展了相当多的观察、实验和理论研究。由于该主题超出了本书范畴，更多关于液化流化和侵入构造的资料和实例可参考下述文献：Waterston （1950）、Lowe （1975、1976b）、Lowe 和 LoPiccolo （1974）、Hiscott （1979）、Archer （1984）、Nichols 等 （1994）、Lonergan 等 （2000）、Boehm 和 Moore （2002）、Jonk 等 （2003）、Briedis 等 （2007）、Hamberg 等 （2007）、Hubbard 等 （2007）、Lonergan 等 （2007）、Bouroullec 和 Pyles （2010）、Gamberi 和 Rovere （2010、2011）、Vigorito 和 Hurst （2010）、Hurst 等 （2011）、Jackson 和 Sømme （2011）。侵入的关键条件是流化物质被圈闭在一个不渗透的地层中，使其不能脱水和恢复强度。在侵入作用发生时 （也就是岩脉和岩床），流化物质向海底方向移动以降低压力梯度。

在许多情况下，侵入作用发生在沉积物完全压实之前，为后续近垂直岩脉的压实褶皱创造了机会。褶皱的几何学分析可以用于推算侵入作用发生时的埋藏深度 （Hiscott，

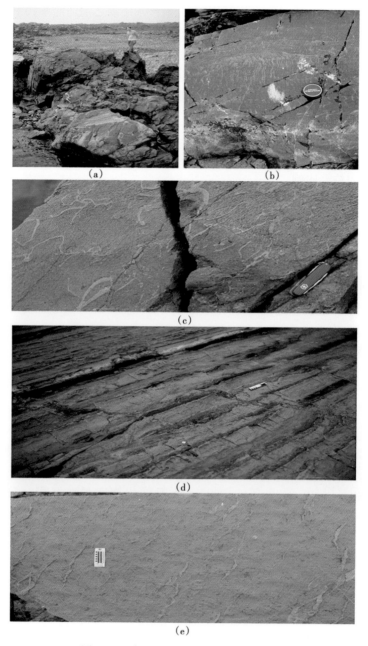

图 2.46　中—小尺度的砂岩岩脉和岩床

（a）砂岩岩脉，挪威北极地区芬马克郡前寒武系 Kongsfjord 组上段。下部厚层砂岩表现为内部正粒序层理，并且是岩脉的供源层，图中人作为比例尺；（b）流化层中发育的管状或柱状构造，挪威北极地区芬马克郡前寒武系 Kongs-fjord 组上段。管状/柱状构造一致向下游方向的拐弯，流体方向可以通过周围岩层的底模和波痕推断；（c）砂岩层顶界面常见的碟状—柱状构造，挪威北极地区芬马克郡前寒武系 Kongsfjord 组上段。折叠式小刀作为比例尺，砂岩侵入体定向排列，其定向性与围岩层的古水流方向一致；（d）渣状和浮石状碎屑岩脉切割火山碎屑岩沉积。日本三浦半岛中新统 Misaki 组，比例尺长度 15cm；（e）砂岩侵入体（岩墙）俯视照片，具有定向排列，位于块体搬运沉积之下，西班牙比利牛斯山脉中始新统艾恩萨盆地艾恩萨扇，侵入作用是由块体搬运沉积的移动造成的，比例尺长度 10cm

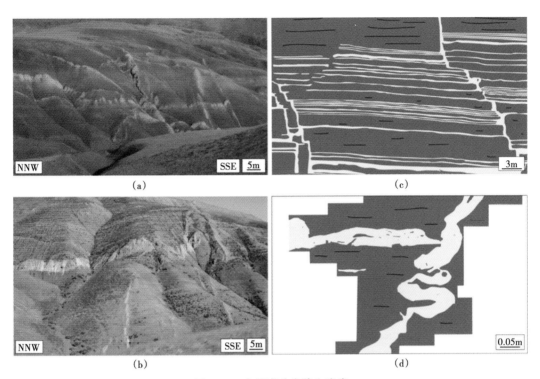

图 2.47　大尺度砂岩脉和岩床

美国加利福尼亚帕诺奇山上白垩统—下古新统 Marca 峡谷。浅灰色为砂岩，深灰色为泥岩，见 Hurst 等（2011）

1979）。即使那些侵入体是火山成因的，也可以在侵入体穿透未压实沉积的地方使用相同的技术（Karner 和 Shillington，2005）。

关于沉积侵入构造的一个重要的露头实例，位于加利福尼亚沿海山脉的上白垩统到下古新统的侵入复合体（PGIC）（图 2.47）。这是一个岩脉和岩床的复合体，去压实后的地层厚度在 1200～1600m（Braccini 等，2008；Hurst 等，2011）。白垩系 Moreno 页岩是一套细粒岩层，侵入岩脉总体以低角度向东倾斜（Jolly 和 Lonergan，2002）。碎屑岩脉和岩床源于下伏的 Dosados 砂岩段。通过对喷出期间方解石沉积的同位素分析，确定侵入体到达表层的时间超过 2Ma，距今约 62Ma（Minisim 和 Schwartz，2007）。它们的年龄是基于砂岩侵入体中海相化石的分析。

碎屑侵入体有时与油气相关，例如，加利福尼亚圣克鲁斯地区上中新统深海 Santa Cruz 泥岩（对应盆地其他地方蒙特利组同期沉积的硅藻泥岩和蛋白石），包含岩墙和岩床复合体，其中包含了碳氢化合物（Thompson 等，1999，2007；Boehm 和 Moore，2002）（图 2.48）。

Hurst 等（2011）通过图 2.49 总结了砂岩侵入体和再活动砂岩的分布特征。他们识别了四种结构单元：母岩、岩墙/脉、岩床和"挤出岩"。母岩是沉积的砂岩，其具有沉积砂岩和沉积后液化作用形成的诸多特征，并与砂岩侵入体形成一个相互连通的砂岩系统。砂岩岩墙是不一致的，局部为平坦岩体，可能包含泥岩碎屑、有机质和成岩胶结物，以不同

图 2.48　大型碎屑岩墙—岩床复合体（据 Boehm 和 Moore，2002）

加利福尼亚圣克鲁斯黄色海岸中新统蒙特利组相关地层中部近垂直、含碳氢化合物的岩墙。

露头下半部发育的黄色/橙色沉积是碎屑岩床，为中部岩墙提供物质

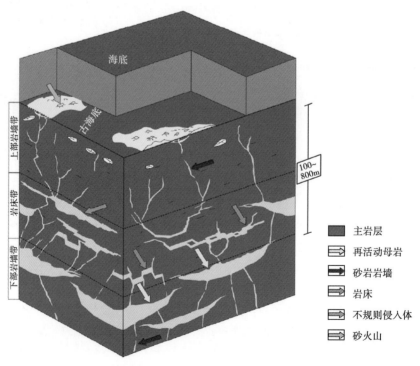

图 2.49　砂岩侵入复合体示意图（引自 Hurst 等，2011）

基于露头和地下观察

角度横切原生沉积层理。砂岩岩床通常为平坦的沉积体，其边界与主沉积层边界大体一致，但沿其上部和下部边缘可能局部不一致。不规则的砂岩侵入体具有不一致的边界和厚度的突变。挤出岩通过将砂岩挤出到海底形成，其与下伏岩墙相连并由其提供物质（Hurst 等，2011）。图 2.50 展示了一个典型的砂火山，位于爱尔兰西部克莱尔盆地那穆尔阶。

图 2.50　砂火山，爱尔兰西部克莱尔盆地那穆尔阶 Ross 组，钢笔作为比例尺，长度约 14cm

2.11　岩相组合

　　本章描述和强调岩相类和岩相群的一般属性，以及多数情况下深海沉积物的来源。岩相群和岩相类没有地层的内涵，在此情况下，这种岩相分类没有考虑沉积物的岩相组合特征，但是在部分深海盆地中反映了环境条件在空间和/或时间上的变化。例如，沉积朵体的进积或海底水道的横向迁移或充填（图 2.51）。本书后续章节考虑了真实世界中的岩相分布，并强调垂向上和横向上岩相的相关性，以及如何根据盆地的海底地形的变化、搬运过程、古海洋地理条件和构造因素来解释其相关性。

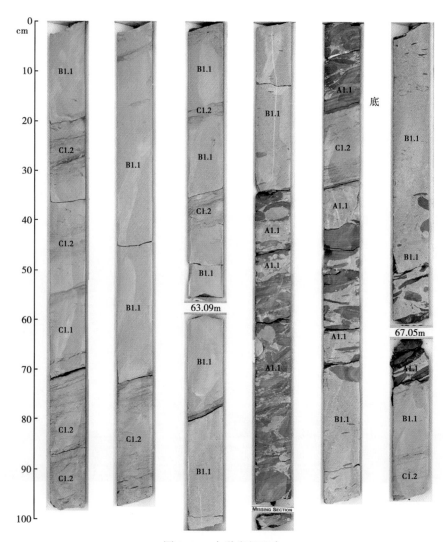

图 2.51　水道岩相组合

西班牙比利牛斯山脉艾恩萨盆地中始新统艾恩萨体系艾恩萨扇Ⅱ。"底"指的是推测附近露头中
观察到的一个复合（横向迁移叠置）海底水道的侵蚀面（Pickering 和 Corregidor，2005；
Pickering 和 Bayliss，2009）。岩心深度单位为米（地面以下），从右向左时代变新

第3章　深水遗迹学

综合大洋钻探计划（IODP）第322航次［南凯海槽（Nankai Trough）地震带实验项目系列航次］获取的岩心遗迹化石，位于日本四国海盆地（Shikoku Basin）东北部的Kashinosaki Knoll 海山。（a）Palaeophycus，Thalassinoides，Planolites 和 Chondrites，岩心位置：C0011B-6R-2，30~45cm；（b）Zoophycos，岩心位置：C0011B-6R-1，67~83cm；（c）Chondrites，Planolites 和 Thalassinoides，岩心位置：C0011B-12R-1，46~62cm。

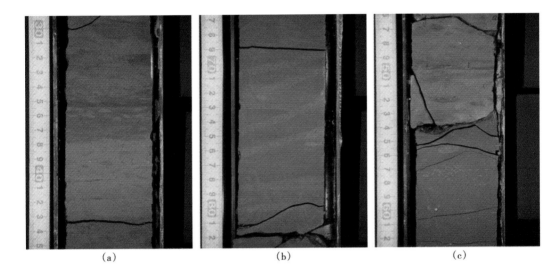

(a)　　　　　　　　　(b)　　　　　　　　　(c)

3.1　概述

遗迹学是沉积学研究的一项重要且实用的工具，能够揭示沉积构造研究无法获取的古环境信息。遗迹学研究结果很容易与各类沉积学研究相结合。遗迹学能帮助沉积学家重建古环境，帮助地层学家对比沉积地层，帮助古生物学家确定化石群落类型，帮助地球化学家确定有机质对沉积组分的影响（Ekdale 等，1984），还能帮助石油地质学家表征储层并改进储层模型。在深水环境中，遗迹化石更具独特的价值，因为它们通常是唯一保存下来的宏体化石。尤其是重力流沉积底面的遗迹化石，通常保存形态完好，可用于重力流沉积前、沉积时和沉积后古环境特征的深入探讨。本章介绍了遗迹学的一些基本原理，重点关注深水相遗迹化石，旨在突出遗迹学在沉积学研究中的重要应用。本章通过两个案例分析，阐述了遗迹学在古环境分析和储层表征中的方法和应用。第一个案例基于 Heard 和 Pickering（2008）对西班牙比利牛斯山脉艾恩萨—哈卡盆地中始新统的详细遗迹学研究。第二个案例基于 Heard 等（2014）对艾恩萨盆地浊积岩岩心的遗迹组构研究。

遗迹学的优势在于，生物行为通常受多个动态控制因素影响，如底质固结程度（软或硬）、营养物供给、氧含量、水动力、沉积速率、盐度和化学毒性等（Frey 等，1990；Gingras 等，2008）。因此，遗迹学研究能够揭示有关沉积环境的重要信息，包括（1）沉积底质的原生固结程度，即松底（looseground）、汤底（soupground）、软底（softground）、僵底（stiffground）、固底（firmground）或硬底（hardground）（Ekdale 和 Bromley，1991；Lewis 和 Ekdale，1992；Wetzel 和 Uchman，1998b，2012）；（2）富有机质沉积物中的孔隙水氧含量（Ekdale 和 Mason，1988；Savrda 和 Bottjer，1986–1994；Wignall，1991）；（3）水体的营养状态（富营养、贫营养条件）（Tunis 和 Uchman，1996b；Wetzel 和 Uchman，1998a）；（4）地层序列中的生物扰动强度（Bottjer 和 Droser，1991；Droser 和 Bottjer，1986–1989）；（5）古水流方向（Monaco，2008）；（6）阶层模式（tiering patterns）（Bromley 和 Ekdale，1986；Rajchel 和 Uchman，1998）；（7）单期或多期生物扰动的后期埋藏过程（Taylor 和 Goldring，1993）；（8）侵蚀深度（Wetzel 和 Aigner，1986；Savrda 和 Bottjer，1994）；（9）不连续面（Ghibaudo 等，1996；Savrda 等，2001a，b；Hubbard 和 Shultz，2001；Knaust，2009）；（10）沉积旋回（Erba 和 Premoli Silva，1994；Heard 等，2008）；（11）沉积过程（Frey 和 Goldring，1992）。遗迹学研究还能够揭示因生物扰动导致沉积岩物性变化的重要信息，可应用于储层表征研究中（Pemberton 和 Gingras，2005；Tonkin 等，2010）。

遗迹学在滨、浅海沉积体系中的研究和应用已经深入展开，但在深水沉积体系中的研究和应用还较少。深水沉积体系研究开展较晚是一方面的原因。尽管在过去的几十年间出现了大量针对深水沉积体系的研究，但很少有研究将遗迹学与沉积学真正结合起来。然而在深水沉积体系中，深水相遗迹化石的系统分类已经有一系列详细的研究（Häntzschel，1975；Crimes，1977；Ksiazkiewicz，1977；Crimes 等，1981；Uchman，1995，1999；Wetzel 和 Uchman，1998a，Tchoumatchenco 和 Uchman，1999；Orr，2001；Uchman 等，2004；Miller III，2007；Knaust，2012；Knaust 和 Bromley，2012）。基于以上研究成果，深水相遗迹化石的系统分类和描述已较为明确，并可很好地整合到沉积学研究中（Uchman，2001；Heard 和 Pickering，2008；Hubbard 和 Shultz，2008；Monaco 等，2010；Phillips 等，2011；Cummings 和 Hodgson，2011；Hubbard 等，2012；Callow 等，2013）。

3.2　遗迹学的一般原理

遗迹学是研究一个或多个生物体改造底质形成生物成因构造的学科（Bromley，1996）。生物成因构造包括在未固结底质（生物成因沉积构造）和固结底质（生物侵蚀构造）中所形成的构造。一般来说，遗迹学研究最多的生物成因沉积构造就是生物扰动构造，主要由生物活动形成（Frey 和 Pemberton，1985）。生物成因沉积构造主要包括遗迹化石和生物变形构造两类（Schäfer，1956）（图 3.1）。遗迹化石通常具有一定的形态特征和明确的形态边界，可鉴定为特定遗迹属种，还可进一步进行保存分类（生物层积学），行为习性分类（动物行为学）和形态分类（系统分类学）（Seilacher，1953a，b）。

生物变形构造缺少清晰的轮廓，不具明显的形态特征，无法鉴定为特定遗迹属种。生物变形构造一般形成于软底至汤底中，通常完全破坏原生的物理成因沉积构造（Wetzel，1983）。一般认为，生物变形构造在有机质含量高的沉积物中较为常见，因为在富有机质沉积物中无须采取特殊的觅食行为策略，因而不能形成具有特定形态结构的遗迹化石（Wetzel，1981，1983）。

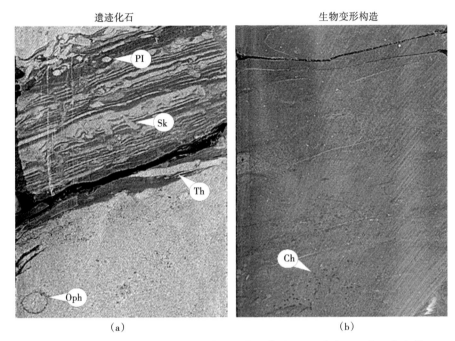

图 3.1　岩心中的遗迹化石和生物变形构造（艾恩萨盆地 L1 井岩心，岩心宽度约 6cm）

（a）细—中粒砂岩和纹层状粉砂岩—泥岩中的遗迹化石（Th = *Thalassinoides*；Oph = *Ophiomorpha*；Sk = *Skolithos*；Pl = *Planolites*）；（b）生物变形构造之上叠加后期遗迹化石（Ch = *Chondrites*）

3.2.1　遗迹化石的保存分类

研究化石的埋藏和保存过程的学科称为埋藏学（taphonomy）（Rindsberg，2012）。遗迹化石的埋藏学特征为遗迹学家提供了有关造迹生物和遗迹化石形成时的重要古环境条件信息。在深水体系中，遗迹化石通常在重力流沉积砂岩或粉砂岩底面保存时形态最为完好，能够反映造迹生物在重力流沉积中的瞬时行为活动。Seilacher（2007）认为，浊积岩底面的遗迹化石是由于浊流的侵蚀作用导致潜穴被暴露并被随后的重力流沉积充填而保存下来的。当重力流逐步逼近时，其前部水体会突然加速，因此能够侵蚀底质表面未固结的泥质沉积物并暴露其中发育的潜穴体系。如果重力流处于沉积阶段，则这些潜穴被铸型并保存在浊积岩底面（Seilacher，2007）。由于重力流沉积底部的遗迹化石记录了重力流沉积瞬时的底栖生物行为活动，所以深水沉积体系是遗迹学家和沉积学家研究海底表层生物行为的绝佳天然实验室。并且，由于重力流沉积底部遗迹化石的保存与重力流的侵蚀和沉积作用相关，因此沉积物重力流的性质对潜穴的保存潜力有重要影响。一般来说，处于沉积阶段的低浓度重力流（如浊流）环境的遗迹化石保存最好。这是由于侵蚀所暴露的潜穴可以立即被悬浮沉积物覆盖并铸型。当出现浓密度流（第 1.4.1 节）时，遗迹化石的保存潜力降低，因为浓密度流能量较高，其侵蚀深度已大于许多仅在沉积物表层发育的空心潜穴体系，使其破坏殆尽。

对于深水体系中的遗迹化石来说，其表观形态特征（层积学）取决于遗迹化石保存的位置：保存在泥岩、砂岩中，抑或是两者岩性的界面处（Bromley，1996）。Seilacher（1964a，b），Simpson（1957），Martinsson（1965，1970）和 Chamberlain（1971）均提出了遗迹化石的保存分类方案，用以刻画岩层中不同位置保存的遗迹化石的形态特征。其中遗迹学家最常用的保存分类方案是 Martinsson（1965，1970）和 Seilacher（1964a，b）（图3.2）提出的方案。Seilacher（1964a，b）的方案同时包括了描述性和成因性术语，其中描述性术语基于遗迹化石与铸型介质之间的关系，成因性术语则基于潜穴构造与当时沉积界面的相对位置。描述性术语主要分为两大类：全浮雕和半浮雕（图 3.2）。全浮雕遗迹化石保存于铸型介质内部，半浮雕遗迹化石则保存于岩性界面位置。半浮雕遗迹化石又有上浮雕（形成于铸型介质上表面）和下浮雕（形成于铸型介质下表面）之分。另外，"凸迹"（convex）、"凹迹"（concave）等描述性用语则可用于区分脊状与沟状的半浮雕遗迹化石。Seilacher（1964a，b）还提出了三个成因性术语：外生（exogenic）、内生（endogenic）和假外生（pseudoexogenic）。外生遗迹形成于沉积物表面，内生遗迹形成于沉积物内部，假外生指最初形成于均匀介质（如泥质沉积物）中，后被侵蚀暴露并被砂质充填铸型。在 Martinsson（1965，1970）建立的方案中，位于铸型介质下表面的生物成因构造称为底生迹（hypichnia），而位于铸型介质上表面的称为表生迹（epichnia）。保存于铸型介质内部的潜穴则称为内生迹（endichnia），而保存于铸型介质之外的潜穴称为外生迹（exichnia）（图 3.2）。

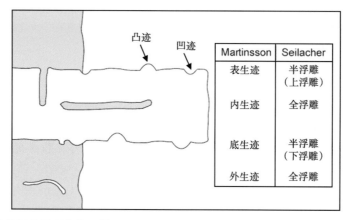

图 3.2　遗迹化石的保存分类（据 Seilacher，1964a；Martinsson，1965；Bromley，1996，修改）
显示遗迹化石与铸型介质（如砂岩）之间的关系

3.2.2　遗迹化石的行为习性分类

遗迹化石反映了造迹生物的行为模式。Seilacher（1953a，b，1964b）最早提出了遗迹化石的行为习性分类方案，并被广泛采用。从化石记录中一般很难得知遗迹生物的具体类型，因此，在造迹生物属性不清的情况下，对遗迹化石的行为习性和功能的认识就显得尤为重要。起初，Seilacher（1953a，b，1964b）共识别出五种行为习性类型。此后，遗迹化石的行为习性分类方案被不断扩展（Ekdale，1985；Frey 等，1987；Bromley，1996），常见的行为习性类型描述如下（表 3.1）：

表 3.1　遗迹化石的行为习性分类及其常见的深水遗迹化石实例

行为习性分类	描述	深水遗迹化石实例
建筑迹（aedifichnia）	建造在底质之上	无
耕作迹（agrichnia）	诱捕小型底栖生物或微生物、培育细菌	*Paleodictyon*，*Cosmorhaphe*，*Helminthorhaphe*，*Desmograpton*，*Megagrapton*，*Chondrites*
孵化迹（calichnia）	孵化幼虫	*Hormosiroidea*
停息迹（cubichnia）	生物休憩	*Lockeia*，*Bergaueria*
居住迹（domichnia）	生物居住	*Ophiomorpha*，*Arenicolites*，*Skolithos*
平衡迹（equilibrichnia）	与沉积物的加积或侵蚀作用保持平衡	*Diplocraterion*，*Teichichnus*
觅食迹（fodinichnia）	生物摄食遗迹	*Thalassinoides*，*Phycosiphon*，*Zoophycos*，*Planolites*
逃逸迹（fugichnia）	因沉积物的快速加积而逃逸	逃逸构造
牧食迹（pascichnia）	具有系统摄食功能的爬行迹	*Planolites*，*Nereites*，*Scolicia*，*Helminthopsis*，*Halopoa*
捕食迹（praedichnia）	生物捕食行为	无
爬行迹（repichnia）	简单爬行行为	节肢动物爬迹

建筑迹（aedifichnia）：主要由动物本身粘结沉积物，在底质之上形成的构造（如白蚁的巢穴）（Bromley，1996）。

耕作迹（agrichnia）：规则图案状潜穴，用于培育细菌或诱捕小型底栖生物或微生物。雕画迹（graphoglyptids）多属于这一类型（Ekdale 等，1984）。

孵化迹（calichnia）：专指孵化、养育幼虫或幼体形成的构造（Bromley，1996）。

停息迹（cubichnia）：由生物在底质表面停息或略向底质内掘穴形成的构造。这类遗迹通常能够反映造迹生物的腹侧结构（Frey 和 Pemberton，1985）。

居住迹（domichnia）：生物的永久或半永久性住所。多为半固着的悬食生物，个别情况下也可以是食肉动物（Pemberton 等，2001）。潜穴壁可能被加固，且大多数居住构造后期都被沉积物充填。

平衡迹（equilibrichnia）：造迹生物随着底质的加积或侵蚀，不断调整在沉积物中的位置所形成的构造。

觅食迹（fodinichnia）：兼具觅食和居住功能的潜穴构造。这类构造具有一定程度的稳定性，但其整体形态反映了生物对底质的觅食过程（Bromley，1996）。

逃逸迹（fugichnia）：由于沉积物快速埋藏（如重力流沉积），导致生物快速逃逸所形成的构造。

牧食迹（pascichnia）：具有显著觅食特征的爬行迹，如蛇曲状或螺旋状遗迹。牧食迹一般平行层面分布，通常反映了非常有效的空间覆盖（Bromley，1996）。

捕食迹（praedichnia）：由捕食者的捕食行为形成的遗迹，一般在硬底质中较为常见，如贝壳上的圆形钻孔和壳体破损现象（Ekdale，1985）。在软底质中，由捕食行为引起的沉积物扰动作用一般难以在化石记录中识别出来。

爬行遗（repichnia）：主要反映简单定向运动行为的遗迹，缺乏系统探索式摄食特征（如牧食迹和觅食迹）（Frey 和 Pemberton，1985）。运动过程中可能涉及少量摄食行为。

3.2.3 常见深水遗迹化石分类描述

反映生物行为特征的遗迹化石形态是遗迹化石分类的基础（Bromley，1996）。通常，用于描述遗迹化石的主要形态特征包括：遗迹化石的总体形态、潜穴壁和衬里、潜穴分支、潜穴填充物的属性以及是否存在蹼状构造。遗迹化石的基本分类级别为：遗迹属和遗迹种（缩写分别是 igen. 和 isp.）。

高于遗迹属级别的深水遗迹化石分类，主要是基于 Książkiewicz（1977）的方案，后经 Wetzel 和 Uchman（1998a）改编。这一深水遗迹化石分类方案虽然简单且非正式，但由于其单纯考虑遗迹化石的形态特征，具有非解释性的优点。该方案共识别出 9 种形态类型：（1）圆形和椭圆形构造；（2）简单或分支构造；（3）放射状构造；（4）蹼状构造；（5）弯曲状构造；（6）螺旋状构造；（7）蛇曲状构造；（8）分支的弯曲和蛇曲状构造；（9）网状构造。本书对最为常见的深水遗迹化石加以简要叙述。关于深水遗迹化石的详细系统分类描述，读者可参阅 Häntzschel（1975），Książkiewicz（1977），Uchman（1995，1999），Wetzel 和 Uchman（1998a）及其参考文献。以下描述综合考虑了露头（三维）和岩心（二维）中的遗迹化石形态特征。

3.2.3.1 简单或分支构造

3.2.3.1.1 *Skolithos*（Haldeman，1840）

特征：不分支，垂直或近垂直，平直或略弯曲，圆柱状或次圆柱状，有衬里或无衬里的潜穴构造，顶部的漏斗形构造保存或不保存（Alpert，1974；Schlirf，2000）（图3.3、图3.6d）。

说明：*Skolithos* 是跨相遗迹化石，几乎在各个环境中都有发现。在浅水和深水环境中，Skolithos 均指示相对高能（波浪、水流）的沉积环境。*Skolithos* 被认为是环节动物或帚虫动物营造的居住潜穴（Schlirf 和 Uchman，2005）。在深水环境中，*Skolithos* 是典型的沉积后遗迹化石。

岩心特征：*Skolithos* 通常显示为垂直或近垂直，有衬里或无衬里的潜穴构造。

3.2.3.1.2 *Halopoa*（Torell，1870）

特征：平行层面的遗迹化石，表面分布有不规则纵脊或皱饰，通常可见若干圆柱状潜穴不规则相交（Wetzel 和 Uchman，1998a）（图3.6h，j）。

说明：*Halopoa* 是跨相遗迹化石，在浅水和深水环境中均可出现。通常以底生全浮雕的形式保存于薄—中层状砂岩的底部。*Halopoa* 的造迹生物很可能为食沉积物者（牧食迹），沿砂/泥岩界面进行掘穴，为主动充填潜穴。在深水环境中，*Halopoa* 是典型的沉积后遗迹化石。

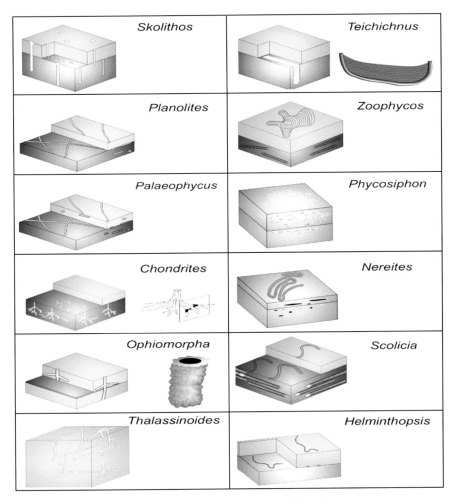

图 3.3 深水环境常见遗迹化石立体示意图

岩心特征：*Halopoa* 为圆柱形潜穴，直径 7~12mm，以全浮雕形式保存，潜穴外侧发育沟槽和皱饰。但由于其圆柱形潜穴表面的沟槽和皱饰特征一般难以在岩心中进行观察，岩心中 *Halopoa* 的识别较为困难。

3.2.3.1.3 *Planolites*（Nicholson，1873）

特征：无衬里或极少有衬里，极少分支，平直或弯曲，潜穴壁光滑或不规则、具环纹的遗迹化石，横截面为圆形或椭圆形，具有一系列不同的尺寸大小和整体形态。填充物均一，且岩性不同于围岩（Pemberton 和 Frey，1982；Wetzel 和 Uchman，1998a）（图 3.3，图 3.4e，图 3.6b、h、c、f）。

说明：*Planolites* 是跨相程度很高的遗迹化石，从淡水到深海的一系列环境中都有分布。通常以内生迹、底生凸起和表生凹槽等形式保存。*Planolites* 的造迹生物可能是多门类的蠕虫状食沉积物者（Pemberton 和 Frey，1982）。

岩心特征：圆柱状潜穴，填充物均一，且与围岩岩性不同。*Planolites* 的直径一般为 3~7mm。

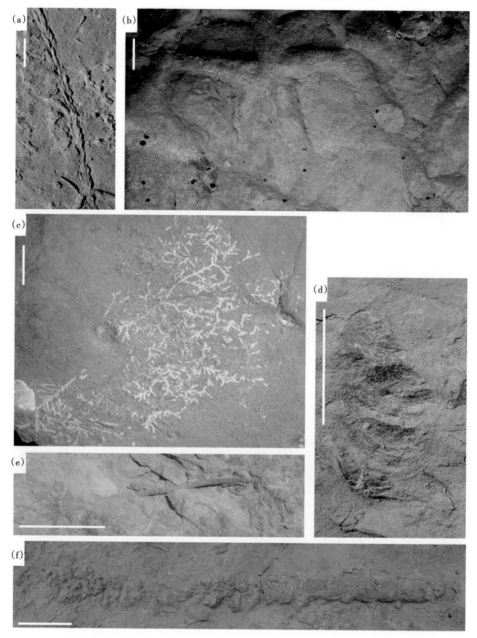

图 3.4　西班牙比利牛斯山脉始新统艾恩萨—哈卡盆地野外露头中的遗迹化石照片

（a）*Halopoa storeana*（Uchman，2001），底生全浮雕，比例尺 2cm，详见 Uchman（2001）；（b）*Thalassinoides suevicus*（Rieth，1932），底生全浮雕，比例尺 2cm，详见 Howard and Frey（1984）；（c）*Chondrites intricatus* Brongniart 1823，内生全浮雕，比例尺 2cm，详见 Uchman（1998）和 Fu（1991）；（d）*Teichichnus* isp.，表生全浮雕，比例尺 2cm，详见 Seilacher（1955）；（e）*Planolites* ispp.，内生全浮雕，比例尺 2cm，详见 Pemberton and Frey（1982）；（f）*Ophiomorpha rudis*（Ksiażkiewicz，1977），内生全浮雕，比例尺 2cm，详见 Uchman（2001）

3.2.3.1.4　*Palaeophycus*（Hall, 1847）

特征：分支或不分支，光滑或有纹饰，具衬里的水平圆柱状潜穴。潜穴直径不等。潜穴填充通常无构造，且与围岩岩性一致（Pemberton 和 Frey, 1982）（图 3.3、图 3.6h）

说明：*Palaeophycus* 以具衬里和被动充填的特征区别于形态相近的 *Planolites*。*Palaeophycus* 的造迹生物，可能为多毛类（Pemberton 和 Frey, 1982）。与大多数充填的具衬里潜穴一样，*Palaeophycus* 通常被认为是居住迹。*Palaeophycus* 为跨相遗迹属，从淡水到深海几乎所有环境均有分布。

岩心特征：圆柱形潜穴，具有明显的衬里。潜穴填充物与围岩一致。

3.2.3.1.5　*Chondrites*（Sternberg, 1833）

特征：规则分支的三维潜穴，具有一个与沉积物表面连通的主支，向下分支构成树枝状潜穴系统（Fu, 1991；Uchman, 1998）（图 3.3，图 3.4c，图 3.6b）。

说明：*Chondrites* 是未知内生食沉积物者的摄食潜穴。*Chondrites* 在一系列不同底质中均可形成（甚至是重力流沉积的鲍马序列 Tb 段），但最常见于细粒硅质碎屑或钙质碎屑岩中。*Chondrites* 在正常海相环境到贫氧环境均有分布；如果在生物扰动强度低和/或遗迹分异度低的沉积物中出现，通常可用于指示贫氧环境。在底质氧含量不断降低，造迹生物不断消失的情况下，*Chondrites* 通常是到最后形成的遗迹。

岩心特征：*Chondrites* 在岩心中显示为聚集的小型潜穴管，潜穴直径约为 1～3mm。*Chondrites* 在完全扰动的沉积物和弱生物扰动层中均可大量出现。

3.2.3.1.6　*Ophiomorpha*（Lundgren, 1891）

特征：简单到复杂的潜穴体系，部分衬里由沉积物球粒粘结而成。潜穴填充物一般均一无构造，与围岩岩性一致。分支不规则（Howard 和 Frey, 1984；Uchman, 1995, 2009）（图 3.3，图 3.4f，图 3.6a, h）。

说明：*Ophiomorpha* 代表了生物的居住潜穴（居住迹），在浅水和深水环境均有出现。*Ophiomorpha* 主要由类似于现代 *Callichirus major* 的十足目甲壳类所营造（Uchman, 1995）。造迹生物可以掘穴至沉积物的较深处（可达 2.5 m 的垂直深度），同时潜穴与海底表面保持连通。

岩心特征：*Ophiomorpha* 具有瘤状潜穴表面的特征，因此在岩心中极易识别。*Ophiomorpha* 一般出现在浊流或浓密度流沉积砂岩中，潜穴直径 6～25mm。

3.2.3.1.7　*Thalassinoides*（Lundgren, 1891）

特征：主要由光滑、不具衬里的圆柱形潜穴构成的三维分支潜穴体系（Howard 和 Frey, 1984；Uchman, 1995, 2009）（图 3.3，图 3.4b，图 3.6b, h, f, j）。

说明：*Thalassinoides* 常见于细粒、固结程度较高的底质。在这样的底质中无需对潜穴壁进行加固（即制造衬里）潜穴不会坍塌。*Thalassinoides* 主要由食沉积物的甲壳类所营造，一般为沉积后遗迹化石。*Thalassinoides* 是跨相遗迹化石，一般发育于浅海环境，但在深海环境也较常见。

岩心特征：在岩心中较难观察 *Thalassinoides* 的三维潜穴结构，但可从岩心断面观察到潜穴的分支形态。圆柱形潜穴的直径一般为 5～20mm，潜穴填充物与围岩岩性不同。

3.2.3.1.8 *Teichichnus*（Seilacher 1955）

特征：由一系列垂向堆叠的长槽状蹼纹构成的蹼状构造（Seilacher，1955）（图 3.3，图 3.4d，图 3.6i）。

说明：*Teichichnus* 被认为是由食沉积物的蠕虫状动物所营造，可归为觅食迹（Pickerill 等，1984）。其造迹生物在同一竖直平面内来回运动、觅食形成水平或近水平的潜穴，并随着沉积物的加积不断向上迁移，形成垂向蹼状构造。*Teichichnus* 在浅水和深水环境均有出现。

岩心特征：*Teichichnus* 具有明显的垂向或近垂向堆叠的近水平长槽状蹼纹，在岩心中较易识别。在横截面中，可见缓弧形蹼纹（通常凹面向上）。在纵切面中，通常显示为伸长的"J"形构造，由长条状的波状蹼纹构成。

3.2.3.2 蹼状构造

3.2.3.2.1 *Zoophycos*（Massalongo，1855）

特征：由一系列具有不同长度和方向的小型"U"形或"J"形前进式潜穴，围绕中央管形成多层蹼状构造（Wetzel，1991；Uchman，1999）。

说明：一般认为 *Zoophycos* 为某些未知食沉积物动物的遗迹。该遗迹属常见于 *Zoophycos* 遗迹相。

岩心特征：*Zoophycos* 显示为具有明显蹼纹的近水平蹼状构造，蹼层厚 2~7mm。

3.2.3.2.2 *Phycosiphon*（Fischer-Ooster，1858）

特征：侧向延伸较广的小型蹼状构造，由多个毫米到厘米级的"U"形蹼层构成，蹼层外侧为"U"形边缘管。一般可见中轴蹼层规则或不规则地分支出"U"形蹼层，中轴蹼层与"U"形蹼层宽度相近（Uchman，1999）（图 3.3，图 3.5d，图 3.6b，e）。

说明：一般认为 *Phycosiphon* 为沉积后的机会型食沉积物者所营造（见 3.3 节），常见于浅水到深水环境的粉砂质泥岩和细砂岩中。*Phycosiphon* 为蠕虫状动物的觅食构造。Bednarz 和 McIlroy（2009）对 *Phycosiphon* 和似 *Phycosiphon* 遗迹化石（Phycosiphoniform 潜穴）做了详细的论述。

岩心特征：*Phycosiphon* 在岩心中显示为深色的回填构造核部，外侧具有浅色沉积物晕圈。通常呈小范围密集分布，蹼状构造既有水平分量也有垂直分量。

3.2.3.3 弯曲和蛇曲状构造

3.2.3.3.1 *Nereites*（MacLeay，1839）

特征：弯曲状到规则蛇曲状的水平潜穴，由中央回填构造和沉积物扰动边缘构成（Uchman，1995）（图 3.3，图 3.5e，图 3.6e）。

说明：*Nereites* 被认为是牧食构造（牧食迹），很可能由蠕虫状食沉积物者所营造（Mángano 等，2000）。该遗迹属是 *Nereites* 遗迹相的典型遗迹化石，常见于中—薄层状砂岩、粉砂岩和粉砂质泥岩等重力流沉积序列中。在形态上，*Nereites* 与 *Phycosiphon* 较为相似，但 Nereites 潜穴直径较大且截面形态不可见 *Phycosiphon* 典型的竖直"U"形边缘管构造（Callow 等，2013）。

岩心特征：*Nereites* 在岩心中显示为深色核部和浅色包裹层，代表中央回填构造及其边缘的沉积物扰动层。潜穴直径 1~4mm 不等，多沿水平层面分布。

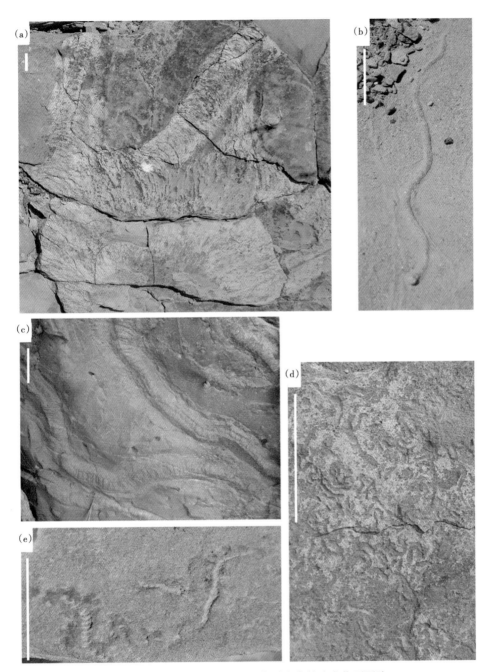

图 3.5　艾恩萨—哈卡盆地野外露头中的遗迹化石照片

（a）*Zoophycos insignis*（Squinabol，1890），内生全浮雕，比例尺 2 cm，详见 Uchman（1999）；（b）*Helminthopsis* ispp.，底生全浮雕，比例尺 2cm，见 Wetzel 和 Bromley（1996）对该属的详细论述；（c）*Scolicia plana*（Ksiaż kiewicz，1970），内生全浮雕，比例尺 2cm，详见 Uchman（1998）；（d）*Phycosiphon incertum*（Fischer-Ooster，1858），内生全浮雕，比例尺 2cm，详见 Wetzel 和 Bromley（1994）；（e）*Nereites missouriensis*（Weller，1899），内生全浮雕，比例尺 2cm，详见 Uchman（1995）

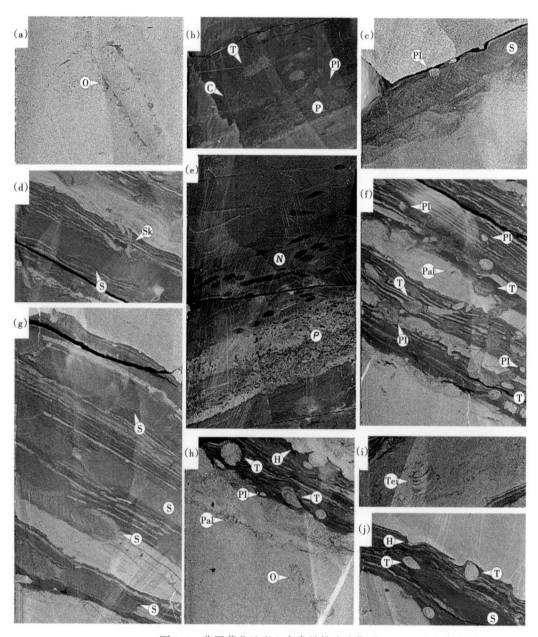

图 3.6　艾恩萨盆地岩心中常见的遗迹化石

（a）岩心宽度约 6cm 粗砂岩中的 *Ophiomorpha*（O）；（b）泥岩中的 *Phycosiphon*（P），*Planolites*（Pl），*Thalassinoides*（T），*Chondrites*（C）；（c）中砂岩和粉砂岩中的 *Planolites*（Pl）和 *Scolicia*（S）；（d）细砂岩中的 *Skolithos*（Sk）和 *Scolicia*（S）；（e）细砂岩和泥岩中的 *Nereites*（N）和 *Phycosiphon*（P）；（f）细砂岩与粉砂岩—泥岩韵律层中的 *Planolites*（Pl），*Thalassinoides*（T）和 *Palaeophycus*（Pal）；（g）细砂岩与粉砂岩—泥岩韵律层中的 *Scolicia*（S）；（h）中砂岩与粉砂岩—泥岩韵律层中的 *Thalassinoides*（T），*Halopoa*（H），*Planolites*（Pl），*Ophiomorpha*（O），*Palaeophycus*（Pal）；（i）中砂岩中的 *Teichichnus*（Tei）；（j）中砂岩与粉砂岩—泥岩韵律层中的 *Thalassinoides*（T），*Halopoa*（H），*Scolicia*（S）

3.2.3.3.2　*Scolicia*（De Quatrefagues，1849）

特征：简单的弯曲、蛇曲到螺旋状的二叶或三叶回填构造，遗迹化石的底部具有两条平行的沉积物管（局部可能有间断），两者之间的潜穴底面平坦或略向上凸起。回填纹为复合型，潜穴顶部的回填纹可呈双列状分布（Uchman，1998）（图 3.3，图 3.5c，图 3.6d、g、c）。

说明：白垩纪以来的 *Scolicia* 的造迹生物很可能为海胆类（Uchman，1995）。*Scolicia* 为跨相遗迹化石，常见于粉砂质泥岩，通常形成厚达 1 m 的扰动层。

岩心特征：*Scolicia* 在岩心中显示为具新月形回填纹的大型水平潜穴（直径 9 ~ 20mm）。在横截面中，*Scolicia* 的轮廓近似椭圆形，底部具有中央凸起构造。

3.2.3.3.3　*Helminthopsis*（Heer，1877）

说明：简单、不分支的长条状圆柱形潜穴，可成弧形、弯曲状或不规则的宽阔蛇曲（Wetzel 和 Bromley，1996）（图 3.3，图 3.5b）。

说明：*Helminthopsis* 为跨相遗迹化石，很可能为多毛类或曳鳃类所营造（Fillion 和 Pickerill，1990）。通常以底生半浮雕形式保存，在深水环境尤为常见。

岩心特征：*Helminthopsis* 在岩心中较难准确识别，主要为直径 1 ~ 4mm 的圆柱形潜穴，以底生半浮雕形式保存。

3.2.3.4　雕画迹

雕画迹（Fuchs，1895）是个体较小、具规则几何形态（如蛇曲状、放射状、网状）的遗迹化石类型，主要为浊流沉积前的空心水平潜穴体系，是寒武纪之后深水沉积体系中最为典型的遗迹化石（Seilacher，1977，2007；Miller，1991；Orr 等，2003；Fürsich 等，2007）。雕画迹的空心潜穴体系通常发育于距离海底表面数毫米或数十毫米的细粒泥质沉积物中，由于重力流的侵蚀作用而被暴露，进而被悬浮沉积物铸型而保存下来。由于雕画迹潜穴细小且分布于沉积物浅表，若底质受到强烈的侵蚀作用（侵蚀深度较深）则雕画迹一般不能保存下来（见 3.2.1 小节）。雕画迹特殊的耕作迹行为习性及其较小的潜穴体系，通常认为是为了适应贫营养和贫氧的环境。一般认为雕画迹的造迹生物可在潜穴壁的黏液质衬里中培植细菌或其他化能自养型生物，并以此为食（Seilacher，2007）。雕画迹具有细小的与沉积物表面连通的垂直潜穴（极少数情况下可保存下来），能够加强整个潜穴的空气流通性，使得"微生物花园"具有充足的氧气供给。由于雕画迹主要是水平潜穴构造，它们在岩心中通常难以识别，仅显示为砂岩底部的凸起状或圆柱形构造。

现代类似雕画迹的构造仅在半深海或深海环境有所发现（Ekdale，1980；Wetzel，1983）。在中新生代，雕画迹通常被认为是深水沉积环境的特征遗迹。但是，雕画迹也有浅水环境的报道实例，如火地岛安第斯山脉始新统上部 Cerro Colorado 组 CCa 段的浅水相水道—天然堤沉积体系（Olivero，2007）和伊朗上三叠统和侏罗世沉积盆地（Fürsich 等，2007）。常见的雕画迹包括放射状构造（如 *Lorenzinia*），弯曲或蛇曲状构造（如 *Helminthorhaphe*，*Cosmorhaphe*），螺旋状构造（如 *Spirorhaphe*）以及网状构造（如 *Megagrapton*，*Paleodictyon*）。

3.2.3.4.1　*Lorenzinia*（Gabelli，1900）

特征：短小、光滑的简单底生脊状构造，数条短脊从椭圆形或圆形中央区域放射而出，按 1 圈或 2 圈圆环状排列。短脊的形态相近或长度略有差别，分布规则或不规则（据 Uch-man，1995）（图 3.7，图 3.8a）。

说明：*Lorenzini* 主要为三维潜穴系统，由中央环状构造将花环状排列的放射状构造串联而成。推测可能的造迹生物包括海参、蟹类、环节动物和星虫动物（Uchman，1998）。

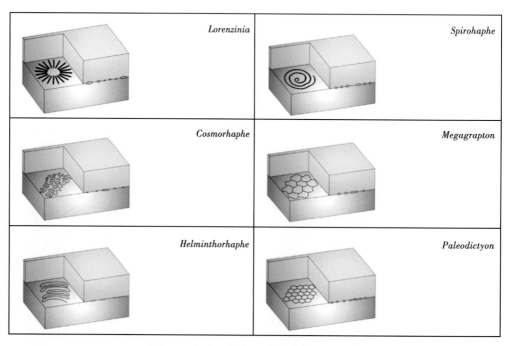

图 3.7　深水环境典型雕画迹立体示意图

3.2.3.4.2　*Cosmorhaphe*（Fuchs，1895）
　　特征：具有两级蛇曲的不分支雕画迹（Seilacher，1977）（图 3.7，图 3.8d）。

3.2.3.4.3　*Helminthorhaphe*（Seilacher，1977）
　　特征：具有较大蛇曲幅度的单级蛇曲雕画迹，不分支，潜穴细小（Uchman，1998）（图 3.7，图 3.8d）。

3.2.3.4.4　*Spirohaphe*（Füchs，1895）
　　特征：潜穴细小的螺线状雕画迹，可能在沉积物中具有多层分布（Uchman，1998）（图 3.7，图 3.8c）。

3.2.3.4.5　*Megagrapton*（Ksiażkiewicz，1968）
　　特征：不规则的底生网状构造（Uchman，1998）（图 3.7，图 3.8e）。

3.2.3.4.6　*Paleodictyon*（Meneghini，1850）
　　特征：由规则或不规则六边形网格的水平网状构造以及竖直连通管构成的三维潜穴系统，其中水平网状构造更易于保存下来（Uchman，1995）（图 3.7，图 3.8f）。

图 3.8　艾恩萨—哈卡盆地野外露头中的遗迹化石照片

（a）*Lorenzinia nowaki*（Ksiażkiewicz，1970），底生半浮雕，比例尺 2cm，详见 Uchman（1998）；（b）*Helminthorhaphe japonica*（Tanaka，1970），底生半浮雕，比例尺：2cm，详见 Uchman（1998）；（c）*Spirohaphe involuta*（De Stefani，1895），底生全浮雕，比例尺 2cm，详见 Seilacher（1977）；（d）*Cosmorhaphe sinuosa*（Azpeitia Moros，1933），底生半浮雕，比例尺 2cm，详见 Seilacher（1977）；（e）*Megagrapton submontanum*（Azpeitia Moros，1933），底生半浮雕，比例尺 10cm，详见 Uchman（1998）；（f）*Paleodictyon strozzii*（Meneghini，1850），底生半浮雕，比例尺 1cm，详见 Uchman（1995）

3.3 重力流沉积中的机会型和平衡型遗迹化石

在重力流沉积中定居的造迹生物主要有两大种群策略：机会型（r选择）与平衡型（K选择）（Ekdale，1985）。机会种（r选择）是指具有高繁殖速率、高生长速率、较广的环境耐受性和普遍摄食习性的生物。与之相反，平衡种（K选择）在新环境中定居速率较慢，但长期看来，相比快速定居新环境的机会种，平衡种更适应环境变化（Pianka，1970；Ekdale，1985；Vossler 和 Pemberton，1988；Uchman，1995）。

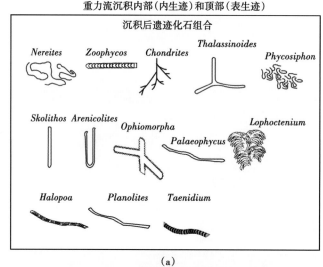

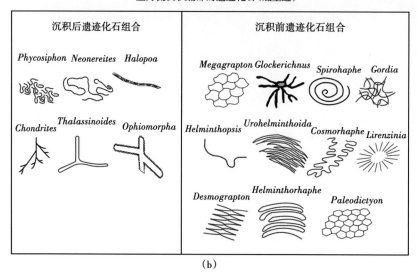

图 3.9　深水遗迹化石组合

（a）分布于重力流沉积内部和顶部的沉积后遗迹化石组合；（b）分布于重力流沉积底部的沉积后和沉积前遗迹化石组合

　　机会型（r 选择）造迹生物是"先锋部队"，并会快速扰动沉积物，广泛摄取沉积物中的食物，接着转移到其他富含食物的地点。机会型造迹生物通常出现在生态条件发生剧烈变化的环境（不适于大多数生物生存）。K 选择平衡种相比于 r 选择造迹生物具有更低的繁殖速率和生长速率，且具有较窄的环境变化耐受范围（Ekdale，1985；Bromley，1996）。平衡种通常摄食习性较为专一，主要适应稳定、可预知和基本不发生变化的环境，典型代表即雕画迹。雕画迹通常构成了高分异度、长期持续的顶级群落，而单一种的丰度和种群密度一般较低（Ekdale，1985）。在深水碎屑沉积体系中，r 选择机会型造迹生物通常形成沉积后遗迹化石（Kern，1980），能够在重力流沉积中快速定居（Uchman，1995；Tunis 和 Uchman，1996b）。典型的沉积后机会型遗迹化石为 *Ophiomorpha*（图 3.9），其造迹生物能够掘穴至重力流沉积的深部，获取其中埋藏的营养物质，这对于小型生物是难以企及的。而 K 选择平衡型造迹生物通常形成沉积前遗迹化石（Kern，1980），主要发育于相邻重力流沉积事件之间的较长时间段（Uchman，1995；Tunis 和 Uchman，1996b）。这些遗迹化石以半浮雕形式保存于重力流沉积砂岩的底面，代表了在沉积界面浅表形成的遗迹化石。雕画迹便是其中常见的类型（图 3.9）。重力流沉积的底面通常同时保存了沉积前和沉积后两类遗迹化石（图 3.9，图 3.10）。其中沉积后遗迹化石在重力流沉积底面保存主要包括两种成因，一是新定居的造迹生物从沉积物表面向下掘穴至重力流沉积层的底面，二是造迹生物被新沉积的重力流沉积覆盖后仍能存活，并在重力流沉积底部营造潜穴（Kern，1980）。

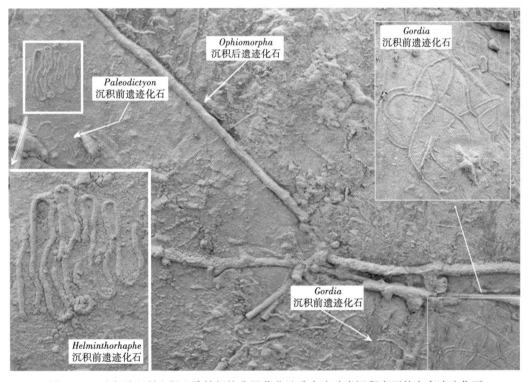

图 3.10　西班牙比利牛斯山脉始新统艾恩萨盆地重力流砂岩沉积底面的丰富遗迹化石

沉积前遗迹化石（*Paleodictyon*，*Helminthorhaphe*，*Gordia*）因重力流沉积作用而保存，

后被沉积后遗迹化石（*Ophiomorpha*）所切割

3.4　遗迹相

遗迹相的概念最早由 Seilacher（1953a，b，1964a，1967）提出，用来描述对应于特定沉积环境具有时空重现性的遗迹化石组合。这一概念迅速被沉积学家和遗迹学家采用，用于判断相对古水深（Picket 等，1971）。如今，遗迹相仍是判断相对古水深的重要工具，但并不局限于此。后期研究工作显示，遗迹相的根本控制因素并非水深或与海岸线的远近，而是底质固结程度、食物供应、水动力、沉积速率、沉积物粒度、盐度、氧含量、温度和有毒物质等环境条件（Frey 和 Seilacher，1980；Frey 等，1990；Pemberton 等，1992；Pemberton 等，2001）。生物对这些环境因素的响应模式才是遗迹相概念的精髓。

最初，Seilacher（1967）建立了六个遗迹相，分别以典型的遗迹属命名，包括四个软底海相遗迹相（*Skolithos*，*Cruziana*，*Zoophycos* 与 *Nereites* 遗迹相），一个底质控制的遗迹相（*Glossifungites* 遗迹相）和一个软底陆相遗迹相（*Scoyenia* 遗迹相）。之后又新添三个遗迹相：一个软底海相遗迹相（*Psilonichnus* 遗迹相）（Frey 和 Pemberton，1987）和两个钻孔类遗迹相（*Teredolites* 与 *Trypanites* 遗迹相）（Bromley 等，1984；Frey 和 Seilacher，1980）。由于以上遗迹相划分较为粗略，近些年新的遗迹相类型层出不穷。一般来说，这些新遗迹相主要集中在遗迹亚相的层次，或对经典遗迹相辅以"近端""远端""胁迫"或"非胁迫"等限定（Seilacher，1974；Bromley，1996；Pemberton 等，2001；McIlroy，2004，2008）。*Nereites* 和 *Zoophycos* 遗迹相是深水环境典型的遗迹相类型。以下对 Seilacher（图 1953a，b，图 1964a）提出的海相遗迹相做一个简单介绍，并重点描述深水环境的 *Nereites* 和 *Zoophycos* 遗迹相。

3.4.1　*Glossifungites* 遗迹相

该遗迹相发育于坚固但未固结成岩的底质，即脱水的泥质沉积物中。在深水环境中，固底的出现主要归结于两类过程：（1）沉积物重力流的过路或大规模沉积物滑移/滑塌导致半固结的泥质和粉砂质沉积物被侵蚀（Hubbard 和 Shultz，2008；Knaust，2009）；（2）沉积物供应不足（沉积速率低）以及底流的簸选作用（Savrda 等，2001a，b；Knaust，2009）。*Glossifungites* 遗迹相中潜穴与钻孔均可出现。潜穴主要为垂直或近垂直的永久性居住构造，潜穴壁不具有加固特征且表面常可见抓痕（Uchman 等，2000；Pemberton 等，2001）。该遗迹相的多数遗迹化石属于悬食构造。典型遗迹化石包括 *Arenicolites*，*Rhizocorallium*，*Diplocraterion*，*Gastrochaenolites*，*Thalassinoides* 和 *Spongeliomorpha*（Pemberton 等，2001）。在深水沉积体系中，固底可见于侵蚀作用形成的区域性层序界面之上（Hubbard 和 Shultz，2008；Hubbard 等，2012；Savrda 等，2001a，b），或与海底水道底部或内部发育的局部侵蚀面有关。对于后者，*Glossifungites* 遗迹相的地层学意义微乎其微（Hubbard 等，2012）。局部分布的固底在西班牙比利牛斯山脉艾恩萨盆地（Heard 和 Pickering，2008）和墨西哥下加利福尼亚 Rosario 组中均有发现（Callow 等，2013）。在艾恩萨盆地，海底水道底部的固底主要有 *Thalassinoides* isp. 或 *Arenicolites* isp. 遗迹化石，而 Callow 等（2013）识别出的固底以 U 形遗迹化石 aff. *Ilmenichnus* 为特征。根据 Hubbard 等（2012）的研究，若被动充填的固底遗迹其填充物粒度比上覆岩性更粗（即不存在粗颗粒的滞留沉积），则可能是沉积物重力流过路的唯一证据。

3.4.2 *Psilonichnus* 遗迹相

主要分布于潮上带、潮间带上部，中到弱的水动力和/或风力作用，常见于海滩、后滨到风成沙丘环境（Pemberton 等，2001）。

3.4.3 *Skolithos* 遗迹相

主要分布于潮间带下部到潮下带上部（infralittoral），中到强的水动力条件；大致对应于前滨和临滨环境（Frey 和 Pemberton，1985），主要发育 *Skolithos*，*Diplocraterion* 和 *Arenicolites* 等垂直潜穴构造。

3.4.4 *Cruziana* 遗迹相

主要分布于正常浪基面与风暴浪基面之间的浅海底质中（Frey 和 Pemberton，1985；Pemberton 等，2001）。一般对应于中到弱的水动力条件，浅阶层遗迹的保存几率较高，因而遗迹化石组合的遗迹分异度和丰度均较高（Bromley，1996；Pemberton 等，2001）。

3.4.5 *Zoophycos* 遗迹相

该遗迹相主要出现在风暴浪基面之下直至半深海的平静水体环境，或氧气条件较差的封闭陆表海环境。在远岸情形中，一般分布于不发育沉积物重力流和强烈底流作用的海底（Seilacher，1967；Frey 和 Seilacher，1980；Frey 和 Pemberton，1985；Pemberton 等，2001）。该遗迹相以高生物扰动强度和低分异度的遗迹化石组合为特征，主要由牧食迹和浅阶层觅食迹组成（Frey 和 Pemberton，1985）。水平或近水平蹼状构造分布广泛（Pemberton 等，2001）。常见遗迹化石包括 *Zoophycos*，*Thalassinoides*，*Phycosiphon* 和 *Chondrites*（Bromley，1996；Uchman 和 Wetzel，2011）。由于生物变形构造广泛发育，*Zoophycos* 遗迹相赋存的沉积物通常显示为完全扰动的均一状。

3.4.6 *Nereites* 遗迹相

该遗迹相在陆坡下部和深海盆地受间歇性重力流影响的低能环境中最为常见。*Nereites* 遗迹相以雕画迹和蛇曲状遗迹化石为特征，因重力流沉积的埋藏作用而以半浮雕形式保存（Seilacher，1967，2007）。在不受沉积物重力流影响的环境，如陆坡和深海盆地的局部，通常不发育 *Nereites* 遗迹相，而常见 *Zoophycos* 遗迹相（Uchman 和 Wetzel，2011，2012）。

Nereites 遗迹相还包括一些通常认为是"浅水相"的遗迹化石，如 *Ophiomorpha* 和 *Thalassinoides*。这些遗迹化石在全世界范围内的深水沉积体系中分布广泛，已被认为是深水相遗迹化石组合的正常组成部分（Crimes 等，1981；Uchman，1995，2001；Heard 和 Pickering，2008；Phillips 等，2011）。在对意大利 Marnosa-arenacea 组的遗迹学研究中，Uchman（1995）发现 *Ophiomorpha* 潜穴具有不同的大小，可能反映了深水环境中生活的不同年龄段的造迹生物。因此，*Ophiomorpha* 的造迹生物可能并非从浅水环境经重力流搬运而来

（Föllmi 和 Grimm，1990），而是在深海生活、繁殖并死亡的土著分子。并且，*Ophiomorpha* 和 *Thalassinoides* 在从陆坡的海底峡谷到远端深海盆地的各个海底扇环境中均有报道，也支持这一解释（Uchman，1995，2001；Heard 和 Pickering，2008）。

 Nereites 遗迹相可分为若干遗迹亚相，分别是 *Ophiomorpha rudis*，*Nereites* 和 *Paleodictyon* 遗迹亚相（Seilacher，1974；Uchman，2001）。*Ophiomorpha rudis* 遗迹亚相主要分布于近端轴部的厚层砂岩中，如水道轴部和近端朵体环境（Uchman，2001，2009；Heard 和 Pickering，2008）。该遗迹亚相的典型遗迹化石为 *Ophiomorpha rudis*，*Ophiomorpha annulata* 和 *Scolicia strozzii*（Uchman，2001，2009）。Seilacher（1974）将 *Nereites* 遗迹相划分为 *Paleodictyon* 和 *Nereites* 遗迹亚相，分别对应于深水重力流沉积体系的富砂质和富泥质部分。*Nereites* 遗迹亚相主要由沉积后食沉积物者的主动充填潜穴构成（如 *Nereites*，*Phycosiphon*，*Zoophycos*），常见于远端或近端的离轴环境，如深海平原、水道间或陆坡。*Paleodictyon* 遗迹亚相以重力流沉积底面保存的丰富空心潜穴为特征（如 *Paleodictyon*），常见于水道边缘、朵体或海底扇边缘等环境（López-Cabrera 等，2008；Heard 和 Pickering，2008；Phillips 等，2011；Uchman，2001，2007，2009）。然而近年研究表明，运用 *Nereites* 遗迹相的不同遗迹亚相来刻画深水海底扇及相关亚环境的遗迹化石变化特征具有局限性（Uchman，2001；Heard 和 Pickering，2008；Monaco 等，2010；Cummings 和 Hodgson，2011）。例如，Heard 和 Pickering（2008）通过对艾恩萨—哈卡盆地 16 个海底扇及相关环境的研究，发现每个环境都具有特殊的遗迹化石组合。在西班牙北部巴斯克盆地的深水相地层中，Cummings 和 Hodgson（2011）观察到 *Nereites* 遗迹相的三个遗迹亚相可在同一地层序列中出现，因而认为目前的遗迹亚相仅可用于粗略区分海底扇体系不同部位的遗迹化石组合特征（如近端到远端，轴部到边部位置）。Monaco 等（2010）对意大利北亚平宁山脉渐新世至中新世前陆盆地的深水遗迹化石进行了遗迹群落划分（遗迹群落：由生态学上等时的内生生物群落所形成的遗迹化石组合），而未对其遗迹亚相进行区分。因此，在对海底扇及相关沉积环境进行详细研究时，遗迹亚相划分并不一定是有效的手段。

3.5 遗迹组构

 遗迹组构分析由 Ekdale 和 Bromley（1983）提出，主要描述因生物行为而形成的沉积组构特征，已经成为遗迹学分析的重要辅助手段。遗迹组构概念的提出主要是为了研究不具有明显遗迹形态或可辨识遗迹化石的沉积物的生物扰动特征（Ekdale 等，2012）。遗迹组构概念的深化拓展得益于一系列关于现代沉积环境遗迹组合的生态学特征的重要研究（Schäfer，1956；Reineck，1973；Berger 等，1979；Wetzel，1981，1983）。遗迹组构研究是现今遗迹学发展最为迅猛的领域之一（Taylor 和 Gawthorpe，1993；Taylor 等，2003；McIlroy，2004，2008；Knaust，2009；Callow 和 McIlroy，2011；Callow 等，2013）。重要原因之一便是遗迹组构分析十分适用于岩心研究，因为在纵切面上一般很难对遗迹化石进行准确鉴定（见 3.6 节）。对于遗迹组构的命名法则还未有正式规定，但一般以占主导或最为特征的遗迹属来命名。由于遗迹组构分析是小尺度的逐层研究，一个露头或岩心就有可能包含大量不同的遗迹组构。因此，McIlroy（2007）建议将相似的遗迹组构归为特定的遗迹组构组合。

这一层次的遗迹组构分析已能良好地运用于古环境分析（Callow 等，2013）。

遗迹组构分析一般涉及生物扰动强度和类型，遗迹化石相对丰度，阶层和沉积组构的详细观察。遗迹组构分析的方法前人已有详细论述（Taylor 和 Goldring，1993；McIlroy，2004），现简要叙述如下。

3.5.1　生物扰动强度

生物扰动强度是遗迹组构分析的重要组成部分，能够反映定居事件的持续时间，进而指示沉积速率和侵蚀速率（Taylor 和 Gawthorpe，1993）。生物扰动强度还能够反映底层水的含氧条件（Ekdale，1985；Ekdale 和 Mason，1988）。目前主要有两套生物扰动强度划分方案：Taylor 和 Goldring（1993）的描述性生物扰动指数（ii）与 Droser 和 Bottjer（1986，1991）的半定量遗迹组构指数。遗迹组构指数是根据生物对原生沉积组构的破坏程度划分的（图 3.11），从 $ii=1$（代表无扰动的沉积物）到 $ii=6$（代表完全扰动的沉积物）不等。对于完全扰动的沉积物，可进一步区分具有明显形态边界的遗迹化石和均一的背景扰动（$ii=2/6\sim4/6$）。Taylor 和 Goldring（1993）提出的方案则根据具体的生物扰动量划分，每一等级均具有特定的潜穴密度、交切程度和原生沉积组构的清晰程度等指标。这一方案始于前人早先的方案（Reineck，1963），并因其精确性和描述性的特点被遗迹学家广泛使用。虽然如此，其具体运用过程可能相当复杂且费时。两套划分方案均十分适用于岩心分析，而在露头的水平层面上应用较为局限。因此，Miller 和 Smail（1997）提出了层面生物扰动指数（BPBI）用于露头尺度的生物扰动强度刻画。

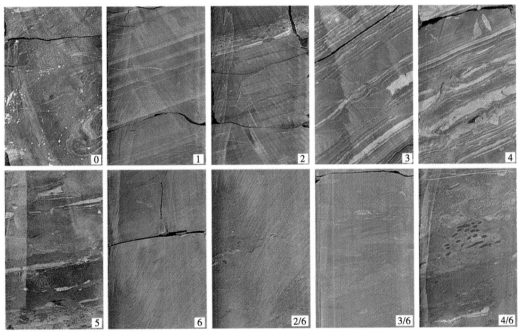

图 3.11　遗迹组构指数（Droser 和 Bottjer，1986 定义）划分示例（据 Heard 等，2008）
岩心资料来自西班牙比利牛斯山脉艾恩萨盆地的艾恩萨 6 井，岩心宽度约 6cm

3.5.2 分异度

遗迹分异度不可等同于生物分异度，只可看作其替代指标。这是因为单个造迹生物可以形成多种遗迹化石（即一物多迹），同时不同类型的造迹生物也可能形成同一种遗迹化石（即多物一迹）。遗迹分异度是古环境分析的强有力手段，可用于识别环境因素的变化特征。例如，在深水沉积体系中，强侵蚀性重力流频繁发育的沉积环境，主要发育低分异度的遗迹化石组合。相反，在强侵蚀性重力流发生频率较低的沉积环境中，相邻沉积物重力流事件之间存在长期稳定的环境条件，因此通常具有较高的遗迹分异度。此外，胁迫环境还可以通过潜穴尺寸大小的变化来识别（McIlroy，2004）

3.5.3 内生动物的阶层分布

沉积界面以下的生态环境会随深度发生一系列变化：沉积物的固结程度增高，孔隙度和渗透率降低，有机质逐步得到分解，孔隙水氧含量降低（Wetzel 和 Uchman，1997；Wetzel 和 Uchman，1998a）。因此，沉积界面之下的生物及其遗迹通常具有垂向分层的特征，即阶层的概念（Ausich 和 Bottjer，1982）。每一个阶层由分布于特定深度、相互交切共生的遗迹化石所构成。遗迹化石的垂向分带和阶层，是根据造迹生物能够掘穴至沉积界面之下的深度确定的。阶层序列只有在整个造迹生物群落被快速覆盖的情况下（如被重力流沉积所埋藏）才能得以保存，因为在连续沉积地层中，深阶层的潜穴一般会叠加在浅阶层遗迹之上。在深水体系中，重力流沉积可使生物扰动层的阶层结构"定格"并保存下来（Wetzel 和 Uchman，1998a），因此深水体系十分适于阶层的研究。在重力流沉积中，通常可识别出两个生物扰动带——斑杂状层（spotty layer；Uchman，1999）和明晰层（elite layer；Ekdale 和 Bromley，1991；Uchman，1999），大致对应于现代深水沉积的混合层和过渡层（Ekdale 和 Berger，1978；Bromley，1996）。斑杂状层位于生物扰动层的顶部，以生物扰动均一化为特征，并伴生有生物变形构造和形态清晰程度不一的遗迹化石。明晰层位于较深阶层，主要发育具有清晰形态边界的遗迹化石。明晰层上部的遗迹化石叠加在强烈扰动的沉积物之上（上明晰层），而明晰层下部的遗迹化石则主要交切原生沉积组构（下明晰层）。

在薄层浊积岩序列或连续加积沉积物中，由于存在多期次生物扰动事件，即深阶层潜穴不断叠加在浅阶层潜穴之上，其阶层结构可能相当复杂。明晰层的遗迹化石虽然代表了后期的造迹生物，但由于存在潜穴充填物质或潜穴衬里，形态较为显著，因此在视觉上成为许多遗迹组构的重要组成部分（Bromley 和 Ekdale，1986；Bromley，1996；McIlroy，2004）。阶层受环境条件影响强

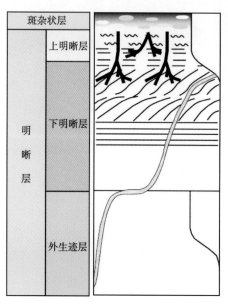

图 3.12　重力流沉积的生物扰动带划分
（引自 Uchman，1999）

烈，因此阶层结构以及阶层的变化特征能够提供大量古环境信息，如沉积速率、底栖食物含量、孔隙水和底层水的氧含量、底质固结程度以及侵蚀面和沉积间断面的识别等（Wetzel和 Aigner，1986；Wetzel 和 Uchman，1998a）

3.6 岩心中的遗迹化石

在露头上，遗迹化石通常保存为层面上的半浮雕构造，因此可从三维角度进行观察，准确鉴定并非难事。然而在岩心中，我们只能从岩心切面上观察全浮雕遗迹化石的二维形态。因此，在岩心切面上所能获得的遗迹化石形态信息十分局限，使得准确鉴定遗迹化石成了一大难题。岩心中的大多数遗迹化石一般仅鉴定至遗迹属级别，而某些遗迹化石如雕画迹则几乎不可能在岩心中识别出来，更不要提具体鉴定。在高分辨率 X 射线照片中，岩心中的遗迹化石可显示出一定三维形态，其辨识度大大增强。其他技术手段包括通过透射光观察岩心大薄片（Garton 和 McIlroy，2006）或基于连续切片得到等间距岩心照片来进行计算机三维重建（Bednarz 和 McIlroy，2009）。尽管在岩心中鉴定遗迹化石具有一定局限性，但是由于岩心受风化作用微弱且可观察到连续的垂向地层序列，基于岩心的遗迹学研究有许多优于露头研究之处。例如，在岩心中通常可观察到潜穴边界和潜穴壁的细节形态，因此，许多基于潜穴边界或潜穴壁形态特征进行分类的遗迹化石（如 *Ophiomorpha*）一般可鉴定至遗迹种。此外，细粒沉积物在露头上可能会被强烈风化，但在岩心中通常保存完好，可进行详细的组构分析。因此，目前的岩心研究多采用遗迹组构的手段分析（Taylor 和Goldring，1993；Taylor 等，2003；Knaust，2009）。相反，露头研究多关注单个遗迹化石的识别，因此更倾向于遗迹相分析，通过遗迹化石组合和生物扰动强度的变化特征来辅助判断不同的沉积环境（Uchman，2001；López-Cabrera 等，2008；Heard 和 Pickering，2008）。由于露头与岩心中所包含的遗迹学信息不对等，两者研究所得结果通常难以进行对比。不过，近年来一些露头研究也开始采用遗迹组构的分析手段，对一些可媲美于岩心的优质露头进行研究，它们记录了与岩心研究类似的遗迹学信息（Wetzel 和 Uchman，1998a；Phillips等，2011；Callow 等，2013）。这些露头尺度的遗迹组构分析将对今后的岩心遗迹组构研究起到重要的指导作用。此外，还有不少成功运用遗迹相概念，开展基于岩心的详细研究（Pemberton，2001）。遗迹组构和遗迹相这两种分析手段均考虑了沉积物的原生沉积构造及其物理特征，未来的研究需将两者有机结合起来，取长补短，进行更为完善的分析。

3.7 案例一：指示深海沉积环境的遗迹化石，西班牙比利牛斯山脉中始新统艾恩萨—哈卡盆地

3.7.1 简介

本案例主要是基于 Heard 和 Pickering（2008）对西班牙比利牛斯山脉中始新统艾恩萨—哈卡盆地的露头研究。该项研究以前人对艾恩萨—哈卡盆地的遗迹学研究（Uchman，2001）为基础展开。Heard 和 Pickering（2008）旨在对露头尺度的沉积学和遗迹学进行综合

分析，进一步探讨遗迹化石在指示深水古环境方面的应用潜力。

3.7.2 研究区域：艾恩萨—哈卡盆地

艾恩萨—哈卡盆地属于中始新统南比利牛斯前陆盆地的深海沉积部分（图 4.33）（Pickering 和 Corregidor，2000，2005；Remacha 等，2003）。位于近端的艾恩萨盆地的充填沉积，由 8 个粗碎屑沉积复合体或沉积体系构成，分别沉积在不同的环境。这些近端碎屑沉积体系可以与远端哈卡盆地的非限制性（unconfined）席状沉积体系进行对比（Mutti 等，1985；Das Gupta 和 Pickering，2008）。艾恩萨—哈卡盆地共识别出 16 个海底扇及相关沉积环境，每个沉积环境的遗迹化石组合均不相同。最常见的沉积环境是盆地陆坡（basin-slope）、峡谷充填（canyon-fill）、水道轴部（channel-axis）、水道离轴部（channel off-axis）、水道边缘（channel margin）、最外侧水道至天然堤漫溢（outmost channel-to-levée-overbank）、近端扇间（proximal interfan）、水道—朵体过渡带（channel-lobe transition）、朵叶体（lobe）、朵体边缘（lobe fringe）、海底扇边缘（fan fringe）和远端盆底（distal basin floor）（Bayliss 和 Pickering，2009）（详见 4.8 节）。

3.7.3 遗迹化石的分布

Uchman（2001）与 Heard 和 Pickering（2008）的研究发现，每个海底扇及相关沉积环境均具有独特的遗迹化石组合，遗迹分异度和生物扰动强度特征（图 3.13，图 3.14）。砂质沉积体系的近端轴部位置（如海底峡谷充填、水道轴部和水道离轴部等环境）以低分异度、

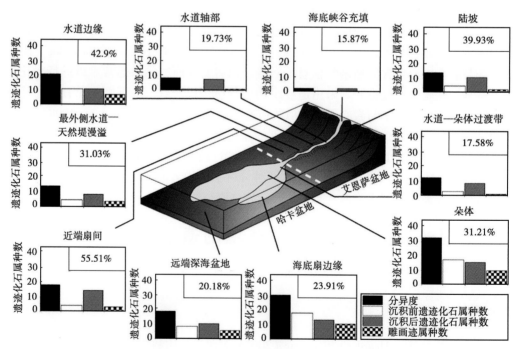

图 3.13 艾恩萨—哈卡盆地典型深水沉积体系的遗迹学特征（平均生物扰动强度、遗迹分异度、沉积前与沉积后遗迹化石的属种数、雕画迹的属种数）（据 Heard 和 Pickering，2008，修改）

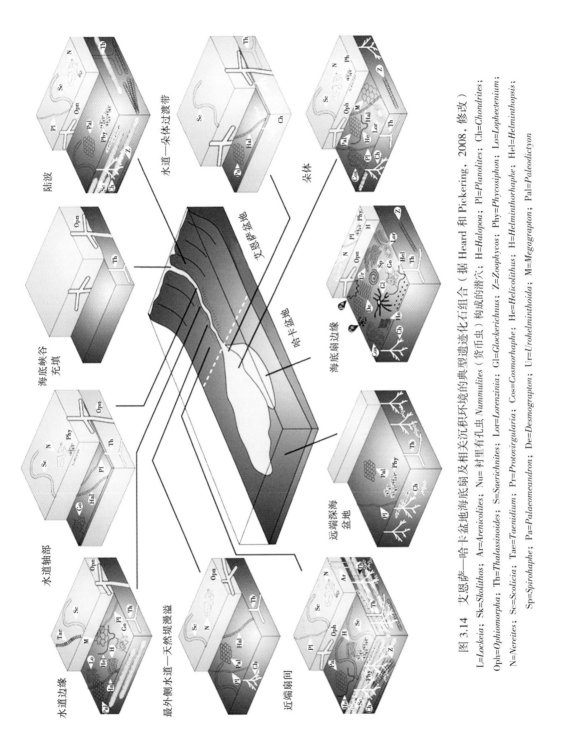

图 3.14 艾恩萨—哈卡盆地海底扇及相关沉积环境的典型遗迹化石组合（据 Heard 和 Pickering，2008，修改）

L=*Lockeia*；Sk=*Skolithos*；Ar=*Arenicolites*；Nu= 衬里有孔虫 *Nummulites*（货币虫）构成的潜穴；H=*Halopoa*；Pl=*Planolites*；Ch=*Chondrites*；Oph=*Ophiomorpha*；Th=*Thalassinoides*；S=*Saerichnites*；Lor=*Lorenzinia*；Gl=*Glockerichnus*；Z=*Zoophycos*；Phy=*Phycosiphon*；Lo=*Lophectenium*；N=*Nereites*；Sc=*Scolicia*；Tae=*Taenidium*；Pt=*Protovirgularia*；Cos=*Cosmorhaphe*；He=*Helicolithus*；Hel=*Helminthopsis*；Sp=*Spirohaphe*；Pa=*Palaeomeandron*；De=*Desmograpton*；Ur=*Urohelminthoida*；M=*Megagrapton*；Pal=*Paleodictyon*

低生物扰动强度的遗迹化石组合为特征，主要为沉积后遗迹化石如 *Ophiomorpha*（图3.4f，图3.6a）和 *Thalassinoides*（图3.4b，图3.6h）。哈卡盆地的水道—朵体过渡带，也有与之类似的遗迹化石组合。相比近端轴部环境，离轴环境（水道边缘和天然堤—溢岸环境）具有更高的遗迹分异度和生物扰动强度。近端扇间沉积，通常被生物完全扰动，生物扰动强度达到海底扇及相关环境的峰值。而最大的遗迹分异度出现在水道边缘相砂体顶部的薄层状砂岩中。离轴环境特别是水道边缘相，主要以沉积前遗迹化石（包括雕画迹）的增加为特征。陆坡相则发育相对低分异度、高生物扰动强度的遗迹化石组合。位于远端的哈卡盆地，平均生物扰动强度和遗迹分异度的峰值出现在朵体边缘相，朵体相也具有较高的遗迹分异度和生物扰动强度。从海底扇边缘到远端深海盆地，生物扰动强度和遗迹分异度一般依次递减。沉积前和沉积后遗迹化石以及雕画迹的数目也有类似的变化趋势，从海底扇边缘到远端深海盆地逐渐减少（图3.13，图3.14）。

3.7.4 解释

Heard 和 Pickering（2008）认为砂质沉积体系近端轴部位置，遗迹化石组合的低分异度、低生物扰动强度和以沉积后遗迹化石为主的特点，是若干因素作用的结果。首先，近端轴部环境的沉积物重力流通常具有较强的侵蚀性，易于将生物密集分布的海底表层沉积物侵蚀掉，因而只有营造较深潜穴的生物的遗迹能够保存下来。因此，这些环境中缺乏沉积前遗迹化石，很可能是难以保存的原因。其次，体型较大且强壮，能营造较深潜穴的造迹生物（如 *Ophiomorpha* 的造迹生物）十分适应于快速砂质堆积的沉积环境，能够穿透厚层砂质沉积物而存活下来（Wetzel 和 Uchman，2001）。小型造迹生物也可能从快速砂质堆积中存活下来，或从其他未受重力流沉积影响区域迁移而来，但其遗迹很可能被那些大型造迹生物的强烈扰动作用所破坏。第三，近端轴部环境的粗粒沉积物，一般不适宜仅在细粒沉积物中掘穴的生物生存（Tchoumatchenco 和 Uchman，1999），同时也不利于小型造迹生物遗迹的保存。

近端离轴和海底扇远端环境的遗迹化石组合，具有较高的遗迹分异度和生物扰动强度，并以丰富的沉积前遗迹化石和雕画迹为特征，主要与以下因素有关：（1）这些环境发育具有特定侵蚀能力、能够恰好揭露沉积前遗迹化石并将其铸型保存下来的沉积物重力流；（2）沉积速率降低，单层厚度和沉积物粒度减小，生物有更多的时间在新沉积的沉积物中定居并营造潜穴。相比于近端轴部环境，单层厚度的减小，有助于更多种类的生物从沉积物堆积和埋藏中存活下来。

3.8 案例二：岩心中的遗迹学表征，西班牙比利牛斯山脉中始新统艾恩萨深海沉积体系

3.8.1 简介

在第一个案例中，通过露头尺度的研究说明了遗迹化石可作为区分深海碎屑海底扇沉积及相关沉积环境的有力工具。然而，许多沉积学研究完全基于地下岩心数据（特别是石

油天然气行业)。因此，我们的第二个案例旨在说明遗迹化石和遗迹组构分析在岩心研究中的应用和价值，研究素材为艾恩萨盆地的艾恩萨水道沉积体系。Heard 等(2014)对六口露头钻井的岩心进行了遗迹学和沉积学研究，钻井间距 400~500m，每口钻井的深度约 250m。

3.8.2　遗迹化石分布与遗迹组构

Heard 等(2014)通过研究记录了 *Skolithos*，*Halopoa*，*Planolites*，*Palaeophycus*，*Chondrites*，*Trichichnus*，*Ophiomorpha*，*Thalassinoides*，*Zoophycos*，*Phycosiphon*，*Nereites*，*Scolicia* 和 *Teichichnus* 等遗迹化石。具体遗迹化石描述参见 3.2.3 小节和图 3.3 及图 3.6。通过系统的生物扰动强度、遗迹分异度、阶层结构和定居型式的半定量遗迹学分析和翔实的沉积学分析，艾恩萨沉积体系中共识别出 9 个具有重现性的遗迹组构(表 3.2，图 3.15)。

Heard 等(2014)对岩心研究所得结果与露头研究(Heard 和 Pickering，2008)有许多相似之处。例如，岩心中也观察到，从水道轴部到离轴环境生物扰动强度逐渐增强(图 3.15)。水道轴部环境主要发育低分异度的 *Ophiomorpha* 遗迹组构和 *Thalassinoides* 遗迹组构(图 3.15，表 3.2)。水道边缘则以高生物扰动强度和高分异度的 *Thalassinoides-Phycosiphon* 遗迹组构为特征(图 3.15，表 3.2)。艾恩萨Ⅱ和Ⅲ海底扇的水道边缘相均发育 *Scolicia* 遗迹组构。天然堤—漫溢环境具有典型的高生物扰动强度和高分异度遗迹组合，其中艾恩萨Ⅰ海底扇的天然堤—漫溢沉积中发育 *Planolites-Chondrites* 遗迹组构，而艾恩萨Ⅱ和Ⅲ海底扇的天然堤—漫溢沉积中发育 *Planolites* 遗迹组构。艾恩萨Ⅰ、Ⅱ和Ⅲ海底扇之间以及整个艾恩萨沉积体系之下的扇间沉积，以高生物扰动强度、高分异度的遗迹组合为特征，主要发育 *Biodeformational-Phycosiphon* 遗迹组合(图 3.15)。艾恩萨Ⅱ和Ⅲ海底扇顶部的废弃水道相则主要发育低生物扰动强度、高分异度的遗迹组合，即 *Phycosiphon-Planolites* 遗迹组构(图 3.15，表 3.2)。

表 3.2　艾恩萨沉积体系的岩心遗迹组构特征 (沉积相描述见第二章)

遗迹组构 (IF)	遗迹学特征	沉积学特征	岩相	沉积环境
Ophiomorpha 遗迹组构	竖直或水平的 *Ophiomorpha rudis*；整体为低生物扰动强度	中—厚层状叠合砂岩	A1.4，C2.1，B2.1	水道轴部
Thalassinoides 遗迹组构	潜穴壁明显，未变形的竖直或水平 *Thalassinoides*	通常分布于侵蚀面之下	B1.1，B2.1，C1.2，C2.1	水道离轴
Ophiomorpha-Thalassinoides 遗迹组构	主要由 *Ophiomorpha*，*Thalassinoides* 和 *Planolites* 等构成的低—中生物扰动强度、低分异度遗迹组合	薄到中层状侵蚀接触砂岩或非侵蚀接触砂岩	A2.7，B1.1，C1.2，C2.1，C2.2，D2.3	水道离轴

续表

遗迹组构（IF）	遗迹学特征	沉积学特征	岩相	沉积环境
Thalassinoides-Phycosiphon 遗迹组构	主要由生物变形构造和 *Planolites*，*Thalassinoides*，*Phycosiphon*，*Scolicia*，*Chondrites* 等构成的中等生物扰动强度、中—高分异度遗迹组合	薄到中层状砂岩，夹有纹层状粉砂岩—泥岩	B2.1，C1.2，C2.1，C2.2，D1.3，D2.3，E1.3	水道边缘
Scolicia 遗迹组构	主要由 *Scolicia*，*Planolites*，*Phycosiphon* 和 *Thalassinoides* 等构成的中等生物扰动强度、中—高分异度遗迹组合			
Planolites 遗迹组构	主要由 *Planolites*，*Phycosiphon*，*Scolicia* 和 *Thalassinoides* 等构成的中—高生物扰动强度、高分异度遗迹组合	薄层状砂岩和纹层状粉砂岩—泥岩	C2.3，D1.3，D2.3，E1.3，E2.2	天然堤—漫溢
Planolites-Chondrites 遗迹组构	主要由 *Planolites*，*Phycosiphon*，*Chondrites* 和 *Thalassinoides* 等构成的中—高生物扰动强度，高分异度遗迹组合			
Phycosiphon-Planolites 遗迹组构	主要由生物变形构造和 *Phycosiphon*，*Planolites*，*Scolicia*，*Thalassinoides* 等构成的中等生物扰动强度，高分异度遗迹组合	薄层状砂岩和纹层状粉砂岩—泥岩	C1.2，C2.1，D1.3，D2.3，E1.3，E2.2	废弃水道
Biodeformational-Phycosiphon 遗迹组构	主要由生物变形构造和 *Phycosiphon*，*Planolites*，*Thalassinoides*，*Chondrites* 等构成的高生物扰动强度、中等分异度遗迹组合	纹层状粉砂岩—泥岩，含少量薄层状砂岩	C1.2，C2.3，D1.3，E1.3	扇间

3.8.3 解释

岩心研究中也观察到从水道轴部到离轴环境（如水道边缘和天然堤—漫溢环境），遗迹分异度与生物扰动强度逐步增加，这与 Heard 和 Pickering（2008）对艾恩萨—哈卡盆地的露头研究所得结果一致。读者可参见 3.7.4 小节，该小节详细叙述了露头上从水道轴部到远轴环境的遗迹学变化特征。在岩心研究中，Heard 等（2014）在水道轴部和离轴环境中识别出若干固底发育层段（*Glossifungites* 遗迹相），但在露头研究中没有发现。这些固底层段以 *Thalassinoides* 遗迹组构为特征。固底的形成主要与沉积物重力流的侵蚀作用揭露了底质深部的半固结沉积物有关（见 3.4 节）。

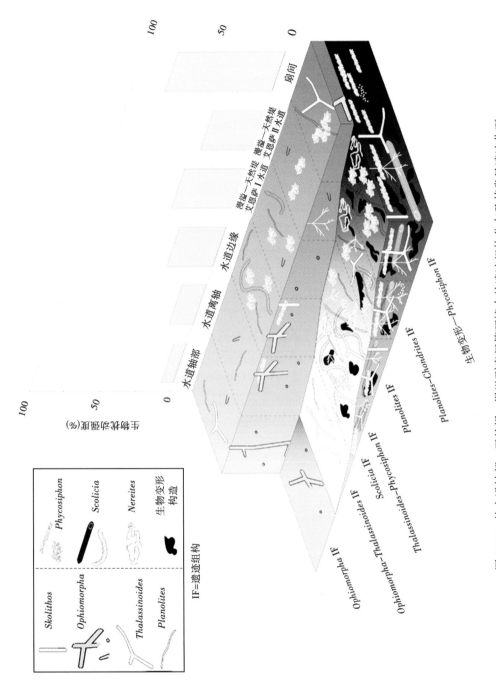

图 3.15　从水道轴部、天然堤—漫溢到扇间等环境中的遗迹组构分布及其常见遗迹化石

每个遗迹组构的平均生物扰动强度以柱状图表示，每个遗迹组构赋存岩性情况也在立体图中展示。砂（黄色）泥（灰色）

3.9 深水体系中遗迹学研究进展

在艾恩萨—哈卡盆地限制性海底扇相关环境中，从水道轴部到离轴环境，生物扰动强度和遗迹分异度逐渐增高。另外，从水道—朵体过渡带到海底扇边缘，遗迹分异度也逐渐增高。以上深水遗迹学特征变化趋势与其他地区的研究结果相一致。例如，类似的遗迹化石分布特征见西班牙北部始新统 Jaizkibel 海底扇（Crimes，1977），瑞士白垩系—始新统的 Gurnigel 复理石和 Schlieren 复理石（Crimes 等，1981），意大利和斯洛文尼亚朱利安前阿尔卑斯山脉上古新统—下始新统的 del Grivó 复理石（Tunis 和 Uchman，1992，1996a），北亚平宁山脉中新统的 Marnoso-arenacea 组（Uchman，1995），伊斯特里亚半岛始新统的重力流沉积（Tunis 和 Uchman，1996b），土耳其阿达纳盆地中新统 Cingöz 组（Uchman 和 Demircan，1999），奥地利始新统的 Greifensteiner Schichten 岩石地层单元（Uchman，1999），罗马尼亚东喀尔巴阡山脉始新统 Tarcau 砂岩（Buatois 等，2001），土耳其锡诺普—博亚巴德盆地下—中始新统 Kusuri 组（Uchman 等，2004），挪威海坎潘阶海底扇（Knaust，2009），意大利中部北亚平宁山脉渐新统—中新统前陆盆地（Monaco 等，2010），西班牙北部的深海相巴斯克盆地（Cummings 和 Hodgson，2011），法国东南部的阿诺砂岩盆地（Phillips 等，2011）和墨西哥下加利福尼亚州的 Rosario 组（Callow 等，2013）。

总的来说，以上研究表明水道轴部环境主要发育以 *Ophiomorpha* 为特征的低生物扰动强度、低分异度遗迹化石组合。例如，阿诺砂岩盆地的水道轴部环境主要发育 *Ophiomorpha rudis*（Phillips 等，2011 文中的 *Ophiomorpha rudis* 遗迹组构）。在 Rosario 组的水道轴部沉积中则识别出两类富含 *Ophiomorpha* 的遗迹组构：*Ophiomorpha/Phycosiphoniform* 遗迹组构和 *Phycosiphoniform/Chondrites* 遗迹组构（Callow 等，2013）。北亚平宁山脉前陆盆地的水道轴部环境主要发育 *Ophiomorpha rudis* 和 *Scolicia strozzii*（Monaco 等，2010）。艾恩萨盆地水道远轴环境的高生物扰动强度和高分异度遗迹组合特征也在全世界其他盆地中有所记录（Wetzel 和 Uchman，2001；Uchman 等，2004；Knaust，2009；Monaco 等，2010；Cummings 和 Hodgson，2011；Phillips 等，2011；Callow 等，2013）。例如，坎潘阶海底扇的近端漫溢沉积中（砂泥互层）主要发育以 *Scolicia* 为特征的高生物扰动强度、中等分异度遗迹组构（Knaust，2009）。在土耳其锡诺普—博亚巴德盆地的 Kusuri 组中，遗迹分异度的峰值出现在漫溢沉积中（Uchman 等，2004），而在北亚平宁山脉的前陆盆地中，漫溢沉积中的遗迹化石组合同时具有最高的遗迹分异度和生物扰动强度（Monaco 等，2010）。Rosario 组的离轴环境（如水道外侧/阶地和天然堤内侧）具有最高的遗迹分异度，生物扰动强度和最深的阶层（Callow 等，2013）。在 Rosario 组的天然堤沉积物中，从外天然堤的内侧到外侧环境，生物扰动强度以及竖直和水平潜穴的出现频率逐渐降低（Kane 等，2007；Callow 等，2013）。Cummings 和 Hodgson（2011）在巴斯克盆地观察到了海底扇近端及相关沉积环境遗迹化石的行为习性变化特征，从水道轴部到离轴环境居住迹减少、觅食迹增多。离轴环境的雕画迹数量明显增加（特别是水道边缘和天然堤—漫溢环境），同时居住迹减少，牧食迹增多。以上研究结果均与艾恩萨—哈卡盆地的结果相符（Uchman，2001；Heard 和 Pickering，2008）。

在非限制性海底扇的相关沉积环境中，多数研究认为朵体和朵体边缘环境具有最高的遗迹分异度和生物扰动强度，因其遗迹化石组合中包含有丰富的雕画迹类型（Uchman，2001；Heard 和 Pickering，2008；Monaco 等，2010；Cummings 和 Hodgson，2011）。北亚平宁山脉前陆盆地的近端朵体，遗迹化石群落以沉积后机会型遗迹化石为主（如 *Ophiomorpha rudis* 和 *Scolicia strozzii*），仅含零星的沉积前遗迹化石，而远端分离朵体的遗迹化石转变为以 *Nereites*，*Phycosiphon*，*Halopoa* 和雕画迹为主的高分异度，高生物扰动强度的遗迹群落（Monaco 等，2010）。在西班牙北部的巴斯克盆地，Cummings 和 Hodgson（2011）也观察到，从近端到远端环境居住迹减少，觅食迹增多的现象。这一观察结果与艾恩萨—哈卡盆地的研究结论一致（Uchman，2001；Heard 和 Pickering，2008）。Cummings 和 Hodgson（2011）还发现水道—朵体过渡带和海底扇边缘环境具有高丰度的 *Scolicia*，而 *Scolicia* 在艾恩萨—哈卡盆地的海底扇边缘环境较为罕见，因此这一点与艾恩萨—哈卡盆地的观察结果不符（Uchman，2001；Heard 和 Pickering，2008）。

由于不同盆地的遗迹化石分布会有所差异，以上研究所得到的遗迹化石分布特征不能照搬照抄于所有海底扇。例如，在保加利亚西南部的上侏罗统—下白垩统重力流沉积中，多数遗迹化石出现在近端沉积相中（Tchoumatchenco 和 Uchman，2001），而 McCann 和 Pickerill（1988）通过对阿拉斯加白垩系 Kodiak 组重力流沉积砂岩的研究，发现近端和远端朵体边缘环境的遗迹分异度和遗迹化石丰度并不如天然堤或水道内部环境高。

3.10　小结

如今，遗迹学已成为沉积学家研究深水沉积体系的重要手段。本章概述了近半个多世纪逐渐发展起来的遗迹学的重要概念。随着遗迹学研究日益深入，其应用已不仅仅局限于沉积学和古生物学。遗迹学在层序地层学、储层表征、石油勘探、岩石物理学、地球化学、生物学、生态学等方面均具有重要价值。遗迹学的优势在于生物行为受一系列动态控制因素所影响。这些控制因素在不同的沉积环境具有显著差别，深刻影响着遗迹化石组合的面貌。

本章通过对艾恩萨—哈卡盆地的两个案例分析，阐述了遗迹学在古环境分析中的应用。两个实例运用了遗迹相和遗迹组构这两个分析手段，对海底扇及相关沉积环境的遗迹组合变化特征，进行了详细刻画。在露头上，近端水道发育环境从水道轴部到离轴，生物扰动强度，遗迹分异度和沉积前遗迹化石的数量均有明显的增加趋势（图 3.13—图 3.15）。这一变化趋势在岩心遗迹组构研究中也有所反映。遗迹组合的变化特征，与控制生物行为的一系列动态控制因素直接相关。例如，沉积前遗迹化石的保存潜力就与沉积物重力流的属性有关。水道轴部环境通常发育浓密度流（见 1.4.1 小节），同时牵引流侵蚀作用较强，因此沉积物浅表的遗迹化石一般较难保存。另外，水道轴部的粗粒沉积物一般不适合仅适应细粒沉积物中生活的造迹生物，而且高频率的厚层砂质堆积也使得只有大型、强壮且掘穴较深的造迹生物能够大量存活下来——这些环境因素均深刻地影响着近端轴部环境的遗迹组合面貌。与之相反，近端离轴或远端环境，沉积速率降低，适于保存遗迹化石的沉积物重力流增多（侵蚀作用较弱），加上沉积物的粒度和单层厚度减小，共同促使平均生物扰动强度，遗迹分异度和沉积前遗迹化石的数量增加。

在露头研究中，大多可在岩层面上观察到遗迹化石的完整三维形态（可进行准确鉴定），因此重点关注不同环境遗迹化石组合和生物扰动强度的变化特征。而在岩心研究中，一般难以对单个遗迹化石进行准确鉴定，因此重点放在遗迹组构的描述上（由生物行为所形成的沉积组构特征），还包括遗迹分异度和生物扰动强度的分析。一些学者试图解决露头和岩心遗迹学资料相矛盾的原因，主要通过自然切面（溪流、海浪切刻而成）或局部采样切面对沉积岩的组构特征进行详细描述（Wetzel 和 Uchman，2001；Phillips 等，2011；Callow等，2013）。这些研究结果为岩心遗迹学研究提供了重要的对比资料。

近十年来，由于沉积学和遗迹学相结合研究的广泛开展，遗迹学在深水沉积体系中的应用得到突飞猛进的发展（Uchman，2001；Heard 和 Pickering，2008；Phillips 等，2011；Callow 等，2013；Heard 等，2014）。露头遗迹学研究得益于深水体系的大量已有沉积学资料以及翔实的遗迹化石形态学和分类学研究基础（Häntzschel，1975；Ksiażkiewicz，1977；Uchman，1998）。长期以来，露头遗迹学研究推动了遗迹相概念的不断扩展，并使遗迹组构分析的方法手段不断深化。现如今，遗迹学已成为岩心研究的重要组成部分，如综合大洋钻探计划（IODP）的岩心分析和其他石油行业的岩心评估。随着石油勘探逐步向超深水、超深层、地震成像差的储层进行勘探，由于岩心钻取成本巨大，必须有效利用所有已有数据，包括遗迹学信息来进行储层表征。未来，石油行业对深水沉积体系的持续勘探和开发以及遗迹学与沉积学、层序地层学和古生物学的不断深入融合，将推动遗迹学的持续快速发展和广泛应用。

第4章 时空整合

西班牙比利牛斯山艾恩萨盆地中始新统 Guaso 体系最大海泛面沉积（米级富有机质黑色泥岩段，图中汽车的上部）。图中明显的砂岩层被解释为海底水道沉积（Sutcliffe 和 Pickering，2009）。

4.1 概述

最近几年对深水沉积体系的理解取得了重大的进步。其中 Haq 等（1987）发表的全球海平面升降（图4.1）起到了重要的推动作用，其次是地震地层学和岩性地层学的应用。自 Haq 等（1987）发表全球海平面升降曲线后，又多次尝试对这项工作进行了验证和改进（如古生代海平面升降，Haq 和 Schutter，2008），但也存在一些批判（Miall，1992b）。最近较引人注目的研究是 Kenneth Miller 及其同事试图在深时尺度上重建全球海平面的变化（Kominz 等，2008；Miller 等，1991，1996，1998，2003，2005a，2011）。他们采用了回剥技术和比较研究的方法（图4.2）。Haq 等（1987）发表及其更新的海平面升降曲线存在一个具体问题，那就是缺少用于构建它们的综合的、发表的且广泛可用的数据。

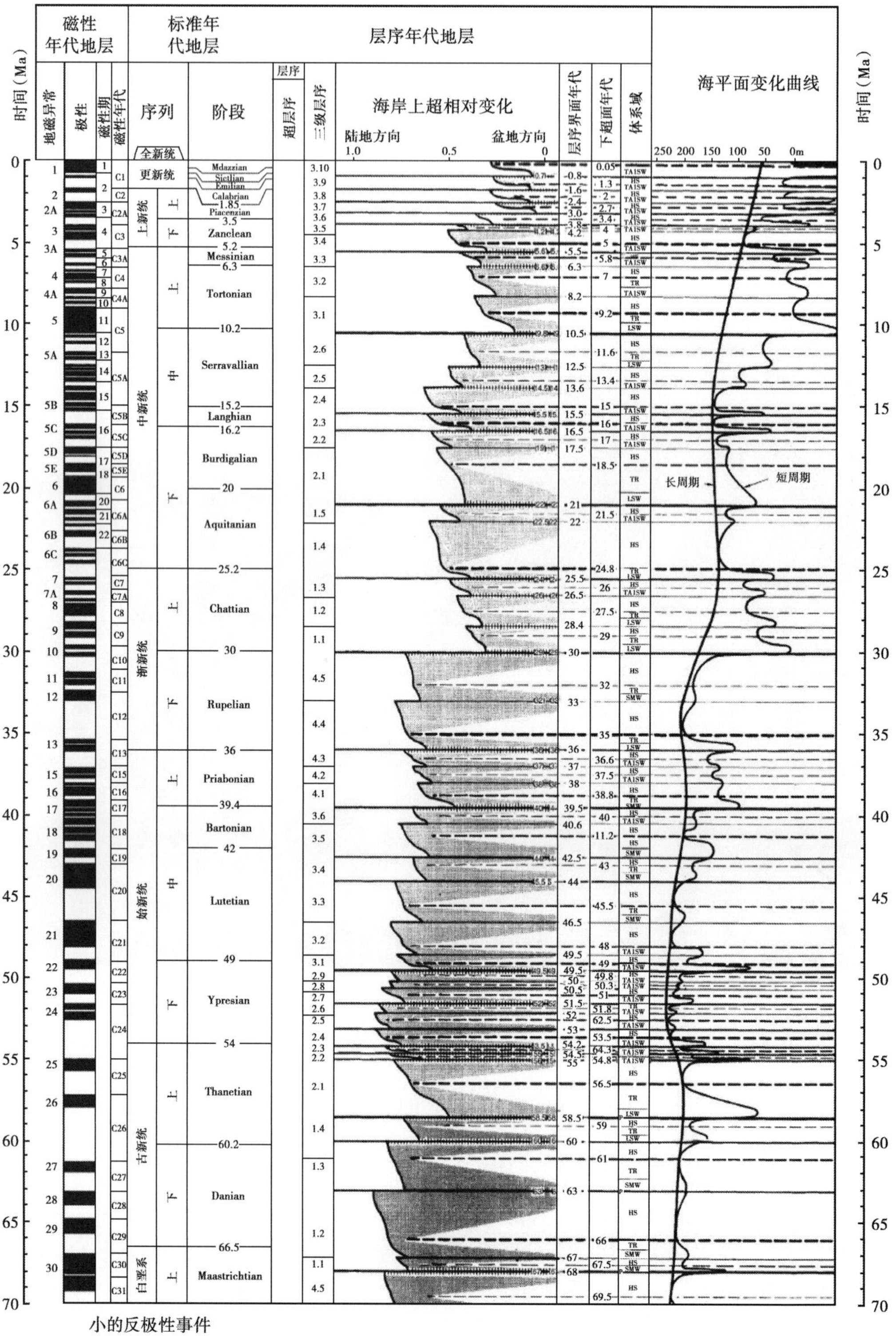

图 4.1　新生代海平面升降（据 Haq 等，1987）

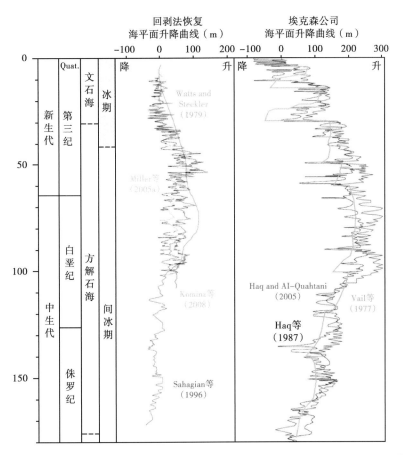

图 4.2 回剥法恢复的海平面升降曲线和埃克森公司的海平面升降曲线对比图（据 Miller 等，2011）
回剥法海平面升降包括：新泽西（蓝色，Miller 等，2005a）、棕色，Kominz 等，2008）、俄罗斯地台（粉色，Sahagi-an 等，1996）以及斯科舍板块边缘（灰色，Watts 和 Steckler，1979）；埃克森公司的海平面升降曲线（绿色，Vail
等，1977a；黑色，Haq 等，1987；褐红色，Haq 和 Al-Qahtani，2005），埃克森公司海平面升降的振幅更高

过去，我们对深水沉积搬运过程和沉积体系的认识主要来源于露头、现代海底扇和二维地震资料的研究（Bouma，1962；Mutti 和 Ricci Lucchi，1972；Normark，1970，1978；Walker，1978；Posamentier 等，1991；Weimer，1991；Mutti 和 Normark，1991）。最近，我们对这些沉积体系的认识更加深入，主要得益于：（1）油气行业对深水油气勘探开发的兴趣（Pirmez 等，2000），以及深水区大量高品质三维地震资料的获取（Beaubouef 和 Fried-man，2000；Posamentier 等，2000）；（2）针对海底和储层段深水体系的钻井和取心（Twichell 等，1992）；（3）深拖侧扫声呐和其他成像设备的增加（Twichell 等，1992；Ken-yon 和 Millington，1995）；（4）综合露头和地下的研究，尤其是新西兰北岛上中新世的 Mount Messenger 地层（Browne 和 Slatt，1997，2002；Haines 等，2004；Hulme 等，2004），南非二叠系卡鲁（Karoo）沉积体系（Johnson 等，2001；Grecula 等，2003a，b；Andersson 等，2004；Sixsmith 等，2004），得克萨斯州西部二叠系 Brushy Canyon 地层（Batzle 和 Gardner，2000；Carr 和 Gardner，2000；Gardner 等，2000），以及西班牙比利牛斯山脉中始

新世艾恩萨盆地沉积（Pickering 和 Corregidor，2005；Das Gupta 和 Pickering，2008；Heard 和 Pickering，2008；Heard 等，2008；Pickering 和 Bayliss，2009）。三维地震资料为深水沉积体系提供了一个无与伦比的视角，垂直分辨率可达 2~3m。地震时间切片、地层切片和层间属性，提供了深水沉积体系的平面图像，可以从地貌的角度进行分析。地貌分析有助于沉积结构单元的识别，当它与地震剖面相结合时，可以提供重要的地层信息，如层序地层分析（Abreu 等，2010）。最后，通过井筒数据（包括测井数据、常规取心和生物地层样品）的校准，为深水沉积体系提供更为深入的地质认识。深水沉积结构的控制参数，包括流体过程、流量、砂泥比、陆坡长度、陆坡梯度和海底粗糙程度，但与沉积物的年代无关。应用层序地层学方法来解释深水沉积体系，是对受多种作用控制（包括构造、全球气候、局部天气情况和灾难性事件，如火山爆发和流星撞击）的复杂自然体系进行预测的一种尝试。

层序地层学是研究具有成因联系并具旋回性的地层，在年代地层格架内的岩石关系的一门学科，以侵蚀面或无沉积作用面以及可与之对比的整合面为界（Van Wagoner 等，1988）。这些界面称之为层序界面。应用层序地层学方法，根据不整合面和明显的内部界面，可将沉积地层细分为不同的体系，这些界面主要由海平面升降、构造升降和沉积速率的变化而形成。层序地层分析主要通过地震剖面、测井资料和露头资料的研究，推断相对基准面、沉积物粒度和沉积物通量的变化。因此，层序地层学可以预测岩相的横向连续性和延伸范围。

因为浅海环境发育更为广泛的沉积特征（包括发育良好的凝缩段）和生物指标（化石和遗迹化石），所以浅海层序地层解释比深水环境更为容易。例如，在浅海环境，最容易识别的界面是海侵面，其次是最大海泛面（Haq 等，1987）。但由于各种原因，这些界面在深水环境并不容易识别，包括在陆架和盆地之间的侵蚀和沉积过路区，导致关键的地震反射界面无法追踪到深水区，或者根本找不到。

在层序地层模式中，大部分侧重的是浅海环境的地层和发育特征。我们将对整个陆地到深海的层序地层概念做一个简单的解释，然后着重强调并讨论与深水体系相关的问题。在许多情况下，基本的沉积界面和类型只发育在浅海位置，只能根据陆架到盆底沉积过程之间的大量假设，来推断深水区的界面。

可容纳空间定义为在沉积盆地或盆地内某个位置，可供沉积物堆积的空间。这个空间是海平面变化、构造升降和沉积物供给的函数。可容纳空间（A）随时间（t）的变化速率，表示为 $\delta A/\delta t$。可容纳空间的增加表示为 $+\delta A/\delta t$。可容纳空间的减少表示为 $-\delta A/\delta t$。海平面升降对时间的一阶导数，以及构造沉降对时间的一阶导数，等于相对海平面的变化速率。在深水环境中，即使可容纳空间在垂向发生了巨大的变化，也不会对盆底位置的沉积模式产生直接的影响，因为总水深的变化比例非常小。但是陆架和海岸环境可容纳空间的变化，可能对深水区的沉积产生重大的影响，尤其是在陆架较窄或陆架不发育的位置。这是因为沿岸浅海环境可容纳空间的降低，会使沉积物以进积叠置的特征向盆地方向搬运。当海平面快速下降，或沿岸浅海构造快速隆升，沉积物供给充足时，会导致可容纳空间快速减小，并发育陆架边缘三角洲（Muto 和 Steel，2002），形成不稳定楔状碎屑沉积，随后失稳再沉积到深海环境中。

拐点是指在任一相对海平面升降曲线从上凹面转变为上凸面的位置，反之亦然。当海平面上升或下降速率达到最快的时候，拐点就会出现。层序界面通常在相对海平面下降的拐点之前开始发育。凝缩段通常会在相对海平面上升的拐点（通常是最大海侵的时间）开始发育。相比浅海环境，深水沉积体系的关键问题是对层序界面的识别（见下文），尤其是很少有盆地能保存陆相、浅海、陆坡到深海盆地的连续沉积。

层序地层学的基本概念中包括了基准面。基准面是沉积物加积所能达到的界面（如果有足够的沉积物供给）。要么可容纳空间被充填至基准面位置，要么沉积物被侵蚀至基准面位置。虽然许多研究倾向于将基准面的变化与相对海平面的变化联系起来，但这种假设在许多情况下都受到了挑战（Christie-blick 和 Driscoll，1995）。例如，基准面也可以与湖面、河流体系的局部平衡面，或者是陆坡内盆地的溢出点有关。基准面与平衡点的概念有关，平衡点是沉积剖面中海平面升降速率等于构造沉降或抬升速率的位置。平衡点将相对海平面同步上升和下降的区域分隔开（Posamentier 等，1988）。任何对相对基准面变化的理解，都必须基于对典型变化速率和变化幅度的评估（表4.1）。例如，John 等（2011）对澳大利亚东北部海域 Marion 台地 ODP 194 站点的岩心进行了分析，确定了台地边缘碳酸盐岩—碎屑岩混合沉积层序的形成机制和时间，并估算了中新世海平面变化的幅度。他们论证了 Marion 台地的层序受冰川性海平面升降的控制，层序界面以 δ^{18}O（深海中新世氧同位素事件，分别是 Mi1b、Mbi-3、Mi2、Mi2a、Mi3a、Mi3、Mi4 和 Mi5）的增加为特征，主要反映了南极冰川体积的增加。回剥法估算表明，海平面在 16.5Ma 时下降了 26~28m，15.4Ma 时下降了 26~29m，14.7Ma 时下降了 29~38m，13.9Ma 时下降了 53~81m。结合回剥法和 δ^{18}O 估算，海平面在 16.5Ma 时下降了 27±1m，15.4Ma 时下降了 27±1m，14.7Ma 时下降了 33±3m，13.9Ma 时下降了 59±6m。采用类似的方法，John 等（2011）进一步估算了海平面上升的情况，在 16.5—15.4Ma 期间海平面上升了 19±1m，15.4—14.7Ma 期间海平面上升了 23±3m，14.7—13.9Ma 期间海平面上升了 33±3m。他们认为在 16.5—13.9Ma 期间，海平面下降了 53~69m，这意味着南极东部冰盖至少有 90% 是在中中新世形成的。

表4.1　沉积体系的旋回级次（据 Tilman 和 Weber，1987，修改）

构造—海平面变化旋回	浅海层序地层单元	持续时间（Ma）	相对海平面升降（m）	相对海平面升降速率（cm/ka）
一级		>100		<1
二级	超层序	10~100	50~100	1~3
三级	沉积层序/复合层序	1~10	50~100	1~10
四级	高能层序/准层序组	0.1~1	1~150	40~500
五级	准层序/高频旋回	0.01~1	1~150	60~700

埃克森公司对层序地层学的假设包括：（1）剖面上任何位置的海底沉降速率是恒定的；（2）总沉降量向盆地方向增加；（3）离散大陆边缘提供速率稳定的沉积物供给；（4）海洋环境由近到远发育陆架、陆坡和盆底；（5）海平面升降近似一条正弦曲线（至少可解析为一系列正弦曲线）（Posamentier 等，1988）。这些假设直接影响沉积层序的发育，进而影响深海沉积体系结构的预测。

Brown 和 Fisher（1977）将沉积层序定义为一个三维的岩相组合，与现代或古老沉积过程和环境（河流、三角洲、障壁岛等）相关联。体系域通常由海平面升降曲线上特定时间形成的地层单元组成（即海平面低位时发育低位楔；海面上升时发育海侵体系；海平面快速下降时发育低位扇等）（Brown 和 Fisher，1977；Posamentier 等，1990；Posamentier 和 Allen，2000）。这些体系域代表了岩石记录的三维岩相组合。它们的划分建立在层序界面，层序中所处的位置和准层序的叠置方式等基础上（Van Wagoner 等，1988）。准层序是一组相对整合的地层或地层组，通常具有向上变粗的趋势，以海泛面及其相关界面为界（Van Wagoner 等，1988）。一个尚未解决的问题是，浅海相的准层序叠置关系，在同期的深水沉积体系中是如何表现的。深水沉积体系的一个主要问题（尤其是被抬升的古老沉积），是地层年龄的测定通常不足以识别准层序中典型的高频旋回（$10^4 \sim 10^5$ 年）。

海岸上超是盆地边缘沉积物向陆方向堆积的终点，不管是海相还是非海相环境。海平面下降阶段的拐点（F 点），以海岸上超向盆地方向迁移为特征。在沉积物供给速率稳定前提下，进积速率与加积速率和沉降速率成反比。显然，海岸上超向陆或向海方向迁移的幅度，以及陆架的地理特征（陆架宽度、深度以及陆架盆地的发育情况），将对沉积物在陆架的过路和再沉积作用产生深远的影响。

深水沉积体系通常被理解为低位体系域的一部分。低位体系域（LST）是一套发育在海平面（基准面）相对较低位置时（陆架或非海相环境层序界面开始发育之后）的沉积体系。如果存在明显的陆架坡折，且相对海平面（基准面）已充分下降，则低位体系域可能包括两个不同的部分：低位扇和低位楔。当相对海平面（基准面）下降并形成层序界面之后，相对海平面（基准面）开始逐步上升，但速度非常缓慢。可容纳空间的缓慢增加与较高的沉积物供给相结合，形成了进积叠置的典型低位楔特征（图 4.3）。虽然低位扇和低位楔只是理想化的抽象概念，但很明显，这仅仅代表了相对海平面下降过程中产生的部分深水沉积。因此，它们对实际不连续且清晰可识别的深水沉积岩相的实用性很小。我们更愿意把它们想象为不同海底扇类型，所谓的"低位楔"是指相对海平面上升阶段海底水道和峡谷的回填过程。在实际情况中，如果沉积物供给充足，则海底扇发育的位置将严重受到坡度和地形（包括陆坡盆地的位置与沉积物路径的关系）等因素的影响。因此，图 4.3 所示的模式并没有排除盆地内海底扇发育位置的可能性。

海侵体系域（TST）由退积（向陆方向）准层序组组成。它的底面是海侵面，顶面是最大海泛面。随着相对海平面（基准面）的持续上升，海岸环境的可容纳空间形成速率远大于沉积物充填速率，形成退积准层序组。海侵体系的每一个海泛面（即每个准层序的顶部），由沉积供给模式的转变或海平面（基准面）的高频振荡导致水深增加的短期加速，叠加到相对海平面（基准面）上升的长期（低频）速率中，在海岸线上形成异常迅速向陆迁移和一个非常明显的海泛面。有人尝试（可能是不合理的）将近岸位置发育的准层序，与叠置且整体向上变细的海底扇朵体（形成于海底水道回填阶段）一一匹配。

高位体系域（HST）由加积和进积准层序组组成，位于最大海泛面之上和下一个层序界面之下。随着准层序组由加积逐渐变为进积模式，海泛面在整体变浅的过程中越来越不发育。在高位体系中，相对海平面（基准面）上升的速度开始放缓，并在下一个层序界面发育之前开始下降。然而，在高位体系域的整个时间段内，可容纳空间的产生和消失都

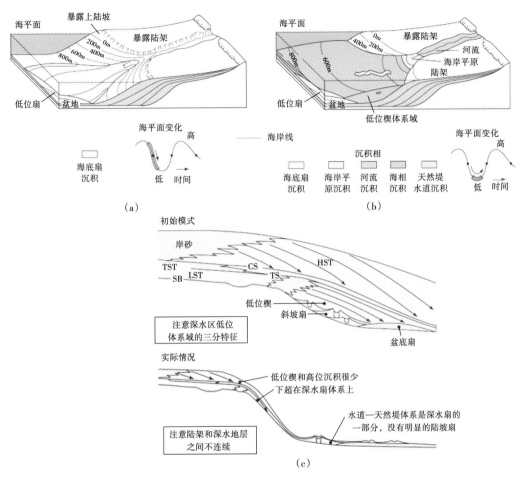

图 4.3 （a）低位体系域和低位扇的组成部分；（b）低位体系域和低位楔（据 Posamentier 等，1988）；
（c）深水盆地中碎屑岩沉积的原始模式（据 Vail，1987；Posamentier 和 Vail，1988）和更为实际的
现今模式（据 SEPM 网站 http：//www. sepmstrata. org/page. aspx？ pageid＝41）的对比
HST—高位体系域；LST—低位体系域；TST—海侵体系域

处于一个相对较低的速度。随着河口的充填，更多的沉积物搬运至陆架位置，进积叠置模
式逐渐取代加积模式。随着相对海平面（基准面）的下降，新的层序界面开始形成；这个
层序界面将侵蚀下部的高位体系域。在深水区，高位体系域早期可能与粗碎屑沉积相关
（如海底扇），并被远洋和半远洋沉积覆盖。高位体系域晚期，三角洲的进积穿过陆架，并
开始侵蚀内陆架，再次将粗碎屑沉积搬运至陆坡和盆底环境。

　　Ⅰ型层序界面（SB1）是一个不整合面（在深水区是与之对应的整合面），它与河流的
回春侵蚀、沉积过路以及整个陆架的暴露有关，是沉积相和海岸上超突然向盆地方向迁移
的过程。当陆架坡折位置的基准面下降速率超过盆地沉降速率时，产生一个相对下降的海
平面（基准面），就会形成Ⅰ型层序界面。Ⅱ型层序界面（SB2）由地表暴露不整合以及海
岸上超向下游迁移至陆架坡折为特征；然而，它缺乏与河流回春相关的陆上侵蚀，而且沉

积相没有明显向盆地迁移。在内陆架向海方向，Ⅱ型层序界面是一个整合面。该类层序界面形成于基准面下降速率低于陆架坡折的沉降速率时，因此，在这个位置相对海平面（基准面）并没有下降。相反，Ⅱ型层序界面的低位海岸线位于先前陆架的中间位置。据此可以预测，许多覆盖在细粒盆地沉积之上的深水碎屑体系与Ⅰ型层序界面相关（图4.4）。然而，基准面相对下降的幅度和时间，沉积物的供给情况，以及盆地和陆坡的坡度（包括地形），将决定沉积的垂向序列和厚度。目前，针对不同的沉积体系没有足够的地层控制，使之能够在浅海和深水沉积体系之间建立良好的时间和空间关系，并建立复杂的模式将陆架区的事件和深水区的响应联系起来。

(a)

(b)　　　　　　　　　　　　(c)

图4.4（a）Ⅰ型层序界面和古峡谷填充，那慕尔阶 Tulig 旋回，爱尔兰西部克莱尔盆地。在不整合（箭头位置）之上为非海相河流（三角洲？）沉积，包括煤层。在不整合面之下，为近海前三角洲细粒沉积，再往下是几套砂岩旋回。照片可见的下切深度约4m，总下切深度约15m。（b）古峡谷充填砂岩底部的槽模。（c）古峡谷充填顶部的区域海泛面。表面以大量 *Zoophycos* 遗迹化石和磷酸盐结核为特征

　　层序地层模式的另一个重要组成部分是深水沉积中海泛面的特征。海泛面记录了越过陆架的第一次重要海泛，预示着海侵的发生，也称为海侵面（TS）。如果层序界面之上没有低位沉积，那么海泛面可能与之前的层序界面重合。一般来说，海侵面（TS）以碳酸盐胶结的硬底（hardground）和上覆分选的砾石或滞留沉积为特征。这种粗糙的界面特征是临滨

侵蚀过程留下的，发生在海岸线向陆迁移过程中；这一过程又称为冲刷侵蚀（ravinement）（Swift，1968），导致了上临滨和海岸地表部分的侵蚀。当海岸线向陆迁移至最大位置时海侵完成，而同期的沉积界面称为最大海泛面（MFS）。海绿石、磷酸盐沉积通常与最大海泛期间近海位置广泛分布的凝缩段有关。

许多海泛事件，特别是在陆架深部、陆坡和陆坡盆地，往往与富有机质页岩的富集相关。这种沉积物记录了长期缓慢的远洋、半远洋沉积聚集（岩相 E 和 G），因此，凝缩段通常也表现为高伽马值的特征。这些凝缩段已经作为古海洋环境的标志层，可以在地下很大范围进行对比，例如北美中部上石炭统的黑色页岩（Samson 等，2006）。然而，其他研究人员认为，"热"页岩（具高伽马值特征）主要是由于全球范围的短期高温，造成了远洋深水区的海藻泛滥和缺氧环境（即所谓的海洋缺氧事件，缩写为 OAEs；Arthur 和 Schlanger，1979；Schlanger 等，1987）；例如，墨西哥湾深水区的始新统页岩（Sercombe 和 Radford，2007）。Sercombe 和 Radford（2007）驳斥了热页岩与最大海泛面有关的可能性，因为在深水区海平面升降的影响是微不足道的。尽管如此，任何地质时期全球温度的升高（温室时期），包括短暂的全球极端高温（海洋缺氧事件），可以解释为海平面高位，陆架泛滥和粗碎屑沉积物供给减少的有机结合，这有利于富有机质页岩的积累。有关 OAEs 的更多信息，读者可参考 Jenkyns（2010）及其中的参考文献。

当海侵面扩张至低位体系域沟谷填充时，通常可以在电测曲线中发现一个很小的局部上升，以响应硬底（hardground surface）的碳酸盐胶结。然后，海侵面被一更低的低电阻率层段覆盖。在深水中，最大海泛面的特征通常与半远洋和远洋沉积相关。凝缩段可以作为鉴别古代深海沉积体系最好的手段，因为它们可能富含远洋化石（如微体化石或菊石），并提供了找到火山灰层的最好机会。

Einsele（1985）考虑了沉积物供给，对风暴控制的大陆边缘和陆表海的海平面升降的响应，特别是位于德国的中生代陆表海盆地（缓慢下沉且泥岩为主）。这种盆地与由冰川型海平面升降驱动的快速下沉的陆架边缘环境形成了明显的对比。他指出，沉积物进积的基准面是风暴浪基面，而不是严格的海平面。Einsele（1985）认为沉积物的堆积模式对应特定的沉积环境和条件。他的观点和埃克森公司模式的主要区别在于，对 Einsele（1985）来说：（1）海退是渐进的而不是突然的；（2）纯加积沉积单元的最大厚度位于盆地下沉最快的位置，如盆地的中心；（3）沉积物进积的基准面是风暴浪基面。

Galloway（1989a，b）提出了成因地层层序的概念，在很多方面与埃克森公司的模式相似。成因地层层序是指一个沉积阶段的产物，每个层序包括（1）一个进积的相组合；（2）一个加积的相组合；（3）一个退积或海进的相组合。成因层序以最大海泛期的沉积层或海侵造成的陆架/陆坡沉积间断面为界。

Hesselbo 等（2007）反对将陆坡不稳定和沉积物供给与全球海平面下降联系起来的这种简单层序地层解释。研究表明侏罗系上普连斯巴奇阶（Upper Pliensbachian）—下托尔阶（Lower Toarcian）是完全半远洋沉积的颗石藻泥灰岩、石灰岩和再沉积物（葡萄牙西部佩尼契（Peniche）悬崖和海滩附近暴露的 Lemede 和 Cabo Carvoeiro 地层），重力流沉积（包括碎屑流）极少出现，概率最低；而佩尼契地层的稳定碳同位素负偏段正好对应重力流发生频率最高段（图 4.5）。该地层解释为鲁斯塔尼亚盆地西北向缓坡碳酸盐岩的沉积。Hesselbo 等（2007）推断，在全球极端变暖和海平面高位时间段内，深水区的再沉积过程最为活跃。事实上，这个观测结果已经用于预测碳酸盐岩为主的海底扇，因为风暴期的增多和碳酸盐产量的提高往往发生在高位体系域发育时期（见 4.10 节），温暖海洋中天然气水合物的释放，可能会导致陆坡更为不稳定。值得注意的是，这种全球特征的碳同位素偏移现象受到了 McArthur（2007）的挑战。

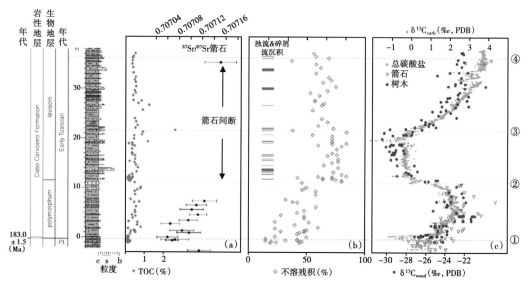

图 4.5　葡萄牙佩尼契地区托尔阶（Toarcian）早期地层（据 Hesselbo 等，2007）

目前是全球层型剖面（GSSP）的唯一候选。地层剖面和取样高度基于暴露岩壁的测量。菊石生物地层资料据 Mouterde（1955）。（a）样品的总有机碳（TOC）数据，箭石的锶同位素数据根据 NIST 987 标准化；（b）重力流沉积（包括碎屑流）的地层分布，以及岩石样品的不溶残渣；（c）高分辨率稳定碳同位素数据（源于沉积物、树木化石和箭石），位于 21.5m 处的黑色页岩 TOC 达 2.6%，$\delta^{13}C_{org}$ 达 -29.5‰

4.2　海底扇的发育阶段和层序地层特征

4.2.1　海底扇发育和相对基准面变化的早期模式

Mutti（1985）进一步发展了海平面上升和下降期间海底扇发育的演化模式，提出了高效海底扇和低效海底扇（见第 7 章）。Mutti 根据砂质沉积的分布和相对规模识别出了三种类型的深水沉积体系。这三种类型可以相互独立发育，也可以在大型三角洲供给体系中随着海平面的变化而发育。接下来主要讨论大型三角洲供给的沉积体系，适用于造山环境且沉积供给速率高的海底扇。当海平面下降时，大量三角洲前缘和三角洲斜坡处的沉积物开始变得不稳定，由于陆坡失稳产生了一系列体积大、动量高的沉积物重力流（SGFs）。这些沉积物重力流没有沉积在近端侵蚀水道，而是被搬运到盆地位置，形成广泛分布的层状砂体，厚 3~15m，远端为细粒的朵体—边缘沉积。单个砂体通常具有平底的特征。垂向上，朵体—边缘砂体互相叠置，形成几百米厚的沉积体，Mutti（1985）将其称之为 I 型沉积体，对应于 Mutti（1979）提出的高效海底扇。随着单期沉积物重力流体积的减小（不管是由于海平面的缓慢上升，还是陆坡失稳体积的减小），砂体没有有效地搬运到盆地位置，主要沉积在分支水道的末端和水道下游的小朵体上。Normark（1970）对这种低效海底扇进行了描述，主要发育富砂的扇体（suprafan lobes），Mutti（1985）称之为 II 型沉积体。海平面的持续上升在海底扇表面形成了泥质沉积，但在高位体系域时期，大型河流三角洲进积至陆架边缘位置，导致海底扇表面沉积了富泥的水道—天然堤复合体，砂体主要局限在近端的小水道中。大部分沉积物以泥为主，代表水道漫溢沉积。这些泥岩在天然堤顶部会产生滑动和滑塌，形成角度不整合特征。Mutti（1985）将这类富含泥岩的沉积物称之为 III 型沉积体。

从 I 型到 III 型沉积体的完整演化序列，只适用于三角洲供给且沉积速率较快的海底扇体系，确保高位体系域时期大量松散的沉积物可以沉积在陆架上，为后续低位体系域时期的滑塌失稳提供物源。在陆架沉降速率较低的位置，低位体系域的 II 型沉积体与高位体系域的泥岩层垂向交替发育。Mutti（1985）模式的根本创新在于，认为古老海底扇垂向地层中的砂体可能并不代表 Normak（1970）所描述的扇体（suprafan lobes）沉积，有可能代表了低位体系域时期产生的大量层状砂体，可能涵盖了所有之前称之为中扇和下扇的沉积。从这个角度来看，砂体之间的泥岩单元横向上并不与砂岩相同期，而是海平面高位时均匀沉积在海底扇表面的沉积。同样，Mutti（1985）的模式中，上扇的水道—天然堤复合体更为年轻，并不与中扇和下扇沉积同期沉积（Mitchum，1985）。

根据 Mutti（1985）的观点，水道—天然堤复合体和上陆坡高位三角洲沉积，为之后海平面下降过程的失稳滑塌提供了大量的沉积物来源，形成了更为年轻的 I 型沉积体。在盆地位置，层序界面以厚层席状砂体的突然出现为特征，在陆坡和坡脚位置以侵蚀不整合为特征（图 4.6）。Mutti（1985）认为，海平面短期较小的波动，对应 3～15m 的厚层砂岩（相 C2.1 和 C2.2）和薄层砂岩（相 C2.3 和 D2.1）的交替出现，这在古代海底扇沉积中比较常见（图 4.7）。这类厚薄相间地层的电测响应特征和 Hsü（1977）描述的文图拉盆地 Repetto 地层很相似。

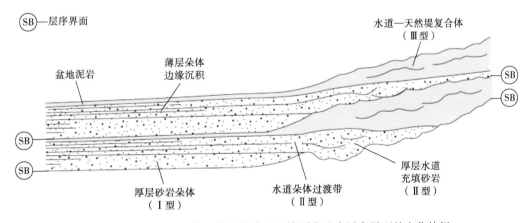

图 4.6 Mutti（1985 年）描述的盆地边缘到盆地内层序界面的变化特征

在这个假想的例子中，完整展示了层序内 I 型、II 型和 III 型沉积体的演化

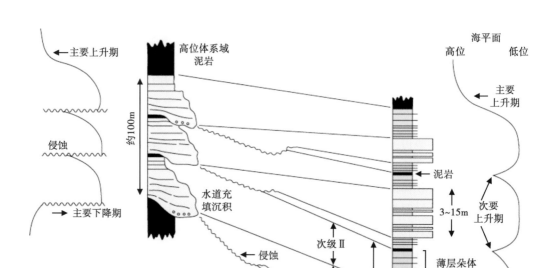

图 4.7 海底扇沉积（水道充填和朵体沉积）的海平面升降和沉积相旋回

海平面整体升/降背景下的次级震荡产生次级的沉积。海平面的下降会在近端产生不整合面，在远端形成
3~15m 厚的砂岩朵体（相 B 和 C）。较小规模的海平面上升在近端形成水道充填，并在远端形成薄层的
朵体边缘沉积（相 D）

    Mutti（1985）的相模式在构造活跃且发育小型三角洲补给地区（Morgan 和 Campion，1987）的沉积相发育，具有有效的指导意义，但将该模式应用到大型被动陆缘海底扇体系（如印度扇和亚马逊扇）时，受到了 Kolla 和 Coumes（1987）以及 Hiscott 等（1997）的质疑。印度扇体系中，低位沉积是Ⅲ型沉积体（即水道—天然堤复合体），而非Ⅰ型沉积体，且水道—天然堤复合体在随后的海平面上升的过程中持续发育。Kolla 和 Coumes（1987）认为，现代大型被动陆缘海底扇明显缺乏Ⅰ型沉积体的发育，通常都是细粒沉积物，且距离源区很远。亚马逊扇的Ⅰ型和Ⅲ型沉积体是同期发育的，在海平面低位时发育了数十个 5~25m 厚的砂岩沉积体（Hiscott 等，1997c）。

    海底扇的大型地层结构反映了相对基准面的变化（包括构造和海平面升降），而较小尺度的沉积环境（例如海底水道），可能也记录了这种控制。图 4.8 展示了受限环境（如侵蚀型或侵蚀—沉积型海底水道或峡谷）下，向上变细的层序地层解释。

    Posamentier 和 Kolla（2003）识别了一个垂向层序，与 Pirmez 等（1997）描述和解释的层序非常相似，Pirmez 等（1997）将其解释为自旋回过程，而 Posamentier 和 Kolla（2003）则解释为相对海平面升降导致的以块体搬运为主，伴随海底水道发育的过程（图4.9，图4.10）。这种成因层序建立在大量研究的基础上，尤其是印度尼西亚海域。它们的

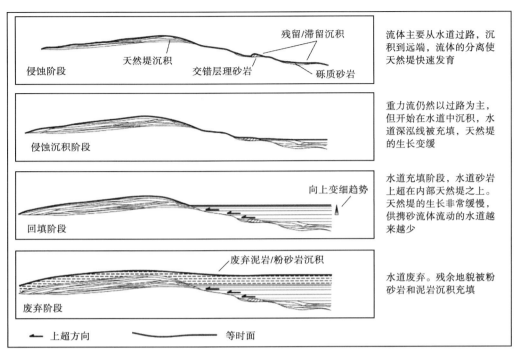

（a）水道—天然堤沉积复合体

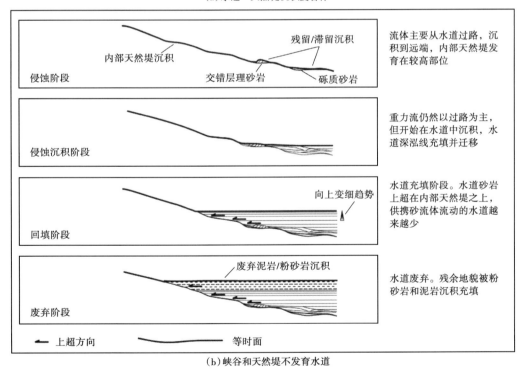

（b）峡谷和天然堤不发育水道

图 4.8 水道发育过程中三个主要阶段的水道充填模式（据 Pickering 等，1995b，修改）

水道发育阶段的变化对应相对基准面的变化（可容纳空间、海面变化和构造升/降）

地层特征包括底部的黏性流（cohesive-flow）沉积（对应相对海平面下降的初始阶段），上覆前端朵体（frontal splay）为主的沉积，然后是水道—天然堤为主的沉积（分别对应于相对海平面低位的早期和晚期）。最终被黏性流体沉积和凝缩段沉积覆盖（分别对应海平面快速上升期和高位期沉积）。

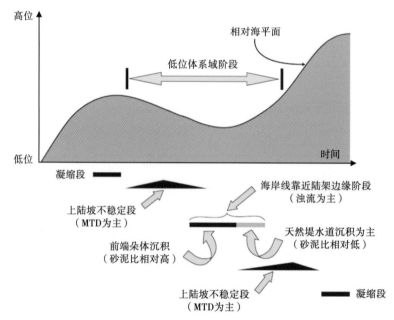

图 4.9　相对海平面升降与主要流体类型之间的关系示意图（据 Posamentier 和 Kolla，2003）

地层包括底部的黏性流体沉积（对应相对海平面下降的初始阶段），上覆前端朵体（frontal splay）为主的沉积，然后是水道—天然堤为主的沉积（分别对应于相对海平面低位的早期和晚期）。最终被黏性流体沉积和凝缩段沉积覆盖（分别对应海平面快速上升期和高位期沉积）

　　墨西哥湾 IODP308 航次（Flemings，Behrmann，John 及 308 考察团科学家，2005）得出的结论是，Brazos-Trinity 盆地（位于得克萨斯州加尔维斯敦以南 200km，水深 1400m，Brazos-Trinity 盆地被盆地间高地分隔为五个迷你盆地）中迷你盆地Ⅳ的沉积演化是多种作用的复杂结果，包括河流—三角洲动态、海平面升降，以及沉积物重力流（如浊流）和海底地貌之间的相互作用。在海平面低位期（对应 MIS6），盆地沉积了重要的陆源沉积物，但是盆地内完全没有砂和粉砂沉积，表明重力流沉积都充填在了盆地的上倾方向（充填—溢出模式），或者砂体都沉积在了紧邻盆地的三角洲体系中。在 MIS 5e 和 MIS2 时期，海平面阶梯式下降，盆地沉积了 175m 厚的重力流沉积，包滑动/滑塌，以及黏性流沉积。而 MIS5a 到 MIS4 时期没有重力流沉积发生。这一时期包括了海平面的相对上升和下降。相对海平面下降期间，迷你盆地Ⅳ重力流沉积的缺失，肯定是基准面变化之外的其他因素导致的，可能是沉积物源的侧向迁移，或沉积物被上倾方向的迷你盆地Ⅰ或迷你盆地Ⅱ捕获，而没有溢出到迷你盆地Ⅳ中沉积。

　　将海底扇的发育阶段纳入层序地层模式中，将产生复杂的结果。毫无疑问，基准面处于低位时，有助于将大量沉积物和更多的砂体搬运至深水体系中。举例来说，利用层序地

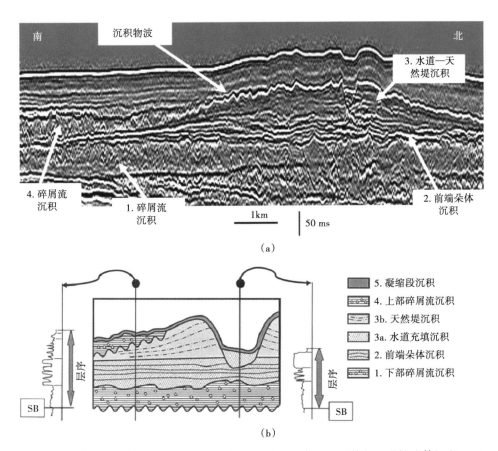

图 4.10　（a）印尼海上地震反射剖面，展示了深水层序的地层特征，黏性流体沉积（1）
被前端朵体沉积（2）（也就是砂质朵体）覆盖，水道—天然堤沉积（3）、黏性流体沉积
（4），然后整套地层被薄层凝缩段沉积（5）所覆盖；（b）理想化的深水沉积层序示意图，
及两口虚拟井的测井剖面（据 Posamentier 和 Kolla，2003）

层学原理，特别是低位海底扇的概念，成功在中国珠江口发现了一个重要的海底扇体系
（Pang 等，2007）。但是，在某些情况下，较高的沉积物供给速率，可以掩盖基准面高位的
影响，以至于在最大海泛期，部分海底扇依然保持活跃（Kolla 和 Macurda，1988）。相反，
低位体系域时期砂体供给增加也是不完全正确的，由于缺乏对这一事实的认识，导致了许多
对古老沉积错误的相解释。具体来说，我们认为 Mutti（1985；图 4.7）对许多古老沉积的解
释是不正确的（King 等，1994），几十米厚度范围内细粒沉积段和富砂沉积段的交替出现，不
是基准面高频变化的结果，而是同一个海平面时期的自旋回过程（如水道和朵体的迁移；His-
cott 等，1997c；Nelson 和 Damuth，2003）。在海平面低位期，最小的海底扇沉积也可以达几百
米厚（Normark 等，1998），所以在地质记录中不要频繁对比 10~20m 厚的砂体。

　　将砂岩和泥岩段的交替出现错误地解释为基准面变化的响应，很可能是因为它们与浅
海相准层序的相似性。对准层序而言，一般认为它们是由短期的海岸进积和随后的海泛形
成的。但是，如果没有直接证据或年代记录表明和陆架沉积物相关，就没有理由假定深水

体系中每个砂体的顶部都对应陆架基准面的上升。对更新世—全新世深水沉积体系岩芯研究的经验表明，除非深水沉积速率非常低，否则这种情况很少发生。

在多数情况下，深水沉积体系的地层形态和相结构，不能简单归因于区域或全球海平面的下降，而是对多种因素的复杂响应，如全球气候变化、构造隆升和沉降、沉积物供给、深层流体活动和气候等（Puspoki 等，2009；Sattar 等，2012）。Shannon 等（2005）强调，深水环境的层序地层分析，必须认识并评价沿陆坡、下陆坡的沉积供给和垂向组成。Shannon 等（2005）研究了欧洲西北部大西洋被动陆缘的新生代深水沉积盆地，其中包含一些由不整合面及其对应整合面为界的地震巨层序，从陆架、陆坡到深水盆地均可进行对比。深水沉积包含区域或局部穿时的海底不整合面，对应深水环流和陆坡过程的变化，而非地表侵蚀。这些加积的等深流漂积物，在盆地边缘向上陆坡方向聚集。深水沉积体在两个地层面之间发育向海进积的陆架—陆坡楔，记录了差异构造运动，包括同期的抬升和沉降。最年轻的楔状体沉积形成于最近的 4Ma 年，记录了陆架边缘向海进积了 100 公里，叠加了高频海平面升降和深海洋流的变化。更新世时期，河流相沉积被冰川沉积所替代。Shannon 等（2005）的研究实例，展示了深水沉积体系控制因素的内在复杂性，并强调了基本指导原则对理解深水沉积体系时空分布的重要性。

层序地层文献中普遍认同的一个观点是，最大低位期和海平面上升期产生不同类型的海底扇，分别对应盆底扇（basin-floor fans）和陆坡扇（slope fans）（Vail，1987；Posamentier 等，1988；Posamentier 等，1991）。Mutti（1985，1992）将其分别解释为富砂席状沉积（Ⅰ型沉积）和水道—天然堤复合体（Ⅲ型沉积体），而两者中间的沉积物（Ⅱ型沉积）被解释为海平面开始上升时，低位水道的回填沉积（图 4.6）。

盆底扇和陆坡扇的概念最初来源于对现代扇的研究，主要来源于有关亚马逊海底扇发育的早期想法（J. E. Damuth，Comm，1995）。亚马逊扇的科学钻探结果清晰的表明，远端砂岩朵体和水道天然堤沉积是同期形成的，水道决口能促进富砂朵体的沉积，然后逐渐被同一水道形成的天然堤所覆盖（图 7.10，HARP 模式，Flood 等，1991）。因此，盆底扇和陆坡扇的层序概念似乎没有太多的价值（Nelson 和 Damuth，2003）。

看起来比较清晰的一点是，高位体系域时期陆源碎屑输送至盆底扇的净输送率在下降。对许多扇体而言，这导致了扇体在高位体系域时期的废弃，并沉积了富含生物的半远洋沉积物（Damuth 和 Kumar，1975a）。但是，这些高位体系域时期的沉积物可能非常薄（几十厘米），而低位体系域时期由自旋回过程形成的富砂或富泥的重力流沉积有数百米厚（Hiscott 等，1997c）。

作为对海底扇发育及其层序地层学特征的总结，作者认为，Mutti 和 Ricci Lucchi（1972）以及 Walker（1978）提出的简单、通用的海底扇模式，在 20 世纪 70 年代和 80 年代早期为地球科学研究人员提供了很好的模式，但现在认为太过于简单。现在的研究倾向于现代海底扇的大小、形态、地形和相构成的变化，目前的研究主要集中在评价构造、气候等控制因素的相对重要性上面。基于海底扇形态的分类（如放射状和长条状，见 Pickering，1982c；Stow，1985）已经被证明是不充分的；因为形态是一个因变量，反映了盆地的构造背景。Reading 和 Richards（1994）试图根据海底扇的物源特征以及粒径的变化进行分类，提出了一个更详细的分类方案（表 7.1），但即便是这种方案也不能解决海底碎屑岩体系的层序地层（动态）特征。Mutti 和 Normark（1987）以及 Pickering 等（1995b）采用了一种不同的方法，类似于河流体系的结构分析（Miall，1986）。Mutti 和 Normark（1987）提出了一种沉积尺度的层次分类，并讨论了组成深水沉积体系的主要岩相组合或"单元"（第7.4.3节）。Mutti 和 Normark（1987）和 Reading 和 Richards（1994）的方法都试图将新信息融入海底扇的分类方案中，分别集中在形态组成（结构单元）的识别和描述，以及扇体的大小和结构方面。这些较新的分类方案试图揭示海底碎屑岩体系的内在复杂性，以便更好地描述和预测沉积类型，但更重要的是将自然过程的因果、量级和频率联系起来。正如 Middleton（2003）所指出的，结构单元的方法允许海底扇的相组成有几乎无限的变化(图 7.49)，因此，无法建立一个普遍适用的模式。

4.2.2　加利福尼亚海底扇和基准面变化

毫无疑问，低位海底扇只是深水体系层序地层的一个组成部分。近期 Covault 等（2007）利用大量高分辨率地震资料，研究了通过深海峡谷—水道体系输送至圣卡塔利娜湾和圣地亚哥海槽近4万年以来的沉积物，研究表明在加利福尼亚边界的深水盆地中，不同海平面时期，沉积了差不多同等体积的粗粒沉积物。利用超深钻探和美国地质调查局的活塞取心资料和地震资料，得到了放射性碳同位素年龄为4万年的反射层位，并进行了区域对比和追踪。这项研究的焦点是由欧申赛德（Oceanside）、卡尔斯巴德（Carlsbad）和拉霍亚（La Jolla）峡谷供给的海底扇，这些峡谷的头部都位于欧申赛德沿岸带（Oceanside littoral cell）范围内。欧申赛德峡谷—水道体系的活跃时间为4.5—1.3万年间，而卡尔斯巴德体系的活跃时间从5万年（或更早）到1万年。拉霍亚体系的活跃时间包括5万年（或更早）到4万年，以及1.3万年至今的两段时间。在海平面升降的任何时期都至少有一个或多个峡谷—水道体系是活跃的。在海平面波动期间，峡谷头部与沿岸带之间的陆架宽度，被认为是峡谷—水道体系活跃的主控因素。当欧申赛德沿岸带的大部分沉积物被拉霍亚峡

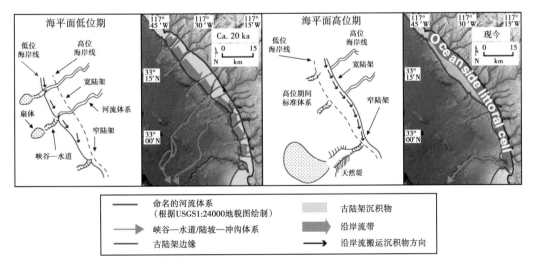

图 4.11　峡谷头部和沿岸带之间的陆架宽度影响峡谷—水道体系活跃情况的示意图

（据 Covault 等，2007）

谷头部捕获时，形成了高位体系域海底扇沉积。4 万年以来，拉霍亚峡谷高位海底扇的沉积速率，是欧申赛德和卡尔斯巴德低位海底扇沉积速率加起来的 2 倍多。图 4.11 是 Covault 等（2007）提出的模式。这些加利福尼亚边界处的海底扇主要通过沿岸流将沉积物直接输送至靠近滨线的峡谷头部。因此，作为将沉积物搬运至深水区的重要作用，沿岸流的强度取决于盆地的风切变或风浪区，以及盆地的地形、方向、宽度、和水深。因此，在具有强烈环流的大陆边缘或受限盆地（如墨西哥湾），沿岸流可能是形成高位海底扇的重要原因。然而，在许多古老的深水体系中，可能并不是这种情况，冰川导致的海平面升降可能仍然是影响沉积物搬运至深水区的主要因素。

Normark 等（2006）提出了另一种粗粒沉积物搬运至加利福尼亚南部小型硅质深海沉积盆地的观点（图 4.12），该研究通过追踪沉积物经历河流、浊流过程最终沉积在深水区的过程，评估了海平面升降和构造作用对其产生的影响。圣莫尼卡（Santa Monica）盆地几乎是一个陆源沉积物输入的封闭体系，主要由圣克拉拉河（Santa Clara River）补给。胡内米扇（Hueneme Fan）由河流直接补给，而较小的木谷（Mugu）和杜梅（Dume）扇则由向南的沿岸流补给。为了绘制圣莫尼卡盆地上第四纪的沉积充填，他们将高分辨率深拖地震反

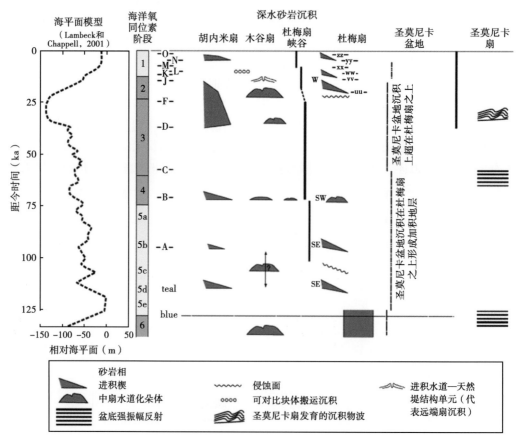

图 4.12　胡内米、木谷和杜梅扇的粗粒沉积物时空关系模式图（据 Normark 等，2006）

海平面曲线源自 Lambeck 和 Chappell（2001）

射剖面和 ODP1015 站点的放射性碳同位素年龄相结合，追踪对比了 3.2 万年的反射层。在上一个冰期旋回，圣莫尼卡盆地远端的沉降速率为 2~3mm/ka，在相对海平面低位时沉积速率增加。当海平面快速下降时，粗粒的中扇朵体从胡内米、木谷和杜梅扇体向盆地进积。这些粗粒沉积层由河道侵蚀和三角洲进积形成。在上次最大冰期的极端低位体系域，沉积物的供给受胡内米扇的控制，中扇和上扇的平均沉积速率高达 13mm/ka。在氧同位素阶段 2（MIS2）的海侵期，木谷和杜梅扇体的沉积速率大于 4mm/ka，向南的沿岸流为这些海底扇提供了沉积物。圣莫尼卡盆地长期的沉积物供给受构造控制，因此在 MIS 10 之前，阿纳卡帕脊（Anacapa Ridge）阻碍了圣克拉拉河向南充注至圣莫尼卡盆地。

Normark 等（2006）对圣莫尼卡盆地深水沉积体系研究得出的结论是，重力流沉积物的类型和分布是以下两大因素互相作用的结果：粗粒沉积物供给速率（河道侵蚀时期最大）和重力流的初始类型，且这两大因素都受海平面控制，它们将影响砂体主要沉积在中扇位置还是深海平原。这两个因素似乎比绝对海平面位置更为重要。

4.2.3　古老海底扇和基准面变化的近期研究

怀俄明州南部兰斯—福克斯山—路易斯陆架边缘（Lance-Fox Hills-Lewis shelf margin）的一项基于大量钻井曲线的层序地层学研究表明（图 4.13 a，b），马斯特里赫特期中等宽度陆架边缘形成进积的关键是较高的沉积物供给速率，至少 47.8mm/ka，并在每次海退穿过陆架时形成大型、富砂的海底扇（Carvajal 和 Steel，2006）。在这一体系中，海底扇从陆架边缘开始发育，陆架边缘的轨迹表现为逐渐上升（代表相对海平面上升），也可以表现为水平（代表相对海平面从稳定到下降）。Carvajal 和 Steel（2006）认为，后者产生了更多的沉积物过路，形成了更大、更厚的海底扇，而前者产生的海底扇相对小且薄。他们将前者称为"高位扇"，并建议针对高沉积速率的体系，谨慎使用低位模式。Carvajal 和 Steel（2006）在小于 1.8Ma 的时间内，共描述了至少 15 个三角洲通过陆架边缘的情况，并指出在相对海平面上升的情况下，许多三角洲可以进积至陆架边缘，也就是说，这一时期盆地内的硅质沉积代表了高位域的沉积。因此，可以认为深水沉积体系实际上可能在海平面相对高位期的下降阶段，形成沉积物的聚集（如约 2.1 万年岁差旋回，处于更长的 10 万年的米兰科维奇旋回内）。这样，海底扇的演化似乎是处于海平面整体上升的阶段，在尚未证实的情况下，严格意义上来讲这些扇应该称为高位扇。

综上所述，将海底扇的发育阶段纳入层序地层各体系域中的模式过于草率，并导致了根深蒂固的误解（Nelson 和 Damuth，2003）。另外，应该认识到，基准面变化只是控制深水沉积相特征的因素之一。一般来说，基准面低有利于形成厚层重力流沉积，但是 20~50m 厚度的富砂、富泥沉积，更可能是水道迁移的响应，而不是基准面变化的响应。

海平面从陆架迁移至陆架边缘的过程，可能会形成湾头（bayhead）、内陆架、中陆架和陆架边缘三角洲。Porbski 和 Steel（2006）认为，这些古老的三角洲类型是可以区分的，且这种区分方式与传统的、完全基于过程的三角洲分类相比，更有优势。湾头和内陆架三角洲通常形成较薄的缓"S"形（clinoform）（厚度分别为几米到几十米），且随着相对基准面的升高不断进积，从而发育一个厚层的海陆交互沉积的"尾部"。中陆架三角洲的斜坡形态与中陆架的水深一致，通常形成一个近似水平的轨迹，很少或不发育海陆交互沉积的尾

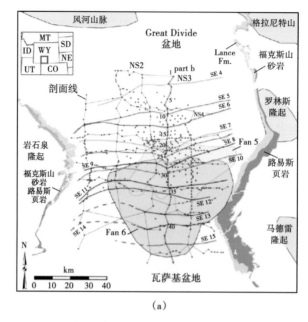

(a)

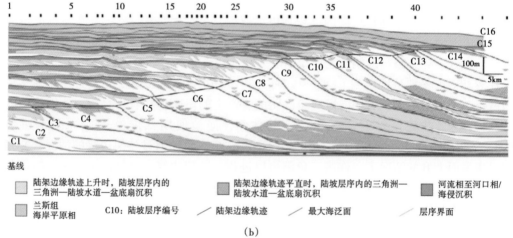

(b)

图 4.13 （a）怀俄明州南部马斯特里赫特阶兰斯—福克斯山—路易斯陆架边缘的地理位置，井点位置以及两个海底扇位置。扇 5 沉积形成在陆架坡折轨迹的上升阶段，而体积更大的扇 6 发育在陆架边缘轨迹较平阶段；（b）NS3 剖面图（图 a 中的橙色线，剖面展示了 1～16 个陆架—陆坡—盆地的沉积单元，垂向存在适当放大），注意，海底扇的最大厚度不一定与该剖面相吻合，因为海底扇的沉积中心会随着时间的推移而迁移轨迹的量化通过 NS2，NS3 和 NS4 剖面完成

（据 Carvajal 和 Steel，2006）

部，而且经常受海侵过程的破坏而变薄。陆架边缘三角洲与稳定—下降的相对基准面相对应，通常不发育海陆交互沉积尾部，形成的斜坡形态最高，并且可以在三角洲前缘发育厚层的富砂重力流沉积。如果基准面低至陆架边缘之下，则陆架边缘三角洲被其自身的水道侵蚀，大量的砂体被搬运至陆坡和盆底位置。

　　Porbski 和 Steel（2006）指出，许多三角洲需要强大的河流驱动才能到达陆架边缘，但当它们接近外陆架时，逐渐转变为波浪控制。如果相对海平面正在下降，或陆架坡折不发育，或盆地水深比较浅，陆架最外侧的潮汐作用会增强。在海侵过程中，三角洲体系往往会受到潮汐或波浪的影响。Porbski 和 Steel（2006）将短时间内（1～10 万年）在陆架上来回迁移，且主要受海平面升降驱动的三角洲，称之为可容纳空间驱动三角洲。海平面没有下降却可以到达陆架边缘的三角洲，称之为供给驱动三角洲。这些高位三角洲在陆架迁移过程中，沉积了厚层、富砂、叠置的准层序，且在陆架边缘往往发育广泛、富泥的三角洲前缘沉积。从概念上讲，这类三角洲通常不会在陆架边缘被侵蚀，它们会形成一个进积的，位于陆架边缘的砂质陆坡裙（Exxon 称之为陆架边缘体系域），而非盆底扇沉积，除非是在沉积供给极高情况下。可容纳空间驱动的三角洲中层序界面最为发育，且对不同的时间尺度（三级、四级和五级，见表 4.1）都有响应。供给驱动三角洲中，层序界面只能在较长的时间尺度上识别，或者可能根本不存在。

　　毫无疑问，我们才刚刚开始理解并认识到，米兰科维奇旋回中全球气候变化对沉积响应的复杂性。过于简单的低位体系域概念（总是与深海环境沉积物的增加相对应），受到了越来越多的挑战。例如，Ridente 等（2009）使用层序地层和年代地层数据（包括 $\delta^{18}O$ 记录）相结合的方法，在亚得里亚海（Adriatic）边缘，水深 260 米处（即陆架和陆坡），揭示了 40 万年以来的米兰柯维奇旋回记录。年代数据和稳定同位素记录通过对浮游和底栖有孔虫的分析获得，来源于亚得里亚海陆坡 PRAD1-2 钻井的连续取心资料（71m）。取心段包括了叠置进积楔的远端部分，是 10 万年沉积层序的主要组成部分。这些层序及其内部的进积单元反映了海平面升降和海洋环流之间的循环作用，且与沉积物供给和区域沿岸沉积物扩散的变化有关。通过陆坡地层单元同位素年龄的标定以及陆坡和陆架的直接对比表明，随着气候和海平面升降（据 $\delta^{18}O$ 记录）组合模式的不同，交替形成两种进积陆坡形态。Ridente 等（2009）指出，在亚得里亚海观察到的这种陆坡形态的变化，与高位体系域时期淹没陆架平流为主的供给机制转化为低位域时期狭窄陆架的整体饥饿沉积相一致。地震和岩心数据表明，这一机制与最近的四次冰期—间冰期循环（周期约 10 万年和 2 万年）反应的海洋环境和沉积路径的重新排列有关。他们进一步指出，亚得里亚海陆架边缘的沉积层序很大程度上受海平面升降控制。然而，传统的层序地层模式并不能预测高位体系沉积的厚度，也没有预测低位体系域向海方向的变薄。经典的层序地层学也认为，可容纳空间对层序结构起主要控制作用，即可容纳空间的充填从陆地方向开始，在所有陆地方向的可容纳空间都被充填后，逐渐向海方向迁移，直至穿过陆架坡折。然而，亚得里亚海陆架边缘的实例，描述了海洋水文体系变化导致的沉积物供给的快速且重要改变，强调了短期海平面升降过程中，沉积物的过路和再分配对层序和边缘结构形成的重要性。

4.3　被动大陆边缘的构造和海平面控制

　　现今被动大陆边缘（第 9 章）提供了一个在完整时间尺度内，理解相对基准面变化的振幅和量级的天然理想实验室。作为一个主要的油气产区，巴西陆架边缘（图 4.14）提供了一个很好的实例。

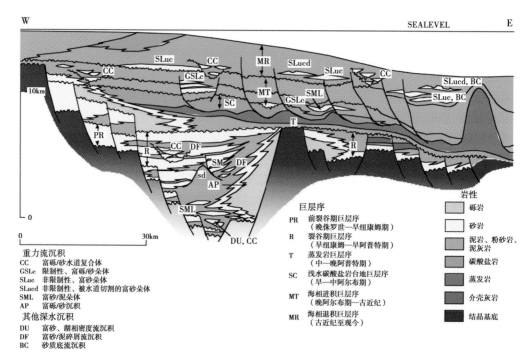

图 4.14　巴西陆架边缘地层示意图（据 Bruhn，1998）
展示了六套沉积巨层序及其沉积时间

在不断演变的被动大陆边缘，由于地壳的减薄，岩石圈的冷却和高密度地幔的置换，等静压驱动的沉降形成了一级和二级层序（表 4.1）。由于拉张和减薄过程涉及整个岩石圈（通常厚达 125km），而不仅仅是最上方的 30km（即地壳），所以较高密度的岩石圈地幔在拉张过程中被较低密度的软流圈所替代，部分抵消了地壳变薄导致的沉降。岩石圈的热恢复时间（100Ma）比大多数裂谷事件（10Ma）要长；因此，拉张岩石圈内的等温线挤在一起，同裂谷盆地经历异常高热流。裂谷之后，热梯度缓慢恢复正常，后裂谷期开始沉积，地层厚度等于或大于同裂谷期的地层厚度。在许多被动大陆边缘，主动拉张阶段的停止和热沉降的发生，基本与海底扩张的启动相一致。岩石圈的挠性刚度取决于时间，经历数百万年时间的快速负载和松弛，岩石圈变得更为刚性。正是这些板块构造过程，形成了与被动大陆边缘演化相关的整个海侵事件。在被动大陆边缘发育的整个时期，从陆相（包括湖泊）到海相深水盆地，存在一个显著的加深过程。巴西大陆边缘由老到新的事件特征包括：（1）大陆裂谷前巨层序；（2）大陆裂谷期巨层序；（3）过渡蒸发期巨层序；（4）浅水碳酸盐岩台地巨层序；（5）海侵巨层序（图 4.14；Bruhn，1998）。一旦海底扩张和洋壳开始形成，沉积物供给速率最终会超过可容纳空间产生的速率，从而导致陆架坡折向前推进，形成海退巨层序（图 4.14）。更高频率、更小幅度相对基准面的变化，形成三级和更高级别的旋回。

新近纪被动大陆边缘，三级和更高级别的旋回很容易通过冰川海平面升降过程解释，例如沿墨西哥湾北部（图 4.15）的地层记录（Prather 等，1998）。

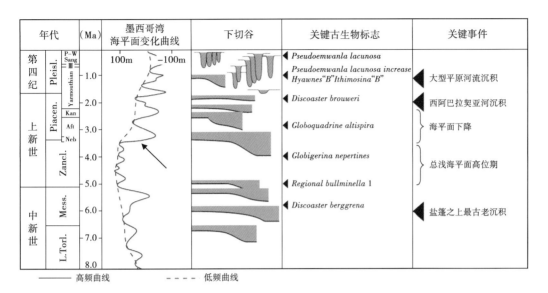

图 4.15 墨西哥湾（GOM）新近纪迷你盆地展示了受冰川—海平面升降一级旋回的控制

图中展示了陆架侵蚀的时间和海平面升降曲线（引自 Prather 等，1998）。"下切谷"中的不对称符号代表了陆架边缘的大型峡谷和滑塌，对称符号代表了陆架边缘较小的峡谷特征。海平面升降曲线据 Haq，Hardenbol 和 Vail（1987）和 Styzen 等（1994）。墨西哥湾的海进—海退旋回和生物地层带按年代边界的绝对年龄（Harland 等，1990）绘制

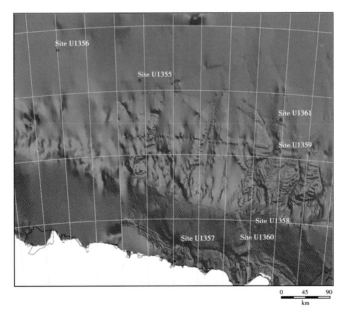

图 4.16 IODP318 航次部分钻井范围的详细测深图（据 318 航次科学家，2010）

大陆架形态不规则，包括几个超过 1000m 水深的内陆架盆地（U1357 站点），从盆地延伸至陆架边缘的侵蚀槽（U1358 站点），以及与侵蚀槽相邻的浅滩（U1360 站点）。陆坡被许多峡谷侵蚀切割，在陆隆位置演变为水道—天然堤复合体（U1359 和 U1361 站点）

IODP 318 航次——南极洲威尔克斯地冰川历史和新生代陆架边缘冰盖的演化，是一个研究相对基准面变化如何导致大陆边缘整体沉积（和侵蚀）结构改变的实例（图4.16，图4.17a，图4.17b，图4.18）（318 航次科学家，2010）。基准面变化是构造、气候和海平面升降的综合响应。318 航次在水深 400～4000m 范围内设置了 7 个站点（图4.16）。图4.18 总结了 53 Ma 以来南极边缘威尔克斯地的构造地层历史（318 航次科学家，2010）。这些图展示了澳大利亚—南极湾（53Ma）的构造历史，澳大利亚和南极洲之间裂谷第二阶段的开启（Close 等，2009），陆架边缘的不断沉降，最后形成现今的海洋/大陆格局。构造和气候变化将南极威尔克斯地由最初的亚热带宽阔陆架环境，转变成一个窄陆架且布满冰块的深沉降盆地（图4.18），发育较厚的渐新世和新近纪沉积物，包括重力流沉积、等深流沉积和滑塌沉积（MTDs）。318 航次科学家（2010）将这一时期（53Ma—33Ma）解释为一个没有冰（"间冰期"）的南极洲。本研究的一个重要方面，是将等深流沉积的地层环境置于被动大陆边缘的演化中。

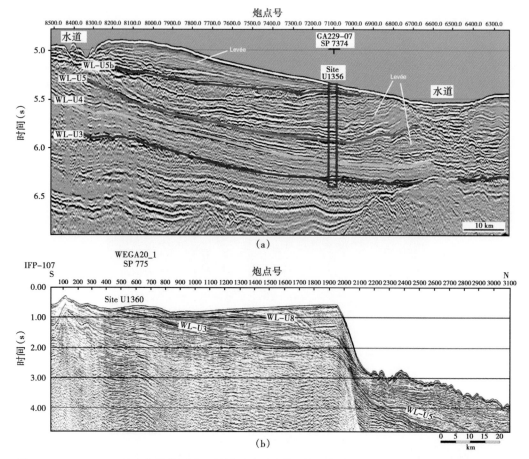

图4.17　（a）U1356 站点位置的地震反射剖面，展示了区域不整合面 L-U3，WL-U4 和 WLU5，红色长方形是 U1356 站点的近似钻探位置；（b）过站点 U1360 的地震反射剖面 IFP 107，剖面展示了威尔克斯地陆架区的主要区域不整合面，U1360 站点钻至 WL-U3 不整合面。红色长方形是 U1360 站点近似钻遇的层位（据 318 航次科学家，2010）

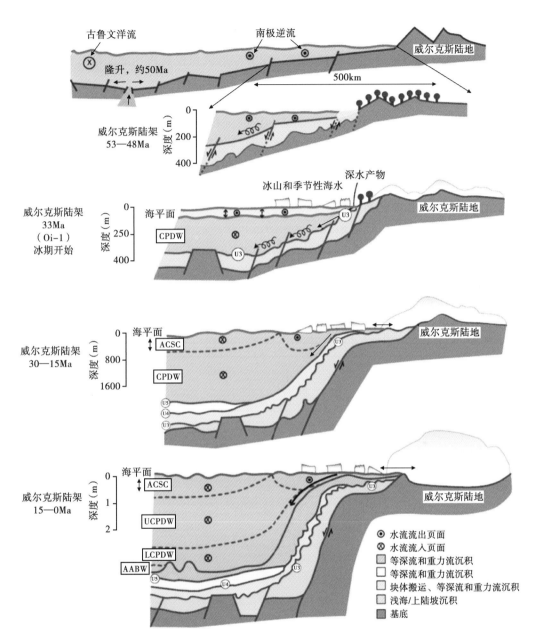

图 4.18　始新世中期（54Ma）以来威尔克斯陆缘的构造、地质、沉积和气候演变模式图
U3、U4 和 U5 对应地震不整合面 WL-U3、WL-U4 和 WL-U5。CPDW—极地深层水，ACSC—南极表层水，
UCPDW—上部极地深层水，LCPDW—下部极地深层水，AABW—南极底层水。据 318 航次科学家（2010）
请注意，这种地层解释倾向于认为 33Ma 之前为间冰期环境

4.4　活动板块边缘的海平面升降

　　很多实例已经证明，冰川海平面升降（Glacio-eustasy）是开阔海域和被动大陆边缘沉积的主要控制因素（Mitchum，1977；Mitchum 等，1977a，b；Vail 等，1977a，b；Pitman，

1978；Haq 等，1987，1988；Van Wagoner，1987，1990；Posamentier，1988；Posamentier 与 Vail，1988a；Vail 和 Posamentier，1988；Greenlee 和 Moore，1988）。最近，还发表了冰川海平面升降对主动板块边缘（包括前陆盆地）深海碎屑沉积控制作用的文献（Pickering 等，1999；Plint，2009）。

为了检验大量极地冰发育期在构造活动板块边缘海平面升降的重要性，Pickering 等（1999 年）详细研究了日本东南部一个前陆盆地的沉积充填（约 118—60 万年）——上新世—更新世的 Kazusa 群深海沉积（图 4.19）。通过研究获取了浮游有孔虫（Globorotalia inflata）的高分辨率 $\delta^{18}O$ 和 $\delta^{13}C$ 记录。结合高分辨率磁化率、总有机碳（TOC）和碳酸钙含量的研究，评估了冰川海平面升降所对应的沉积响应（图 4.20）。化学和磁性资料揭示了全球范围的冰期—间冰期旋回，其中砂岩段与推断的冰期相关，表明冰期—间冰期旋回的相对海平面升降，对深海前陆盆地五级旋回的沉积聚集起主要控制作用。每个砂岩段的厚度约 100~150m（图 4.20），由几套砂岩和富泥段交替组成。远洋和半远洋泥岩中 $\delta^{18}O$ 和 $\delta^{13}C$ 数据的交叉分析表明，米兰科维奇旋回同时控制了岁差和轨道偏心率，其相对重要性在 90 万年（中更新世革命，MPR）时发生了变化（图 4.21）。这项研究表明，极地冰期活动板块边缘沉积物聚集的主要控制因素，可以是海平面升降，并支持在被动大陆边缘发育的层序地层模式，即高频的全球海平面升降可以作为深海硅质碎屑沉积的主要控制因素，

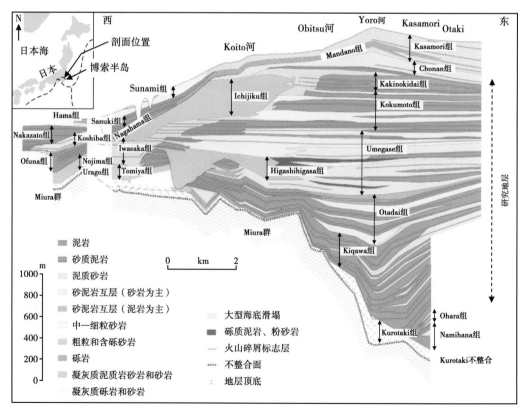

图 4.19　日本东南部 Kazusa 群的位置和地层（据 Pickering 等，1999）

插图标注了博索半岛（Boso Peninsula）的位置和地层剖面位置；虚线标注了俯冲带定义的板块边界

但规模（100~150m；图 4.20）大于单个砂体。

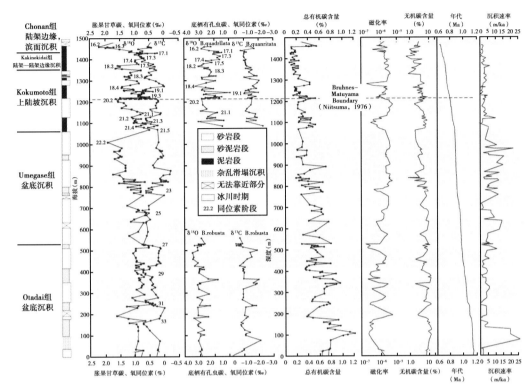

图 4.20　日本东南部博索半岛 Kazusa 群中部碳酸盐岩的岩石学、δ^{18}O、δ^{13}C、TOC、
磁化率和无机碳含量（据 Pickering 等，1999）

图例所在的地层段内，底栖有孔虫种类发生变化，富砂部分的丰度较低。与 δ^{18}O 曲线相邻的数字是海洋氧同位
素阶段。冰期（以蓝色表示）间冰期的边界主要基于同位素数据，但是根据其他数据（TOC、磁化率和无机
碳含量）的结果进行了修改

　　日本大海沟（Fossa Magna）北部，新近纪 Niigata-Shin′etsu 盆地，是一个弧后盆地，提
供了活动板块边缘深水沉积体系受构造、气候和沉积相互作用的对比实例。中中新世裂谷
盆地开始形成，晚中新世盆地反转为挤压盆地（Takano，2002）。盆地充填了厚层海底扇沉
积。各种扇体类型的演变与盆地的构造活动相关。在后裂谷阶段，由于没有明显的地形控
制，主要发育放射状砂质扇体沉积；在盆地反转和挤压阶段，由于同沉积褶皱限制了深水
碎屑体系的空间分布，主要以限制性海槽充填沉积为特征（Takano，2002）。上新世—更新
世期间，海底扇主要在海平面相对高位时发育。根据相对海平面的变化，盆地上新统—下
更新统的沉积层序可划分为两个三级层序：Kkb-Ⅲ-A 和 Kkb-Ⅲ-B。沉积体系的时空分布
表明，三级层序内的 LST（低位体系域），TST（海侵体系域）和 HST（高位体系域）的海
底扇模式，似乎没有明显的差异。沉积速率的估算同样支持该解释，这些海底扇似乎主要
发育在海侵体系域晚期和高位体系域早期。尽管海底扇在低位体系域时期也发育，但是海
侵和高位体系域时期发育的海底扇往往比低位体系域时期的体积更大，粒度更粗。这是由
于当时日本海域特殊的气候条件造成的。当海平面相对高位时，温暖的洋流通过对马海峡

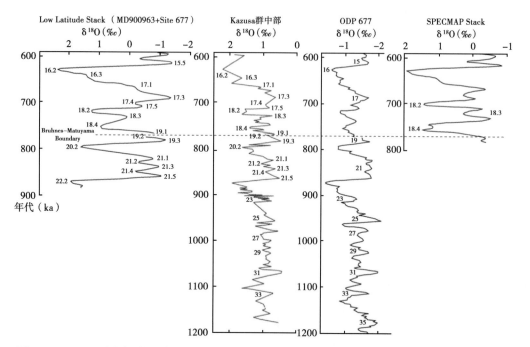

图 4.21 Kazusa 群中部数据（红色）和 Low Latitude Stack（MD900963+Site 677），ODP 677 站点以
及 SPECMAP Stack 数据的对比（据 Imbrie 和 Imbrie，1980；Imbrie 等，1984；Bassinot 等，
1994；Shackleton 等，1990）

偶数阶段代表冰期，奇数阶段代表间冰期。Pickering 等（1999 年）使用 Kazusa 群中部的微体化石界面
（Mita，1993）和古地磁界面（Okada，1995）对地层年代进行了修订

（Tsushima Strait）流入日本海，造成海水升温。来自西北大陆的干冷季风，造成温暖海水的
蒸发，形成大量的云，导致降水增强。增加的径流和沉积物供给，导致更多的粗碎屑沉积
流入盆地。相反，当海平面相对低位时，对马海峡变浅或者暴露，温暖的洋流无法进入日
本海，导致海水变冷。由于蒸发量大大减少，形成干燥的气候，相应的沉积物供给速率下
降。另外，内陆地区的构造抬升阶段可能与高位域阶段相一致，导致高位域阶段沉积物供
给能力的提高。由于盆地源于裂谷盆地，盆地边缘没有足够的空间供沉积物堆积，因此物
源区沉积供给速率的变化对盆地沉积的影响，要大于相对基准面的变化。

IODP317 航次主要针对新西兰南岛东部的坎特伯雷盆地（Canterbury Basin），目的在于
理解全球海平面升降，局部构造和沉积过程，对大陆边缘沉积旋回控制的相对重要性（317
航次科学家，2010）。尽管靠近主要板块边界（以阿尔卑斯断裂为代表），但坎特伯雷盆地
自晚白垩世裂谷以来，一直是个构造相对稳定的地区（Lu 等，2003）；因此将其视为被动
大陆边缘可能更为合适，但在其西侧有一个主要的走滑板块边界。IODP 317 航次考察团获
取了始新世—现今的沉积物，包括晚中新世—现今的记录，即全球海平面升降主要受冰川
控制的阶段。新近纪高速的沉积物供给和聚集，形成了高频（0.1~0.5Ma）沉积旋回。此
外，坎特伯雷盆地毗邻构造抬升山脉（南阿尔卑斯山）和强大的洋流。洋流局部变大，在
进积的第三纪沉积中形成了细长的漂积物。虽然 317 航次考察团没有对这些细长的漂移物

进行钻井，但推测洋流对盆地内的沉积物有很大的影响，包括不发育明显漂积物的位置。上中新统至现今的沉积地层进行了钻井取心，其中三个站点位于大陆架（站点 U1353、U1354 和 U1351），一个站点位于大陆坡（站点 U1352）。大陆坡站点 U1352 钻遇了现今陆坡沉积至始新世灰岩的完整剖面，收获了全部岩性、生物地层、物理、地球化学和微生物资料。该站点还提供了 35Ma 以来的海洋环流和锋面记录。早渐新世（30Ma）的 "Marshall Paraconformity" 是 317 航次最深的钻探目标，被认为代表了澳大利亚和南极分离后，随温盐环流形成的强烈洋流侵蚀或无沉积作用面（Lu 等，2003；Lu 和 Fulthorpe，2004）。

多个针对现代和古老深海峡谷—扇体系相对粗粒沉积物的研究，确认了海平面/气候（包括冰川变化）的强烈控制作用（Hiscott，2001；Babonneau 等，2002；Barker 和 Camerlenghi，2002；Anka 等，2004；Ridente 等，2009；Armitage 等，2010；Backert 等，2010；Bourget 等，2010），但其他人也强调区域和/或局部构造作用是主要的控制因素（Nelson 等，1999；Babic 与 Zupanic，2008；Anka 等，2009；Winsemann 和 Seyfried，2009；Athmer 等，2011）。层状细粒沉积物，如富含有机质的沉积物和生物成因蛋白石，通常被认为记录了强烈的气候信号（Hillenbrand 和 Fütterer，2001；Lyle 和 Wilson，2006；Kroon 等，2007；Mosher 等，2007）。

南非卡鲁盆地（Karoo Basin）二叠系深水沉积，发育在盆地早期的冰期阶段，该盆地存在不同的解释：弧后盆地、热坳陷盆地或前陆盆地（Tankard 等，2009）。Tankard 等（2009）将卡鲁盆地的沉降历史划分为："前—前陆阶段"（Dwyka，Ecca 和下 Beaufort 组）和 "弧后前陆阶段" ——对应早三叠世 Cape 褶皱带的隆升（上博福特群）；物源分析表明，在 Ecca 群沉积期间，Cape 褶皱带不是沉积源区（Johnson，1991；Andersson 等，2004；Van Lente，2004）。Ecca 群上部沉积发生在盆地的海陆交互阶段，从深海环境演变为浅海环境（Flint 等，2011）。Ecca 群的兰斯堡（Laingsburg）沉积中心（卡鲁盆地南部和东部）发育了 1300m 厚的地层，记录了海相盆地边缘的进积过程，从盆地的深海平原（Vischkuil 和 Laingsburg 组）经海底陆坡（Fort Brown 组）到浅海相沉积（Waterford 组）（图 4.22）。Flint 等（2011）将这这套地层纳入层序地层格架中，由三个主要旋回（复合层序组）组成，每个旋回由复合层序和层序组（由基本沉积序列组成）组成。每个沉积层序由一套富砂岩/粉砂岩单元和上覆区域富泥岩单元组成（图 4.22）。他们将富砂岩/粉砂岩单元解释为低位体系域沉积，将富泥单元解释为海侵和高位体系域沉积（Flint 等，2011）。

Figueiredo 等（2010）描述了卡鲁盆地泥岩为主的陆坡沉积地层（图 4.22），并认为晚二叠世冰期的冰川变化，可能造成了有序的地层叠加。地层厚 470m，以泥岩为主，包括 5 个富砂单元（D／E，E，F，G 和 H 单元）。D／E 单元至 F 单元呈现向上变厚的趋势，并向盆地方向进积。从 F 单元顶部至 H 单元底部，叠加模式相反，往上再次观察到向盆地的进积。不同结构类型的富砂沉积，占据了盆地方向剖面的可预测地层位置，从陆坡内朵体开始，经水道—天然堤复合体，到达陆坡峡谷。陆坡内朵体的砂岩含量最高，陆坡峡谷充填内的砂岩含量最低，反映了沉积到过路的变化。向陆退积的地层以泥岩为主，夹薄层边缘沉积。上部向盆地方向进积的地层（H 单元），被认为可能是与陆架边缘三角洲相关的沉积。富砂单元在剖面上的复杂性，被认为是由差异压实形成的陆坡地形控制的。富砂单元之间的远洋泥质沉积，代表了整个陆坡沉积供给的停止，并被认为形成在相对海平面高位时期。研究共确定了 11 个沉积序列，其中 9 个被纳入三个复合层序中（单元 E，F 和 G），

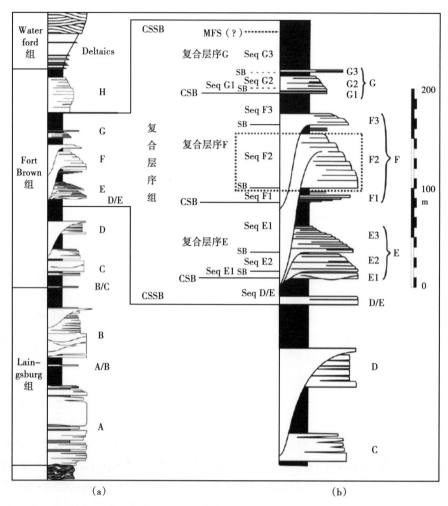

图 4.22 （a）南非卡鲁盆地上二叠统 Ecca 群兰斯堡（Laingsburg）沉积中心的岩石地层；
（b）"复合层序组"的岩石地层和层序级次划分（据 Figueiredo 等，2013）

共同形成一个复合层序组（图 4.22）。

卡鲁盆地 Laingsburg 组（图 4.22）发育多套砂岩为主的深水碎屑岩沉积（兰斯堡组的 A 和 B 单元，以及上覆 Fort Brown 组的 C—G 单元），垂向被区域泥岩所隔开。这套地层记录了二叠纪冰期，盆底至上陆坡的沉积（Di Celma 等，2011）。C 单元提供了几十千米几乎连续的露头剖面，并且存在区域泥岩标志层，可以对深水陆坡体系的沉积相和结构单元的分布进行描述，露头沿陆坡方向延伸 30km，横切陆坡方向延伸 20km。结构单元和沉积环境（外部天然堤、受天然堤限制的水道、水道前端朵体）的时空分布，揭示了深水沉积体系的沉积类型和地层结构随时间的显著变化。C 单元的逐步演化：由一个微弱下切且受天然堤限制的水道及其下倾方向的前端朵体（C1），通过一个更为稳固和蜿蜒的水道复合体（C2），到达区域退积的远端薄层沉积体系（C3）。C 单元被解释为一个低位层序组，由三个沉积序列组成，每个序列包括一个砂岩为主的低位体系域（C1，C2 和 C3）和一个泥岩为主的海侵和高位体系域。叠置的海侵和高位层序组以 C 单元和 D 单元之间 30m 厚的泥岩层为标志。C 单元和上部的泥岩层一起组成 C 单元复合层序。在 C 单元低位层序组中，从 C1 到 C3 的演化反映了先向盆地然后向陆地迁移的沉积过程，被解释为是流体能量（体积和效率）先逐渐增强，然后逐渐减弱的产物。

4.5　相对基准面的改变和沉积物搬运过程

应用层序地层学原理来理解陆相、浅水和深水沉积体系之间的关系，存在重要但尚未解决的不确定性，表现在对沉积搬运过程的识别。地质学家在野外可以使用哪些标准？直观来讲，基准面的每一次变化似乎都可能改变不同沉积搬运过程（如风暴引起的失稳或外陆架对流、潮汐流、沿岸流、河流直接输入及各种陆坡失稳过程）的相对重要性，以及最终的沉积通量。

一般来说，基准面的相对下降（如海平面下降）会形成早期低位体系域沉积，伴随陆坡冲沟的增加，粗粒沉积物被搬运至深水盆地，包括海底峡谷的加速侵蚀和沉积过路，例如狮子湾（Gulf of Lion）西部（Baztan 等，2005）。低位域期间，风暴浪基面向陆架坡折迁移，产生更强的风暴冲击，导致沉积物的失稳、悬浮并被搬运到盆地方向。陆架可容纳空间的减少以及与陆架边缘沉积物供给速率的增加，导致了陆架边缘三角洲（Muto 与 Steel，2002；Dixon 等，2012）的发育，并将粗碎屑沉积搬运至陆坡和深水盆地。随着基准面的不断下降，陆架边缘三角洲越来越多地提供河流与深水体系之间的直接输送。这有利于河流在洪泛过程中，形成异重流和其他重力流沉积（Normark 和 Piper，1991；Plink-Björklund 和 Steel，2004）。另外，相对基准面在下降过程中，深水水道体系的"决口点（avulsion nodes）"（即水道突然横向迁移的点，且水道不再汇入原先体系）向海迁移。随着相对基准面的下降，陆坡失稳事件（不管是滑动、滑塌还是黏性流体）越来越明显，因为在较强风暴和较大沉积物通量的作用下，陆架边缘变得越来越不稳定。另外，任何相对基准面的下降都会使静水压力降低，并可能导致天然气水合物的分解，从而进一步降低陆坡沉积物失稳所需的临界剪切力（参见与间冰期大陆边缘天然气水合物灾害性释放相关的观点，如 MacDonald，1990；Mascarelli，2009；Maslin 等，2010）。

在任何沉积体系中，都很难约束再沉积过程的实际触发机制，如地震触发、极端洪水事件（包括异重流）或其他过程（参见触发机制的讨论，Carter 等，2012，2014；Collela 等，2013）。目前正在制定通过不同过程区分沉积类型的标准。美国西部太浩湖（Lake Tahoe）的研究，阐述了一种潜在有用的方法，研究表明各种再沉积过程对湖盆深部沉积地层都构成了一定的贡献。太浩湖的南北向长 34km，深 505m，是美国盆岭省（Basin-and-Range province）边缘的一个构造活跃的盆地，盆底相对平坦，边缘局部陡峭，包括一个高达 40m 的垂直陡坎。在湖盆的西部、南部和东部发育碎屑流裙（图 4.23）。研究认为这些碎屑流裙是 16 万年前太浩冰川（Tahoe Glaciation）的尾部，来自湖盆的西部和南部，在现今湖底可以发现（Gardner 等，2000）。麦金尼湾（McKinney Bay）的碎屑流崩塌推测来源于太浩湖西缘，分为三个阶段：（1）初始阶段，大块体进入盆地；（2）流体被东面盆地边缘反射，向西面、北面和南面扩散；（3）失稳后的沉积将碎屑流崩塌掩埋（Gardner 等，

2000）。这些碎屑流裙的早期解释包括以下两种：湖盆边缘沉积物与冰期滑塌相关的失稳（Hyne，1969；Hyne 等，1972，1973），太浩湖西部出口附近冰坝的崩塌，急剧降低的湖平面导致的滑塌（Birkeland，1964）。

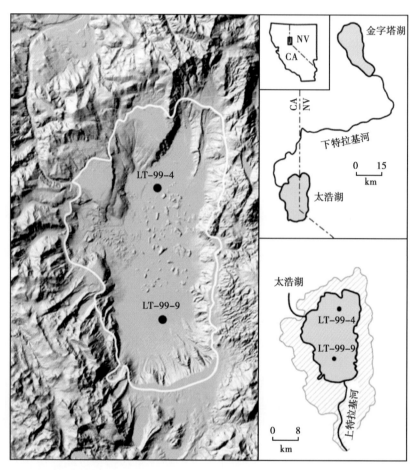

图 4.23　太浩湖水深、地貌数字模型（USGS）及其取心位置（据 Osleger 等，2009）

图中白线为湖岸线。请注意湖底的大块堆积物（即麦金尼湾碎屑崩塌）。右上：太浩湖通过下特拉基河（Lower Truckee River）流到内华达州西部的金字塔湖（Pyramid Lake）。右下：太浩湖流域面积（斜线）图

　　美国地质调查局开展了一项地震和取心计划，使人们对湖底沉积的搬运过程有了更进一步的认识。LT99-9（南）和 LT99-4（北）的取心收获了 1.5m 长的岩心，记录了 7500 年以来的地层记录。虽然处在构造活跃地区，直观认为可能会因为地震产生大量的浊流沉积，但事实并非如此，至少从 7500 年以来不是（图 4.24，图 4.25）。相反，岩心中的大部分重力流沉积被认为是浊流沉积，可能发生在极端洪泛期间（5600 年，4600 年，4500 年，4250 年和 3100 年）（Osleger 等，2009）。这些异重流（hyperpycnal）沉积的特征是：底部沉积物达粗粉砂级别，然后为正粒序沉积，这与 Mulder 等（2001）描述的海洋异重流沉积非常相似（图 1.37）。有机组分的分析：C／N 比表明是陆源沉积，$\delta^{13}C$ 表明是湖相藻类，C_3 和 C_2 为陆源植物。沉积物含有显著的陆源轻质土壤成分（Osleger 等，2009）。

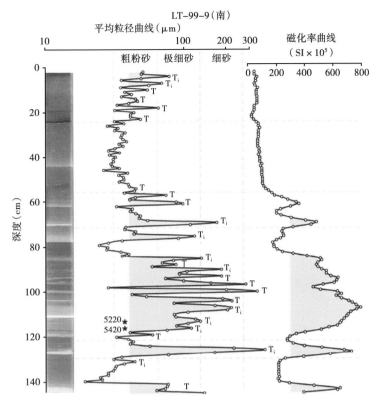

图 4.24　太浩湖 LT-99-9（南）取心的 X 射线照片、平均粒径曲线、磁化率曲线和 AMS 数据
（据 Osleger 等，2009）

粒度和磁化率曲线由 145 个数据点构建而成，粒度图中的阴影区域根据粒度截至值 40μm 界定，
浊流沉积物用字母 T 标记，底部具有反粒序的沉积标记为 T_i

　　内潮汐（在海洋的所有位置几乎都有发现）对细粒沉积物的悬浮、搬运和沉积的重要性仍然知之甚少。我们考虑内潮汐，是因为它们可能导致细粒沉积物在深海体系中的沉积，但却与相对基准面的变化无关，尽管潮流强度会受到基准面变化的影响。内潮汐也容易受到天文时间尺度的影响（de Boer 和 Alexandre，2012）。内潮汐是由海底地形上的正压潮汐形成的，通常可延伸至几百米水深，某些情况下可延伸至 1km 水深。正压潮汐流是伴随海平面潮汐变化的周期性运动，通常波长可达 6000km，在海盆周围运动。内潮汐在输送细粒沉积物至深海环境是重要的，例如莫桑比克海峡（莫桑比克与马达加斯加之间的狭窄通道）（Manders 等，2004；da Silva 等，2009）。Manders 等（2004），利用海中部署的水流计，发现内潮汐无处不在，海面附近最强［在 250m 水深时为 4cm/s，在密度跃层（pycnocline）附近则高达 12cm/s］，600m 水深时小于 3cm/s，在底部略有增加。Da Silva 等（2009）研究了莫桑比克海峡的索法拉（Sofala）陆架，从中发现了两种不同类型从陆架边缘向海洋移动的内波序列。他们认为这两列波分别直接产生在陆架坡折位置和"局部"产生在距离陆架坡折 80km 处，由于受温跃层内部潮汐辐射的影响。他们还研究了波浪类型的季节差异，在南半球的夏季时期，这种波动大量进入莫桑比克海峡，而在南半球冬季的时候，稍微向南

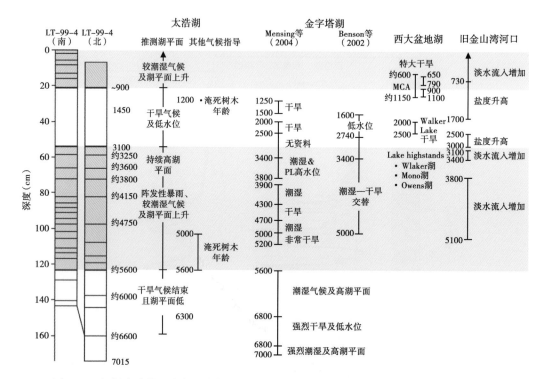

图 4.25　根据湖水位和古气候事件推测的太浩湖重力流沉积频率（据 Osleger 等，2009）

左边展示了下部和上部重力流沉积的频率；单期重力流沉积的地层位置（在岩心中用水平线表示）由最大平均粒径的位置确定。AMS 和灰分数据不用符号·表示，而岩心之间通过对比插值的重力流沉积年龄用符号·表示。

PL—金字塔湖；MCA—中世纪气候异常

偏，据此他们推测，由于冬季分层的减少，"局部"产生过程更可能在冬季发生。da Silva 等（2009）使用简单的两层计算，表明长波相的波速在一年时间内大致相同（1.4m/s），10 月份温跃层偏弱，由深层补偿。

内潮汐在马卡萨（Makassar）陆架上也有很好的记载（Hatayama 等，1996；Nummedal 等，2001；Ray 等，2005；Robertson 和 Ffield，2008）。马卡萨陆架的潮差只有 2m，雨量和径流量都很高。这片海域是世界上最平静的海域之一，波浪高度小于 1m（Seasat 数据）。温跃层在半天时间内垂直移动了 40m，这一运动产生了强烈的内潮汐和潮汐流，在相邻的深水区持续存在。水流计记录表明，965m 水深处的当前速度接近 0.5m/s（Nummedal，2001）。沉积物波的发育是对这种强烈的深部内潮汐的沉积响应，表现为加积和向上迁移。这种沉积物波不是等深流沉积（第 6 章），尽管它们的形态和粒度相似。三维地震反射数据显示了峡谷头内部和之间，广泛发育大型、低起伏地形。底形通常是不对称的，具有内部上超的几何形状，表现为向上迁移的特征，横向远离峡谷底部，朝向海峡间脊部。底形的起伏在 10m 左右，波长在 1km 左右。底形的活塞取心表明，主要为黏土泥岩和薄层砂岩（Nummedal，2001）。

大体积的重力流沉积，如 C2.4 的"巨型浊积岩"成因，一般归因于灾难性的陆坡失稳，导致大量沉积物从较浅位置搬运至下倾方向的深水环境中。通常推断为地震触发

（Mutti 等，1984）或者天然气水合物的释放（Bugge 等，1987；Nisbet，1992），相反，Rothwell 等（1998）认为海平面升降也可能是造成失稳的条件。他们使用放射性碳同位素测年法，对五个间隔较大的岩心进行了测定，并对地中海西部巴利阿里盆地（Balearic Basin）2.2 万年前的大体积（500km³）岩层进行了约束。这是巴利阿里盆地过去 10 万多年来的主要沉积事件，从末次最大冰期海平面最低位时开始沉积。Rothwell 等（1998）认为失稳是由于海平面低位引起天然气水合物不稳定造成的，但也"不排除其他触发机制，如地震"。

4.6　自旋回过程

4.6.1　海底水道的自旋回特征

近年来，人们越来越认识到自旋回过程在控制深海侵蚀和沉积方面的重要性。20 世纪 70 和 80 年代，层序地层学模式的过度应用，将深水沉积的大部分相变都解释为基准面（相当于海平面）变化的结果。虽然通过观测、实验和理论等研究，表明自旋回过程应当发生，但是在动态的环境中（例如不断变化的全球气候、区域气候情况、构造和其他过程），很难否定除自旋回过程之外的所有其他控制因素。本节探讨了可能的自旋回控制实例。

相比陆架边缘的大规模演化，较小规模的海底环境可能记录了反应相对基准面变化的可预测地层结构。例如，Pirmez 等（1997）对亚马逊扇的水道—天然堤及其相关沉积的研究，阐述了一个与水道发育相关的沉积演化序列（图 4.26，图 4.27）（参见第 7.2.3 节）。

在亚马逊扇的扇中位置，席状富砂单元在地震剖面上表现为强振幅反射体（HARP）。HARP 沉积与新水道的改道相吻合。下扇方向，HARP 通常直接叠置在一起，由于漫溢沉积向盆底方向逐渐减薄；这些 HARP 单元可能包含形成在水道口的沉积物（图 7.10）。HARP 层段内的重力流沉积为 5~25m 的砂体，由 0.1~4m 厚的单砂层组成（图 7.11）。这些砂体与中扇位置水道的改道相关。大多数砂层厚度超过 1m 且含泥质碎屑，通常解释为水道改道后对上陆坡天然堤和水道的侵蚀形成。在下扇位置，叠合形成的砂体厚达 50m，单层厚度一般大于 3m，含有大量的泥质碎屑。大多数叠合地层没有明显的厚度变化趋势（表 5.2）。这里的关键点是，虽然这些砂体可以解释为相对基准面变化（即先下降，然后上升回填）的响应，但是岩心的年代数据表明，它们形成在同一个海平面低位期，没有相对基准面的任何变化（Hiscott 等，1997c）。在基准面固定阶段（对比充填—溢出模式，4.6.2 节），它们的形成可以完全归因于水道的决口和逐步废弃的过程。

亚马逊扇水道的决口，使砂体突然沉积在水道—天然堤体系之间的地形低部位（图 7.10）。地震剖面上 HARP 对应的砂体，位于角度和侵蚀不整合之上，标志着新的水道—天然堤体系发育的开始。在决口位置，HARP 中的单层砂体厚度可达 12m，叠合砂体可超过 30m（图 7.11）。

水道分叉导致尼克点（knick-point）的形成，可能导致流体的加速，浊流的侵蚀能力增强。上游水道侵蚀和弯曲度的变化，可能导致分叉位置流体中的砂质和碎屑供给的增加。分叉点下游，流体的横向扩散相对自由，仅受相邻水道—天然堤单元的地形限制（图 7.10）。形成 HARP 反射层的砂体很可能是不连续的，因为水道的溯源侵蚀要经历梯度的变化。水

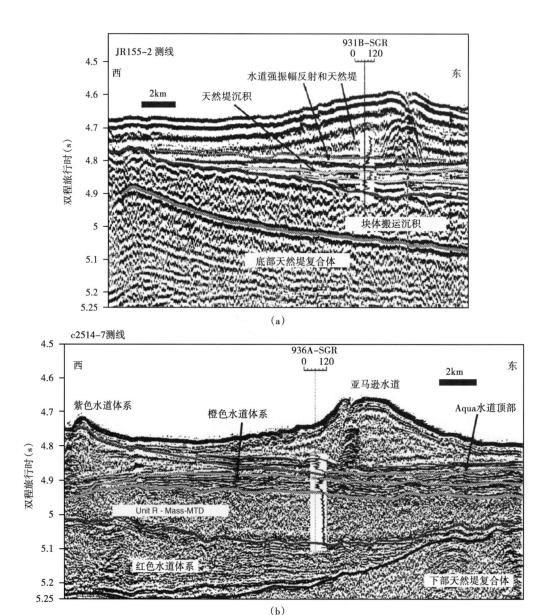

图 4.26 亚马逊扇过 ODP 931 站点（a）和 936 站点（b）的地震解释剖面（据 Pirmez 等，1997）
通过合成地震记录在地震剖面上标定了伽马曲线，而双程旅行时来自声波测井

道间低部位砂体沉积位置的周期性变化，也可能形成 HARP 单元中较厚的地层。

总之，在中扇位置，HARP 单元及其分支，形成了厚 10～30m 的砂层组，明显区别于其上下的薄层漫溢沉积。在下扇位置，类似的砂层组往往叠置在一起，中间夹很少的漫溢沉积物，可形成厚达 100m 的富砂单元。如果这些砂质地层上覆加积的水道轴部沉积（HAR），那么总的砂层厚度会更大。在亚马逊扇中，富砂单元（HARP 和 HAR）被薄层粉砂和粉砂质泥岩包裹，如果富砂沉积最终成为油气藏，那么这些泥质沉积则为地层圈闭提

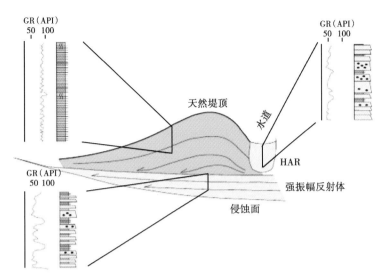

图 4.27　亚马逊扇水道—天然堤体系的几何形态、地层、岩相和伽马曲线特征总结（据 Pirmez 等，1997）包括一套席状富砂序列，由水道决口形成的富砂堆积（强振幅反射体，HARP），以及富泥天然堤加积限制下的加积水道砂沉积（强振幅反射，HAR）。测井和岩性剖面厚 30~50m。该模式基于 ODP 站点 931、935、936、944 和 946 的数据

供了盖层。砂体底部的突变是由于上游的决口和扇体沉积中心的突然横向迁移导致的。

在地表环境的野外和实验研究中，自旋回的侵蚀和充填过程，都被认为是引起水道和席状沉积之间转换的原因（Whipple 等，1998；Hamilton 等，2013）。如果这样的过程发生在深水环境中，那么可以合理地预期，可能存在单个或多个上游沉积输入点（通过古水流方向观测到或推断出），在水道单元的不受限和偏席状位置发育补偿叠置模式，由较难预测的"朵状"结构加积叠置形成（北海古新统 Heimdal 地层的补偿叠置模式，Fitzsimmons 等，2005）。

实验室水槽—水池研究表明，自旋回过程可能是重要的（Lancien 等，2004；Hamilton 等，2013）。Lancien 等（2004）模拟了被沉积物覆盖的海底陆坡，通过 30 个实验结果，再现了海底的笔直峡谷和弯曲水道。他们在斜坡顶部连续注入盐水，模拟持续的密度流。这些实验中，斜坡的斜率、输入的流量和盐水的浓度都是可控的。使用光学采集技术，可以在侵蚀水道形成至前端朵体沉积期间，连续测量沉积物表面的地形。

在密度流扩散的初始阶段，水道初始阶段开始，然后是一个正反馈机制，促进了进一步的侵蚀。随后发生退积侵蚀，在某些情况下获得的是一个稳定状态。通过计算连续成图之间的差异，创建了详细的随时间变化的沉积和侵蚀速率图。将这些图叠置到一起，就形成了一个三维的沉积速率体，展示侵蚀、过路和沉积的自旋回过程。三维体的剖面形态，非常类似于地震数据中观察到的海底水道体系的形态（Lancien 等，2004）。虽然该实验提供了丰富的信息，但是只表明这是深水体系中水道侵蚀和沉积的一种可能，却不一定是实际情况，因为该实验没有改变沉积物的通量、沉积能力（如流体类型）和水平面变化。另外，在沉积物大量输入期间，扇三角洲水下部分的梯度更陡，自旋回控制可能更加重要。

即便是异旋回作用（如海平面升降）触发的深水重力流沉积，Skene 等（2002）依然认为，天然堤不应该是外部控制因素的敏感指标。他们提出天然堤结构单元可能主要反映漫溢沉积的一般过程，所以天然堤结构单元应该仅仅反映了自旋回控制作用。Skene 等（2002）得出的结论是：

因为层序地层学模式依靠的是异旋回作用形成的可广泛对比的时间—地层界面（Van Wagoner 等，1990），而天然堤结构单元中缺乏强烈的异旋回信号，意味着将天然堤结构单元纳入层序地层框架不能形成天然堤沉积的预测模式，除非异旋回水道的长度影响水道的大小。

在加积为主的水道体系中，由席状沉积到水道化沉积的垂向转变，可以通过天然堤水道在朵体之上的自旋回进积过程来解释（图 7.10）。相反，垂向转变为席状的沉积，可以解释为水道的决口，然后被后续水道的漫溢沉积逐渐覆盖（图 7.9 的 935 位置）。但是，这种自旋回变化不能解释侵蚀水道和席状沉积之间的重复转变。向上变薄的趋势或许可以通过自旋回控制进行解释，水道内的沉积与天然堤高度的增长并不同步，导致更多的流体受到限制。

是什么控制席状沉积到水道化沉积的垂直转变？在这个问题的研究中，McCaffrey 等（2002）描述了一个侵蚀水道与席状砂体之间垂向交替沉积的实例，位于法国东南部阿尔卑斯前陆盆地远端，属于始新世（Priabonian）Grès de Champsaur 深水硅质碎屑岩体系。水道具有对称、透镜状、侵蚀的特征，宽 900~1000m，深 65~115m，轴向可追踪 5km。水道充填被横向连续的席状砂层覆盖，且位于水道边缘的细粒沉积物之上。下部沉积地层中没有发现水道沉积，表明在充填之前，水道是与保存下来的水道沉积尺寸相当的开阔海底水道。这些水道垂向叠置，但轴部侵蚀使较年轻的水道沉积与较老的水道和席状沉积并置。主要的水道充填相包括粗粒叠合砂岩，通常具平行或交错层理（相 B2）。细粒砂岩—泥岩互层（相 C2，D2）和含碎屑泥质碎积岩（相 A1），常以侵蚀残余形式保存，表明水道经历了复杂的加积和侵蚀。水道的侵蚀、充填以及席状砂岩沉积的重复循环出现，表明古海底遭受了反复的侵蚀切割和愈合。McCaffrey 等（2002）认为，自旋回过程不能解释 Grès de Champsaur 地层的水道沉积，因此，提出了侵蚀过程与相对较陡的轴部梯度相关，而席状沉积与较缓的轴部梯度相关，侵蚀水道和席状砂岩的重复转变，由沉积物速率和海底坡度的变化控制。

4.6.2 陆坡盆地的充填—溢出模式

陆坡可根据地形分为以下两类：（1）非均夷坡（above-grade slopes），发育陆坡盆地或具有阶梯状沉积剖面的陆坡；（2）均夷坡（graded slope），没有明显地形起伏的陆坡。以下关于沉积过程的讨论，主要针对非均夷坡发育的三种可容纳空间：滞流盆地（Ponded-basin）、愈合陆坡（healed-slope）和可容纳空间较少的下切海底峡谷（图 4.28）。陆坡环境的可容纳空间是不同梯度沉积剖面之间的空间。Ross（1989）提出了陆坡调整模式，认为局部侵蚀和沉积过程使陆坡逐渐趋于平衡（Ross，1989；Thorne 与 Swift，1991；Ross，W. C. 等，1995）。Pyles 等，（2011）定义了地层均夷程度（stratigraphic grade）的概念，指"成因相关的沉积体系中，陆坡至盆地地层剖面形态的相似性"。他们提出，地层均夷程度可以预测地层（储层）结构，并用四种方法共同定义了地层的均夷程度：（1）四级层序界面的区域叠加模式；（2）四级层序内沉积轨迹和陆架边缘轨迹之间的关系；（3）从陆坡到盆地四级层序界面的剖面形态；（4）同一体系内陆坡到盆地剖面形态的相似性。使用这种方法，Pyles 等（2011）得出结论，四级旋回中地层（储层）结构的多个特征与地层均夷程度有关：（1）四级层序中砂体的纵向分布；（2）四级层序中最大砂体相对于沉积中心的位置；（3）四级层序内海底扇的长度；（4）结构单元的纵向和垂向变化。

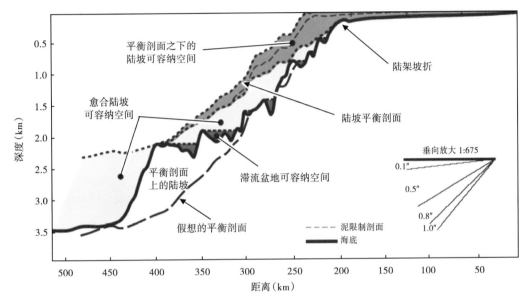

图 4.28　墨西哥湾中部的海底剖面图（据 Prather，2000）

展示了典型非均夷坡的可容纳空间分布：（1）滞流盆地可容纳空间（深色部分）；（2）陆坡可容纳空间（灰色）；（3）愈合陆坡可容纳空间（浅灰色）（据 Prather 等，1998，修改）。图中均夷坡剖面来自墨西哥湾东部的非限制性陆坡，坡度约 0.88°，向南倾斜

在平衡陆坡背景下，层序地层学原理在深水沉积体系中较有影响的应用是图 4.29 和图 4.30（Prather 等，1998；Prather，2000；Beaubouef 和 Friedmann，2000；Beaubouef 等，2003）中所述的"填充和溢出"模式。这个模式的概念主要来源于墨西哥湾，考虑了滞流可容纳空间以及这种可容纳空间在陆坡上的产生和消失的方式。滞流可容纳空间位于陆坡中较低的三维封闭地形中。滞流可容纳空间通常形成在陆坡内部，是局部盐岩（例如图 9.9）或泥岩析出的结果，但是也可能与构造运动有关。在盐析地区，滞流可容纳空间通常呈圆形到半圆形，并向盆地方向逐渐增加。在泥岩析出地区，泥岩盆地的可容纳空间通常呈线形到弧形，位于深水区冲断带的向斜内或切割海底的断层上盘。填充和溢出过程在这种陆坡上占主导地位：陆坡内的滞流盆地最终被充填形成低梯度的台阶状平衡剖面（Satterfield 与 Behrens，1990；Winker，1993；Prather 等，1998；Prather 等，2012a，b）。

墨西哥湾陆坡盆地的地震相，反映了不同深水沉积过程和可容纳空间演化的相互作用（Prather 等，1998）。这种相互作用的过程，产生了从早期富砂充填到晚期富泥充填和沉积过路的转变（图 4.29）。滞流相组合以收敛底超相（Prather 等，1998；Prather，2003）结合

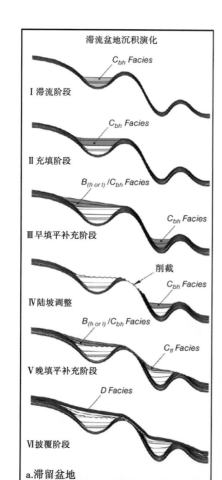

图 4.29　滞流盆地和过路沉积的理想沉积层序（据 Prather 等，1998，2000）

（Ⅰ）盐析形成的滞流可容纳空间捕获海底扇沉积；（Ⅱ）扇体沉积填满可容纳空间；（Ⅲ）滞流盆地被填满之后，重力流向下溢出，使陆坡逐渐愈合；（Ⅳ）当平衡剖面调整到下一个滞流盆地高度时，对上倾方向的滞流盆地产生局部侵蚀；（Ⅴ）当下倾方向滞流盆地填满时，侵蚀位置发生回填作用，两滞流盆地之间的陆坡逐渐形成一个局部平衡剖面；（Ⅵ）当陆坡达到平衡，或者海平面上升导致沉积物输入减少，或者陆坡滑塌时，泥质重力流和/或半远洋沉积披覆在陆坡之上；（Ⅶ）当盐析导致的局部沉降速率大于沉积速率时，形成的可容纳空间捕获海底扇沉积；（Ⅷ）滞流可容纳空间填满后，发生陆坡的进积；（Ⅸ）退积的准层序组表明，"愈合期"沉积降低局部坡度，随后发生局部的陆坡进积；（Ⅹ）当陆坡达到平衡，或者海平面上升导致沉积物输入减少，或者陆坡滑塌时，泥质重力流和/或半远洋沉积披覆在陆坡之上；（Ⅺ）随着陆坡的进积和/或向盆地方向的倾斜，陆坡变陡发生大范围的块体搬运沉积。参见 Prather 等（1998）进一步对地震相的解释。图 4.29b 将这个假设模式与墨西哥湾西部 Brazos-Trinity 沉积体系实例进行了对比

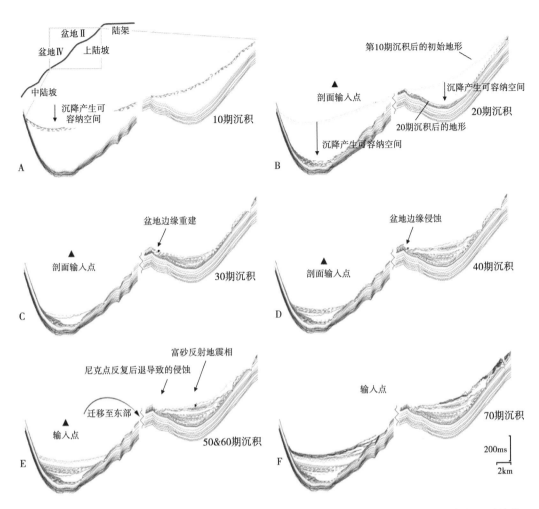

图 4.30　美国墨西哥湾西部海域上陆坡位置的 Brazos-Trinity 沉积体系在盆地 Ⅱ 和Ⅳ中的地层演化
（据 Prather 等，2012a）

Brazos-Trinity 沉积体系由四个相连的晚更新世陆坡内盆地（Ⅰ—Ⅳ）组成：（A）最初盆地Ⅱ和Ⅳ是非限制性陆坡的一部分，随着盐岩的析出，盆地Ⅳ形成了小于 60m 的滞留可容纳空间。插图显示了 Brazos-Trinity 沉积相对于陆架和陆坡的位置。黑线表示了 10 期沉积后假设的陆坡形态。（B）盆地Ⅱ形成之前，盆地Ⅳ中出现最老的 Brazos-Trinity 体系沉积。盐岩的析出导致盆地Ⅱ产生了可容纳空间，同时盆地Ⅳ的可容纳空间进一步增加。（C）盆地Ⅱ开始接受重力流沉积。黑线表示了 20 期沉积后假设的陆坡形态。（D）盆地Ⅳ中 40 期沉积期间，发生了过路的第一个重要证据，对应盆地Ⅱ的侵蚀和早期过路。（E）第 50/60 期沉积时，同时填充盆地Ⅱ和Ⅳ。（F）盆地Ⅳ中最浅的沉积，对应盆地Ⅱ中天然堤水道的过路

局部杂乱、披覆相为主。过路相组合以收敛减薄相和广泛分布的杂乱、披覆相为主。这些单元代表了不同类型陆坡可容纳空间的充填。地层上从滞流相组合转变为过路相组合，可以突变也可以在数百米地层范围内渐变。墨西哥湾中部上新世晚期（2.0—1.8Ma）和更新世早期（1.2—1.0Ma）就发生了这种转变。从上陆坡盆地到中陆坡盆地几乎同步发生的过渡表明，更新世期间二级海平面的下降（表 4.1）以及密西西比河较大的流域面积，导致

沉积物供给的增加，是产生这种大型地层结构变化的主要控制因素。图 4.30 展示了墨西哥湾西部 Brazos-Trinity 沉积体系如何填充相连陆坡盆地的实例（Prather 等，2012a；参见 Prather 等，2012b 关于尼日尔三角洲上陆坡海底扇实例）。

非均夷坡的典型特征是下部发育塑性地层，陆坡中部发育大量滞流盆地和愈合陆坡可容纳空间（Prather，2000）。世界各地有许多非均夷坡，但以墨西哥湾（GOM）最为最典型。墨西哥湾的特征是陆坡盆地的沉降速率很高（局部大于 10km/Ma），并受冰川融水峰值的影响。滞流盆地的填充和溢出过程主导了非均夷坡的早期沉积，早于非限制性陆坡的进积（Prather 等，1998；Prather，2000）。过多个滞流盆地的台阶状平衡剖面，形成了晚期非限制性陆坡进积的基础。非限制性陆坡沉积发生在陆坡和愈合陆坡的可容纳空间中。这些空间被进积三角洲前缘充填，当坡度超越临界角度后发生垮塌。由于坡度较高，富砂海底扇不容易沉积在陆坡位置，所以以富泥沉积为主。砂岩通常与水道相关，形成局部相对不受限的沙席。

计算机辅助地质建模是设计、观察并测试沉积过程的重要步骤。沉积盆地中地层的数值模拟对发展和量化盆地演化概念，预测沉积相分布和结构，快速测试前缘盆地的勘探方案，限制地下数据的多解性，以及开展敏感性测试以评估盆地基本控制作用等方面非常有用（Aigner 等，1987；Lawrence 等，1987，1989，1990；Lamb 等，2004；Violet 等，2005；Toniolo 等，2006）。

Prather（2000）使用一套内部的地层正演模拟软件（STRATAGEM），进行了墨西哥湾沉积过程的可视化模拟，该模拟可能适用于其他陆坡和坡脚体系。正演模拟表明，冰川融水峰值不会从根本上改变陆坡的沉积结构，但确实迫使重力流沉积在海平面上升阶段持续发生。这些模拟还表明，陆坡内盆地的快速盐析，控制了陆坡可容纳空间的分布，从而控制了地层结构。

Prather（2000）对墨西哥湾迷你盆地（mini-basin）的研究主要有以下结论：（1）陆坡内盆地的快速盐析，控制了陆坡可容纳空间的分布，从而控制了地层结构；（2）多幕式沉积的盆地与恒定沉积通量的陆坡体系相比，更可能发育具多套储/盖层组合的厚层沉积；（3）持续较高的沉积通量，迫使非限制性陆坡的进积发生在滞流盆地的早期沉积之上；（4）在每个沉积通量较小（凝缩段沉积）的沉积循环末期，允许局部沉积表面下降到台阶状平衡剖面之下，重新形成滞留可容纳空间；（5）沉积供给的大幅高频变化，促使陆坡内盆地在沉降过程中形成额外的可容纳空间，增加了形成叠置储/盖组合的可能；（6）如果没有气候导致的高频沉积通量的变化，盆地的沉降速率可能不足以建立和维持长期的滞留可容纳空间；（7）在没有滞留可容纳空间的情况下，整个陆坡体系的含砂量将下降，因为陆坡上没有足够的空间来容纳重力流砂岩沉积；（8）具有不同沉积通量的非均夷坡体系（如墨西哥湾）发育厚层滞流沉积和多套储/盖组合；（9）缺少厚层滞流沉积的陆坡，可能来自非冰川大陆或没有高频（气候）沉积物供给的地区。这种充填—溢出模式，已经在全球多个地形复杂的迷你盆地得到了应用（Smith，2004；Gee 等，2007；Valle 与 Gamberini，2010；Bourget 等，2011）。

4.6.3 扇三角洲的自旋回特征

尽管本书主要关注深水环境，但是也简单考虑了扇三角洲，因为扇体在建造过程中，一般沉积速率较高，特别是在构造活动背景下 。Van Dijk 等（2009）的水槽实验模拟，已经证明了自旋回过程对沉积物的沉积和侵蚀的潜在重要性。Van Dijk 等（2009）对恒定外部变量（流量、沉积物供给、海平面和盆地地形）的扇三角洲进行了实验模拟，证明了扇三角洲演化由水道化流体和片流的周期性交替组成。水道化流体从斜坡引起的冲刷作用开始，然后侵蚀形成与河谷相连的水道，被侵蚀的沉积物沉积在一个快速进积的三角洲朵体中。由此导致水道梯度减小，流动强度降低，河口坝形成，流体分支，水道逐渐回填。在大多数实验中，在水道填充的最后阶段，片流与水道化流体（半限制性流体）短暂共存。随后的自旋回侵蚀在地貌和梯度上非常相似，只是它们侵蚀的更深，到达三角洲平原位置，因此需要更多的时间来回填。半限制性流体的持续时间随旋回的增加而增加。在片流期间，三角洲平原加积到形成自旋回侵蚀所需的"临界"梯度。这个临界梯度取决于由输入条件定义的沉积搬运的能力。这些侵蚀和加积的自旋回周期证实了先前的发现，沉积物的沉积和侵蚀以及相应坡度的变化在扇三角洲演化中扮演了重要的作用。自旋回侵蚀产生的侵蚀面，在扇三角洲的回填过程得到了很好的保存。这些侵蚀面很容易被误认为是由气候、海平面或构造变化产生的界面。由于许多海底扇与扇三角洲或类似沉积相连，所以假设上倾方向的自旋回特征可以在深水硅质碎屑岩环境中表现出来，似乎是合理的。因此，异旋回和自旋回过程的区分，需要一个良好的三维地层框架、良好的年龄测定数据、盆地到陆架区沉积单元和/或不整合面的对比以及其他数据（如稳定同位素分析），将局部环境事件和全球同步的海洋/气候变化联系起来。

4.7 古地震活动和地层记录

在地震活动区，深水盆地的沉积序列可能保存了古地震记录。由于地震历史记录的时间相对较短，因此可以通过地层数据来重建地震发生的频率（对于大型地震更容易），并有可能推断出地震再次发生的时间段。但是，重力流沉积可以由多种机制触发，将各沉积体精确对应到不同的触发机制具有很强的挑战性。我们甚至不知道是否每次大地震都会产生重力流沉积，或者在什么情况下会发生这种沉积。2004 年节礼日（12 月 26 日）苏门答腊岛发生 9 级地震，通过海上取心确定了代表本次事件的重力流沉积（Patton 等，2013）。

尽管存在明显的问题，但一些研究表明，地震活动可以直接与特定重力流沉积的产生相关，例如，1929 年的 Grand Banks 地震（Piper 与 Aksu，1987）。在岩石记录中，地震与巨型浊积岩（相 C2.4）相关的概念，使 Mutti（1984）及其同事（Labaume 等，1983a，b，1985，1987）引入了地震浊积岩（seismo-turbidite）这个术语，现已广泛应用于现代和古老的深水盆地中，该沉积包含了所有厚度和粒度的地层（Hiscott 与 Pickering，1984；Pickering 与 Hiscott，1985；Slazca 与 Walton，1992；Hiscott 等，1993；Gorsline 等，2000；Nakajima，2000；Nakajima 与 Kanai，2000；Nilsen，2000；Shiki，2000；Iwai 等，2004；Anastasakis 与 Piper，2006）。虽然直观上合理，但这些解释并不是唯一可能的解释。

Masson 等（2011a，b）展示了葡萄牙塔格斯深海平原（Tagus Abyssal Plain）的重力流沉积（他们解释为浊积岩），距今约 6600 年和 8300 年，与大陆边缘两个海底峡谷的侵蚀间断相关。重力流沉积源于两个峡谷同时发生的海底失稳事件，从而推断其触发机制是地震。通过对盆地沉积序列中重力流沉积的推断，估算了大陆边缘约 4000 年以来地震发生的时间间隔。然而，在地震震级和推测对应沉积事件的规模之间，存在尚未解决的不匹配问题。例如，公元 1755 年，在伊比利亚西南方造成大范围破坏的地震震级大于 8.5 级，但对应在深海平原的相关重力流沉积厚度只有约 5cm，而较老的重力流沉积厚度可能高达 1m。鉴于公元 1755 年的大地震，重力流沉积厚度的任何差异都不可能与地震震级的相对大小有简单的关系。相反，Masson 等（2011a）认为，公元 1755 年地震的震源位于海上，结合全新世

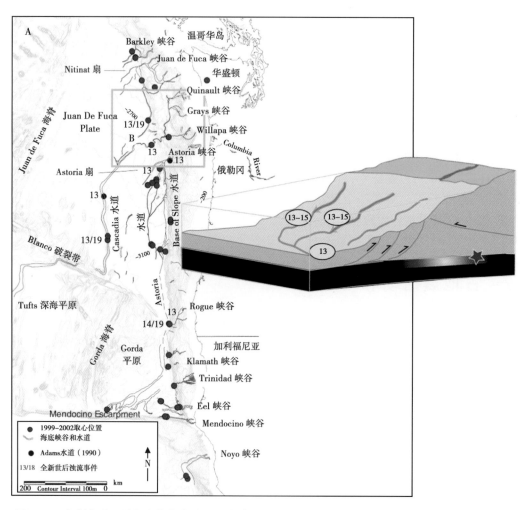

图 4.31　卡斯卡迪亚陆架边缘海底峡谷、水道和 1999—2002 年取心位置（据 Goldfinger 等，2003）

主要的峡谷体系名称和全新世梅扎马之后的重力流沉积标注为红色。巴克利峡谷（Barkley Canyon）取心和洛格峡谷（Rogue Canyon）以南的取心不含梅扎马火山灰。插图表示在水道汇合处进行了同步测试，也就是华盛顿水道并入卡斯卡迪亚深水水道的汇合处。下游事件的数量应该是上部支流水道事件的总和，除非重力流沉积被同一次地震触发。该点位置在图中标记为"B"

的低沉积速率，可能限制了对应陆坡失稳和重力流沉积的大小。

1996 年，开启了一项卡斯卡迪亚（Cascadia）沿岸地震活动和对应重力流沉积的调查项目（Goldfinger，2012）（图 4.31）。该陆架边缘是记录古地震活动和重力流沉积相关性最好的位置之一。因为存在可区域对比的梅扎马（Mazama）火山灰和几期独特的重力流沉积，所以这些相关性是可靠的。迄今为止，卡斯卡迪亚盆地几乎所有的取心段都含有梅扎马火山喷发的独特火山灰层，碳同位素测定距今 6845±50 年（Bacon，1983）。火山灰通过主要河流搬运至卡斯卡迪亚峡谷/水道体系中。由于只有水道取心段包含火山灰，这表明空中坠落不显著。Griggs 和 Kulm（1970）利用梅扎马火山灰，计算了卡斯卡迪亚水道梅扎马重力流之后的平均地震复发间隔为 410~510 年。

利用梅扎马火山灰，通过识别和对比重力流沉积，特别是 T5、T7、T11 和 T16 事件，阐明了卡斯卡迪亚盆地的地层特征。值得注意的是：单期重力流沉积从近端（Juan de Fuca）到远端（Cascadia）没有明显的变化。这两个点之间的搬运距离达 300km，重力流沉积穿过与威拉帕海峡（Willapa Channel）的汇合点，华盛顿陆架边缘（Washington margin）多

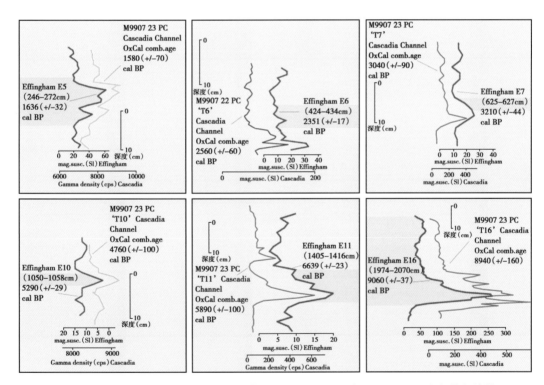

图 4.32　温哥华岛西部卡斯卡迪亚水道取心 M9907-23PC 与 MD02-2494 之间的相关性
（据 Goldfinger 等，2012）

每张图都显示了重力流沉积的磁化率记录（蓝色），以及 1999 年卡斯卡迪亚水道取心的磁化率或伽马密度记录（粉色）。这些沉积被解释为源于附近峡湾壁的震积岩（用灰色显示），并与 1946 年温哥华岛地震所引发的重力流沉积相比较。这些记录表明在粒度大小、砂质脉冲数量（磁性和密度峰值）等细节中，具有惊人的相似性。放射性碳同位素年龄一阶相容，但在某些情况下，间隔时间达 100~200 年。综合年代资料和地层对比表明，埃芬厄姆（Effingham）重力流沉积和卡斯卡迪亚盆地重力流沉积记录了相同的地震

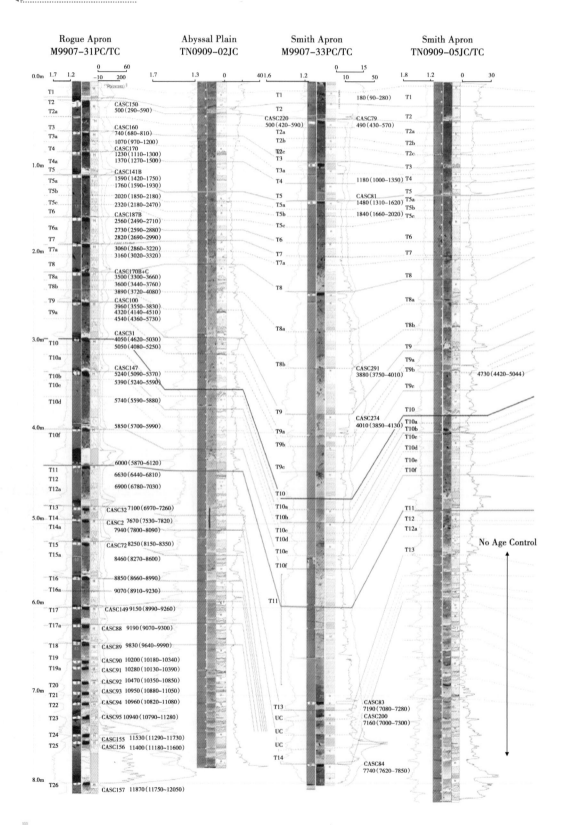

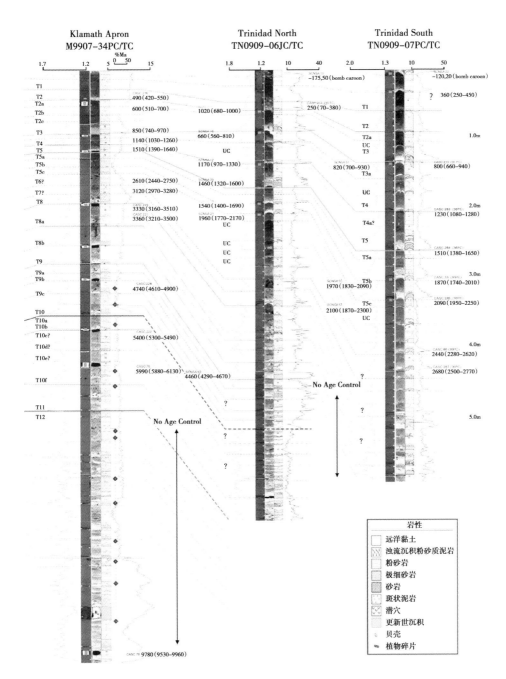

图 4.33 沿卡斯卡迪亚边缘南部 Rogue Apron—Trinidad Plunge Pool 130km 的重力流沉积岩心对比图
（据 Goldfinger 等，2013）

三期重力流沉积（解释为浊积岩）T5、T10 和 T11 用颜色编码以匹配对应地震反射。关键反射层的深度与速度
修正后的地震剖面是一致的（虽然确定的相关性是不可能的）：在 Smith 位置更深，在 Trinidad Plunge Pool 附近
略微变浅。Rogue Apron 许多泥质浊积岩向南变厚和变粗，大部分陆架边缘浊积岩也是如此，除了 T4、T6、T7
和 T8 之外

个峡谷的大部分沉积都要经过该汇合点。高分辨率伽马、密度、纵波速度和磁化率等数据，有助于不同位置之间各沉积事件的对比。每期重力流沉积的磁化率和密度数据反映了它们的粒度分布。一个典型的标志包括 1～3 个粗粒向上变细的砂岩脉冲（部分 Bouma 序列），上覆向上变细的粉砂岩盖层，表明重力流的最终衰减（图 4.32）。Goldfinger 及其同事（Goldfinger 等，2000，2003，2007，2008，2009，2012，2013）发现，单个事件不仅可以在水道内对比，也可以在没有相关性的不同水道中进行对比（图 4.33）。部分可对比事件相距超过 500km，但却具有相似的基本特征，如规模大小、粗砂脉冲数量、物理属性（粒度的分布）的细节等特征。这些观测现象都支持地震触发机制。Goldfinger 及其同事认为，一个可能的解释是，单个事件沉积的多期粗砂脉冲可能反映了每次地震过程中多个断层的破裂，并提供了对地震震源—时间函数的理解。

4.8 构造和气候在构造活跃盆地中对沉积层序的控制：西班牙比利牛斯山脉始新统实例分析

理解深水沉积体系在一定范围的时间和物理尺度上对构造和全球气候的响应，是理解深水沉积体系的一个基础。在许多情况下，这是不可能的，例如，由于缺乏良好的年代限制和年代模型，对板块构造背景的认识不足，以及缺少足够的露头（或岩心）进行岩性的详细分析（包括时间地层分析）。另外，即便在一个对构造和气候控制有信心的沉积盆地中，在将结果外推到其他盆地中时也应该特别注意。这一部分相对比较冗长，因为已经有大量研究人员、学生和工业界地质学家、地球物理学家和工程师对该盆地实例进行了大量研究，可以说该实例是在一定时间尺度范围研究深水沉积体系中构造和气候相互作用最好的天然实验室之一。也是在一定时间尺度上，沉积体系的不同控制因素几乎能够确定的深海盆地。

下面让我们考虑一下造山带中的同沉积推覆作用。Naylor 和 Sinclair（2007）利用建模的方法，分析了与不对称逆冲楔相关的单个推覆体的特征，提出地表隆起、前缘加积和侵蚀的速率应该标记在与逆冲席几何形状和收敛速度相关的时间尺度。根据不同的背景，这个时间尺度范围从 0.1～5Ma 不等，应该在外部控制因素（如气候）之前计算。例如，他们提出，对于比利牛斯山脉（Pyrenees）中南部，由于逆冲活动造成内部变化的最低时间尺度是 4Ma；台湾西南部构造信号的时间尺度为 0.15Ma；尼泊尔中部喜马拉雅山脚下为 1.2Ma。结合 Naylor 和 Sinclair（2007）的观点以及大量的数据基础，本节总结了西班牙比利牛斯山脉始新统的研究结果，似乎可以确定，沉积同时受构造和气候的控制。在始新世时期，比利牛斯山中南部新增了蒙特塞克（Montsec）和 Sierras Marginales 逆冲席，区域收敛速度为 6km/Ma（Vergés 等，1995）。逆冲席具有较高的纵横比和坚硬的石灰岩，在较软的三叠系蒸发岩层之上滑脱，每个逆冲席长 24km。这导致了内部构造变化最小时间尺度 4Ma 的结果，这与 4～5Ma 的构造驱动是一致的，该构造驱动解释了艾恩萨深水盆地两套地层（被角度不整合分开）的演化，比单个砂体的平均驱动时间快了一个数量级，因此可以用气候或其他过程进行更好的解释。这个实例研究表明沉积的构造和气候控制因素可以进行区分。

在西班牙比利牛斯山脉艾恩萨盆地（图 4.34）中，下—中始新统（Ypresian / Cuisian

和 Lutetian）深海沉积的聚集时间，与比利牛斯山脉南部前陆盆地的最大构造沉降速率时间大致相当，与 Lutetian 期间地层的缩短和逆冲推进的最大速度时间一致（Muñoz，1992；Verges 等，1995，1998）。在东部地区前陆盆地主要是非海相和边缘海相环境的沉积，而西部则由河流—三角洲体系向深海沉积体系发生整体变化（图 4.34）。微体古生物学表明，艾恩萨盆地的水深在 400~800m（Pickering 与 Corregidor，2005）。

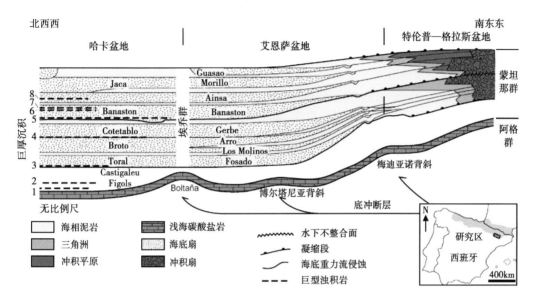

图 4.34　比利牛斯山脉南部的特伦普—格拉斯（Tremp-Graus）前陆盆地、艾恩萨盆地和

哈卡（Jaca）盆地的 Hecho 和 Montañana 群地层（据 Scotchman 等，2015a）

特伦普—格拉斯盆地的冲积扇为盆地提供了沉积物。梅迪亚诺（Mediano）背斜代表了同沉积生长构造，并将特伦普—格拉斯盆地的浅海和陆相环境与艾恩萨盆地的深海环境分开。在艾恩萨盆地内，水道化的海底扇沉积被限制在梅迪亚诺（Mediano）背斜和博尔塔尼亚（Boltaña）背斜之间。在博尔塔尼亚背斜以西为哈卡盆地，由沉积朵体和巨型浊积岩（相 C2.4）事件沉积（MT-1 至 MT-8）组成。对比分析基于已发表文献和未发表的野外指南材料（Nijman 与 Nio，1975；Mutti，1983，1984；Mutti 等，1985；Muñoz 等，1998；Nijman，1998；Remacha 等，1998；Remacha 等，2003）。插图标注了研究区（艾恩萨盆地）位置，位于西班牙北部比利牛斯山脉的中南部

始新世期间，在盆地的前陆和逆冲推覆（背驮式）阶段，沉积了约 4km 厚的深海沉积物，形成了 Hecho 群（Mutti，1977，1983，1984，1985；Mutti 和 Johns，1979，Mutti 等，1984；Pickering 和 Corregidor，2005；Pickering 和 Bayliss，2009）。艾恩萨盆地早—中始新世的深海硅质碎屑沉积位于一个淹没的碳酸盐台地上（Barnolas 和 Teixell，1994），与南比利牛斯盆地构造沉降和逆冲推进的最大速率大致相符（Verges 等，1995，1998；同期和年轻地层 2~4Ma 阶段的逆冲，见 Burbank 等，1992）。艾恩萨盆地南北向的构造经历了顺时针的旋转，东面（梅迪亚诺背斜）旋转了 70°，西面（博尔塔尼亚背斜）旋转了 55°：第一次顺时针旋转（60°~45°）发生在 Lutetian 早期到 Bartonian 晚期，也就是"艾恩萨倾斜带（Ainsa Oblique Zone）"发生褶皱和逆冲的时间；第二次旋转事件从 Pribonian 时期开始，旋转了 10°（Muñoz 等，2013）。Gavarine 逆冲席从 Lutetian 早期到 Bartonian 晚期的大型旋转表明，艾恩萨盆地已经是一个逆冲推覆盆地，沉降周期可能由更为复杂的构造机制驱动

（例如"跷跷板构造"，如下所述）。

艾恩萨盆地深海沉积物可以分为两个单元，以角度不整合为界（Muñoz 等，1994，1998；Fernandez 等，2004；Pickering 与 Bayliss，2009；Scotchman 等，2015a）。年轻的地层单元构造变形较小，沉积轴表现出西—西南方向的迁移（Pickering 与 Corregidor，2005；Pickering 与 Bayliss，2009）（图 4.34）且对可容纳空间和沉积具有一级构造控制作用（但不一定将沉积物搬运至盆地）。这两个"构造—地层"单元（分别为上 Hecho 群和下 Hecho 群）包含 8 个粗碎屑沉积体系（图 4.34），每个体系的厚度为 100~200m，垂向被多个数十米厚的泥灰岩夹薄层砂质重力流沉积分开。每个体系通常包含 2~6 个独立的 30~100m 厚的可成图砂体（整个盆地范围至少有 25 个），局部被数十米厚的薄层砂岩夹次级泥灰岩分隔；在盆地的其他地方，它们可能叠合在一起。深海沉积物被几百米厚的陆坡沉积，外陆架沉积和前三角洲沉积覆盖，随后是来自南部的厚约 500m 的河流—三角洲及其相关沉积（Dreyer 等，1999）。

艾恩萨盆地的 8 个粗碎屑沉积体系（图 4.33）包括 25 个砂体或水道化海底扇（图 4.35a），沉积在不同的深海环境中，由老到新依次为：（1）Fosado 体系（2 个砂体）＝下陆坡侵蚀水道；（2）Los Molinos 体系（3 个砂体）＝下陆坡侵蚀水道；（3）Arro 体系（3 个砂体）＝峡谷/陆坡底部水道体系；（4）Gerbe 体系（2 个砂体）＝峡谷/下陆坡侵蚀水道（Millington 与 Clark，1995a，b；Clark 和 Pickering，1996a）；（5）Banastón 体系（6 个砂体）＝陆坡底部侵蚀水道和近端盆底限制水道体系，之前解释为峡谷体系（Clark 和 Pickering，1996a；Bayliss 与 Pickering，2015a）；（6）艾恩萨体系（3 个砂体）＝下陆坡侵蚀水道（采石场露头艾恩萨 1，位于艾恩萨以南 1km）以及近端盆底水道扇（如 Labuerda 村以西的艾恩萨 I，以及 Boltaña 镇附近的艾恩萨 II 和 III）（Pickering 和 Corregidor，2005；Pickering 等，2015）；（7）Morillo 体系（3 个砂体）＝下陆坡—陆坡底部侵蚀限制性水道体系（Clark 和 Pickering，1996a；Bayliss 和 Pickering，2015b）；（8）Guaso 体系（2 个砂岩）＝构造限制的碎屑斜坡沉积体系（structurally-confined clastic ramp）（Sutcliffe 和 Pickering，2009；Scotchman 等，2015b）。对于 Banastón、艾恩萨和 Morillo 体系而言，陆坡底部平均古水流方向由西向北北西方向变化，与当前的 Rio Cinca 和 Mediano 水库大致相符。陆坡底部和近端盆底环境发育大量的沉积滑坡和滑塌（岩相 F）及碎屑流（岩相 A）沉积。艾恩萨盆地的砂体简单解释为陆坡水道（Benevelli 等，2003；Fernandez 等，2004；Falivene 等，2006a，b；Bakke 等，2008），但是这种解释忽略了海底扇中所有沉积单元的复杂性（如被水道冲刷填充覆盖的朵体沉积图 8.28），且无法识别沉积类型向下游的变化，从 I 型沉积中的侵蚀水道转变为非限制性侵蚀—沉积水道，并被未变形、层状、细粒和薄层的砂质重力流沉积物和泥灰岩沉积隔开（图 4.34）。虽然艾恩萨盆底可能与现代陆坡（不是深海平原）具有相似的梯度，考虑到盆地相对限制性的环境，故将艾恩萨盆地理解为一个下陆坡—坡底—盆地近端的沉积体系似乎更为准确（Pickering 和 Bayliss，2009），而哈卡盆地则是较远端的盆地体系。同样，现代海底扇也有以侵蚀水道为主的部分，向远端的侵蚀—沉积水道以及远端朵体和相关沉积（见第 7 章）。

艾恩萨盆地的年代地层主要以有孔虫资料为主，盆地的深海相沉积位于中—晚伊普雷斯期（Ypresian）和卢台特期（Lutetian）（Pickering 和 Corregidor，2005；Das Gupta 和 Pick-

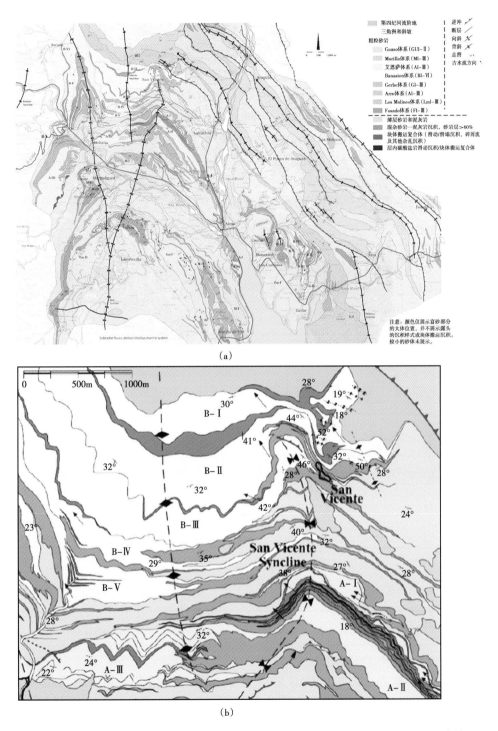

（a）

（b）

图 4.35　（a）艾恩萨盆地深海沉积体系的相组合平面图；（b）局部放大的相图，更清楚
地展示了 Banastón 沉积体系的横向迁移叠置特征（引自 Pickering 和 Cantalejo，2015；
据 Pickering 和 Bayliss，2009，修改）

ering，2008；Heard 等，2008）；上覆三角洲沉积为巴尔顿阶（Bartonian）（Dreyer 等，1999）。深海沉积经历了 10Ma（Gradstein 等，2004）；这与 Jaca-Pamplona 盆地远端沉积的年代资料一致（Payros 等，1999）。

　　一般而言，每个砂质水道海底扇的底部以杂乱沉积或Ⅱ型块体搬运沉积为特征，通常包括卵石质泥岩（Pickering 与 Corregidor，2005；MTD 是指单期事件的沉积）。应用层序地层学原理，识别和解释了一个可预测的、理想化的、向上变细的垂向序列，由相对基准面的变化导致，Pickering 和 Corregidor（2005）将其解释为受构造作用的周期性控制，但是随后 Pickering 和 Bayliss（2009）又认为可能受海平面控制（图 4.36—图 4.38）。部分层序的顶部被Ⅱ型砾石质块体搬运沉积所覆盖，可能反映了海平面低位后期阶段的沉积，海岸地区陆架/陆坡的失稳导致粗碎屑物质搬运至深海中。因此，Ⅱ型块体搬运沉积是这一理想垂向序列中最不可预测的部分。东南位置下陆坡侵蚀水道的古水流方向一般为 290°，而较北边近源和盆地轴部的古水流方向为 320°。砂质水道充填通常为 400~800m 宽，但是如果将水道边缘的杂砂岩、天然堤和漫溢沉积的细粒薄层重力流沉积以及泥灰岩都包括在内的话，宽度为 2.5~4km。砂质海底扇发育的任何时间点，似乎都只有一条水道处于活跃状态，可

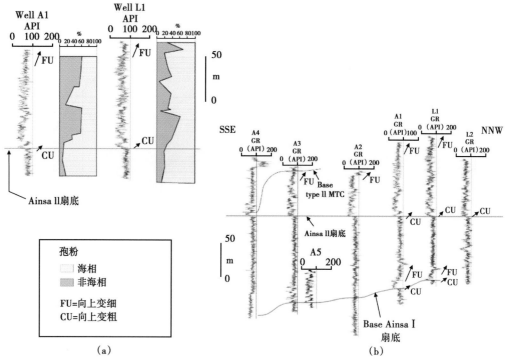

图 4.36　（a）西班牙比利牛斯山脉地区艾恩萨盆地，距离艾恩萨扇体 400m 的七口钻井的总伽马测井曲线（API）。注意艾恩萨Ⅱ扇体底部向上变粗的趋势（CU）以及艾恩萨扇顶部几米处向上变细的趋势（FU）。扇体之间的层序没有展示。（b）A1 和 L1 井的伽马曲线对比表明，在海底扇沉积发生后，陆相（相对于海相）孢粉形态的急剧增加，存在明显的滞后。这一增加可以解释为，陆架塌陷后，河流沉积直接输入深海盆地。关于层序地层的解释见图 4.37（据 Pickering 和 Corregidor，2005）

能位于盆地最深的轴部。每个砂质海底扇和任何水道（通常 10~30m 厚）都表现出西—西南方向的侧向迁移，远离东部由梅迪亚诺背斜（图 4.34a，b）形成的盆地陆坡。

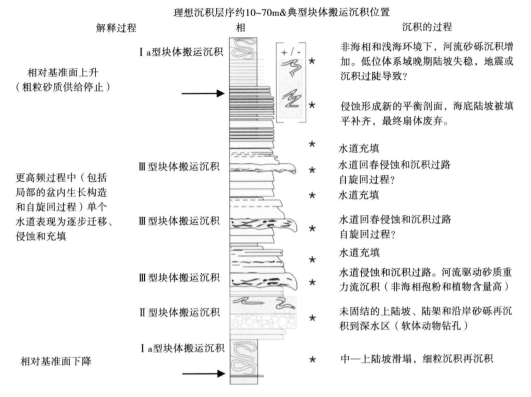

图 4.37　艾恩萨深水盆地理想化的垂向沉积序列（引自 Pickering 和 Bayliss，2009；据 Pickering 和 Corregidor，2005，修改）

可能受海平面、构造和自旋回过程共同作用形成。需要注意的是，虽然该剖面图代表了单砂（扇）体的完整沉积层序，但是在过路、侵蚀以及不同盆地位置（轴向、侧向等），会导致部分序列顶、底的缺失，形成不同的模式。层序地层中指出了每种主要块体搬运沉积的类型意义，尽管Ⅱ型块体搬运沉积可以发生在该序列的任何位置。砂体下方的 Ia 型块体搬运沉积的厚度通常达数十米

尽管之前将每个砂体及其相关的薄层沉积都解释为受构造脉冲（Pickering 和 Corregidor，2005）或米兰科维奇旋回（40 万年长轨道偏心率模式）控制（Pickering 和 Bayliss，2009），但是其主要结果为其他深海碎屑岩体系提供了一个通用的沉积模式，无论它们是构造驱动还是海平面升降（气候）驱动。垂向序列的典型特征是：（1）MTD/MTC 不仅构成了艾恩萨深海沉积盆地沉积的主要组成部分，而且不同类型的 MTC 通常占据（尽管不是唯一）与扇体演化相关的特征地层位置；（2）各扇体远离变形前缘的逐步迁移，指示了主要的构造控制作用；（3）各低弯度水道（可能数万年时间尺度）逐步向前陆的迁移，可能是由陆坡底部褶皱和逆冲楔驱动、逆冲构造驱动或重力驱动，导致陆坡周期性的失稳，并在陆坡底部形成丘状Ⅰ型 MTD/MTC；（4）推测的粗碎屑深海沉积脉冲，始于大规模陆坡的崩塌，产生滑动块体和黏性流（Ⅰ型 MTDs/MTCs），形成了大部分的海底地形，这些地形限

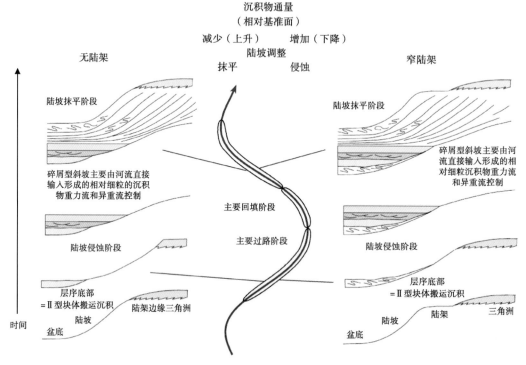

图4.38 艾恩萨盆地深海相碎屑岩沉积的层序地层学解释。分两种情况，一种发育陆架边缘三角洲（实际上没有陆架），另一种发育陆架。层序的演化发生在沉积物供应（通量）和沉积物粒度（主体的平均粒径）变化的背景下，推断相对基准面（构造或海平面升降驱动）的变化。Ia型块体搬运沉积在整个盆地期间发育，但主要位于砂体顶部和底部的粗碎屑段。陆坡和三角洲前缘失稳事件最容易发生在上陆坡的初始崩塌（相对基准平下降）和陆坡愈合最快的时间段内（相对基准面上升）（据Pickering和Corregidor，2005）

制了每个扇体的横向分布；（5）陆坡最上部和陆架边缘，包括狭窄陆架的垮塌，将未固结的砂岩和砾石重新搬运到深水中沉积（Ⅱ型MTD/MTC）；（6）以Ⅱ型MTDs/MTCs为主要组成部分的底部粗碎屑，上覆水道化和叠置的砂岩沉积，其中主要的侵蚀事件（包括与水道发育相关的再次侵蚀过程）以砾质泥岩和富角砾砂岩为特征（Ⅲ型MTDs/MTCs）；（7）水道化砂岩形成几十米厚未叠合的中—薄层细砂岩和泥灰岩。

上述沉积阶段中（4）—（7）是海底扇发育最为活跃的时期，最初是侵蚀水道的发育，随后是沉积物过路和回填的多个循环过程，最后是非水道化的细粒砂质沉积。这一过程被认为是对沿海和近岸河流体系中粗粒碎屑物质排出的响应。在扇体活跃发育的最后阶段（上述（7）阶段），沉积物的沉积速率可能仍然很高，坡度降低的海底陆坡被细粒沉积事件修复和愈合。砂岩沉积中大量的木质碎屑和非海洋性孢粉信号表明，直接的河流输入可能是粉砂质泥灰岩的高密度浊流（hyperpycnal turbidity currents）。每个砂质海底扇的顶部几米处，是一个向上变薄—变细的沉积，同时伴随泥灰岩背景沉积，代表了海底扇的废弃。许多序列被层内沉积滑塌所覆盖（特别是Ⅰ型MTDs/MTCs，但很少出现Ⅱ型MTDs/MTCs），这表明随着陆坡的修复和愈合，海底梯度增加。这些有序的、可预测的垂直沉积层序为海底扇的发育提供了通用的可预测模型，其中海底扇的发育受到构造活动的强烈影响。

艾恩萨盆地的东面是同沉积的梅迪亚诺背斜和比利牛斯山脉逆冲单元（Cotiella 推覆体）相关的侧向逆冲前缘，西面以海底高地为界，现称之为博尔塔尼亚背斜（Mutti 等，1985；Holl 和 Anastasio，1993；Poblet 等，1998；Dreyer 等，1999；Pickering 和 Corregidor，2005）。盆地内的沉积物经历了同沉积和沉积后构造变形。博尔塔尼亚背斜与水道化沉积（艾恩萨盆地）向席状砂质沉积（哈卡盆地）的转变大致吻合。尽管艾恩萨盆地何时成为逆冲推覆盆地的时间还不确定，但它位于造山带的变形范围内，会对前陆盆地的动态沉降做出响应。

盆地内部和盆地边缘的构造，控制了年轻的砂岩沉积体系（上 Hecho 群）及其形成的扇体（Pickering 和 Bayliss，2009），在"跷跷板构造"过程中（1）由于以梅迪亚诺背斜为代表的盆地东侧的侵蚀，导致砂质水道扇体向西侧横向迁移叠置；（2）Boltaña 背斜的相对隆起（图 4.35，图 4.39）造成每个砂岩体系沉积向东迁移。Pickering 和 Bayliss（2009）对一个较老沉积体系（Lower Hecho Group）进行了类似推测，但是由于缺乏足够合适的露头而无法验证。在盆地充填期间，Boltaña 背斜隆起导致盆地变窄和沉积受限，影响了最年轻的 Morillo 和 Guaso 深海砂岩体系。与早期的沉积体系不同，上覆 Sobrarbe 河流—三角洲

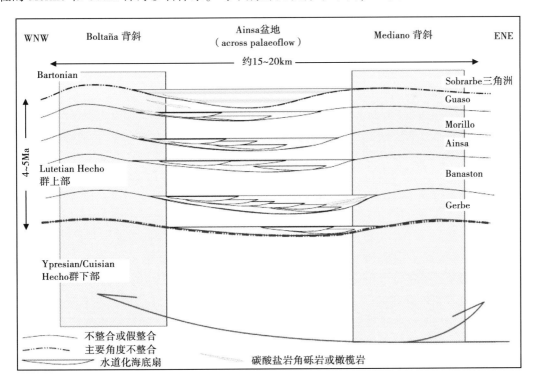

图 4.39 Hecho 群上部砂岩（扇体）的跷跷板构造解释（据 Pickering 和 Bayliss，2009，修改）
与弯曲载荷导致的沉降阶段相结合。黄色代表离散的可成图水道化砂质海底扇，蓝色代表扇间细粒沉积和富含灰质的沉积。绿色是上覆 Sobrarbe 三角洲沉积。每个体系都对应一个不整合面及其对应的整合面

体系，从更南部的物源进入艾恩萨盆地。艾恩萨盆地的所有深海砂岩体系都来自东南角的物源，通过峡谷和下陆坡侵蚀水道，切入不断生长的横向斜坡区（包括 Mediano 背斜）。这些构造过程的根本驱动力，由逆冲运动以及 Mediano 和 Boltaña 背斜的同沉积生长所控制（Bentham 等，1992）。在露头成图好的情况下，各个体系往往呈现出随着年龄增加整体缩小的趋势，可能反映了盆地边界背斜抬升后的相对构造静止期。尽管差异压实可以用来解释部分砂质海底扇的迁移（补偿）叠加模式，但是在所有体系中海底扇一致西向的迁移，以及盆地陆坡下部各体系之间输入点的不断向西迁移，不支持压实作用为主要驱动力。但是，砂质海底扇上部泥灰岩的压实，可能会助长迁移叠置作用。

在层状深海相细粒硅质碎屑层序中，对米兰科维奇旋回的认识仍然很少，特别是在构造活跃的盆地，比如艾恩萨盆地。气候、构造和自旋回过程在驱动盆地沉积方面扮演的角色依然存在争论。尽管艾恩萨盆地的砂体分布有非常重要的构造控制作用，但 Heard 等（2008）和 Cantalejo 和 Pickering（2014，2015）利用遗迹化石资料，推断米兰科维奇旋回对远洋—半远洋沉积和细粒薄层砂质粉砂岩浊流沉积的交替沉积存在控制作用。他们以一段 230m 长的连续取心资料为基础（A6 井），针对岩心中的遗迹化石进行了丰度和强度的定量分析，岩心段包含了非常薄到薄层的硅质碎屑重力流沉积（图 4.40，图 4.41）。对岩心中代表瞬时事件的沉积滑塌和黏性流沉积进行了剔除（该沉积比典型的层状重力流沉积厚度大两个数量级），然后对生物扰动强度数据进行了谱分析，揭示了周期为 4.1 万年和 11.2 万年（可能是 9.5 万年和 12.5 万年的平均）的米兰科维奇频率（图 4.42）。Heard 等（2008）认为这导致了艾恩萨盆地底部环境的变化，极有可能导致底层水体含氧量的不同。Cantalejo 和 Pickering（2014，2015）重新审视了同一岩心中的遗迹化石数据，可信度更高，证实米兰科维奇旋回确实存在。

最近，Cantalejo 和 Pickering（2014，2015）和 Scotchman 等（2015b）根据艾恩萨盆地的露头和岩心资料（A6 井），利用伽马能谱测井（SGR）、地球化学分析（如碳酸盐含量）和多元素 X 射线荧光扫描等多种方法，确定米兰科维奇（和次级米兰科维奇）尺度的气候变化（图 4.43a、b，图 4.44a、b）。分别采用四种常用的分析方法来测试艾恩萨 A6 井岩心的周期性，并且得到了类似的结果，REDFIT 方法可以获得更平滑的结果，该方法对非连续数据具有优势（图 4.43a），在许多地质情况中更有代表性。这些细粒沉积中更高频次的米兰科维奇次级旋回（千年尺度的气候变化），可能必须通过非线性海洋大气动力学来解释（第四纪邦德（Bond）周期约 1500 年，Dansgaard-Oeschger 周期约 1470 年）。中始新世温室气候的次级米兰科维奇千年尺度的振荡，似乎与第四纪 Bond 和 Dansgaard-Oeschger 周期的情况不一致。如果存在的话，次级米兰科维奇千年尺度的振荡表明，在整个地质时期，由太阳等外部作用驱动（而非第四纪特定的海洋和冰冻圈条件），可能会出现普遍的千年尺度的气候变化。这种高频次级米兰科维奇千年尺度的震荡，可能反映在艾恩萨盆地露头中不同颜色的带状岩相类 D、E、G 中（图 4.45a、b）。

Cantalejo 和 Pickering（2015）对整个艾恩萨地区粗粒砂岩沉积（海底扇）之间的 8 个细粒扇间沉积，开展了露头伽马和浊积岩强度数据的时间序列分析（图 4.44b）。这项研究证实，扇间沉积是轨道偏心率驱动的，在整个盆地构造活动期间，艾恩萨盆地的地层演化过程中都可以识别出米兰科维奇旋回。他们因此得出结论：轨道偏心率参数很可能与细粒

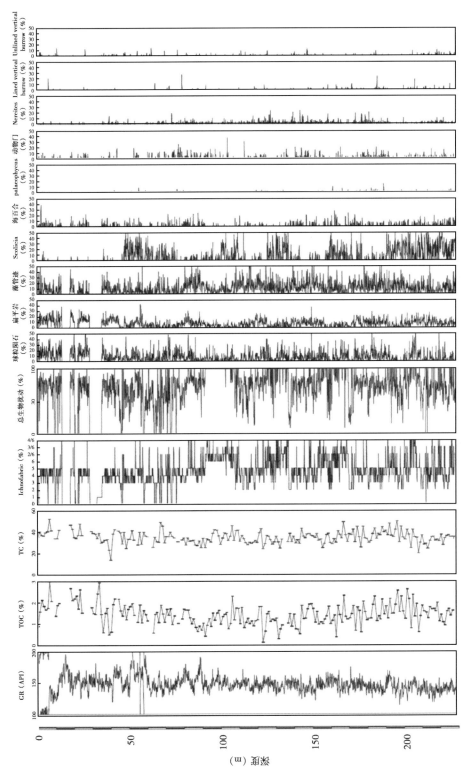

图 4.40 艾恩萨盆地 A6 井数据（据 Heard 等，2008）

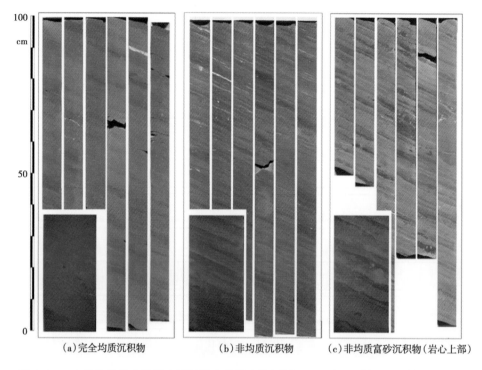

（a）完全均质沉积物 　　　（b）非均质沉积物 　　　（c）非均质富砂沉积物（岩心上部）

图 4.41　A6 井生物扰动强度实例及放大的岩心特征图（6cm 宽）（据 Heard 等，2008）

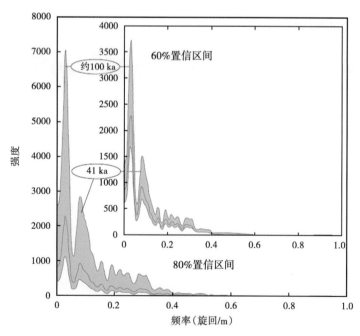

图 4.42　艾恩萨井 A6 地下 71.2~230m 岩心的生物扰动强度的谱分析（据 Heard 等，2008）
带宽 0.0327781。图中显示了误差估计。如果较小峰值代表 4.1 万年周期，那么大峰值代表 11.2 万年

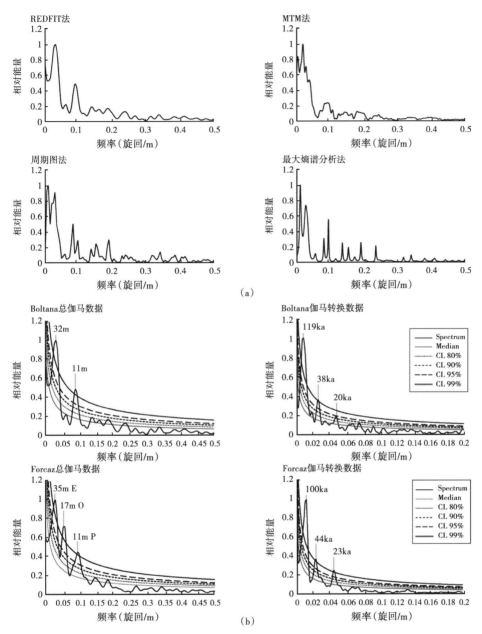

（a）

（b）

图 4.43 （a）通过对 165m 长细粒浊积岩岩心的伽马能谱分析，对艾恩萨盆地 Banastón 和艾恩萨体系的旋回性进行了对比分析。为了对比，能谱分析通过四种不同的方法来确定：（1）REDFIT 法；（2）多窗谱分析法（MTM）；（3）最大熵谱分析法；（4）Barlett 窗修正的周期图法。（b）利用轨道调谐伽马能谱分析进行 Hecho 群（艾恩萨盆地）上部的旋回性分析。Boltaña 段长 165m，位于 Banastón 体系和艾恩萨体系中间。Forcaz 段长 185m，位于艾恩萨体系和 Morillo 体系中间。这两段都揭示了米兰科维奇频率，置信度高于 99%。根据整个艾恩萨盆地的古地磁研究，利用极性反转作为定位点，将轨道调整为偏心轨道。调整后，岁差周期会加强。谱分析使用 REDFIT 软件（Schulz 和 Mudelsee，2002）。致谢 UCL 深水研究小组

（a）

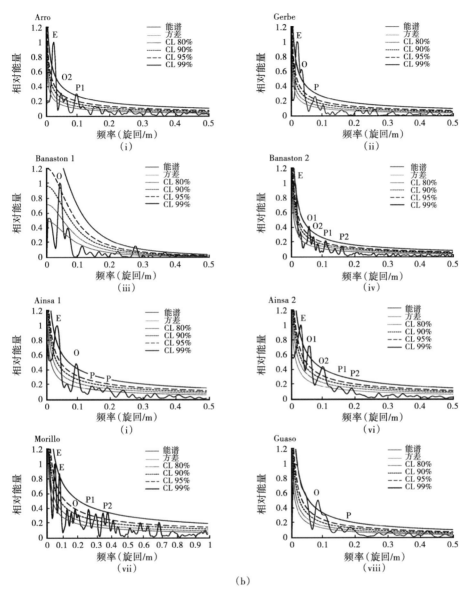

图 4.44 （a）艾恩萨 A6 井岩心的多元素 XRF（4cm 测量间隔）时间序列分析；生物扰动和浊积岩强度分析（10cm 间距，$\delta^{13}C1m$ 间隔）。浊积岩强度在 80~230m 的岩心段进行，计算连续 10cm 岩心中大于 0.2mm 的砂质浊积岩的数量。生物扰动和浊积岩强度的计算根据的是同一段岩心。谱分析进行了重新调整，以对比不同变量的谱（Weedon，2005）。这些数据中最突出的峰值似乎与轨道偏心率（E）和地轴倾角（O）有关，而大多数元素与岁差（P）相关的频率相关性不突出。据 Cantalejo 和 Pickering，2014）。（b）利用 REDFIT 方法对艾恩萨盆地中始新统的伽马能谱数据进行时间序列分析。REDFIT 能谱结果利用 2~6 WOSA 段，最小 5 个自由度。OFAC（过度采样因子）维持在 4，Nsim（模拟次数）为 1000。使用幂回归方法绘制的 REDFIT 结果，除 Banasón 第 1 部分外，是 Mann 和 Lees 一阶自回归过程（1996），并显示较低的方差和较好的曲线拟合。出于对比的目的，图表已进行缩放。分析采用的是 Schulz 和 Mudelsee（2002）开发的软件（据 Cantalejo 和 Pickering，2015）

(a) (b)

图 4.45　西班牙比利牛斯山脉艾恩萨盆地中始新世千年尺度的次级米兰科维奇旋回沉积

（a）Banastón 体系和艾恩萨体系之间的沉积，图中人作为比例尺；（b）Guaso 体系，图中人作为比例尺，颜色反映了颗粒大小的差异。这些周期表现为 1500~2000 年的持续时间，沉积速率约为 30cm/ka，平均岁差周期约包含 6m 的垂向地层

沉积物（由东部 Tremp 盆地非海相和浅海相的河流和三角洲补给形成的浊流沉积）的循环搬运相一致。通过谱分析确定，整个深海地层的沉积速率逐渐下降，从 57cm/ka 降至 24cm/ka（Cantalejo 和 Pickering，2015）。

中始新世时期（艾恩萨盆地开始沉积聚集）是全球气候逐渐冷却和恶化的时期，以古新世温热峰值（约 56Ma）和始新世早期的温暖无冰期，向渐新世冰期（约 34Ma）的转换为标志（Miller 等，1987；Zachos 等，2001；2008；Coxall 等，2005；Liu 等，2009），在中始新世晚期（约 41.5Ma）存在短暂的变暖，持续约 60 万年（Bohaty 和 Zachos，2003）。瞬时冰盖可能形成在 40 万年的时间尺度，可能与海水的膨胀收缩有关，海平面升降以米级为单位（Burgess 等，2008）。尽管深海盆地中的粗粒碎屑沉积（如至少几十米厚的砂体）可能主要受构造或海平面升降的控制，但更高频率的米兰科维奇旋回出现在细粒薄层沉积中，在没有明显海平面升降的情况下，可能与变化的风暴和大陆（河流）径流有关（Cantalejo 和 Pickering，2014，2015）。这些解释与其他始新世盆地的硅质碎屑岩沉积、碎屑岩—碳酸盐岩混合沉积和碳酸盐岩沉积中识别的米兰科维奇旋回相一致，例如艾恩萨盆地东部的 Tremp 盆地蒙大拿（Montañana）群，Weltje 等（1996）；东南部 Ebro 盆地的蒙特塞拉特（Montserrat）冲积扇/扇三角洲复合体；Gómez-Paccard 等（2011）；比利牛斯山陆地到深海区早中始新统地层的研究，Payros 等（2009）；艾恩萨盆地西部的 Jaca 盆地碳酸盐岩研究，Huyghe 等（2012）；美国拉腊米山间大角盆地（Laramide intermontane Bighorn Basin），Abels 等（2013）；绿河（Green River）地层，Machlus 等（2008），Aswasereelert 等（2013）。通过古地理重建，始新世时期艾恩萨盆地位于北纬 35°（Hay 等，1999），这是一个对天文引起气候变化非常敏感的纬度。

ODP 站点 189 和 1171（南塔斯曼陆隆）的浅水沉积物中的层序界面，与新泽西州和西北欧的地层记录以及深海记录中 $\delta^{18}O$ 增加的时间相匹配，表明始新世早—中期（51—42Ma）发生了显著的海平面升降（大于 10m），也就是在艾恩萨盆地深海沉积的时期（Pekar 等，2005）。Pekar 等（2005）确定了南塔斯曼陆隆的层序界面，并记录了岩性、生物和磁性地层、水深变化、碳酸钙含量和物理属性等数据。层序界面以强烈的生物扰动，较低的碳酸钙含量，以及界面上方海绿石含量的突然增加为特征。

有孔虫生物相和浮游/底栖有孔虫比率，用于估计水深的变化。ODP 站点 1171 的 6 个层序界面的年龄（50.9Ma，49.2Ma，48.5—47.8Ma，47.1Ma，44.5Ma 和 42.6Ma），与 δ^{18}O 增加的时间以及始新世其他研究中确定的层序界面的时间相匹配。不同地点层序界面发育的共同性质以及相似时间的 δ^{18}O 增加，表明受全球海平面升降的控制。尽管普遍认为始新世是一个没有大陆冰盖的时期，但是，之前的模拟研究支持海平面升降的控制，模拟表明大气中 CO_2 浓度低于阈值时，可能在 51Ma 的时期发育南极冰盖（Pekar 等，2005）。利用渐新统 δ^{18}O 记录，估算始新世早期（51—49Ma）的海平面升降范围约 20m，始新世中期（48—42Ma）的变化范围为 25~45m。这些结果表明，全球海平面升降可能是开启或关闭艾恩萨盆地深水沉积中粗粒沉积的主要驱动力，尽管还不能完全排除构造作用。另外，其他研究表明，中始新世可能已经在南极形成了冰盖（Tripati 等，2006），但是冰盖的范围和相应的海平面下降对沉积体系的影响仍然知之甚少。

Beekman 等（1995）和 Vakarelov 等（2006）描述了模拟米兰科维奇旋回的高频构造脉冲，但是在数十万年的时间框架内，没有任何证据显示这种规律性，也没有 Cantalejo 和 Pickering（2014，2015）描述的米兰科维奇比率。此外，在冰室条件下，由冰川海平面升降（Vakarelov 等，2006）或海水膨胀和收缩，引起了高振幅海平面升降，导致这样的构造脉冲往往被掩盖。部分研究人员（Zachos 等，2001，2008；DeConto 和 Pollard，2003；Coxall 等，2005）认为，温室条件下这种构造脉冲对于艾恩萨盆地可能是重要的。目前，在实际沉积盆地中没有明确的机理来解释高频、规则、周期性的构造过程，人们通常认为构造过程不稳定（不规则），且持续时间可变。始新世期间对米兰科维奇旋回的预测频率（Berger 等，1992），与 Cantalejo 和 Pickering（2014，2015）通过时间序列分析计算出的频率之间的良好相关性表明，艾恩萨盆地 A6 井中的细粒薄层硅质碎屑岩的主要驱动力是气候而不是构造。

艾恩萨盆地内的任何沉积物都可以解释为完全自旋回的过程（Lancien 等，2004；Dennielou 等，2006；Kane 与 Hodgson，2011）。然而，Cantalejo 和 Pickering（2014，2015）为艾恩萨盆地沉积物的米兰科维奇旋回提供了有力的证据，人们不得不争辩说这纯粹是巧合，自旋回周期恰好和米兰科维奇比率以相似的频率运行。盆地内广泛的分米级深色泥岩带（Sutcliffe 和 Pickering，2009；见图 4.44）表明，盆地外部过程影响了艾恩萨盆地的环境变化。虽然艾恩萨盆地内大型砂体（砂质海底扇）沉积聚集的主要控制尚不清楚，但很可能是受构造、气候甚至自旋回过程的相互作用。

4.9　确定沉积物搬运控制因素过程中存在的问题

人们普遍认为，构造活跃盆地中的周期性沉积是由外部因素造成的，例如海平面波动，偶发性构造事件，或气候变化造成沉积物供给的变化，而局部构造活动被认为形成了比米兰科维旋回更次级（万年尺度）的沉积（Ito 等，1999）。然而 Kim 和 Paola（2007）开展的实验表明，在恒定断层滑动速率和沉积物供给，且没有基准面变化的条件下，产生了周期性的沉积。这个试验旨在研究一个简化的斜坡体系的沉积作用，实验导致河道网络以循环的方式重新组合，造成上盘盆地（沉降最大）沉积供给的局部变化。将实验结果应用到实际尺度表明，类似的自旋回周期可以在10万年时间尺度上产生10~20m厚的地层，这与异旋回效应观察到的情况相当。虽然实验的目的是模拟河流体系，但在适当的情况下，假设这种自旋回过程将沉积物搬运至深海环境的时间尺度与米兰科维奇旋回相当，是合理的。但是，这个预测还没有经过验证。

理解深海沉积体系控制因素的另一个问题，需要考虑对米兰科维奇旋回的长期调整的影响（如果有的话），特别是叠置准层序（表4.1）的时间尺度。虽然已知岁差周期（1.9万年和2.3万年）、地轴倾角周期（4.1万年）和轨道偏心周期（9.5万年和12.5万年）的重要性，但对长期调整旋回沉积的影响仍然有待探索；例如，计算出的40.5万年和80万年的轨道偏心率调整、121.5万年的地轴倾角调整、247.5万年的岁差调整（Berger和Loutre，1991；Laskar，1999；Rial，1999；Palike等，2001）。如果没有对古地理和盆地—陆地构造的详细了解，就很难去除构造和气候的信号。一个未解之谜就是冰期似乎被轨道偏心率周期所控制。虽然年平均太阳辐射的变化很小（0.5%），但是这个周期记录了迄今为止最大的气候变化。两种可能的解释是：（1）偏心率周期调整了岁差的影响（$e=0$ 时日照没有变化）；（2）某些过程放大了温度变化。

部分研究人员认为，地层记录中的构造控制作用在温室期间应该更为明显，因为温室期间没有冰期的高频强振幅海平面升降。针对构造重要性的认识，特别是与典型海进—海退周期（准层序叠加）相当尺度的构造，由于时间分辨率差而难以开展。Vakarelov等（2006）对美国西部白垩系塞诺曼阶浅海相硅质碎屑岩沉积露头和地下资料开展了研究，根据膨润土的地质年代学和详细生物地层学资料，确定了2.2Ma的地层段，并在地层内识别了4个构造驱动的侵蚀面，这些面主导了地层的保存。依据塞诺曼阶生物地层与海平面曲线（高频低幅海平面升降）的相关性，Vakarelov等（2006）提出小构造脉冲在局部占主导作用，是主要控制因素。他们因此得出结论，至少在这个盆地中，构造过程发生的频率和时间尺度，与通常归因于米兰科维奇旋回（40万年周期）的海进—海退旋回相当。

大多数研究人员认为，由气候变化或垂向构造运动引起盆地沉积物供给的周期性变化，应当对高分辨率地层记录产生直接控制。Castelltort 和 Driessche（2003）应用数值模型，研究了点源碎屑沉积供给盆地的合理时间尺度。他们的方法基于沉积体系的概念，将自然体系简化为三个主要的体系，即侵蚀体系、搬运体系和沉积体系。

在搬运体系中，河流将沉积物从上游源区搬运到沉积体系中。这个过程可以认为是扩散的一阶行为（Paola 等，1992；Humphrey 和 Heller，1995；Dade 和 Friend，1998；Métivier，1999；Métivier 和 Gaudemer，1999；Allen 和 Densmore，2000）。在这种情况下，搬运体系的响应时间 T 的表达式为：

$$T = L^2/K \tag{4.1}$$

式中，L 表示搬运体系的长度，K 表示扩散系数。

搬运体系越大，响应时间越长。搬运体系越扩散，响应时间越短。在自然体系中，

Dade 和 Friend（1998）利用单位宽度的水通量和沉积流动参数，计算了河流的扩散系数，该参数包括了推移质和悬移质的影响。他们计算出布拉马普特拉河（Brahmaputra River）的响应时间为 8.5 万年；北普拉特河（North Platte River）为 7.4 万年；密西西比河（Mississippi River）为 6.5 万年；印度河（Indus River）为 2.1 万年；夏延河（Cheyenne River）为 0.55 万年，萨凡纳河（Savannah River）为 0.24 万年（也就是，几千年到数万年的时间）。Métivier（1999）和 Métivier 和 Gaudemer（1999）表明，近平衡条件下，河流的扩散系数随沉积通量 Q_{st}、宽度 W 和平均坡度 $\partial z/\partial x$ 而变化：

$$K = Q_{st}/\left[W(\partial z/\partial x)\right] \tag{4.2}$$

通过上述两个方程，Métivier（1999）和 Métivier 和 Gaudemer（1999）得出了亚洲地区部分大型河流的一阶响应时间，位于 $10^5 \sim 10^6$ 年范围内，它们对高频的沉积输入具有较强的缓冲作用（Métivier，1999；Métivier 和 Gaudemer，1999）。

Castelltort 和 Driessche（2003）将扩散模型应用于大（大于 1000km）到中型（大于 300km）的几条河流，沉积搬运体系充当短期沉积脉冲（$10^4 \sim 10^5$ 年时间尺度）的缓冲区。这表明大型排水体系供给的碎屑岩层序中的高频地层循环，不可能简单记录数万年到数十万年的沉积物供给周期。然而，利用沉积体系的概念，沉积通量似乎是源区构造和气候变化的导数，沉积物必须从源区搬运到沉积位置，这不可能是瞬间的。

因此，沉积体系的概念暗示，时间尺度上盆地内沉积通量变化的一级控制是侵蚀和搬运体系的响应时间。Castelltort 和 Driessche（2003）对河流简单扩散模型的分析表明，中等和大型搬运体系（大于 300 km）将缓冲来自侵蚀体系的高频（小于 10 万年）沉积物输入。这证明在过去 200 万年间，亚洲地区的大型洪泛平原潜在高频气候变化引起的沉积物通量的变化（Métivier，1999；Métivier 和 Gaudemer，1999）。因此，搬运体系在最终的地层记录中（异旋回作用可能发生）起着重要的作用。在搬运体系较短（小于 300km）或可忽略的沉积体系中，如汇水区扇体（catchment-fan system），沉积体系中沉积通量的高频变化可能与源区的气候变化保持平衡（如始新世艾恩萨盆地——见上文第 4.8 节）。在这样的体系中，如果盆地因素对沉积通量的影响可以去除，那么地层记录就可以提供有关源区短期气候和构造变化的有价值的信息。在中型—大型搬运体系供给的沉积体系中，例如大型三角洲，沉积物通量的高频（10 万年）周期可能不会与源区的异旋回变化相平衡。在这种情况下，高频地层循环不太可能对这种异旋回作用产生一个平衡响应。在这样的地层中，只有更长时间（即大于数十万年时间）的沉积物供给变化，才可能与源区气候或构造变化相平衡，并记录在地层中（Sloss，1979；Raymo 等，1988；Galloway 和 Williams，1991；Liu 和 Galloway，1997；Peizhen 等，2001）。中—大型搬运体系供给盆地的高分辨率地层记录，可以记录盆地范围构造或海平面升降产生的高频信息，但不能反映源区的高频气候或构造变化。Castelltort 和 Driessche（2003）的结论不排除冲积盆地对沉积供给或扩散变化的地层响应（Paola 等，1992）。Castelltort 和 Driessche（2003）的分析有一个弱点，它是基于现代河流的数据和假设，比如流域面积和河流宽度之间的平方根关系，古代沉积体系可能不同（Paola，2000）。此外，他们采用线性扩散来近似描述沉积物的搬运，这可能不精确。

显然，从前面的讨论中可以看出，对沉积物搬运至盆地的过程，不同研究人员之间，对不同周期或伪周期作用的主导地位几乎没有一致的意见，无论是气候、构造还是自旋回过程。因此，在确定浅海到深海沉积物搬运控制因素方面，仍存在许多挑战性的问题，包括应用最合适的定量方法来描述从河流到深水环境的搬运情况。

4.10 碳酸盐岩沉积和碎屑岩沉积

层序地层学家之间有一个广泛的共识，那就是在冰川（海平面）驱动体系中，海平面低位与深海环境中的沉积物通量的增加有关。同时认为重力流事件发生的频率也在这时增加。一般来说，现代和古老海底扇体系的许多研究都支持这一假设（如，密西西比扇的深海钻探计划和亚马逊扇的大洋钻探计划）。

深海碳酸盐岩体系通常与硅质碎屑体系的响应方式相反（表 4.2）。在海平面高位期间，陆架碳酸盐的产量显著增加，因此更多的碳酸盐物质频繁地进入深海，在那里聚集成为钙质重力流沉积（Mullins，1983；Tucker 和 Wright，1990；Grammer 和 Ginsburg，1992；Schlager 等，1994；Bracchert 等，2003）。这个过程被称为高位溢流（highstand shedding）（Schlager 等，1994）。此外，碳酸盐重力流沉积中更为广泛的颗粒类型，可以使它们能够更有效地将粗粒的沉积物搬运到盆地的更远位置（相比同等体积的硅质碎屑颗粒）（Hodson 和 Alexander，2010）。

Fulthorpe 和 Melillo（1987）在对佛罗里达海峡 ODP 站点 626 的岩心进行研究后认为，中新世中期，短期沉积的厚层碳酸盐岩重力流沉积，是在海平面高位期间，由于陆坡超负荷引起的陆坡失稳导致的。单期流体沉积了厚达 19m 的岩相 A1.2，在含碳酸盐泥质砂岩中包含白垩和石灰岩碎屑。然而，相比布莱克—巴哈马盆地（Blake-Bahama Basin）Blake Ridge 组 Great Abaco 段的沉积，小巴哈马浅滩（Little Bahama Bank）北部的沉积滑动和滑塌沉积，以及西佛罗里达陆架边缘的中新世滑塌痕表明，陆坡失稳的原因存在不确定性，可能是由构造活动引起（Fulthorpe 和 Melillo，1987）。

表 4.2 碳酸盐岩和硅质碎屑岩体系

体系类型	硅质碎屑岩	碳酸盐岩
最活跃时期	海平面低位	海平面高位
主要沉积物搬运	陆架边缘三角洲	风暴
次要沉积物搬运	陆坡失稳再沉积	陆坡失稳再沉积
	河流输入	礁前再沉积
常见相关沉积	泥岩	富有机质灰泥、软泥、燧石
扇体直径	变化较大	通常小于 10km

通过对巴哈马浅滩（一个无地震区）和尼加拉瓜陆隆（Nicaraguan Rise）（地震多发区）的钙质重力流沉积分布的对比研究，Andresen 等（2003）展示了两个深水区都有相似数量的重力流事件发生，且两个区域钙质重力流沉积的时间相同；当气候温暖潮湿且海平面处于高位时，发生的频率更高。碳酸盐岩搬运速率的增加，主要归因于温暖潮湿气候期间更活跃的雾状层，而非风暴的增加；但热带风暴频率（和可能的平均强度）的增加，至

少在提高碳酸盐重力流沉积发生的频率和大小方面发挥了作用。

Roth 和 Reijmer（2004）认为，巴哈马的表面流与北大西洋大气环流直接相关，因此认为高流速阶段与强大气环流一致，反之亦然。大巴哈马浅滩（Great Bahama Bank）背风坡海相沉积物取心资料的多项研究表明，MD992201 取心以文石为主，记录了过去 7230 年的地层记录，时间分辨率为 10 年，沉积物的沉积速率达 13.8m/ka。文石块体堆积速率、浮游有孔虫与文石颗粒的年龄差异及古温度分布，揭示了文石生产速率和古水流强度的变化。大巴哈马浅滩上的文石沉淀速率，受控于温盐条件和生物活性导致的碳酸根离子和 CO_2 损失的交换。这些都依赖于水流的强度。大巴哈马浅滩的古水流强度在 6000—5100 年、3500—2700 年和 1600—700 年间表现为较高流速；在 5100—3500 年、2700—1600 年和 700—100 年间表现为较低流速。

大巴哈马浅滩 6Ma 年以来背风坡沉积结构的发育（ODP 站点 166），受海平面波动，以及其他古海洋条件和气候的影响（Anselmetti 等，2000；Reijmer 等，2002）。中新世/上新世边界（5.6—5.4Ma）附近的一个主要层序界面，反映了海平面的主要下降及随后的上升，并导致了墨西拿期（Messinian）地中海的再次海泛和大巴哈马浅滩海面温度的上升。上新世期间也发育了明显的侵蚀界面（4.6Ma 和 3.3~3.6Ma；Reijmer 等，2002）。这些解释反映了海平面的变化，以及当巴拿马海峡抬升至临界点时，墨西哥湾流开始加剧。湾流给巴哈马带来温暖、高盐分、贫营养的水流。从早—晚上新世边界（3.6Ma）开始，北半球冰期（3.2Ma 以来）强烈的古海洋重组和海平面波动，导致浅滩形态从斜坡型逐渐变化为平顶型。沉积体系从骨架型碳酸盐岩到非骨架型碳酸盐岩（主要是球粒）的转变。更新世后期，海平面波动加剧，加快了碳酸盐岩通过高位溢流进入周边盆地。

在北坡迷你盆地的硅质碎屑体系中（得克萨斯—路易斯安那大陆架位置），Mallarino 等（2005）发现砂质和泥质重力流沉积主要发生在低位的冰期和次冰期，对应海洋氧同位素阶段（MIS）5d 和 5b，MIS 3 晚期和 MIS 2 阶段。在 MIS2 阶段最大体积的砂质沉积，被搬运至迷你盆地 4 中。相反，在佩德罗浅滩（Pedro Bank）的东北部，在两个碳酸盐岩体系的迷你盆地中，重力流沉积主要发生在高位时期（MIS5，MIS3 早期和 MIS1 阶段）。因此，可以合理假设，在混合沉积体系中，硅质碎屑重力流沉积和钙质重力流沉积将分别在海平面处于低位和高位时交替沉积。潘多拉海槽（Pandora Trough）就是这样一个混合沉积体系，Mallarino 等（2005）研究了其中两口井的取心资料。岩心下部 10m 处的沉积物主要代表了 MIS2 阶段，主要由大量富含石英的砂质重力流沉积组成，中间夹厚达 20cm 的深灰色泥岩。最上面的 2m 对应 MIS1 阶段，由浅灰色的泥岩和一段 30cm 厚的钙质重力流沉积组成。因此，正如之前对混合沉积体系预测的那样，MIS2 阶段处于海平面低位，硅质碎屑重力流沉积占优势；当海平面上升导致相邻碳酸盐台地被再次淹没时，在随后的海侵阶段末期出现钙质重力流沉积（Mallarino 等，2005）。

Scheibner 等（2003）对埃及东部沙漠的格拉拉山（Galala Mountains）进行了晚古新统碳酸盐岩台地的进积和退积研究，他们研究了从北部台地边缘到南部远洋盆地的沉积相的变化，在 59 Ma 年时期（钙质超微化石生物带 NP5），由于海平面下降和构造抬升导致了碳酸盐岩台地的发育。从这个时间点开始，沿台地—盆地的沉积相分布可以划分为 5 个相带，细分为 9 个沉积相组合。斑状礁和礁碎屑流沉积在台地边缘，水平层理灰岩聚积在上陆坡。

沉积物滑动体和黏性流沉积占据了下陆坡。在近水平的坡脚位置，块体流沉积形成钙质重力流沉积。在盆地更远的南面，只有远洋灰泥沉积。在 59—56.2 Ma 年（NP5—NP8），整个碳酸盐岩台地体系发育几次脉冲进积。从 56.2—55.5Ma 年间（NP9），存在相组合的明显变化，旋转块体的移动，导致台地边缘地区的沉降增加及坡脚位置的抬升。并导致了碳酸盐岩台地的退积。斑状礁和礁碎屑流沉积相组合，被更大的有孔虫浅滩相组合所替代。陆坡位置的沉积物滑动体和黏性流沉积，以及坡脚位置的钙质重力流沉积也发生退积。

第四纪晚期，伴随大量的冰期/间冰期气候变化，导致数十米至 120m 的高振幅海平面升降，在此期间，碳酸盐岩台地顶部周期性地暴露和重新淹没。Jorry 等（2010）研究了钙质重力流沉积的聚集，细粒沉积物中文石的突然增加以及它们在紧邻碳酸盐岩台地的深海盆地中的形成时间。特别是 Jorry 等（2010）研究了第一次重力流沉积事件的年龄与文石开始/突然增加的相关性，以及间冰期碳酸盐台地顶部被重新淹没的时间。研究人员选择了与孤立台地相邻的巴哈马、尼加拉瓜北部陆隆和巴布亚湾三个盆地，代表了纯碳酸盐沉积和混合沉积体系，分别处于稳定和构造活跃环境中。这些碳酸盐岩台地具有不同的顶部形态，从环礁到相对深且狭窄的淹没浅滩。尽管存在这些差异，但每一个都表现出台地顶部淹没的时间，与大量碳酸盐岩重力流沉积和低密度流形成并进入周边盆地之间，存在明确的相关性。Jorry 等（2010）提出了"淹没窗"的概念，来描述浅滩和环礁顶部淹没，以及浅滩衍生的文石和钙质重力流沉积大量进入相邻的深海盆地的时间。Jorry 等（2010）认为，主要的淹没窗发生在每次冰期结束后海平面上升的后期，这一阶段海平面上升速率最快。通过对地震多发的沃尔顿（Walton）盆地（北尼加拉瓜隆起）的活塞取心分析表明，最后四次冰期/间冰期过渡期间，重力流沉积的产生受海平面上升的控制，而不是地震活动。Jorry 等（2010）的研究表明，孤立碳酸盐岩台地周边最重要的沉积物输入，受局部和区域因素（如台地顶部的水深）以及冰期结束时的外部因素（日照变化、气候变化、海平面波动）共同控制。他们的研究结果表明，在过去的四次冰期—间冰期旋回中，气候、海平面以及碳酸盐岩盆地重力流沉积（主要是钙质重力流沉积）之间有着密切的联系。三个研究案例均表明，钙质重力流沉积的发生，文石的增加以及盆地方向的搬运，均与冰期结束后的海平面突然上升相一致。

碳酸盐岩重力流沉积的另一个方面，是它们记录了流体的水动力分选。根据 100m 长岩心和周边野外露头，开展了一项针对三叠纪 Buchenstein 组钙质重力流沉积的研究，其成分和厚度变化表明，相对于背景沉积（半远洋沉积），钙质重力流沉积的体积从下部的 15% 转变为上部的 60%，反映了周边台地的稳定进积（Maurer 等，2001）。解释为浊积岩的重力流沉积，其砂质部分的组成表明泥晶灰岩（平均 23%）和岩屑（16%）是最主要的成分。它们被解释为两种不同类型的原生沉淀的泥晶灰岩，它们可能在微生物的影响下形成，并构成了周围台地的主要生长物质。源于台地生物骨架碎片的颗粒只占 0.5%。利用斯皮尔曼（Spearman）等级相关系数和聚类分析方法，对重力流沉积组分的变化进行了量化。取心部分最重要的组分变化，似乎与浊流的水力分选有关，随着台地向盆地的推进，重力流沉积逐渐从远端向近端迁移。214 个样品的聚类分析表明，主要分为泥晶和亮晶重力流沉积，基于相关露头的研究，前者位于远端，后者位于近端。以泥晶为主的重力流沉积，在放射虫和薄壳的双壳类中富集；而以亮晶为主的重力流沉积在岩屑中富集。这个细分方案是由 Maurer 等（2001）根据浊流的分选效应得出的解释，其中碳酸盐泥和更细粒的颗粒被搬运到盆地更远的位置。没有迹象表明海平面升降对重力流沉积的组分存在明显影响。这并不奇怪，因为台地的主要自生相仅横向迁移，但是在海平面波动期间没有显著的结构变化。

Payros 和 Pujaltea（2008）对现代和古老钙质海底扇进行了概述。他们认为，钙质海底扇的长度从几公里到超过 100km 不等。他们将其划分为三种不同的类型：（1）粗粒、小型（<10km）海底扇，其特征是大量的砾屑灰岩，较少的泥岩，相对较长的天然堤水道和较小的朵体；（2）中等粒度、中等规模（长 10~35km）的海底扇，以大量砂质灰岩和较少量的钙质泥岩和泥岩为特征，通过多个陆坡冲沟汇合成一个天然堤水道，通往主要沉积区，形成大量朵体/席状沉积（Puga-Bernabéu 等，2009）；（3）细粒大型（一般超过 50km，接近 100km 长）海底扇，富含砂屑灰岩和泥岩，缺少砾屑灰岩，具有宽而长的陆坡水道，能够供给大量的钙质浊流席状沉积。从粒度分布来看，三种海底扇类型分别对应富砂/砾、富砂/泥和富硅质碎屑海底扇（表 7.1）。然而，它们在规模和沉积结构方面表现出显著的差异，反映了各自重力流沉积的不同特征。大多数钙质海底扇形成在低角度陆坡上，沉积物源自周围碳酸盐岩陡坡处的高能环境。在这些条件下，浅水松散颗粒状沉积物被搬运至碳酸盐岩斜坡上，最终被重力流沉积搬运到海底扇中。这些条件使钙质海底扇更容易形成在台地的背风面，因水温较低且富营养化，珊瑚礁的形成受到抑制。

另一个有助于将浅水沉积物搬运至远端斜坡的情况是较低的海平面位置，迫使所谓的碳酸盐工厂更接近陆架坡折和不稳定沉积物（由于地层的暴露和孔隙水的排出，沉积物失去了浮力支撑，变得不稳定）。控制钙质海底扇发育的最重要的因素，似乎是一个高效漏斗机制的存在，迫使重力流沉积在下陆坡方向合并，形成点源沉积聚集。在大多数情况下，这需要一个与构造相关的陆坡洼陷、继承性的地形、或大规模的沉积失稳。

4.11　深水地层的计算机模拟

关于深水沉积体系时空整合的一个令人兴奋的方面，是越来越复杂的计算机模型的发展。在深水储层建模中，定量评估结构单元的空间分布对估算储层孔隙分布和储层砂体连通性具有重要意义。特别是对岩石和流体体积的估算、储层性质预测和开发井部署（Reza 等，2006）至关重要。优化油藏管理需要整合现实的地质和工程属性。尽管这种模型过于简化且充满假设，但其主要功能之一，是通过展示受各种控制因素影响的地层几何形态来制约思维。深水沉积体系在这一方面的研究超出了本书的范围；因此，这个简短的部分只是对这个议题的简单介绍。

目前，已经开发了多种随机建模技术来构建深水储层模型，可以分为以下三类：（1）基于单元的模拟，主要实现两点地质统计（Deutsch 和 Journel，1998）和多点地质统计的概念（Strebelle 等，2002）；（2）基于目标的模拟或布尔（Boolean）模拟，倾向于使用非线性特征建立更多地质实现的储层模型（Haldorsen 和 Lake，1984；Haldorsen 和 Chang，1986；Jones 2001；Deutsch 和 Tran，2002），且地质对象受硬数据（例如井数据）限制，同时也尊重地层关系和解释；（3）基于面的随机建模方法（Xie 等，2000；Pyrcz 等，2005），它捕获了单个流动事件的沉积趋势，展示了朵体沉积的补偿叠置模式（参见图 7.39）。

Reza 等（2006）开发了一种综合的储层随机建模方法（ModDRE—深水储层结构单元模拟），来考虑地貌和地层的控制，以形成深水储层结构单元。ModDRE 使用 Fortran 语言编程，试图通过基于过程的技术，模拟真实的地质结果，但在整个过程中整合了随机建模。有关地层演化的信息可以整合到储层建模过程中。陆坡地区分析方法的实施，考虑了地形对水道和席状储层的结构和分布的限制。与相对基准面变化相关的沉积物源统计和结构单元变化（通过地震、露头和地层研究），也可以用来约束储层结构单元的统计。基于这些地貌和地层的约束条件，将诸如水道和朵体的储层单元，以地层的时间顺序构建到模型中。

4.12　深水地层的实验模拟

目前实验模拟 ［大型水槽实验，例如荷兰乌得勒支大学的 EUROTANK 实验室（Postma 等，2008）；明尼苏达大学/美国地质调查局的 St. Anthony Falls 实验室以及得克萨斯大学奥斯汀分校的 STEP 实验室］越来越多用于理解地层特征及其几何形态，并限制可能的范围。

通过水槽实验，Postma 等（2008）总结了以下结论：（1）对于较大的时空尺度，可以通过非线性扩散，来模拟水槽模型的地层样式；（2）可容纳空间的充填速率通常是非线性的，随着坡度的增加逐渐降低。因此，河流—陆坡可容纳空间（至平衡位置）的充填所需的时间，不是简单地计算可容纳空间中可供充填的沉积物体积，因为在可容纳空间开始充满之前，已经有许多沉积物搬运至下陆坡体系，如重力流沉积；（3）如果假设非线性指数 $m=1.5$（这对于粗粒实际原型来说，不是一个不合理的值），那么水槽模拟和真实地层之间，可容纳空间充填速率的误差通常不超过 10%，个别特殊情况能达到 30%。这样的结果，为通过沉积体系演化的实验模拟来校准数值模拟提供了可能。

Paola 等（2009）认为地表科学的定量分析和预测，伴随实验室地层和地貌学的发展而发展。实验人员越来越多的将模拟目标由水道转变为对整个侵蚀体系和沉积盆地的模拟，通常使用非常小的设施。实验产生的空间结构和运动学特征尽管不完善，但与自然体系具有较好的可对比性，只是在空间尺度、时间尺度、材料属性和过程数量上存在差异。实验模拟在研究地貌动力体系中，各种形式自旋回的复杂性方面特别有用。自旋回过程创造的大部分空间结构，我们能在保存的地层中看到，并与沉积物的沉积和搬运密切相关。尽管无量纲数存在巨大的差异，但实验模拟和真实体系之间的一致性，就是我们所说的"不合理的有效性"。我们认为，不合理的实验有效性是自然尺度独立产生的。我们概括现有的想法来关联内部相似性（体系的一小部分与较大的体系类似）和外部相似性（体系的小副本与较大的系统类似）。我们认为内部相似性意味着外部相似性，反之则不然。实验模拟与真实地层的外部相似性表明，自然尺度独立性可能更具动力地貌特征，是比浊流更好的研究。我们促使实验地层和地貌研究的重点从经典的动力学尺度，转向对尺度独立的起源和限制的定量理解。地表动力模拟方面的其他增长潜力包括：物理—生物的相互作用、内聚效应、随机过程、结构和地貌的相互作用、从地层和地貌记录中提取定量过程信息以及实验和理论的相互作用。

Van Dijk 等（2009）认为，扇三角洲很好地记录了扇体的建造过程，因为它们的沉积速率很高，特别是在构造活跃环境中。虽然以前的研究主要集中在异旋回的控制上，但是通过水槽和数值模拟明确表明，自旋回过程产生的沉积物的沉积和搬运，需要进一步确定自旋回过程和地层的特征和意义。模拟试验是在具有恒定外部变量（流量、沉积物供应、海平面和盆地地形）的扇三角洲上进行的，证明了扇三角洲演化由水道化流体和片流的周期性交替组成。水道化流体从陆坡诱发的冲刷作用开始，随后侵蚀成与山谷相连的水道，被侵蚀的沉积物沉积在一个快速进积的三角洲朵体中。由此导致水道梯度的降低、流动强度的降低、河口坝的形成、流动的分叉和水道的回填。在水道充填的最后阶段，片流与水道化流（短暂半封闭流）共存，虽然在旋回 1 中不存在半封闭流体。随后的自旋回侵蚀在地貌和梯度上非常相似。只是它们侵蚀的更深，到达三角洲平原位置，因此需要更多的时间回填。半限制性流体的持续时间，伴随后续旋回的增加而增加。在片流期间，三角洲平原加积到发生自旋回侵蚀所需的"临界"梯度。这个临界梯度取决于沉积物搬运能力，由输入条件定义。这些侵蚀和加积的自旋回过程，证实了先前的发现，沉积物的沉积和搬运以及相关的坡度变化在扇三角洲的演化中扮演了非常重要的作用。自旋回过程产生的侵蚀面，在扇三角洲的沉积充填过程中得到了很好的保存。这些侵蚀表面很容易被误解为是气候、海平面升降或构造形成的界面。

4.13　超临界流和亚临界流扇体

理解海底扇的地层发育，包括其内部结构和叠置模式的一个新方法，是考虑超临界流和亚临界流对沉积的相对重要性。大多数的海底陆坡位置，特别是坡度大于 0.5° 的位置（见 1.5.3 节），都可能有超临界流的证据。直到最近几年，人们才认识到向上迁移底形的重要性，如加拿大不列颠哥伦比亚省的斯阔米什（Squamish）前三角洲（Hughes Clarke 等，2012a），即所谓的"周期性阶坎"，阶坎位置流体发生超临界流到亚临界流的转换（Cartigny 等，2011，2014；Postma 等，2014；Talling 等，2015）。这些新月形底形的波长 30 ~ 40m，波高 2m，背流面的坡度超过 40°，迎流面的坡度达 10°，在河流进入深水区的长时间的流动过程中，甚至表现出强烈的潮汐周期性（Hughes Clarke 等，2012b）。斯阔米什前三角洲周期性阶坎底形的坡度可以超过 45°（Hughes Clarke 等，2011）。这个概念已经被应用于解释冲积扇的侵蚀—回填旋回，以及超临界流扇体中朵体的形成（Hamilton 等，2013）。在冲积扇和三角洲的形成过程中，已经观察到水道化、朵体沉积，水道回填和水道废弃的自旋回特征。冲积扇超临界旋回的主要特征，通过流体与末端朵体的相互作用来揭示。在冲积扇的水道—朵体过渡带中，流体发生较弱的水跃，造成流体的速度下降和横向扩张，使沉积物在水道和洪泛平原顶部等位置沉积。这一过程所产生的沉积物往往会封堵水道，并向上迁移，消除水道的形态（Hamilton 等，2013）。

Hoyal 等（2011，2014），Demko 等（2014）和 Hamilton 等（2015）讨论了以超临界流为主的海底扇的演化，结构和地层特征。Hoyal 等（2014）总结认为，坡度陡且构造活跃的陆架边缘砂质海底扇的半径通常较小（<10km），可能是受到沉积物水跃的控制，从而限制了水道的延续或迫使水道决口。他们还指出，典型的几何形状包括大型后积层理，朵体在

水跃后向上游迁移。在剖面上，推断这个过程可能形成一个简单丘状特征，叠加在一个更窄的水道形状之上，称之为"牛头（steershead）"。Hoyal 等（2014）在全球多个野外露头中观察到了超临界流底形和底形序列，将其称为"超临界扇"。

然而，应该指出的是，粗粒沉积物的实验和细粒物质的实验结果不同，表明如果沉积速率足够高，则流体以超临界状态穿过下陆坡，冲过扇体，或者在离开扇体之前转变为亚临界状态（Kostic 和 Parker，2007）。

Demko 等（2014）描述了西班牙艾恩萨（Ainsa）、埃布罗（Ebro）和塔韦纳斯（Tabernas）盆地的海底扇和前三角洲沉积中识别的超临界重力流沉积（超临界沙丘、逆行沙丘和周期阶坎）的迁移和加积底形。他们在河口坝、三角洲前缘、陆坡冲沟和末端朵体环境中定义了"动态地貌序列（morphodynamic successions）"（记录了流动条件下地层演化的一套成因相关的地层）的概念。动态地貌序列包含纹层、纹层组、地层几何形态，解释为在稳定和演变的超临界重力流条件下形成的底形特征。他们描述的沉积构造包括分米级"S"形槽状交错层理、分米到米级的向上迁移的前积层、边缘点（brinkpoint）和顶积层的保存、颗粒和超大碎屑堆积以及相关的冲刷和流化结构等，这些已经通过水槽实验证实。Demko 等（2014）将"S"形交错层理解释为沙丘迁移形成。迎流前积层形成在长波长逆行沙丘下，迎流面下超前积层形成在牵引毯下方，由向上迁移的周期性阶坎形成。边缘点和顶积层的保存与底形的爬升角度、向下游迁移与底形加积速率的比率有关（Demko 等，2014）。颗粒和碎屑，包括流化特征，反映迎流面和背流面的局部流动状况。Pickering 等（2015）展示了与超临界流相关的古老底形。

为了对比反映减弱浊流形成的经典鲍马序列（第 1.5.6 节）的沉积结构，Postma 和 Cartigny（2014）提出了一套与大型流体动力学相关的沉积相（图 4.46 和图 4.47）。

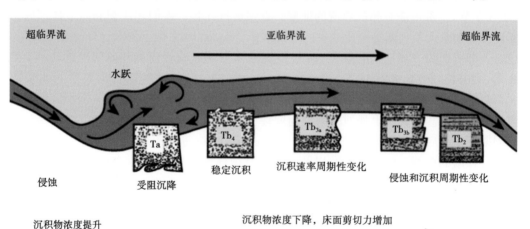

图 4.46 周期性阶坎沉积产生的相（据 Postma 和 Cartigny，2014）

背流面（即下游侧）的流体是超临界流，侵蚀性强。迎流面（即上游侧）的流体是亚临界流，沉积为主。
注意岩相特征沿迎流面的变化，随着沉积物浓度和剪应力的增加而变化。Ta 和 Tb₄ 都是无沉积结构的，
但只有 Ta 具有粗尾正递变特征

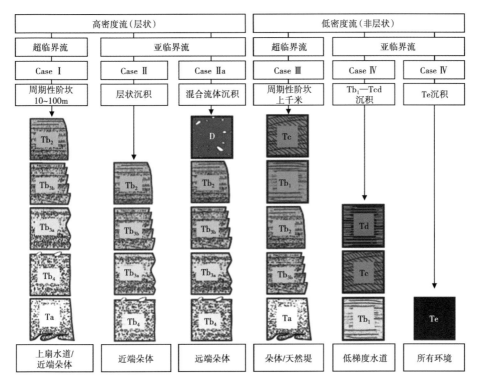

图 4.47   与流动力学和沉积环境对应的沉积相特征（据 Postma 和 Cartigny，2014）

D—碎积岩；1—底层超临界流；2—底层亚临界流；3—超临界流；4—亚临界流

目前还无法将这些概念完全应用于海底扇的解释中（例如"超临界流扇"与"亚临界流扇"的发育条件）。这些相仍然可以用第 2.2.2 节的分类方案来描述，但是可能在水跃期间和流体穿过周期性阶坎时就已经形成。

4.14   沉积单元的分级

深水沉积体系描述的分级方案从最小的岩性单元开始，单层（bed），是单期流动事件形成的底部较粗的单层（砾石+砂+粉砂），或者多期流动事件形成的叠合层（图 5.1）。相似的一组岩层定义为"层组（bedsets）"，例如具有相似的厚度、粒度分布和沉积结构的岩层。对于深水沉积相，当出现砂岩—泥岩或粉砂岩—泥岩组合时，由于最终向上进入泥岩夹层或泥岩（例如岩相 C2 和 D2；图 2.4），我们允许泥岩盖层作为岩层组的一部分。多个层组构成的一套富砂沉积称为"砂质层（sandy storey）"。更高级别的沉积单元分别称为：水道充填（channel fill）、复合水道（channel complex）、水道复合体（channel complex set）。

针对块体搬运沉积也采用了类似的术语，分别为：块体搬运层（mass transport storey）、块体搬运单元（mass transport elements）和块体搬运复合体（mass transport complexes，MTC）。块体搬运沉积的术语遵循 Pickering 和 Corregidor（2005）关于块体搬运复合体的定义，但是我们将单期沉积物的滑动、滑塌和黏性流体的沉积定义为块体搬运沉积（MTDs）。

Storeys 一词最初由 Friend（1979）定义，指水道内的连续沉积带（图4.48）。Storeys 可以具有向上变细或向上变粗的趋势（Campion 等，2005）。通常在水道轴部表现为向上变粗的趋势，而在水道边部表现为向上变细的趋势。Storeys 可能具有侵蚀性底面或是纯粹的沉积层。

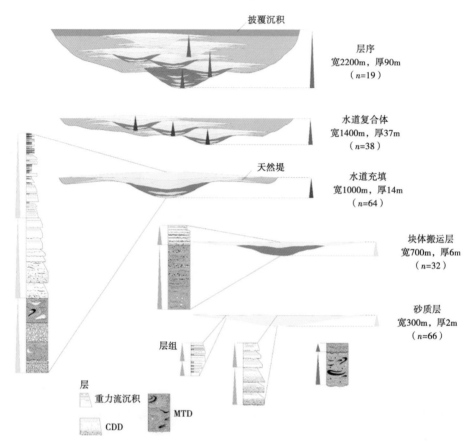

图4.48　深水沉积结构基本描述单元的分级（据 Pickering 和 Cantalejo，2015）

基于 Sprague 等（2002，2005），以西班牙比利牛斯山脉中始新统艾恩萨盆地为例，也参考 Flint 等（2008），Sprague 等（2008）和 Figueiredo 等（2013）的分级术语

Flint 等（2008）在南非卡鲁盆地的二叠系深水沉积的露头研究中，定义了水道填充（storey sets）、复合水道和水道复合体，共划分为 10 个沉积层序，叠合成 3 个复合层序。复合层序（一个或多个相关层序）可以在下倾方向和走向延伸数十公里。在水道轴部位置，层序界面反映了陆坡—水道复合体叠置类型，填充样式以及区域侵蚀面连通性的变化。水道复合体是根据一个或多个相关复合水道的填充叠置类型来确定的（Flint 等，2008）。Sprague 等（2008）扩展了 Flint 等（2008）的分级方案。从复合尺度规模（陆坡复合水道、复合天然堤和复合朵体，30Hz 地震数据可识别）到测井和岩心尺度的规模。复合沉积组成具有特定叠加模式的复合体，从而在地震分辨率极限下控制砂体连通性。这些分级的储层结构单元独立于沉积环境（Sprague 等，2008）。

图4.49 和图4.50 展示了 Figueiredo 等（2013）采用这种分级方案，通过层序地层学的

方法，对上陆坡海底水道体系进行了划分。图 4.50 展示了低位体系域 F2 沉积单元（图 4.22）的地层演化模式。

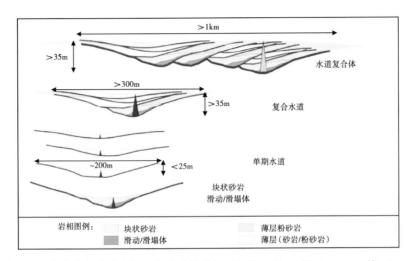

图 4.49　南非卡鲁盆地上陆坡海底水道体系的级别划分（据 Figueiredo 等，2013）
较小的单个水道单元难以在地震数据中识别，即便是在高分辨率三维地震数据中也无法识别

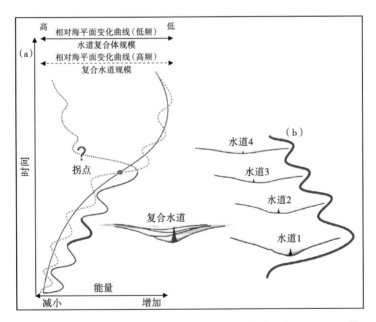

图 4.50　低位体系域中 F2 沉积单元的层序地层演化模式（据 Figueiredo 等，2013）
（a）红色曲线表示 F2 发育期间推断的能量剖面。在层序尺度内，下部表示能量的整体增加，表示侵蚀阶段，但次级旋回内也就是复合水道能量的降低，代表了局部加积。复合水道能量的降低在图（b）中进行了放大，以显示复合水道内单个水道的变化。能量剖面曲线的下半部分是一条实线，因为它是根据地质记录推断出来的。然而曲线的上半部分显示能量总体下降，但数据存在多解性，因此用虚线表示。相对海平面升降曲线是通过对地质记录解释获得的

4.15 小结

许多深海盆地都展示了全球气候变化（包括海平面升降）对粗碎屑搬运至深海盆地过程中的重要性，但也有一些实例表明构造作用显得更为重要。有意思的是，在一些构造活跃的陆相盆地研究中，有人认为气候变化在驱动侵蚀和沉积物搬运方面比构造作用更为重要（Garcia 等，2011）。任何分析不可或缺的部分，是对环境变化发生的时间尺度以及变化的速率和幅度的理解。另外，全球气候变化并不一定要与海平面升降相关联。海洋的膨胀和收缩（空间变化）、水循环的变化、风暴的变化、降雨和陆地径流，都可能是沉积物通量的重要控制因素。不同的米兰科维奇频率（岁差、地轴倾角、短期和长期的轨道偏心率以及这些频率的调节效应），将在深时中形成不同的地层信号。同样，构造过程也在一定的时间尺度、变化速率和幅度下进行。板块构造过程（如大洋的形成和消失），在数百万至数千万年时间尺度上，对推动全球气候变化也是重要的（Smith 与 Pickering，2003）。此外，硅质碎屑岩和碳酸盐岩体系似乎对全球气候变化和基准面变化的响应不同。

大洋通道重要性的实例，可以在塔斯马尼亚（Tasmanian）的白垩纪—全新世历史中找到（Exon 等，2004）。在始新世—渐新世过渡期（约 33.5Ma），南塔斯曼（Tasman）隆起的西南部分最终与南极洲分离。之后塔斯曼隆起开始沉降，塔斯马尼亚的陆架边缘崩塌。塔斯马尼亚通道打开，扰乱了南部高纬度地区的海洋环流，导致了新生代的一次主要气候变化。随之而来的是硅质碎屑供应量的大幅减少，以及有利于碳酸盐岩沉积的北纬暖流的流动。在东部地区，渐新世碳酸盐岩直接覆盖在由南极环流（ACC）引起的不整合面上，但西部同样的相变发生的时间要晚一些。南极洲边缘标志性的硅质生物沉积，现在被南极环流的暖水所孤立。稳定的北移，使塔斯马尼亚地区在新近纪时期位于南半球极锋的北面，并沉积了远洋碳酸盐。因此，南极洲大陆边缘的地层，包括深海沉积物的性质，受到大洋通道打开的强烈影响。

沉积物搬运至深水区的另一个非常重要的方面是造山带的生长。Champagnac 等（2012）指出，不仅仅是构造作用，气候条件是决定全球 69 条山脉带的形态、规模和地貌的关键因素。本研究中的气候变化包括纬度（作为年平均温度和日照的替代指标，但最重要的可能是冰川期）和年平均降水量。为了量化构造作用，他们使用缩短速率（shortening rate）。地形测量时，平均和最大海拔以及地形起伏通过不同的尺度进行计算。Champagnac 等（2012）指出，气候因素（负相关）和构造因素（正相关）一起解释了对山脉的平均海拔和最大海拔的影响（>25%，但<50%），但是缩短速率对地形和起伏测量的影响较小（<25%）。对于年平均降水量来说，地形起伏是不敏感的，但是确实取决于纬度，特别是地形起伏较小（约 1 公里）的尺度，Champagnac 等（2012）将其归因为冰川侵蚀。然而，较大规模的地形起伏（平均长度约 10km）与构造缩短速率正相关。此外，小尺度和大尺度的地形起伏，以及地形的相对起伏（以平均海拔标定的起伏）与纬度的正相关性最强。

目前大多数地形起伏的测量，其缩短率未能达到 25% 以上，因此产生了这样的问题：在解释现今高地的起伏和侵蚀速率方面，构造活动是否被高估（Champagnac 等，2012）。这个基本问题对于海洋和非海洋深水环境中的沉积也具有重要的意义。

　　我们反对简单的气候变化（包括海平面升降）而非构造，或总是构造作用而非气候变化的解释，并且强调在构造和气候/天气的背景下，去理解每个沉积体系和盆地是非常重要的。只有这样，才能在年代控制下，解释沉积通量和盆地沉积的可能原因和影响。随着我们对深水沉积体系认识的不断提高，我们会发现很少有单一的控制作用，地层结构是气候、构造和自旋回过程相结合的产物，而且在任何沉积盆地中，这些变量的相对重要性，在整个盆地的演化过程中都发生变化。

第5章　重力流沉积的统计学特征

英国西威尔士志留系（Llandovery统）Aberystwyth Grits地层。地质锤作为比例尺。

5.1　概述

鲍马（1962）最早对重力流沉积特征进行统计学分析，他整理了单期浊流沉积中发育沉积构造的定量数据，根据这些定量数据鲍马建立了著名的鲍马序列（见1.5.6节）。后来其他学者认识到以 Tc 段开始的重力流沉积，比以 Ta 或 Tb 段开始的重力浊流沉积搬运更远，或发育在沉积体系的侧翼（天然堤—越岸沉积）（Mutti 和 Ricci Lucchi，1972，1975）。此外，鲍马序列将浊积岩的水动力特征解释为能量逐渐减弱的湍流（Walker，1965）。早期实例表明，统计数据对于解释流体过程和古环境至关重要。

近年来，研究重点已经转移至通过沉积厚度的频率分布，或沉积厚度/粒度的垂向趋势来提取相关参数。最主要的一个例子即利用地层厚度的不对称趋势（"向上变薄"和"向上变厚"旋回或趋势），来推测海底扇体系的古环境（见7.4.3节）。利用厚度总体是否符合对数正态分布或幂律分布，来指导对沉积过程的解释（Malinverno，1997；Rothman 和

Grotzinger，1994，1997；Carlson 和 Grotzinger，2001；Sinclair 和 Cowie，2003；Felletti 和 Bersezio，2010a；Pantopoulos 等，2013）。甚至，单期浊流沉积的几何形态也可以进行定量化，来推测流体的流变特征或流体限制性（Aksu 和 Hiscott 所说的"纵横比"，1992；Talling 等，2007；Felletti 和 Bersezio，2010a；Malgesini 等，2015）。在本章中，我们主要关注从沉积厚度和粒度的频率分布所衍生出来的相关统计学特征。，此外，我们也考虑了 1970 年以来广泛利用沉积厚度的不对称趋势对环境的指示意义。自 20 世纪 70 年代起，沉积厚度的不对称趋势已经广泛用于分析古老代海底扇的浊积岩地层是属于水道化沉积还是非水道化沉积。

　　首先，对本章所使用的一些术语进行定义。"岩层（bed）"是指岩性不同的沉积物，例如泥岩或砂岩/砾岩，这是野外地质工作者的传统用法，但它并不能用来判断是一期流体沉积还是多期流体沉积（后者可能会形成叠合地层）。为了明确标识单期流体沉积，本章我们使用术语"重力流沉积（SGF deposit）"。单期重力流沉积包括底部粗粒段（砂岩和砾岩）和上部泥岩段，因此单期流体沉积可能会包括两个不同的"岩层"。如果研究者的研究目标是单期流体沉积的粗粒砂岩/砾岩段，我们建议使用"重力流沉积粗粒段"。虽然该命名法看起来很怪异，但不会对一期重力流沉积的全部沉积或部分沉积产生混淆。在文献中，有些"岩层"的定义跟上述类似，有些使用"岩层"是指单期重力流的所有沉积，包括粗粒沉积段以及泥岩段。本章我们希望可以避免这种双重含义。

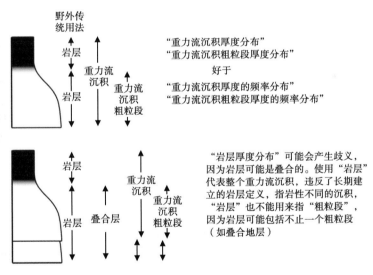

图 5.1　不同术语（岩层、重力流沉积和重力流沉积粗粒段）定义的示意图
上图为单期重力流沉积，下图为两期重力流沉积叠合层

　　沉积盆地中某处单期重力流沉积的厚度，由沉积形态及距物源距离决定，而沉积形态则取决于初始流体的体积、粒度以及密度（Middleton 和 Neal，1989；Rothman 和 Grotzinger，1996；Malinverno，1997；Carlson 和 Grotzinger，2001）。在任何位置点处，重力流沉积厚度的频率分布以及重力流沉积粗粒段厚度的频率分布取决于：（1）颗粒沉降速率，这是由于流体搬运能力及输送能力降低导致的（Hiscott，1994a；Leeder 等，2005）；（2）流

体瞬时减速的速率；（3）流体浓度。重力流沉积厚度的频率分布包含了流体动力、海底地形地貌和及沉积物结构特征的相关信息。这三类信息对重建古沉积盆地的演化非常重要。

在深水储层单元中，预测重力流粗粒段厚度的频率分布，对油气勘探具有重要的经济意义，如果厚度与沉积体积相关。而且厚度的频率分布是油藏模拟的重要组成部分（Flint 和 Bryant，1993）。如果已知海底扇不同亚环境下的重力流沉积厚度的频率分布特征，那么对岩心及成像测井（例如地层微电阻率成像测井）的解释可能会有所提高。针对浊积岩厚度及其他重力流沉积的厚度，已经提出了多个统计学分布。本章主要考虑对数正态分布、幂律分布、指数分布和伽马 γ 分布（图 5.2、5.3）。

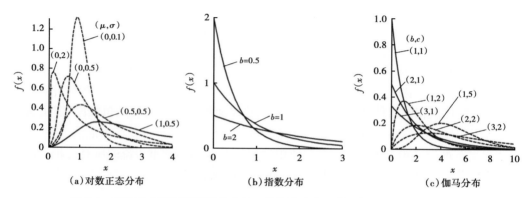

图 5.2　符合重力流沉积厚度分布的三种概率密度函数（据 Awadallah，2002）

幂率分布见图 5.3c 图中展示了每个分布的参数。对数正态分布（a）右偏态（即众数右侧具有延长的尾部）。概率密度函数 $f(x)$ 自 0 开始，一直增加至众数点，之后一直减少。尺度参数（μ）和形状参数（σ）控制了对数正态分布的形状。如果 μ 是常数，则随着 σ 值增加，概率密度函数的偏度增加。如果 σ 增加，则对于非常小的 x 值，概率密度函数在 y 轴方向急剧增加，快速到达众数点，然后像指数分布一样急剧下降。指数分布（b）只有一个参数：尺度参数 b，$b=1/\lambda$。随着 b 增加（λ 减小），概率密度函数分布向右拉升；如果 b 减少，概率密度函数分布则向 0 点方向挤压。概率密度函数在 $x=0$ 时，$f(x)=\lambda$，之后随着 x 的增加呈指数下降。指数分布的概率密度函数具有一个上凹的形状。当 x 接近无穷大时，$f(x)$ 接近 0。伽马分布（c）有两个参数：尺度参数（b）和形状参数（c）。当 c 为常数时，随着 b 的增加，概率密度函数向形态 x 轴方向挤压，而随着 c 的增加，分布趋向于更对称

近年来，幂律分布被认为是众多浊积岩序列中最适合的厚度分布关系。幂律关系的表达形式为 $N=a\mathrm{T}^{-\beta}$，其中 N 为沉积厚度大于 T 的数量，T 为重力流沉积厚度，β 为幂律标度指数，通常为 1~5，a 为常数。实际数据与幂律分布之间的偏差，可用来表明重力流沉积的侵蚀或叠置。有人认为，通过评估实际数据与幂律分布之间的偏差程度，可以用来识别沉积环境中以哪种沉积过程为主（例如 Rothman 和 Grotzinger，1996；Felletti 和 Bersezio，2010a）。当绘制在对数—对数坐标图上时，呈一条直线，则表明为幂律分布。但是，沉积厚度数据在对数—对数坐标图上通常为 2~3 个具有不同斜率的直线段（即，具有不同的 β 值；图 5.3）。这种分段式幂律分布归因于不同的沉积过程，或流体起始点空间分布上的不同，或不同沉积过程中导致流体"铺展性"不一样，例如天然堤流体与非限制性流体（Malinverno，1997；Pirmez 等，1997）。当大规模流体在一个相对宽阔的环境中铺展开时，β 值较大；而相对小规模的流体（例如限制于水道、天然堤、海底及陆坡凹陷内的流体），其 β 值较小（Malinverno，1997；Rothman 和 Grotzinger，1997）。

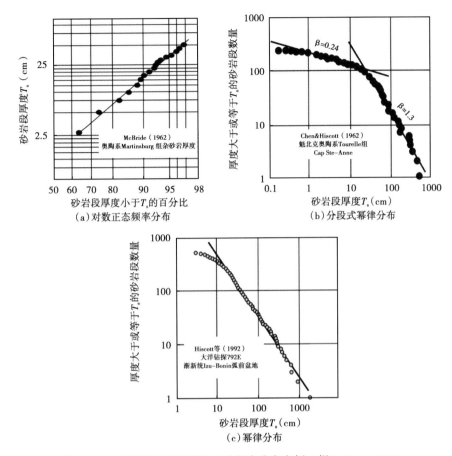

图 5.3 浊积岩粗粒段厚度的三种频率分布实例（据 Talling，2001）

（a）对数正态频率分布（据 McBride 1962）。*x* 轴是概率坐标，而 *y* 轴是对数坐标，当以这种格式绘制（或者更通常地将 *x* 变量和 *y* 变量互换）时，对数正态总体绘制为直线；（b）分段式累计频率幂律分布，具有两个不同的幂律指数 β（据 Chen 和 Hiscott，1999a）；（c）一段式累计厚度幂律分布（据 Hiscott 等，1992）。需要注意的是，与野外实际数据相比，幂律累计频率分布过度预测了极薄层沉积的数量

  一些研究者认为，不同的统计学分布可能代表不同的深海环境和沉积过程，如对数正态分布或负指数频率分布与幂律累计频率分布。例如，Drummond（1999）指提出，中央阿巴拉契亚盆地上泥盆统 Brallier 组浊积岩地层厚度的频率分布呈负指数分布。

  意大利出露一套很好的渐新统 Cengio 组和 Bric la Croce-Castelnuovo 组浊积岩（第三系 Piedmont 盆地），Felletti 和 Bersezio（2010a）在对其研究过程中，试图采用浊流沉积中粗粒段的厚度分布，来量化多个深水沉积体系的限制程度。在该盆地中，粗粒段厚度的累积频率分布符合分段式幂律分布。观察到的最厚地层与这个趋势存在偏差，与一定厚度范围内岩层缺失有关。因此，Felletti 和 Bersezio（2010a）认为存在一个厚度阈值，该厚度阈值能够将具有完全限制性流体的沉积（形成厚层加积地层）与重力流粗粒段沉积区分开。在 Cengio 组浊积岩组体系（CTS）中，阈值从最底部（限制为主）至顶部逐渐降低。Bric la Croce-Castelnuovo 浊积岩体系（BCTS）顶部未识别出阈值。相比 CTS，BCTS 分布于一个更

广阔的盆地中，表明为非限制性沉积。推测 BCTS 的分布范围比预测的范围大。因此，Fel-letti 和 Bersezio（2010a）使用重力流粗粒段的厚度统计，来解释沉积环境、限制性程度、侵蚀/叠置以及重力流的过路作用。

Rothman 和 Grotzinger（1996）以及 Carlson（1998）的研究表明 Kingston Park 组碎屑流沉积的厚度分布与浊积岩粗粒段的厚度分布是不同的。在早期研究中，Rothman 等人（1994）对 Kingstone Peak 组浊积岩粗粒段的厚度进行了测量，发现与幂律分布具有良好的匹配关系；在 1994 年的研究中，在 Kingston Park 组识别出碎屑流沉积，但在累积分布中将其剔除了出去。随后，Rothman 和 Grotzinger（1996）又将碎屑流沉积考虑了进去，得出的结论是碎屑流标度指数与浊积岩标度指数存在明显不同。Rothman 和 Grotzinger（1996）推断流变性质是控制重力流粗粒段厚度的重要因素（参考 Talling，2001）。意大利亚平宁山脉 Marnoso arenacea 组崩滑地层（包括变形段和下伏无沉积构造的砂岩段）粗粒段的厚度分布系统偏离对数正态分布，更接近于正态分布。浊积岩和碎积岩粗粒段的厚度分布差异，突出了流变性质在决定沉积形态和厚度分布方面的重要性（Rothman 和 Grotzinger，1996）。

使用高分辨率微电阻率测井（例如斯伦贝谢公司的地层显微扫描 FMS、地层微成像测井 FMI），可以研究砂质重力流和粉砂质重力流沉积中与泥岩互层的粗粒段沉积。这是因为重力流底部的粗粒段沉积与重力流沉积泥岩在电阻率上存在明显差异。但是，这种数据资料也有局限性，因为微电阻率测井的分辨率既不能确切区分叠置地层中的单期流体沉积（除非在叠置面上出现强烈的粒度变化），也不能精确识别出泥岩层段中每期浊流沉积的顶界。因此，对厚度的相关分析仅限于重力流粗粒段，而且必须假定砂岩地层不存在微小的叠合面。例如，Hiscott 等（1992，1993），Pirmez 等（1997）和 Awadallah 等（2001）使用 FMS 图像来识别记录伊豆—博宁（Izu-Bonin）弧前盆地、亚马逊扇和伍德拉克（Wood-lark）盆地中重力流粗粒段的相结构和厚度分布。微电阻率成像可以对大洋钻探中岩心收获率低的层段进行逐层描述。例如，巴布亚新几内亚海上西伍德拉克（Woodlark）盆地三口钻井的 FMS 图像（Huchon 等，2001；Awadallah 等，2001）。这是一套下上新统浊积岩沉积，向北变薄，堆积于陆壳裂谷之上。物源来自西部和北部，主要为砂岩、粉砂岩及泥岩碎屑沉积，形成斜交于轴向的重力流，向裂谷提供沉积物。在三口钻井中，砂质重力流沉积和粉砂质重力流沉积的数量随粗粒段厚度的增加呈指数递减，但也存在一个明显的"尾部"，为相对厚层的粗粒段（图 5.4）。对数坐标交会图展示了粗粒段厚度大于 T 的重力流的数量与 T 之间的关系。除 T 值在 FMS 分辨率极限附近存在偏差外，该双对数交会图由一条或者两条直线段组成。每条直线段代表具有不同标度指数 β（β 值为 1.5~5.5）的幂律关系。然而，需要注意的是，符合各个幂律关系的子总体的相对规模可能会有很大的不同。例如，图 5.4b 中当 $\beta=1.4b$ 的时，重力流沉积的数量为 300-30=270；而 β 为 3.0 时，沉积数量为 30。

总体而言，西伍德拉克盆地上新统浊积岩粗粒段的厚度分布大致符合指数分布（许多薄层沉积和很少的厚层沉积），但也近似符合一条或两条直线段的幂律分布（即不同厚度范围的粗粒段具有一个或两个 β 值）。这些样式是由于裂谷盆地中较小体量流体的局部限制性引起的，也许是微弱的海底地形和/或水道（Awadallah 等，2001）。活动裂谷期地震引发的浊流沉积大致服从幂律分布模型。在 ODP 站点 1109 和 1108 处发现，3.6—3.45Ma 期间浊

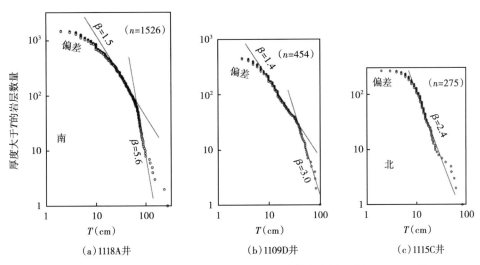

图 5.4　厚度大于 T 的砂岩层和粉砂岩层数量与 T 的对数交会图（据 Awadallah 等，2001）
数据资料来自巴布亚新几内亚海上伍德拉克盆地的 FMS 图像。这些砂岩和粉砂层为浊积岩粗粒段。
正如幂律分布预测的一样，交会图表现为直线段，斜率是由分布的特征指数决定

流的发生频率达到 930 次/Ma。3.45Ma 之后，在站点 1109 和 1115 处，浊流发生的频率降低，但是在 1118 站点处，在 2.6Ma 之前，浊流发生频率一直保持不变。越靠近盆地轴部，浊流发育的频率越高，这表明（1）地貌上水深较深的轴向凹槽能够更好地俘获重力流；（2）当浊流通过轴向凹槽后，远端浊流中的泥岩会优先沉积下来。

　　有时，在 ODP 站点 1118 和 1109 处砂质和粉砂质浊积岩的沉积速率为 1000~1500 个岩层/Ma，而 ODP 站点 1115 处沉积速率不超过 450 个岩层/Ma。ODP 站点 1118 最接近于裂谷盆地的轴部，长期发育高频浊流沉积（1500 个岩层/Ma，相当于每间隔 670 年就会发生一次浊流）。在该地区浊流的发育频率大约比 7.0 级或更大级别地震的发生频率要大一个数量级，这表明除了地震因素之外，还存在其他因素触发浊流产生。相比于轴部 ODP 站点 1118 处浊流发育频率，裂谷轴部北部砂岩段和粉砂岩段发育频率低，这是由于沉积粒度向侧向和远端逐渐变细综合作用的结果，因此众多浊流在 ODP 站点 1118 处形成砂质和粉砂质递变层，而在 ODP 站点 1109 和 1115 处仅形成泥岩沉积。另外推测在泥岩缓慢堆积的地区，由于生物潜穴作用，泥岩被均质化（Awadallah 等，2001）。

　　Talling（2001）在对意大利亚平宁山脉中新统 Marnoso arenacea 组研究中，提出浊积岩厚度（即重力流沉积厚度，图 5.1）的频率分布和粗粒段厚度的频率分布为一系列对数正态分布。这些地层主要沉积在盆地平原环境，叠置地层相对少见。该分析中排除了因侵蚀作用而被削蚀的重力流沉积。对于指定的底部沉积或鲍马序列底部段，每个单独的正态频率分布表征了重力流沉积厚度或粗粒段厚度。每个对数正态总体的厚度中值与该总体底部的平均粒径呈正相关关系（Talling，2001）。将所有单独的对数正态子总体相加生成的沉积厚度总体具有分段式的幂律趋势。以 Ta 或 Tb 段开始的浊积岩与只有 Tc、Td 和 Te 段浊积岩的幂律指数是不同的。这两种类型的浊积岩分别对应于之前学者提出的"厚层"和"薄

层"；根据第一章的分类，一些"厚层"沉积物可能是浓密度流沉积而不是浊流沉积。幂律指数的变化反映了"薄层"和"厚层"沉积的双峰厚度分布。β 值的变化被认为与下列因素有关：（1）沉积颗粒从黏滞沉降向惯性沉降的转变；（2）浓度阻碍了碎屑物质沉降。Talling（2001）的分析支持了这样一种观点，即 Ta 和 Tb 段是由相对较高浓度的流体沉积下来的，且该流体携带了不同粒径的碎屑物质，经历了不同的沉积过程。根据 Talling（2001）的观点，对数正态频率分布和分段式幂律频率分布可以整体进行解释。最初认为重力流沉积厚度的幂律频率分布与地震规模的幂律分布或陆坡崩塌规模的幂律分布有关。据 Talling（2001）观察，对给定粒径范围内的对数正态总体而言，重力流沉积厚度除了受粒度沉降速度影响外，还由几个随机分布参数的乘积决定。Talling（2001）通过的研究提出，在储层建模中粗粒段厚度的对数正态频率分布可能最合适，粒径影响每个对数正态子总体的厚度中值。粒径也影响渗透率和孔隙度，所以可以定义内部数值集 $(x, y, z) =$（粒度，粗粒度的中值厚度，渗透率），并将其输入浊流沉积和浓密度流沉积的储层模型中。

5.2 魁北克中奥陶统

Awadallah（2002）对魁北克阿巴拉契亚地区 Cloridorme 组下段 27000 多个岩层进行了测量，这些岩层沉积于深海环境，类似于现今的盆地平原和海底扇远端沉积（Hiscott 等，1986）。重力流沉积粗粒段的厚度分布样式多样，岩相类 B 和岩相类 C 砂岩厚度的频率分布为对数正态分布，岩相类 D 粉砂岩厚度的频率分布为指数分布（Awadallah，2002；Awadallah 和 Hiscott，2004）。Cloridorme 组岩相及其解释见表 5.1。由于 Awadallah 的研究是基于

表 5.1　Cloridorme 组下段 9 个等时地层段内的岩相百分比（据 Awadallah，2002）

等时地层段	PF（西剖面）						SYE-SH（中剖面）						RE-PCDR（东剖面）				
	总厚度（m）	覆盖厚度（m）	B（%）	C（%）	D（%）	E（%）	总厚度（m）	覆盖厚度（m）	B（%）	C（%）	D（%）	E（%）	总厚度（m）	B（%）	C（%）	D（%）	E（%）
SL7	87.2	12.50	*1.80*	22.40	19.70	56.10	104.40	0.00	*6.90*	20.70	15.80	56.60					
SL6-2	77.27	0.00	0.00	14.70	16.90	68.40	103.10	0.56	*4.00*	15.70	25.30	57.30					
SL6-1	65.75	0.00	*0.40*	10.60	16.50	72.50	97.13	0.00	*2.70*	12.70	17.80	64.70	89.70	*7.60*	21.10	12.80	58.50
SL5	43.00	0.00	0.00	12.50	14.80	72.70	41.50	0.00	0.00	10.20	11.10	78.70	38.70	*1.40*	9.00	26.60	63.00
SL4-2	73.70	0.00	0.00	10.50	17.70	71.80	77.20	0.00	0.00	8.90	18.90	72.20	80.10	*2.00*	11.60	19.20	67.20
SL4-1	58.50	0.00	0.00	9.00	14.80	76.20	57.40	0.00	0.50	14.20	20.20	65.10	55.90	*0.80*	17.50	13.70	68.00
SL3	74.50	0.00	0.00	11.40	10.80	77.80	75.80	0.00	0.00	8.50	19.40	72.10	65.30	0.00	7.20	20.50	72.30
SL2	57.80	0.00	0.00	11.60	9.70	78.70	64.20	0.00	0.00	11.50	6.10	82.40	58.60	0.00	6.40	13.40	80.20
SL1	36.10	0.00	0.00	17.10	7.60	75.30	32.90	5.10	0.00	16.80	3.00	80.20	32.70	0.00	13.70	7.20	79.10

注：RE-PCDR 剖面最靠近物源，SYE-SH 剖面位于 RE-PCDR 剖面西侧（下游方向）14km 处，PF 剖面位于 RE-PCDR 剖面西侧 25km 处。需要注意的是等时地层向下游方向厚度的变化，以及岩相类 B 和 C（粗斜体）百分比含量的向上增加，原因是东侧富砂朵体的发育。阴影部分为丘状和楔状朵体以及朵体边缘沉积（参考 Awadallah 和 Hiscott，2004）。

大量的基础数据，所以对其研究结果进行详细的概述，并作为重力流沉积厚度统计学应用的典范。我们的讨论从泥岩开始，再逐步进行到较粗粒沉积。

共有 13479 个泥岩层属于岩相类 E，以 5cm 为增量，进行厚度划分，并绘制直方图（图 5.5a）。泥岩层厚度范围为 1~510cm，导致厚度分类超过了 100 个。图 5.5a 中在厚度 5~10m 段出现一个非常高的峰值，之后是一个长的尾部。许多厚度大于 140cm 的泥岩层为大规模浊积岩相 C2.4 和 C2.5 之上的泥岩披覆沉积。曲线形态近似于对数正态分布。经分位数图（Q—Q 散点图）证实，指数分布和伽马分布不太合适（Chambers 等，1983），大部分点（达到 99%）更适合于对数正态分布（图 5.5b）。

分位数图（Q—Q 图）是判断特定分布函数与实际数据之间匹配程度的一种有效方法（Sylvester，2007）。分位数是指在连续分布函数中存在一个值，低于这个值的所有数据的百分比。例如 0.3（或 30%）的分位数是指 30% 以下和 70% 以上的数据值。Q—Q 图是一个概率图或散点图，x 轴为观察或测量总体的分位数，y 轴为符合一个或多个候选分布（例如对数正态分布、指数分布、幂律分布）的期望值。为了构建一个 Q—Q 图，数据范围必须包括最小值—最大值。如果数据资料服从正态分布，那么对于具有同一中值和均方差的正态总体而言，分位数值与期望值之间的交会图应该为一条直线。正态总体期望值可以用 $z=(I-0.5)/n$ 计算得到，I 为阶次递增的阶。交会图的曲率为偏离正态分布的程度。Q—Q 图在检测异常值（数值点远离绝大多数点）方面也很有效。

概率与对数厚度交会图（图 5.5c）表明大部分泥岩厚度沿多条线段分布，这意味着对于不同的泥岩层厚度子总体，存在不同的对数正态分布。第一条直线段是指厚度小于 4cm 的泥岩层（总体的 16%），第二条直线段是指厚度为 4~10cm 的泥岩层（总体的 45%），第三条直线段是指厚度为 10~120cm 的泥岩层（总体的 40%）。侵蚀或簸选作用也会影响薄层的地层厚度，但是不存在明显的证据。另外，Awadallah（2002）认为厚度小于 4cm 的泥岩层的沉积过程可能与厚层泥岩层的沉积过程不同。对于 4~120cm 的厚度总体而言，与流体规模或流体动力学相关的沉积过程，譬如簸选、侵蚀或其他有关流体规模和动力学因素，可能都会影响泥岩层的厚度。图中厚层泥岩（>120cm）的尾部斜率比其他直线段的斜率都大。对于厚度>300cm 的泥岩层，斜率继续增大，这是因为仅有 21 个泥岩层的厚度大于 300cm，仅仅代表了整个泥岩总体（13479 个岩地层）的极小一部分。这 21 个泥岩层为大规模浊流顶部的泥岩沉积（参考 Pickering 和 Hiscott，1985），与其他泥岩层具有不同的成因。

在 $N>T$ 与 T 的交会图上（图 5.5d），幂律分布的标度是由中间部位的直线段决定的。98% 的岩层服从两条直线段。趋势最明显的岩层是厚度为 17~300cm 的泥岩层（占泥岩层总体的 22%），其 β 值为 1.6，然而，该线性趋势实际上是次要的，因为 77% 泥岩层厚度小于 17cm（厚 4~17cm 泥岩层的 β 值为 0.9）。因为幂律分布图的 x，y 轴均为对数坐标，因此图上很小一部分实际上代表大多数岩层。因此在解释过程中要避免对幂律图的中间部位产生错觉。

Awadallah（2002）认为另一个评价幂律分布的方法是聚焦包括大多数岩层的子总体。在图 5.5d 中，β 值为 0.9 的直线段代表了泥岩层厚度为 4~17cm 的子总体（占总体的 55%）。向薄层方向这条线，预测的层数比实际测量的层（13000）要多，说明薄层岩

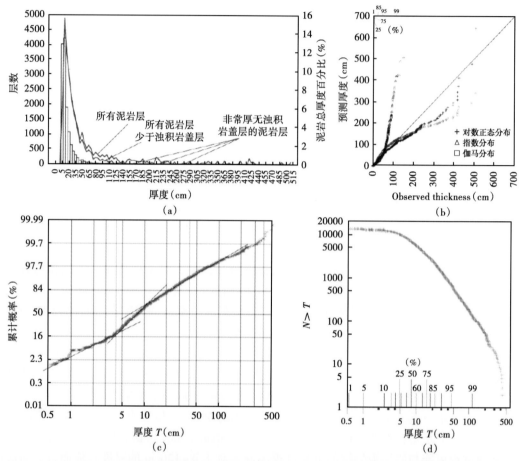

图 5.5 （a）Cloridorme 组下段岩相类 E 的泥岩地层厚度分布。蓝线为所有泥岩层厚度百分比。当剔除大规模浊流的顶部泥岩后，曲线的粗糙程度有所降低减少。（b）泥岩层实际厚度与预测的泥岩层厚度的 Q—Q 图。对数正态分布与实际数据的匹配关系最好，因为厚度为 120cm 泥岩层沿 y=x 线分布。但是，对数正态分布包含的数据点仅比其他两种分布多 5%。（c）累计概率与泥岩层对数厚度的对数交会图，交会图可以分为三个或更多的直线段，表明存在两个或三个对数正态分布的重叠。第一段是厚度小于 4cm 的泥岩层（占总体的 16%），第二段是厚 4~10cm 的泥岩层（占总体的 45%），第三段是厚 10~120cm 的泥岩层（占总体的 40%）。（d）N>T 与 T 交会图表现为具有两段或多段近似于直线的线段。注意 4cm 处的拐点，与 c 图中斜率发生明显变化的位置相似（据 Awadallah，2002）

层的代表数不足，原因是薄层泥岩被侵蚀或难以识别。为了检验哪一种分布（幂律分布还是对数正态分布）最能表征岩相类 E 中泥岩层的厚度，Awadallah（2002）用两个不同比例的 y 轴在同一张图重新绘制数据（图 5.6）。他得出的结论是，对数正态分布更符合实际数据，因为图中直线段所包含的数据占据了大部分。

137 个泥岩层厚度超过 100cm，这个子集代表了大规模浊流 C2.4 岩相和 C2.5 岩相之上的厚层泥岩盖层。对数正态分布和伽马分布与这些数据的匹配关系都很好，而厚度 110cm 的泥岩层则与单个对数正态分布相匹配。部分学者认为地震活动是这些大规模浊流沉积的

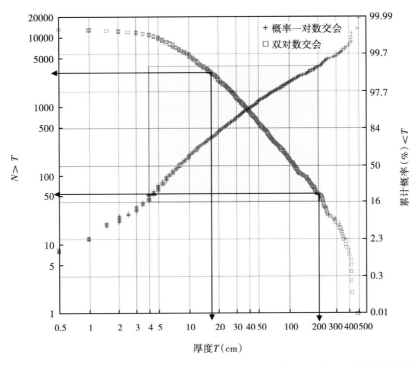

图 5.6 Cloridorme 组岩相类 E 泥岩层厚度的概率—对数交会图与双对数图交会图

（据 Awadallah，2002）

概率—对数交会图趋向于压缩总体中部岩层的数据（16%～84%），并且拉伸非常薄的泥岩层和非常厚的泥岩层（总体尾部）。双对数交会图会拉伸非常厚的岩层，并将薄层岩层压缩到位于图中一小部分的位置。在这两种交会图上，均表现为分段式线段。由于不同的非线性尺度引起的扭曲，一些线段不太明显。对数正态分布较幂律分布与数据更匹配，因为更大比例的总体大致符合单一的直线或斜率不变的线段（82%，黄色区域为累计概率 16%～99%，比例为 82%，对应厚度为 4～200cm 的岩层）。在 $N>T$ 与 T 的双对数交会图上，17～200cm 厚的泥岩层可以拟合成一条直线。这些岩层仅占泥岩层的 23%。其他不太明显的线性趋势可能更具代表性（例如，4～20cm 厚的地层占泥岩层的 60%）。这是因为 60%以上岩相类 E 都为薄—极薄泥岩层

触发机制（Labaume 等，1987；Mutti 等，1988），也有一些学者认为它们是受海平面变化控制（Weaver 等，1998）。137 个泥岩层的 β 值为 2，该数值处于地震活动引起的浊流沉积的数值范围内（Hiscott 等，1992；Awadallah 等，2001）。这些数据的概率与对数厚度交会图以及 $Q—Q$ 图均表明对数正态分布与 80%的厚层泥岩相匹配。

基于 Cloridorme 的研究成结果（Awadallah，2002），可以合理地推断，泥岩层厚度受控于多个相互影响的参数，例如侵蚀、浊流携带的沉积物量和沉积铺展（限制程度）。观察到的对数正态总体很可能是多个子总体的综合（Talling，2001）。一些子总体接近于幂律分布，标度值为 1～2，但是与其他许多重力流沉积岩层类似，幂律分布只适合于小部分的岩层子集。厚度较小的岩层占据大部分的岩层总体，可能也符合幂律分布，但是标度值相对于厚度较大的岩层更接近于零。

Awadallah（2002）也对 11249 个岩相 D 的粉砂岩层进行了测量，Awadallah（2002）将岩相 D 的粉砂岩层解释为浊积岩底部的粗粒段沉积。将这些粗粒段的岩层以 5cm 为增量进

行厚度划分，岩层厚度范围为0~95cm。粉砂岩层的厚度分布在0~5cm段出现一个明显的峰值，且具有一个尾翼。超过90%的岩层厚度小于10cm（图5.7a）。这种分布形态非常接近于指数分布或伽马分布，Q—Q图更符合伽马分布（图5.7b）。然而，厚度超过30cm的岩层（总体的0.5%）更符合对数正态分布。在概率与对数厚度交会图上，实际数据资料最符合两段直线分布（图5.7c）。这就表明对于浊流粗粒段而言，存在两个统计子总体，这可能形成于不同的沉积过程或不同的流体状态。约60%的粉砂岩层属于厚度小于4cm的子总体。

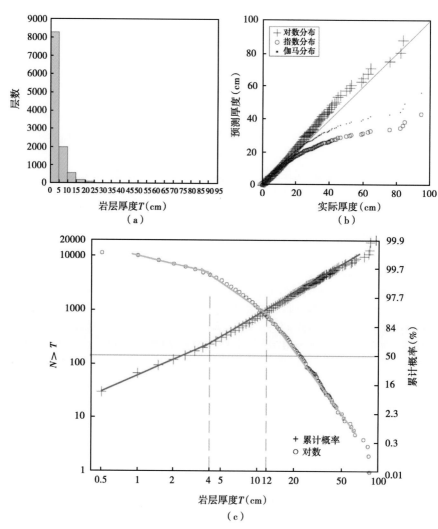

图5.7 （a）岩相类D粗粒段厚度直方图，表明指数分布可能最适合于实测数据。（b）岩相类D的Q—Q图；厚度<20cm的沉积岩层服从于伽马分布，而粗粒段厚度>20cm的服从于正态分布。（c）概率—对数图表明岩相类D粗粒段符合对数正态分布，由两条线性趋势组成，分别代表厚度小于4cm的岩层和厚度大于4cm的岩层。对数刻度表明，厚度大于12cm的岩层遵循具有唯一指数的幂律分布，对于厚度小于12cm的岩层（例如厚度为4~12cm的沉积物），可以拟合成其他不太明确的线性趋势（据Awadallah，2002）

厚度大于 70cm 的岩相 D 岩层，偏离厚 4~70cm 岩层的对数正态分布。厚度大于 70cm 的沉积趋向于出现在砂组中或者被错认为是单期浊流沉积（即它们可能为微弱叠置的砂岩）。

将岩相 D 的厚度投在 $N>T$ 和 T 交会图（图 5.7c），观察到三个独立的直线段，分别代表厚度<4cm 的岩层（总体的 60%），厚度为 4~12cm 的岩层（总体的 32%）以及厚度>12cm 的岩层（总体的 7%）。由于概率比例尺中间部分的压缩，4~12cm 厚的地层岩层段在 $N>T$ 和 T 交会图上不明显。

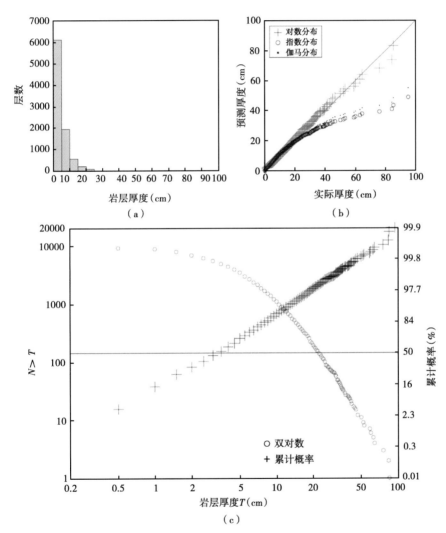

图 5.8　（a）魁北克 Cloridorme 组岩相 D2.1 粗粒段厚度直方图。从岩相类 D 中将岩相 D2.2 和 D2.3 剔除，不会改变直方图的形状（参见图 5.7a）。标度参数 λ（1/b）降低，使得直方图峰值降低。（b）Q—Q 图表明将岩相 D2.2 和 D2.3 剔除，对数正态分布更符合处于分布尾部的沉积物。（c）在双对数交会图上，形状与图 5.7c 的形状没有明显的变化，因为岩相 D2.3 薄层已经被剔除出去，岩相 D2.3 薄层对概率图形状的影响较大，而双对数图影响较小，这是因为粗粒段厚度在图中仅占据了一个小范围区域（据 Awadallah，2002）

Awadallah（2002）也对岩相分类中的特殊岩相进行了描述，它们具有不同的分布参数。例如，将岩相 D2.2 和 D2.3 从整个 D 岩相总体中提出，只留下 9013 个岩相 D2.1 岩层，其指数分布参数 λ 值降低。同时，对数正态分布和伽马分布与岩相 D2.1 岩层厚度匹配很好；而且对于厚度>30cm 的粗粒段岩层（仅总体的 3%），对数正态分布的匹配关系更好（图 5.8b）。

在概率与对数厚度交会图上对三个粉砂岩岩相 D2.1、D2.2 和 D2.3 进行对比，发现这三个岩相总体大致具有相似的斜率，且岩相 D2.2 的交会图基本上与岩相 D2.1 的交会图相一致。一个可能的解释是岩相 D2.2 与岩相 D2.1 具有共同的成因。例如，岩相 D2.2 的大多数浊积岩可能是岩相 D2.1 经过同沉积改造和沉积后变形形成的。在概率与对数厚度交会图上，岩相 D2.3 与岩相 D2.1 和 D2.2 具有相似的斜率，但是由于岩相 D2.3 的单层厚度较薄，所以它们在图上的分布区域与岩相 D2.1 和 D2.2 不一样。这可能是岩相 D2.3 是由携带了少量泥砂的浊流沉积而成的，或者沉积于特定位置或环境，而这些位置或环境不是岩相 D 沉积的典型位置。

对于岩相 D2.1 的幂律标度而言（图 5.8c），只有厚度大于 12cm 的岩层符合线性趋势（$\beta=2.7$）。但是这些沉积仅占总体的 8%。岩相 D2.1 剩余的大多数不具有明显的线性趋势。通过对剩余的 92% 部分进行拉伸，可以拟合成另外两个线性趋势，一个是厚度为 3~12cm 的岩层（占岩相的 52%），另一个是厚度小于 3cm 的岩层（占岩相的 40%）。对厚度为 3~12cm 的岩相 D2.1 岩层而言，其幂律指数 $\beta=1.34$；而对厚度小于 3cm 的岩层，其幂律指数 $\beta=0.3$。在岩相 D 的总图中，包括了岩相 D2.2 和 D2.3 的数据点，但是并没有显著改变图形的形态，这是因为大多数岩相 D2.3 的岩层非常薄，数据点分布在图中很小一个区域。因为厚度小于 3cm 岩层数量众多，这些非常薄的岩层在比例尺放大的图中表现为多段式。

总之，$Q—Q$ 图表明岩相类 D 的粉砂质浊积岩的厚度与指数分布或对数正态分布拟合关系最好。对数正态模型比指数模型包括的数据点多 3%~10%。与单一对数正态分布存在的偏差（例如分段式概率分布），可能反映了薄层岩相类 D 和厚层岩相类 D 的流体特征不同，流体特征的不同和变化可能受海底地貌的控制。

Awadallah（2002）将 1842 个岩相类 C 的厚度以 5cm 为增量进行划分，并得到直方图和 $Q—Q$ 图（图 5.10a，b）。直方图和 $Q—Q$ 图均表现为对数正态分布。薄层岩层和中等厚度岩层可以明显区分开来。在概率与对数厚度交会图上，岩相类 C 表现为稍微弯曲（弓形）的线段，可以拟合成两条或三条线段。分段式表明存在几个对数正态分布的子总体。岩相类 C 可以分为两个子总体：顶部覆盖泥岩的叠置砂岩组，有 1400 个；顶部具有侵蚀的叠置砂岩单元，有 450 个。这两个子总体中，厚度为 40~60cm 的岩层都分别占各自子总体的 80% 以上。厚度超过 230cm 的岩相类 C 在图上呈直线分布，但是斜率不同。这种偏差是由于岩相 C2.5 发育四个大规模浊流导致的。概率刻度使得厚度总体的尾部在图上被拉长，所以极薄与极厚岩层在图中都被着重表现出来了。实际上，根据 Pickering 和 Hiscott（1985）的描述，厚度为 60~230cm 的岩层（大规模浊流底部沉积）仅占岩相类 C 总体的 5%。

不管是将所有岩相 C 的粗粒段综合一起考虑，还是将叠置子总体和非叠置子总体分开考虑，其幂律标度是相似的。20~100cm 厚的岩层其 β 值为 2.0。Awadallah（2002）提出 Cloridorme 组中厚度大于 20cm 的岩相类 C 岩层是由极大流体沉积形成的。有 25 个厚度大于

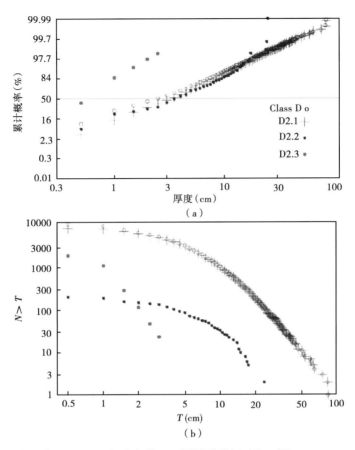

图 5.9　魁北克 Cloridorme 组岩相类 D 不同粉砂岩相对比（据 Awadallah，2002）

（a）岩相 D2.1 和岩相 D2.2 相互靠近，表明粗粒段厚度范围相似，可能具有相似的起源。由于岩相 D2.3（红点）的厚度较薄，因此在图中远离其他岩相，表明流体也不相同。（b）利用相同数据绘制的双对数坐标曲线图。需要注意的是，在该图中，岩相 D2.3 位于不同区域，具有不同的斜率，表明不同的沉积过程产生了厚度范围较窄的薄层岩层。还要注意的是，虽然岩相 D2.3 有超过 1500 个的粉砂岩薄层，但是它们对岩相类 D 所有粉砂岩的图形形状影响是微小的，因为这些薄层岩层厚度范围很窄。岩相 D2.2 位于图中的不同区域，这是因为其岩层数量少于 D2.1 和 D2.3。把岩相 D2.2 都纳入岩相类 D 的交会图中，其影响不大，这是因为它们数量少。同样，D2.2 厚度范围与岩相 D2.1 相同，但是岩相 D2.1 的岩层数量更多

100cm 的岩层偏离 $\beta=2$ 的线性趋势，它们的 β 值为 3。这些岩层主要为超大规模的浊积岩（megaturbiclte）沉积（岩相 C2.4 和 C2.5）。7~20cm 厚的岩层占岩相类 C 总体的 40%，在 $N>T$ 与 T 交会图上不具有线性趋势。

　　在叠置砂岩组中，厚度超过 10cm 的岩相类 C 岩层在交会图上表现为两段式。10~15cm 厚（占叠置地层岩层的 60%）岩层的 β 值为 1.3（图 5.10c，叠置岩相 C 线）；对于单期沉积厚度大于 50cm 的岩层，具有明显更大的 β 值，为 3.9。对于叠置岩层厚度大于 50cm 的，交会图上其线段的斜率增加，这表明可能由于侵蚀作用，代表不足。相反，对于相对较薄的叠置砂岩，可能由于原先较厚层重力流沉积的侵蚀残余，又被过度代表。

　　总之，对数正态分布似乎最适合岩相类 C 砂岩段的厚度分布。叠置沉积厚度在概率图

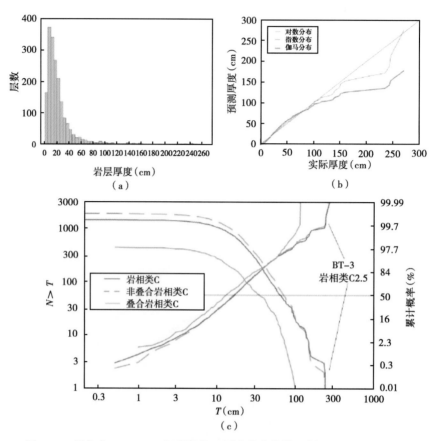

图 5.10 魁北克 Cloridorme 组岩相类 C 厚度分布曲线（据 Awadallah，2002）

（a）岩相类 C 的所有粗粒段的厚度直方图，表现为对数正态分布。这在 Q—Q 图（b）中也得到支持。在四个不同位置发育的大规模浊积岩层 BT-3 是导致厚度>2m 的岩层的在 Q—Q 图出现非线性偏差的原因。BT-3 也引起双对数（幂律）图（c）出现异常。其他厚层岩层（主要是大于 100cm 厚的大规模浊积岩）在该图中表现为线性趋势。总数据库中也存在另一个线性趋势，为厚度<7cm 的岩层。叠合砂岩粗粒段厚度则分开进行考虑（叠合岩相类 C 线）。对于单期水流形成 9~50cm 厚的岩层和> 50cm 岩层表现为线性趋势。在叠合单元中没有厚度超过 100cm 的沉积

和 N>T 与 T 交会图上的表现为分段式线条，且粗粒段在厚度为 50cm 时斜率发生变化（即 β 值发生变化）。

Awadallah（2002）也对岩相类 C 的不同粒序变化进行了研究，试图了解含有碎屑的递变沉积或无递变沉积是否具有不同的统计学分布特征或标度值，以及从这些变化中可以获得的信息。该研究是在 Rothman 和 Grotzinger（1995）的指引下进行的。Rothman 和 Grotzinger（1995）提出加利福尼亚 Kingston Peak 组碎屑流沉积（β = 0.49）与相关的浊积岩相比（β = 1.4）具有较小的幂律标度值，它们将其归因于不同流体的流变性质导致的。

Awadallah（2002）将泥质砂岩（岩相 C1.1，也称为"崩滑"沉积）解释为碎积岩（debrite）。其厚度不一，在概率与对数厚度交会图上表现为多条线性趋势。在双对数图上，它们表现为幂律分布，幂律标度 β = 1.7，该 β 值在岩相类 C 砂岩的标度值范围内。因此，

Awadallah（2002）认为根据标度 β 值，无法将 Cloridorme 组的浊积岩和碎积岩区分开。

通过 Awadallah（2002）研究发现，岩相 B 在 Cloridorme 组中不常见，仅观察到 270 个岩层，占所有测量岩层的比例不足 1%。仅观察到 6 个混杂沉积的岩相 B1，由于数量少，所以在厚度分析中未将其包括进去。另外的 264 个沉积岩层是属于两种有序砂岩相。岩相 B2.1 有 56 个，其中 36 个为叠置单元，其顶部被切割。岩相 B2.2 更为常见，有 208 个沉积岩层，但叠置单元只有 11 个。264 个岩层的数量规模可以用来进行统计学分析。岩相 B2.2 的粗粒段是双分的、递变欠发育的、局部发育平行层理或泥岩碎屑。Awadallah（2002）将每个岩层都解释为单期浓缩重力流沉积而成，且在到达沉积位置点之前重力流就已经成层状。Talling 等（2004）以及 Amy 和 Talling（2006）认为流体经历的重力转换可能会导致形成双分或三分岩层。

197 个岩相 B2.2 的非叠置粗粒段与对数正态分布拟合最好（图 5.11a，b）。在概率与对数厚度交会图以及 N>T 与 T 的双对数交会图上，数据表现为分段式线性趋势。第一段是

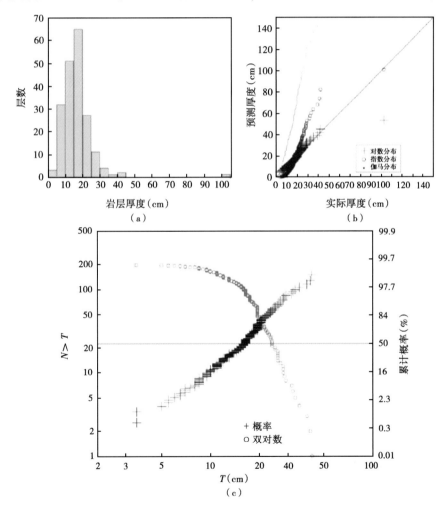

图 5.11　岩相 B2.2 粗粒段厚度分布（据 Awadallah，2002）

测量数据最符合对数正态分布（图 a，b）；c 图为在概率—对数图和双对数，均表现为分段性，表明存在多个子总体

8~16cm 厚的岩层（80 个岩层，或 38%），$\beta = 0.9$。另一段是 16~42cm 厚的岩层（103 个岩层，或 50%），$\beta = 4.1$。较厚层沉积的幂律标度指数与厚度范围相似的岩相类 C 的标度指数完全不同。斜率陡意味着大部分沉积物落在相当窄的厚度范围内。

比较不同的岩相类别可以研究不同沉积结构的沉积物是否优先遵循对数正态分布或幂律分布。将岩相 E、D、C 和 B 的数据点以概率—对数刻度标绘在交会图上（图 5.12a）。四种岩相中没有一种岩相表现为一个简单的线性趋势，而是均表现为阶梯状或弓形。其中岩相类 D 以及岩相类 C 中小于 70cm 的岩层偏离线性趋势的程度最小；岩相类 E 和岩相类 B 与线性趋势的偏离最明显。这些偏差表明存在多个总体。例如，厚 1~7cm 的岩相类 E 表现为弓形趋势，可以得到这样一个事实：这些沉积物是薄层—极薄层粉砂质和砂质浊积岩（例如岩相 D2.3）的顶部沉积。厚度大于 100cm 的岩相类 E 表现为弓形趋势，反映了超大规模浊积岩顶部的泥岩为限制性盆地环境中的大规模流体的蓄水（ponding）沉积（Pickering 和 Hiscott，1985）。总体尾部的不同子总体在概率与厚度对数交会图上可以更好地显示出来（例如岩相类 E 总体超大规模浊流沉积的顶部盖层）。对于岩相类 B 而言，厚度小于 20cm 的岩层在两种图上斜率均有变化。这种偏差是由于 197 个岩相 B2.2 岩层（占岩相类 B 的 73%）的非叠置沉积导致的。197 个岩层中大约有 75% 的厚度小于 20cm。

根据每个相类别的沉积厚度，将每个相类别以不同的 x—y 刻度绘制在图中。中值厚度范围为 2.5cm（岩相 D）至 16~17cm（岩相 B 和 C）。这表明平均粒度可能与重力流沉积的粗粒段厚度直接相关（参考 Talling，2001）。其他研究表明，一些粗粒深水砂岩较薄（例如，Mutti 和 Ricci Lucchi，1972 的岩相 E）。在 Cloridorme 组中，粗粒薄层沉积很少见。粗粒段厚度和粒度都很可能受控于许多因素，包括流量大小和流速，特别是流体主要为沉积作用而不是侵蚀或过路作用（Mutti，1977）。粒度和厚度之间的相互关系不适用于泥岩层，因为它们是重力流的上部泥质段，不记录每期重力流的最粗粒负载沉积。

关于幂律标度，四种岩相类别均表现为分段式线条或表现为：（1）较厚层沉积表现为线性趋势；（2）较薄层沉积表现为弧线趋势（图 5.12b）。线性趋势表示每个岩相类别占据比例是不同的。例如，岩相类 D 的线性趋势是针对厚度大于 12cm 的粗粒段，其占总体的 6%，大部分为厚层沉积，且许多发现于砂组中。Awadallah（2002）将这些较厚的沉积岩层归因于输砂量增加或流体与海底地形相互作用的结果。其他岩相类别的线性趋势可能反映了几个对数正态分布子总体的总和（参考 Talling，2001）。不同相类别在交会图上的分布区域可以通过粒度和流量大小来解释。岩相 C 和岩相 B 的砂岩在交会图上位于同一区域，而泥岩（岩相 E）在交会图上位于岩相类 D 粉砂岩的右侧。也许是重力流造成许多粉砂岩的沉积厚度要大于泥岩覆盖层。类似的理由可以用来解释超大规模浊流沉积顶部的泥岩覆盖层在交会图上位于岩相类 C 砂岩的右侧。

非叠置砂岩相表现出不同的沉积构造序列（岩相类 C），且有些为粉砂岩亚相（岩相类 D），Awadallah（2002）使用百分比将其分开进行研究。岩相 D2.1 的亚相以鲍马序列 Tbc 段和 Tcd 段开始，该岩层的厚度中值要大于仅发育鲍马序列 Tc 段岩层的厚度中值。这表明沉积较完整鲍马序列的流量可能相对较大。对于砂岩相而言，岩相 C2.2 粗粒段底部为鲍玛序列 Tb 段沉积，其厚度中值要大于岩相 C2.1（底部为鲍马序列 Ta 段）或岩相 C2.3（底部为鲍马序列 Tc 段）的厚度中值。这表明不管其粒度大小如何，岩相 C2.2 的流量可能比

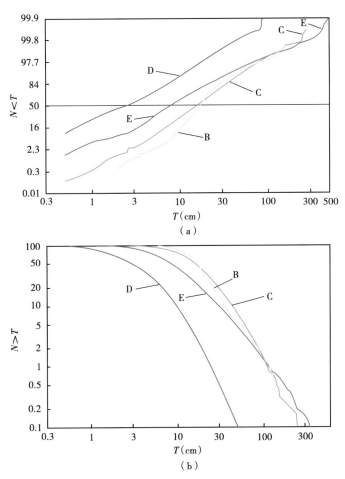

图 5.12　Cloridorme 组四种岩相类（B—E）岩层的厚度分布对比（据 Awadallah，2002）

（a）概率—对数厚度交会图；（b）坐标均为双对数坐标。为了对比具有不同地层岩层数量的
岩相类，y 轴转变为百分比

岩相 C2.1 和 C2.3 的流量大。这与 Talling（2001）的观察结果有所不同，Talling（2001）观点认为底部为 Ta 或 Tb 段的沉积常比底部为 Tc 段的沉积厚度大。Talling 假设浓度较大的流体沉积的岩层具有 Ta 或 Tb 段，而浓度较小的流体沉积较薄层岩层。在 Cloridorme 组的数据中，这个假设仅适用于岩相 C2.2 和岩相 C2.3 的岩层，而可能有其他因素控制岩相 C2.1 岩层厚度分布。

　　超大规模浊流沉积的下部粗粒段（岩相 C2.4），代表了一种与大规模流体相关的特殊的情况。超大规模浊流沉积中仅有 1% 粗粒段的厚度大于 100cm，4% 粗粒段的厚度为 90~130m，50% 以上的粗粒段厚度为 30~90cm。这些子总体具有不同的线性趋势（图 5.13b）。

　　在概率与对数厚度交会图上，具有相似沉积构造和不同沉积结构的岩相（岩相 C2.2、岩相 C2.3 和岩相 D2.1 中挑选的亚相），基本上都表现为线性和平行趋势（图 5.13a），但

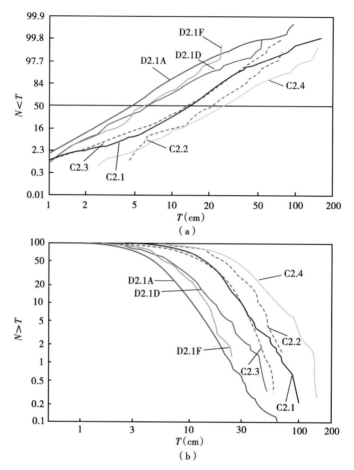

图 5.13　具有相似沉积构造但沉积结构不同，或具有相似沉积结构但沉积构造不同的地层中，
不同岩相和亚相厚度的对比（据 Awadallah，2002）

（a）概率—对数刻度，（b）双对数刻度。为了公平对比地层数量不同的岩相和亚相，
将 y 轴转换成百分比刻度。D2.1A 只包含一个 Tc 段；D2.1D 以 Tbc 段开始；D2.1F 为 Tcd 段

是因为粒径不同，所以它们在交会图的位置区域不同。在双对数图上（图 5.13b），除了由不同沉积结构造成的偏移外，这些沉积具有类似的趋势。

　　Awadallah（2002）利用所有重力流厚度数据和重力流粗粒段厚度数据，来评估 Cloridorme 组统计学分布类型是否存在横向或垂向变化。他对 9 个地层段内的重力流粗粒段进行了测量。这 9 个地层段的顶底都具有可精确对比的巨厚浊积岩层（表 5.1，图 5.14），并通过追踪凝灰岩标志层来进行对比（Awadallah 和 Hiscott，2004）。这些同期沉积地层的厚度范围为 30~100m。向下陆坡方向（西）地层厚度的变化是由海底平原的补偿沉积效应导致的（SL1—SL3 各处均有分布，SL1—SL5 朝西分布；图 5.15），沉积序列中较老的部分沉积于相对平坦的海底平原，之后富砂朵体呈丘状形态沉积并向西尖灭，且在该沉积序列中发育较高比例的朵体边缘沉积（表 5.1 中 B 类和 C 类阴影部分、图 5.16）。

　　针对这 9 个层段的分析可以得出如下结论：岩相类 C 的粗粒段厚度与对数正态分布或

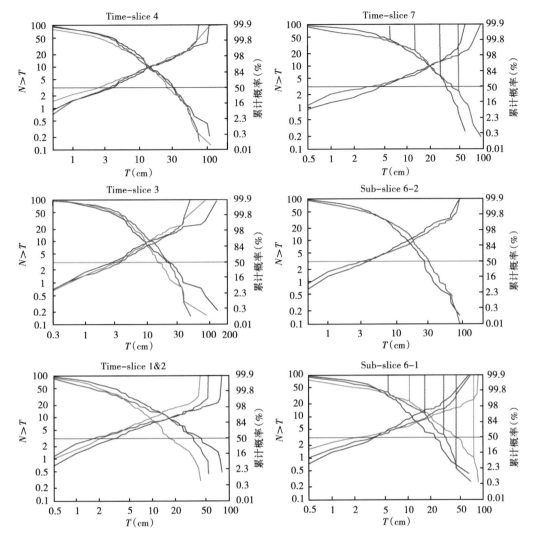

图 5.14　Cloridorme 组露头区 RE-PCDR（绿色，最近端），SYE-SH（红色，中心）和 PF（蓝色，最远端）剖面砂岩和粉砂岩粗粒段厚度分布对比（据 Awadallah，2002）

每张图为不同的等时地层段，地层段的顶底界为可以广泛追踪的大规模浊积岩。
地层段 6-1 和地层段 7 图中不同颜色的垂直线为斜率发生突变的位置

伽马分布的拟合关系最好，而岩相类 D 的厚度与指数分布或伽马分布拟合关系最好。由于岩相类 D 岩层数量要比岩相类 C 多（有的层段数量高出一个数量级），所以粗粒富砂段及粉砂段的厚度在 Q—Q 图上与伽马分布非常像。

通过对比不同沉积环境下粗粒段厚度的直方图，可以发现从盆地平原至远端扇（后者具有富砂朵体）的变化不明显。虽然在过渡带位置岩相类 C 的沉积数量增加，但是岩相类 D 粉砂岩的数量增加更多，掩盖了由岩相类 C 和 B 厚度变化导致的差异。

针对盆地平原沉积（1—3 层段），在对数厚度—概率图上，超过 95% 粗粒段沿一条直线分布，表现为对数正态分布或伽马分布。在 $N>T$ 的百分比与 T 的双对数交会图上，可以拟

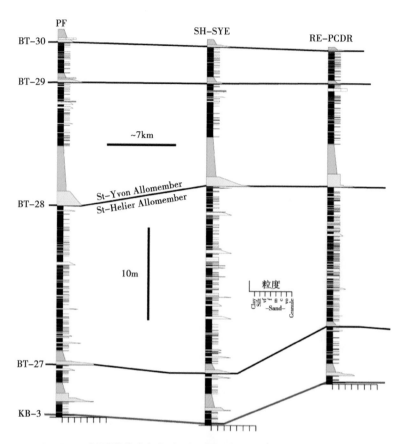

图 5.15　Cloridorme 组下段盆底相沉积对比图（据 Awadallah 和 Hiscott，2004，修改）

地层段 3 下部 25km 范围内大规模浊积岩的对比。大规模浊积岩以具有底部黄色砂岩段
和顶部绿色粉砂质泥岩段为特征。水流方向从右到左，位置名称见表 5.1

合成三条线段。这与 Cloridorme 组中盆地平原沉积遵循单一的线性趋势（Carlson 和 Grotzinger，2001）相矛盾。

　　第一条线段代表厚度<5cm 的粗粒段，占总体的 80%。第二条线段代表厚度为 5~40cm（占总体的 20%）的粗粒段，第三条线段代表厚度大于 40cm 的粗粒段。厚度大于 5cm 的粗粒段为薄层粉砂质浊积岩，为盆地平原的主要沉积，而厚度较大的粗粒段则是来自浊积岩底部砂岩、浓密度流沉积或巨厚浊积岩（参考 Pickering 和 Hiscott，1985）。巨型大规模浊积岩的粗粒段向西变厚，这可能表明它们向这个方向沉积。

　　从海底扇远端或扇体边缘沉积到盆地平原沉积（如等时地层段 6-1 从东至西方向上，表 5.1），概率—对数交会图表明重力流粗粒段厚度基本上表现为线性趋势，但是近端厚度大于 70cm 的地层与该线性趋势存在强烈偏差（图 5.14，地层切片 6-1，右下角）。利用 $N>T$ 的百分比与 T 的交会图来评价幂律标度，在该交会图上，较近端岩层数据点的拟合曲线较缓，这是因为该段地层为朵体沉积，发育较大比例的厚层沉积。在幂律图上，随着近端地层沉积厚度的增加，拟合曲线的斜率也有明显的变化（图 5.14，地层段 6-1，RE-PCDR

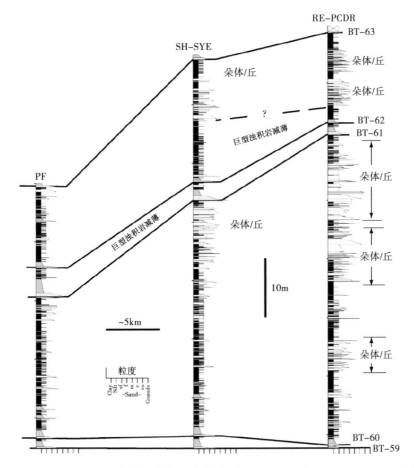

图 5.16　Cloridorme 组下段朵体边缘相对比图（据 Awadallah 和 Hiscott，2004，修改）

地层段 6-1 上部 25km 范围内大规模浊积岩的对比。大规模浊积岩具有以底部黄色砂岩段和
顶部绿色粉砂质泥岩段为特征。水流方向从右到左。位置名称见表 5.1

剖面数据，曲率变化的地方用绿色垂直线标注）。幂律标度的不连续性是多种因素综合作用的结果，这些因素包括由于叠置作用造成的粗粒段厚度的不均匀和某个厚度范围内沉积物的优先沉积（即地层组中具有相似厚度的地层）。在下游地区（西部地区），地层叠置不常见，厚度交会图的不规则性也是由于优先沉积造成的，但这个优先沉积是海底地形作用的结果（即补偿效应）。

　　在 Cloridorme 组的露头实例中，即使重力流沉积层的数据大于 27000 个，地层从扇体边缘追溯到相邻的盆地平原，也不能为重力流沉积的厚度预测提供证据。无论是地层中的近端部分还是远端部分，岩相类 D 的细粒浊积岩占据了厚度总体的主要部分，因此控制了厚度统计学分布的总体特征。但是，还有一个结果就是，越近端的富砂粗粒段在交会图上图形越不规则，这主要是由于局部侵蚀与沉积的增加。且近端粗粒段沉积的厚度范围比同期远端粗粒段沉积的厚度范围要广。

　　其他研究人员还利用数值模拟来预测沉积和侵蚀交替发生时地层厚度和粗粒段厚度的

分布频率（Kolmogorov，1951；Mizutani 和 Hattori，1972；Dacey，1979；Muto，1995）。数值模拟表明，如果侵蚀厚度和沉积厚度均取自相同频率分布（正态分布、几何分布或负指数分布），产生的厚度总体是该分布的截断版本。因此，如果侵蚀厚度和沉积厚度均来自对数正态总体，那得到的可能是被截断的对数正态分布。Dacey（1979）和 Muto（1995）的模拟研究表明，不管是截断的对数正态分布，还是负指数分布形态或几何频率分布，其图上的尾部厚层分布都具有相似性。

根据 Awadallah（2002）对 Cloridorme 组研究的结果，在推断海底扇环境、储层潜力、砂体几何形态、触发机制之前，需要全面了解沉积环境以及控制岩层厚度的因素。唯一例外的是，幂律图可以用来指示某些流体在沉积过程随时间变化其限制程度的变化（例如 Malinverno，1997；Felletti 和 Bersezio，2010a）。假如沉积物来自多个物源点，可能会影响这种分析的准确性（Chakraborty 等；2002）。

5.3 垂向趋势

20 世纪 70 年代发展了一个概念，即海底扇地层向上变薄和向上变厚的趋势可以用来指示沉积环境（例如，水道或朵体）。现在人们普遍认为，这个假设是有缺陷的。一方面是因为这种趋势的产生机制是假设的，另一方面文献中提到的这些趋势没有经过统计学方法进行严格界定；相反，大多数都是根据主观确定的，因此研究人员之间对其有效性未达成一致意见。令人惊讶的是，野外露头解释时，普遍缺少统计的严谨性，而统计检验可以证明深海沉积中是否存在不对称趋势（如 Waldron，1987；Chen 和 Hiscott，1999a）。

演化趋势（trend，之以前称为"序列，sequences"）、韵律或旋回明确表示了垂向叠置地层或地层中地层厚度和/或粒度的变化。为了保持一致，本书采用"趋势（trend）"这个术语。Vassoevich（1948）首次在复理石地层中识别出不对称的趋势，但在半个世纪之前已经有了关于垂向趋势的记录（Bertrand，1897）。1960—1980 年间的研究强调了深水地层中不对称的向上减薄或增厚趋势的重要性（例如 Nederlof，1959；Ksiazkiewicz，1960；Kelling，1961；Dzułynski 和 Walton，1965；Kimura，1966；Sestini，1970；Sagri，1972；Mutti 和 Ricci Lucchi，1972，1975；Mutti，1974，1977；Ricci Lucchi，1975b；Shanmugam，1980；Ghibaudo，1980）。客观认识不同尺度的趋势，对于理解盆地内和盆地外因素对沉积的控制作用是很重要的。

按照惯例，向上变厚和/或变粗的趋势被定义为"反旋回"，向上变薄和/或变细的趋势被定义为"正旋回"。这在很大程度上是基于 Ricci Lucchi（1975a）的趋势分类。正如 Ricci Lucchi（1975a）和 Shanmugam（1980）所建议的那样，最大尺度的趋势定义为一级趋势，一般涉及数百到数千米的地层，通常跨越地质层位的界面。这些趋势涉及粒度、地层厚度和沉积物组成的垂向变化。主要沉积环境的进积或退积可能形成一级趋势。实例包括：（1）英格兰北部 600m 厚的 Mam Tor Sandstones Shale Grit → Grindslow Shales →Kinderscout Grit 向上变厚变粗的趋势，自下而上解释为从深水盆地泥岩到三角洲顶部砂岩的演化（Allen，1960；Walker，1966a；Collinson，1969，1970；McCabe，1978）；（2）意大利北部亚平宁山脉从盆地平原→外扇→中扇→内扇浊积岩的进积演化（Ricci Lucchi，1975b）；

（3）田纳西州中奥陶统 Blockhouse 组从深海饥饿盆地至外扇沉积的演化（Shanmugam，1980）；（4）挪威北部前寒武系 Kongsfjord 组从内扇—中扇—外扇浊积岩的演化，总厚度3200m，具有向上变薄和变细的趋势（Pickering，1981a，1985）；（5）俄克拉荷马州和阿肯色州 Ouachita 山石炭纪（密西西比亚纪）的进积趋势（Niem，1976）。

一级趋势反映了一个盆地内沉积物输入的主要变化，很可能受长期海平面变化，盆地整体沉降或抬升、碎屑岩体系（例如三角洲—陆坡—扇体系）的进积作用、大规模的走滑位移、物源区逐步准平原化或回春作用的影响。一级趋势可以描述沉积体系的整体演化史，并且通过年代地层和岩性地层的控制，阐明产生这种趋势的具体因素。

二级趋势的尺度为几十到几百米，是同一沉积体系内地层厚度的逐步变化。挪威北部前寒武纪 Kongsfjord 组记录了二级趋势实例，数百米厚的扇缘沉积表现出外扇朵体沉积比例增加或减少（Pickering，1981b）。内因和外因控制同一碎屑岩体系内沉积物的分布。

当沉积位置接近于俯冲带，接受越来越多的陆源沉积物时，在大洋板块上发育以向上厚度变厚和粒度变粗为特征的二级趋势。这种自下而上的垂向变化表现为：开放洋盆深海沉积→半深海沉积和薄层细粒浊积岩沉积→较厚层、较粗粒的海槽/陆坡浊积岩沉积（例如，Schweller 和 Kuhn，1978；Pickering 等，1993a，b；Underwood 等，1993）。

三级趋势的尺度为几米至几十米。三级趋势在文献中是最常见的，但也是最主观并存在争议的。这种尺度的趋势反映盆内控制因素。例如，向上变薄、变细的水道充填沉积（Mutti 和 Ricci Lucchi，1972，1975；Ricci Lucchi，1975a，b；Mutti，1977，1979；Walker，1978；Normark，1978；Hendry，1978；Pickering，1982a），以及向上变厚、粒度变粗的扇缘和朵体沉积（Mutti 和 Ricci Lucchi，1972，1975；Ricci Lucchi，1975a，b；Mutti，1977；Normark，1978；Walker，1978；Ghibaudo，1980；Pickering，1981b）。

三级趋势的识别几乎是完全主观的，在许多情况下，地层厚度（和/或粒度）的随机变化也会产生不对称趋势，这与野外研究中主观识别的那些趋势一样（Hiscott，1981；Chen 和 Hiscott，1999a）。对于推测的海底扇沉积尤其如此，因此，应当对利用向上变薄或变厚的三级趋势进行沉积环境评价的方法持谨慎的态度（Ricci Lucchi，1975b）。

在二级和三级趋势中，向上厚度变薄、粒度变细的趋势要比向上变厚、变粗的趋势多得多。如果海平面（或相对基准面）变化对垂向趋势有影响（Mutti，1985），那么不对称趋势丰度的差异可能表明相对海平面下降速度快于上升速度。另一种可能的更合理解释是，相对基准面下降导致侵蚀事件频率增加；而基准面上升较少形成侵蚀。因此，当相对基准面上升时，对应的趋势可以更好地保存。例如，密西西比扇的中—上扇水道在更新世—全新世海平面上升期形成了 200m 厚的向上厚度变薄、粒度变细的沉积物（图 5.17）（Pickering 等，1986b）。

不对称趋势的统计学分析可以用来评估：（1）特定层段内重力流沉积厚度整体以向上减薄还是向上增厚；（2）在野外研究中，某段地层的向上变厚或变薄的趋势，是否具有统计学的趋势。问题（2）的验证不如问题（1）那样有趣，因为即使是无争议的不对称旋回，也可在较长的随机变化地层段内以低概率出现。

Waldron（1987）概述了如何利用 Moore 和 Wallis（1943）提出的符号检验来解决问题（1），即长地层段内是否具有一致的不对称趋势。该检验将剖面中观察到的岩层厚度减薄总

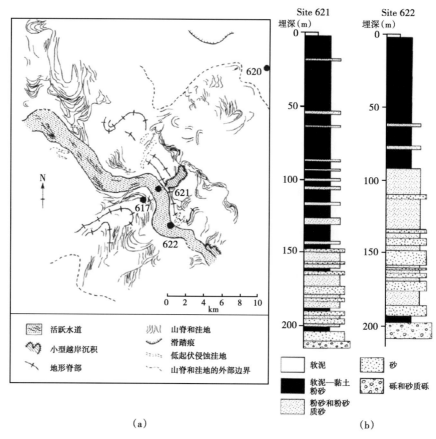

(a)

图 5.17 （a）深海钻探计划 96 航次 621 和 622 站点位置图。（b）密西西比扇水道—天然堤—越岸
体系中弯曲水道的岩性特征（据 Pickering 等，1986a，b）

数 m（即每个岩层厚度与相邻上覆岩层厚度的负差异值的个数），与 N 个岩层中预期减薄地
层的平均数 μ_{m} 进行了对比：

$$\mu m = \frac{N-1}{2} \quad N>12$$

m 的标准方差 σ_{m}

$$\sigma_{m} = \left[(N+1)/12 \right]^{0.5}$$

检验统计量 z

$$z = (m'-\mu_{m})/\sigma_{m}$$

如果 $m>\mu_{m}$，则 $m'=m-0.5$，如果 $m<\mu_{m}$，则 $m'=m+0.5$。在随机序列中，z 近似正态分
布，平均值为零，标准方差为 1.0。不存在连续不对称趋势的零假设（null hypothesis），可
以在不同的显著性水平下进行评估。如果零假设不成立，且 $z>0$，则趋势为向上变薄；如果
$z<0$，则趋势为向上变厚。Waldron（1987）也指出了如何平滑数据的方法，以去除叠加于
真实周期和不对称趋势上的随机波动的影响。但需要注意的是，使用这种符号检验得出的

结果，也可能由于无周期性的地层厚度或粒径的稳定变化而产生。相反，正负不对称趋势的混合可以相互抵消，得出一个非显著的 z 值（Chakraborty 等，2002）。

如果不对称趋势表现为岩层厚度的渐进变化趋势及岩层厚度呈阶梯状变化趋势，那么这两种不对称趋势之间就存在一个重要的概念差异。如果在 10 套岩层中存在两套向上变薄的趋势，同样都被细粒层所间隔，一个为渐进趋势，另一个为 3 段阶梯状趋势（图 5.18）。剔除两者间存在联系的可能性，对于渐进趋势（图 5.18a）而言，观察到该趋势的概率为

$$p_G = \sum_{i=1}^{i=9} P(t_i + 1 < t_i) = \frac{1}{9!} = 2.7 \times 10^{-6}$$

式中，t_i 是第 i 地层的厚度。P_G 值是指从岩层总体中取出 10 个岩层，这 10 个岩层从底部至顶部，厚度始终保持规律性不断减少的概率。

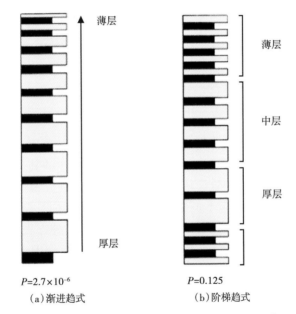

$P = 2.7 \times 10^{-6}$　　　　　　$P = 0.125$

（a）渐进趋式　　　　　　　（b）阶梯趋式

图 5.18　理想化的厚度向上减薄的趋势（据 Pickering 等，1989）

如果（1）岩层厚度表现为阶梯状减薄的趋势；（2）岩层表现为厚层、中层、薄层的岩层组（图 5.18b），且（3）三种岩层组在地层段内数量差不多，那么出现阶梯状趋势的概率为：

$$P_{SW} = (1/2)^3 = 0.125$$

显然，在这种情况下，渐进趋势和阶梯状趋势不能代表一个统计学上的重要趋势，因为它可以通过随机堆叠置的方式产生。

在图 5.18b 中，不同岩层厚度的岩层组实际上代表了深水体系中三种不同的沉积"状态"，每种状态可能对应于不同的环境（例如，朵体轴部/朵体边缘），每种状态都具有自身的厚度分布。根据经验，许多深水扇沉积物都具有阶梯状趋势（参考 Ricci Lucchi，1975b），或具有不同厚度"岩层组"的交替趋势（图 5.19）。

图 5.19　加拿大魁北克奥陶系 Tourelle 组的交替岩层组（数字序号）和泥质朵体边缘及
水道间沉积（据 Hiscott 和 Devries，1995）
岩层组 5 具有侵蚀底界，水道深度 9m

在岩层厚度具有阶梯状变化趋势的岩层组内，一个岩层的厚度与其他相关岩层的厚度并不是互相独立的，所以 Waldron（1987）的检验和下面描述的其他趋势检验都是不合适的。我们建议根据岩层厚度或粒度阶梯状变化的趋势，将其细分为不同的情形（"相"），然后应用马尔可夫链分析来确定不同相之间的过渡。具体步骤由 Powers 和 Easterling（1982）及 Harper（1984）给出。Hiscott（1980）成功地将这种方法用于加拿大魁北克奥陶系 Tourelle 组的部分地层，识别出处向上变薄、变细的趋势，但 Hein（1979）在魁北克寒武—奥陶系 Cap Enragé 组的海底水道充填中未成功识别出不对称趋势。

Chen 和 Hiscott（1999a）对许多重力流沉积地层中存在的三级趋势进行了全面的统计检验，并采用了三种有效的相关性检验（肯德尔相关性检验、斯皮尔曼相关性检验和皮尔逊相关性检验）和四个随机性检验（等级差异检验、转折点检验、中位数交叉检验、游程检验），将其应用于不同地质时间、不同构造环境、不同相特征和沉积环境的 28 个剖面中。他们对意大利亚平宁山脉、加利福尼亚 Great Valley、巴巴多斯，不列颠哥伦比亚省 Gulf Islands 和魁北克 Gaspé 半岛进行了逐层的测量，共 20 个野外地层剖面，5916 个岩层，总厚度为 2513m。另外 8 个岩层段来自更新世亚马逊扇（大洋钻探计划 155 航次）、挪威北部 Kongsfjord 组和阿肯色州的 Pennsylvanian Jackfork 群（表 5.2）。测量剖面所在的位置为水道充填特征或相对非限制的（非水道化的）朵体特征。将意大利亚平宁山脉的剖面也包括进去，是因为它们是 Ricci Lucchi（1975a）假说的基础，Ricci Lucchi（1975a）假说认为不对称旋回与海底扇水道和朵体是相对应的。Ingersoll（1981）声称加利福尼亚 Great Valley 剖面由明确的不对称旋回组成。魁北克 Gasp 半岛剖面使得 Hiscott（1980）相信向上变薄和变厚的旋回在海底扇沉积中并不常见。

表 5.2　不同剖面（位置）具有向上变薄和变厚不对称趋势（显著性水平 $\alpha = 10\%$）的
岩层组数量和比例以及在随机试验中拒绝零假设的累计二项式概率，
零假设地层旋回是随机产生的（据 Chen 和 Hiscott，1999a）

位置		剖面数	厚度（m）	砂岩地层组数量	向上变厚的数量	向上变薄的数量	不对称旋回（%）	累计二项式概率
意大利	Santerno Valley	4	445.3	30	2	0	9.1	0.69
	Savio Valley	2	49.5	3	1	0		
加利福尼亚	Monticello Dam	1	383.7	23	1	3	17.4	0.19
	Cache Creek	1	278.0	22	1	2	13.6	0.38
魁北克	Cap Ste-Anne	2	222.3	9	0	2	22.2	0.23
	Petite-Vallée	1	452.5	67	3	4	10.5	0.53
巴巴多斯		2	109.7	10	0	2	20	0.26
亚马逊扇 Sites931、944、946		3	335.1	17	0	2	11.9	0.52
不列颠哥伦比亚省		7	572.9	26	1	3	15.4	0.26
挪威北部		3	248.0	37	2	2	10.8	0.55
阿肯色（DeGray Lake）		2	212.9	42	1	2	7.1	0.82
共计		28	3309.8	286	12	22	11.9	0.17
$\alpha = 10\%$ 时，随机总体中 286 个样品的预期数量和百分比					约 14	约 14	10	

Chen 和 Hiscott（1999a）提出了统计检验的计算公式，下面为其部分内容。这些检验中的变量可以是岩层厚度、重力流粒度、重力流厚度或重力流粗粒段厚度（图 5.1）。为了保持一致性，我们在下节中主要使用这些变量中的最后一个。我们鼓励客观地记录其他深水地层中的三级趋势，因为这种趋势可能是海平面短期波动（Mutti，1985）、水道和朵体的转换（第 7 章）、物源区气候变化、脉冲构造活动和退积的陆坡崩塌的最敏感地质指示标志（Pickering，1979）。

5.3.1　随机性检验

利用 Chen 和 Hiscott（1999a）优选四个随机性检验中的三个用于解决下列问题：重力流沉积厚度（或粒径大小，或重力流粗粒段厚度）向上减薄或增厚的趋势是否在剖面中占主导地位。转折点检验（turning points test）公式源于 Kendall（1976）。对于这个检验，重力流粗粒段厚度值为 x_i，如果 x_i 同时大于 x_{i-1} 和 x_{i+1}；或 x_i 同时小于 x_{i-1} 和 x_{i+1}，则 $x_i = 1$。否则，$x_i =$ 为 0。1 代表一个转折点。转折点的数量近似正态分布，公式为：

$$平均值 = \mu_{TP} = \frac{2(n-2)}{3}$$

$$标准差 = \sigma_{TP} = \sqrt{\frac{16n-29}{90}}$$

检验统计量为 Z，假定为标准正态分布的观测值，公式为

$$Z_{TP} = \frac{TP - \mu_{TP}}{\sigma_{TP}}$$

如果在选定的显著性水平 $|TP - \mu_{TP}|$ 值够大，那么地层厚度纯粹由随机过程产生的零假设被拒绝。由于地层中转折点数量总是少于上下游程的数量，所以该方法在概念上与 Murray 等（1996）提出的上下游程检验方法相同。

Fisz（1963）对中值交叉检验（median crossing test）进行了解释，中值交叉检验是基于二进制序列。对于重力流沉积粗粒段厚度 x_i 和中值厚度 x_m，如果 $x_i < x_m$，则 x_i 的值为 0；如果 $x_i > x_m$，则 x_i 的值为 1。如果 $x_i = x_m$，则 x_i 无值（即，这个重力流粗粒段被忽略，因为它既不大于也不小于中值厚度），且 n 是以 1 递减的。如果原始地层是由纯粹的随机过程产生的，那么 0 后面跟着 1 或 1 后面跟着 0 的总次数（M）近似正态分布，公式为：

$$平均值 = \mu_M = \frac{n-1}{3}$$

$$标准差 = \sigma_M = \sqrt{\frac{n-1}{4}}$$

检验统计量为 Z

$$Z_M = \frac{M - \mu_m}{\sigma_m}$$

如果 Z_M 位于选定的置信区间内，那么关于一系列重力流粗粒段厚度的这个假设，在该显著性水平 α 上不能被拒绝。这个检验类似于中位数法（Wald 和 Wolfowitz，1944），因为 M 总是比中位数任一边的数少一个。

游程检验（length-of-runs test）是由 Gold（1929）提出。游程长度 s 定义为全部高于或低于重力流粗粒段中值厚度的连续厚度的数量。如果 M_s 表示游程长度为 s 的游程总数，则对于随机过程，M_s 的期望值为：

$$E(M_s) = \frac{n+3-s}{2^{s+1}}$$

总数为

$$L = \sum_{s=1}^{s'} \frac{[M_s - E(M_s)]^2}{E(M_s)}$$

总数分布服从自由度为（$s'-1$）的卡方分布，s' 是序列中最大游程。这是一个单侧检验。如果 L 低于预先选定的临界值（由显著性水平 α 确定），则在该显著性水平上随机性假设不能被拒绝。

Chen 和 Hiscott（1999a）使用这些随机性检验来研究较长剖面的地层段，他们认为每一段地层厚度或粒度在统计上都显著变化（图 5.20）。因此，地层中的每一段都类似于深水

地层描述中的"层组"。"层组"定义为具有类似相特征且整体粒度不同于上下地层的一组地层（Sullwold，1960；Ojakangas，1968；Corbett，1972；Nilsen 和 Simoni，1973；Hiscott，1980；Pickering 等，1989）。砂层组可以是水道充填沉积或者朵体沉积，而薄层的粉砂岩—泥岩层组可以是天然堤沉积或水道间沉积或朵体间沉积。层组的顶、底界可能为地层厚度和/或粒度的突变，也可能为地层厚度和/或粒度的渐变。

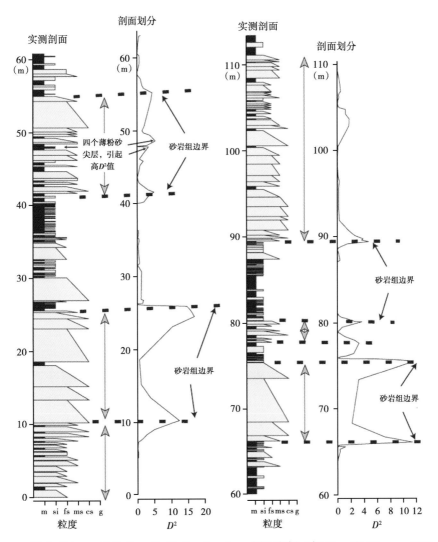

图 5.20　魁北克 Gaspé 半岛 Tourelle 组 Cap Ste-Anne 剖面实例（据 Chen 和 Hiscott，1999a）
采用分段移动窗口技术，将浊积岩划分为厚层砂岩组、薄层砂岩组和泥岩—粉砂岩组（Webster，1980）。
D^2 峰值为层组边界。Chen 和 Hiscott（1999a）对部分层组进行了统计学检验，图中用橙色箭头表示。
由于上覆地层厚度不够，采用分段移动窗口技术无法拾取最上面层组的顶界

　　上述三个随机性检验的缺点是，它们没有评估这些旋回是向上变薄，还是向上变厚，或者是对称的（只有前两种构成"趋势"）。为了评估不对称性，有必要进行趋势检验（下文）。例如，长剖面可以简单地由薄层/细粒和厚层/粗粒岩层（Chen 和 Hiscott，1999b）

的交互沉积组成，且每个岩层组没有固有的顺序。此外，游程检验对数据中的噪声非常敏感，以致无法识别叠加了极薄层和/或厚层重力流地层的不对称趋势。为了克服这个缺点，设计了一些程序，例如通过移动平均来平滑噪音数据，但结果并不令人满意，因为在连续测量中引入相关性会导致对原始数据的破坏（参考 Heller 和 Dickinson，1985；Waldron，1986；Lowey，1992；Murray 等，1996）。

5.3.2 相关性检验可识别不对称趋势

如果对是否发育不对称旋回存在疑问，那么就可以利用趋势检验来客观地确定，一系列重力流事件的沉积物是否实际具有向上变薄/变细或向上变厚/变粗的趋势（例如，地层组内，或被地层特征突变所限制的地层段内）。Chen 和 Hiscott（1999a）建议使用本节所述的所有三个相关性检验，但在某些情况下，他们发现三个检验中只有两个能够用来识别不对称旋回。在肯德尔等级相关性检验（也称肯德尔 τ 检验）中，将每个事件形成的岩层（或重力流沉积粗粒段）等级（厚度）与该砂层组内所有上覆事件所形成岩层的等级（厚度）进行比较（Kendall 1969，1976，Kendall 和 Gibbons 1990）。通过对比得到负值（目标地层比上覆地层厚）或正值（目标地层比上覆地层薄）。

肯德尔 τ 计算公式如下

$$\tau = \frac{p - Q}{n(n-1)/2}$$

如果相互之间存在联系，计算公式则为：

$$\tau = \frac{p - Q}{\sqrt{p + Q + E_s}\sqrt{p + Q + E_y}}$$

其中 p 为正值的总数，Q 为负值的总数，n 为岩层数量。E_y 为"额外 y"的总和：当一个事件形成的地层厚度等级（变量 x）与上覆事件形成的地层厚度等级相关时，就需计算"额外的 y"。E_x 为"额外 x"的总和；对于野外浊积地层数据而言，$E_x = 0$，因为岩层数量（变量 y）没有关联。τ 值范围为 $-1 \sim +1$，当向上一致增厚时，$\tau = +1$；当向上一致减薄时，$\tau = -1$。没有不对称趋势时，$\tau = 0$。τ 近似于正态分布。

$$平均值 = \mu_\tau = 0$$

$$标准差 = \sigma_t = \sqrt{\frac{2(2n+5)}{9n(n-1)}}$$

检验统计量 Z

$$Z = \frac{\tau - \mu_t}{\sigma_t} = \frac{\tau}{\sqrt{\frac{2(2n+4)}{9n(n-1)}}}$$

当重力流粗粒段沉积厚度的随机序列和样本量小到 4 时，τ 近似于正态分布（Daniel，1978）。对于无趋势的零假设可以在任何适当的显著性水平下进行评估。对于重力流沉积地层，检验是双尾的。例如，如果在显著性水平 $\alpha = 10\%$ 落入标准正态分布曲线下的右侧或左侧尾部的 5% 区域，那无趋势的零假设被拒绝。

斯皮尔曼的等级相关检验涉及斯皮尔曼的 ρ 计算（Siegel，1956；Kendall，1969；Daniel，1978；Press 等，1986；Rock，1988；Kendall 和 Gibbons，1990）。$R\ (x_i)$ 定义为在其他 x 中 x_i 的等级，如果 x_i 是 x 的最小观察值，则 $R\ (x_i) = 1$。$R\ (y_i)$ 被类似地定义为在其他 y 中的 y_i 的等级。如果 x 与 y 之间存在相互联系，那么每个联系值都被赋予为相互联系的等级位置的平均值。对于一系列重力流事件形成的岩层，变量 y 是岩层数，从下到上依次递增：1，2，3，4…；而变量 x 是目标岩层厚度（例如，重力流沉积厚度，或重力流沉积粗粒段厚度；图 5.1）–厚度由地层组中的等级代替。当不存在相互联系时，斯皮尔曼的等级相关系数 ρ 被定义为：

$$\rho = 1 - \frac{6 \sum d_i^2}{n^3 - n}$$

其中

$$\sum d_i^2 = \sum_{i=1}^{n} \left[R(x_i) - R(y_i) \right]^2$$

其中 n = 样本大小。当存在相互联系时，检验统计量稍微复杂一些：

$$\rho = \frac{\sum x^2 + \sum y^2 - \sum d_i^2}{2 \sqrt{\sum x^2 \sum y^2}}$$

其中

$$\sum x^2 = \frac{n^3 - n}{12} - \sum T_x$$

$$\sum y^2 = \frac{n^3 - n}{12} - \sum T_y$$

$$T = \frac{m^3 - m}{12}$$

其中 m = 给定等级下相关的观察值数量。所有的总和都是从 1 到 n。ρ 范围为 $-1 \sim +1$，当岩层厚度（x）和岩层数（y）具有相同的等级（即完美向上增厚的趋势）时，$\rho = 1$；当两者在等级递增方向相反时（即完美向上变薄的趋势）时，$\rho = -1$。ρ 的显著性通过下列计算来检验：

$$t = \rho \sqrt{\frac{n-2}{1-\rho^2}}$$

其分布大致服从自由度为 $n-2$ 的学生 t 分布。为了检验不对称向上减薄和增厚趋势，优选双尾检验。

在皮尔逊相关检验中，γ 是衡量两个变量 x 和 y 之间线性关系的度量值（Hoel，1971；Downie 和 Heath，1983；Press 等，1986）。其计算公式为

$$\gamma = \frac{n\sum xy - (\sum x)(\sum y)}{\sqrt{[n\sum x^2 - (\sum x)^2][n\sum y^2 - (\sum y)^2]}}$$

在计算 γ 时，y（岩层数量）和 x（岩层厚度）为实际值，而不是它们的等级。γ 值从 +1 变化到 0 再变化到 -1；当 $\gamma = 1$ 时表示两个变量之间存在完全的直接相关性（完美向上增厚的趋势）；当 $\gamma = -1$ 时，表示两个变量之间存在完全相反的线性关系（完美向上变薄的趋势）；当 $\gamma = 0$ 时，表示两者之间无线性相关（不具有非对称性趋势）。在计算 γ 的显著性时，使用以下统计量：

$$t = \gamma\sqrt{\frac{n-2}{1-\gamma^2}}$$

其分布近似服从于自由度为 $n-2$ 的学生 t 分布（Press 等，1986），该检验是双尾检验。

对样本量要求的分析表明，在显著性水平为 5% 时，地层组至少包括六个地层才能利用这三种相关性检验进行趋势分析（图 5.21）。在显著性水平为 10% 时，地层组至少包括四

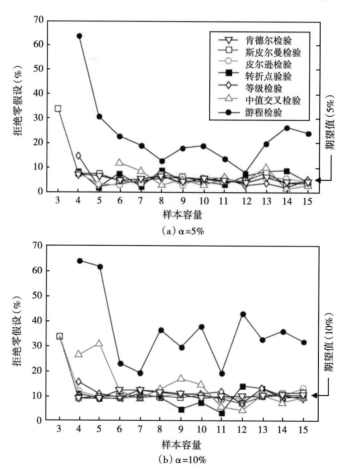

图 5.21　对于 3~15 个随机厚度值拒绝"无趋势"零假设的百分比（据 Chen 和 Hiscott，1999a）

这两个图的关键点是相同的。几乎所有的检验都表现良好，直到样本容量减小到 4~6 以下

个地层才能成功利用这三种相关性检验进行趋势分析。

这些相关性检验的作用是计算拒绝非零假设的概率，计算值为 $1-\beta$，其中 β 为 II 类误差。为了对这三种识别不对称趋势的方法进行评价，Chen 和 Hiscott（1999a）生成了几个模拟砂层组并进行检验，这些模拟砂层组，包含了在浊积岩地层中观察到的大部分地层厚度样式：简单的不对称趋势、叠加噪声的不对称趋势、对称趋势、阶梯状旋回、厚层和薄层岩层组将数据进行洗牌得到随机分布。这里将"噪声"定义为叠加在向上增厚或减薄趋势上的极薄层和/或极厚层沉积。"噪声"也可以是平滑趋势的随机正偏差或负偏差。

具有明显趋势的所有模拟砂层组，层组 1、2、3、4、7 均通过了两次或者三次（更常见）置信水平高于 90%~95% 的相关性检验（图 5.22）。肯德尔等级相关性检验识别出在显著性水平低于 10% 的情况下，具有明显、复杂的向上增厚或变薄的趋势。相比肯德尔等级相关性检验而言，斯皮尔曼等级相关性检验对噪声不是很敏感，皮尔逊线性相关性检验，受到厚层和极薄岩层（如模拟地层组 5，图 5.22）噪声的影响很大。这三种相关性检验通常不能识别对称趋势（如地层组 9）、阶梯样式（如地层组 10）以及薄和/或厚地层组（例如地层组 11 和可能 8）。对于这样的样式，零假设更可能被随机性检验所拒绝。

利用另一个长剖面中的岩层段设计了一个随机性检验，称之为等级差异检验（Meacham，1968），在该检验中，事件沉积形成的岩层厚度（或者重力流沉积粗粒段厚度），最薄的地层（R_1）等级为 1。R 统计量计算公式如下：

$$R = \sum_{i=2}^{n} \left| R_i - R_{i+1} \right|$$

其中 n＝事件层总数，R＝在一个砂层组中连续地层之间等级差异的绝对值总和。对于随机厚度序列，R 服从正态分布的，其中：

$$\text{平均值} = \mu_R = \frac{(n+1)(n-1)}{3}$$

$$\text{标准差} = \sigma_R = \sqrt{\frac{(n-2)(n+1)(4n-7)}{90}}$$

检验统计量 Z 计算如下

$$Z_R = \frac{R - \mu_R}{\sigma_R}$$

如果 Z_R 处于一定的置信区间内，那么由随机过程产生旋回的零假设，在相对应的显著性水平下是不被拒绝的。例如，我们对 $\alpha = 0.1$ 时一系列岩层进行检验，且如果 Z_R 值落入标准正态分布中间 90% 范围内，那么岩层厚度是随机的这个零假设是可以接受的。

5.3.3　通过随机过程可以形成不对称趋势

利用三级旋回内具有统计意义的不对称趋势来说明沉积地层具有不对称趋势的特征，或者根据趋势的特征来限定沉积环境的解释，是存在风险的。这是因为少数完美的趋势，完全可以由真实的随机过程产生，只是概率很低。为了评价这种现象的重要性，Chen 和

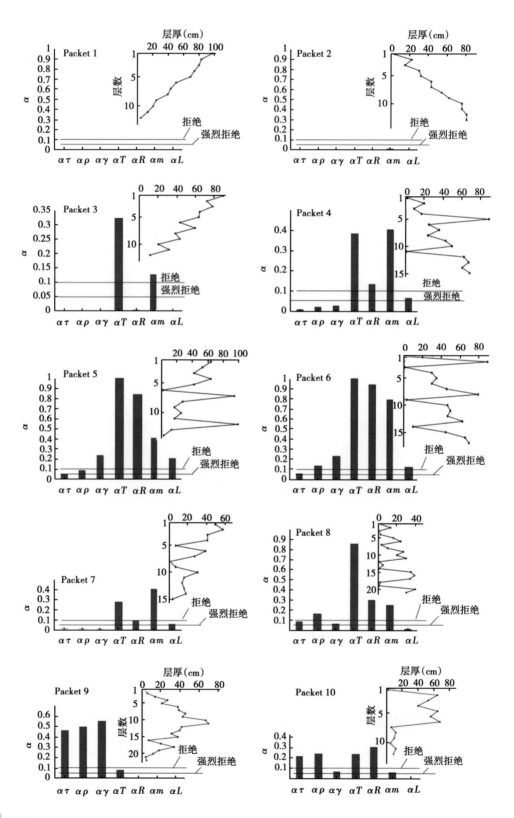

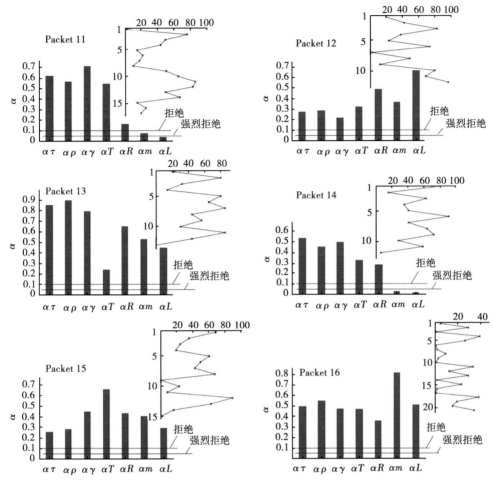

图 5.22　利用 7 种统计学方法检验 16 个随机生成的地层组
趋势的实验结果图（据 Chen 和 Hiscott，1999a）

在直方图中，条形高度表示地层组分别通过肯德尔（$\alpha\tau$）、斯皮尔曼（$\alpha\rho$）、皮尔逊（$\alpha\gamma$）、转折点（αT）、等级（αR）、中值交叉（αm）和游程（αL）检验的显著性水平。需要注意的是，如果岩层在 $\alpha \leqslant 5\%$ 时，通过检验，则零假设被强烈拒绝；如果 $\alpha \leqslant 10\%$，则零假设被拒绝；如果 $\alpha > 10\%$，则零假设被接受。$1\sim11$ 是人为产生的地层组：1 和 2 表现出近乎完美的不对称趋势；$3\sim8$ 具有总体不对称趋势，但具有极厚和/或极薄层的岩层"噪声"；9 表现为对称样式；10 为阶梯样式；11 是一个薄层和厚层的分组样式。$12\sim16$ 则是随机过程形成的岩层组

Hiscott（1999a）使用表 5.3 中对应剖面的数据进行了大量的蒙特卡罗模拟。结果证实，不对称厚度趋势在深水沉积中基本上没有统计学意义，因此不能作为识别沉积环境的关键标准。因此，必须谨慎对待或放弃大量已发表的深海体系模型，因为这些模型都基于不对称旋回普遍存在的假设（例如 Mutti 和 Ricci Lucchi，1972；Ricci Lucchi，1975b；Walker，1978；Shanmugam 和 Moiola，1988；Mutti，1992）。相反，其他一些识别标准，如特定的相特征，大规模的几何形态和砂岩地层的聚集程度（Chen 和 Hiscott，1999b；Felletti，2004；Felletti 和 Bersezio，2010b）可能是识别亚环境的最佳工具。

表5.3 浊积岩不对称趋势检验剖面列表（据 Chen 和 Hiscott，1999a）

位置		地层单元	沉积环境	剖面数	厚度（m）	岩层数	测量人员或参考资料
意大利	Santerno Valley	中新新统 Marnoso arenacea	朵体和盆地平原席状砂（Ricci Lucchi，1975b；Cattaneo 和 Ricci Lucchi，1995）	4	445.3	738	C. Chen
	Savio Valley		水道充填（Ricci Lucchi，1975b）	2	49.5	75	C. Chen
加利福尼亚	Monticello 大坝	白垩系 Venado 组	水道充填（Ingersoll，1978a）	1	383.7	379	C. Chen
	Cache Creek	白垩系 Sites 组	朵体（Ingersoll，1978a）	1	278.0	565	C. Chen
魁北克	Cap Ste-Anne	奥陶系 Tourelle 组	朵体（Hiscott，1980）	2	222.3	523	S. Awadallah
	Petite-Vallée	奥陶系 Cloridorme 组	朵体（Hiscott 等，1986）	1	452.5	2893	S. Awadallah
巴巴多斯		始新统 Scotland 组	水道充填（Larue 和 Speed，1983）	2	109.7	183	R. N. Hiscott
亚马逊扇站点 931、944、946		ODP 931、944、946	与水道分叉相关的朵体	3	335.1	485	Pirmez 等（1997）
不列颠哥伦比亚省		白垩系 Nanaimo 群	水道充填（England 和 Hiscott，1992）	7	572.9	560	R. N. Hiscott
挪威北部		前寒武系 Kongsfjord 组	水道—朵体过渡带（Drinkwater，1995）	3	248.0	825	N. J. Drinkwater
阿肯色（DeGray Lake）		宾夕法尼亚亚系 Jackfork 群	决口扇—喇叭状朵体和天然堤（Bouma 等，1995）	2	212.9	2514	M. B. DeVries
合　计				28	3309.8	9740	

　　Chen 和 Hiscott（1999a）根据垂向相变客观地将野外剖面分成岩层组。使用移动窗口法（Webster，1973，1980）和最大似然估计（Radhakrishnan 等，1991）对不连续的地层厚度和岩相进行拾取。实例见图5.20。这些剖面不同地层段的分割基于以下假设：不同地层段或地层组的厚度、粒度或其他测量值具有不同均值和方差，反映了不同的相组合及其在深水体系中的不同沉积环境。

　　任何试图识别趋势的尝试，都违反了统计检验的关键假设，即所有观测来自单个群体。Chen 和 Hiscott（1999a）从28个浊积岩剖面中选出286个砂岩层组，使用 Fortran-77 程序 ASYMRAN. FOR 对这些地层组进行三种相关性检验（肯德尔，斯皮尔曼和皮尔逊），并进行评估。只有34个（11.9%）砂岩层组在显著性水平10%时（表5.4）通过检验。图5.23是286个砂层组中通过这三种相关性检验识别出的不对称旋回的实例。图5.24为随机旋回的实例；这些实例只有在显著性水平10%~32%的范围内，才能通过三个相关性检验。正如Lowey（1992）所做的那样，当$\alpha \leqslant 32\%$，会将许多随机岩层组归类到趋势岩层组中，也就是Ⅰ类误差太大以致无法接受。

表5.4 当显著性水平$\alpha = 10\%$时，286个砂岩层组中拒绝"无趋势"（即无相关性）零假设的数量

检验组合	当$\alpha \leqslant 10\%$时，地层组拒绝原假设的数量（比例）及结论	
3 种相关性检验		
4 个随机性检验	2（0.7%）	不对称趋势
3 个随机性检验	4（1.4%）	不对称趋势
2 个随机性检验	5（1.7%）	不对称趋势
1 个随机性检验	5（1.7%）	不对称趋势
无随机性检验	4（1.4%）	不对称趋势
2 种相关性检验		
3 个随机性检验	1（0.3%）	其他非随机性趋势
3 个随机性检验	1（0.3%）	不对称趋势
2 个随机性检验	3（1.0%）	不对称趋势
1 个随机性检验	3（1.0%）	不对称趋势
无随机性检验	2（0.7%）	不对称趋势
肯德尔检验		
无随机性检验	3（1.0%）	不对称趋势
斯皮尔曼检验		
1 个随机性检验	2（0.7%）	不对称趋势
无随机性检验	1（0.3%）	随机
皮尔逊检验		
1 个随机性检验	2（0.7%）	随机
无随机性检验	3（1%）	随机
无相关性检验		
4 个随机性检验	3（1.0%）	其他非随机性趋势
3 个随机性检验	11（3.8%）	其他非随机性趋势
2 个随机性检验	39（13.6%）	其他非随机性趋势
1 个随机性检验	62（21.7%）	随机
无随机性检验	130（45.5%）	随机
286 地层组中有 34 个具有不对称趋势（11.9%）		

注：对于相关检验的每个组合，随机性检验的结果，是确定地层不对称的辅助约束条件。

286 个地层组中有 33 个地层组在$\alpha < 10\%$时通过了肯德尔检验；在同一显著性水平下，30 个地层组通过了斯皮尔曼检验，31 个地层组通过了皮尔逊检验。考虑286 次随机试验的一般

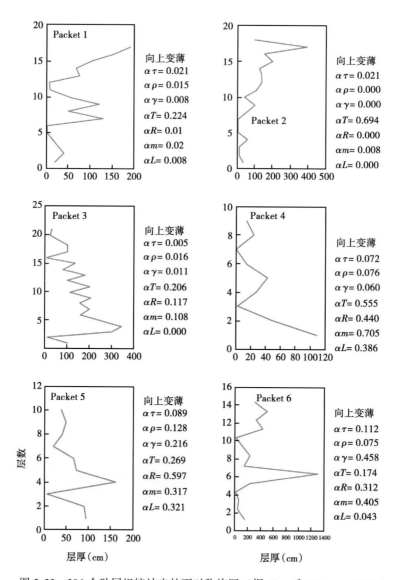

图 5.23　286 个砂层组统计出的不对称旋回（据 Chen 和 Hiscott，1999a）

$\alpha\tau$、$\alpha\rho$、$\alpha\gamma$、αT、αm 和 αL 分别为肯德尔相关性检验、斯皮尔曼相关性检验、皮尔逊相关性检验、转折点检验、等级差异检验、中值交叉检验和游程检验的显著性水平。如果显著性水平>0. 10（即>10%），那么"无趋势"的零假设则不能被拒绝。需要注意的是，砂岩层组 1、2、3 和 4 在显著性水平 α<10%时通过了所有三种相关性检验；砂岩层组 5 在显著水平 α<10%时通过了肯德尔相关性检验，在 α<15%时通过了斯皮尔曼相关性检验，在 α=21.6%时通过了皮尔逊相关性检验。地层组 6 在 α<10%时通过了斯皮尔曼相关性检验，在时通过了肯德尔相关性检验，但在时通过了皮尔逊相关性检验

情况，其成功率为 10%，类似 286 次尝试从一个装有 900 个白色和 100 个黑色球的球罐中取出一个黑色的球。33 次或更多次取到黑球的累计二项概率（Kreyszig，1967；Simpson 等，1960）为 0. 22（与肯德尔检验结果相比较）；30 次或更多次取到黑球的累计二项概率为 0. 43（与斯皮尔曼检验结果相比较）；而 31 次或更多次取到黑球的累计二项概率为 0. 35（与皮尔逊检验

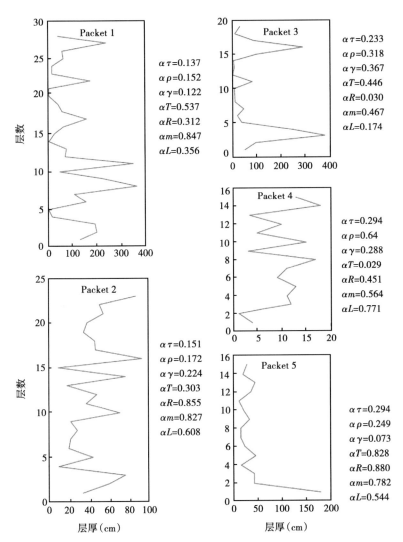

图 5.24　显著性水平为 10%～32% 范围内，砂岩组通过三个或两个相关性检验（肯德尔相关性检验、
斯皮尔曼相关性检验和皮尔逊相关性检验）的实例（据 Chen 和 Hiscott，1999a）

$\alpha\tau$、$\alpha\rho$、$\alpha\gamma$、αT、αm 和 αL 分别为肯德尔相关性检验、斯皮尔曼相关性检验、皮尔逊相关性检验、转折点检验、等级差异检验、中值交叉检验和游程检验的显著性水平。使用极限值 $\alpha=10\%$，所有沉积物都未显示出不对称趋势（即"无趋势"零假设不能被拒绝）。需要注意的是，岩层组 5 没有显示出不对称的趋势，但它在 $\alpha<10\%$ 时通过了皮尔逊检验。这表明皮尔逊检验并不像肯德尔相关性检验、斯皮尔曼相关性检验那么有效

结果相比较）。成功取出一个黑球与成功识别出一个不对称趋势（岩层厚度与岩层数量之间不存在相关性）类似，成功概率（即I类误差）仍然是 10%。0.22～0.43 的概率范围非常高，表明在 286 个砂岩组中，采用三种相关性检验识别出的重力流沉积粗粒段厚度不对称趋势很可能是随机过程产生的。

　　34 个不对称岩层组中，向上变薄岩与向上变厚岩层组的比率是 22:12（=1.83）。如果在随机总体中向上变薄岩与向上变厚岩层组的比率是 50:50，那么在 34 个不对称旋回中获得 22

个或更多向上变薄旋回的概率是 0.06，这是边际显著的，因为只要有 1 个不成功（即 34 次中的 21 次或更多次成功），其概率就变为 0.11。因此，22:12 的结果可能确实表明，在一些确定性过程的中，能够产生极少量多余的向上变薄的趋势，并叠加于大部分随机事件上。这与一般结论并不矛盾，一般结论是浊积岩序列中向上变薄和向上变厚的趋势并不重要。

Chen 和 Hiscott（1999a）采用蒙特卡罗模拟证实：原始砂组中识别出的不对称趋势的数量与随机过程所预期的数量是无法区分的。Chen 和 Hiscott（1999a）测量了 286 个重力流粗粒段的厚度并经过 20000 次随机洗牌产生一个混合的砂岩地层组。然后，对 286 个随机洗牌过的地层组进行了不对称趋势和随机性检验。并计算显著性水平 $\alpha = 5\%$ 和 $\alpha = 10\%$ 时，拒绝零假设的岩层组数量。这个过程重复了 100 次，产生了 100 组检验，得到在 $\alpha = 5\%$ 和 $\alpha = 10\%$ 时，通过单次检验的岩层组数量的平均值、最大值和最小值。

在 286 个原始地层组（来自现场数据）中，通过三次相关性检验所确定的不对称趋势的百分比，与 100 次对 286 个经过随机洗牌的地层组进行检验所确定的不对称旋回的百分比的平均值，几乎相同（图 5.25）。

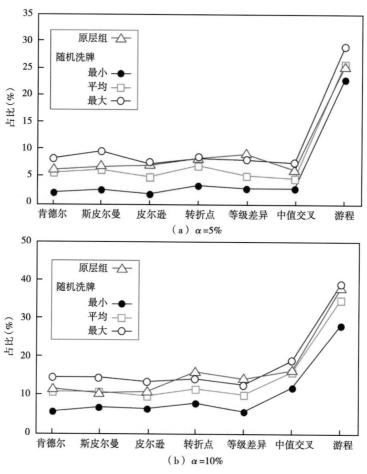

图 5.25 286 个层组通过单次检验拒绝零假设的百分比以及洗牌后产生的
100 个层组的最大值、最小值和平均值的百分比

5.3.4 重力流沉积的粒度不对称趋势

Chen 和 Hiscott（1999a）也对粒度不对称趋势的重要性进行了评价。为了检验粒度趋势，根据粒度 φ 值计算了每个岩层的粒度 "值"。粒度 "值" =−4×（砾石段的厚度比例）+0×（粗砂岩段的厚度比例）+1.5×（中砂岩段的厚度比例）+3×（细砂岩段的厚度比例）+7×（粉砂岩段的厚度比例）。数值常数为每个岩层粒度范围的中值 φ。因此，粒度值是每个重力流沉积粗粒段估算的平均值。通过在对加利福尼亚、意大利、巴巴多斯和不列颠哥伦比亚省的露头描述和测量，根据粒度和沉积构造的不同，对每个重力流沉积的砾岩段和砂岩段进行了划分，并计算出粒度值。

利用 Fortran-77 的程序 ASYMRAN. FOR 对这些地区 86 个砂岩层组的粒度值进行了统计学检验。基于不同检验之间的相互对比，Chen 和 Hiscott（1999a）建议，一个岩层组只有通过肯达尔检验和另外两个相关性检验（显著性水平 $\alpha \leqslant 10\%$）中的至少一个时，才认为该岩层组具有向上粒度变细或变粗的趋势。基于该判定准则，86 个砂岩层组中有 25 个（占 29%）具有向上粒度变粗或变细的趋势（表 5.5）。图 5.26 为其中的一些实例。25 个向上变粗或变细的砂层组分布非常不均匀。例如，意大利北部亚平宁山脉的露头测量段，30 个砂层组中只有 3 个（占 10%）具有粒度趋势；而加利福尼亚蒙蒂塞洛大坝的露头段，20 个砂层组中有 10 个（占 50%）具有粒度趋势，其中 8 个粒度向上变细，2 个粒度向上变粗。

表 5.5 不同露头重力流砂岩层组具粒度不对称趋势的数量及比例

粒度趋势	地层厚度趋势	蒙蒂塞洛大坝	卡什克里克	意大利亚平宁	巴巴多斯	不列颠哥伦比亚省
向上变粗	向上变厚	0	1	2	0	0
	向上变薄	0	0	0	0	0
	无趋势	2	0	0	1	1
向上变细	向上变厚	1	0	0	0	0
	向上变薄	3	2	0	2	1
	无趋势	4	1	1	2	2
具有不对称粒度趋势的砂层组总数		10	3	3	5	4
检验的砂层组总数		20	14	30	10	12
具有不对称粒度趋势的砂层组比例（%）		50.0	21.4	10.0	50.0	33.3

重力流砂层组的粒度趋势比厚度趋势更为发育。25 组具有粒度不对称趋势砂层组中有 14 组不具有相应的厚度变化趋势，一组向上粒度变细的砂层组在厚度上表现为相反的趋势（向上厚度增厚），剩余 10 组在厚度和粒度上具有一致的变化趋势，即粒度向上变细的砂层组在厚度上也表现为向上减薄的趋势，粒度向上变粗的砂层组在厚度上同样表现为向上变厚的趋势。这些实例表明重力流粗粒段的粒度与厚度可能不存在正相关关系（或根本不相关）。

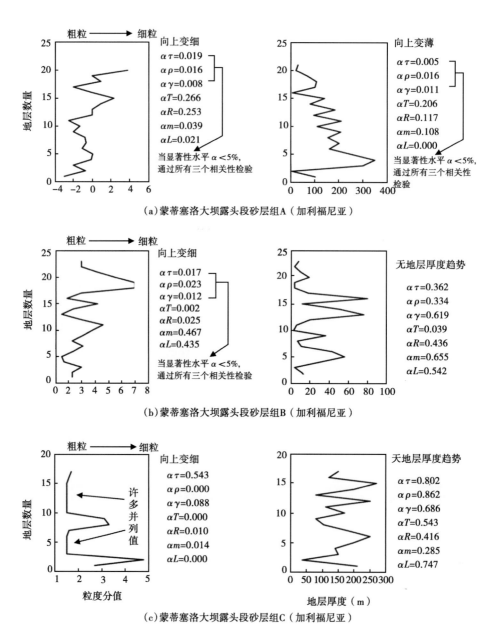

图 5.26　重力流粗粒段厚度、粒度趋势特征（据 Chen 和 Hiscott，1999a）

砂层组 A 为一个向上粒度变细、厚度减薄的趋势；砂层组 B 向上粒度变细，但是厚度无趋势；砂层组 C
包括许多并列值，未通过肯达尔检验（$\alpha\tau$=54.3%）。$\alpha\tau$，$\alpha\rho$，$\alpha\gamma$，αT，αR，αm，αL 的相关注释见图 5.23

　　在所有粒度具有不对称趋势的浊积岩段中，具有向上厚度减薄趋势的砂层组数量要多于厚度向上增厚的数量，主要由粗粒沉积组成，尤其是砾质砂岩。根据浊积岩的粗粒结构、强烈叠置面、遍布的底部侵蚀特征，推测蒙蒂塞洛大坝露头剖面下部（图 5.27）、巴巴多斯露头和英国哥伦比亚露头剖面为水道环境。剖面中富泥岩和富粉砂岩的夹层可能为越岸（天然堤）沉积。这些剖面类似于亚马逊扇水道—天然堤体系的底部沉积（Flood 等，1995）。

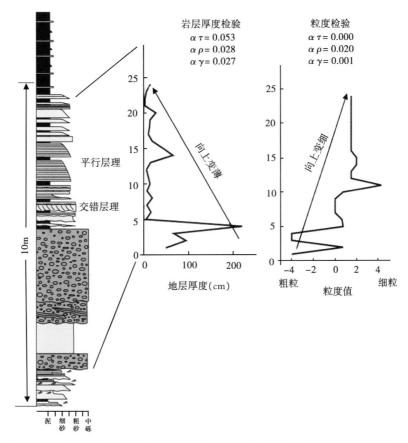

图 5.27　蒙蒂塞洛大坝露头剖面识别的出向上粒度变细、厚度变薄的岩层组，
该岩层组解释为废弃水道充填（据 Chen 和 Hiscott，1999a）

　　在叠置水道中（Clark 和 Pickering，1996a），侵蚀和沉积会交替出现。水道的回填导致水道下游的水道口位置发育朵体沉积（Normark 等，1998）。随后水道回春会侵蚀或下切早期的水道或朵体沉积。由于粗粒碎屑沉积于主泓道或轴部，而较细粒碎屑沉积在水道口处，不断侵蚀与充填可能产生向上变细的旋回，但厚度并不一定向上变薄（图 5.28）。一些粒度向上变细的砂层组（例如图 5.27）可能是废弃水道充填沉积（"水道—废弃旋回"）。"水道—废弃旋回"的特征最初由 Mutti 和 Ghibaudo（1972）提出，随后 ODP 站点 934（图5.17）在亚马逊扇废弃弯曲水道的取心资料证实了该假设。Chen 和 Hiscott（1999a）将蒙蒂塞洛大坝露头中上部一些粒度向上变细和向上变粗的砂岩层解释为朵体沉积，而在 Cap Ste-Anne 露头剖面和亚马逊扇剖面中向上变薄的砂层组可能是由于朵体的补偿叠置形成的（Swart，1990；Jordan 等，1991；Bouma 等，1995）。

　　Chen 和 Hiscott（1999a）认为，除了个别水道沉积中会出现向上变细的沉积序列，重力流沉积粗粒段的厚度和粒度并没有特别表现出趋势性的垂向样式。向上变薄和向上变厚的岩层组并不一定具有向上粒度变细和向上粒度变粗的趋势。然而，这些结论并不排除其他识别标准可用于识别海底扇的亚环境，例如详细的岩相分析，几百米尺度上砂体几何形

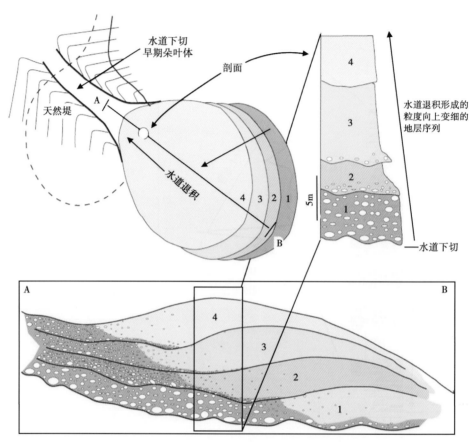

图 5.28　水道下切和充填形成向上变细砂层组的成因解释（据 Chen 和 Hiscott，1999a）

态的绘制以及其他类型组合的统计学检验。Mutti 和 Normark（1987：文献中图 7 和图 13）提供了识别亚环境的岩相标准，且不涉及不对称旋回（图 7.40 和图 7.41）。Chen 和 Hiscott（1999a）以及 Felletti 和 Bersezio（2010a）展示了如何用 Hurst 统计（Hurst，1951，1956）来确定岩相的聚类程度，并作为海底扇沉积环境的指示标志。

第 6 章　漂积物及深海沉积物波

陆坡中部 Faro 漂积体的地震反射剖面（Line FADO L-38），黑色粗线为综合大洋钻探计划（IODP）站点 U1386 的位置。丘状等深流沉积整体的叠置特征从加积的序列向进积序列的转变，这种转变与中更新世不整合面（MPR）相关。BQD 为第四系不整合底界，LPR 为下上新统内部不整合面，M 为上中新统不整合面。IODP339 航次（2012 年）。

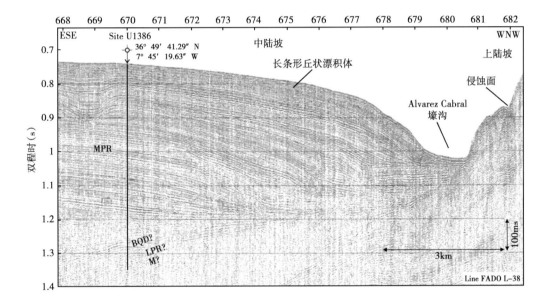

6.1　概述

漂积物（Sediment drift）是指堆积在持续温盐环流（如大西洋西侧的陆坡深处和陆隆处的环流）之下的大型丘状或脊状泥质沉积（图 6.1；Stow 和 Holbrook，1984；McCave 和 Tucholke，1986；Kidd 和 Hill，1987；Rebesco 和 Camerelenghi，2008；Rebesco 等，2014）。这些漂积物长数百千米、宽数十千米、地形起伏 200~2000m（Johnson 和 Schneider，1969）。深海沉积物波规模较小，并在相对平坦的海底呈组（呈列）出现，或者作为漂积物的组成部分。20 世纪 60 年代（Heezen 等，1966）发现，漂积物发育在地球自转形成的底流之下，科氏力导致流体向上陆坡方向偏转，而浮力导致密度大的流体向下陆坡方向运动，为了平衡两者之间的关系，所以漂积物一般平行于等深线发育。这种由于地球自转引起的流体称为等深流，形成的相关沉积物称为等积岩（Hollister 和 Heezen，1972）。全球各大洋均识别出了等深流沉积（Heezen，1977；Carter 和 McCave，1994；Roveri，2002；Stow 等，2002b；

Stow 和 Faugères，2008；Scientists，2010；Scientists，2012；Scientists，2012；Münoza 等，2012；Uenzelmann-Neben 和 Gohl，2012；Gong 等，2015）。关于等深流沉积的最大数据库收集的是北大西洋西部地区的数据，但在其他地区也存在大量的漂积物，例如太平洋西南部地区（Carter 和 McCave，2002）。

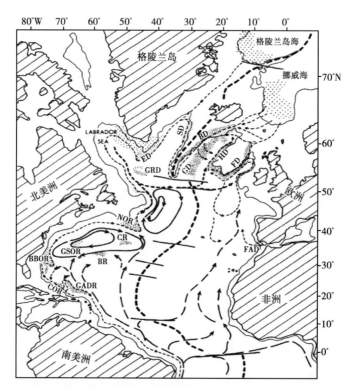

图 6.1　现今北大西洋深水环流和主要漂积物（虚线附近）分布图（据 Stow 和 Holbrook，重绘，1984）

FAD—Faro 漂积物；FD—Feni 漂积物；HD—Hatton 漂积物；GD—Gardar 漂积物；BD—Bjorn 漂积物；SD—Snorri
漂积物；ED—Eirik 脊；GRD—Gloria 漂积物；NOR—纽芬兰外脊；CR—Corner 陆隆；BR—Bermuda 陆隆；
GSOR—湾流（Gulf Stream）外脊；BBOR—Blake-Bahama 外脊；COR—Caicos 外脊
底流产生区域用粗虚线表示

　　"等深流"和"等积岩"这两个术语，表明了海底水深线与流体方向之间的关系，但大多数情况下难以在古老沉积物中证实。然而，在旋转地球上不可避免的是：古海洋盆地中底流循环受科氏力的作用，使底流方向与盆地边缘陆坡区的水深线平行。由于该原因，本章及本书中均使用这两种术语。但在盆地陆坡古水流方向不清楚或古水流信息稀少的地区，要慎用，可以采用 Shanmuga（2008）提议的"深水底流"和"底流沉积"。当然，"深水底流"并不局限于本章所论述的温盐环流，Shanmugam（2008）所列的深水底流还包括：潮汐流和内波产生的洋流（两者均主要位于海底峡谷），以及由风力形成的超厚洋流和潮流的下部流体（例如 Colella 和 d'Alessandro，1988；Ikehara，1989）。

　　温盐环流之下，控制漂积物整体形态的主要因素是海底地形以及地形对温盐环流的影响。在坡度增高的区域，等深流速度加大；在坡度降低的区域，等深流速度减小（McCave

和 Tucholke，1986；参见 McCave 等，1980）。沉积物优先沉积在环境较稳定、坡度较低的地区。漂积物的形态取决于海底地形与最大流体位置之间的相互关系（Vandorpe 等，2014），以及流体内悬浮物质的分布（McCave 和 Tucholke 1986）。根据海底坡度变化的速率，双漂积物（double drifts）和抹平漂积物（'plastered' drifts）发育于陆坡坡脚处（图6.2）。如果海底坡度突变，那么漂积物与陆坡可能被明显的"深沟"分隔开，形成分隔漂积物（separated drifts）。在海底地形更加复杂的地区（例如，在拐角或山脊处发育复合流或逆流的位置），可能形成"孤立"的漂积物（detached drifts）。

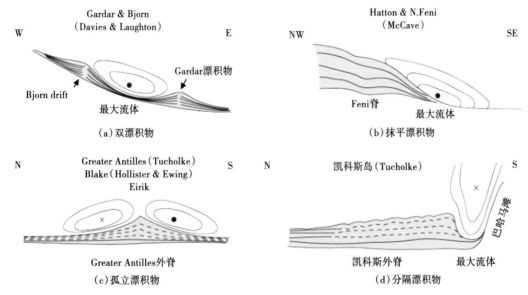

图 6.2　推测流体路径与漂积物形成关系图（据 McCave 和 Tucholke，1986 重绘）

点表示流体方向向外；X 表示流体方向向里

　　为了使读者快速了解本章论述的沉积物的规模，我们展示了纽芬兰海上 Orphan Knoll 和 Flemish Cap 附近漂积物沉积的地震剖面（图 6.3）。这些漂积物在地震剖面上表现为"丘状"和"壕沟状"（Kennard 等，1990）。在陆坡底部坡度突变区附近水流最大，并在陆坡附近（向陆方向）形成深沟，向海盆方向形成丘状（图 6.4）。最大水流速度比较集中，形成双丘（图 6.5）。双丘形成于最大流体速度集中、坡度较缓且均一的中陆坡区（图6.5）。在流体比较复杂且流体不对称的地区，如 Sackville Spur（图 6.3 和图 6.6），局部沉积有利于大规模漂积物生长。

　　本章将首先描述北大西洋底流沉积的多样性，包括深海沉积物波及其形成机制的讨论。然后，描述砂质和泥质等深流沉积的岩相，包括一系列识别标志。最后，将论述浊流序列中的底流改造作用，并评价古漂积物的识别标志。

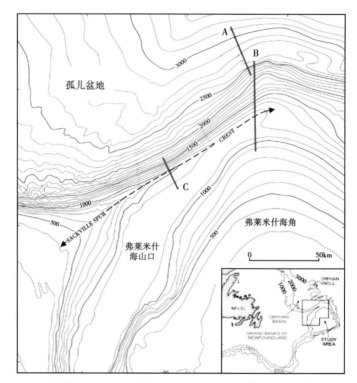

图 6.3　加拿大东部海域纽芬兰陆坡及陆隆区水深图（据 Kennard 等，修改，1990）

　　发育受底流影响的沉积，Sackville Spur 是一三角形漂积物，位于纽芬兰 Grand Banks 东北部和 FlemishCap 西北部。图中，拉布拉多流体（Labrador current）的深部和西边界潜流（Western boundary Undercurrent）沿上陆坡由西向东流，在下陆坡和陆隆流向相反，由东向西流。等值线单位为米。A、B 和 C 分别为图 6.4、图 6.5 和图 6.6 剖面位置

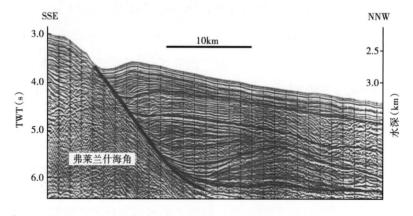

图 6.4　Flemish Cap 北部地震剖面 A（据 Mitchum，1985）

剖面位置见图 6.3，自中新世（年代数据据 Kennard 等，1990）以来，漂积物沿陆架边缘加积。
西边界潜流的水流方向向外，垂向放大比例 7∶1

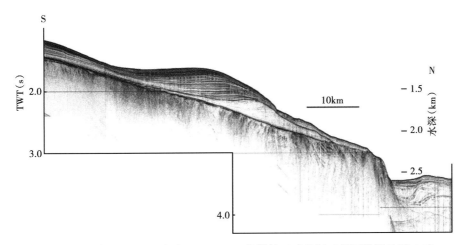

图 6.5 地震剖面 B，展示了 Flemish Cap 北部的双丘特征（剖面位置见图 6.3）

图 6.4 北部的漂积物沿走向分布，具有相似的特征，但与陆坡之间存在一个壕沟。西边界潜流的流体方向外。较浅的丘形沉积位于明显的不整合面之上。根据 Kennard 等（1990）的剖面，上部成层较好的沉积为上新世至现今沉积。这是加拿大地质调查局（大西洋）采集的单道高分辨率剖面，由 D. C. Mosher，D. J. W. Piper 和 D. C. Campbell 提供给作者。垂向放大比例 16∶1

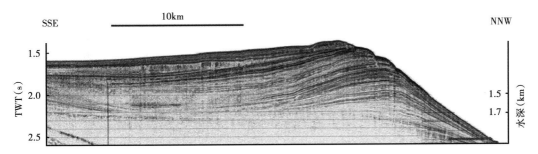

图 6.6 地震剖面 C，Sackville Spur 漂积体（剖面位置见图 6.3）

在相对较浅的水深处，沉积物的搬运和堆积主要受 Labrador 流体的深部影响（Kennard 等，1990）。流向向外指向读者，流体集中在 Sackville Spur 脊部的北—北西侧，也就是该剖面的右侧。这是由加拿大地质调查局（大西洋）获得的单水道高分辨率剖面图，并由 D. C. Mosher，D. J. W Piper 和 D. C. Campbell 提供。垂向放大比例为 7∶1

6.2 北大西洋等积岩和漂积物的特征及分布

受底流影响的地区不一定都发育漂积物。Emery 和 Uchupi（1984）绘制了大西洋底流沉积分布图（图 6.7）。这与大陆边缘厚层悬浮沉积——雾状层（nepheloid layers）（1.3 节）（图 6.8）的发育位置基本吻合（图 6.8），雾状层由温盐环流中的湍流维持，并通过附近陆坡的稀释浊流和下沉流体进行补给。大部分地区，底流改变了海底沉积物的结构（McCave 和 Tucholke，1986；McCave 等，2002），但堆积速率非常缓慢。因为所有原始沉积构造均被生物扰动破坏，很难将底流沉积与无底流活动影响的半深海沉积区分开（Stow 等，2002a）。

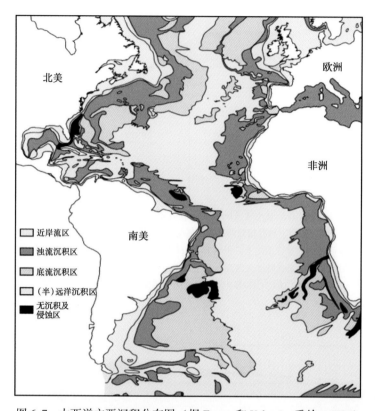

图 6.7　大西洋主要沉积分布图（据 Emery 和 Uchupi，重绘，1984）

本书不涉及近岸沉积。在大陆附近，半远洋沉积物为陆源泥质，而在洋盆中部，远洋沉积物为生物软泥和生物泥

图例（图中标注）：
- 近岸流区
- 浊流沉积区
- 底流沉积区
- （半）远洋沉积区
- 无沉积及侵蚀区

　　等深流发育于大洋盆地西侧。由于高纬度地区（北极和南极）淡水的冷却结冰，导致等深流输送的水体密度比周围水体密度高。现代底流主要位于挪威海和威德尔海（McCave 和 Tucholke，1986；Zenk，2008；图 6.1）。由于大西洋向赤道方向逐渐加深，高纬度地区产生的密度较大的水体下沉并沿着水深梯度流向赤道方向。在北半球，科氏力效应使这些缓慢流动（大部分<50cm/s）的流体向右偏转；而在南半球流体向左偏转。偏转导致流体沿洋盆西侧流动，或大西洋洋中脊的西侧流动（较少）（图 6.1）。水体密度差、各水体的体积和流速等多种因素，决定了科里奥利力的偏转量，深海温盐环流在水深 2500～3500 米的能量最强，这在大部分地区与陆坡和陆隆位置相对应。

　　在北大西洋西部，主要的温盐环流称为西边界潜流。它运输各种水体，主要有北大西洋深层水（North Atlantic Deep Water）、挪威海溢流水（Overflow Water）和搬运距离长但密度大的南极底层水（Antarctic Bottom Water）。沿着这条海流路径，尤其在不平坦海底或不规则的大陆边缘，沉积物发生丘状堆积，即本章所述的漂积物（图 6.1）。北大西洋一系列漂积物的规模和厚度见表 6.1。

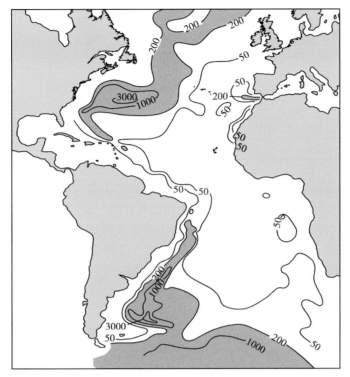

图 6.8　大西洋深水区雾状层悬浮颗粒质量分布图（据 Emery 和 Uchupi，重绘，1984）

等值线单位为 μg/cm²；这种悬浮物主要位于水深 3km 以浅的区域，集中在洋流最强烈的洋盆西侧（紫色区）

表 6.1　北大西洋漂积物规模及特征（据 Kidd 和 Hill，1987）

漂积物名称	长度（km）	宽度（km）	厚度（m）	沉积物波特征			水流速度（cm/s）
				波长（km）	波高（m）	迁移方向	
Bahama 外脊	600	400	600	2~3	20~100	上陆坡，上游	10~20
Bermuda 陆隆	700	90	1000	4~6	20~30	上陆坡，上游	4~15
Blake 外脊	600	400	600	2~6	20~100	上陆坡，上游	5~20
Bjorn 漂积物	830	100	600	无数据	无数据		7~20
Caicos 外脊	333	100	1425	无数据	无数据	上陆坡，上游	5~15
Corner 陆隆	700	150	750	无数据	无数据	上陆坡，上游	5~15
Eirik 漂积物	355	230	无数据	约 2	约 50	上陆坡，上游	18~20
Feni 漂积物	600	100	1500~1700	0.5~4	23~50	上陆坡，上游	5~15
Gardar 漂积物	1000	130	1300~1600	1.4~1.5	25~35	无数据	7~12
Gloria 漂积物	375	330	900~1400	约 2	约 50	上陆坡，下游	3~7
Greater Antilles 外脊	1800	220	700	无数据	无数据	上陆坡，上游	3~17
Gulf Stream 漂积物	120	70	750	无数据	无数据	向西	9~10
Hatteras 外脊	500~550	50	1300	无数据	无数据	上陆坡，上游	9~10

续表

漂积物名称	长度（km）	宽度（km）	厚度（m）	沉积物波特征			水流速度（cm/s）
				波长（km）	波高（m）	迁移方向	
Hatton 漂积物	65	50	700	无沉积物波	无沉积物波	无数据	6~24
Hudson 漂积物	30	5	40	无沉积物波	无沉积物波	无数据	10~20
Isengard 漂积物	480	72	无数据	0.3~0.5	<20	上陆坡，下游	5~20
Newfoundland 外脊	500	200	400	无数据	无数据	无数据	5~35
Snorri 漂积物	250	100	300~500	1~2	20~30	无数据	无报道

当大陆边缘形态发生急剧变化时，会形成突出的"尖角（spurs）"［如 Sackville Spur（图 6.3）和 Eirik Ridge（图 6.1）］。这些由西边界潜流形成的流线形状，类似于在障碍物的背面形成的积雪。Masson 等（2002）将被西边界潜流塑造的海床分为四类：宽阔席状漂积物、长条状漂积物、沉积物波和薄层席状等积岩。这种分类与 Myers（1986）以及 Myers 和 Piper（1988）的分类相似。他们识别了五种相类型：

（1）杂乱盆地充填相：振幅多变、不规则至丘状、不连续反射—双曲反射贯穿其中，但在上界面附近最常见（类似宽阔席状漂积物）；

（2）丘状成层相：以成层性好的地震反射为主，呈轻微或不对称丘状，波长数十千米（类似长条状漂积物）；

（3）丘状杂乱相：局部为亚平行—弱不规则的地震反射，总体呈丘状几何形态，波长为数十千米（另一种类型的长条状漂积物）；

（4）沉积物波相：由对称—不对称的成层丘状地层组成，地形起伏为 20~250m，波长不定，常为 2~10km；

（5）波状成层相：由不连续、波状交叠的中振幅地震反射组成（类似于薄层等深流席状沉积）。

本章使用 Masson 等（2002）的分类来讨论底流活动，Masson 等（2002）的分类既包括漂积物也包括较小规模的沉积物。然而，McCave 和 Tucholke（1986）总结的概要图（图 6.2）更好展示了大型漂积物的几何多样性。读者应熟悉这两个分类。其他的汇总图及各种实例研究见 Stow 等（2002 年 b）。

6.2.1 宽阔席状漂积物

Rockall 海槽的等积岩，由几十米厚的宽阔席状漂积物广泛覆盖于盆底之上。漂积物波峰两侧的坡度极低（0.5°）。高分辨率剖面呈现出不对称的特征，波峰一侧的堆积速率高于另一侧。沉积物波可能发育于该类型漂积物的部分表面。

6.2.2 长条形漂积物

长条形漂积物发育于相对陡峭陆坡的底部并与之平行，它们与陆坡之间常被"壕沟"分隔开。在横剖面上，长条状漂积物呈现出强烈的不对称性，且上陆坡（向"壕沟"）方向一侧短且陡，下陆坡方向一侧较平缓（图 6.4）。向下陆坡方向、较平缓一侧的沉积速率最高。Rockall 海槽的侧扫声呐和底部样品表明，上陆坡一侧和"壕沟"之下发育粗粒沉积物，而砂质/粉砂质为下陆坡方向较缓一侧的典型沉积。Blake-Bahama 外脊也是长条状漂积物，向上陆坡一侧有一凹陷或壕沟（图 6.9）。由于发育多个波峰，Blake-Bahama 外脊周围的西边界潜流的流体方向变化很大。水流路径的复杂性是地形复杂地区底流的典型特征（如 Masson 等，2002）。

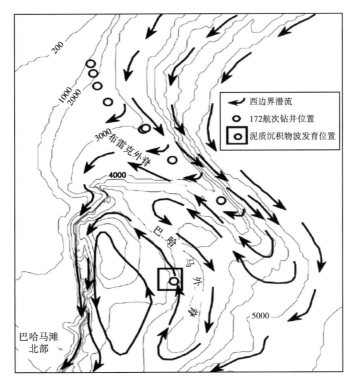

图 6.9　Blake-Bahama 外脊底流方向平面图（据 Flood 和 Giosan，重绘，2002）

图中箭头线为底流方向。等深线以米为单位。沉积物波发育位置（方框）底流方向为北—北西向

6.2.3　沉积物波

温盐环流产生的沉积物波波长可达 10km，波高可达 150m（Wynn 和 Stow，2002）。脊线往往倾斜于局部斜坡，且沉积物波向上游方向和上陆坡方向迁移。在平面图中（图 6.10），波形具有分叉波峰。在横剖面上，沉积物波可呈对称状，也可呈不对称状，或沉积物波的一侧的阶段性侵蚀导致不对称更明显（图 6.11）。这些几何形态与 Jopling 和 Walker（1968）描述的厘米级爬升波纹类似。沉积物波是长期的沉积现象，可能是数百万年（$>10^5 \sim 10^6$ 年）的沉积物堆积（Roberts 和 Kidd，1979；Tucholke，1979）。

实际上，对于沉积物波的波形迁移，沉积物不会从沉积物波的一侧搬运至另一侧，而是波形一侧沉积速率高于另一侧的结果，ODP1062 站点处的沉积物波岩心证实了该现象（图 6.12；Flood 和 Giosan，2002）。这种沉积的差异是由于大规模的内"背流波"引起的，"背流波"由海底扰动形成（Flood，1978）。Flood（1978，1988）提出内波形成

图 6.10　Rockall 海槽宽阔席状漂积物一侧的侧扫声呐图像（30kHz）（据 Masson 等，2002）

强反向散射条纹（白色）对应于沉积物波的背流面（下游方向）。弱反向散射条纹（黑色）对应于沉积
物波的迎流面，以及全新世沉积物堆积较厚的区域。局部收敛的脊状表示分叉。从左下方向右上方，
海底水深范围 1200~1100m，底形向上陆坡方向迁移

于密度梯度面而不是突变面。Flood 给出了梯度弗劳德数（gradient Froude number）的倒数公式为

$$k = Nh/U \tag{6.1}$$

式中 N 为常数，h 是波高，U 为自由流体速度。对于 Blake-Bahama 外脊沉积物波 k 值为 0.4~1.5。

底流在波形的迎流面减速，并在背流面加速。这导致两侧堆积速度不同并增强了海底在内背流波之下的波状起伏，同时增强了海床的波动（图 6.13）。一旦沉积物波形成，沉积物波可以对后期流体造成干扰，并形成另一个背流波。

虽然温盐环流产生的细粒沉积物波与海底扇天然堤的沉积物波在几何形状和地震响应方面几乎没有什么差别，但它们是完全不同的相（见 Faugères 等提出的识别标准，1999）。海底扇沉积物波由薄层浊积岩形成（Normark 等，2002），而深海沉积物波发育生物扰动且一般富含生物颗粒。在生长平衡条件下，深海沉积物波的沉积速度要远低于海底扇沉积物波。例如，Flood 和 Giosan（2002）计算了 Blake-Bahama 外脊沉积物波的沉积速率为 20cm/ka，迁移速率为 0.4m/ka。而亚马逊扇的水道天然堤局部发育的沉积物波的沉积速率为 10~25m/ka（Shipboard Scientific Party，1995a）。

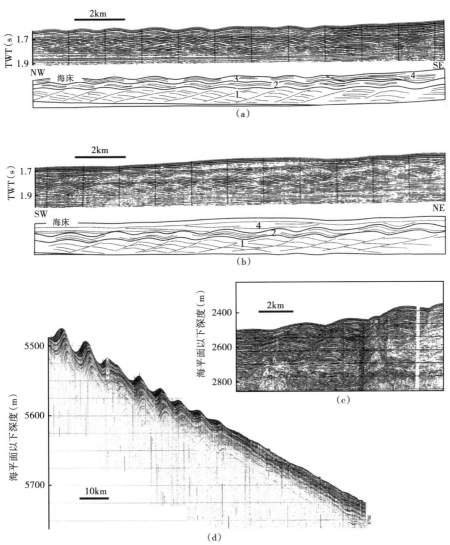

图 6.11　沉积物波及爬升底形的地震剖面及地震剖面素描图（据 von Lom-Keil 等，2002）

（a，b）Rockall 海槽剖面（Richards 等，1987），1=爬升沙丘单元，2=过渡沙丘单元，3=披覆正弦状沙丘单元，
4=块体搬运沉积；（c）Var 沉积脊部的沉积物波剖面（Migeon 等，2000）；

（d）阿根廷盆地 Zapiola 漂积物西侧的沉积物波剖面

6.2.4　薄层席状等积岩

　　薄层席状等积岩覆盖了英国西北部 1000m 水深以上的大陆坡，岩性为泥质砂岩—砂质砾岩（Masson 等，2002）。在侧扫声呐图像中，陆坡上部表现出强背散射特征，且下伏厚度小于 20cm 的砾质砂岩。陆坡下部表现出弱背散射特征，下伏 10~25cm 厚的全新统粉砂—细砂岩。沉积物分选好，少见或不发育砾岩碎屑。砂体呈薄层席状，发育波纹层理，分选好，表明为薄层、砂质、席状等积岩。

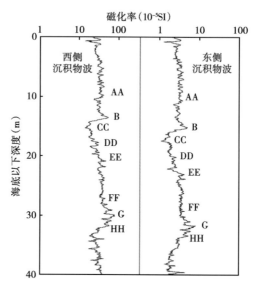

图 6.12 井下高分辨率磁化率记录（据 Keigwin 等，1998；Flood 和 Giosan，2002）

图中展示了图 6.9 中沉积物波东、西两翼之间的对比。B 和 G 的对比基于颜色亮度，

而 AA、CC、DD、EE、FF 和 HH 的对比基于磁化率

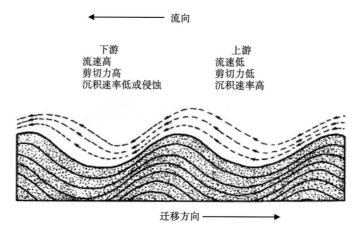

图 6.13 沉积物波演化的背流波模型（据 Flood，1988，重绘）

展示了层状水流通过沉积物波剖面的相互作用。当水流向底形的上游面爬升时，流体减缓，

而向下游流动时，流体能量增强，导致上游一侧沉积速率增加

6.2.5 其他深海流体产生的构造

除了沉积物波和波纹外，还发育一些与底流相关的其他海底特征。通过海底照片能够观察到的由大到小的特征包括：泥波（mud waves）→沟槽（furrows）→横波纹和纵波纹（transverse and longitudinal ripples）以及其他小型流水构造（McCave 和 Tucholke，1986）（表 6.2）。Blake-Bahama 外脊上的沟槽具有以下特点：（1）与沉积物波的脊线走向呈 25°~

35°交角；（2）沟槽间距 20～125m；（3）沟槽长度可达 5km。在平面上，沟槽非常直，并呈现出"音叉"状交汇。在剖面上，沟槽宽 14m，深 0.75～2m，边部陡、底面平（Hollister 等，1976a）。底流测量（海底之上 20m）表明平行于沟槽走向的最大水流速度为 8～10cm/s。在该位置底栖层的厚度大约是沟槽间距的一半，这表明沟槽与底栖层内的二次螺旋环流有关。Hollister 等（1976a）认为这些小型沟槽是形成小规模双曲线回波（在 3.5kHz 和 12kHz 记录中常见）的原因。

表 6.2　根据海底照片确定的相对流体能量的指示标志（据 McCave 和 Tucholke，1986）

水流能量		底面特征	底流
平稳	1	有机质/矿物碎屑絮状体；未受扰动的生物遗迹	清晰
	2	较平滑；少见絮状体	
	3	弱线理构造；流痕不太发育；障碍物背流侧具有碎屑絮状体	
	4	矿物碎屑拖尾和小陡坎	
	5	出现粉砂岩/砂岩的新月形波纹；陡坎和拖尾；障碍物前发育月牙形轻微冲痕	
	6	丘状和拖尾；轴向波纹；广泛发育陡坎和拖尾	
	7	常见陡坎和拖尾，障碍物周围发育很好的月牙形冲痕；海底和底形上发育侵蚀性掘蚀	
	8	强烈且广泛发育的侵蚀掘蚀，流痕，障碍物附近发育冲痕；出露粘结沉积物，缺少未固结的粉砂岩/砂岩	
强烈			非常混浊

注：等级不是线性的，最低水流速度（等级 1）<5cm/s；而最大水流速度（等级 8）很可能>40cm/s。

Blake-Bahama 外脊至深海平原的过渡区，发育较大规模的侵蚀性沟槽（深 20m，宽 50～150m，间距 50～200m）。与小规模的沟槽相似，大规模沟槽在平面上也表现为"音叉"状，开口迎向水流方向。底流测量（海底以上 20m）表明水流速度最大可达 8cm/s，相邻深海平原最大流速可达 4cm/s。侵蚀沟槽内的垂向综合温度图表明边界层平均厚度约 60m（图 6.14）。混合边界层是深且稳定的地转流与海底地形相互作用的结果（Hollister 等，1976a）。这也导致了二次环流的发育，使得侵蚀性的沟槽地形得以保存。

海底照片表明，流体扫过的海底具有以下特征：波状粉砂岩和砂岩、流线构造以及砾石滞留沉积（图 6.15）。泥岩沉积在流体边缘的位置（McCave，1982；Schafer 和 Asprey，1982；Carter 和 Schafer，1983）。流体和边缘位置分别对应发育砂质等积岩和泥质等积岩（Stow，1982；Stow 和 Lovell，1979）。

大规模的侵蚀特征与全球变冷、海平面下降期间温盐环流增加导致的等深流增强有关，例如靠近直布罗陀海峡卡迪斯（Cadiz）湾东部的中陆坡，观察到两个明显的阶地和两个宽达 3～6km 的侵蚀性水道（Hernández-Molina 等，2014）。同一地区识别出的麻坑呈次圆状—不规则长条状或朵状，直径达 60～919m（León 等，2014）。麻坑的形成被认为是天然气或孔隙水从超压浅层天然气藏中泄漏导致的，超压浅层天然气主要储集于粗粒等深流沉积、天然堤沉积以及更新统水道储层中，泄漏很可能是与内波有关的水力抽吸作用触发的（León 等，2014）。

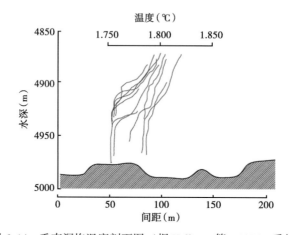

图 6.14　垂直深拖温度剖面图（据 Hollister 等，1976，重绘）

展示了 Blake-Bahama 外脊—深海平原过渡带附近大型沟槽中混合良好的底部边界层。注意充分混合层的
厚度和沟槽间距的关系，未垂向放大

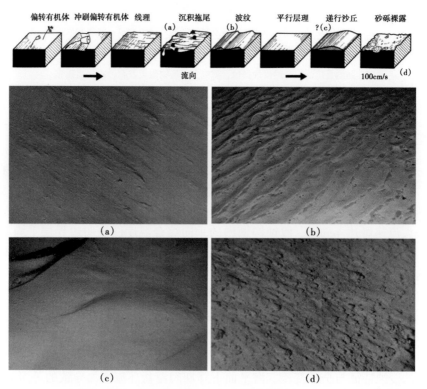

图 6.15　随着底流强度增加，推测的底形变化及通过实际海底照片展示的典型海底地貌

（据 Heezen 和 Hollister，1964）

（a）纽约陆隆位置西边界潜流之下流线构造和沉积尾部水深 5010m（据 Schneider 等，1967）；（b）南极环流
之下的波痕，水深 3157m，由美国南极研究项目提供；（c）Bermuda 陆隆凹槽黏土（fluted clay），水深 5202m，
由杜克大学海洋实验室提供；（d）毛里求斯海槽的线状侵蚀面散落的砾质碎屑，水深 4909m

6.3 砂质/泥质等积岩

文献中关于漂积物和相关波形的岩相特征存在一些混淆。20世纪70年代，有人在西边界潜流之下的海底岩石中观察到沉积物由分选较好的砂岩组成，发育波纹且具有重矿物聚集和异地生物颗粒（如有孔虫；Heezen 和 Hollister，1971；Hollister 和 Heezen，1972），但当时没有考虑到这些沉积物的沉积速率普遍缓慢，这就导致了含氧水体之下发生了彻底地生物扰动，充分的生物扰动也是等深流的特征（Stow 等，2002a；Stow 和 Faugères，2008）。这种生物扰动导致大多数牵引构造被破坏，这在漂积物岩心中得以证实。漂积物由重复的变粗→变细→变粗旋回组成，每个旋回厚50~100cm，生物潜穴非常发育（图1.15；Faugères 等，1984；Gonthier 等，1984；Wynn 和 Stow 2002；Flood 和 Giosan，2002）。表6.3总结了泥质等积岩、砂质等积岩和被改造后的浊积岩的基本特征。Blake-Bahama 外脊的最新钻探（ODP）结果表明，沉积物波缺乏牵引构造。站点172在单个沉积物波上钻取了较长的岩心，几乎全为0.2~2m厚的被生物扰动的有孔虫和陆源泥岩的混合物。地层接触面为渐变面且发育生物潜穴。在地质记录中，前寒武纪不发育生物扰动的沉积岩石，因为当时不存在这类穴居生物，不存在生物扰动，所以在前寒武纪沉积岩石中可能存在牵引构造（图2.3.2a）。

表6.3 陆源或生物成因的泥质等积岩、砂质等积岩和底流改造后的浊积岩的主要特征（据 Stow 等，1998b）

	泥质等积岩	砂质等积岩	底流改造后的浊积岩
现象	深水环境下厚层细粒均质地层	泥质等积岩中薄—中层的砂质地层，罕见厚层—极厚层	持续强底流活动的正常浊积环境
	与浊积岩和其他大陆边缘再沉积互层	砂质浊积层顶部受到改造	
		深海水道和峡谷内的滞留沉积	
沉积构造	以均质为主，无截然的地层界面，但常见周期性旋回	通常整段被生物扰动或生物潜穴作用，初始沉积构造很少保存下来	浊积岩下段可能被保存下来，但是上段可能完全被侵蚀或被改造
	斑点状生物扰动为主	平行层理和交错层理极少被保存下来（常见生物扰动）	顶部被改造段中常见生物扰动/生物潜穴
	许多地方发育明显的生物扰动（典型的深水组合）	没有浊积岩中的沉积构造	双向交错层理砂岩，可能是具生物扰动的微交错粉砂纹层
	粗粒滞留富集段（尤其生物成因的）反映了泥岩中粗粒碎屑的成分	顶部可能具有反递变层理，且常见突变/侵蚀接触面	浊流沉积中可能发育突变侵蚀性接触面
	粉砂/泥岩纹层少见，没有正常浊积岩序列		
	局部常见突变或侵蚀接触面		

	泥质等积岩	砂质等积岩	底流改造后的浊积岩
沉积结构	以粉砂质泥岩为主	粉砂—砂岩，砾岩极少见	细粒沉积被搬运走或无细粒沉积
	在陆源等积岩中可见0~15%的砂级颗粒生物碎屑	泥岩相对不发育，分选好	与下伏浊积岩在结构上存在明显的差异（例如砂岩更干净、分选更好、反递变层理+滞留沉积，负偏态）
	分选中等—差，无递变，无海上沉积结构趋势	具低或负偏态趋势	
	如果搬运距离不同，与层内浊积岩在沉积结构方面可能存在明显的不同	无海上沉积结构趋势	
组构	相较于浊积岩而言，泥质结构平行排列，但在化石等积岩中可能保存不好	颗粒排列方向平行于底流方向（沿着陆坡等深线）或由于生物扰动使得颗粒排列方向随机化	被改造的浊积岩地层可能表现为双向颗粒排列或者随机的多向排列
	以粉砂质纹层或粗粒滞留沉积为主，且颗粒排列方向平行于水流方向	其他保存下来特征也表明水流方向沿着陆坡等深线	
组分	混合浊积岩具有生物成因组分和陆源组分（可能与层间浊积岩存在明显不同）	典型的生物/陆源混合组分	组成成分完全反映为浊积岩成分，部分细粒成分被搬运走
	陆源物质主要反映了附近陆上/陆架物源，具有一些沿陆坡等深线的混合沉积和少量的长距离搬运物质（无向下陆坡方向趋势）	陆源组分受控于局部物源	长期暴露和簸选可能会导致化学沉淀（很可能少见）
		来自深海、底栖或再沉积的生物成因组分，以碎片和铁染为特征	有机碳含量极低
		有机碳含量极低	
序列	粒度和/或组分变化，具有分米级旋回	粒度和/或组分变化，具有分米级旋回	表现为典型的浊积岩序列（即顶部缺失或顶部被改造）
	模式见图1.15 常见部分序列	模式见图1.15 常见部分序列	图1.15中未展示

　　加迪斯湾的 Faro 漂积物（图6.1）为泥质等积岩，均质、生物扰动发育，保存有薄层不规则且经簸选的粉砂岩聚集段，罕见粉砂岩纹层（图6.16a；Gonthier 等，1984）。相反，Gonthier 等（1984）所描述的砂质等积岩则保存了较好的原始沉积构造，含粗砂或贝壳碎片的薄层滞留沉积段、层状和交错层理砂岩及粉砂岩段（图6.16b）。这类沉积物仅发育5%的砂岩，所以称为"砂质等积岩"并不完全合适（Shanmugam，2000）。生物扰动仍然普遍存在，但并不像泥质等积岩那样遍布，这可能反映了较强水流能量和/或有机质的减少。虽然总体符合图1.15的模式，但单个垂向序列可能表现为厚层（图6.17 KC 8221）或者具突变侵蚀边界的薄层（图6.17 KC 8220 和 KC 8217），分别反映了流体强度时空变化的慢和快。其他样式还包括某个位置突然快速沉积，然后逐渐废弃（图6.17 KC 8226）。这种变化

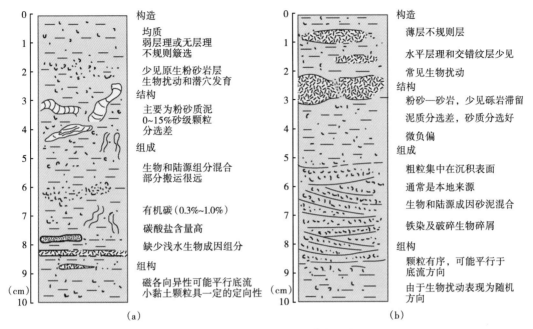

图 6.16　泥质等积岩（a）及砂质等积岩（b）沉积特征（据 Stow 和 Holbrook，1984）

与流体能量变化相关，而流体能量的变化又受气候、海洋或底流轴部迁移等因素的影响（Gonthier 等，1984；参考 Ledbetter，1984）。

细粒等积岩具有典型的沉积结构特征。McCave 等（1995）和 McCave（2008）将等积岩中"可分选粉砂岩（sortable silt）"的平均粒径和百分比与流体强度关联起来。可分选粉砂岩由粗—中粉砂组成，粒径范围 63~10μm，主要受低—中速流体影响。追踪泥质海洋沉积物中可分选粉砂的数量和特征，是监测底流活动，并将等积泥岩从浊积泥岩和半深海泥岩中区分出来的一种可能方法。

如果深海流体比形成细粒沉积物波和漂积物的流体更强，且海床存在砂，就可能形成发育大型新月形沙丘的粗粒沉积物波（Kenyon 等，2002；Wynn 等，2002a）。Wynn 等（2002a）描述了 Faroe-Shetland 海峡 1150m 水深处的新月形沙丘。新月形沙丘两尖角之间的距离为 120m，高度<1m，在沙丘背面发育舌状流痕，目前的峰值流速为 50~60cm/s。一个长 800m，横切 22 个新月形沙丘的剖面表明，沙丘之间间隔为 10~50m，沙丘两尖角间距离为 10~30m，估算沙丘高度<50cm。这些沙丘垂直于底流方向，且尖角指向下游方向。这些大型底形覆盖了海底的一小部分（图 6.18），目前还不清楚这些大型沙丘是否会形成其他广泛分布的沉积。随着新月形沙丘的迁移，可能会形成薄层席状交错层理砂岩。在沉积缓慢的地区，这些砂岩也很可能受到生物扰动的影响。

基于对大量现代海底岩心的描述（Stow 和 Faugères，2008），本书提出了这样一个观点，即泥质和砂质等积岩中生物扰动是很普遍的。有少数沉积学家强烈反对这个观点（Shanmugam 等，1993a，1993b；Shanmugam，2008；Martín-Chivelet 等，2008），并将古老地层和部分油田岩芯中发育的层状和交错层状沉积（包括一些极富砂的地层），解释为底流

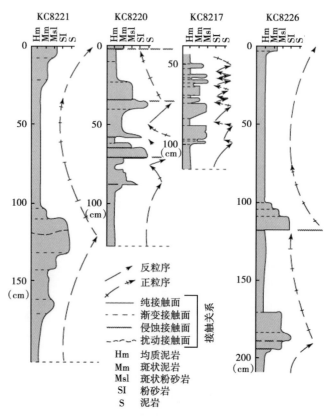

图 6.17　Fargo 漂积物（图 6.1）的岩心素描图（据 Gonthier 等，1984，重绘）

具有向上变粗（反粒序）和向上变细（正粒序）的趋势，所有沉积均受生物潜穴改造

图 6.18　TOBI 侧扫声呐照片（据 Wynn 等，2002a）

展示了 Faroe-Shetland 水道侵蚀沟槽附近的大型、孤立新月形沙丘。沙丘之间的间隔比较大。沙丘的尖角
指向水流方向且尖角方向大约与侵蚀沟槽的方向平行。深色调=弱反向散射，浅色调=强反向散射

改造作用的沉积。Shanmugam（2000）进一步将所有古老沉积中缺乏鲍马序列 Ta 段但由鲍马序列 Tb 和 Tc 段组成的沉积解释为底流沉积，而不是浊流能量逐渐减弱的沉积。关于底流改造作用的其他解释也具有相同的缺陷，详见 6.5 小节。简言之，我们不相信：（1）底流强大到可以改造盆地内所有 Tb 和 Tc 段的浊积砂岩；（2）底流对浊积岩顶部的砂泥互层进行改造后，底流能量会降低，使浊积泥岩或半深海泥岩沉积下来；然后底流再次加速，对下一个砂质浊积岩的顶部进行改造；不断重复这种不可能的速度变化，并与浊流的局部触发和到达形成同步。据我们的经验，大多数以鲍马序列 Tb 段或 Tc 段开始的地层都具有突变的底界面，且 Tb/Tc 段砂岩之间以及与上覆 Td 和泥岩之间都是渐变过程。递变层理以及平行层理向上变化为波纹交错层理（有时为爬升波纹层理）的特征，都与静止环境中短期脉冲沉积中流速逐渐降低一致，浊流是这种沉积物的最好解释。

为什么我们如此确信大多数等积岩甚至是富砂等积岩都受到强烈的生物扰动？主要原因是这些沉积物堆积速率非常缓慢，不像浊积岩和其他沉积。例如，Blake-Bahama 外脊，沉积速率为 25cm/ka，南极半岛的太平洋大陆边缘在 12.2 万年内沉积速率为 11cm/ka（Venuti 等，2011）。在底流较强的地区，净堆积速率可能更低，或者可能发生海底侵蚀形成深海不整合（Kennett 等，1975）。在如此低的沉积速率下，掘穴动物能够反复对最上面的沉积物进行翻耕，使沉积物在进入地质记录之前被完全混合。能抵抗这种混合的沉积物，包括偶发的侵蚀性强底流形成的砾质滞留沉积，以及夹杂在等深流沉积记录中的较厚层的重力流沉积。

当强底流通过活动海底扇或其他重力流体系时，会在解释过程中出现一个特殊的问题。这种情况下，等积岩可能是古老浊积岩改造的结果，或沿陆坡底流方向的细粒浊流沉积的结果（如 Hill，1984a，1984b）。砂质等积岩的识别特征（Lovell 和 Stow，1981；Stow 等，2002a；表 6.3）包括：（1）粗粒滞留沉积，尤其具有较大比例生物成分（通常为浮游有孔虫）的粗粒滞留沉积（Carter 等，1979）；（2）地层顶部附近的反粒序和上部突变接触面（与滞留沉积伴生）（Carter 等，1979；Lovell 和 Stow，1981；Shanmugam，2008）；（3）颗粒组构，尤其是指示沿着陆坡发育的特征（Ledbetter 和 Ellwood，1980）。相反，Piper 和 Stow（1991）识别了浊积岩存在的一些特征，但是这些特征不可能由底流的缓慢沉积形成（图 1.16）。为此，我们增加了下列观察。

（1）等深流往往在数万年甚至数百万年的时间内持续活动。这是因为等深流代表了海洋环流的准稳态模式。更新世等深流在冰期能量变弱（Fagel 等，1996—2001；Hanebuth 等，2015），但从未停止活动。在显生宙的其他地球历史时期，底流能量也不是突变的，而是逐渐减弱或增强的（或在陆坡位置上下迁移）。基于这个原因，如果深海环流能量很强，在整个较厚的浊积岩地层中，底流搬运都应该是明显的，而不是只发生在特定的地层中。

（2）如果底流能量足够强，能形成滞留沉积并对砂岩顶部簸选，那么这些强能量的底流应该能够阻止浊流中的泥质沉积（表 6.3），并将泥质带到雾状层中。由于砂岩层直接在海底出露，所以它们应该比上覆几厘米浊积泥岩的砂层，更易遭受生物潜穴作用。

（3）地层序列中等深流部分的沉积速率应该很低，大约只有浊积岩沉积速率的 10% 或更少。同样，除非陆源输入非常低（例如高位体系域；参见 Kenyon 等，2002），否则在浊积岩连续沉积的时间间隔内，底流可能不会侵蚀或完全改造大量的沉积物（尤其砂岩）。确实有人提出，深海硅质碎屑体系在高位体系域，以等积岩连续堆积和半深海披覆沉积为主，而在低位体系域，以不连续块体搬运和重力流搬运沉积为主，从而压制了等深流的影响（Emery 和 Uchupi，1972；Gorsline，1980；Sheridan，1986）。大多数现代海底扇都在低位体系域活动，此时也是温盐环流最弱的时期。

由于露头资料不足，所以在古老沉积序列中不太可能识别出沉积物波。然而，这种波形可能引起深海沉积物中砂泥比（或粉砂岩与泥岩比）的横向变化。由于沉积物波大多数发育于洋壳上，所以只有在造山带经历抬升和变形后才能保存在岩石记录中，这进一步加大了识别的难度。

总之，除了最粗粒的显生宙等深流沉积外，其他等深流沉积由于沉积速率缓慢，导致了强烈的潜穴作用，因此不太可能与重力流沉积产生混淆，因为重力流沉积速率非常快，因此更易保存其物理和牵引构造。在特殊情况下，强大的底流（或如墨西哥湾环流一样深切表层流）能够簸选和搬运砂岩，形成席状砂或新月形深海沙丘，但这些砂岩沉积应该不夹杂泥岩沉积，因为底流活动是持久的，不像重力流那样高频地开启和关闭。表 6.3 和图 1.16 为区分等积岩和浊积岩的可靠标准。

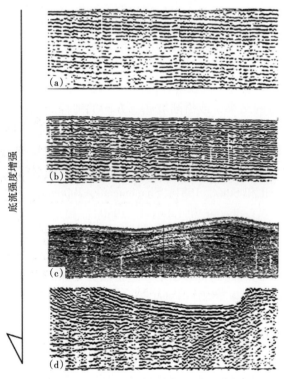

底流强度增强

图 6.19　随底流速度的变化等深流漂积物发育的主要地震相类型（据 Stow 等，2002a）

（a）半透明、无反射地震相；（b）连续、亚平行、中—弱振幅反射；（c）规则、迁移波状、中—弱振幅反射；（d）不规则、波状—不连续、中等振幅反射；（e）由硬海底形成的不规则、连续、单轴强振幅反射，未在图中展示

6.4　等积岩地震相

本章其他内容涉及了底流沉积的地貌形态，包括大型漂积物和沉积物波，沉积物波在地震剖面上局部表现为具有爬升底形。这里我们强调地层反射振幅的变化，地层变化是由流体强度长期变化造成的。Stow 等（2002a）将地震反射的振幅、连续性和形态与底流强度进行了关联（图 6.19）。此外，他们指出地震资料中反射振幅的周期性变化（图 6.20），反映强底流（较多的砂与粉砂；较多的沉积间段和凝缩段；较强的地震振幅）和弱底流（较多的泥岩；连续沉积；弱振幅—透明地震反射）的周期交替。这种周期性比露头或岩心中应该可以观察到的尺度要大得多（图 1.15），表明底流沉积结构的变化趋势在不同尺度上可能是自相似的（分形）。

尽管漂积物和沉积物波的地震剖面表明其反射与波状反射（undulatory reflection）平行（Nielsen 等，2008），但在岩心中，大部分沉积物不成层且生物扰动发育（Stow 和 Faugères，2008）。很明显，波阻抗差异是剖面上几米—几十米厚岩性的综合响应，并不意味着沉积物成层状或有明显的地层边界。基于对众多地震剖面的分析，关于等积岩与重力流沉积的识别标志可参考 Faugère 等（1999）。

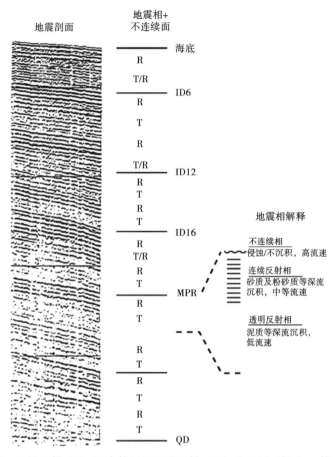

图 6.20　透明反射（T）和中等振幅连续反射（R）地震相（据 Stow 等，2002a）
分别对应于较慢流速和较快流速。T 地震相推测为偏泥沉积。R 地震相可能含更多的
砂岩/粉砂岩、沉积间断和凝缩段

6.5　底流对砂质海底扇的改造

多位经验丰富的研究人员提出，深海岩石记录中的一些交错纹层和交错层理是强底流对浊积岩进行强烈改造的结果（Mutti 等，1980；Mutti，1992；Shanmugam 等，1993a，1993b；Shanmugam，1997，2008；Stanley，1987，1988）。支持这种解释的依据包括：底流改造的砂岩分选变好，突变的砂岩顶界面，类似脉状层理和波状层理的构造，以及重力流沉积和等深流沉积之间发散的古水流方向。在所有情况下，沉积速率都受控于浊流沉积速度，因此远高于现代海洋漂积物沉积速率，可能达 10 倍或更多。

本节选择了维京群岛白垩系 Caledonia 组（Stanley，1987，1988），来重点讨论底流的改造作用。该地层厚 3km，是上白垩统（9km 厚）的一部分。保守估计沉积速率为 300m/Ma。由于 Caledonia 组的泥岩地层占 66%以上，因此未固结沉积物的沉积速率可能是这个保守估计的两倍。不管什么情况，其沉积速率至少比现代海洋中等积物的沉积速率大一个数量级。

Stanley（1987，1988）对 Caledonia 组的沉积物进行详细描述和解释，得出的结论是，许多砂岩地层为鲍马序列浊积岩，具有底流改造的顶部（图 6.21）。底流改造的顶部沉积物比下伏砂岩分选好，发育富重矿物纹层，形成透镜状沉积物，可能发育交错纹层至交错层理。根据地层顶部交错纹层测得的古水流方向，与浊积岩底模的水流方向呈 90°交角（Stanley，1988）。

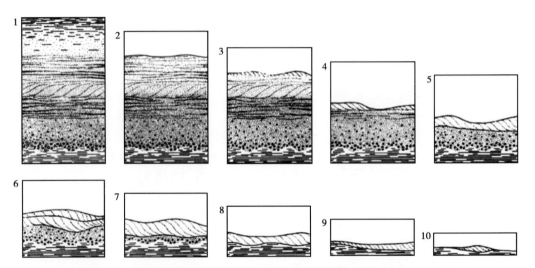

图 6.21　底流对浊积岩改造可能逐步形成的沉积构造（据 Stanley，1987）
随着改造作用的不断进行（从 1—10），砂质地层变得越来越薄，并最终成为一个单一的
波状至透镜状的发育交错层理砂岩（9 和 10）

尽管有明显证据表明每期浊积岩之后都有改造作用，但是对于 Caledonia 组地层沉积过程始终存在底流活动的假设，仍存在一些难点。Stanley（1987）既没有讨论上覆于被改造地层顶部的泥岩沉积，也没有讨论地层中大比例的细粒沉积。例如，Stanley 的沉积模型（图 6.21）假设流体能量大到足以侵蚀顶部泥岩（Te）及下伏其他鲍马序列段，并最终在某些情况下将原始沉积物冲刷成孤立透镜体。如此强大的流体，如果向现今底流一样持续存在，必定会阻止任何泥岩的沉积（表 6.3 被改造浊积岩的判断依据），并导致砂岩地层相互叠置。然而，Caledonia 组整套地层满是泥岩夹层（Stanley，1987），所以可以得出这样的结论：底流不是持续的，并大致以与浊流沉积相同的频率进行开启和关闭。否则，地层序列的正常沉积不可能是 Stanley（1987，1988）提出的模式：浊流沉积→剧烈的改造作用（包括侵蚀）→平稳环境下的泥岩沉积。可能的唯一方式为：泥岩夹层的持续发育可能是底流周期性地从上游区域搬运一定量的泥岩，然后在砂岩顶部形成泥岩披覆层。但在这种情况下，泥质等积岩夹层的沉积速率不会快于现今陆架边缘的漂积物沉积速率，且单砂层之间不可能沉积大量的泥岩。

尽管 Stanley（1988）记录了底流改造沉积物中具有大量的局部生物扰动，但是在 Caledonia 组砂泥岩地层中生物潜穴并不常见。而且，与现代漂积物不同的是，这个沉积速率对于底栖生物聚集而言太高了。

我们赞赏 Stanley（1988）在试图解释 Caledonia 组局部砂岩顶部侵蚀及波纹构造时所做的尝试。但是砂质等积岩与底流改造的重力流沉积之间存在很多差异（表 6.3）。对底流解释影响最大的是泥岩夹层的存在，泥岩夹层表明在砂岩层之间存在平稳的沉积环境。同样的不合理性在 Shanmugam（2008）的沉积模式中也存在，Shanmugam 将其归结为底流对砂岩地层的改造作用。笔者认为，已知底流可以持续至少数万年以上，这与 Stanley（1988）提出的侵蚀/改造与泥岩沉积的高频交替不相符。相反，过路浊流（稳定的或能量增强的浊流；图 1.40）可能能够更好地解释被改造的砂岩顶部。假设过路浊流可能发生在主要浊流事件之间或之后。在浊流事件间隔期间，该地区环境应该足够稳定，使得过路浊流的尾部泥岩或半深海悬浮泥岩和粉砂岩颗粒得以沉积。

对 Caledonia 组地层的讨论表明，在地质记录中将重力流沉积的影响与底流改造作用进行区分是多么困难。严格的识别标准见表 6.3。另外，地质学家需要特别注意的是与大多数等积岩相比，大多数浊积岩沉积是瞬时且高速的沉积。浊积岩的高沉积速率产生了沉积物的变形和爬升波纹层理，并阻止了生物扰动（图 1.16）。等积岩和其他底流的长期低速沉积，使沉积物发生了彻底的生物扰动（除非流体对生物体有害）。将来对现代海底砂质等积岩以及"新月形"沙丘进行取心研究，将有助于提高我们对等深流沉积的理解和认识，但迄今为止，似乎所有的证据表明：（1）砂质等积岩几乎处处都发育生物扰动，（2）能够搬运砂粒的强底流不会幕式关闭，并在砂质地层段中发育泥岩夹层。

6.6　古老等积岩

令人信服的古老漂积物或等深流沉积的数量非常少，其中许多在解释方面存在问题（Hüneke 和 Stow，2008）。这也反映了现代漂积物主要沉积在过渡地壳或洋壳上，所以难以在古老未变形的地层记录中保存。

Stow 等（1998）、Luo 等（2002）以及 Hüneke 和 Stow（2008）强调古老等深流漂积物必须符合三个不同尺度下的识别标准才能确定。在大尺度上，沉积物的古地理环境必须处于温盐环流区域，例如沿洋盆西侧的古大陆边缘或者流体集中通过狭窄海峡的地区。在中等尺度上，等深流沉积必须发育在深水地层序列中，具有丘状外形，或者古水流标志指示沉积物沿陆坡分布。在小尺度上，岩相和地层特征必须与现代等深流沉积一致，包括向上变粗-变细的旋回和生物扰动特征。

在大尺度的识别标准上，需要考虑地质历史时期底层环流的驱动因素与现今的差异。现代海洋的温盐环流主要由高纬度地区形成的寒冷高密度的水体所驱动。洋盆呈南北几何形态，且向赤道方向水深加深，这种特征特别有利于环流的形成。在多个地质历史时期中，底层环流由温暖的底层盐水驱动，底层盐水从干燥地区的洋盆东侧的浅陆架地区开始下沉（Brass 等，1982；Hay，1983b；Oberhansli 和 Hsu，1986）。这种古环流主要是由于大陆板块的不同布局造成的，也就造成了与现今不同的气候条件。在白垩纪、古新世和早全新世期间，以盐环流为主。深海温盐环流形成于古近纪，但受盐度的控制仍然比受温度的控制多（Oberhansli 和 Hsu，1986）。中生代海洋环流的另一个主要特征是与特提斯洋的沟通。卡洛夫期的北大西洋呈东西走向，大洋较狭窄（500km 宽），因为卡洛夫期的沉降，水深加深了 300m。缓慢的底流形成了沉积物漂积，且大部分底流来自特提斯洋。信风有利于在南非陆缘形成广泛的上升流（Robertson 和 Ogg，1986）。特提斯洋底流对整个古近纪都有影响。

在碳酸盐岩相中发育了更具说服力的古老等深流漂积物沉积（Hüneke 和 Stow，2008），且大多数漂积物为远洋成因。例如，中国的奥陶纪沉积（Luo 等，2002）和塞浦路斯的渐新世沉积（Kahler 和 Stow，1998；Stow 等，2002c）。以色列白垩系塔勒姆亚菲（Talme Yafe）组（Bein 和 Weiler，1976），它们是展示大尺度识别特征与小尺度识别特征之间相互匹配的最好实例。

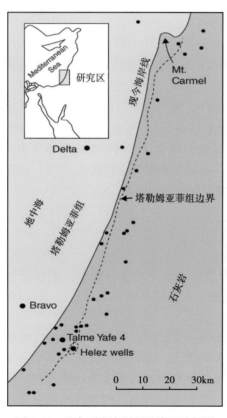

图 6.22 以色列海岸平原及附近陆架图
（据 Bein 和 Weiler，1976）
黑点为钻井位置

以色列白垩纪塔勒姆亚菲组在阿拉伯克拉通西北大陆边缘沉积了巨大的（厚 >3000m，宽 20km，长 >150km）钙质碎屑沉积（图 6.22；Bein 和 Weiler，1976）。该地区的沉积历史主要受阿拉伯—努比亚地块的内部构造以及特提斯洋沉积和海洋历史的影响。影响沉积作用的主要构造因素是南北向的"枢纽线"，将盆地划分为东部较浅的限制性内陆海和西北部开阔海。塔勒姆亚菲组为陆隆沉积物，沉积环境为中陆坡到陆坡底部。此时特提斯洋南部的古环流由东向西流，而古以色列是阿拉伯地块向北的延伸，因此解释为发育由南面来的等深流（图 6.23；Bein 和 Weiler，1976）。

在早阿尔布期，钙质碎屑来自大陆架，并通过块体搬运向下陆坡搬运。这些物质经等深流作用重新沉积在陆坡区。在整个地层序列中，浮游生物无处不在，特别是在西部沉积的泥灰岩中尤其盛行，被解释为远洋沉积（图 6.23）。细粒沉积物以泥质流的方式从陆架搬运至陆坡（见 1.2.1 节）。

塔勒姆亚菲组沉积由钙质砂泥互层（岩相类 D）、钙质泥岩（岩相类 E）、砂屑灰岩（岩相类 B）、砾屑灰岩（岩相类 F）和泥灰岩（岩相类 G）组成。大部分地层（也许是几百米）由钙质砂泥互层组成，这在大多数钻井以及海岸露头剖面（长 200m）上均有发现。钙质砂泥互层表现为钙质泥岩与砂屑灰岩频繁交替沉积（图 6.24）。纹层呈平行状，具有突变边界；偶见微小尺度的交错纹层。钙质泥岩纹层不具有粒序变化，由细粒层和粗粒层的交替沉积组成，并具有少量分散砂粒（图 6.25）。砂屑灰岩由细—粗粒分选差的钙质砂粒组成。发育小规模槽痕、下切—充填构造、内碎屑和微

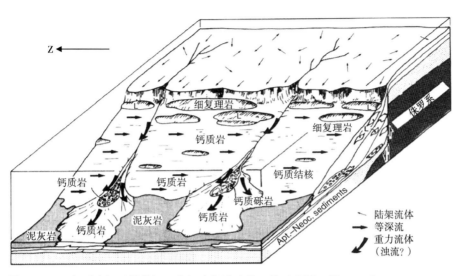

图 6.23　以色列陆架区塔勒姆亚菲组古海洋地貌三维示意图（据 Bein 和 Weiler，1976）

小的负载构造。有些沉积单元发育广泛的生物扰动。钙质砂泥互层沉积于宽达 20m 的侵蚀水道。

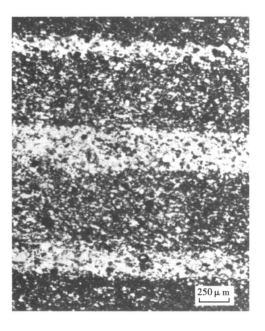

图 6.24　钙质砂泥岩互层（岩相 D）
（据 Bein 和 Weiler，1976）
表现为钙质泥岩（浅色）与砂屑灰岩（暗色）
的交替沉积。观察到明显的纹层边界且纹
层无粒序变化。比例尺长度 = 19mm

图 6.25　钙质砂泥岩互层（岩相 D）的薄片
特征（据 Bein 和 Weiler，1976）
不存在明显的粒度分选。在砂屑灰岩中存在
钙质泥岩，反之亦然。最大粒径为 85μm

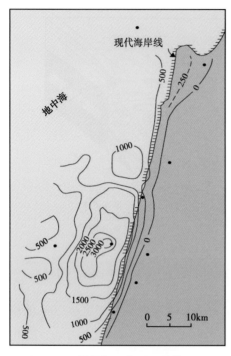

图 6.26　塔勒姆亚菲组地层等厚图
（据 Bein 和 Weiler，1976）
基于井资料和地震资料

Helez 油田以西的塔勒姆亚菲组中见砂屑灰岩相（图 6.22）。砂屑灰岩主要由未分选的、无定向的生物骨架物质组成，最大直径可达 0.5mm。沉积构造仅限于脉状构造和内碎屑。塔勒姆亚菲组底部附近局部发育砾屑灰岩。砾屑灰岩仅在 Bravo 和 Delta 地区的钻井中有发现（图 6.22），且绝大多数无沉积构造。泥灰岩由细粒沉积组成，包括 25% 的黏土和 5%～10% 的粗粒钙质泥岩和砂屑灰岩。发育大量的浮游有孔虫和超微浮游生物。这种丘状外形（图 6.26）和适当的结构特征，可将其识别为等深流沉积。

塔勒姆亚菲组沉积具有以下几个主要特征：（1）以来源于陆架的钙质碎屑为主；（2）发育的沉积结构表明强弱水流的周期性交替；（3）浊积岩所占比例小；（4）沉积地层表现为细长、不对称棱镜状，地层厚度等值线与陆隆走向平行（图 6.26）；（5）地层位于浅海相碳酸盐台地与远洋泥灰岩之间。

地层等厚图的形态、古地理环境和岩相均清楚指示漂积物沉积于下陆坡/陆隆位置。在该中新统的实例中，碎屑物质来源于东部陆缘的碳酸盐岩台地。细粒沉积，主要由泥质流（lutite flows）从陆架边缘向下陆坡方向搬运，对粗粒物质而言，主要经由密度较高的砂质重力流（包括碎屑流）从陆架边缘向下陆坡方向搬运。将碳酸盐岩搬运至陆坡和陆隆的砂质重力流被限制在陆坡的海底峡谷及坡脚的小规模海底扇内。随后这些沉积物被等深流重新搬运并再沉积在陆隆。等深流形成的钙质泥岩为泥质等积岩，成层状或发育生物扰动构造。发育脉状层理及内碎屑的砂屑灰岩为砂质等积岩，很可能堆积在水流轴部之下。泥灰岩为深海—半深海沉积，沉积在不太受等深流影响的地区。泥灰岩无明显沉积构造，但彻底被生物扰动。

6.7　漂积物相模式

在现代环境中，底形发育一套层次体系，从小到大依次为：新月形和纵向波纹→侵蚀沟→泥质沉积物波→漂积物。流速最大的区域（即沿等深流轴线）可能为侵蚀或者无沉积区，发育滞留沉积、凝缩段和不整合面。凝缩段或沉积间段可能是温盐环流轴线弯曲的结果。

基于现代沉积的结果，可以对远离流体轴线漂积物的横向趋势进行预测。通过 Orphan 盆地的实际数据资料，总结出其趋势。Orphan 盆地内的西边界潜流（WBUC）位于水深 2700m 的下陆坡和陆隆区（Carter 等，1979；Schafer 和 Asprey，1982）。这种趋势取决于物源类型，物源供给方向（下陆坡方向/沿陆坡方向），流体中心到流体边缘的相对流速，底部的有机质通量，碳酸盐补偿深度，水深范围，水底梯度等因素。总体趋势为，水深 300~3000m，流速 0~20cm/s，上升流区域正好位于漂积体系的上陆坡方向，沉积物来源于冰携碎屑以及陆架的块体搬运沉积（Aksu 和 Hiscott，1992；Hiscott 和 Aksu，1996）。西边界潜流侧翼的沉积速率较高，向流体轴部沉积速率降低。向上陆坡方向的一侧，砂岩含量为 10%；流体轴线位置的砂岩含量变为 65%；向下陆坡方向的一侧，砂岩含量变为 35%~40%。西边界潜流轴线之下为一薄层砂质砾岩滞留沉积，且 Fe-Mn 包裹砾石表层。有机碳含量低、生物扰动强度低、钙质碳酸盐含量高，反映了底栖深水钙质有孔虫的多样性。

沉积物向上陆坡和下陆坡方向的特征趋势见图 6.27，两者在时间上和空间上都有所不同，这取决于等深流路径向上陆坡和下陆坡迁移的速率（Ledbetter，1979）。这些横向迁移产生了变细—变粗—变细的地层序列。横切漂积物方向，无论流体形态如何，底部沉积物的变化趋势都是同步的。对于识别不同生长阶段的古老漂积物，需要较长的、可对比的、沿走向的地层剖面。

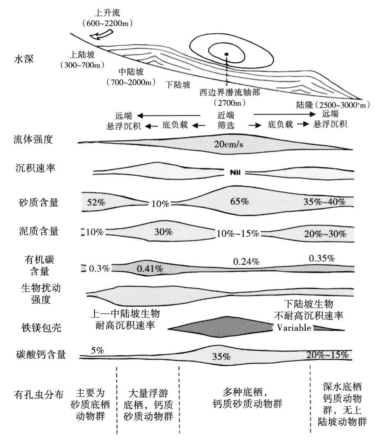

图 6.27　沿陆坡和陆隆分布的强等深流在边缘—轴部—边缘的沉积物堆积样式示意图

（据 Pickering 等，1989）

基于 Carter 等（1979）和 Schafer、Asprey（1982）收集的关于加拿大东部拉布拉多

陆坡 Orphan Knoll 地区的西边界潜流（WBUC）数据

第7章 现代海底扇及其沉积体系

下图为北冰洋 Amundsen 盆地地貌图。图中标注了针对北极海底扇（NPSF）所部署的地震剖面位置及观测到的海底水道。红色粗线条为主要的沉积水道，棕色为海底扇的分布范围。加拿大/格陵兰陆坡的分支水道是根据水深推测出来的（据 Kristoffersen 等，2004，修改）。

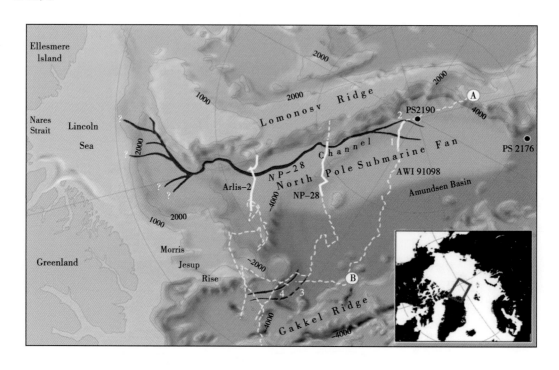

7.1 概述

海底扇是位于海底陆坡坡脚的一种锥形沉积物，主要通过浊流将陆架区附近沉积物经海底峡谷搬运至深水区。该海底扇的定义不包括高纬度地区与冰川作用相关的"碎屑"扇（Vorren 和 Laberg，1997；Armishaw 等，2000）。这些"碎屑"扇主要由冰成碎屑和半深海沉积叠加组成，包括富含碳酸盐岩碎屑的海因里希冰筏层。这些碳酸盐岩碎屑最初是从北极地区的古生代基岩剥蚀而来，并被融化的冰山搬运至深海区。

海底峡谷是具有复杂侵蚀和沉积历史的地貌，往往位于陆架边缘区，但在主动大陆边缘的狭窄陆架区，峡谷可以延伸至滨岸地区。峡谷，一般深几百米，且具有陡峭的岩壁。海底斜坡（submarine ramps）由一系列侧向叠加的海底扇组成，形成了一个与陆坡平行并向盆地方向变薄的楔状体（Heller 和 Dickinson，1985；Richards 等，1998）。海底斜坡和海底扇的组成单元是相同的，所以本章均对其进行讨论。

在 1989 年出版的关于深海沉积的书中（Pickering 等，1989），研究海底扇的常规资料仅有陆上野外露头、海洋地震剖面和现代海底扇的活塞取心（Normark，1978；Walker，1978）。这就使得对于海底扇沉积地层的认识很大程度上依赖于对古代地层的研究（第 8 章）。现在，新增了石油工业提供的三维地震属性图和层位图（Sikkema 和 Wojcik，2000；Wonham 等，2000），高分辨率多波束水深资料、侧扫声呐图像以及深海钻探计划（96 航次）和大洋钻探计划（116、155 航次）提供的现代海底扇取心资料。

地学文献常将现代海底扇（本章节）和古老海底扇（第 8 章）分开论述。古老海底扇是指由于沉积后构造抬升和盆地反转而出露地表的海底扇；现代海底扇是指发育于更新世、全新世，与上陆坡峡谷相连的海底重力流沉积。但是，很多海底扇沉积被厚层的陆架边缘沉积所深埋。如果这些海底扇埋藏太深，其发育位置或规模与现代陆架水系或者大洋环境不匹配；亦或者受限于工业地震资料的分辨率，不能可靠地将其刻画出来，则将其归类于古代海底扇。本书关于现代海底扇的定义为：现代海底扇在海底具有测深响应，且具有形成于更新世或全新世水道和天然堤的表面沉积特征。利用高分辨率布默（boomer）震源或其他相似的声波震源可以对现代海底扇进行成像，可以很容易获得相结构的细节特征。沉积物特征可用自由落体的取心装置进行取心（如活塞取心器），但是由于沉积速率高，需使用 IODP 项目中的先进活塞取心器（APC）或相似的设备来进行取心。而古老海底扇要么通过构造抬升出露于地表，要么深埋于海底，只能通过油气勘探的常规二维或三维地震成像获得其特征。这些古老海底扇沉积由于已经成岩或部分成岩，仅能通过旋转取心装置进行取心。

Normark（1970）首先开始利用深拖设备（包括侧扫声呐技术）对现代海底扇进行研究，随后相似的技术被广泛应用于现代海底扇研究（Barnes 和 Normark，1984）。在大多数情况下，这些扇可以划分为：（1）上扇，位于补给水道或峡谷的下陆坡方向，以单个具有天然堤的深水道为特征；（2）中扇，上倾方向发育大量分支水道（大多数不活跃）；下倾方向为相对平缓的朵体沉积，并具有较浅水道和相对较高的砂岩含量；（3）下扇，不太发育水道，地形平缓，坡度较低（图 7.1）。我们认为 Normark（1970）首次建立了现代海底扇的发育模式，称为第一代分类模式。

现在，地质学家认识到了现代海底扇在规模、形态、地貌和相组成等方面的差异（Normark 等，1993b），目前很多研究集中在评价不同控制因素的相对重要性方面，如构造、海平面变化和气候等（如 Normark 等，2006；Knudson 和 Hendy，2009）。Reading 和 Richars（1994）和 Richards 等（1998）将沉积物源和粒度综合起来对海底扇进行了分类（表 7.1），称为第二代模式。Mutti 和 Normark（1987）与 Pickering 等（1995b）则采用了类似于河流体系结构分析的不同方法（Miall，1986）。这些作者提出了沉积规模的级别分类，并讨论了海底重力流体系特别是海底扇的主要岩相组合或"单元"。后面 7.4 节采用该方法进行论述。Mutti 和 Normark（1987）、Pickering 等（1995b）和 Reading 和 Richards（1994）尝试将新资料融入第二代对海底扇分类中，重点关注地貌组成（结构单元）的识别和描述，以及粒度和成分的范围。第二代分类模式尝试着揭示深海碎屑岩体系的内在复杂性，既能更好地进行描述也能更好地预测沉积样式。但是，可能更重要的是尝试解释引

表 7.1 海底扇和斜坡扇主要特征总结表（据 Reading 和 Richards，1994，修改）

供给体系类型		单点物源海底扇				多物源斜坡扇			
粒度		泥	泥/砂	砂	砾	泥	泥/砂	砂	砾
规模		大	大—中等	中等	小	中等	中等	中等	小
坡度（m/km）		低 0.2~18	低—中等 2.5~18	中等 2.5~36	高 20~250	中等 2.5~25	中等 7~35	中等>35	高 20~250
形状半径或长度（km）		长条状 100~3000	朵状 10~450	放射状/朵状 10~100	放射状 1~50	朵状 50~200	朵状 5~75	线状—带状 1~50	线状—带状 1~10
物源区	规模	大	中等	中等—小	小	中等	中等—小	小	非常小
	坡度	低	中等	中等	高	低	中等	中等	高
	距离	远	中等	近	近	近	近	近	近
供给体系		大，富泥河流三角洲	大，河流三角洲和（或）其下倾方向的峡谷	陆架滑塌或陆架峡谷	扇三角洲或冲积扇	大，富河流三角洲扇	三角洲，线状滨线混合供给	富砂碎屑型滨线/陆架	冲积扇或朵状平原或扇三角洲
砂岩含量		≤30%	30%~70%	≥70%	5%~50%；>50%砾	≤30%	30%~70%	≥70%	5%~50%；>50%砾
供给机制		少量跨塌和跨塌诱发的浊流；等深流	主要为浊流和浓密度流体	被改造或者直接接近陆架碎屑；低效率浊流和浓密度流体	频发的富砂/富砾流体；异重流	少量的跨塌和跨塌诱发的浊流；等深流	主要为浊流和浓密度流体	被改造或者直接接近陆架碎屑；低效率浊流和浓密度流体	频发的富砂/富砾流体；异重流
重力流规模		非常大	中等	中等—小	非常小	非常大	中等	中等—小	小
水道体系		大，弯曲—顺直，发育稳定的天然堤体系	中等规模，弯曲，一辫状体系，侧向迁移，发育天然堤	辫状—低弯曲，暂时性水道和槽道，快速侧向迁移	辫状，小型的暂时性槽道	中等规模，小型的暂时性水道—天然堤系统	多，天然堤水道，弯曲—顺直平面	多，侧向迁移，辫状—低弯曲水道	小型的暂时性弯曲水道

续表

供给体系类型	单点物源海底扇				多物源斜坡扇			
远陆坡/下扇沉积	薄层、席状流体形成砂、粉砂、泥互层；粗粒夹薄层形成薄层席状碎屑岩	混合负载浊流成混合砂泥互层的朵体	富砂浓度流体和浊流形成低幅度朵体和席状砂岩	浊流形成远端薄层	薄层、席状流体形成砂、粉砂、泥互层；粗粒夹薄层形成薄层席状碎屑岩	混合的浊流形成砂泥互层的朵体	富砂浓度流体和浊流形成低幅度朵体和砂岩席状层	浊流形成远端薄层
盆底平原沉积	半深海沉积>浊积岩	半深海沉积	半深海沉积	半深海沉积	浊积岩>半深海沉积	浊积岩>半深海沉积	半深海沉积	半深海沉积
结构单元　近端	水道天然堤	水道	水道	楔状体	水道天然堤	水道天然堤	水道	楔状体
结构单元　远端	朵体	水道化朵体	水道化朵体	席状砂	朵体	朵体	水道化朵体	席状砂
砂体几何形态	大型透镜状水道充填不同规模的砂岩或含泥质砂岩或岩；非均质性强，远端主要为以砂、粉砂、泥交替沉积为主薄层席状砂、粉砂岩和泥岩席状层	大型水道内的中等规模砂体；一般在上倾方向和下倾方向上砂岩均呈孤立状	宽广、似席状低幅度朵状砂体形成，内部以水道化砂岩单元为主	不规则的相互连通的砾岩；近端主要为砾石和棱角状碎屑；砂岩主要位于中端—远端	透镜状水道以砂岩或泥质和泥质岩充填；非均质性强，远端主要为薄层席状砂、粉砂岩和泥岩席状层	侧向叠加，透镜状水道砂岩；天然堤向下倾方向和下倾方向侧向上砂岩过渡为侧向叠置的朵状砂体	宽广的、似席状低幅度朵状砂体，内部主要为水道化砂岩单元	不规则的、相互连通的，近端主要为低幅度和棱角状碎屑；砂岩主要位于子体系的中端—远端
砂体连通性　垂向	差	中等	好	好	差—中等	中等	好	好
砂体连通性　横向	差	差	好	差	中等	中等	好	中等

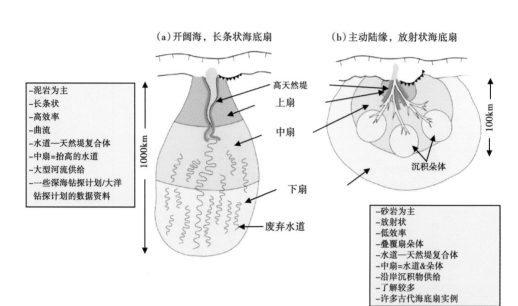

图 7.1　海底扇平面分布模式图（据 Shanmugam 和 Moiola，1988，修改）

Shanmugam 和 Moiola（1988）将（a）称作"成熟被动大陆边缘扇"，将（b）称作"成熟主动大陆边缘扇"。
开阔大洋海底扇主要堆积于洋壳区，而主动大陆边缘的放射形扇堆积于走滑盆地、前陆盆地和裂谷内。由于
下扇和盆底平原均被薄层的席状浊积岩覆盖，所以在古老沉积中无法识别。在自然界中，由于受不规则的
盆地边缘和地形的影响，这种外形的海底扇极少

起沉积体系内在复杂性的原因和影响因素，以及自然作用过程的规模和频率。

本章结合第 4 章阐述的层序地层观点，对不同深水沉积进行分类，称为第三代沉积模式。该模式试图区分海底扇及其相关环境下，重力流沉积的发育和叠加样式是受基准面变化控制还是自旋回因素控制。首先考虑影响海底扇规模、相、结构和持续时间的主控因素，然后描述供给水道或峡谷，继而描述和解释现代海底扇主要结构单元的成因。最后简单讨论非扇形分布但具有海底扇特征的沉积体系。Barnes 和 Normark（1984）对 21 个现代海底扇的特征进行了汇编。表 7.2 为部分海底扇的特征归纳表。

表 7.2　部分现代海底扇规模、位置和特征归纳表

	名称	区域	大陆边缘类型	长度（km）	宽度（km）	面积（km²）	最大厚度（m）	体积（km³）	形状	粒度 最大	粒度 平均
a	孟加拉扇	印度洋	被动/主动	2800	1100	$3×10^6$	>5000	$4×10^6$	长形	中砂	泥岩
a	印度扇	印度洋	被动/主动	1500	960	$1.1×10^6$	>3000	10^6	扇形	砂岩	泥岩
a	Laurentian 扇	加拿大东部	被动	1500	400	$4×10^5$	2000	10^5	长形	砾岩	极细粒砂岩
a	亚马逊扇	巴西	被动	700	250~700	$3.3×10^5$	4200	$>7×10^5$	扇形	中砾	粉砂质泥岩
a	密西西比扇	墨西哥湾	被动	540	570	$>3×10^5$	4000	$3×10^5$	锥形	砾岩	粉砂质泥岩
a	尼罗河扇	地中海	被动	280	500	$7×10^5$	>3000	$>1.4×10^5$	扇形	砂岩	粉砂质泥岩

名称		区域	大陆边缘类型	长度（km）	宽度（km）	面积（km²）	最大厚度（m）	体积（km³）	形状	粒度	
										最大	平均
a	Rhône 扇	地中海	转换	440	210	7×10⁴	1500	1.2×10⁴	***	细砂	泥质粉砂
a	Ebro 扇	西班牙东部	被动	100	50	5×10³	370	1.7×10³	椭圆	中砂	细砂
b	La Jolla 扇	加利福尼亚	转换	40	50	约1200	1600	约1175	梨形	砾岩	细砂
b	Navy 扇	加利福尼亚	转换	25	25	560	900	75	三角形	砾岩	砂质粉砂
b	Crati 扇	意大利南部	主动	16	5	60	30	0.9	长形	中砂	泥岩

注：a、b 分别代表图 7.1 中两种扇模式。

7.2　海底扇主控因素

7.2.1　沉积类型

海底扇（以及斜坡扇）包括多种类型，从富砂/砾体系、砂—泥混合体系，到富泥体系（Reading 和 Richards 1994；Richards 等，1998；表 7.1）。在古老地层中已广泛识别出富砂/砾和砂—泥混合体系，例如北海的油田（（Doré & Vining，2005），加利福尼亚新生代盆地（Mattern，2005），以及另外一些克拉通内盆地和裂谷盆地。加利福尼亚大陆边缘（CCB）（Normark，1970，1978；Normark 和 Piper，1972，1984；Piper 和 Normark，1983；Normark 等，1979，1998，2006；Piper 等，1999；Bowen 等，1984）和地中海区域（Malinverno 等，1988；Piper 和 Savoye，1993；Savoye 等，1993；Mulder 等，1997；Wynn 等，2002b）作为砂/砾和砂—泥混合的现代扇体系已被详细研究。这些海底扇规模小，呈放射状扇形，物源来自相对小、坡度陡的河流，或者沿岸流将附近陆架砂岩和粉砂搬运至海底峡谷头部。对于由沿岸流提供碎屑物质的海底扇而言，由于缺乏泥岩使得沉积重力流缺乏准连续流体相，这种重力流密度明显比海水大得多，所以在沉积过程中当砂岩负载失去后，流体速率急剧降低。所以，与含有更多泥岩的重力流相比，这种重力流将砂质和粉砂质沿峡谷向下搬运的效率较低。所以，富砂扇体被 Mutti（1979）称作低效率扇。

相反，富泥海底扇一般规模大，呈长条舌状，从陆架边缘延伸至洋壳。物源来自具有高泥沙输送量的大型河流，尤其是湿润气候地区或主动陆缘冰川作用，都有助于产生大量的泥质（Wetzel，1993）。该类型的现代海底扇实例包括孟加拉扇、印度扇、密西西比扇、亚马逊扇、刚果扇、Laurentian 扇和 Rhône 扇。这些扇被 Mutti（1979）称为高效率扇。实验结果（Salaheldin 等，2000）证实随着重力流中泥岩含量的增加，特别是黏土/粉砂比较高的情形下，浊流中砂岩搬运能力明显增加。富泥海底扇不具有 Normark（1970）扇模式中的叠覆扇朵体。富泥海底扇通过高弯曲度、广泛分布的水道体系，将其划分为上扇、中扇和下扇。例如，Pirmez 和 Flood（1995）识别出的上扇发育一补给水道，该水道具有较高天然堤，且下切至周边扇体表面之下，该水道在低位期连续发育；中扇发育活动水道和决口水道，这些水道限制在天然堤内，水道底界高于周边扇体表面；下扇，天然堤高度降低

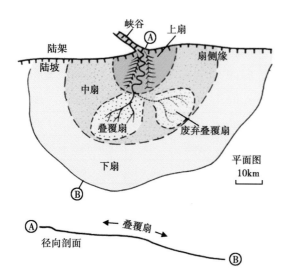

图 7.2 Normark (1970, 1978) 海底扇模式图
着重强调中扇叠覆扇朵体的持续生长。Normark
未识别出 Pickering (1983a) 提出的 "扇侧缘"

拉伸，可能会对其形态产生错误认识（图7.5）。另外，鸥翼状天然堤在埋藏过程中，会比水道砂岩的压实程度高（Mutti，1992），可能会削弱天然堤的地形幅度，导致其比现今海底天然堤的地形幅度小。但是，利用工业三维地震对鸥翼状天然堤进行解释的实例表明，这种压实减薄不一定十分明显（图7.6）。

7.2.2 构造环境与构造活动

构造环境直接影响盆地规模、形态、坡度、沉积物类型和供给速率，以及单个扇体的发育时间。在成熟的被动大陆边缘（第9章），主要的构造运动为缓慢热沉降，这对低坡度、大型、成熟扇的发育基本没有影响。很多大型长条状富泥海底扇的沉积物主要来源于大陆对面的造山带。大型河流顺着地势将造山带的碎屑物质搬运至被动大陆边缘，并为这些海底扇提供沉积物（Potter，1978）。例如，亚马逊扇的物源来自安第斯山脉；密西西比扇的物源来自北美西部的科迪勒拉山脉。

（最终在扇端消失），为浊流提供了一个弱限制性环境，水道内浊流会再次下切扇体表面。但是，需要注意的是，有些研究者采用完全不同的方法对富泥海底扇进行划分。例如，Curray 等（2003）将孟加拉扇的上扇和中扇的边界划分在活动水道的底界低于周围扇面的位置；而刚果扇的活动水道始终下切周围扇面（Babonneau 等，2002）。所以这些海底扇均不能使用 Pirmez 和 Flood（1995）的标准来进行划分。

富泥海底扇的典型特征为：弯曲水道及两侧鸥翼状天然堤，一起构成水道—天然堤单元，或者水道—天然堤体系。横切水道—天然堤单元的地震剖面常进行垂向

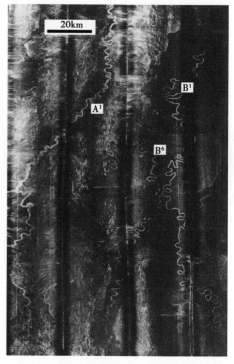

图 7.3 印度扇中部 GLORIA 侧扫声呐图
（据 Kenyon 等，1995a）

具有高弯曲水道。该图水深范围为 3500～3800m。图侧边方位约 N15°E。字母代表水道期次，数字越小表示水道越年轻。A 是最年轻的水道复合体，B 是第二年轻的水道复合体

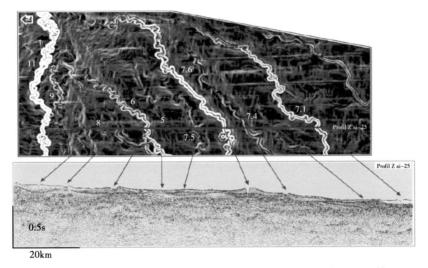

图 7.4　刚果扇弯曲水道平面图（顶部为向陆方向）和剖面图（据 Vittori 等，2000）

随着活动水道的迁移，水道—天然堤单元在侧向和垂向上呈叠瓦状排列

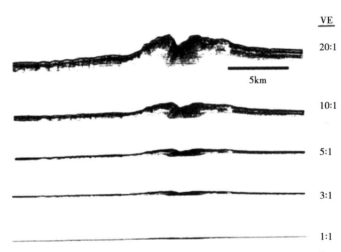

图 7.5　亚马逊扇水道—天然堤单元剖面图，3.5kHZ（据 Damuth 等，1995）

不同垂向比例，水深 3200m

在主动大陆边缘，包括汇聚型（10 和 11 章）、走滑型（12 章）以及具有倾斜断块的年轻裂谷（9.3 节）边缘（Surlyk，1978；Normark 等，1998；Nakajima 等，1998），沉积盆地规模可能较小，形状不规则，所以海底扇，尤其是三角洲供给的高效率海底扇，将受限于盆地形态，而不能形成非限制性富泥海底扇的典型长条状形态（参考 Pickering，1982c）。主动大陆边缘海底扇发育常常比较短暂，这是因为地壳沿着断裂的垂向和横向运动会切断物源供给。例如，北加利福尼亚海域的 Escanaba 海沟，由于海底地形复杂，一些重力流形成复杂的沉积路径。大洋钻探计划 1037 航次在 Escanaba 海沟处取得厚层砂岩沉积，物源来自华盛顿州的哥伦比亚河，沉积物流经 450km 长的 Cascadia 水道（路过 Astoria 扇），沿

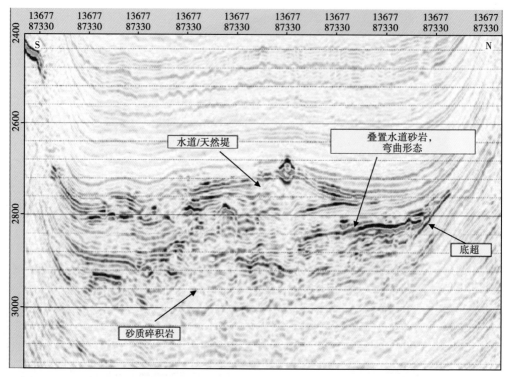

图 7.6　安哥拉海上三维地震体剖面展示的一些深水相，包括水道复合体
顶部的鸥翼状水道—天然堤体系（据 Sikkema 和 Wojcik，2000）

Blanco 断裂带向西流动约 120km，向南穿过 Tufts 深海平原流动约 350km，沿 Mendocino 断裂带向东流动约 130km，最终向北流动约 50km，到达 Escanaba 海沟（Zuffa 等，2000）。流径长度超过 1100km，而且由于地形障碍，流径非常迂回。另外，主动陆缘海底扇沉积物可能会发生变形或被抬升，甚至在海底扇持续发育时期也会发生这种情形（如孟加拉湾尼科巴扇；Bowles 等，1978）。由于盆地的限制作用可能导致其他一些不可预测的沉积地形。例如，由于构造的限制作用，莫桑比克扇与非洲海岸和马达加斯加海岭平行（Kolla 等，1980a，b；Droz 和 Mougenot，1987）。

　　沿海岛或断层限定盆地的陡峭一侧，扇三角洲可能由陆逐渐向海推进，形成一个小型粗粒的水下扇或者陆坡裙（Wescott 和 Ethridge，1982；Postma，1984；Soreghan 等，1999；Wells 等，1999；Sohn，2000）。扇三角洲远端和陆坡裙的相组成与小型粗粒海底扇（或湖底扇）近端相组成类似。

7.2.3　海平面变化

　　海平面变化可能是全球性的，也可能是构造运动造成的区域或局部海平面升降（4.3，4.4 和 4.9）。不管是哪种原因，海平面相对高位期间，由于碎屑物质优先沉积于海岸地区（如河口湾）和宽广陆架区，导致向海底扇输送的碎屑物质减少。在高位体系域和下降体系域早期，海底扇的主要沉积活动为：（1）缓慢的半深海沉积（岩相类 E，例如亚马逊扇，

Flood 和 Piper，1997）；（2）底流改造作用（例如密西西比扇远端，Kenyon 等，2002a）；（3）块体搬运，形成杂乱沉积（岩相类 F，例如亚马逊扇，Piper 等，1997；Rhône 扇，Normark 等，1984）。但也有一些特例，例如现今仍活动的扎伊尔扇，其阶段性砂质浊流在全新世形成了局部厚度大于 10m 的沉积（Droz 等，1996）；源于自喜马拉雅山的扇体，在全新世期间接受粉砂质/砂质陆源碎屑（Kolla 和 Macurda，1988；Weber 等，1997）；此外，加利福尼亚陆缘海底扇，甚至在高位体系域期间，仍通过沿岸流将沉积物搬运至海岸线附近的峡谷内（Covault 等，2007）。相对于高海平面，海底扇在低位体系域期间的沉积厚度大、沉积粒度粗，特别是海平面下降速率足够快时，会导致河流直接下切陆架边缘（Normark 等，2006）。海平面下降会导致浅海陆架变窄，导致河流/滨岸体系向陆架破折带迁移。此外，在海平面较低时，浅海作用，如剧烈风暴—波浪作用，很可能加剧盆地陆坡处的沉积物失稳，增加了沉积物向深海的供给。低位体系域期，更多的碎屑物质被搬运至深海，但也存在反例，即以碳酸盐岩为物源的沉积体系（4.10 章节）。还有极少反例出现在主动大陆边缘，在构造抬升、气候变化或者沿岸碎屑物质向峡谷供给增多的情况下，可能导致高位体系域存在较粗粒碎屑物质的输入（4.2 和 4.5 章节）。

高位体系域和低位体系域的交替沉积会在地震成像上呈现出截然不同的地震反射单元，并以明显的反射界面为边界。

（1）Rhône 扇。上扇由 8 个透镜状反射单元组成（图 7.7a），每个反射单元大约为厚 100m、宽 70km。每个反射单元中心为杂乱相、向两侧递变为楔状地震反射或者透明地震相。这些反射单元为水道—天然堤复合体，每个复合体均沉积于低位域期。中扇也以透镜状反射单元为特征，但是并不呈垂向叠加，而是表现为侧向迁移（图 7.7b；7.4）。每个反射单元比上扇反射单元稍厚一些（最大 150m），但是由于是侧向叠瓦排列，所以总厚度仅为 500m。下扇也由叠瓦状叠加的透镜状反射单元组成，反射单元宽小于 70km，厚约 80m，

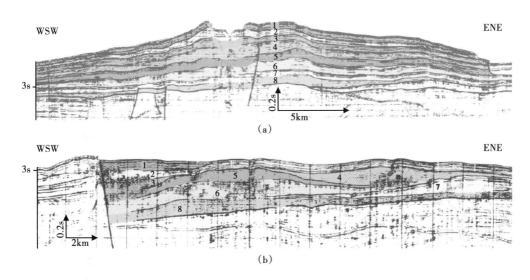

图 7.7　Rhône 扇的上扇（a）和中扇（b）地震剖面（据 Droz 和 Bellaiche，1985）

1~8 数字对应于地震剖面上的 8 个透镜状单元

但是由于盐丘和断裂导致地震标志层不连续，下扇单元不能与上扇、中扇的反射单元进行对比。上扇沉积中，位于中部和下部的透镜状反射单元解释为低位体系域的沉积（Droz 和 Bellaiche Bellaiche，1985）。

（2）亚马逊扇上部（图 7.8），由一系列水道—天然堤复合体组成（图 7.9）。每个水道—天然堤复合体由叠瓦状排列的水道—天然堤单元组成，这些单元被强振幅反射波组（HARPs）所分隔。大洋钻探计划 115 航次钻井表明，每个水道—天然堤复合体都是在低位域期形成的，活动水道由于自旋回决口导致水道—天然堤单元发生迁移（图 7.10）。强反

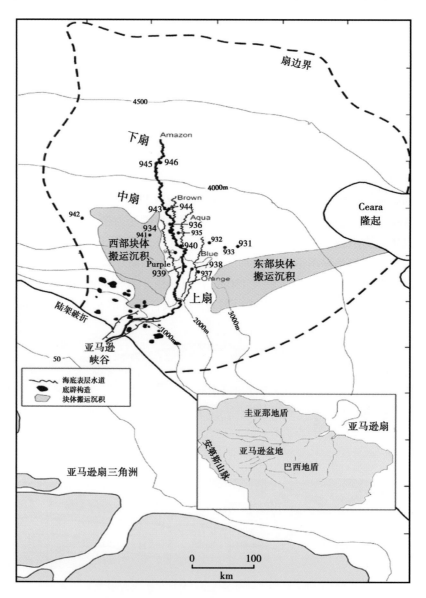

图 7.8　亚马逊扇简图（据 Flood 等，1995；Piper 和 Normark，2001）

图中标注了大洋钻探计划 155 航次站位和海底水道和块体搬运复合体（MTCs）的位置

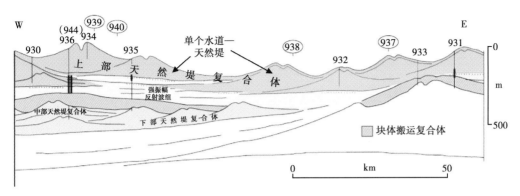

图 7.9　亚马逊扇中扇剖面示意图（据科探船专家组，1995a）

图中展示了强振幅反射波组以及上部天然堤复合体内部向侧向叠瓦排列的水道—天然堤单元。上部天然堤复合体和其下伏的强振幅反射波组形成于末次低位体系域期（约 50~12ka）。未圈的数字表示位于该剖面上的 ODP155 航次的站位，圆圈标注的数字是上游站位的投影，括号标注的数字是下游站位的投影。站位见图 7.8

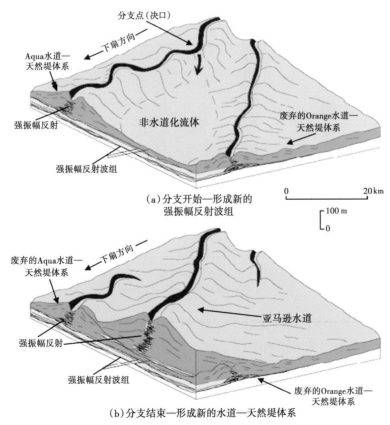

图 7.10　水道决口形成的水道—天然堤体系及强振幅反射波组立体示意图

（据 Flood 等，1991）

射波组是由富砂地层组（岩相 C2.1 和 C2.2）和薄层浊积岩（岩相 C2.3 和 D2.1）交替叠加构成，类似于解释为朵体和朵体边缘的古老露头地层（图 7.11）。

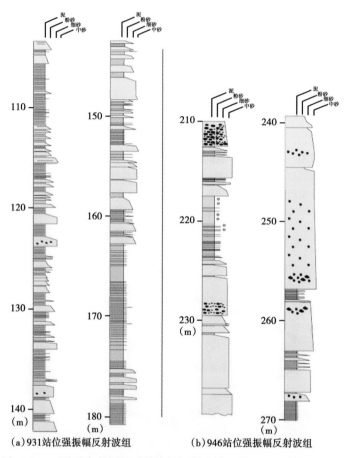

(a)931站位强振幅反射波组 　　(b)946站位强振幅反射波组

图 7.11　亚马逊扇强振幅反射波组沉积地层（据 Hiscott 等，1997c）

所有深度均为海底以下深度，黄色表示砂岩（局部发育泥岩碎屑）；绿色表示浊积泥岩，灰色表示高位体系域（间冰期），发育大量生物潜穴扰动的生物钙质泥岩。录井图基于岩心和微电阻率测井曲线（FMS）。931 站位处的强振幅反射波组与上部天然堤复合体内部"水道 5"的发育密切相关（末次冰期），946 站位处的强振幅反射波组发育时间为更早的冰期，可能是第 12 期

（3）上新统—更新统密西西比扇，由 17 个不连续层序组成（图 7.12），等同于 Mutti 和 Normark（1987）提出的"浊积体系"。这些层序在地震剖面上可以被识别出来（Weimer 和 Buffler，1988；Weimer，1991）。密集的地震测网保证了这些层序内的单个水道分支体系能够刻画出来（图 7.13）。根据这些层序能够识别出一些趋势，这些趋势主要受控于上新世—更新世的海平面变化（Bouma 等，1984；Feeley，1984；Weimer 和 Buffler，1988；Weimer，1991）。在低海平面时期，峡谷对陆坡的溯源侵蚀作用导致碎屑物质供给增加，形成水道—天然堤体系（Steffens，1986）。当海平面上升时，三角洲向陆退积，断开了物源供给通道，导致水道—天然堤体系内逐步充填。Weimer（1991）根据每个层序内天然堤反射能量向顶部降低，推测单个水道—天然堤体系在发育过程中沉积物粒度减小。水道—天然

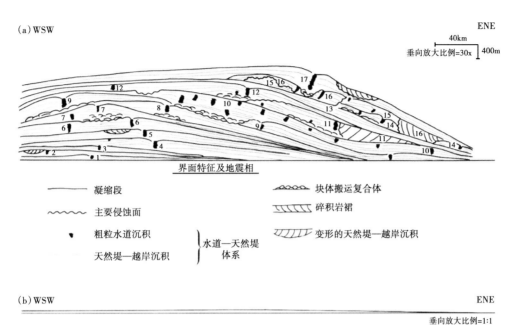

图 7.12 过密西西比扇北东—南西向地质剖面图 （据 Weimer，1995）

图中显示地震层序的分布和沉积环境，图 （a） 为图 （b） 在垂向上进行大幅度拉伸

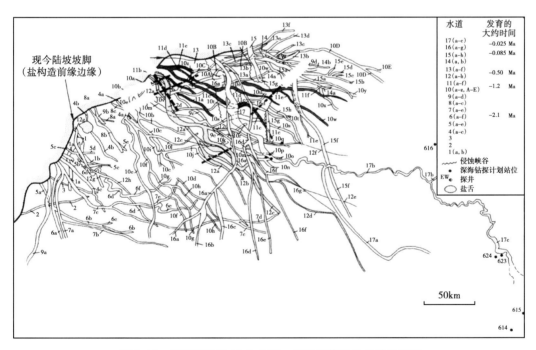

图 7.13 密西西比扇 17 个水道—天然堤体系的水道位置图

每个水道—天然堤体系内部水道由老至新用字母 a、b、c 等表示。部分层序边界的年代据 Weimer （1990）。

粗虚线为 Weimer （1995） 展示的地震剖面位置

堤演化过程中，流体体积和粒度的减小可能导致了水道弯曲度和天然堤幅度的变化（Weimer，1991）。Pickering 等（1986b）将深海钻探计划 621 和 622 航次处（图 5.17）密西西比水道向上粒度变细的特征，归结于末次盛冰期至全新世的海平面上升。

根据 Rhône 扇、亚马逊扇和密西西比扇，可以得到以下结论：一期低位域大约沉积 100m 或更厚的地层，包括一个或多个水道—天然堤单元和相关的强振幅反射波组沉积（Flood 和 Piper，1997；Hiscott 等，1997c；Piper 和 Normark，2001）。强振幅反射波组沉积（HARPs）也是孟加拉扇（Curray 等，2003）、刚果扇（Vittori 等，2000）和部分印度扇（Kenyon 等识别出，1995a；McHargue 未识别出，1991）的典型特征。低位体系域沉积包括叠加的富泥和富砂地层（地层组），沉积厚度大，这与 Mutti（1985）提出的厚层朵体和薄层朵体边缘互层组成 3~15m 厚的地层相反，Mutti（1985）提出的模式在古老扇沉积中很常见，是由于短期海平面变化造成的（见 4.2 章节和第 8 章）。对于中型和大型海底扇而言，一个强振幅反射波组沉积中会多次出现 20m 左右或更薄的富砂和富泥地层，他们均是在同一低位域期沉积的。因此，我们将 Mutti（1985）的 3~15m 的周期性沉积解释为自旋回过程导致的高频岩相变化，而不是海平面变化导致的（Hiscott 等，1997c）。

7.3 海底峡谷

海底峡谷是大陆边缘常见的地貌形态，可能下切结晶基底（如斯里兰卡周边和 Baja California），固结和未固结的沉积物（美国东部大陆边缘），甚至蒸发岩（刚果峡谷）。从峡谷边缘至峡谷底部，深度几十米—几百米，宽度几十米—几万米，长度几千米—几百千米不等，且具有不同的横剖面形态。本节聚焦那些与下陆坡海底扇相连的峡谷。其他侵蚀性沟槽和小型侵蚀性陆架边缘冲沟在第 9~12 章进行论述。

对峡谷的研究始于 60 年前，并随着深海测量设备和技术的进步（例如，地震剖面和侧扫声呐）得以快速发展。最初很多研究是关于详细水深测量和解释峡谷成因。具有先导意义的研究是 Francis P. Shepard 和合作者对加利福尼亚海域开展的相关工作（如 Shepard，1951，1955，1963，1966，1975，1976，1977，1981；Shepard 和 Marshall，1969，1973a，b，1978；Shepard 等，1979）。关于峡谷成因的解释有：（1）早期地表河谷，由于海平面上升而被水体淹没（Spencer，1903；Bourcart，1938）；（2）冰蚀谷，现今位于海平面之下（Shepard，1933）；（3）被浊流下切的海底侵蚀特征（Daly，1936）；（4）大陆边缘的地下水循环导致的溶蚀特征（Johnson，1939，1967）；（5）海啸下切形成的洼地（Bucher，1940）；（6）构造薄弱带（例如断层）被侵蚀（Kenyon 等，1978；Picha，1979；Berryhill，1981；Ediger 等，1993；Harris 等，2013）。现已清楚的是每个峡谷都具有复杂且独特的成因，所以一个成因模式是不合适的（如 Mountjoy 等，2009）。所有峡谷的首要作用是受相对海平面上升和下降所控制的重力流的侵蚀和沉积作用（Moore，1965；Mulder 等，1997；von Rad 和 Tahir，1997；Wonham 等，2000；Propescu 等，2004）。重力流的阶段性触发为峡谷源头提供了空窗期。钻孔生物对峡谷壁的生物侵蚀对一些峡谷的发育和保存具有重要作用（Dill，1964）。北冰洋 Beaufort 海 Barrow 峡谷曾报道存在生物侵蚀作用（Eittreim 等，

1982)，陆架和陆架破折处的大洋环流偶尔引起上升流，沿西侧峡谷壁的上升流携带富营养海水导致掘穴生物和钻孔生物大量发育，造成快速的生物侵蚀作用。

Dill（1964）认为控制峡谷加深的主要因素之一是砂岩的长期蠕动。该假设在实验中得以证实，实验中，将标柱沿峡谷横截面排成一排，观察到"轴部"标柱向下陆坡搬运的距离比"两侧"标柱远。虽然砂岩蠕动可能很重要，但灾难性的重力流是更有可能导致部分标柱、大型块体和车体消失的原因（Dill，1964）。1979 年，尼斯机场的局部垮塌导致在 Var 峡谷形成一大型浊流，一个 1m 大小的推土机零件最终在水深 1400m 的海底被找到，位于峡谷底界之上 30m 处（Wynn 等，2002b）。

近些年研究重点关注沉积物以什么方式经由峡谷到达深海，包括峡谷内浊流和浓密度流体事件的详细分析。例如，Paull 等（2002）采用了一种新方法来追踪 Menterey 峡谷内的细粒沉积物。他们意识到自 1945 年以来，仅有加利福尼亚地区开始使用杀虫剂 DDT，DDT 可以作为极好的示踪剂用来追踪从农田进入海洋的沉积物。与陆架相比，沿 Monterey 峡谷轴部至水深超过 3km 的区域，DDT 浓度不存在明显变化，为泥岩向下陆坡方向搬运提供了一个强有力的证据。Paull 等（2003）根据 2001 年 12 月的一次浊流证实了该流体过程，浊流将流速仪向峡谷下游方向搬运了 550m。Puig 等（2003）记录了在北加利福尼亚风暴期间，来自 Eel 河的悬浮沉积物自陆架搬运至 Eel 峡谷并继续向峡谷下游搬运。对于粗粒沉积物，Khripounoff 等（2003）用流速仪和沉积物收集器记录了扎伊尔峡谷内强能量浊流或者浓密度流体。他们在水深 4000m 峡谷底面放置锚系观测装置，但当流体经过时，仅检测了很短时间，电缆很快就被损毁了。尽管如此，流速仪记录到了流体速度在峡谷底面之上 150m 处流速超过 120cm/s，而且位于峡谷底面之上 40m 处的沉积物收集器收集到粗砂和植物碎屑的大量细粒沉积物到达峡谷下游 13km 处的第二个流速测点。最后，Mulder 等（1997）重构了 1979 年发生于 Var 峡谷内的重力流事件，这些事件导致碎屑流向砂岩负载的浓密度流体的转化。他们利用该模型预测峡谷底部形成了 6~11m 的侵蚀。

大多数海底峡谷具有如下特征（Shepard，1977）：（1）弯曲；（2）向海方向深度加深；（3）当陆坡坡度明显降低并过渡为陆隆时，峡谷的深"V"形剖面形态消失；（4）在平缓陆坡区，峡谷不发育；（5）峡谷既能下切未固结沉积，也能下切任何硬度的岩石；（6）发育支流，源头区发育的支流较下游多。很多海底峡谷表现为树枝状水系，尤其是峡谷源头附近。McGregor 等（1982）对南 Wilmington 和北 Heyes 峡谷进行了描述，冲沟在峡谷轴部周围呈羽状排列，此现象位于陡陆坡地区，陆坡坡度高达约 20°。这些冲沟一般宽 75~250m，深 10~20m，长度为千米级。现代海底峡谷地貌特征表现为多样性，一般而言，峡谷下切盆地斜坡上部或者陆坡上部。

世界上大多数大型峡谷都与大型河流有关，且规模巨大。例如，扎伊尔峡谷向陆侵蚀了 30km，直到刚果河河口，并下切陆架和陆坡，产生了超过 1.2km 的地势差（Babonneau 等，2002），峡谷在陆架边缘处宽 15km。无底峡谷（孟加拉扇峡谷）在中陆架位置的宽度为 20km，峡谷底界宽 8km，深 862m（Curray 等，2003），横截面面积约 $11.2\times10^6 m^2$。

小型峡谷，例如沿加利福尼亚和 Baja California 陆架和陆坡发育的峡谷，常下切陆架边缘，捕获沿岸流所携带的碎屑物质。Redondo 峡谷（图 7.14）为该类小型峡谷的典型代表：峡谷源头水深约 15m，距海岸线约 300m，向海方向延伸约 15km。该峡谷宽达 1.6km，最大深度 395m，峡谷底界沿走向坡度逐渐降低：峡谷源头坡度约 15°，峡谷出口处坡度小于 2°。峡谷南壁比北壁陡、直、高。Redondo 峡谷的发育受构造控制：南壁为断层面。古"Gardena"河（不复存在）沿断裂向下侵蚀，导致了该峡谷的发育（Yerkes 等，1967）。

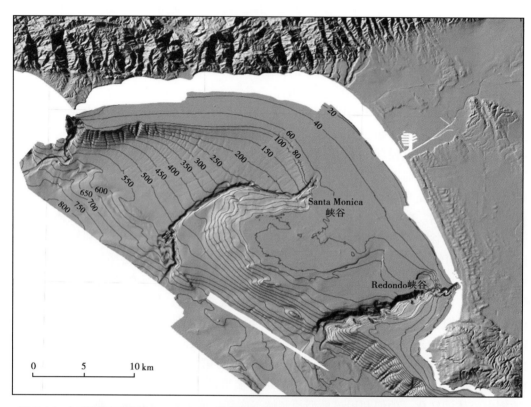

图 7.14　加利福尼亚海域 Santa Monica 峡谷和 Redondo 峡谷水深和地貌图（据 Gardner 等，2003a）
水深小于 100m 区域等深线间隔为 20m，水深大于 100m 区域等深线间隔为 50m

　　沿成熟被动大陆边缘发育的峡谷，向下陆坡方向其纵剖面与横剖面变化特征基本一致，与陆坡等深线垂直。沿主动会聚、破坏型大陆边缘或走滑型大陆边缘发育的峡谷，其特征更为多样。Underwood 和 Bachman（1982）对墨西哥海域中美洲海沟内的峡谷进行了描述，大型峡谷向下陆坡延伸进入海沟，但是小型峡谷消亡于陆坡上或被限制在陆坡的"坡栖盆地"内（图 7.15）。所以，小型峡谷要么被海槽—陆坡断裂阻挡，要么被下陆坡构造形成的海脊所阻挡。Farre 等（1983）使用同一区域的资料，提出了一个动态理论来解释峡谷发育演化过程（图 7.16）。峡谷的发育始于陆坡坍塌，不同机制造成的侵蚀型冲刷和擦痕导致峡谷溯源生长。物理和/或环境条件的变化可能改变或终止峡谷的发育。一旦峡谷源头突破陆架坡折，由于峡谷内碎屑物质搬运频率增加，峡谷侵蚀作用可能会加速。

　　在一些情况下，峡谷沿大陆边缘的分布，与陆坡坡度有关。例如，Twichell 和 Roberts（1982）对 Hudson 峡谷和 Baltimore 峡谷之间的陆坡（图 7.17）进行了研究，发现：（1）当坡度小于 3°时，峡谷消失；（2）坡度在 3°～5°时，峡谷之间间隔为 2～10km；（3）坡度大于 6°时，峡谷间隔为 1.5km。

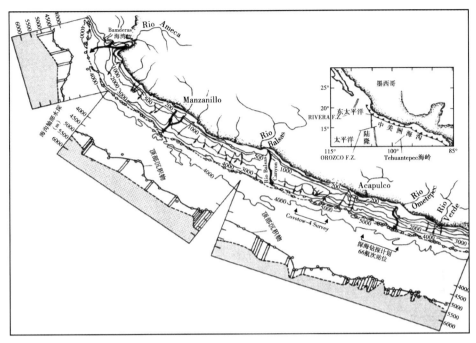

图 7.15　中美洲海沟水深图（据 Underwood 和 Bachman，1982）

图中展示了大型峡谷和小型峡谷发育位置与间隔。沉积厚度利用 2.0km/s 声波速度计算得到

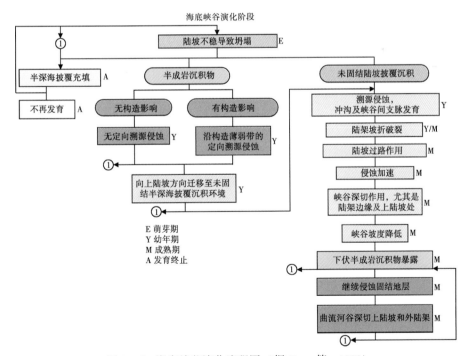

图 7.16　海底峡谷演化流程图（据 Farre 等，1983）

用其解释中美洲陆架边缘海底峡谷的演化（图 7.15）。①代表半深海披覆沉积，峡谷发育终止

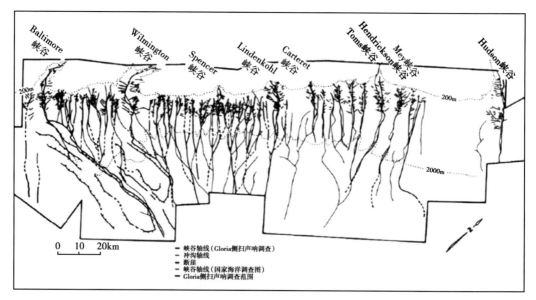

图 7.17 美国东部大陆边缘海底峡谷和冲沟位置图（据 Twichell 和 Roberts，1982）

　　峡谷发育的一个重要因素是沉积样式随时间发生变化。Felix 和 Gorsline（1971）展示了该因素在加利福尼亚 Newport 峡谷的重要性。Newport 峡谷的形成源于碎屑输入区（物源区）的侧向迁移：（1）更新世—全新世时，主要物源 Santa Ana 河的位置；（2）狭窄陆架上沿岸流与河流的交汇点。陆架砂搬运至陆坡形成的重力流，对水道进行了挖掘，形成了现今的 Newport 峡谷。河口位置的变化使得沿岸流交汇点和砂岩富集位置迁移至现今峡谷源头的西北 1km 处，所以只有细粒、富有机质碎屑物质沉积于峡谷源头。在河流输入口再次迁移前，河口的砂岩呈朵状堆积于 Newport 峡谷北部的陆架处，而且砂岩已经开始溢出陆架坡折，可能会开始挖掘新峡谷。

　　Normark 等（1998）以及 Morris 和 Normark（2000）对加利福尼亚 Santa Monica 盆地胡内米扇陆坡峡谷向西迁移的特征进行了描述（图 7.18）。每次峡谷发生迁移，上扇水道（如图 7.19 中较老的"水道 2"）迁移至西侧天然堤的外侧，使该天然堤成为新水道的东侧天然堤（比如图 7.19 中较新的"水道 3"，和更晚的"水道 4"）。一旦水道开始活动，每个年轻水道仅需建造西侧天然堤，因为东侧天然堤已经存在了。

7.4　海底扇结构单元

　　深水沉积可以通过结构单元来进行描述（如 Miall 的河流模式，1985），每个结构单元具有特定的岩相组合和三维几何形态（包括方位）。沉积形态的识别需识别出不同级别的界面，该方法在河流和风成沉积研究中已被广泛接受。浊流体系中的"单元"概念是由 Mutti 和 Normark（1987）引入的，对现代和古代沉积均适用：识别出的单元包括大型沉积特征，

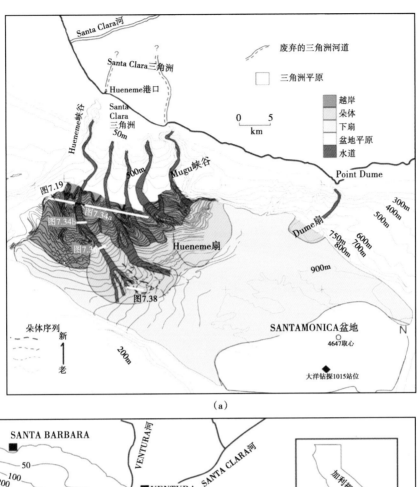

（a）

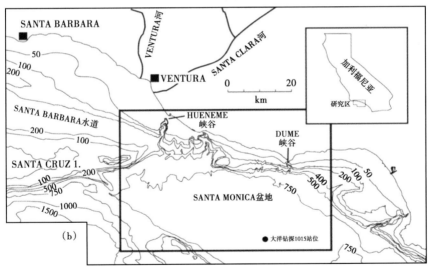

（b）

图 7.18　加利福尼亚 Santa Monica 盆地胡内米扇水深和相分布图（a）及周边
环境图（b）（据 Piper 和 Normark，2001）

700~900m 水深区域，彩色充填，等深线间隔为 5m。图 7.38 剖面位置附近的中扇叠加砂岩层序
（老—新朵体序列）是利用垂向分辨率可达几十厘米布默震源地震剖面进行解释的

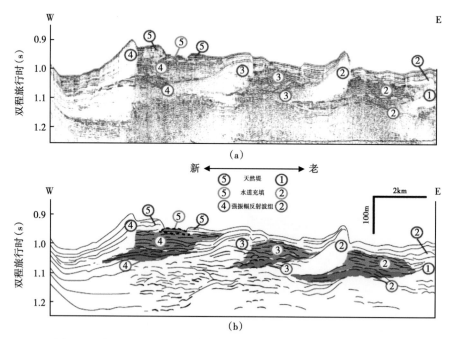

图 7.19　加利福尼亚胡内米扇上扇地震剖面（a）及解释素描图（b）

震源为套筒式气枪。该剖面展示了堤化水道发育序列，强振幅反射波组位于水道砂岩、越岸和相关沉积相之下。水道 2、3、4 表现为加积水道，并向西迁移。水道 5 是全新世海平面上升，对水道 4 的回填

如水道、越岸沉积和朵体等，以及不同规模的冲刷构造。其对应于不同的岩相组合，形成于不同级别的流体事件。在浊流体系中还能识别出一些更小尺度的沉积和侵蚀特征，但是大多数地震资料无法识别（Prather 等，2000）。

对于规模大于米级尺度的沉积体而言，结构形态的描述和解释不依赖于规模和岩相。虽然沉积本身具有三维形态，但是由于大多数地下观察和海底观察记录的是平面形态或剖面形态，所以我们分别从平面和剖面这两种二维结构形态进行分类。该二维结构形态分类方法由 Pickering 等（1995b）以及 Clark&Pickering（1996）首次提出。严格三维分类的价值有限，这是因为只有极少研究收集到该类数据。但是，缺少第三维度，一些特征无法确切地识别出来。比如，大型冲刷构造可能具有与一些小水道相同的纵横比和沉积充填，在缺少第三维度资料的情况下，无法做出恰当的解释。

图 7.20 和图 7.21 分别展示了平面和剖面上（二维）的沉积—侵蚀结构形态。剖面上表现为：水道、席状、透镜状、S 型/倾斜型、不规则、波状和冲刷/冲刷—充填。平面上识别出：水道、叠置水道、丘状/朵状、叠置丘状、不规则、底形区和冲刷/冲刷区。需注意的是"水道"是一个结构形态，在"水道"结构形态内，其他所有结构形态均可发现（如Gamberi 等，2013）。

不管是横剖面上还是在平面上，均能对界面类型和级别进行分类。图 7.22 为海底扇沉积剖面示意图，图中展示了不同级别的界面，并阐述了如何将界面分类应用到深水沉积剖面形态的解释。平面上识别的界面很难应用于当前的分类模式，但是仍然可用来帮助刻画

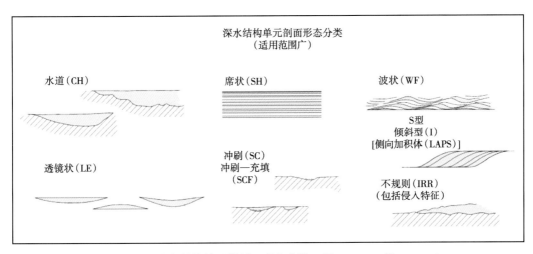

图 7.20 海底扇结构单元横剖面形态分类（据 Pickering 等，1995b）

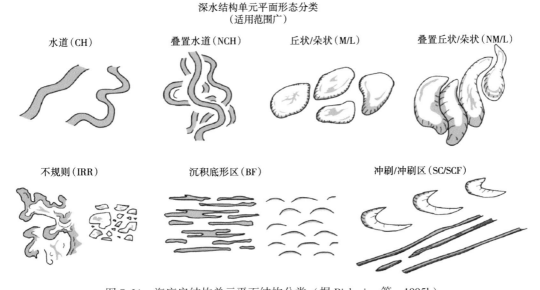

图 7.21 海底扇结构单元平面结构分类（据 Pickering 等，1995b）

结构单元的特征。对界面进行识别和级别划分，需对界面所限定的内部单元进行解释。例如，利用类似剖面界面的判断依据，在侧扫声呐图上观察到的一个大型水道单元，将由三级界面限定。

在接下来的章节，我们利用一些实例来描述现代海底扇的主要结构单元。自然界中的体系比图 7.20 和图 7.21 的简单示意要复杂得多，所以深入理解其多样性显得非常重要。

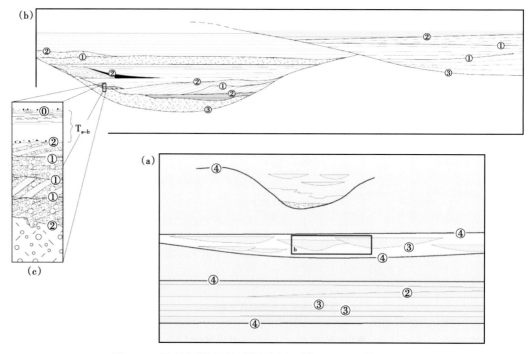

图 7.22　海底水道界面级别示意图（据 Pickering 等，1995b）

（a）海底水道序列；（b）单个水道复合体中部特征；（c）单层及地层组特征。地层和纹层间的正常整合接触面为 0 级界面。一级界面为交错层理组或整合地层组的边界。一般一级层序界面是侵蚀性的（整合或不整合）。一级界面包含了成因相关岩相的沉积复合体，可能具有一致古水流方向但与周围沉积物古水流方向不同。这些沉积复合体相当于 Friend 等（1979）描述的水道组（storeys）。三级界面是划分沉积复合体（二级界面限定）群的主要侵蚀界面。这些单元常被一些文献非正式地称作沉积体。四级界面为可延伸至盆地规模的侵蚀面，如水道群和古峡谷群。四级界面相当于 Mutti 和 Normarks（1987）提出的单一深水体系"生长期次"的分隔界面。能成图的地层单元均被这四个级别的界面限定（Miall，1989）。五级界面（未展示）限定了单个海底扇体系。最后，六级界面（未展示）定义盆地充填序列或者超群

7.4.1　水道和水道—天然堤体系

7.4.1.1　水道规模和类型

现代深海水道规模变化大，从上扇水道的宽≤10km、深约 100m（如印度扇，Kolla 和 Coumes，1987），到小型远端朵体的水道宽<75m，其深度在高频地震剖面上无法识别出来（小于 2m），例如密西西比扇外扇水道（Twichell 等，1991）。水道深度是水道轴部沉积量与天然堤沉积量之间相互平衡的结果。因此，可以认为水道深度受控于水道化流体的动力机制（Nelson 和 Kulm，1973）和重力流携带沉积物的结构。在很多情况下，海底水道由具有一级天然堤的大型河谷组成，河谷内部可能发育小型水道以及与小型水道相关的二级天然堤（Piper 等，1999；Kolla 等，2007；Gamberi 等，2013）。内部水道比外侧河谷（例如下切陆坡水道；Gee 等，2007）弯曲度要高得多。Konsoer 等（2013）将 177 个海底水道的规模与 231 个河流进行了对比，确定海底水道更宽、更深、更陡。最大海底水道的规模要

比最大的河流大一个数量级。对同样规模的海底水道与河流而言，海底水道比河流陡两个数量级。

表7.3为部分海底扇上扇水道的规模。向下游方向至中扇，水道深度和宽度均降低，最终重力流在外扇变为非限制性。与河流不同，由于越岸漫溢和沉积作用，浊流体积减小，主水道的横剖面面积向下游方向也急剧减小（Pirmez和Flood，1995）。水道可以分成加积型、侵蚀型和侵蚀—沉积混合型（图7.23）。加积型水道与高弯曲度和低坡度相关（Clark等，1992）。这些水道往往与陆上大型流域盆地有关（如亚马逊扇、密西西比扇、印度扇；Kenyon，1992），细粒沉积物发育，保证了砂岩能够搬运更远的距离而沉积到扇远端（即更高效率）。这些水道常常发育良好天然堤，由相对粘结的细粒物质组成。因为水道轴部与天然堤同时沉积，加积型水道向上生长，导致水道—天然堤复合体垂向加积。由于泥质天然堤难以被侵蚀，一旦天然堤建立，水道主要为垂向生长（例如印度水道）。大型水道—天然堤复合体的垂向加积最终导致了大规模决口（Flood等，1991；Pirmez和Flood，1995，Babonneau等，2002；Curray等，2003）。

表7.3 现代海底扇上扇水道及深海水道规模数据表（据Carter，1988；Clark和Pickering，1996；Pirmez和Flood，1995；Pickering，1995a；及其他未发表数据）

名称		深度（m）	宽度（km）
海底扇水道	Hudson 扇上扇	65~550	1~3.5
	Rhône 扇上扇	65~550	2~5
	Laurentian 扇上扇	80~410	7~22
	印度扇上扇	70~410	1~11
	Wilmington 扇上扇	30~300	1~6.5
	亚马逊扇上扇	70~200	2~4
	Monterey 扇上扇	50~175	1~4
	Astoria 扇上扇	30~165	2~3
深海水道	Bounty 水道	150~650	5~7
	Surveyor 水道	100~450	5~8
	Valencia 水道	200~350	5~10
	Cascadia 水道	40~320	4~7
	Maury 水道	约100~300	5~15
	Porcupine 水道	120~250	0.75~15
	西北大西洋中央水道	100~200	6~16

即使最弯曲的海底水道其侧向迁移可能也非常有限（Kane等，2008）（图7.24）。Kolla等（2007）证实水道侧向迁移和点坝沉积为水道发育早期的特征，此时水道内沉积更富砂（图7.25）。水道发育后期，水道在剖面上表现为加积，极少侧向迁移，此时水道内沉积更富泥。侧向加积体（LAPs）一般被限制在侵蚀河谷内（图7.26），这就导致了海底水道无法像陆上曲流河掠过洪泛平原那样，掠过盆地边缘，但是Janocko等（2013a，2013b）

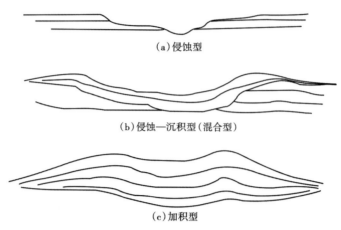

（a）侵蚀型

（b）侵蚀—沉积型（混合型）

（c）加积型

图 7.23　Normark（1970）识别的三种主要水道类型（据 Pickering 等，1995b）

认为点坝迁移在深海水道中具有较重要的作用。Janocko 等（2013b）在众多海底峡谷充填中识别出 6 种共同特性：

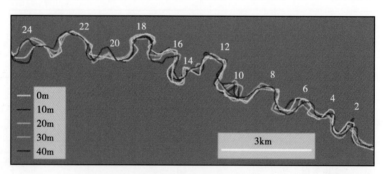

图 7.24　弯曲海底水道发育的地下实例（据 Peakall 等，2000b）

这是一个厚约 120m（±20m）的加积型水道—天然堤复合体的最上段（约 40m），该水道—天然堤复合体为西非大陆边缘海底扇的上部沉积。垂向以 10m 间隔将水道主泓线显示在一起，主泓线位置是利用三维地震体进行连续地层切片并拾取振幅属性获得的。主泓线宽约 60m，水道宽约 400m。水流方向自右向左。注意水道侧向迁移和向下游迁移不明显

（1）标志重力流下切的侵蚀底面；

（2）表征过路作用的底部沉积；

（3）下部常发育块体搬运沉积；

（4）堤化弯曲水道的加积序列；

（5）无加积弯曲水道，可能发育于峡谷充填底部或顶部，有时也发育于峡谷充填中部；

（6）整体向上粒度变细，砂质含量降低。

现代加积型水道在高分辨率地震剖面上可观察到如下特征（Hamilton，1967）：

（1）天然堤具有明显连续反射；

（2）水道底界比周围扇体高，由较平的强振幅反射组成（HARs）；

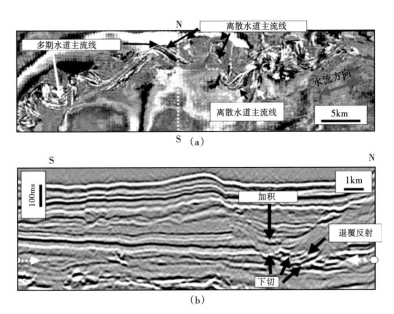

图 7.25　（a）尼日利亚海域更新统下部深水弯曲水道复合体水平切片振幅属性图。（b）横切水道弯
曲处的地震剖面［剖面位置见（a）］，不一致下切表明不连续的水道迁移。白色的虚线箭头为
（a）图切片的位置。水道充填的下部为侧向迁移，上部垂向加积（据 Kolla 等，2007）

（3）水道两侧都发育天然堤，在北半球，右侧天然堤（面朝水道下游方向）比左侧天然堤高、宽；

（4）北半球海底水道实例的反射形态表明由于左侧天然堤（面朝水道下游方向）地势低，随着时间变化，水道向左侧迁移。

侵蚀型水道与低弯曲度和陡坡度相关（Clark 等，1992）。常充填浓密度流体携带的粗粒沉积物，物源来自小型陆源流域盆地（Kenyon，1992）。这些水道常表现出一系列侵蚀结构特征（如冲刷、下切和滞留沉积）。低弯度水道常展现与水道砂坝相关的辫状样式（例如，Haner，1971）。因为水道沉积物相对粗粒，所以天然堤一般不太发育，使得水道可以频繁迁移，导致地下水道相具有高连通性。

侵蚀—沉积混合型水道是最常见的水道类型。它们开始为沉积环境，后被侵蚀环境所替代，导致了对下伏沉积物的下切作用（Heezen 等，1969；Normark，1970；Embley 等，1970；Griggs 和 Kulm，1973）。侵蚀—沉积混合型水道具有如下特征：

（1）水道两侧均发育天然堤；一侧天然堤高于另一侧（在北半球，面朝水道下游方向，右侧天然堤高）；

（2）反射形态表明随着时间变化水道轴部向左侧迁移（在北半球，面朝水道下游方向）；

（3）水道壁和天然堤均可能出现削截地层；

（4）水道底面可能比周围海底高，也可能比周围海底低。

不同水道—天然堤体系具有明显不同的长度（表 7.2）。最长的连续水道位于最高效的

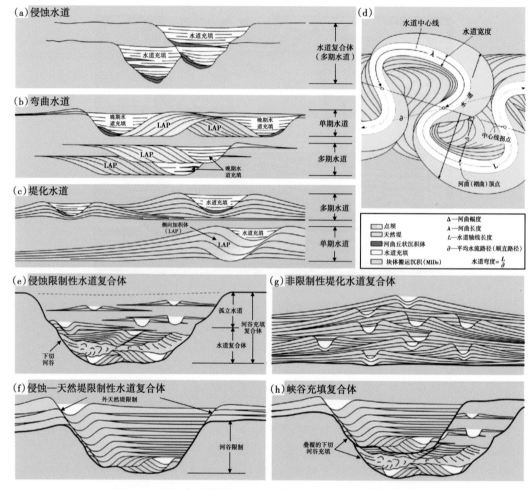

图 7.26　海底水道横剖面分类示意图（据 Janocko 等，2013b）

注意常见点坝沉积（侧向加积体），点坝倾向于出现在水道充填的底部，d 图定义了用于描述弯曲水道平面特征的几何参数

海底扇，例如亚马逊扇、孟加拉扇、刚果扇和印度扇。由于曲率高，弯曲水道的中心线长度要大于直线长度。相反，小型低效海底扇，类似于加利福尼亚胡内米扇（Normark 等，1998）（图 7.19），上扇水道具有高天然堤，向下扇方向快速减小并消失，延伸距离仅几十千米（图 7.18）。这类水道—天然堤由于长度太短不能显示出弯曲的平面形状，但是在天然堤消失之前，水道可能形成一个或两个明显弯曲（Var Fan，Savoye 等，1993）。

7.4.1.2　天然堤

许多海底扇水道被天然堤限制。Menard（1955）将"满水道流"的概念引进海底堤化水道，并解释了科里奥利效应如何造就不对称天然堤。科里奥利效应导致北半球天然堤的右侧要比左侧高（面朝水道下游方向），南半球正好相反。科氏力引起的横流梯度的大小取决于浊流类型，缓慢的、稀薄的、富泥流体会形成最大偏转（Normark 和 Piper，1991）。天然堤可能宽达 50km、高出周边海底扇 300m（如亚马逊扇，Damuth 等，1988）。正如很多作者描述的一样（Normark 等，1980；Damuth 和 Flood，1985；Kolla 和 Coumes，1987；Piper 和 Deptuck，1997；Mulder 和 Alexander，2001）天然堤沉积由 3cm 厚的层状粉砂岩韵律交替组成，夹一些几厘米厚的中—细粒砂岩层和透镜体。一般来说，天然堤越高，顶部泥质含量越高，因为较粗粒沉积物不能经过溢流而逃逸。向下扇方向，天然堤高度降低，粉砂岩和砂岩含量增加，因为越来越多的流体下部的碎屑物质可以漫溢出天然堤（图 7.27）。

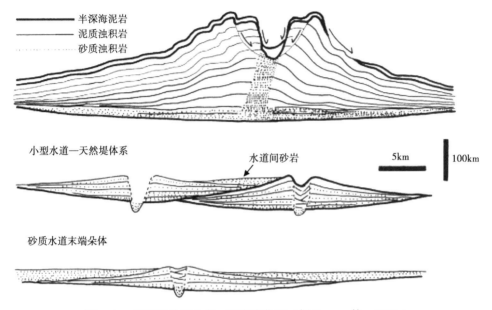

图 7.27　海底扇体系上扇—下扇演化图（据 Kenyon 等，1995a）

上扇（顶图）为高耸的泥质天然堤，砂岩被限制在水道底部和水道—天然堤下伏的强振幅反射波组之间，向下扇方向演变为侧向叠瓦状排列的低矮天然堤，发育砂质漫溢浊积岩（中图），远端为砂质水道—末端朵体（底图）。只有高耸天然堤是完全加积型的，其他天然堤均发育中央水道，并向下侵蚀天然堤楔状体的底界。注意垂向比例很大。该演化图是基于印度扇横剖面

　　关于天然堤的形成和发育可参考 Flood 等（1991）对亚马逊扇的研究，并经大洋钻探计划 155 航次得以证实和阐明。亚马逊扇最年轻的水道—天然堤体系是由于上扇天然堤决口形成的（图 7.10）。在晚更新世低位体系域发育期，即海洋同位素阶段 4-2，亚马逊水道大约每 3000~10000 年发生一次决口（Flood 和 Piper，1997）。决口后，沿着新的流径首先沉积似席状富砂单元，对应强振幅反射波组（HARPs）。这些强振幅反射波组包括平行内部反射和微透镜状内部反射，后者表明存在小型的、未发育天然堤的水道（Pirmez 等，1997）。Pirmez（1994）以及 Primez 和 Flood（1995）展示了在早期水道决口处存在深切特征的重要证据，在水道裂点（Knick point）周围和上陆坡均存在深切证据。沿着早期水道局部地区的深切会携带走原先水道底部砂岩，并经由一系列重力流过程向下扇方向搬运并再沉积，形成新的似席状强振幅反射波组。

　　强振幅反射波组为厚 5~25m 的厚层—极厚层的砂岩地层（图 7.11）。较厚砂岩地层中常见泥岩碎屑，在某些情况砂岩地层厚度大于 10m。这些砂岩很可能是饱含砂质的流体沉

积下来的（Hiscott 和 Middleton，1979；Shanmugam，1996；提出的砂质碎屑流）。强振幅反射波组上超于水道—天然堤体系底界的角度—侵蚀不整合面上。强振幅反射波组为砂岩沉积，下伏薄层、生物扰动发育的粉砂质泥岩，上覆地层厚度突然变薄以及沉积物粒度突然变细。强反射波组的砂岩地层可能为一组厚地层，也可能由一系列砂组组成，每个砂组厚几十米。这些砂组一般都具有突变的顶底界面；局部底界面表现为渐变。一些砂组基本不含泥岩夹层，而有些砂组发育大量厚度 ≤50 cm 的泥岩层。统计学分析（5.3 章节，Chen 和 Hiscott，1999a）表明砂组内地层厚度没有明显的变化趋势。

　　上覆于天然堤之上的越岸沉积以彩色带状的泥岩以及粉砂岩和泥岩组成的薄层浊积岩为典型特征。大多数粉砂岩地层以及少量的粉砂质砂岩厚度均小于 5cm，具有突变的底面和快速渐变的顶面（图 7.28）。一些粉砂地层略厚，最厚达 20cm 左右。虽然大洋钻探的现场未描述大多数地层的层理结构（通常受平行层理的气体排出而扩张），但是，X 射线照片表明 70% 的地层发育平行层理，5% 的地层发育波纹交错层理。浊积岩顶部，一些地层发育 1~2mm 厚的粉砂岩和泥岩交互层（图 2.33b，c 和图 7.28b）。这是典型 Td 段沉积，Hiscott

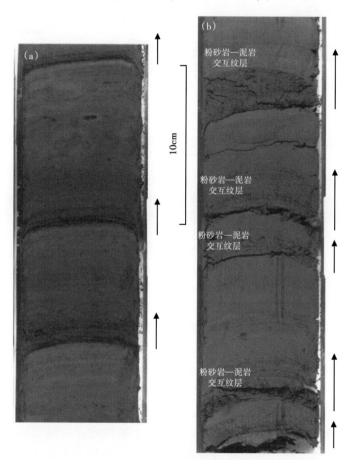

图 7.28　大洋钻探计划 155 航次取自亚马逊扇天然堤粉砂—泥质浊积岩岩心（岩相类 D2）

具有突变底界的地层用箭头标出。（a）155-935A-8H-2，5-25cm（科探船专家组，1995f）；

（b）155-931A-4H-3，87-112cm（据 Normark 等，1997）

等（1997b）将其解释为携带粉砂和泥质的浊流漫溢形成，漫溢浊流刚好能超过亚马逊水道的天然堤。主水道内流体深度的变化解释了发育良好的粉砂岩—泥岩薄层，可能是 Helmholtz 面波沿水道向下游方向传播的结果。当流体顶面位于 Helmholtz 面波波峰时，可能会增大粉砂质的溢出量；相反的，当面波波谷通过相邻主水道时，粉砂质的溢出可能会中止，沉积泥岩薄层。亚马逊扇和其他海底扇的天然堤浊积岩解释为低密度、持续时间长的异重流沉积（Mulder 等，2001；Mulder&Alexander，2001）。

当新水道开始建造且天然堤"前端"向盆地方向推进时，薄层粉砂和粉砂质砂岩组成的浊积岩与发育少量潜穴的泥岩互层，构成了覆盖于强振幅反射波组之上的天然堤底部序列（图 7.10）。这些浊积岩为水道漫溢沉积（Hiscott 等，1997b）。亚马逊水道的天然堤在发育期间的平均沉积速率可达 1～2.5cm/a（科探船专家组，1995a），表明更新世每隔一至几年会重复发生浊流漫溢事件。天然堤沉积粒度向上变细，但在几百年尺度下，富粉砂和富泥质地层之间沉积的波动可能会改变这个趋势。每个天然堤序列顶部发育厚 10～25m 的生物扰动泥岩。每次决口事件发生后，自决口点向下扇方向天然堤快速建造，这与河控三角洲的分支水道天然堤向海方向推进类似（Wright，1977）。一旦天然堤形成，浊流下部便越来越局限在水道轴部，溢出的沉积物质粒度变得越来越细，直至形成更高的泥岩为主的天然堤（科探船专家组，1995a；Hiscott 等，1997c）。

如果亚马逊扇的天然堤为砂泥混合负载水道天然堤的典型代表，那么特征岩相为薄层细粒的浊积岩，以水平层理 Tde 段为主。Walker（1985）预测天然堤以具有碎屑、包卷层理和爬升波纹的浊积岩为主，但是无证据可以证明。亚马逊扇天然堤的平均坡度为 3°～5°，足够引起局部滑塌。

7.4.1.3　水道坡度与平面形态

现代海底扇水道体系平面形态变化很大，包括顺直型（弯度小于 1.1）、蜿蜒型（弯度＝1.1～1.5）、曲流型（弯度大于 1.5）和辫状型水道。弯度是指至少包括一个河曲波长的两点间的中心线长度与两点间直线距离的比值（图 7.26d）。高效率、富泥海底扇的许多水道都具有高弯度（图 7.4），且有证据表明决口都发生在急弯处（如印度扇、密西西比扇、刚果扇和亚马逊扇）。决口一般发生于急弯处，或水道坡度降低导致流体厚度增加的位置。如果溢出流体是砂质的（导致天然堤大型决口），那么可能加快侵蚀形成一条新水道（如 Var 扇，Normark 和 Piper，1991）。但是，如果流体是泥质的，那么溢出的流体会减速，导致在天然堤上和相邻的水道之间发育似席状泥质沉积（如 Navy 扇上的浊流 II，Piper 和 Normark，1983）。

水道弯度变化与坡度增加之间存在非常重要的关系，这个关系已经通过河流和水槽实验观察到（Schumm 和 Khan，1972；Schumm 等，1972）。这些学者得出如下结论：当坡度增加，水道将以增加弯度的方式来保证最佳的中心线坡度，以适应水道内流量和泥砂量。这个过程将持续到"坡度门槛值"，此后，水道将通过决口的方式来寻找更加直接的路径，向下陆坡方向搬运碎屑物质，而导致弯度急剧降低。对于海底扇水道而言，水道弯度与坡度之间具有很好的相关性（图 7.29），最佳拟合曲线与河流和水槽实验数据吻合（Clark 等，1992；Clark 和 Pickering，1996），或与之平行，但略有偏差（Wonham 等，2000）。不同的海底扇具有不同的"门槛"弯度和坡度（图 7.30），而且存在一个一般趋势，即对于最弯曲的水道体系而言，弯度"峰值"对应于相对低的坡度（约 1∶400）；而对于最小弯度的水道体系（如 Porcupine Seabight 水道），弯度"峰值"对应于较陡的坡度（约 1∶80）。对于较粗粒水道，其弯度"峰值"会低于泥质水道体系（高效率）。

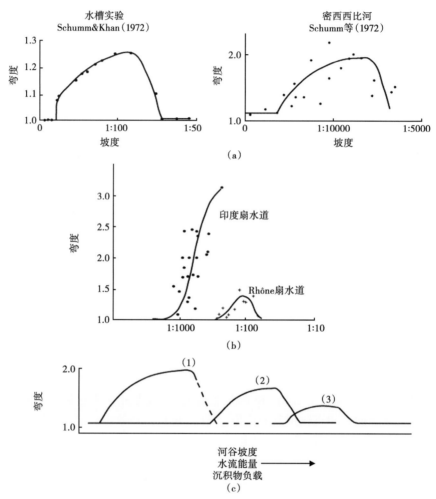

图 7.29　（a）水槽实验和密西西比河弯度与坡度关系图；（b）印度扇和 Rhône 扇海底水道
数据交会图，显示与河流具有相似趋势；（c）河谷坡度、水流能量或者泥砂量对河流
"弯度门槛"值的影响（据 Clark 等，1992）
（1）悬浮负载水道；（2）混合负载水道；（3）底负载水道

　　与成熟河流类似，大型富泥海底扇上延伸的水道趋向于形成"递变的"或均衡的水道剖面，沿着水道中心线向下游方向，水道坡度呈指数递减（Pirmez 和 Flood，1995；Pirmez 等，2000；Georgiopoulis 和 Cartwright，2013）。但是在决口处附近，中心线坡度会暂时变陡。然而破裂点周围的水道深度会进行调整，最终会将水道中心线复原为均衡纵剖面。例如，亚马逊扇水道和孟加拉扇水道的中心线梯度从峡谷—水道过渡带附近的 8m/km，降低为水道远端附近的 1m/km（Pirmez，1994；Curray，2003）。这些水道具有上凹的特征类似

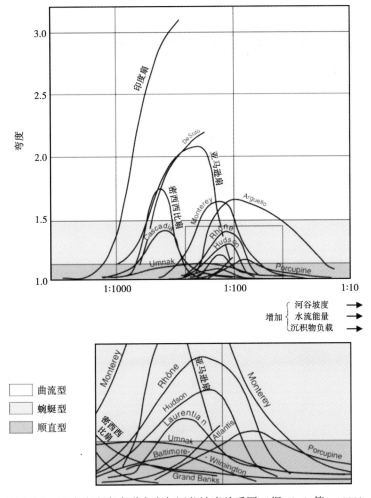

图 7.30　15 个海底扇水道弯度与河谷坡度关系图（据 Clark 等，1992）

与图 7.29 中水槽实验和河流数据具有相似趋势，下图是上图方框位置的放大

于河流的均衡纵剖面，而且当陆坡—盆地坡度在 3~7m/km 范围内时，水道最弯曲（Pirmez等，2000）。该段水道的弯度与坡度呈正比，密集的河曲会降低陡坡的影响并平滑水道中心线坡度的起伏。亚马逊扇水道的最大弯度为 1.5~3.0，出现在水道中心线 350~700km 的位置（Pirmez 等，2000）。

　　堤化水道与河流之间特别重要的区别是横截面面积和天然堤高度向下游方向明显降低（Pirmez，1994；Curray 等，2003）。例如，亚马逊水道的横截面积自上扇至中扇减少了 30倍。由于水道中心线坡度表现为平行递减，所以在同样的距离内，水道内流体的流速和流量降低幅度更大，可能达到 50—100 倍。流量的大幅度降低是由于越岸溢流跨过天然堤，沉积在水道间低洼处，从而导致流量和沉积物负载量的损失。最终到达下扇的剩余浊流能够保持其密度和含砂量（Damuth 和 Kumar，1975），因为较细粒碎屑物质集中在流体顶部，顶部流体具有低密度、容易溢流的特征，所以它们优先沉积于扇体上部，促进天然堤的生长。当然，浊流并不仅仅简单地通过漫溢导致流量损失，它们也能沿着上部接触面夹带海水而增加流体流量。浊流通过夹带海水而增加流量，通过漫溢造成悬浮物质不断损失，两者相互作用基本控制了天然堤岩相、漫溢浊积岩结构和水道横截面面积。Hiscott等（1997b）注意到浊流经过亚马逊水道时，浊流前端的流速比尾端要慢，这是因为水道中心线坡度逐渐降低导致的。这样当浊流尾端赶上已经降速的浊流头部时，通过流体长度变短，来保证流体的悬浮负载量得到有效的补充。

对于海底扇而言，具有挑战性的问题在于，无任何证据表明水道发育早期之后存在明显的侧向迁移，那么具有高耸天然堤的高弯曲水道是如何开始发育的（Peakall等，2000a，2000b；Kolla等，2007；图7.31）。当一个新的水道—天然堤体系的天然堤向下扇方向进积时，可能会形成一个弯曲的平面形态。初始水道的弯曲可能是"随机摆动"的结果（Leopold和Langbein，1962）。或者当水道发生决口后，首次通过决口的浊流通过早期天然堤之间的长条状低洼处时，其水流方向可能倾斜于地形坡度，导致水流向下扇方向流动时，不断地从一侧摆动到另一侧。如果多次流体通过同一路径，那么就形成一个水流首选路径，"引导"天然堤前端向下扇方向迁移。亚马逊扇每两个决口点之间的中心线长度大约为200km（Pirmez和Flood，1995），形成时间约5000年，所以天然堤前端推进速度非常快，平均约40m/a。这意味着一次流体能导致天然堤前端向前延伸几米。

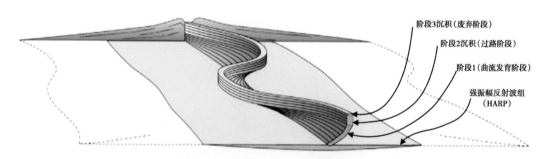

图7.31　加积型高弯曲海底水道的发育及沉积结构三维模式图

（据Peakall等，2000b）

曲流摆动随着时间增强，但是连续弯曲之间的交点大致保持固定

成熟深海水道的一些弯曲特征可以这样解释：早期阶段为水道侧向迁移，之后水道以加积为主（Kolla等，2007；图7.25）。一旦水道以加积为主，之前存在的弯曲平面形态将一直保存下来，仅在连续弯曲的交点位置发生轻微弯度变化，但交点位置保持固定（Kolla等，2001）。这些轻微变化导致曲流"摆动"增加（图7.31）。但是，当天然堤加积到周围海底之上时，即使是轻微的弯度增加最终也会停止。这与曲流河在泛滥平原的摆动不同，海底扇的弯曲水道会最终形成一个成熟的、静态的平面形态，此后只有发生大规模决口，决口水道才会再次发生摆动。

深海水道的巨大长度可能是弯曲造成的结果。Straub等（2011）提出在水道弯曲处的二次循环单元以及从一个弯曲到下一个弯曲的流体发生反转，混合了浊流所携带的悬浮沉积物，导致沉积有限，所以流体可以保持其密度和向前运移几百甚至几千千米。

7.4.1.4　水道底部沉积物特征

由于海底砂质沉积物取心存在的技术问题，所以对现代海底扇水道内的沉积物认识有限。

除岩心外，另一种方法是利用超高分辨率的深拖震源地震记录（如 HUNTEC Deep Tow System），垂向分辨率可达 50cm，所以能够约束岩相特征。下面列举三个现代海底扇水道沉积实例，这三个实例具有样品、照片或者成像数据，三个实例分别为：亚马逊水道（大洋钻探计划 55 航次 934、943、945 站位）、加拿大东部 Laurentian 扇水道、加利福尼亚大陆边缘胡内米扇水道。

大洋钻探计划 155 航次对亚马逊扇水道轴部的三个位置点进行了钻探（图 7.8）。934 站位对中扇一个废弃河曲进行了取心，岩心上 65~97m 处的沉积物为活动水道底部沉积。水道底部沉积上覆滑塌沉积，滑塌沉积可能是导致该段水道废弃的原因。943 站位位于亚马逊水道轴部，砂质水道的岩心收获率小于 50%。945 站位位于盆地更远的位置，仅上部 10m 厚沉积被解释为水道充填，之下为宽广、非限制性朵体沉积，该朵体被迁移水道切割。三个站位处液压活塞取心的沉积物类似，主要为中等厚度—极厚层细粒—粗粒砂岩，局部发育细砾、中砾以及粗粉砂（图 7.32）。较粗粒沉积可能一定程度上受到取心的干扰。厚度

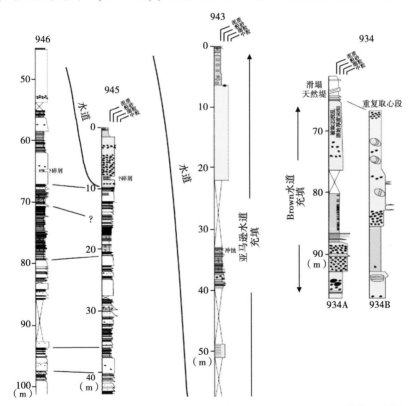

图 7.32　亚马逊扇大洋钻探计划 155 航次 934 站位（水深 3422m）、943 站位（水深 3739m）和 945 站位（水深 4136m）取心的水道充填沉积

946 站位位于 945 站位东以东约 1.5km 处，站位之间可利用以强振幅反射波为特征的似席状沉积进行对比。强振幅反射波组和天然堤沉积均未上色。水道沉积中黄色表示砂岩（局部大块泥岩碎屑）；绿色表示浊积泥岩；灰色表示高位体系域（间冰期）、潜穴发育的生物钙质泥岩。X 代表未回收到岩心的层段

最大的块状砂岩单元含60%~70%的分散泥质碎屑，泥质碎屑直径可达约35cm（图7.33），推测这些泥质碎屑可能来自水道对天然堤的下切侵蚀。据Shipboard Scientific Party（1995c，1995d），每套厚层砂岩可能代表一次或者多次砂质碎屑流或者液化流（本书中的富砂质流体类型）沉积，其他砂质和粉砂质地层解释为浊流和浓密度流沉积。

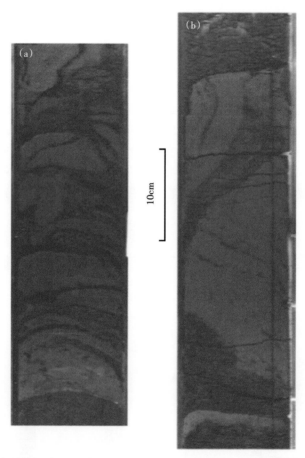

图7.33　大洋钻探计划155航次945和934站位中粒砂岩水道段的大块泥岩碎屑
（a）155-945A-1H-4，42-80cm（科探船专家组，1995c）；（b）155-934A-11H-4，
47-90cm（科探船专家组，1995b）

Laurentian扇水道发育一套明显的粗粒沉积。Piper等（1985，1988），Hughes Clarke等（1990）和Shor等（1990）利用侧扫声呐成像和潜水设备观测，描述了水深1600~4700m处的砾石波。波形表现为大波形与小波形互相交替（图1.35）。在水深3500m处，波长大约为70m，波高为5~10m。不对称波形的下坡面倾角为25°~45°。波脊线呈弯曲形态，且与水流方向垂直。但是，波形内部分层无法识别。贯穿一系列底形的侵蚀下切特征表明碎屑支撑的砾岩厚度达3m，含泥质碎屑，且向上递变为砂质。巨砾和粗砾位于不对称底形的迎流侧。在波形之间较浅的长条低洼处，砂岩条带上覆于粗粒波形之上。在水道远端，砾石波逐渐被砂岩覆盖。Piper等（1988）最初将砾石波解释为一次意外浊流事件的初始沉

积，该浊流是由 1929 年 Grand Banks 地震（震级 7.2）触发导致的。但是，Wynn 等（2002b）撤回了这个解释，转而认为是威斯康星晚期的冰川暴发洪水（jökulhlaup）导致的。但是，砂岩条带和砂岩席仍然是由 1929 年地震事件导致的，并将其解释为 1929 年重力流对稍早沉积的砾岩顶部进行碎屑簸选形成的。这表明砾岩层表面特征的形成可能发生在 1929 年，但是更早的成因不能被排除。虽然对 Laurentian 扇水道特征的认知仅限于几米的深度，但是很明显上扇水道上部的充填为无序砾石递变为中—粗砂岩。

Normark 等（1998），Piper 等（1999），Piper 和 Normark（2001）以及 Morris 和 Normark（2000）利用超高分辨率布默震源地震记录对加利福尼亚 Santa Monica 盆地的胡内米扇的沉积物特征进行评价（图 7.18）。没有岩心资料可以用来验证胡内米内扇水道的地震相解释。但是，对砂质和薄层粉砂/泥岩地层的解释经验，使得可以对水道沉积物的结构进行可靠评价。砂质沉积以高反向散射和弱内部反射为特征，纹层/层状细粒沉积可以允许声波穿透，以连续的、弱—中振幅反射为特征。表 7.4 为胡内米扇的 8 种地震相特征。表 7.5 将这些地震相归类于不同的结构单元（越岸单元、水道充填单元、朵体单元、下扇单元和盆地—平原单元）。表 7.6 将单元、亚单元以及地震相与第 2 章的岩相分类联系起来。

表 7.4 Piper 等（1999）识别的胡内米扇的地震相

相	反射特征概述	解 释
I	平行、弱振幅	泥岩，少量粉砂层或纹层
II	平行、中等振幅	泥岩，少于 20% 砂或粉砂层
III	平行、密集、强振幅	泥岩，超过 30% 砂或粉砂层
IV	不连续、亚平行层段与不相干反射层段交替	泥岩夹粉砂质纹层，含少量厚层砂岩层
V	不连续、不规则、强振幅	泥岩夹不连续砂岩层
VI	大多数为不相干、高反向散射；一些连续的强振幅反射	泥岩层之间的厚层砂岩单元
VII	不相干、高反向散射	水道充填砂岩
VIII	不相干、低反向散射	泥质碎积岩

表 7.5 Santa Monica 盆地扇和陆坡单元及亚单元的分类和特征表（据 Piper 等，1999）

单元/亚单元	声波相	形态	规模	
			横向（km）	垂向（m）
越岸单元				
成层很好的天然堤亚单元	I，II	巨大透镜体	宽 1~6；长 5~9	30~100
限制性天然堤亚单元	I，IV	小规模透镜体	宽 0.5~2；长 5~10	5~30
沉积物波亚单元	II，III	大型波形	2~4	1~25
砂质越岸亚单元	IV，VI	透镜体	1~2	3~15

单元/亚单元	声波相	形态	规模	
			横向（km）	垂向（m）
水道充填单元				
上扇峡谷充填亚单元	Ⅶ	巨大水道	宽1~4；长7~11	20~70
中扇水道充填亚单元	Ⅶ，Ⅰ	大型水道	宽0.1~0.5；长<15	3~20
堤化水道充填亚单元	Ⅶ，Ⅵ	小型透镜体	宽0.05~0.1；长约2	2~5
陆坡水道充填亚单元	Ⅶ，Ⅷ，Ⅰ，Ⅱ	大型水道	宽0.5~1.5；长5~9	2~20
朵体单元				
水道末端朵体亚单元	Ⅶ	似透镜状、楔状	1~？5	≥15
低坡度朵体亚单元	Ⅵ	板状、略微透镜状	1~7	2~15
高坡度朵体次级单元（仅Dume扇）	Ⅵ	楔状	<5	2~10
冲刷朵体亚单元	Ⅴ	广泛披覆，不规则层状	<2	<5
下扇单元	Ⅲ	平行、亚平行地层	10~20	>100
微透镜状亚单元	Ⅲ	大型微透镜体	1~2	<2
浅水道充填亚单元	Ⅰ，Ⅶ	宽、极浅水道	0.1~0.7	约1
丘状非成层状亚单元	Ⅷ	侵蚀底，丘状顶	0.5~1.5	<5
盆地—平原单元	Ⅲ	平行地层	20~30	>100
盆地—陆坡单元				
陆坡披覆亚单元	Ⅰ	广泛披覆	—	—
三角洲陆坡亚单元	Ⅰ，Ⅱ	局部披覆	—	—
块状次级单元	Ⅷ	不规则块状体	0.5~1.5	<10
丘状非成层状亚单元	Ⅷ	侵蚀底，丘状顶	0.5~1.5	2~10

表7.6　Piper（1999）解释的地震相与本书使用的岩相分类对比表

相组合类型		地震相	亚单元
B	砂岩（>80%砂岩）（可能包含类型A，砾石和含砾砂岩）	Ⅶ	上扇峡谷充填 中扇水道充填 陆坡水道充填 堤化水道充填 水道末端朵体 下扇浅层水道充填

相组合类型			地震相	亚单元
	有序的砂—泥对偶层			
C2	C2.1	极厚—厚层	Ⅵ	低—高坡度朵体 砂质越岸沉积 限制性天然堤
	C2.2	中等厚度	Ⅲ，Ⅳ，Ⅴ	冲蚀朵体 下扇单元 盆地—平原单元
	C2.3	薄层	Ⅱ，Ⅲ	盆地—平原单元（局部） 成层很好的天然堤（部分） 限制性天然堤 沉积物波（部分）
D2	有序粉砂岩和泥岩		Ⅰ，Ⅱ，Ⅳ	越岸单元 中扇水道沉积 盆地—陆坡（下部）
E	泥岩		Ⅰ	盆地—陆坡（下部）
F2	扭曲/受扰动的泥岩		Ⅷ	陆坡水道充填 丘状非成层状（下扇）
G2	生物成因泥岩		Ⅰ	陆坡—披覆

胡内米扇水道以高声波反向散射为特征。全新世海平面上升期间，内扇主水道部分回填，导致主水道内部发育小型的不相配深泓水道，且两侧为较低的次级天然堤（或阶地），天然堤内含有无固定形状的透镜体（图7.19，图7.34）。水道底部沉积具有叠置砂岩/砾岩的声学特征，而内部的次级天然堤为粉砂岩、泥岩和砂岩透镜体的混合沉积（图7.35）。在水道末端，向中扇的过渡位置，水道底部被叠置砂岩（岩相类B）所覆盖，邻近的较低天然堤由浓密度流形成的厚层砂质浊积岩（岩相C2.1）组成，并侧向变化为薄层砂岩—泥岩对偶层（岩相C2.3）（图7.36）。

7.4.2　沉积物波

7.4.2.1　越岸区泥质沉积物波

大型不对称沉积物波广泛分布于现代海底扇的天然堤上（Normark等，2002）。这些沉积物波是由细粒浊积岩形成的，与沉积物波区之外的浊积岩完全一致，但是沉积物波迎流侧的浊积岩厚度比背流侧的要略厚。这导致了沉积物波向水道方向爬升（图7.37）。迎流侧的差异沉积以及非波形规模的沉积物底负载搬运是沉积物波能够发育和保持下来的原因（Migeon等，2001）。

天然堤沉积物波的波长为0.5~5km，波高3~20m，但是也存在更大规模的沉积物波（Normark等，2002；Wynn和Stow，2002）。沉积物波主要发育于陆坡底部。坡度范围为

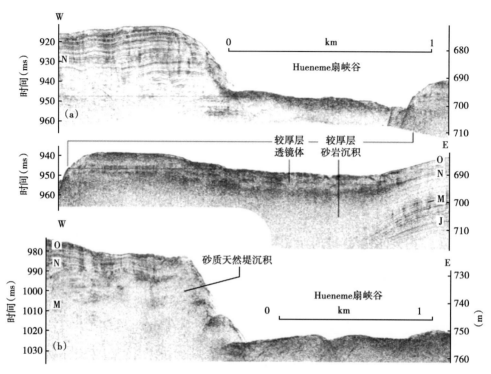

图 7.34 横跨胡内米扇峡谷的两条地震剖面（据 Piper 等，1999）

位置见图 7.18a。（a）过右侧内部天然堤、内部水道（上图）和左侧内部天然堤（下图）
地震剖面；（b）内部水道和右侧内部天然堤地震剖面

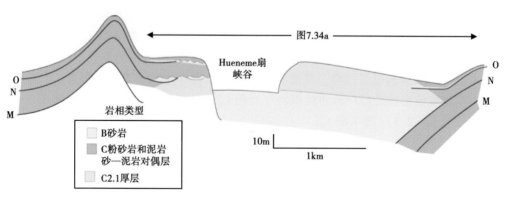

图 7.35 图 7.34a 的地震剖面岩相解释图（据 Piper 等，1999）

该峡谷的结构展示见图 7.18a 和图 7.19

0.1°~0.7°。波形规模向天然堤脊部方向增大。沉积物波的脊线或平行于水道边缘或倾斜于水道边缘，这取决于附近水道的漫溢方向（McHugh 和 Ryan，2000）。沉积物波为厚几十—几百米稀薄浊流的沉积产物。因为这个过程不是海底扇独有的，相似的沉积物波可以发生在很多海底陆坡环境，常常与一些褶皱、断裂导致的沉积滑动相混淆（Lee 等，2002）。

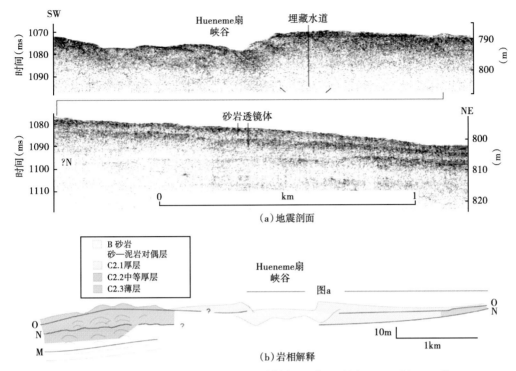

（a）地震剖面

（b）岩相解释

B 砂岩
砂—泥岩对偶层
C2.1厚层
C2.2中等厚层
C2.3薄层

图 7.36　过胡内米扇峡谷上扇—下扇过渡带的横剖面，位置见图 7.18（据 Piper 等，1999）

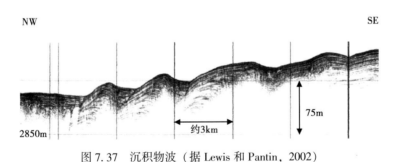

图 7.37　沉积物波（据 Lewis 和 Pantin，2002）

波高约 20m，波长 3~4km，位于水道右侧一个急弯处，沉积物波向 Hikurangi 水道的
方向迁移，水道在该图的东南侧，宽约 5km

　　关于泥质天然堤沉积物波的形成有两种解释。一种解释为非常稀薄的、极厚层漫溢流体在缓慢流动时形成的逆行丘体（Normark 等，1980），另一种解释为障碍物背后"背流波"的沉积产物（Flood，1978，1988）。在后一种情况下，障碍物是天然堤脊部（初始）以及随后形成的一个或多个波形。Flood（1988）提出层状流（例如在周围流体底部的浊流）受海底地形的影响，会导致流体速度结构的改变，在波形上游一侧浊流减速，下游一侧加速。这导致了波形两翼沉积速率不同，增强了海底的波状特征（图 6.13）。

　　沉积物波的规模可以用来估算波形形成时的流体厚度。据 Lewis 和 Pantin（2002），沉积物波波长（L）与流体厚度（H）具有相关性，相关关系为 $L \approx 2\pi H$。所以，当波长为

0.5~5km 时，其流体厚度约 80~800m。

很多作者指出沉积物波一旦形成，且规模足够大时，在其形成条件终止后仍能持续很长时间，后期沉积披覆于继承性地形之上。

使用蒙特利湾水族研究所研发的自动水下机器人（AUV）技术，Covault 等（2014）对南加利福尼亚海域 San Mateo 峡谷—水道体系进行了研究，发现主泓道水道内发育一系列新月状底形。数值模拟、海底观察和浅层海底地层成像表明，这些底形很可能为周期性阶坎，为一系列长波状、向上游迁移的底形。他们认为每个波形的脊部位于浊流水跃点之间，背流侧浊流处于超临界状态，迎流侧浊流处于亚临界状态。数值模拟和地震反射成像都支持周期性阶坎的形成。Covault 等（2014）提出浊流过程和海底地形的相互作用对于水道的初始发育是相当重要的，特别对于高坡度沉积体系而言更是如此。

7.4.2.2 水道和水道—朵体过渡带的砂质/砾质沉积物波

Wynn 等（2002b）对水道和水道—朵体过渡带的粗砂和砾质沉积物波进行了描述。这些沉积物波的规模比泥质越岸沉积物波的规模小（表 7.7）。砂质/砾质沉积物波一般波高几十米，波长约几十至几百米（图 1.35）。波脊大致垂直于主水流方向。这些波形常发育于侵蚀面之上，而且在古老沉积体系的横剖面也观察到，这些波形由块状砾质/粗砂沉积组成，上覆细粒的正粒序沉积单元（参考 Ito 和 Saito，2006）。Wynn 等（2002b）认为粗粒沉积物波可能为浓密度流体在沉积过程中形成的波状顶面，也可能是后期的浊流改造而形成了波状顶面。

表 7.7 水道和水道—朵体过渡带粗粒沉积物波特征表（据 Wynn 等，2002b）

位置	波高（m）	波长（m）	沉积结构
水道			
Canary 岛 El Julan	6	400~1200	粗粒？
Canary 岛 Icod 水道	？	600~1500	粗粒？
Stromboli 峡谷	2~4	20~200	砾/砂
Monterey 扇	？	100	粗粒？
Valencia 水道	？	80	粗粒？
Laurentian 扇	1~10	30~100	砾/粗砂
Var 扇	1.5~5	35~100	砾
Corinth 地堑（露头）	2~6	50~100	砾
智利 Lago Sofia（露头）	4	？	砾
水道—朵体过渡带			
Laurentian 扇	4	300	粗砂？
Agadir 峡谷	？	？	粗粒？
Lisbon 峡谷	？	500~2000	粗粒？
Valencia 扇	？	70	粗粒？

7.4.3　朵体

我们用"朵体"来描述堆积于水道末端之外，以砂岩为主的舌状沉积。当浊流、浓密度流体等从水道口流出时，由于流体膨胀，会促进沉积。当不受地形限制时，朵体在横截面上呈宽广透镜状。朵体包括 Normark（1970）提出的叠覆扇朵体和 Mutti 和 Ricci Lucchi（1972）提出的沉积朵体，但是两者规模存在很大不同，下面会进行概述。我们不支持 Shanmugam 和 Moiola（1991）以及 Shanmugam（2000）提出的主张，他们认为除非砂岩地层具有向上变厚的特征，否则就不能称为朵体。术语是不断演化的。很明显 Emiliano Mutti 和 Franco Ricci Lucchi 没有将不对称的趋势作为定义"朵体"的一部分，否则，Ricci Lucchi（1975b）不会认为 Marnoso arenacea 地层中 37% 的非水道化旋回（即朵体）不具有向上变厚的特征。如果 Ricci Lucchi 认为朵体必须具有向上变厚的特征，那么这个结论就不合理。早期认为地层向上变厚是朵体沉积的普遍特征的观点并没有得到检验，此后，就一直受到众多研究人员的挑战（Anderton，1995；Chen 和 Hiscott，1999a）（第 5.3 章节）。

对于小半径的低效率海底扇，朵体位于中扇（Normark，1978）。对于大型高效率海底扇，如亚马逊扇，朵体不明显，但是每个水道—天然堤体系下伏的强振幅波组砂岩序列中的部分地层可能由朵叶状砂质沉积组成，但是沉积体规模要比海底扇的其他结构单元小得多。我们将强振幅反射波组沉积描述为"席状砂"。

对于开展露头研究的地质学家而言，区分现代扇的"叠覆扇"朵体以及露头上厚 5~20m 的砂岩组是非常重要的。二者之间在规模上非常不匹配。现代叠覆扇朵体一般厚 100~400m（Emmel 和 Curray，1981；Garrison 等，1982；Bouma 等，1984；Nelson 等，1984），所以认为现代叠覆扇朵体是由一系列砂岩组夹细粒沉积组成的多期沉积体。

现代扇的朵体由水道化和非水道化两部分沉积组成，例如，Kenyon 等（2002b）研究的科西嘉岛西部海域和撒丁岛海域的朵体。上扇水道为分流水道，所以水道数量多，但任何时候中扇水道中仅有一条水道是活动的，并作为沉积物搬运的主通道。与上扇相比，中扇水道缺少泥质天然堤。水道可能仅深几米，宽几百米。下加利福尼亚海域 Navy 扇的中扇水道具有一定的侵蚀特征，表现为沿水道底出现高差为几米的突变台阶和阶地。Normark（1979）等将这些现象解释为由于砂质和泥质地层对水道壁侵蚀作用不同造成的，但有一些阶地可能是由于沉积造成的，如 Hein 和 Walker（1982）在露头研究中描述的阶地。尽管有证据表明存在一些下切侵蚀早期沉积的现象，但是 Navy 扇废弃朵体的平滑表面表明水道不是逐渐进积穿过沉积朵体的（Normark 等，1979），而是表现为加积特征。当沉积向低洼处迁移时加积朵体废弃。Normark 等（1998）也总结出 Santa Monica 盆地胡内米扇发育的朵体以垂向加积为主，而不是进积为主。

在很多情况下，中扇水道（部分限制性流体）与远端沉积朵体（非限制性流体）之间过渡带的典型特征为粗粒沉积物波（表 7.7）。Mutti 和 Normark（1987）将该现象解释为在水道出口处附近，水跃时流体膨胀造成紊流增加而形成。在现代沉积体系中，这些沉积物波的波长为几十至几百米。

在侧扫声呐的尺度范围内，现代海底扇朵体表面平滑。浅层超高分辨率地震剖面表现为中—厚层（图 7.38）地层，可能为砂岩，延伸范围 3~7km（Piper 等，1999）。这些地层向下扇方向尖灭，且侧向呈叠瓦状叠加，所以任何沉积造成的低洼地形均被新沉积所充填，形成平缓地形，称之为补偿作用（Mutti 和 Sonnino，1981），新地层补偿沉积于早期沉积形成的不规则地形之上（图 7.39）。砂体向朵体边缘逐渐减薄，直至厚度小于 10cm，并持续减薄至中扇/下扇的分界处。

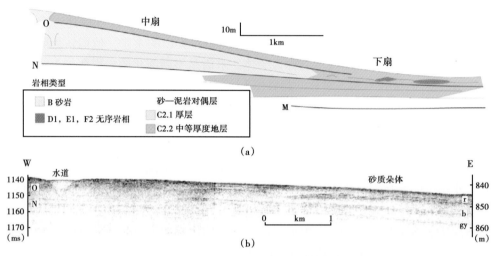

图 7.38　（a）Santa Monica 盆地 Hueneme 扇的砂质朵体无水道部分的岩相分布图。（b）地震剖面，剖面位置见图 7.18，显示推测的砂岩地层（缺少连续内部反射）被反射 r（红色），b（棕色）和 gy（灰色）分隔。这个剖面全部位于中扇，向图（a）所示的下扇方向倾斜（据 Pier 等，1999）

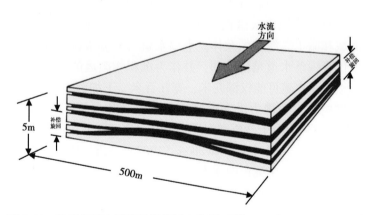

图 7.39　浊积岩侧向迁移补偿旋回立体图（据 Mutti 和 Sonnino，1981）
导致底面地形平缓及形成向上变厚的旋回

中扇朵体的平滑表面和砂岩地层逐渐变薄的特征都是由于浊流和浓密度流体从上游水道流出后，流体分散、减薄、减速而产生的进积沉积。流体从点 X 到点 Y 会经历减速（第 1.4.6 节），X 点的记录仪观察到流体通过时，首先头部变慢，然后主体通过观测点（暂时减速）。流体减速与流体粒度侧向渐变的综合作用，导致中扇朵体的粒序层沉积，但主要还是流体减速导致携砂能力的降低而发生沉积（Hiscott，1994a）。

虽然根据声学特性（表 7.6 和图 7.38）能够得到一些推论，但是由于厚层砂体不利于重力活塞取心，对现代朵体的岩石采样和精细认识还很欠缺。我们希望朵体岩石特征与亚马逊扇强反射波组的取心结果具有相似性（第 7.4.4 节），但是该假设还需进行检验。

Mutti 和 Normark（1987）提出野外区分朵体沉积和水道沉积的识别标准（图 7.40），这些识别标准认为水道沉积具有更多的侵蚀和地层叠置。侵蚀造成不规则的地层边界、地层叠置和大块层内泥岩碎屑。Mutti 和 Normark（1987）也指出沉积朵体非水道化部分的地层形态和岩相比例是如何变化的（图 7.41）。我们推荐利用基于野外露头的识别标准作为区分水道沉积和朵体沉积的手段，而不是将向上变薄（变细）和向上变厚（变粗）的旋回作为区分标准。如第 5.3 节所述，对非水道化浊流地层（包括亚马逊扇）开展广泛调查统计出来的不对称旋回的数量，不大于随机抽签得到的不对称旋回的数量（Chen 和 Hiscott，1999a）。

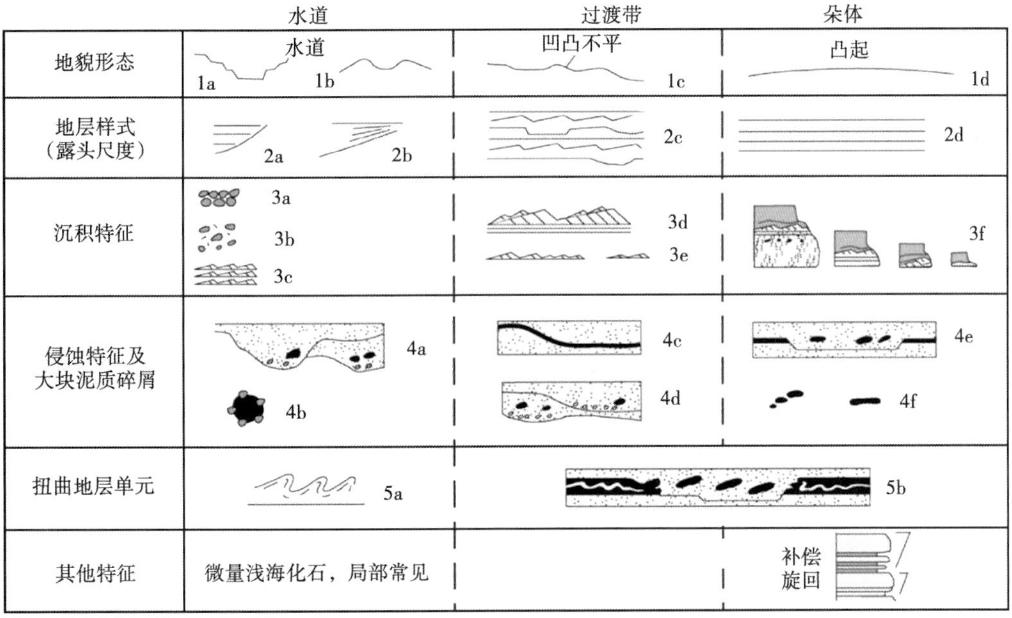

图 7.40　水道、水道—朵体过渡带和朵体沉积野外露头基本特征图
（据 Mutti 和 Normark，1987）

1a＝侵蚀型水道；1b＝沉积型水道；1c＝凹凸不平区；1d＝凸起；2a＝沿水道边缘的地层削截；2b＝向水道边缘的地层收敛；2c＝冲刷和大型底形造成的地层不规则；2d＝平行理层；3a＝碎屑支撑的滞留砾岩；3b＝泥质支撑的砾岩（碎积岩）；3c＝薄层越岸沉积；3d、3e＝粗粒的内部层状砂岩；3f＝完整和底部缺失的鲍马序列；4a＝深的、相对狭窄的、具有基岩碎屑的冲刷；4b＝镶边泥岩碎屑；4c＝泥岩披覆冲刷；4d＝局部发育泥岩碎屑的宽阔冲刷；4e＝具有泥岩撕裂屑的板状冲刷；4f＝成群泥岩碎屑，常表现为反粒序，且有证据表明来自下伏地层掘蚀；5a＝垮塌单元；5b＝碎屑造成的冲刷和变形

Chen 和 Hiscott（1999b）提出了一个新的识别标准来区分水道沉积和非限制型流体沉积（朵体或席状砂）。他们使用赫斯特指数 K 来定量描述海底扇及相关沉积岩相的聚类程

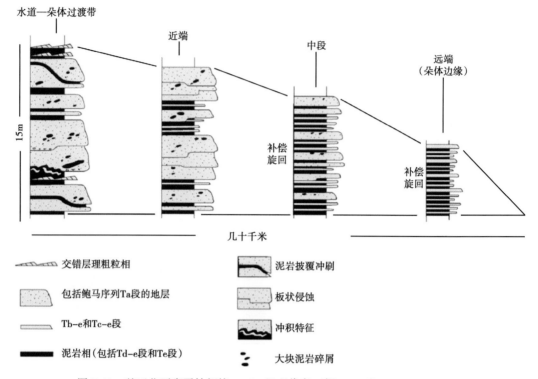

图 7.41　基于北西班牙始新统 Hecho 组现代扇（据 Mutti 和 Normark，1987）
向下扇方向朵体沉积的岩相变化，利用现代海底扇高分辨率地震资料可能观察到朵体岩相的变化

度。这种方法被称作为重标极差法（R/S 分析法）（Feder，1988）。如果沉积地层的聚类程度高，而且 K 值也高，表明发育厚层（或者粗粒的）砂岩和砾岩地层组，常为叠置的，被薄层（或者细粒）地层组分隔开。我们将这种沉积描述为高度"成套的（Packeted）"。在数学术语上这种沉积具有序列相关，表现为部分变量高值或低值的不规则群组。Hurst（1951，1956）推导出如下关系：

$$R/S = N^h \qquad (7.1)$$

R 为平均地层厚度（或粒度）最大累计偏差范围，S 是地层厚度（或粒度）的标准偏差，N 是地层数量，h 是系数，0.5 左右表示随机过程，>0.72 以聚类为特征的自然现象。Hurst 用 K 近似等于系数 h，

$$K = \lg(R/S)/\lg10(N/2) \qquad (7.2)$$

（等式 7.2 中用 K 代替 h，引入 2^{-h} 作为第一个关系式右边的比例常量，易从等式 7.1 推导出 7.2）。用 N 次观察来计算 K，每次测量首先剥离单位（例如，cm，φ 单位），然后用 10 为底的对数数值替代。这么处理的原因是很多地质数据（例如层厚）近似于对数正态分布（Drummond 和 Wilkinson，1996）。对这些转换数据计算标准偏差，R 从累计偏差交会图上直接测量得到（图 7.42）。

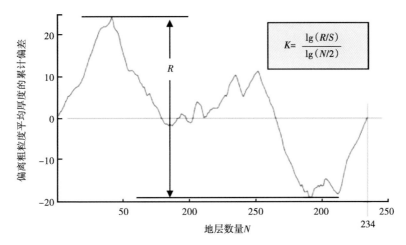

图 7.42　赫斯特指数 K 值计算使用的变量定义图（据 Chen 和 Hiscott，1999b）

R 为偏离平均值的累计偏差最大范围。这个交会图是对加拿大魁北克 Cap Ste-Anne 地区 Tourelle 组的 234 层粗粒段厚度逐层测量得到的。层厚（测量时以 cm 为单位）的对数值用于计算相对于平均值的累计偏差。如果累计偏差主要为正值（例如图左侧部分），表明大部分地层厚度比平均厚度大，指示为一厚层砂岩组合

Chen 和 Hiscott（1999b）研究了 19 个广泛熟知的海底扇地层序列，它们在地质时间、构造位置、相特征和沉积环境等方面，均存在较大不同（表 5.3）。分析结果将在本章进行总结，其中一个检验的地层序列来自现代海底扇（亚马逊扇），而且利用现代海底扇的取心资料和地震资料对富砂和富泥地层组进行了详细描述。

Chen 和 Hiscott（1999b）考虑了三个变量，分别是：重力流粗粒段厚度（即单次事件形成的砾岩+砂岩+粉砂岩的净厚度）、粒度、粗粒段厚度所占比例（相对于上覆泥岩层）。19 个浊积岩段中有 16 个（84.2%）表现出赫斯特（Hurst）现象，即：三个变量的高值和低值具有不规则的长期聚类。Chen 和 Hiscott（1999b）基于野外测量，从同一地层总体中产生 300 个随机序列，使用蒙特卡洛拟合对 300 个随机序列进行比较。他们发现，在赫斯特指数 K 与标准偏差交会图上，水道化的沉积与朵体和席状沉积分布于不同区域，对于这 300 个随机的地层数据，野外露头的赫斯特指数 K 偏离平均赫斯特指数 K（图 7.43）。

Chen 和 Hiscott（1999b）总结认为：（1）水道沉积和天然堤沉积的交替叠加导致了赫斯特指数 K 值与随机序列的平均 K 值之间的偏差较大；（2）朵体和朵体间沉积具有中等 K 值，且适度偏离随机序列的平均 K 值；（3）盆底席状砂岩的 K 值较低，弱偏离随机序列平均 K 值。Hurst 统计学应用得到 Felletti（2004）和 Felletti 等（2010）证实，提供了另外一种识别不同结构单元（包括朵体）的手段。

7.4.4　席状沉积

如果单个地层在深水地层序列中可以追踪数十千米且平均厚度没有明显变化，那么可以认为是似席状沉积。理想情况是，单次事件形成的地层可以覆盖整个席状沉积的区域，但更可能是地层 x 广泛分布于席状沉积的一个区域，而在其他区域被地层 y 所沉积，但是整个席状沉积的总厚度基本保持不变。海底扇沉积仅在小半径、低效扇的下扇区域以及

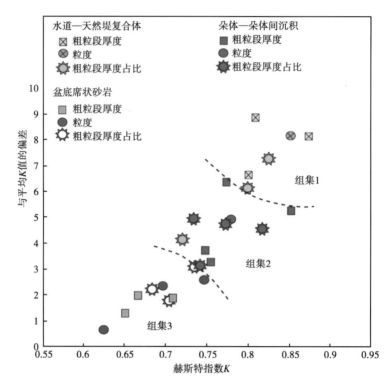

图 7.43　水道—天然堤、朵体—朵体间沉积和盆底席状砂岩的赫斯特指数 K 值
与偏差值的交会图（据 Chen 和 Hiscott，1999b）

Y 坐标表示 300 个随机序列赫斯特指数 K 值偏离平均 K 值的标准偏差值。例如，一个水道—天然堤复合体
的赫斯特指数 K 值与平均 K 值之间标准偏差为 9。在每种情况下，y 轴的标准偏差都是与 300 个 K 值
的平均值进行比较计算获得的

大型高效扇天然堤之间的下扇区域，具有似席状几何形态的沉积。当然，深海平原、海槽和前陆盆地的盆地—平原浊积岩在盆地范围内也具有席状几何形态（第 10 和 11 章）。

　　亚马逊扇海底以下 500~800m 地层由三个分布广泛的天然堤复合体组成（图 7.9），每个复合体均由侧向叠瓦状叠加的水道—天然堤组成。最年轻的为上部天然堤复合体，形成于更新世末期的末次冰期（Flood 和 Piper，1997）。中—粗粒、似席状的富砂单元广泛发育于上部天然堤复合体之下。在地震剖面上（Flood 等，1991，1995；Damuth 等，1995），这些似席状单元对应于强振幅反射波组，包括平行的和微透镜状内部反射，微透镜状内部反射表明存在小型、未发育天然堤的水道。这些沉积仅广泛记录于现代扇的席状单元中，所以可以对细节进行详细描述。基于对强振幅反射波组的钻井结果，亚马逊扇广泛发育的席状沉积具有高砂泥比特征（图 7.11）。这些席状沉积厚几十米，侧向延伸几十至几百千米。

　　强振幅反射波组（HARPS）与亚马逊扇的上扇、中扇的水道—天然堤单元（Pirmez，1994）以及下扇砂质朵体同期发育（Flood&Piper，1997）。因此，亚马逊扇的盆底扇（砂质朵体）和斜坡扇（水道—天然堤复合体）在形成时间上不存在差别，均形成于同一低位域期（Hiscott 等，1997c；Nelson 和 Damuth，2003）。为了研究这些席状砂的特征，Primez

等（1997）对 931、935、936、944 和 946 站位的岩心、测井和 FMS 成像资料进行了详细描述和解释。实例见图 7.11。

中扇强振幅反射波组与单次决口事件有关，形成厚 10~30m 的砂岩组，并与薄层越岸交互沉积。这些砂组一般具有突变的底部接触面和较突变的顶面。局部砂组存在渐变底界。下扇（大洋钻探计划 945 和 946 站位）具有相似地层特征，但很少相互叠加，即使存在，也夹有越岸沉积，形成了厚达 100m 的席状砂。如果席状砂上覆加积水道轴部的沉积（HAR），那么砂岩总厚度可能还要大。泥质碎屑常见于较厚砂层内，有时砂层厚度超过 10m。部分地层基本不含泥岩夹层，而另一些地层含有大量厚度小于 50cm 的泥岩层。

其他大型海底扇，如印度扇（Kolla 和 macurda，1988；McHargue，1991）、孟加拉扇（Droz 和 Bellaiche，1991；Thomas 等，2012；France-Lanord，Spiess，Klaus 和 Expedition 354 Scientists，2015）、密西西比扇（Weimer，1991）和 Rhône 扇（Droz 和 Bellaiche，1985；d'Heilly 等，1988），水道—天然堤体系的底部也发育具有强—弱振幅地震反射特征的上超地层单元。与亚马逊扇类比，这些大型海底扇可能发育与决口和水道末端相关的富砂席状沉积。由于逐渐的溯源侵蚀和水道梯度变化，造成上扇决口位置的幕式迁移，或天然堤间砂体沉积的自旋回迁移，砂岩地层一般呈组出现。

7.4.5 冲刷构造和大型冲槽

Normark 等（1979）首次对加利福尼亚 Navy 扇表面的大型不对称冲刷构造进行了详细描述。中扇水道间区域以大量的冲刷和丘状地形为特征。冲刷构造宽度为 50~>500m，常发育在水道急弯处天然堤脊部，拐弯处上部浊流因无法拐弯而漫溢出来，该过程称为流体剥离（图 7.44，Piper 和 Normark，1983）。

随后，在很多现代沉积和一些古老沉积中都发现了大型沟槽状冲刷构造（称为大型冲槽）（Shor 等，1999；Masson 等，1995；Kenyon 等，1995b；Vicente Bravo 和 Robles，1995；Elliott，2002a）。这些冲刷构造常具有泥岩披覆，而不是砂岩披覆，推测它们为天然堤背面和水道—朵体过渡带的特征，在该区域超临界浊流和浓密度流体发生膨胀，可能经历水跃，引起了完全紊流，从而导致海底侵蚀（Mutti 和 Normark，1987，1991）。

Masson 等（1995）对 Monterey 扇水道的大量冲刷构造组合进行描述，冲刷构造集中于弯曲水道的外侧（图 7.45）。冲刷构造具有强烈的不对称特征，直径从几十米至 1km 不等，一些冲刷构造深度大于 10m。Kenyon 等（1995b）对 Rhône 扇水道—朵体过渡带的冲刷构造进行了描述。这些冲刷构造深达 20m，宽度 1km（图 7.46）。它们在平面图上呈新月形，上坡一侧较陡。现代海底扇大型冲刷构造的发现表明对野外露头二维剖面进行侵蚀构造解释时需非常注意，这些大型冲槽可能被错误地解释为水道。因为现代沉积中对于大型不对称冲刷构造的充填沉积不了解，所以必须依赖古老沉积露头的实例来获取岩相信息（Bravo 和 Robles，1995；Elliott，2000a）。现代海底扇大型冲刷构造和大型冲槽的广泛分布证实了存在大型紊乱沉积重力流。

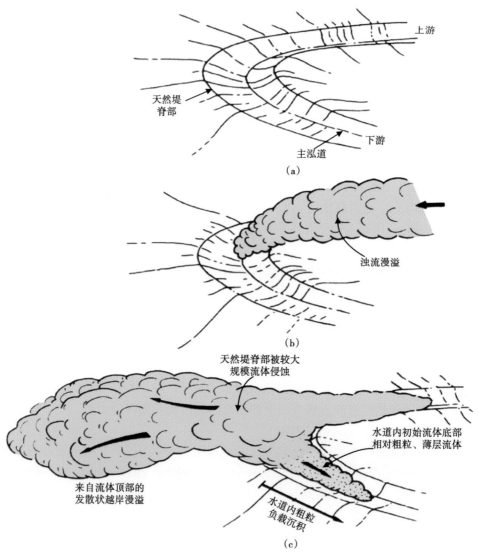

图 7.44　流体剥离理论图解（据 Pickering 等，1989）
水道弯曲（a）导致初始流体最终分离成两部分（c）；越岸漫溢导致动量损失
（b）使得砂岩沉积于水道弯曲处的下游位置

7.4.6　块体搬运复合体

　　众多现代海底扇的大部分表面都被块体搬运复合体所覆盖（Walker 和 Massingill，1970；Damuth 和 Embley，1981；Twichell 等，1991；Piper 等，1997；Gamberi 等，2010）；块体搬运复合体为一期或多期黏性流、滑塌或者沉积滑动形成的块状、不规则、混杂沉积单元。实际上，它们为海底崩塌沉积（Hampton 等，1996）。亚马逊扇的地震成像和钻井揭示了这些杂乱沉积为较老沉积地层的一部分（Piper 等，1997）。块体搬运复合体（MTCs）

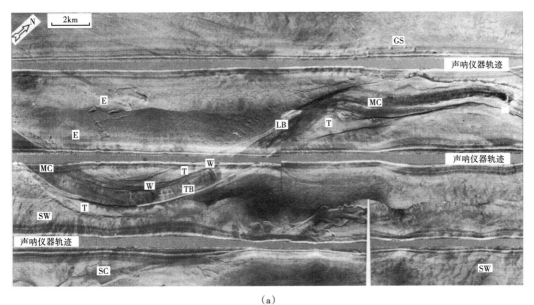

（a）

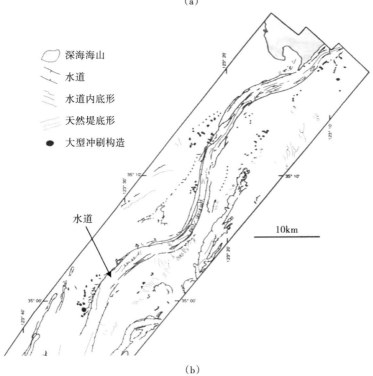

（b）

图 7.45　（a）经数字处理后的 TOBI 侧扫声呐图像，展示了 Monterey 海底水道（MC）的主要特征；
（b）基于 TOBI 30kHz 深拖侧扫声呐和 7kHz 剖面数据绘制的 Monterey 扇水道素描图。注意河曲外
侧的大型冲刷构造发育区的位置（据 Masson 等，1995）

T＝阶地；W＝落水/瀑布；LB＝纵向底形；TB＝横向底形；SW＝沉积物波；GS＝大型冲刷构造；

E＝表面密集侵蚀区。浅色和深色调分别是高反向散射和低反向散射区域

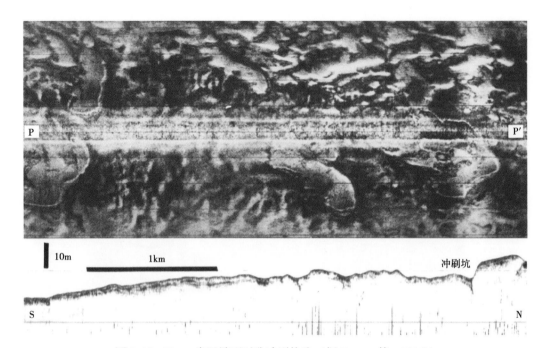

图 7.46   Rhône 扇远端不对称冲刷构造（据 Kenyon 等，1995b）

图像采集使用的是 30kHz 侧扫声呐系统和 5kHz 海底剖面仪。该海底扇上其他位置发育的冲刷构造规模更大

在上部几百米的地层中占 20%，在水深小于 4000m 的区域占海底扇表面 40% 的面积（图 7.8）。取心揭示单个块体搬运单元的厚度约 100～120m。局部表现为侵蚀性削截或破坏下伏沉积单元，特别是在较高天然堤的位置。

大洋钻探计划在获取埋深超过 100m 的沉积地层岩心样品时，需要采用旋转取心技术，除非地层已成岩，否则不可避免地会导致地层变形（科探船专家组，1995e）。幸运的是，亚马逊扇西部块体搬运复合体（全新统）埋藏深度较浅（图 7.8；Damuth 和 Embley，1981）。向下坡方向该块体搬运复合体前部突变（图 7.47）。大洋钻探计划 941 站位对厚

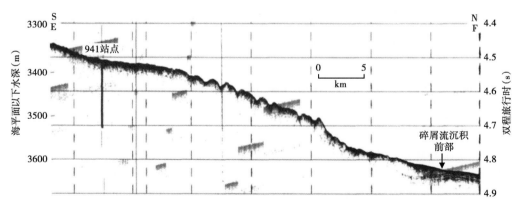

图 7.47   3.5kHz 的块体搬运复合体剖面（据科探船专家组，1995e）

站点 941 对块体搬运复合体进行了取心。块体搬运复合体前部附近可观察到块体搬运复合体下伏层状沉积

125m 的西部块体搬运复合体上部 85m 的地层进行了取心，在钻探过程中，未采用旋转取样方式，而采用了液压活塞取样，保存了沉积物的完整性。虽然只有一个样品，但因为未采集到其他未受干扰的、可对比的沉积，本节还是要对大洋钻探计划 941 站位处的块体搬运复合体进行描述。

　　实际上块体搬运复合体的所有岩心均受到软沉积物失稳、变形、再沉积的影响，表现为岩性和颜色突变、变形指示构造（如褶皱和断层）、不整合的地层关系和大小不同的碎屑（图 7.48，科探船专家组，1995e）。泥质碎屑的大小从厘米级至米级不等，也可能更大，横跨 1.5m 长的岩心段。倾角范围从很小到近 90°，常见倾角为 50°~80°。在一些岩心上地层倾向与倾角不同说明存在不整合地层关系，在一些情况下表现为明显断层。褶皱发育规模不同，在岩心上可观察到一些厘米级的褶皱。在一段厚 130cm 的取心段，顶部地层倾斜方向与底部地层倾斜方向相反。古地磁分析表明顶部和底部的古地磁极性发生了反转。因此，该段地层似乎发育大型褶皱。彩色带、纹层和地层变形的特征，进一步证实沉积物发生变形。它们大部分表现为挤压、拉伸特征，且具有不规则边界。

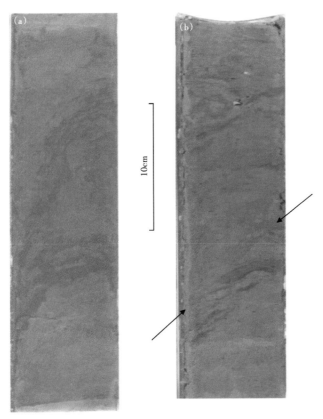

图 7.48　亚马逊扇西部块体搬运复合体的变形构造和大块碎屑（大洋钻探计划 941 站位取心结果，站位位置见图 7.8）（据科探船专家组，1995e）

两张图均为岩心剖开的横截面图，取心采用的是直径 6.6cm 液压活塞取心器（a）陡倾的"齿状"色带和层段可能含有大块碎屑；（b）大型碎屑的突变边界（箭头处）。该段岩心的其他部分为块体搬运沉积基质，发育翼足类贝壳和小块碎屑

941 站位块体搬运复合体内发现异地化石和树木，包括棘皮动物、腹足类动物、翼足动物、介形虫、细小的分散植物碎屑和 3cm 长的树木碎屑。成岩沉积物的碎屑和基岩碎屑很少。松散沉积物碎屑和块体通常发生变形，具有锯齿状边界，表明其受微断层或剪切作用改造。

亚马逊扇块体搬运复合体的变形程度相当大，如果其出露于地表，将能观察到大型块体的杂乱集合，部分发生褶皱变形和断裂变形。基质细小，由泥质组成，主要来源于碎屑边缘以及初始滑塌位置的沉积物。

7.5 现代海底扇结构单元分布

很少有人关注现代海底扇每个结构单元体积规模的重要性。图 7.49 为每个结构单元对

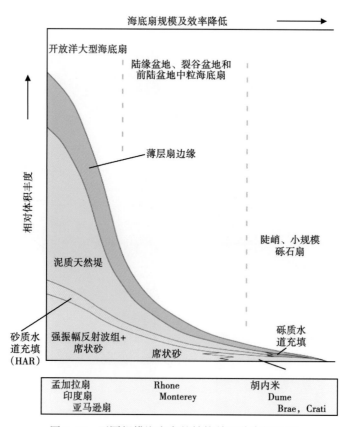

图 7.49 不同规模海底扇的结构单元分布概念图

纵坐标表示近似（和相对）比例，但不是严格定量化。图中任意点的结构单元的累积厚度为海底扇的相对体积。少量大型海底扇的沉积物比其他所有扇体沉积物的总和还要多。每个沉积单元的相对体积权重由图中结构单元的厚度表示，权重随着扇体规模的不同而变化。每个实例（如胡内米扇）都具有混合特征。由于块体搬运复合体常由变形沉积物组成，变形沉积物的原始沉积可能为图中的天然堤或其他结构单元，所以未囊括于该图中。许多现代海底扇的高位"凝缩段"半深海沉积太薄以致在图中无法显示。该图是根据 Folk（1974）的沉积环境与结构成熟度交会图重新绘制

现代海底扇体系贡献的概念图。块体搬运复合体未包括其中，这是因为块体搬运复合体常由扇体再搬运沉积组成，所以进行单独说明。天然堤常由迁移的沉积物波形成。因为大型冲刷构造是侵蚀型的，而非沉积型的，所以在图中未展示。大型开放大洋的海底扇以水道—天然堤复合体为主，富砂的强振幅反射波组下伏于水道—天然堤砂体之下。虽然其砂岩百分比相较于主动大陆边缘盆地的小型海底扇要低，但是开放大洋海底扇的绝对规模使得它们成为洋盆中最大的陆源砂体聚集场所。

随着海底扇变小，天然堤的相对体积权重以最快速率降低。中—小半径海底扇以富砂/砾水道和富砂朵体为主。下扇沉积粒度细，由鲍马序列浊积岩（岩相 C2.2，C2.3 和 D2.1）与泥岩互层组成。

图 7.49 展示的体积规模比例整合了所有评价海底扇的体积规模，但未区分上扇、中扇、下扇。Piper 和 Normark（2001）根据亚马逊扇上扇和相邻深海平原的 5 个剖面估算了亚马逊扇结构单元及其相关岩石类型的比例（图 7.50）。下扇砂岩含量最高，被堤化水道所限制的沉积重力流在下扇位置分散开，速率降低，于是流体下部携带的粗悬浮物最终沉积下来。

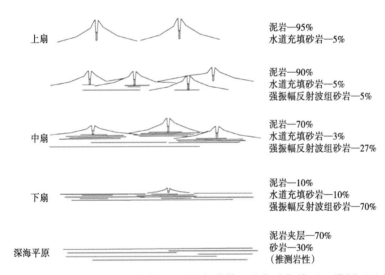

图 7.50 亚马逊扇最年轻的水道—天然堤复合体（末期冰期旋回）横剖面示意图

图中砂泥岩比例据 Piper 和 Normark（2001）估算

7.6 现代非扇形沉积体系

沉积物扩散作用可以将浅海（例如陆架、火山的侧翼）碎屑物质搬运至深海；或将深海碎屑物质从一个地方搬运至另一个地方并再沉积。陆架至盆地搬运基本依靠重力流作用（见 1.4 节）和重力滑塌。深海和半深海区域的沉积物再分布则完全依靠温盐环流的作用（比如，等深流）。温盐环流及沉积物特征详见第 6 章。

前面所述流体类型中不包括两类流体，即海底峡谷内的潮汐和表层流，潮汐能够促进细粒沉积物包括一定数量的砂向盆地方向搬运（1.2.2节，Shanmugam，2003），表层流能够透过足够的水深，在水深几百—几千米处对砂泥进行重新分配，（Kenyon 等，2002；Shanmugam 等，1993a）。

在远离海底扇体系的地区，陆架碎屑物质可能依靠沟槽和峡谷形成的网络被搬运至盆地，形成一个宽广的陆坡裙，而不是一个锥形深水扇。Stow（1986）总结了三种复合陆坡裙模式：正常型（碎屑）、断层型和碳酸盐岩型。根据地貌构造环境，他提出了至少十种不同类型的陆坡裙。Stow（1986）识别出的主要海底地形包括：陡峭陆架坡折、断崖和礁麓堆积楔状体、垮塌和滑塌残痕、不规则滑塌和碎屑流沉积（块体搬运复合体）、小型水道和冲沟、大型复杂树枝状峡谷、孤立朵体、丘状体和漂积体、平滑表面或流体改造的表面。Stow（1986）进一步识别了上陆坡裙泥岩和下陆坡裙泥岩的岩相组合差异。他提出上陆坡裙以更多的"高能"特征为标志，包括更多的再搬运沉积特征：滑动残痕，侵蚀冲沟和水道；相反，下陆坡裙以"低能"为特征，具有更高频的细粒浊积岩、孤立海底水道充填、碎积岩、滑动和滑塌残痕，以及局部与等深流漂积体和海底扇交互沉积。近年来，西北非大陆边缘被认为是硅质碎屑陆坡裙的典型现代实例（Wynn 等，2000）。其详细描述和讨论见9.4.3节。

部分大型、孤立深水水道直接将沉积物搬运至深水平原区，而未形成海底扇地形。实例包括拉布拉多海西北大西洋洋中水道（NAMOC）和相关的辫状平原（Hesse，1995a；Hesse 和 Chough，1980；Hesse 等，1987，1990，1996，2001；Hesse 和 Klaucke；1995；Klaucke 和 Hesse，1996；Klaucke 等，1998a，1998b）、阿留申群岛向南至阿留申深海平原（Grim 和 Naugler，1969；Mammerickx，1970；Hamilton，1973）以及向北至白令海盆地的一系列深海水道（Carlson 和 Karl，1988；Kenyon 和 Millington，1995）。

拉布拉多海盆地发育三种显著的结构单元：（1）沿锯齿状海岸线发育大量强烈切割陆坡向海延伸的冰川峡谷（Hesse 和 Klaucke，1995）；（2）弯曲主水道（NAMOC），大约长4000km（Chough 和 Hesse，1976），具有细粒沉积物形成的天然堤建造，物源来自陆坡冲沟；（3）NAMOC 东北部的砂质辫状平原，由冰川破裂洪水导致的异重流携带碎屑物质沉积形成（jökulhlaups-Hesse 等，2001）。辫状平原的一些砂岩粒度大于2mm。侧扫声呐图上可见条纹表面，Hesse 等（2001）将其解释为侵蚀标记（槽模和脊）和沉积单元（水道、沙坝、朵体）。将砂岩搬运至辫状平原的高能流体在局部地区侵蚀了NAMOC 左侧的天然堤。

NAMOC 天然堤的声波特征和大量的岩心数据表明这些天然堤由粉砂和泥岩薄互层组成（含少量砂岩），与以亚马逊扇为代表的大型海底扇天然堤非常相似（图 7.1a）。Chough 和 Hesse（1980）将天然堤浊积岩沉积结构变化归因于浊流在水道传播过程中，头部和主体之间交替溢出。水道底部沉积为砂质和砾质。

阿留申深海平原位于阿留申海槽南部，Surveyon 断裂带北部，其东部和西部被海山限制（图 7.51）。浊流沉积始于中始新世，结束于渐新世（Scholl 和 Creager，1971）。深海平原目前被深海沉积物所覆盖。大量堤化水道将浊积岩输送至深海平原，特别是 Sagittarius 水道、Aquarius 水道和 Taurus 水道（Mammerickx，1970），以及 Seamap 水道（Grim 和 Naugler，1969）。Hamilton（1973）对其他的一些埋藏水道进行了描述。这些水道是加积型的，沿较低海脊发育，由于科氏力的影响，西侧天然堤比东侧天然堤要高和宽，西侧天然堤的沉积厚度为 250~800m（Hamilton，1973）。

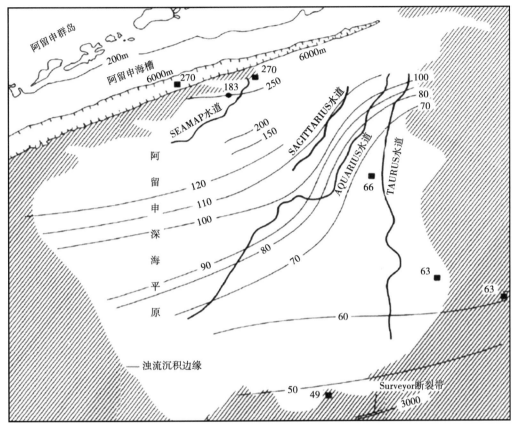

图 7.51　阿留申深海平原，展示了覆盖在浊积体系之上的深海沉积物厚度图
（等厚线单位为米）（据 Hamilton，1973）
深海水道在图中已进行了标记。孤立数字为测量的深海沉积物厚度

　　Kenyon 和 Millington（1995）对 Aleutian 岛链北部的 Umnak 沉积体系进行了描述。海底以长条状底形、新月形冲刷构造、辫状沙坝和远端席状砂为特征。最明显的是分散沉积体系远端的辫状水道（图 7.52），距离上陆坡分支水道末端约几百千米。

　　最后，需重点说明的是洋壳上的线状构造和构造凹陷对重力流搬运路径的影响作用。例如，俄勒冈州海上 Cascadia 水道内浊流，首先被 Blanco 断裂带限制，然后顺着 Mendocino 断裂带，呈一个迂回的路径进入 Escanada 海沟（图 7.53；Zuffa 等，1997）。断裂带形成的槽状地形阻止浊流扩散形成扇形沉积体。相似的情况出现在大洋海槽处，发育线状分布的沉积体系，而不是以扇状分布的沉积体系（图 7.54；Thornburg 和 Kulm，1987）。

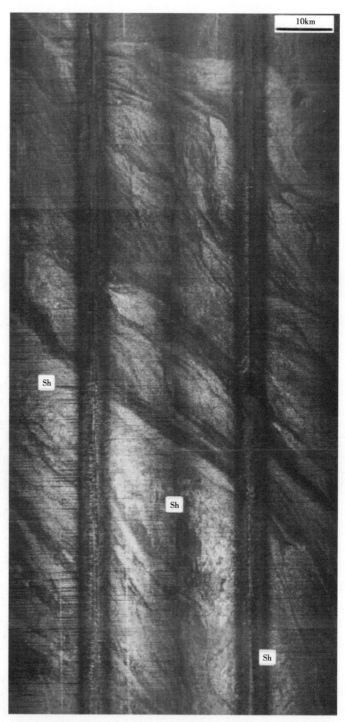

图 7.52　Umnak 远端席状砂的 GLORIA 侧扫声呐图（据 Kenyon 和 Millington，1995）

具有似辫状底形，向搬运路径的下游方向延伸。流体方向是自左上至右下。

Sh 为宽阔、高反向散射条带，由厚达 8m 的席状沉积物组成

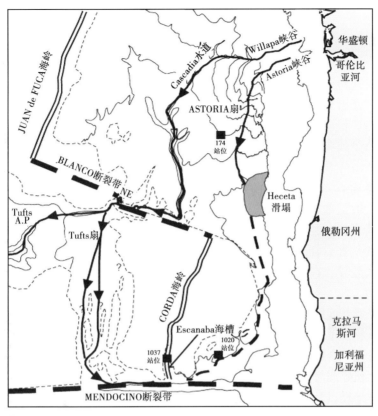

图 7.53 从 Cascadia 水道到 Escanaba 海沟 1037 站点处的浊流迂回传播路径图
（据 Piper 和 Normark，2001）

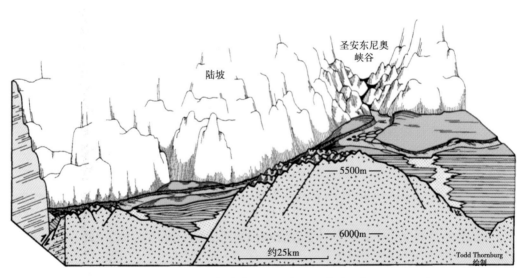

图 7.54 圣安东尼奥峡谷与智利海槽似席状沉积（右）汇流图（据 Thornburg 和 Kulm，1987）
汇流北部的海槽轴部（左）发育一轴部砂质朵体，粗粒沉积呈条带状分布

7.7 小结

海底扇是油气勘探的重要目标，特别是富砂水道、朵体、似席状沉积（例如，强反射波组）和侵入复合体（2.10 节）。20 世纪七八十年代，曾尝试利用露头数据和岩心数据的垂向序列与现代海底扇亚环境平面分布之间的真实和推测关系，将海底扇地层序列简化、凝练成一个或者两个相模型。但是近年来发现现代（和古代，见第 8 章）海底扇非常复杂多变，由一系列内在和外在因素控制其地层记录。20 世纪八九十年代过分强调基准面（如海平面）对砂岩含量的影响作用，尤其是对厚 10~30m 的富砂地层组和富泥地层组的影响。但是本书中实例表明富砂和富泥地层组的多次交替现象可以是一次低位期内由于内在因素例如水道迁移（决口）形成，而不是基准面变化形成的沉积物堆积。砂岩供给特征（例如，河流输入或沿岸流搬运沉积物至峡谷源头）会导致在高位期内深海相粒度有很大差异；在河流供给的情况下，流域的气候变化对砂岩向海底扇输送会有强烈的影响作用。

关于钙质碎屑海底扇的地层记录很少，而且缺少现今的实例，这可能是因为学术团体和工业组织将其忽视了（Payros 和 Pujalte，2008）。Payros 和 Pujalte（2008）对钙质碎屑海底扇的特征进行了综合描述。他们认为钙质碎屑海底扇长度为几千米到大于 100km，并识别三种类型的钙质碎屑海底扇：（1）粗粒小规模（小于 10km）海底扇，具有相对长的堤化水道、小的朵体半径以及大量的砾屑灰岩和少量泥岩；（2）中粒中等规模海底扇，长度为 10~35km，具有分支网络状陆坡冲沟，并最终汇聚形成一个堤化水道，主沉积部位以广泛分布的朵体和/或席状砂为特征，发育大量的砂屑灰岩和较少量的砾屑灰岩，并通过一个狭窄的扇边缘过渡为盆地沉积；（3）细粒大规模海底扇，长度为 60~100km，发育宽且长的陆坡水道，这些水道为广泛分布的钙质浊流席状沉积提供补给，水道内富含砂屑灰岩和泥岩，但是缺乏砾屑灰岩。Payros 和 Pujalte（2008）也提出根据粒度分布，划分为三种类型，分别可以与富砂/砾、富泥/砂、和富泥型硅质碎屑海底扇相类比。但是，这三种类型的钙质碎屑海底扇在规模和沉积结构方面表现出明显差别，反映了它们各自的重力流具有不同的特征。大部分钙质碎屑海底扇发育于低角度陆坡，物源来自远处遭受高能量流体作用的碳酸盐岩缓坡。在这种条件下，浅水松散颗粒沉积物被搬运至陆坡，最后通过一系列重力流汇集到海底扇。

我们认为，研究海底扇沉积的最可靠方法是将野外露头（或者地下）的特征与主要结构单元的识别标准（见表 7.1，如天然堤、水道、水道化朵体、席状砂和楔状体）相匹配。多数标准总结在图 7.40 和图 7.41 中。由于许多主观上识别出来的趋势与统计检验结果不相符，而且将基准面变化作为解释岩相或者结构旋回的唯一因素，所以在评价地层厚度和粒度的非对称趋势时，需非常谨慎。

一旦在古老或地下实例中识别出主要的结构单元，那么扇类型、可能的空间延伸范围以及沉积体的连续性，可以根据现代扇总结的体积丰度来推测出来（图 7.49）。另外，如果能够对一个足够大的范围进行研究，那么古水流图和相图可以提高挑选合适现代海底扇实例进行类比的几率。先解剖再重建特征岩相的空间分布，其本身就是一个挑战。在很多情况下，更复杂的是明确内部因素和外部因素对海底扇发育的相对重要性。第 4 章和第 8 章内容表明当研究者仅有部分数据进行研究时，许多替代方法和复杂性会导致解释错误。熟读文献并从中获得经验，以及一个开放的思维是获取最合理解释所必需的重要品质。

第8章　古老海底扇及其沉积体系

西班牙比利牛斯山脉艾恩萨盆地中始新统深海沉积俯视全景图。盆地的东侧被梅迪亚诺（Mediano）背斜所限，梅迪亚诺背斜褶皱为下始新统浅海碳酸盐岩沉积，位于梅迪亚诺水库的东侧（右手边）。盆地的西侧被博尔塔尼亚（Boltaña）背斜所限，图中左侧的背景山麓。在这个视角下，主要是水道化的深海砂质扇体，均向西倾斜，并被山脊所限。

8.1　概述

最早识别古老海底扇的方法是基于野外露头的相组合、水道特征和古水流图（Sull-wold，1960；Jacka 等，1968）。一般来讲，古老海底扇不能通过辐射状的古水流和形状进行识别，必须通过相组合和结构来推导他们的成因，该观点由 Mutti 和 Ghibaudo（1972）和 Mutti 和 Ricci Lucchi（1972）首次提出。后者认为海底扇由以下部分组成：（1）内扇，以大型水道内的砾岩和粗砂岩相（岩相类 A 和 B）切割细粒沉积为特征；（2）中扇，由向上变细变薄的砂岩和少量砾岩组成（岩相类 B 和 A），与岩相类 C、D 和 E 为主的组合互层；（3）外扇，少量水道或不发育水道，重力流沉积平行发育，且具有向上增厚、变粗的旋回，在远端沉积中被称为"补偿旋回（compensation cycles）"（Mutti 和 Sonnino，1981；Mutti，1984；Ricci Lucchi，1984）。

近年来，随着对现代扇体成图和高分辨率图像精度的增加，以及大量的详细露头研究，对古老扇和现代扇采用不同的扇模式的趋势已接近消失。最初提出的古老扇的术语（内、中和外扇）很大程度被放弃，以避免出现下面的误会：Mutti 和 Ricci Lucchi（1972）最初定义的中扇和外扇区域都落在 Normark（1970）定义的中扇区域；Normark 提出的下扇在 Mutti 和 Ricci Lucchi（1972）的方案中被归为盆地平原。在古老沉积中，运用与现代扇体一致的标准来区分上、中、下扇是不可能的；相反，有必要估算总的溢出量，这是天然堤高度、限制程度和扇体距离的函数（Hiscott 等 1997b）。Mutti 和 Ricci Lucchi（1972），Ricci Lucchi（1975b）和 Walker（1978）提出的简单、通用海底扇模式在 20 世纪 70 年代和 80 年代早期为地质科学界提供了很好的服务，但是现在看来，太过于简化了。基于形状的扇体分类［如 Pickering（1982c）和 Stow（1985）提出的半径和长度］也过于简化，因为形状是一个非独立的变量，它反映的是盆地构造背景（Pickering，1982c；Shanmugam 和 Moiola，1985）。

自 Mutti 和 Ricci Lucchi（1972）的开创性工作以来，已经取得了一些重要的发现，而根据这些发现，就需要对他们的沉积模式进行修改。这里强调其中的四个发现。其他问题将在随后的章节中进一步讨论。第一，很明显，即使是小型海底扇，天然堤水道也比以前想象的要多得多（Piper 等，1999）。第二，最初在现代扇体系内发现的大型冲刷和沟槽（可能与小水道相混淆），已经在古老海底扇体系中进行描述（Vicente-Bravo 和 Robles，1995；Elliott，2000a，b）。这些冲刷构造可能在古老地层中广泛分布，但是需要通过好的三维露头才能识别。第三，目前已经认识到钙质碎屑海底扇需要一种不同于硅质碎屑海底扇的沉积模式（Payros 和 Pujalte，2008）。第四，通过对经典露头大量剖面的统计分析，表明层厚和粒度的变化趋势（如向上变粗/增厚或向上变细/变薄的趋势）并不常见，所以这种趋势用于解释或识别扇体的沉积环境并不可靠（Harper，1998；Chen 和 Hiscott，1999a；Anderton，1995）。第四点给本书的编写造成了一些困难，因为本书引用的很多参考文献都主张存在向上变薄或者变细的趋势，但是缺少必需的原始数据进行统计性的测试，以确认（或反驳）这种观点。在很多情况下，这个结论是来自野外照片的主观结论，而不是基于逐层测量的定量分析。基于这个原因，读者应该对本章之前完全基于文献来源而未进行统计检验的不对称趋势保留怀疑的态度。

将古老深海扇特征与现代海底扇的沉积过程联系起来的主要困难是观测规模的差异（Normark 等，1979；Wynn 等，2002b），另外，大部分现代扇自最近一次海平面上升以来，多处于不活动状态，被半深海泥岩（岩相类 E）所覆盖。在最好的露头中观察到的特征，除个别情况外，都小于现有最高分辨率的深海成像所能识别的扇体（图 8.1）。超高分辨率地震系统的垂向分辨率已经提高到可以识别几十厘米厚度的程度（Piper 等，1999），但侧扫声呐和多波束剖面的海底"采集脚印"约有 5~10m，无法通过海底照片识别野外露头和钻井尺度的沉积构造（Wynn 等，2002a）。

相序反映了沉积物结构、沉积通量、构造隆升/沉降、海平面变化和全球气候变化（时间尺度范围广）之间的复杂相互作用，以及扇体内部的作用过程，如水道迁移、块体失稳等（参见第 4 章）。很多古老海底扇沉积没有发育大量向上变薄或变厚的趋势（Hiscott，1981；Chan 和 Dott，1983；McLean 和 Howell，1984；Chen 和 Hiscott，1999a）。现在有一些

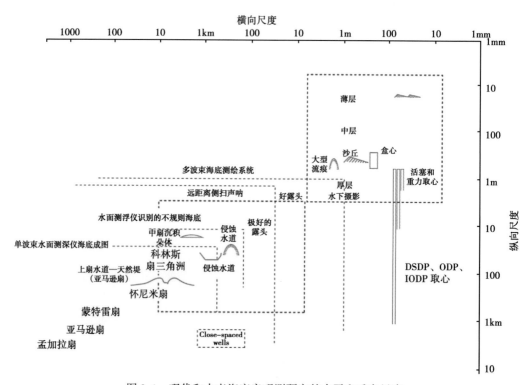

图 8.1　现代和古老海底扇观测研究的水平和垂向尺度

（引自 Piper 和 Normark，2001；据 Normark 等，1979，修改）

大部分野外露头的观测尺度位于右上角的虚线框内。大部分海洋观测的尺度位于虚线框以外

共识认为，那些确实存在的向上增厚的趋势，可能不是朵体进积的结果，而可能是重力流沉积细微横向迁移形成的补偿旋回（Mutti 和 Sonnino，1981；Mutti，1984；Ricci Lucchi，1984）。当水道在野外露头出露时，水道充填沉积可能由很细粒的相组成（Garcia-Mondéjar 等，1985），这可能与现有扇模式所预测的不同，不过现代海底扇的地震数据表明（如印度扇；Kolla 和 Coumes，1987）扇体上部和中部的水道充填内常见向上减薄的趋势。

　　Barnes 和 Normark（1984）总结了 10 个古老扇体的属性，但是更多的扇体通过文献进行了描述。需要强调的是，大多数保存很好的古老扇体似乎都沉积在主动大陆边缘，包括前陆盆地。除了挪威北部上寒武统孔斯菲尤尔（Kongsfjord）组（Pickering，1981a，b，1982a，b，1983a，1985；Drinkwater 和 Pickering，2001，Roberts 和 Siedlecka，2012），不列颠哥伦比亚省新元古代的温德米尔（Windermere）群（Ross，1991；Ross 和 Arnott，2006；Arnott，2007；Schwarz 和 Arnott，2007；Terlaky 等，2010；Khan 和 Arnott，2011）和北格陵兰的下古生界扇体（Surlyk 和 Hurst，1984），文献资料很少有出露条件好的大型被动陆缘海底扇的记录，可能是因为这些扇体（如密西西比扇、亚马逊扇和劳伦森扇）只能通过造山作用出露，导致沉积物被推离最初聚集的洋壳或过渡壳的位置。在造山带中，这种被动陆缘扇体的残留沉积通常很难进行恢复，以满足对整个扇体描述的需求。

　　孔斯菲尤尔（Kongsfjord）组存在一有趣的相组合特别值得一提，是在海底扇的侧缘形成的一个相组合。这些沉积物被称为扇体侧缘沉积（fan lateral-margin deposits）（Macpherson，1978；Pickering，1983a），具有如下特征：（1）较高比例的细砂岩和粉砂岩重力流沉积（岩相 C2.3，D2.1）；（2）相对较小的水道，以不同的角度向盆地斜坡方向发育；（3）发育与水道相关的朵体；（4）发育大量的碎屑岩脉和其他湿/软沉积变形。这些碎屑岩脉源于水道砂岩，优先发育在上覆水道砂岩边缘附近（Hiscott，1979）。

8.2　古老海底峡谷

几乎在所有的古老露头实例中都对峡谷充填进行了描述（Whitaker，1974；Carter 和 Lindqvist，1977；Almgren，1978；Picha，1979；Arnott 和 Hein，1986；Bruhn 和 Walker，1995，1997；Millington 和 Clark，1995a；May 和 Warme，2000；Wonham 等，2000；Anderson 等，2006；Ito 和 Saito，2006）。Wonham 等（2000）利用三维地震资料的振幅属性，对加蓬近海中新世的峡谷充填进行了精确成图。峡谷充填由四个"地层旋回"组成，每个旋回由多个水道复合体组成（图 8.2），峡谷充填宽 4km，厚 400m。这里对其中的两个旋回进行了详细的研究。每个旋回都具有向上变细的趋势，但是表现为不同的砂岩沉积特征。Bal-

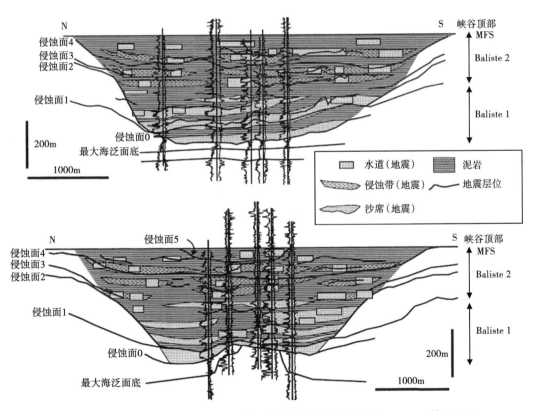

图 8.2　过 Baudroie Marine 和 Baliste 油田钻井的两条横剖面（据 Wonham 等，2000）

图上展示了 6 个侵蚀面（编号 0~5）和 2 套沉积组合（Baliste 1 和 2）。右侧标注了
Baliste1 和 Baliste2 的位置，根据峡谷轴部第四套砂体的投影得到

iste 1 旋回，发育四个向上变细的砂—泥岩旋回，每个旋回厚 40m。砂体呈席状，向峡谷边缘尖灭，随着砂体向上逐渐变新，其侧向越来越受到限制。一段 46m 厚的岩心由以下相类型组成，包括含撕裂屑的粒序卵石质砂岩（岩相 A2.7），无序的粗粒泥质砂岩，含大块泥岩碎屑（岩相 B1.1 和 C1.1）和大卵石砾岩，其基质为泥质砂岩，并含大块层内变形碎屑（岩相 A1.1 和 A1.2）。四个叠置水道复合体序列表明，峡谷的沉积物供给周期性的停止，可能发生在相对海平面的高位，或者较小的基准面变化最终形成的高位，与进积型侧向受限的砂体组成一致。在 Baliste 2 旋回，峡谷由一系列高弯度且发育天然堤的水道充填（图 8.3），每条水道在过路期间侵蚀峡谷，并在海平面高位时期被天然堤水道沉积所充填。峡谷充填由互层的富砂和富泥段组成。

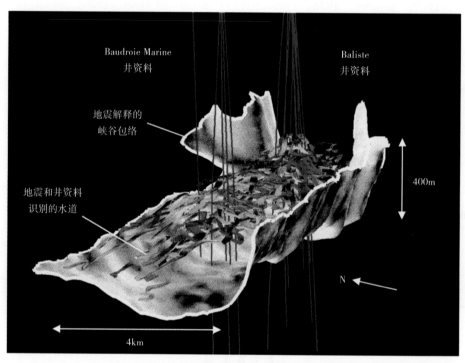

图 8.3　Baliste-Crécerelle 峡谷内通过三维地震识别的弯曲水道三维分布模型（据 Wonham 等，2000）

Bruhn 和 Walker（1997）描述了一个位于巴西沿海始新世的峡谷充填实例，与 Wonham 等（2000）的加蓬实例非常相似。峡谷充填包括大量叠置和加积的天然堤水道沉积，总数达 38 个。Regência 峡谷宽<6km，长 15km，充填厚度达 1000m。地层结构见图 4.14（位于 MT 地层段）。沉积水深 200~500m。岩相大多为极粗粒沉积，由（1）无分层的，含卵石—巨砾岩和极粗粒砂岩（岩相类 A 和 B），（2）无分层的粗粒砂岩和层状中—细砂岩（岩相类 B 和 C），（3）生物扰动泥岩和薄层砂岩互层（岩相类 D 和 E）和（4）泥岩（岩相类 E）组成。成层状砂岩中局部含有遗迹化石 *Thalassinoides*，*Ophiomorpha*，*Planolites* 和 *Helminthopsis*。38 个水道构成了三个水道复合体。受相对基准面上升的影响，水道充填逐渐变窄、变薄和变细。

古老海底峡谷的露头识别，依赖于良好的横向和纵向连续出露，以及严格的地层约束。较早的古老海底峡谷的实例包括：英国威尔士边境的 6 个志留系拉德洛统（Ludlow）的峡谷沉积，推测部分峡谷的位置受同沉积断层控制（Whitaker，1962），以及古特提斯边缘位于捷克斯洛伐克的内斯瓦希卡（Nesvacilka）峡谷和弗拉诺维采（Vranovice）峡谷（Picha，1979）。内斯瓦希卡和弗拉诺维采峡谷追踪超过 30km，峡谷的轴线方向为 NW—SE 向。往东南方向，两者汇合形成一个大峡谷。在峡谷的上游，其宽度为 1~3km，峡谷倾角（即横切峡谷轴线方向）为 30°~35°。内斯瓦希卡峡谷的下游方向，宽度增加到 10km。峡谷底部沉积充填主要包括岩相类 A，B，C 的砂岩和砾岩，顶部沉积充填主要是粉砂质泥岩（岩相类 D，E）。峡谷边缘沉积主要为卵石质泥岩，滑塌沉积物（岩相类 F）和其他重力流（SGF）沉积。泥岩含有 1%~9% 的有机质。峡谷内识别出三种不同的有孔虫组合：（1）峡谷原生有孔虫；（2）源于河口和开阔陆架冲刷的同沉积动物群；（3）较老沉积物重建的动物群。内斯瓦希卡峡谷沿轴线向下游 5.5km 范围内，沉积厚度从 800m 增加到 1060m。峡谷充填时间估计为 10~12Ma。

Anderson 等（2006）描述了加利福尼亚沿海白垩纪到古新世的峡谷，其规模与附近的蒙特利峡谷（现代）相似。这个古老的峡谷宽 15km，深 2km。部分峡谷填充物为砾岩，但 Anderson 等（2006）研究的 Wagon Caves Rock（图 8.4）约 60m 的地层中，97% 以上都属于岩相类 B 的中—粗粒砂岩。颗粒的整体范围从粉砂到巨砾。许多重力流沉积中含有泥岩碎屑，碎屑随机分散或集中在某一层内。同时存在次圆—次棱角状花岗岩和深变质基底巨砾（直径 0.5~3m），被认为是陡峭的峡谷壁掉落到峡谷中的沉积。

Ito 和 Saito（2006）描述了日本中部博索（Boso）半岛的更新统 Higashihigasa 组砂砾岩峡谷充填（图 8.5）。峡谷壁局部陡峭，发育台阶状的阶地。该峡谷长 8km，最宽处 1km，深 100m，曲率为 1.1。充填沉积以 2~5m 厚的正粒序沉积单元为主，底部砾岩发育交错层理（岩相群 A2），上覆卵石质砂岩（岩相类 A）和局部发育碟状构造的块状砂岩（岩相群 B1）（图 8.6）。

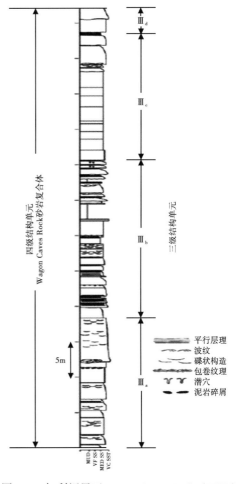

图 8.4　加利福尼亚 Wagon Caves Rock（WCR）峡谷充填的测量剖面（据 Anderson 等，2006）

该层段代表了古新统峡谷充填部分的一个四级砂岩复合体。WCR 露头的三级结构单元（Ⅲa—Ⅲd）是多个砂岩层的组合，具有相似的地层厚度、形态、粒度和界面特征

在出露良好的位置，Higashihigasa 组的交错层理砾岩呈波状、不对称波状，波长 10 ~ 63m，幅度为 0.6 ~ 2.2m（图 8.6）。局部见爬升层理。这些砾岩被解释为现代内扇峡谷的波状砾石沉积（见图 1.35）。

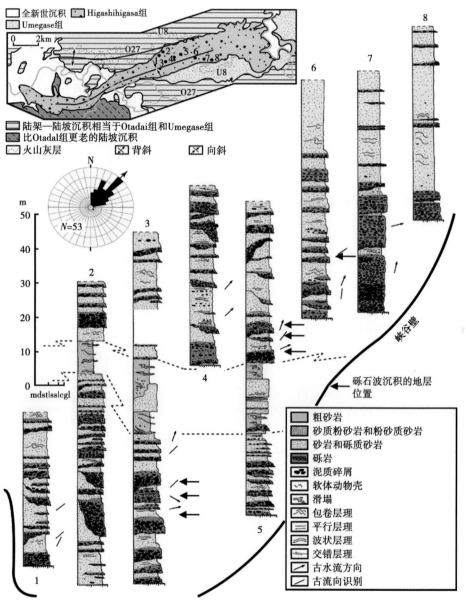

图 8.5　Higashihigasa 组古峡谷充填的测量剖面（据 Ito 和 Saito，2006）

插图显示了测量剖面的位置及古峡谷填充和相邻沉积物的分布。细虚线表示垮塌沉积的分布。
玫瑰图表示通过交错层理测量的古水流方向，实线箭头表示平均古水流方向，N 表示测量次数

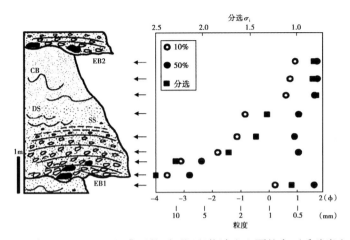

图 8.6　日本 Higashihigasa 组典型的砾石沉积物波和上覆的卵石质砂岩和砂岩
沉积的结构特征（据 Ito 和 Saito，2006）

EB1 和 EB2—单次重力流沉积的侵蚀底面；GW—砾石波；SS—波状分层；DS—碟状构造；CB—包卷层理。
右侧的实心箭头表示样品的位置。颗粒大小通过标准筛分析得到

8.3　古老海底水道

8.3.1　水道的规模，结构和叠置模式

通过对古老（和现代）海底水道的许多研究，认识到海底水道具有侵蚀，侵蚀—沉积或加积的特征（图 7.23），并发育两种沉积模式；即相对粗粒的低弯度水道模式，和相对细粒的高弯度水道模式（图 8.7；Clark 和 Pickering，1996a，b）。低弯度复合水道模式主要基于 Watson（1981；图 8.8）的工作。Mutti（1977）、Tokuhashi（1979）和 Pickering（1982b；图 8.9）相继发表了多个关于水道填充相（相组合）横向变化的简单通用模式。

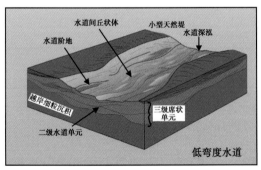
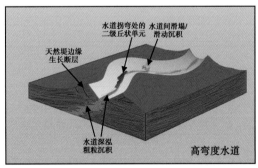

图 8.7　低弯度和高弯度海底水道的概要图（据 Clark 和 Pickering，1996a，b）

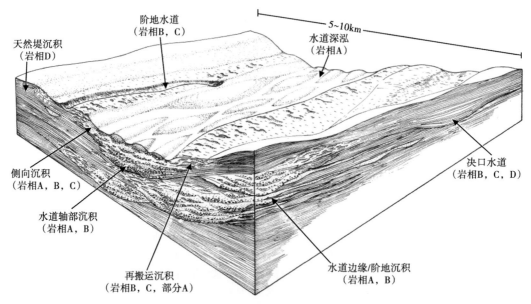

图 8.8 加拿大纽芬兰新世界岛志留系 Milliners Arm 组上扇水道（复合体）的
沉积解释立体示意图（据 Watson，1981）

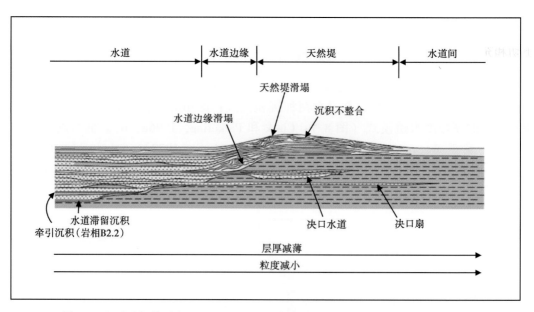

图 8.9 挪威北极芬马克（Finnmark）地区前寒武系孔斯菲尤尔（Kongsfjord）组
上部海底水道示意图（据 Pickering，1982b）

　　Clark 和 Pickering（1995，1996a，b）对现代、古老和地下工业数据的综合分析表明，水道宽/深比表现为分散的特征，但似乎集中在 1:10 和 1:100 之间（图 8.10）。这里的水道规模和结构，与许多离散水道和水道复合体的研究相一致。此外，许多案例研究缺乏必要的高分辨率的三维数据来识别离散水道或网状水道。在考虑水道的叠置模式时，许多研究人员仅考虑离散水道的叠置或水道结构单元，而不考虑水道的规模。

在油气藏的勘探、评价和开发过程中，深水水道显示出了极大的复杂性（Mayall 等，2006）。Mayall 等（2006）利用来自石油公司位于西非的地震数据（Navarre 等，2002）以及测井和岩心资料建立了模式。他们强调了水道充填的复杂性和多样性，因此，即使在给定的体系内，将单个或者多个沉积模式应用到所有水道中，依然存在局限性的。他们描述了大型侵蚀限制性三级水道（时间约 1~2Ma），通

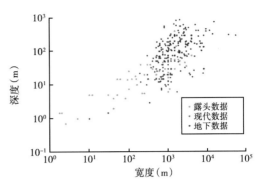

图 8.10　露头、现代海底和地下资料获取的水道宽/深比

（据 Clark 和 Pickering，1996a，b）

常 1~3km 宽，50~200m 厚，并确定了控制水道充填特征的四个主要变量：（1）水道弯曲度；（2）水道构成（包括相组合）；（3）重复下切和充填的识别；（4）叠置模式（图 8.11）。Mayall 等（2006）识别了四个常见的主要地震相（岩相组合）：（1）水道底部的滞留沉积（岩相类 A）；（2）滑坡/坍塌沉积（岩相类 F）和碎屑流沉积（岩相类 A）；（3）高砂地比的叠置水道砂岩（岩相类 A，B，C）；（4）低砂地比的水道天然堤沉积（岩相类 D，E）。据 Mayall 等（2006），大多数水道都包含这些地震相，但是相的比例变化很大，反复下切和充填是所有水道研究中最普遍的特征。最近的研究表明，相似的水道（或水道复合体）结构单元的沉积速度可能比 Mayall 等（2006）提出的 1~2Ma 要快得多（Pickering 和 Bayliss，2009；Cantalejo 和 Pickering，2014，2015；Scotchman 等，2015b）。

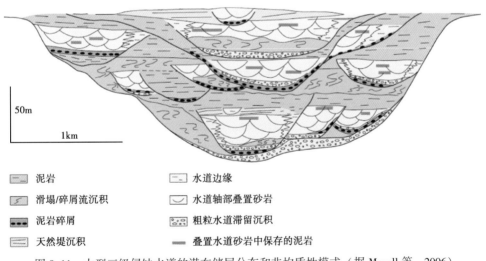

图 8.11　大型三级侵蚀水道的潜在储层分布和非均质性模式（据 Mayall 等，2006）

基于石油公司在西非的地震（如 Navarre 等，2002）、测井和岩心数据，

注意反复下切和充填的特征，可与图 8.2 对比

近年来，研究人员提出了很多相似的水道充填沉积和水道叠置特征的沉积模式，包括通用的一般模式（Mayall 等，2006；McHargue 等，2011；分别对应图 8.11，图 8.12）和针对特定体系得出的模式（如，北海 Forties 油田；Ahmadi 等，2003；图 8.13）。虽然这些模式通常会有规模比例尺，但这些模式往往在不同尺度上被广泛应用。下面展示几种可供选择的沉积模式。Mayall 等（2006）的模式可以应用于大型海底水道和峡谷充填中，没有任何"漫溢"沉积（即所有沉积被限制在一个较大的三级侵蚀界面内），表明其可能最适用于海底峡谷充填中，特别是上扇峡谷。

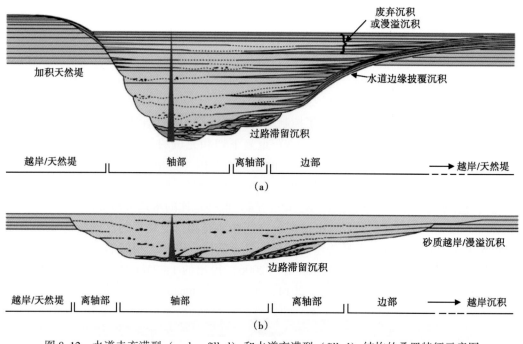

图 8.12　水道未充满型（under-filled）和水道充满型（filled）结构的叠置特征示意图
（据 McHargue 等，2011）

虽然（a）和（b）两种水道类型的特征较常见，但两者的变化较大。（a）水道未充满型结构单元，漫溢加积速率中—高，水道半叠置，非均质充填，常见泥岩/粉砂岩披覆，顶部向上变细，解释为废弃充填相组合。（b）水道充满型结构单元，漫溢加积速率低，水道叠置性强，充填相对均质，少量泥岩/粉砂披覆。整体向上变细，但废弃充填相组合很薄或不发育。如果水道单元过度填充，则可能发育砂质漫溢沉积。黄色＝富砂的水道充填沉积，绿色＝富泥的水道充填沉积，棕色＝富泥砾的水道填充沉积，灰色＝早期存在的富泥沉积

McHargue 等（2011）提出的沉积模式，假设了较高的水道地形起伏，会强烈影响后续水道单元的沉积位置，并形成一个有序的水道叠置模式，其中较新的水道路径与之前水道的路径相似（见图 7.19）。McHargue 等（2011）展示了未充满型和充满型粗粒水道的沉积模式（图 8.12）。他们将水道充填（及相关的叠置模式）归因于粒度和加积速率。水道沉积的案例包括：（1）侵蚀和沉积过程；（2）低速加积下的水道叠置；（3）中速加积下的水道无序叠置；（4）高速加积下的水道有序叠置。案例 1 和案例 2 在富泥沉积体系中不存在或较少，但在富砂体系中占主导。相反，案例 4 在富泥体系中可能占主导，但在富砂体系

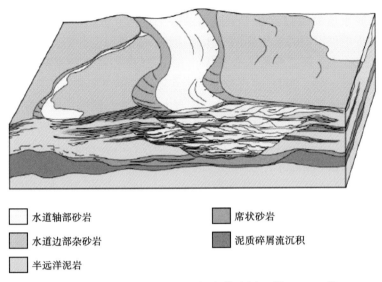

水道轴部砂岩　　　　　　　席状砂岩

水道边部杂砂岩　　　　　　泥质碎屑流沉积

半远洋泥岩

图 8.13　英国北海古新世 Forties 油田沉积模式图（据 Ahmadi 等，2003）

中不存在。狭长的盆地（如半地堑、海底沟槽、前陆盆地、逆冲盆地）往往在不同时期只有一个活跃的轴向水道（如日本南凯海槽；Shimamura，1989）。这种轴向水道往往占据盆地的最深部分，靠近控制沉降的最活跃断层。

　　虽然大多数已发表的沉积模式都是垂直于古水流方向的剖面图，但实际也建立了部分三维模式图，如纽芬兰中北部志留系 Millulus Arm 组粗粒低弯度水道（Watson，1981；图 8.8）及英国北海 Forties 油田古新世高弯度水道（Ahmadi 等，2003；图 8.13）。

　　路易斯安那州西南部海上的渐新统 Hackberry 组海底水道储层富含油气（Cossey 和 Jacobs，1992）。通过精确的钻井和地震资料，绘制出了砂岩填充的弯曲水道特征。水道中央的油藏主要位于水道弯曲处，但不是每个水道的弯曲处。例如，其中一个正好位于水道汇流处的下游。

　　几乎所有水道充填的沉积模式都具有以下共同的特征：

　　（1）突变且部分呈台阶状的侵蚀底面，向上为细粒非水道化的沉积，可能伴随水道沉积前的块体搬运沉积/复合体（MTD/MTC），或者相对非限制性的水道口沉积。

　　（2）整体向上变细变薄的趋势，特别是在沉积充填较新的部分。

　　（3）早期水道沉积（岩相类 A 和 B）常见冲刷—充填，多期次侵蚀面，数十米地层内岩层普遍叠置且侧向连续性差。

　　（4）离轴部位的细粒相组合（岩相类 C、D 和 E），往往解释为内部或外部天然堤—漫溢沉积。

　　（5）叠置水道有一个主要的再作用面（如横向偏移叠置、垂向叠置或不规则地叠置），在这个作用面之上，（1）—（4）的特征多次重复出现。

　　Pickering 和 Corregidor（2005）以西班牙比利牛斯山脉艾恩萨盆地中始新世地层为例，提出了一个模式来解释层序地层格架内的这种重复水道充填过程（图 4.36），并由 Pickering 和 Bayliss（2009）进行了修改。

许多古老海底水道的解释仅基于识别出的一个侵蚀—沉积边缘（图 8.14—图 8.16），但是在较大的露头中可以同时观察到两个水道边缘，如西得克萨斯二叠系毛刷峡谷组沉积（图 8.18—图 8.20），南非二叠系卡鲁体系（图 8.21）和得克萨斯州特拉华盆地二叠系 East Ford 油田（Dutton 等，2003）。仅描述一个水道边缘的主要原因不仅仅是出露数量的原因，还因为水道轴部通常倾向于顺序迁移，从而优先侵蚀一侧的边缘，同时保留另一侧边缘。许多古老海底水道沉积的特点是整体呈向上变细的趋势，至少是在较年轻（上部）的水道充填中（Mutti 和 Ricci Lucchi，1972；Mutti，1977；Pickering，1982b；Chen 和 Hiscott，1999a，b；Pickering 和 Corregidor，2005），以及底部的碎屑流/滑塌沉积中（通常称为块体搬运沉积或复合体）（见图 4.36）。读者应该对此持谨慎的态度，因为大多数向上变细的趋势是基于对野外露头的主观印象得出的，而并非是基于统计测量得到的结论（5.3 节）。

图 8.14　挪威北极地区上寒武统 Risfjord Finnmark 组
仅保留砂质海底水道充填的西部边缘（右侧），水道边缘沉积砂岩有序叠置偏移（主要岩相类 B、C），厚度为 15m

新西兰西南部白垩岛（Chalky Island）巴雷尼（Balleny）群的渐新世塞勒湾海底水道（图 8.16，图 8.17），解释为中扇水道，水道复合体的宽度约 1500m，厚度约 40m，纵横比为 37.5（水道复合体的最小值）；单期侵蚀型水道单元宽度为 50~100m，厚度约 10m，纵横比为 5~10（Clark 和 Pickering，1996b）。推测这些水道都是弯曲水道。巴雷尼组代表了新西兰陆块西侧（索兰德盆地北端）的深海硅质碎屑沉积，整体表现为一个海侵序列（Carter 和 Lindqvist，1975）。下伏的金块（Nuggets）组主要由海洋角砾岩组成，解释为海底峡谷中的碎屑流沉积［Carter 和 Lindqvist（1975）称之为"惯性流"］。上覆塞勒（Sealers）组和穆尼达（Munida）组由砂岩和砾岩组成，解释为海底扇沉积，上覆白垩沉积和薄层重力流沉积，代表了扇体远端沉积和深海沉积。整个地层序列可与墨西哥西部的里奥巴尔萨（Rio Balsas）峡谷体系及其沿岸沉积进行对比（Carter 和 Lindqvist，1975；Reimnitz 和 Gutierrez-Estrada，1970）。

(a) 整体照片

(b) 局部放大

图 8.15　法国东南部上普罗斯旺地区渐新统格雷斯达安诺组（Grèes d'Annot Formation）莱斯卡法
雷峡谷（Les Scaffarels cliff）海底水道充填边缘下切叠置砂岩（主要为岩相类 B 和 C）的
整体照片（a）和局部照片（b）
陡峭一侧的侵蚀面位于图中地质学家的脚下（b），向西（左）下切 15~20m，
伴随无序的卵石—泥碎屑砾岩沉积（岩相类 A1）

　　塞勒湾水道充填由粗粒层状砂岩（岩相类 B 和 C）、角砾岩以及含大块（达 150cm）泥
岩碎屑的砾岩透镜体（岩相类 A）组成（图 8.16，图 8.17）。水道下切形成相对较陡的边
缘。Carter 和 Lindqvist（1975）描述了悬崖剖面上连续出露的五套叠置水道中的一套，代表
了一套至少 40m 厚的水道复合体（图 8.17）。露头上能识别出整体向上变薄和变细的趋势，
支持水道复合体的解释。Carter 和 Lindqvist（1975）将许多水道充填相解释为"流体惯性"
作用的沉积，包括砂质流（8.3.5 节的富砂流）和块体蠕动，引起砂岩和砾岩之间的分散
接触沉积（图 8.16）。塞勒湾水道由于不发育天然堤沉积，被解释为侵蚀型中扇水道，天
然堤在上扇环境的水道中往往比较发育。古水流方向由北向南南东方向。根据较高的流体

(a)

(b)

图 8.16　新西兰渐新世塞勒湾（Sealers Bay）海底水道沉积露头

大部分水道沉积为岩相类 A、B 和 C。图（b）为图（a）最左侧的侵蚀水道边缘特征。注意泥岩碎屑的

大量发育，其中许多可能来自左边的成层状沉积。图 8.17 展示了解释的多个侵蚀面

能量（粒度和内部的无序特征推断），较低的沉积矿物成熟度特征，推断水道沉积距离物源区相对较近（Carter 和 Lindqvist，1975）。

　　虽然有许多古老海底水道的露头研究，但通常很难解释它们的三维几何形态，尤其是它们的弯度。西班牙东南部塔韦纳斯盆地晚中新世（Tortonian）的"孤立水道"是个罕见的例外。塔韦纳斯盆地共识别了 5 个水道化的砂岩体系（泥灰岩地层内具侵蚀底面的砾岩/砂岩单元），这使"孤立水道"这个术语显得用词不当，但是为了方便，这里仍然保留。Pickering 等（2001）指出，孤立水道是由西部的重力流产生的，而不是 Kleverlaan（1989a，b，1984；Cossey 和 Kleveraan，1995）提出的由北部和东部的重力流产生。这五个体系中的主要古水流方向指示向东流，只有最北侧（可能最年轻）砂体显著不同，向西南方向流动。其中第三年轻的砂体沉积即所谓的孤立水道沉积。塔韦纳斯盆地（西南—东北向）内的构

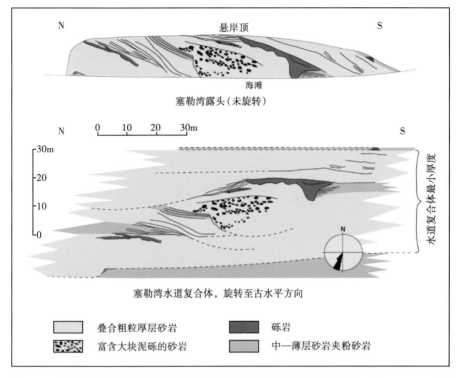

图 8.17 新西兰渐新统塞勒湾海底水道复合体的解释图（据 Clark 和 Pickering，1996b）

图 8.18 美国得克萨斯州西部二叠系毛刷峡谷组（Brushy Canyon Formation）波波水道充填沉积
解释见图 8.19，照片呈西北（左）东南（右）向

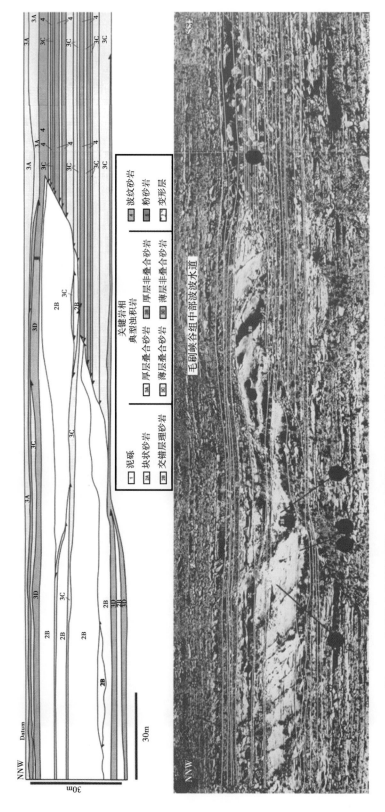

图 8.19　美国得克萨斯州西部二叠系毛刷峡谷组波波水道充填的照片及解释（引自 Zelt 和 Rossen，1995）

毛刷峡谷组中部波波水道

标记为 4A 的层由横向连续、发育波痕的砂岩组成（主要为岩相类 D）

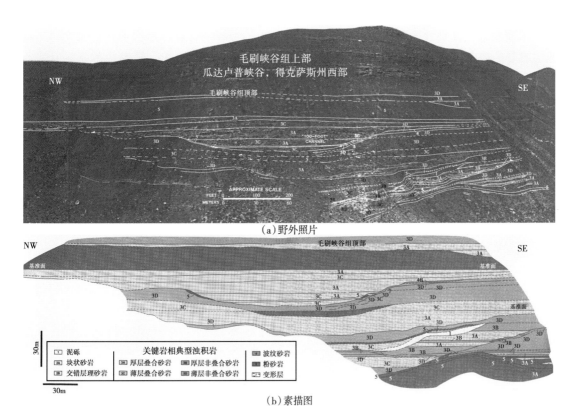

（a）野外照片

（b）素描图

图 8.20　美国得克萨斯州瓜达卢普峡谷二叠系上毛刷峡谷组

（据 Zelt 和 Rossen，1995）

大型垂向叠置的水道充填沉积下切至薄层重力流沉积和纹层状粉砂岩沉积（岩相类 D）。大部分水道充填厚层的
重力流沉积，许多水道边缘由多期叠置的侵蚀面组成。薄层粉砂岩重力流沉积（岩相类 C 和 D）沿水道边缘
很常见。漫溢沉积主要由细粒、非叠置的重力流沉积、纹层状粉砂岩和波状砂岩组成（岩相类 C 和 D）

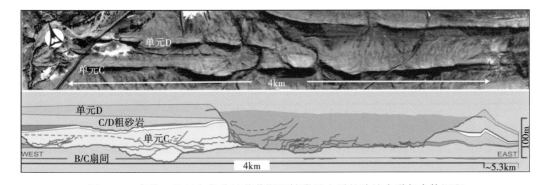

图 8.21　南非二叠纪卡鲁盆地莱茵斯堡镇附近出露的陆坡水道复合体沉积

（据 Flint 等，2011；参见 Hodgson 等，2011）

中下陆坡位置的单元 C 和 D 的航拍照片及解释（基于 200 个测量剖面）。
请注意洋红色包括了侵蚀性水道复合体的两个边缘沉积

造生长褶皱似乎控制了水道化海底扇体系（富砂体系）的沉积结构。富砂体系由一系列轴向（由西向东）陆坡水道复合体提供物源。海底生长背斜的存在，可以通过褶皱构造下伏地层厚度的横向不均匀性来识别，多个上超至倾斜地层的实例，指示了盆内的水深和古水流分布。海底地形的变化（坡角和方位）影响了重力流的路径和沉积，从而限制了扇体的沉积相和沉积结构的分布。

Pickering 等（2001）对孤立水道的平面成图以及古水流的分析表明，这是一个发育在相对陡峭的海底陆坡上的低弯曲水道实例（图 8.22，图 8.23）。他们将成层状沉积解释为"低角度砂质层（sandy macroforms）"（图 8.23）。随后 Abreu 等（2003）首先将其重新解释为侧向加积沉积。最近又被 Postma 等（2014）解释为超临界流体形成的向上游倾斜的层理。Arbués 等（2013）利用激光雷达（LIDAR）数据，认为这些构造实际上是上超在水道侵蚀面上的水平层理，由于露头的关系，水平层理被误解为大倾角层理。在这里引用这些有争议的结论，因为对水道内的这些层面的认识还不够清楚，虽然只有几度的倾角。

孤立水道含有卵石滞留沉积（岩相类 A），包括角砾岩和侵蚀阶段的大量过路沉积，随后主要由砂岩（岩相类 B 和 C）充填，解释为水道回填沉积。孤立水道随后被 200m 厚的泥灰岩覆盖，随后是典型限制性盆底环境的席状重力流沉积。沉积样式的变化是对盆地坡度明显降低的响应，存在基准面的变化，这可以通过东部更远地区（Sorbas 地区）同期发育的角度不整合体现出来。

在西部相距 500m 的拉努贾（Lanujar）和拉斯萨利纳斯（Las Salinas）露头剖面，"孤立水道"可以划分为五个不同的侧向可追踪的单元（单元 I—V，图 8.22b 和图 8.23a）。最古老的层段（单元 I）在拉努贾出露最好，由基质支撑的卵石质砾岩组成（主要为含化石的白云质灰岩，可能来自西部和西南部的塞拉加多尔，发育软沉积物变形构造，如火焰构造。单元 II 的底面是由强烈侵蚀形成的角度不整合面（图 8.22b）。在拉努贾位置，单元 II 最老的沉积（IIa）由厚达 3m 的碎屑支撑的圆—次圆状的卵石质砾岩沉积组成（图 8.23b）。单元 IIb 以发育明显的倾斜砂质单元为特征，解释为回填沉积。单元 III 与单元 II 具有相似的沉积样式，底部同样发育砾岩沉积，随后被粗粒砂质重力流沉积覆盖（图 8.22a）。在拉斯萨利纳斯剖面位置（图 8.22），单元 IV 在拉努贾剖面观测到同样的基质支撑的卵石质砾岩，上覆比单元 II 和 III 更细粒的砂质重力流沉积（可能是浓密度流体的沉积物）。单元 IV 还包含一个砂质重力流产生的大型沉积滑坡（图 8.23c）。单元 IV 被单元 V 的薄—极薄层砂质重力流沉积和泥灰岩沉积覆盖。单元 V 局部具有小型水道再活动的证据，例如发育薄—中层粗粒砂质重力流沉积（岩相类 C）（图 8.22a）。单元 I 到 V 不能在东部更远的下游露头进行追踪，东部水道体系的受限程度降低，水道结构更具席状特征。在粗粒水道充填上部的泥灰岩中，存在一个约 5° 的不整合面。这个削截面暴露不好，是一个大规模的早期滑断面或后期的断层。

8.3.2 叠置水道

水道叠置模式可以从孤立的水道演变为强烈垂向和/或横向迁移的模式（图 8.24）。向一个方向持续的侧向迁移叠置（Walker，1975c；Browne 和 Slatt，2002；Kane 等，2010）可能是由盆地边缘的差异构造抬升/沉降所驱动的（Clark 和 Pickering，1996a，b；McCaf-

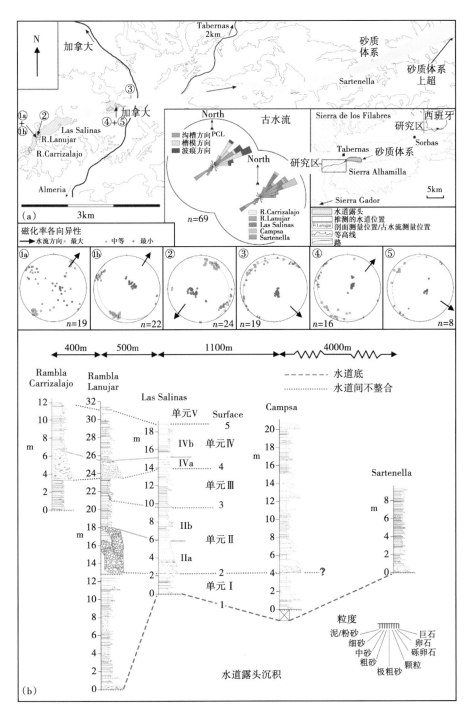

图 8.22 （a）孤立水道砂岩体系的平面露头位置和推测的砂体连续性特征（标注了上超位置）。玫瑰图总结了水道的古水流数据。注意数据格式的不同，包括长轴、中轴和短轴表示的沉积物磁化率。（b）西班牙东南部塔韦纳斯盆地晚中新世孤立水道露头的测量剖面图，展示了水道单元 I—V 的横向对比。水流方向从左向右（据 Pickering 等，2001，修改）

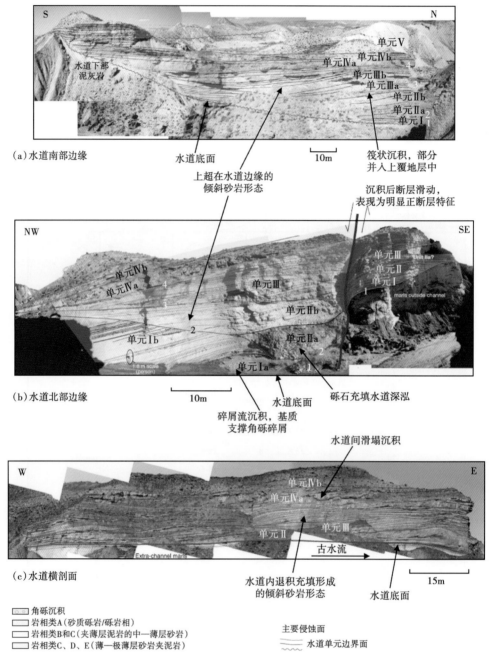

图 8.23　（a 和 b）西班牙东南部塔韦纳斯盆地晚中新世（Tortonian）"孤立水道"边缘沉积，分别向南北方向上超，将这里的水道宽度限制在 200m；（c）拉斯萨利纳斯（Las Salinas）地区水道内大型东西向倾斜地层露头。倾斜的地层单元Ⅱ、Ⅲ和Ⅳ在西部露头常见。剖面上观察到砂质地层的倾斜层面平行流体方向。详见文中多个不同单元的解释（据 Pickering 等，2001，修改）。这些构造的另一种解释包括：倾斜的水平层理（Arbués 等，2013）和超临界流体形成的向上游倾斜的层理（Postma 等，2014）

frey 等，2002；Crane 和 Lowe，2008；Pickering 和 Bayliss，2009），包括盐或泥底辟导致一侧沉积物重复失稳，迫使水道远离下陆坡和相邻盆底，或者使海底弯曲水道变得更为弯曲（图 7.31；Peakall 等，2000a，b；Kolla 等，2007）。Clark 和 Cartwright（2009）提出了控制水道迁移的两个因素。他们定义了"水道偏移（channel deflection）"和"水道改道（channel diversion）"两个概念。水道偏移指"水道逐渐偏离隆起的轴部，导致水道位置发生偏移，占据新的地形低点"；水道改道（channel diversion）指"由于现有构造（或一系列构造）阻碍了水道的流动路径，导致水道路径的改变"。

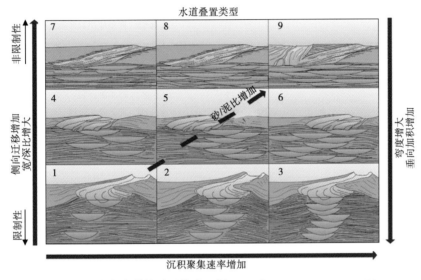

图 8.24　海底水道的叠置模式（据 Clark 和 Pickering，1996a，b）

　　圣克莱门特（San Clemente）上中新统卡皮斯特拉诺（Capistrano）组海底沉积（Walker，1975c；Campion 等，2000；Bouroullec 和 Pyles，2010）是一个被大量研究的水道横向迁移沉积的实例。水道充填相由一系列重力流沉积（岩相类 C），无构造砂岩（岩相类 B），卵石质砂岩（岩相类 A）和泥岩披覆（岩相类 E）组成（图 8.25，图 8.26）。由 Walker（1975c）描述并编号的 8 个叠置的海底水道可采用本书结构单元的划分方案（图 7.22），划分为卵石质砂岩充填单元和泥岩充填单元。每个三级水道单元的沉积填充可以通过更小尺度和更低级别的单元来表征；例如，水道 1 包含了一个二级席状砂结构单元，水道 4 最下部二级砂岩的倾斜形态可以解释为侧向加积单元。图 8.25b 展示了利用本书提出的结构单元进行命名的方案，重新绘制了圣克莱门特露头剖面，以及沉积演化历史（露头照片见图 8.26）。三级水道单元表现为偏移叠置的关系，例如卡皮斯特拉诺组的 8 个叠置水道（Walker，1975c），由于水道的迁移或决口，水道轴部表现为类似进积的侧向迁移。但是，导致迁移的根本原因仍然不确定。

　　比利牛斯山脉中南部的始新统 Hecho 群艾恩萨 Ⅱ 和 Ⅲ 扇体水道，提供了另一个三级迁移叠置水道砂岩实例（图 8.27），随时间的推移表现出垂向加积的特征（图 8.28a，b）。这些海底水道发育在前陆（逆冲或背驮式）盆地中（4.8 节），构造控制可容纳空间，全球气

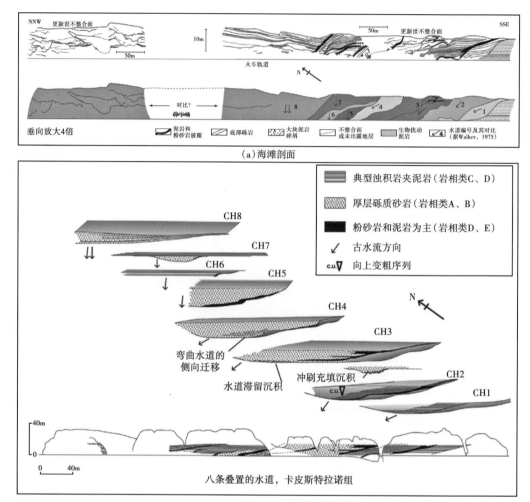

（a）海滩剖面

（b）沉积演化分解图

图 8.25　圣克莱门特海滩剖面及沉积演化分解图（据 Walker，1975c；
Clark 和 Pickering，1996b 重绘和修改）

图 8.26　美国加利福尼亚圣克莱门特中新统卡皮斯特拉诺组上部侧向迁移
叠置的水道边缘沉积露头照片

候变化控制大量粗碎屑向深海盆地的输入（Pickering 和 Corregidor，2005；Pickering 和 Bayliss，2009；Pickering 等，2015）。

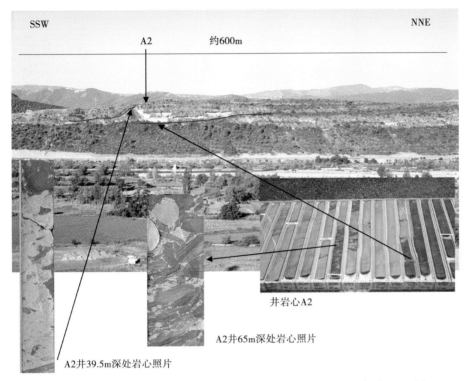

图 8.27 西班牙比利牛斯山脉艾恩萨盆地中始新世艾恩萨 II 扇水道沉积露头

（据 Pickering 和 Corregidor，2005，修改；参见 Dakin 等，2013）

水道向南南西方向迁移。A2 井（位于露头后面 80 米）投影到悬崖剖面上，左边的岩心展示了块体搬运沉积（MTD）的底部沉积（卵石质砂岩）。古水流方向为 320°，面向悬崖方向，与露头剖面斜交（20°）。扇内侵蚀面由 III 型 MTDs 形成，钻井取心的左侧为年轻地层，岩心宽 6.5cm，每段长约 1m，这段岩心中有 2 个 III 型 MTD 的实例。注意位于 Ia 型 MTD 之上的艾恩萨 II 扇底部砂岩（浅色岩心处开始），III 型 MTD 位于界面之上 4m 处。插图（约 65m 深处）展示了这种 III 型 MTD 的细节特征。左侧岩芯中展示了陡峭复合侵蚀面特征（左侧插图 39.5m 处），代表 II 型 MTD／MTC 产生的滑塌痕，随后被分米级厚度的砾岩、砾质泥岩、砾质砂岩、砂岩和泥灰岩充填；该界面在局部限定了艾恩萨 III 扇体的底部

  挪威北部前寒武系孔斯菲尤尔（Kongsfjord）组上部的浊积水道中可见二级迁移叠置水道单元（Pickering，1982b）（图 8.14）。由可靠笔石生物地层划分（Davies 和 Waters，1995；Smith 和 Joseph，2004）的威尔士中南部的 Llandovery Caban Conglomerate 组和 Ystrad Meurig Grits 组之间的详细对比，展示了受同沉积断层控制的水道砾岩单元的垂向叠置结构（图 8.29a，b）。Wild 等（2005）描述了南非卡鲁盆地二叠纪海底水道的垂向叠置实例。

  许多古老海底水道沉积中，很难识别单期水道；相反，只能识别水道复合体。其中一个主要原因是水道充填极其复杂，包括水道轴部的大型特征，并且可能表现为横向迁移叠置特征，从而在侵蚀水道沉积的同时，又在充填另一水道。此外，在没有完美露头的情况下，相组合和侧向对比可以将沉积物分配到不同的水道复合体中，但不能更精细地分配到

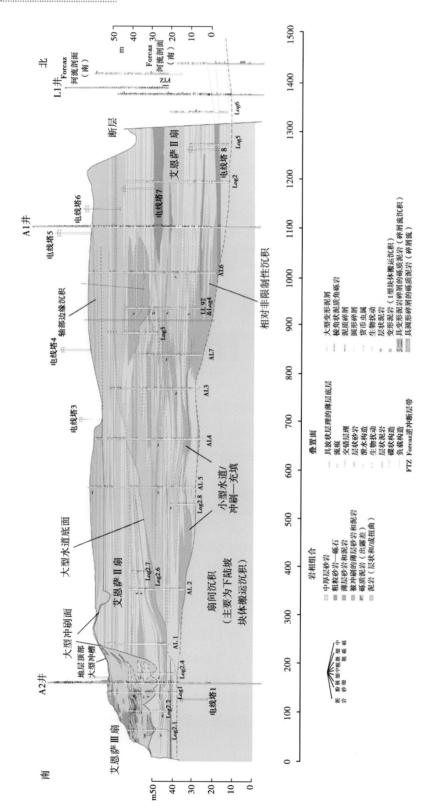

图 8.28a　艾恩萨Ⅱ扇露头

露头沿 Labuerda 路边展布，展示了大型水道的主要侵蚀面整体向南西西方向南逐步向的迁移。古水流方向为320°，面向悬崖方向，与悬崖剖面斜交（20°）。约30m深的大型侵蚀面向下切了大量艾恩萨Ⅱ扇沉积，并且限定了艾恩萨Ⅲ扇体的底界。另外艾恩萨Ⅲ扇早期的非水道化目相对不受限的砂质沉积，解释为近端末梢和冲刷切削，然后被大型水道侵蚀，最后艾恩萨Ⅱ扇体向上变薄变细并废弃

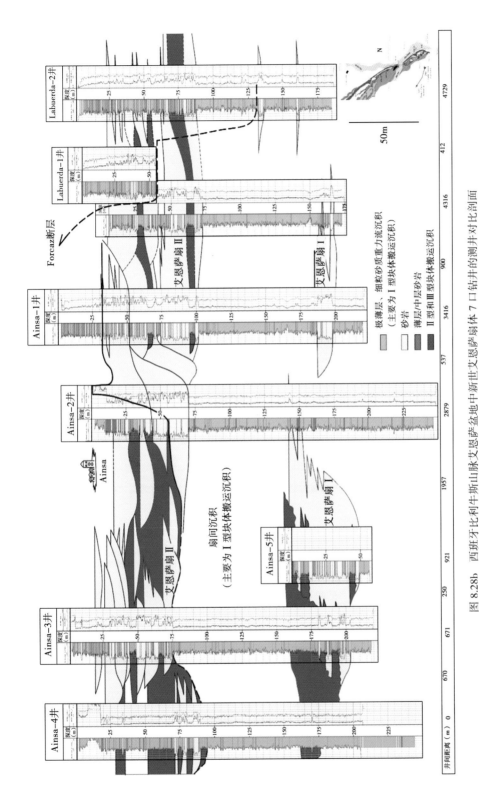

图8.28b 西班牙比利牛斯山脉艾恩萨盆地中新世艾恩萨扇体7口钻井的测井对比剖面。这7口井位于露头剖面的后面。电缆测井包括伽马测井（WIRE GR_FLTR2_1）、中子测井（WIRE LNN_1）和孔隙度测井（WIRE NPHL_1）。根据伽马曲线解释的泥岩含量门槛值，进行了自动岩相解释，并进行了质控。通过露头和Labuerda-1井发现了34m的地层重复，在断层位置对重复部分进行了拼接。剖面中井间的对比解释，以电缆单元的频率、大小、相分布，叠置模式以及露头上观察到的块体搬运沉积为基础。这种对比强调了水道体系电缆系列的复杂性，即便在很短距离内，井与井之间沉积单元结构也可能很复杂。大部分水道随着艾恩萨扇Ⅲ扇水道，大部分水道随着系部逆冲褶皱的生长，表现出自西南方向的"偏移"（引自Pickering等，2015）

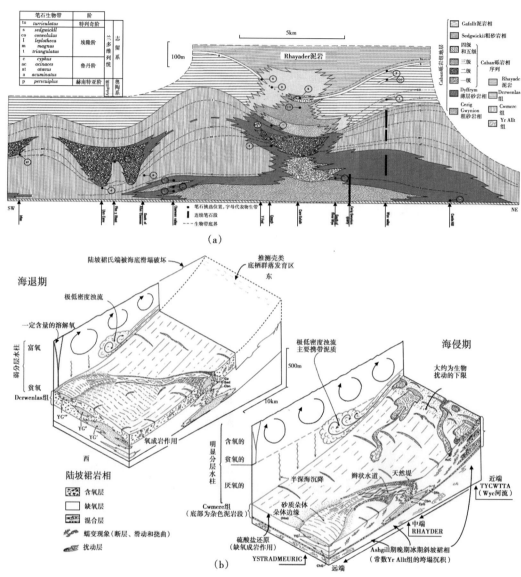

图 8.29 （a）威尔士边境地区志留系 Caban Conglomerate 组地层结构，显示了断层控制的水道垂向叠置模式；（b）Ashgill 组到 Llandovery 组陆坡裙的叠置水道和朵体沉积模式，位于笔石生物带

单期水道或水道单元。西班牙比利牛斯山脉艾恩萨盆地中始新世 Banastón 体系（图 8.30）就是一个横向迁移叠置的水道复合体实例。Banastón 体系中识别出了大量的岩相，特别是岩相类 A、C、D 和 E 沉积。岩相类 C、D 和 E 是 Bayliss 和 Pickering（2015a）观测到最多的岩相，而岩相类 A 和 C 的总厚度最大。在 Banastón 体系中，识别出 6 个主要砂体（水道化的海底扇）。Banastón 体系的累积厚度从 Banastón-Usana 地区的 510m 到 San Vicente-Boltaña 地区的 700m（图 8.30）。这 6 个水道化扇体通过以下特征识别：（1）可成图的侵蚀底面，（2）通常上覆Ⅱ型 MTC，（3）然后是一套砂岩/或非均质沉积，（4）沉积轴部略微的横向位移，（5）随后 Boltañá-San Vicente 地区砂岩扇体的沉积轴明显向西西南方向迁移。

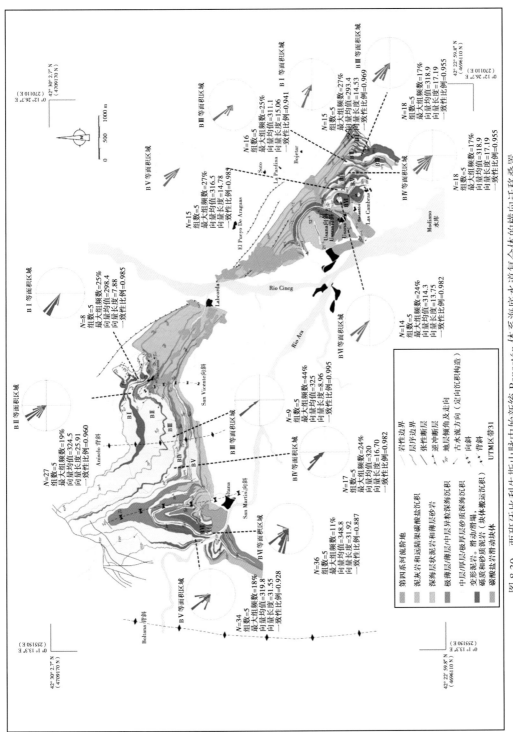

图 8.30 西班牙比利牛斯山脉中始新统 Banastón 体系海底水道复合体的横向迁移配置。黄色 = 砂质重力流沉积；绿色 = 异粒岩沉积（据 Bayliss 和 Pickering，2015a）

　　许多古老海底水道中能观察到的其他特征还包括：水道内的滑动和滑塌沉积（如岩相类 F），常常与沉积岩墙和岩床有关（Smith 和 Spalletti，1995）。有些情况下，这种沉积表现为旋转滑动块体（Vigorito 等，2005）。Vigorito 等（2005）描述了意大利撒丁岛同裂谷盆地伊西利（Isili）地区碳酸盐岩背景下的一个中新统海底水道体系（及相关扇体）。Foramol/rhodagal 碳酸盐岩"工厂"发育在淹没的构造高地上。这些碳酸盐工厂在海平面下降旋回内，周期性地剥离未固结的沉积，通过复杂的海底水道网络，将沉积物重新搬运到盆地内。伊西利水道宽 1km，深 60~100m，包括两个叠置的水道复合体，每个复合体由几个较小规模的水道单元构成。伊西利水道中能观察到复杂的地貌形态（如漫溢沉积、天然堤、水道轴部和边缘），其中也包括一套高达 15m 的岩层。最粗的相组合包括砂—卵石级的重力流沉积，岩相类 A 和 B，以及巨型角砾（图 8.31），还有主水道边缘垮塌（岩相类 F）导致的倾斜块体。

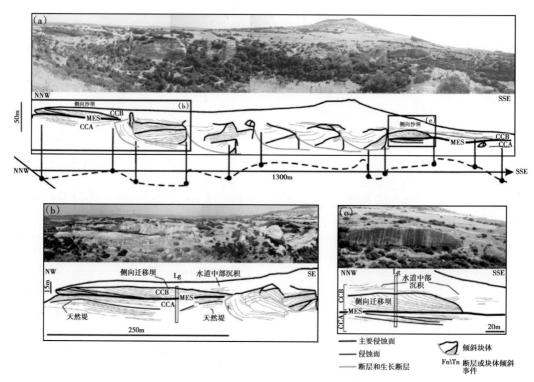

图 8.31　（a）意大利撒丁岛盆地中新统伊西利水道剖面，露头展示了水道复合体 A（CCA）和 B（CCB）的出露特征，剖面被现代峡谷 Riu Corrigas 切割呈不同角度，可以部分开展伊西利水道的三维特征研究。伊西利水道露头剖面的倾向用虚线表示。注意露头中有多个倾斜的块体（巨型角砾）。（b）高达 15m 的水道复合体 B 的侧向迁移坝，进积在早期的水道边缘/天然堤复合体（CCA）之上。照片的右边有一个大型倾斜的断块，与生长断层有关。（c）标记为 MES 的侧向沙坝下超面。注意下伏水道复合体 A 的楔形几何形态，解释为水道边缘到水道轴部的过渡（据 Vigorito 等，2005）

8.3.3　案例分析：纽芬兰新世界岛 Milliners Arm 组沉积

尽管本书中没有提供很多实例分析，但这里对沃森（Watson，1981）的工作进行了总结，他详细记录了纽芬兰中北部新世界岛 Milliners Arm 组弯曲水道的实例。该实例展示了如何进行详细的野外平面测绘，沉积剖面测量和沉积相分析，并形成了图8.8所示的低弯度水道沉积模式。

Millites Arm 组（MAF）是晚奥陶世至早志留世发育的一套4.5km 厚的进积扇体沉积，位于纽芬兰岛阿巴拉契亚造山带的 Dunnage 构造带（Watson，1981；Arnott 等，1985）。后续的沉积数据和解释完全来自 Watson（1981）。MAF 可以划分为上下两部分。下部（3.1km）以单个10~20m 的砂岩组为特征，砂岩层之间夹薄层重力流沉积；在砂岩不发育的层段，泥岩的厚度可达10~250m。上部（1.4km）以水道化的砾岩和砂岩为特征（图8.32—图8.34）。平均古水流方向由北向南，但是平均值的分异性较大，特别是在非水道化的岩相组合中。MAF 下部仅在海岸出露狭窄的剖面，最好的剖面沿走向可追踪的距离不超过几十米。特殊情况下，对砂组的横向追踪可达600m。MAF 上部的长剖面可以在3km 范围内进行单层和砂组的详细对比。

图8.32　加拿大纽芬兰新世界岛志留系 Millarium Arm 组的海底水道沉积（主要为岩相类 A 和 B）
底部呈台阶状侵蚀，侵蚀下部沉积（岩相类 C、D、E），地层向右变年轻

MAF 的下部可划分为五个岩相组合：三个非水道化相组合、两个水道化相组合（表8.1）。两种组合在 MAF 下部交替分布。

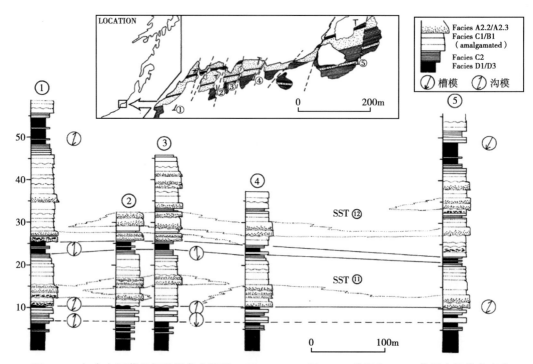

图 8.33　加拿大纽芬兰新世界岛志留系 Millarium Arm 组 NCF3 砂组在 600m 范围内的横向变化

（据 Watson，1981）

整个砂组的厚度相对稳定，卵石质砂岩相呈透镜状分布，图中标注了古水流方向

表 8.1　**Milliners Arm 组下部非水道化扇体（NCF）和水道化扇体**

（CF）的相构成（据 Watson，1981）

岩相组合	岩相占比（%）												
	A1.4	A2.7	A2.8	B1.1	B2.1	B2.2	C1.1	C2.1	C2.2	C2.3	D2.1	D2.2	D2.3	E1.1
NCF1	—	—	—	—	—	3	—	-8	21	40	—	25	1
NCF2	—	—	—	—	—	—	11	24	32	28	—	5	
NCF3	—	10	4	23	—	—	45	15	3	—	—	—	—
CF1	3	22	10	27	1	3	—	28	4	2	—	—	—
CF2	—	—	—	—	—	—	2	4	—	9	30	13	40	2

　　在非水道化地层中，岩相组合的顺序是 NCF1⇒NCF2⇒NCF3。NCF1 占 MAF 下部非水道化沉积的 72%，主要由薄层—极薄层粉砂岩重力流沉积、薄层砂岩重力流沉积和无沉积构造的泥岩组成。单层横向连续性超过 250m，且没有地层厚度或内部沉积构造的变化。主观上可以识别出不对称旋回，通常解释为向上变厚和变粗旋回。NCF2 只占 MAF 下部的 11%。岩相组合的最大厚度是 10m，多数情况下 3~4m 厚。与 NCF1 相比，NCF2 的砂层更多，地层更厚，且非均质性强，发育中—薄层互层。虽然单砂层可能呈透镜状或楔形，但是 NCF2 整体沿走向连续发育数百米。NCF3 占 MAF 下部非水道化沉积的 17%，是三个非

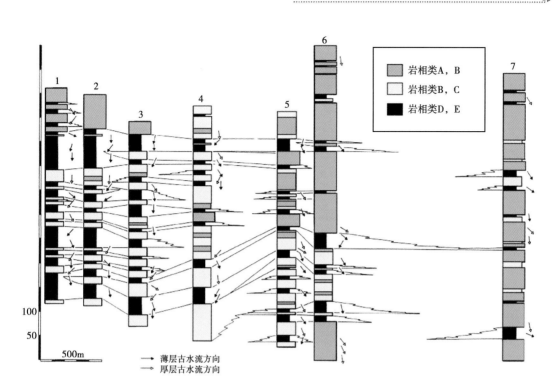

图 8.34　加拿大纽芬兰新世界岛志留系 Milliners Arm 组上部简化的剖面对比图（据 Watson, 1981）

细粒岩相逐渐向东减少，水道逐渐增多

水道化组合中地层最厚、粒度最粗的沉积。砂岩层互相叠合，砂地比接近 100%。砂组厚度在 2~25m 之间变化，最厚的砂组具有最粗的岩相。砂组底部突变，但没有明显侵蚀现象。很少识别出不对称旋回。多数情况下，砂组中心的粒度最粗，顶部和底部变细。中心粗粒部分（图 8.34）由卵石质砂岩透镜体组成，这与砂组本身席状的特征形成对比。有一套地层的最粗粒部分互相偏移，产生叠瓦的效果。

NCF3 解释为非水道化的沉积朵体，向远端为朵体边缘（NCF2）和扇缘（NCF1）沉积。三种相组合的内部砂组具有 NCF1⇒NCF2⇒NCF3 的趋势，表明扇体的主要生长模式是砂质朵体的反复进积过程。以 NCF1 和 NCF2，或 NCF2 和 NCF3 交替沉积为特征的地层，可能是由于朵体的快速横向迁移而导致的，没有整体的进积。

两个水道相组合的体积相似（CF1:CF2 = 55:45）。CF1 由透镜状、叠合、无构造的粒序砂岩和发育平行和交错层理的卵石质砂岩组成。卵石质砂岩可能占 CF1 的 50%。水道相组合的底部突变且侵蚀，以大量的撕裂屑底部滞留沉积或逐步下切为特征，下切的最小深度 2~3m。CF1 顶部表现为逐渐向上变薄，直至上覆的细粒 CF2 沉积，或者突变为 CF2 沉积。这个上部过渡带（约占 1/3），通过对岩相 B2.2 的改造，形成的 4m 厚的交错层理和透镜状单元。该相特征几乎完全局限在 CF1 的顶部。CF2 由薄—极薄层粉砂质重力流沉积，孤立的粉砂波纹层和少量薄层砂质重力流沉积组成，厚 2~35m。这些相被很好地组织在一起，形成数米厚向上变薄的趋势。古水流方向比 CF1 更为多变。

Watson（1981）分别将相组合 CF1 和 CF2 解释为水道和水道间沉积。CF1 顶部向上变薄和变细的趋势，解释为水道的逐步废弃过程（Mutti 和 Ghibaudo，1972），与水道内沉积最厚部分叠瓦沉积（Mutti 和 Sonnino，1981 提出的"补偿旋回"；图 7.39）。发育在砂岩顶部由岩相 B2.2 改造形成的沉积，解释为水道边缘沉积，形成在越过天然堤的流体下方。具体过程可能是流体剥离过程（Piper 和 Normark，1983）。水道迁移导致了水道边缘沉积的叠置在水道沉积之上。水道化和非水道化相组合在整个 MAF 组下部交替沉积，并被解释为中扇和下扇沉积。Watson（1981）根据推测的不对称旋回，做出了水道与非水道的解释。这点在本书第 5.3 节受到 Chen 和 Hiscott（1989a，b）的质疑。

MAF 组上部厚度为 1.4km，主要由厚层砾岩和卵石质砂岩（岩相类 A）组成（如图 2.17b）。主要识别出五个相组合（表 8.2），前两个主要是粗粒相组合，后三个相组合粒度较细。根据沉积中发育的大量水道化特征和较粗的粒度，Watson（1981）将其解释为上扇沉积。

相组合 IF1 占测量部分的 12%~70%，主要由岩相类 A 碎屑支撑的砾岩组成。叠置沉积平均厚度为 20m，并与 IF2 相组合互层，形成厚达 130m 的叠置单元。IF2 相组合占测量剖面的 20%~40%，并以发育粒序和层理的卵石质砂岩和砂岩为主，厚 2~18m。IF1／IF2 单元发育侵蚀性底面，可侵蚀下部薄层单元达 18m。侵蚀面呈一系列阶地状的陡峭台阶（图 8.32）。同时内部侵蚀也是 IF1／IF2 单元的特征。

表 8.2　Milliners Arm 组上部的内扇（IF）相组合（据 Watson，1981）

岩相组合	岩相占比（%）														
	A1.1	A1.4	A2.2	A2.3	A2.4	A2.7	A2.8	B1.1	B1.2	B2.1	B2.2	C2.1	C2.2	C2.3	D2.1
IF1	13	11	23	27	4	12	8	2	—	—	—	—	—	—	—
IF2	1	5	—	4	3	23	15	18	—	3	—	25	3	—	—
IF3	—	—	—	—	—	—	—	—	17	—	65	—	—	5	8
IF4	—	—	—	—	—	—	4	—	—	1	—	22	30	26	15
IF5	—	—	—	—	—	—	—	—	—	—	—	—	1	12	61

IF3 相组合规模较小，厚度<7.5m，由透镜状分选良好的交错层理砂岩（岩相 B2.2）和砾石滞留沉积（岩相 B1.2）构成。这类沉积几乎总是位于 IF1/IF2 单元之上，而在 IF4/IF5 单元之下。交错层理识别的方位与底模识别的方位不一致，差 30°~60°。

IF4 相组合占测量剖面的 3%~33%，厚度为 1~20m，主要由岩相类 C2 和 D2 构成。如果 IF4 单元沿走向追踪几十米距离，可以发现单元中所有砂层均表现为逐渐变薄（或变厚）的楔形。发育鲍马 Ta 和 Tb 段的砂层随着厚度变薄的方向，其粒度和砂层比例均变小。IF4 单元的古水流方向与 IF1/IF2 单元的平均古水流方向差 50°。

IF5 相组合在剖面的西部占 30%，但在东部仅占 2%（图 8.35）。岩相类 D2 的粉砂质重力流沉积占该组合的 85%（表 8.2）。IF5 相组合的厚度为 4~40m，通常叠置在 IF4 单元之上。地层的扭曲和削截表明存在重力滑塌。古水流方向与 IF1／IF2 单元大致相同。

在 MAF 上部的垂直剖面中，Watson（1981）提出了一种 IF1⇒IF2⇒IF3⇒IF4⇒IF5（图 8.35）的相组合趋势。部分序列由 IF1／IF2 砾岩和卵石质砂岩的向下侵蚀造成。从 IF1 到 IF5 的完整序列最容易解释为水道的迁移过程，其中 IF1 沉积对应水道轴部，IF5 沉积对应

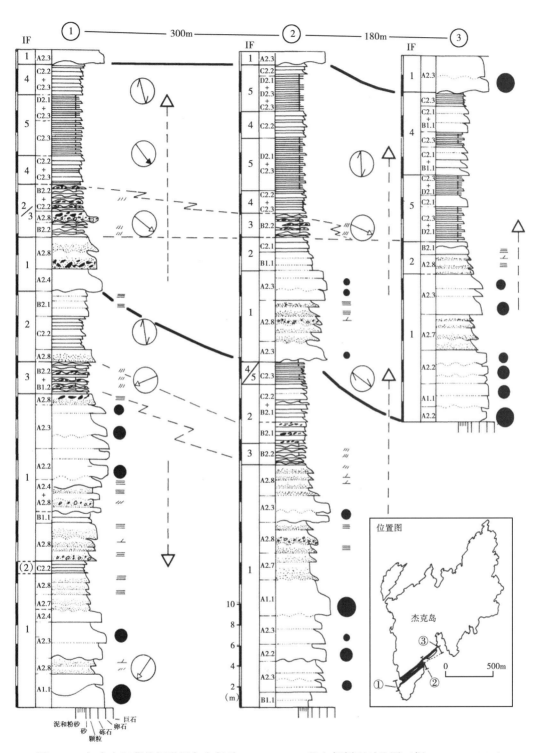

图 8.35　加拿大纽芬兰新世界岛志留系 Milliners Arm 组上部剖面对比图（据 Watson，1981）
展示了 IF1–IF2–IF3–IF4–IF5 相组合部分或整体向上变细的趋势，粗粒组合往往呈透镜状

天然堤和漫溢沉积。IF3 被改造后的沉积解释为水道边缘，由无沉积流体的溢出形成，通过 IF3 交错层理确定的古水流方向与轴部古水流方向的偏移特征支持这一解释。IF2 相组合沉积在水道内，与 IF1 的砾岩密切相关。砾质砂岩水道沉积中砾石的侧向分离表明，深泓线水道（IF1）被阶地（IF2）分开（图 8.8），这与 Hein 和 Walker（1982）针对加拿大魁北克类似沉积提出的沉积模式非常相似。

整个 Milliners Arm 组是一个进积型海底扇沉积体系。但是，该地层下部水道化和非水道化朵体以及朵体边缘之间的震荡表明，扇体的生长是不规则的，并伴随频繁的朵体废弃现象。上扇峡谷横剖面为 5～10km，对应现代扇峡谷，其扇体沉积半径 50～100km（Normark，1978）。

8.3.4 天然堤

许多作者（Mutti，1977；Normark 等，1980；Pickering，1982b；Damuth 和 Flood，1984；Pickering 等，1986b；Kolla 和 Coumes，1987；Piper 和 Deptuck，1997）都对现代和古老天然堤的结构和沉积相进行了描述。通常天然堤沉积表现为大规模、数米厚的地层横向尖灭（图 8.36），尖灭的长度从数百米到数千米。天然堤沉积一般为韵律组合，包括厚 1～5cm 的纹层状粉砂浊积岩和更厚的中—细砂层；岩层的外形在米级尺度内往往不规则。在重力失衡条件下，天然堤会发生软沉积滑动，产生倾斜、扭曲和褶皱层。在某些情况下，天然堤重力流沉积的周边可能出现碎屑流沉积和决口砂体。

图 8.36　美国得克萨斯州西部二叠系毛刷峡谷组的水道离轴部位沉积

发育岩相类 C、D，为薄层、细粒沉积，解释为天然堤—漫溢沉积。单个地层与地层组向不连续或不整合面变薄

在研究古老水道—天然堤—漫溢复合体的过程中，存在一个常见的问题：很难判断沉积物属于水道内沉积还是天然堤—漫溢沉积。但是在个别水道露头上也能够识别出来。在这些露头中，砂岩层上超在内部天然堤的侧翼，甚至可能延伸到水道外，进入水道间区域。图 8.9 展示了挪威北部 Kongsfjord 组 Hamningberg 水道的结构单元特征（Pickering，1982b）。这个三级水道包含：（1）轴部填充单元，侧向连续至水道边缘；（2）天然堤单元。轴部充填单元（砾岩水道充填单元，细—中砾岩/极粗砂岩）横向过渡为水道边缘和天然堤单元（如水道边缘的滑塌单元，地层向上变粗、变厚），在此过程中地层没有发生明显中断。水道内发育一套中粒、厚层的席状单元，可能是碎屑岩墙/岩脉，其古水流方向偏离主水道方向。粗粒水道相与越岸砂岩的连续性与水道弯曲处溢出的分层重力流一致（Straub 等，2008）。

相比东部水道边缘的沉积物向上增厚、变粗，西部的水道轴部充填表现为向上变薄、变细。形成这种差异的原因可能是水道内的垂向加积导致了水道轴部向堤岸方向的侧向迁移。这个过程在水道边缘/天然堤位置产生了一个沉积物向上增厚—变粗的趋势。因此，上述两种趋势是互补的，代表对同一过程的不同响应。

从早期 Mutti（1977）与 Pickering（1982b）对漫溢—天然堤沉积的研究开始，开展了越来越多天然堤—漫溢沉积的研究（Kane 等，2007，2009；Beaubouef，2004），或类似天然堤的水道边缘沉积的研究（图 8.37、图 8.38、图 8.39）。Pickering（1982b）提出了"内部天然堤"，将其作为水道边缘沉积的一部分（图 8.9），位于大型水道或者水道带内，是许

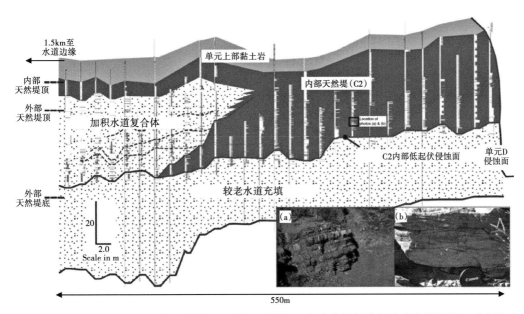

图 8.37 南非卡鲁盆地 C 单元东部的"内部天然堤"（即在离轴部位的水道边缘沉积）对比图
（据 Kane 和 Hodgson，2011）

内部天然堤覆盖在二叠系 Fort Brown 组广泛延伸的低起伏侵蚀面上。单层对比展示了侧向的连续程度。加积水道复合体和内部天然堤的顶部在古地形上要比外部天然堤高，说明内、外天然堤发生了合并。内部天然堤在东部被 D 单元侵蚀。插图照片（a）缺少明显的地层叠置的砂岩层，（b）发育爬升波纹层理的砂岩层

多深水沉积的重要沉积单元（Hubscher 等，1997；Piper 等，1999；Deptuck 等，2003；Hubbard 等，2008）。

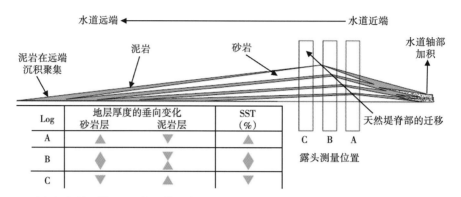

图 8.38　墨西哥下加利福尼亚州罗萨里奥（Rosario）地区上白垩统陆坡沉积的天然堤发育模式
（据 Kane 等，2007）

在靠近水道的 A 剖面位置，砂岩向上变薄；B 剖面位置，砂岩向上变厚，再变薄，C 剖面位置和更远端区域
（D—J 剖面，图中未标注），砂岩向上变厚。随着天然堤的垂向加积，其脊部向远离水道的方向迁移；这就要
求：（1）流体流量不断增大或者频率的增加；（2）水道底部的垂向加积，来维持天然堤的高度。注意砂岩最厚
的位置位于越过天然堤脊部后的区域。该模式由图 8.39 的砂岩和泥岩厚度数据绘制而成

Beaubouef（2004）在智利南部托雷斯德尔潘恩国家公园的 Cerro Toro 组内部，描述了 4 套迁移的天然堤—水道复合体。在复合体内部，水道充填单元共同组成一个 5km 宽、几百米厚的水道带。这些水道由层状砾岩和叠合砂岩充填，代表了不同的重力流沉积。在中砾—粗砾岩中发育的一些大型交错层理，表明推移载荷的搬运在水道内形成了大规模砂坝。从水道轴部到水道边缘，岩相由碎屑支撑的砾岩转变为厚层砂岩或基质支撑的砾岩（Jobe 等，2010）。水道充填位于侵蚀面之上，侵蚀切割了周边和下部的水道间沉积。水道内部的地层向水道边缘减薄和上超。侵蚀面之上很少见到泥岩或粉砂岩披覆，且侧向不连续。水道和水道间的地层是不连续的，代表天然堤的水道间地层限定了水道的范围。天然堤单元由以下部分组成：（1）底部砂质朵体沉积，由中到厚层重力流沉积和浓密度流沉积组成；（2）漫溢沉积，主要由向上变薄、变细的细粒薄层重力流沉积组合而成。这些相单元在垂向上逐渐过渡。远端天然堤由泥岩夹侧向连续的薄层砂岩组成。近端天然堤由泥岩和薄层、厚层砂岩组成，但是厚层砂岩的侧向连续性较低。近端天然堤比远端天然堤的砂岩含量高，内部结构也更为复杂，如砂质决口沉积、侵蚀削截和滑塌沉积。野外观察表明，天然堤水道形成在沉积或者侵蚀阶段。按照演化顺序分别是：（1）初始阶段，富砂的非限制性环境沉积；（2）浊流过路阶段，富泥的限制性天然堤加积形成的漫溢沉积；（3）水道侵蚀下切或迁移阶段；（4）水道的充填阶段，水道内的充填沉积向边缘上超。

Hodgson 等（2011）和 Kane 和 Hodgson（2011）描述了南非卡鲁盆地的两个地震尺度的海底水道—天然堤体系：一个是天然堤限制的水道体系（C 单元），另一个是侵蚀水道体系（D 单元）（图 8.37）。他们发现这两种不同的水道体系发育相同的叠置模式：从初始的水平叠置（横向迁移）到后续的垂向叠置（垂向加积）。他们将这种结构的变化解释为平

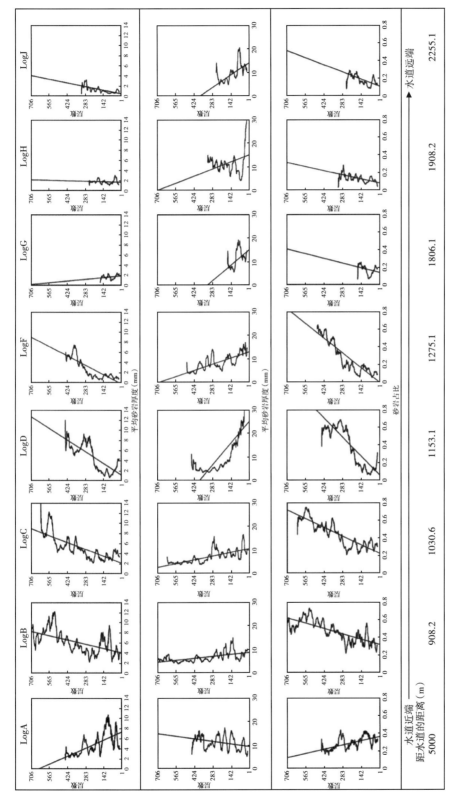

图 8.39 墨西哥下加利福尼亚州罗萨里奥组上白垩统陆坡沉积的所有测量剖面数据（测量剖面 E 和 I 除外）（据 Kane 等，2007）

（a）每期事件沉积的砂岩厚度（即每一期漫溢事件形成的粗粒部分的厚度）；（b）每期事件沉积的泥岩厚度（即粗粒部分的泥岩厚度）；（c）砂岩比例（即粗粒部分的厚度与重力流整体厚度的比率。采用 20 层滑动平均法对数据对数进行平滑。注意测量剖面 A 总体表现为内部相反的趋势，被解释为内部天然堤沉积（图 8.36）。

衡剖面转变的结果：从低可容纳空间（陆坡破坏，复合侵蚀面形成，外部天然堤发育，沉积物过路）经过均衡状态（水平叠置和拓宽），向高可容纳空间（陆坡加积、垂向叠置、内部天然堤发育）的转变。

在墨西哥下加利福尼亚州，Kane 等（2007）研究了罗萨里奥组的上白垩统海底水道—天然堤复合体，包括水道—天然堤复合体的岩相，遗迹相的分布，以及垂直水道轴部天然堤厚度降低的趋势（图 8.38，图 8.39）。他们发现在天然堤内，砂岩层厚度和砂岩的整体比例都向天然堤远端减小，减小的趋势遵循幂律函数（Dykstra 等，2012）。在靠近水道的位置，块状砂岩、平行层理，波痕和波纹交错层理（包括爬升波纹交错层理）经常发育，而在远离水道的地方，不完全波痕很发育。天然堤内部由下到上，砂岩层的厚度一般会增加。这种变化趋势可能是浊流强度增加的结果，也可能是水道底部加积的结果。这两种过程都会减小天然堤的相对高度，使得流体下部的砂质沉积物更容易溢出天然堤。但是，在最靠近水道的天然堤内部，由下到上砂岩厚度呈现降低的趋势。因此结合砂岩厚度的减小趋势，以及沉积相和古水流的分析，可以推断出天然堤脊部的位置。总之，在远离水道轴部的过程中，最厚的砂岩层通常出现在天然堤的上部。Kane 等（2007）利用上述观察结果，提出了一个天然堤生长和脊部迁移的模式（图 8.38）。

古老的天然堤沉积在后期很容易发生软沉积变形，如差异压实、生长断层和层间/层内的滑动等。它们与其他的盆地—陆坡沉积难以区分。由于古水道—天然堤复合体的正向地貌几乎不可能保存下来，所以古老天然堤经常被认为是"漫溢"沉积的一种，正如 Mutti 和 Normark（1987）所定义的。漫溢沉积由细粒、薄层的纹层状重力流沉积组成，通常与半深海/深海相泥岩互层。在漫溢沉积内，天然堤的结构单元可能会被识别出来，但是一般难以将天然堤结构单元的划分方案应用到漫溢沉积序列中。

8.3.5 侧向加积体（LAPs）

在古老的深海沉积序列中，侧向加积层（也称侧向加积体或 LAPs）的实例相对较少，其性质和起源仍然存在争议。目前发表的实例包括：墨西哥下加利福尼亚州上白垩统罗萨里奥组（Kneller，2003；Dykstra 和 Kneller，2009）（图 8.40）；爱尔兰西部上石炭统罗斯（Ross）组（Elliott，2000a；Lien 等，2003）和鸥岛（Gull Island）组（Martinsen 等，2000）（图 8.41）；新西兰塔拉纳基（Taranaki）盆地中新统曼加拉（Mangarara）组（Puga-Bernabéu 等，2009）；印度尼西亚加里曼丹省婆罗洲东部海域的地震解释（Posamentier 和 Kolla，2003；Kolla 等，2007）（图 7.25）；加拿大科迪勒拉（Cordillera）山脉，温德米尔（Windermere）超级群的 Castle Creek 地区（Arnott，2007）（图 8.42）；得克萨斯西部的毛刷峡谷组比肯（Beacon）水道复合体（Pyles 等，2012）以及安哥拉海域第 17 区块 Dalia 油田上部的下中新统绿色水道（Green Channel）复合体的地震实例（Abreu 等，2003）。虽然 LAPs 有不同的命名和不同的解释，包括 Guillocheau 等（2004）描述的法国东南部渐新世 Grès d'Annot 地区的"大型斜层理和低角度增生层组"，但通常认为其形成在水道充填演化的底部，是由弱限制性的浅层水道形成的重力流沉积。如果没有很好的三维数据，难以区分大型交错层理和 LAPs。

加拿大科迪勒拉山脉新元古代的温德米尔超级群，出露了一套沉积在盆底—坡脚位置的

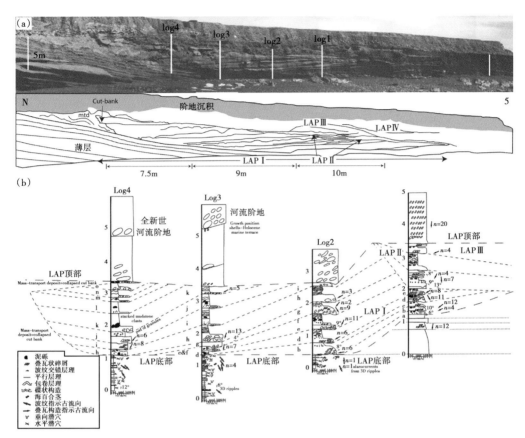

图 8.40　（a）墨西哥下加利福尼亚州上白垩统罗萨里奥组南部露头（Pelican Point）照片和线描
　　图，图中发育 4 套侧向加积体，侵蚀面下伏的薄层可用于旋转剖面至古水平方向。（b）侧向加
　　　积体的沉积测量剖面对比图，展示了地层对比、沉积相和粒度的侧向和垂向变化以及地层倾
　　　　　　向和古水流方向的变化（据 Dykstra 和 Kneller，2009）

垂直沉积地层，Arnott（2007）描述了这套 2.5km 厚的侧向加积体（在他的研究中称为"侧
向加积沉积"或 LAD）。这些沉积物在罗迪尼亚超大陆解体后，沿着劳伦古陆的西部陆缘堆
积（Ross，1991）。Arnott（2007）认为 LAPs 形成在弯曲海底水道的凸岸位置（类似于河流
的点坝沉积）。Island Creek 水道或 IC2.2 是一条底部突变、侧向加积的弯曲水道，下文进行
了详细描述（图 8.42）。

　　IC2.2 厚达 13m，横向延伸至少 400m。LAPs 向水道底部的倾角 7°~12°，长 120~140m。
单个 LAP 层的沉积物粒度变化可以忽略不计。LAP 包括两种重复出现且相互叠置的类型：
（1）粗粒 LAPs，由细砾岩（岩相类 A 和 B）组成；（2）细粒 LAPs，由薄—中层细粒重力
流沉积（岩相类 C）组成。在水道充填的下部，地层由叠置的粗粒 LAPs 组成，通常由分米
厚度的极粗砂岩/细砾岩向上渐变为中砂岩。粗粒 LAPs 中没有发现牵引流相关的沉积结构。
细粒沉积物，特别是泥岩中，偶见内碎屑角砾。然而，在水道充填的上部，粗粒和细粒的
LAPs 交替出现。粗粒 LAPs 由 2~3 套侧积体组成，被细粒 LAPs 分开，并快速尖灭成细粒
的 LAPs。在粗粒 LAPs 的尖灭位置，主要为分选差、无渐变特征的极粗粒砂岩/细砾岩，上

图 8.41　爱尔兰西部克莱尔盆地那慕尔阶 Ross 组露头的侧向加积层（LAP）

（据 Elliott，2002a；Lien 等，2003）

水道充填的底面是下超面。LAP 厚 5m，推测水道向西（左）迁移。古水流方向为北东向，流向悬崖

　　覆板状纹层或中等尺度（沙丘）交错层理的中粒砂岩（岩相群 B2.1 和 B2.2）。细粒 LAPs 由泥岩和薄—中层 Tbcd 和 Tcd 浊积岩组成，沿下倾方向，这些沉积被大型粗粒的 LAPs 叠置沉积所削截。

　　Arnott（2007）认为粗粒和细粒 LAPs 的韵律性互层与弯曲水道点坝沉积随时间的变化有关。水道凹岸发生滑塌后，凸岸将沉积粗粒沉积物，以重新建立水道的平衡形态，从而建立平衡的沉积物搬运条件（即沉积物过路）。一旦平衡重新建立，更细、更薄的沉积物开始沉积，形成细粒 LAPs 沉积。这些沉积代表稀释的尾流沉积，而大部分粗粒沉积物通过弯道搬运至更远的下游。随着水道的横向迁移，这种粗粒和细粒沉积的交替会重复出现。此外，在粗粒 LAPs 的上倾尖灭处不发育牵引沉积构造，表明在侧向加积面位置以悬浮物沉积为主，至少是在侧向加积面的上部，这可能是由于在强烈分层的湍流中，湍流应力会在密度界面的混合处升高导致。虽然看起来与河流点坝的侧向加积沉积相似，但是温德米尔超级群的深海 LAPs 却有许多重要的不同。其中的一些差异可能和深海与陆地环境中砂粒（和更粗粒）沉积物搬运模式的差异有关，特别是悬浮搬运与推移搬运。另外，正如 Peakall 等（2000a）、Parsons 等（2010）和 Pyles 等（2012）讨论的那样，水下悬浮流体和陆地河流环境中，流体之间的结构差异，很可能对深海和陆地沉积施加了额外的控制因素。

　　另一个包含 LAPs 的陆坡水道实例位于英格兰北部中奔宁盆地（Central Pennine Basin）下石炭统（Namurian），上覆河流—三角洲沉积，下伏盆底重力流沉积（Walker，1966a，b；

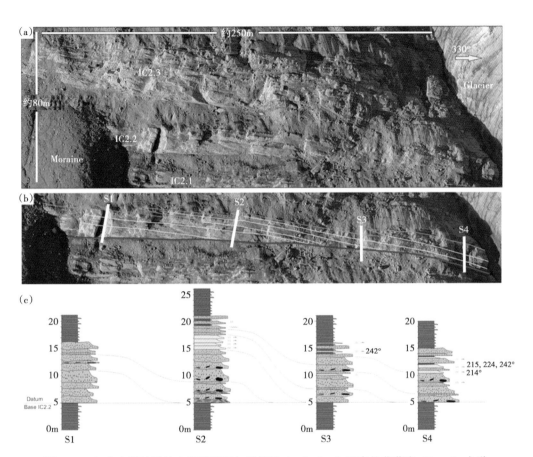

图 8.42　加拿大科迪勒拉山脉温德米尔超级群 Castle Creek 以南的艾萨克（Isaac）水道
复合体 2 的剖面图（据 Arnott，2007）

（a）未解释的照片，展示了位于冰碛岩和冰川之间的 Isaac 水道复合体 2，该复合体由三个水道充填单元
（IC2.1，IC2.2，IC2.3）组成。（b）IC2.2 的解释照片。IC2.2 底部较平坦用红线标出。黄线代表倾斜层面，在
野外以及航拍照片上可以从顶部追踪至水道充填的底部（从左到右）。这些倾斜层解释为粗粒侧向加积体的一
部分，由深海弯曲水道的侧向迁移形成。锯齿状的蓝线表示粗粒和细粒的侧向加积体在水道顶部的交错出现。
细粒的侧向加积体向左快速过渡为同期的细粒内部天然堤沉积。（c）地层剖面测量对比图（S1—S4）

Collinson，1968，1970）。该体系表现为一个退积序列，自下而上逐渐为：Edale 页岩（岩相
类 D 和 E，盆底粉砂岩和泥岩）、Mam Tor 砂岩（岩相类 C 和 D，远端重力流沉积）、Shale
Grit 组（岩相类 C 和少量 B，扇体近端的砂质重力流沉积和浓密度流沉积）、Grindslow 页岩
（岩相类 B 和 C，砂岩充填的陆坡水道）和 Kinderscout 砂砾岩（三角洲顶部和河道沉积）。
Walker（1966b）描述了 Shale Grit 组和 Grindslow 页岩内的海底水道。位于阿尔波特（Al-
port）河东岸，在一个称为"阿尔波特城堡"的岩壁上（图 8.43），是出露最好的水道露
头。悬崖剖面高达 50m，几乎平行于古水流方向。岩相主要为中厚层砂岩，没有明显的粒
序特征（主要为岩相类 B、C）。地层通常是叠置的，并常见侵蚀底面。使用图 7.22 的结构
单元划分方案，可将露头划分为 10 个不同的二级结构单元。这些单元包含多套地层，或者
被薄层粉砂岩分隔，或者通过下切侵蚀面相连（图 8.43）。整个悬崖代表了大规模的三级

水道或峡谷充填，下切细粒陆坡沉积，并包含了二级水道充填和席状结构单元的沉积。其中一个水道单元很好展示了阶地边缘下切薄层砂岩和粉砂岩的特征（图 8.43）。浓密度流相关的水道充填所占比例很少（最多 5 个），并略微不对称（图 8.43）。水道填充的顶部以砂岩到层状粉砂岩和泥岩的突变结束。水道单元的宽度为 80~100m，水道复合体的深度为 50m，单个水道单元的深度为 7m，宽深比为 11~14。根据水道单元内出现的倾斜加积面，

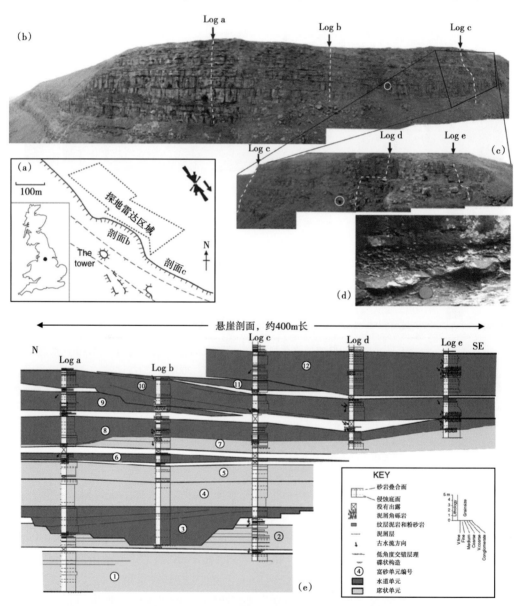

图 8.43　（a）阿尔波特城堡位置图，位于英国英格兰中部德贝峰区国家公园内。（b，c）悬崖露头的照片拼接图，位置见（a）。图中白色虚线为测量剖面的位置。（d）水道内泥屑角砾岩特写，古水流方向见（a），圈中人作为比例尺。（e）阿尔波特城堡测量剖面对比解释图（据 Clark 和 Pickering 1996b，修改）。悬崖剖面是弯曲的，因此只能近似水平地进行剖面对比（据 Pringle 等，2004）

推断这些水道是弯曲的（Clark 和 Pickering，1996b）（图 8.43）。

西班牙比利牛斯山脉艾恩萨盆地中始新世 Morillo 水道体系，由多套砂质充填和冲刷面组成，也包含部分砾质充填（图 8.44）。在 Morillo 水道体系内，这些倾斜的砂质/砾质沉积

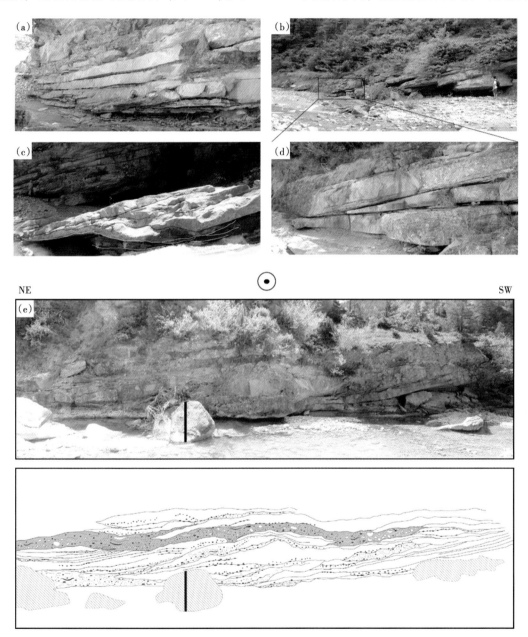

图 8.44 西班牙比利牛斯山脉艾恩萨盆地 Morillo I 扇体的砂层形态（据 Bayliss 和 Pickering，2015b）
Morillo 体系的位置见图 4.34。这些倾斜面大致垂直于古水流方向（由沟模槽模确定）。（a）背包作为比例尺。
（b）小规模实例，倾斜面向左倾斜，下部发育深达 1m 的冲刷面（c），人作为比例尺。（d）为（b）的局部放大，4m 厚砂岩向底部尖灭。（e）Morillo III 扇体的砾石点坝及其解释。比例尺长度 2m。深色层为富含中砾的泥质碎屑流沉积（岩相类 A1），与下伏砾质砂岩（岩相类 A）形成对比

形态或 LAPs，被解释为高弯度海底水道的侧向加积（Abreu 等，2003；Labourdette 等，2008）。图 8.44 所示的特征包括了中高弯度水道的侧向加积面，或低弯度水道的侧向加积面。砾岩层形态可能代表了大型顺直或低弯度水道的轴部沉积。实验和理论研究表明，与河道相比，许多海底水道的生长非常缓慢，且具有更多的垂向加积，形成了孤立的丝带状沉积（Peakall 等，2000a），Morillo 水道受海底生长背斜的强烈限制，可能发育在一个相对陡峭的坡度位置。因此倾斜的砂层形态似乎不太可能是高弯度水道体系的沉积，而是某种与复杂次生流相关的发育在水道弯曲位置的沉积（Corney 等，2006；Keevil 等，2006，2007）。另外，Georgio Serchi 等（2011）根据较陡的陆坡背景，推断 Morillo 水道体系更可能是反向次生流沉积。

野外露头的研究表明 Morillo 水道复合体的厚度可能在 20~60m，宽度在 800~1200m（Bayliss 和 Pickering，2015b）。单个水道的规模要小很多，但是露头和横向相关性很难进一步的细化。天然堤—漫溢沉积的尺度同样很难解析，这是许多古老水道体系露头常见的问题。然而，不管宽/深比测量结果的精度如何，倾斜砂层形态相对于河道厚度总是要薄一些（Labourdette 等，2008），倾斜砂层形态的高度通常在 1~4m（水道深度的 10%~20%），这一观察结果与实验工作（Das 等，2004；Darby 和 Peakall，2012）相吻合，表明海底水道的倾斜沉积要比水道厚度小很多，这与河道沉积不同（Wynn 等，2007）。

Bayliss 和 Pickering（2015b）倾向于认为 Morillo 体系是低弯度、辫状的水道（相对陡峭的海底，粗粒和集中的古流向），需要强调的是辫状沙坝在很多情况下其形态与点坝相似。因此，在只有部分露头出露的情况下（与 Morillo 体系类似），倾斜砂层形态看起来与点坝非常相似（Peakall 等，2007），但实际上可能是辫状沙坝的一部分。Bayliss 和 Pickering（2015b）引用近期海底观测的结果，推断 Morillo Ⅰ 和 Ⅱ 扇体底部厚层块体搬运沉积中的砾质冲刷面可能代表了水道下倾方向不连续的凹槽状冲刷充填结构，这种结构在加利福尼亚 Lucia Chica 水道内通过自主水下航行器（AUV）获取的高分辨率图像（横向分辨率为 1m，垂直分辨率为 0.3m）可以观察到（Maier 等，2011）。在这些海底观测之前，通过低分辨率的图像，认为水道深泓线是连续的（Wynn 等，2007）。Morillo 实例的尺度与 Lucia Chica 水道体系的尺度相当，可直接进行对比（也就是水道内发育的低起伏侵蚀特征，一般深度<10m，宽约 100m，包括冲刷面和麻坑；Maier 等，2011）。

8.3.6　水道充填的沉积后改造

沉积后改造包括碎屑侵入（如岩墙和岩床侵入，包括角砾岩层）、断层活动（包括生长断层）和差异压实。水道充填的沉积后改造对古老水道的特征，以及后续水道的位置和路径都会产生重要影响。

压实导致水道形态变化是最常见的沉积后改造。工业界有很多类似的实例，例如墨西哥湾（Posamentier，2003）和尼日尔三角洲西部（Deptuck 等，2007）。在这些实例中，水道内部充填物的高度比水道边缘更高，这种现象很可能是差异压实造成的，表明水道内部充填不易被压实。因为与泥岩相比，砂岩更不易被压实，因此这种水道形态说明水道内部的砂岩含量比相邻的漫溢沉积更高（Posamentier，2003）。差异压实倾向于产生透镜状的水道，造成水道边缘比轴部充填低，例如 Gee 和 Gawthorpe（2006）在安哥拉海域的实例

（Mayall 等，2006）。带状水道砂体及其相关的漫溢—天然堤沉积之间的差异压实，可能引发水道边缘生长断层的发育，砂质碎屑可能沿断层形成侵入岩墙（图 8.45）。此外，Alves（2010）在巴西海域和墨西哥湾北部陆坡，发现了 MTD／MTC 差异压实的实例。

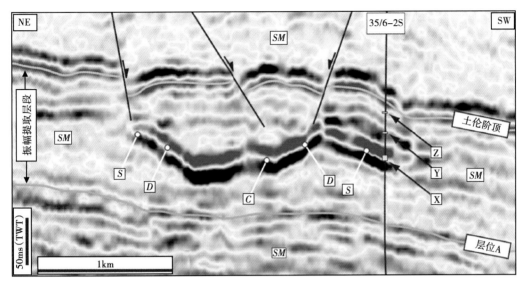

图 8.45　挪威北海晚白垩世海底水道的地震剖面（据 Jackson 和 Sømme，2011）

红色反射轴是负极性（波谷），声学上代表"软"反射事件；黑色反射轴是正极性（波峰），声学上代表"硬"反射事件。层位命名源于 Jackson 等（2008）。水道上方的断层是上白垩统中发育的区域多边形断层体系的一部分。钻井 35／6-2S 的位置如图所示；注意水道边缘振幅异常相对于钻井的位置。D—碎屑岩墙；S—碎屑岩床；C—沉积水道；SM—陆坡泥岩。黄色小框代表了钻井确定的砂岩 X、Y 和 Z 的深度和厚度，全部被解释为沉积后的碎屑侵入或岩床

流化和液化的特征（如碎屑岩岩墙和岩床）在许多古老深水体系中都有记录，包括地下深水体系的资料；例如陆坡沟槽充填（Surlyk，1987）和海底扇的水道充填（Hiscott，1979；Pickering，1981b，1983a；Guy，1992；Kane 等，2009）。尽管许多侵入体以砂岩为主，但也有一些砾岩侵入的实例，这些砾岩来自海底水道，例如智利南部麦哲伦（Magallanes）盆地的大规模砾岩侵入体，砾岩来自白垩纪 Cerro Toro 组的深水水道沉积（Hubbard 等，2007）。

北海北部古近系发育了大规模的富砂侵入沉积结构。Jenssen 等（1993）记录了数米宽的砂岩岩墙垂向侵入巴尔德尔（Balder）组地层达几十米。Newman 等（1993）记录了 Gryphon 油田岩心中的分米级的砂岩侵入特征。地震和钻井数据表明，大型碎屑岩侵入可能来源于相邻海底水道沉积中的砂岩（Jackson 和 Sømme，2011）。有关砂岩侵入的更多信息及其与油气勘探和生产的相关性，请参阅 Hurst 和 Cartwright（2007）编辑的专辑。

许多钻井获取的地下岩心（例如北海北部古近纪的岩心）中，都发现了杂乱的泥屑角砾岩和砂岩支撑的砾岩。微体古生物学和沉积物组分的分析（包括颜色），表明部分沉积物为沉积滑动和碎屑流沉积的产物，但是许多情况下也可能是由半固结的泥岩侵入形成的。在一些野外实例中，砂质重力流沉积的下部发生流体化，并且全部侵入到同一套地层上部的泥质部分，称为"角砾自成作用"。

位于水道边缘与差异压实相关的生长断层，可能会促使年轻水道砂体发生偏移叠置。生长断层也可能成为大规模软沉积物侵入的薄弱面和薄弱区。生长断层可能在压实作用下重新活动，甚至在沉积后不久，在只有数十米地层覆盖的情况下再次活动。与差异压实相关的断层位置可能受埋藏水道的控制，断层走向平行于水道边缘（Jenssen 等，1993；Newman 等，1993）。

8.4　现代和古老水道的对比

许多古老水道在规模上与现代海底扇的中扇水道（表 8.3，图 8.10）相当，但是古老水道主要以侵蚀和侵蚀—沉积水道复合体为主，发育在盆地斜坡位置，而现代的许多半径大、坡度低的海底扇，主要发育加积型的（以沉积作用为主）水道—天然堤—漫溢复合体。除增生楔之外，大多数深海/深水体系的露头，记录了上陆坡、陆架内或与拗拉槽相关的沉积。盆地规模比现代大陆边缘盆地和海盆要小几个数量级，盆地底部地形起伏大，且海底坡度通常较高。在这些古老的盆地中，侵蚀、侵蚀—沉积、低—中等弯度的水道通常比较发育。

表 8.3　水道单元的规模和大小及其横向连续性和垂向连通性特征（据 Clark 和 Pickering，1996a）

结构单元	宽度 （m）	厚度 （m）	侧向连续性	垂向连通性	水道横截面积 （m²）
Ainsa I "backfill" element beds	200	3	65	0.2	6.0×10^2[1]
Ainsa I channel	850	30	25	0	2.6×10^4[1]
Ainsa I thalweg	230	4	60	0.4	9.2×10^2[1]
Ainsa II channels	600	25	24	0.5	1.5×10^4[2]
Ainsa II/2 channel/lens elements	50	2	25	0.35	1.0×10^1[2]
Ainsa II/3 channel/lens elements	100	3	33	0.2	3.0×10^2[2]
Ainsa II/4 axial fill element beds	100	2	50	0.9	2.0×10^2[2]
Ainsa II/5 slide elements	100	4	25	0	4.0×10^2[2]
Almeria Channel	400	50	8	0	2.0×10^4[3]
Almeria Channel thalweg	65	5	13	0	3.3×10^2[3]
Amazon-Middle Fan ch.-axis complexes	1250	150	8	0	1.9×10^5[4]
Amazon-Middle Fan ch.-levée complexes	30000	150	200	0.9	4.5×10^6[4]
Balder Fm. stacked channels	800	50	16	0.1	4.0×10^4[5]
Black Flysch scours	30	5	6	0.2	1.5×10^2[6]
Brushy Canyon Fm. "Saltflat" Channel	2000	30	66	0	6.0×10^4[7]
Brushy Canyon Fm. "100-foot" Channel	400	30	13	0	1.2×10^4[7]
Brushy Canyon Fm. Popo channels	160	10	16	0.4	1.6×10^3[7]
Brushy Canyon Fm. Brushy Mesa elements	155	15	10	1	2.3×10^3[7]
Caban Coch channels	4000	75	50	0.2	3.0×10^5[8]
Capistrano channels	250	20	12.5	0.4	5.0×10^3[9]

续表

结构单元	宽度（m）	厚度（m）	侧向连续性	垂向连通性	水道横截面积（m²）
Capistrano lat. accr. elements	50	2	25	1	1.0×10^2[9]
Capistrano sheet-fill elements	100	1	100	1	1.0×10^2[9]
Hamningberg Channel axial fill	100	10	10	0.3	1.0×10^3[10]
Hamningberg channel margin element	75	5	15	0.3	3.8×10^2[10]
Indian Draw Field A1 Sandstone elements	400	3	133	0	1.2×10^3[11]
Indian Draw Field A3 Sandstone elements	500	5	100	0	2.5×10^3[11]
Indian Draw Field channelfill	1200	30	40	0	3.6×10^4[11]
Indus-Middle Fan ch.-axis complexes	1250	75	17	0	9.4×10^4[12]
Indus-Middle Fan ch.-axis elements	1000	15	66	0.9	1.5×10^4[12]
Indus-Middle Fan ch.-levée complexes	25000	75	333	0.9	1.9×10^6[12]
Indus-Upper Fan ch.-axis complexes	10000	400	25	0	4.0×10^6[12]
Indus-Upper Fan ch.-axis elements	1500	20	75	0.9	3.0×10^4[12]
Indus-Upper Fan ch.-levée complexes	50000	400	125	0.9	2.0×10^7[12]
Indus-Upper Fan Channel Caxis elements	5000	100	50	0.6	5.0×10^5[13]
Indus-Upper Fan Channel Caaxis elements	3000	100	30	0.7	3.0×10^5[13]
Indus Upper-Fan Channel Ccaxis elements	2500	125	20	0	3.1×10^5[13]
Milliners Arm Fm. axial elements	500	20	25	0.3	1.0×10^4[14]
Milliners Arm Fm. ch. margin elements	750	15	50	0.4	1.1×10^4[14]
Mississippi levées	600	10	60	0.9	6.0×10^3[15]
Mississippi migrating thalweg	2000	100	25	0.4	2.0×10^5[15]
Montagne de Chalufy turbidite channel	500	50	10	0	2.5×10^4[16]
Monterey channel	1500	50	30	0	7.5×10^4[17]
Rapitan Channel（RCH-1）	1500	75	20	0.5	1.1×10^5[18]
Rapitan channel-fill elements（RCH-2a）	1200	15	80	0.2	1.8×10^4[18]
Rapitan channel-fill elements（RCH-3a）	1000	8	125	0.05	8.0×10^3[18]
Rhone-channel thalweg	500	130	4	0	6.5×10^4[19]
Rhone-Neofan scours	1000	20	50	0.1	2.0×10^4[20]
Rhone-Upper Fan levéed valley	1500	100	15	0	1.5×10^5[19]
Risfjord channel stacked channels	50	5	10	0.9	2.5×10^2[10]
Solitary Channel	200	40	5	0	8.0×10^3[1]
Solitary Channel bedforms	150	4	37.5	0.25	6.0×10^2[1]

注：二者规模的测量垂直于流体/古水流方向，但 Tabernas 盆地孤立水道的测量沿流体方向。CSA＝水道横截面积，数据来源：1—作者自己的工作；2—Clark（1995）；3—Cronin（1995）；4—Damuth 等（1995）；5—Timbrell（1993）；6—Vicente Bravo 和 Robles（1995）；7—Zelt 和 Rossen（1995）；8—Smith 等（1991）；9—Walker（1975a）；10—Pickering（1982a）；11—Philips（1987）；12—Kenyon 等（1995a）；13—McHargue（1991）；14—Watson（1981）；15—Pickering 等（1986A）；16—Hilton 和 Pickering（1995）；17—Masson 等（1995）；18—Remacha 等（1995）；19—O'Connell 等（1991）；20—Kenyon 等（1995a）。

古老水道的深度估算很少考虑大量细粒充填的厚度，这与部分现代海底扇水道数据（如图7.32的亚马逊扇数据；图5.17中的密西西比扇数据）相反。在古老水道的露头中，细粒沉积物（泥和粉砂）往往出露不好，或者经历了强烈的沉积后变形作用，导致原始的层理变得模糊。这种情况通常会导致水道的真实规模被低估，同时会将水道内部数米厚的细粒沉积物解释为水道外沉积，如天然堤、水道间或漫溢沉积等。

在许多古老水道体系中，都识别出了中—高弯度的水道（通过三维地震资料识别出侧向加积单元），从最初的侵蚀到最终的废弃，水道的演化似乎是可预测的。第一阶段是水道的建立，包括水道的初始侵蚀，以及滞流沉积和不规则的地层/单元沉积。在许多情况下，水道底部的地形可能是由多个不连续的侵蚀事件发展而来，并可能在水道内部形成阶地。第二阶段，水道建立后，水道将通过增加弯曲度达到平衡，除非有其他改造作用导致水道的突然废弃，或导致水道再次进入侵蚀阶段。例如，基准面的变化会导致沉积物供给速率的增加，导致流体产生更大的搬运能力。在高纬度地区，浊流会受到科里奥利力的影响而发生偏转，沉积和侵蚀区域也会相应地偏转到水道的一侧，随着时间的推移，有利于低弯度水道的演化（Cossu和Wells，2012）。随着水道弯曲度越来越大，侧向加积和流体剥离会在水道沉积和水道结构中变得更为重要。第三个阶段，部分水道开始废弃（如随着流体通量的减少，流体的体积、搬运能力和流量也会随之下降），水道将会回填。在这个过程中，将从侧向加积和流体剥离形成的叠置倾斜形态（或者其他水道砂坝形态），转变为透镜状单元，并最终废弃。上述前两个时期是天然堤脊部到水道底部高度最大的时期，也是天然堤最不稳定的时期，所以天然堤堤岸在这两个阶段垮塌的可能性更大。在重力流较大的条件下，最可能形成满岸流，因此天然堤在水道沉积的早期聚集过程中，表现出最大的垂向加积速率。在第一阶段快速沉积的过程中，沉积物将具有相对较高的含水量以及较低的剪切强度。

这里概述的水道演化模式代表了一个理想化的侵蚀—沉积过程，隐含了一些假设，包括：（1）在水道的不同区域有着不同的流体状态，且这些流体状态是逐渐变化的；（2）水道内部没有大型沉积物滑动和碎屑流事件，因为这些事件可能会在水道内留下非常厚的沉积，堵塞部分水道，并造成水道决口；（3）虽然在基准面的低位期，自旋回过程导致的决口可能也很重要（Pirmez和Flood，1997），但是水道的演化过程（从重力流通道到最终的充填和废弃），都发生在相对基准面下降—上升的周期内。因此，当基准面处于下降和低位期时，水道下切并形成重力流通道，随后由于基准面上升，沉积物供应减少导致水道充填和废弃。除了基准面的上升，也可能有其他原因导致物源供给的减少，比如海底扇上游的决口，导致重力流底部粗粒沉积被搬运到了其他地区。总之，沉积模式具有相当大的变化是合理的，例如不同阶段沉积物的厚度和粒径的变化。另外，水道的废弃和随后的强烈侵蚀会导致垂向序列的不完整。

海底水道的一些沉积过程不同于陆地河流环境。例如，由于沉积物重力流与周围海水的密度差较小，流体通过海底水道时会溢出水道，并形成相当大的垂向扩散。溢流沉积不一定是流体顶部的细粒悬浮载荷，这是因为与河流相比，海底水道弯曲部位的次生流螺旋方向不同。Parsons等（2010）对一个大型重力流水道的野外露头研究表明，水道弯曲部位次生流的螺旋方向可能与陆地河流相反，因此重力流下部的较粗悬浮载荷可以优先沿着水道弯曲的外侧溢出水道。Straub 等（2008），将这种粗粒部分的溢出归因于重力流底部的加速上升，因为底部流体的动量最大。尽管流体在运动过程中存在这些差异，但深水水道和河道的沉积和侵蚀特征总体是类似的。这种相似性在文献中都有记录；例如在亚马逊扇的弯曲水道（Damuth 等，1983）、密西西比扇水道的点坝特征（Pickering 等，1986b）以及 Rhone 扇体的水道深泓线（O'Connell 等，1991）。古老水道—天然堤—漫溢复合体沉积体系与河流相沉积体系的相似之处，在野外剖面中也得到了很好的证实（Mutti 等，1985），包括侧向加积沉积（Phillips，1987），水道滞留砾石和水道阶地（Hein 和 Walker，1982；Watson，1981）以及水道/峡谷的曲率（Cossey 和 Jacobs，1992；von der Borch 等，1985）。

8.5　朵体、朵体边缘、扇体边缘和盆底远端露头特征

尽管一些地球物理和岩心数据可用于现代朵体的研究（Migeon 等，2010；Mulder 等，2010），但是重力和活塞取心过程，很难获取厚层砂岩样，导致我们对朵体及其变化的认识仍然不足（第 7.4.3.1 节）。通过与现代扇体的对比，一般认为古老朵体大多是舌状的砂岩沉积，位于海底扇（或海底缓坡）的水道末端（7.4.3 节）。实际观测表明，它们基本呈席状，宽数十米到数百米。

海底朵体及其上部宽深比较高的水道沉积，占据了古老海底扇（见图 5.19，图 8.46，图 8.47）和现今构造活跃背景下的沉积扇体（图 7.49）的大部分体积。它们通常发育在天然堤水道的下游，在水道分叉形成分支水道的位置形成朵体（Posamentier 和 Walker，2006）。早期的研究（Mutti 和 Ricci Lucchi，1972；Mutti，1977；Pickering，1981b；Lowe，

图 8.46　南非莱茵斯堡附近具高宽深比、高连续性的朵体沉积（二叠纪卡鲁体系）

(a)

(b)

(c)

图 8.47　挪威北极地区前寒武系 Kongsfjord 组上部 Veines 剖面的高连续性砂岩层和砂层组合

朵体、朵体边缘和扇体边缘沉积：（a）15m 厚的朵体沉积，由浅色、中厚—极厚层的岩相类 B、C 组成，周围有数十米厚的薄层状细粒沉积，岩相类 C、D、E。（b）三个叠置的朵体沉积（三套组合内部的浅色地层主要为岩相类 C 沉积）。地层约 50m 厚，向左边变年轻。（c）朵体边缘和扇体边缘沉积（中—薄层岩相类 C，伴随岩相类 D 和 E 沉积）。地层厚约 30m。详见 Pickering（1981b）的详细描述

1982）表明，水道末端重力流速度降低，导致流体的搬运能力和流量相应减弱，形成席状的砂质朵体沉积。最近，对现代沉积体系的研究（如密西西比扇，Twichell 等，1992l；东科西嘉岛 Golo 更新世朵体，Gervais 等，2006；Deptuck 等，2008；亚马逊扇，Jegou 等，2008），表明朵体沉积的内部结构比想象的更为复杂，而这种复杂性在古老朵体中也有观察到，例如：西班牙东南部塔韦纳斯（Taberas）盆地中新统沉积（Cossey 和 Kleverlaan，1995）；意大利西北部皮埃蒙特（Piedmont）盆地的渐新统—中新统 Rochetta 组沉积（史密斯，1995a）；得克萨斯西部的二叠纪毛刷峡谷（Brushy Canyon）组沉积（Beauboeuf 等，2000；Carr 和 Gardner，2000；Gardner 等，2003b，Gardner 等，1985）；巴西坎波斯（Campos）盆地 Carapebus 组沉积（Ribeiro Machado 等，2004）；南非二叠系 Skoorsteenberg 组沉积（Johnson 等，2001；Sullivan 等，2004；Hodgson 等，2006；Prélat 等，2009），爱尔兰西部石炭系 Ross 组沉积（Pyles，2008）以及英国威尔士盆地沉积（Smith，1987，1995b）。

在放射状海底扇中，重力流通常不受地形限制，朵体更可能形成丘状的正地形；然而，在高度受限的环境下，例如，在构造约束盆地或者崎岖的海底地形上，朵体可能上超在盆地的地形高点，以降低地形的起伏。如果非限制性朵体的宽度比可容纳空间宽，朵体沉积将倾向于垂向叠置，伴随强制进积和退积叠置。相反，如果非限制性朵体的宽度比可容纳空间窄，那么朵体沉积将横向补偿叠置，并受外部因素表现出进积和退积叠置。因此，在缺少高分辨率年龄、盆地地形和相分布的三维重构情况下，应当尽量避免讨论构造和气候对朵体、朵体边缘和扇体边缘沉积的影响。

Mutti 和 Ricci Lucchi（1975a），Mutti（1977）和 Mutti 等（1978）提出外扇环境包括三个主要的相组合：朵体、朵体边缘和扇体边缘沉积（表 8.4；关于朵体沉积的示意性总结，见图 7.40 和图 7.41）。地形最平坦，起伏最小的海底被称为"盆底环境"。在现代海洋盆地中，盆底通常是"远洋平原"的同义词。因为在大多数情况下，要识别真正的古老的远洋平原沉积难度很大，所以我们更倾向于使用"盆底"和"盆底沉积"等一般术语来定义扇体最远端及其相关的环境。也许古老远洋平原的最佳指示标志是席状的深海（包括化学成因）和半深海沉积（岩相类 E 和 G），以及底栖微化石。这些沉积物与化石可能最初在洋壳和过渡壳上堆积，当并入年轻的造山带后，往往会严重变形成为地层碎片。

表 8.4 朵体、朵体边缘和扇体边缘沉积特征总结（据 Pickering，1981a，1983b，修改）

解释	朵体	朵体边缘	扇体边缘
定义	极厚—中厚层席状重力流沉积，自水道口向下形成丘状剖面形态	中—薄层重力流沉积，对应朵体远端和侧缘的沉积	薄—极薄层重力流沉积，代表扇体最远端的沉积
地层模式	席状（连续性高），局部发育冲刷—充填特征（可能下切数百米）	席状（连续性高）	席状（连续性高）
常见内部沉积结构	鲍马 Ta—Tc 段	鲍马 Tb—Te 段	鲍马 Tb，Tc—Te 段
典型粒度	极粗粒—中粒砂岩	细粒砂岩	极细粒砂岩—粉砂岩

解释	朵体	朵体边缘	扇体边缘
叠合砂岩比例	常见，>80%	少见，40%~80%	<40%或缺失
古水流方向与相邻环境的关系	相似	相似	相似
其他特征	常见向上变厚/变粗趋势（大多缺少统计验证），少见向上变薄/变细趋势		垂向和侧向层理发育微弱或没有垂向地层变化趋势
	可能发育极浅的高宽/深比水道		
典型岩相	岩相类 B、C、D	岩相类 C、D	岩相类 C、D、E

  盆底朵体及相关沉积的沉积相、相组合和沉积结构，已经在多个古老沉积体系中进行了详细的研究，尤其是前陆盆地背景的沉积体系（参见第 11 章）。其中研究最多的实例包括：意大利亚平宁盆地中新统—上新统的 Marnoso arenacea 组（Ricci Lucchi，1975a，b，1978，1981，1984，1986；Ricci Lucchi 和 Valmori，1980；Gandolfi，1983；Ricci Lucchi 和 Ori，1984，1985；Talling，2001；Talling 等，2004；Amy 和 Talling，2006；Magalhaes 和 Tinterri，2010；Malgesini 等，2015）；西班牙比利牛斯山脉始新世 Jaca 盆地（Mutti，1977，1985；Labaume 等，1983a，b，1985，1987；Mutti 等，1985；Remacha 等，2005）；南非二叠系卡鲁体系（Johnson 等，2001；Hodgson，2009；Prélat 等，2009，2010；Pringle 等，2010；Groenenberg 等，2010；Van der Merwe 等，2010）；加拿大魁北克阿巴拉契亚中奥陶统 Cloridorme 组（Enos，1969a，b；Hiscott，1984；Pickering 和 Hiscott，1985；Hiscott 等，1986；Edwards 等，1994；Awadallah 和 Hiscott，2004）以及挪威北极芬马克上前寒武统 Kongsfjord 组（Pickering，1981a，b，1985；Drinkwater，1995；Drinkwater 等，1996；Drinkwater 和 Pickering，2001）。图 8.47 展示了 Kongsfjord 组席状沉积实例，解释为外扇朵体及相关沉积。

  古老砂质朵体的研究表明，它们通常由 5~15m 厚的地层组合构成（Mutti，1977；Pickering，1981b；Hadlari 等，2009；Prélat 等，2009）。从朵体的近端到远端或者轴部到边缘，它们的内部相组成和结构会发生变化，导致朵体、朵体边缘和扇体边缘的沉积特征不同。远端砂质沉积倾向于非叠合沉积，而近端部分表现出更为复杂的地层形态，砂地比范围广（图 7.41），广泛发育冲刷—填充构造和天然堤不发育的水道（图 8.48）。在挪威北极芬马克上前寒武统 Kongsfjord 组一套富砂的深水浊积岩体系中，上述特征都有体现。该体系含有清晰的砂层组合，粉砂质泥岩以及极少量的半深海沉积（Pickering，1981a，b，1985）。

  Kongsfjord 组西侧露头 Berlevåg 露头，包括两个岩石地层单元 Nålneset 段和 Risfjord 段（Siedlecki，1980）。较老的 Nålneset 段含最粗粒岩相，为 5~20m 厚的地层组合，由岩相类 A 和 B 组成，主要为后者。Nålneset 段内的细粒沉积物一般形成 1~10m 厚的地层组合。这些细粒薄层重力流沉积由岩相类 C 和 D 组成。几乎所有的粉砂质泥岩都被解释为重力流沉

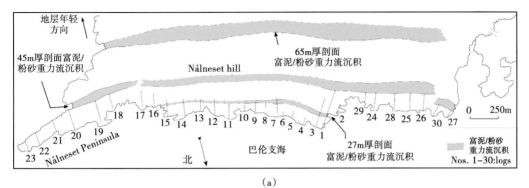

（a）

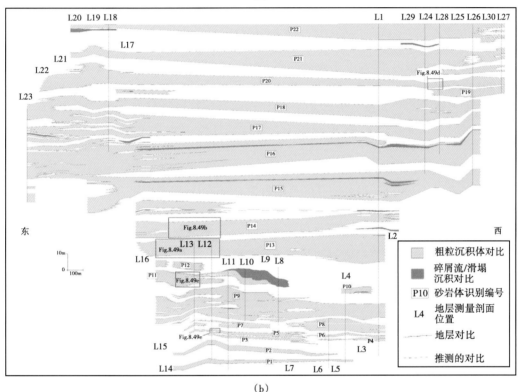

（b）

图 8.48 （a）挪威北部 Trollfjord–Komalgelv 断层以北芬马克 Varanger 半岛前寒武系 Kongsfjord 组上部三个主要露头的位置（据 Siedlecka 等，1989，修改）；图（b）Nålneset 剖面出露的最古老地层的剖面对比图，展示了厚 10m 的粗砂层组合，主要包括浓密度流（黄色）沉积，解释为近端朵体沉积。中间的极细砂岩、粉砂岩重力流沉积和泥岩沉积，解释为朵体边缘和扇体边缘沉积（岩相类 C、D 和 E）。虚线显示了外推砂岩组合的连续性（据 Drinkwater 和 Pickering，2001）

积（Pickering，1981a）。Kongsfjord 组上部，即 Risfjord 段，以细粒、薄层沉积为主。Risfjord 段的粗砂层组合被认为是外扇朵体，在某些剖面中只占总数的 22%（Pickering，1981b），且总的来说，它们的平均粒度小于 Nålneset 段的富砂层组合。Risfjord 段可能是中扇、外扇，以及过渡扇环境的沉积（Pickering，1981b，1982b，1983b）。

图 8.49 中的地层对比显示了露头中砂岩结构的变化；这种变化与文献中所述的朵体近端的沉积特征一致（Mutti 和 Ricci Lucchi，1972；Mutti，1977；Pickering，1981b）。叠置的相组合被解释为水道—朵体过渡带沉积（Pickering，1983b；Drinkwater，1995；Drinkwater 等，1996；Surlyk，1995），可能称为水道口沉积更合适。Nålneset 露头剖面长 3.5km，与 Varanger 半岛北部海岸的古水流方向斜交（图 8.48，图 8.49）。该剖面包括 Nålneset 段的底部，距离 Hamningberg 剖面 60km。Hamningberg 剖面也观察到了朵体、朵体边缘和扇体边缘的沉积（图 8.50）。Nålneset 剖面是 Kongsfjord 组最古老的沉积，属于巴伦支海群（Siedlecka，1972；Pickering，1981a）。Nålneset 剖面包含粗粒相沉积（岩相类 A、B、C 较少）。Pickering（1982b，1985）对该剖面 Nålneset 段上部较浅的水道形态进行了描述。Nålneset 剖面中最古老的部分由非侵蚀性且侧向连续的（>3200m）席状砂岩组成，在成熟度较高地层中，发育大量大型波痕和分米级交错层理，同时发育碎屑流以及较低宽深比的冲刷—充填构造。总的来说，这些沉积反映了从受限（水道化或地形限制）到相对不受限（非水道化）环境的变化，例如水道—朵体过渡区域（Drinkwater 等，1996；Drinkwater 和 Pickering，2001）。Drinkwater 和 Pickering（2001）根据图 8.47 的剖面对比识别了三种沉积结构单元：（1）10m 厚的粗粒地层组合，（2）1m 厚的粗粒地层组合，（3）泥岩。图 8.49 中展示了 5 套代表性的 10m 厚的粗粒地层组合的详细对比剖面。

这里将富砂的单元称为砂层组合（sand-packets）（Picker 砂层，1981a，1985；Drinkwater 和 Pickering，2001）。组合的厚度范围为 2~16m。1m 厚砂层组合是 10m 厚砂层组合的基本组成单元，前者包括多个复合的富砂单元（composite sand-rich Units，CSRUs），代表了单个流体事件，可通过砂岩结构（如粒度的变化）来识别。在这些 1m 厚的砂层组合内，由于地层的叠合，形成砂岩与砂岩的接触，导致富砂单元的界面很难分辨。Nålneset 剖面中的泥岩属于砂层组合内部的泥岩。在某些实例中，富砂单元变薄并消失，形成泥岩叠合沉积。全球很多含油气盆地的沉积都与 Kongsfjord 组具有相似的特征，如澳大利亚西北部 Wanea 油田的上侏罗统天使组沉积（Di Toro，1995）。

Amy 等（2000）对法国东南部渐新统 Grès d'Annot 沉积体系的 Peara Cava 剖面进行了详细研究，该剖面记录了盆底沉积从近端到远端的变化（图 8.51a，b）。Peara Cava 剖面出露了约 1200m 的地层厚度。Amy 等（2000）研究了一套 420m 厚的地层段。这套地层在大多数测量剖面中均可见，向下游方向可追踪 10km，垂直流向的宽度达 1~2km。这套地层中大部分厚 2m 以上的地层都可进行横向对比。Amy 等（2000）以 1∶200 的比例测量了 10 个主要剖面，以 1∶20 的比例尺测量了三个 30~50m 的地层段；这些剖面之间的水平距离从 0.25~4km 不等。图 8.51a 和图 8.51b 分别展示了 170m 厚和 70m 厚地层段的对比关系，由于测量比例尺的原因，导致 <0.2m 的地层具有相似的特征，薄层对比的可靠性有所下降。Amy 等（2000）对下游方向的地层性质和砂层厚度变化进行了研究，发现：（1）近端的最大粒径，远端砂层的厚度，泥岩盖层的厚度和砂岩含量并不是预测砂层厚度变化的重要指标；（2）近端砂层的厚度，交错层理和侵蚀面也不是可靠的厚度变化指标；（3）在平行于陆坡的横剖面上，较低的砂岩厚度/粒径比（<1000）是指示地层向下游增厚的标志。

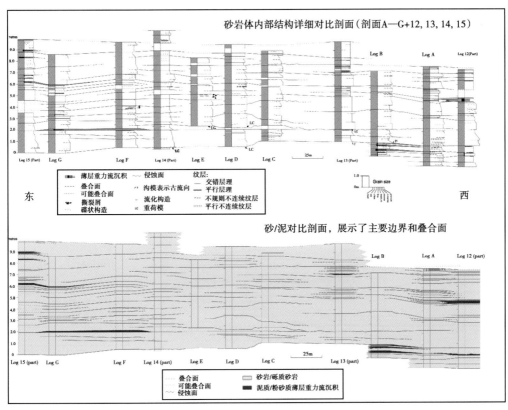

（a）

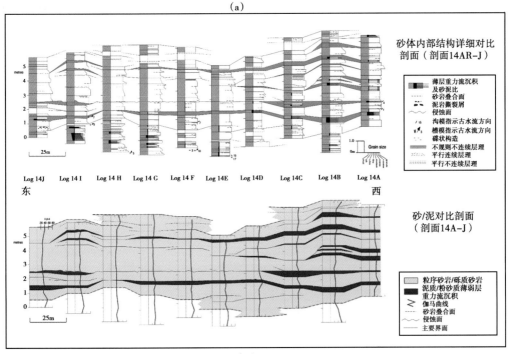

（b）

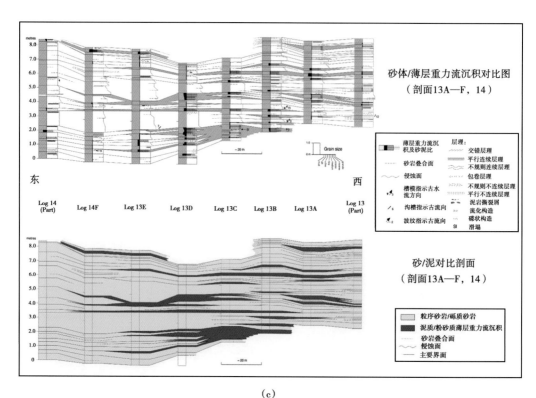

（c）

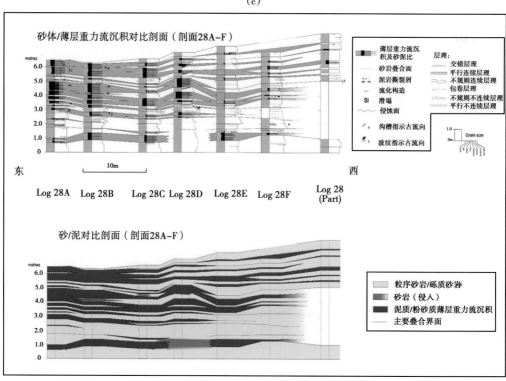

（d）

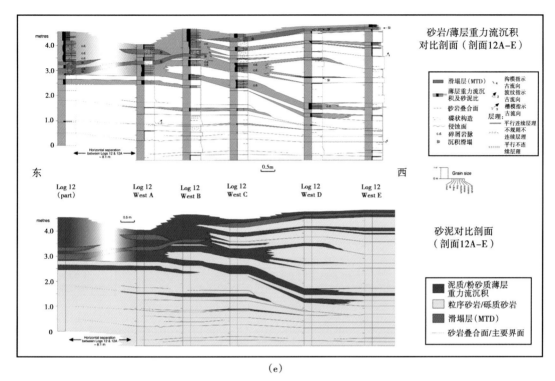

（e）

图 8.49　挪威北部上前寒武系 Kongsgjord 组典型剖面对比图（据 Drinkwater 和 Pickering，2001）
显示了不同规模的地层叠置以及砂岩、泥岩段的变化特征，展示了详细的地层内部结构（上）和砂泥岩
含量对比（下）：（a）发育主要边界和叠合面的典型砂岩组合（测量剖面 A—G 以及 12、13、14 和 15 的
部分剖面）；（b）典型的砂层组合对比剖面（测量剖面 14A-J）；（c）砂层组合/薄层浊积岩过渡带
（测量剖面 13A—F 及剖面 14 的部分）；（d）砂层组合/薄层浊积岩过渡带（测量剖面 28A—F）；
（e）砂层组合/薄层浊积岩过渡带（测量剖面 12A—E）

　　Amy 等（2000）发现地层向下游方向的显著增厚，可以通过较低的砂岩厚度/粒度比
（<1000）以及侵蚀底面，底部粗粒层与上部粒度的突变，或发育交错层理的薄层砂岩与上
覆正粒序层之间的粒度突变来识别。第一类指示下游绝对厚度的增大，被认为是大量沉积
物过路的重要指标。第二类指示下游砂岩厚度百分比增加，但绝对厚度的增加较小。这些
结果与 Mutti（1992）模式中过路指标的分析是一致的。但是，Amy 等（2000）对 Peara
Cava 露头的研究中，只有侵蚀面和交错层理地层似乎是可靠的沉积过路指标。这被解释为
侧向坡度对沉积的影响导致。Amy 等（2000）的研究表明，发育明显的侵蚀面和（或）交
错层理地层是下游方向地层厚度增厚的最可靠的指标。从油气藏角度看，发育这种地层的
剖面也可能表现出更强烈的周期性叠合，从而增强垂向连通性。

　　在许多古老海底扇体系中，可以观察到从远端（朵体及相关沉积）到近端（水道砂
岩）的整体垂向进积序列，如 Mulder 等（2000）描述的法国东南部 Lauzanier 地区的野外露
头（Jean 等，1985）（图 8.52）。该露头保存了 650～900m 厚的重力流沉积，代表了 Grès
d'Annot 组最北端沉积。该盆地在巴尔顿（Bartonian）晚期或普里阿邦（Priabonian）早期

深海沉积体系

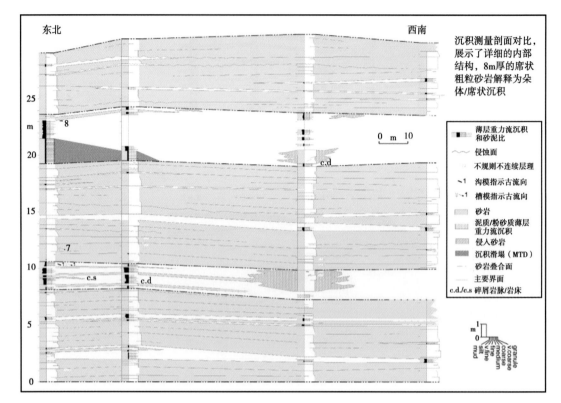

图 8.50　挪威北部芬马克前寒武系 Kongsfjord 组 Hamningberg 剖面对比图

（据 Drinkwater 和 Pickering，2001）

展示了 8m 厚朵体的详细砂层组合结构

到鲁培勒（Rupelian）早期活跃。它由两个叠置的单元组成，中间有一个不整合面分开。沉积物来自南面的限制性（水道化）重力流沉积。沉积物颗粒的大小和细粒沉积物的缺失表明为短距离搬运。"下部单元"由粗粒板状砂岩组成，主要为岩相类 A 和 B，为非水道化朵体沉积（Mulder 等，2010）。"上部单元"由块状砾岩（岩相类 A）组成，解释为朵体的水道化部分（Mulder 等，2010）。通过地貌的补偿特征，推测这些朵体沉积发育在限制性盆地中（见 8.6 节）。下部单元到上部单元的突然进积似乎与该地区的一次重要构造抬升有关。源区矿物的变化和碎屑的突然变粗也印证了构造抬升的发生。这种粗粒朵体沉积的野外实例比较少见。

南非卡鲁盆地西南的 Tanqua 盆地出露了一套上二叠统 Skoorsteenberg 组沉积，沿倾向（S—N）出露 35km，沿走向（W—E）出露 20km。Prélat 等（2010）描述了该细粒、砂质盆底扇的朵体沉积特征。Skoorsteenberg 组由 4 个砂质海底扇体系组成（Bouma 和 Wickens，1991；Wickens，1994；Wickens 和 Bouma，2000；Johnson 等，2001，描述的扇 1~4），被认为是盆地进积充填的最古老地层。这些扇体上覆水道化的下陆坡—盆底沉积（Wild 等，2005；Hodgson 等，2006）。结合钻井（Luthi 等，2006）和数字化露头数据（Hodgetts 等，2004），构建了地层和岩相古地理的分布，包括岩相、结构单元和古水流，并对部分砂质朵

434

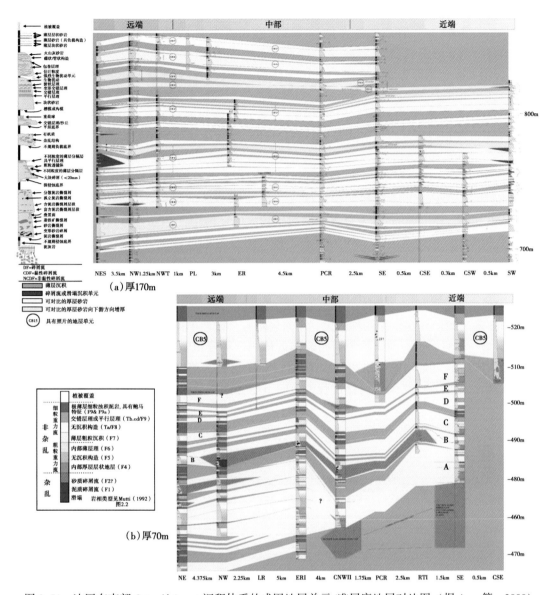

图 8.51　法国东南部 Grès d'Annot 沉积体系的成因地层单元/准层序地层对比图（据 Amy 等，2000）

由于测量比例尺的原因，导致<0.2m 厚的地层具有相似的特征，薄层对比的可靠性有所下降。

体进行了对比。Hodgson 等（2006）提出了一个海底扇的一般演化模式，从扇体的形成和生长（朵体不断向盆地方向迁移），到扇体的后退（朵体不断向陆地方向运迁移）。Prélat 等（2009）发现，虽然砂岩单元通常在露头上呈席状，但是在 Skoorsteenberg 地层中，Tanqua 海底扇并不是简单的席状沉积。他们识别出了六个砂质朵体（1~6），这些朵体被薄层的粉砂质沉积（朵体间沉积 A—G）隔开。将一个长形的结构单元划分为四个层级，分别称为单层、朵体单元、朵体和朵体复合体（图 8.53），这些结构单元的叠置导致了复杂的沉积形态和模糊的地层序列。Prélat 等（2009）对收集的数据进行了定量评估。

　　Prélat（2010）等比较了 6 个不同海底朵体的规模（图 8.54，图 8.55）：（1）南非 Tan-qua 盆地二叠系的 3 个扇朵体复合体；　（2）巴西海上亚马逊扇水道口的朵体复合体；（3）安哥拉/刚果海上扎伊尔扇远端朵体沉积；　（4）印度尼西亚库泰盆地更新世扇；（5）法国科西嘉岛东部海域的现代 Golo 沉积体系；（6）尼日利亚海上浅层朵体复合体。这 6 个体系在以下几个方面存在明显不同：如源—汇体系（陆架规模和陆坡地形）、沉积物供给（粒径变化范围和供给速率）、构造环境，（古）纬度和搬运体系。尽管存在这些差异，但这 6 个朵体沉积似乎具有相似的几何形态和规模。Prélat 等（2010）根据几何形态把朵体分为两类，并认为朵体的形态与盆底地形有关。第一种朵体的规模大但厚度小（平均宽度 14km，长度 35km，厚度 12m），发育在地形起伏变化较小的盆地底部。这种体系的实例包括 Tanqua 盆地，亚马逊体系和扎伊尔体系。第二种朵体的规模小但厚度大（平均宽度 5km，长度 8km，厚度 30m），发育在地形起伏较大的环境中，例如科西嘉海槽、库泰盆地和尼日利亚海上。虽然这两种朵体的形态不同，但是它们的体积相似（变化范围在 $1\sim2$ km^3），这表明在沉积中心转移之前，有某种因素控制了单个朵体可容纳的沉积物的总量。这表明一些外在过程控制着单位时间内沉积的朵体数量，而不是它们的规模。当然，在沉积物供给速率较高的地区，朵体会较快达到最终体积。

　　Prélat 等（2010）提出了两种假设，用来解释 6 个截然不同的体系却计算出了相似的朵体体积。第一种假设：不同体系中初始流体的体积和粒度范围存在较大范围的变化，但随着陆坡的"过滤"（通过流体溢出和水道内沉积），这种大范围的变化逐渐转变为较窄的变化范围。第二种假设：在朵体发育过程中，向下游方向，分支水道的底部到朵体顶端的梯

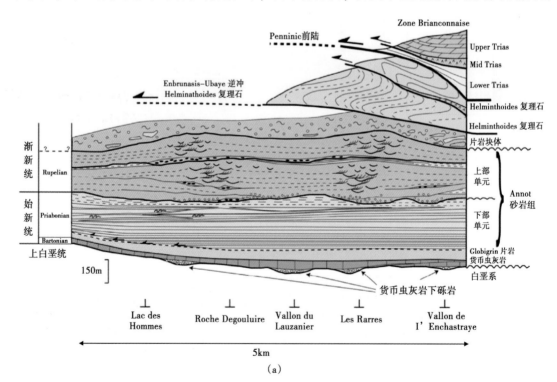

（a）

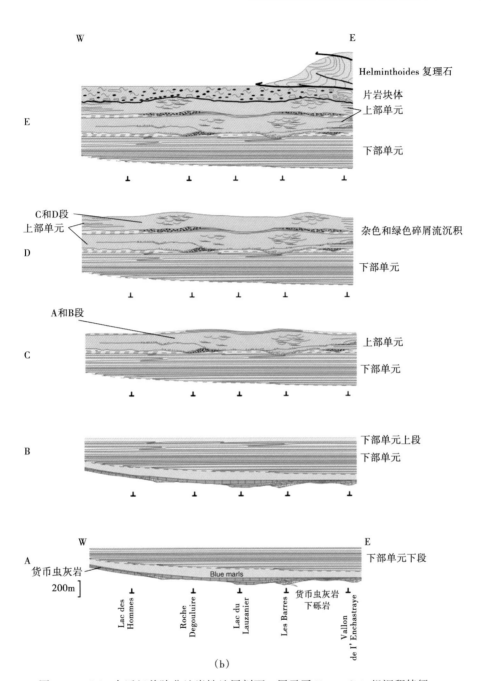

图 8.52 （a）古近纪前陆盆地岩性地层剖面，展示了 Nummulitic 组沉积特征；

（b）普里阿邦阶期间 Lauzanier 地区次级盆地的演化（据 Mulder 等，2010）

（A）Grès d'Annot 组下部单元的下部沉积（非水道化朵体席状砂沉积在 Nummulitic 灰岩和蓝色白垩之上），这套沉积具有极好的粒度连续性和较小的横向厚度变化；（B）Grès d'Annot 组下部单元的上部沉积。横向连续性低于下部单元，形成补偿沉积地层；（C）Grès d'Annot 上单元 A 段和 B 段沉积（砾岩对应水道化的朵体）；（D）Grès d'Annot 组上部单元 C 段和 D 段的沉积，补偿沉积显著；（E）Grès d'Annot 组的侵蚀和 Schistesà Blocs 组的沉积

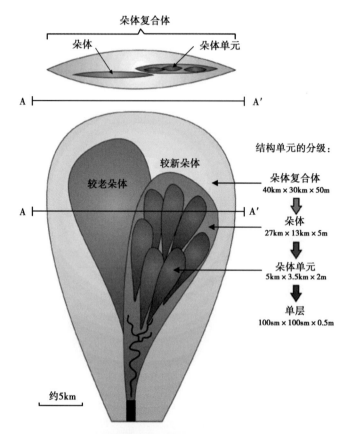

图 8.53　南非上二叠统 Tanqua 沉积体系典型朵体复合体的分级方案
（据 Prélat 等，2009；Groenenberg 等，2010）
包括四个级别的沉积单元：单层、朵体单元、朵体和朵体复合体

度逐渐减小。随着水道的加积，驱动流体的液压水头的减小是不可持续的，当出现较陡的侧向梯度时，水道会发生决口，流体将沉积物携带至附近的地形低点沉积，形成新的朵体。对海底朵体体积的分析表明，盆底的地形影响了朵体的几何形状。然而，由于朵体体积的变化范围较窄，所以一定有内在（即自旋回或异旋回）过程对朵体施加了强烈的影响。

　　部分研究人员，如 Prélat 等（2009）提出，在朵体环境中，可以区分由自旋回过程和异旋回过程形成的细粒沉积单元。具体而言，如果主要由外部因素（也就是异旋回）控制，朵体间的细粒沉积将是连续的，并且分割富砂朵体；如果主要受内部因素控制，则细粒单元将不连续，并且不会完全包围富砂朵体。这个论点的假设条件是，如果是异旋回过程形成，细粒单元的出现表明整个深水体系沉积物供给的减少；而如果是自旋回过程形成，那么细粒单元代表了朵体的远端边缘沉积，并向朵体的轴部变厚。虽然这个论点看起来很吸引人，但是盆内和盆外流体过程的复杂性和可变性，盆地沉积物通量的不可预测性，特别是罕见大型流体事件造成的强烈侵蚀以及地形的复杂性，都可能使这一理想沉积模式出现很多例外。

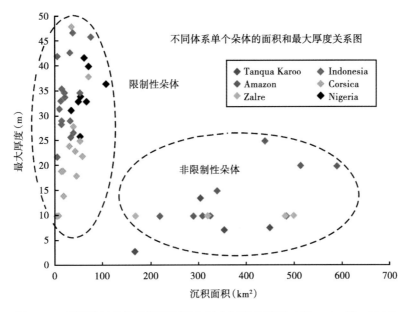

图 8.54 不同地区朵体的沉积面积与最大厚度关系图（据 Prélat 等，2010）

图中表现出两种不同的朵体：薄而大的朵体和厚且小的朵体

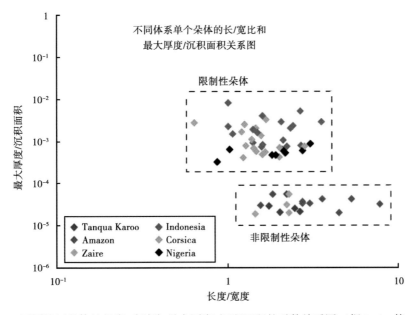

图 8.55 不同地区朵体的长度/宽度与最大厚度/沉积面积的对数关系图（据 Prélat 等，2010）

所有的朵体都具有相似的长宽比（1~8），当用最大厚度除以沉积面积时，数据

分成两个区域，代表了两种类型的朵体

8.6 海底地形和上超

对深水环境上超特征和范围的认识，是理解重力流（例如浊流）和斜坡之间相互作用引起的流体动力学和相关沉积/侵蚀过程的重要部分。另外，上超现象对油气勘探也具有重要意义，因为砂层和砂层组的终止处可能形成较差的储层封堵，导致油气从岩性圈闭中溢出。上超附近的沉积特征与下面几个因素相关（Pickering 和 Hilton，1998，修改）：

（1）陆坡坡度。

（2）陆坡底部坡度变化率，影响流体的减速、偏转、反射。

（3）沉积物搬运过程，如浊流与碎屑流。

（4）流体入射角与陆坡最大倾角的相对值（即流体是否平行于陆坡或以高角度相交）。

（5）流体搬运能力和流量。

（6）地层粗糙程度，如海底起伏变化、海底压实程度、沉积物类型和岩化作用。

（7）流体厚度与地形的相对高低。当地形较高时能够容纳全部或者部分流体。

如 Caixeta（1998）所述，海底地形会受到丘状黏性碎屑流沉积和沉积物滑动的影响（图 8.56）。巴西陆架边缘盆地的实例展示了盆内和盆地边缘的上超特征。它展示了黏性流沉积如何塑造地形，然后被非黏性和黏性较小的重力流沉积所充填。

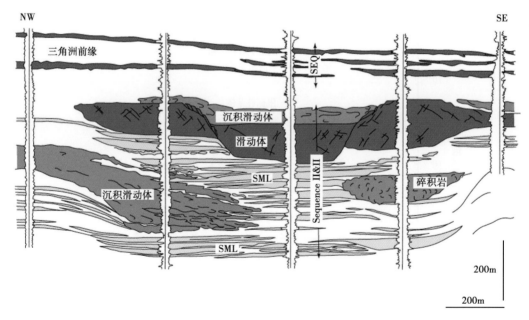

图 8.56 巴西陆架边缘 Reconcavo 盆地 Jacuipe 油田，深水湖相裂谷盆地斜坡
三角洲的进积（据 Caixeta，1998）
该实例很好展示了块体搬运复合体产生的地形对随后重力流（主要是浊积岩）沉积造成的影响

法国东南部普罗旺斯地区的多个次盆中都发育渐新统 Grès d'Annot 组野外露头（图 8.57）。这些次级盆地保留了最初的地形，是深海沉积物的沉积中心（Hilton，1995；Hilton

和 Pickering，1995；1998）。Grès d'Annot 组是一套富砂的深海体系，它沉积在具有复杂地形的盆地中，可细分为局部地形高点和低点（Pickering 和 Hilton，1998；Apps 等，2004；Salles 等，2014）。地形低点是重力流沉积优先聚集的位置，主要是浊流、浓密度流、黏性碎屑流和滑动沉积。在次级盆地的许多露头中，发育有多个单层到地震尺度的上超实例。在较大的古近系普罗旺斯盆地内，识别了两个不同的沉积体系（Pickering 和 Hilton，1998）。一个位于普罗斯旺地区的西部，包括 Entrevaux、Annot 和 Grand Coyer 次盆，沉积物由圣安东尼奥地区（扇三角洲）提供，形成"西部盆底体系"。另一个体系在东部，包括 Menton、Contes 和 Peira Cava 次盆，构成了"东部盆底体系"。这两个体系都是通过古水流方向和盆底形态来确定的。有关 Grès d'Annot 组的更多信息可以在 Joseph 和 Lomas（2004a，b）编辑的专辑中找到。

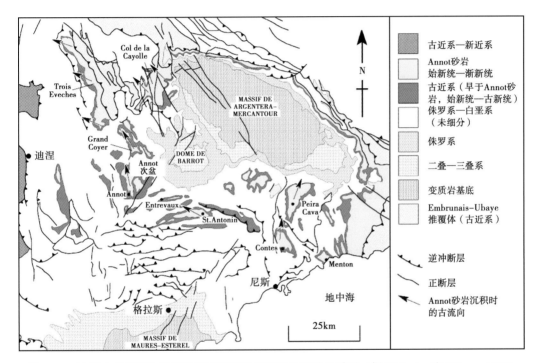

图 8.57　法国东南部阿尔卑斯马里泰恩和普罗斯旺地区的地质图（据 Pickering 和 Hilton，1998）
本图显示了 Grès Armorican 或 Grès d'Annot 组的渐新统海底扇露头位置。据 BRGM Sheet 40 和 45 重新绘制

Pickering 和 Hilton（1998）识别出了两种上超相关的沉积类型：（1）1 类上超，砂岩上超在近似于等时面的同一沉积表面；（2）2 类上超，上超面有明显的披覆，形成一个实际穿时的上超面，由多个叠置的上超面组成（图 8.58）。与 2 类上超不同，1 类上超提供了良好的储集盖层。这两类上超面将分别在 Grès d'Annot 组的 Chalufy 位置和 Braux 位置举例说明（Pickering 和 Hilton，1998；Smith 和 Joseph，2004）。

Trois Evéchés 次盆 Chalufy 位置的上超实例（Ghibaudo，1995；Hilton 和 Pickering，1995；Pickering 和 Hilton，1998；Joseph 等，2000）（图 8.59—图 8.61），可以观察到地层在泥灰岩斜坡位置突然终止。在 Annot 次盆（图 8.62—图 8.64）和 Têtedu Ruch 次盆，发

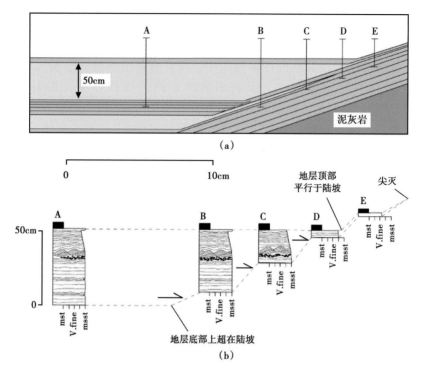

图 8.58 （a）上超在盆地斜坡的（2 类上超）重力流沉积（主要为浊积岩）示意图。（b）上超的
浊积砂岩层的内部相特征，位于普罗斯旺渐新统 Grès d'Annot 组的 Tétedu Ruch 剖面。
沉积后改造（埋藏压实）很可能是上超面明显披覆的原因（Pickering 和 Hilton，1998）

育一套厚度逐渐减薄的地层，披覆在 Braux 位置的泥灰岩斜坡上。

Annot 镇东部的 Crêtede la Barre 地区发育一个上超面（通常称为 Braux 上超）。向上超面方向，地层逐渐变薄，部分地层粒度变细（Pickering 和 Hilton，1998；Kneller 和 McCaffrey，1999；McCaffrey 和 Kneller，2004；Puigdefabregas，2004；Tomasso 和 Sinclair，2004）（图 8.62—图 8.64）。Braux 道路剖面出露了一套砂层组，位于主要砂层组合下方 14m 处。该砂层组的上超特征与 Chalufy 地区的特征非常不同，它不是像 Chalufy 地区那样突然终止于斜坡上，而是逐渐变薄，披覆在斜坡上（图 8.62，图 8.63）。剖面显示往上超面方向，单个地层和地层组变薄。Braux 上超附近的底模表明古水流方向较分散；这是由于砂质重力流沿局部斜坡上行时，动量的突然变化造成的。从该剖面选择了一个相对较厚的浓密度流沉积层，并进行了详细观察。往上超面方向，该层厚度逐渐变薄，但粒度变化非常小。层内有小规模的冲刷面和明显的界面可在剖面间进行追踪对比。还有一些非常低角度的面，可能与低幅度的底形相关。普遍发育的冲刷面以及平行—波纹层理的变化，表明在沉积过程中流体不稳定。

Braux 上超的许多地层呈楔形，在米级的横向范围内其厚度通常有分米级的变化（图 8.64a）。许多层都是有大量不稳定流体的证据，如鲍马 Tb 和 Tc 序列在单层或单次流体事件中的交替出现（基于强烈胶结的地层组合）（图 8.64b，c），软沉积变形，包括小型杂乱

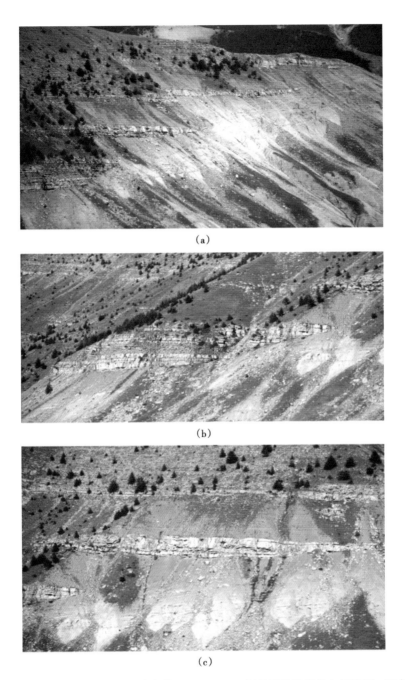

(a)

(b)

(c)

图 8.59 （a）普罗斯旺 Chalufy 地区渐新统 Grès d'Annot 组砂质浊积岩的上超特征。四个砂层组上超在极薄和薄层的砂质重力流沉积之上，重力流沉积下伏为 Marnes Bleues 组（即盆底和盆地斜坡泥灰岩）。古水流方向从悬崖向外，流向左侧。（b）图（a）左下方 35m 厚砂体放大图，显示砂岩在盆地边缘的突然终止。（c）（a）图中 15m 厚砂体放大图，显示砂岩向盆地边缘终止，以及大规模的软沉积变形，即砂岩层褶皱。有关这些露头的更详细的描述，参阅 Hilton 和 Pickering（1995）和 Pickering 和 Hilton（1998）

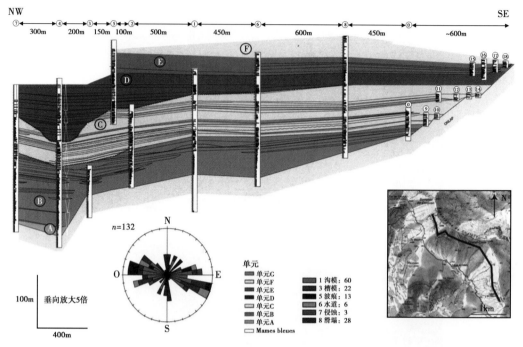

图 8.60　法国东南部普罗斯旺 Chalufy 地区 Grès d'Annot 组的地层对比图（据 Fornel 等，2004）

地层和砂体上超方向为东南方向。图 8.59 和图 8.61 是盆地边缘的露头照片。Chalufy 露头位于 Trois Evéchés 次盆南部，Joseph 等（2000）解释为东部 Sanguiniére-Allos 次盆和南部 Annot-Grand Coyer 次盆在下游的延续。19 个古水流方向测量结果显示主水流方向为 280°，即北西西方向。Chalufy 剖面横向超过 400m，识别出 5 个沉积层段。B 单元（0~145m）对应薄层砂岩和粉砂互层沉积，沉积构造包括平行纹层、波痕、爬升波纹层理和包卷层理。该相组合解释为朵体的远端边缘，该单元内识别了一些沉积物滑动/滑塌段。B 单元的顶部为一不整合面，在部分地区向下侵蚀多达 30m。不整合面之上为 C 单元。底栖有孔虫组合指示 Marnes Bleues 顶部的古水深有 200~500m。有孔虫组合测年指示 Marnes Bleues 顶部为 P16（普里阿邦晚期），Grès d'Annot 组薄层的年代为 P18（鲁培勒早期）。C 单元（145~205m）开始出现侵蚀性"水道化体系"的特征，对应极粗砂至含细砾砂岩相（岩相类 A 和 B）。D 单元（205~330m）、E 单元（330~370m）和 F 单元（370~390m）对应块状砂岩单元（岩相类 B 和 C）。水道发育的 D 单元底面高度侵蚀（深达 100m），这意味着该单元的厚度具有相当大的横向变化。侵蚀面内充填了块状的粗粒至含中砾砂岩（岩相类 A 和 B）。单元 E 和 D 更具板状特征。所有这些单元被非均质段隔开（10~20m）。Joseph 等（2000）将这类地层解释为砂岩供给的停止（相当于最大洪泛面）

层，包卷层理、负载构造、火焰构造和小规模砂岩侵入。在上超附近，底模的方向说明古水流方向较为分散。当重力流的流向与盆地斜坡平行或倾斜的时候，上述构造都可以出现（参见图 1.39）。Annot 次盆 Grès d'Annot 组成图表明，Braux 上超由同沉积正断层控制（图 8.65）。

与 Braux 上超相反，Montagne de Chalufy 露头记录了坡度比 Braux 剖面更陡的砂质沉积。在 Chalufy 顶部的砂岩中，最老的砂岩地层显示出明显变薄的特征，在这些砂岩的尖灭位置，在 8.2m 的横向距离上测量了四个剖面。Ghibaudo（1995），Hilton 和 Pickering（1995）以及 Smith 和 Joseph（2004）对这个露头进行了描述。测量剖面表明，向上超方向粒度变化很小。许多地层的底部都具有明显的侵蚀构造，地层的厚度也因侵蚀发生变化，表明流体

图 8.61 普罗斯旺 Chalufy 地区渐新统 Grès d'Annot 组砂层组的上超特征

古水流从悬崖向外，流向左侧。图中展示一条低宽深比的侵蚀性水道。地层测量剖面和比例尺见图 8.60

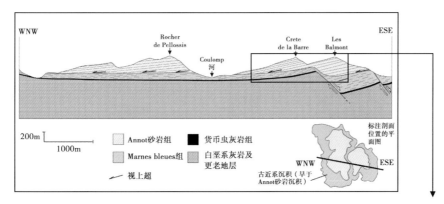

图 8.62 Annot 次盆 Braux 地区 Grès d'Annot 组上超特征照片及其解释（据 Pickering 和 Hilton，1998）

图中标注了图 8.63 测量剖面的位置

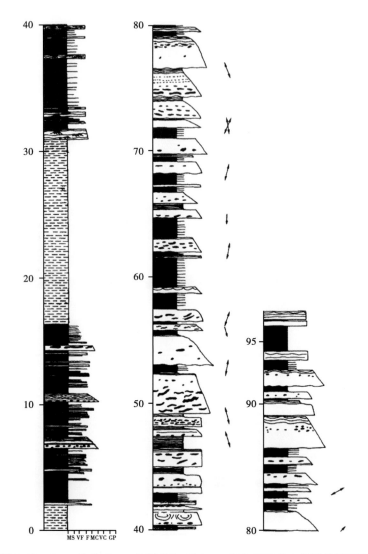

图 8.63　Annot 次盆 Braux 地区 Grès d' Annot 组上超面之上的测量剖面图

（据 Pickering 和 Hilton，1998）

并不是随地形的变化减速而是发生偏转，在偏转过程中，流体速度的变化导致了局部的侵蚀和沉积。控制偏转过程的一个重要因素是流体的方向与陆坡的等深线接近平行。

　　Pickering 和 Hilton（1998）利用上超数据绘制了盆地斜坡附近重力流沉积的上超示意图，以及上超地层内单个砂岩重力流沉积的内部结构（图 8.58，Têtedu Ruch 剖面），展示了 Grès d' Annot 组沉积期间的局部地形高点和古斜坡。Graham（1980）恢复了 Col de la Cayolle 次盆的位置。Elliott 等（1985）和 Hilton（1985）获取了 Ghibaudo 地区古地形高点的数据。

　　就储层品质和分布而言，Chalufy 地区上超的砂体具有更好的垂向连通性，因为地层受到侵蚀且砂岩粒度没有明显变化。而在 Braux 地区，由于上超附近沉积岩粒度减小，地层变

(a)

(b)

(c)

图 8.64　(a) 8.62 所示剖面的一部分，展示了 Annot 次盆 Braux 地区 Grès d'Annot 组单层砂岩上超至马恩斯布鲁斯泥灰岩沉积（岩相类 F）的特征。左侧为西面。(b, c) 为 (a) 图中西侧的地层细节，可能是受到流体的影响，表现出大量不稳定流体的证据，如单层内鲍马 Tb 和 Tc 序列的交替发育。注意 (b) 中的包卷层理以及 (c) 中的火焰构造

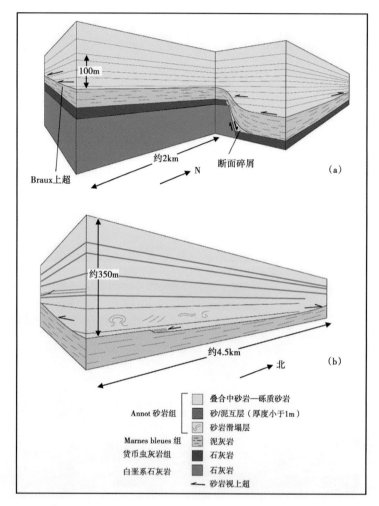

图 8.65　砂体结构与下伏泥灰岩的三维空间关系（据 Pickering 和 Hilton，1998）

法国东南部普罗旺斯地区的 Grès d'Annot 组，St. Benoit 和 Braux 剖面（a）和
Coulomp Valley 剖面（b）。注意同沉积正断层的重要性

薄，因此砂岩储层品质下降。总之，和斜坡相关的重力流末端砂岩的储层品质预测还需要进一步研究。

　　Montagne de Chalufy 上超（图 8.59）是指 Grès d'Annot 组上超在 Trois Evêches 盆地的南部，上超地层以砂层组、砂—泥岩组为特征。Chalufy 上超出露了一套近乎连续的深海盆地沉积，盆地呈北北西—南南东走向，长 32km，宽 5km。Trois Evêchés 次盆局部出露 Poudingues d'Argens 组，连续出露 Calcaires Nummulitiques 组、Marnes Bleues 组和 Grès d'Annot 组。Le Varlet 和 Roy（1983）和 Inglis 等（1981）对这些露头进行了详细调查，Ravenne 等（1987）对上述两项研究进行了总结，发现 Grès d'Annot 组底部向南上超在北倾的泥灰岩古斜坡上。沿盆地的长轴方向，该斜坡在多个地方都有出露，Chalufy 上超是指 Grès d'Annot 组底部在南部的上超。在 Chalufy 地区，Grès d'Annot 组的总厚度为 350m。砂

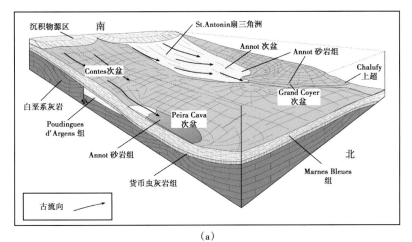

（a）

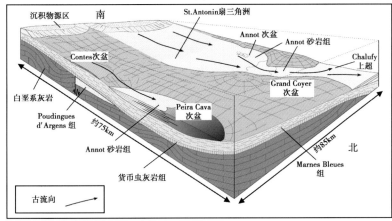

（b）

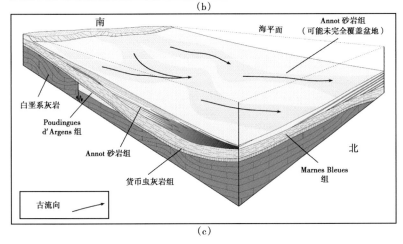

（c）

图 8.66 普罗旺斯南部渐新统 Grès d'Annot 组近物源部分的古地理重构（据 Pickering 和 Hiltion，1998）
通过成图重建了海底地形，显示了重力流沉积的上超和结构轮廓。（a）早期；（b）中期，砂岩的主要沉积时期，
次盆部分填充，但是准确的充填时间未知；（c）晚期，次盆完全被砂岩充填。因为没有发现 Peara Cava
次盆的南缘，因此南缘的上超特征是推测的结果

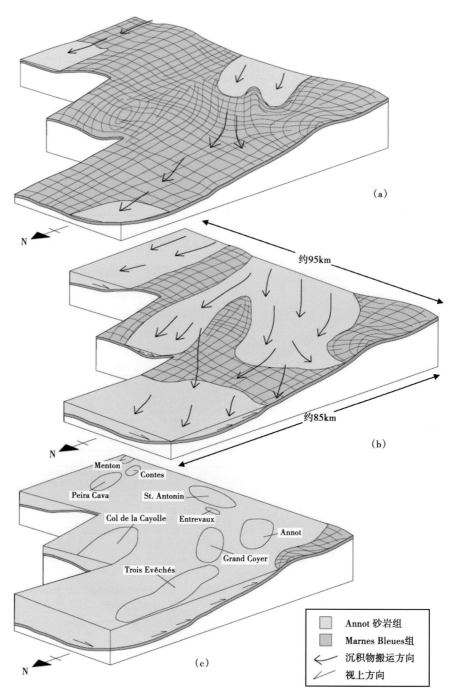

图 8.67　普罗旺斯盆地古近系沉积历史三维模式图（据 Pickering 和 Hiltion，1998）

显示了深海沉积体系残余部分的位置和范围。次级盆地填充方式较复杂，而不是简单地从近端到远端依次
填充（即理想的填充和溢出；参见第 4.6.2 节），直到沉积物供应过量而溢出。通过年代和地层对比并
不能解决盆地填充方式的问题。经典的（放射状或长形）海底扇模式对 Grès d'Annot 组沉积并不适用

层和砂层组上超在泥灰岩斜坡上，局部的倾角接近 26°，但一般是 12°左右。Chalufy 剖面与平均古水流方向呈 40°夹角。Chalufy 剖面发育一个大型的类似水道的侵蚀构造（图 8.60，图 8.61）。水道的横截面出露了水道的两侧边缘，水道宽度为 450m，充填深度为 60m。

图 8.66 和图 8.67（Pickering 和 Hilton，1998）展示了 Grès d'Annot 组砂体聚集过程中不同次盆的构造重建和成图。这些次盆可能是相互联通的，以海脊相隔，富砂重力流能够越过海脊，在盆地之间搬运。这些图说明了盆地地形在三维空间和长度方面的复杂性。

Sinclair 和 Cowie（2003）试图利用已经开展古海底地形重建的露头，来研究盆地地形对重力流地层厚度分布的影响，因为海底地形是控制重力流沉积的主要因素。瑞士和法国的始新统和渐新统的 Taveyannaz 组和 Grès d'Annot 组砂岩，沉积在限制性陆坡盆地和陆坡底部。限制性陆坡盆地的沉积物记录了流体滞留和流体剥离的过程；陆坡底部沉积记录了重力流的叠合。限制性陆坡盆地和陆坡底部近端的地层厚度最接近指数分布；陆坡底部远端的地层厚度更符合幂律分布。统计实验表明，重力流厚度的分布特征可以通过修改幂律分布的输入值产生。在限制性陆坡盆地内，流体的滞留引起地层的显著增厚。然而，流体剥离会抵消一部分，特别是对于较厚的地层，在盆地充满之前，过路沉积占盆地输砂量的很大一部分。在陆坡底部，地层的侵蚀和过路会导致较厚地层优先保存；地层的叠合也导致厚层数量增大。为了区分不同背景下重力流层厚分布的差异，需要仔细分析重力流沉积中最薄和最厚的部分，并辅以数据的统计：累积地层数量的对数和地层厚度的关系图（也见 5.1 节）。

Grès d'Annot 组各次盆之间没有可对比层，因此次级盆地之间的时间等时性研究仍然很受限。此外，还缺乏可靠的古生物学证据来进行次盆之间的详细对比。所以，目前次盆内地层之间相关性的推断，仅仅依赖于沉积的相似性和砂岩序列的相对位置。

8.7 冲刷面

Vicente Bravo 和 Robles（1995）描述了西班牙北部阿尔布阶"黑色复理石"的三维侵蚀和沉积特征。他们描述了大型的侵蚀构造，包括勺形凹槽，阶梯状侵蚀面和不规则滞留沉积。当露头不完整且只有横切面出露的情况下，大型冲刷构造（如大型凹槽）的充填沉积很容易被误认为是水道沉积（Vicente Bravo 和 Robles，1995；Elliott，2000a，b；Lien 等，2003；Shaw 等，2013）。

大型凹槽在平面图上呈勺形凹陷，深 1~5m、长 5~50m。这些构造单独出现，或者镶嵌在一起，形成巨型凹槽群，排列方向与主要的古水流方向平行（图 8.68）。在横截面上，它们呈现出与水道类似的形态，但是在纵向剖面上，存在垂直于古水流的侵蚀壁，说明冲刷构造沿流体方向缺乏连续性，因此它们不是连续的水道。在勺形凹陷的下游端也具有独特的沉积底形，由丘状的微小砂质凸起组成。上述冲刷充填的几何形态表明，它们由多个不稳定的脉冲事件形成。Vicente Bravo 和 Robles（1995）将这些构造解释为湍流支撑的重力流在流体扩散过程中形成（Mutti 和 Normark，1987；Allen，1971）。

Vicente Bravo 和 Robles（1995）也描述了阿尔布阶黑色复理石中阶梯状侵蚀面。这些构造由相对平直的侵蚀脊组成，且垂直于古水流方向。与凹槽状构造不同，阶梯状侵蚀面

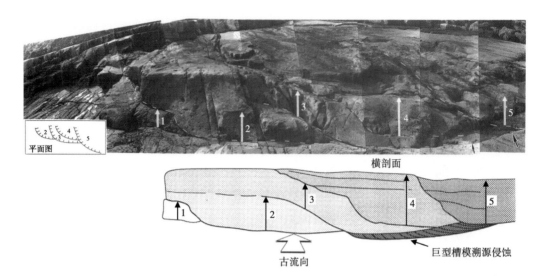

图 8.68　西班牙北部阿尔布阶"黑色复理石"Matxixako Cape 剖面发育多个凹槽状冲刷面

（据 Vicente Bravo 和 Robles，1995）

上图为露头的照片，下图为简化的线绘图。露头显示了多次侵蚀和填充事件。虽然这种构造表面
上类似于小规模的水道，但是发育垂直于古水流方向的侵蚀壁（黑箭头），说明在下游方向缺少
连续的侵蚀沟槽。冲刷—充填构造在同一地层面上的持续发育表明，一旦形成了负地形的侵蚀面
或海底凹陷，这种负地形就会成为后续多次重力流侵蚀的地方

没有 U 形头部，而是一个直线形的边缘。最陡峭的一面朝向下游，向下过渡为一个平滑、近水平或向上游轻微倾斜的侵蚀底面。这种构造可能会孤立出现，也可能形成扇状底形发育区，单个底形高度从几分米到 2m 不等。大规模凹槽状构造的成因也可用来解释线性阶梯状构造。

　　爱尔兰克莱尔郡上石炭统（那慕尔阶）Ross 组发育大型凹槽，关于这些凹槽的形成环境和意义有着不同解释（Chapin 等，1994；Elliott，2000a，b；Lien 等，2003；Macdonald 等，2011a，b；Haughton 和 Shannon，2013）（图 8.69）。克莱尔盆地沉积了约 8Ma 的细粒碎屑深水沉积和河流—三角洲沉积，这套沉积之下为碳酸盐岩台地沉积，该盆地受冰川—海平面变化的影响，其沉积表现出 10 万年周期的米兰科维奇旋回（Haughton 和 Shannon，2013）。深水地层由 180m 厚的克莱尔组页岩（Wignall 和 Best，2000，2002），500m 厚的 Ross 组细砂岩和 550m 厚的 Gull Island 组陆坡沉积组成。Ross 组发育朵体和水道沉积（岩相类 C、D），包括 9 个旋回（Haughton 和 Shannon，2013），Gull Island 组发育大量滑动和滑塌沉积（岩相类 F）。菊石发育的凝缩段地层提供了盆地内沉积的年代和地层对比标志。

　　根据 Ross 组详细的沉积测量和横向对比，Macdonald 等（2011a）认为向上增厚的地层组合是海底扇内部进积的朵体沉积，并将每个向上增厚的组合解释为一个朵体单元，这些朵体单元依次叠置形成朵体复合体。每个组合的底部从泥岩开始向上变细，因此这些泥岩标志着一个朵体单元沉积周期的停止。这些泥岩的厚度取决于决口事件的规模（水道迁移的横向距离以及粗粒物质重新沉积之前的时间间隔）。基于这些观察结果，Macdonald 等

(a)

(b)

图 8.69　（a）爱尔兰西部克莱尔盆地上石炭统（那慕尔阶）Ross 组中发现的巨型凹槽。古水流
方向从右上角到左下角，冲刷面附近的人作为比例尺（2m 高）。Elliott（2000a，b）对这些露头
进行了描述。（b）Ross 组下段，底部平坦的冲刷面被泥岩和粉砂岩填充。冲刷面的下切深度
达 3m。平均古水流方向朝向东北，自悬崖向里。这个冲刷面可能是一个巨型凹槽、一个
线状大型冲刷面或连续的浅层水道面

（2011a）提出了朵体单元发育的六阶段模式（t_1—t_6）及相应的侵蚀特征（图 8.70）：（t_1）
最初，朵体以远端沉积为主，持续的重力流形成砂泥互层，这些发散和减速的流体所产生
的地层剪应力不足以产生侵蚀底形。（t_2）朵体的进积与加积增强，巨型凹槽的出现说明流

体的侵蚀能力增加。较高速度的流体沉积侵蚀形成叠合厚层砂岩。（t_3）朵体的进积和加积进一步增强，流体过路的频率增加，产生巨型凹槽的可能性增大。（t_4）当分流水道到达朵体的近端时，流体以过路为主；侵蚀面在这里被称为朵体近端过路面。在这个阶段，巨型凹槽可能发育，并且横向过渡或者并入过路面的边缘。（t_5）朵体开始废弃，流体过路的频率减小；沉积速率增加，沉积物大量堆积，朵体近端过路面被充填。其他的侵蚀构造被披覆或被大型流体补偿充填。（t_6）上游方向发生大规模的决口，导致侵蚀构造被充填，进积的朵体被废弃，这个位置开始沉积薄层砂泥互层，之后被泥岩覆盖。这套泥岩是新的向上

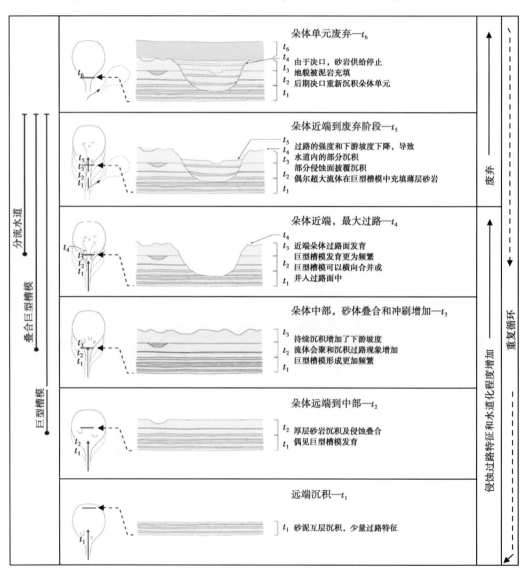

图 8.70　爱尔兰西部克莱尔郡上石炭统（那慕尔阶段）Ross 组朵体进积过程的六阶段模式
（据 Macdonald 等，2011a）

以固定的红线作为标尺，体现朵体单元进积的趋势。横截面描述了黄色砂岩和灰色泥岩
互层沉积，并展现了红线位置各阶段的沉积特征

变粗地层组合的底界，并开始形成新的朵体单元。

　　Macdonald 等（2011a）提出了一种动力学模式来解释朵体向上增厚的特征。该模式表明，这种向上增厚的趋势可以通过局部更强的流体和更多地层叠合的共同作用而产生。Macdonald 等（2011a）认为，除了体积小、深度浅的水道充填以外，上述方式会在所有区域产生增厚趋势。相比之下，之前大部分基于补偿沉积形成的厚层沉积物横向变化的模式，不可能产生周期性向上增厚的砂层组。Macdonald 等（2011a）的数据表明，在某些情况下，进积作用可能形成向上增厚趋势，但是所能增加的厚度有限，而且由于地层的叠合作用，进积作用的重要性不一定比加积作用高。

　　Macdonald 等（2011a）没有通过统计学证实这些所谓的趋势，且提出的不对称趋势非常少（<10 个地层）。我们将这样的层段称为阶梯状趋势段，它可以随机产生。因此，尽管我们在这里讨论了这方面的工作，但是要注意的是，这些所谓的趋势实际上可能并不完全正确。

　　Pickering 和 Hilton（1998）描述了另一个大规模冲刷—充填的实例（图 8.71），位于法国东南部 Peara Cava 次盆的渐新统 Gres dAnnot 组。冲刷面中填充了非常厚的岩相群 A1.1 沉积，充填沉积包含外部的石灰岩碎屑和其他卵石，以及内部泥岩撕裂屑。这个冲刷构造接近 Grès d'Annot 组底部，并下切 Marnes Bleues 组。

图 8.71　法国东南部普罗斯旺地区 Peaira Cava 次盆渐新统 Grès d'Annot 组冲刷
充填构造（由 Pickering 和 Hilton，1998，描述）
图的下部中心位置，冲刷面之下有 2m 高的人作为比例尺

8.8 盆底席状体系

古老的席状盆底沉积体系，包括远洋平原，在第 5.2 节的地层厚度分布，第 7.4.4 节的现代沉积体系和第 11 章的古老前陆盆地中进行了讨论。因此，这里只进行简单讨论。

远洋平原（abyssal plain）和深海平原（deep-marine plain）在古老实例中很难识别，主要是因为缺少大规模的野外露头，并通过逐层对比来确定盆地及其底部的可能形态。利用动物群组合推断古水深这种方法的不足，也加剧了这一困难，特别是中生界以前的沉积，几乎不可能识别。考虑到解释方面的问题，"远洋平原（abyssal plain）"一词用的不如"深海平原（deep-sea plain）"或"盆底（basin floor）"多。

俯冲作用，导致真正发育在洋壳上的盆底平原在地质记录中很难保存下来。即使作为增生复合体的一部分并入造山带中，相关的变形和变质作用一般也会非常强烈。在这种条件下，利用古水流方向和地层形态特征重建原始沉积环境，必须非常谨慎。因此，部分最好的深海席状体系一般出现在前陆盆地中（Ricci Lucchi，1975a，1978；Ricci Lucchi 和 Valmori，1980；Hiscott 等，1986）（图 8.72）。这些前陆盆地的平原通常没有前陆海沟充填的变形和变质作用，它们并不是大型现代远洋平原（abyssal plains）的类似沉积。尽管如此，它们还是有很多相似之处，某些对比是合理的。

最好的研究实例包括：加拿大 Gaspé 半岛的下古生界克洛里多姆（Cloridorme）组（Enos，1969a，b；Pickering 和 Hiscott，1985；Hiscott 等，1986；Awadallah，2002；Awadallah 和 Hiscott，2004），西班牙比利牛斯山脉始新世哈卡（Jaca）和潘普洛纳（Pamplona）盆地（Ricci Lucchi 和 Pialli，1973；Ricci Lucchi，1975a，b，1978），意大利的上渐新统至上新统 Marnosa-arenacea 组（Seguret 等，1984；Labaume 等，1985；Payros 等，1999；Ricci Lucchi 和 Valmori，1980；Talling，2001；Magalhaes 和 Tinterri，2010）和东阿尔卑斯白垩系—古近系喀尔巴阡山（Carpathian）复理石（Hesse，1974，1975，1982，1995b）。下文详细描述了一个白垩系（东阿尔卑斯喀尔巴阡山）和一个中新世（意大利 Marnoso-arenacea 组）的古老深海平原。其他古老的实例还包括 Scholle（1971），Sagri（1972，1974），Parea（1975），Hesse 和 Butt（1976），Robertson（1976），Bouma 和 Nilsen（1978），Ingersoll（1978a，b），Mutti 和 Johns（1979）所描述的剖面。

意大利亚平宁山脉出露的中新统 Marnoso-arenacea 组厚达 3500m。在平行于构造走向的西北—东南方向上，出露了约 200km 的露头。这套沉积解释为深海平原沉积（Ricci Lucchi，1975a，b，1978；Ricci Lucchi 和 Valmori 1980）。这套沉积的体积约有 28000km^3。实测的 18 个剖面覆盖面积约为 123×27km^2。Ricci Lucchi 和 Valmori（1980）发现，这些剖面中 80%~90% 的沉积物为浊积岩和浓密度流沉积，剩余的沉积物为半深海沉积和少量的碎屑流沉积（Amy 和 Talling，2006；图 1.26）。Ricci Lucchi 和 Valmori（1980）获得了 14000 个地层厚度的测量结果，他们将地层分为：（1）厚层重力流沉积（岩相类 B、C），厚度>40cm；（2）薄层重力流沉积（岩相类 C、D），厚度<40cm。在整个研究区域内，约有 40% 的厚层重力流沉积可进行追踪，最大追踪距离可达 123km。

薄层重力流沉积物一般由鲍马序列的 Tcde 构成，而厚层重力流沉积层通常包括 Tb，在

图 8.72　西班牙比利牛斯山脉西北部的古新世苏马亚（Zumaya）复理石

主要由岩相类 C3 和岩相类 D、E 组成，这套地层倾向接近垂直，向左年代变新

巨厚的 Contessa 层（见下文）中，Tb 厚达 5m。在这些地层的底部与顶部，鲍马序列可能缺失。大多数重力流沉积物是细粒的席状沉积。Marnoso arenacea 组的独特之处是它发育了非常厚的重力流沉积，类似 Contessa 层［根据 Ricci Lucchi 和 Pialli（1973）对最厚地层的命名：Contessa 层］。这些"巨厚层"的特点是：（1）板状或席状；（2）砂泥比小于 1；（3）厚度达数米；（4）沉积物的结构和构造横向变化较小；（5）空间的分布范围达盆地规模；（6）向上游和盆地边缘变薄（Ricci Lucchi 和 Valmori，1980）。厚达 16m 的 Contessa 层（图 8.73，图 8.74）顶部发育一套非常厚的泥岩盖层，是大型浊流滞留在一个受限盆地内

形成的沉积。因为这些巨厚层底部的粗粒部分是分层的，表明在整个沉积阶段，颗粒选择性沉积，并且存在一定程度的牵引搬运，因此我们把这些巨厚层的形成归因于浊流而不是浓密度流（1.4.1 节）。

图 8.73　意大利亚平宁山脉 Marnoso arenacea 组板状或席状砂岩和页岩
巨厚浊积岩（岩相 C2.4）由底部非常厚的砂岩和上部中灰色、块状粉砂质泥岩组成（如白色箭头
指向图 8.74 中描绘的"Contessa"巨厚层）

　　由于 Marnoso-arenacea 盆地浊流的供给量比盆地的容量大，因此 Marnoso-arenacea 盆地属于"过度供给"型盆地。盆地的主要物源来自南阿尔卑斯山，但随着时间向东移动。当源区的流体进入盆地时，会沿盆地轴部发生偏转。Ricci Lucchi（1978）对盆地的古水深进行了粗略的推测，1000~3000m。推测的依据包括：（1）盆地距源区的距离和重力流搬运需要的最小梯度；（2）遗迹相；（3）骨骼底栖生物遗迹的缺乏。沉积速率平均为 15~45cm/ka，托尔顿期（Tortonian）增加到 75cm/ka。

　　东阿尔卑斯地区的复理石带由白垩系到古近系的海沟、岛弧沉积物组成。该复理石沉积形成于俯冲带的休眠时期，沉积时间超过 70Ma（图 8.75）。其中一些地层解释为席状沉积体系。海沟沉积的证据见图 8.75 和表 8.5（Hesse，1974，1982）。这条长达 500km，最小宽度 10km（可能 80~100km 宽）的海沟与 1000km 长的喀尔巴阡海沟相连。但是喀尔巴阡海沟的西部自渐新世以来，并没有发现与俯冲有关的构造。虽然最近有一些文献对这些地层做了讨论［Schnabel，1992；Hesse，1995b；Trautwein 等，2001；Egger 等，2002；Mattern 和 Wang，2008；Wagreich，2008：也参见由 Dimitrijevic 和 Dimitrijevic 编辑的较早的塞尔维亚 Turbiditic 盆地（1987）］，但是本文的总结对于理解重力流沉积在盆底环境的长距离对比仍然很重要。

　　在阿普特—阿尔布期，海沟由至少 100km 长（可能 200~300km）的盆地平原组成，且位于碳酸盐补偿深度（CCD）之下。盆地平原存在的证据是一套可以长距离追踪的地层。

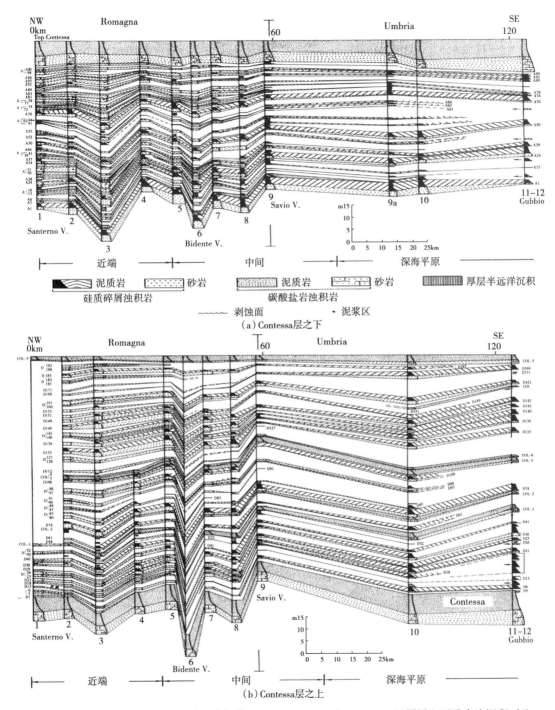

图 8.74 意大利北部亚平宁山脉的中新统 Marnoso arenacea 组 Contessa 巨厚层上下重力流沉积对比
（据 Ricci Lucchi 和 Valmori，1980）

柱状图中黑色部分代表以泥岩为主的沉积，与重力流沉积、半深海沉积互层

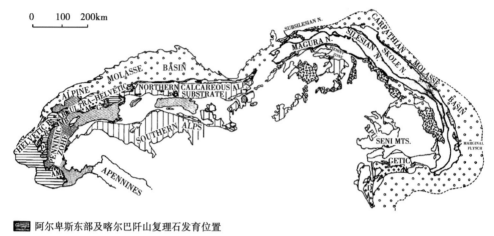

阿尔卑斯东部及喀尔巴阡山复理石发育位置

(a)

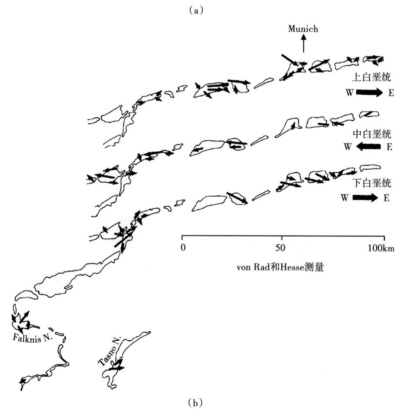

(b)

图 8.75 （a）东阿尔卑斯山脉和喀尔巴阡山脉的复理石发育区；（b）下、中、上白垩统的
复理石沉积的古水流方向（据 Hesse，1982）

注意轴部古流向的反转，箭头长度与测量结果的出现次数成正比。请参阅文中的解释

在坎帕期的地层中单层可以追踪 50km，在阿普特—阿尔布期的地层中可以追踪 115km
（Hesse，1974）。有证据表明海沟内部的沉积物与俯冲作用无关，这些证据包括同沉积变形
的缺失，火山作用和火山碎屑角砾的缺失。在整个白垩纪复理石带，有多次重要的古流向

反转。这些古水流的变化与岩相变化同时发生，说明源区的改变是古流向变化的原因。另外，古水流在某个时间段内表现出一致性，表明浊流沿着限制性轴部流动。

表 8.5 东阿尔卑斯地区白垩系至古新统海沟充填复理石的特征总结（据 Hesse，1982）

海沟的证据
外形尺寸：
长：500km
宽：10~50km（向东变宽，可能超过 100km）
深：位于古碳酸盐岩补偿深度以下
红色黏土岩相当于棕色深海黏土沉积
沉积环境
（a）长条形近水平盆地平原：古水流方向主要与走向（盆地轴线）平行；水流方向多次反转（连续地层中变化达 180°）重力流沉积连续性长，Gault 组达 115km，Zementmergel 组 50km；地层厚度、粒度等向下游方向变化慢
（b）中—小规模海底扇；有限的侧向沉积物源，表明陆坡盆地发育，拦截了浊流沉积物
缺少同期俯冲
缺少火山活动和火山碎屑
持续沉积 70Ma
复理石区偶见基性，超基性岩（蛇绿岩套）碎片

巴伐利亚地区发育了 1500m 厚的白垩系—古近系，这套地层的下部接近复理石带的底部，Hesse（1974，1982）对阿普特—阿尔布期的高尔特（Gault）组进行了详细的研究（图 8.76）。在 200m 厚的高尔特组内，重力流粗粒沉积（见图 5.1 的定义）的厚度通常为 1m，其中一些砂岩层厚达 4m。许多地层发育鲍马序列底部的 Tb，所以解释为浊流沉积；其他较厚的地层与浓密度流相关。底模数据表明整个阿普特—阿尔布期的古水流方向自西向东流。黏土岩（Claystone）夹层组的平均厚度为 75cm，包括绿色、黑色和灰色黏土层。这三种黏土层的厚度 <20cm。绿色黏土岩不含碳酸盐，代表半深海沉积。黑色黏土岩富含有机质，有时富含碳酸盐，可能代表盆地缺氧期间产生的半深海/深海沉积。一套包含 55 层海绿石的砂层组合可沿走向追踪 115km。假设盆地宽度为 10km，如果形成"平均"1m 厚的地层，则需要的最小沉积物体积供给为 $1km^3$，最大可能要 $25km^3$。沉积物供给沿盆地轴向由西向东搬运，没有侧源供给的迹象。地层的几何形态表明海底的地形起伏可以忽略不计。Hesse（1974，1982）认为高尔特组形成于早白垩世远洋平原或海沟底部，与岛弧体系、特提斯关闭有关。复理石内部多次大规模的古流向反转是由于海沟轴部的构造倾斜导致的。高尔特组之后的沉积包括海底扇和其他沉积体系。

尽管不同深海平原体系（包括远洋平原、海沟以及与岛弧相关的盆底沉积）的具体细节会有所差异，但是许多现代和古老的深海平原具有许多共同的特征：（1）空间分布或者轴向延伸范围广，发育席状重力流沉积；（2）与其他深水体系相比，深海—半深海沉积的含量较高，但变化较大，海沟内的充填更富砂；（3）缺少软沉积滑动；（4）发育典型的深海和半深海动物群；（5）可能与金属及其他化学细粒生物成因的物质有关；（6）局部发育

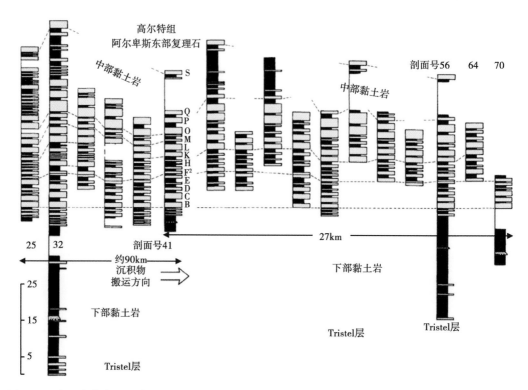

图 8.76　东阿尔卑斯山和喀尔巴阡山的阿普特—阿尔布阶高尔特组剖面对比实例（引自 Hesse，1982）

图中仅显示了高尔特组的下部（即下部黏土岩，下部杂砂岩和中部黏土段）。除了最近端的 25 号剖面含额外的薄层，其他剖面的逐层对比几乎是完美的。地层 F^2 是富含长石的标志地层。字母代表标志地层

由斜坡垮塌产生的巨厚重力流沉积。这些特征，结合区域的层序地层格架，可能是识别古老席状沉积体系的最好证据。席状体系中对旋回性的控制因素包括：（1）盆地外部因素，例如受气候或构造影响的沉积物通量的变化；（2）补偿沉积旋回。

古老深海盆地平原最可能与扇体边缘沉积相混淆，因为这两个环境是相互融合的。Ricci Lucchi（1978）提出了以下识别标准：（1）与外扇重力流沉积相比，深海盆地平原的深海/半深海沉积较厚，常见与盆地平原的互层，意味着到达平原的流体间隔时间较长，只有较大的重力流能够到达这个地区。而在扇体边缘的外扇重力流沉积中，深海/半深海沉积出现的频率相对较低；（2）盆地平原的地层更为连续，说明到达盆地的流体体积和动量较大；（3）盆地平原的泥岩比例高于扇体边缘；（4）在盆地平原地区发育巨厚层沉积，这种巨厚层在扇体边缘并不存在。

最后，与岛弧相关的古老深海平原（Ingersoll，1978a，b；Leggett，1980；Nilsen 和 Zuffa，1982；van der Lingen，1982；Chan 和 Dott，1983）的研究，显示了深海平原沉积体系的复杂性，席状沉积体系通常只占很小的部分。虽然本章介绍了开阔的远洋平原，海沟底部和岛弧相关的盆地底部沉积，但必须强调的是，席状和非席状沉积体系的区别并不像现代和古老的实例所指示的那样明显（如海沟体系，第 10 章）。然而，尽管这样的深海平原并不是完全水平或者接近水平的，但是在近似情况下大部分单层和整个体系的几何形态

都是席状的。

8.9 前三角洲碎屑缓坡

前三角洲碎屑缓坡体系或低坡度碎屑体系是一种值得关注的深水碎屑岩体系，但是很少有文献记载，这种体系发育在深水体系的浅水区。低坡度碎屑岩体系与发育良好水道和朵体的海底扇不同，似乎仅发育较浅的水道，宽深比较高，砂体相对不受限，横向延伸广。低坡度碎屑岩体系内的沉积往往相对细粒。该体系似乎与陆架边缘三角洲相关（Mellere 等，2002；Sutcliffe 和 Pickering，2009）。

文献记载最早的实例可能是位于美国俄勒冈州的一套 3km 厚的始新世沉积，叫泰伊（Tyee）组，垂向上是一套水体变浅的序列，底部为深水重力流体系，向上变为扇状陆坡沉积，顶部为三角洲和陆架的混合沉积序列（图 8.77a）。重力流沉积富含砂岩（Lovell，1969），与浓密度流和膨胀砂质流（inflated sandflow）沉积相关（见 1.4.1 节）。这套沉积序列由多个补给水道提供物源，物源来自南部的克拉马斯山脉（图 8.77b）。由于南部三角洲的快速进积（12.5~25 m/ka；Heller 和 Dickinson，1985），导致这套沉积序列的沉积速率很快，达到 70cm/ka（Chan 和 Dott，1983）。

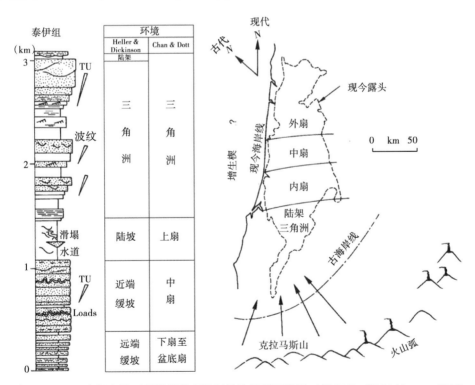

图 8.77 （a）泰伊山脉西侧测得的泰伊组的地层剖面简图（据 Heller 和 Dickinson，1985；Chan 和 Dott，1983）；（b）泰伊组沉积的古地形示意图，现今的正北方向位于地图顶部。泰伊组古水流方向为南北向

泰伊组沉积在一个构造活跃的小型弧前盆地（Chan 和 Dott，1983），推测形成于全球海平面低位期（Heller 和 Dickinson，1985）。多个较浅的补给水道产生了一套非限制性的席状沉积物，这套沉积中只有少量的相组合与 Normark（1970）和 Mutti 和 Ricci Lucchi（1972）扇模式相类似。相反，厚层席状叠合的砂岩相组合 B1（砂泥比>9∶1），向盆地方向过渡到薄层砂岩相组合 C2，泥岩含量逐渐增加（砂泥比低至 2∶1）。由于没有区分水道和水道间沉积，排除了将近源沉积物分配到内扇或中扇环境（Chan 和 Dott，1983；Heller 和 Dickinson，1985）。这是一个明显过度供给的砂质体系，并且与 Mutti（1985）的 I 型体系相似。由于缺乏单一的供给水道，Heller 和 Dickinson（1985）将泰伊组的沉积环境命名为：海底缓坡（submarine ramp），但许多研究人员仍然倾向于将这个序列描述为海底扇沉积物，他们认为，多数情况下，沉积物形态不是简单地从点源辐射的扇体。单就几何形态而言，泰伊扇是一个细长的体系（Reading 和 Richards，1994；Richards 等，1988；表 7.1）。

Chan 和 Dott（1983）认为的内扇区，被 Heller 和 Dickinson（1985）描述为盆地斜坡。这个位置的沉积序列是一套富泥的层序，发育一系列的水道，宽达 350m，深 40m，内部充填可分为两类：（1）接近 100% 的岩相类 B 砂岩充填（主要为 B1）（图 8.78）；（2）薄层细砂岩、粉砂岩和泥岩充填（岩相类 C2、D2 和 E2），与切割水道的岩性相一致。根据 Heller 和 Dickinson（1985）的观点，泥岩充填的水道位于砂质充填水道的上方。他们把砂岩沉积归因于斜坡底部的水道回填；位于斜坡上部的水道没有接受砂岩沉积。也可能是部分泥岩充填的"水道"实际披覆在滑动构造或大型冲刷面上（Normark 等，1979）。

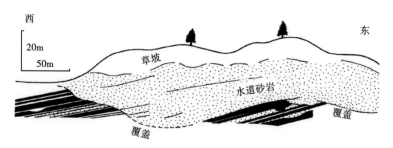

图 8.78　俄勒冈州泰伊组水道下切薄层沉积并被块状砂岩（岩相类 B）充填的示意图
（据 Chan 和 Dott，1983）

由于中扇和外扇环境缺乏明显的区分特征，将泰伊扇分为近端和远端，分别对应 Heller 和 Dickinson（1985）的缓坡近端相和缓坡远端相描述，以及 Chan 和 Dott（1983）的中扇和外扇/盆地平原相。近端沉积物的砂泥比为 2∶1~9∶1。大部分砂岩呈席状，厚度 1~3m，粒序不明显且叠合发育，属于岩相类 B。部分砂层被薄层泥岩分隔。只有个别最厚的砂岩层在顶部发育鲍马 Tb、Tc 和 Td 段沉积。因此，这些砂岩解释为浓密度流沉积（第 1.3.1 节）。野外观测（Chan 和 Dott，1983）或测量统计（Heller 和 Dickinson，1985）难以识别不对称旋回。只有在斜坡底部，才能识别出一些宽广的，底部平坦的水道特征。其他地方的地层接触面基本都是平的。

扇体远端沉积物由 0.1~1.0m 厚的砂岩组成，泥岩夹层厚达 1m。砂泥比范围从 7∶1 到 12∶1，尽管远端沉积物一般更富泥，但这个范围与近端沉积物的范围无明显不同。砂岩属于岩相类 C2，包含各种鲍马序列组合，且较厚的岩层包含了完整的鲍马序列（Chan 和 Dott，1983）。泰伊组扇体沉积厚度为 1km，上覆斜坡层厚度仅为 500m。Heller 和 Dickinson（1985）认为，由于盆地内扇体（缓坡）加积的速率很快，发育多个补给水道的非限制性富砂扇体，似乎与相对薄层的斜坡沉积相关。在陆架边缘（三角洲前缘）和盆地之间只有很小的地形起伏。

Sutcliffe 和 Pickering（2009）描述了一套中始新统构造约束的低坡度碎屑体系（图 8.79），被认为是一个前三角洲的碎屑缓坡。Guaso 体系厚 300m，是西班牙比利牛斯山脉艾恩萨盆地中最年轻的深海沉积。它上覆 150~200m 的细粒陆坡和前三角洲沉积，之上被 500m 厚的（河流）三角洲沉积物覆盖（Dreyer 等，1999）。Guaso 砂体代表侧向迁移的沉积，由 3~10m 深的侵蚀水道的横向迁移形成，并且在沉积期间受盆地构造的限制（图 8.80a）。这个区域最后一个影响深海沉积的构造事件是下伏博尔塔娜（Boltaña）逆冲推覆构造的差异隆升，使盆地变得更窄更浅，从而形成了一个低坡度的碎屑体系。在之前提到的实例中，峡谷和深切陆坡水道的发育，需要陆架和盆地之间的高度差至少达到 700m，因此在坡度很低的情况下，相对基准面的下降不足以产生峡谷或陆坡水道的深切侵蚀。

Sutcliffe 和 Pickering（2009）将 Guaso 体系划分为两个主要的沉积单元，分别命名为 Guaso I（GI）和 Guaso II（GII）。每个单元包括一套主要的砂体和相关的多期块体搬运沉积复合体［主要是 I 型 MTCs，由 Pickering 和 Corregidor（2005）定义］，以及次要的非均质性砂岩。Guaso 沉积（包括 MTCs）与艾恩萨盆地较老的沉积体系不同，砾级沉积很少。然而 Guaso 沉积也存在许多与其他砂岩体系相似的地方，如整个砂体体系的轴部向西迁移，而且砂体有明显向上变细的趋势。Guaso I 单元的相组合可分为下部（GIa）和上部（GIb）。所有 MTC 之上，都发育厚层、中粗粒叠合砂岩（浓密度流沉积），其中一些发育底模构造，如槽模和沟模。在局部地区，特别是在较古老的砂体中，发育大量棱角状的泥质碎屑，以及很少的次圆状卵石。有几套地层可以追踪 100m 以上，另外一些则被 GI 和 GII 砂体中上部广泛发育的类似于侵蚀水道的构造所切割，深度约 1~5m，宽度最宽达 150m（一般为 10~20m）（图 8.79）。这些构造通常被厚层—中厚层中粒、纹层状的砂质重力流沉积充填（岩相类 C2.2 和 C2.3）。在砂体的中部和上部，平均粒径通常是中粒到极细粒，波痕、爬升波纹层理和包卷层理常见。GI 砂体的上部发育中薄层、中细粒的砂质重力流沉积，发育米级侵蚀—充填冲刷面或类似水道的构造。GIb 砂体中的岩层一般横向连续性相对较差，通常横向延伸数十米后变薄。GIb 顶部沉积一般薄且细，发育丰富的生物扰动，总体上向上变细—变薄（被解释为"废弃阶段"）。在 GI 砂体中，爬升波纹层理和包卷层理常见（岩相类 C 和 D）。在轴部位置，GII 砂体侵蚀 GI 砂体。然而，远离轴部的位置这些砂体之间有厚约 50m 的细粒、薄—极薄层和灰泥质沉积隔开。Guaso II 砂体粒度总体上比 GI 砂体要粗。GII 砂体的下部发育大量 II 型 MTC［由 Pickering 和 Corregidor（2005）定义］，以灰泥质沉积夹少量细砾沉积为代表。在 MTC 沉积之上，发育中厚层、中粗粒砂岩，少见砾岩。GI 砂体中，发育很多类似的纹层状沉积，即 Tbcd、Tb、Tc 和 Tcd 浊积岩（岩相 C2.2、C2.3、D2.2 和 D2.3）。与 GI 砂体相似，GII 砂体顶部的沉积物整体也具有向上变薄—变细的趋势，发育大量的流体波纹层理和生物扰动构造。Guaso 砂体显示了大量超临界重力流沉积的证据，如退积层理、波状和不规则层理，不连续且不规则的分米级砂质底形，以及砂层内的局部反粒序特征等。

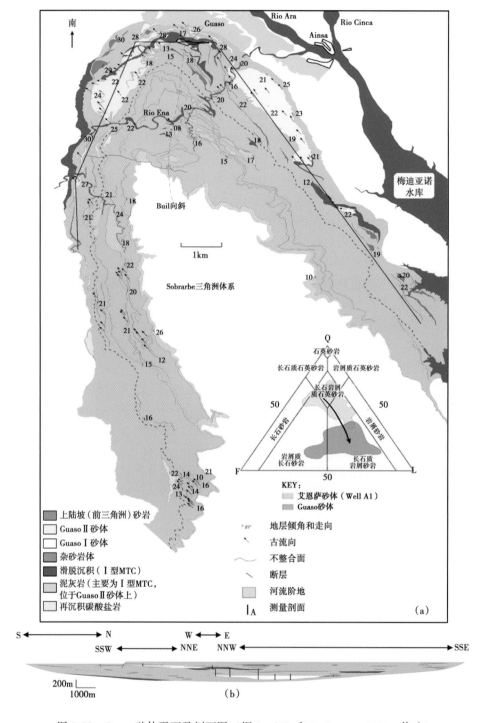

图 8.79　Guaso 砂体平面及剖面图（据 Sutcliffe 和 Pickering，2009，修改）

（a）石英—长石—岩屑（QFL）三端元图，显示了 Guaso 砂岩和更老的艾恩萨砂岩成分的对比，Guaso 砂岩的成分成熟度相对较低。（b）注意砂体宽深比比较高，没有陡峭的侵蚀边缘

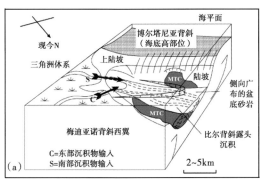

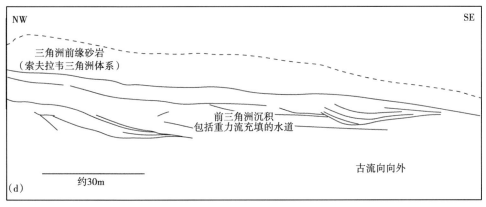

图8.80 （a）Guaso砂岩的沉积模式，可作为深水环境构造约束的低梯度碎屑岩体系发育的一般模式。水深达数百米。沉积物供给可能来自南部和东部的陆坡冲沟。低弯曲水道保留了大量超临界流体的证据，例如退积层理、波状层理和不规则砂质底形。（b）薄层砂质重力流沉积的陆坡沟槽充填。身高1.7m的人作为比例尺。冲沟位于Guaso体系之上，与Guaso体系可能的供给通道相似，尽管规模要小得多。（c）前三角洲浊积岩充填的陆坡冲沟和上覆的索夫拉韦三角洲体系。（d）为简单线描图示

（据Sutcliffe和Pickering，2009，修改）

　　Guaso体系之上为上陆坡沉积和三角洲沉积体系（索夫拉韦三角洲；Dreyer等，1999）。上陆坡沉积由灰泥质泥岩，发育生物扰动构造的极薄—薄层砂岩和粉砂岩，以及砂质浊积

岩水道充填沉积组成（图 8.80b）。这些小规模的上陆坡和前三角洲水道宽度可超过 100m，平行于流体方向的长度可超过 300m，通常包含 3~4m 的中粒砂质重力流沉积（Fielding，2015；犹他州 Turronian Ferron 砂岩的特征）。古水流方向与艾恩萨盆地其他沉积一样，从东南偏东方向携带沉积物进入盆地。在研究区的西南部，对 8 个上陆坡水道进行了成图（图 8.79）。与峡谷体系不同，缺乏强烈下切构造，表现为相对不受限且横向延伸的砂体。当垂直和水平尺度一致时，Guaso 砂体的底面与下伏泥灰岩之间的角度非常小，只有 1°。总的来说，Guaso 体系展示了横向的构造约束，砂岩上超在 Boltaña 和 Mediano 背斜产生的盆地斜坡上。

Guaso 体系在轴部 Buil 向斜测得的剖面厚度比边缘的剖面要厚，由于同沉积地形的影响，砂体向盆地边缘变薄。平面和剖面图（图 8.79a，b）也同样展示了砂体向远离 Mediano 背斜的方向横向迁移叠置，也就是 Guaso 轴部的第二期砂体（GII）相比第一期砂体表现出向西迁移的特征。Guaso 体系之上的沉积物包含了货币虫砂岩和泥灰岩。

Guaso 体系向盆地边缘的减薄，以及大型水道—天然堤—漫溢复合体的缺失，表明 Guaso 体系并非典型海底扇沉积环境。砂岩的尖灭主要是砂岩上超至盆地边缘，而非后期侵蚀。考虑到艾恩萨盆地的规模以及古地理重建的限制，海底峡谷和深切水道没有发育的空间。由于 GII 砂体比下部的 GI 砂体粒度更粗，因此可以解释为更近源的沉积，可能是沉积体系进积造成的。但实际上 GII 砂体整体向上变薄—变细，且上覆 200m 的典型细粒、灰泥质陆坡沉积。这些均不是指示进积的特征。

两套 Guaso 砂体横向延伸的形态，多期浅水道（可能是短期水道）的发育，以及粗粒 II 型块体搬运沉积的缺乏，符合低坡度碎屑体系的特征，包括陆坡分选后沉积在陆坡底部的沉积（Pickering 和 Corregidor，2005）。考虑到艾恩萨盆地的限制性，以及粗粒碎屑沿轴部的搬运，给 Guaso 砂岩供源的三角洲似乎已经进积到了陆架边缘，并且通过较浅的、短期的分支水道为 Guaso 砂岩提供物源。

8.10　小结

现代（第 7 章）和古老海底扇及相关体系（本章）的研究表明，海底扇的三维复杂性和多样的演化过程决定了过于简化的扇模式难以得到广泛应用，所以我们并没有为海底扇建立一套独特的沉积模式。然而，我们为扇体内部独立的沉积单元建立了相应的模式，例如水道、天然堤—漫溢沉积和朵体（例如图 4.47 和图 7.41）。这些模式比单一的海底扇模式更有效，因为我们可以将上述沉积单元的模式进行选择性的整合，以建立一个特定的海底扇沉积体系。

自 20 世纪 90 年代后期以来，通过多个露头与地下数据的综合研究，对海底扇及相关体系的认识已经得到了大幅度的提高，例如：新西兰塔拉纳基上中新世的 "Mount Messenger" 组（Coleman 等，2000；Browne 等，2000；Browne 和 Slatt，2002；Johansson，2005；King 等，2011），西班牙比利牛斯山脉始新世艾恩萨沉积体系（Pickering 和 Corregidor，2000，2005），南非二叠纪卡鲁沉积体系（Wild 等，2005；Prélat 等，2009，2010；Pringle 等，2010；Di Celma 等，2011；Flint 等，2011）和爱尔兰西部的石炭纪沉积（Pierce 等，

2010；Haughton 和 Shannon，2013）。这些研究没有受到露头位置、方向和规模的限制，为古老体系的研究提供了前所未有的三维数据。毫无疑问，在未来，我们预计将会有更多的这种类型的研究，这将补充海上 DSDP / ODP / IODP 计划的研究。另外，近年来，有人试图将露头与计算机数值模拟结合起来对重力流沉积进行研究。例如，Salles 等（2011）利用上述方法研究了法国南部 Grès d' Annot 组（约 40—32Ma）的同沉积生长构造及其对海底地形的影响。

本章介绍了几个相对较新的概念，如侧向加积组合（LAPs）和倾斜砂层构造，这两种沉积构造的规模和结构相差很大。我们对这些构造的几何形状、沉积环境和成因方面仍然不甚了解（Grosheny 等，2015）。有研究发现在海底水道的拐弯处，流体的螺旋流动方向可能与河道中的流动相反（Peakall 等，2000a，b；Abad 等，2011；Dorrell 等，2013）。目前与这个认识相关的一些问题仍然没有解决，比如螺旋流动产生的沉积物和地层的垂向序列，包括地层厚度趋势。

水道内部天然堤可能在许多水道中并不发育，但这种现象需要更多的研究，以了解它们在水道形成、充填和废弃过程中的作用。

研究表明弯曲海底水道—天然堤体系深泓线的尼克点（Knick-point）是海底地形动态变化的地方，Heiniö 和 Davies（2007）在尼日尔三角洲西部陆坡利用三维地震数据记录了相关实例。重力流在经过尼克点时，可能会受到尼克点的影响，引起局部的沉积和侵蚀。延伸到海底的断层会形成局部的隆起，进而造成陆坡坡度的变化，并形成尼克点。例如水道局部较低的坡度可能会导致重力流减速并沉积最粗的沉积物载荷；向盆地倾斜的陆坡坡度可能会局部增大，导致重力流内部的流速增加，并引发湍流，从而增强侵蚀，形成尼克点。如果水道决口或废弃导致尼克点保存下来，那么在尼克点上游的沉积物可能是重要的油气储层单元（Heiniö 和 Davies，2007）。然而，由于水道恢复平衡状态的过程会导致尼克点的溯源迁移，这些沉积物会被部分侵蚀，只在水道边缘留下残留砂体（Heiniö 和 Davies，2007）。在超临界和亚临界流体转换的位置，尼克点也可能与周期性阶坎有关（第 4.13 节）。

由于非限制性或席状沉积内部的复杂性和变化性，我们利用一定的篇幅进行了讨论（Mulder 等，2010；Etienne 等，2012）；这些详细研究显示了 Grès d' Annot 组砂岩的内部复杂性）。读者应该注意到，许多研究人员所描述的朵体以及发育侵蚀底面的相关沉积，实际上可能是水道口沉积，不连续且较浅或者短期的水道，或者巨型槽模。例如，石油行业数据通常表明横向可对比的砂岩层似乎呈朵状，实际上这些砂岩也可能是由较浅水道的快速横向迁移形成的，这种迁移过程会发生在海底辫状平原上。因此在没有高分辨率的三维数据的情况下，上述砂岩可能会被错误地解释为席状流体形成的朵体沉积，实际上它们是迁移产生的加积砂岩，是横向连续的沉积体。

同沉积与沉积后的液化和流化过程，是古老扇体和相关沉积的另一个重要方面，这些过程会改变原生的沉积结构和原始的层理关系。我们在第 2 章（如第 2.10 节）以及本章中已经描述了这些构造的一些特征。这些构造需要更多的研究，特别是结合实验理论和野外观测工作。

过去几十年，我们对海底扇的认识有了非常重要的进步：包括流体过程的多样性和复杂性（第 1 章）、沉积物特征（第 2 章和第 3 章）、重力流统计学特性（第 5 章），以及层序地层学（第 4 章）。但是，目前还有很多问题需要进一步研究，特别是不同因素对深水沉积体系时空演化过程的影响。这些因素包括地球的长期地质演化（海洋—大气系统中海水化学性质、密度和分层的变化）、气候变化（温室和冰室效应）以及所谓的"极端事件"［例如海洋缺氧事件（OAEs）期间形成的富含有机质的黑色页岩沉积］。只有在高分辨率地层记录和准确年代学的基础上，结合古老海底扇体系（包括露头和地下）进行更详细、全面的研究，才能评估哪些因素在较大时间尺度范围内控制扇体和扇体单元的沉积，进而提高对深水沉积体系演化的认识。未来对古老海底扇的研究需要更多地关注（1）过程响应模式而不是相描述，（2）单个流体事件的解释，（3）沉积单元的几何分析。

第9章 拉张体系的演化和成熟

大西洋中部边缘的多波束海底地形和二维地震解释立体图，（a）新泽西州海域（USGS，测线6），（b）弗吉尼亚州海域（USGS，测线11）。（a）图中，遭受削截的中中新统和下伏始新统之间的岩性边界，似乎对应了下陆坡梯度的变化。第四系较薄或缺失，陆坡区的限制性峡谷相互平行，间隔紧密且地形起伏相对较低。第四系沉积较厚的上陆坡位置，地形起伏最大。注意图（b）中下陆坡的地形起伏增强（Brothers 等，2013）。

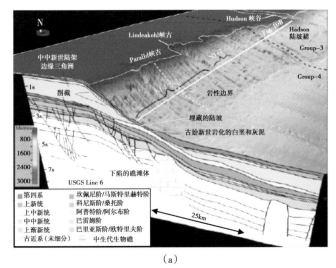

（a）

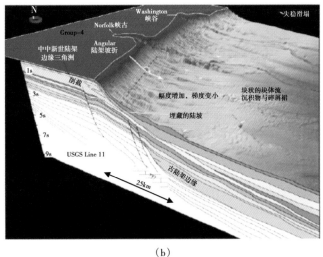

（b）

9.1 概述

我们识别了拉张大陆边缘的五个演化阶段（表9.1）。前裂谷沉积，是指发育在稳定克拉通的沉积，或与构造格架无关的较老的沉积。拉张大陆边缘的裂谷—裂解—漂移阶段为深水沉积的发育创造了有利条件。裂谷阶段，狭长陡峭的盆地主要形成小型富砂—富砾海底扇。在有利的气候条件下，富有机质的黑色泥岩也能在狭长的裂谷盆地中发育（Jenkyns，1986；Meyers等，1987；Chang等，1992；Cainelli和Mohriak，1999；Strogen等，2005；Rosas等，2007；Duarte等，2010；Gertsch等，2010；Kreuser和Woldu，2010；Berlinger等，2012）。在随后的大陆分离过程中，盆地陆坡可能发生进积，或者因重力滑塌和温盐环流导致局部的剥蚀和不断改造。随着时间的推移，宽阔的洋盆允许更多的流体注入，底流作用趋于加强。

表9.1 被动大陆边缘的演化（部分基于Brice等，1983）

构造阶段	典型构造特征	构造样式	地震识别标志	沉积环境和岩性特征
前裂谷期	稳定克拉通	内部整合平缓倾斜 轻微断裂	地震特征一致，强振幅、低频反射	沉积特征多变 浅海—非海相沉积环境
同裂谷期	岩石圈伸展	块断作用（铲式断层或面状断层） 角度不整合 强烈倾斜地层	弱振幅、不连续反射 角度不整合反射样式 地层削截	泥质和砂质硅质碎屑岩（海相—非海相），局部有机质富集，局部深湖/狭窄深海槽/高盐盆地
裂解期	海底扩张开始 下地壳衰减	内部整合 平缓倾斜 轻微断裂 复杂断裂盐构造	地震特征一致 强振幅连续反射渐变为透明反射以及与盐构造相关的复杂反射	砂质硅质岩 碳酸盐岩
后裂解期或漂移早期	快速热沉降及水体加深	内部整合，含盐构造或泥底辟形成的深断裂与浅层褶皱	弱振幅反射，盐构造或泥底辟底部的复杂强反射	海相硅质碎屑岩和碳酸盐岩 海侵沉积环境
成熟边缘	缓慢热沉降且岩石圈抗弯刚度增加	内部整合 由盐构造或泥底辟形成的逐步断裂或褶皱	具有前积特征的不连续弱反射，含有与侵蚀相关的下切—充填特征以及与沉积滑塌相关的杂乱反射	泥质硅质岩、浊积岩、碎积岩，峡谷充填 海退沉积环境，海平面变化越来越重要

在大陆裂解之前，裂谷阶段可能会发生多次拉伸和热沉降事件。在某些情况下，持久的拉伸不会在裂谷带（如北海）形成洋壳。在其他情况下，陆壳最终分离，为新的洋壳盆地的形成创造条件。面向洋盆的两个大陆边缘通常称为被动大陆边缘，因为在大陆和大洋之间的交界处没有板块边界，因此很少发生地震或火山活动。裂解之前的时间越长，相关的脉冲式拉张次数就会越多，同裂谷期沉积在被动大陆边缘沉积中的比例就会越高（Cochran，1983）。

一旦板块开始裂解，被动大陆边缘就为浅水—深水沉积提供了重要的沉积空间，直到大洋的关闭和俯冲导致大陆边缘的破坏。Bradley（2008）对85个古老被动大陆边缘的年代特征进行了研究，其中49个有效记录了它们的寿命（表9.2）。这些被动大陆边缘的平均寿命是 155Ma，平均长度为 1115km。

表 9.2 年代学数据约束的 49 个被动大陆边缘的形成（裂解时间）和结束（构造破坏）时间表（据 Bradley 2008）

被动陆缘和造山带	国家（地区）	开始时间（Ma）	结束时间（Ma）	生命周期（Ma）	长度（km）
Baltic craton, E side, Uralian orogen, Phase 1	俄罗斯	1000	620	380	1000
Laurentian craton, W side: northern sector, Antler orogen	加拿大	710	385	325	1560
São Francisco craton, E side, Aracauai-Ribeira orogen	巴西	900	590	310	750
Superior craton, E side, New Quebec orogen（"Labrador Trough"）	加拿大	2135	1890	245	960
Pilbara Craton, S margin, Ophthalmian orogen	澳大利亚	2685	2445	240	580
Wyoming Craton, S side, Medicine Bow orogen	美国	2000	1780	220	310
Indian craton, N side, Himalayan orogen, Phase 2	印度、尼泊尔	271	52	219	2460
Laurentian craton, S side, Ouachita orogen	美国	520	310	210	1720
Siberian craton, N side, Taymyr, Phase 2	俄罗斯	530	325	205	1380
Sierra de la Ventana (a), Cape (b), and Ellsworth Mtns. (c) Argentina	南非、阿根廷	500	300	200	2170
Congo Craton, W side, Kaoko Belt（N Coastal Branch）of Damara orogen	纳米比亚	780	580	200	2175
Kalahari Craton, W side, Gariep Belt,（S Coastal Branch）of Damara orogen	纳米比亚	735	535	200	590
Hearn craton, SE side	加拿大	2070	1880	190	820
中国南方克拉通东南部南岭造山带	中国	635	445	190	1730
Laurentian craton, W side, southern sector, Antler orogen	美国、加拿大	542	357	185	1870
Superior craton, S side, Animike margin, Penokean orogen	加拿大、美国	2065	1880	185	1170
Arabia, NE margin, Oman-Zagros orogen	阿曼、伊朗	272	87	185	2300
Arctic Alaska microcontinent, S side, Brookian orogen	阿拉斯加、俄罗斯	350	170	180	1230
Isparta angle, eastern margin	土耳其	227	53	174	260
Kola cratons side, Kola suturebelt	俄罗斯	1970	1800	170	690
Apulian microcontinent, Pindos ocean	希腊	230	60	170	630
Alborz orogen	伊朗	390	210	170	550
塔里木微大陆南缘昆仑造山带	中国	600	430	170	950
Isparta angle, western margin	土耳其	227	60	167	280
Australian craton, NE side, New Guinea orogen	新几内亚、伊里安查亚	180	26	154	1380
Australian craton, NW side, Timor orogen	印度尼西亚	151	4	147	1530
Indian craton, N side, Himalayan orogen, Phase 1	印度、尼泊尔	635	502	133	2460
Slave craton, W side, Wopmay orogen	加拿大	2015	1883	132	560
Dzabkhan block	蒙古	710	580	130	200

续表

被动陆缘和造山带	国家（地区）	开始时间（Ma）	结束时间（Ma）	生命周期（Ma）	长度（km）
S margin of Europe, Alpine orogen	瑞士	170	43	127	790
Superior Craton, N side, Cape Smith and Trans-Hudson orogens	加拿大	2000	1875	125	370
S. American Craton, N side, Venezuela margin	委内瑞拉	159	34	125	1080
Kalahari Craton, N side, Inland Branch, Damara orogen	纳米比亚	670	550	120	540
Congo Craton, S side, Inland Branch, Damara orogen	纳米比亚	670	555	115	1800
São Francisco craton, W side, Brasiliano orogen	巴西	745	640	105	1080
Baltic Craton, E side, Uralian orogen, Phase 2	俄罗斯	477	376	101	3130
Baltic Craton, Wside, Scandinavian Caledonide orogen	挪威	605	505	100	1550
Saxo-Thuringian block	德国	444	344	100	400
NW Iberia, Variscan orogen	西班牙	475	385	90	210
Guaniguanico terrane	古巴	159	80	79	150
Laurentian craton, E side, Appalachian margin, Taconic orogen (a) and NW Scotland (b) USA, Canada		540	465	75	3320
Karakorum block	巴基斯坦	268	193	75	500
华南克拉通西南缘龙门山造山带，第二幕	中国	300	228	72	480
Australia, E side, Tasman orogen	澳大利亚	590	520	70	1670
Baltic craton, S side, Variscan orogen	爱尔兰—波兰	407	347	60	1080
Amazon craton, SE side, Araras margin, Paraguay orogen	巴西	640	580	60	470
Cuyania terrane, Argentine Precordillera, E side	阿根廷	530	473	57	640
Pyrenean-Biscay margin of Iberia	西班牙	115	70	45	390
台湾造山带	中国台湾	28	5	23	500

注：陆架边缘根据寿命长短进行了分类，Bradley（2008，图6）标注了每个古老大陆边缘的位置。

　　以下是与裂谷和被动陆缘相关的深海沉积的区域地震剖面及其解释实例，包括巴西大陆边缘（Niemi 等，2000；Richardson 和 Underhill，2002；Henry 等，2011；Mann，2013；Saunders 等，2013；Pérez 等，2015；Sachse 等，2015）、巴伦支海（Blaich 和 Ersdal，2011a，2011b；Abrahamson，2013）、西非边缘（Martin 等，2009；Greenhalgh 和 Whaley，2012；Jarsve 等，2012；Wells 等，2012）、墨西哥湾（Mohn 和 Bowen，2012；Pindell 等，2011；Radovich 等，2011）、北海（Jameson 等，2011；Sakariassen 等，2012；Duval，2013；Reiser 和 Bird，2013）、西爱尔兰海域（Davison 等，2010）、格陵兰岛东部和东北部海域（Dinkelman 等，2010；Jackson 等，2012）、佛罗里达海域（Mohn 和 Bowen，2011，2012）、格陵兰岛西部海域（Bradbury 和 Woodburn，2011）、澳大利亚西北大陆架（Cameron，2010；Silva-Gonzalez，2012；Grahame 和 Silva-Gonzalez，2013）、黎巴嫩海域（Peace，2011；Hodgson，2013；Lie 等，2013）、东非海域（Danforth 等，2012）和塞舌尔群岛（Morrison，2011）。这些文献对于那些希望了解拉张体系（包括正在发育和已经成型）构造和地层特征的学生而言无疑是很好的参考资料，但遗憾的是他们并没有更深入的沉积学数据。

本章展示了一个沿被动大陆边缘发育的深水沉积的典型实例，包括夭折裂谷，也就是所谓的裂陷槽。和我们之前的研究（Picking 等，1989）不同，本书强调的是基本原则，而不是案例研究。我们首先简要概述了裂谷发生时拉张体系的构造特征。由于构造沉降对深水沉积中心的重要控制作用，因此特别强调构造的沉降史。

9.2 岩石圈拉张模式

McKenzie（1978）建立了纯剪切应力作用下，随着地壳和岩石圈的拉张变薄，陆壳裂解并分离形成洋壳的模式（图9.1a）。Wernicke 和 Burchfiel（1982；Wernicke，1985）提供了一个可替代的模式，他们认为简单剪切作用能更好地解释许多裂谷体系的几何形态。简单剪切导致了不对称的地壳变薄和不对称的半地堑结构。在简单剪切作用下，陆壳最终沿延伸至地表的低角度拆离断层位移（图9.1b）。在裂谷末期，拆离断层可能延伸至地幔中（图9.1c），形成了一种将原始次大陆地幔"拉"到海底的机制，形成橄榄岩脊（Hölker 等，2003）。Wernicke 模式已经应用于维京（Viking）地堑（Beach，1986）和大浅滩—西伊比利亚裂谷（Boillot 等，1987；Tankard 和 Welsink，1987）的地壳结构研究中。无论哪种模式，抑

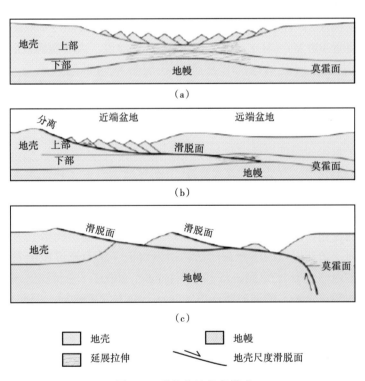

图9.1 裂谷盆地发育模式

（a）纯剪切模式，随着地壳的减薄发育对称盆地（据 McKenzie，1978）；（b）简单剪切模式，地壳拆离面上发育不对称盆地（据 Wernicke 和 Burchfiel，1982）；（c）该模式包括一个下凹的拆离面，沿着拆离面可将次大陆地幔拉到海底并暴露（据 Hölker 等，2003）。没有裂谷期和较年轻的沉积物，但是产生的凹陷是局部充填还是全部充填取决于碎屑的数量。沉积物负载会挤压岩石圈，以形成更多的沉积充填空间

或是两者的结合，陆壳变薄形成洋壳对于被动陆缘地层的发育都具有重要的影响。

裂谷期间往往伴随沉降或隆升活动的发生。如果裂谷发育在地幔柱之上（如埃塞俄比亚 Afar 地区），热异常会形成一个岩石圈穹隆和三个裂谷分支。在这种情况下，只有两个裂谷分支最终被拉开形成宽阔的洋盆，另外一个分支在断裂沉降和沉积充填后会废弃。这个废弃的裂谷分支被称为裂陷槽（Burke，1978）。在远离热异常的地方，岩石圈的拉伸导致了裂谷发育。随着岩石圈的减薄，软流圈上升充填新产生的空间。如果地壳拉伸的程度大于岩石圈地幔，不会因为区域隆升产生构造沉降，因为上升的软流圈密度比地壳大。如果地壳拉伸程度小于岩石圈地幔，则可以预测初始阶段的隆升，因为上升的软流圈密度比岩石圈地幔小（Royden 和 Keen，1980）。尽管拉伸的岩石圈温度比周围要高，但它仍然保持了一定的弯曲刚度，所以裂谷边缘可以向上弯曲（隆升）或向下弯曲（沉降），这主要取决于岩石圈"颈部"位于上部还是下部。最终，紧靠裂谷的未拉伸岩石圈，可能受到侧向加热，导致在边缘地区发生热隆升，从而促进不整合面的发育。

如前所述，陆壳岩石圈裂谷的发育是一个复杂的过程，可能会引起同裂谷隆升或者沉降，并可能影响裂谷带外侧的岩石。裂谷盆地的拉伸通常涉及岩石圈拉伸的几个阶段，可以通过热沉降不活跃阶段来划分（Chadwick，1986；Hiscott 等，1990）。裂谷带的局部范围内，上陆壳的脆性伸展导致了正断层上盘的迅速沉降，并伴随下盘翼部的隆升。之后（1）裂谷阶段发育停止或（2）开始大陆裂解和海底扩张，岩石圈开始冷却收缩，导致热沉降指数式变慢并持续将近 100 Ma（McKenzie，1978）。具体地说，大陆裂解最后形成的裂谷盆地边缘，由于新板块边缘向外的应力作用使其在裂解期间可能收缩变小（Withjack 等，1998）。沿着大西洋裂谷带的中部，这种收缩导致了约 2km 的反转和隆升，同时还伴随着裂谷期的正断层向逆断层的转变（Withjack 等，1998）。

上述模式仅适用于非火山作用的裂谷边缘。对于火山作用形成的裂谷边缘，裂谷中上升的软流圈经历了重要的局部融化，盆地中伴随着大量的玄武岩喷发（Nielsen 等，2002）。基性岩浆侵入薄层地壳中，因此岩浆凝固后其密度会增大。在这种背景下的同裂谷期深水沉积无法很好地进行描述。大陆裂解后发生热沉降，与非火山作用裂谷边缘一样。

McKenzie（1978）的地质力学模式，没有考虑不同沉积负载和盐构造导致的盆地几何形态和断层活动的变化。但是，这些过程可能对沉积分布和地层构造具有重要的意义。例如，在密西西比河三角洲以西的墨西哥湾盐构造发育区，重力流沉积优先沉积在盐岩侵入和流动形成的陆坡内盆地中（Beauboeuf 和 Friedmann，2000）。安哥拉海域，因刚果河的卸载导致的沉积物的快速聚集，使伸展断层再次活动，盐岩发生移动。因此，在大陆裂解后，铲式断层持续活动很长时间，许多情况下重力流沉积局限在断层的上盘发育（Anderson 等，2000；Gee 等，2007）。为了使砂体在盆地方向分布更广，水道必须下切地形高点，包括生长背斜。这形成了深槽状水道嵌套在陆坡漫溢沉积中的地层结构特征（图 9.2）。

尽管地质力学与其他板块构造背景相关，裂谷盆地还是以发育拉张正断层为主。这些运动学过程意味着盆地的形成和沉降样式可能很复杂。

Morley（2002）解释说，早期伸展断层的连接和延伸，可能会在以下几种情况成为盆地级别的边界断层：（1）盆地主要地层形成之前；（2）次级断层形成大量沉降区之后；（3）盆地发育阶段。在后面的情况下，之前延伸较短的拉张断层的空间分布，控制了边界断层上盘

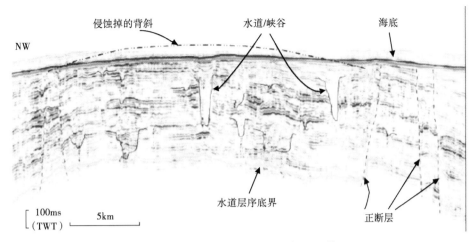

图 9.2　安哥拉大陆坡走向地震剖面（据 Gee 等，2007）
图中展示了水道、同沉积正断层以及一个海底被削截的背斜形态

的早期沉降和初始沉积厚度，沿特定断层形成局部沉积中心。随着最初的小断层逐步连接成边界断层，独立的沉积中心就会重叠合并。小断层之间的不连续处，断层之间的雁行偏移通过斜向连接断层（转换带）连接到一起，在此之上，盆底可能向上弯曲，在断层上盘形成横断背斜。从横断背斜的一侧到另外一侧，上盘沉积的年代可能不一致（Morley，2002），因为小断层不可能同时发育，且边界断层的一部分可能比相邻部分经历更大的走滑，这在不太活跃的部分表现更为突出。在某些情况下，原先沉降最小的部位可能后期变为沉降最大的地方（Kim 和 Sanderson，2005）。特别是，小断层之间的转换带和沉积物的输送（从浅水到深水）路径，可能与上盘的最大沉降有关联，成为深水盆地重力流沉积的重要沉积中心。这种差异沉积在许多深海裂谷盆地都有发育，比如说北海的古近系，另外，这种差异沉降甚至可以很好地解释地震剖面上观察到的丘状地层（Kosa，2007）。

　　Gawthorpe 等（1997）考虑了正断层构造演化的另外一个重要方面，它影响了相关沉积层序的地层结构。当断层被掩埋时，其进入生长褶皱阶段。在生长褶皱期间，地层朝断裂带方向变薄并截断，地层发生旋转，并从埋藏断层向生长向斜偏离。当断层断至地表，地层形成一发散的楔形，地层发生旋转并向断层处变厚。沿着单个断层走向，构造和地层样式都能同时被观察（Gawthorpe 等，1997）。生长褶皱表征断层末端的形变特征，而断层中部则通过地表断裂表征。这个复杂断层活动，使地层几何形态沿走向的变化以及相组合的叠加样式，可能出现在正断层发育的沉积层序中。

9.3　裂谷期和被动陆缘早期的深水沉积相及沉降

　　McKenzie 和 Wernicke 模式包括初始断层控制的沉降阶段和随后指数递减的热沉降阶段。在快速沉降过程中，上盘的深水沉积在裂谷发育后沉积在孤立的沉积中心（Surlyk，1978）。而其他地方，只有在区域热沉降开始后，大部分陆架边缘区才会沉降到深水区。在陆架边缘内部，由于陆坡和陆架的进积作用，上盘沉积的裂谷期深水沉积通常会逐步过渡为浅海相沉积。当沉积供给和聚集的速率开始跟上并最终超过热沉降速率时，就会发生进积作用。此时，陆架边缘可以很容易向海推进几十千米（Berger 和 Jokat，2009）。海平面的升降可能使这个简单的过程变得更为复杂（4.1 章节）。在接近海洋—大陆转换带的部位，热沉降使海底深达 2~4km，随后的沉积作用不可能导致明显的变浅。ODP 210 航次（船上科学家，2004a），对纽芬兰盆地海洋—大陆转换带附近进行了研究。阿普特期，板块发生裂解，导致地幔的橄榄岩喷发，并在纽芬兰大浅滩和伊比利亚之间形成了洋壳。210 航次 1276 站点获取了 615 米的阿尔布阶—塞诺曼阶的重力流沉积，其中包括 2~3m 厚的具同沉积变形特征的泥石流沉积（岩相 C2.5；1.4.1 章节中的高密度流沉积）。1276 站点获取的阿尔布阶—塞诺曼阶源自西—西南部，包含了裂谷早期欧洲一侧的碎屑沉积（Hiscott 等，2008）。漂移早期白垩系的沉积地层约有 $7 \times 10^4 km^3$，相当于现今意大利波河沉积通量的 2/3（Hiscott 等，2008）。1276 站点在早—中阿尔布期的沉积速率约为 100m/Ma，由于裂解之后的快速沉降，均位于深水区（船上科学家，2004b）。土伦—桑托期的沉积速率下降至 2~4m/Ma，底流作用带来的粉砂和砂质沉积（C1.2 和 D1.3，图 2.30）替代了重力流沉积。沉积速率变慢并不是由于水深变浅所致，而是沉积物供给大幅减少造成的。

被动大陆边缘演化的热—力学模式，考虑了热收缩，沉积负载以及岩石圈冷却导致刚度增加的影响（Beaumont 等，1982；Coward 等，1987）。这些模式可以对一个正在形成的大陆边缘地层进行预测。通过对预测和观察的沉积地层剖面的对比，可以针对特定地层剖面，评价不同控制因素的相对重要性（Watts & Thorne，1984）。

被动大陆边缘沉降的规模和速率可以利用计算机模型进行研究，利用地层和沉积相信息，结合古海平面信息，逐步对地层进行回剥（Stam 等，1987；Hegarty 等，1988；Gradstein 等，1989；Hiscott 等，1990）。埋藏深度 z 的单位是 km，孔隙度 P 为岩石体积的百分比，Hiscott 等（1990）基于中生代裂谷盆地井数据，分别建立了泥岩和粉砂岩的深度—孔隙度公式（9.1）以及砂岩和灰岩的深度—孔隙度公式（9.2）：

$$z = 6.02(1 - P)^{6.35} \tag{9.1}$$

$$z = 3.7\ln(0.30/P) \tag{9.2}$$

回剥技术就是对模型中的表层沉积（第 1 层）进行剥离，然后调整深层（第 2 到 n 层）的厚度，使由第 1 层沉积负载造成的孔隙压实得以恢复。下一步就是计算基底隆升量，这需要引入古海底来校正相对于现今海平面（根据全球海平面曲线）的水深（根据沉积相信息推测）。然后，绘制基准面隆升的增量，这个增量可以通过计算得到，随着符号和绝对时间的变化，绘制出整个沉积期间基底沉降的历史曲线。免费软件（如 OSXBackstrip 2.2）可以从因特网下载，并进行回剥分析。

回剥过程中需要对地层边界、绝对年龄、古水深、古海平面和岩石类型（对于压实量评价比较重要）都有很好的判断。从这个角度讲，浅海相沉积较为理想，因为沉积期间的水深可以估算为 10m 左右。但是，对于在陆架边缘沉降期间形成的深水沉积，无法测量到精确的水深，因此很难得到真实的沉降历史。尽管如此，即使对水深采用保守的估计，也表明裂谷盆地期间经历了多期加速的强烈沉降。例如，Hiscott 等（1990）对葡萄牙卢西塔尼亚（Lusitanian）盆地钦莫利阶（Kimmeridgian）的基底沉降速率进行了计算，最大速率大于 250 m/Ma。这是一个断层控制的构造沉降，海底水深增加了 300m 以上（Wilson 等，1989）。阿瓦迪亚（Abadia）组海底扇沉积在这一伸展凹陷中；由于沉积负载加剧了原始构造沉降，局部地层厚度超过了 1000m。加拿大纽芬兰大浅滩 Jeanne d'Arc 盆地的 Tempest 单元，沉积了相似的上侏罗统重力流沉积（De Silva，1994）。英国海上 Buzzard 油田的上侏罗统深水沉积储层以 B 类沉积相为主，该油田形成在脉冲式拉张沉降的盆地中，位于牛津阶顶部，发育砂岩席状叠合的海底斜坡沉积（Doré 和 Robbins，2005；图 9.3）。最后一个实例位于巴布亚新几内海域伍德拉克（Woodlark）盆地西部，下上新统浅海相沉积（水深小于 20m）的现今埋深为 850m（ODP 站点 1118 揭示），现今水深为 2300m。假设上覆 850m 沉积造成了大陆岩石圈 280m 的沉陷（地壳均衡原理），且中上新世海平面比现今高 60m，那么 3.5Ma 间的拉张沉降量约有 2625m，同裂谷期的最小沉降速率达到 750m/Ma。

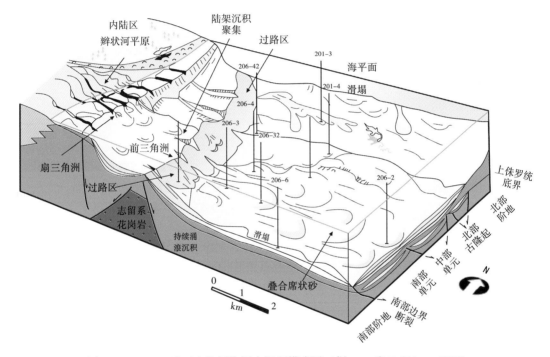

图 9.3　Buzzard 油田上侏罗统深水沉积模式图（据 Doré 和 Robbins，2005）

物源来自广阔的辫状河平原，通过多条陆坡补给水道形成一个富砂的海底斜坡沉积，垂线代表勘探井

裂谷沉积（也叫同裂谷沉积）在岩石圈拉张解体之前发育，受铲式断层上盘旋转的影响（Surlyk，1978）。以下两个同裂谷期深水沉积的实例阐述了沉积的相类型：（1）格陵兰岛东部上侏罗统海相陆坡沉积；（2）巴西东部的下白垩统深湖相沉积（Bruhn，1998，1998a）。

格陵兰岛东部上侏罗统 Hareelv 组，厚约 200～500m，主要由黑色页岩（TOC，6%～12%）和厚层砂岩组成（Surlyk，1987）。厚层砂岩位于断层为界的陆架盆地的翼部，解释为海底斜坡沉积（表 7.1）。陆架靠海一侧是狭窄的断层控制的陆坡，发育陆坡裙沉积。大部分砂岩沉积在陆坡底部和盆底位置，但部分野外露头可见直接沉积在陆坡上的沉积。软沉积变形，包括液化构造、碎屑岩脉和岩床，在 Hareelv 组内部普遍发育。部分岩脉可横穿地层几百米。

厚层（0.5~50m）砂岩没有粒序变化，几乎不发育原生沉积构造，仅在部分极厚层中可见微弱的平行层理发育。主要表现为两种类型：（1）冲沟的侧向不连续充填（图9.4），（2）横向连续几百米的平行地层。冲沟充填的砂岩约占地层的50%，与横向连续的砂岩随机交替发育。大多数冲沟从平面上看都具有弯曲的特征。沿冲沟充填边缘，不发育漫溢沉积，单个冲沟的充填似乎是由多期流体完成的。

图9.4　紧密排列的无构造块状冲沟砂岩沉积（相B1.1）镶嵌在碎石覆盖的黑色
泥岩（相E）中（据Surlyk，1987）

Hareelv组测量的剖面没有一致的垂向趋势。砂体无序和极其不规则的叠置，表明这些沉积并没有聚集形成海底扇沉积。随机的冲沟和席状沉积表明其沉积体系是无序的，单期流体事件沿断崖呈线源随机发生，并单独沿下陆坡搬运不同的距离。盆地边缘断层的再次活动，可能触发了砂质流体和高密度流体，并对砂体进行了重新分布。Hareelv组被解释为深水缺氧或少氧条件下的半深海黑色页岩沉积。这些半深海沉积周期性地受到重力流沉积的影响，将大量砂岩搬运至冲沟内充填。盆地边缘断层的活动，触发了流体沿着整个陆坡发育。线源流体的形成，导致了砂体的随机分布，阻碍了海底扇体系的发育。苏格兰东北部裂谷相关的钦莫利阶的沉积相组合和解释（Pickering，1984b；Wignall和Pickering，1993）与之非常的相似。

据Bruhn（1998b）文献，巴西东部的半地堑裂谷盆地以伸展断层为界，累计断距达6km。盆地约几十千米宽。在贝里亚斯（Berriasian）—凡兰今（Valanginian）期，明显的拉张作用形成了一系列深湖。Recôncavo盆地内发育了超过2000m的深色富有机质泥岩和砂质重力流沉积，其沉积速率可达1800m/Ma。靠近盆地边界断层处有一明显的相变，发育厚层楔形砾岩和砂岩扇三角洲沉积，作为陆坡群的底部沉积（Bruhn，1998a）。葡萄牙卢西塔尼亚盆地（Abadia组），由于沉降速率小于高速的沉积速率，因此深水沉积地层向上转变为三角洲和河流相沉积。

巴西湖相裂谷包含了以下沉积单元（图 4.14）：富砾/富砂水道复合体、富砂/富泥朵体、富砾/富砂裙状沉积、富砂密度流沉积和富砂/富泥的碎屑流沉积。沿着盆地边缘断层发育的裙状沉积，形成了一套厚达 2km，宽 5~20km，长 5~200km 的楔形沉积。它们由五种沉积相组成，基本都属于岩相类 A：

（1）0.5~5m 厚，反粒序，无层理，细砾—巨砾岩；

（2）0.5~3m 厚，正粒序，无层理，卵石—巨砾岩，含砾砂岩，极粗粒砂岩，局部平行或交错层理砂岩；

（3）0.5~12m 厚，正粒序，无层理，巨砾—细砾岩，碎屑砂岩，极粗—粗粒砂岩，局部平行层理砂岩；

（4）0.5~10m 厚，杂乱卵石—巨砾岩；

（5）0.5~10m 厚，杂乱含巨砾—卵石泥岩。

上述两个实例表明，裂谷盆地中深水沉积地层受高角度边缘断层的强烈控制。卢西塔尼亚盆地很好支持了这一观点，阿瓦迪亚（Abadia）组下部泥质的深水沉积向东搬运进入 2000m 水深的卡斯塔涅拉（Castanheira）深水砾岩层中，该砾岩层局限在裂谷盆地东部的边界断层附近（图 9.5；Leinfelder 和 Wilson，1998）。盆地边缘形成了线状物源，促进了海底斜坡和裙状沉积的发育，而非点源的海底扇。

大陆裂解阶段（表 9.1）主要表现为下陆壳的衰减和初始洋壳的发育。裂解不是沿大

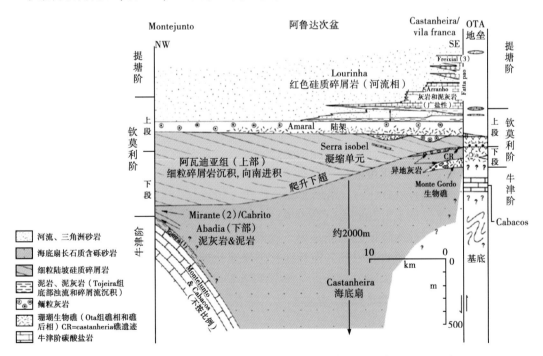

图 9.5　葡萄牙卢西塔尼亚盆地阿鲁达（Arruda）次盆沉积充填剖面图（据 Leinfelder 和 Wilson，1998）

牛津阶至下钦莫利阶的卡斯塔涅拉海底扇/斜坡（橘黄色），向远离盆地边界断层的方向减薄，进入泥质的重力流沉积中（下阿瓦迪亚组 Tojeira 地层—绿色）。上阿瓦迪亚组（也是绿色）是一个进积的陆坡沉积，上覆阿曼龙（Amaral）组浅海相灰岩沉积。图中的其他地层单元均是浅海相或陆相沉积。裂谷的幕式沉降形成了深水沉积环境

陆边缘发生的瞬时事件，其可能沿裂谷带传播。即使是以转换断层（Gibbs，1984）为界的裂谷带各断块之间局部、变化的拉伸速率（β因子），也能导致复杂持续的裂解过程。在南大西洋，裂谷阶段始于牛津—钦莫利期（136~147Ma），结束时间不一致，厄加靳斯（Agulhas）高原附近为欧特里夫期（Hauterivian），尼日尔三角洲附近为早阿尔布（Albian）期（DSDP 75 航次；Hay 等，1984）；因此，裂谷阶段大约持续了 15Ma。

部分研究人员将大陆裂解后的阶段称为"后裂谷阶段（post-rift phase）"，但是这在被动陆缘中是一个多余的术语，也并没有必要。裂谷阶段以发生裂解结束，因此用"后裂解（post breakup）"来表述似乎更加准确。在没有发生大陆裂解的伸展裂谷（夭折裂谷）中，我们保留了"后裂谷"这一术语。因此，"后裂谷"这个术语对于裂陷槽，或者早期夭折裂谷而言是适用的，比如沿北大西洋边缘的三叠系—下侏罗统盆地，以热沉降结束而非裂解（Sinclair，1988；Alves 等，2002）。

后裂解阶段（表9.1）包括了热沉降，主要的深陷过程和上超层序的发育。成熟被动陆缘（阶段5）发育进积陆坡和复杂的侵蚀和沉积历史。被动陆缘发育期间，地层的主要控制因素包括：（1）初始岩石圈的热收缩；（2）拉张停止后岩石圈的沉积负载；（3）压实、古水深、局部侵蚀和全球海平面变化的影响相对较小（Watts 和 Thorne，1984）。大陆裂解后，当构造沉降随时间的推移逐渐下降时，全球海平面升降开始发挥更大的作用（Thorne 和 Watts，1984）。

大多数演化中和成熟的被动陆缘，都表现出裂解后向深海沉积的转换（表9.1）。随时间推移，裂解后（或漂移期）的沉积物颗粒变细，更偏向生物成因，这是因为陆源区的贡献降低所致：粗粒的深海沉积（岩相类 A、B、C 和 F），（如果发育的话），被更细粒（岩相类 D 和 E）的重力流沉积和/或等深流沉积覆盖，最后被半深海和深海沉积（E 和 G）覆盖。海底峡谷和冲沟可能切割演化中的陆架边缘（Bruhn 和 Walker，1995），将陆架或三角洲供给的沉积物搬运至盆底，形成重力流沉积体系，如发育在陆坡盆地或陆隆上的海底扇。

在被动大陆边缘的深部，如果生物的生产力高，可能导致富有机质的聚集，例如位于上升流下部。海平面的变化可能导致有机质沉积的增加。如阿普特—阿尔布期和塞诺曼—土伦期的大洋缺氧事件（OAEs），沿西北非马扎甘（Mazagan）陆缘发育了富含有机质的黑色页岩，这与海平面的上升相吻合（图9.6）。此外，Leckie（1984）认为两期缺氧事件期间，浮游有孔虫多样性的降低，可能是由于晚阿普特—早阿尔布期以及晚塞诺曼—早土伦期，含氧区域降至最低所致。因此，在马扎甘陆缘演化期间，全球海平面的变化对深海沉积类型起基本控制作用。法国 Vocontian 盆地的阿普特阶，发现了相似的最大海泛期富有机质页岩（Friès 和 Parize，2003）。

9.4 被动陆缘裂解后的结构

尽管每个演化中的被动陆缘都会受到不同的海洋条件和沉积输送体系的影响，但仍然可以考虑划分为以下几种情景（并在以下各节进行讨论），它们代表了大多数现代和古老被动陆缘裂解后的情况：

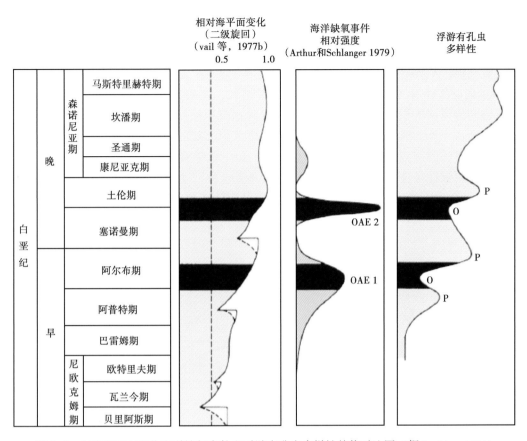

图 9.6　全球海平面变化海洋缺氧事件和浮游有孔虫多样性趋势对比图（据 Leckie，1984）

O—少种型（oligotaxic）；P—多种型（polytaxic）

（1）漂移期主要河流出口位置沉降的被动陆缘区，大型的开阔洋海底扇（如密西西比扇、亚马逊扇和刚果扇），形成在洋壳（第七章）之上。这类边缘巨厚的沉积负载使岩石圈形成了新的容纳空间（Watts，2007）。

（2）同裂谷期蒸发岩（盐岩）沉积之上的大陆边缘沉积，在上覆沉积影响下，盐岩后期的流动，形成了极其复杂的海底地形。重力流沉积（如浊流），在不规则的海底形成了局限沉积，部分陆坡盆地被充填，而同期的其他盆地可能仍处于饥饿沉积状态（如墨西哥湾西部；Satterfield 和 Behrens，1990；Beauboeuf 和 Friedmann，2000；Liu 和 Bryant，2000）。

（3）沿陆坡分布，少量河流/三角洲供给的细粒陆坡裙沉积，以有限的沉积，沉积过路和重力滑塌为特征。西北非陆缘的撒哈拉地区，提供了这类深水沉积体系的最好实例（Masson 等，1992；Wynn 等，2000）。

（4）南北向洋盆西侧的被动陆缘，将受到深层温盐环流的影响（第 6 章），并经历分选，粉砂岩和泥岩形成等深流漂积物。如果海底扇沉积遇到这些底流，悬浮的重力流沉积可能被吸入到近底层中，并沿边缘平流。当底流切入重力流沉积时，可能形成侵蚀面和砂质/砾质滞留沉积。

（5）在高纬度被动陆缘地区，大陆冰川往往下切陆架，并搬运大量分选差的岩屑至陆架边缘，通过间歇性的滑塌形成叠置的碎屑流沉积。这样的结果要么形成一个相对平缓的陆坡（因为碎屑流充填了地貌低部位）（Aksu 和 Hiscott，1992），要么形成一个槽—河口状的碎屑流扇体（Vorren 和 Laberg，1997）。

（6）在硅质碎屑沉积供给有限的温暖热带地区，碳酸盐岩台地的翼部可能形成陡坡，台地周边的碎屑流沉积形成了一套与众不同的深水沉积层序。相反，如果冷水颗粒碳酸盐岩在陆架上占主体，那么相邻的大陆坡和陆隆将沉积类似的硅质碎屑沉积。澳大利亚南部海域发现了这样的实例（Feary 和 James，1998；船上科学家 2000）。

在相对限制性条件下，大陆边缘可能发现许多这种"类型"的实例。例如，墨西哥湾（图 9.7）就包含了镶边碳酸盐岩台地（西佛罗里达陆坡和坎佩切陡崖），以及受三角洲和盐底辟影响的一个混合陆架边缘（得克萨斯—路易斯安那陆坡和密西西比扇）（Bouma 等，1978）。

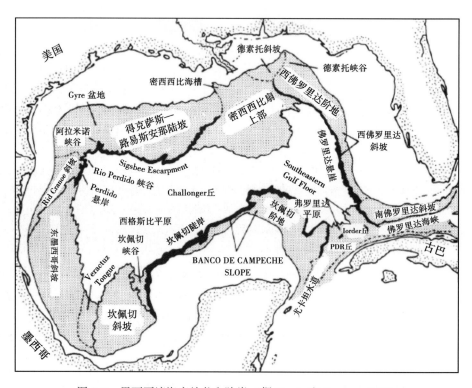

图 9.7　墨西哥湾海底峡谷和陡崖（据 Martin 和 Bouma，1978）

9.4.1　大型三角洲外侧的被动陆缘

受主要河流影响的被动陆缘，通常伴随大型、开阔的海底扇沉积：如密西西比扇、刚果扇、亚马逊扇和尼罗河扇。其中最大的一个海底扇，不仅接受局部的沉积，还接受大陆对面造山带的供给（Potter，1978）。根据 Wetzel（1993）的研究，河流补给海底扇的长度和沉积速率（扇体积／年龄；图 9.8）直接相关。他认为河口的类型影响碎屑搬运到海底扇中的总量，在河流的悬浮载荷相等的情况下，连接深切峡谷的河流可能比终止于朵叶状三角洲的河流多搬运 6~8 倍的物质。后者的大部分碎屑没有被搬离陆架，或者是在沿岸流作用下侧向重新分布。

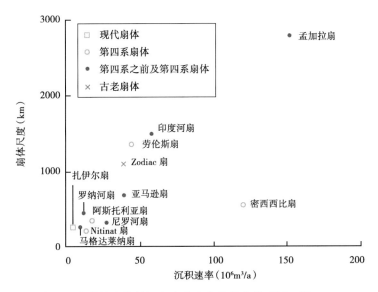

图 9.8　大型河流供给扇体的沉积速率和扇体长度关系图（据 Wetzel，1993）

Wetzel 认为，输送至海底扇的沉积物供给量是决定扇体大小的主要因素，而海平面变化是次要因素，仅对扇体沉积起一定的调节作用

在这类被动陆缘三角洲中，快速、厚层的沉积聚集，导致了生长断层、泥底辟、沉积滑塌以及三角洲沿超压拆离面大规模向海移动等不同形式的重力失稳运动。西非尼日尔三角洲就是一个典型的重力失稳实例（Damuth，1994）。在紧邻的深水区，重力流沉积受到复杂的海底变形控制（Armentrout 等，2000），包括大型滑塌上的背驼式盆地以及趾状逆冲轴部的洼陷。尼日尔三角洲中新统及以上地层发生褶皱形成向斜，并被复杂构造带隔开。水道和朵体结构单元，在尼日尔三角洲向海一侧的陆坡盆地中普遍发育（图 7.20，图 7.21）。

密西西比和亚马逊扇同样位于由主要河流供给的被动陆缘。它们都开展了科学钻探研究（DSDP 96 航次 和 ODP 155 航次）。亚马逊扇的沉积相和发育历史详见 7.2.3、7.4.1 和 7.4.4 节。

9.4.2　含盐的被动陆缘

盐底辟构造在许多被动大陆边缘的陆坡和陆隆区沉积中普遍发育，如以色列北部（Almagor 和 Garfunkel，1979；Almagor 和 Wiseman，1982；Garfunkel，1984；Garfunkel 和 Almagor，1985），墨西哥湾北部（Bouma 等，1978；Humphris，1978；Berryhill，1981；Bouma，1983），北卡罗来纳盐构造平行陆坡底部发育，延伸 300km（Cashman 和 Popenoe，1985），安哥拉（Anderson 等，2000；Babonneau 等，2002；Fraser 等，2005；Gee 等，2007）和巴西（Adam 等，2012）。底辟和盐岩侧向流动可能通过以下方式改变深水区的沉积分布样式：

（1）使峡谷改道；（2）形成陆坡盆地，使沉积物滞留其中（Satterfield 和 Behrens，1990；Badalini 等，2000；Beaubouef 和 Friedmann，2000；Liu 和 Bryant，2000；Adam 等，2012）；（3）通过块体搬运导致陆坡失稳；（4）提供局部物源；（5）形成易滑塌层（由地震或其他过程触发块体搬运沉积），如以色列大陆边缘的米辛尼亚期（Messinian）盐岩。

墨西哥湾西部海底地形非常不规则，开展了很多盐构造相关的研究（图 9.9）。重力流通过连接微型盆地的狭长槽状"水道"，在复杂的地形中流动。这些槽状的水道既不沉积也不侵蚀，只是穿过复杂地形区的简单通道，由底层盐岩的移动形成。这种沉积模式称为"充填—溢出模式"，重力流首先在上陆坡的微型盆地 1 中形成席状的限制性朵体沉积，然后形成天然堤—水道单元，使随后的重力流沉积通过微型盆地 1 进入微型盆地 2 中沉积（4.6.2 节；图 4.29）。因此，每个微型盆地内都充填了强振幅反射的砂体，上覆水道—天然堤沉积。在墨西哥湾西北部的许多微型盆地中，强振幅反射沉积被块体搬运沉积（MTCs）和碎屑流沉积覆盖（图 9.10）。块体搬运沉积的出现往往和陆架边缘新路径的发育相一致（可能源于陆架沉积和三角洲滑塌）。Beaubouef 和 Friedmann（2000）认为块体搬运沉积在海平面低位早期形成（图 9.11）。可是，最近 10 万年时间内发育的块体搬运沉积，要比低位域时期发育的数量多得多，因此，我们认为在高沉积速率地区，充填—溢出旋回具有重要的自旋回控制作用，与陆架不稳定性相关。Booth 等（2000）和 Prather 等

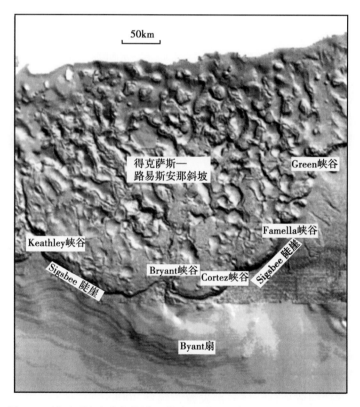

图 9.9 墨西哥湾中北部深水区海底地形图（据 Liu 和 Bryant，2000）

模拟的照明方位为 45°。26° N 以南的多波束数据有限，插值形成的海底地形过于平滑

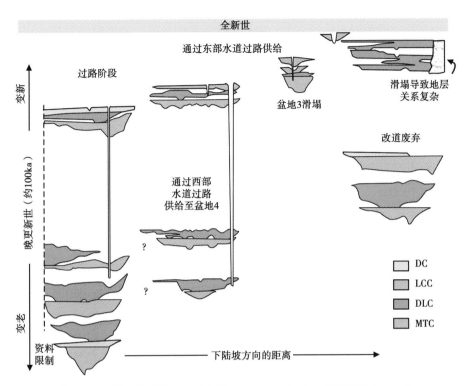

图 9.10　墨西哥湾西北部（水深 400~1500m）4 个相连陆坡内盆地的
地层层序模式图（据 Beaubouef 和 Friedmann，2000）

MTC—块体搬运沉积；DLC—分支水道—朵体复合体；LCC—天然堤—水道复合体；DC—半深海披覆沉积

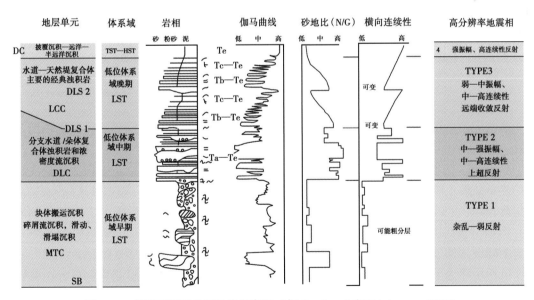

图 9.11　墨西哥湾西北部盐岩发育区（据 Beaubouef 和 Friedmann，2000）
微型盆地充填的层序地层、沉积相和地震属性特征总结

（2000，4.7.1节）在墨西哥湾西北部（图9.12）的上新统储层中识别出了充填—溢出旋回（他们称之为充填阶段和溢出阶段）。充填阶段发育席状沉积，溢出阶段发育水道砂体。这与 Beaubouef 和 Friedmann（2000）对旋回的描述方式非常相似。

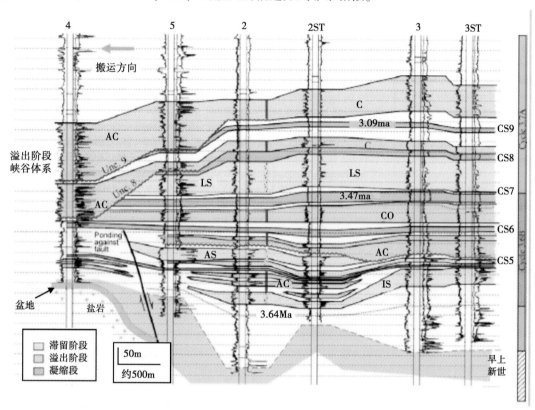

图 9.12 墨西哥湾马可尼（Marconi）油田地层结构图（据 Booth 等，2000）

CS6 之下层段包含众多充填—溢出沉积旋回。CS8 之上的浅层段以水道和 2 个大型溢出阶段沉积为主。右侧色标为海平面旋回。2 井右侧的黄线和红线分别指是充填和溢出阶段。AS—叠合席状砂，LS—层状席状砂，AC—叠置水道，C—孤立水道，CO—水道漫溢沉积，DB—碎屑流/块体流

法国阿尔卑斯西部的 Vocontian 盆地，是古老被动大陆边缘发育的受盐构造影响的盆地（Friès 和 Parize，2003）。他们的摘要中写道：

Vocontian 陆坡模式的关键要素是：（1）强调了低位域陆坡侵蚀以及受构造和盐底辟控制的复杂陆坡地貌；（2）受侵蚀和构造控制的限制性陆坡水道沉积，而非陆坡扇/水道—天然堤复合体；（3）大量泥质滑动/滑塌沉积和碎屑流沉积为主，砂质重力流沉积（如浊积岩）为辅，包括块状砂岩沉积；（4）砂岩侵入体（岩床和岩脉）常伴随块状砂岩；（5）流体向下陆坡延伸最小。

沉积层序由主要的侵蚀面来确定。砂体主要来源于附近陆坡，因此分选良好，并聚集在陆坡冲沟中沉积，而非搬运至更远的深海盆地；这种短距离的搬运归因于较低的流体效率（7.2.1节）。

9.4.3　西北非被动陆缘的陆坡裙

本章基于 Wynn 等（2000）的综述性文献。西北非被动陆缘的陆地方向比较贫瘠，碎屑供给比较有限，沉积物以细粒和半深海沉积为主。部分沉积受底流（水深超过 3km）作用发生再次搬运和沉积。但是将沉积物搬运至陆坡和深海平原的主要过程是重力流，以碎屑流和浊流为主（图 9.13）。西撒哈拉陆架为阿德拉（Maderia）深海平原提供补给，并形成了许多巨型浊积岩沉积（Weaver 和 Kuijpers，1983；Weaver 等，1986；Weaver 和 Rothwell，1987；Jones 等，1992；Masson，1994）。Weaver 等（1992）认为巨型浊积岩的发育，主要是冰期—间冰期或间冰期—冰期转换期间发生的大型陆坡滑塌所致（也就是相对海平面上升和下降时期）。该陆架边缘也是壮观的撒哈拉碎屑流（Saharan Debris Flow）（图 1.59）的物源区，其表

图 9.13　西北非被动陆缘区的地貌特征和深水沉积分布图（据 Wynn 等，2000）

面的"木纹"纹理表明是黏性流体。

Wynn 等（2000）认为，西北非陆架边缘是一个发育细粒陆坡裙沉积的很好实例。它很少发育点源的重力流沉积（如海底扇），而是以过路和重力失稳沉积为主。陆架和上陆坡的低沉积速率，阻碍了自旋回过程将沉积物搬运至深水区；相反，类似基准面（海平面）变化的长期控制因素，对此具有重要的控制作用（Weaver 等，1992）。

9.4.4 受底流影响的被动陆缘

第 6 章介绍了现代大西洋陆架边缘的漂积物特征（6.2 章节，图 6.1，表 6.1）。这类陆架边缘的特征是，在水深超过 2500 米的位置，发育单个漂积物、成对漂积物或者简单簸选海底。沉积物沿陆架边缘搬运（Hacquebard 等，1981；Hill，1984a），在流速降低位置发生沉积。

大陆的裂解和洋盆的发育，导致了陆地和海洋分布的变化，这与洋流循环模式和全球水质量平衡的变化相关，这也可能和深海沉积相的重要变化相关。深海温盐环流可能使被动陆缘沉积再次活动，形成等深流漂积物和其他不同规模的底形。这种现象在新近纪—全新世期间的多个地方得到了证实：挪威格陵兰海（DSDP 38 航次；Talwani 和 Udintsey 等，1976），南非西部的大西洋大陆架边缘（DSDP 75 航次；Hay 和 Sibuet 等，1984），美国东部海岸（DSDP 93 航次；van Hinte 和 Wise 等，1985a，b；DSDP 95 航次，Poag 和 Watts 等，1987）和地中海的卡迪兹湾（Faugères 等，1984；Gonthier 等，1984）。

特别强的底流作用可能形成深海和半深海不整合，在现代海底的某些位置广泛发育（Emery 和 Uchupi，1984；von Rad 和 Exon，1983）。这些不整合界定了沉积层序，逻辑上可以称为层序边界，但是它们在成因和时间上与相邻陆架区的层序界面没有关系。温盐环流在间冰期更强（Fagel 等，1996—2001），因此深海不整合面可能和浅海区的低位不整合面不同步。

在新泽西大陆坡之下，有许多明显的不同流体形成的不整合面，可分为两组（Poag 和Watts，1987）：一组和"全球"侵蚀事件一致（Vail 等，1977b；Haq 等，1987），盆地和盆地之间可进行对比；另一组范围更局限，限制在单个盆地和陆坡。非沉积周期的时间变化很大，如上始新统和上渐新统之间有 11Ma 年的沉积间断（COST B-3 及其他井可见），而下中新统和中中新统之间有 5Ma 年的沉积间断。许多不整合面还记录了水深的变化，如上渐新统和中中新统之间 9Ma 年的沉积间断，在 COST B-3 井中从下到上表现为深海—半深海的变化，而 COST B-2 井中同样的沉积间断，表现为外沿岸带—内沿岸带的变化，总体是一个向上变浅的序列。

南大西洋德雷克海峡（Drake Passage）在晚渐新世—早中新世（25—30Ma）开启（也有人认为从中始新世—早中新世，Ghiglione 等，2008），形成了一个深海环流，阻碍了暖流流向南极洲，加剧了全球变冷。新近纪主要浮游生物的灭绝与全球变冷相关（Keller 和 Barron，1983）。南极洲现今的环流体系在 13.5—12.5 Ma 期间确立。

尽管现今温盐环流始于两极地区密度较高水体的下沉，但是一些古老的底流，可能是由特提斯洋（Hay，1983b）等限制性低纬度海道中温暖、密度大的盐水的下沉形成的。现代底流来源于极地地区，通过赤道进入另一半球。因此，在下陆坡和陆隆位置发育漂积物的被动陆缘，可能从冰川陆架（如拉布拉多海；Myers 和 Piper，1988）转变为热带碳酸盐岩台地（如 Bahamas）。

9.4.5　冰川作用的被动陆缘

靠近大陆冰盖的被动大陆边缘接受了大量的冰川侵蚀沉积。在陆架边缘附近，冰碛和粗粒冰水沉积滑塌形成大量杂乱的碎积岩。这种滑塌造成的流体也可能形成砂质重力流沉积。冰川下面的淡水携带了大量细粒的黏土和粉砂颗粒，形成了悬浮的表面流，并沿相邻陆坡流入海底，形成泥岩为主的厚层沉积。这些羽流沉积优先聚集形成下陆坡海脊，由于主要表面洋流的偏移，形成于淡水出口的一侧（Hesse 等，1999）。

现今的拉布拉多海（Labrador Sea）、巴芬湾（Baffin Bay）和斯堪的纳维亚（Scandina-vian）海域，有许多碎屑流沉积扇体的实例，它们位于深切陆架的冰川槽出口位置。Eidvin 等（1993）；Vorren 和 Laberg（1997）对斯堪的纳维亚陆架边缘的多个实例进行了研究。这些形成于冰期的叠置碎积岩（图 9.14），由最初沉积在陆架边缘的低位冰碛沉积滑塌形成（Aksu 和 Hiscott，1992；Hiscott 和 Aksu，1994，1996）。在这些地区，叠置的碎积岩、半深海泥岩、薄层浊积岩和冰筏层（也称海因里希层 Heinrich layers）交替发育（Heinrich，1988；Andrews 和 Tedesco，1992；Broecker 等，1992）。在纽芬兰陆坡东北部，奥芬海穹（Orphan Knoll）靠陆一侧（图 6.3），更新世的碎积岩和半深海沉积，在陆坡中下部形成了一套 750m 厚，且向海变薄的楔形沉积（Aksu 和 Hiscott，1992）。这些沉积物通过大浅滩（Grand Banks）北部的三一海槽（Trinity Trough）搬运（Hiscott 和 Aksu，1996）。

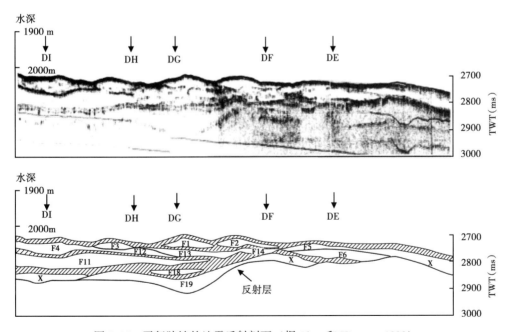

图 9.14　平行陆坡的地震反射剖面（据 Aksu 和 Hiscott，1992）
展示透镜状碎积岩（F1—F19 以及 X）和分层冰—水沉积（斜线阴影部分）的分布，位于纽芬兰陆坡东北部的三一海槽出口位置。地震剖面长约 40km。DE—DI 为联络测线位置

　　受大陆周围强烈底流作用的影响（对比 4.3 节），在南极洲附近发育了类似的海槽口扇体。Passchier 等（2003）根据 ODP 119 和 188 航次的结果（图 9.15 和 9.16），描述了南极洲普利兹湾（Prydz Bay）的冰川被动陆缘沉积。在大陆坡的 1167 站点（水深 1640m），沉积物由分选差的砾石层、含 2%~5% 碎屑的泥质砂岩以及分选差的泥质砂岩和砂岩组成。部分层段中，夹杂了粗粒的砂砾岩、含碎屑的砂质泥岩和含粉砂薄层泥岩。Passchier 等（2003）将这些沉积物解释为普利兹水道形成的碎屑流沉积，以及半深海和底流沉积的混合物。浊积岩很少发育。Passchier（2007）认为半深海组分结构的变化和冰筏碎屑的富集，控制了冰流终点的前进和后退；由北半球冰川作用导致的海平面大幅震荡，使南极洲冰川在全球海平面高位时（也就是北半球冰期）被抬起并与下部地层分离。

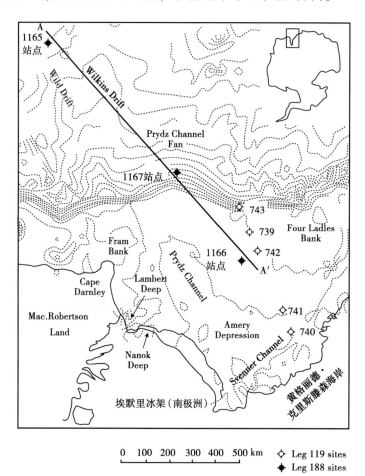

图 9.15　普利兹湾陆架边缘水深图以及 188（1165-1167 站点）和 119 航次
（739-742 站点）钻井位置图（据 Passchier 等，2003；Cooper 等，2001）
注意图中西北部的漂积物沉积，A—A′是图 9.16 的剖面位置

　　Hesse 等（1997，1999）对加拿大拉布拉多陆架边缘的冰川出口位置的更新世羽状沉积进行了描述。因为悬浮的融水羽流在进入海洋后，受强烈的古拉布拉多底流影响，发生向

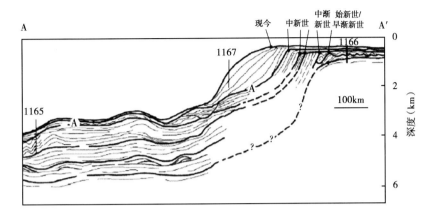

图 9.16 南极洲普利兹湾地震剖面线描图（据 Passchier 等，2003；Cooper 等，2001）

渐新世到现今的大量冰川碎屑沉积形成了大套厚层进积陆坡沉积。在陆坡位置（1167 站点），以发育受底流影响的碎屑流和半深海沉积为主，而在深海地区（1165 站点），受环南极洲底流作用的影响，发育等深流丘状沉积

南偏离，从而在融水出口南侧，形成了连续、弱振幅特征的高起伏海脊（图 9.17）。沉积物主要是粉砂岩、泥岩的互层沉积，受海面羽流速度的变化，形成了渐变的顶部和底部（图 9.18）。在更新世冰川出口的前部，粗粒浊积岩和碎屑岩更为发育，形成了相对低起伏的沉积，由于不同地层之间粒度的明显差异，形成了更明显的反射特征。由冰川边缘滑塌形成的重力流沉积（包括浊流沉积），穿过陆坡并进入 4000km 长的西北大西洋的洋中水道（NAMOC），详见 7.6 节。

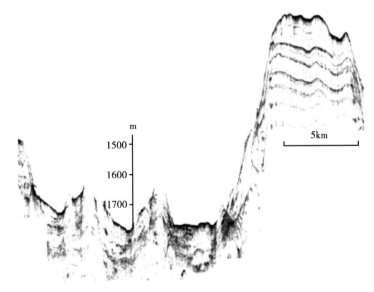

图 9.17 哈得逊海峡（Hudson Strait）拉布拉多上陆坡走向地震剖面（据 Hesse 和 Klaucke，1995）

展示了羽流沉积形成的高起伏海脊。因为颗粒较均一，所以地震反射特征较弱。

强反射主要反映了粗粒相沉积

图 9.18　H92-45-01 井（56°09′61″N，57°07′28″W，水深 1469 米）岩心的 X 射线照片（据 Hesse 等，1999），展示了表面羽流相特征。岩心宽度为 6cm。粉砂和富泥带交替沉积，边界不清晰

在哈得逊海峡劳伦太德冰盖的主要出口位置，Hesse 和 Khodabakhsh（2006）描述了由 3cm 粒序泥岩层叠加而成的 4m 厚的沉积地层，且具有分散的冰筏石。这些是冰川近端相的海因里希层（Heinrich layers）沉积，包含 40% 以上的碎屑碳酸盐岩，来源于加拿大北极地区古生代碳酸盐岩的冰川剥蚀，通过冰川作用漂流至拉布拉多陆架边缘。叠合粒序泥岩层的形成，归因于特殊的流体过程（lofting），这是一个由悬浮沉积和淡水（来自冰川融水）形成的沉积物重力流，随着沉积物的沉积，从负浮力（悬浮沉积下沉）转变为正浮力（残余悬浮沉积上升）的过程。细粒的悬浮残余沉积形成了水体中的内部流，泥级颗粒需要数月的时间才能沉降到海底，在此期间冰川筏砾岩发生沉积。因此，这个地区的被动陆缘，包含了一系列复杂的冰川作用影响的深海沉积，从近端的黏性流沉积、砂质重力流沉积（包括浊流沉积、羽流沉积），到远端的水道—天然堤复合体，并形成了世界上最长的弯曲深海水道之一。

9.4.6　碳酸盐岩台地和斜坡

在赤道附近（北纬 30° 到南纬 30° 之间），缺少大量碎屑供给的情况下，被动大陆边缘能够发育厚层的温水碳酸盐岩。新生代海洋中，造礁珊瑚（scleractinian corals）和钙质红藻（calcareous red algae）形成了台地边缘生物礁。在地质历史的其他时期，分别由不同的生物体形成（图 9.19）。寒武纪到早奥陶世、石炭纪到早三叠世和白垩纪大部分时期，存在例外的情况，缺少台地边缘的造礁生物。在热带外侧，硅质碎屑输入量少的位置，由于棘皮动物、底栖有孔虫和软体动物产生了足够的碳酸盐岩颗粒，发育了所谓的冷水碳酸盐岩。这些地区的陆架沉积呈颗粒状，陆架剖面与碎屑岩陆架相似，向海一侧不断加深（也就是没有台地边缘生物礁或滩），形成了所谓的碳酸盐岩斜坡。澳大利亚南部和新西兰周边记录了众多新生代—现今的实例（Nelson，1978；James 和 Bone，1991；Feary 和 James，1998）。

镶边碳酸盐岩台地（那些发育边缘生物礁的部位）周边的深水区是粗粒山麓堆积，碳酸盐岩碎屑和相关的细粒沉积的发育区。在中生代钙质浮游生物（有孔虫和球石藻）出现以前，深水区的钙质泥岩由风暴期间（1.2.1 节）来自台地的细粒物质组成（Schlager 和 James，1978）。碎积岩包含了台地衍生的巨砾和局部的灰岩斜坡碎屑（Hiscott 和 James，1985；图 9.20）。在 James 等（1989）和 Hiscott 和 James（1985）描述的寒武纪—奥陶纪实例中，最大最多的巨砾在台地边缘进积期间（相对海平面慢慢上升，图 9.21）最为发育，

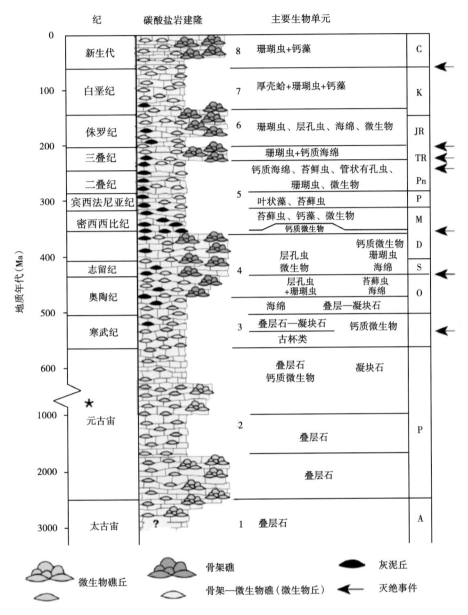

图 9.19 理想的生物礁发育地层柱状图（据 James 和 Wood，2010）

展示了仅发育微生物礁（skeletal-microbial reefs）的时期，微生物礁和生物骨架礁（skeletal reefs）
共同发育的时期，以及灰泥丘（mud mounds）发育时期。例如，从寒武纪到早奥陶世，密西西比亚纪
到早三叠世，不发育抗波浪的台地边缘生物礁，限制了陡峭的含砾碎屑被动陆缘的发育。数字代表
了不同生物礁和灰泥组合。箭头表示主要的灭绝事件；＊表示比例尺变化的位置

并伴随构造活动引起的垮塌事件。碳酸盐岩碎屑流表现出黏性流体的所有特征。他们具有
丘状的顶部，迅速减薄的边缘（图 9.22），来自顶部的超大碎屑，以及不同的碎屑沉积
（Hiscott 和 James，1985）。

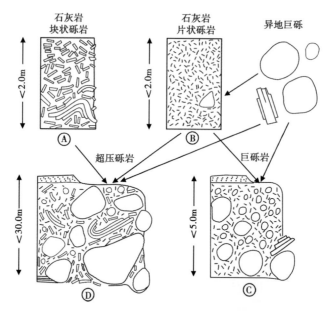

图 9.20　牛头群的（Cow Head Group）碎积岩相

（据 Hiscott 和 James，1985；James 和 Stevens，1986，修改）

由"板状砾石""碎片状砾石"和"外来巨石"组成。"板状砾石"指薄层斜坡灰岩砾石（cobble 到 boulder），
"碎片状砾石"指斜坡灰岩或者浅水石灰岩砾石（pebble 到 cobble），"外来巨石"指来自寒武—奥陶纪
台地边缘的滑塌块体。图 9.21 中的 10、12、14 号地层由 C 和 D 类碎屑岩组成

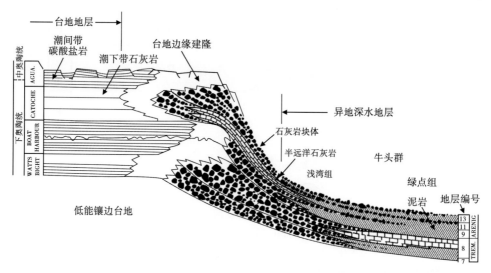

图 9.21　纽芬兰西部下奥陶统镶边碳酸盐岩台地和同期深水沉积解释剖面（据 James 等，1989）

图中部台地边缘仅保留外来巨石，因此水平尺度不能量化。左侧碳酸盐岩台地的厚度为 500m。10、12
和 14 等偶数富碎屑地层在图中没有标注，但在图中显示了大砾石充填（黑色充填形态）。大砾石在早
奥陶世阿雷尼格（Arenig）期随台地边缘进积和加积（即碳酸盐岩生产速率大于相对海平面上升速度）
发育。注意，牛头群是正式的地层单元

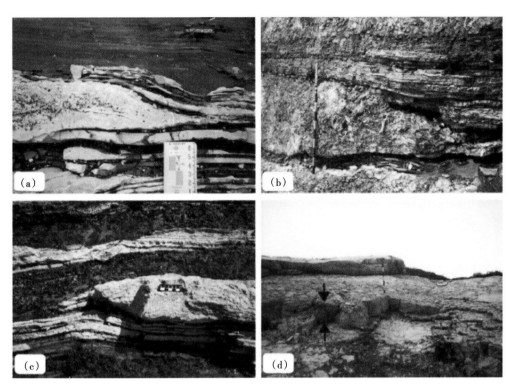

图 9.22　加拿大新纽芬兰西部牛头群碳酸盐岩碎屑沉积野外露头（据 Hiscott 和 James，1985）
（a）锥形沉积边缘，底部有几厘米的侵蚀，顶部呈丘状，笔记本长度 20cm；（b）条带状灰岩上超在锥形碎
积岩边缘。标尺刻度为 10cm；（c）底部没有侵蚀的锥形碎屑边缘，下伏薄层受到压实下凹，标尺刻度
为 2cm；（d）锥形碎屑边缘三维显示图，箭头所指为碎屑沉积的顶底界面，标尺刻度为 10cm

　　镶边碳酸盐岩台地周边的深水沉积只能对古老地层进行有效研究，主要有两个原因：
（1）全新世碎屑的粗粒结构和巨大的岩块导致了样品采集的困难；（2）陡峭的斜坡和巨大
的砾石沉积，限制了台地边缘的高分辨率地震成像。在古老地层中，沉积暴露良好，展示
了大量重力不稳定沉积的证据（如滑动擦痕和内部形变削截面，图 9.23）。牛头群中最大
滑动擦痕可达 7m。意大利北部皮埃蒙特（Piedmont）盆地记录了 15～25m 的滑动擦痕
（Clari 和 Ghibaudo，1979），而斯维尔德鲁普（Sverdrup）盆地古生代斜坡碳酸盐岩削截高
达 100～150m（Davies，1977）。

　　由于台地边缘陡峭的地形起伏，逆冲断层总是将深水台地边缘的碳酸盐岩沉积搬运至造
山带，并使得深水地层和相关的台地分离开来（James 和 Stevens，1986）。因此，很难找到一
个热带陆架边缘相到对应盆地相的连续野外露头，必须利用高分辨率地层关系进行重建。

　　冷水碳酸盐岩发育在热带范围之外，由于水温太低不适于生物礁发育。陆架沉积往往
呈颗粒状，并包含少量钙质泥岩（Nelson，1978）。陆架—盆地的剖面特征与硅质碎屑岩被
动陆缘相似，具有向海方向变深（100～200m）的陆架和陆架边缘。这些沉积形成了碳酸盐
岩斜坡沉积。表明从岸线向海逐渐加深。世界上最大的冷水碳酸盐岩体系之一，从陆上的
露头区向海延伸至澳大利亚南部海岸的深盆位置。ODP182 航次在水深 202～784m 海域的上

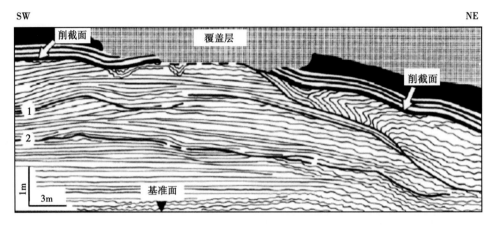

图 9.23　加拿大新纽芬兰西部牛头群 Green Point 的削截面
（解释为滑动擦痕）线描图（据 Coniglio，1986）

1 和 2 为同沉积断层的小位移。朝右的波浪线表示扰动层理。注意位于主要滑动刮擦
之下位移断块中的牵引褶皱，上覆细微扰动沉积

陆坡位置进行了钻探，并在水深 3875m 的站点评价了盆地沉积（图 9.24）。在这里，我们针对所钻遇的新近系，进行了被动陆缘沉积特征的刻画（图 9.25）。

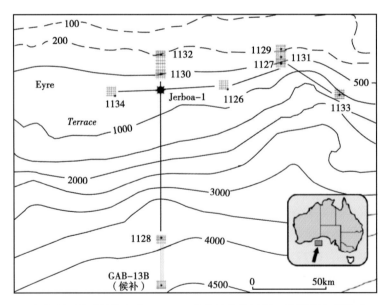

图 9.24　澳大利亚被动陆缘南部 ODP182 航次站点位置图（据科探船科学家，2000）

通过钻井恢复了沉积相。最远的 1128 站点由粉色到棕色且扰动的超微化石软泥组成，夹含薄层海绿石和浮游有孔虫的砂质和砾质重力流沉积。这是一个碎屑沉积和滑塌沉积的杂乱区（海底以下 54.4~70.0m）。1134 站点主要发育钙质超微化石，伴随不同数量的浮游有孔虫（海底以下 0~33m）、滑塌的钙质超微化石软泥和钙质超微化石有孔虫软泥，其中

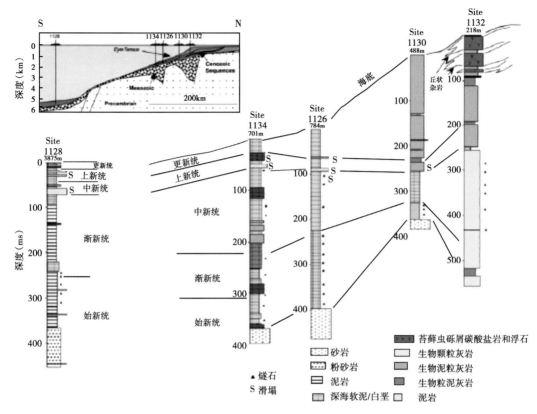

图 9.25　澳大利亚南部冷水碳酸盐岩边缘上陆坡到深海盆地的新近纪沉积相剖面图
（据科探船科学家，2000）

每个站点名称的下方标注了水深。插图展示了新生代进积楔内的五口钻井位置。注意中新统顶部—
上新统广泛发育滑塌沉积

还交互发育未固结的粒泥灰岩、泥粒灰岩、浮石和砾状灰岩（海底以下 33～66m），卵石大小的钙质超微化石软泥，解释为再沉积碎屑（海底以下 66～152m）。1126 站点同样以超微化石软泥为主（图 9.25）。1130 站点与 1127 站点相邻（图 9.24）。在 1127 站点，发育极细—细粒、强烈生物扰动、未固结—部分固结、绿灰色的粒泥灰岩到泥粒灰岩。海面以下 420～464.5m 的层段，有一滑塌面，发育大量碎屑沉积，软泥中包括苔藓虫和大型骨架碎片。苔藓虫碎屑来源于附近（图 9.26）。

　　澳大利亚南部被动陆缘深水区的冷水碳酸盐岩，远端主要以超微化石软泥为主，近端则以含生物碎片的粒泥灰岩和泥粒灰岩为主，夹杂碎屑沉积和滑动/滑塌面。低位域沉积相相对细粒，包含了大量的海绵骨针，海侵和高位域沉积相对粗粒，含大量高镁钙质生物碎屑（Betzler 等，2005）。高位体系域时期陆架碳酸盐岩产量高，同时风暴作用使沉积物搬离陆架或者陆架边缘的滑塌，导致高位体系域沉积厚度比低位体系域沉积要厚。斜坡之下恢复的结构旋回有几十米厚，解释为海平面升降的响应（Betzler 等，2005）。这些实际上是沿陆架的半深海沉积，被重力流沉积和滑塌/滑动沉积打断。

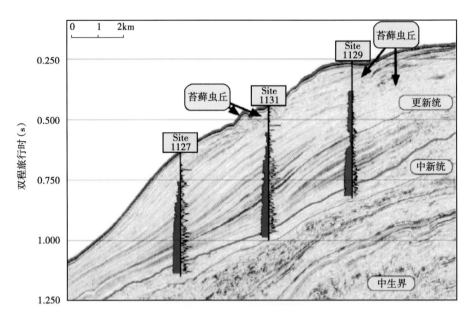

图 9.26 过 ODP 站点 1127、1129 和 1131 的上陆坡地震剖面（图 9.25）（据科探船科学家，2000）

前积沉积主要为极细—细粒，强烈生物扰动的粒泥灰岩—泥粒灰岩。1s 双程旅行时相当于 1500m 水深

9.5 夭折裂谷体系

深水沉积不仅发育在演化中和已经成型的被动大陆边缘，同时也在夭折裂谷体系（裂陷槽）中发育，夭折裂谷是指在洋壳形成之前，中止发育的裂谷。比如加拿大北部大奴湖（Great Slave Lake）的前寒武纪阿萨普思考裂陷槽（Athapuscow Aulacogen），就发育深水沉积，发生在陆壳拉张、裂谷快速沉降期间（Hoffman 等，1974）。贝努埃海槽（Benue Trough）位于西非大陆边缘，是一个白垩纪—新生代的裂陷槽，长达 1000km，宽约 100km。在其西部末端（尼日尔河流—三角洲体系之下），发育厚达 12km 的海底扇沉积（Weber，1971；Burke 等，1972；Petters 和 Ekweozor，1982；Maurin 等，1986；Ofurhie 等，2002；Odigi 和 Amajor，2008）。俄克拉何马州沃希托（Ouachita）山脉的下古生界深水沉积，也被解释为与伊阿佩托斯（Iapetus）洋发育相关的夭折裂谷的沉积充填；裂谷体系的分支包括了南俄克拉何马裂陷槽、Reelfoot 裂谷、伊利诺伊（Illinois）盆地早期、罗马（Rome）盆地和沃希托盆地（Lowe 1985）。沃希托盆地发育的重力流沉积厚度将近 12km（Lowe，1985）。

由于裂谷作用是一个持续的脉冲过程，一些曾经形成深海槽的裂谷盆地，如果最终的裂解发生在其他地方，可能会被孤立在大陆边缘或内部。这些不是裂陷槽，因为他们的轴线平行于大陆边缘，而不是横切（Wilson 和 Williams，1979）。北海就是一个很好的实例。北海是一个大型的夭折裂谷体系（Glennie，1986a，1986b；Brooks 和 Glennie，1987）。尤其是在晚侏罗世、早白垩世和古近纪期间，发育了广泛的深海碎屑岩沉积（Stow 等，1982；Bergslien 等，2005；Doré 和 Robbins，2005；Fitzsimmons 等，2005；Hempton 等，2005；Martinsen 等，2005；Oakman，2005）。北海的海底扇具有半径小（5～20 km）且富砂的特征

（图 9.27）。其沉积的几何形态受控于：（1）源区规模，（2）盆地和盆地边缘的地形和水深，（3）构造史以及由此产生的地形，地形控制了沉积物的搬运体系，（4）沉积物搬运速率（Martinsen 等，2005；图 9.28）。

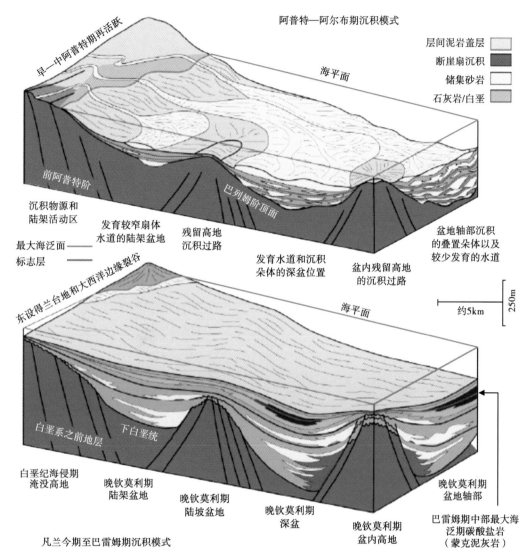

图 9.27　北海马里湾盆地（Moray Firth Basin）的深海沉积模式图（据 Oakman，2005）

顶部为阿普特期（Aptian）到阿尔布期（Albian）沉积；底部为凡兰今期（Valanginian）到
巴列姆期（Barremian）沉积。注意这些沉积体系的规模都很小

卢西塔尼亚（Lusitanian）盆地（图 9.5）提供了另一个夭折裂谷盆地的研究实例，该盆地目前暴露在葡萄牙西部，阿普特期大陆和纽芬兰大浅滩（Grand Banks）的最终裂解位于西边更远的地方。

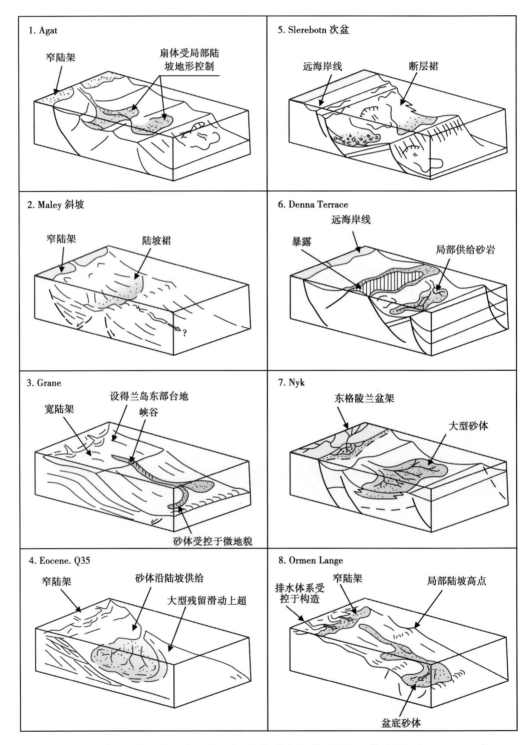

图9.28 北海、挪威海和东格陵兰盆地的8个不同深水沉积体系的沉积模式图（据Martinsen等，2005）
硅质碎屑深海沉积体系的轮廓，表明不同的形态受过程的控制，没有比例尺

9.6　古老被动陆缘沉积

造山带记录了许多古老被动陆缘沉积的研究。挪威北部芬马克地区在前寒武上部（Riphean-Vendian）的巴伦支海群和 Lökvikfjell 群发育一套厚达 14km 的被动陆缘沉积（Siedlecka 和 Siedlecki，1967；Johnson 等，1978；Pickering，1985；Siedlecka，1985）。这套被动陆缘沉积最老的露头包括了至少 3200m 的深海重力流沉积，以及 2500~3500m 的上陆坡和前三角洲（Pickering，1981b，1982a，1984b）、三角洲前缘、三角洲顶部（Pickering，1981b，1985；Drinkwater 等，1996）和相关的浅海相沉积（Siedlecka 和 Edwards，1980）。厚达 1500m 的浅海、潮间和潮上带碳酸盐岩和上覆 1500m 的河流相沉积，组成了巴伦支海组的上部层段（Siedlecka，1978，1985；Siedlecka 等，1989）；巴伦支海组上部又沉积了 5700m 的前寒武—始寒武统陆架、边缘海和陆相沉积（Levell 和 Roberts，1977；Johnson 等，1978；Levell，1980a，1980b），并形成了不整合或者局部角度不整合面。这套被动陆缘地层，以及它们在东部 Rybachi 和 Sredni 半岛（俄罗斯）的同期沉积（Siedlecka 等，1994；Drinkwater 等，1996），面向现今北北东方向的洋盆发育，随后通过 640—540Ma 期间的右旋剪切作用，与芬诺斯堪迪亚地盾（Fennoscandian Shield）并列（Kjøde 等，1978）。

阿普特期的 Vocontian 被动陆缘位于法国东南部大型逆冲带之下，随着大西洋在白垩纪的张裂，Vocontian 被动陆缘在伊比利亚（Iberian）板块旋转期间一直处于隆升状态（Friès 和 Parize，2003）。因为构造变形很小，所以这是古老被动陆缘沉积研究的一个很好的实例。加拿大西部的温德米尔组（Windermere）发育了一个更老的新元古代被动陆缘演化序列，其中包含许多叠置的砂质水道，其中一些表现出明显的侧向叠加层理（Schwarz 和 Arnott，2007）。温德米尔组浊积岩底部为 Kaza 组沉积（2~3km），由席状富砂沉积单元和位于盆底—陆坡底的泥岩单元组成（Ross 等，1995；Meyer，2004）。Kaza 组上覆以泥岩为主的 Isaac 组，厚度超过 2.5km，主要由薄层浊积岩和透镜状厚层（厚达 100m）砂岩—砾岩组成。除此之外，普遍发育碎积岩和滑动/滑塌复合体，部分厚达 100m。

在板块会聚和造山晚期，许多被动陆缘发生分解。深水沉积作为外来体通过构造作用发生搬运，沉积在同期和前期连续的陆架地层顶部。例如，在纽芬兰西部，寒武—奥陶系碳酸盐岩斜坡群沉积（牛头群），沉积在同期的潮间带—浅水白云岩和灰岩顶部（James 和 Stevens，1986）。在奥陶纪逆冲期间，陆架边缘相的藻类粘结灰岩完全消失，且仅在牛头群碎屑沉积的大卵石中可见（James，1981）。现代海洋盆地的洋壳和过渡壳中发育大型远洋海底扇，如果没有发生严重的变形和分解，就不会形成造山带和汇聚带。由于它们的规模太大，其组成部分难以通过露头识别。一旦发生刺穿变形和严重变质，就不太可能对海底扇体系的主要沉积环境、规模或几何形态做出合理的推论。

9.7　小结

被动大陆边缘由陆内裂谷发育而来。一旦开始拉张，就会形成相应地形，并提供（1）隆起的碎屑岩物源和（2）沉积重力流的凹陷，这些凹陷可能形成湖或海的分支。尽管成熟的被动陆缘通常由紧邻深海平原的宽阔单斜坡组成，但是许多裂谷和早期的被动陆缘由断块旋转或盐底辟形成的海脊—海槽等地形组成。重力流沉积的粗粒沉积受阻滞留在小型陆坡盆地，直到陆坡盆地被侵蚀破坏或者充填至溢出点。许多被动陆缘的大型沉积滑塌十分普遍，特别是在大型三角洲外侧、冰川槽位置或者海平面升降导致的陆坡不稳定区带。

砂质重力流沉积的特征取决于：物源的沉积类型（如分选较差的三角洲供给和分选较好的海岸沉积供给）、自旋回过程（如三角洲迁移）和异旋回过程（如重大的海平面下降，冰期—间冰期的周期性变化）。在随后的板块会聚和造山期间，被动陆缘层序通常被破坏，很难对它们进行露头解释。相比之下，埋藏在成熟陆缘（如巴西海域）或夭折裂谷（如北海）中的沉积，则可利用岩心和三维地震数据（振幅和其他平面图）开展详细的研究。

第 10 章　俯冲边缘盆地

（a）薄层火山碎屑粉砂岩和砂岩（岩相 B2.1 和 D2.3），发育正粒序、平行层理和负载构造（岩心位置：322-C0012A-43R-5，30~56cm）。（b）扭曲和扰动的火山碎屑砂岩（岩相 F2.2），位于 50cm 长岩心中部（岩心位置：322-C0012A-45R-1，71~106cm），可见褶皱，地层减薄和砂岩侵入等现象。位于日本海域四国海盆（shikoku Basin）南凯海槽南部约 10km 的 Kashinosaki Knoll（IODP 322 航次，俯冲站点）。

（a）　　　　　　　　　（b）

10.1　概述

本章基于深海沉积模式对弧前、弧后和边缘盆地进行了对比研究，筛选了一些现代的实例来说明与主动大陆边缘相关的盆地之间的复杂时空关系。Burk 和 Drake（1974）、Talwani 和 Pitman（1977），Watkins 等（1979）、Leggett（1982）、Kokelaar 和 Howells（1984）、Nasu 等（1985）、Allen 和 Homewood（1986）、Coward 和 Ries（1986）、Moore（1986）、Busby 和 Ingersoll（1995）、Bebout 等（1996）、Dixon 和 Moore（2007）、Draut 等（2008）、Brown 和 Ryan（2011）、Frisch 等（2011）对这类主动边缘盆地进行了广泛的论述。Macdonald（1991）对主动边缘盆地的海平面变化进行了系统综述。Tarney 等（1991）刻画了俯冲带流体影响和特征。Taylor 和 Natland（1995）针对 ODP 计划位于西太平洋海槽—弧—弧后体系的相关站点，进行了多学科的综合研究。该卷包含了多位作者的 17 篇文章，为主动边缘和边缘盆地中的火山岩、流体、构造和沉积过程，提供了非常有价值的参考。Bebout 等（1996）从多学科的角度对会聚边缘进行了研究。本书对不同俯冲带动力学的关键影响参数进行了调研，深浅层地震的应用记录了俯冲带的构造演化和力学机制，以及俯冲期间物质和能量通量自上而下的考虑。Eiler（2004）利用数据库和数值模拟，研究了"俯冲工厂"的最新进展。本书很好总结了会聚边缘的地球物理、地球化学和岩浆作用。特别是对美国中部的 Izu-Bonin-Mariana 主动会聚边缘和阿留申群岛的弧相关边缘的大量研究进行了回顾。该书的观点主要聚焦在地球内部水体的作用以及岛弧岩浆作用的驱动力和位置的理解。

最近出版的书籍主要集中在发育变形和隆升深海沉积岩的特定造山带的研究，包括 Uralides 造山带（Brown 等，2002），日本的 Shimanto 造山带（Taira，1988），阿拉斯加造山带（Freymueller 等，2008），太平洋的 Rim Kamchatka 地区（Eichelberger 等，2007），喜马拉雅山脉（Treloar 和 Searle，1995）和主动边缘以及太平洋西部的边缘盆地（Taylor 和 Natland，1995）。

深海钻探项目（DSDP）、大洋钻探计划（ODP）、综合大洋钻探计划以及最近的国际大洋勘探计划（IODP），是现代主动边缘研究的主要数据来源。自 1989 年的书（Pickering 等，1989）出版以来，过去的 25 年证实许多 ODP 和 IODP 航次都钻遇了主动会聚边缘，特别是一些增生楔。在这些计划中，已经被钻探的主动边缘包括：卡斯卡底古陆边缘（ODP 146 航次、204 航次），哥斯达黎加边缘（ODP 170 航次、205 航次），巴巴多斯增生楔（ODP 110 航次、156 航次、171A 航次），Izu-Mariana 边缘（ODP 126 航次，185 航次）以及南凯增生楔（ODP 131 航次、190 航次、196 航次，IODP NanTroSEIZE 探险 314、315、316、319、322、333、338 和 348 航次）。为了研究大型俯冲带的断层机制和地震成因，搞清在活动板块边缘体系中的断层活动、应力聚集、断层和围岩组成、断层结构等，日本设计了南凯海槽发震带实验（NanTroSEIZE）。为了实现这些目标，他们在 338 和 348 航次考察期间，对位于熊野（Kumano）弧前盆地的 IODP C0002 站点实施了加深钻探（Moore 等，2009a；Tobi 等，2009；Moore 等，2013a—2014；348 航次考察科学家及参与者，2014）。

逆冲带的构造和沉积以及岩浆弧活动，控制了板块会聚带的形成。在板块长期呈正交或者斜交聚集的位置，有大量的陆源沉积物供给，随后发育宽数百千米的增生叠瓦构造带。小安的列斯群岛（Lesser Antilles）和马克兰（Makran）增生楔就是很好的实例。主动会聚边缘包括：（1）伴随岛弧火山活跃但洋壳削减的俯冲—增生；（2）板块底部作用下的陆—陆（弧）碰撞，通常与前陆盆地逆冲体系相关，在俯冲和岛弧火山均不出现的位置。下文中涉及现代的帝汶海槽（Timor Trough）和台湾前陆盆地就是很好的实例（第 11.2 节）。

会聚边缘发育了很多盆地，这些盆地不是典型的弧前盆地、弧后盆地、边缘盆地或者前陆盆地。比如说，随着土耳其和非洲板块之间洋壳的消失，典型的俯冲过程已经在 5Ma

的时候中止，但是具有盆地—平原席状沉积特征的东地中海深海盆地，其构造仍然活跃。在非洲板块沿塞浦路斯弧有限的逆冲作用下，板块会聚持续进行，但沿非洲北部和阿拉伯板块的希罗多德深海平原，形成了向东延伸约 300km 的区域变形带（Woodside，1977）。同样，在希罗多德盆地中，盐构造作用控制了盐柱和构造的形成，斜交地中海海脊和尼罗河锥边缘的南北向展布的盐底辟，表明了基底的控制作用，并可能使北非结晶质基底南北向构造持续发育（Woodside，1977）。因此，虽然出现了水平的盆底平原或者深海平原沉积，但复杂的挤压构造和盐构造控制了地层发育。

图 10.1　太平洋西部弧后盆地分布图（据 Martinez 等，2007）

绝大多数弧后盆地都分布于太平洋西部边缘。HT—哈佛海槽（Havre Trough），JS—日本海（Japan Sea），KB—库里尔盆地（Kurile Basin），LB—劳海盆（Lau Basin），MB—马努斯海盆（Manus Basin），MT—马里亚纳海槽（Mariana Trough），NFB—北斐济海盆（North Fiji Basin），PVB—帕里西维拉海盆（Parece Vela Basin），SB—四国海盆（Shikoku Basin），SFB—南斐济海盆（South Fiji Basin），OT—冲绳海槽（Okinawa Trough）

日本岛弧体系发育多种主动会聚板块边缘的样式，包括弧—弧碰撞及其相关的弧后/边缘盆地，是世界上研究最多的实例（图 10.1）。正因如此，本章中用来说明构造和沉积过程的很多实例都来自这个区域。

全球 90%的地震能量通过俯冲带释放，俯冲过程中形成破坏性的地震和海啸，可能对人口稠密的沿海地区带来灾难性的后果（Lay 等，2005）。了解控制板块边界断层滑动性质和分布的过程，对于评估地震和海啸灾害至关重要。

NanTroSEIZE 是一个多阶段的项目。该项目主要专注于理解沿板块边界断层的地震触发机制和破裂传播机制（Saito 等，2009），这些构造过程对于理解发育在活动板块边缘深海沉积的沉积物性质和地层特征都十分重要。近年来，该科学项目主要由 IODP 实施，在日本纪伊半岛海域的多个站点，协助进行板块边界体系的取样和测量。项目的主要目标是提高对南凯增生楔大型逆冲体系的抗震—地震转换，地震和海啸形成机制，板块边界和俯冲边缘的水文情况的认识（Tobin 和 Kinoshita，2006a，b）。该项目涉及了立管和无立管钻井，长期观测站及其相关的地球物理、实验室和数值模拟工作的组合。

NanTroSEIZE 项目的目标旨在测试以下假设（Tobin 和 Kinoshita，2006a，b；Saito 等 2009）：（1）物质和状态的逐渐变化控制了俯冲带地震活动的触发；（2）俯冲产生的巨型逆冲是不稳定断层（即它们能在相对低应力状态下滑动）；（3）板块移动首先适应集中区内的地震摩擦滑动；（4）板块边界体系的地球物理属性在地震周期中随时间变化（Kimura 等，2011，Strasser 等，2011）；（5）横向扩展的断层体系在离散事件中滑动，这些事件包括大地震期间的海啸导致的滑动；（6）断层在非地震期间保持稳定，并积累应变。为了验证这些假设，必须知道俯冲带内沉积物和玄武岩的初始情况，从变形前缘的"参考位置"开始（如 IODP 322 航次；Underwood 等，2009）。虽然这些假设基本上不在本书阐述范围内，但它们涉及对沉积物的物理性质（与沉积过程有关）和深水地层学的理解。其中部分内容将在本章后续部分进行讨论。

10.2 现代俯冲区

10.2.1 弧前

当板块向俯冲带会聚时，海沟与火山岛弧之间就会形成一系列深海沉积盆地。深海弧前盆地可能是相对较小的增生楔斜坡盆地，也可能是大型的弧前盆地，如位于小安的列斯群岛弧前的巴巴多斯盆地和多巴哥盆地，盆地规模大于 100km，沉积厚度分别超过 2000m 和 4000m。Dickinson 和 Seely（1979）定义了以下盆地，且所有盆地通常都发育厚层的深海沉积：（1）位于岛弧地块内盆地；（2）残余盆地，位于岛弧地块和初始俯冲之间的洋壳或过渡壳之上；（3）增生楔盆地，位于俯冲—增生复合体之上的增生单元；（4）同时位于岛弧地块和增生俯冲复合体之上的盆地。可能还发育一些中间类型的盆地。Dickinson 和 Seely（1979）建立了这些盆地的一系列模式，用于弧前盆地的演化研究（图 10.2）。

具有隆突和凹角的不规则板块边界，对弧前盆地的发育类型具有重要的控制作用（如 Thomas，1977；Seely，1979；Hiscott 等，1986）。然而，弧前沉积物的体积和增生楔的规

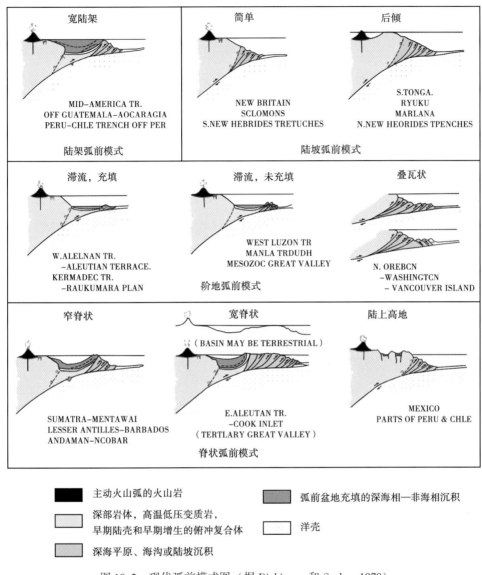

图 10.2 现代弧前模式图（据 Dickinson 和 Seely，1979）

尽管图中的岛弧出露在海平面之上，但事实上这些岛弧可能位于海平面之下

模，很大程度上受到弧前区域河流的输入量以及俯冲—增生过程持续时间的影响。

通过前缘增生（frontal accretion）和底侵作用（underplating）提出了弧前盆地的理论模型，考虑了增生楔内部形变来解释会聚—拉张楔（如，部分中美海沟边缘）和会聚—挤压楔（如部分南凯海槽增生楔）的差异。比如，Platt（1986）提出的"临界楔形体模型"认为，如果增生楔由于拉长（前缘增生）而失去平衡，它们将通过内部褶皱和逆冲逐渐趋于平衡。反之，挤压型增生楔会通过正断层的拉伸趋于平衡。在后面的实例中，浅层的伸展正断层在本质上控制了增生楔上覆未变形的厚层沉积。随着趾状逆冲带沉积物的增加或者受底侵作用影响，增生楔也可能不断增长。底侵作用通常用来描述主动会聚边缘逆冲体系之下两种不同尺度的增生楔：（1）来自陆地或不规则地壳的增厚，包括沿着基底逆冲形成的岛弧；（2）大洋板块俯冲刮擦并粘附在深层增生楔之上导致的增厚。

以下章节中，我们考虑了弧前体系主要单元的构造和沉积特征，包括海沟（和海沟地层的保存潜力）、增生楔顶部（斜坡）盆地和大型弧前盆地。展示了一个弧前盆地的理想沉积模型。其中一部分涉及弧前盆地的软沉积侵入构造。另一部分涉及弧后/边缘盆地。所举实例同时考虑了现代和古老的会聚边缘。

图 10.3 描述了主动会聚边缘的多种沉积搬运过程，也展示了凝灰岩或火山碎屑岩沉积过程（Schindlebeck 等，2013）。基本上可划分为四个主要过程：（1）主要的火山碎屑流入大海，然后以重力流的形式通过海底峡谷和水道搬运至盆地平原；（2）火山碎屑流入大海后，触发水下滑塌和碎屑流，继续以重力流的形式搬运；（3）与此同时，由于灾难性的陆坡失稳过程，导致火山喷发后的再沉积；（4）出露或淹没喷发柱的坍塌，引发重力流。对于（2）和（3）过程，可能会有大量的沉积物与先前的沉积发生混合，对于（1）和（4）过程，沉积物以火山碎屑为主。

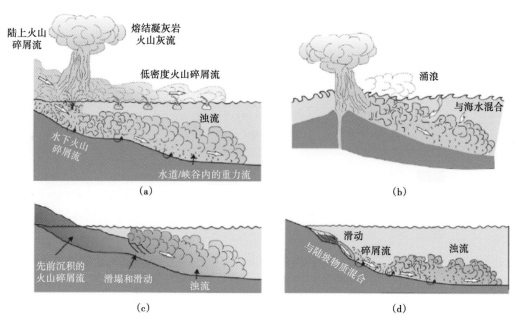

图 10.3　IODP 322 航次 C0011 站点展示的水下凝灰质砂岩的沉积过程
（据 Schindlbeck 等，2013；Saito 等，2010）

（a）和（b）是火山主动喷发形成的火山碎屑为主的沉积，正如 IODP 322 航次 C0011 站点观察到的水下凝灰质砂岩。（c）和（d）是火山喷发之后的再沉积，很可能包含不同火山碎屑的混合物。（a）主要火山碎屑流进入海洋，并在海底峡谷和水道中以重力流（如浊流）的形式搬运至深海平原；（b）出露或淹没喷发柱的坍塌产生的重力流沉积；（c）火山碎屑流入大海后，触发水下滑塌和碎屑流；（d）灾难性的陆坡失稳导致的重力流（如浊流）沉积

10.2.2　海沟沉积

利用中美海沟模型，Underwood 和 Bachman（1982）率先描述了海沟环境的沉积相和不同的沉积样式（图 10.4）。深海海沟沉积可能源于三种独立的物源：（1）俯冲期间由于板块活动导致大洋板块沉积物搬运至海沟；（2）弧前地区的侧向沉积物供给；（3）远处沉积物沿海沟的轴部搬运。俯冲大洋板块的挠曲和相关拉张断裂将形成低角度不整合，并在大洋板块沉积和年轻地层之间发育上超。

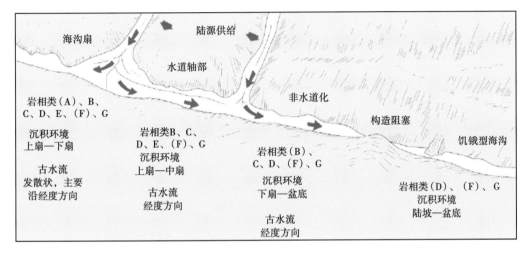

图 10.4　重力流沉积相和海沟底部的古水流模式（据 Underwood 和 Bachman，1982，修改）
向新生的火山弧方向搬运。红色箭头表示重力流路径。圆括号内的重力流沉积相对较少。
同时还展示了海底扇的相关沉积（Mutti 和 Ricci Lucchi，1972）

大洋玄武质基底之上多为薄层的远洋、半远洋和细粒浊积岩沉积（岩相类 D、E 和 G），并与岩相群 G3 化学沉积相关，如燧石和含锰沉积，之前称之为"远洋板块（Pelagic plate）"（Schweller 和 Kulm，1978；Lash，1985）。这些细粒沉积经过了漫长的地质时期，通常以 2~5mm/ka 的低沉积速率在太平洋板块和科科斯板块之沉积上，位于碳酸盐岩补偿深度（CCD）之下（Schweller 和 Kulm，1978）。与此相反，印度洋板块被巨厚的孟加拉扇沉积覆盖，这些沉积物被搬运至爪哇海沟（Java Trench）。印度洋板块的北部被数千米厚的陆源重力流沉积覆盖（Curray 和 Moore，1974；Curray 等，1979；Karig 等，1979；Moore 等，1982）。对应的，在小安的列斯海沟局部发育了至少数百米厚的碎屑岩地层，这套地层由南美大陆边缘供给，向南搬运至西向俯冲的大西洋板块（Westbrook，1982；Biju-Duval 等，1984；Brown & Westbrook，1987；Moore，Mascle 等，1987；Mascle，Moore 等，1988）。在太平洋板块的东北部粗粒碎屑沉积，包括海底扇沉积，覆盖了太平洋板块和胡安德富卡板块（Juan de Fuca Plate）的大部分，并分别俯冲至阿留申群岛和卡斯卡迪亚增生楔之下（Moore 等，1983；Stevenson 等，1983；Harbert，1987；Geist 等，1988；Carlson 等，2006；Jaeger 等，2011；Reece 等，2011）。对这种俯冲大洋板块之上的厚层海相碎屑地层，我们更趋于称之为"大洋板块沉积（oceanic plate sediments）"，而非"远洋板块沉积（pelagic plate sediments）"，因为在很多情况下，沉积物主要为陆源浊积岩沉积，而非深海沉积。

来自弧前的侧向沉积物输入可能在海沟底部形成特征鲜明的沉积：（1）由于滑动（岩相群 F2）和碎屑流（岩相群 A1）沉积，形成了块状海底，这些沉积可能来自下陆坡和海沟斜坡，或者来自更远处的物源区，如上陆坡、弧前脊或浅海陆架；（2）由海底峡谷、水道和冲沟搬运的相对粗粒的沉积（岩相类 A、B 和 C）则从水下峡谷，形成了具有水道—天然堤—漫溢体系或席状体系的海沟扇；（3）表面光滑、相对细粒的沉积（岩相类 D、E 和 G），例如通过陆坡水道供给的浊流沉积以及雾状层沉积（见 6.2 章节）。这些后期的细粒沉积充填或覆盖不平整的地形，形成席状体系，上超在陆坡上。

大型海底峡谷可以直接将粗粒陆源物质搬运至海沟沉积，如 Underwood 和 Bachman（1982）（图 7.15 和图 10.4）描述的中美海沟就是这样一个实例。文章还指出，沿中美海沟斜坡的构造脊使较小的峡谷堵塞或转向，导致粗粒物质被困在上陆坡沉积。在中阿留申海沟，峡谷不太发育，海沟中全新世火山碎屑砂岩岩心表明，不受限、非水道化的浊流有足够大的速度爬升至海沟坡折，并通过下海槽斜坡，将沉积物搬运到海沟内沉积（Underwood，1986）。因此，尽管峡谷为粗粒沉积物提供了有效的搬运通道，但是不受限的流体仍然可以通过弧前位置。

陆—陆、弧—陆和弧—弧碰撞，都会导致海沟接受对面边缘不同比例的碎屑/火山碎屑的沉积。海底火山翼部也将形成碎屑裙沉积（340 航次科学家，2012；Le Friant 等，2015；Trofimovs 等，2013；图 10.3）。这类侧向供给的沉积物，随后可能沿海沟轴向搬运。

图 10.5 总结了本书中识别的 8 种主要的海沟充填类型以及各自典型的沉积相分类。虽然这 8 种类型不是相互独立的，但有助于突出海沟充填的范围。事实上，所有这 8 种类型可能沿海沟轴向的不同部位发育：（1）饥饿型海沟；（2）席状体系；（3）海沟扇；（4）源于弧前的杂乱侧向充填；（5）轴向海沟水道；（6）海山阻塞；（7）俯冲大洋板块的厚层碎屑体系；（8）源于深海前陆盆地的大陆或岛弧边缘的碎屑和火山碎屑的侧向供给（图 10.5）。

虽然沿海沟轴向搬运最普遍的岩相类是 A，B，C，D 和 E（表 2.2 和图 2.4），但实际海沟中可以沉积任何岩相类。轴向水道通常在饥饿型海沟中沿海沟内侧的地形低部位发育，但是，如果来自弧前的侧向沉积物输入快且体量大的话，轴向水道会在海沟外侧发育。轴向水道的实例包括：智利海沟向北的轴向水道（Thornburg 和 Kulm，1987；图 7.54），太平洋、菲律宾和欧亚板块（主要来自富士河）三联点沿南凯海槽向西的轴向水道（Shimamura，1986；Taira 和 Niitsuma，1986；Le Pichon 等，1987a，b）（图 10.6）。大量侧向沉积物的补给，如海沟扇，将导致轴向水道向海沟的外侧（大洋方向）偏转，这在智利海沟（Thornburg 和 Kulm，1987）和南凯海槽（Le Pichon 等，1987b）都观察到了这种现象（图 10.6）。在秘鲁—智利海沟，比奥比奥峡谷（BioBio Canyon）形成了大规模的圆锥形扇体，使水道围绕扇体发生弯曲。水道在向陆一侧没有明显屏障，扇体沉积低幅上超在水道之上。扇体沉积表现为密集的双曲反射特征，解释为巨型波痕地貌，由于地貌规模较小，以至于在 20 世纪 80 年代无法识别这类沉积地貌。波状微地貌可能是由于底流沉积搬运形成的。这种扇体最突出的特征就是发育天然堤补给水道。

从弧前到海沟的大多数沉积都会经历一个长距离的轴向搬运过程，不管是通过海沟的

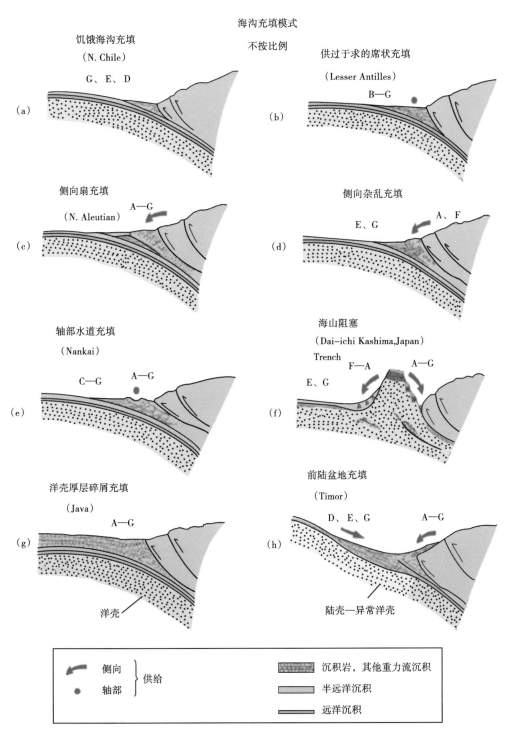

图 10.5　海沟充填模式图

展示了不同环境下主要的岩相类和搬运路径。这里的岩相类以体积顺序排列，详见说明

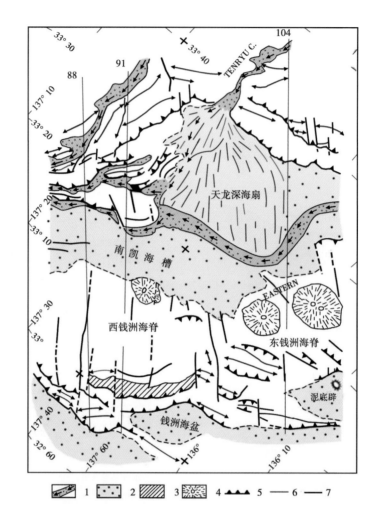

图 10.6　南凯海槽东部主要构造和沉积特征图（据 Le Pichon 等，1987a）

该图源于法国—日本 KAIKO 项目，基于海底测深和地震反射资料

1—深水水道；2—海槽充填；3—可能的基底露头；4—火山；5—逆冲断层；6—褶皱带；7—未详细说明的断层

轴部水道搬运，还是限制程度低的重力流沉积搬运。推测安达曼岛砂质浓密度流沉积就是一个古老海沟轴部搬运沉积的实例（图 10.7）。

　　岩相类 A—G 在 8 种海沟充填类型中都有发育（图 10.5），但是各岩相类比例的变化，反映了不同的沉积控制作用。例如，在只有少量碎屑岩输入的饥饿型海槽，大多由岩相类 D、E 和 G 组成，而在海山阻塞海沟中，靠近俯冲或增生海山附近，发育岩相类 A 和 F 沉积，主要以岩崩、碎屑流和滑动沉积为主。这种情况下，碎屑流和滑塌沉积中的细粒基质可能来自披覆在海山之上的远洋、半远洋和细粒浊积岩沉积。

　　温盐环流是一种短暂—半永久的洋流，可以将海沟底部或者弧前斜坡的沉积物改造为等深流沉积。Thornburg 和 Kulm（1987）阐述了分选自半深海沉积和远端浊积岩的粉砂岩和砂岩薄层，在智利海沟收缩区的饥饿沉积位置发育得非常好。

（a）　　　　　　　　　　　　　　　　　（b）

图 10.7　印度洋安达曼海沟轴部沉积

发育厚层砂质浓密度流体沉积和薄层细粒浊流沉积互层。（a）地层从左往右（东）变年轻。中部厚层砂岩
上的人作为比例尺。露头特写（b）为发育爬升波纹层理的细砂岩。这些中新统的重力流沉积来自北部，
远离喜马拉雅碰撞带

海沟的轴向梯度和线状的盆地形态，有利于在远离沉积物输入点（如海底峡谷）的位置形成明显不对称的轴向沉积。Thornburg 和 Kulm（1987）在对智利海沟的研究中指出，从海沟的近端到远端，依次发育沉积扇体、侵蚀扇体、席状沉积和滞留盆地沉积（图10.8）。尽管我们尽量避免对沉积扇体和侵蚀扇体的定义，但显然 Thornburg 和 Kulm（1987）仅使用这些术语强调这些扇体的发生的主要过程。在沉积物输入点附近，沉积物快速聚集导致扇体快速加积，同时水道快速迁移，形成侵蚀型的扇体（图 10. a，b）。在海沟

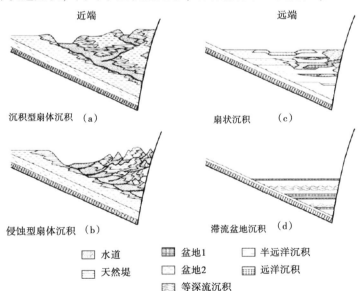

图 10.8　基于岩性、形态和地震资料整理的智利海沟沉积充填和环境模式图
（据 Thornburg 和 Kulm，1987）

沿海沟轴部由近到远依次发育沉积扇体、侵蚀扇体和席状沉积体系。在部分实例中，沉积物通过
海底峡谷直接形成席状沉积体，不发育水道化沉积体系

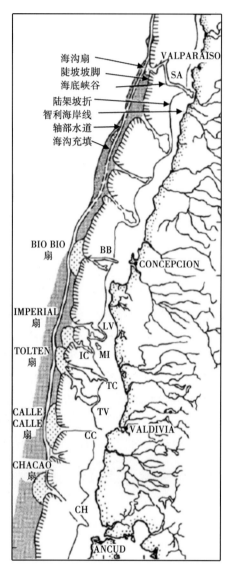

图 10.9 秘鲁—智利海沟局部深海环境图
（据 Thornburg 等，1990）

在南纬 33°的圣安东尼奥峡谷北部，海沟盆地迅速萎缩，沉积物聚集在俯冲洋壳的后部沉积。在南纬 42°的安库德海峡南部，海沟没有被水道化，充填以非限制性沉积（似席状沉积）为主。颜色较深的是海沟沉积；较浅的是海沟扇体；无阴影充填的是轴部水道；BB—Bio Bio 峡谷；CC—Callecalle 峡谷；CH—Chacao 峡谷；IC—Imperial 峡谷；LV—Lleulleu 峡谷；MI—Mocha 岛；SA—San Antonio 峡谷；TC—Tolten 峡谷；TV—Tolten 峡谷

的远端沉积环境，也可能发育更少或更浅的水道—天然堤—漫溢沉积体系，并搬运至以席状细粒沉积（或等深流沉积）为主的滞留盆地（图 10.8c，d）。

智利海沟南部的 SeaMARC-II 侧扫声呐扫描和地震反射记录表明，在南纬 33°~41°度存在陡峭的侵蚀斜坡，最大幅度可达 400m，其范围从海底峡谷出口穿过海沟盆地并向海延伸（Thornburg 等，1990）。当重力流顺轴向梯度或与轴向梯度相反时，陡崖将海沟扇分为形态截然不同的朵体。沉积型扇体（朵体）从峡谷口向上游方向（南面）建造，由加积的水道—天然堤复合体、披覆沉积和新月形天然堤组成。侵蚀型扇体（朵体）从峡谷口向下游方向（北面）建造，表现为叠合滞留沉积、复合沉积朵体，纵向深沟、辫状水道和峡谷口沙坝沉积。侵蚀型扇体（朵体）中可见厚层的、无构造—层状的、发育大量冲刷面的砂岩（岩相类 B）和砾岩（岩相类 A），而沉积型扇体（朵体）以细粒浊积岩和半深海沉积为特点。

扇体的分支水道、轴部水道、滑塌痕和侵蚀冲沟很大程度上沿局部构造地形发育（Thornburg 等，1990）。正断层受上覆沉积影响扩张，形成长条形海底洼地，接受更高速度的重力流沉积。海沟中的正交断层平行于已经消亡的太平洋—法拉隆隆起和智利隆起转换构造，并在洋壳基底沿海沟俯冲过程重新活动。抬升的逆冲海脊，总体上受到形变前缘狭窄地带的控制，并被分支水道所分割，水道通常随构造的传播逐步向海偏转。海沟盆地内与轴向水道迁移和垂向断层相关的基底海脊，当其进入俯冲带的时候，可能再次发生走滑运动，并对海底

峡谷出口到海沟的范围产生影响（Thornburg 等，1990）。

快速的沉积物供给和相对稳定的沟槽地形和梯度，会导致碎屑体系的轴向进积，并可能形成单个或叠置的向上变粗的沉积序列。但是，沉积物供给路径的改变，海平面升降的变化以及构造沉降过程等的复杂变化，使得沉积地层更加复杂。

重力流沉积过程中的侧向限制，尤其是海沟内的长距离搬运，使得部分稀释的沉积物搬运到盆地边缘之后又被返回到海沟轴部。Pickering 等（1992，1993a，b）（图10.10，图 10.11）第一个对现代海沟环境（南凯海槽）的这个过程进行了描述。

尽管已经认识到海沟沉积的空间变化，但是许多海沟充填沉积表现为向上变粗沉积序列。这种向上变粗的沉积序列，首先在现代的南凯俯冲增生体系中进行了详细的描述，位于 ODP 131 航次 808 站点（Pickering 等，1993a，b）（图 10.12）。

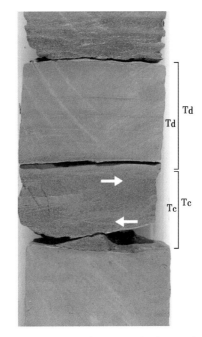

图 10.10　浊积岩相 C2.4 的岩心照片

展示了底部细粒砂岩的反向水流和波纹层。注意 Tc 段内的泥岩披覆。上覆薄板状粉砂岩和粉砂质泥岩（Td）

沉积规模（由全球气候变化和地震事件驱动）的高频变化，使得地层更为复杂，改变了之前的观点，即向上变粗的沉积序列是俯冲洋壳、大洋板块沉积和上覆海沟沉积的垂向地层演化（Piper 等，1973）。此外，粗粒海沟沉积和上覆细粒沉积之间，通常在结构上存在一个明显的差异，这种关系部分可以通过

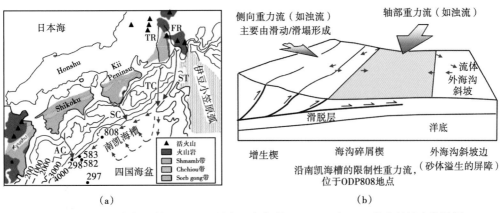

(a)　　　　　　　　　　　　　　　(b)

图 10.11　（a）南凯海槽 ODP 808 站点和相邻的 DSDP 37 和 87A 航次的站点位置图

（据 Pickering 等，1992，1993a，b）

主要沉积物供给点如下：ST—Suruga 海槽；TC—Tenryu 峡谷；SC—Shiono-Misaki 峡谷；AC—Ashizuri 峡谷。等深线单位为米。FR—Fuji 河；TR—Tenryu 河。火山岩区域包含第三系—第四系铁镁质中间产物到长英质组分。
（b）ODP 808 站点附近限制性浊流沉积模式图。不同浊流的来源包括：（1）增生楔上陆坡浊流的侧向输入；
（2）轴向流动的滑塌和海沟外陆坡流体向海沟轴部的偏转

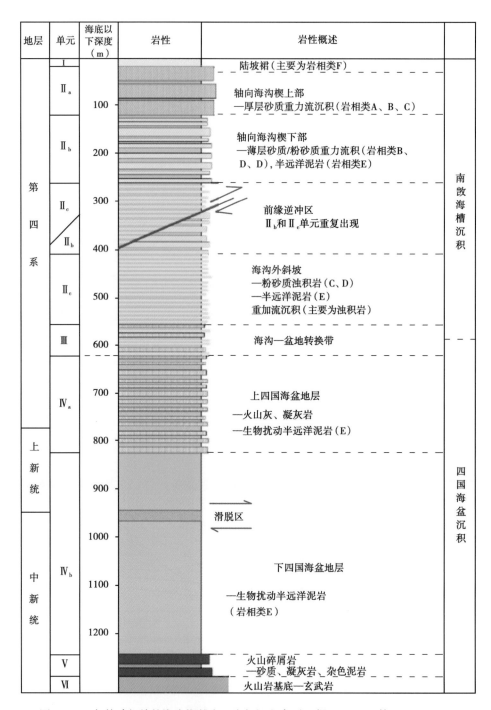

图 10.12　与俯冲相关的海沟楔的向上变粗沉积序列（据 Pickering 等，1993a，b）

覆盖在顶部增生趾状逆冲的大洋板块沉积之上（IIc—IIa 单元），ODP 131 航次 808 站点，但是，很多实例并不符合这种简单的向上变粗的沉积序列。注意四国海盆下部沉积没有整体向上变粗的趋势，其最顶部地层是海沟之上的下陆坡细粒沉积

海底峡谷沿海槽的沉积作用来解释。具体而言，峡谷导致沉积物的过路或在上陆坡沉积，导致下陆坡通常为细粒沉积，主要由半深海泥岩和细粒浊积岩组成（Underwood 和 Karig，1980）。

10.2.3　增生楔

　　增生楔发育在俯冲洋壳板块之上，大洋板块之上的沉积物以推土机的方式在滑脱面上被刮起，形成一系列的褶皱和逆冲断裂带。位于生长中的增生楔下部的板块边界，由浅层"耐震"部分和深层"发震"部分组成。前缘增生过程导致年轻地层位于增生楔最外部，最老地层位于最内部。构造形变意味着增生楔较老（内部）地层相比年轻（外部）地层发生了更大程度的岩化，形成了更加陡峭的构造。在增生楔底部，沉积物通过底侵作用不断增加。巴巴多斯（图 10.13，图 10.14）、南凯（图 10.15—图 10.17）和卡斯卡迪亚（图 10.18，图 10.19）增生楔是世界上最好的实例。

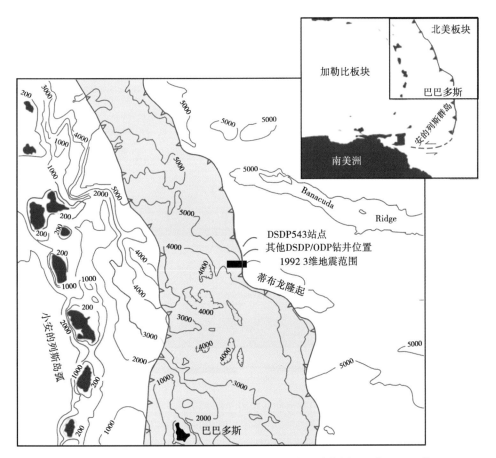

图 10.13　ODP171A 航次位于巴巴多斯增生楔的大尺度区域背景图（据 Moore 等，2000）
黑色矩形表示 3D 地震覆盖区域和先前的钻井位置。阴影部分为巴巴多斯增生楔和西侧的弧前盆地。
水深等值线单位为米

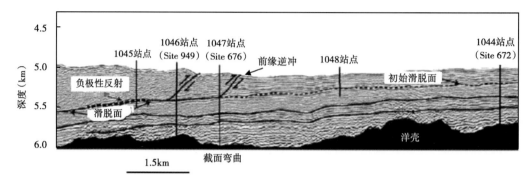

图 10.14　过 ODP171A 航次站点 1045、676、1047、672 和 1044 的巴巴多斯增生楔深度域
地震剖面（据 Moore 等，2000）

在滑脱区和初始滑脱面之下的实线近似于砂质逆冲陆源层序。这套砂质层序可能是
增生楔下部迁移温热流体的区域，并在形变前缘的向海方向形成一个热流异常

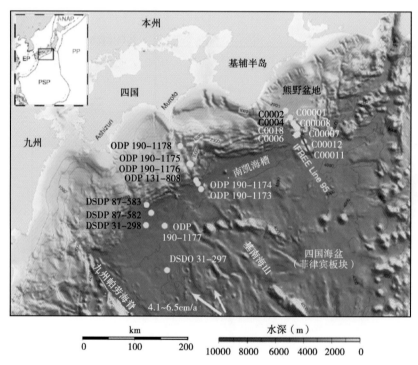

图 10.15　南凯海槽中部海底地貌图（据 Pickering 等，2013，修改）

展示了俯冲的四国海盆和增生楔的区域地形

　　巴巴多斯增生楔北部是加勒比海板块前缘部分，由大西洋板块俯冲形成，速度为 20～
40km/Ma（Dorel，1981）。西侧为小安的列斯火山岛弧，岛弧东侧的巴巴多斯群岛则是弧前
增生楔的高点。前缘构造展示了蒂布龙（Tiburon）隆起的南部特征，包括长波状的褶皱，
宽缓的逆冲断层和广泛的滑脱面（Bangs 和 Westbrook，1991；Westbrook 和 Smith，1983）。

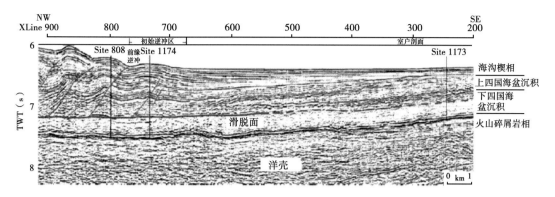

图 10.16　过 Muroto 剖面参考点（ODP 1173 站点）和增生楔趾状逆冲部位
（ODP 1174 和 808 站点）的地震剖面

右侧表示的是沉积相（非正式的相）和地震资料的对比关系。3D 地震数据来自 Bangs 等（1999）和 Moore 等
（1999）。Xline 指的是三维地震数据的联络线号（据 Moore 等，2001）。下四国海盆的大部分沉积表现为岩相类 D、
E 和 G 特征，上四国海盆还发育岩相类 B 和 C，海沟楔中为岩相类 A 和 B。海沟楔内侧还可见岩相类 F，尤其是已
经再次搬运到海沟位置的斜坡沉积。图 10.15 标注了 ODP 站点的位置

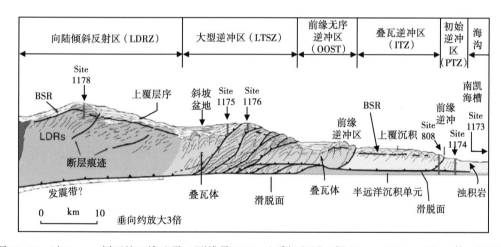

图 10.17　过 Muroto 剖面的二维地震（测线号 141）地质解释图（据 Moore，Taira，Klaus 等，2001），
该图展示了主要构造样式和 190 航次的钻井位置。钻井位置见图 10.15

蒂布龙隆起北部，海沟沉积厚度更薄，增生楔逆冲断层发育更密集（Biju-Duval 等，
1982；Westbrook 等，1984），增生楔厚度至少达 10km，宽 120km，此外，弧前盆地向西
宽度可达 50km（Bangs 等，1990；Westbrook 等，1988）。因此，增生楔形成了一个宽且
扁平的楔形。

DSDP78A 航次和 ODP110，156 和 171A 航次都位于蒂布龙隆起北翼。这里的滑脱面相
对较浅，半远洋和深海沉积为主的沉积环境，提供了良好的钻井条件和很好的生物地层分
辨率。这个地区先前的钻井记录了大量通过生物地层定义的大位移逆冲断层（Brown 等，
1990）。滑脱面在向陆一侧容易识别，在 671/948 站点，其剪切带厚达 40m（Mascle 等，

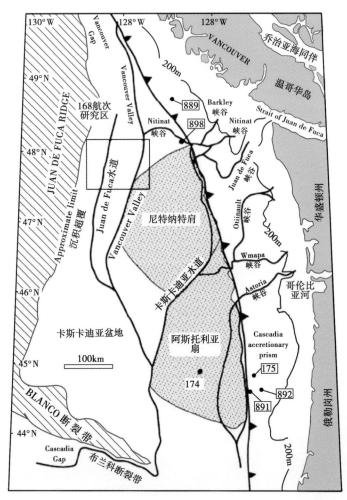

图 10.18 卡斯卡迪亚盆地地理位置图（据 Karl 等，1989）
方框中的数字代表先前 DSDP 和 ODP 站点的钻井位置。齿状黑色实线代表斯卡迪亚俯冲前缘和盆地的
东部边缘位置（据 Riedel，Collett，Malone 和 311 航次科学家，2005）

1988；Shipley 等，1995）。孔隙水在地球化学和温度方面的异常，一定程度上表明了沿着断裂带和砂岩层的流体流动。模拟流体从增生楔中排出的模型表明流动过程是短暂的（Bekins 等，1995）。这些断层具有超静水压力，局部接近静岩压力和流体压力的特征。

ODP190 航次对南凯海槽增生楔的两个剖面共 6 个站点进行了钻探活动。Muroto 和 Ashizuri 剖面向海方向末端的两个参考点（分别对应 1173 站点和 1177 站点），确定了四国海盆沉积的地层框架。在 Ashizuri 俯冲带内发育厚层中新统浓密度流沉积和浊流沉积（主要岩相类为 B、C 和 D），以及富含蒙皂石泥岩沉积（岩相类 E 和 G），而在 Muroto 剖面沉积半远洋泥岩（E 和 G 沉积相）；两个剖面沉积物在岩性、矿物和水力特征方面的差异，可能导致增生楔的差异，并可能控制活动板块边缘的地震特征。在下四国海盆充填相中，滑脱面沿着地层单元（5.9~7 Ma）局部分布。通过磁化系数信号，该层面可以在两个剖面上对比。

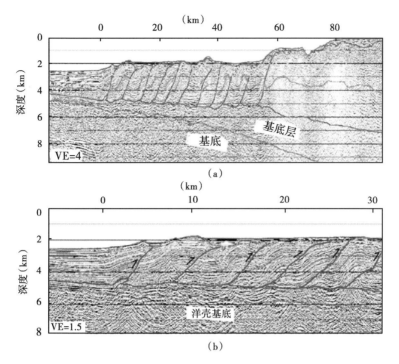

图 10.19　（a）深度偏移地震剖面（105 测线），展示了卡斯卡迪亚边缘 11 个向陆方向的逆冲断层。红色代表的是逆冲断层，其他颜色代表相关的反射层位。垂向放大比例为 4∶1。（b）6 个最前缘的逆冲断层放大图（据 Gutscher 等，2001；Flueh 等，1998）

ODP 站点 808 首次在下四国海盆单元中揭示了一个广泛分布的低氮化物孔隙水异常带，且该异常沿 Muroto 剖面从增生楔到盆地位置逐渐降低。目前还不清楚这种向陆方向地层水的淡化趋势，是由于原地成岩作用，侧向流体稀释，还是两者的共同作用。

ODP 190 航次钻井结果改变了 Muroto 横切面中增生楔的构造演化观点。中新统和上新统的重力流沉积体（主要为岩相类 B、C 和 D）的加积形成了一个大型的逆冲带（LTSZ）。这与沉积搬运体系的横向迁移有关，粗粒沉积物从岛弧位置搬运到海沟的轴部，将沉积物从伊豆（Izu）碰撞带搬运到东部。增生楔从大型逆冲带到陆坡趾状部位（约 40km），在 2Ma 至今时间内发生了迅速生长。

在构造地质学中，褶皱的倾覆方向和逆冲断层上盘相对于下盘的位移方向，指示了构造的传播方向。虽然俄勒冈会聚边缘通常作为一个向陆汇聚增生楔的典型实例（图 10.19），但这仅在俄勒冈边缘北部相对较小的范围内正确。总体而言，俄勒冈边缘以多变的构造样式和增生楔地貌为特征。相比之下，俄勒冈北部和华盛顿的大部分增生楔是一个宽阔的向海汇聚的逆冲体系，具有宽间距的褶皱和深至基底的滑脱面，几乎所有的沉积物都在前缘聚集（Silver，1972；Snavely 和 McClellan，1987；Mackay 等，1992；Goldfinger，1994；Mackay，1995；Flueh 等，1996），这是最为典型的增生楔构造样式。该低锥度增生楔主要由更新世阿斯托利亚（Astoria）和尼特纳特（Nitina）海底扇组成（主要岩相类 B、C 和 D），这些扇体聚集在窄条状新生代增生复合体的外侧（Goldfinger，2000）。该增生楔复合体位于岛弧高点和新生代弧前盆地的向海一侧。始新统 Siletzia 地层是始新世期间原地聚集或裂谷的大洋沉积地层（Duncan，1982；Wells 等，1984，1998；Parsons 等，1999；Haeussler 等，2003），是大陆弧前的基底，也是弧前盆地向海一侧的终端（Tréhu 等，1994，1995；Snavely 等，1980）。与此相反，俄勒冈边缘的南部以陡峭、狭窄、杂乱的大陆坡为特征，位于岛弧高点和弧前盆地的外侧，与俄勒冈北部边缘具有一定的相似性，但是没有低锥度的增生楔。在这些特征明显的区域之间，有一个相对较小的向陆汇聚增生的过渡带，正是这个过渡带使俄勒冈边缘被众人所熟知。陡峭、狭窄的南部边缘包含了大量的陆坡滑塌沉积，从而控制了北纬 42° 和 44°N 之间的陆坡地形和构造。俄勒冈陆坡区识别出了多个弓状陡崖，围在丘状地貌周边，下伏滑脱面将俄勒冈南部的大部分陆坡至少划分成三个滑塌区；在深海平原广泛发育且局部埋藏的碎屑裙，由岩相类 A 和 F 组成（Goldfinger，2000）。

McAdoo 等（1997）研究了卡斯卡迪亚增生楔趾状部位的沉积侵蚀现象。综合应用地貌、地震、地质数据和阿斯托利亚峡谷南部的深潜数据，调查研究了多个无根海底峡谷内流体和陆坡滑塌之间的内部关系。他们推测峡谷弯曲部位升高的水头梯度有助于滑塌的形成，并导致沉积物传输至就近的陆坡盆地。但测量得到的水头梯度不足以单独引发陆坡滑塌。因此 McAdoo 等（1997）提出了瞬间陆坡滑塌机制。虽然固结测试结果显示可能已经移除了数米的物质，但是峡谷内部斜坡并没有擦痕且比较光滑。席状滑塌使沉积物均匀搬运，保持了观察到的光滑峡谷内壁。如果斜坡太陡太短以至于沉积物不能搬运至水道中时，地震引发的液化作用也可能是产生席状滑塌的一种触发机制。深海测深和地震数据表明在增生楔趾状构造第二和第三排海脊之间，为海沟斜坡盆地提供了局部沉积物源。对比源于陆坡沉积物的总量和盆地沉积物的总量，可知来自陆坡的沉积物总量略大于盆地充填总量，这意味着少量沉积物越过盆地发生了沉积，可能是第二排海脊构造较低时不能形成有效遮挡，或者是沉积物通过第二排海脊的间隙往南搬运了。不管怎样，源于盆地周边陆坡 80% 的沉积物沉积在盆地内（以岩相类 C、D 和 E 为主），剩余 20% 的沉积物在随后的板块活动中发生再沉积。

10.2.4 海山在俯冲工厂的作用

来自俯冲板块的主动沉积（而非开阔海洋沉积被动输入至海沟），包括海山—边缘沉积（滑动、碎屑流、浓密度流和浊流等）。这些沉积物可能包含碳酸盐岩生物礁碎屑、火山碎屑以及浅水和深水生物。任何保存下来的碳酸盐岩都可能受到 CCD 位置的强烈影响。

浊流和一些浓密度流体可能有足够的流体厚度或动能，将沉积物搬运至海山之上。例如，智利中南部（36°S—39°S）的秘鲁—智利海沟内，对高达 300m 的孤立海山进行了重力取心，岩心中包含了大量的重力流沉积物（可能为岩相类 B 和 C），粒度比半深海背景沉积（E 和 G 沉积相）要粗（Völker 等，2008）。矿物组分分析表明部分沉积层具有混源的特征，其中一层砂岩中的底栖有孔虫也表明存在上陆架到深海平原的混合，这可能是由地震引发的重力流导致的混合沉积。Völker 等（2008）认为重力流的流体高度可能比周边海底要高 175~450m，沉积物可以通过悬浮沉降或者以非限制性流体、床沙载荷的形式越过构造高点发生沉积。通常认为后者发生的可能性很小。

由于大洋岩石圈的冷却和海平面的上升，许多海山被淹没，导致顶部的浅海碳酸盐岩位于几百—几千米水深的环境下。因此，至少在某些情况下海山的淹没可以是由俯冲过程造成的。例如，位于菲律宾海北部阿玛米台地（Amami Plateau）西北角的基凯（Kikai）海山，其碳酸盐岩高点的水深达 1960m。Nakazawa 等（2007）认为其早更新世之后的迅速沉降很可能是由于阿玛米台地的碰撞和俯冲造成的。当台地西部到达琉球（Ryukyu）海沟，并俯冲至琉球岛弧之下时，开始快速沉降。

与俯冲相关的研究最多的海山是鹿岛一号（Daiichi Kashima）海山 和 Erimo 海山，分别位于日本海沟的南部和北部末端（Cadet 等，1987；Lallemand 和 Le Pichon，1987；Pauto 等，1987；Dubois 和 Deplus，1989；Lallemand 等，1989；Yamazaki 和 Okamura，1989；Dominguez 等，1998；Nishizawa 等，2009）。过鹿岛一号海山和 Erimo 海山的地震实验表明，它们的最大地壳厚度可达 12~17km，比典型的洋壳还要厚。鹿岛一号海山（图 10.20a）被一条大型正断层分成两部分，导致在不同水深条件下形成了两个平顶特征的下白垩统生物礁地层：西部的高点水深是 5300~5400m，东部的高点水深是 3800~4000m（Konishi，1989）。海山的现今地貌是由俯冲断裂作用于早期近乎平顶的生物礁而形成的。

通过法—日 KAIKO 项目的详细观察，在本州岛中南部的南凯海槽和伊豆小笠原海沟（Izu-Bonin Trench）三联点附近发育岩崩、碎屑流、滑动沉积以及在鹿岛一号海山边缘的其他再沉积过程的沉积物（图 10.20b）。在随后的逆冲和剪切过程中，海山塌砾可以作为一个理想的预兆，因为部分海山会并入增生楔中。

位于 14°S 和 27°S 之间的汤加（Tonga）海沟和弧前地区已经进行了详细的研究。在靠陆一侧的斜坡发育许多海底峡谷，摩羯座（Capricorn）海山也即将进入俯冲体系，像鹿岛一号海山一样被分割成多个部分。

许多主动板块的边缘，在上覆板块前缘（海山或抗震脊俯冲或增生的位置）可见强烈的挤压变形。这种变形是该地区的主要构造特征，它们对板块边缘的形态和地震活动具有一定的影响（Scholz 和 Small，1997；Kodaira 等，2000；Tréhu 等，2012；Yang 等，2012；Obana，2014；Singh 等，2011；Müller 和 Landgrebe，2012）。俯冲带对基底高点（比如海山）和盆地平原具有不同的响应（Cloos，1992；Cloos 和 Shreve，1996）。Dominguez 等（1998）提出了两类俯冲海山：分别是小型的圆锥形海山和大型的平顶海山。在这两类海山中，他们发现由海山导致的边缘缩进，抑制了前缘增生并产生一个凹角。边缘隆升包括向陆会聚的逆冲位移（从海山基底进积）和向海会聚的逆冲位移（定义了海山向陆侧的阴影区）。当海山完全埋藏在边缘之下时，由于滑脱抬升导致靠陆一侧的盾形区消失，并在凹凸不平的表面形成了一个更大的盾形区。因此，上覆板块的前缘部分随海山俯冲至更深层。最后，在凹凸不平的俯冲区域，发育由海山形态控制的正断层。哥斯达黎加边缘的测深数据揭示了以上三种俯冲海山边缘的详细地表变形 。

海沟—斜坡盆地（包括增生楔顶部的斜坡盆地）的水深、形态和沉积搬运路径，都受到俯冲大洋板块粗糙程度的强烈影响。ODP190 航次在南凯俯冲带的海沟—斜坡盆地的早期构造和沉积演化方面获得了重要发现（Underwood 等，2003）。岩相、生物地层和地震反射数据表明，在第四纪早期，斜坡盆地发育粗粒海沟楔沉积。泥质砾岩层（岩相群 A1）中的碎屑类型表明，低变质岩物源比较富集。四国岛石门带（Shimanto Belt）的露头包含了类似

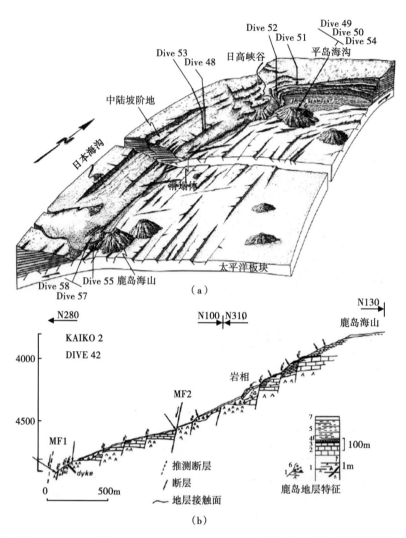

图 10.20 （a）根据海底地形、地震剖面和深潜数据绘制的日本海沟和千岛（Kuril）海沟的理想地貌图（据 Cadet 等，1987）；（b）根据法国—日本 KAIKO 项目的 42 次深潜数据绘制的鹿岛一号海山剖面图（据 Pautot 等，1987）MF1 和 MF2 指主要正断层；1—玄武质火山岩（1a 指岩脉）；2—下白垩统浅海相灰岩；3—棕色泥灰岩；4—白垩；5—上中新统—上上新统黄色泥灰岩；6—沉积角砾岩；7—半深海泥岩；箭头所指为样品位置

的岩性组合，Underwood 等（2003）认为部分重力流来自横向的峡谷—水道体系。海沟沉积轻微形变近似平坦，沉积在斜坡盆地之下。盆地地层中的层理形成于逆冲断层的上盘背斜。盆地形成后快速抬升，使其基底位于方解石补偿深度之上。在基南（Kiinan）海山俯冲期间，沉积搬运体系可能发生改道，使年轻盆地不再接受粗粒沉积物。因此，盆地上部的 200m 沉积充填了富含超微化石的半深海泥岩，偶尔夹火山灰和薄层粉砂浊流沉积（岩相类 E 和 D）。地层破坏现象也比较普遍；北—北东向的重力滑塌形成了沉积褶皱。在过去 1Ma 间，南凯增生楔拓宽了 40km，斜坡盆地也已经充填至向海一侧的溢出点。地层表现为总

体向上变薄变细的趋势，这与一些斜坡盆地向上变粗变厚的概念模式正好相反。

　　智利海沟地区，海底峡谷（圣安东尼奥峡谷）的发育似乎受控于一座俯冲的海山，它形成了圣安东尼奥凹角并使中陆坡弯曲（Laursen 和 Normark，2002）。该峡谷在进入 33°S 附近的智利海沟之前，穿过了智利边缘中部的弧前陆坡，其长度超过 150km。圣安东尼奥峡谷的上游部分侵蚀了近 1km 厚的沉积，随后峡谷垂直于下伏基底断裂发育。在逆冲脊外侧的缺口部位，峡谷突然拐向圣安东尼奥凹角。圣安东尼奥凹角处的障碍物使沉积物在峡谷中陆坡部位发生沉积，因此只有很少沉积物能通过圣安东尼奥峡谷搬运至智利海沟沉积。Laursen 和 Normark（2002）认为峡谷向陆方向的侵蚀归因于溯源侵蚀和非限制性浊流的壕沟侵蚀作用，末次冰川期的海平面低位期，峡谷的冲刷作用可能增强。峡谷在陆坡底部形成一片三角形港湾，沉积物被滞留在小型增生楔之后（Laursen 和 Normark，2002）。在圣安东尼奥峡谷口对面的海槽底部，形成了一个 200m 厚的天然堤—漫溢复合体，位于增生海脊缺口形成的分支水道的左侧。圣安东尼奥峡谷口沉积物向北方向的轴向搬运受到了限制，使北侧的海沟缺少沉积。在 32° 04′S 和 33° 40′S 之间，智利海沟的轴向水道深深下切了圣安东尼奥分支复合体沉积。当向北搬运的屏障消失的时候，这个下切作用可能已经开始。

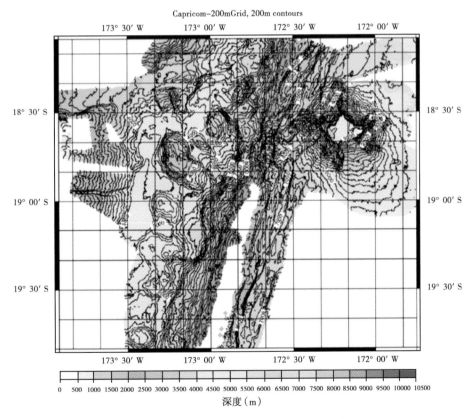

图 10.21　汤加海沟和弧前的水深图（等值线间隔 200m）（据 Wright 等，2000）
位于摩羯座海山附近。蓝色阴影部分表示水深大于 7000m 的海域。携带海山的板块向右俯冲（也就是东部）。
注意在 19°S 位置，海沟西部的海底峡谷。该图基于 200m×200m 海底数据编制，部分海沟轴部数据来自
Marathon 6。投影系统为墨卡托投影

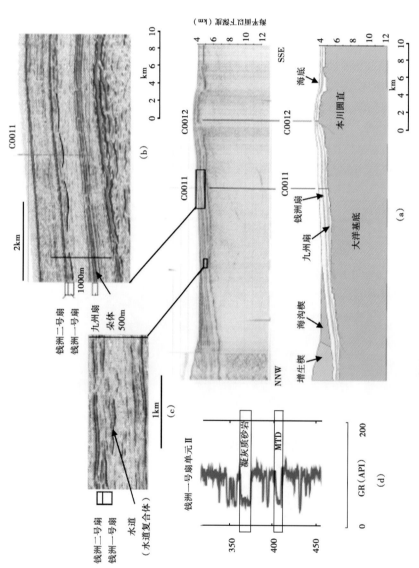

图10.22 根据南凯地震区域试验项目（NanTroSEIZE）的三维数据体（Moore 等，2009）和地球演变前沿研究所（IFREE）三维数据Line 95（据Park等，2008）拼接的深度域地震剖面（据Pickering 等，2013）

该剖面过C0011 和 C0012 站点（如图10.15所示），并对主要岩性地层单元进行了了解释。放大地震剖面展示了剖面上发育的九州（Kyushu）和钱洲（Zenisu）海底扇沉积，包括：（a）IV单元的似席状地震反射特征（九州海底扇），解释为远端未充填层；（b 和 c）IIB单元不规则地震反射特征（钱洲一号扇），解释为九州扇。扇沉积，包括。IIA单元）覆盖，解释为非限制性席状水山质砂岩沉积；（d）随钻测井数据展示了质砂岩无填，包括MTD、海底水道沉积，随后致连续强振幅地震反射层（IIA单元）覆盖，解释为非限制性席状水山质砂岩沉积；（d）随钻测井数据展示了10~20m厚的块状GR曲线，解释为MTD和钱洲一号扇的中厚层凝灰质砂岩

528

10.2.5　俯冲工厂的大角度汇聚和走滑

本章讲述了四国海盆中新世大角度板块会聚（俯冲）的一个实例，其中包括了一个走滑构造阶段。因为中新世时期，俯冲增生过程沿大陆边缘占据主导作用，所以本节放在这里讲，而不是放在第十二章。

南凯海槽发震带实验（NanTroSEIZE）的 IODP322 航次很重要的一个方面，是刻画俯冲工厂内参考站点的岩性和地化特征。在这个实例中，洋壳的表面凹凸不平，包括一些海脊，消亡的扩张中心和圆丘（Underwood，Saito，Kubo 和 322 航次科学家，2009，2010）（图 10.15，图 10.22—图 10.24）。C0011 站点位于海底一个主要高点（本川圆丘，玄武岩

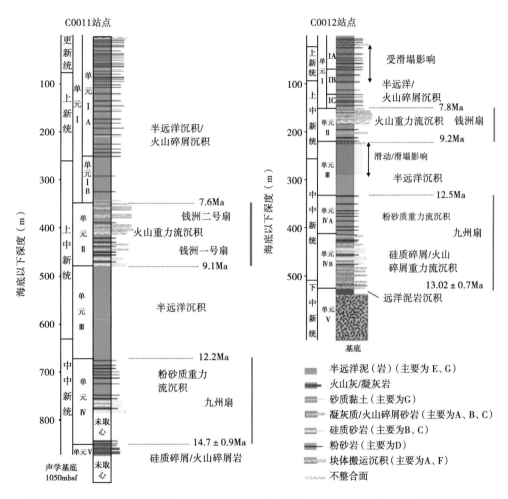

图 10.23　四国海盆本川圆丘（Kashinosaki Knoll）附近 IODP C0011 和 C0012 站点的岩心剖面
（据 Pickering 等，2013，修改）

参考了 322 和 333 航次的结果（Underwood 等，2010；333 航次科学家，2011）。钻井位置见图 10.15。SGF—重力流沉积，包括浊流。岩性详见表 10.1。注意 C0012 站点的九州扇体没有像 C0011 站点一样分开定义。注意砂岩单元的侧向连续性，解释为火山碎屑海底扇

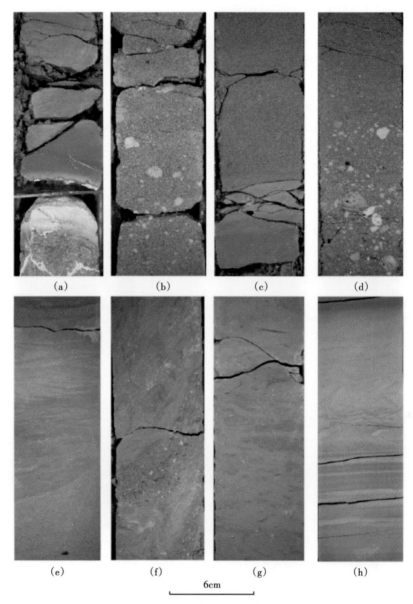

6cm

图 10.24　日本海域四国海盆南凯海槽南部约 10km 的本川圆丘

（IODP 探险 322 俯冲位置）的典型岩相

（a）沉积岩/玄武岩界面，红色泥岩（岩相类 G1）上覆在蚀变玄武岩之上，岩性单元Ⅵ/Ⅶ的界面（322-C0012A-53R-1，20~35cm）。（b）岩相 1.4，火山碎屑砂岩（322-C0011B-3R-3，28~43cm）。（c）岩相 B1.1，岩性单元Ⅱ（322-C0011B-14R-5，70~86cm）。（d）岩相 A2.3，凝灰质砂岩/砾岩，正粒序，底部发育次圆状悬浮碎屑（322-C0011-11R-5，30~76cm）。（e）波纹粉砂岩（岩相 D2.1；322-C0011B-7R-1，111~126cm）。（f）粉砂质黏土岩内部的揉皱火山碎屑砂岩（岩相 F2.1；322-C0011B-8R-7，24~39cm）。（g）强烈生物扰动的粉砂质黏土岩，夹薄层（<0.5cm）深绿色粉砂质黏土层，位于 C0011 站点岩性单元Ⅲ的上部（岩相 E1.3；322-C0011B-11R-1，54~69cm）。（h）递变、层状、含凝灰质的极细粒砂岩，见负载和火焰构造（岩相 D2.1），夹有薄层粉砂岩（岩相 D2.3；322-C0011B-58R-1，30~46cm）

海山）的西北翼，而 C0012 站点位于圆丘高点附近（图 10.15，图 10.22）。C0012 站点的取心钻穿火成岩基底 23m，在海底以下 537.81m 揭示了沉积岩和玄武岩的界面（图 10.24a）。基底沉积物（红褐色—红棕色深海泥岩，岩相 G1.1）年龄大于 18.9Ma。两个站点都包含了数十米的深海火山碎屑岩和火山碎屑砂岩，主要为岩相类 B 和 C（图 10.24b，d）。过四国海盆拉张部分（C0011 站点）和挤压部分（C0012 站点）的时—深模型和岩相特征的结合，揭示了盆地演化的重要证据，包括先前被忽略的上中新统凝灰岩和火山碎屑砂岩，现在确认为中四国海盆的沉积物（图 10.23）。在下四国海盆的下—中中新统发育具混合物源特征的砂岩和粉砂岩组合，可能和盆地西部中新统的重力流沉积具有广泛的相似性（Pickering 等 2013）。当把本川圆丘周围的两个站点放在一起观察的时候，就可以发现基底起伏影响了四国海盆半深海沉积和重力流的沉积速率。与南凯海槽其他站点不一样的是，基底高点的孔隙流体显示了来自海水的证据，随着水合作用和扩散作用，氯化物浓度向基底不断增高；流体很大程度上不受汇聚流或原位脱水反应的影响，而与海沟楔和前缘增生楔的快速埋藏相关。

表 10.1　IODP C0011 和 C0012 站点的岩相、岩性单元和时—深模型（据 Pickering 等，2013，修改）

岩性单元	单元名称	站点	海底以下深度（m）	厚度（m）	年　代		主要岩性	次要岩性
Ⅰa 单元 Ⅰb 单元	上四国海盆	C0011	0～251.56	340	全新世—晚中新世	0～7.6Ma	粉砂质黏土岩 泥岩 （岩相类 E、G）	火山灰
			251.56～347.82	150.86		0～7.8 Ma		
Ⅱa 单元 钱洲二号扇	中四国海盆 凝灰质砂岩	C0011	347.82～479.06	139.06		7.6～9.1Ma	粉砂质黏土岩 （岩相类 E、G）	凝灰质砂岩 （岩相类 B、C）
Ⅱb 单元 钱洲一号扇	火山碎屑 砂岩	C0012	150.06～219.81	68.95	晚中新世	7.8～9.4Ma	粉砂质黏土岩 （岩相类 E、G）	凝灰质砂岩 火山碎屑砂岩 （岩相类 B、C） 黏土粉砂岩
Ⅲ 单元	下四国海盆 半深海沉积	C0011	479.06～673.98	194.92	晚—中 中新世	9.1～12.3Ma	粉砂质黏土岩 （岩相类 E、G）	钙质黏土岩 灰质泥岩 （岩相类 G）
		C0012	219.81～331.81	112.00		9.4～12.7Ma		
Ⅳ 单元 九州扇	下四国海盆 重力流沉积	C0011	673.98～849.95	175.97	中中新世	12.3～13.9Ma	凝灰岩 粉砂质黏土岩 （岩相类 E、G）	粉砂质砂岩 （岩相类 E、G）
		C0012	331.81～415.58	83.77		12.7～13.5Ma	粉砂质黏土岩 黏土粉砂岩 （岩相类 E、G）	粉砂岩 （岩相类 D、E）
Ⅴ 单元	富含火 山碎屑	C0011	849.95～876.05	>26.10	中中新世	>13.9Ma	凝灰质砂质 黏土岩 （岩相类 E、G）	粉砂质黏土岩 （岩相类 E、G） 凝灰岩层
		C0012	415.58～528.51	112.93		13.5～ >18.9Ma	粉砂质黏土岩 （岩相类 E、G） 砂岩（岩相类 B、C）	凝灰岩

岩性单元	单元名称	站点	海底以下深度（m）	厚度（m）	年　　代		主要岩性	次要岩性
Ⅵ单元	远洋黏土岩	C0011	未钻遇	未钻遇	早中新世	>18.9 Ma	红色钙质黏土岩（岩相类 G）	—
		C0012	528.51～537.81	9.3				
Ⅶ单元	基底	C0011	未钻遇	未钻遇	早中新世	>18.9Ma	玄武岩	
		C0012	537.81～576.00	钻遇38.2				

通过对 IODP 319、322 和 333（C0011/C0012 站点）航次的地震、岩心和随钻测井研究，揭示了四国海盆东北部的三个中新统海底扇与 ODP 1177 站点和 DSDP 297 站点（四国西北部）大体是同期沉积。九州扇地层最老，粒度较细，具有席状外形；富含石英的沉积大多数来自中国东海古陆（Pickering 等，2013；Clift 等，2013）。当时的冲绳海槽并不能阻止沉积物输送到四国海盆，因为水深障碍是在 4~6Ma 期间才形成的（Kimura，1996；Miki 等，1990；Lu 和 Hayashi，2001；Yamaji，2003；331 航次科学探险，2010）。在中新世晚期，中国东海北部和中部的西湖凹陷发生了盆地反转。将近 10000m 厚的第三系地层经历了反转，北部沉积地层剥蚀厚度达到 1600m（Yang 等，2011）。剥蚀的沉积物可能搬运至四国海盆发生沉积。IODP C0011-C0012 站点沉积半深海泥岩期间（12.2—9.1Ma），ODP 1177 和 DSDP 297 站点沉积了砂质沉积。在左旋走滑到板块倾斜（可能缓慢俯冲）阶段，砂岩停止输送到四国海盆，之后，钱洲一号扇（9.1—8.0Ma）由海底水道补给。最年轻的海底扇（钱洲二号扇；8.0—7.6Ma）具有席状形态，发育厚层含砾粗砂岩（图 10.24b，d）。砾石碎屑由混合物源沉积补给，包括伊豆—小笠原和本州弧碰撞带。重力流沉积由水道化沉积向席状沉积的转变，得益于相对快速的向北俯冲，促使海槽形成深海凹陷。砂岩供给的增加似乎与海平面长期处于低位有关（Pickering 等，2013）。

总体而言，中新世中晚期，南凯增生楔似乎与板块的会聚/俯冲和走滑密切相关。这也导致四国海盆北部深海沉积物类型发生了转变，变得更加复杂。随着来自东海（长江流域及其近海，如海底峡谷）沉积物源的不断变化，以及更典型的伊豆碰撞带（图 10.25）的持续物源供给，这些沉积物的扩散方式对当时四国海盆北部的古地理产生了重要的影响。

10.2.6　海槽地层的保存和识别

俯冲增生过程对海槽地层记录的完整保存起破坏作用（Leverenz，2000）。在逆冲和褶皱过程中，通过拉平和简单剪切作用，增生过程往往使得楔状沉积发生严重的变形。但是，部分俯冲—增生机制提供了形成相对完整的海槽沉积的机会，例如，大洋海脊和海山俯冲的时候。海沟充填之下的基底滑脱（如在洋壳玄武岩中），有助于形成相对完整的海槽充填沉积。地震证据表明，许多海槽中上覆在洋壳玄武岩基底之上的远洋和半深海沉积往往发生俯冲，而海槽浊积岩、浓密度流沉积或洋壳厚层碎屑岩往往在前缘增生过程中被刮掉。

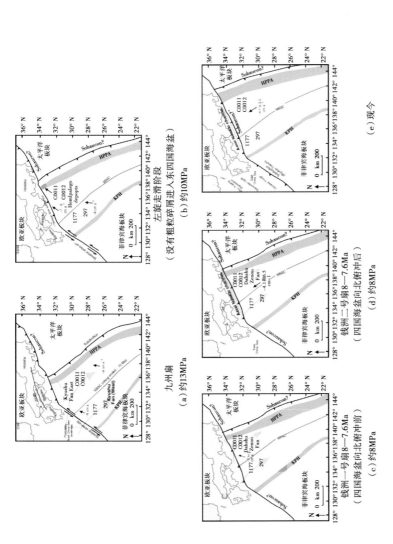

图10.25 四国海盆及邻区的板块构造重建示意图（据Mahony，2011，修改）

该图展示不同时期内粗粒砂质原沉积物搬运至东四国海盆的路径：（a）约13Ma，（b）约10Ma，（c）约8Ma，重新向北俯冲之前，（d）8Ma，重新向北俯冲之后，（e）现今。图片下面的括号内更精确地标注了对应的古地理时间。沉积物搬运箭头的大小，指示了不同物源的相对重要性。IBM—伊豆—博宁—马里亚纳岛弧，SBSC—四国海盆伸展中心，KPR—九州—帕劳海脊，SVB—濑户内火山相关的岩脉（Shimoda等，1998；Kimura等，2005）。在10—6Ma期间，缺少与俯冲相关的火山活动（Mahony等，2011；Tatsumi，2006），俯冲和火山活动在1—2Ma之前停止。注意在8Ma时粗粒沉积物分散的供应的变化。从海底水道供给转变为轴部海沟供给。可以解释为1—2Ma之后，当俯冲的板块达到适合的温度—压力—时间条件。四国海盆地洋壳向的再次俯冲形成了海沟地形。应用Gaina和Müller（2007）公开发表的关于菲律宾海板块旋转极点的数据。重建了2~15Ma期间日本西南部板块的边界。日本的位置保持固定不变，构造重建过程中。

　　南凯海槽 KAIKO 项目研究表明，受大洋基底海脊的控制，俯冲带可能以一定的速度向大洋一侧迁移（LePichon 等，1987a，b）。在南凯海槽东部，稳定的钱洲海脊逐渐靠近北倾的俯冲带和海槽。从发育多条水道的地震剖面上看，由于挠曲过程中海脊和上部洋壳强度，逆冲（变形）前缘已经跃迁到南凯海槽的南部靠洋一侧（图 10.26）。这种滑脱面可能发育成一个新的俯冲带，激活现今海槽作为变形前缘，然后可以在洋壳玄武岩之上形成完整的海槽充填地层。此外，增生基底的强度，可以屏蔽上覆大洋增生楔的强烈内部变形特征。海山的俯冲结合部分玄武岩和沉积物的铲刮，也可能保存可识别的海槽地层。这样的沉积序列可能由构造剪切相关的沉积物组成，包括大洋灰岩、燧石（岩相类 G）、深海沉积（岩相类 E）、半深海沉积（岩相类 E）和薄层浊积岩（岩相类 C 和 D）、岩崩（岩相类 F1）、滑塌堆积（岩相类 F 和 A）、碎屑流（岩相类 A1），以及相对粗粒的硅质碎屑浓密度流沉积（海槽充填沉积，岩相类 A、B 和 C）。Thornburg 和 Kuhn（1987）探讨了海槽充填沉积对确定地层形变前缘位置的重要性和地层重复的特征。他们认为饥饿沉积的海槽倾向于从洋壳玄武岩的上部滑脱（尽管我们很难理解为什么这种滑脱不会立即发生在海槽沉积的洋壳之上）；他们还认为沉积物的沉积速率很快，足以形成厚层海槽沉积地层，而在洋壳不断增生的情况下沉积较不发育（Thornburg 和 Kuhn，1987）。在海槽轴向水道发育的地方，他们认为在碎屑岩靠海一侧会出现地层滑脱。虽然 Thornburg 和 Kuhn（1987）的模拟包含了很多有用的要素，但是我们相信部分地层保存的控制因素远比这复杂得多，有待更详细的对比研究。

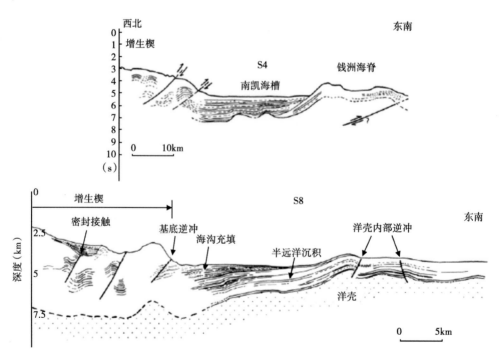

图 10.26　KAIKO 项目南凯海槽东部的 S4 和 S8 地震解释剖面（据 Pichon 等，1987b）

注意现今南凯海槽南部的逆冲，一直到钱洲海脊的南部，推测可能发育一个新的海槽

在缺少与深海沉积物相关的洋壳玄武岩时，很难区分弧前盆地，增生楔斜坡盆地和海槽充填沉积。除了沉积位置之外，海槽充填的硅质碎屑沉积没有独特的沉积特征。

10.2.7 弧前盆地/斜坡盆地

受挤压、拉张和走滑构造作用的控制，在俯冲增生复合体系内会发育不同规模的弧前盆地。较大规模的弧前盆地往往发育在年代较老、形变程度和变质作用较强的增生楔沉积及相关火成岩之上［如新西兰北岛俯冲体系发育的 20×30km 的上中新统马卡拉（Makara）盆地；van der Lingen，1982］。

在西太平洋北纬 10°和 45°之间，发育了许多岛弧体系和相关盆地（图 10.1）。包括日本海沟、南凯海槽、弧前盆地以及琉球岛弧和冲绳海盆（弧后裂谷发育形成的一个边缘盆地）。Letouzey 和 Kimura（1985，1986），Taira 等（1989），Pickering 和 Taira（1994）等总结了该地区新生界的构造演化（图 10.27）。与菲律宾、欧亚和太平洋三大板块三联点相关的日本或本州弧，包含了两个不连续的海沟：东北部的日本海沟和西南部的南凯海槽。日本海沟沿太平洋板块边缘向北延伸到千岛海沟，向南则连接小笠原海沟。日本海沟—本州弧可能是太平洋会聚板块边缘研究最广泛的构造。

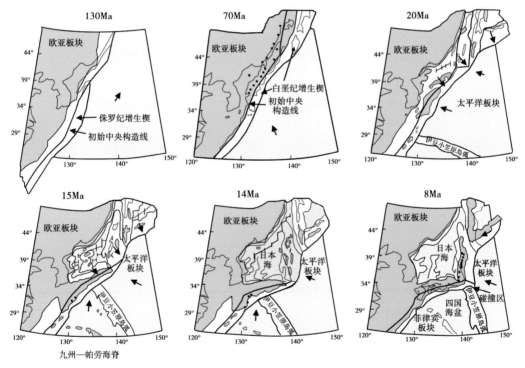

图 10.27 四万十带（Shimanto Belt）古地理重建以及弧前演化
（据 Pickering 和 Taira，1994，修改）

箭头指示会聚方向。绿色表示陆地，蓝色表示洋壳，白色表示过渡壳，包括岛弧基底。黑点表示
火山中心（也参见 Taira 等，1989，Pickering 等，1993b，Pickering 等，2013）

像南凯海槽边缘这样由沉积控制的俯冲带经常会发生 8.0 级左右的大地震（Ruff 和 Ka-namori，1983）。虽然对地震的成因机制还没有很好地理解（Byrne 等，1988；Moore 和 Saf-fer，2001；Saffer 和 Marone，2003），但是通常认为发震带的上界与弧前外侧隆起的地形破坏有关（Byrne 等，1988；Wang 和 Hu，2006）。来自南凯海槽的高分辨率地震剖面清晰地展示了一条无序逆冲断层或巨型断裂体系，该断裂体系往下延伸至板块边界（滑脱面），位于 1944 年发生的 8.2 级东南凯（Tonankai）地震的同震断裂带内（Park 等，2002；Ikari 和 Saffer，2011；Kimura 等，2011；Saffer 等，2013）。

该地区所有海槽都有不同的沉积充填。在南凯海槽，大量陆源泥岩和砂岩从富士河通过海底峡谷搬运至海槽轴部聚集（岩相类 A、B、C 和 D）。文献报道该地区还发育泥底辟（KAIKO 项目船上科学家，1985）。日本海沟表面沉积了薄层陆源沉积物，可能是由于海沟陆坡失稳导致的再沉积（岩相类 F）。相反，北面千岛海沟的西部沉积了厚层沉积。通过博索（Boso）峡谷搬运，在小笠原海沟、相模（Sagami）海槽和日本海沟的三联点位置覆盖了巨厚的陆源沉积。周围的洋底朝三联点中心倾斜。三联点位置的沉降速率远大于沉积速率。

海沟中的增生样式具有较大的变化，伸展和隆升构造控制了沉积。例如，DSDP 87 航次在日本海沟弧前的研究结果表明，晚白垩世和早古近纪的隆升控制了位于弧前外侧的亲潮（Oyashio）陆块的形成（Karig，Kagami 和 DSDP 87 航次科学家 1983）。随后在晚渐新世—晚上新世，弧前沉降导致水淹，早更新世的板块会聚再次隆升和增生。因此，地层表现为深海—浅海相交互沉积，弧前局部出现抬升暴露。

南凯海槽俯冲深度在 4000~4800m，宽度在 10~20km（Aoki 等，1983）。海槽东部的俯冲角度比西部更陡。Leggett 等（1985）认为南凯海槽增生变化来自：（1）俯冲—增生期间，海槽下陆坡趾状构造附近深海沉积物的铲刮。（2）底侵作用。在铲刮和前缘增生位置，通过高分辨率地震剖面可见 1~6km 的叠瓦逆冲断层。这些断层可能沿走向延伸 70km。位于美并—室户圆丘下面的底侵区域，是一个与同期拉张断层相关的隆起区。圆丘上陆坡方向，大约聚集了 1200m 厚的深海沉积地层。

日本海沟和南凯海槽及相关的弧前区域，展示了俯冲—增生相关构造的复杂性和多样性。在海槽斜坡内部不仅有滑动和其他过程导致的块体坡移，还有一些挤压和拉张背景下发育的小型沉积盆地；部分盆地的沉积地层相当厚。

ODP190 航次在南凯海槽增生楔的六个站点进行了钻井，其中两个站点分别位于"室户断面"（ODP 1173 站点）和"阿什祖里断面"（ODP 1177 站点）向海一侧的末端，通过钻井确定了四国海盆增生/俯冲的地层框架（图 10.15，图 10.16，图 10.17，图 10.28，图 10.29，图 10.30，图 10.31）。Ashizuri 站点的俯冲剖面上有一套厚层的中新统重力流沉积（主要为岩相类 B、C 和 D）和富蒙皂石泥岩沉积（岩相类 E 和 G）。两个横断面的滑脱面局部沿下四国海盆沉积的地层单元（5.9—7Ma）发育。通过 DSDP 和 ODP 钻井（图 10.31）的磁化率和岩心特征，可以在两个横断面之间对该层位进行对比。

中美洲和秘鲁会聚边缘就是一个典型拉张构造的弧前实例（参见 DSDP 66 航次（Wat-kins，Moore 等，1982），67 航次（Aubouin 等，1982a，b，c）和 84 航次（von Huene，Aubouin 等，1985；Bourgois 等，1988））。危地马拉边缘，包括中美洲海沟，是典型的俯冲—增生实例，包括从下行科科斯洋壳铲刮的沉积物和岩石。该边缘与小安的列斯岛弧不

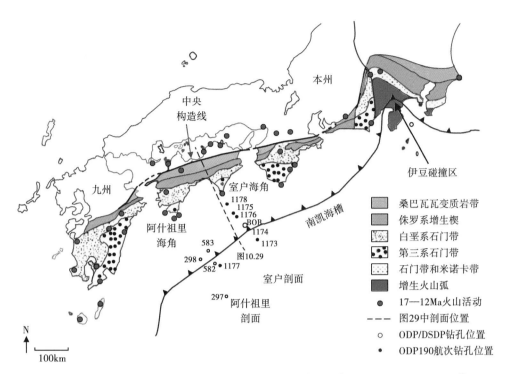

图 10.28 日本弧前区西南部地质图及 ODP 190 航次站点位置（据 Moore，Taira，Klaus 等，2001）

注意 17—12Ma 的火山活动分布广泛，可能是由于年轻的四国海盆洋壳的初始俯冲。白圈表示的
是之前的 ODP/DSDP 钻井位置。虚线指示的是图 10.29 剖面位置

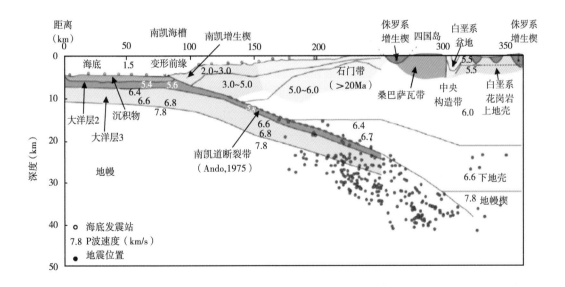

图 10.29 南凯海槽弧前地区地壳剖面图（引自 Kodaira 等，2000）

展示了地壳构造，地壳速度和俯冲板块的地震位置。注意 1946 年南凯道地震破裂带的上界可能已经到达南凯
海槽增生楔（Moore，Taira，Klaus 等，2001）

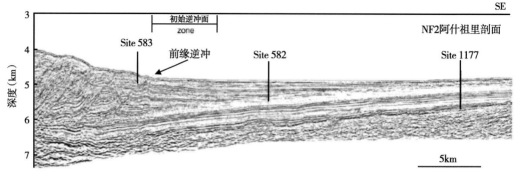

图 10.30　过阿什祖里断面参考站点（ODP 1177 站点）、海沟站点（ODP 582 站点）和增生楔趾状
构造站点（ODP 583 站点）的地震剖面（NT-2）。据 Moore，Taira，Klaus 等（2001）。DSDP 和
ODP 位置见图 10.15。（标题见正面）

一样，因为沉积过程与发育在陆壳的岛弧相关，弧前仅发育大量的深海沉积。

俯冲始于古近纪早期（von Huene，Aubouin 等，1985）。从新近纪开始，发育了边界清晰的弧前盆地，陆坡和海沟沉积深度超过 3500m。沿着中美海沟轴部，半远洋粉砂岩和泥岩（岩相类 D 和 E）、砂质重力流沉积（岩相类 B、C 和 D）和薄层深海沉积（岩相类 E 和 G）滞留在沉降的大洋板块之上，同时发育少量砂岩沉积。在海沟充填下面，科科斯板块发育了中新统深海白色有孔虫/超微白垩和红棕色泥岩，之后被上新统/第四系的半深海粉砂岩和泥岩覆盖，还有罕见的来自内陆坡的浊积岩。相比而言，被海底峡谷局部侵蚀的陆坡发育的沉积相类型更加丰富，包括砾质泥岩（岩相群 A1）。证据表明 50~200m 厚斜坡沉积，受控于持续向下坡方向的塑性蠕变过程（Baltuck 等，1985）。具有高沉积速率的特征，例如 DSDP 565 站点：海底以下 0~80m 的沉积速率为 165m/Ma，80~90m 为 13m/Ma，90~328m 为 123m/Ma。尽管处于板块会聚位置，位于弧前的危地马拉还是很少见到挤压形变的现象。相反，在拉张构造上却找到大量地震的证据。根据底侵作用作为主要增生机制建立的模型，能很好解释拉张现象。Aubouin 等（1982a，b，c，1984）和 Bourgeois 等（1988）把危地马拉主动边缘和小安的列斯弧前（Biju-Duval，Moore 等，1984）的会聚—挤压型边缘对比后，将其列为会聚—拉张型主动边缘。与会聚—挤压型边缘相比，会聚—拉张型主动边缘的沉积似乎更薄一些。

根据南纬 4°—10°之间秘鲁陆坡的一组地震资料，Bourgeois 等（1988）识别了三个不同形态的构造域：（1）上陆坡，水深可到 2500m，倾角总体为 5°，轻微上凸，主要被笔直的"V"形峡谷下切；（2）中陆坡，以发育大量弯曲陡坎为特征，海底到海沟的最大偏移量可达 1200m，解释为陆坡块体失稳和构造滑塌的结果，尤其是在上部；（3）下陆坡到相对平坦的海沟底部（水深 5000m），表现为丘状地形，解释为陆坡高部位发生滑塌的沉积。增生楔的前缘逆冲和趾状构造带在下陆坡表现为海脊构造。增生楔挤压带到海沟轴部的最小宽度为 15km，最大宽度为 85km；挤压边缘到拉张边缘的转变位于中—下陆坡分界，这个分界至少在南纬 5°带可以识别（Bourgeois 等，1988）。秘鲁边缘，正如 DSDP 84 航次对中美弧前的研究一样（von Huene，Aubouin 等，1985），由叠加在陆壳上的年轻增生复合体

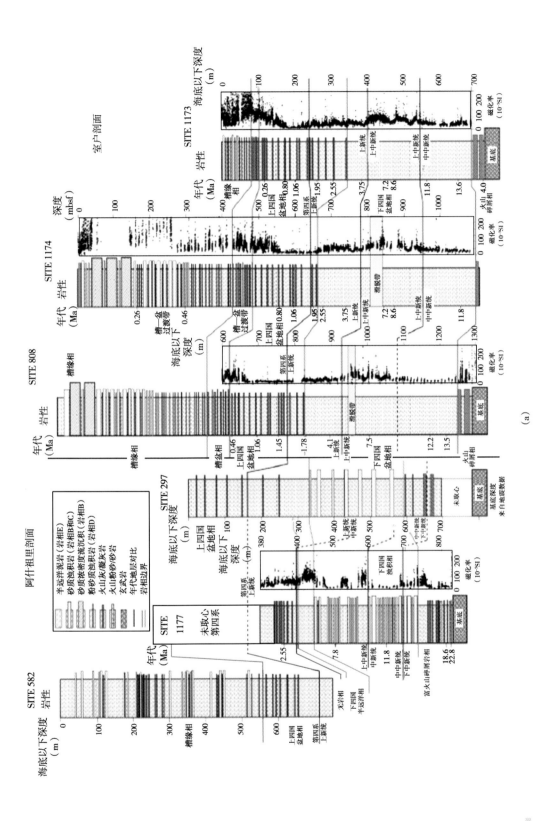

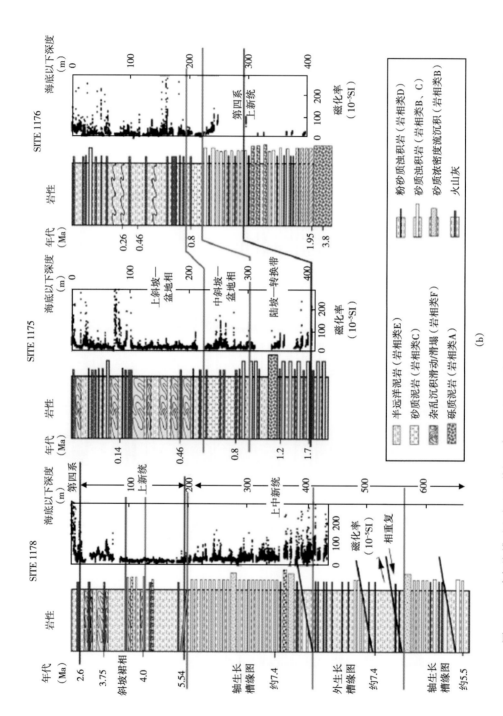

图 10.31　南凯海槽过户户利阿什祖里剖面站点的相单元、磁化率和主要地层界面的对比（据 Moore 等，2001）

红色实线为时间界线。相界面为蓝线（Muroto 横断面）和紫线（Ashizuri 横断面）。DSDP297站点数据来源上科学家（1975），DSDP 582站点数据来源干船上科学家（1986），ODP808站点数据来源干船上科学家（1991）。注意ODP808站点沿前缘逆冲的沉积叠瓦效应已经去除，中新统上新统逆冲前缘沿前缘瓦效应已经对应到重新解释的古地磁数据界面

构成，表现为会聚—拉张型边缘（Aubouin 等，1984）。

许多发育在变形增生楔上的斜坡盆地的沉积都受逆冲断层的控制，而沉积物中的生长褶皱在表面形成海脊，正如在南凯增生楔室户剖面看到的一样（图 10.32）。这些盆地的规模从 3km×1km，沉积厚度几百米，到 21km×4km，沉积厚度大于 600m（Stevens 和 Moore，1985）。文献中记录的其他很好的地震剖面实例包括：加勒比海板块西南部的哥伦比亚弧前盆地（Lu 和 McMillen，1983）和印度洋西北部阿曼湾的莫克兰（Makran）弧前盆地（White 和 Louden，1983）。在尼亚斯海脊的实例中，逆冲确定了盆地靠弧一侧，而海沟边缘则表现为进积上超的盆地充填。在个别盆地中，表层褶皱是逆冲断层的同时期产物，主要的褶皱枢纽则平行于弧前斜坡的走向。平行于弧前斜坡走向的主要构造单元倾向于沿盆地轴线进行沉积供给，地理上限制了侧向沉积输入。这些受挤压构造限制的斜坡盆地，也发育在弧后和前陆盆地中，这里的逆冲叠瓦体系形成在沉积过程中。

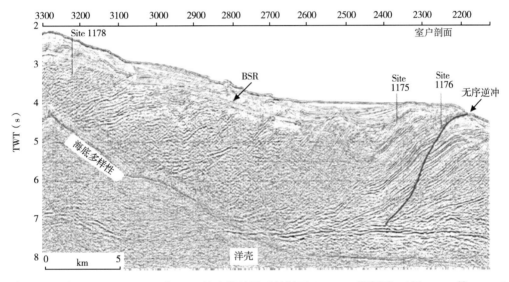

图 10.32　过 ODP 1175，1176 和 1178 站点的地震反射剖面（Muroto 横断面）（据 Moore 等，2001）

地震数据来源于三维工区（Bangs 等，1999；Moore 等，1999）。Xline 是三维地震体中的联络线号。
BSR—与天然气水合物相关的似海底反射；OOST—无序逆冲断层

哥伦比亚盆地增生楔的西部比较光滑并被马格达莱纳（Magdalena）扇体覆盖，而在更远的东部发育一个近地表的变形复合体，包括一个中斜坡构造高点和大量的逆冲顶部盆地（Lu 和 McMillen，1983）。White 和 Louden（1983）记录了莫克兰斜坡盆地的逐渐充填和海脊顶部沉积物的覆盖，快速的沉积聚集使弧前斜坡区变得更为光滑。同样，在莫克兰上斜坡发育的峡谷和冲沟往南延伸，但是到达暴露的褶皱带时，发生了 90°转弯，沿斜坡盆地轴向延伸。

在沉积速率相对较低的部位，弧前盆地的构造过程清晰可见。如 Gnibidenko 等（1985）展示了在弧前斜坡发育多条海底峡谷的汤加—克马德克（Tonga-Kermadec）海沟，海沟受两个断裂体系的强烈控制，其中一条平行海沟走向，另一条横切海沟走向。此外，地垒—地堑构造以及大量正断层的发育，都证明了拉张构造的重要性，至少是在弧前的局部位置，垂向抬升达 5000~7000m（Gnibidenko 等，1985）。

在弧前变形期间，不管是挤压还是拉张，盆地向后倾斜的速率可能比沉积速率或峡谷、冲沟和水道的下切速率都要快。在这样的情况下，沉积物搬运路径可能会沿着这些盆地后侧偏离，直到再次形成有利的区域下坡流动条件。这个过程会导致沿弧前斜坡走向发育线性的沉积，这在许多斜坡盆地中都可以见到，比如南凯增生楔四国海盆东南部的弧前室户（Muroto）盆地。在这里，主要海底峡谷向东沿盆地后侧偏离了 50km，随后转向并延伸至南凯海槽。

许多深海弧前盆地的构造伸缩作用导致了盆地发育总体向上变浅的沉积序列，最后在残余弧前盆地形成陆源沉积不整合。这种构造控制的向上变浅的层序，在弧前盆地内表现为一套向上变粗沉积趋势和/或斜坡盆地充填。形成这种趋势的主要原因是海沟沉积的铲刮和前缘增生，导致相对较大的下斜坡盆地（主要接受细粒沉积）逐渐过渡为岛弧盆地，并进入以粗粒硅质碎屑和/或碳酸盐岩为特征的浅水区。Platt 等（1985）描述了莫克兰增生楔向上变浅的沉积序列实例，并把中中新统—下上新统陆坡和陆架地层解释为深海平原浊积岩，而且没有任何可识别的地层或者构造不整合。厚度达 4km 的陆架沉积物往南仅侧向迁移了几千米，就变成了薄层细粒的深海沉积。可是，很难明白增生楔之上的盆地发育了完全未变形的深海平原沉积，而不是在深海陆坡盆地发育的相对非限制性的浊流体系。虽然在莫克兰增生楔内普遍发育不同尺度且地层重复的逆冲断层（如薄层浊积岩中的双重结构），但它明显不影响潘古格（Panjgur）浊积岩，如果增生楔顶部盆地的早期挤压变形早于主要向上变浅的序列，会得到相反的预期。关于这个问题的讨论可见 Platt 等（1985）。

图 10.33 是一张展示增生楔上部盆地如何形成一个向上变浅变粗沉积序列的概念模式图，盆地逐渐远离海沟向浅水区迁移。可是，我们的解释和上述的 Platt 等（1985）对莫克兰斜坡盆地充填不一样，我们认为：（1）表现为大规模向上变浅趋势，并伴随很少内部变形的增生楔上部盆地，最可能的解释就是它们从一开始就是斜坡盆地而非海槽充填或开阔、深海平原体系；（2）它们可能发育一系列内部不整合，虽然很难通过野外露头进行识别，而且可能具有一致的倾向（图 10.33），反映了构造活动增强，如隆升事件；（3）尽管这种盆地充填的内部变形不强烈，但是其形变程度（和可变性?）会随着深度增加而增强，同时向盆地边缘增强。通常，斜坡盆地的沉积会发生一些内部变形；例如在盆地的边缘，如果盆地是断层控制的，容易受到构造错断的影响，但是整体地层保存较好，尤其是在厚层部位。过主动增生楔的高分辨率地震反射剖面，可能是观察这种微构造特征的唯一手段。

在危地马拉中美海沟增生楔靠陆一侧的斜坡位置，Lundberg（1982）识别了大量向上变粗的厚约 1200m 的沉积序列，但他把这些沉积解释为进积海底扇。这种趋势的规模和构造位置与上述向上变浅的序列相似。如果一个斜坡盆地从下斜坡到上斜坡一直处于深水环境，那么很难识别盆地向上变浅的过程，除非有微体古生物的证据和精细的颗粒变化趋势。现今的加利福尼亚大峡谷沉积就是从中生代—早新生代期间（Ingersoll，1978a，b）的一个深海弧前盆地演化而来的，是弧前盆地形成向上变浅变粗序列的很好实例。

简单前积作用形成的大规模向上变粗的沉积序列在弧前盆地充填中应该不会形成不整合面。但是，如果向上变粗的沉积序列发生在隆升和弧前斜坡盆地的后倾过程中，那么可能普

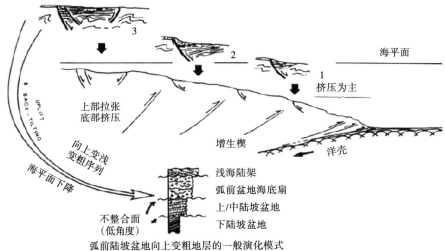

图 10.33　增生楔顶部盆地地层演化的一般模式图，随时间从海沟逐渐抬升并向后移动

（据 Pickering 等，1989）

遍发育低角度不整合面，可能向一个固定的方向旋转，同时表现出隆升和充填的期次性（图 10.33）。不幸的是，这些不整合角度可能非常小，以至于在古老的层序中无法识别。

　　弧前盆地可能包含相对粗粒的深海相沉积，一定程度上反映了其比较接近隆升的沉积物源区。巴巴多斯东北部出露下—中始新统苏格兰群，就是一个弧前盆地的实例，不整合位于较老的强烈褶皱和剪切变形的增生楔沉积之上（图 10.34，图 10.35）。岩相和古水流数据研究表明苏格兰群海底扇的许多沉积物源来自南美地区（Pudsey 和 Reading，1982；Larue 和 Speed，1983，1984；Speed，1983；Speed 等，1991，2005）。古奥利诺科（Orinoco）河是一个可能的沉积物源，如奥利诺科的海底扇沉积记录（Deville 等，2003；Callec 等，2010）。

　　部分重力流沉积在同一层中包含了多个鲍马序列段，特别是 Tb 和 Tc 段重复出现，Larue 和 Provine（1988）认为这很可能是退积的斜坡滑塌或是流体不稳定引起的，他们把这种异常沉积层称为"摇摆的（vacillatory）浊积层"。

10.2.8　弧前背景下流体的流动和排出

　　世界上最大的自然灾害就与俯冲工厂有关，如海啸地震（Tobin 和 Kinoshita，2006a，b；Moore 等，2007）。例如，日本东南部和南凯海槽有 1300 年以来的大地震历史纪录，其中很多地震都伴随有海啸。最近发生的有：1944 年的东南凯 8.2 级地震和 1946 年南凯道 8.3 级地震（Ando，1975；Kodaira 等，2000；Obana 等，2001；Hori 等，2004；Ichinose 等，2003；Kikuchi 等，2003；Baba 和 Cummins，2005；Satake 等，2005；Baba 等，2006，2009；Park 和 Kodaira，2012；Sugioka 等，2012）。流体在俯冲工厂中的作用有助于理解增

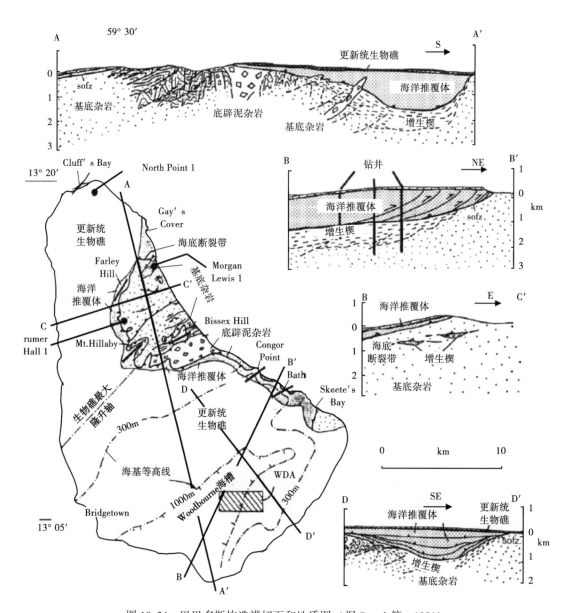

图 10.34 巴巴多斯构造横切面和地质图（据 Speed 等，1991）

海洋推覆体被认为是海洋异地沉积。Pudsey 和 Reading（1982）描述的下—中始新统苏格兰群深海重力流沉积位于该海洋推覆体内（见图 10.35）（可与 Donovan，2005；Speed 等，2013 比较）

生楔动态流变学、发震带的发育和俯冲沉积的内部变形。这个问题的讨论已经超出本书的研究范围，如果读者希望有更深入的了解，可以参考 Tarney 等（1991），Taira 等（1992）和 Moore 等，2001）的研究成果。图 10.36 总结了增生楔内的流体的主要来源和疏导路径（Tarney 等，1991）。流体的排出会影响俯冲带的化学和质量平衡，特别是在断层和地层疏导位置。

滑脱带附近的地化异常，如孔隙水氯化物异常低和存在热成因烃类，表明是来自增生楔

（a）　　　　　　　　　　　（b）

图 10.35　巴巴多斯东部弧前斜坡盆地下—中始新统苏格兰群的砾质层状砂岩

（岩相群 A2，B1，B2 和 C2）

后部深层的长距离聚集流体，包括蒙皂石原位脱水反应形成伊利石期间排出的构造束缚水（Underwood 和 Pickering，1996）。滑脱面还表现为孔隙度的增加，密度和速度的降低（图10.37，图 10.38a，b，图 10.39）。由低变质作用或成岩作用导致的沉积物内聚力的增加，似乎对增生楔内部应力的传播（传播至发震带上界）具有重要意义（Schumann 等，2014）。

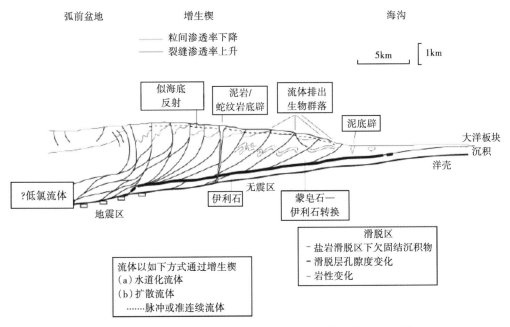

图 10.36　增生楔内流体的疏导路径和主要来源示意图（据 Tarney 等，1991）

Saffer 和 Screaton（2003）采用一个结合流体和溶质流动的简单模型，来评价在滑脱面观察到的地化梯度的明显变化，发现在巴巴多斯北部和哥斯达黎加俯冲带观察到的地化异常可以通过近期的流体脉冲来解释，或通过沿滑脱带的持续流体结合垂向流体从固结逆冲

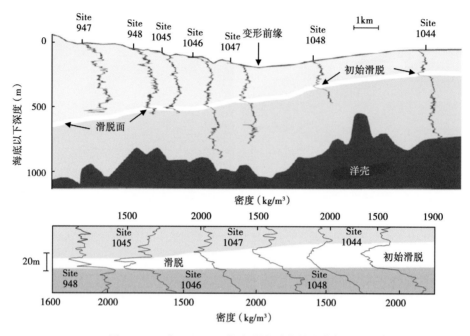

图 10.37　过 ODP171A 航次所有站点的连井剖面图

随钻测井的密度数据来自 ODP 156 和 171A 航次（Bangs 等，1999）。下图是上图在滑脱面附近的局部放大图。上部灰色阴影部分代表增生楔和对应的沉积物。下部黑色阴影部分表明部分沉积段遭受了逆冲，等同于向海方向的变形前缘。白色条带是与滑脱带相关的低密度地层。它在厚度上不等同于构造上定义的滑脱带，但地层可能包含或者被包含在其中。深度比例是相对深度，不是绝对深度

沉积物的排出来解释。后一种解释与估算的哥斯达黎加上升流的速率是一致的，而上升流的速度是基于逆冲沉积内部的孔隙压力梯度和测量的渗透率进行估算的（Saffer 和 Screaton，2003）。这项研究表明沿断层输导的流体脉冲可能不能用来解释地化异常。此外，逆冲沉积中局部流体向上流动以及深部流体沿滑脱带流动的混合，为哥斯达黎加滑脱带孔隙水的淡化提供了一种解释。

增生楔深海沉积物理性质的原地测量，可以通过其在变形、流体流动和断层活动期间的固结、胶结和膨胀过程进行评价。因为地震成像受到物理性质的影响，物理性质的测量可以标定地震资料，并作为遥感变形和流体流动过程的一种手段。随钻测井同样为物理过程的原位评价提供了一种工业标准手段，包括井孔条件。这些数据可以作为其他类似的不活跃沉积盆地的参考，并帮助分析地下水和烃类的运移以及地震的过程。

弧前盆地地层中孔隙流体的同位素异常和元素浓度的偏移，说明成岩作用的深度只有几百米范围，包括黏土矿物成岩作用、火山灰的变化以及富硅藻生物硅的转换。Dehyle 等（2003）通过 ODP 1150 站点获取了日本海沟弧前盆地沉积（厚 1200m）的地层孔隙水样品。他们分析了元素浓度以及 Cl、Sr 和 B 同位素。虽然在较深的黏土岩为主的地层中氯化物浓度受到稀释，低至约 310mmol/L 的（海水的 0.55 倍），但是 Sr 和 B 浓度总体都是增加的。Sr 的浓度达到大于 250μmol/L（约为海水的 3 倍），B 的浓度更大，达到 3920μmol/L（相当于海水的 9.3 倍）。该浓度的变化与弧前构造变形深部的分馏反应相符。ODP 1150 站

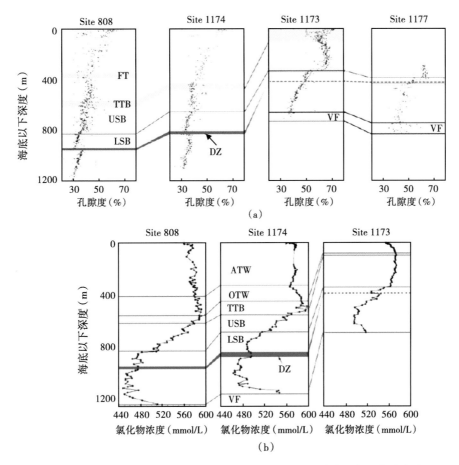

图 10.38 过 ODP 1173，1174，808 和 1177 站点的孔隙度和氯化物浓度随
深度变化图（据 Moore 等，2001）

图中标注了岩性单元和主要构造特征。红色阴影部分为观察到的滑脱面位置，红色虚线表示对应地层的等效
深度。VF—火山碎屑岩相；DZ—滑脱带；LSB—下四国海盆相；USB—上四国海盆相；TTB—槽盆转换带；
FT—前缘逆冲带；OTW—外槽楔相；ATW—轴槽楔相

点的裂缝发育区（从 700m 到完钻井深）包括两个剪切带，这两个剪切带很可能就是深部流体向上排出的通道。这些流体不仅氯化物浓度极低，而且还具有较低的 $\delta^{37}Cl$（-1.1‰），最重的 $\delta^{11}B$（40‰~46‰）和最少放射性的 $^{87}Sr/^{86}Sr$ 测量值。结合部分易变元素（如 Sr、B、Li）的富集以及弧前盆地渗透性断层中流体的增强（如沿着 ODP1150 站点剪切带），这种聚集的流体是一种有效将弧前的深层元素搬运到海水的机制。

ODP170 和 171A 航次的随钻数据，使井间沉积物可以进行详细的对比，并对总体密度带变化进行估算（Tokunaga，2000；Saito 和 Goldberg，2001）。数据表明浊积岩中的互层泥岩承受了较大的体积应变，而块状的黏土岩则没有。因为侧向连续发育的砂岩可以作为有效的泄水通道，所以认为夹在相对高渗透率砂岩中间的泥岩层已经经历了脱水作用。Tokunaga（2000）认为逆冲体内部暖流沿砂岩的迁移，可以解释为什么在砂岩发育的 672 站点的海底能观察到热流，而在砂岩不发育的 543 站点的海底则没有。

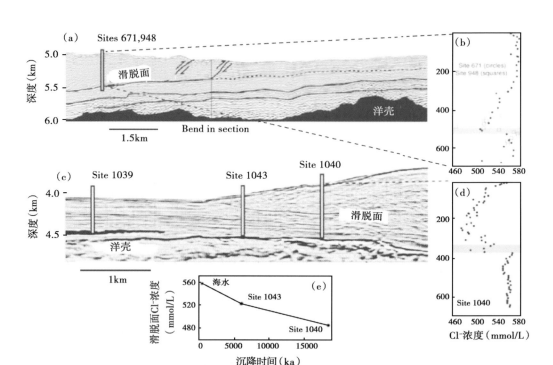

图 10.39 （a）过 ODP671/948 站点的巴巴多斯北部地震剖面；（b）ODP 671 站点（黑色圆点）和 948 站点（空白方框）的孔隙水氯化物浓度；（c）过 ODP 1039、1043 和 1040 站点的地震剖面 （UT-CR20 测线）；（d）ODP 1040 站点的孔隙水氯化物浓度。灰色阴影部分表示滑脱面的位置；

（e）在哥斯达黎加（Costa Rica）滑脱面的最小氯化物浓度，与俯冲时间呈函数关系

（据 Saffer 和 Screaton，2003）

　　硅藻土和放射虫黏土等硅质层往往都是含水层，这些含水层的地层位置对俯冲沉积起到关键的控制作用（Saito 和 Goldberg，2001）。在哥斯达黎加边缘，Saito 和 Goldberg（2001）发现科科斯板块之上的沉积原封不动地俯冲到加勒比板块之下，而没有在前缘发生铲刮，其中硅质水层只在地层剖面的上部发育。巴巴多斯边缘发育放射性黏土岩层，在沉积剖面的中部形成了一个薄弱且脱水作用异常高的狭窄区带。这个地层分割了增生俯冲的沉积物。增生和俯冲沉积具有不同的压实类型。增生沉积具有垂向增厚迅速压实的特征，而俯冲沉积垂向扁平，压实较慢，后者在巴巴多斯和科科斯边缘都能观察到。Saito 和 Goldberg（2001）把增生沉积垂向增厚（在巴巴多斯边缘观察到）的原因归结为早期水平构造的挤压和变形。

　　主动会聚边缘的构造和沉积样式，尤其是弧前和增生楔，是超压沉积物因液化或流化形成软沉积构造并侵入的理想场所，如泥底辟或渗流。虽然砂岩侵入具有不同的规模，但是最大规模的底辟，可能是由包含了岩化或半岩化块体的泥岩或页岩形成的底辟。小安的列斯增生楔（图 10.40a，b）（Higgins 和 Saunders，1967；Biju-Duval 等，1982；Westbrook 和 Smith，1983；Brown 和 Westbrook，1987）和帝汶（Timor）海槽地区（Barber 等，1986；Karig 等，1987）发育了这类泥底辟和火山实例。Camerlenghi 和 Pini（2009）对环地中海泥

火山及相关沉积特征进行了描述并讨论了可能的形成过程。Brown 和 Westbrook（1988）对巴巴多斯盆地过泥火山的地震剖面进行了解释，认为存在长度超过 2km 的侧向平行侵入特征。在出露有限的古老地层中，这类厚达几百米的杂乱地层，很容易被错误地解释为碎屑流沉积，或者强烈变形形成的混杂岩。

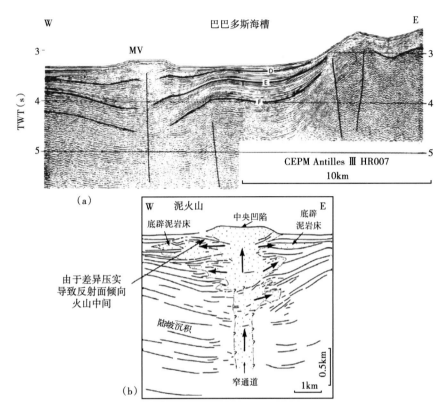

图 10.40　（a）发育泥底辟的地震反射剖面，位于巴巴多斯海槽东部的小安的列斯增生楔顶部斜坡盆地。底辟刺穿海底，形成 80m 高、2km 宽的泥火山，同时侧向侵入地层中（杂乱反射）。盆地边缘的抬升可以通过 D、E 和 F 地层沉积的向上变薄来说明。据 DSDP 78 航次（Biju-Duval 等，1984；Westbrook 等，1984）。（b）Brown 和 Westbrook（1988）在地震剖面上解释的泥底辟和火山的形态，注意推测存在塑性流体从主通道侧向平行侵入地层超过 2km

当沉积物在一定深度发生超压时，就会发育泥底辟，并以流体的形式侵入到周围地层中。泥浆的垂向逸出速度可以达到足够的数量级，通过液压的方式使固结和半固结的岩石发生破裂，并将它们混入泥浆中，甚至将其从通道内挤到海底，或者是岛弧地表。泥火山岛弧前人已经有很多研究，如特立尼达南部的查塔姆群岛（Adams，1908；Bower，1951；Arnold 和 Macready，1956；Birchwood，1965；Higgins 和 Saunders，1967）和帝汶岛（Barber 等，1986）。21 世纪在新西兰吉斯伯恩（Gisbourne）附近的陆上发生了泥火山喷发（Strong，1931；Stoneley，1962）。

超压沉积物的液化和随后软沉积侵入可能有如下几个原因：（1）断层活动导致的地震应力；（2）构造逆冲增厚或沉积物快速聚集（包括滑动）导致的沉积负载应力；（3）页岩

中有机物腐烂导致烃类的聚集，如甲烷和天然气水合物（Hedberg，1974）；（4）深部地壳和上地幔热成因气和流体的逸出；（5）在极低渗或不渗透黏土中的压实或矿物转化过程中的脱水作用；（6）逆冲导致的不稳定密度反转，如铲刮密度较大的大洋玄武岩到密度较小的含水泥质沉积之上。

页岩发生底辟后，深层孔隙压力降低，导致体积降低，在地震剖面上可以观察到在侵入体周围发生沉降。尽管这种侵入体往往呈垂直或近垂直侵入，但是最容易的局部侵入路径可能是水平的，从而形成一个复杂的塑性沉积岩床和岩脉体系。在所有的实例中，任何与侵入岩相邻的地层都会发生变形，并与边缘对齐。水平地层发生的垂向侵入可能使地层翻转并靠在岩脉上，这个特征在野外露头中经常可以看到。

泥底辟可以以近圆形通道或其他不规则席状形态出现。他们可能：（1）像泥火山和海脊一样喷发；（2）发育在断裂和节理区域；（3）随机出现。海底的塑性沉积物喷发可能会局部改变沉积物搬运路径，形成一个局部独特的沉积物源，与围岩海底沉积物的岩性、动物群组成和年代均不相同。

Breen 等（1986）用 SeaMARC II 侧扫声呐对印度尼西亚松巴岛南部的巽他弧增生楔进行扫描成图，并在逆冲前缘的 15～25km 范围内识别了三种不同的构造样式：（1）下陆坡褶皱和逆冲构造；（2）泥火山和平行于逆冲褶皱带的泥岩海脊；（3）离逆冲前缘 10～15km 的共轭走滑断层。泥岩侵入发生在水深大于 4000m 的海底，坡度范围 2.5°～5.3°。泥岩海脊高 200～300m，宽 1～2km，长 518km，东西走向略微倾向逆冲前缘。海底的泥火山具有相似的高度，但是对称性更好。泥岩侵入表现为块状碎石散落的形态。下陆坡的塑性沉积变形表现为褶皱、逆冲、扭压断层和泥岩侵入的形式。这些变形改变了沉积物的搬运路径，导致海底补给水道弯曲、分支，局部平行或倾斜于斜坡走向。

位于巴巴多斯海脊北部的 ODP 110 航次的主要目的（Mascle 等，1988）之一就是研究增生楔孔隙流体的作用。来自东西向剖面（15°32′N 纬度）不同钻孔和位于变形前缘（距离 17km）674 站点的孔隙流体数据，揭示了两种不同的流体。含甲烷带位于滑脱带和下伏逆冲沉积之间，而氯化物浓度异常的不含甲烷带则发育在增生楔内。甲烷含量在滑脱带之下降低，但在 671 站点底部的渗透性砂岩层是增加的。在 676 和 674 站点（见附件 I 中 DSDP/ODP/IODP 位置图），也观察到了相似的现象。110 航次甲烷样品的碳同位素研究表明甲烷是热成因的。但在钻孔中并没有发现合适的物理—化学条件。沿断层出现了氯化物浓度负异常，如在 671 站点的滑脱带出现的最小氯化物浓度（图 10.39a，b）。氯化物浓度异常与在 674 站点相交的三条断层相关。氯化物浓度异常的原因可能是：（1）埋藏黏土扮演了半透膜的作用，其超滤过程促进了水的流动，但抑制了不同离子的迁移（White，1965）；（2）蒙皂石埋藏过程中的脱水作用；（3）天然气水合物的溶解，Gieskes 等（1984）在中美海沟研究中有提到。

ODP 110 航次的这些重要结果，证明了俯冲体系中流体的流动，导致沉积物的逐渐脱水，并出现化学分区。增生楔内部的应力体系，有助于大致平行于主要滑脱带的水力压裂的发生。可是，泥火山的出现表明，在孔隙流体快速逸出期间，形成了近乎垂直的水力压裂。因此，孔隙流体活动以及沿断层面优先的流体迁移，加深了对增生楔内部塑性沉积物变形的认识。泥底辟、渗漏和混杂岩层，都受到孔隙流体特征的控制。

　　泥底辟、碎屑流、滑动和岩崩过程产生的沉积物具有相似之处，通过有限的露头或岩心资料很难区分开。此外，这些过程形成的沉积可能受构造剪切改造，形成混杂岩（Cowan，1985；Pickering 等，1988a）。因此，能否正确解释泥岩基质的杂乱沉积取决于精确的野外成图、详细的观察和区域认识。古老地层中，深部的泥岩或页岩底辟很可能得以保存，而浅层或地表的底辟往往被剥蚀。根据保存潜力差异推测，深层的底辟往往会保存下来，但最可能受到强烈的变形。图 10.41 展示了深层泥岩或页岩底辟的变形过程，经过褶皱、压扁和剪切可能形成高度剪切的围岩，围绕菱形泥底辟。原始的底辟关系只有在构造成因的菱形中得以保存（图 10.41）。日本南部的石门带就记录了一个强烈变形的底辟（Pickering 等，1988a）。

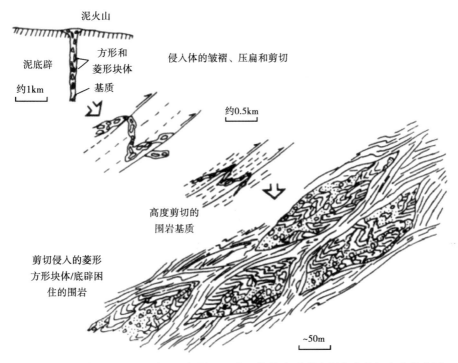

图 10.41　弧前背景下泥底辟通过褶皱、压扁和拉伸变形形成泥杂岩的概念化模式图
（据 Pickering 等，1988a）

注意混杂岩可能只展示菱形区内原始的塑性变形，将所有薄层、细粒岩性的构造变形都包围在内。内部的块体可能是火成岩、变质岩和沉积岩，包括生物成因岩石

10.3　弧—弧碰撞带

　　与洋壳俯冲过程不同，岛弧与岛弧的碰撞产生了不同的构造样式和相应的深海盆地。结合伊豆小笠原海脊（岛弧）和日本本岛（本州弧）之间碰撞带的研究，以及日本东南部陆上晚中新世—上新世地层的对比，Soh 等（1991）提出了弧—弧之间的碰撞过程和相应的可预测的地层序列。

　　在日本东南部（图 10.42），弧—弧碰撞导致伊豆小笠原岛弧在本州弧之上发生增生，并伴随板块边缘和海沟的逐渐向南迁移（图 10.43）。在伊豆小笠原岛弧地壳增生之前，前缘经历了隆升，形成了一个与海沟近似平行的隆起带，钱洲海脊（图 10.44，图 10.45）是一个现今的实例，而 Hayama-Mineoka 隆起带（HMUZ）是一个中新统—上新统的实例（图 10.43）（Soh 等，1991）。海脊将北部海槽或海沟和南部大洋岛弧盆地分离开。在碰撞—增生过程中，海槽沉积了来自本州弧的陆源沉积和伊豆小笠原岛弧的火山碎屑沉积，而岛弧盆地则只沉积了火山碎屑。在增生末期，岛弧盆地开始接受不断增加的陆源沉积，本州弧沉积了受基底峡谷控制的碎屑沉积。增生过程往往伴随强烈的变形，残余深海盆地随后在角度不整合之上发生沉积充填。

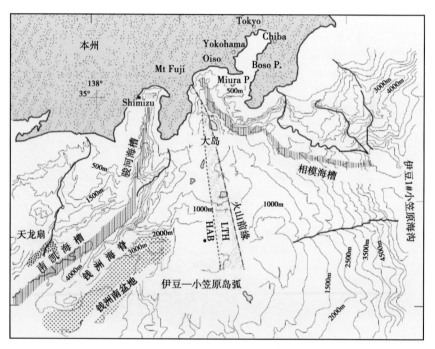

图 10.42　日本中部的本州弧东南位置地貌图（据 Soh 等，1991）

注意现今火山前缘和火成岩的地球化学分区（Takahashi，1986）：LTH—低碱性拉斑玄武岩带；

HAB—低碱性高铝玄武岩带

伊豆碰撞带经历了几百万年的构造变形，可能与中新世中期（约 15Ma）日本海的开启有关（Itoh，1986），随后在西太平洋地区的板块活动中发生变化（Pickering 等，2013，修改；图 10.25）。与碰撞相关的构造形变形成了长达几十千米的构造，边界受断层控制，由来自伊豆小笠原海脊的火山岩和火山碎屑岩沉积组成。发育时间较短的盆地充填了总体向上变粗变浅的沉积层序，并沿着边界逆冲断层发育。盆地充填沉积物的年代，由北往南逐渐年轻，充填了中中新统—更新统的沉积。逆冲活动产生的盆地随时间向南迁移，Soh 等（1991）将其解释为本州弧之上伊豆—小笠原海脊前缘部分的合并，导致了板块边界的增量迁移（Taira 等，1989）。碰撞相关的变形不仅仅局限在伊豆碰撞带，还延伸到了菲律宾海板块四国海盆的东北部（Chamot-Rooke 和 Le Pichon，1989）。由于板块内部的挤压构造

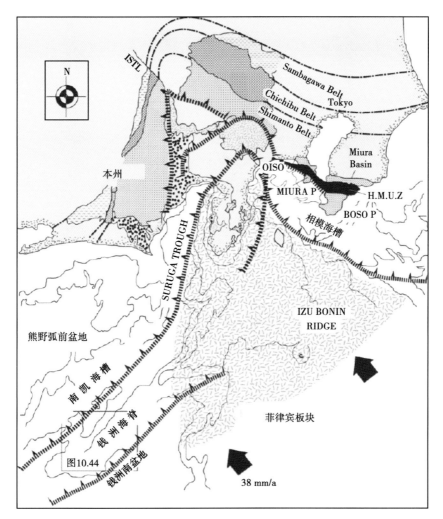

图 10.43　本州弧（伊豆碰撞带）东南部的构造解释图（据 Soh 等，1991）
展示了由伊豆小笠原岛弧和本州弧碰撞引起的海槽或现今盆地分布带。黑色箭头标注了菲律宾海板块的
会聚速率（Seno，1989）。HMUZ—叶山—米诺卡隆升带；ISTL—丝鱼川—静冈构造线；P—半岛

（Le Pichon 等，1987b；Lallemant 等，1987；Taira 等，1989），四国海盆的洋壳隆升和破裂，在南凯海槽向海一侧几十千米处形成了钱洲海脊，从四国海盆东北部延伸至伊豆—小笠原弧（图 10.42）。内部板块的变形可能导致洋壳内钱洲南盆地的活动，在钱洲海脊的南部形成新的海沟。来源于伊豆—小笠原海脊的火山碎屑物质向东沉积在洋壳内盆地。事实上，Le Pichon 等（1987b）认为钱洲南盆地的逆冲边缘，将会由板块内断裂转变为初期板块边界逆冲。

　　叶山—米诺卡隆起带抬升期间，形成了北部和南部两个深海沉积盆地（图 10.46，图 10.47）。北部盆地位于板块边界，充填了来自本州和伊豆—小笠原岛弧的沉积物。相反，南部盆地是伊豆—小笠原海脊弧前的一个洋壳内盆地。南部盆地沉积了弱碱性拉斑玄武岩

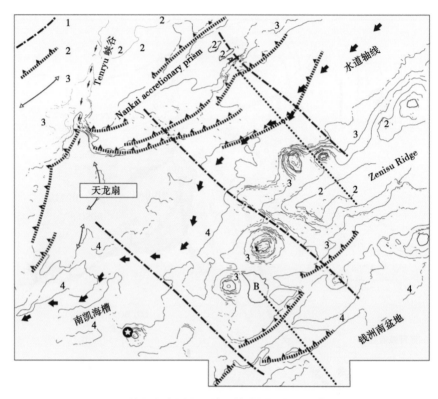

图 10.44 钱洲海脊周边地貌和构造图（据 Soh 等，1991）

水深以 2km、3km、4km 等值线标注。注意逆冲断层和平移断层的发育。图中星号位置表示发现萼壳藻和管状蠕虫的位置。符号 1 表示走滑平移断层；符号 2 表示逆冲断层；符号 3 表示背斜。A 和 B 是图 10.45 中地震测线的位置

火山砾和火山渣以及凝灰质泥岩，但是没有来自本州的沉积物。叶山—米诺卡隆起带（HMUZ）内的小型地堑状海脊盆地沉积聚集了来自米诺卡和叶山群的碎屑岩和浅海相灰岩。来源于米诺卡蛇绿岩的超基性角砾岩和燧石，沉积在发育浅海相生物的海脊盆地内。现今钱洲海脊附近的南凯海槽和钱洲南盆地也发育相似的岩性。相邻构造段岩性的变化：无陆源碎屑或陆源碎屑为主，以及蛇绿岩是弧—弧碰撞带的重要特征。最终，俯冲弧内部板块的变形能改变板块边界的位置，并使洋内盆地发生反转。增生弧的规模很大程度上受内陆板块变形和转换断层横切海脊位置的控制。由于碰撞地壳的流变条件不同，伊豆—小笠原海脊内部的内陆板块变形空间，显然要比与印度—亚洲板块碰撞相关的印度洋北部的变形空间狭窄。Soh 等（1991）推测相比陆—陆碰撞，弧—弧碰撞可能形成规模更小，构造单元更薄的火山弧和前陆盆地充填。

　　叶山—米诺卡隆起带（图 10.43）作为板内断裂，其形成时间可能与叶山—保田群到三浦群（11—10Ma）的过渡一致，正如在南部和北部盆地见到的从半远洋的叶山—保田群到海沟充填的三浦群的同步转变。在黑泷（Kurotaki）不整合（2.5Ma）形成之前，叶山—米诺卡隆起带是有缺口的，因为南部盆地的哈斯（Hasse）地层在这个时间首次接受了来自本州弧的沉积物。Chamot-Rooke 和 Le Pichon（1989）的流变模型研究指出初始岩石圈破

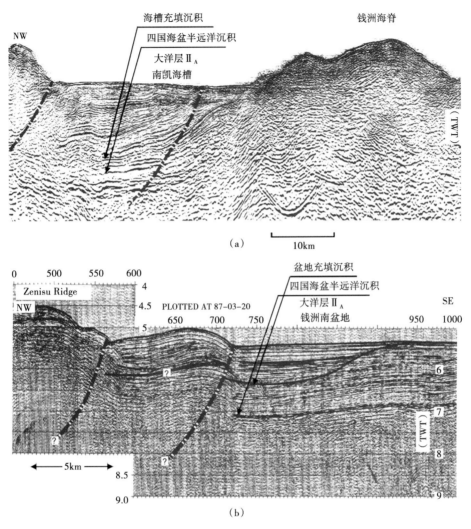

图 10.45　过南凯海槽、钱洲海脊和钱洲南盆地的地震剖面（据 Soh 等，1991）

剖面位置如图 10.44 所示。（a）过南凯海槽和钱洲海脊的典型剖面，注意海槽充填沉积、半深海沉积和

洋壳层 IIA 的边界；（b）过钱洲南盆地的地震剖面，展示了三个层位和逆冲导致的变形

裂以来，板内海脊（钱洲海脊）持续隆升，而板块边界盆地（南凯海槽）持续沉降。北部盆地的地史和沉降分析表明，北部盆地的基底在叶山—米诺卡隆起带发育期间持续沉降，Chamot-Rooke 和 Le Pichon（1989）的模型（一个薄层完全弹性板块的挤压机械失稳），很好地解释了处于挤压、碰撞应力场环境的北部盆地的发育。中新世—上新世期间的叶山—米诺卡隆起带和现今的钱洲海脊，均展示了弧—弧碰撞期间弧壳破裂和盆地形成的构造样式。

　　Soh 等（1991）在钱洲南盆定义了三种不同的地震单元，从底部到顶部的均方根速度分别为：1.6~1.7km/s、2.3km/s 和 3.5km/s（图 10.45b）。基于声学特征以及 Tansei Maru 和 KAIKO Nautile 潜水器获取的样品数据（Le Pichon 等，1987b），Soh 等（1991）自下而上将其分别解释为：洋壳基底、四国海盆半深海沉积和火山碎屑薄层浊积岩（图 10.45b，

图 10.47）。在火山碎屑浊积层的上部，地震剖面和沟槽楔的认识是一致的，都逐渐往西北方向变形。盆地充填厚度达 1500m，四国海盆的深海沉积从钱洲海脊到钱洲南盆地基本没有发生变化（图 10.47）。上部火山碎屑沉积被解释为来自伊豆—小笠原海脊，并沿盆地水道的轴向水道搬运。钱洲南盆地不发育源于本州弧的碎屑沉积。因此，Soh 等（1991）推测钱洲南盆地可能形成在上部火山碎屑浊流沉积之后，由于板内变形形成的沉积盆地。该盆地的沉积序列可以和南部盆地的渐新统—上新统进行对比，发育米诺卡（Mineoka）群到三崎（Misaki）组的地层（图 10.47）。

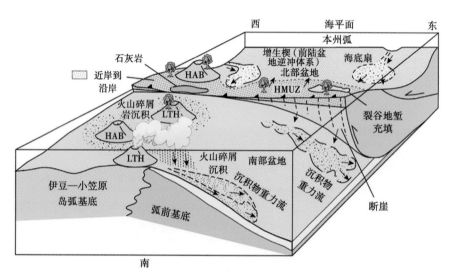

图 10.46　日本东南部叶山—米诺卡隆起区附近的北部和南部盆地的沉积环境重建图（4—5Ma）

（据 Soh 等，1991）

小箭头指的是沉积搬运路径。斜虚线和树表示隆起和火山岩之上的地表和潮下带环境。断崖指与本州弧相关的增生楔前缘逆冲断层，断层控制了伊豆小笠原岛弧和弧前盆地。HAB—高铝玄武岩；LTH—弱碱性拉斑玄武岩；HMUZ—叶山—米诺卡隆起带

日本东南部的三浦（Miura）和博索（Boso）半岛出露了中中新统—下上新统（14—3Ma）三浦群（三崎和哈塞组，图 10.47），在伊豆—博宁弧的较古老部分或者与伊豆—博宁弧缝合的更老岛弧（Pickering 等，2013；图 10.25）东侧的弧前盆地内沉积了厚度超过 2km 的火山碎屑沉积。后来三浦地块通过右旋走滑作用，在本州弧上增生。三浦半岛南部的深海相三崎组厚度超过了 850m。南部的博索半岛三崎组厚度超过了 2000m。可是，更年轻的哈塞组则以浅水的海浪和风暴事件为主，局部以河流和三角洲近端沉积为主（Stow 等，1986b）。在深水陆坡区，盆地充填了不同的重力流和半深海沉积（图 10.48）。主要沉积相包括深色粗粒渣状层、浅灰色泥质和粉砂质生物扰动层，淡黄色和白色凝灰岩层、杂乱的滑动、滑塌、碎屑流和塑性侵入沉积。在较老三崎组中的许多地层被解释为：（1）在空中和水里直接形成的火山碎屑沉积，如 Fisher 和 Schmincke（1984），Cas 和 Wright（1987）所描述的；（2）通过浊流和相关过程形成的下陆坡再沉积，有时来自水下火山碎屑流；（3）半深海沉降，通常受温盐底流的影响。其他情况下形成的复合地层，是这些复杂事件相互作用产生的（Stow 等，1986b）。

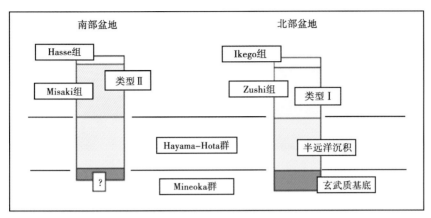

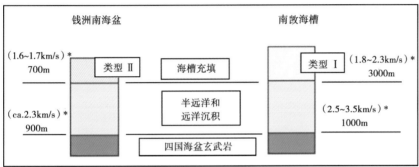

*RMS 速度和层厚度

类型 I：来自两个不同板块的海槽充填

类型 II：来自洋壳的板块内海槽充填

图 10.47　中新世—上新世博索—三浦区以及现今钱洲区示意图（据 Soh 等，1991）
注意南部盆地和钱洲南盆地、北部盆地和南凯海槽之间的相似性

　　Stow 等（1986b）针对三崎组提出了三种不同的重力流形成机制。第一种是不稳定火山碎屑发生的滑塌，源于海山的侧翼和三浦盆地周边的斜坡。这种滑塌最可能的触发机制是火山地震，其沉积物由变迁的物源混合聚集形成（混合的浮石/渣状砂岩）。第二种机制是将高密度海底火山碎屑流直接转变为浓密度流（见 1.4.2 章节）。其沉积物往往具有更多的单矿物成分，不易和火山碎屑沉积物区分开来。第三种是沉积物的沉降在下陆坡转变为重力流沉积，同样会导致单相矿物的增多。许多酸性凝灰质层（岩相类 E）也表现出细粒的鲍马序列，因此被解释为浊流沉积（Stow 和 Piper，1984b）。

　　Stow 等（1986）提出了三浦盆地在中新世和早上新世期间的综合沉积模式（图10.49）。该模式在活动火山岛弧相关的斜坡体系中，尤其是海底岩浆作用过程的地区，具有广泛的适用性（参见相似的沉积相描述，弧前盆地- Van Weering 等，1989；Seyfried 等，1991；弧后/边缘盆地-Kokelaar 和 Howells，1984；Pirrie 和 Riding，1988；MacDonald 等，1988）。

图 10.48 日本东南部三浦和博索半岛的三崎组露头

（a）海底水道内的深色渣状沉积充填，岩相类 A 和 B，地层向左变年轻；（b）海底水道剥蚀边缘，岩相类 A 和 B 侵蚀岩相类 C 和 D，地层向右变年轻；（c）厚 70m 的大型沉积滑动块体（F2.2）；（d）碎屑流沉积，岩相 A1.3，发育浅灰色浮石，地层向右变年轻；（e）火山碎屑层，岩相 C2.1，地层向右变年轻；（f）塑性沉积侵入充填裂缝；（g）沉积滑动体（岩相 F2.1），展示了不规则表面和上覆波纹状细砂岩，比例尺长度 15cm；（h）拉张的小型同沉积正断层，岩相 B1.2，B2.2 和 D2.1，比例尺长度 15cm

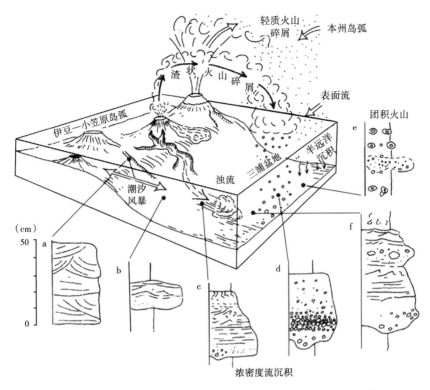

图 10.49 火山碎屑和重力流相互作用形成复合渣状沉积层 （据 Stow 等，1998a）

10.4 弧前模式

　　主动会聚边缘的演化是沉积物通量（通常包括大量的火山碎屑沉积）、海平面变化和构造活动相互作用的结果。读者可以参考 4.4 章节关于主动板块边缘海平面升降对碎屑岩为主的深海沉积作用的讨论，此处不再赘述。

　　地震导致俯冲—逆冲过程中前陆盆地和滑动之间的联系，促使 Fuller 等（2006）提出了俯冲区控制上部板块构造和地震耦合过程之间的联系。他们还提出了一种弧前盆地的形成机制，在俯冲增生楔上，沉积物发育在向陆倾的部位，通过俯冲板块的增生而积极主动生长。Fuller 等（2006）做了大量的数值模拟，认为沉积物使下伏俯冲增生楔保持稳定，防止弧前盆地下面发生内部变形。大型逆冲地震期间产生的最大滑动，往往出现在沉积盆地和稳定增生楔之下。这些地区的增生楔没有内部形变，增加了俯冲—逆冲热增压的可能性，使断层更快速地负载并促进断层更快愈合，并控制沉积迅速填平补齐。这些作用使得俯冲增生楔的变形程度和沿着俯冲逆冲断层的地震耦合的有效性相互联系起来。

　　图 10.50 是弧前盆地主要沉积特征模式图。构造和沉积之间的相互作用，使得这样的沉积环境很难根据地质记录准确进行重建，特别是最终的地质关系由于俯冲相关的挤压/拉张、无序逆冲以及走滑作用，导致与原始的时空关系几乎没有相似之处。此外，图 10.50

在不同沉积过程和变形样式发育区，不能区分富泥和富砂的弧前盆地。我们认为在富泥的弧前盆地中可能发育更多的泥底辟、泥岩海脊和泥火山。同时，主动边缘的数据也并不能对富泥和富砂的弧前盆地进行有效的对比。

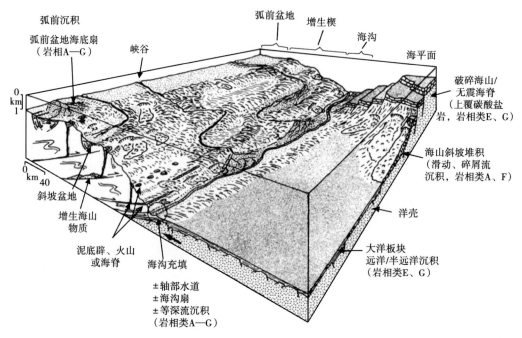

图 10.50　增生楔顶部盆地地层演化模式图（据 Pickering 等，1989）

盆地随时间抬升逐渐合并且远离海槽

10.5　边缘/弧后盆地

　　边缘盆地是深水沉积盆地中较复杂的盆地（Taylor 和 Natland，1995）。这些盆地的地层十分复杂，且可借鉴的模式很少。边缘盆地被定义为"相对小型的半孤立海盆，空间上与主动或非主动火山岛弧和海沟体系相关"（Kokelaar 和 Howells，1984），但是不包括弧前背景。边缘盆地还包括岩浆弧后因地壳减薄拉张形成的盆地（也就是弧后盆地）。边缘盆地的一般特征是他们的发育受洋壳、陆壳或转换带地壳的控制。作为一个普通术语，边缘盆地更适用，因为他没有与新兴火山岛弧相关的内涵。现今地球上发现的边缘盆地有 75% 以上都在西太平洋（Tamaki 和 Honza，1991）。Martinez 等（2007）总结了弧后或边缘盆地张裂的主要模式（图 10.51），分别为海沟后退（trench roll-back）模式或（俯冲）板片"海锚"（slab sea-anchor）模式。当假定牵引板块固定时（图 10.51 所示黑点），海沟枢纽往海方向相对移动（图 10.51 所示浅色点箭头），同时被剥落上驮板块的部分地层随着固定牵引板块所在的海沟一起移动。尽管海沟向海运动，大洋板块本身还会与牵引板块、上驮板块发生会聚，正如图所示大洋岛屿往左的相对运动（大箭头）。在弧后或边缘盆地发育的第二个模式中，由于厚层"海锚"洋壳的力量使得海沟运动受阻（图 10.51 中黑点）。在

图 10. 51 中，b-d 拖尾板块开始向左移动（图 10. 51 所示小箭头），与上驮板块形成相对张裂。在所有实例中，来自俯冲板块的流体水合稀释作用导致地幔开始融化（图 10. 51 粉红色部分）。当板块开始拉张（图 10. 51），岛弧板块张裂变薄，地幔开始上升充填可容空间。这个活动开始释放压力（红色和虚线表示地幔对流）。一旦发生破裂，拖尾板块与上驮板块继续驱动地幔上升和压力释放。注意水合稀释作用可能会持续发生，岛弧和张裂中心融合可能开始完全关闭，但是随着时间的推移会产生越来越多的岛弧和张裂中心（图 10. 51b—d）。

边缘盆地的基底地壳可能是洋壳、陆壳或者过渡壳。因此，在这种类型的盆地中，可能发育厚层的深海沉积，如中国南海的沙捞越盆地，其基底就是前渐新世的洋壳，上覆

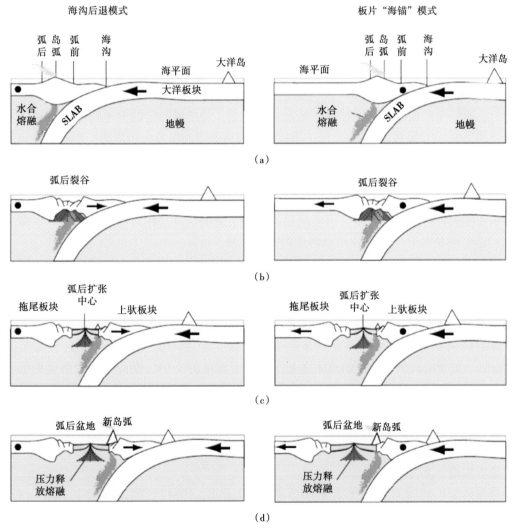

图 10. 51 弧后盆地张裂模式图（据 Martinez 等，2007）

由上到下显示了弧后盆地张裂的时间序列。左图显示了海沟后退模式。右图中由于厚层洋壳的力量，使得海沟枢纽（黑点）固定不动

8000m厚相对稳定的沉积。同样，在边缘盆地中也会发生陆架—陆坡—盆地沉积体系的前积，如始新世之后由于边缘盆地的前积作用，苏丹陆架边缘往北推进了300km（Houtz和Hayes，1984）。

边缘盆地发育的初始裂谷阶段通常发育大量相对粗粒的碎屑沉积，充填盆底的不规则地貌使其变平滑，而浅水和深水沉积的类型，主要取决于初始水深。随着裂谷的持续发育，相对粗粒的厚层深水碎屑沉积（岩相类A、B和C）会限制在盆地边缘沉积。在盆地中心部位则以细粒沉积（岩相类D、E和G）为主。在成熟边缘盆地，最终可能发育大型深海平原沉积。边缘盆地的最终充填样式主要取决于盆地的隆升和沉降史，以及盆地的破坏方式。

边缘/弧后盆地沉积可能发育大量的火山碎屑深水沉积（Cas和Wright，1987；Taylor和Natland，1995）。Carey和Sigurdsson（1984）研究了边缘盆地不同演化阶段火山碎屑沉积物的分布（图10.52）。他们识别了三种边缘盆地沉积裙的重要来源：（1）来自地表或水下岛弧喷发的火山碎屑输入；（2）来自地表或水下岛弧剥蚀的表层碎屑输入；（3）远洋生物颗粒和风成颗粒的不断聚集。

Carey和Sigurdsson（1984）认为弧后（边缘）盆地的演化可以分为四个阶段（图10.52）。第一个阶段为初始裂谷和岛弧盆地发育期，陡峭不稳定的盆地边缘通常覆盖不同的块体流沉积（岩相类A和F）。第二阶段包括弧后张裂和岛弧火山活动；初期不稳定且断层发育的盆地边缘被重力流沉积（岩相类B、C和D）覆盖，地貌变平滑，发育少量岩相类E和G。第三阶段盆地成熟阶段，弧后张裂速率减缓，细粒重力流沉积和半深海/深海沉积（岩相类D、E和G）增多。因为沉积裙的加积速率与岛弧火山的活动强度直接相关，所以对沉积速率的评价可以对岛弧火山活动提供一个定量的估算。在其他因素当中，深海沉积的沉积速率将取决于CCD的深度和海洋的生物产率。

根据Letouzey和Kimura（1985）以及Kimura（1985）的研究认为冲绳海盆（琉球海沟后面）（图10.1）是一个边缘盆地的实例。冲绳海盆宽230km，长1300km，内部地堑宽约50~100km。盆地南部的深海沉积地层厚约3000~4000m，北部厚约7000~8000m。冲绳海盆的发育史可以总结如下：（1）新近纪开始火山弧内裂谷，现今仍在活动；（2）伴随着弧前地体的倾斜和沉降，冲绳海盆同步张裂和沉降，晚中新世侵蚀面目前位于海面以下4000m处，处于海沟斜坡的弧前地体之上；（3）上新世的1.9Ma期间是冲绳海盆中部和南部的主要拉张时期。古地磁研究表明，南琉球岛弧自晚中新世开始顺时针旋转了45°~50°。这个旋转可能与中国台湾盆地和北吕宋岛弧与中国大陆边缘的碰撞有关，导致顺时针旋转，并与南琉球非火山岛弧相接。冲绳海盆的岛弧一侧，地壳拉张形成了更新世至今的半地堑，宽度达10~80km，地层向东南倾斜约20°~30°。台湾岛附近的陆坡被许多峡谷和水道切割，使半地堑构造形态模糊不清。

最为典型的边缘盆地位于太平洋西南部（Leitch，1984），如图10.53a所示。Leitch（1984）总结了太平洋西南部边缘盆地的主要特征：（1）拉张历史短；（2）相对厚层地壳的初始裂谷（南部伦内尔海槽除外）；（3）裂谷与太平洋西南部边缘盆地的岛弧火山活动相关（Bismarck，Lau，Havre和北Fiji盆地），或者与太平洋西北部盆地的岛弧火山活动无关或很少相关。图10.53b展示太平洋西南部边缘盆地DSDP钻井所得的典型深海地层。钻遇的数百米厚的细粒深海沉积差异相当大，尤其是在古近系—新近系。例如，新喀里多尼

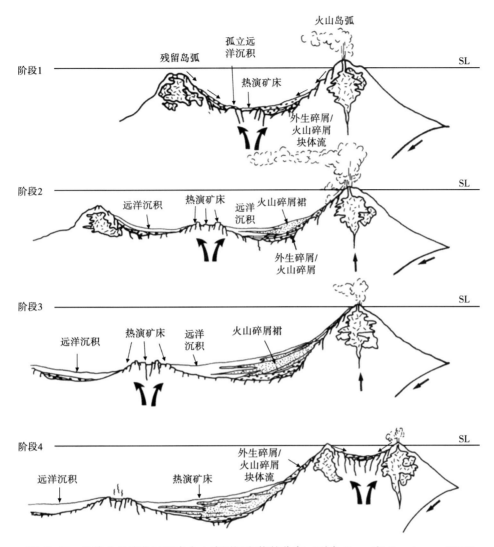

图 10.52　边缘盆地演化过程中火山成因沉积物的分布（引自 Carey 和 Sigurdsson，1984）

阶段 1：早期裂谷，火山碎屑大量输入。阶段 2：主动岛弧火山作用，导致弧后张裂，盆地变宽。主动岛弧边缘
发育厚层火山碎屑裙沉积。阶段 3：盆地成熟，岛弧火山作用逐渐减弱，细粒半深海和深海沉积上覆在粗粒的
火山碎屑裙沉积之上。阶段 4：盆地平静期，弧后张裂停止，火山岛弧再次张裂，开启新一期盆地演化循环

亚海盆的 206 站点（图 10.53b），以硅质软泥为主，而新赫布里底海盆的 286 站点（目前是弧前背景），则包含大量的火山成因砾岩，砂岩和粉砂岩（岩相类 A，B，C 和 D），同时含少量硅质软泥（图 10.53）。这些差异表明 286 站点接近新赫布里底岛弧的主动火山中心，接受了大量的火山碎屑沉积，而 206 站点则位于远离陆地数百千米的洋壳之上。

中生代—古近纪，黑海和里海的发育为弧后/边缘盆地提供了很好的实例。Zonenshain 和 Le Pichon（1986）认为边缘海在始新世达到最大规模，长约 3000km，宽约 900km，阿拉伯岬角和欧亚大陆边缘碰撞期间，盆地中部发生俯冲并萎缩。大型边缘海由四个被洋壳覆盖的深海盆地组成，分别为大高加索海、南里海、西黑海盆地和东黑海盆地。西黑海盆地

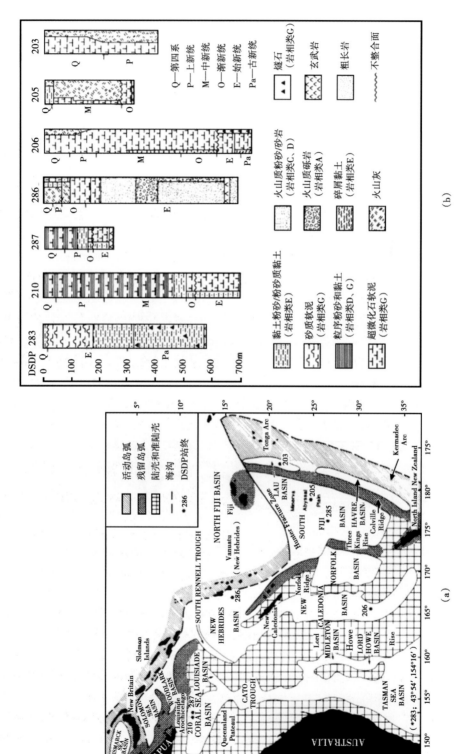

图 10.53 边缘盆地及其沉积地层（引自 Leitch，1984）

（a）太平洋西南部边缘盆地位置图，5° 的经度约为550km。（b）太平洋西南部边缘盆地DSDP钻井所得的地层剖面。塔斯曼海盆，DSDP 283站点；珊瑚海盆，DSDP 210和287 站点；新赫布里底海盆，DSDP 286站点；新喀里多尼亚海盆，DSDP 206站点；南斐济海盆，DSDP 205站点；劳海盆，DSDP 203站点和东黑海盆地，位于 5~6km 厚的洋壳之上，沉积了厚约 14~15km 的沉积物（Zonenshain 和 Le Pichon，1986）。

沿边缘盆地周缘的伸展、拉张和走滑构造之间的相互作用极其复杂。在北斐济海盆，主要的水下海山链由两排平行的海脊组成，即德恩特雷卡斯图带和新赫布里底岛弧的西托雷斯地块，导致复杂的板块相互作用和岛弧的凹陷（Collot 等，1985；Fisher 等，1986）。

新赫布里底岛弧形成了一个北北西—南南东方向的洋内岛弧，这与印度—欧亚板块向东俯冲到北斐济海盆之下有关；俯冲带倾向太平洋方向。德恩特雷卡斯图带地形起伏较大，宽达 100km，平均深度 3500m，由玄武岩组成。2Ma 以来，德恩特雷卡斯图带的凹陷和斜向俯冲（10°~15°），导致岛弧在第四纪以 1mm/a 的速率隆升。这次隆升可以通过德恩特雷卡斯图带和新赫布里底岛弧碰撞，导致的放射状水平应力来解释。产生的挤压应力改变了这个地区岛弧的宽度，产生的形变结果与刚性平板（德恩特雷卡斯图）压入狭长塑性体（岛弧）产生的理论应力场十分相似。

新赫布里底地体在垂直应力下发生弹性弯曲、塑性变形，并由水平应力向东推进（Collot 等，1985）。这个模式很好地解释了东部岛链的近期隆升，岛弧的北部和南部主要受拉张应力的影响。因此，在一系列环境和构造体系中开始发育深海沉积，包括会聚俯冲（新赫布里底弧前）、拉张（北斐济海盆弧后）和斜向走滑（中部地体的南部和北部）。此外，由于德恩特雷卡斯图和新赫布里底岛弧的碰撞，导致了第四纪快速隆升，导致在德恩特雷卡斯图南部边缘沉积了厚层的深海沉积，这些沉积物可能来源于圣埃斯皮利塔岛（Espiritu Santa Island）（Fisher 等，1986）。

小安的列斯洋内岛弧位于格林纳达海盆（或 Grenada 海槽）的弧后和向西俯冲的大西洋板块之间［如位于比朱—杜瓦尔的 DSDP 78A 航次（1981），Moore 等（1984），Brown 和 Westbrook（1987）］（图 10.54）；大洋板块以每年 2cm 的速度俯冲。小安的列斯俯冲带是沿主动会聚板块边缘构造和沉积复杂性和多样性的很好实例。小安的列斯弧前包括巴巴多斯海脊增生楔，以及两个主要的弧前盆地：多巴哥和巴巴多斯盆地（图 10.54），前者沉积充填厚度大于 4000m，由西向东变形加剧。巴巴多斯海脊是一个与岛弧相关增生楔的实例；距板块边界向海一侧 150km，由正均衡重力异常定义的外海沟隆起，位于俯冲复合体之下。在形变前缘的沉积厚度变化非常大，大西洋深海平原之下南部的沉积厚度大于 4000m，而到 DSDP 78A 航次位置仅 700m。

小安的列斯弧前在南部的宽度大于 450km，北部则小于 150km。至少从上新世以来，较宽的弧前体系，结合上新世以来快速的沉降和沉积速率，掩盖了海沟的地貌特征（图 10.54）。因此，变形前缘的褶皱和逆冲断层定义了弧前向海一侧的边界。在 DSDP 78A 航次钻井位置，增生楔（巴巴多斯海脊复合体）的宽度约 260km，巴巴多斯海脊西侧的地震数据揭示了深海多巴哥盆地的反冲断裂（图 10.54）。大多数沿走向的构造变化可能与基底幅度地形起伏的影响有关。

小安的列斯火山弧自中始新世或白垩世开始活跃。马提尼克北部正对波多黎各盆地，岛弧可分为外弧和内弧，外弧（阿威斯海脊）自中中新世停止，内弧至少从 5~6Ma 开始活跃。在多巴哥海盆西部（或多巴哥海槽），只有一个岛弧，可能从 55Ma 开始活动。岛弧之下的地壳厚度约 30km。在岛弧和俯冲带之间，有一个宽约 100km 的洋壳，上覆多巴哥盆地

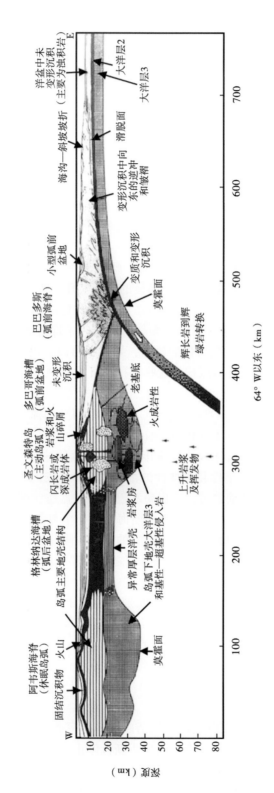

图10.54 过巴巴多斯和圣文森特的小安的列斯岛弧和弧后体系重建剖面图（据Westbrook等，1984）

根据重力和地震数据解释

和小安的列斯盆地的厚层弧前深海沉积。

弧后格林纳达海盆与委内瑞拉盆地相似，下伏异常厚的洋壳（Boynton 等，1979），局部沉积了厚度大于 6000m 的源于岛弧的席状沉积。由于小安的列斯从阿威斯海脊的分离时间可能在晚白垩—古近纪，所以格林纳达海盆肯定起源于拉张（图 10.52）。Carey 和 Sigurdsson（1978），和 Sigurdsson 等（1980）通过格林纳达海盆 29 个活塞取心资料的研究，描述了 4.5m 厚的粗粒火山碎屑重力流沉积（岩相类 A，B 和 C），它们与绿灰色半深海相泥岩和黏土岩（岩相类 E 和 G）互层。岩心上部由全新统棕色深海泥岩组成（岩相类 G）。他们对重力流沉积的研究表明，岩层中出现鲍马 Ta 段的概率有 76%，出现 Tb、Tc、Td 和 Te 段的概率分别有 41%、9%、6% 和 33%。根据本书的分类（1.4.1 节），大多数岩层由浓密度流形成。碎屑流沉积（岩相类 A 或 F）的细粒基质中包含直径 6.5cm 的浮石碎屑，细粒基质由玻璃碎片、晶体、岩屑和生物成因碎屑和泥岩组成。岩相研究表明火山碎屑物质来自多个物源，包括圣文森岛、圣露西亚岛、马提尼克岛、多米尼克岛和瓜德罗普岛。

多数与增生楔相关的盆地都很复杂，比如最大的巴巴多斯海盆（图 10.54；也见图 10.34，图 10.35），厚达 2000m 的沉积仅在大间隔断裂带附近变形。巴巴多斯海盆东部边缘受到东倾逆断层和逆冲断层（水平间隔 10~15km）的变形，褶皱导致在盆底形成了高 500~600m 的诸多海脊（Brown 和 Westbrook，1987）。局部而言，这些盆地遭受了相当大的垂向构造活动，海脊之上超过 1000m 的未变形沉积物受到抬升。

多巴哥海盆是一个弧前盆地，盆地的形成可能受控于增生复合体向上的生长。在盆地的南部，其充填沉积超覆在变形的增生沉积物之上。这种地层关系可能是盆地边缘间歇性变形的结果，每次变形之后都会有一个相对稳定的阶段。可是，上新世之后，在多巴哥海盆东南边缘，超覆沉积受南美变质基底挤压而被隔离，这种现象在多巴哥岛也可以见到。

通过特立尼达陆上的野外露头（Higgins 和 Saunders，1974）研究，海上增生楔复合体的侧扫声呐勘测与地震剖面解释（图 10.40），识别了重要的大规模弧前泥底辟（Michelson，1976；Biju-Duval 等，1982；Stride 等，1982；Brown 和 Westbrook，1987）。这些底辟优先沿断裂带发育，尤其是沉积盆地的边缘。泥底辟在增生楔复合体南部（奥里诺科海底扇浊积岩快速增生的部位）最为发育（Brown 和 Westbrook，1987）。随着增生楔复合体变厚，流体孔隙压力增加，从而形成了长 17km、宽 1km 的泥底辟（Westbrook 和 Smith，1983）。

DSDP 78A 航次（541—543 站点）钻遇的巴巴多斯海脊复合体趾状构造带沉积，主要由下中新统—第四系的半深海/深海软泥（岩相群 G1）、无构造泥岩（岩相类 E）、放射虫泥岩（岩相群 G2）和火山灰条带组成。这些沉积在 541—543 站点都有发育，543 站点在海底以下 411m 处还钻遇了 44m 厚玄武岩质枕状熔岩。这些站点钻遇的陆源浊积岩较少，可能反映了地貌高点的沉积。GLORIA 远程侧向声呐，揭示了变形前缘重力滑移的重要性，在蒂伯龙海脊的对面沉积了约 100km^2 的碎屑流沉积（图 10.54）。

沉积模式主要受以下因素控制：（1）相对缓慢长期的俯冲—增生过程；（2）从南美洲陆缘的轴向沉积物源（Damuth，1977），虽然细粒粉砂岩和泥岩通过圭亚那水流体系搬运，但是粗粒的粉砂岩和砂岩却通过浊流沿南美陆坡向大西洋深海平原搬运；（3）来自前缘增生楔的块体坡移和沉积物重力流；（4）来自火山岛链的火山成因沉积物；（5）CCD 之上沉积的深海、钙质、生物成因物质的产物。

10.6 古代会聚边缘体系

古老弧前俯冲—增生和弧后体系的实例很多，但对其解释的可靠程度不一致。有些实例范围十分广阔，例如阿拉斯加南部白垩系楚加奇（Chugach）地体，连续性约 2000km（Nilsen 和 Zuffa，1982），而其他体系沿走向的连续性显著降低，如苏格兰奥陶系—志留系南部的阿普拉兹增生楔，横向延伸 120km（Leggett 等，1982）。但是，如果这个体系延伸到北部的阿帕拉契山脉，也就是延伸到加拿大纽芬兰中部，它的长度看起来就更长了。古老俯冲—增生体系的理想解释，取决于发育可识别弧前和弧后构造—沉积环境的同源岛弧火山作用。如果后期发育主要倾斜—走滑构造，则古老岛弧相关体系的重建，需要依靠长距离位移地体的对比。

理想情况下，在俯冲—增生体系重建过程中，对整个岛弧—海沟体系进行成图是十分重要的。Nilsen 和 Zuffa（1982）在白垩系楚加奇地区识别了：（1）弧前斜坡沉积，包括斜坡盆地，发育南倾的海底峡谷；（2）楚加奇地体紧靠复理石带和混杂岩带，两者接触面是一个向陆倾的断裂带；（3）向南搬运的弧前盆地沉积带，平行于楚加奇地体其他构造地层带；（4）以右旋走滑断层为边界的主要岩浆岛弧，受花岗岩侵入。同样，大多数断块都倾向岛弧，具有现代俯冲—增生体系的断裂、褶皱和变形特征。沉积物主要沿着海沟从东往西分布，侧向供给从弧前地区向北供给。

岛弧相关盆地的深水沉积充填，在碎屑组分和颗粒大小方面可以变化非常大。俄勒冈西部下始新统泰伊（Tyee）组和弗卢努瓦（Flournoy）组解释为弧前盆地沉积（Chan 和 Dott，1983），这套砂岩沉积厚约 2000m，主要沿宽阔陆架搬运至深水区，而非单一物源通过峡谷搬运至深水区（8.9 节）。但是部分通过水道搬运的富砂海底体系，其水道宽度可达 350m，深约 40m，下切陆架和上陆坡。Chan 和 Dott（1983）认为该弧前盆地总体表现为向上变浅的沉积趋势，三角洲越过狭窄陆架不断向前进积并在早始新世溢出盆地充填。重力流沉积最小沉积速率 67cm/a，持续沉积了 750~1700 年（Chan 和 Dott，1983）。弧前盆地和成熟被动大陆边缘盆地的海底扇沉积不同，因为弧前盆地相对较小且狭长，弧前盆地侧向边缘更为受限。

弧前盆地沉积的基底可能是增生楔和/或火山弧。例如，新生代的西苏门答腊（Suma-tran）弧前盆地，就是一个发育在陆架和外侧海脊之间的部分充填的深海盆地，平缓地震相上超在（1）靠陆一侧的岛弧山丘；（2）沉降的增生楔或者海沟一侧的削减陆壳（Beaudry 和 Moore，1985）。目前沉积水深 600~1000m。

自二叠纪以来，由于古太平洋板块的俯冲作用，日本岛弧体系主要沿着亚洲大陆边缘发育。第三纪的弧后盆地形成了现今岛弧结构。白垩纪—新近纪石门（Shimanto）构造带，从南西群岛到东京的博索半岛延伸超过 1800km（图 10.28）。这是研究古老俯冲—增生体系最好的实例之一（Kanmera，1976a，b；Suzuki 和 Hada，1979；Teraoka，1979；Taira 等，1980，1982；Tazaki 和 Inomata，1980；Sakai 和 Kanmera，1981；Ogawa，1982，1985；Taira，1985；Underwood，1993；Taira，2001）。在日本南部，Taira（1985）识别了三种主要构造—地层单元和多个走滑构造带：（1）日本海扩张之前，依附在亚洲板块边缘的前侏罗系复合地体，包括希达（Hida）、桑贡（Sangun）和山口（Yamaguchi）构造带；（2）丘谷（Chyugoku）、秩父（Chichibu）、丹波（Tamba）、米诺（Mino）、足尾（Ashio）一带侏罗系俯冲复合体，以及相关的三宝川（Sambagawa）和赖克（Ryoke）变质带；（3）白垩纪—新近纪石门构造带，被解释为弧前和弧内沉积环境。一般而言，石门构造带被北倾的高角度逆断层截断，地层由北往南逐渐变年轻。晚古生代以来，斜向俯冲和走滑构造在日本的演化过程中起到了重要的作用（Taira 等，1983，1989）。

石门构造带由五个由北往南发育的次级构造带组成（Taira，1985）：（1）喷发安山岩和流纹岩、花岗侵入体和岛弧陆源沉积，年龄介于 130—30Ma，主要集中在 95—70Ma；（2）上白垩统深海粗粒碎屑岩（岩相类 A，B 和 C），由东往西搬运至弧前小盆地中沉积；（3）石炭系—侏罗系非岩浆作用的外部岛弧，位于中央构造线（MTL）南部，由玄武岩、石灰岩、燧石、砂岩和泥岩组成；（4）早—晚白垩世外部岛弧陆架盆地，主要为浅海、河流和微咸海沉积；（5）白垩纪—新近纪石门俯冲—增生复合体，位于布苏佐（Butsuzo）构造线（BTL）南部（图 10.55）。在过本州、四国至南凯海槽的南北向构造剖面中，通过对现今俯冲体系的类比，可能预测作为主动会聚边缘的日本的年龄。

四国海盆内，石门构造带由北部的白垩系次构造带和南部的始新统—下中新统次构造带组成（Taira 等，1982；Taira，1985）。白垩系次构造带又可以分为四个以高陡反转断层为界的主要构造—地层单元。（1）纽康姆阶—康尼亚克阶微咸海—浅海相沉积；（2）阿普特—塞诺曼阶浊积岩和其他重力流沉积（岩相类 B、C 和 D）；（3）康尼亚克阶—坎潘阶浊积岩和其他重力流沉积包括混杂岩沉积（岩相类 B、C、D 和 F）；（4）上坎潘阶—马斯特里赫特阶浅海相沉积，包括沉积滑动体。

图 10.56（Taira 等，1982）总结了白垩系石门群的古地貌特征，突出了弧前盆地海底扇到深水增生楔盆地再到海沟沉积的范围。软沉积变形发育，包括重力滑塌体和构造逆冲形成的混杂岩沉积。Pickering 等（1988a）研究认为这些混杂岩沉积可能由泥岩或页岩底辟形成，随后发生褶皱、剪切和拉平。

康尼亚克阶—坎潘阶浊积岩—混杂岩单元由枕状玄武岩构造碎片、放射虫燧石（岩相类 G）、半深海泥岩（岩相类 E 和 G）、酸性凝灰岩、砂质浊积岩和泥岩基质的密度流沉积（岩相类 B、C 和 D）组成。Taira 等（1980）、Taira（1981）和 Kodama 等（1983）研究认为混杂岩在赤道附近形成，而上覆的坎潘阶重力流沉积（岩相类 B、C 和 D）在现今纬度聚集。大洋板块物质（包括玄武岩和灰岩）和混杂岩年龄相差大约 50Ma。纬度相距约3000km，用此计算板块运动速度约为 6cm/a。因此，混杂岩的沉积组成和年龄向南表现为系统变化（图 10.57），可以实现海沟地层的连续构造重建。结果表现为逐渐年轻的洋壳被俯冲和部分挤压。

石门构造带南部由始新统—下中新统的次构造带组成。岩性以深海碎屑岩和火成岩为主（岩相类 B、C 和 D），解释为弧前增生楔环境下的沉积（Taira，1985）。海洋地质（图10.55）反映了现代俯冲—增生过程，突出了从现代俯冲体系中区分古老上（南部）石门构造带的问题。

石门构造带是幕式演化，不同次级构造带不连续发育，每期发育间隔约 10～20Ma。造成这种不连续发育的原因可能是洋壳板块以 10～20Ma 间隔发生周期性的俯冲（Taira，

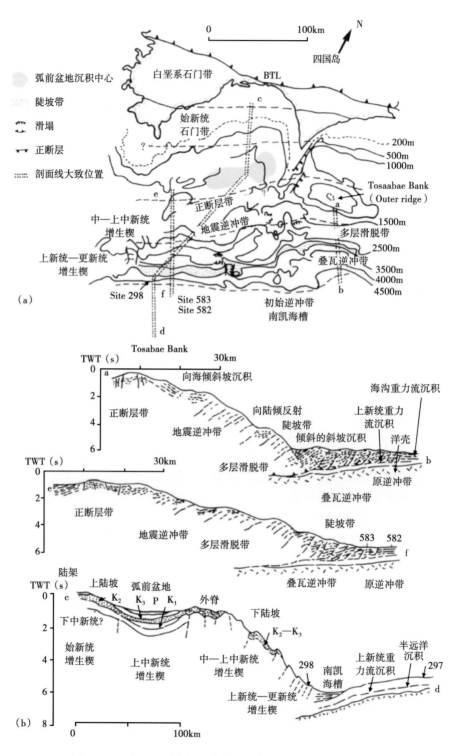

图 10.55　过日本西南部地质剖面示意图（据 Taira，1985）

剖面显示了作为主动会聚边缘的日本发育史、主要构造地层区带和主要的边界轮廓

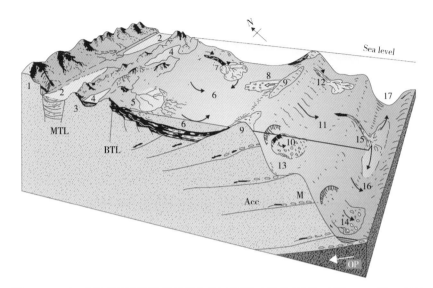

图 10.56　白垩系下石门群沉积环境立体示意图（无比例尺）（据 Taira 等，1982）

1—赖克（Ryoke）高 P—T 构造带靠海侧边界；2—弧内盆地；3—三宝川低 P—T 构造带和秩父构造带；4—下白垩统小型弧前陆架盆地，发育薄层河流和浅海相砂泥岩；5—三角洲沉积；6—深海浊积体系（主要为岩相类 B、C 和 D）；7—海底峡谷、扇—水道和扇体系；8—滑动沉积（岩相类 F），包括在海沟内墙上部的混杂沉积；9—海沟—陆坡坡折，局部出现；10—滑动沉积，包括在海沟内墙上部的混杂沉积；11—非扇状浊积体系；12—峡谷—扇体系提供沉积物至 13；13—增生楔顶部盆地；14—滑动沉积，包括在海沟内墙下部的重力滑动沉积；15—峡谷—扇体系；16—浊积岩侧向供给及相关重力流沉积；17—海沟底部；MTL—中央构造线；BTL—布苏佐构造线；Acc—由逆冲和混杂岩沉积分割的增生楔；OP—间歇性俯冲洋壳

古近系石门构造带环境与早白垩世构造相似，但是下石门群发生了形变，且暴露在地表发生剥蚀，更远的东南部发育了一个新的增生楔和相关的沉积环境

1980）。构造和地层数据表明了晚渐新世—早中新世（Ogawa，1985）期间转换断层运动的重要性。如本州东南部的三浦—博索地体从伊豆—博宁弧走滑到本州岛弧。其增生物质包括：（1）中新统—上新统火山碎屑岩，深水—浅海相沉积；（2）崩解的蛇绿岩；（3）石门群的部分岩石。这些都在右旋走滑构造背景下形成。该应力场的形成被认为是东北部的菲律宾板块斜向俯冲的结果，现在每年平均向西北方向移动 3.5cm。

　　右旋走滑剪切还对新近纪米诺卡蛇绿岩带（一套杂乱的火山和沉积地层）的增生起到了一定的作用，包括伊豆—博宁海脊（伊豆—小笠原岛弧）的滑塌堆积，后来增生至本州岛弧（Ogawa，1983）。位于古近系—下中新统的米诺卡群，由一套蛇绿岩和深海/陆源碎屑沉积地层组成。下部的硅质岩和钙质泥岩上覆长石浊积岩和其他重力流沉积（岩相类 C 和 D），之后是一套浅海、潮坪环境为主的向上变浅的沉积序列（Ogawa，1983）；反映了持续弧—弧碰撞过程中盆地地层的隆升。

　　为了解释石门构造带的一些混杂岩的来源，Ogawa（1985）提出了一个包含俯冲—增生过程的模式，俯冲海山在增生楔前缘至少部分被铲刮（图 10.58）。铲刮导致了海山物质和洋壳板块沉积一起进入增生楔。这个模式有一个很好的现代实例：鹿岛第一海山（图 10.20），这个海山目前已被分割，且部分俯冲和增生到南部的日本海沟（Mogi 和 Nishizawa，1980）。

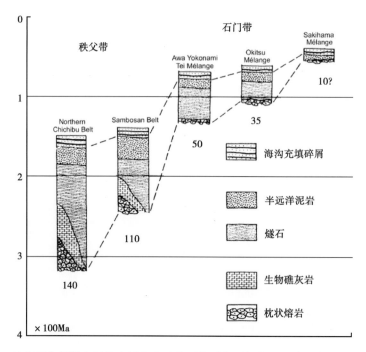

图 10.57　日本西南部洋壳板块地层和高温高压变质作用年龄的重建（据 Taira 等，1985）

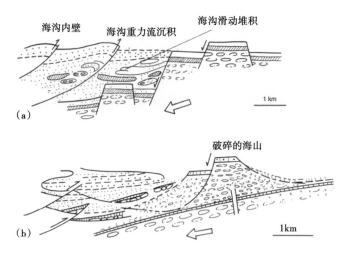

图 10.58　海沟中俯冲洋壳板块物质的铲刮和增生模式图（据 Ogawa，1985）
(a) 正断层洋壳形成的海沟滑塌沉积，包括玄武岩；(b) 俯冲海山部分的铲刮

　　本州中部更新统的阿希格拉（Ashigara）群是另一个在伊豆—小笠原和本州岛弧碰撞期形成的沉积盆地实例（Huchon 和 Kitazato，1984）。图 10.59 是该地层特征的综合柱状图。弧—弧碰撞导致了中新统丹泽（Tanzawa）群大量砾岩物源的抬升。底栖有孔虫的古水深研究表明，下—中阿希格拉群的沉积水深约为 1000~2000m（图 10.59）。深海碎屑沉积体系之上，发育一套向上变粗的沉积序列，解释为向上变浅的沉积，从 1500m 厚的内什（Neishi）组

（深海平原）和 1300m 厚的濑户（Seto）组（海底扇）到哈塔（Hata）组（陆架边缘）和盐泽（Shiozawa）组（冲积扇）。阿希格拉群沉积以后，该地区沿喀纳瓦（Kannawa）断层被丹泽（Tanzawa）山脉逆冲推覆，并在北西—南东向挤压下形成褶皱。在 0.3Ma 时，当伊豆—小笠原最终在日本中部停止时，挤压方向转变为南北向或北东—南西向（Huchon 和 Kitazato，1984）。

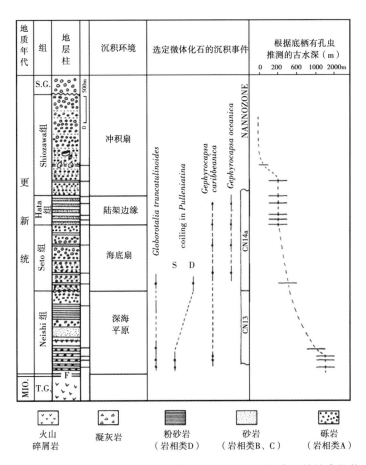

图 10.59　日本东南部更新统阿希格拉（Ashigara）群和古环境综合柱状图
（据 Huchon 和 Kitazato，1984）
S. G. —苏鲁加砾岩；T. G. —丹泽群

10.7　弧前/弧后旋回

深海弧后和弧前盆地的地层表现为一套在火成岩基底上向上总体变粗变厚的旋回。例如，火成岩基底可能发育热液和热液改造的沉积，之后又被深海沉积覆盖，最后发育半深海和陆源沉积。加拿大纽芬兰中北部的下古生界就发育一个这样的旋回（图 10.60）。Notre Dame 湾的奥陶系被解释为早奥陶世（Arenig-Llanvirn）弧后沉积环境，但同样与 Iapetus 洋

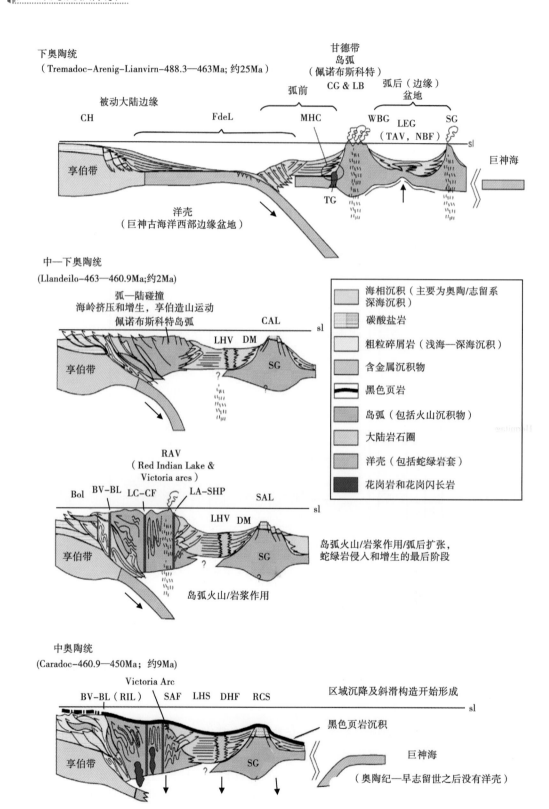

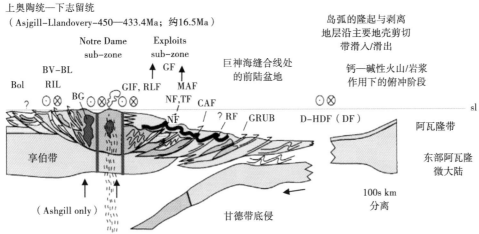

图 10.60　纽芬兰中部下古生界下奥陶统—下志留统（Tremadoc-Llandovery）地质演化剖面（据 Pickering，1987a，b；Pickering 和 Smith，1995，1997，2004；Waldron 等，2012；Zagorevski 等，2012 修改）
地层厚度是示意性的，且垂向放大。新湾地区（包括 Point Leamington 地层）中奥陶统到下志留统的重建。HZ—Humber 区带；CH—Cow Head 组；FdeL—Fleur de Lys 岩石；MHG—Moretons Harbour 组（位于弧前，但可能在弧内）；TG—Twillingate Granidiorite；CG 和 LB—Cutwell 和 Lushs 组（包括 Pacquet Harbour 组和 Snooks Arm 组）；WBG—Wild Bight 组（可能包括 Frozen Ocean 组）；LEG—Lower Exploits 组，包括 Tea Arm 火山岩（TAV）和 New Bay 地层（NBF）；SG—Summerford 组；LHV—Lawrence Head 火山岩；DM—Dunnage 混杂堆积；CAL—Cobbs Arm 灰岩；BV-BL—Baie Verte-Brompton 线；RIL—红印度线；LC-CF—Lobster Cove-Chanceport 断层；D-HBF（DF）—Dover-Hermitage Bay 断层（Dover 断层）；SAF—Shoal Arm 地层；LHS—Lawrence Harbour 页岩；DHF—Dark Hole 地层；RCS—Rogers Cove 页岩；RAV—Roberts Arm 火山带；LA—SHF—Lukes Arm-Sops Head 断层；BG—Burlington 花岗闪长岩；GIF—Gull Island 地层；PLF—Point Leamington 地层；MAF—Milliners Arm 地层（PLF 和 MAF—Badger 组部分地层）；NF—New Bay 断层；TF—Toogood 断层；CAF—Cobbs Arm 断层；BoI—和蛇绿岩相关的岛屿内海湾；GF—Goldson 地层。Boons Point 复合体与 Lukes Arm-Sops Head 断层相关的混杂堆积，与重力滑塌沉积一样受同沉积逆冲断层控制。俯冲方向和弧后扩张中心如图所示。在晚—中奥陶世，弧—陆开始碰撞；这次碰撞包括 SG，DM 和 CAL，但是示意图并没有在整个时间段充分显示这点，LEG 大于 800m 厚的拉斑玄武岩在水下直接喷发，表明了弧后拉张的持续性。Gander 区带底侵作用可能从晚 Ashgill 开始出现。在喀拉多克期间，岛弧火山作用的中止，可能导致岩石圈收缩和相关的构造沉降（燧石和黑色页岩沉积，可能总体处于海平面上升）。时间标尺据 Zalasiewicz 等（2009）。Ashgill-Llandovery（和 Wenlock）历史可能包括地壳转换拉伸阶段和相关的火山活动（Springfield 组和 Top-sails 火成岩复合体最年轻部分），但是当 Avalonia 缝合线位于 Laurentia 微板块边界时［大陆构造重建据 Pickering 和 Smith（2004）］，板块构造基本处于左旋剪切作用下的陆壳拉伸

关闭期间的主要走滑板块运动有关（Pickering，1987a；Pickering 和 Smith，1995—2004；见图 12.37—图 12.39）。枕状拉斑玄武岩局部发育红色石英质泥岩（墨绿色），上覆富含放射虫的燧石（图 2.43a），之后是灰色和灰绿色生物扰动泥质燧石（图 2.43b），然后是中奥陶世（late Llandeilo-early Caradoc）的含笔石泥岩，最后为薄层砂质浊积岩和其他重力流沉积（岩相类 C 和 D）（图 10.61）。

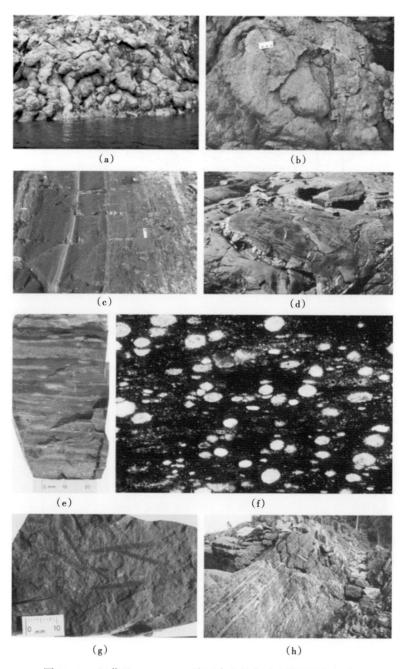

图 10.61　纽芬兰 Notre Dame 湾下古生界主动边缘深海相沉积

（a）Wild Bight 组枕状玄武岩和 Tea Arm 火山岩；（b）红色燧石质泥岩（墨绿色）包裹 Wild Bight 组枕状玄武岩和 Tea Arm 火山岩；（c）Wild Bight 组彩色燧石质泥岩（岩相类 E 和 G）；（d）Wild Bight 组塑性沉积物中玄武岩侵入（岩相类 E 和 G）；（e）和（f）放射虫状燧石和玄武岩之间的野外露头和薄层沉积（岩相类 G），以及 Point Leamington 地层之下的黑色页岩；（g）Point Leamington 地层之下的笔石黑色页岩（岩相类 G）；（h）Point Leamington 地层薄层浊积岩沉积（岩相类 D）

10.8　小结

最新的 ODP 和 IODP 科学研究的地震反射记录和岩心资料，为主动会聚边缘研究提供了大量宝贵的数据，尤其是 NanTroSEIZE 项目提供的南凯海槽边缘的数据。总体而言，这些数据支持之前对俯冲边缘的结构和构造演化的认识。这些数据同时还证实无序逆冲在斜坡盆地和弧前盆地的构造和地层发育中的重要性。

海沟的充填相模式总体表现为玄武岩基底之上沉积向上变厚变粗的沉积序列：开阔洋盆的深海软泥和黏土（岩相类 E 和 G）、半深海泥岩（岩相类 E）、粉砂质浊积岩（岩相类 C 和 D）、砂质浓密度流沉积和浊积岩（岩相类 A—C）、上覆海沟斜坡（岩相类 A）的滑塌沉积（岩相类 F）和碎屑流沉积。作为海沟充填的"首个"总结，这种垂向序列仍然是有效的。

现代俯冲体系研究表明，海山、海脊和其他微凸体形成的不规则基底地形导致了俯冲输入的复杂性。俯冲地壳的硅质碎屑沉积厚度变化可以很大，可以从饥饿沉积环境的薄层沉积（如汤加·克马德克海沟，连接斯科特岛弧的南三明治海沟，Heezen 和 Johnson，1965）到覆盖整个海沟的厚层海底扇沉积，例如在巴巴多斯南部（Biju-Duval 等，1984；Mascle，Moore 等，1988；Moore 等，1990；Moore，2000；Moore，Klaus 等，2000）和巽他海沟北部的孟加拉扇（Curray 等，2003；Weber 等，2003；Schwenk 等，2005）。人们越来越认识到，弧前地区往往位于挤压环境，比如日本海域的熊野盆地，实际上它们受多期正断层的控制（Lewis 等，2013；Moore 等，2013b；Sacks 等，2013）。这也意味着海底的沉积过程和地层结构可以受伸展正断层的控制。

岩性地层结构对俯冲带的物质特性和构造活动、成岩作用和流体释放、流体运移路径和滑脱位置具有一定影响作用。但对于这些影响的认识还是知之甚少。尽管这项内容不在本书研究范围之内，但是黏土颗粒的数量和类型，会影响沉积物的摩擦系数和渗透率（Underwood，2007）。同样，在成岩过程中，一些矿物（如蒙皂石和蛋白石）明显促进了流体的产生，在许多沉积体系中，通过受限砂体形态，建立了多孔隙流体压力间隔（Underwood，2007）。如果要了解更多关于俯冲带黏土矿物及其成岩作用，读者可以参考 Vrolijk（1990）、Underwood（2002）、Underwood 等（1993）、Underwood 和 Pickering（1996）、Saffer 和 Marone（2003）、Underwood 和 Fergusson（2005）、Saffer 等（2008）、Saffer 和 Tobin（2011）、Guo 和 Underwood（2012）和 Guo 等（2013）的研究成果。如果要了解更多关于岛弧和俯冲体系的砂岩及其岩石学/地球化学的信息，读者可以参考 Dickinson 和 Suczek（1979）、Moore（1979）、Maynard 等（1982）、Dickinson 等（1983）、McLennan 等（1990）、Hiscott 和 Gill（1992）、Marsaglia 和 Ingersoll（1992）、Marsaglia 等（1992，1995）、Underwood 等（1993，1995）、Gill 等（1994）、Garzanti 等（2007）、Hara 等（2012）和 Milliken 等（2012）。最后，许多研究人员已经强调了地震活动对重力流沉积的形成具有无可厚非的控制作用，包括俯冲边缘的浊流沉积（Nelson 等，2008；Polonia 等 2013；见 4.7 章节），但是其他过程（如海平面变化）的相对重要性仍然不清楚。

第11章 前陆盆地

（a）英国德文岛 Millhook 港口上石炭统（Namurian）深水 Crackington 地层 Chevron 褶皱带；（b）加拿大魁北克市阿巴拉契亚山脉 Gaspé 半岛中奥陶统 Cloridorme 地层砂岩底部槽模。比例尺总长度 1m，间隔长度 10cm。

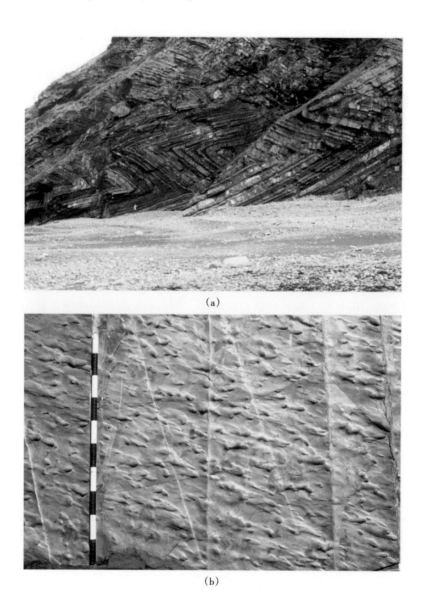

(a)

(b)

11.1 概述

主动会聚板块边缘分为洋洋（陆）碰撞和陆陆碰撞或者大陆—岛弧碰撞等不同类型，前者在洋壳俯冲消减过程通常伴随弧型岩浆作用和火山作用（如古生代的 Urals；Brown 等，2006），后者为没有俯冲的底侵作用，最后就会形成前陆盆地。显然，许多残余缝合线标志着可能涉及初始俯冲—增生的复杂碰撞事件，最后又被陆—陆碰撞或者陆—弧碰撞所伴随的底侵作用所取代。Dickinson 在 1974 年的时候首次使用了前陆盆地的术语。Allen 和 Homewood（1986），Van Wagoner 和 Bertram（1995），Mascle 等（1998），Joseph 和 Lomas（2004a，b），Plink-Björklund 等（2001），Lacombe 等（2007），Covault 等（2009），Hubbard 等（2009），Sanchez 等（2011），Brown 和 Ryan（2011）和 Liu 等（2015）总结了前陆盆地及其地层结构特征。

以下是被重新认识的少数现代深海前陆盆地中的两种类型：（1）班达火山岛弧和澳大利亚北部大陆边缘碰撞形成的班达岛弧地区 Timor-Tanimbar 前陆盆地（Audley-Charles，1986a，b；Londoño 和 Lorenzo，2004）；（2）Luzon 火山岛弧和中国大陆在 4Ma 时碰撞形成的台湾西部前陆盆地。台湾前陆盆地长 400km，宽 100km，南部水深达 1500m（Covey，1986）。台湾地区板块会聚速度约为 7cm/a（70km/Ma），形成了一个由北往南的穿时圈闭，类似整体南倾的马尼拉海槽，截至目前已经收缩了 160km，其抬升的速率约为 5mm/a。整个台湾岛剥蚀速度为 5.5mm/a（Covey，1986）。

前陆盆地的发育是对负载应力的一种响应，如岩石圈挠曲形成的逆冲岩席。Quinlan 和 Beaumont（1984）考虑把一个连续的黏弹性板块作为一个可靠的岩石圈流变学模型，岩石圈对负载的初始弹性响应独立于任何时间依赖的假定流变特性，这会在靠近负载区域形成向下挠曲型前陆盆地以及沿克拉通边缘区域形成向上挠曲的周缘前陆盆地（Tankard，1986），并形成周缘隆起带或者前隆带。如果岩石圈仅作为一个弹性层，则卸载保持不变岩石圈也不会发生进一步形变。然而，从黏弹性流变学角度讲，板块弯曲应力释放是由于岩石圈的流动。这种应力释放会导致伴随着前隆带抬升的盆地加深，并向逆冲（负载）带不断迁移。这个过程会不断重复，因为每次新发育逆冲岩席的推进都会导致初始弹性弯曲地层叠加在先前的沉积体之上。Quinlan 和 Beaumont（1984）指出，在厚层岩石圈上形成的盆地相对宽而浅，而在薄层岩石圈上会形成的盆地相对窄而深。因此，薄层岩石圈为深海前陆盆地的发育提供了最有利的条件。古老前陆盆地的识别主要取决于作为沉降主控因素构造负载的识别能力。

前陆盆地一个重要特征是构造沉降使先前的被动大陆边缘潜伏，导致造山带远端的泥岩发生聚集沉积，随后在盆地平原（盆底）沉积了向上变粗的沉积序列，最后水下扇砂质沉积不断向陆方向进积。正如沿着阿巴拉契亚山脉—加里东造山体系的 Taconic 复理石带所展示的一样，这是典型的复理石到磨拉石的形成过程（11.3.3 章节）。

发育在仰冲蛇绿岩基底前的前陆盆地是一种目前还很少有很好研究实例的重要前陆盆地类型。与 Semail 蛇绿岩仰冲相关的 Oman 山前上白垩统前陆盆地是一个很好的实例（Robertson，1987）。晚康尼亚克—坎潘期（88.5—73 Ma）特提斯洋边缘持续不断的推力负载使地壳和被动陆缘发生了向下弯曲形成前渊或前陆盆地。在 CCD 下的深海环境中（Robertson，1987），会在前陆盆地沉积充填陆生重力流沉积和重力滑塌堆积。

许多前陆盆地都经历了复杂的构造演化史，并非简单持续的挤压从而形成的褶皱倾向基本一致的冲褶带。实际上，它的形成包括构造挤压、抬升、剥蚀、无序逆冲、激增带、侧向断坡，并伴随逆冲岩片的差异旋转在内的几个不连续的阶段。Ghiglione 等（2010）就针对南美最南部一个前陆盆地复杂形成过程进行了研究，也就是 Magallanes（Austral）和南 Falkland（Malvinas 和南 Malvinas）沉积盆地。这些盆地构造演化经历了三叠—侏罗纪地壳伸展、早白垩世弧后背景下热沉降、晚白垩世—古近纪构造挤压和新近纪至今的褶冲带作用减弱，现今褶皱冲断带以走滑或者压扭断层作用为主。Ghiglione 等（2010）也证实三个盆地中的前陆盆地发育始于晚白垩世，在早古新世—早始新世，基底围堰作用形成初始前渊沉积中心，现今则演变成了薄皮褶冲带。晚古新世—早始新世，由于南极洲和南美之间的 Drake 海峡在扩张前分离速率增加，在 Magallenes 和南 Falkland 盆地内部发育了伸展盆地（Ghiglione 等，2010）。古新世至今，正断层在整个盆地普遍发育，Ghiglione 等（2010）认为这是岩石圈挠曲的结果。

不管是现代和古老的前陆盆地，只要具有其他挤压板块构造背景，就会有油气存在（Cooper，2007）。例如，台湾前陆盆地上新统—更新统深海沉积与水下峡谷相关的构造—地层圈闭就发现了油气（Fuh 等，2009）。古老前陆盆地中许多油气田，其油气聚集在隐蔽圈闭中，他们的发现往往是在钻探构造目标过程中意外发现的。可是，随着地震成像提高，使得这些地层油气藏可以直接识别。在过去几十年中，非常规油气资源（如致密气、重油和煤层气）在前陆盆地油气勘探中已经显得越来越重要。关于前陆盆地油气运聚已经有许多综述，包括深水沉积；如中国中部和西部（Song 等，2010）、西欧（Covault 和 Graham，2008）、意大利亚平宁山脉（Carmignani 等，2004；Sani 等，2004；Turini 和 Rennison，2004；Scrocca 等，2005；Bertello 等，2010；Cazzola 等，2011；Martinelli 等，2012）和西部的喀尔巴阡山脉（Nemcok 和 Henk，2006；Slacka 等，2006；Kotarba，2012；Sandy 等，2012）。

11.2 现代前陆盆地

11.2.1 新近纪—第四纪的台湾

中国台湾和东南部弧—陆斜向碰撞形成前陆盆地，简称为台西前陆盆地（图 11.1）（Byrne 等，2011）。这个盆地可分为三个不同的次盆：（1）临近台湾造山带的过补偿沉积盆地，主要分布在西部山麓和海岸平原地区；（2）台湾造山带西部台湾海峡浅水陆架补偿充填盆地；（3）终止于台湾造山带的欠补偿盆地，位于台湾西南部深海高屏陆坡区（图 11.2）。在构造控制的背驮式盆地，河流作用控制了过补偿沉积阶段。补偿沉积阶段台湾海峡以浅海相沉积为主，来自台湾造山带的上新统—第四系沉积厚度可达 4000m，并具有不对称的楔形横截面。在欠补偿沉积阶段则以深海相沉积为主，发育活动逆冲断层和泥底辟形成的楔形构造顶部盆地。来自台湾造山带的沉积逐渐沿横向和纵向充填了台西前陆盆地。造山作用的河流和浅海相沉积物以垂直斜坡、向造山带近端陆上和浅海环境方向搬运。然而，细粒沉积物（D 和 E 沉积相），则在造山带远端的深海沉积环境中沿着纵向搬运为主。

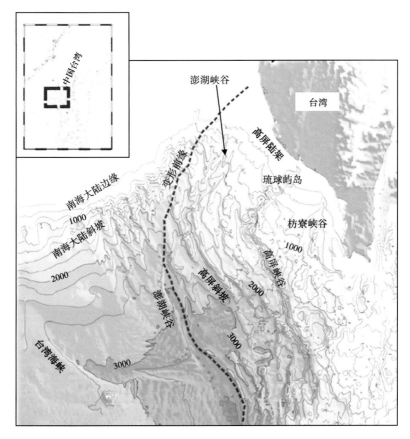

图 11.1　台湾岛西南部陆上地形地貌图（据 Chiu 和 Liu，2008）

黑色虚线为分隔南海被动大陆边缘和活动的海底台湾造山楔的变形前缘。水深线间隔为250m。方框为该图范围。造山楔由两个宽而深的海底斜坡组成，图上表现为向西、向南加深的弓形等值线。克拉通一侧的中国南海海底斜坡倾向南东，台湾造山带一侧的中国海底斜坡倾向南西。这两个斜坡在北部会聚并逐渐合并成为台湾海峡浅海陆架。沿着盆地轴部发育的澎湖水下峡谷分割了两个水下斜坡。澎湖水下峡谷近南北向延伸，平行于台湾造山带走向，往南逐渐与中国南海最北部的马尼拉海槽合并。在这两个斜坡的海底发育了众多的与海岸斜交或者垂直的冲沟和峡谷

Chi-Yue Huang 等（2006）认为台湾的斜向弧—陆碰撞过程可以分为 4 个阶段。16—15Ma，菲律宾海板块向南海洋壳的俯冲导致了台湾海岸地区的火山喷发和中部山脉增生楔的形成。中新世末期—上新世早期，俯冲之后开始了早期的弧—陆碰撞，表现为：（1）增生楔的剥蚀、蚀顶作用的剥蚀产物沉积于相邻增生弧前（5Ma）和斜坡盆地（4 Ma）；（2）火山作用变弱（北部发生在 6—5Ma，南部发生在 3.3Ma）；（3）主动火山之上发育的镶边生物礁建造（北部发生在 5.2Ma，南部发生在 2.9Ma）；（4）岛弧内部拉分盆地发育和走滑断层导致的岛弧沉降（北部发生在 5.2—3.5Ma，南部发生在 2.9—1.8Ma）；（5）3Ma 时弧前地层逆冲导致了一个碰撞杂岩；（6）弧—弧前层序顺时针旋转（北部发生在 2.1—1.7Ma，南部发生在 1.4Ma）。弧—陆碰撞不断往南传播，在 5Ma 时到达台湾岛南部，这在与增生楔相关的

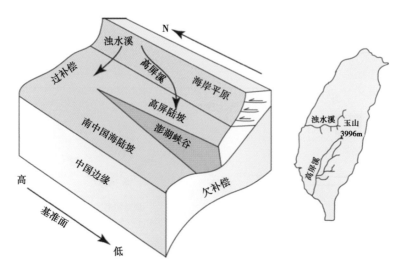

图 11.2　台湾西南部前陆盆地过补偿和欠补偿沉积概念图（据 Yu 和 Hong，2006；
Johnson 和 Beaumont，1995，修改）

来自浊水溪的沉积物横向输送至台湾中部的浅海—深海前陆盆地。来自高屏河的沉积物则沿着经度方向搬运
至陆上沉积并在台湾西南部形成海岸平原。来自台湾的沉积物沿着经度方向，主要沿着盆地轴向并平行
于台湾造山带方向搬运至更远的深海环境发生沉积

穿时渐进的变形记录中得到证实。自更新世早期始，弧—陆碰撞已经处于晚期，它与增生楔背部（北部发生在 1.5Ma，南部发生在 1.1Ma）的弧前和吕宋火山弧向西的逆冲、增生以及俯冲欧亚大陆板块的俯冲剥蚀作用有关（北部发生在 2.0—1.0Ma，南部发生在 1.0—0.5Ma）。在过去的 1Ma，台湾北部的海岸地区岛弧的坍塌和俯冲活动又重新开始。总的来说，造山带与构造活动不断往南迁移和沉积物源和构造样式不断变化相关。

Cheng-Shing Chiang 等（2004）描述了构造活动对台湾地层的影响。在台湾南部前陆盆地的楔状体顶部的沉积区分别受到了东部潮州断层地形前缘和西部海底变形前缘的控制。非海相的屏东平原、浅海相的高屏陆架和高屏深海相斜坡组成了楔状体顶部的构造地形地貌。在陆上，位于台湾造山楔前缘之上的冲积相和河流沉积形成了紧邻地貌高点的屏东平原。在海上，细粒沉积物（D 和 E 沉积相）在高屏陆架发生沉积，F 块体搬运沉积形成了高屏斜坡。楔状体顶部的沉积形成系列向西的叠瓦状逆冲带和褶皱带以及相关的背驮式盆地。屏东平原发育了一个主要的背驮式盆地。在陆架斜坡区则发育了四个相对较小的背式盆地，同时还有许多小型的背驮式盆地在下斜坡的断坡褶皱带中发育。在台湾南部前缘火山增生楔顶部沉积了大约 5000m 上新统—第四系的深海—河流相沉积。从靠近地形前缘（潮州断层）的粗粒河流相砾岩到近斜坡底部前缘的细粒深海沉积泥岩（E 沉积相），沉积相不断发生侧向变化。台湾南部的楔状体顶部沉积横截面是个双锥形增生楔。其北部边界沿着西部山麓南部末端延伸，前缘火山增生楔逐渐往南至楔状体顶部的沉积区（屏东平原）变化，表现为同沉积、往南迁移、吕宋岛弧和中国大陆之间斜向碰撞。陆壳和洋壳边界形成了楔状体顶部的沉积区南部边界。

台湾西南部沉积输送体系主要由两部分组成：一个陆上排水的盆地和一个海上接受沉

积的盆地（图11.1-图11.4）。在平面图上，这个沉积输送体系可以进一步分为五个地貌单元（Ho-Shing Yua 等，2008）：（1）高屏流域盆地，（2）高屏陆架，（3）高屏水下斜坡，（4）高屏水下峡谷，（5）中国南海最北部马尼拉海槽。高屏流域盆地在前陆盆地中面积较小（3250km²），构造上活跃和前陆盆地的过补偿沉积部分，其物源主要来自最大海拔3952m的台湾中部山脉剥蚀物。高屏水下峡谷自高屏河口开始发育，穿过狭窄的高屏陆架和水下斜坡，最终与马尼拉海槽北部终端汇合，总长度超过260km。

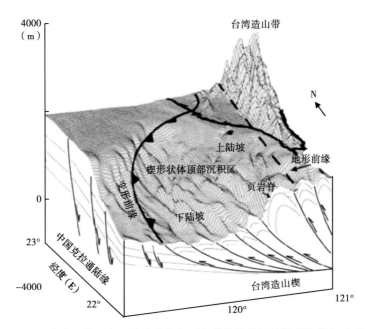

图11.3 台湾地区造山带前缘地貌、中国被动边缘水下变形前缘控制的泥岩海脊和系列向西叠瓦状排列的逆冲褶皱带构造样式（引自 Chiang 等，2004；据 Wu，1993；Liu 等，1997；Chiang，1998，修改）

台湾西南部边缘输送体系具有河流—峡谷直接连接、陆架狭窄、峡谷顶部沉积物频繁断续排放的特征。在区域源汇方案中，高屏河流域盆地是主要源区，高屏陆架是沉积过路区，高屏水下陆坡是临时沉降区，马尼拉海槽是台湾造山带沉积最远的沉积区。根据地震资料推断，外陆架和上陆坡区域可视为向下高屏水下陆坡输送物质坡移堆积的线源。水下陆坡底辟脊之间的小凹陷部分被沉积物充填或处于空置状态。目前，汛期反复出现的异重流短时高屏水下峡谷上游高屏河流的沉积。在数千年内，很可能通过峡谷内的下坡侵蚀沉积物重力流动，移除上游临时沉积。现在，高屏水下峡谷是将沉积物从台湾造山带输送到马尼拉海槽的主要通道。地震资料表明，可能因异重流向峡谷中下游流动的作用，高屏水下峡谷已深深地切入水下陆坡。中游是沉积旁路区域，而下游是临时沉积区域或沉积物输送通道，这取决于峡谷演变过程中沉积和剥蚀之间的平衡情况。

台湾西南部深海欠补偿盆地的轴线向南倾斜，与台湾造山带的走向平行。这是一条纵向通过澎湖海底峡谷输送沉积物的路线。此水下峡谷最初是在南海上游和高屏水下陆坡交叉处发育起来的。沉积重力流沿区域向南倾斜后切入海底沉积，沿海底最深部分开挖，并沿台湾造山楔与中国大陆克拉通边缘之间的会聚边界形成现在的澎湖水下峡谷。此水下峡

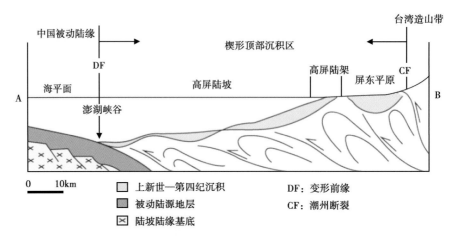

图 11.4　根据地震资料绘制的台湾海上成对山带和欠补偿深海前陆盆地的剖面示意图（引自 Yu 和 Hong，2006；据 Chiang 等，2004，修改）
台湾造山带以西的前陆盆地主要覆盖了北部的沿海平原和东部台湾海峡陆架，并延伸至南部的深海斜坡（>3000m 水深）。台湾南部深海前陆盆地的特征是台湾造山带上新世—第四纪沉积的积累。高屏水下斜坡上超位于澎湖水下峡谷以西的中国克拉通外部边缘（如图所示）

谷长 180km，南北走向，头部水深 240m，谷口部水深 3200m，然后逐渐融入马尼拉海槽盆地。澎湖水下峡谷被解释为构造控制的峡谷，而不是垮塌导致的陆坡切口（Ho-Shing Yu 和 Eason Hong，2005）。当沉积过程有助于下切和拓宽时，构造过程控制峡谷的走向和位置。从台湾西南部陆上到澎湖水下峡谷现在位置，上新世晚期轴线向更新世峡谷的移动反映了前陆盆地的演变，纵向输送系统逐渐向西南方向移动，远离变形前缘。

在台湾造山楔水下变形前缘的 CPC-1 地震剖面中，前陆盆地西部成像良好，显示出超覆中国被动大陆边缘的西北向发育的水下变形前缘（图 11.5）（Chou，1999；Chiang 等，2004）。变形前缘西部是台南盆地，这是以弯曲正断层为特征的上新世—第四纪前渊。

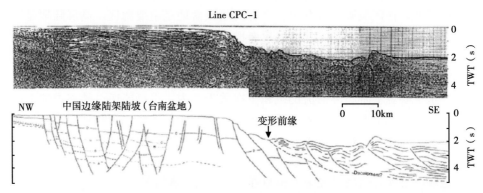

图 11.5　台湾造山楔水下变形前缘的 CPC-1 地震剖面（据 Chou，1999；Chiang 等，2004）
显示出超覆中国被动大陆边缘的西北向发育的水下变形前缘。变形前缘西部是台南盆地，这是以弯曲正断层为特征的上新世—第四纪前渊。地震反射层包括：（A）渐新统基底；（B）中中新统顶部；（C）上中新统顶部；（D）上新统顶部

11.2.2　新近纪—第四纪的南部班达弧

印度尼西亚地区包括几个活跃的火山岛弧，也记录了东南亚边缘海洋岩石圈俯冲引起的火山活动。该地区的地层记录反映了复杂的构造历史，包括碰撞、板块边界变化、俯冲极性逆转、火山岛弧消除和延伸（Hall 和 Smythe，2008；Hall，2011）。弧形岩浆作用导致蛇绿岩和大陆裂块增加，使研究区地壳发生幕式生长。在印度尼西亚，来自向下俯冲板块的增生物质相对较少，但是也有少量的俯冲剥蚀证据。区域高热流和研究区内弱岩石圈意味着沉积盆地的特征可能不寻常，表现为盆地深、沉降快（Hall 和 Smythe，2008）。热带剥蚀和风化作用影响了沉积成熟度和矿物特征，特别是火山成因物质。

爪哇海槽成为北移印度洋板块和亚洲板块东南部的分界（图 11.6a，b，图 11.7，图 11.8）。在爪哇海槽东部，出现向北会聚和班达岛弧下面澳大利亚大陆边缘的板垫作用，且不受任何洋壳干扰（Jacobson 等，1979；Bowin 等，1980；Audley-Charles，1986b；Karig 等，1987；Fortuin 等，1994；Richardson 和 Blundell，1996；Hillis 等，2008）。Londoño 和 Lorenzo（2004）推测盆地最大沉降可达 3500m，宽度可达 470km。他们还认为澳大利亚岩石圈有效的弹性厚度（80~100km）在盆地演化期间无重大变化，因为板块在弯曲期间产生的曲率（$5.1×10^{-8}$ m^{-1}）太小，不能使板块变脆弱。Londoño 和 Lorenzo（2004）还引用弯曲模型进行研究，指出至少有 570km 澳大利亚板块（大部分在伸展陆壳区域）基本受帝汶岛下面的构造荷载作用而发生弯曲，俯冲板块的总量在盆地演化期间至少可达 100km。

非火山作用下的外班达岛弧可以被解释为叠瓦状逆冲体系的一部分，它的形成与位于 Timor-Babar-Tanimbar-Kai 岛链下面澳大利亚边缘的底垫作用相关。帝汶海槽是一个深海前陆盆地，其沉降至少部分受到北部澳大利亚边缘外班达岛弧推覆体的荷载作用控制。澳大利亚陆架代表远端的前陆盆地。

在前陆盆地发育之前的 2.0—2.2Ma，较小的大陆板块碎片与澳大利亚北部边缘发生碰撞（De Smet，1990；Snyder 等，1996）；俯冲—增生过程与沿爪哇海槽向西更远处的俯冲过程相似。往东边更远处，巴布亚新几内亚和北部澳大利亚之间在 3.0—3.7Ma 发生碰撞（Abbott 等，1994）。随着俯冲/底垫地壳的性质发生变化，弧前盆地被转变为前陆盆地。在帝汶岛移置推覆体发生碰撞和侵位之前，微体古生物学研究表明，不管是在爪哇海槽亚洲板块还是澳大利亚边缘的晚中新世到早上新世的沉积物，都会在水深超过 2000m 的海底发生沉积。

弯曲的班达岛弧包括火山内外岛弧包围的年轻洋壳和大致平行于澳大利亚的大陆边缘（Spakman 和 Hall，2010）。上地幔强烈的地震活动形成褶皱表面，对此有两种不同解释：单个板块的变形，或从北部和南部俯冲形成的两个独立板块。Spakman 和 Hall（2010）将地震层析成像与该区域的板块—构造演化相结合，推断出班达岛弧的形成是单个板块俯冲所致。古地理重建表明，侏罗系由陆壳包围的密集洋壳岩石圈组成，该地层曾经存在于澳大利亚板块内部。当活跃的爪哇俯冲向东迁移至盆地时，Banda 在 15Ma 开始俯冲。现在的俯冲板块地形只是局部受到地层形态的控制。当澳大利亚板块以 7cm/a 速度向北移动时，班达海洋板块向南—南东方向回滚，伴随着主动分层，将地壳与密度较大的地幔分开。随着板块运动，地幔阻力增加，导致板块发生褶皱，地壳变形更加剧烈。

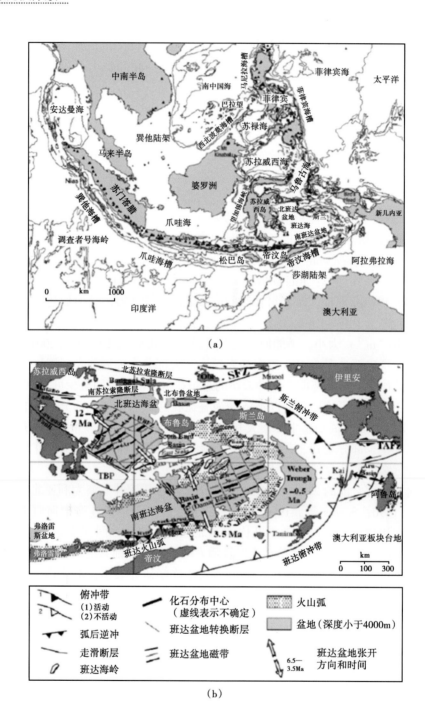

（a）

（b）

图 11.6　（a）东南亚及其周边地区的地理位置。小黑色填充三角形是 Smithsonian 研究所根据全球火山活动项目认可的火山（Siebert 和 Simkin，2002）。水深测量结果显示为简化的 Gebco（2003）数字图集。水深等值线为 200m、1000m、3000m 和 5000m（据 Hall，2011）。（b）太平洋、欧亚和印度—澳大利亚板块交会处班达岛弧位置图，显示了内外班达岛弧的位置、主要构造板块及其相对于欧亚板块的运动方向以及深海盆地的位置（据 Hinschberger 等，2005）

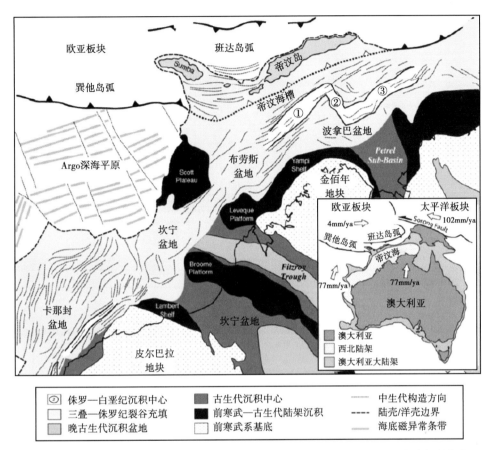

图 11.7　澳大利亚西北陆架地质要素图［据澳大利亚地质调查组织（AGSO）西北大陆架研究小组，1994］
该图显示了澳大利亚大陆和三个主要中生代沉积中心的海底范围：1—Vulcan 地堑；2—Sahul 向斜；
3—Malita 地堑。插图描述了新近纪板块运动和速度（Keep 等，1998；据 Harrowfield 等，2003）

　　帝汶岛微古生物学研究表明，碰撞后隆起速率为 1.5~3mm/a，与地壳收缩相关，推覆体位移速率可能超过 62.5~125mm/a（Audley-Charles，1986a；McCaffrey 和 Abers，1991 对各种主要断层会聚速率和走滑运动的讨论）。澳大利亚大陆边缘和陆架构造增厚表现为叠瓦状（主要是南向移动逆冲断层），伴随其他地壳收缩过程。估计逆冲发生在 0.4~0.8 Ma 期间（Audley Charles，1986a）。图 11.9 总结了北部澳大利亚被动大陆边缘（前陆）、帝汶碰撞岛弧复合体以及深海前陆盆地或前渊 DSDP 262 地点的地层特征。

　　地震反射和 SeaMARC Ⅱ 图像（侧扫和测线束深海测量）揭示出，类似于典型海洋俯冲带的构造模式，帝汶海槽变形断续向南推进，因为连续的逆冲地层沉积物源自澳大利亚地层边缘（Karig 等，1987）。因此，Karig 等（1987）假设，斜向底垫作用导致沿北东向断层体系发生右旋剪切，切错 Savu 和 Roti 岛之间的外弧。在帝汶内部，沉积厚度超过 1000m，横向厚度快速变化，反映了褶皱带和/或逆冲带的局部增长，其中至少有一些受向下弯曲的澳大利亚边缘中正断层重新激活所控制。在帝汶海槽内部，在 DSDP 262 地点（Veevers，Hietzler 等，1974），回收到细粒硅质碎屑岩和生物碎屑碳酸盐岩（图 11.9），这表明粗粒沉

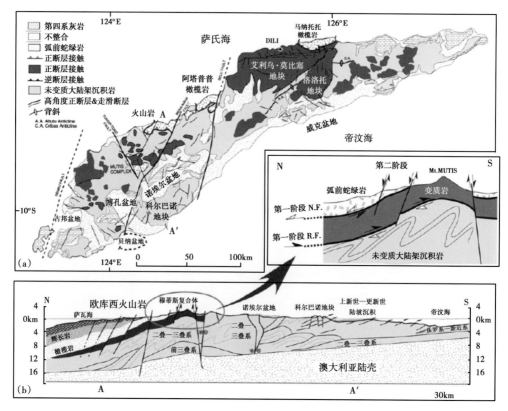

图 11.8 (a) 帝汶地质图显示主要构造—地层划分（据 Audley-Charles，1968；Rosidi 等，1981；Charlton，1991；Charlton 等，1991，修改）(b) 经过 Mt. Mutis 的横切剖面（据 Kaneko 等，2007）

积物处在海槽内部斜坡。下斜坡的垮塌沉积物成为海槽底部的主要沉积物源。还发生了大量的 F 类沉积相，特别是当沉积滑动时。

ODP 123 分支位于前陆盆地西南部，沿着澳大利亚西北部边缘的 Argo 深海平原东南部 765 号地点钻出中—上中新统深海钙质沉积体系（主要以重力流沉积为特征）（图 11.10）。钙质碎屑沉积主要由浮游生物的钙质组分组成。Simmons（1992）依据系统内纹理、矿物、层状、井下测井记录等信息，推断深海体系在中新世中晚期快速进积。海洋条件变化导致该区域产生大量沉积重力流，伴随海平面逐渐下降，与南极洲主要大陆冰层积聚有关。这些数据与地震地层相结合，反映出两个主要沉积期。晚中新世，该体系逐渐退积，随后导致海平面上升。在上新世期间，斜坡滑塌，覆盖体系退积，推测这与中新世—上新世期间澳大利亚边缘与巽他—班达弧碰撞产生的地震活动有关（Simmons，1992）。

地震线显示了海洋基底之上的前陆盆地深海沉积的整体片状几何形状，如经过 ODP 765 号地点的 BMR 多折地震线 56/22（图 11.10b）。该地震线的西南部分提供了一个实例，说明在前陆盆地早期演变过程中，基底断层如何导致相对受限的沉积地点。

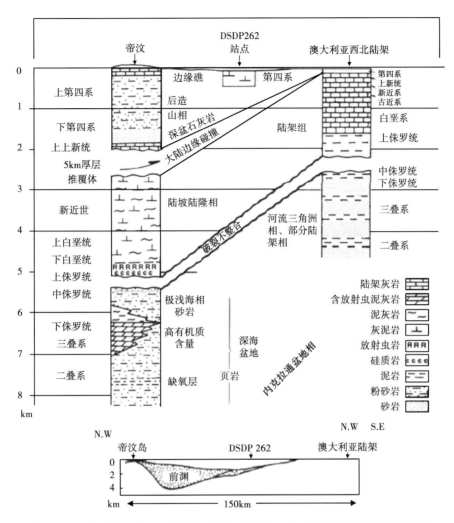

图 11.9　帝汶海槽（帝汶和北部澳大利亚大陆架）和前陆盆地边缘地层柱状图
（据 Audley-Charles，1986b）DSDP 262 地点数据源自 Veevers 等（1978）

11.3　古老深海前陆盆地

Ori 等（1986）对亚得里亚海中部渐新世之后的前陆盆地做了大量的观察，总结出前陆盆地形成过程中的构造—地层特征：（1）前陆盆地往西北方向逆冲带前进移动；（2）垂直位移高达 1000m 的逆冲构造高点受到剥蚀形成局部沉积物来源；（3）尽管局部存在横向供给，但沉积物移动以平行盆地长轴为主；（4）由于同期的构造作用和底辟作用（可能由基底控制），前渊被分割成离散沉积中心。在亚得里亚海中部实例中，Apennines 是一个复杂的逆冲构造带，自渐新世就位于推覆体之上，现在一直处于运动状态。

在 Rhenohercynian 深水前陆盆地最东部的下石炭统 Moravian—Silesian Culm 盆地

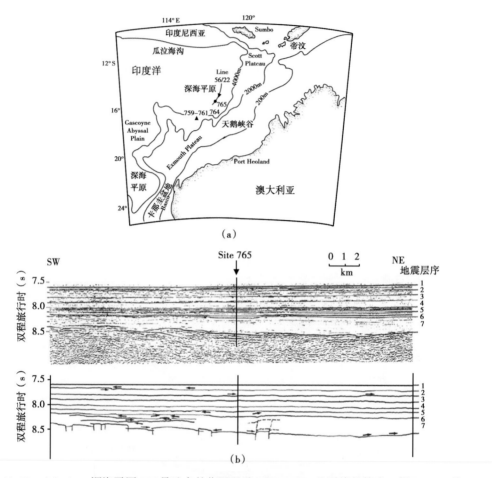

图 11.10　（a）Argo 深海平原 765 号地点的位置以及 BMR 56/22 地震线的轨迹（据 Ludden 等，1990，修改）；（b）经过 765 号地点的 BMR 多折地震线 56/22。线图显示了对地震层序 1-7 的解释，包括层序边界处的不协调关系（据 Ludden，Gradstein 等，1990）

（MSCB），已经发现了大规模沉积旋回（称为"Culm"）。MSCB 盆地 Viséan Moravice 地层（MF）上部显示为明显的旋回地层序列，有两个主要的不对称巨旋回，每个旋回厚约 500~900m（Bábek 等，2004）。巨旋回底部为 50~250m 厚的侵蚀水道，越岸沉积和陆坡裙沉积，Bábek 等（2004）把它解释为低水位深水体系。这些沉积向上逐渐变为百米厚、细粒度、低效率的深水系统（见 7.2.1 节）。古水流有两个方向：（1）平行于盆地轴线，南南西—北北东向，此方向在整个 MF 比较普遍；（2）垂直盆地方向，东西向—北西—南东向，此方向往往局限在巨旋回的底部或者上部的水道—朵体转换体系。基于沉积相特征、古水流、砂岩组成和遗迹化石，Bábek 等（2004）提出构造活动增强诱导了陆坡的削深作用和由西向东横向沉积供给的增加，并形成了底部层序边界和低位深水体系。在随后的构造平静期，盆地受到更远南部点源供给，发育形成厚层、低效的深水体系。

11.3.1 南非二叠—三叠纪卡鲁期前陆盆地

南非二叠—三叠纪卡鲁期前陆盆地沉积显示了充分暴露的盆底和陆坡深水体系。这些细粒沉积成为底部 400m 厚前积层序，随后被浅海相、三角洲相和河流相沉积覆盖（vander Werff 和 Johnson，2003a，b；Andersson 等，2004）。许多学者认为卡鲁盆地是一个因褶皱逆冲带负载作用形成的弧后盆地，残留沉积沿着盆地边缘南部和西南部分布（Johnson，1991；Cole，1992；Visser，1992；Veevers 等，1994）。可是，Van der Merwe 等（2010）引用了卡鲁深水沉积西南部岩石学和地化研究（Johnson，1991；Andersson 等，2004；Van Lente，2004）以及海角褶皱带（CFB）（Tankard 等，2009）构造模型/构造恢复，提出了逆冲和褶皱带不是突然在深水砂岩沉积过程中出现的。因此，他们提出，卡鲁盆地早期沉降主要可能受到盆地构造驱动的动态地形变化影响。本文涉及的卡鲁盆地，认为它可能不是前陆盆地。

在 Tanqua 次盆地沉积中心（图 11.11），盆底扇相对平坦，砂岩/页岩比估计为 40%～50%。Tanqua 次盆地水下扇复合体由五个向北部、北东和东部进积的硅质碎屑体系组成（Hodgson 等，2006）。这里已经认识到六个离散硅质碎屑体系或水下扇，称为扇 A-F（Sixsmith 等，2004）。每个扇厚度为 20～60m，中间有 20～75m 泥岩和粉砂岩夹层（Johnson 等，2001）。

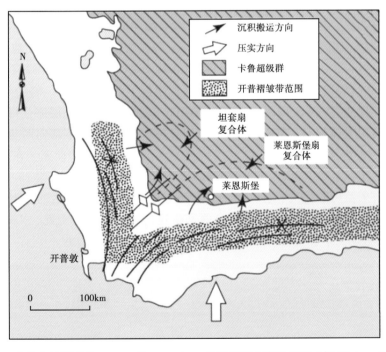

图 11.11　卡鲁盆地西南角 Tanqua 和 Laingsburg 盆底扇复合体位置图（据 Wickens 和 Bouma，2000），显示了海角褶皱带两个分支的关系

在 Tanqua 沉积中心内部（图 11.11），Hodgson（2009）描述了混合层地层和古地理分布，这些地层由碎屑流（有黏着力）和浊流（没有黏着力）沉积组成（与 1.4.2 节对比）。

这是首次结合野外露头和井孔数据对水下扇体系进行研究。在 0.1~1.0 m 厚度地层内，我们观察到了三种不同沉积类型，底部逐渐扩散、细粒沉积，鲍马类型浊积岩，上覆不同组分：（1）富泥和含云母砂岩骨架颗粒支撑的分选差、富含碳质的物质；（2）富泥砂岩—粉砂岩骨架中分选差的泥岩碎屑；（3）分选好砂岩骨架中的含砾岩圆形泥岩碎屑。这些分别解释为：（1）最有可能是来自陆架边缘坍塌的碎屑流沉积；（2）最有可能是浊流剥蚀的底部泥岩后来发生流体转换的碎屑流沉积；（3）来自泥岩碎屑的浊流，向流体后面移动的沉积。这三种混合物沉积通常在扇体发育初期和生长期的朵体边缘发育。随后，朵体往盆地方向前积发育控制了中扇和外扇地层底部的混合沉积，而混合层没有在扇体的轴线发育或者在扇体退积发育过程中变薄或者变得稀少。Hodgson（2009）认为这个沉积分布反映了剥蚀量的增加和泥岩在海平面下降早期沿着移动路径发育。他总结出，混积层能反映出扇体边缘，预测了朵体的叠加形式和后续沉积地层的显著性。

Van der Merwe 等（2010）证实南非卡鲁盆地 Vischkuil 组（272—262 Ma）380m 的细粒沉积，由被重力流沉积砂岩和粉砂岩（C 和 D 类沉积相）分割的半深海泥岩沉积（E 和 G 类沉积相）以及火山灰组成（Laingsburg，Fort Brown 和 Waterford formations）（图 11.12）。区域沉积 1~2m 厚的半深海泥岩单元被解释为披覆在浓缩沉积盆地平原之上的凝缩段，最大洪水面发育在同期的陆架之上（在后期隆起期间已经迁移）（Van der Merwe 等，2010）。上覆泥岩之上地层主要由高位期发育的粉砂质重力流沉积和细粒砂岩组成。他们把这些沉积面解释为层序边界，这些边界与流体流量突然增加和砂质沉积物向盆地平原移动相关。低位体系域由重力流沉积的砂岩组成，上覆半深海泥岩沉积。Vischkuil 地层上部为三层 20~45m 厚的碎屑岩，层内砂岩碎屑直径可达 20cm。这些碎屑沉积范围超过 3000km²，导致下伏 3~10m 粉砂质重力流沉积（D 类沉积相）发生了广泛的形变。每个形变/碎屑流体底部可解释为层序边界。Van der Merwe 等（2010）识别了六个沉积层序，每个相连续的更年轻的层序发育更大体积的上覆砂岩沉积（图 11.13）。两套层序下部向西北方向变薄，并可见西北方向的古水流。上覆的四套层序可见古水流方向反转和向东、东南方向的变薄（图 11.13）。层序 6 上覆 300m 厚的 Laingsburg 组富砂扇体 A。Van der Merwe 等（2010）认为低位体系域碎屑流可能反映了扇体 A 的主要疏导体系的形成。往西的重力流沉积从向西前积的深水到陆架层序的转变反映了来自西部稳定的输送体系。因此，Van der Merwe 等（2010）提出的移动至卡鲁盆地沉积的砂岩供给是按定量逐渐增加的。

图 11.12　Geelbek 地区 Ecca 组下部野外剖面（引自 van der Merwe 等，2010）

黄色线为主要泥岩，沉积相可见图 11.13。有关 Vischkuil 地层的讨论，请见正文内容

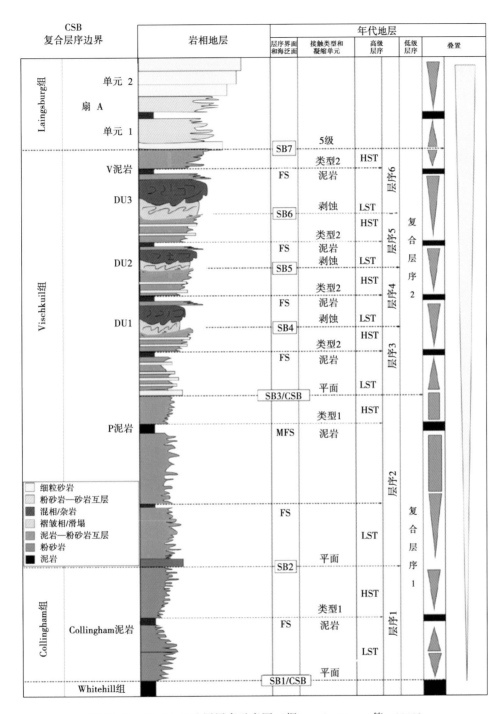

图 11.13　Vischkuil 地层层序示意图（据 van der Merwe 等，2010）

所有主要沉积界面、层序和叠加形式均按区域绘制。在两个最老和四个年轻层序之间的 SB3 界面出现了古水流方向的逆转。SB3 也是一个组合的层序边界，它和 Vischkuil 地层组成了两个复合层序。注意，相邻层序边界的流体流量和能量为向上不断增加的趋势

以下章节强调了许多古老深水前陆盆地的有趣特征，尤其是地层之间长距离的相互关系。

11.3.2 意大利亚平宁山脉渐新世—中新世前陆盆地

Ricci Lucchi（1975a，b，1981，1986）、Ricci Lucchi 和 Ori（1984，1985）已经对 Peri-adriatic 前陆盆地陆上渐新世—中新世深水沉积做了大量的研究。Ricci Lucchi 和 Ori（1984，1985）发现：（1）体积为 3000～30000km^3 的来自东北方向前渊前积充填的主要碎屑体；（2）50～500km^3 小型盆地充填。在更小盆地中，逆冲底部（逆冲顶部）盆地边缘到前渊，或者是"背驮式盆地"（Ori 和 Friend，1984）被认为普通的"卫星盆地"（Ricci Lucchi 和 Ori，1984，1985）。渐新世至今，前渊沉积中心以 7.5cm/a 的速度迁移。在构造活动强烈且沉积中心快速迁移期间，沉积速率也更快。例如，中新世期间沉积中心快速迁移，沉积速率达到 87 cm/ka（Ricci Lucchi 和 Ori，1984）。

Ricci Lucchi 描述了渐新世—中新世前陆盆地深水沉积充填主要样式，其他样式涉及席状砂体系，包括岩相 C2.4 浊积岩（Ricci Lucchi 和 Valmori，1980；Gandolfi 等，1983；Talling 等，2004）。许多前陆盆地都有沉积过补偿的共同特征。有些研究表明，Marnoso-arenacea 地层有远源的相互关系，包括所谓的 Contessa 关键地层层段（Ricci Lucchi 和 Valmori，1980；Amy 和 Talling，2006；Magalhaes 和 Tinterri，2010）首次展示了详细地层剖面，揭示了 Langhian 到 Serravallian 层序层与层之间的相互关系。他们详细分析了 Langhian 和 Serravallian 期间前渊盆地，并讨论与逆冲带相关的沉积相分布。

Magalhaes 和 Tinterri（2010）针对 Marnosoarenacea 地层 Langhian 和 Serravallian 层序 2500m 层段进行了详细的地层和沉积相分析（图 11.14—图 11.17）。基于 Sillaro 和 Marecchia 之间垂向厚度 6700m 地层的 7 项地层测井系列，他们开展了高分辨率地层分析。分析结果显示，Marnoso-arenacea 地层和沉积背景受同沉积构造形变的影响。根据逆冲形成的地形高点和沉积中心控制的构造形成时间不同，Magalhaes 和 Tinterri（2010）将地层分为五个地层单元。他们重建了逆冲相关的块体移动沉积，以及与构造控制的盆地形态相关的五种地层类型的发育和消失期间前陆盆地地形变化。除了类似鲍马序列的"第四种类型地层"（C2.1 到 C2.2，见图 2.4），"第一种类型三重地层"（C2.5）表现为内部发育泥浆单元，地层增厚，尤其是在盆地内部变化的水下斜坡，为具有泥岩剥蚀、减速作用的地形高点和沉积中心构造控制的地层单元。"第二种类型地层"（C1.1）具有内部滑塌沉积单元，构造控制地层单元底界，解释为构造隆起作用。"第三种类型地层"（C2.4）是显示盆地限制不同界面的反射层，而"第五种类型沉积"（C2.3）为薄层和细粒沉积，由越过地貌高部位的稀释的浊流形成。根据这些地层的垂向和横向沉积，Magalhaes 和 Tinterri（2010）解释地层层序的同沉积构造控制，这些在 Marnoso-arenacea 地层中的层序发育在由逆冲褶皱带和大型块体搬运复合体控制形成的隐形地形高点和沉积中心范围内。

11.3.3 魁北克阿巴拉契亚山脉早古生代前陆盆地

魁北克阿巴拉契亚山脉早古生代前陆盆地发育于伊阿佩托斯洋闭合期间（Thomas，1977，1985；Hiscott，1984；Hiscott 等，1986；Hatcher，1989；Brett 等，1990；Lehmann 等，1995；Finney 等，1996；Castle，2001；Cawood 和 Nemchin，2001；Thomas 和 Becker，

（a）

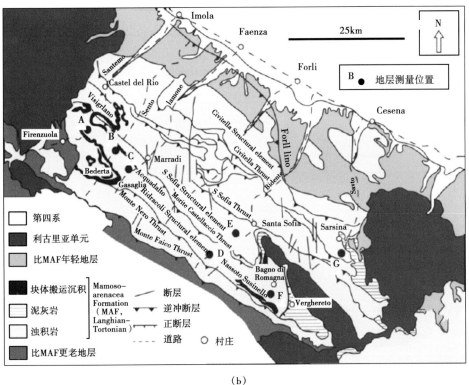

（b）

图11.14 （a）亚平宁山脉 Marnoso-arenacea 地层露头位置图；（b）Santerno 和 Savio 峡谷之间的 Marnoso-arenacea 地层地质示意图，显示了主要逆冲前缘（据 Cerrina Feroni 等，2002，修改），还显示了主要构造元素。Forli 线位置取自 Roveri 等（2002，2003）。大写字母（A，B，C，D，E 和 F）为七个地层测井的位置（引自 Tinterri 和 Magalhaes，2011）

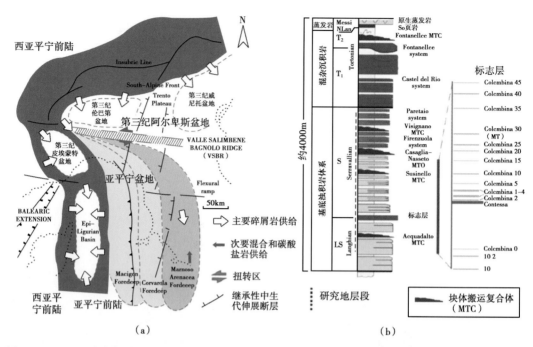

图 11.15　（a）晚渐新世—中中新世 Proto-Adriatic 盆地主要特征和推断地形图；（b）Marnoso-arenacea 地层录井示意图。图中还显示了主要的块体搬运复合体和重要地层（据 Tinterri 和 Magalhaes，2011）

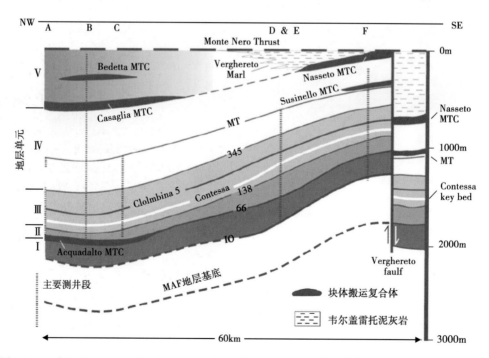

图 11.16　位于 M. Nero 和 M. Castellaccio 逆冲带之间 Ridracoli 构造带地层层序地质剖面示意图（据 Magalhaes 和 Tinterri，2010）

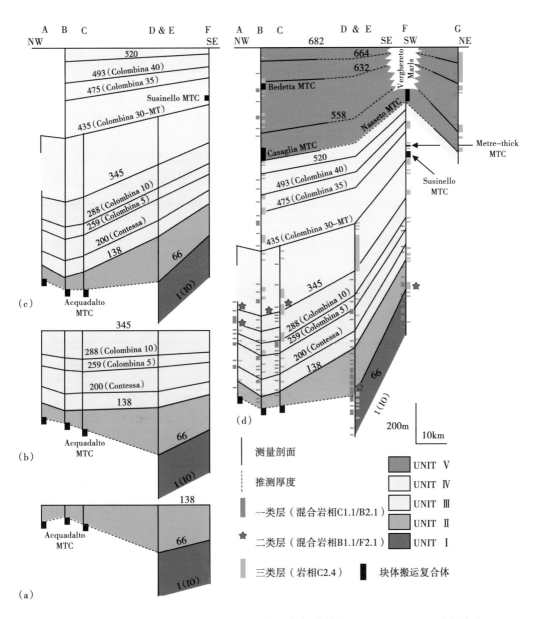

图 11.17　采用渐进式展平方法标记地层的长距离相关性和 Marnoso-arenacea 地层演化

（据 Tinterri 和 Magalhaes，2011）

逐渐形成的高点可横向连续追踪，并可通过盆地底部地形和幅度变化进行对比分析。例如，在 138 号层顶部拉平的单元Ⅱ，就是位于 Acquadalto 块体搬运复合体之上可以在区域连续追踪的地层。有关第三种地层类型的解释，请见正文内容

2007；Ettensohn，2008；Pinet 等，2010）。目前，该盆地从加拿大南部魁北克延伸至美国北部阿拉巴马，长度约为 2050km，面积约为 536000km²。在前寒武纪晚期—早奥陶世，劳伦古大陆的阿巴拉契亚山脉南部—东南部边缘发育了同裂谷和后裂谷被动边缘。寒武纪劳伦

古大陆边缘一些外部板块开始重组，最终形成阿巴拉契亚山脉前陆盆地（Pickering 和 Smith，1995）。阿巴拉契亚山脉前陆盆地的形成源自 472Ma 泰康利造山作用（早—中奥陶统）。

奥陶系 Cloridorme 地层由奥陶纪造山作用形成的阿巴拉契亚造山带深水前陆盆地魁北克段组成（Hiscott，1984；Hiscott 等，1986）（图 11.18—图 11.20）。奥陶系 Cloridorme 地层是继重力流沉积发育之后的前陆盆地厚层沉积（图 11.21），可以作为单期重力流沉积和远源追踪研究（Enos，1969a，b；Pickering 和 Hiscott，1985；Hiscott 等，1986；Slivitzky 等，1991；Kessler 等，1995；Awadallah 和 Hiscott，2004）。该地层预计厚度为 4km，未恢复沉积速率约为 400m/Ma。顶部和底部都未暴露剥蚀。虽然 Cloridorme 地层在逆冲和褶皱作用下发生形变（图 11.22，图 11.23），但是该地层通常被解释为是准原生。因此，该地层位移较小（Logan，1883；St-Julien 和 Hubert，1975）。Cloridorme 地层是真正的"复理石"，因为它由许多厚的重力流沉积组成，这些沉积由于上升的造山带侵蚀而产生，并流入活跃的前陆盆地。

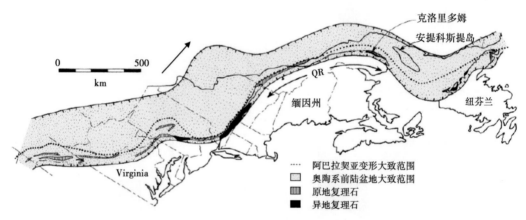

图 11.18　阿巴拉契亚造山带 Taconic 前陆盆地范围和魁北克 Cloridorme 地层位置
（据 Hiscott 等，1986）

虽然重力流层序厚达几百米至几千米，但不能划分为多个薄层地层单元。叠加的沉积相相似，为大于 100m/Ma 的沉积速率所致。例如，美国 Cloridorme 地层与相对应的阿巴拉契亚山脉也难以区分：Martinsburg 地层层段不能识别（McBride，1960），Normanskill 地层仅由两个层段组成（Rickard 和 Fisher，1973）。虽然 Cloridorme 地层有差异，但可能是由于沿 Gaspé 海岸野外露头受波浪冲刷剥蚀。实际上，Cloridorme 地层比阿巴拉契亚山脉其他奥陶系深海层序或单层有着远源相关性的 Caledonides 地层暴露更加严重（Enos，1969b；Ma，1996）。

在两个不同的构造区块中，Enos（1969a）将地层划分为 α1—α7 和 β1—β4 层段，但不能将 α 和 β 层序关联起来（图 11.24）。Pickering 和 Hiscott（1985）和 Hiscott 等（1986）利用 Riva（1968，1974）的岩性特征和生物地层开展了研究，认为 α7＝β2；然后利用六个局部地形名称对这些层段进行了重新命名。Pickering 和 Hiscott（1985，1995）利用沉积学观察显示 Cloridorme 下部地层（St-Hélier 和 Pointe-à-la-Frégate 层段），包括了许多可广泛

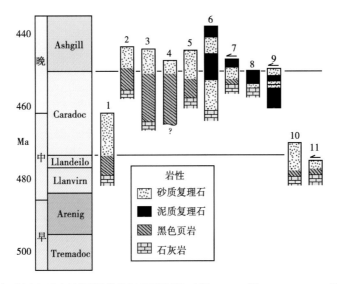

图 11.19 原生和准原生重力流沉积或者复理石年龄（据 Barnes 等，1981；Ross 等，1982，修改）

1—Tellico（田纳西州）和 Knobs（弗吉尼亚州）地层；2—Reedsville 地层（宾夕法尼亚州）；3—Martinsburg 地层（田纳西州、弗吉尼亚州、弗吉尼亚州西部、马里兰州、宾夕法尼亚州、新泽西州）；4—Shochary Ridge 层序（宾夕法尼亚州）；5—Schenectady 地层（纽约）；6—Nicolet River 地层（西部的魁北克）；7—Beaupré（富砂）和 Lotbinière（富泥）地层（魁北克）；9—Cloridorme 地层（东部的魁北克）；10—Mainland 砂岩（纽芬兰西南部）；11—Goose Tickle 地层（纽芬兰西南部）。7、9 和 11 单元之上是逆冲断层

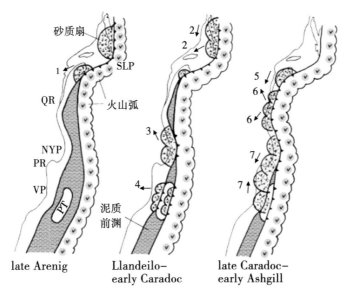

图 11.20 北美东部发育海上火山岛弧的水下边缘碰撞简化模型（据 Hiscott 等，1986）

北部为原始碰撞。箭头表示古水流。古水流自隆起向凹角方向。SLP—圣劳伦斯隆起；QR—魁北克凹角；NYP—纽约隆起；PR—宾夕法尼亚州凹角；VP—弗吉尼亚州凹角；PT—山麓岩体（微大陆）；火山岩体比这里显示的更复杂，可能像复杂的现代西太平洋岛弧拼贴体一样

图 11.21　加拿大魁北克阿巴拉契亚山脉 Gaspé 半岛 Cloridorme 地层重力流沉积典型野外露头

（a）Grande-Vallée 薄层和超薄层砂岩（C 和 D 类沉积相），含少量的粉砂质泥岩（沉积相 E），Enos（1969a）β6—β7 层段。倒转地层向左变年轻。中部左侧砾石可达 1.5m。（b）Marsoui 东部采石场沉积相 B 和 C 砂岩解释为中扇沉积，Enos（1969a）γ4 层段。注意楔状地层，尤其是朝向露头上部的楔状地层，图中人作为比例尺。（c）Pointe-à-la-Frégate 异重流沉积。倒转地层向右变年轻。米尺以 10cm 为单元。（d）Manche d'Epée 异重流沉积，包括 C2.4 地层，底部发育浅色砂岩，靠近油田左侧厚层粉砂质泥岩。地层向左变年轻，图中人作为比例尺。（e）1.5 m 厚巨浊积岩（沉积相 C2.4），其底部发育砂质无定形的泥岩盖层 St-Yvon 段。地层向右变年轻。米尺以 10cm 为单元。（f）Pointe-à-la-Frégate C2.4 地层，标尺为 5cm。箭头标记来自凹槽和波纹叠层的 180 度不同古水流方向。（g）St-Yvon 沉积相 D（上覆 C2.4）中具有复杂褶皱的滑动沉积（沉积相 F2.1）。地层向右变年轻。米尺以 10cm 为单元。（h）细粒和薄层砂岩和粉砂岩（主要为沉积相组合 C3 和沉积相 D），为扇体边缘和盆底沉积，其中沉积相 C 砂岩复合体，解释为朵体沉积。Petite-Vallée 地层向左变年轻。米尺以 10cm 为单元。关于 Cloridorme 地层相的其他信息块，见图 2.25f、2.26b 和 2.26c

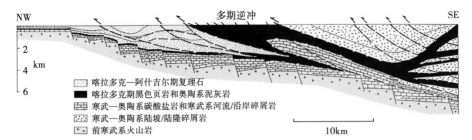

图 11.22　Laroche 等（1983）关于 SOQUIP 地震线局部解释剖面（引自 Hiscott 等，1986）

该剖面位于魁北克凹港西部，在图 11.20 中标注为 QR。前陆盆地重力流沉积或者复理石上覆于 Caradoc 黑色页岩之上，页岩下伏被动大陆边缘层序寒武系—奥陶系碳酸盐岩。重力流沉积随后受到东南方更远处古老地层推覆构造的仰冲作用。Nicolet 河流和 Lotbinière 地层形成了剖面中的复理石

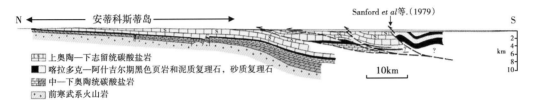

图 11.23　Gaspé 半岛海岸对面跨 Anticosti 岛地震线解释剖面（据 Hiscott 等，1986）

Acadian 期的叠瓦状逆冲断层涉及下志留统岩石。St Lawrence 湾南部无钻井数据，因此仅能推测沉积相变化。
Sanford 等（1979）成图表明从含有志留系碳酸盐岩的断块到该线南端附近准原生 Cloridorme 地层重力流沉积（复理石）的主要变化

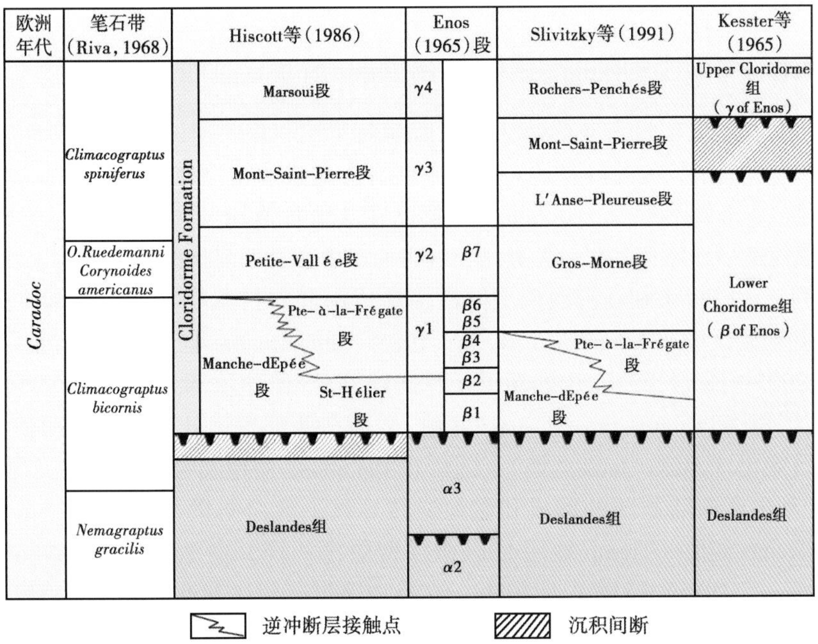

欧洲年代	笔石带 (Riva, 1968)	Hiscott等（1986）		Enos (1965)段	Slivitzky等（1991）	Kesster等（1965）
Caradoc	*Climacograptus spiniferus*	Cloridorme Formation	Marsoui段	γ4	Rochers–Penchés段	Upper Cloridorme组（γ of Enos）
			Mont–Saint–Pierre段	γ3	Mont–Saint–Pierre段	
					L'Anse–Pleureuse段	
	O.Ruedemanni Corynoides americanus		Petite–Vallée段	γ2 β7	Gros–Morne段	Lower Choridorme组（β of Enos）
			Pte–à–la–Frégate段	γ1 β6 β5		
				β4 β3	Pte–à–la–Frégate段	
	Climacograptus bicornis		Manche–dEpée段 St–Hélier段	β2 β1	Manche–dEpée段	
	Nemagraptus gracilis		Deslandes组	α3	Deslandes组	Deslandes组
				α2		

逆冲断层接触点　　　沉积间断

图 11.24　Cloridorme 地层划分（据 Awadallah 和 Hiscott，2004）

追踪的沉积相 C2.4 巨浊积岩层，而这些地层具有物理关联性。因为巨浊积岩是时间标志（Ricci Lucchi 和 Valmori，1980），他们也提供了用于划分 Cloridorme 地层的时间框架。

Awadallah 和 Hiscott（2004）主张放弃严格的岩石地层细分，支持修改异体地层学方法进行精细划分，并进行沉积相关联对比。根据北美地层命名委员会（1983）方案，地层单元是可映射的沉积岩层状体，根据边界不连续性进行定义和识别。"不连续性"这个词包括各种类型的不整合，但 Awadallah 和 Hiscott，（2004）选择用该术语来解释破坏正常沉积记录、不同寻常且容易追踪的矿床。在 Cloridorme 地层下部，厚度大于 3~5 m 的 C2.4 沉积岩层（Pickering 和 Hiscott，1985）中断地层异常反射轴。Skipper 和 Middleton（1975）先前仅识别了盆地范围的巨浊积岩层，Pickering 和 Hiscott（1985）将其作为时间标志对横向超过25km 范围进行关联对比研究。Enos（1969a）记录了火山凝灰岩的存在，但是并未进行详细研究。通过考虑巨浊积岩层 9 个可广泛追踪和地化方面的指纹凝灰岩（K—膨润土），Awadallah 和 Hiscott，2004）强化并修正了 Cloridorme 地层框架。他们对 71 种 C2.4 巨浊积岩和 9 种 K—膨润土进行追踪和对比，建立了 Cloridorme 下部地层高分辨划分方案（图11.25）。特别是厚层巨浊积岩层通常被作为三种新定义的地层单位的边界（St-Hélier Allomember，St-Yvon Allomember 和 Petite-Vallée Allomember）。岩相 C2.4 巨浊积岩可根据内部构造和地层厚度、层组样式、Cloridorme 下部地层位置或综合参数进行对比研究。巨浊积岩相 BT-71 厚度在 1m 至超过 7m 之间变化。除局部层组以外，单层横向厚度变化较小，因此地层厚度可作为相关性研究的参考。

图 5.15、图 5.16、图 11.25 和图 11.27 展示了单层长距离相关性和薄层组合的 Cloridorme 地层的典型相关剖面（图 11.28）。在某些情况下，富砂沉积组合会在海底形成沙丘，上覆在薄层 C2.4 巨浊积岩之上（图 5.16，图 11.25 和图 11.27）。

11.3.4　南比利牛斯山前陆盆地和逆冲带顶部/背驮式盆地

晚白垩世和古近纪东西走向的南比利牛斯前陆盆地和相关逆冲带顶部或者背驮式盆地，是发育大量深海碎屑沉积的前陆盆地，且为开展研究最多的实例之一。关于始新世南部比利牛斯前陆盆地，本节暂不考虑，因为沉积地层已在其他章节涉及（第 4.8、8.3.2 节）。本节仅考虑大规模构造—地层和沉积，尤其是比利牛斯造山带早期演化的构造—地层和沉积。

在伊比利亚大陆板块和欧洲西南大陆碰撞造成南北向挤压期间，南比利牛斯盆地在晚白垩到中新世开始发育形成（Labaume 等，1985；Choukroune 等，1990；Muñoz 等，1992；Sinclair 等，2005；图 11.29）。中始新世，在前陆盆地/逆冲顶部盆地东部主要发育了非海相/边缘海相沉积（Tremp-Graus 和 Ager 盆地），而在西部更远处，沉积从河流—三角洲到深海沉积体系变化（Ainsa-Jaca 盆地），随后在 Pamplona 盆地发育远端盆底沉积（Mutti 等，1988）。南比利牛斯前陆盆地的形成和盆地逆转导致了晚白垩世（100—75 Ma）的早期沉降，正如在 Tremp 盆地（Tremp 地层）退积巨型层序一样。盆地逆转从 75—65 Ma（Simó 和 Puigdefàbregas，1985）持续了近 10Ma。在晚白垩世，伊比利亚板块相对稳定的欧洲板块往东南方向移动了 400km，导致沿欧洲—伊比利亚板块边界发生左旋剪切。在晚白垩世至始新世，相对板块运动变为 130km 的北北东—南南西方向会聚，并产生了南北向第三系的挤压带。板块重建研究表明，随着始新世—中新世早期形变前缘以每年 3.5mm 速度移动，

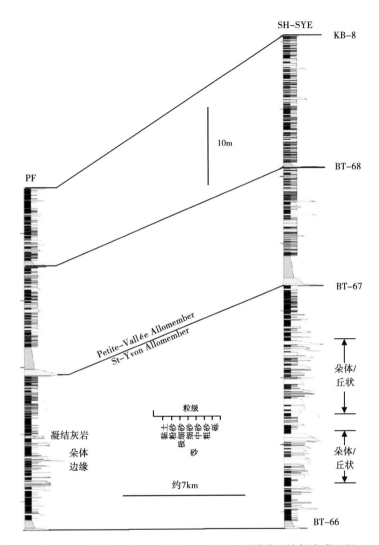

图 11.25　Québec Cloridorme 地层 St-Yvon 和 Petite-Vallée 不同端元接触点附近的 C2.4 巨浊积岩
（上覆绿色粉砂质泥岩的黄色地层）长距离相关性（据 Awadallah 和 Hiscott，2004）

KB-8 位于连井剖面顶部。剖面位于 BT-66 之上，因为在这个点上 SH-SYE 剖面发育了两层砂岩，可能会
形成海底高地（Awadallah，2002）。由于砂质水下扇沉积来自东部，因此厚度变化大于 St-Hélier 层段。
有关地点名称（如 PF），请参见图 11.26

估计南部前陆盆地边界以 5mm/a 最小平均速度向南移动（Labaume 等，1985）。

在前陆盆地内部，碎屑岩主要沿轴线从东往西移动。从东部特伦普地区到西部潘普洛
纳地区，保存至今的盆地长约 250km，宽约 15~45km。西部深海盆地深为 600~800m，宽约
15~45km（Mutti 等，1984；Pickering 和 Corregidor，2005；Pickering 和 Bayliss，2009）。在
东部，三角洲和深海盆地之间的古地理边界受控于陆架边缘断层，Mediano 背斜为同期发育
的同沉积背斜。在前陆盆地沉积发育的同时，北部和南部的盆地边缘均发育了广泛的碳酸
盐岩陆棚。北部的碳酸盐岩陆棚虽已破坏，但通过古水流和沉积组成研究仍可推测。

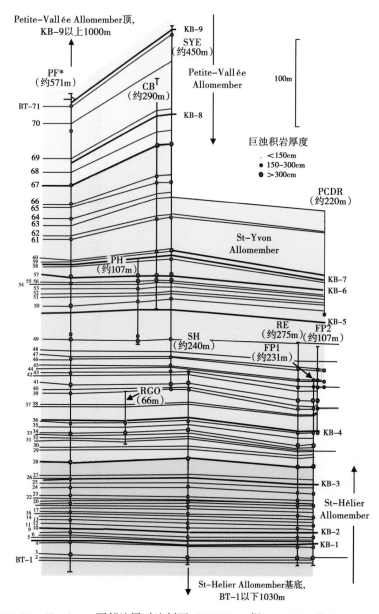

图 11.26　Cloridorme 下部地层对比剖面（10/13）（据 Awadallah 和 Hiscott，2004）

PF—Pointeà la Frégate；CB—Cap Barré；SYE—St Yvon 东部；PCDR—Pointe des Canes de Roches；PH—Pointeà Hubert；
SH—St Hélier；RGC—Rivière du Grand Cloridorme；RE—Ruisseauà L'échalote；FP—Fame Point。粗灰色线为凝灰岩
KB-1—KB-9。BT-1—BT-71 为沉积相 C2.4 巨浊积岩。括号中标注每个剖面的长度；PF 剖面长度为 571m，可与
其他剖面相关联，但其他 200m 已在柱状图上进行测量。可见 Awadallah 和 Hiscott（2004）关于不同端元定义的讨论，
以及 Awadallah（2002）关于剖面和地层厚度的细节描述

　　沿着前陆盆地长轴方向，类似于 Boltaña 和 Mediano 背斜的构造高点在沉积期间均很活
跃。这些同沉积高点形成沉积洼地对深水沉积起到了围堰作用。这些构造最大的意义在于
早始新世发育的 Boltaña 背斜把 Hecho 组分成了东西部盆地（Mutti，1984）。艾因萨盆地两

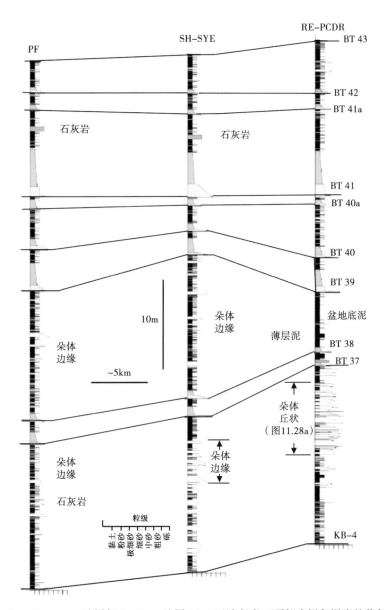

图 11.27　Québec Cloridorme 地层与 St-Yvon 地层 C2.4 巨浊积岩（顶部为绿色泥岩的黄色地层）长距离相关性（据 Awadallah，2002）膨土岩 KB-4 位于连井剖面底部，巨浊积岩 BT-41 之下。由于来自东部的砂质水下扇远端沉积的侵入，解释为朵体和朵体边缘沉积，导致厚度变化大于 St-Hélier 层段。有关地点名称（如 PF），请参见图 11.26

个角度不整合边界单元发育了硅质碎屑岩（Muñoz 等，1994，1998；Fernandez 等，2004；Pickering 和 Bayliss，2009；Pickering 和 Cantalejo，2015；Scotchman，2015a），为构造形变较弱、沉积轴线向西南方向迁移的年轻地层，表明构造对可容纳空间和沉积巨层序的控制作用。后续的沉积构造形变较弱并随沉积轴线向西南方向移动。这两个"构造—沉积单元"包含了 8 个粗粒碎屑体系，每个体系厚约 100~200m，垂向上分为若干薄层—超薄层重力流

(a)

(b)

(c)

450cm

(d)

图 11.28　Québec Cloridorme 地层结构野外露头实例

图中白色比例尺为 1m。（a）Québec Cloridorme 地层的 St-Yvon 层段发育近垂直的朵体砂岩沉积（沉积相 B），地层向左逐渐变年轻，图 11.27 中 RE-PCDR 柱中标注了地层位置；（b）朵体边缘沉积，地层向右逐渐变年轻；（c）盆地泥岩，地层向右逐渐变年轻；（d）可用于长距离相关性的巨浊积岩（C2.4），BT-67 层位于 Pointeà la-Frégate（图 11.25），地层向左逐渐变年轻

砂岩沉积，最大厚度可达几十米。每个体系均包含 2~6 个独立砂体（整个盆地至少有 25 个类似砂体），厚度为 30~100m，被几十米厚薄层—超薄层的 C 和 D 砂岩沉积分割，并伴随 E 泥灰岩沉积（Pickering 和 Bayliss，2009）。地质构造、米兰科维奇周期性、亚米兰科维奇千年规模和亚千年规模旋回视为对盆地内沉积体系具有控制作用（4.8 节）。深海沉积上面发育 0.5km 厚河流—三角洲相和来自南部的相关沉积（Dreyer 等，1999）。

　　Jaca 盆地远端盆底沉积的特别明显特征为发育了厚度达 200m 的巨浊积岩。基于斜坡滑塌和至少 7 级以上地震源的划分标准，巨浊积岩可分为 5 个部分（图 11.30），Seguret 等（1984）估计沉积重力流移动体量可达 200km³。Payros 等（1999，2007）提到大量夹硅质重力流沉积的始新统碳酸盐岩巨型角砾岩（浅海碳酸盐岩台地再沉积），正如比利牛斯山始新统碳酸盐岩巨型角砾岩（SPECM 单元）。这些 SPECM 单元顺着盆地沉积体系向下的几何形态和内部沉积构造发育（图 11.31）。SPECM 单元似乎随时间集群出现，这可能与相对海平面和构造活动阶段相关（Payros 等，1999）。这些来自碳酸盐岩台地的巨型角砾岩沿着前陆盆地南部边缘发育，发生了不稳定和构造活动（前缘隆起）触发的块体整体滑移，并伴随大型地震活动，导致先前台地的出现，负载应力的增加和碳酸盐岩斜坡孔隙压力的超压（Payros 等，1999）。Payros 等（1999）认为 SPECM 沉积为形成于被内聚力作用的碎屑流沉积，包括潮流。理想的

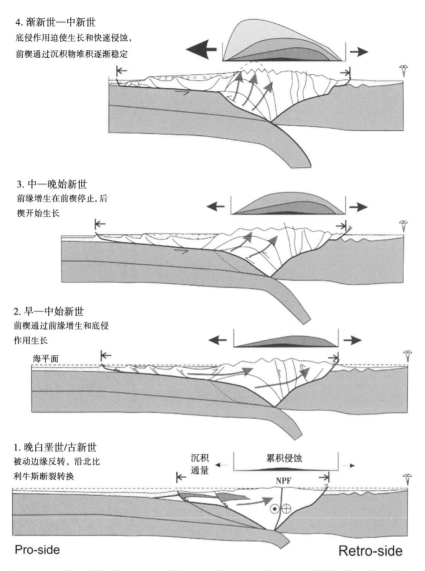

图 11.29　基于前缘增生楔、底侵作用、剥蚀和沉积记录流量编制的比利牛斯造
山带演化剖面（据 Sinclair 等，2005）

水平造山缩短距离为 165km，地壳厚度为 45km。向前是西班牙比利牛斯山，向后是法国
比利牛斯和阿基坦盆地。NPF 指北部比利牛斯断层。注意晚白垩世至古新世总体为左旋转换挤压活动

SPECM 单元包括：（1）位于轴线不成熟的均质碎屑沉积；（2）位于中部可区分的碎屑流和重
力流沉积；（3）在远端底部缺失的碎屑流沉积，上覆重力流沉积或者浊流，或浓密度流沉积
（垂向层序如图 11.30 所示，轴线—远端特征如图 11.31 所示）。在 SPECM 单元中，碎屑流组
分为主导，因此"巨浊积岩"和"地震浊积岩"原始术语似乎不适用于这些沉积。

针对比利牛斯山西部下—中始新统 Antoz 地层野外露头，Payros 等（2007）重建了碳酸盐
岩斜坡横截面（图 11.32）。Antoz 地层包含 4 个碎屑岩层段，并随半深海泥岩和灰岩交互沉

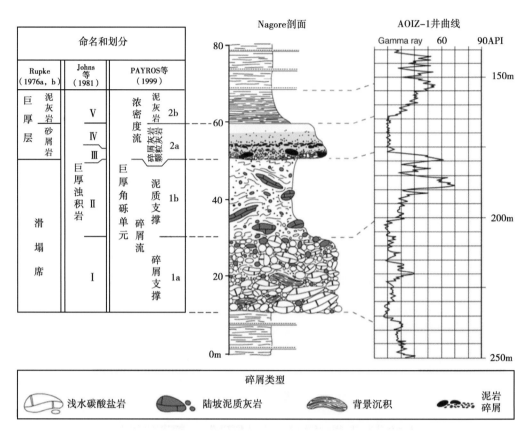

Nagore剖面　　　　AOIZ-1井曲线

图 11.30　南比利牛斯山始新统碳酸盐岩巨角砾岩（SPECM 单元）层序特征

实例来自 Urrobi 河 Nagore 段 SPECM-b 和对应的测井曲线（在 Aoiz-1 钻井中的 SPECM-b）。注意：早期作者和 Payros 等（1999）使用了沉积命名原则和划分方案。应用 CDF 沉积（浓密度流沉积）取代了 Payros 等（1999）使用的"浊积沉积物"术语，以便和本书中的术语相对应

积。作者把这些单个的碎屑岩层段解释为不连续的水下扇体系。单个扇体包括上陆坡发育的冲沟、天然堤化的水道、水道化的朵体、非限制性朵体和发育在盆地内的朵体边缘沉积（图 11.32 和图 11.33 显示了这些水下扇和相关沉积的古地形）。此处提供了 Antoz 碳酸盐岩碎屑扇的垂向连通性和横向连续性程度及规模定量化数据。这些数据有助于加深对碳酸盐岩碎屑水下扇和储层潜力的理解。Antoz 碳酸盐岩斜坡的长期演化总体是进积的，正如碳酸盐岩碎屑扇发育四个阶段一样。受 Pamplona 断层同沉积构造活动控制，扇体位置形成陆坡峡谷，使得浅水碎屑岩发生再沉积。此外，南比利牛斯山前陆盆地发育了相关的浅水碳酸盐岩斜坡，偶然发生的盆地翘倾控制碳酸盐岩碎屑的再沉积过程，以及扇体的生长和废弃。比利牛斯山西部 Erro 地层展示了 Hecho 组重力流远端沉积（Mutti，1984）以及东部和其他两个地层不相关的大型硅质碎屑水下扇。Erro 地层主要由薄层硅质碎屑重力流沉积和半深海泥灰岩沉积组成，但是也包含了大规模的碳酸盐岩再沉积。在参考文献中，称为巨浊积岩、巨层或巨角砾岩（Labaume 等，1985；Barnolas 和 Teixell，1994；Payros 等，1999）。

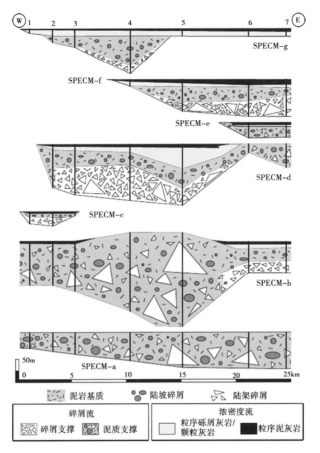

图 11.31　潘普洛纳盆地南比利牛斯山始新统碳酸盐岩巨角砾岩（SPECM 单元）东西向简化剖面
该剖面为基于 7 个地层剖面编制的横截面（近垂直古水流方向）（Payros 等，1999）。使用浓密度流
沉积取代 Payros 等（1999）使用的"浊积沉积物"术语，以便和本书中的术语相对应

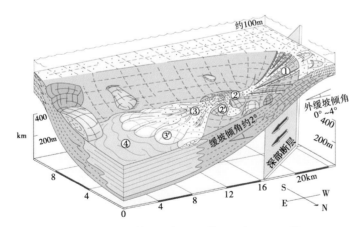

图 11.32　Anotz CSF 体系一般沉积模型（据 Payros 等，2007）
1—沟壑上坡；2—辫状水下水道轴线；2′—天然堤/越岸沉积；3—近端朵体沉积；
3′—远端朵体沉积；4—边缘朵体沉积

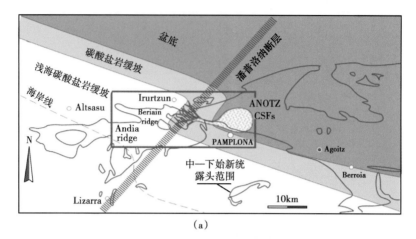

（a）

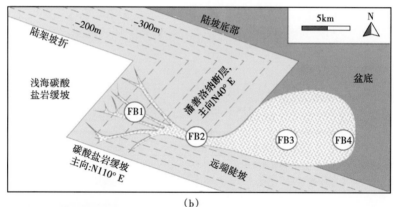

（b）

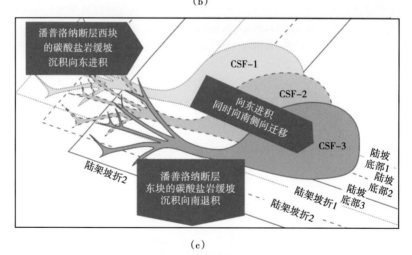

（c）

图 11.33　（a）伊普尔晚期—路特中期比利牛斯山西部古地理图，包括 Payros 等（2007）的研究区（方框显示）；（b）分割前陆盆地南部边缘碳酸盐岩陆坡 Pamplona 断裂带的理想等值线。（c）Anotz 复合体（近似规模）三个碳酸盐岩碎屑扇体系平面图（CSF-1-3），显示 Pamplona 断层西部断块隆起和前陆盆地沉积中心向南移动，导致其向东和向南的位移（据 Payros 等，2007）

11.4 小结

深海前陆盆地往往需要超过 10~20Ma 的时间跨度才能形成，并且通常涉及几个离散的构造挤压阶段。它们可能欠充填或过充填。深海前陆盆地的长条状特征（通常与俯冲带之上的水下海槽共生），决定了包括盆底巨型浊积体在内的大部分海底扇趋于线状分布，其形态受盆地斜坡的张裂限制。Bernhardt 等（2011）展示了智利南部 Magallanes 前陆盆地 Cerro Toro 地层的良好实例，描述的水下水道或水道复合体宽约 700~3500m，并在 4~5km 宽的移动路径之中发育。这种限制通常使沉积体系和沉积宽度降低，以致在古老的前陆盆地中可见地层—地层的相互关系（如新近纪意大利亚平宁山脉、早古生代加拿大阿巴拉契亚山脉、晚古生代卡鲁期和古近纪的南部比利牛斯山盆地）。同沉积生长构造（如背斜和向斜），是控制沉积相和结构要素的重要特征。这种生长构造往往使沉积偏离主动褶皱和逆冲带在前陆盆地会聚，导致横向移动叠加的特征（但不是唯一的）。与基底构造相连的盆地地形高点（虽然这些沉积堤坝可能受控于块体搬运沉积），总体上是发育的。但是，在一些实例中，可能仅对深水沉积起到一定的阻挡作用。

沉积物源往往是点源的。水下峡谷沿前陆盆地提供了横向输入物源，同时，重力流沉积突然转向沿盆地轴线移动。由于前陆盆地构造活动非常活跃，重复和频繁的地震活动往往会产生大量块体搬运沉积和巨浊积岩。一般来说，火山活动以及原始火山物质在前陆盆地沉积中很少见，因为火山弧活动在陆—弧或陆—陆碰撞开始时急剧停止或减少。

第12章　走滑大陆边缘盆地

新近系 Miyazaki 组 Aoshima 段席状重力流沉积，位于日本九州岛东部浪蚀台地［可与 Ishihara 等（2009）深海远端陆架、扇—三角洲盆地对比］。

12.1　概述

走滑（斜滑）构造占主导地位的板块边界可能是深海沉积盆地的位置（图 12.1）。虽然这些边缘可以显示与演化和成熟的被动或收敛边缘相同的构造地层特征，但在通常情况下，斜滑盆地的复杂性需要特别考虑（Busby 和 Ingersoll，1995）。此外，斜滑边缘形成的盆地往往比许多其他盆地更窄，但有很多可变性。相关的火成岩和火山岩地层似乎是这种板块构造环境所特有的，这也是解释古代斜滑边缘的最佳方法之一。相邻地壳块会聚和离散量、位移强度、变形物质的流变性、早期构造性质和位置，都控制着斜滑边缘形成盆地的构造模式（Christie-Blick 和 Biddle，1985）。地壳变薄、热沉降和构造沉降、挠屈和沉积荷载共同作用驱动盆地沉降。已经制定出针对张扭和压扭盆地的各种理论模型（Mann 等，1983）和物理模拟模型（Dooley 和 McClay，1997；Rahe 等，1998；McClay 和 Bonora，2001），并用于解释它们的运动学演化。

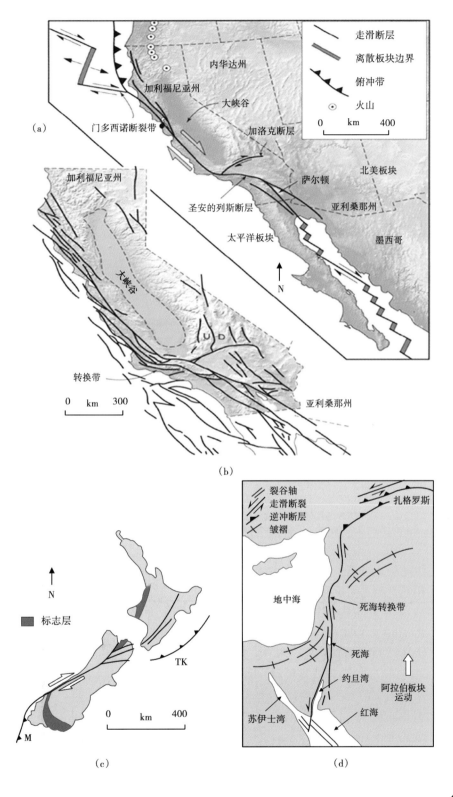

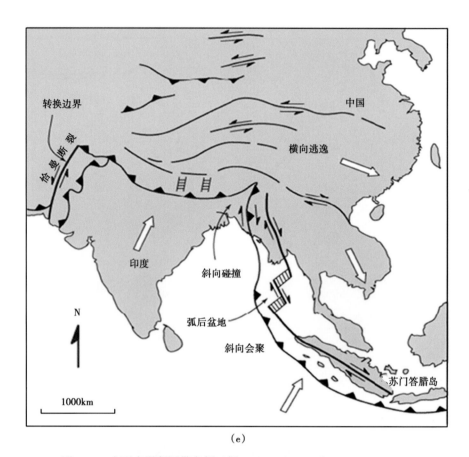

(e)

图 12.1　主要走滑断层带实例（据 Van der Pluijm 和 Marshak，2004）

（a）北美和太平洋板块之间板块边界纲要图，圣安德列斯断层在加利福尼亚板块边界的走滑断裂带；（b）加利福尼亚构造纲要图放大显示了主要走滑断层，J 和 F 为 Juan de Fuca 板块；（c）新西兰的阿尔派断层连接 Macquarie 海沟（M）和 Tonga-Kermadec 海沟（TK）；（d）死海转换带（DST）从亚喀巴北部海湾一直延伸到扎格罗斯山脉，它调节阿拉伯板块向北运动；（e）南亚示意图显示印度的碰撞。走滑断层在多种背景下发育。边界转换带（Chaman 断层）限定印度次大陆的西北边界。由于斜向碰撞，走滑断层也会导致斜向会聚和侧向逃逸。小型裂谷仅在喜马拉雅北部发育

　　盆地边缘地层不协调，地层几何结构和沉积组合在侧向上发生突然变化是斜滑盆地的典型特征。相邻盆地之间没有整合面，也往往不相关。这种盆地的几何形态侧向和纵向不对称。大多数斜滑大陆边缘都有复杂的拉张（拉扭）和挤压（压扭）阶段（Crowell，1974a，b；Reading，1980；Christie - Blick 和 Biddle，1985；Nilsen 和 Sylvester，1995；Barnes 等，2001，2005；Storti 等，2003；Seeber 等，2004；Wakabayashi 等，2004；Zachariasse 等，2008），包括左旋和右旋位移。加利福尼亚南部（Schneider 等，1996；Kellogg 和 Minor，2005；Ingersoll 2008）和连接北部安那托利亚断裂带（Dewey 和 Sengör，1979；Sengör，1979；Sengör 等，1985；Aksu 等，2000；Armijo 等，2002；Gürer 等，2003；Okay 等，1999；Okay 和 Erdün，2005；Sari 和 Çagatay，2006；Laigle 等，2008；Elitok 和 Dolmaz，2011）的马尔马拉地区海域发育的新近系—全新统就是展示这种复杂性的很好实例

（Schneider 等，1996；Kellogg 和 Minor，200；Ingersoll，2008）。

12.2　走滑盆地的运动学模型

一个简单的剪切耦合（图 12.2）似乎为斜滑控制盆地演化的许多情况提供了合适的构造模型（Harding，1974）。然而，如 Aydin 和 Page（1984）在描述加利福尼亚旧金山湾区域一样，更复杂的改进简单剪切模型可能更有用（图 12.3）。理想情况是，第一组走滑断层，R（同向）和 R'（反向）剪切，在剪切方向分别形成 $\varphi/2$ 和 $90°-\varphi/2$ 的剪切角，内摩擦力角度 φ 通常约在 30°。随着渐进变形，首先是 R' 断层，然后是 R 断层逐渐减弱变成被动应变标记。最终，P 剪切形成平行于相对主要施加的剪切方向，并且这些断层倾向于容纳最大的位移。

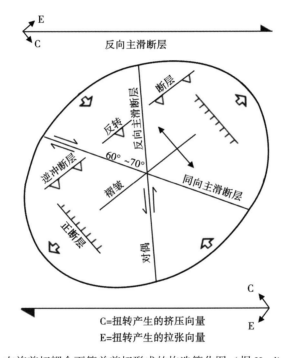

图 12.2　右旋剪切耦合下简单剪切形成的构造简化图（据 Harding，1974）

斜滑构造通常导致相对短距离的复杂相变。向斜和背斜往往与沉积同步发展，以产生长条状沉积中心。在深水实例中，首先产生水下扇和水道体系的粗粒碎屑沉积。同沉积背斜发育形成盆地高点，并成为局部沉积物来源，包括重力诱发的沉积整体滑移。沿同一盆地不同边缘带可能发育正断层和逆冲断层。在深部形成塑性沉积，并产生局部隆起和沉降区域。因此，沿相同斜向的斜滑带，深海碎屑岩沉积体系可在压扭和张扭构造形成的凹陷以及张裂盆地内发育。这些张裂盆地的深度比宽度大，导致侧向沉积相突然变化。张裂拉分盆地基底通常为洋壳，而凹陷盆地则使已沉降的陆壳变薄。

地震剖面显示花状构造是斜滑带的共同特征。花状构造是深层几乎垂直的走滑断层在

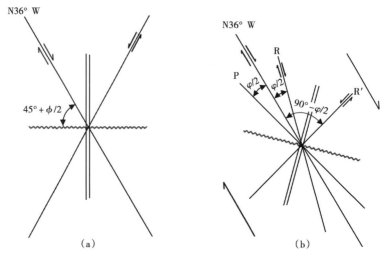

图 12.3 （a）库伦·安德森和（b）里德尔的简单剪切模型（据 Aydin 和 Page，1984）
展示圣安德列斯断裂带和相关构造右旋剪切形成的构造模型。波浪线代表褶皱轴方向，双平行线
为拉张方向。两种情况都在平行于太平洋—北美板块边界和部分主要走滑断层的
N36°W 方向发生右旋走滑。参见 P、R 和 R′剪切的解释说明

浅层的构造样式。在挤压（压扭）应力下，逆断层形成正花状构造，正断层形成负花状构造。由于逆冲叠瓦体系发育期间左旋剪切挤压作用，在印尼 Banggai-Sula-Molucca 海边缘（Watkinson 等，2011）、Calabria 岛弧（Del Ben 等，2008）（图 12.4）、菲律宾巴拉望西北部陆架上中新统下部碎屑岩下面（Roberts，1983）发育了从浅层到陆壳的正花状构造。在走滑背景下，许多花状构造形成阶跃构造。在相邻断层中止或重叠的部位，会形成所谓的阶跃构造。这种阶跃通常与复杂的褶皱和断层样式相关。McClay 和 Bonora（2001）（图 12.5、12.6）已经完成构造实验模拟。他们采用比例化的沙箱模型，模拟在刚性基底左旋走滑断层体系阶跃构造上面的背形凸起构造演化和形态。凸起和压扭隆起是板块内部和板块之间走滑断裂带的组成部分（Sylvester 和 Smith，1976；Christie-Blick 和 Biddle，1985；Sylvester，1988；Zolnai，1991），并形成限制性弯曲或阶跃构造（Harding，1974，1990；Christie-Blick 和 Biddle，1985；Harding 等，1985；Lowell，1985）。

　　McClay 和 Bonora（2001）的模型适用于无论有无同构造沉积的情况。这些沉积逐渐增加，以覆盖不断增加的背形结构。完整模型的垂直和水平部分可针对凸起的三维构造开展详细分析。以下描述三个不同端元实验：30°搭接限制型阶跃；90°中立限制型阶跃；150°重叠搭接限制型阶跃（图 12.5）。凸起表现为 S 形到菱形构造特征，这取决于基底断层阶跃的角度和宽度。虽然 McClay 和 Bonora（2001）建立的模型没有采用塑性或韧性地层来模拟岩盐或者超压泥岩等柔软地层，但提供了走滑凸起演化的信息。例如，它们描述了模型与天然实例之间有相似的几何形态。因此，类似实验结果表明，在走滑盆地中，深水碎屑体系往往有复杂的几何形状和三维相关联分布，这可能比许多其他构造环境更难预测。

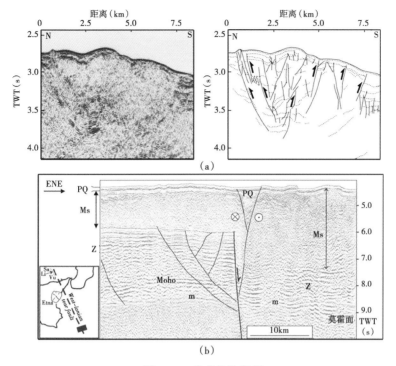

图 12.4 花状构造实例

(a) BS07-36 地震线和解释，显示沿印度尼西亚 Banggai-Sula-Molucca 海边缘"V"形反转断层形成的正花状构造（据 Watkinson 等，2011）；（b）跨经 West-Ionian Tear 断层地震剖面，断层切割爱奥尼亚地壳，地壳东部较深且向北北西方向不断加深。断层导致地壳向南移动，并使上覆沉积地层大大增厚，特别是对于挤压的 Messinian 蒸发岩（Ms）。在岛链内部，平板垂向断距仅有几千米的部位，Vulcano 右旋走滑断层发育，且至今还在活动。PQ—上新世—第四纪；Z—基底顶部；m—海底多次波；小图中火山群岛：Vu—武尔卡诺岛；Li—利帕里岛；Sa—萨利纳岛。传统符号表示相对位移（据 Del Ben 等，2008）

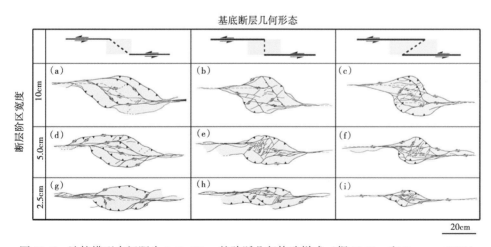

图 12.5 沙箱模型中间距为 2.5~10cm 的阶跃凸起构造样式（据 McClay 和 Bonora，2001）

基底主断层位移为 10cm，沙箱厚度为 5cm

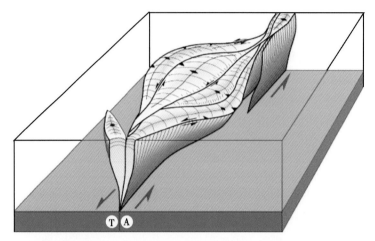

图 12.6 基于模拟建模结果凸起构造三维几何结构概要图 （据 McClay 和 Bonora，2001）

T—朝观察者方向运动的基板；A—背着观察者方向运动的基板

12.3 可疑地体

斜滑大陆边缘最重要的一个方面就是，识别不确定岩层或与增生楔同期形成的不相干陆壳和地质元素 （Howell，1985）。可疑地体定义为具有内部连续性特征的地质体，包括地层、动物群、构造、变质岩、火成岩、矿床和古地磁记录。这些岩带和邻区岩带的特征显著不同，但也不能用相变来解释 （Keppie，1986）。

在环太平洋地区，古生物和古地磁研究表明，地体位移从几百千米到大于 6000km （Howell 等，1985）。地体增生可能长期出现。例如，中国内蒙古自前寒武纪晚期一直到45Ma 亚洲和印度板块碰撞，一直持续发生增生事件。与走滑或斜滑相关的斜向俯冲是中生代—新生代时期日本形成演化过程中地体增生的一个特征 （Taira 等，1983）。

北美太平洋东北大陆边缘具有漫长的地质历史，包括走滑构造和地体增生，与相当厚度和大量深海沉积物的积累有关。可疑地体 Wrangellia （图 12.7） 已经被解释为弧前陆壳的裂片，包括弧前盆地，在晚白垩世库拉板块俯冲和增生期间，导致阿拉斯加南部大部分同构造沉积和陆壳挤压收缩 （Nokleberg 等，1994；Plafker 和 Berg，1994；Trop 等，1999，2002，2005；Hults 等，2013；Israel 等，2014；图 12.8、图 12.9）。沿着弧后的 Denali 断层体系到 Wrangellia 北部 （图 12.7，图 12.8），晚白垩世之后的右旋走滑可以达到 400km。我们认识到，特别是在 Wrangellia 等陆壳大块体下，这个地体的内部地层包含的盆地并非严格意义上是在张扭或压扭构造体系下形成的。这些内容在其他章节涉及 （第 9、10 和 11 章）。然而，Wrangellia 通常被作为可疑地体，因此本书对其也有涉及和考虑。

Eastham 和 Ridgway （2000） 记录了沿增生会聚边缘发育的阿拉斯加山脉和阿拉斯加南部 Talkeetna 山脉的 Kahiltna 组合中生代地层 （图 12.7）。该地层包含深海沉积序列的 Kahiltna 组合，由外来 Wrangellia 复合地体和北美前中生代大陆边缘的 Yukon-Tanana 地体之间的上侏罗统—上白垩统组成 （Csejtey 等，1982；Jones 等，1982，1986） （YT 见图 12.7）。

图 12.7　阿拉斯加中南部地质概念图（据 Eastham 和 Ridgway，2000）

显示 Wrangellia 可疑地体（标注的 Wrangellia 复合地体）和文中测量地层位置。注意北美晚中生代
大陆边缘（YT）和 Wrangellia 复合地体（WCT）之间的 Kahiltna 复合带位置

Wrangellia 复合地体包括三个构造地层地体：Wrangellia、Peninsular 和 Alexander 地体（Plafker 和 Berg，1994）。虽然不清楚 Kahiltna 地层厚度，但估计在 4~10km 之间。Kahiltna 地层唯一的详细研究来自阿拉斯加西南部。Wallace 等（1989）认为，该地区 Kahiltna 地层

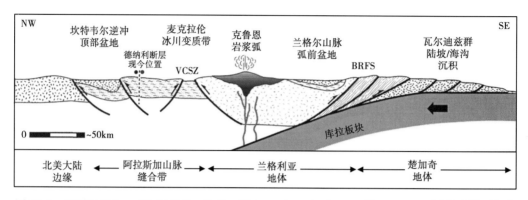

图 12.8　基于 Nokleberg 等（1994）、Plafker 和 Berg（1994）和 Trop 等（1999）区域构造模型的晚白垩世阿拉斯加南部地壳构造重建图（据 Trop 等，1999）

晚白垩世库拉板块俯冲和 Wrangellia 岩带增生，导致阿拉斯加南部大部分同沉积构造和陆壳挤压收缩。
沿着弧后的 Denali 断层体系，晚白垩世之后的右旋走滑位移达到 400km

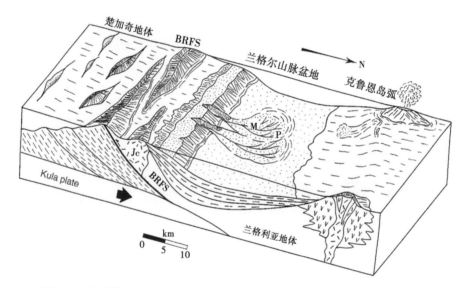

图 12.9　坎潘期 Wrangell Mountains 盆地构造重建示意图（据 Trop 等，1999）

Wrangellia 岩带为一弧前盆地。在 Border Ranges 逆冲断层的上盘，粗粒水下扇不断往北进积。BRFS—Border Ranges 断裂体系；M—MacColl Ridge 地层；P—Pyramid Peak 地层；Jc—沿着 BRFS 的 Chitina 山谷基岩。BRFS 为弧前盆地南部边缘，沿着盆地边缘北部发育 Kluane 岩浆岛弧。大量更早的火成岩和火山碎屑物质、向北的古水流指示、向北变细的水下扇体系，以及 Wrangellia 侵入火成岩都是来自 Wrangellia 岩带火成岩剥蚀和隆起的证据（如 Jc）

来自 Wrangellia 复合地体，盆地发育在 Wrangellia 复合地体和北美前中生代大陆边缘之间的缝合带。阿拉斯加中南部的 Kahiltna 组合包含厚达几千米的局部变形变质严重的上侏罗统、上白垩统深海黑灰色—褐色泥质岩（E 和 G 类相）、细—粗粒屑灰岩（B、C 和 D 类相）、碎屑砾岩和黑色燧石砾岩（A 类相）（Csejtey 等，1992；Eastham 和 Ridgway，2000）。Eastham 和 Ridgway（2000）的研究主要集中在 Denali 断层和 Talkeetna 逆冲断层之间的 Kahiltna

组合（图 12.7）。在他们研究之前，很少有文献公开报道阿拉斯加中南部的 Kahiltna 组合地层测量和组合数据。他们描述了三个不同野外区域 Kahiltna 组合的岩相、沉积结构和物源：Talkeetna 北部山脉、阿拉斯加南部山脉和 Chulitna 地体（图 12.7）。

在阿拉斯加南部，Kahiltna 组合呈北东—南西向展布，长约 800km，宽约 200km。Eastham 和 Ridgway（2000）对 Kahiltna 组合研究认为，和阿拉斯加前中南部 Kahiltna 组合一起发育的上千米上侏罗统—上白垩统实际上可能代表了几个不同的沉积盆地。在 Clearwater 和 Talkeetna 山脉，横贯南部近端—远端岩相的变化趋势（图 12.7）显示，以富泥水下扇为主的沉积主要来自西北方向。从局部看，与 Wrangellia 复合地体相邻的 Kahiltna 组合由近端的水下扇 A、B 和 C 相的砾岩和砂岩组成。该地区近端砾岩的复合数据表明，火山岩（绿岩）和沉积碎屑的优势很有可能反映在 Talkeetna 逆断层附近上盘 Wrangellia 复合地体的蚀顶作用。相比言，沿着横贯北部发育的 Kahiltna 组合近端—远端岩相趋势显示，以富砂水下扇为主的沉积主要来自西南方向。阿拉斯加山脉中—巨砾岩主要以砂岩、燧石和花岗碎屑为主，显示富有沉积和火成岩源岩层。对于阿拉斯加山脉 Kahiltna 组合而言，Denali 断裂体系北部古生代陆架边缘地层可能是潜在的物源。

Chulitna 地体—大型的古生代和中生代地层逆冲断块将阿拉斯加山脉和 Clearwater、Talkeetna 山脉的 Kahiltna 组合一分为二（图 12.7）。在以前的研究中，Chulitna 地体 Kahiltna 地层也被识别为上侏罗统—上白垩统沉积地层。这些地层以褐色页岩、燧石和原位化石灰岩为特征，这与 Talkeetna 和阿拉斯加山脉的 Kahiltna 组合岩相明显不同。Eastham 和 Ridgway（2000）将 Chulitna 地体的岩相解释为相对于 Talkeetna 和阿拉斯加山脉 Kahiltna 组合水下扇岩相深海高点上的沉积。

12.4 走滑盆地的沉积模型

走滑边缘的构造和复杂性阻碍了边缘沉积的简单和通用模型。尽管建立这种模型比较困难，但有人试图表明走滑边缘（深海）沉积的某些方面是可预测的。例如，Noda 和 Toshimitsu（2009）利用现场调查和数值模拟研究走滑盆地岩石地层的复杂性。在定量沉积相分析和定量数值模拟之间，他们尝试搭建桥梁，以便更好理解这些沉积层序。研究主要集中在日本西南部的 Izumi 组。该地层沿中值构造线（图 12.10）的盆地发育，沉积与左旋走滑断层沿弧前边缘斜向俯冲相关。该组沉积环境表现为五种岩相组合（LAS）：水下水道充填相（LA Ⅰ—主要沉积相为 A、B 和 C）、近端朵体相或者前缘决口扇（LA Ⅱ—主要沉积相为 B 和 C）、远端朵体相或者前缘决口扇（LA Ⅲ—主要沉积相为 C 和 D）、斜坡—冲积群相（LA Ⅳ—主要沉积相为 C、D、E 和 F）和盆底相（LA Ⅴ—主要沉积相为 C、D 和 E）（图 12.11）。LAs Ⅰ—Ⅲ 代表自东—北东向西—西南的单向古海流点源水道化扇层序，而 LAs Ⅳ 和 Ⅴ 则解释为边缘相，其古斜坡向南和西南方向倾斜。水道化扇层序的两个单元相互叠置以 10km 间隔向东（向后）迁移。每个单元在下部（350m 厚）显示重复的向上变粗变厚的岩相地层，上部逐渐变薄变细的地层（1~3.5km 厚）。估计每个地层单元 10km 的左旋位移经历了 0.5~0.7Ma。

许多过程可以控制地层结构，例如全球和局部海平面变化、气候和构造等。但是，在

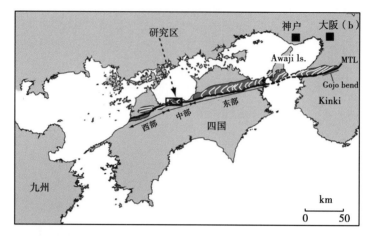

图 12.10　日本白垩系 Izumi 组分布图（据 Noda 和 Toshimitsu，2009）

在 Izumi 组中，白线为地层走向，粗黑线为中部构造线（MTL）。方框范围为

图 12.11 和图 12.12 中古地形的研究区范围

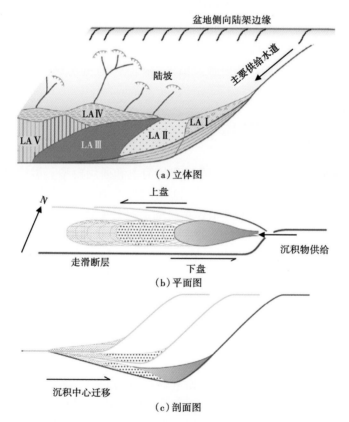

图 12.11　日本白垩系 Izumi 组不同岩相组合沉积环境（据 Noda 和 Toshimitsu，2009）

走滑盆地模型有水下水道—扇层序随着基底沉降和进积向后迁移的特征

伊豆米组观察到，地层旋回与沉积中心迁移密切相关。这表明断层活动是控制地层的主要因素。假设 Izumi 沉积盆地的地层和充填过程基本受到走滑断层控制。数值模拟表明，断层走滑速率和沉积供给速率周期性变化可能控制了沉积旋回。因此，Noda 和 Toshimitsu（2009）提出，旋回地层的沉积模式可用来描述控制可容纳空间形成、沉积供给和相对海平面的断层活动变化。该变化可形成与走滑盆地沉积中心迁移相关的周期性沉积地层（图 12.12）。然而，这种沉积模型高度依赖控制地层结构的假设，即构造而不是一个或多个其他因素。

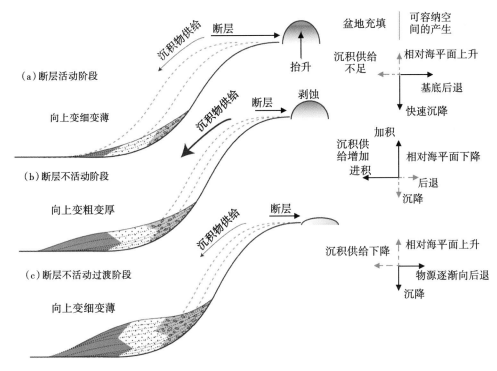

图 12.12　基于日本白垩系 Izumi 组研究建立的走滑盆地周期性地层发育模式示意图
（据 Noda 和 Toshimitsu，2009）

（a）走滑断层活动阶段，基底迅速后撤和沉降导致沉积空间增大和相对海平面上升。由于沉积物供给增加和构造隆起之间有一定时间差异，使该时期沉积物输入较小，导致沉积向上变小变薄趋势。（b）隆起物源区剥蚀量的增加使沉积供给不断增加，因此导致三角洲/水下扇不断前积/加积和相对海平面下降，并形成向上变粗变厚的沉积层序。（c）由于基底后撤/沉降、大面积剥蚀和相对海平面上升，沉积供给逐渐减少可能导致向上变细变薄层序的发育

　　许多和走滑断层相关沉积的古地理重建包含前积部分和排水系统的截断。这已经从现代海洋盆地得到证实，不管是单个水下水道（Appelgate 等，1992），还是整个水下扇（Nagel 等，1986）。

　　Appelgate 等（1992）利用 SeaMARC I 侧扫声呐、Seabeam 测深、多道地震和磁力数据，绘制了俄勒冈州会聚边缘海域卡斯卡底古陆盆地最近活跃的 Wecoma 左旋断层。该断层与大陆斜坡形成 45°10′交角，往北（走向 293°）延伸至少 18.5km。断层西部终点尚未确定。

在东部末端，断层切割下陆坡。断层延伸到覆盖基底 3.5 km 厚度的沉积层序底部。断层横切的突出海底特征表明 120~2500m 的左旋位移。自 10~24 ka 以来，推断沿断层走滑的平均速率为每年 5~12mm。结合表面构造关系与最大推断走滑速率，表明断层至少在 210ka 开始活动，并在全新世期间一直处于活动状态。Wecoma 断层横切了 Astoria 扇发育的两个主要水下水道之一（Nelson 等，1970；Nelson，1976）。

Wecoma 断层和陆坡—底部水道之间的一张 SeaMARC I 图像（2km）显示为强背散射，解释为相对粗粒（水道）的沉积。该水道西侧堤坝沿断层向左迁移 120m，导致水道堵塞

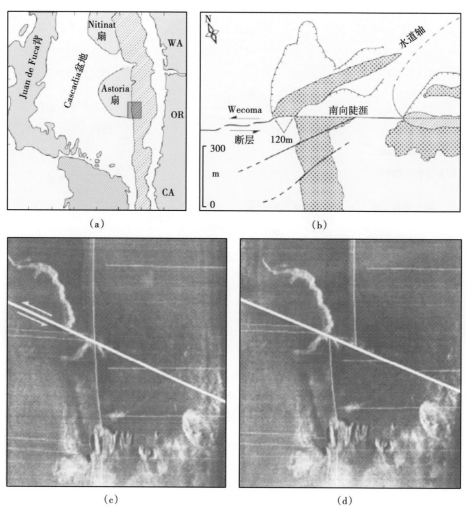

（a）　　　　　　　　　　　　　　（b）

（c）　　　　　　　　　　　　　　（d）

图 12.13　（a）俄勒冈州会聚边缘海域 Astoria 扇研究区位置。WA—华盛顿州；OR—俄勒冈州；CA＝加利福尼亚州。对角充填区域为大陆斜坡和增生楔复合体。（b）Wecoma 断层和 Astoria 扇斜坡底部水道之间的 SeaMARC I 图像（2km 长）解释说明图。圆点黄色区域为发育相对粗粒（水道）沉积的强散射。水道西部堤坝沿断层左旋位移 120m，阻塞了水道。（c，d）海底视图显示在当前结构中发育水下山丘（左），在减去 350m 断层位移距离之后（右），以显示弧形坍塌疤痕的原始连续性。图像宽度为 2.5km（据 Appelgate 等，1999）

（图 12.13a、b）。图 12.13c、d 显示在当前结构中发育水下山丘（图 12.13c），在恢复 350m 断层位移距离之后（图 12.13d），可见推测的弓形连续性滑塌刮痕（Appelgate 等，1992）。图 12.14 显示了 Astoria 水下扇南部边缘水道演化过程的示意图，Astoria 水下扇受到 Wecoma 左旋走滑断层切割。断层最近活跃导致水道向断层南部延伸受阻。几个小断层单独发生 25～50m 右旋走滑位移，使 Wecoma 断层南部水道西侧堤坝错位得到抵消。

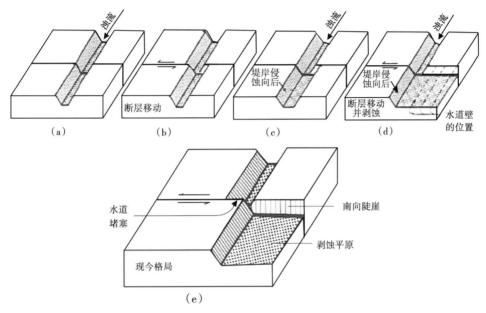

图 12.14　Astoria 水下扇南部边缘水道演化过程示意图（据 Appelgate 等，1999）

俄勒冈州海域卡斯卡底古陆盆地 Astoria 水下扇受到 Wecoma 左旋走滑断层切割。
断层最近活跃导致水道向断层延伸受阻

12.5　现代走滑活动带

Harding（1983）和 Harding 等（1985）记录了安达曼海会聚走滑区带右旋转换拉张形成主断裂，边界受不连续斜交断层控制（图 12.15、图 12.16）。关于该地区的地质—地球物理学的介绍，可参考 Malod 等（1995）、Susilohadi 等（2005，2009）和 McCaffrey（2009）。研究区水深超过 1000m。根据磁力异常情况显示，安达曼海形成于 13.5Ma 洋壳拉张，是边缘盆地。中心扩张轴向北东方向移动，由北—北西走向右旋断层相连（图 12.15）。在这个区域：（1）雁列褶皱带右旋偏移 2.4～3.2 km；（2）与扭张断层同期的大量正断层以简单的雁列模式发育；（3）在主断层南端 S 型闭合或约束带附近发育局部反转的断层（图 12.16）（Harding，1983；Harding 等，1985）。这些观察结果与沿西安达曼断层带发育的主要右旋剪切一致。西安达曼主断层以外的断层密度和丰度不对称，东部断层更加发育（图 12.16）。在研究区南部，延伸到中新世—更新世沉积中产生了负花状构造（图 12.17）。因此，虽然变形样式比较复杂并伴随沉积出现，但总体上存在与主要伸展右旋剪切一致的可预测几何形状。

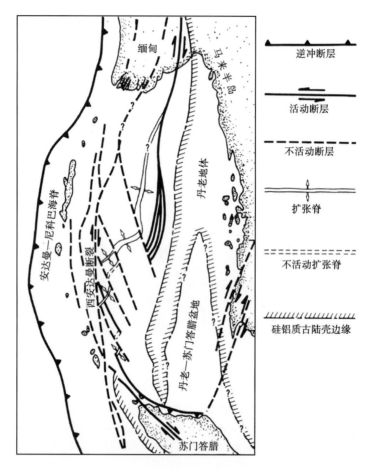

图 12.15　安达曼海构造框架（据 Harding 等，1985）

　　新西兰地层学和沉积学以与 Alpine 右旋走滑断层相关的走滑构造特征为主（图 12.18）。因此，在新西兰北部岛屿 Kermadec 海沟南端的 Hikurangi 海槽中，斜滑构造是重要的。向西俯冲的太平洋板块和印度洋板块由大致正交的碰撞变为近似横切右旋相对位移（图 12.19a）。Hikurangi 海槽中构造与太平洋和印度洋之间主要右旋剪切组合是一致的（图 12.19b）。新西兰南部岛屿的 Alpine 断层分割陆壳块体。它在 Hikurangi 海槽中的延伸使西部陆壳从东部俯冲洋壳中分离。沿南部岛屿西侧发育的 Alpine 断层是内陆海沟—海沟之间的转换，该转换最晚发生在始新世—渐新世（Norris 等，1978；Lewis 等，1986）。在晚渐新世—早中新世，由于印度—太平洋旋转支点向南迁移（Walcott，1978），拉张阶段被当前转换挤压（Carter 和 Norris，1976）所取代。应用地震反射线和横切面、走滑断层位移、古地磁偏角、中生代岩层弯曲和海底伸展地层，Nicol 等（2007）人工合成了距今 24Ma 过主动 Hikurangi 俯冲边缘的形变，包括压缩、拉伸、垂向绕轴旋转和上部板块的走滑断层作用。板块上部渐新世之后地层缩短作用往南不断增强，在南部北岛最大速率可达每年 3~

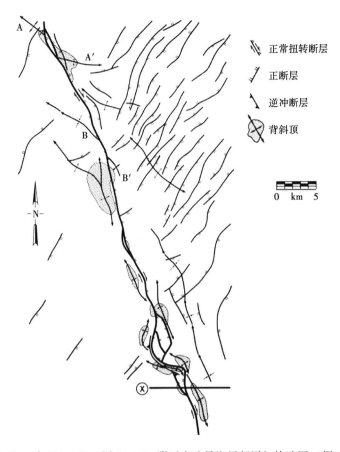

图 12.16 北纬 10°、东经 95.5°（图 12.15）附近安达曼海局部详细构造图（据 Harding，1983）

许多（第三系）构造与一对表现为构造位错的右旋剪切组合 AA′ 和 BB′是可以同时发育
或存在的。X 为图 12.17 显示的地震剖面。

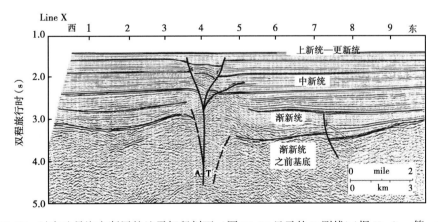

图 12.17 过安达曼海主断层的地震解释剖面（图 12.16 显示的 X 测线）（据 Harding 等，1985）

剖面显示负花状构造，"A"为离开观察者运动方向，"T"为面向观察者运动方向。这些构造的典型特
征是沿着转换带发育

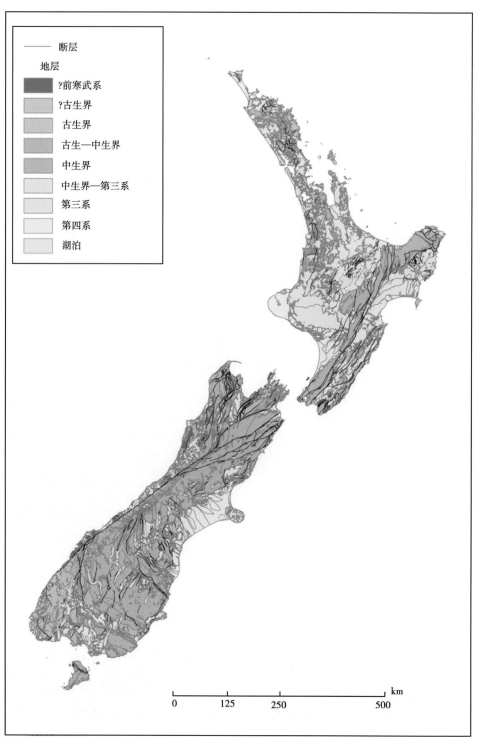

地层

?前寒武系

?古生界

古生界

古生—中生界

中生界

中生界—第三系

第三系

第四系

湖泊

km

0　　125　　250　　500

（a）

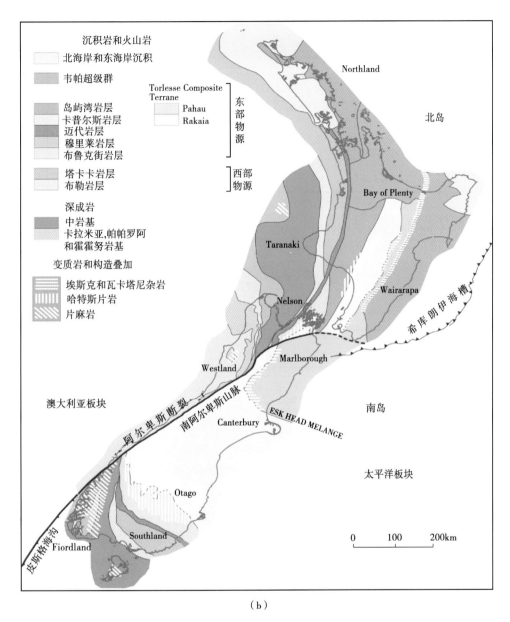

（b）

图 12.18 （a）新西兰地质图，显示不同年代地层分布。注意 Alpine 右旋走滑断层带内地质单元曲率。数据由新西兰奥塔哥大学提供，网页地址 http：//www. otago. ac. nz/geology/research/general_geology/maps/nzterranes.html。（b）新西兰构造地层地质图。该图没有显示 110Ma 之后的沉积地层，但显示了古生代—中生代期间冈瓦纳边缘反向增生的主要岩层。这些岩层被岩基侵入，然后发生变质和变形，最后在新近纪澳大利亚—太平洋板块边界发生弯曲和错断。北部和东海岸 Allocthons 和 Waipa 组分别发育逆掩断层并沉积在东部省阶地，形成北岛东部和北部基底（据 Cox 和 Sutherland，2013；经过 John Wiley 和 Sons 允许转载）

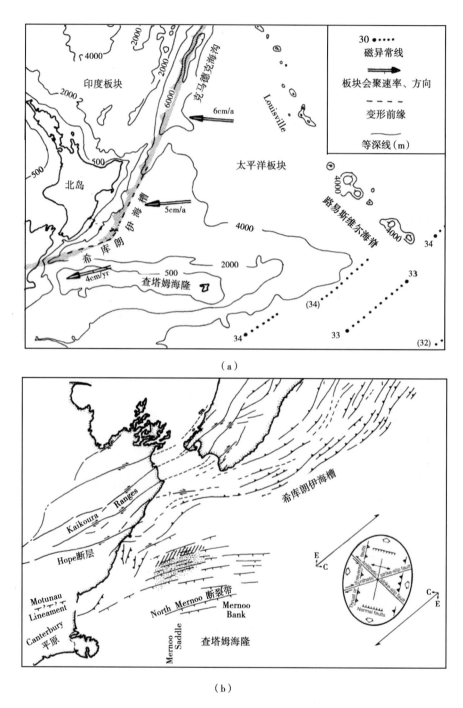

（a）

（b）

图 12.19　（a）新西兰北岛以东太平洋西南部地图，显示主要地形特征、印度和太平洋板块之间边界、板块会聚速率和方向（据 Davey 等，1986）；（b）新西兰南岛北部 Hikurangi 海槽南部地区主要断层分布图。标签断层一侧为下降盘，三角形代表逆冲/逆断层。简单剪切应力图显示印度和太平洋板块之间主要右旋剪切断层组合的应力方向（据 Lewis 等，1986）

8mm。上部板块缩短对于板块会聚的贡献很小，主要贡献（>80%）来自俯冲逆冲作用。这些缩短速率的均匀性与俯冲逆冲进入上部板块位移速度（平均超过≥5Ma）是一致的。相比较而言，东部 Hikurangi 边缘顺时针垂直式旋转速率是变化的，从 10Ma 之前的每年 0°~1°，到 10Ma 时的 3°。10Ma 之后，旋转速率从俯冲逆冲带向西不断降低，导致俯冲南端北岛发生弯曲。随着边缘的旋转和太平洋板块向南迁移，相对平行于板块运动的边缘分量不断增加。在 15Ma 之前，板块会聚控制了 Hikurangi 边缘，并自 10Ma 以来，平行边缘运动速率不断增快。在 1~2Ma 之前，垂直式旋转速率可以调节所有平行边缘运动，消除自渐新世以来上部板块大幅度的走滑位移（>50km）。

　　DSDP 90 航次（Kennett，von der Borch 等，1986）研究了新西兰东部海洋沉积体系中 Hikurangi 海槽和 Chatham 高地（ENZOSS；图 12.20a）。新西兰东北部板块运动最新研究结果显示，Chatham 高地西北部边缘俯冲至东北部南岛 Kaikoura 山脉之下（图 12.19b）。同时，Chatham 高地下翘边缘在厚层浊积岩发育的 Hikurangi 海槽南端可以识别跟踪。Mernoo 鞍部和西南部 Hikurangi 海槽之间的斜坡显示，新近纪构造活动为不稳定斜坡形成大型 F2 滑塌相提供了证据。从断开反射轴和总体向南倾向看，断层活动始于新近纪；沿北 Mernoo 断裂带边界的地震活动导致断层发育（Lewis 等，1986）。至少自 38Ma 以来，右旋走滑断层对新西兰南岛深海碎屑岩沉积的发育起到重要控制作用（Norris 等，1978）。例如，南岛 Moonlight 区发育了几百米厚度的渐新世—中新世含钙质富砂和富泥沉积。Norris 等（1978）研究表明，以重力流沉积为主的新生代沉积厚度超过 2000m，渐新世—中新世在北北东—南南西展布的索兰德（Solander）海槽往北延伸段发生充填沉积。在渐新世，来自东西两侧近南北向盆地断层控制的深海相砂岩体系（可能是小型水下扇）发生沉积（Carter 和 Lindqvist，1975，1977）。中新世早期，砂质重力流方向由侧向供给转变为沿轴部向南前积，除部分来自断层控制东部边缘，钙质沉积形成小型水下扇（Norris 等，1978）。中新世晚期，河流相砾岩取代深海沉积。沿印度—澳大利亚和太平洋板块边界，Moonlight 区带在中新世之后，尤其是在最近几百万年发育了大量的垂向隆起构造。Norris 等（1978）认为，Moonlight 区带沉积和走滑构造典型特征包括：（1）沉降带窄；（2）沉积相垂向和侧向变化快。因此，在新生代，西南部的南岛和 Solander 海槽北部（Tasman 盆地东部边缘）成为了受斜滑过程控制、构造和沉积都连续的深海盆地发育带（Summerhayes，1979）。

　　虽然很接近澳大利亚/太平洋板块边界的阿尔卑斯断层，但南岛边缘东部到半岛南部是稳定的被动边缘。宽阔的陆架有来自主动隆起的新西兰阿尔卑斯山脉沉积物高速率供给、强烈的海平面升降和沿陆架的循环体系。Clutha 和 Rangitata 之间的陆架宽约 30~80km，到 Otago 半岛减少到 10km。陆架坡折带水深 125~165m，延伸至 Bounty 海槽水道体系的上游发育水下峡谷，使局部形成了锯齿状坡折带（图 12.20a）。陆架形态随海底山脊和洼地、阶地而变化，这些变化代表了海平面静止状态下形成的古海岸线。

　　海平面升降对陆架沉积作用是重要的。在最后冰盛期，当时海平面比现在低 118m，河流延伸至峡谷上游，帮蒂（Bounty）海槽直接输入以重力流和半深海沉积为主。海平面快速上升导致随后发生海侵，并分别在 -89m（17ka）、-75m（15ka）和 -55m（12ka）静止。在这些低位体系域静止期间，古代海岸线和相关的沿岸移动体系随后成为向陆一侧的峡谷上游。陆源供给绕过 Bounty 海槽，由东—东南向北东方向转变，与陆架循环系统形成一致。

因此，海槽突然从陆源变为钙质远洋生物沉积中心。外陆架和上陆坡受北东方向与南岛前缘相关流体影响显著，影响水深至少在400m。因此，陆架坡折上的沉积沿边缘往东北方向移动。地震剖面揭示了沿着陆坡发育的许多晚中新世线性沉积。这些陆坡漂积物的侧向增生导致边缘前积。该前积与陆架正常前积有明显差异。帮蒂海槽，在Campbell高原和Chatham隆起之间350km宽的线性凹陷，是冰川海平面下降时期ENZOSS的主要沉积中心。水下水道沉积物以重力流的形式搬运，包括浊流，向东搬运900km到太平洋盆地西南部4500m深海底上方的帮蒂扇（Carter和Carter，1987；Carter等，2004）。帮蒂水道溢出沉积（图12.20a）形成广泛的天然堤体系，侧向上受帮蒂海槽更低的翼部限制。帮蒂扇自晚上新世发育，当前厚度已大于400m。扇/水道下部已延伸至太平洋深层西部边界（DWBC），这里不仅接受水道搬运来的沉积，还经过沉积筛选形成下部扇体。一些沉积物从ENZOSS移走，并在深西边界流下方聚集沉积。虽然不清楚沉积物数量，但该数量可能很小，因为砂体没有受到广泛剥蚀，沉积物仍然位于下方扇区。图12.20b概括了新西兰板块构造演化和主要深海体系的发育特征，包括和Tasmanian入口相关的等深流（Carter等，2004）。

（a）

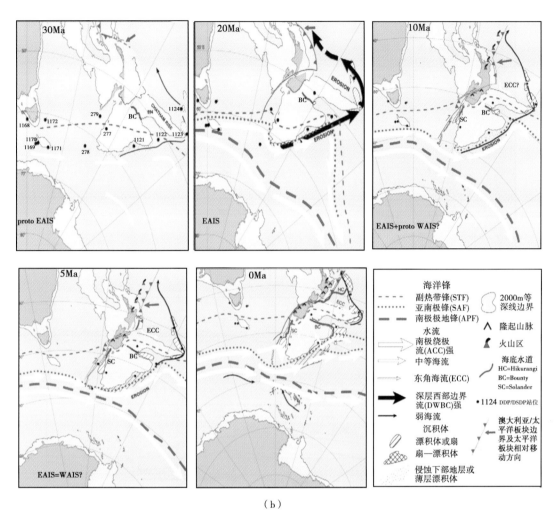

（b）

图 12.20 （a）新西兰物源的东部海洋沉积体系（ENZOSS），主要沉积移动水道（小箭头）和深海移动体系（大箭头）。大图显示了 Solander、Bounty 和 Hikurangi 水道以及 DWBC 下方的主要沉积中心。ENZOSS 北部边界为俯冲至 Kermadec 海槽下方的 Hikurangi 扇堆积物（据 Carter 等，2004）；Carter 和 McCave，2002，修改）。（b）广义板块重建显示了 ENZOSS 发育的关键阶段，包括（30Ma）在南极环极流（ACC）和西南太平洋深层边界流（DWBC）的条件下，塔斯马尼亚通道的开放和区域侵蚀的开始，随后是在 Chatham Rise 以北首次发育的漂移沉积；（20Ma）扩张的南极冰导致发育更强的 ACC 和 DWBC，甚至是 Chatham 高地广泛的侵蚀/少量沉积，新西兰板块边界继续发育，但伴随少量陆源输入至深部的 ENZOSS；（10Ma）板块边界已建立，但在主要供给通道形成过程中仍无陆源输入深海沉积，后续沉积以隆起北部富生物成因沉积，特普拉海洋沉积初期 ACC 控制的剥蚀和少量沉积为主；（5Ma）除局部逃逸的原生水道/扇体系，新西兰继续向北迁移，加快了 Chatham Rise 南部和北部的 ACC 侵蚀和 DWBC—漂移沉积地区的分离，加大了会聚板块边界在大陆边缘的陆源沉积物供给，促使了大量的火山灰沉积；（0Ma）更新世的陆源沉积物直接注入深海，形成了现代的 ENZOSS：（1）被 ACC 的新分支拦截的 Solander 扇/水道；（2）直接在当前路径上延伸的 Bounty 扇/水道；（3）从新西兰转移到 DWBC 中的 Hikurangi 水道，控制了沉积物补给和 ACC／DWBC，加大了火山灰沉降（据 Carter 等，2004）

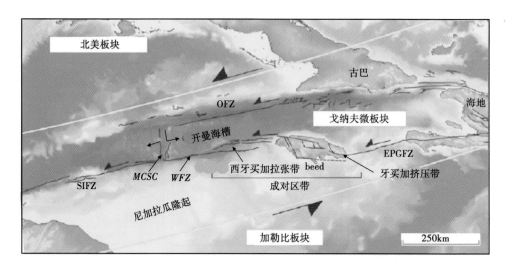

（a）

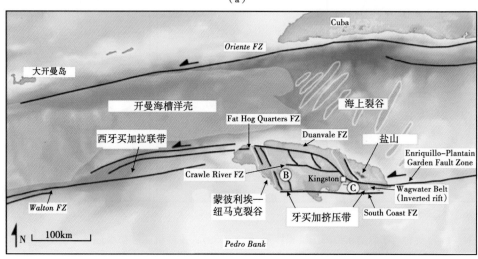

（b）

图 12.21 （a）沿分割北美和加勒比海板块的加勒比断裂体系北部发育的走滑断裂挤压和拉张带（板块运动方向）（据 DeMets 等，2000）。牙买加岛代表在 Enriquillo-Plantain Garden 断裂带（EPGFZ）和 Walton 断裂带（WFZ）右阶之上的挤压带。牙买加挤压带位于西牙买加拉张带西翼。相邻的牙买加挤压带和西牙买加拉张带被称为"成对区带"。Oriente 断裂带（OFZ）和 Swan 岛断裂带（SIFZ）组成了平行走滑断裂带。活动的中部-Cayman 伸展中心（MCSC）是两个断层之间的 100km 长左阶。（b）来自 NASA SRTM 数据库的牙买加地形图和 GEBCO 水深图。标注了陆上（Mann 等，1985）和海上牙买加成对区带体系（Rosencrantz 和 Mann，1991）识别的主要断层。浅棕色表示在牙买加与早始新世 Cayman 海槽东西向张裂相关的陆上—海上古新世—早始新世裂谷。陆上裂谷包括牙买加东部当前反转的和强烈形变的 Wagwater 构造带和西部地下未形变的 Montpelier-Newmarket 裂谷。灰色面积为 Cayman 海槽的洋壳（据 Mann 等，2007）

加勒比海中部地区弧后盆地，包括古巴和牙买加，发育左旋走滑断层为主（图12.21a）。根据已发表地质图、地震和 GPS 大地测量资料，Mann（2007）和 Mann 等（2007）描述了牙买加区域断层样式、地质背景和断层动力学，以便建立挤压带形成初期和随后挤压带弯曲阶段的简单构造模型（图12.21b）。牙买加的限制性弯曲地层和广泛分布的抬升开始于晚中新世，可能受控于近东西向海沟相关走滑断层与两条北—北西向海沟相关断层的相互作用，后者形成于新近纪晚期板块间剪切作用，倾向于东—北东向海沟。板块间走滑断层体系（Enriquillo-plantain Garden 断裂带）和倾斜裂谷的相互作用已经使走滑断层向北移动 50km，并形成 150km 长、80km 宽的挤压性弯曲带。从现在形态上看，它就是牙买加岛。观察到的 GPS 速度场表明，中间带构造（包括牙买加东部的蓝山隆起），使左旋剪切穿过牙买加的挤压带持续传播。

　　牙买加由自然发生的白垩纪火山弧、火山成因的沉积岩和上部 5~7km 厚度的第三系碳酸盐岩组成（Lewis 和 Draper，1990）。Wagwater 构造带反转导致相邻中新世—上新世石灰岩发生褶皱。Wagwater 构造带是断层控边的构造单元，在该单元内部发育了超过 3000m 的古近系沉积岩，并有火山岩暴露地表。火山岩地球化学分析表明，它们组成平稳类型的拉斑玄武岩和钙碱性安山岩的双峰组合（Jackson 和 Smith，1979）。在新生代初期，火山喷发与 Wagwater 盆地内部岛弧发育相关。晚白垩世火山岛弧张裂形成第一和第三排岛弧，分别以蓝山脉地块和 Clarendon 地块为代表，进而导致 Wagwater 盆地的发育。Wagwater 盆地的产物和玄武岩的喷发与 Cayman 海槽的初始张裂相关（图12.21b）。牙买加英安火山活动中止表明，加勒比板块从东太平洋法拉隆板块分离。Wagwater 构造带包括中始新统 Richmond 地层的重力流沉积，现在这些地层沿牙买加北东部海岸反转和暴露（如 Richmond 地层 A 和 C 沉积相，图12.22）。Wescott 和 Ethridge（1983）描述了中始新统重力流的沉积特征，并解释为扇—三角洲和水下扇环境下的产物。Pickerill 等（1993）描述了 Richmond 地层的足

(a)　　　　　　　　　　　　　　　　(b)

图 12.22　牙买加 Wagwater 构造带始新统 Richmond 地层中的重力流沉积

（a）A 沉积相；（b）A2.1 沉积相中分等级层状砾石，使用相机镜头盖作为比例尺

迹化石特征。当前牙买加东南部的 Yallahs 扇—三角洲沉积和深海沉积环境（Wescott 和 Ethridge，1982），可能与 Richmond 地层重力流沉积形成对比。

12.5.1 加利福尼亚大陆边缘

加利福尼亚陆上和海上大陆边缘是受左旋或右旋走滑运动控制的主动转换板块边缘（Emery，1960；Crouch，1981）。在新近纪，加利福尼亚大陆边缘（加利福尼亚中间地带）是斜滑板块构造带的一部分。图 12.23 总结了自 12.3 Ma 以来该边缘的地质演化（Fletcher 等，2007；Saunders 等，1987）。白垩纪至中新世北美西部的洋壳岩石圈发生俯冲（Atwater 和 Molnar，1973）。太平洋—瓜达卢普山脊在 29Ma 横切大陆边缘，形成两个三联点：门多西诺转换海槽以及分别向北和向南迁移的里韦拉转换海脊—海槽。两个三联点之间发育了圣安德列斯转换断层体系。29—12.5 Ma，太平洋—瓜达卢普延伸中心不断在海槽向南削减。12Ma，整个大陆边缘就像南部的加利福尼亚半岛，被转化为右旋走滑系统，并伴随马格达莱纳水下扇和沉积源的变迁（图 12.23b）。总体而言，圣安德列斯断层体系北段以转换挤压作用为主，而在加利福尼亚湾，转换拉张作用则控制了狭窄洋盆的形成。许多小型深海盆地由挤压和/或拉张构造控制形成（图 12.24）。在此及第 12.5.2 节中，我们认为加利福尼亚边缘可作为两个可对比的斜滑板块边界，深海沉积记录了主要的地层。

Legg 等（2007）记录了沿加利福尼亚边境地区主要走滑断层带限制和释放弯折带的特殊例子。相对于边界限制弯折带的典型形态，这两大挤压弯折带有不同构造样式。在右旋的圣克莱门特断层内部长 60 km、向左 15°的弯曲带分成两个主要变形区（图 12.24）。东南隆起涉及发育未固结—弱固结的重力流沉积（如浊积岩），表现为宽阔对称的右阶雁列式背斜山脊和沿断层次要阶跃发育的局部拉裂盆地。西北隆起涉及更加坚硬的沉积和可能的火成岩，或者形成陡峭、狭窄和对称凸起的变质岩基底。限制性弯曲带虽然在西北末端拉张性阶跃盆地终止，但缓慢地弯曲成向东南方向的伸展释放弯曲。地震地层学研究认为，在第四纪早期，沿弯曲带发生了隆起和压扭。在圣地亚哥海槽—卡塔莉娜断裂带内，长 80km、左倾 30°~40°弯曲带形成了大型的凸起构造，最终暴露形成圣卡塔利娜岛。这个火成岩和变质基岩的山脊有陡峭的侧翼和经典的"菱形"形状。关于主要的挤压性弯曲带和大多数边界的其他区带，隆起是不对称的，并沿凸起一翼发生位移。凸起构造内部的断层十分陡峭，近乎垂直于主要位移带。大多数情况下，中新世盆地在压扭作用下已被构造反转。在太平洋—北美板块边界演化期间，与中中新世斜向裂谷相关的主要转换带复活似乎导致加利福尼亚南部海域主要限制弯曲带的发育。加利福尼亚南部近海地震活动表明，沿主要走滑断层体系的变形一直到今天仍在继续。

根据沿加利福尼亚半岛西北部海域德斯坎索平原圣克莱门特断层带的数据解释，Legg 等（2007）提出了限制弯曲带凸起地形的模式（图 12.26）。该模式图显示了双弯曲带，断层先向左弯曲，然后又回到原先走向。压扭带在挤压性弯曲带中形成，成为显著的海底凸起。此凸起可能是由介于次要拉张走滑盆地和发散斜滑断裂带之间的右阶雁列式背斜组成。凸起是不对称的，轴部一侧发育走滑断层主要的位移带（PDZ）。在弯曲带中，位移带对于界限清楚的走滑断层是垂直的，这是比较典型的特征。逆断层能调节斜滑，沿着凸起的翼部，且平行于位移带发育。在挤压性双弯曲带末端之外，斜向拉张作用导致走滑盆地的形

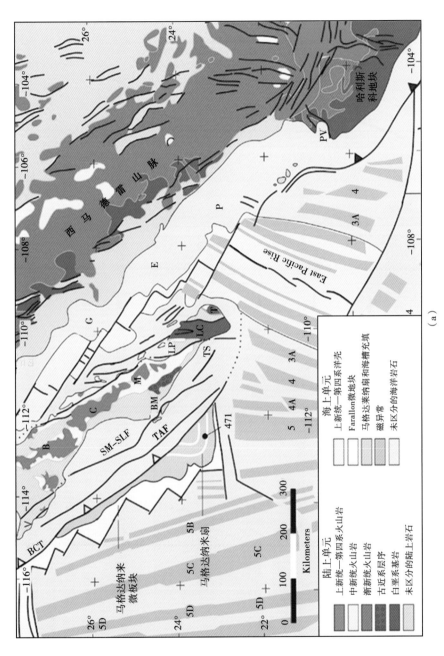

（a）

图 12.23 （a）加利福尼亚南部半岛微板块（BCM）构造图和加利福尼亚湾扩张区（GEP）构造图。位于 Farallon 洋壳上的 Magdalena 扇来自加利福尼亚半岛西部的马格达来纳微板块。黑点显示位于 Magdalena 扇的深海钻井项目 471 地点。BCT—加利福尼亚半岛海槽，BM—巴伊亚马格达莱纳，LC—洛斯卡沃斯断区块，T—特立尼达达拉岛区块，LP—拉巴斯，PV—巴亚尔瓦塔港，SMSLF—圣母格丽塔—圣洛伦佐断层，TAF—托斯科—阿尔布雷奥约斯断层，TS—托多斯桑托斯，V—比斯凯诺半岛。有关地质情况，根据 Muehlberger（1996）简化。海相磁异常常解释结果来自 Severinghaus 和 Atwater（1989）和 Lonsdale（1991），数字表示正异常带的年代（据 Fletcher 等，2007）。

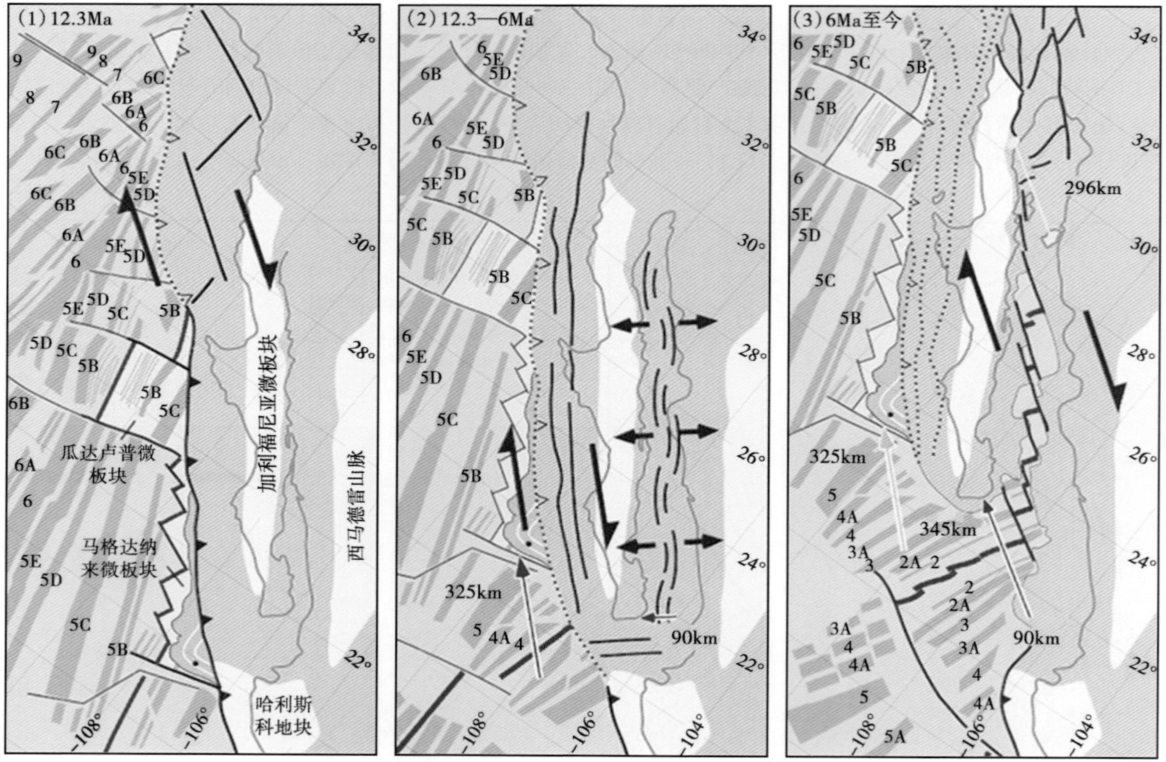

(b)

图12.23 （b）修正后的加利福尼亚半岛微板块周边的剪切周边运动学模型。蓝色线为当前的海岸线。跨经马格达莱纳陆架最大位移距离估计为150km。自12.3Ma以来，走滑速率早期逐渐降低，后期逐渐增加的加利福尼亚湾伸展区剪切"5a"（12.3Ma）时在恢复。粉色表示在废弃之前加利福尼亚半岛西部的伸展海脊。（1）马格达莱纳微板块在时间"4"（7.8Ma）之后变为向北运动。（2）12.3—7.8Ma，跨经马格达莱纳陆架和加利福尼亚湾区带的张扭剪切区带的张扭剪切切至时间为75km和150km。（3）7.8Ma至今，跨经马格达莱纳陆架和加利福尼亚湾区带的张扭剪切切分别为75km和310km。当旧体系在加利福尼亚半岛西部废弃时，在加利福尼亚湾南部延伸形成了一个新的海洋扩张系统，墨西哥大陆固定在当前位置（以粉红色显示），其取向与下加利福尼亚州西部被遗弃的方向大致相同。地图采用通用的横向墨卡托区12投影，

（据Fletcher等，2007）

638

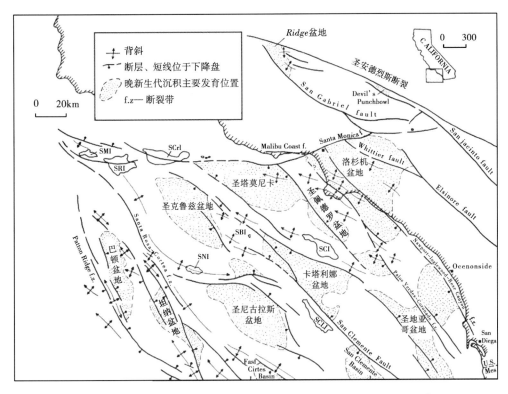

图 12.24 加利福尼亚南部和相邻大陆主要构造特征和沉积盆地（据 Howell 等，1980）

SMI—圣米格尔岛；SRI—圣罗莎岛；SCrl—圣克鲁兹岛；SCI—圣卡塔利娜岛；SBI—圣巴巴拉岛；SNI—圣尼古拉斯岛；SCLI—圣克利门蒂岛。盆地充填厚度大致如下：Ridge 盆地 4.5km；洛杉矶盆地 8.0km；圣塔莫尼卡盆地 3.5km；圣地亚哥盆地 2.5km；圣佩德罗盆地 1.8km；圣克鲁兹盆地 1.8km；卡塔利娜盆地 0.8km；圣尼古拉斯盆地 1.4km；巴顿盆地 1.7km；坦纳盆地 1.4km。右旋的北西向断层组成圣安德列斯断层。圣塔莫尼卡断层是左旋断层。背斜为西—北西走向

成，而这种走滑盆地可能以拉裂（阶跃）或者凹陷（拉张性弯曲带）盆地的形式出现。从位移带分离出来的北—北西向走滑断层可以解释为对立的里德尔剪切（图 12.26），但同向和对立断层之间观察到的趋势走向不是最终的（Wilcox 等，1973）。反之，这些位移带大致平行于预测的伸展裂缝走向。尽管在表面上看，高角度逆断层好像形成了受断层控制的地堑边界（图 12.25b）。在局部低于相邻区块的部位，高角度逆断层隆起形成了局部地垒构造。在边界东西向限制性弯曲带中，虽然发育了一些与平错断层模型预测一样的逆断层，但大多数走向趋势是亚平行于位移带的。这说明张力分区伴随着逆断层调节缩短和垂向断层调节走向滑动。在上述位移带右侧基底块体沉积中，发育了北—北西走向正断层（图 12.26）。这些基底上方的沉积应该是因整体转换挤压向上推动拉伸所致。在其他地区，比如帕洛斯弗迪斯山，沿着转换挤压凸起顶部拉张形成了浅层楔地堑（Woodring 等，1946；Francis 等，1999）。相比较而言，在平行于位移带的挤压性双弯曲带末端之外，北西走向的断层束缚了盆地的外延，并通常沿着位移带的单斜凹陷发育。这也显示位移带翼部调节拉张正断层和调节走滑的垂向位移带之间的张力分区。在跨经边界和挤压性弯曲带地震剖面

中，大多数断层都有陡峭的倾角，对于次要斜滑断层（？）倾角为70~80°，而对于位移带则是直立的。

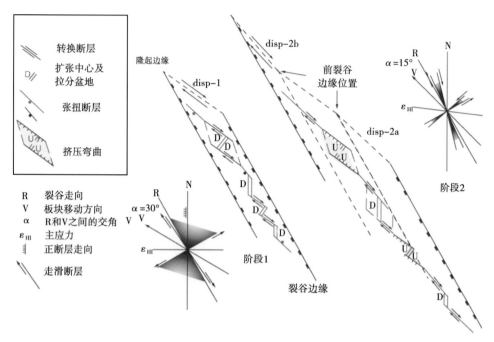

图12.25　右旋板块边界限制弯折带形成简化模式图（据 Legg 等，2007）

沿转换边界斜向裂缝形成许多由张裂盆地相接的右阶雁列式转换断层。由于相对运动矢量比之前的构造走向更加向西，早期构造边界样式组构控制了裂谷的几何形态。一些新的走滑断层有顺时针转向转换矢量的趋势，包括合成剪切。沿着这些断层和断层台阶（拉分盆地）形成了伸展盆地。转换板块运动矢量的顺时针旋转导致沿原始转换断层形成压扭应力，先前的转换断层相互平行于右旋转换断层。伸展盆地可能发生构造反转，形成限制性弯曲的凸起构造

阶段1：斜向裂谷和转换断层与伸展中心的形成。

　　加利福尼亚大陆边界地区形成于新近纪 PAC-NOAM（太平洋—北美）转换板块边界形成期间（Atwater，1970；Legg，1991；Lonsdale，1991；Crouch 和 Suppe，1993）。在中中新世，西部横向山脉从大陆边缘斜向裂缝形成内部边界裂谷（Legg，1991；Crouch 和 Suppe，1993）。从中生代到早新生代俯冲先存构造控制裂谷的方向，走向与圣地亚哥海槽一样为330°，大致平行于现代海岸线。对于位移矢量约30°斜向裂缝的走向，也就是290°—308°，形成了复杂的断层模式，包括大部分右旋和左旋走滑断层以及伸展断层（图12.27，阶段1；Withjack 和 Jamison，1986）。新右旋断层的形成使 PAC-NOAM 转向西北方向，大致平行于裂谷边缘。正断层沿南北向发育。可是，到断层位移超过几千米时，大多数相对运动集中在几个主要右滑断层，这些断层平行于相对板块运动，并与北向大陆裂谷中心相接。因为裂谷在早期俯冲带增生楔厚层地壳中形成，拉张还不足以形成零厚度的岩石圈，所以海底扩张不会随着新洋壳沿着垂直于转换断层的发育而发生。薄层陆壳促进了边界裂谷内部的新转换断层形成。中中新世，活跃的火山活动削弱了薄层陆壳的形成（Vedder 等，

1974；Weigand，1994）。转换断层走向平行于位移矢量，然而向北走向的 Riedel 剪切带则可能变为压扭性质。最有意义的是，连接南北走向拉裂盆地的右阶右旋转换断层形成雁列样式和初期的海底扩张中心。这种断层样式与现代的加利福尼亚湾转换断层体系（Lonsdale，1985）相似，与典型的扭断层构造不同。在扭断层构造发育部位，右旋走滑形成了 Riedel 剪切带的左阶雁列样式（Wilcox 等，1973；Withjack 和 Jamison，1986；McClay 和 White，1995）。

阶段2：相对板块运动向量顺时针旋转、压扭和盆地反转。

晚中新世，PAC-NOAM 相对板块运动矢量顺时针移动（图 12.27，阶段2；Atwater 和 Stock，1998）。早期有相对运动趋势的转换断层，向西或者逆时针形成新压扭断层。其他与板块运动矢量平行的右滑断层变为纯粹的走滑断层，停止了伸展盆地的形成。早期雁列式转换断层之间形成的阶步（张裂）盆地，在压扭作用停止下沉并发生构造反转。随着裂谷趋势逐渐接近相对板块运动矢量，新断层的形成促成了 Riedel 剪切的走滑，此剪切同样可以平行于位移矢量形成转换断层。在大约 6Ma，沿板块边界进入当前的圣安德列斯断层系

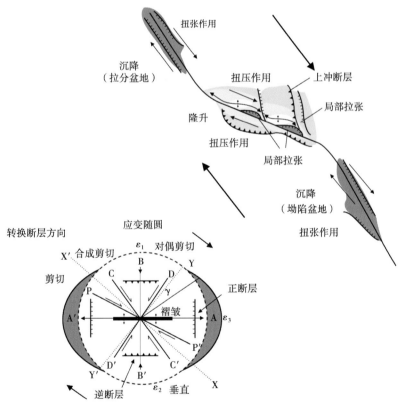

图 12.26 基于圣克莱门特断层弯曲区域加利福尼亚南部地区限制双弯曲的典型形态和构造
（据 Legg 等，2007）

其他限制弯曲可能缺少某些特征，但某些特征可能比圣克莱门特断层示例更加明显。大多数边界限制双弯曲都有两端的变形区。应变椭圆显示出突出了北西方向右旋剪切带中不同走向的预期构造特征（Wilcox 等，1973）。与预期的应变模式相反，圣克莱门特断层弯曲区域的北向断层是急剧倾斜的逆断层，而不是正断层

统，加利福尼亚南部主要限制性弯曲带的形成导致东北方向内部边界的缩短。该活动被认为对加强挤压性弯曲带和凸起带形成起到了控制作用，并可能代表进一步位移矢量的顺时针旋转，例如，沿着 Palos Verdes 山脉断层和在圣塔卡特琳岛（图 12.27，显示数组-2b）。第四纪晚期的帕萨迪造山运动（Wright ，1991）进一步加大了在西部横向山脊和北部边界线之间的张力，加强了沿主要右滑边界断层（包括圣克鲁斯—卡特琳娜山脊、帕洛斯维尔德斯和惠蒂尔断层）的压扭隆起。

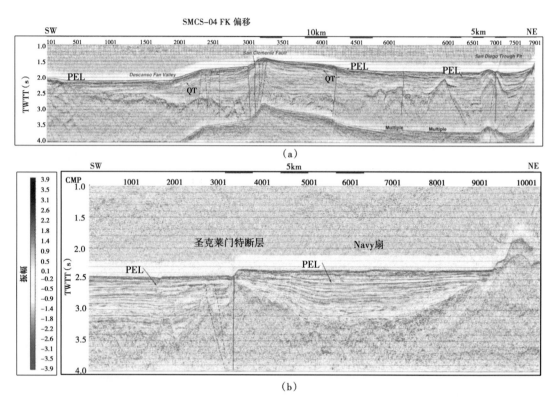

图 12.27 （a）横跨圣克莱门特断层弯曲区域的高分辨率 MCS 剖面，显示了凸起构造中的宽变形区域。加粗实线表示经过圣克莱门特断层和圣地亚哥海槽的主要位移带；实线表示其他定义明确的断层，虚线表示断层或定义不明确的断层。第四纪晚期层序 PEL 为基于声波透射性的半深海沉积。从附近的Navy 扇和圣克莱门特断层活塞取芯样品来看，在该单元中出现了部分薄层浊积砂岩（Dunbar，1981）。层位 QT 表示隆起前重力流沉积的顶部，代表转换挤压的开始。（b）圣克莱门特断层弯曲区北端的高分辨率多道地震剖面。两个剖面数据是叠后偏移的，12 次迭代，CMP 道间距为 1.56m。DSV Alvin 潜水器观察到垂直的水下斜坡，在剖面附近 100m 的圣克莱门特断层陡坡上发育有 1~3m 厚的泥岩。虽然半深海沉积单元 PEL 下伏于 Navy 浊积扇，但也可能突然出现在陡坡之中（Legg 等，2007）

Schwalbach 等（1996）描述了加利福尼亚边界盆地发育的水道—天然堤体系。应用地震反射剖面和沉积岩心的长距离大规模横向扫描（GLORIA）数据，Schwalbach 等（1996）描述了分别从圣塔莫尼卡盆地的 Hueneme-Mugu、圣佩德罗盆地的 Redondo 和圣克鲁斯盆地圣克鲁斯扇底部向盆地边缘延伸的水道—天然堤体系。水道下切扇体的上部和中部，因为水道梯度不断调整使得剖面得以保持渐变，因此在扇体下部和盆地平原，水道成为建设性的堤化水道。虽然重力流沉积总体受到上扇中水道的限制，但水道和溢岸均沉积在下扇和盆底上（图 7.18、图 7.34—图 7.36 和图 7.38；表 7.4—表 7.6）。此类沉积表明，峡谷—扇在海平面上升最后时期还在继续活动。因此，在峡谷—扇体系保持与沉积物源相衔接时，峡谷头部的剥蚀速率必须不低于海侵速率。尽管在冰川性海平面升降的低位期，重力流事件发生的频率可能更高，沉积量可能更大，但到达盆底的沉积流体在一个世纪或者多个世纪间隔中不断出现，这种现象在许多其他边界盆地中也可以观察到（Christensen 等，1994；Gorsline，1996；Schwalbach 等，1996；Gorsline 等，2000；Hogan 等，2008）。Schwalbach 等（1996）描述这三个加利福尼亚边境盆地扇可能是典型的狭窄活动边缘，其中横向海平面海侵速率不大于峡谷向前侵蚀的速率。在海平面上升期间，峡谷与沉积物源保持相连，因此，体系在整个海平面循环期间是活跃的。因此，沉积物供给不是一个简单的海平面升降函数，与被动大陆边缘发育的层序—地层模型形成对比，随着海平面上升，峡谷变得不活跃。

在加利福尼亚边界盆地深海碎屑岩体系的一项研究中，Covault 和 Romans（2009）阐述了当这些体系在盆地中充填时，最大厚度与面积比值逐渐变小。也就是说，在后续生长阶段，沉积体系面积增加速度大于最大厚度增加速率。他们把这解释为最有可能是渐进的重力流沉积结果，并得出结论，在加利福尼亚边界相对限制性的盆地中，重力流沉积体系的形态和生长与墨西哥湾西部沉积体系相似，正如沉积供给量和盆地几何形态之间的相似性（如充填和溢出过程，见 4.6.2 节）。

为说明这些盆地深海相沉积的复杂性，基于 Malouta（1981），Nardin（1983）和 ODP 167 航次数据（Fisher 等，2003；Normark 和 McGann，2004），此处简要回顾了圣塔莫尼卡和圣佩德罗盆地。尽管没有考虑细节，ODP 167 航次主要目标之一就是从沿着加利福尼亚边缘出现的千年尺度的变化获得更好理解。随着圣巴巴拉盆地钻井揭示的新近纪海洋地形主要事件，中新世高蛋白石沉积到中新统中上部的乳白色二氧化硅发生了阶梯状的下降（Lyle 等，2000）。Lyle 等（2000）还认识到 11Ma 时一次主要的乳白色二氧化硅含量下降（大致与赤道东部太平洋中新世碳酸盐岩碰撞有关），8Ma 时期发生第二次主要下降，相当于 Monterey 地层顶部；从 5—4.2Ma，深海相沉积在所有生物组分中含量较低，标志着中新世高蛋白石沉积从上新世高碳酸盐沉积中分离。随着北部半球发生冰川作用，高 $CaCO_3$ 埋藏发生突降（Lyle 等，1997，2000）。

圣塔莫尼卡和圣佩德罗盆地为北西—南东走向，构造控制沉降的最大深度分别为 938m 和 912m。在上新世—第四纪时期，这些盆地主要在走滑断层构造区发生沉降（Crouch 和 Suppe，1993）。除了 Redondo Knoll 分割圣塔莫尼卡和圣佩德罗盆地的东南部，盆地以许多复杂的走滑断层、反转断层和逆断层为界（Nardin 和 Henyey，1978；Dolan 等，2000；Fisher 等,2003）。在第四纪晚期，圣佩德罗盆地沉积速率可达 3m/ka（Shipboard Scientific Party，1997）。杜梅和圣塔莫尼卡峡谷为斜坡底部低幅度扇的形成提供了适量的沉积物，但主要物源来自盆地西部末端的 Hueneme 峡谷（Normark 和 Piper，1998；Piper 等，1999；Piper 和 Normark，2001）。Hueneme 峡谷切割了陆架，接受大量从圣克拉拉河流到海岸，从潮流直接将沉积物移动到峡谷和相邻盆地斜坡的粗粒沉积（Warrick 和 Milliman，2003）。圣塔莫尼卡盆地接受至少四个峡谷的沉积，这些峡谷又直接接受河流和沿岸的沉积，因此，盆地内的深海沉积是相对富砂的（Normark 等，1998；Normark 和 McGann，2004）。

　　圣塔莫尼卡盆地的相邻陆架和陆坡均为大型复背斜的翼部，对晚第四纪之前洛杉矶盆地的沉积物移动起到障碍作用（Emery，1960；Nardin 和 Henyey，1978）。圣佩德罗悬崖上的盆地斜坡高达 18°。在西南部，盆地由构造控制的圣塔克鲁斯 Catalina 山脊所环绕。海岸线附近的峡谷主要通过捕获沿岸漂移沉积进入盆地（Hueneme、Mugu、Dume、Santa Monica、Redondo 和 San Pedro 峡谷）。为盆地提供沉积的其他过程包括陆架过路沉积、再悬浮细粒沉积以及因陆坡破坏引起的大规模移动。大部分的坡度不稳定和失稳是由于沉积快速堆积和地震加速（第 1.2.4 节）。加利福尼亚边境盆地内的沉积地震特征如表 12.1 和表 7.4—表 7.6 所示。

表 12.1　圣莫尼卡和圣佩德罗盆地主要沉积相，加利福尼亚边缘（据 Nardin，1983）

地震相	振幅	相参数		形态	底部反射形态	侧向关系	沉积环境
		频率	连续性				
宽缓丘相	可变	可变	不连续；局部可连续	丘状，近平行；1s 处起伏反射，且梯度从中扇上部向下部降低，反射越来越平行和水平	向盆缘上超且地形不规则；局部上超	渐变至复杂丘相，上超盆地充填相，上超斜坡相	中扇浊流；浓缩密度流；3s 处发育低起伏水道；1s 和 0.25s 处可识别中扇的上部和下部
高陡丘相	可变	可变	不连续	丘状，近平行，局部反射杂乱、扭曲；部分反射明显不协调	向盆缘上超且地形不规则；局部下超	发育在海底峡谷附近，渐变为宽缓丘相	上扇和峡谷；高起伏水道和天然堤
杂乱丘相	可变	可变	不连续	杂乱，扭曲或丘状，高起伏	可变	通常和上超斜坡相有关，发育削截和扭曲斜坡反射；与上超盆地充填相夹杂或渐变	滑动、垮塌，块体流；反射错断程度取决于块体搬运过程的类型
上超盆地充填相	可变 3s 处连续反射变强；不连续反射变弱	趋于均一	3s 处连续；1s 处可变；	平行，水平	向盆缘上超且地形不规则；盆地中心反射一致	渐变至宽缓丘相，部分地层与上超斜坡相连续	下扇和盆地平原（0.25s 处可识别）；相对低速的浊流
水道充填相	1s 处通常强	可变	1s 处不连续	平行至丘状	一致或不一致	如果沉积可能随天然堤或盆底平原渐变；如果侵蚀可能上超	浊流水道
上超斜坡相	可变但在 1s 处变弱	可变	连续	上陆坡会聚；可能为波状；构造变形或块体搬运导致杂乱或扭曲	上超	被丘相或填充相上超；与部分丘相渐变；部分地层沿盆地充填相连续分布	半深海陆坡沉积，颗粒通过低能浊流或上陆坡悬浮雾状流沉降

续表

地震相	振幅	相参数		形态	底部反射形态	侧向关系	沉积环境
		频率	连续性				
席状披覆相	1s 处相对较弱	1s 处相对均一	连续	平行且与下伏地形一致	不规则地形处一致；沿盆缘局部上超	向上超斜坡前缘充填渐变；或向上超盆地充填相渐变	盆地平原的半深海沉积通过悬浮雾状流沉积
迁移波相	可变	0.25s 处相对高	连续	波状，近平行；不对称；在 0.25s 处可见爬升波纹状反射，在 3s 处见丘状反射	一致	宽缓丘相；向盆缘扇起伏和波长变小	中扇环境大型天然堤复合体的浊流

小半径水下扇覆盖了大面积的盆地，Normark（1970，1978）把这些描述为"叠覆扇模式"。图 12.28 显示了相对短距离相关联的横向变化。这些盆地的碎屑岩填充物的几何形状主要受局部构造元素的控制，发育中的褶皱和活动断层形成沉积汇集和移动路径的构造障碍。例如，圣塔莫尼卡峡谷现在已被充填至生长（Dume）背斜的顶部，在峡谷口形成沉积堤坝（Junger 和 Wagner，1977；Nardin，1983）。现在，水道已突破了该背斜，但尚未实现与盆地的平衡梯度。

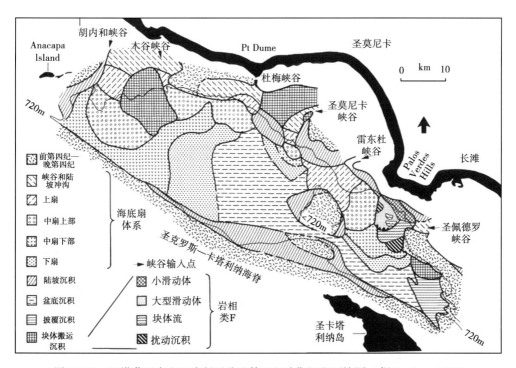

图 12.28　圣塔莫尼卡和圣皮得罗盆地第四纪晚期沉积环境图（据 Nardin，1983）
注意深海沉积的横向非均质性和由此引起的相变

稳定陆坡的特点是上超反射向上陆坡变薄；在陆坡底部，这些沉积与盆地沉积交错，并且局部重叠（Piper 等，1999）。坡度沉降部分受到海平面晚第四纪冰川—海平面变化的强烈影响，与沉积输入的波动率有关。陆坡不稳定造成了胡内米和木谷（Mugu）扇体之间 140km^2 的复合滑块（沉积相 F）。这些滑块通过限制和偏转浊流来控制扇体的生长模式（Nardin，1983）。构造变形也影响了盆底/平原沉积（主要是 E 和 G 类沉积相）。这种构造效应发育良好的一个例子是圣皮得罗盆地南缘的 Avalon Sill 附近，晚更新世的变形已经上移并且切断了上超的盆地底部/边缘沉积（Nardin，1983）。圣皮得罗盆地断层提供了压扭走滑断层的良好实例（发育花状构造）。该断层在圣皮得罗盆地和相邻的陡崖内部形成宽阔的构造带，并在沿断层方向形成复杂的构造集群（Fisher 等，2003）。与断层相关的地质构造甚至在 2km 的短距离内发生了变化，但在压扭构造带内单个构造单元与走向并无相关性（Fisher 等，2003）。

根据对圣塔莫尼卡和圣皮得罗盆地的详细分析，Nardin（1983）建立了盆地充填模型，刻画了加利福尼亚边缘盆地沉积特征，包括：（1）小断层控制的盆地；（2）沉积移动路径上的构造和沉积障碍；（3）粗粒的小半径水下扇；（4）截断沿岸漂移沉积的峡谷，输送移动沉积物至深水；（5）海平面升降对深海碎屑岩沉积体系生长样式的重要影响。

走滑断层构造可导致水下峡谷头部发生削截。Nagel 等（1986）详细描述了圣克莱门特盆地中的 Ascension 峡谷。Monterey 湾和旧金山之间的外部圣塔克鲁斯盆地，在沿着沿圣安的列斯断裂带右旋剪切的作用下于中新世开始形成（Hoskins 和 Griffiths，1971；Howell 等，1980）。这个北西向倾伏盆地的新近系深海沉积厚度超过了 3000m（Hoskins 和 Grifffiths，1971），东北部边界受到花岗岩的 Farallon 山脊–Pigeon Point 高点控制，西南部边界受圣塔克鲁斯高点的 Franciscan 控制（Nagel 和 Mullins，1983）（图 12.29）。

北—北西走向的圣格雷戈里奥断层带，宽度为 1～2km，包括一个高度断裂的复杂岩石区，控制了峡谷的位置和偏移。雁列式褶皱和相关断层与右旋剪切相一致。三种峡谷分别在 6.6—2.8Ma、750ka 和 8ka 发生了切割（Nagel 等，1986）。峡谷早期下切与海平面的相对低位域有关。例如，在 3.8Ma（上新世）时期，北西向 Ascension 峡谷向上区域就与 Monterey 峡谷向海一侧相并列（图 12.30），这与 Haq 等（1987）曲线（图 4.1）也是相一致的。因此，此时的古地理构造重建表明，Ascension 峡谷在 Monterey 峡谷附近不断向远处延伸，随后沿着圣格雷戈里奥断层带偏移，沿着该区域记录了 110km 的右旋位移（Graham 和 Dickinson，1978）。在 2.8Ma（上新世晚期）和 1.75Ma（更新世早期）海平面下降时，一些 Ascension 峡谷东南部源头可能已经形成，然后，峡谷向北—北西延伸。在整个 Ascension 峡谷通过再次被低位体系域控制的系统迁移到 Monterey 峡谷转为北—北西向延伸西部之后，这些峡谷在过去的 750ka 中似乎至少发生了两次峡谷切割事件，再次受到海平面低位的控制。

基于上上新世圣塔克鲁斯泥岩断距，Nagel 和 Mullins（1983）估计，自 12Ma 以来，沿着圣格雷戈里奥断裂带发生了 105km 右旋走滑。自 6.6Ma（晚中新世）以来，偏移达到 70km，平均位移速度为 1.06cm/a。最后 35km 位移的平均速度为 0.65cm/a。现在，随着相关扇体的山谷仅接受了全新世砂岩/粉砂浊积岩和半深海泥岩为主的沉积，Ascension 峡谷变成了一个不活跃的陆架边缘峡谷（Hess 和 Normark，1976）。

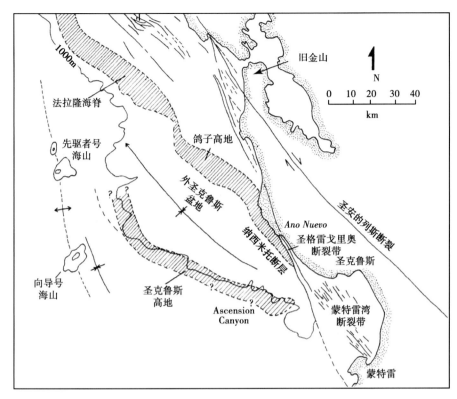

图 12.29　圣塔克鲁斯盆地构造图（据 Nagel 等，1986）

显示了圣格雷戈里奥和蒙特利断层带，该图显示区域是图 12.30 古地理的参考范围

12.5.2　加利福尼亚湾扭张洋盆

南加利福尼亚湾斜向伸展（右旋伸展）双大陆边缘的三个裂谷段的地震地壳尺度成像显示，从伴生小规模岩浆活动的大裂谷到发育强岩浆作用的窄裂谷，裂谷类型和岩浆作用在较短横向距离内存在很大的差异（Lizarralde 等，2007）。这些研究基于输送到深海环境的搬运路径和沉积中心有助于强调了上覆沉积样式的复杂性，包括沉积进入深海环境和任何由此产生的沉积。因此，加利福尼亚湾可能被认为是一个相对年轻的被动边缘裂谷体系，也被视为一个压扭性伸展性质的斜向走滑带。在加利福尼亚中部和南部，沿圣安德斯及相关断层发生约 300km 的右旋走滑（Ehlig，1981）。加利福尼亚湾是一个位于两个三联点（门多西诺和里韦拉）之间的深海压扭变形带。这两个三联点向北北西向延伸至右旋压扭板块相互作用为主的区域。在里韦拉三联点南部以南，板块边界具有俯冲—增生过程的特征（图 12.31）。

DSDP 64 航次（Curray 等，1982a）结果表明，在 5.5Ma，在北美和太平洋板块之间的右旋转换运动从海上向 Ranges 岩基半岛东侧跳跃，因此开始了：（1）沿现今圣安德列斯断层的运动；（2）加利福尼亚湾的开启。在 5.5Ma 之后，估计相对速度为 5.6cm/a，与经过板块边界的地质标志相对应，同时发生 300km 的偏移。至 3.2 Ma，海湾口形成了第一个线性的磁异常和洋壳。发育中的扩展中心喷发玄武岩进入潮湿的沉积中（Einsele 等，1980）。

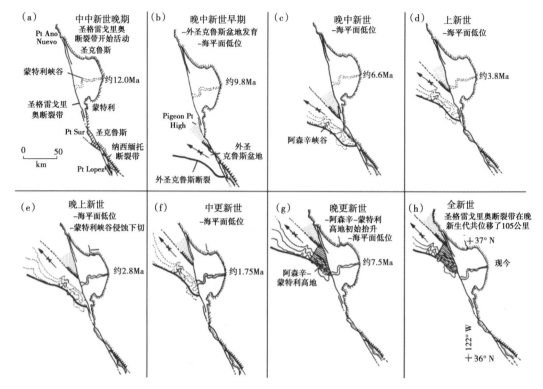

图 12.30 晚—中中新世（124Ma）至今加利福尼亚中南部边缘地区的古地理重建图（据 Nagel 等，1986）
图 12.29 显示了参考海岸线。该图显示了与 Monterey 峡谷相关的 Ascension 海底峡谷体系和相邻大陆架的可能
发育。大多数构造运动是沿着圣格雷戈里奥断层带发生的

图 12.31 展示了针对加利福尼亚湾深海演化提出的板块构造场景。推测最老的海相沉积应该早于 5.5Ma。

古地理构造重建和 DSDP63 航次结果支持（Yeats，Haq 等，1981）马格达莱纳水下扇在 13Ma 时沉积速率降低的观点，该变化与砂岩重力流到扇体的石英长石砂质重力流供给停止是相对应的。DSDP 64 航次结果显示 Magdalena 水下扇的物源区被截断。因为沿着 Tosco-Abriejos 转换断层运动，坚固的陆壳开始拉张，相关沉降导致了一个区域性的相对海平面上升。从 12.5—5.5 Ma，随后的 7Ma 与板块边界海上转换断层边界相关。因为在北美和太平洋板块之间板块剪切的变化（Blake 等 1978；Spencer 和 Normark，1979），Cabo San Lucas 东南部三联点可能变得更不稳定。

在 5.5Ma，当北美和太平洋板块之间转换运动转向北西向时，海上转换断层活动停止。加利福尼亚湾的磁异常显示 4.9—3.2Ma 期间发生了伸展性陆壳到洋壳的穿时转换。最后 3.5Ma 通过断块和犁式断层以及火成岩侵入证实了陆壳变薄。DSDP 474、475 和 476 航次跨越陆壳到洋壳的边界（图 12.32）。475 和 476 地点钻揭了半深海泥岩沉积（沉积相组 G），包含磷酸盐、海绿石和变质碎屑砾岩的薄层沉积，476 航次在风化花岗岩中完钻（图 12.32）。474 航次钻揭了泥质浊积岩为主（沉积相组 D 和 G）的地层，在中中新统洋壳中完钻。这些航次钻探结果显示，洋壳在水深为 1000m 时才开始形成。

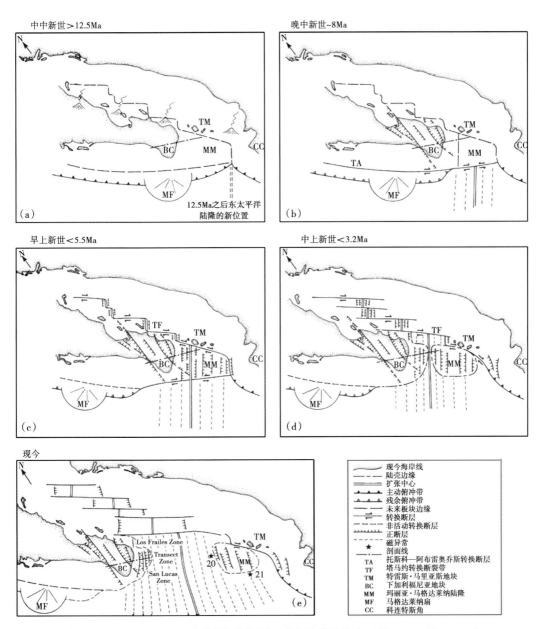

图12.31　基于 DSDP 64 航次的加利福尼亚半岛地质演化史（据 Curray 等，1982a）

DSDP 64 航次 474 站位很好地说明了深海沉积的范围（见表 12.2）。从中扇到外扇和边缘沉积，层序总体为变深的趋势。474 站位上部明显发育 F 和 A 沉积相，分别被解释为滑动和碎屑流沉积。在上新统—第四系界面之上沉积速率最大可达 40cm/ka。与从冲积平原沉积（如砾岩）到缺氧地带的海上堤坝沉积（含海绿石颗粒的磷酸盐沉积），到深海硅藻、泥质和粉砂质的浊积岩和半深海沉积总体表现为加深层序的 475 和 476 站位相比，474 站位一个重要的特征为在洋壳之上发育整个深海层序。

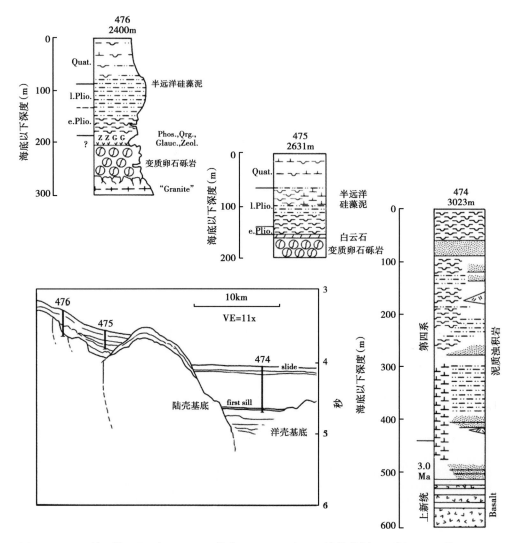

图 12.32　经过加利福尼亚湾 DSDP 64 航次 474、475 和 476 站位的剖面（据 Curray 等，1982a）

有关岩性参考见表 12.2。注意早上新世水深突然加深与加利福尼亚湾开启相关

表 12.2　沉积岩相单元，DSDP474 站点（据 Curray 等，1982a，b）

单元	位置	海底以下深度（m）	岩性	沉积环境	年代	沉积速率估算（m/Ma）	厚度（m）
I	岩心 474-1 至 474-3	0~21.0	黄绿色至橄榄灰硅藻泥至软泥、硅藻微化石泥灰土，向下黏土质粉砂增加	半深海/扇远端	至 NN21/20	47	305

续表

单元	位置	海底以下深度（m）	岩性	沉积环境	年代	沉积速率估算（m/Ma）	厚度（m）
II	岩心 474-4 至切片 474-10，CC	21.0~87.5	橄榄褐至橄榄灰；硅藻微体化石泥岩和粗粒长石砂岩至砾岩	滑塌碎屑再沉积	（NN19）	很高	76.0
III	岩心 474-11-1 至 474A-8，CC	87.5~239.0	黏土质粉砂至粉砂质黏土，硅藻微体化石泥岩、微体化石泥灰土，分散的长石砂泥岩	半深海泥和外扇的泥质浊积岩	NN20	395	142.0
IV	岩心 474A-8，CC 至 474A-28，CC	239.0~420.0	橄榄灰粉砂质黏土岩至黏土质粉砂岩		早更新世	395-86	181.0
IV A	岩心 474-9-1 至 474A-10，CC	239.0~258.5	主要为均一且含硅质化石和微体化石的粉砂质黏土岩	部分泥质浊积岩的半深海泥	NN19	395	19.5
IV B	岩心 474A-10，CC 至 474A-28，CC	258.5~420.0	主要为厚层、黏土质石英粉砂岩和部分长石砂；泥流，硅质化石消失	中扇和泥质浊积岩		395-86	（161.5）
V	岩心 474A-28，CC 至 474A-41-5（25cm）和 474A-45-1	420.0~533.0	橄榄石粉砂岩，辉绿岩床间含厚层块体流和固结长石砂岩，粉砂质黏土岩	中扇、泥质浊积岩和半深海泥	晚上新世	86	（约 115）

　　DSDP 64 航次调查的第二个区域是加利福尼亚湾中部的瓜伊马斯盆地。瓜伊马斯盆地中的 477、478 和 481 站点表明沉积速率比海湾口更快，达到 270cm/ka（van Andel，1964）。在 477 站点，沉积学的一个有趣的方面是认识水热蚀变、盆地平原、泥浊岩。淤泥/砂质浊积岩含有绿帘石—绿泥石—石英—钠长石—黄铁矿—磁黄铁矿—白云石—硬石膏矿物组合。在 480 站位 2000m 水深的上第四系层状硅藻岩（图 12.33）尤其发育。沉积主要包括少量浮游硅藻和底栖浮游有孔虫。陆源成分是棕色粉砂质黏土。米级厚度的似纹泥层沉积于非纹层单元之间。纹层泥归因于温暖气候时期与洋流上升事件相关的硅藻沉积，而更均质的沉积单元则与更冷更干燥的气候相关（Kelts 和 Niemitz，1982）。

　　加利福尼亚湾钻探结果强调了大型压扭洋盆深海沉积模式的复杂性，该盆地形成了向南延伸的圣安德列斯大断裂。持续的右旋走滑板块运动控制了至少 12.5Ma 以来北美西部的演化史历史。

图 12.33　DSDP 64 航次 480-29-3 站位 145-150 cm 富有机质层状半深海沉积
这些纹层状结构被解释为每年浮游植物和藻类繁盛的结果，照片由 K. Kelts 提供

12.6　古老深海的斜向走滑活动带

　　古老斜向走滑板块边缘识别是古地理学构造重建最难的工作之一。通过现代板块边缘的观察，斜向拉张或挤压的角度是有规律的。然而，发育阶地增生的古老板块边缘最有可能与大量走滑相关。实例包括在纽芬兰岛和英国的白垩系 Alaska、Wrangellia（12.3 节），下古生界北部的 Appalachians 和南部的 Caledonides，以及中生界—第三系比利牛斯山脉。在这三个实例中，深海沉积占据了地层的主导，表明薄层岩石圈上的沉积受压扭或伸展控制。

　　同时，在古老的活跃板块边缘盆地中，走滑构造比较发育时，通常会有一些不同的解释方案。多期复杂的变形历史会持续几百万年到几十百万年，仅相对较小的盆地破碎带得以保存，使合理的古地理构造重建变得十分困难。例如，根据欧洲和亚得里亚海板块的会聚，意大利亚平宁山脉通常被解释得很简单。然而，Marroni 和 Treves（1998）提出，在北部亚平宁山脉造山作用演化早期（碰撞之前，晚白垩—早渐新世），主要发育了一个斜向或者压扭性构造带。有关北部亚平宁山脉斜向碰撞的争议，引用了：（1）沿欧洲/亚得里亚海的板块边界向左斜会聚的板块构造框架；（2）在岛链碰撞会聚前的全部时间内缺失岩浆弧（时间跨度大于 45Ma，从晚白垩世—早渐新世）；（3）海沟内深海重力流层序长期发育（20Ma）；（4）盆地两侧重力流沉积多物源区和相关的粗粒沉积；（5）一些海洋单元中形变的聚散度；（6）在相邻的构造阶地逆掩断层单元（紫玛瑙）中不匹配的地层特征，明显的形变和变质演化史。基于亚平宁山脉地层构造接触面的构造和几何形态，Marroni 和 Treves（1998）认为，在岛链造山演化早期，许多阶地在转换挤压作用下并列发育。

12.6.1　中生代的比利牛斯山

中生代的比利牛斯山以利古里亚特提斯海、太平洋北部和中部、比斯开湾的海底扩张以及伊比利亚板块的逆时针旋转为主。这些板块运动导致伊比利亚和南欧板块之间形成整体左旋的剪切耦合，（图12.34）。Puigdefabregas 和 Souquet（1986）总结了比利牛斯山发育过程中扭张和平错断层的发育阶段。在阿尔布—中塞诺曼期，扭张和碱性岩浆作用、热变质和三叠纪蒸发岩的底辟作用相关。深部盆地充填了深海陆坡裙和"黑色复理石"重力流沉积或者比利牛斯山复理石（Souquet 等，1985）。图12.35 显示了"黑色复理石"现在的

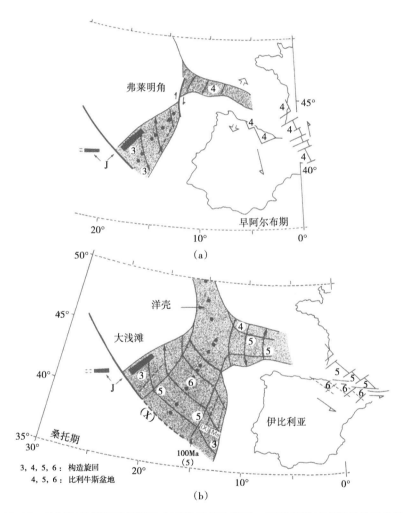

图 12.34　早阿尔布期和桑托期北大西洋和伊比利亚—阿莫里凯最南部的构造重建图
（据 Puigdefabregas 和 Souquet，1986）

该图显示了比利牛斯山中生代—第三纪深海盆地的发育。由于左旋扭压作用，盆地沿着伊比利亚和欧洲板块边缘发育。在阿尔布—中塞诺曼期，扭张作用与碱性岩浆作用，热变质和三叠纪蒸发岩的底辟作用相关。深部盆地充填了深海陆坡裙和"黑色复理石"重力流沉积或者比利牛斯山复理石（Souquet 等，1985），关于古地理的详细信息见图12.35

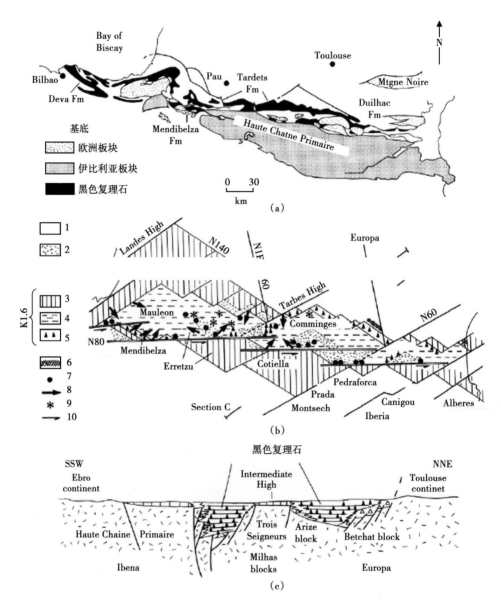

图 12.35 （a）比利牛斯山脉东北部的北比利牛斯断裂带地质纲要图，展示最古老比利牛斯浊积岩序列（中阿尔布阶—塞诺曼阶）的露头，"黑色复理石"地层充填了盆地最深的部分；（b）"黑色复理石"地层时期的古地理；（c）展示了沿图 12.35b 中 C 剖面的假设横切面（据 Puigdefabregas 和 Souquet，1986）

1—单元面积；2—剥蚀的高点或块体；3—陆架沉积；4—阿尔布阶浊积岩；5—断层控制的碎屑流冲积裙；
6—矾土；7—二辉橄榄岩；8—浊积物移动方向；9—白垩世中期的岩浆岩；10—推断的走滑断裂

野外露头，菱形深海相拉分盆地的构造重建和穿过整个盆地的简化横切面。图 2.41b 显示了一个"黑色复理石"内的滑塌褶皱实例。

在塞诺曼期—中桑托期，全球海平面上升使盆地范围有效拓宽，陆架碳酸盐岩位置向陆地方向退积。浊流从先前已经淹没的陆架将碳酸盐岩碎屑搬运至深水区。在桑托中期，海平面相对下降，断块边缘同时发生构造翘倾，导致不整合面的广泛形成，斜坡角砾岩（F）和巨浊积岩（A，C2.4 和 F）在深水区发育。在左旋张扭作用下，桑托期—马斯特里赫特晚期进一步发生正断层活动和构造沉降，碳酸盐岩碎屑席状砂从下陆坡向盆地内部延伸与轴向移动的碎屑岩水下扇相互衔接（Van Hoorn，1970）。桑托期的海平面上升形成向海岸上超的层序。不整合的渐进发育（Simó 和 Puigdefàbregas，1985）显示了同时发生的沉积和褶皱。在第三纪，左旋转换挤压作用变得更加强烈。板块会聚导致东北部的比利牛斯山隆起，以至于该地区成为前陆盆地的沉积物源区（第 11.3.4 节）。

因此，比利牛斯山中生代—第三纪的演化史使早期以转换拉张为主，后来发生转换挤压，最后板块会聚导致欧洲和伊比利亚板块之间的航道关闭，从而对板块边界有了更深的认识。

12.6.2 下古生界纽芬兰中北部和英国

大型寒武系大西洋型的伊阿佩托斯洋（Wilson，1966）在早奥陶世转变为具有俯冲带，仰冲蛇绿岩，沿北美劳伦系边缘和进入加里东造山带延伸部分的复杂阶地增生楔的太平洋型海洋（Williams 和 Hatcher，1982，1983；Williams，1984，1985；Bluck，1985）。直至伊阿佩托斯洋在泥盆纪全关闭，阶地增生楔才从劳伦系边缘（Williams，1985）逐渐向外发育（Soper 等，1987）。虽然在 Emsian 之前，所有退化的大洋并未消亡，但是，古生物、构造—地层和古地磁的证据表明，随着纽芬兰地区的北美劳伦古大陆和可能的晚阿石极期的东部阿瓦隆尼亚大陆之间的洋壳完全俯冲，伊阿佩托斯洋开始封闭（Pickering，1987a，b；Pickering 等，1988b；Pickering 和 Smith，1995—2004）。西部的阿瓦隆尼亚大陆（东部的纽芬兰、阿卡迪亚和阿巴拉契亚山脉阶地）在泥盆纪早中期出现增生（Keppie，1986）。图 12.36，（Pickering 和 Smith，2004）总结了尼格期—蓝达夫里阶时期以来伊阿佩托斯洋的发展史。

下古生界阿巴拉契亚山脉和加里东造山带劳伦群边缘推测的阶地已被广泛研究（图 12.36）（Williams 和 Hatcher，1982，1983；Williams，1984，1985；Curry 等，1982；Soper 和 Hutton，1984；Bluck，1985；Keppie，1986；Ziegler，1986a，b，c；Anderson 和 Oliver，1986；Bluck 和 Leake，1986；Hutton 和 Dewey，1986；Elders，1987；Pickering，1987b；Soper 等，1987；Pickering 等，1988b）。从奥陶纪—泥盆纪中期，劳伦边缘似乎是一个复杂的阶地增生体，大多数证据表明左旋剪切导致阶地对接（（Soper 和 Hutton，1984；Bluck，1985；Keppie，1986；Hutton 和 Dewey，1986；Elders，1987；Pickering，1987a，b；Soper 等，1987；Blewett 和 Pickering，1988；Pickering 等，1988b）。尽管评价阶地增生期间沿劳伦边缘发生的走滑位移距离比较困难，但在纽芬兰 LongRang 地区和苏格兰南部高地的花岗闪长岩岩相学和放射系年龄范围，以及古水流数据研究表明，这些阶地在喀拉多克时期可能是并列发育的（Elders，1987）。如果这样，从喀拉多克时期到泥盆纪中期，当大不列颠岛基底最终拼接在一起时，沿不同断裂带的左旋位移至少达到了 1500km。不管是在大不列颠岛还是在纽芬兰，在奥陶纪和早志留世均发育了深海浊积体系（主要是斜坡和斜坡盆地充填）（Watson，1981；Arnott，1983a，b；Arnott 等，1985；Pickering，1987a），且上覆浅海陆架非海相沉积。

区域认识和可得的古地磁数据显示晚奥陶世—早志留世古地理（图 12.36）：（1）曾经连续的伊阿佩托斯洋最终被劳伦古陆和东部阿瓦隆尼亚大陆之间的陆—陆碰撞破坏，介于

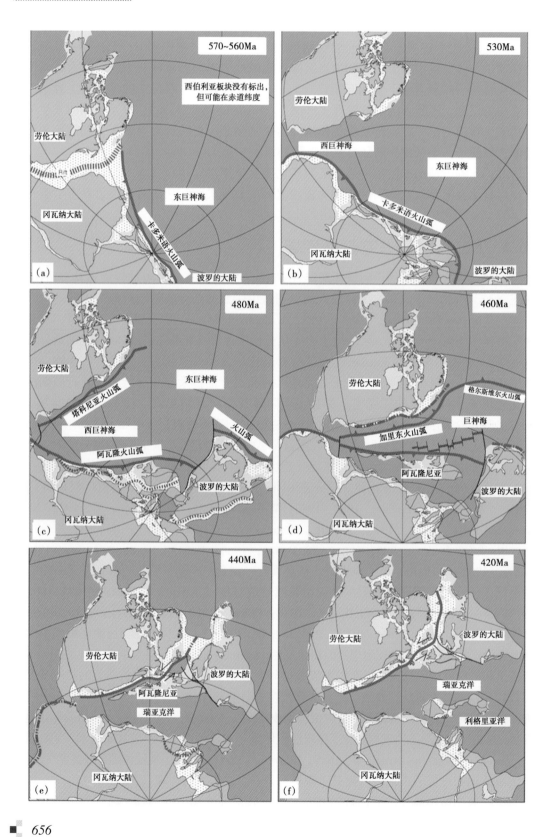

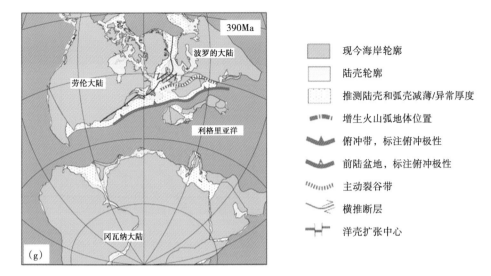

图 12.36 基于古地磁数据计算的板块重建（据 Pickering 和 Smith，1995，2004，修改）

（a）晚前寒武纪（570—560Ma）；（b）寒武纪（530Ma）；（c）早奥陶世（490-480Ma）；（d）中奥陶世（460Ma）；（e）晚奥陶世（440Ma）；（f）中志留世（420Ma）；（g）早—中泥盆世（390Ma）。主要岩浆弧位置如图所示。南美和劳伦古大陆在晚前寒武纪初始重组（现在坐标）。波罗的大陆位置不确定，故未在图中显示。通过奥陶纪古地磁数据得到的位置和初始重组之间插值得到了波罗大陆的位置。古地磁证据表明，在寒武纪期间，冈瓦纳大陆接近劳伦古陆，西北部的南美可能和大洋岛弧或者早奥陶世东南部劳伦古陆边缘岛弧发生了碰撞。冈瓦纳大陆随后在晚奥陶—早泥盆世期间发生逆时针旋转，在冈瓦纳和劳伦古陆（如佛罗里达）反向形成另一部分，在古生代发生碰撞。寒武纪—早奥陶世，相对于其他大陆而言，在 490Ma，甚至之前，波罗大陆位置已在图中被忽略。位置初次出现在460Ma 图（d）中，东部伊阿佩托斯洋相对狭窄分支将其从劳伦古陆中分离。在斯瓦尔巴特群岛，两个大陆板块之间的距离在 460—440Ma 期间变得越来越近

中间的所有洋壳消减消失；（2）当波罗的大陆和西部阿瓦隆尼亚大陆接近劳伦古陆时，随着西—北西向的板块俯冲，洋壳的破坏不断往碰撞位置的北部和南部延伸；（3）东部阿瓦隆尼亚大陆和劳伦古陆斜向碰撞可能在大陆边缘隆起西部纽芬兰的对面出现，导致持续的左旋走滑运动，最后形成了转换拉张拉分和转换挤压逆冲控制的深海盆地。

纽芬兰中北部的构造和沉积学研究表明，北西向逆冲断层控制了相对较小的深海沉积盆地的发育，而盆地内受阿什极尔—文洛克活动断层控制的沉积，通常又与构造作用下的重力滑塌沉积（混杂堆积）和生长断层相关（Nelson，1981；Arnott，1983a，b；Arnott et al，1985；Pickering，1987a，b）。Arnott（1983a，b）认为，在新世界岛和纽芬兰，被主要沉积断层分割的同期层序很可能在孤立的相邻盆地发育。在 Gander 和 Dunnage 阶地均发育了上奥陶统—志留系 D1 同沉积变形。主要构造要素与在晚奥陶世—志留纪期间曾经活动的Dunnage-Gander 阶地及 Hermitage 挠曲（Brown 和 Colman-Sadd，1976）、Lobster Cove-Chanceport 和横切纽芬兰中北部的 Lukes Arm-Sops Head 断层（Nelson，1981；Watson，1981；Arnott，1983a，b；Arnott 等，1985）等先前构造相关，也可能与北西倾向的逆冲断层，包括先前的 Lukes Arm、Toogood、CobbsArm、Byrne Cove 和新世纪岛的 Boyds 岛断层（Nelson，1981；Arnott，1983a，b；Arnott 等，1985）以及先前的新湾断层（Pickering，

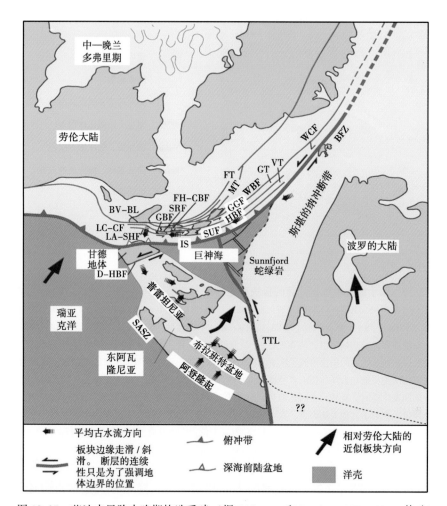

图 12.37　蓝达夫里阶中晚期构造重建（据 Pickering 和 Smith，1995，2004，修改）

板块运动方向指示波罗大陆和东部阿瓦隆尼亚大陆相对稳定的劳伦古陆（北美）板块的相对运动。在现在坐标体系中，东部阿瓦隆尼亚大陆接近阿帕拉契山脉阿瓦隆构造带的北部。阿瓦隆尼亚大陆外形见图 12.36。虚线勾绘了洋壳关闭之前的阿莫里卡、英国、伊阿佩托斯缝合线的 Gander 阶地南部、西部部分纽芬兰和与劳伦古陆地壳具有亲缘关系的英国西北部轮廓。主要地质特征简写为：BV—BL—韦尔特湾—布朗普顿轮廓；LC—CF—Lobster 小峡谷—Chance-port 断层；LA—SHF—Lukes Arm-Sops Head 断层；GBF—Galway Bay 断层；SRF—Skerd Rocks 断层；FH—CBF—Fair Head-Clew Bay 断层；SUF —南部的 Uplands 断层；HBF—Highland Boundary 断层；GGF—Great Glen 断层；WBF—Walls Boundary 断层；FT—Flannan 逆冲；MT—Moine 逆冲；IS —伊阿佩托斯缝合线（即在纽芬兰的 Cape Ray-Reach 断层）；BFZ—Billefjorden 断层带（Svalbard）；WCFZ—Western Central 断层带（Svalbard）；TTL—Tornquist Teisseyre 线性构造；SASZ—南部 Armorican 剪切带；D—HBF—Dover-Hermitage Bay 断层。成对的奥陶系岛弧体系和纽芬兰、斯瓦尔巴特群岛相关，且在伊阿佩托斯洋北部被蛇绿岩分隔：（1）奥陶纪早—中期，在向大洋倾斜的俯冲带、Moreton's 海港岛弧（纽芬兰）、Lough Nafooey 岛弧（爱尔兰）、Grampian 阶地（苏格兰）、Gjersvik 弧（挪威）、Pearya/西北部的 Svalbard 阶地（包括 Biskayerhalvoya）上发育了 Taconic 岛弧；（2）南部岛弧，奥陶纪—志留纪岛弧在倾向劳伦古陆的俯冲带、Bronson Hill 岛弧、Robert's Arm 岛弧（纽芬兰）、South Connemara 岛弧、Midland Valley 阶地（苏格兰）、Virisen 岛弧（挪威）和西部 Svalbard 上发育

1987a）有关（图 12.37）。

图 12.38 显示了喀拉多克—阿什极尔晚期纽芬兰中北部古地理构造重建，展示了许多小型受断层控制的深海盆地。这些盆地受较平缓边界断层控制的构造高点分隔。盆地沉积物源来自北部深层不连续的岛弧阶地，尤其是在水下水道和峡谷内部具有砾石和砂质的沉积相（A、B、C、F），深度可达几百米，宽度可达几千米；围岩岩性以粉砂或富泥的 D 和 E 沉积相为主，以 G 沉积相为辅（Nelson，1981；Watson，1981；Arnott，1983a，b；Pickering，1987a）。

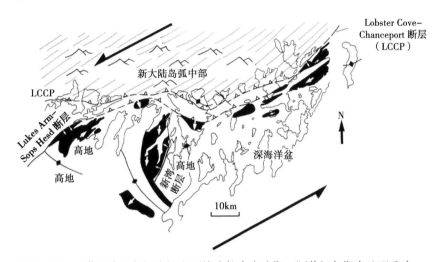

图 12.38　纽芬兰中北部深海沉积环境喀拉多克晚期—阿什极尔期古地理重建

基于 K. T. Pickering，R. Blewett 的研究成果和其他来源（Arnott，1983a；Pickering 等，1988b），黑色代表构造高点之间的盆地沉积中心；白色箭头指示古水流方向；主要断层在沉积期间是活动的：LCCP、Lobster Cove-Chanceport 断层、Lukes Arm-Sops Head 断层均为逆冲/斜滑断层。注意不连续的纽芬兰岛弧到与 Llandeilo 中的劳伦古陆碰撞的北部，板块边缘的南部盆地提供主要的沉积物源。同样应注意同期主要左旋剪切的重要性。到阿什极尔晚期，东部阿瓦隆尼亚大陆可能位于东南部的几百千米之外。Pickering 等（1988a）解释了位于主要深海相前陆盆地内的沉积环境。在这些纽芬兰深海盆地中的沉积，从新世界岛 Milliners Arm 地层的厚层粗粒水下扇沉积（Watson，1981），向新湾地区的厚层细粒斜坡盆地充填变化（Pickering，1987a）。此外，沉积滑动发生时，大量的证据表明潮湿的沉积物发生了形变（Pickering，1987a）

加利福尼亚边缘地区包含许多复杂断层控制的向洋一侧走滑盆地，为与现代沉积对比提供了有用的实例。然而，在志留纪的纽芬兰，这些海相盆地的南部/东南部未发育主要的洋盆，其与现今的加利福尼亚不同（图 12.37）。东南部的水下通道可能和现今的帝汶海槽更类似。纽芬兰北部的实例表明，在 Lobster Cove-Chanceport 和 Lukes Arm-Sops Head 断层左旋剪切作用下似乎发生了主要的走滑/斜向滑动（图 12.38）。与深海沉积相关的左旋剪切似乎从晚奥陶世到志留纪中期就已经出现，随后，向上变浅的层序在残余的水下通道中发生充填沉积。许多构造形变的深海沉积显示了区域左旋走滑期间形成顺时针解理面（图 12.39）。

图 12.39 英国北部志留系深海沉积横截的解理

该图显示了顺时针叠加或 10°的横截面，与主要的左旋转换挤压一致。Blewett 和 Pickering（1988）
也记录了相似的构造特征，即沿着纽芬兰走向发育同期的左旋转换挤压构造

12.7 小结

沿现代走滑大陆边缘形成的深海盆地非常复杂，特别是具有非常不规则的形状。在相对短暂的地质时间框架内，它们可以在整个剪切过程中发生构造作用反转，包括转换拉张和转换挤压阶段。断层发育很容易破坏沉积供给通道，截断非海相和浅海相沉积从水下峡谷移至深水水下扇的路线。加利福尼亚边境地区的 Magdalena 和 Astoria 扇很好地展示了这一点。这种板块边缘的构造活动往往会产生某些不可预测的复杂地层结构。在任何深海沉积中，沉积路线的突变和沉积岩石学的改变相关（Dickinson 等，2005）。

许多俯冲边缘（第 10 章）和前陆盆地（第 11 章）均可与其演化过程中的一些走滑变形相关，如现代的南凯岛弧（第 10.3 节）和加里东造山带—阿巴拉契亚山脉的造山带（第 10.7 和 12.6.2 节）的下古生界。因此，沿走滑大陆边缘发育的古代深海盆地就会很难识别，因为它们的沉积相、相组合和结构单元均与其他板块构造环境形成的一样。如果不了解大型板块—构造框架，对这种构造边缘下形成的深海体系解释可能非常具有挑战性。

参 考 文 献

Aalto, K. R. 1976. Sedimentology of a mélange: Franciscan of Trinidad, California. *Journal of Sedimentary Petrology*, 46, 913–929.

Abad, J. D., Sequeiros, O. E., Spinewine, B., Pirmez, C., Garcia, M. H. & Parker, G. 2011.

Secondary current of saline underflow in a highly meandering channel: experiments and theory, *Journal of Sedimentary Research*, 81, 787–813.

Abbate, E., Bortolotti, V. & Passerini, P. 1970. Olistostromes and olistoliths. *Sedimentary Geology*, 4, 521–557.

Abbott, L. D., Silver, E. A., Thompson, P. R., Filewicz, M. V., Schneider, C. & Abdoerrias 1994.

Stratigraphic constraints on the development and timing of arc–continent collision in northern Papua New Guinea. *Journal of Sedimentary Research*, 64, 169–183.

Abels, H. A., Kraus, M. J. & Gingerich, P. D. 2013. Precession–scale cyclicity in the fluvial lower Eocene Willwood Formation of the Bighorn Basin, Wyoming (USA). *Sedimentology*, 60, 1467–1483.

Abrahamson, P. 2013. Barents Sea: complete integration of well data and seismic data. *GEO ExPro*, 10, 60–62.

Abreu, V., Sullivan, M., Pirmez, C. & Mohrig, D. 2003. Lateral accretion packages (LAPs): an important reservoir element in deep water sinuous channels. *Marine and Petroleum Geology*, 20, 631–648.

Abreu, V., Neal, J. E., Bohacs, K. M. & Kalbas, J. L. (eds) 2010. Sequence Stratgraphy of Siliciclastic Systems–the Exxon Mobil Methodology: Atlas of Exercises. Society of Economic Paleontologists and Mineralogists Concepts in Sedimentology and Paleontology, 9, 226 pp. ISBN: 978–1–56576–288–6.

Adam, J., Ge, Z. & Sanchez, M. 2012. Salt–structural styles and kinematic evolution of the Jequitinhonha deepwater fold belt, central Brazil passive margin. *Marine and Petroleum Geology*, 37, 101–120.

Adams, J. H. 1908. The eruption of the Waimata mud spring. *New Zealand Mines Record*, 12, 908–912.

Addy, S. K. & Buffler, R. T. 1984. Seismic stratigraphy of the shelf and slope: northeastern Gulf of Mexico. *American Association of Petroleum Geologists Bulletin*, 68, 1782–1789.

Addy, S. K. & Kagami, H. 1979. Sedimentation in a closed trough north of the Iberia abyssal plain in Northeast Atlantic. *Sedimentology*, 26, 561–575.

Ahmadi, Z. M., Sawyers, M., Kenyon–Roberts, S., Stanworth, C. W., Kugler, K. A., Kristensen, J. & Fugelli, E. M. G. 2003. Palaeocene. *In*: Evans, D., Graham, C., Armour, A. & Bathurst, P. (eds), *The Millennium Atlas: Petroleum Geology of the Central and Northern North Sea*. Geological Society, London, 235–259. London: The Geological Society.

Aigner, T., Doyle, M. & Lawrence, D. 1987. Isostatic controls on carbonate platform development. *American Association of Petroleum Geologists Bulletin*, 71, 524.

Aksu, A. E. 1984. Subaqueous debris flow deposits in Baffin Bay. *Geo–Marine Letters*, 4, 83–90.

Aksu, A. E. & Hiscott, R. N. 1992. Shingled Upper Quaternary debris flow lenses on the NE Newfoundland slope. *Sedimentology*, 39, 193–206.

Aksu, A. E., Calon, T. J., Hiscott, R. N. & Yaşar, D. 2000. Anatomy of the North Anatolian Fault Zone in the Marmara Sea, western Turkey: extensional basins above a continental transform. *GSA Today*, 10, 3–7.

Alexander, J. & Morris, S. 1994. Observations on experimental, nonchannelized highconcentration turbidity currents and variations in deposits around obstacles. *Journal of Sedimentary Research*, A64, 899–909.

Alexander, J. & Mulder, T. 2002. Experimental quasi–steady density currents. *Marine Geology*, 186, 195–210.

Allen, J. R. L. 1960. The Mam Tor Sandstones: a 'turbidite' facies of the Namurian deltas of Derbyshire, England. *Journal of Sedimentary Petrology*, 30, 193–208.

Allen, J. R. L. 1969. Some recent advances in the physics of sedimentation. *Proceedings of the Geologists Association*, 80, 1–42.

Allen, J. R. L. 1970. The sequence of sedimentary structures in turbidites, with special reference to dunes. *Scottish Journal of Geology*, 6, 146–161.

Allen, J. R. L. 1971. Instantaneous sediment deposition rates deduced from climbing–ripple cross–lamination. *Journal of the Geological Society (London)*, 127, 553–561.

Allen, J. R. L. 1982. Sedimentary Structures: Their Character and Physical Basis. *Developments in Sedimentology*, 30 (parts Ⅰ and Ⅱ). Amsterdam: Elsevier.

Allen, J. R. L. 1991, The Bouma division A and the possible duration of turbidity currents: *Journal of Sedimentary Petrology*, 61,

291–295.

Allen, J. R. L. & Banks, N. L. 1972. An interpretation and analysis of recumbent-folded deformed cross-bedding. *Sedimentology*, 19, 257–283.

Allen, P. A. & Allen, J. R. 1990. *Basin Analysis: Principles and Applications*. Oxford, England: Blackwell Scientific Publishers, 451 pp.

Allen, P. A. & Densmore, A. L. 2000. Sediment flux from an uplifting fault block. *Basin Research*, 12, 367– 380.

Allen, P. A. & Homewood, P. (eds) 1986. *Foreland Basins*. International Association of Sedimentologists Special Publication, 8. Oxford: Blackwell Scientific, 453 pp.

Almagor G. & Garfunkel, Z. 1979. Submarine slumping in continental margin of Israel and northern Sinai. *American Association of Petroleum Geologists Bulletin*, 63, 324–340.

Almagor, G. & Wiseman, G. 1982. Submarine slumping and mass movements on the continental slope of Israel. *In*: Saxov, S. & Nieuwenhuis, J. K. (eds), *Marine Slides and Other Mass Movements*, 95–128. New York: Plenum.

Almgren, A. A. 1978. Timing of Tertiary submarine canyon sand marine cycles of deposition in the southern Sacramento Valley, California. In: D. J. Stanley & Kelling, G. (eds), *Sedimentation in Submarine Canyons, Fans, and Trenches*, 276–291. Stroudsburg, PA: Dowden, Hutchinson & Ross.

Alpert, S. P. 1974. Systematic review of the genus Skolithos. *Journal of Paleontology*, 48, 661–669.

Alves, T. M. 2010. 3D Seismic examples of differential compaction in mass-transport deposits and their effect on post-failure strata. *Marine Geology*, 271, 212–224.

Alves, T. M., Gawthorpe, R. L., Hunt, D. W. & Monteiro, J. H. 2002. Jurassic tectonosedimentary evolution of the northern Lusitanian Basin (offshore Portugal). *Marine and Petroleum Geology*, 19, 727–754.

Amy, L. A. & Talling, P. J. 2006. Anatomy of turbidites and linked debrites based on long distance (120 x 30km) bed correlation, Marnoso Arenacea Formation, northern Apennines, Italy. *Sedimentology*, 53, 161–212.

Amy, L. A., Kneller, B. & McCaffrey, W. 2000. Evaluating the links between turbidite characteristics and gross system architecture: upscaling insights from the turbidite sheet-system of Peira Cava, SE France. *In*: Weimer, P., Slatt, R. M., Coleman, J., Rosen, N. C., Nelson, H., Bouma, A. H., Styzen, M. J. & Lawrence, D. T. (eds), *Gulf Coast Section-Society of Economic Paleontologists and Mineralogists Foundation 20th Annual Bob F. Hoskins Research Research Conference, Deep-Water Reservoirs of the World*, 1–15. CD-ROM Society of Economic Paleontologists and Mineralogists Special Publications.

Amy, L. A., Kneller, B. C. & McCaffrey, W. D. 2007. Facies architecture of the Grèsde Peïra Cava, SE France: landward stacking patterns in ponded turbiditic basins. *Journal of the Geological Society (London)*, 164, 143–162.

Anastasakis, G. C. & Piper, D. J. W. 2006. The character of seismo-turbidites in the S-1 sapropel, Zakinthos and Strofadhes basins, Greece. *Sedimentology*, 38, 717–733.

Anderson, J. B., Kurtz, D. D. & Weaver, F. M. 1979. Sedimentation on the Antarctic continental slope. *In*: Doyle, L. J. & Pilkey, O. H. (eds), *Geology of Continental Slopes*, 265–283. Society of Economic Paleontologists and Mineralogists Special Publication, 27.

Anderson, J. E., Cartwright, J., Drysdall, S. J. & Vivian, N. 2000. Controls on turbidite sand deposition during gravity-driven extension of a passive margin: examples from Miocene sediments in Block 4, Angola. *Marine and Petroleum Geology*, 17, 1165–1203.

Anderson, K. S., Graham, S. A. & Hubbard, S. M. 2006. Facies, architecture, and origin of a reservoir-scale sand-rich succession within submarine canyon fill: insights from Wagon Caves Rock (Paleocene), Santa Lucia Range, California, U. S. A. *Journal of Sedimentary Research*, 76, 819–838.

Anderson, L. D. & Ravelo, A. C. 2001. Data report: biogenic opal in Palmer Deep sediments, Site 1098, Leg 178. *In*: Barker, P. F., Camerlenghi, A., Acton, G. D. & Ramsay, A. T. S. (eds), Proceedings of the Ocean Drilling Program, Scientific Results, 178, 1–7. College Station, Texas, USA: Ocean Drilling Program.

Anderson, T. B. & Oliver, G. T. H. 1986. The Orlock Bridge Fault: a major Late Caledonian sinistral fault in the Southern Uplands terrane, British Isles. *Transactions of the Royal Society of Edinburgh, Earth Sciences*, 77, 203–222.

Andersson, P. O. D., Worden, R. H., Hodgson, D. M. & Flint, S. 2004. Provenance evolution and chemostratigraphy of a Palaeozoic submarine fan-complex: Tanqua Karoo Basin, South Africa. *Marine and Petroleum Geology*, 21, 555–577.

Anderton, R. 1995. Sequences, cycles and other nonsense: are submarine fan models any use in reservoir geology: *In*: Hartley, A. J. & Prosser, D. J. (eds), *Characterization of Deep Marine Clastic Systems*, Geological Society London Special Publication, 94, 5–11.

Ando, M. 1975. Source mechanisms and tectonic significance of historical earthquakes along the Nankai Trough, Japan. *Tectonophysics*, 27, 119−140.

Andresen, N., Reijmer, J. J. G. & Droxler, A. W. 2003. Timing and distribution of calciturbidites around a deeply submerged carbonate platform in a seismically active setting (Pedro Bank, Northern Nicaragua Rise, Caribbean Sea). *International Journal of Earth Sciences (Geologische Rundschau)*, 92, 573−592.

Andreson, A. & Bjerrum, L. 1967. Slides in subaqueous slopes in loose sand and silt. *In*: Richards, A. F. (ed.), *Marine Geotechnique*, 221−239. Urbana: University of Illinois Press.

Andrews, J. T. & Tedesco, K. 1992. Detrital carbonate−rich sediments, northwestern Labrador Sea: implications for ice−sheet dynamics and iceberg rafting (Heinrich) events in the North Atlantic. *Geology*, 20, 1087−1090.

Anka, A. & Séranne, M. 2004. Reconnaissance study of the ancient Zaire (Congo) deep−sea fan (ZaiAngo Project). *Marine Geology*, 209, 223−244.

Anka, Z., Séranne, M., Lopez, M., Scheck−Wenderoth, M. & Savoye, B. 2009. The long−term evolution of the Congo deep−sea fan: a basin−wide view of the interaction between a giant submarine fan and a mature passive margin (ZaiAngo project). *Tectonophysics*, 470, 42−56.

Anselmetti, F. S., Eberli, G. P. & Ding, Z. −D. 2000. From the Great Bahama Bank into the Straits of Florida: A margin architecture controlled by sea−level fluctuations and ocean currents. *Geological Society of America Bulletin*, 112, 829−844.

Aoki, Y., Tamano, T. & Kato, S. 1983. Detailed structure of the Nankai Trough from migrated seismic sections. *In*: Watkins, J. S. & Drake, C. L. (eds), *Studies in Continental Margin Geology*, 309−322. American Association of Petroleum Geologists. Memoir, 34.

Appelgate, B., Goldfinger, C., MacKay, M. E., Kulm, L. D., Fox, C. G., Embley, R. W. & Meis, P. J. 1992. A left−lateral strike−slip fault seaward of the Oregon continental margin. *Tectonics*, 11, 465−477.

Apps, G., Peel, F. & Elliott, T. 2004. The structural setting and palaeogeographical evolution of the Grès d'Annot Basin. In: Joseph, P. & Lomas, S. A. (eds), *Deep−Water Sedimentation in the Alpine Basin of SE France: New Perspectives on the Grès d'Annot and Related Systems*. Geological Society, London, Special Publication, 221, 65−96. London: The Geological Society.

Arbués, P., Granado, P., De Mattheis, M., Cabello, P., Lopez−Blanco, M., Marzo, M., Muñoz, J. A. & Abreu, V. 2013. An integrated outcriop and subsurface study of the Solitary Channel Complex (Tabernas Basin, Spaion). *In*: *30th International Association of Sedimentologists Meeting of Sedimentology*, *University of Manchester*, *U. K.*, 2−5th *September* 2013, *Conference Abstract Volume*. T3S5−O9.

Archer, J. B. 1984. Clastic intrusions in deep−sea fan deposits of the Rosroe formation, lower Ordovician, western Ireland. *Journal of Sedimentary Petrology*, 54, 1197−1205.

Armentrout, J. M., Kanschat, K. A., Meisling, K. E., Tsakma, J. J., Antrim, L. & McConnell, D. R. 2000. Neogene turbidite systems of the Gulf of Guinea continental margin slope, Offshore Nigeria. *In*: Bouma, A. H. & Stone, C. G. (eds), *Fine−grained Turbidite Systems*, 93−108. American Association of Petroleum Geologists Memoir, 72 & Society of Sedimentary Geologists, Special Publication, 68. Joint publication, Tulsa, Oklahoma.

Armijo, R., Meyer, B., Navarro, S., King, G. & Barka, J. 2002. Asymmetric slip partitioning in the Sea of Marmara pull−apart: a clue to propagation processes of the North Anatolian Fault? *Terra Nova*, 14, 80−86.

Armishaw, J. E., Holmes, R. W. & Stow, D. A. V. 2000. The Barra Fan: a bottom−current reworked, glacially−fed submarine fan system. *Marine Geology*, 17, 219−238.

Armitage, D. A., Piper, D. J. W., McGee, D. T. & Morris, W. R. 2010. Turbidite deposition on the glacially influenced, canyon−dominated Southwest Grand Banks Slope, Canada. *Sedimentology*, 57, 1387−1408.

Armitage, D. A. & Stright, L. 2010. Modeling and interpreting the seismic−reflection expression of sandstone in an ancient mass−transport deposit dominated deep−water slope environment. *Marine and Petroleum Geology*, 27, 1−12.

Arnold, R. & Macready, G. A. 1956. Island−forming mud volcano in Trinidad, British West Indies. *American Association of Petroleum Geologists Bulletin*, 40, 2748−2758.

Arnott, R. J. 1983a. Sedimentology, structure and stratigraphy of north−east New World Island, Newfoundland. Unpublished Ph. D. Thesis, Oxford University, UK.

Arnott, R. J. 1983b. Sedimentology of Upper Ordovician−Silurian sequences on New World Island, Newfoundland: separate fault−controlled basins? *Canadian Journal of Earth Sciences*, 20, 345−354.

Arnott, R. J., McKerrow, W. S. & Cocks, L. R. M. 1985. The tectonics and depositional history of the Ordovician and Silurian rocks of Notre Dame Bay, Newfoundland. *Canadian Journal of Earth Sciences*, 22, 60−618.

Arnott, R. W. & Hein, F. J. 1986. Submarine canyon fills of the Hector Formation, Lake Louise, Alberta: Late Precambrian syn-rift deposits of the proto-Pacific miogeocline. *Bulletin of Canadian Petroleum Geology*, 34, 395-407.

Arnott, R. W. C. 2007. Stratal architecture and origin of lateral accretion deposits (LADS) and conterminuous inner-bank levée deposits in a base-of-slope sinuous channel, lower Isaac formation (Neoproterozoic), east-central British Columbia, Canada. *Marine and Petroleum Geology*, 24, 515-528.

Arnott, R. W. C. & Hand, B. M. 1989. Bedforms, primary structures and grain fabric in the presence of suspended sediment rain. *Journal of Sedimentary Petrology*, 59, 1062-1069.

Arthur, M. A. & Natland, J. H. 1979. Carbonaceous sediments in North and South Atlantic: the role of salinity in stable stratification of Early Cretaceous basins. *In*: Talwani, M., Hay, M. W. & Ryan, W. B. F. (eds), *Deep Drilling Results in the Atlantic Ocean: Continental Margins and Paleoenvironment*, 375-401. Maurice Ewing Series 3. Washington: American Geophysical Union.

Arthur, M. A. & Schlanger, S. O. 1979. Cretaceous "Oceanic Anoxic Events" as causal factors in development of reef-reservoired giant oil fields. *The American Association of Petroleum Geologists Bulletin*, 63, 870-885.

Arthur, M. A., Dean, W. E. & Stow, D. A. V. 1984. Models for the deposition of Mesozoic-Cenozoic fine-grained organic-carbon-rich sediment in the deep sea. In: Stow, D. A. V. & Piper, D. J. W. (eds), *Fine-grained Sediments: Deep-water Processes and Facies*, 527-560. Geological Society of London Special Publication, 15. Oxford: Blackwell Scientific. Arrhenius, G. 1963. Pelagic sediments. *In*: Hill, M. N. (ed.), *The Sea*, 3, 655-727. New York: Wiley.

Ashi, J., Lallemant, S., Masago, H. & the Expedition 315 Scientists 2008. NanTroSEIZE Stage 1A: NanTroSEIZE megasplay riser pilot. *IODP Preliminary Report*, 315. doi: 10.2204/iodp.pr.315.2008.

Aswasereelert, W., Meyers, S. R., Carroll, A. R., Peters, S. E., Smith, M. E. & Feigl, K. L. 2013. Basin-scale cyclostratigraphy of the Green River Formation, Wyoming. *Geological Society of America Bulletin*, 125, 216-228.

Athanasiou-Grivas, D. 1978. Reliability analysis of earth slopes. *Proceedings of the Society of Engineering Sciences*, 15th Annual Meeting, 453-458, Gainesville, University of Florida.

Athmer, W., Gonzalez Uribe, G. A., Luthi, S. M. & Donselaar, M. E. 2011. Tectonic control on the distribution of Palaeocene marine syn-rift deposits in the Fenris Graben, northwestern Vøring Basin, offshore Norway. *Basin Research*, 23, 361-375.

Atwater, T. 1970. Implications of plate tectonics for the Cenozoic evolution of western North America. *Geological Society of America Bulletin*, 81, 3515-3536.

Atwater, T. M. 1998. Plate tectonic history of Southern California with emphasis on the Western Transverse Ranges and Santa Rosa Island. *In*: Weigand, P. W. (ed.), *Contributions to the Geology of the Northern Channel Islands, Southern California*. American Association of Petroleum Geologists, Pacific Section, MP 45, 1-8.

Atwater, T & Molnar, P. 1973. Relative motion of the Pacific and North American Plates deduced from seafloor spreading in the Atlantic, Indian and South Pacific Oceans. *In*: Kovach, R. L. & Nur, A. (eds), *Proceedings of the Conference on Tectonic Problems in the San Andreas Fault System*, 139-148. Stanford University Geological Science Publication, 13.

Atwater, T. & Stock, J. 1998. Pacific - North America place tectonics of the Neogene southwestern United States; an update. *International Geology Review*, 40, 375-402.

Aubouin, J., Bourgois, J., von Huene, R. & Azema, J. 1982a. La marge pacifique du Guatemala: un modele de marge extensive en domaine convergent. *Comptes Rendus de l'Académie des Sciences*, Paris, 294, 607-614.

Aubouin, J., Stephan, J. F., Roump, J. & Renard, V. 1982b. The Middle America Trench as an example of a subduction zone. *Tectonophysics*, 86, 113-132.

Aubouin, J., von Huene, R., Baltuck, M., Arnott, R., Bourgois, J. *et al.* 1982c. Leg 84 of the Deep Sea Drilling Project, subduction without accretion: Middle America Trench off Guatemala. *Nature*, 297, 458-460.

Aubouin, J., Bourgois, J. & Azema, J. 1984. A new type of active margin: the convergent extensional margin, as exemplified by the Middle America Trench off Guatemala. *Earth and Planetary Science Letters*, 67, 211-218.

Audley-Charles, M. G. 1968. The Geology of Portuguese Timor. *Geological Society of London Memoir*, 4.

Audley-Charles, M. G. 1986a. Rates of Neogene and Quaternary tectonic movements in the Southern Banda Arc based on micropalaeontology. *Journal of the Geological Society*, London, 143, 161-175.

Audley-Charles, M. G. 1986b. Timor-Tanimbar Trough: the foreland basin of the evolving Banda Orogen. *In*: Allen, P. A. & Homewood, P. (eds), *Foreland Basins*, 91-102. Special Publication International Association of Sedimentologists, 8. Oxford, UK: Blackwell Publishing Ltd.

Ausich, W. I. & Bottjer, D. J. 1982. Tiering in suspension-feeding communities on soft substrata throughout the Phanerozoic. *Science*, 9, 173-174.

Australian Geological Survey Organisation (AGSO) North West Shelf Study Group 1994. Deep reflections on the North West Shelf: changing perspectives of basin formation. In: Purcell, P. G. & Purcell, R. R. (eds), *The Sedimentary Basins of Western Australia*, 63-74. Perth, Australia: Petroleum Exploration Society of Australia.

Awadallah, S. A. M. 2002. Architecture and depositional history of the lower Cloridorme Formation, Gaspé Peninsula, Quebec, Canada. Unpublished PhD Thesis, Memorial University of Newfoundland, St John's, Canada, 376 pp.

Awadallah, S. A. M. & Hiscott, R. N. 2004. High-resolution stratigraphy of the deep-water lower Cloridorme Formation (Ordovician), Gaspé Peninsula, based on K-bentonite and megaturbidite correlations. *Canadian Journal of Earth Sciences*, 41, 1299-1317.

Awadallah, S. A. M., Hiscott, R. N., Bidgood, M. & Crowther, T. E. 2001. Turbidite facies and bed-thickness characteristics inferred from microresistivity (FMS) images of lower to upper Pliocene rift-basin deposits, Woodlark Basin, offshore Papua New Guinea. In: Huchon, P., Taylor, B. & Klaus, A. (eds), *Proceedings of the Ocean Drilling Program*, *Scientific Results*, 180, 1-29. College Station, Texas, USA: Ocean Drilling Program.

Azpeitia M. F. 1933. Datos para el studio paleontólogico del Flysch de la Costa Cantábrica y de algunos otros puntos de España. *Boletín. Instituto Geológico y Minero de España*, 53, 1-65.

Aydin, A. & Page, B. M. 1984. Diverse Pliocene-Quaternary tectonics in a transform environment, San Francisco Bay region, California. *Geological Society of America Bulletin*, 95, 1303-1317.

Baas, J. H. & Best, J. L. 2002. Turbulence modulation in clay-rich sediment-laden flows and some implications for sediment deposition. *Journal of Sedimentary Research*, 72, 336-340.

Baas, J. H., Van Dam, R. L. & Storms, J. E. A. 2000. Duration of deposition from decelerating high-density turbidity currents. *Sedimentary Geology*, 136, 71-88.

Baas, J. H., Best, J. L. & Peakall, J. 2011. Depositional processes, bedform development and hybrid bed formation in rapidly decelerated cohesive (mud-sand) sediment flows. *Sedimentology*, 58, 1953-1987.

Baba, T. & Cummins, P. R. 2005. Contiguous rupture areas of two Nankai Trough earthquakes revealed by high-resolution tsunami waveform inversion. *Geophysical Research Letters*, 32, L08305.

Baba, T., Cummins, P. R. & Hori, T. 2005. Compound fault rupture during the 2004 off the Kii Peninsula earthquake (M 7.4) inferred from highly resolved coseismic sea-surface deformation. *Earth*, *Planets and Space*, 57, 167-172.

Baba, T., Cummins, P. R., Hori, T. & Kaneda, Y. 2006. High precision slip distribution of the 1944 Tonankai earthquake inferred from tsunami waveforms: possible slip on a splay fault. *Tectonophysics*, 426, 119-134.

Baba, T., Cummins, T. R., Thio, H. K. & Tsushima, H. 2009. Validation and joint inversion of teleseismic waveforms for earthquake source models using deep ocean bottom pressure records: a case study of the 2006 Kuril megathrust earthquake. *Pure and Applied Geophysics*, 166, 55-76.

Bábek, O., Mikulá, R., Zapletal, J. & Lehotsk, T. 2004. Combined tectonic-sediment supplydriven cycles in a Lower Carboniferous deep-marine foreland basin, Moravice Formation, Czech Republic. *International Journal of Earth Sciences*, 93, 241-261.

Babić, L. & Županić, J. 2008. Evolution of a river-fed foreland basin fill: the North Dalmatian flysch revisited (Eocene, Outer Dinarides). *Nature Croatica*, 17, 357-374.

Babonneau, N., Savoye, B., Cremer, M. & Klein, B. 2002. Morphology and architecture of the present canyon and channel system of the Zaire deep-sea fan. *Marine and Petroleum Geology*, 17, 445-467.

Backert, N., Ford, M. & Malartre, M. 2010. Architecture and sedimentology of the Kerinitis Gilbert-type fan delta, Corinth Rift, Greece. *Sedimentology*, 57, 543-586.

Bacon, C. R. 1983. Eruptive history of Mount Mazama and Crater Lake Caldera, Cascade Range, U. S. A. *Journal of Volcanology & Geothermal Research*, 18, 57-115.

Badalini, G., Kneller, B. & Winker, C. D. 2000. Architecture and processes in the Late Pleistocene Brazos-Trinity turbidite system, Gulf of Mexico continental slope. In: Weimer, P., Slatt, R. M., Coleman, J., Rosen, N. C., Nelson, H., Bouma, A. H., Styzen, M. J. & Lawrence, D. T. (eds), *Gulf Coast Section-Society of Economic Paleontologists and Mineralogists Foundation 20th Annual Bob F. Hoskins Research Conference*, *Deep-Water Reservoirs of the World*, 16-34. Houston, Texas: Gulf Coast Section, Society of Economic Paleontologists and Mineralogists.

Badescu, M. O., Visser, C. A. & Donselaar, M. E. 2000. Architecture of thick-bedded deepmarine sandstones of the Vocontian Basin, SE France. In: Weimer, P., Slatt, R. M., Coleman, J., Rosen, N. C., Nelson, H., Bouma, A. H., Styzen, M. J. & Lawrence, D. T. (eds), *Gulf Coast Section-Society of Economic Paleontologists and Mineralogists Foundation 20th Annual Bob F. Hoskins Research Research Conference*, *Deep-Water Reservoirs of the World*, 35-39. Houston, Texas: Gulf Coast Section, Society of

Economic Paleontologists and Mineralogists.

Bagnold, R. A. 1956. The flow of cohesionless grains in fluids. *Philosophical Transactions of the Royal Society London* (*A*), 249, 235-297.

Bagnold, R. A. 1962. Auto-suspension of transported sediment: turbidity currents. *Proceedings of the Royal Society London* (*A*), 265, 315-319.

Bagnold, R. A. 1966. An approach to the sediment transport problem from general physics. *U. S. Geological Survey Professional Paper*, 422-I.

Bahk, J. J., Chough, S. K. & Han, S. J. 2000. Origins and paleoceanographic significance of laminated muds from the Ulleung Basin, East Ses (Sea of Japan). *Marine Geology*, 162, 459-477.

Bak, K. 1995. Trace fossils and ichnofabrics in the Upper Cretaceous red deep-water marly deposits of the Pieniny Klippen Belt, Polish Carpathians. *Annales Societatis Geologorum Poloniae*, 64, 81-97.

Bailey, E. B. & Weir, J. 1932. Submarine faulting in Kimmeridgian times: east Sutherland. *Transactions of the Royal Society of Edinburgh*, 47, 431-467.

Bakke, K., Gjelberg, J. & Petersen, S. A. 2008. Compound seismic modeling of the Ainsa II turbidite system, Spain: Application to deep-water channel systems offshore Angola. *Marine and Petroleum Geology*, 25, 1058-1073.

Baltuck, M., Taylor, E. & McDougall, K. 1985. Mass movement along the inner wall of the Middle America Trench, Costa Rica. *In*: von Huene, R. Aubouin, J. *et al.*, *Initial Reports Deep Sea Drilling Project*, 84, 551-570. Washington, DC: US Government Printing Office.

Bandy, O. L. 1953. Ecology and paleoecology of some California foraminifera. *Journal of Paleontology*, 27, 161-203.

Bangs, N. L. B. & Westbrook, G. K. 1991. Seismic modeling of the décollement zone at the base of the Barbados Ridge accretionary complex. *Journal of Geophysical Research*, 96, 3853-3866.

Bangs, N. L. B., Westbrook, G. K., Ladd, J. W. & Buhl, P. 1990. Seismic velocities from the Barbados Ridge Complex: indicators of high pore fluid pressures in an accretionary complex. *Journal of Geophysical Research*, 95, 8767-8782.

Bangs, N. L., Shipley, T. H., Moore, J. C. & Moore, G. 1999. Fluid accumulations and channeling along the Northern Barbados Ridge décollement thrust. *Journal of Geophysical Research*, 104, 20399-20414.

Barber, A. J., Tjokrosapoetro, S. & Charlton, T. R. 1986. Mud Volcanoes, Shale Diapirs, Wrench Faults, and Melanges in Accretionary Complexes, Eastern Indonesia. *American Association of Petroleum Geologists Bulletin*, 70, 1729-1741.

Barker, P. F. & Camerlenghi, A. 2002. Glacial history of the Antarctic Peninsula from Pacific margin sediments. In: Barker, P. F., Camerlenghi, A., Acton, G. D. & Ramsay, A. T. S. (eds), *Proceedings of the Ocean Drilling Program, Scientific Results*, 178, 1-40. College Station, Texas, USA: Ocean Drilling Program.

Barker, P. F., Camerlenghi, A., Acton, G. D. et al. 1999. *Proceedings of the Ocean Drilling Program, Scientific Results*, 178. College Station, Texas, USA: Ocean Drilling Program.

Barnes, N. E. & Normark, W. R. 1984. Diagnostic parameters for comparing modern submarine fans and ancient turbidite systems. *Geo-Marine Letters*, 3, map following p. 224.

Barnes, P. M. & Audru, J. -C. 1999. Recognition of active strike-slip faulting from highresolution marine seismic reflection profiles: Eastern Marlborough fault system, New Zealand. *Geological Society of America Bulletin*, 111, 538-559.

Barnes, P. M. & Lewis, K. B. 1991. Sheet slides and rotational failures on a convergent margin: the Kidnappers Slide, New Zealand. *Sedimentology*, 38, 205-221.

Barnes, C. R., Norford, B. S. & Skevington, D. 1981. *The Ordovician System in Canada: Correlation Chart and Explanatory Notes*. International Union of Geological Sciences Publication, 8. Paris: IUGS Secretariat.

Barnes, P. M., Sutherland, R., Davy, B. & Delteil, J. 2001. Rapid creation and destruction of sedimentary basins on mature strike-slip faults: an example from the offshore Alpine fault, Fiordland, New Zealand. *Journal of Structural Geology*, 23, 1727-1739.

Barnes, P. M., Sutherland, R. & Delteil, J. 2005. Strike-slip structure and sedimentary basins of the southern Alpine Fault, Fiordland, New Zealand. *Geological Society of America Bulletin*, 117, 411-435.

Barnolas, A. & Teixell, A. 1994. Platform sedimentation and collapse in a carbonatedominated margin of a foreland basin (Jaca basin, Eocene, southerm Pyrenees). *Geology*, 22, 1107-1110.

Bartow, J. A. 1966. Deep submarine channel in upper Miocene, Orange County, California. *Journal of Sedimentary Petrology*, 36, 700-705.

Bassinot, F. C., Labeyrie, L. D., Vincent, E., Quidelleur, X., Shackleton, N. J. & Lancelot, Y. 1994. The astronomical theory of climate and the age of the Bruhnes-Matuyama magnetic reversal. *Earth and Planetary Science Letters*, 126, 91-108.

Baturin, G. N. 1982. Phosphorites on the Seafloor: Origin, Composition and Distribution. *Developments in Sedimentology*, 33. Amsterdam: Elsevier.

Bayliss, N. J. & Pickering, K. T. 2015a. Transition from deep-marine lower-slope erosional channels to proximal basin floor stacked channel-levée-overbank deposits, and synsedimentary growth structures, Middle Eocene Banastón System, Ainsa basin, Spanish Pyrenees. *Earth-Science Reviews*, 144, 23-46.

Bayliss, N. J. & Pickering, K. T. 2015b. Deep-marine structurally confined channelised sandy fans: Middle Eocene Morillo System, Ainsa Basin, Spanish Pyrenees. *Earth-Science Reviews*, 144, 82-106.

Batzle, M. & Gardner, M. H. 2000. Lithology and fluid effects on outcrop seismic models of the Permian Brushy Canyon Formation, Guadalupe Mountains, west Texas. *In*: Bouma, A. H., Stelting, C. E. & Stone, C. G. (eds), *Fine-Grained Turbidite Systems and Submarine Fans*, American Association of Petroleum Geologists Memoir 72/Society of Economic Paleontologists and Mineralogists Special Publication.

Baztan, J., Berné, S., Olivet, J.-L., Rabineau, M., Aslanian, D., Gaudin, M., Réhault, J.-P. & Canals, M. 2005. Axial incision: the key to understand submarine canyon evolution (in the western Gulf of Lion). *Marine and Petroleum Geology*, 22, 805-826.

Beach, A. 1986. A deep seismic reflection profile across the northern North Sea. *Nature*, 323, 53-55.

Beattie, P. D. & Dade, W. B. 1996. Is scaling in turbidite deposition consistent with forcing by earthquakes? *Journal of Sedimentary Research*, A66, 909-915.

Beaudry, D. & Moore, G. F. 1985. Seismic stratigraphy and Cenozoic evolution of West Sumatra forearc basin. *American Association of Petroleum Geologists Bulletin*, 69, 742-759.

Beaubouef, R. T. 2004. Deep-water levéed-channel complexes of the Cerro Toro Formation, Upper Cretaceous, southern Chile. *American Association of Petroleum Geologists Bulletin*, 88, 1471-1500.

Beaubouef, R. T. & Friedman, S. J. 2000. High resolution seismic/sequence stratigraphic framework for the evolution of Pleistocene intra slope basins, western Gulf of Mexico: depositional models and reservoir analogs. *In*: Weimer, P., Slatt, R. M., Coleman, J., Rosen, N. C., Nelson, H., Bouma, A. H., Styzen, M. J. & Lawrence, D. T. (eds), *Deep-water Reservoirs of the World*, 40-60. Houston, Texas: Gulf Coast Section, Society of Economic Paleontologists and Mineralogists.

Beaubouef, R. T., Rossen, C., Zelt, F. B., Sullivan, M. D., Mohrig, D. C. & Jennette, D. C. 1999. *Deep-water Sand-stones, Brushy Canyon Formation, West Texas: Field Guide*. American Association of Petroleum Geologists Hedberg Field Research Conference.

Beauboeuf, R. T., Rossen, C., Sullivan, M. D., Mohrig, D. C. & Jennette, D. C. 2000. Deep-water sandstones, Brushy Canyon Formation, West Texas. *In AAPG Hedberg Field Research Conference*, American Association of Petroleum Geologists, *Studies in Geology*, 1.2-3.9.

Beaubouef, R. T., Abreu, V. & Van Wagoner, J. C. 2003. Basin 4 of the Brazos-Trinity slope system, western Gulf of Mexico: the terminal portion of a late Pleistocene lowstand systems tract. *In*: Roberts, H. H., Rosen, N. C., Fillon, R. H. & Anderson, J. B. (eds), *Gulf Coast Section-SEPM Foundation 23rd Annual Bob F. Perkins Research Conference*, 182-203. Tulsa: Society of Economic Paleontologists and Mineralogists.

Beaumont, C., Keen, C. E. & Bantillier, R. 1982. A comparison of foreland and rift margin sedimentary basins. *In*: Kent, P., Bott, M. H. P., McKenzie, D. P. & Williams, C. A. (eds), *The Evolution of Sedimentary Basins*, 295-318. London: The Royal Society.

Bebout, G. E., Scholl, D. W., Kirby, S. H. & Platt, P. (eds). 1996. Subduction: Top to Bottom. *American Geophysical Union*, *Geophysical Monograph*, 96, 384 pp. Washington, DC: American Geophysical Union. ISBN: 0-87590-078-X.

Bednarz, M. & McIlroy, D. 2009. Three-dimensional reconstruction of "phycosiphoniform" burrows: implications for identification of trace fossils in core. *Palaeontologia Electronica*, 12, 13A, 15 pp.

Beekman, F., Bull, J. M., Cloetingh, S. & Scrutton, R. A. 1995. Crustal fault reactivation as indicator of lithospheric folding in the Central Indian Ocean. *In*: Nieuwland, D. (ed.), *Modern Examples in Structural Interpretation, Validation and Modelling*, 251-253. Geological Society London, Special Publication, 99.

Beglinger, S. E., Doust, H. & Cloetingh, S. 2012. Relating petroleum system and play development to basin evolution: West African South Atlantic basins. *Marine and Petroleum Geology*, 30, 1-25.

Bein, A. & Weiler, Y. 1976. The Cretaceous Talme Yafe Formation, a contour current shaped sedimentary prism of carbonate debris at the continental margin of the Arabian craton. *Sedimentology*, 23, 511-532.

Bekins, B. A. , McCaffrey, A. M. & Driess, S. J. 1995. Episodic and constant flow models for the origin of low-chloride waters in a modern accretionary complex. *Water Resource Research*, 31, 3205-3215.

Belderson, R. H. , Kenyon, N. H. , Stride, A. H. & Pelton, C. D. 1984. A braided distributary system on the Orinoco deep-sea fan. *Marine Geology*, 56, 195-206.

Benediktsson, S. 2013. Paleoenvironmental Reconstruction from Marine Core JM05-30-GC2-1, North West Svalbard Slope. BS ritgero Jarovisindadeild, Háskóli Íslands, 31 pp.

Benevelli, G. , Angella, S. , Fava1, L. , Rocchini, P. & Valdisturlo, A. 2003. From a Field Based Geological Model to a Seismic Image: The Middle Eocene Ainsa System (South-Central Pyrenees). *American Association of Petroleum Geologists International Conference*, *Barcelona*, *Spain*, *September* 21-24, 2003. *Programme with Abstracts*.

Bennett, R. H. & Nelson, T. A. 1983. Seafloor characteristics and dynamics affecting geotechnical properties at shelfbreaks. *In*: Stanley, D. J. & Moore, G. T. (eds), *The Shelfbreak*: *Critical Interface on Continental Margins*, 333-355. Society of Economc Paleontologists and Mineralogists, Special Publication, 33.

Benson, L. , Kashgarian, M. , Rye, R. , Lund, S. , Paillet, F. , Smoot, J. , Kester, C. , Mensing, S. , Meko, D. & Lindstrom, S. 2002. Holocene multidecadal and multicentennial droughts affecting Northern California and Nevada. *Quaternary Science Reviews*, 21, 659-682.

Bentham, P. A. , Burbank, D. W. & Puigdefabregas, C. 1992. Temporal and spatial controls on the alluvial architecture of an axial drainage system: Late Eocene Escanilla Formation, southern Pyrenean foreland basin: Spain. *Basin Research*, 4, 335-352.

Bentor, Y. K. (ed.) 1980. *Marine Phosphorites-Geochemistry*, *Occurrence*, *Genesis*. Society of Economic Paleontologists and Mineralogists Special Publication, 29.

Berger, A. & Loutre, M. F. 1991. Insolation values for the climate of the last 10 million of years. *Quaternary Science Reviews*, 10 (4), 297-317.

Berger, A. , Loutre, M-F. & Laskar, J. 1992. Stability of the astronomical frequencies over the Earth's history for paleoclimatic studies. *Science*, 255, 560-566.

Berger, D. & Jokat, W. 2009. Sediment deposition in the northern basins of the North Atlantic and characteristic variaitons in shelf sedimentation along the East Greenland margin. *Marine and Petroleum Geology*, 26, 1321-1337.

Berger, W. H. 1974. Deep-sea sedimentation. *In*: Burk, C. A, & Drake, C. L. (eds), *The Geology of Continental Margins*, 213-241. New York: Springer.

Berger, W. H. & Piper, D. J. W. 1972. Planktonic foraminifera: differential settling, dissolution and redeposition. *Limnolgy and Oceanography*, 17, 275-287.

Berger, W. H. , Ekdale, A. & Bryant, P. P. 1979. Selective preservation of burrows in deep-sea carbonates. *Marine Geology*, 32, 205-230.

Bergslien, D. , Kyllingstad, G. , Solberg, A. , Ferguson, I. J. & Pepper, C. F. 2005. Jotun Field reservoir geology and development strategy: pioneering play knowledge, multidisciplinary teams and partner co-operation-key to discovery and successful development. *In*: Doré, A. G. & Vining, B. A. (eds), *Petroleum Geology*: *North-west Europe and Global Perspectives-Proceedings of the 6th Petroleum Geology Conference*, 1, 99-110. London: The Geological Society.

Bernhard, J. M. 1986. Characteristic assemblages and morphologies of benthic foraminifera from anoxic, organic-rich deposits: Jurassic through Holocene. *Journal of Foraminiferal Research*, 16, 207-215.

Bernhardt, A. , Jobe, Z. R. & Lowe, D. R. 2011. Stratigraphic evolution of a submarine channel- lobe complex system in a narrow fairway within the Magallanes foreland basin, Cerro Toro Formation, southern Chile. *Marine and Petroleum Geology*, 28, 785-806.

Berry, R. F. & Grady, A. E. 1981a. The age of major orogenesis in Timor. *In*: Barber, A. J. & Wiryosujono, S. (eds), *The Geology and Tectonics of Eastern Indonesia*, 171-181. Geological Research and Development Centre, Republic of Indonesia, Special Publication, 2.

Berry, R. F. & Grady, A. E. 1981b. Deformation and metamorphism of the Aileu Formation, north coast, East Timor and its tectonic significance. *Journal of Structural Geology*, 3, 143-167.

Berryhill, Jr. H. L. 1981. Ancient buried submarine trough, northwest Gulf of Mexico. *Geo-Marine Letters*, 1, 105-110.

Bertello, F. , Fantoni, R. Franciosi, R. , Gatti, V. , Ghielmi, M. & Pugliese, A. 2010. From thrustand- fold belt to foreland: hydrocarbon occurrences in Italy. *In*: Vining, B. A. & Pickering, S. C. (eds), *Petroleum Geology*: *From Mature Basins to New Frontiers-Proceedings of the 7th Petroleum Geology Conference*, 113-126 Bath: Geological Society, London.

Bertrand, M. 1897. Structure des alpes français et récurrence de certaines facies sédimentaires. *International Geological Congress*,

6th Session, 1984, *Comptes Rendus*, 161—177.

Best J. L. , Kostaschuk, R. A. , Peakall, J. , Villard, P. V. & Franklin, M. 2005. Whole flow field dynamics and velocity pulsing within natural sediment-laden underflows. *Geology*, 33, 765—768.

Berthois, L. & Le Calves, Y. 1960. Etude de la vitesse de chute des coquilles de foraminiferes planctoniques dans un fluid comparativement a celle de grains de quartz. *Institute Scientifique et Technique des Peches Maritimes*, 24, 293—301.

Betzler, C. , Saxena, S. , Swart, P. K. , Isern, A. & James, N. P. 2005. Cool-water carbonate sedimentology and eustasy; Pleistocene upper slope environments, Great Australian Bight (Site 1127, ODP Leg 182). *Sedimentary Geology*, 175, 169—188.

Beverage, J. P. & Culbertson, J. K. 1964. Hyperconcentrations of suspended sediment. *Journal of Hydraulics Division*, *American Society of Civil. Engineers*, 90, 117—126.

Biju-Duval, B. , Le Quellec, P. , Mascle, A. , Renard, V. & Valery, P. 1982. Multibeam bathymetric survey and high resolution seismic investigations on the Barbados Ridge Complex (Eastern Caribbean); a key to the knowledge and interpretation of an accretionary wedge. *Tectonophysics*, 80, 275—304.

Biju-Duval, B. , Moore, J. C. et al. 1984. *Initial Reports of the Deep Sea Drilling Program*, 78A. Washington, DC; US Government Printing Office.

Birchwood, K. M. 1965. Mud volcanoes in Trinidad. *Institute of Petroleum Review*, 19, 164—167.

Birkeland, P. W. 1964. Pleistocene glaciation of the northern Sierra Nevada, north of Lake Tahoe, California. *Journal of Geology*, 72, 810—825.

Biscaye, P. E. & Eittreim, S. L. 1977. Suspended particulate loads and transports in the nepheloid layer of the abyssal Atlantic Ocean. *Marine Geology*, 23, 155—172.

Biscaye, P. E. , Gardner, W. D. , Zaneveld, J. R. V. , Pak, H. & Tucholke, B. 1980. Nephels! Have we got nephels! *EOS*, *Transactions of the American Geophysical Union*, 61, 1014.

Blackbourn, G. A. & Thomson, M. E. 2000. Britannia Field, UK North Sea; petrographic constraints on Lower Cretaceous provenance, facies and the origin of slurry-flow deposits. *Petroleum Geoscience*, 6, 329—343.

Blaich, O. A. & Ersdal, G. A. 2011a. South West Barents Sea; complex structuring and hydrocarbon migration revealed by regional multiclient 3D. *GEO ExPro*, 8, 58—62.

Blaich, O. A. & Ersdal, G. A. 2011b. South-western Barents Sea. *GEO ExPro*, 8, 38—40.

Blake, M. C. Jr Campbell, R. H. , Dibblee, T. W. , Howell, D. G. , Nilsen, T. H. , Normark, W. R. , Vedder, J. C. & Silver, E. A. 1978. Neogene basin formation in relation to plate-tectonic evolution of San Andreas Fault system, California. *American Association of Petroleum Geologists Bulletin*, 62, 344—372.

Blatt, H. G. , Middleton, G. V. & Murray, R. C. 1980. *Origin of Sedimentary Rocks*, 2nd edn. Englewood Cliffs, New Jersey; Prentice-Hall.

Blewett, R. S. & Pickering, K. T. 1988. Sinistral shear during Acadian deformation in northcentral Newfoundland, based on transecting cleavage. *Journal of Structural Geology*, 10, 125—127.

Bluck, B. J. 1985. The Scottish paratectonic Caledonides. *Scottish Journal of Geology*, 21, 437—464.

Bluck, B. J. & Leake, B. E. 1986. Late Ordovician to Early Silurian amalgamation of the Dalradian and adjacent Ordovician rocks in the British Isles. *Geology*, 14, 917—919.

Blikeng, B. & Fugelli, E. 2000. Application of results from outcrops of the deep-water Brushy Canyon Formation, Delaware Basin, as analogues for the deep water exploration targetes on the Norwegian shelf. *In*; Weimer, P. , Slatt, R. M. , Coleman, J. , Rosen, N. C. , Nelson, H. , Bouma, A. H. , Styzen, M. J. & Lawrence, D. T. (eds), *Gulf Coast Section-Society of Economic Paleontologists and Mineralogists Foundation 20th Annual Bob F. Hoskins Research Research Conference*, *Deep-Water Reservoirs of the World*, 61—81. Houston, Texas; Gulf Coast Section, Society of Economic Paleontologists and Mineralogists.

Boccaletti, M. , Calamita, F. , Deiana, G. , Gelati, R. , Massari, F. , Moratti, G. & Ricci Lucchi, F. 1990. Migrating foredeep-thrust belt system in the northern Apennines and southern Alps. *Palaeogeography*, *Palaeoclimatology*, *Palaeoecology*, 77, 3—14.

Bøe, R. 1994. Nature and record of Late Miocene mass-flow deposits from the Lau-Tonga forearc basin, Tongan Plateau (Hole 840B). *In*; Hawkins, J. , Parson, L. , Allan, J. *et al.* , *Proceedings of the Ocean Drilling Program*, *Scientific Results*, 135, 87—100. College Station, Texas, USA; Ocean Drilling Program.

Boehm, A. & Moore, C. J. 2002. Fluidized sandstone intrusions as an indicator of Paleostress orientation, Santa Cruz, California. *Geofluids*, 2, 147—161.

Bohaty, S. M. & Zachos, J. C. 2003. Significant Southern Ocean warming event in the late middle Eocene. *Geology*, 11, 1017—1020.

Boillot, G. & Leg 103 Scientific Party 1987. Tectonic denudation of the upper mantle along passive margins: a model based on drilling results (ODP Leg 103, western Galicia margin, Spain). *Tectonophysics*, 132, 335–342.

Boltunov, V. A. 1970. Certain earmarks distinguishing glacial and moraine-like glaciomarine sediments, as in Spitsbergen. *International Geology Review*, 12, 204–211.

Booth, J. R., DuVernay III A. E., Pfeiffer, D. S. & Styzen, M. J. 2000. Sequence stratigraphic framework, depositional models, and stacking patterns of ponded and slope fan systems in the Auger Basin: central Gulf of Mexico slope. *In*: Weimer, P., Slatt, R. M., Coleman, J., Rosen, N. C., Nelson, H., Bouma, A. H., Styzen, M. J. & Lawrence, D. T. (eds), *Deep-water Reservoirs of the World*, 82–103. Houston, Texas: Gulf Coast Section, Society of Economic Paleontologists and Mineralogists.

Booth, J. S., Sangrey, D. A. & Fugate, J. K. 1985. A nomogram for interpreting slope stability of fine-grained deposits in modern and ancient marine environments. *Journal of Sedimentary Petrology*, 55, 29–36.

Booth, J. S., O'Leary, D. W., Popenoe, P. & Danforth, W. W. 1993. U. S. Atlantic continental slope landslides: their distribution, general attributes, and implications. *In*: Schwab, W. C., Lee, H. J. & Twichell, D. C. (eds), *Submarine Landslides: Selected Studies in the U. S. Exclusive Economic Zone*, 14–22 Bulletin U. S. Geolical Survey.

Booth, J. S., DuVernay III A. E., Pfeiffer, D. S., Styzen, M. J. 2000. Sequence stratigraphic framework, depositional models, and stacking patterns of ponded and slope fan systems in the Auger Basin: central Gulf of Mexico. *In*: Weimer, P., Slatt, R. M., Coleman, J., Rosen, N. C., Nelson, H., Bouma, A. H., Styzen, M. J. & Lawrence, D. T. (eds), *Gulf Coast Section-Society of Economic Paleontologists and Mineralogists Foundation 20th Annual Bob F. Hoskins Research Research Conference, Deep-Water Reservoirs of the World*, 82–103. Houston, Texas: Gulf Coast Section, Society of Economic Paleontologists and Mineralogists.

Bornhold, B. D., Firth, J. V. *et al.* 1998. *Proceedings of the Integrated Ocean Drilling Program, Initial Reports*, 169S, 11–61. College Station, Texas, USA: Ocean Drilling Program.

Bottjer, D. J. & Droser, M. L. 1991. Ichnofabric and basin analysis. *Palaios*, 6, 199–205.

Bouma, A. H. 1962. *Sedimentology of some Flysch Deposits: A Graphic Approach to Facies Interpretation*. Amsterdam: Elsevier.

Bouma, A. H. 1964. Ancient and recent turbidites. *Geologie en Mijnbouw*, 43, 375–379.

Bouma, A. H. 1972. Recent and ancient turbidites and contourites. *Transactions of the Gulf Coast Association of Geological Societies*, 22, 205–221.

Bouma, A. H. 1983. Intraslope basins in northwest Gulf of Mexico: a key to ancient submarine canyons and fans. *In*: Watkins, J. S. & Drake, C. L. (eds), *Studies in Continental Margin Geology*, 567–581. American Association of Petroleum Geologists. Memoir, 34.

Bouma, A. H. 2000. Fine-grained, mud-rich turbidite systems: model and comparison with coarse-grained sand-rich systems. *In*: Bouma, A. H. & Stone, C. G. (eds), *Fine-grained Turbidite Systems*, 9–20. American Association of Petroleum Geologists. Memoir, 72 & Society of Sedimentary Geologists, Special Publication, 68. Joint publication, Tulsa, Oklahoma.

Bouma, A. H. & Brouwer, A. (eds) 1964. Turbidites. *Developments in Sedimentology*, 3. Amsterdam: Elsevier.

Bouma, A. H. & Hollister, C. D. 1973. Deep ocean basin sedimentation. *In*: Middleton, G. V. & Bouma, A. H. (eds), *Turbidites and Deep Water Sedimentation*, 79–118. Pacific Section, Society of Economic Paleontologists and Mineralogists Short Course Notes, Anaheim.

Bouma, A. H. & Nilsen, T. H. 1978. Turbidite facies and deep-sea fans-with examples from Kodiak Island, Alaska. *In*: *Proceedings of the 10th Offshore Technology Conference, Houston*, 559–570.

Bouma, A. H. & Ravenne, C. 2004. The Bouma Sequence (1962) and the resurgence of geological interest in the French Maritime Alps (1980s): the influence of the Grès d'Annot in developing ideas of turbidite systems. *In*: Joseph, P. & Lomas, S. A. (eds), *Deep-Water Sedimentation in the Alpine Basin of SE France: New Perspectives on the Grès d'Annot and Related Systems*. Geological Society, London, Special Publication, 221, 27–38. London: The Geological Society.

Bouma, A. H. & Rozman, D. J. 2000. Characteristics of fine-grained outer fan fringe turbidite systems. *In*: Bouma, A. H. & Stone, C. G. (eds), *Fine-Grained Turbidite Systems*. Society of Economic Paleontologists & Mineralogists, Special Publication, 68, 291–298.

Bouma, A. H. & Stone, C. G. (eds) 2000. *Fine-grained Turbidite Systems*. American Association of Petroleum Geologists, Memoir, 72 & Society of Sedimentary Geology Special Publication, 68, Joint publication. Tulsa, Oklahoma.

Bouma, A. H. & Wickens, H. D. 1991. Permian passive margin submarine fan complex, Karoo Basin, South Africa: possible model to Gulf of Mexico. *Transactions of the Gulf Coast Association of Geological Societies*, 41, 30–42.

Bouma, A. H., Devries, M. B. & Cook, T. W. 1995. Correlation efficiency as a tool to better determine depositional subenvironments in submarine fans. *Gulf Coast Association of Geological Societies Transactions*, 45, 31–40.

Bouma, A. H. , Moore, G. T. & Coleman, J. M. (eds) 1978. Framework, facies, and oil-trapping characteristics of the upper continental margin. *American Association of Petroleum Geologists Studies in Geology*, 7.

Bouma, A. H. , Stelting, C. E. & Coleman, J. M. 1984. Mississippi Fan: internal structure and depositional processes. *Geo-Marine Letters*, 3, 147-154.

Bouma, A. H. , Coleman, J. M. & DSDP Leg 96 Shipboard Scientists 1986. *Initial Reports of the Deep Sea Drilling Project*, 96. Washington, DC: US. Government Printing Office.

Bourcart, J. 1938. La marge continentale: essai sur les regressions et les transgressions marines. *Bulletin Societé Geologie France*, 8, 393-474.

Bourgeois, A. , Joseph, P. & Lecomte, J. C. 2004. Three-dimensional full wave seismic modelling versus one-dimensional convolution: the seismic appearance of the Grès d'Annot turbidite system. *In*: Joseph, P. & Lomas, S. A. (eds), *Deep-Water Sedimentation in the Alpine Basin of SE France: New Perspectives on the Grès d'Annot and Related Systems*. Geological Society, London, Special Publication, 221, 401-417. London: The Geological Society.

Bourget, J. , Zaragosia, S. , Garlan, T. , Gabelotaud, I. , Guyomard, P. Dennielou, B. , Ellouz-Zimmermann, N. , Schneider, J. L. , and the FanIndien 2006 survey crew 2008. Discovery of a giant deep-sea valley in the Indian Ocean, off eastern Africa: The Tanzania channel. *Marine Geology*, 255, 179-185.

Bourget, J. , Zaragosi, S. , Mulder, T. , Schneider, J. -L. , Garlan, T. & van Toer, A. 2010. Hyperpycnal-fed turbidite lobe architecture and recent sedimentary processes: A case study from the Al Batha turbidite system, Oman margin. *Sedimentary Geology*, 229, 144-159.

Bourget, J. , Zaragosi, S. , Ellouz-Zimmermann, N. , Mouchot, N. , Garlan, T. , Schneider, J. -C. , Lanfumey, V. & Lallemant, S. 2011. Turbidite system architecture and sedimentary processes along topographically complex slopes: the Makran convergent margin. *Sedimentology*, 58, 376-406.

Bourgois, J. , Pautot, G. Bandy, W. Boinet, T. Chotin, P. Huchon, P. Mercier de Lepinay, B. Monge, F. Monlau, J. Pelletier, B. , Sosson, M. & von Huene, R. 1988. Seabeam and seismic reflection imaging of the neotectonic regime of the Andean continental margin off Peru (4°S to 10°S) . *Earth and Planetary Science Letters*, 87, 111-126.

Bouroullec, R. & Pyles, D. R. 2010. Sandstone extrusions and slope channel architecture and evolution: Mio-Pliocene Monterey and Capistrano formations, Dana Point harbor, Orange County, California, U. S. A. *Journal of Sedimentary Research*, 80, 376-392.

Bouroullec, R. , Cartwright, J. A. , Johnson, H. D. , Lansigu, C. , Quémener, J. -M. & Savanier, D. 2004. Syndepositional faulting in the Grès d'Annot Formation, SE France: high-resolution kinematic analysis and stratigraphic response to growth faulting. *In*: Joseph, P. & Lomas, S. A. (eds), *Deep-Water Sedimentation in the Alpine Basin of SE France: New Perspectives on the Grès d'Annot and Related Systems*. Geological Society, London, Special Publication, 221, 241-265. London: The Geological Society.

Bowen, A. J. , Normark, W. R. & Piper, D. J. W. 1984. Modelling of turbidity currents on Navy Submarine Fan, California Continental Borderland. *Sedimentology*, 31, 169-185.

Bower, T. H. 1951. Mudflow occurrence in Trinidad, British West Indies. *American Association of Petroleum Geologists Bulletin*, 35, 908-912.

Bowin, C. , Purdy, G. M. , Johnson, C. , Shor, G. G. , Lawver, L. , Hartono, H. M. S. & Jezek, P. 1980. Arc continent collision in the Banda Sea. *American Association of Petroleum Geologists Bulletin*, 64, 868-915.

Bowles, F. A. , Ruddiman, W. F. & Jahn, W. H. 1978. Acoustic stratigraphy, structure, and depositional history of the Nicobar Fan, western Indian Ocean. *Marine Geology*, 26, 269-288.

Boyer, S. E. & Elliott, D. 1982. Thrust systems. *American Association of Petroleum Geologists Bulletin*, 66, 1196-1230.

Boynton, C. H. , Westbrook, G. K. , Bott, M. H. P. & Long, R. E. 1979. A seismic refraction investigation of crustal structure beneath the Lesser Antilles island arc. *Geophysical Journal of the Royal Astronomical Society*, 58, 371-393.

Braccini, E. de Boer, W. , Hurst, A. , House, M. , Vigorito, M. & Templeton, G. 2008. Sand injectites. *Oilfield Review*, 34-49.

Brachert, T. C. , Forst, M. H. , Pais, J. J. , Legoinha, P. & Reijmer, J. J. G. 2003. Lowstand carbonates, highstand sandstones? *Sedimentary Geology*, 155, 1-12.

Bradbury, W. & Woodburn, N. 2011. Improved imaging in Baffin Bay. *GEO ExPro*, 8, 36-40.

Bradley, D. C. 2008. Passive margins through earth history. *Earth-Science Reviews*, 91, 1-26.

Brady, L. F. 1947. Invertebrate tracks from the Coconino Sandstone of northern Arizona. *Journal of Paleontology*, 21, 466-472.

Braithwaite, C. J. R. 1973. Settling behaviour related to sieve analysis of skeletal sands. *Sedimentology*, 20, 251-262.

Bralower, T. J. , Thomas, D. J. , Zachos, J. C. , Hirschmann, M. M. , Röhl, U. , Sigurdsson, H. , Thomas, E. & Whitney, D. L. 1997. High-resolution records of the late Paleocene thermal maximum and circum-Caribbean volcanism: Is there a causal link? *Geology*, 25, 963-966.

Branney, M. J. & Kokelaar, P. 2002. Pyroclastic density currents and the sedimentation of ignimbrites. *Geological Society of London Memoir*, 27. London: The Geological Society.

Brass, G. W. , Saltzman, E. , Sloan II. , J. L. , Southam, J. R. , Hay, W. W. , Holser, W. T. & Peterson, W. H. 1982. Ocean circulation, plate tectonics and climate. *In: Climate in Earth History*, *Studies in Geophysics*, Panel on pre-Pleistocene climates, 83-89. Washington, DC: National Academy Press.

Breen, N. A. , Silver, E. A. & Hussong, D. M. 1986. Structural styles of an accretionary wedge south of the island of Sumba, Indonesia, revealed by SeaMARC II side scanner. *Geological Society of America Bulletin*, 97, 1250-1261.

Brett, C. E. , Goodman, W. M. & LoDuca, S. T. 1990. Sequences, cycles, and basin dynamics in the Silurian of the Appalachian Foreland Basin. *Sedimentary Geology*, 69, 191-244.

Breza, J. R. & Wise, S. W. Jr. 1992. Lower Oligocene ice-rafted debris on the Kerguelen Plateau: evidence for East Antarctica continental glaciation. *In: Wise, S. W. Jr. , Schlich, R. et al. , Proceedings of the Ocean Drilling Program, Scientific Results*, 120, 161-178. College Station, Texas, USA: Ocean Drilling Program.

Brice, S. E. , Cochran, M. D. , Pardo, G. & Edwards, A. D. 1983. Tectonics and sedimentation of the South Atlantic rift sequence: Cabinda, Angola. *In: Watkins, J. S. & Drake, C. L. (eds), Studies in Continental Margin Geology*, 5-18. American Association of Petroleum Geologists Memoir, 34.

Briedis, N. A. , Bergslien, D. , Hjellbakk, A. , Hill, R. E. & Moir, G. J. 2007. Recognition criteria, significance to field performance, and reservoir modeling of sand injections in the Balder Field, North Sea. *In: Hurst, A. & Cartwright, J. (eds), Sand Injectites: Implications for Hydrocarbon Exploration and Production*, 91-102. American Association of Petroleum Geologists Memoir, 87. Tulsa, Oklahoma.

Broecker, W. S. 1974. *Chemical Oceanography*. New York: Harcourt Brace Javanovich.

Broecker W. , Bond, G. , Klas, M. , Clark, E. & McManus, J. 1992. Origin of the northern Atlantic's Heinrich events. *Climate Dynamics*, 6, 265-273.

Bromley, R. G. 1996. *Trace Fossils: Biology, Taphonomy and Applications*, 361 pp. London: Chapman & Hall. ISBN 0 412 61480 4.

Bromley, R. G. & Ekdale, A. A. 1986. Composite ichnofabrics and tiering of burrows. *Geological Magazine*, 123, 59-65.

Bromley, R. G. , Pemberton, S. G. & Rahmani, R. A. 1984. A Cretaceous woodground: the Teredolites ichnofacies. *Journal of Paleontology*, 58, 488-498.

Brooks, J. & Glennie, K. W. (eds) 1987. *Petroleum Geology of North-west Europe*. London: Graham & Trotman.

Brothers, D. A. , ten Brink, U. S. , Andrews, B. A. & Chaytor, J. D. 2013. Geomorphic characterization of the U. S. Atlantic continental margin. *Marine Geology*, 338, 46-63.

Broucke, O. , Guillocheau, F. , Robin, C. , Joseph, P. & Calassou, S. 2004. The influence of syndepositional basin floor deformation on the geometry of turbiditic sandstones: a reinterpretation of the Cote de l'Ane area (Sanguinire-Restefonds sub-basin, Grès d'Annot, Late Eocene, France). *In: Joseph, P. & Lomas, S. A. (eds), Deep-Water Sedimentation in the Alpine Basin of SE France: New Perspectives on the Grès d'Annot and Related Systems*. Geological Society, London, Special Publication, 221, 203-222. London: The Geological Society.

Brown, D. & Ryan, P. D. (eds) 2011. *Arc-Continent Collision*. Springer, Frontiers in Earth Sciences, 988 pp. ISBN: 978-3-540-88558-0.

Brown, D. , Juhlin, C. & Puchkov, V. 2002. *Mountain Building in the Uralides: Pangea to the Present*. American Geophysical Union, Geophysical Monograph Series, 132, 288 pp.

Brown, D. , Spadea, P. , Puchkov, V. , Alvarez-Marron, J. , Herrington, R. , Willner, A. P. , Hetzel, R. , Gorozhanina, Y. & Juhlin, C. 2006. Arc-continent collision in the Southern Urals. *Earth-Science Reviews*, 79, 261-287.

Brown, K. M. & Westbrook, G. K. 1987. The tectonic fabric of the Barbados Ridge accretionary complex. *Marine and Petroleum Geology*, 4, 71-81.

Brown, K. M. , Mascle, A. & Behrmann, J. H. 1990. Mechanisms of accretion and subsequent thickening in the Barbados Ridge accretionary complex: balanced cross sections across the wedge toe. *In: Moore, J. C. , Mascle, A. et al. , Proceedings of the Ocean Drilling Program*, 110, 209-227.

Brown, K. M. & Westbrook, G. K. 1988. Mud diapirism and subcretion in the Barbados Ridge accretionary prism: the role of fluids in accretionary processes. *Tectonics*, 7, 613-640.

Brown, L. F. Jr. & Fisher, W. L. 1977. Seismic-stratigraphic interpretation of depositional systems: examples from Brazilian rift and pull-apart basin. *In*: Payton, C. E. (ed.), *Seismic Stratigraphy-Applications to Hydrocarbon Exploration*, 213-248. American Association of Petroleum Geologists, Memoir, 26.

Brown, P. A. & Colman-Sadd, S. P. 1976. Hermitage flexure: figment or fact? *Geology*, 4, 561-564.

Browne, G. H. & Slatt, R. M. 1997. Thin-bedded slope fan (channel-levée) deposits from New Zealand: an outcrop analog for reservoirs in the Gulf of Mexico. *Gulf Coast Association of Geological Societies Transactions*, 47, 75-86.

Browne, G. H. Slatt, R. M. & King, P. R. 2000. Contrasting styles of basin-floor fan and slope fan deposition: Mount Messenger Formation, New Zealand. *In*: Bouma, A. H. & Stone, C. G. (eds), *Fine-grained Turbidite Systems*, 142-152. American Association of Petroleum Geologists Memoir, 72 & Society of Sedimentary Geologists, Special Publication, 68. Joint publication, Tulsa, Oklahoma.

Browne, G. H. & Slatt, R. M. 2002. Outcrop and behind-outcrop characterization of a late Miocene slope fan system, Mt. Messenger Formation, New Zealand. *American Association of Petroleum Geologists Bulletin*, 86, 841-862.

Browning, J. V., Miller, K. G., McLaughlin, P. P., Kominz, M. A., Sugarman, P. J., Monteverde, D., Feigenson, M. D. & Hernández, J. C. 2006. Quantifi cation of the effects of eustasy, subsidence, and sediment supply on Miocene sequences, mid-Atlantic margin of the United States. *Geological Society of America Bulletin*, 118, 567-588.

Bruhn, C. H. L. 1994. Sand-rich density underflows from the Early Cretaceous, Recôncavo riftbasin, Brazil; implications for sequence stratigraphic analysis of deep lacustrine successions. *International Sedimentologists Congress*, *Abstracts*, 14, S6.1-S6.2.

Bruhn, C. H. L. 1998. Major types of deep-water reservoirs from the eastern Brazillian rift and passive margin basins. *In*: Mello, M. R. & Yilmaz, P. O. (eds), *Extended Abstracts Volume*, American Association of Petroleum Geologists International Conference and Exhibition, Rio de Janeiro, 8-11 November 1998, 14-15.

Bruhn, C. H. L. 1998a. Reservoir architecture of deep-lacustrine sandstones from the Early Cretaceous Recôncavo rift-basin, Brazil. *American Association of Petroleum Geologists Bulletin*, 83, 1502-1525.

Bruhn, C. H. L. 1998b. Petroleum geology of rift and passive margin turbidite systems: Brazilian and worldwide examples. Part 2: *Deep-water Reservoirs from the Eastern Brazilian Rift and Passive Margin Basins*. Short course 6, American Association of Petroleum Geologists Bulletin. International Conference and Exhibition, Rio de Janeiro, November 12-13.

Bruhn, C. H. L. & Walker, R. G. 1995. High-resolution stratigraphy and sedimentary evolution of coarse-grained canyon-filling turbidites from the Upper Cretaceous transgressive megasequence, Campos Basin, offshore Brazil. *Journal of Sedimentary Research*, B65, 426-442.

Bruhn, C. H. L. & Walker, R. G. 1997. Internal architecture and sedimentary evolution of coarsegrained, turbidite channel-levée complexes, early Eocene Regência Canyon, Espírito Santo Basin, Brazil. *Sedimentology*, 44, 17-46.

Brunt, R. L., Hodgson, D. M., Flint, S. S., Pringle, J. K., Di Celma, C., Prélat, A. & Grecula, M. 2012. Confined to unconfined: Anatomy of a base of slope succession, Karoo Basin, *South Africa. Marine and Petroleum Geology*, doi: 10.1016/ j. marpetgeo. 2012. 02. 007.

Brunt, R. L., Hodgson, D. M., Flint, S. S., Pringle, J. K., Di Celma, C., Prélat, A. & Grecula, M. 2013a. Confined to unconfined: Anatomy of a base of slope succession, Karoo Basin, South Africa. *Marine and Petroleum Geology*, 41, 206-221.

Brunt, R. L., Di Celma, C. N., Hodgson, D. M., Flint, S. S., Kavanagh, J. P. & van der Merwe, W. C. 2013b. Driving a channel through a levee when the levee is high: An outcrop example of submarine down-dip entrenchment. *Marine and Petroleum Geology*, 41, 134-145.

Buatois, L. A., Mangano, M. G. & Sylvester, Z. 2001. A diverse deep-marine Ichnofauna from the Eocene Tarcau Sandstone of the Eastern Carpathians, Romania. *Ichnos*, 8, 23-62.

Bucher, W. H. 1940. Submarine valleys and related geologic problems of the North Atlantic. *Geological Society of America Bulletin*, 51, 489-512.

Bugge, T., Befring, S., Belderson, R., Eidvin, T., Jansen, E., Kenyon, N., Holtedahl, H. & Sejrup, H.. 1987. A giant three-stage submarine slide off Norway. *Geo-Marine Letters*, 7, 191-198.

Bulfinch, D. L. & Ledbetter, M. T. 1984. Deep Western Boundary Undercurrent delineated by sediment texture at base of North American continental rise. *Geo-Marine Letters*, 3, 31-36.

Bull, S., Cartwright, J. & Huuse, M. 2009. A review of kinematic indicators from masstransport complexes using 3D seismic data. *Marine and Petroleum Geology*, 26, 1132-1151.

Burbank, D. W. Puigdefabregas, C. & Muñoz, J. A. 1992. The chronology of the Eocene tectonic and stratigraphic development of the eastern Pyrenean foreland basin, north-east Spain. *Geological Society of America*, *Bulletin*, 104, 1101-1120.

Burgess, C. E. , Pearson, P. N. , Lear, C. H. , Morgans, H. E. G. , Handley, L. , Pancost, R. D. , & Schouten, S. 2008. Middle Eocene climate cyclicity in the southern Pacific: implications for global ice volume. *Geology*, 36, 651-654.

Burk, C. A. & Drake, C. L. (eds) 1974. *The Geology of Continental Margins*. New York: Springer.

Burke, K. 1978. Evolution of continental rift systems in the light of plate tectonics. *In*: Ramberg, I. B. & Neumann, E. R. (eds), *Tectonics and Geophysics of Continental Rifts*, 1-9. NATO Advanced Study Institute, Series C, Mathematical and Physical Sciences, 37.

Burke, K. C. , Dessauvagie, T. F. J. & Whiteman, A. J. 1972. Geological history of the Benue valley and adjacent areas. *In*: Dessauvagie, T. F. J. & Whiteman, A. J. (eds), *African Geology*, 187-205. Ibadan: Ibadan University Press.

Burne, R. V. 1970. The origin and significance of sand volcanoes in the Bude Formation (Cornwall). *Sedimentology*, 15, 211-228.

Busby, C. J. & Ingersoll, R. V. 1995. *Tectonics of Sedimentary Basins. Cambridge, Mass. , USA*. Oxford, UK: Blackwell Science.

Byers, C. W. 1977. Biofacies patterns in euxinic basins: a general model. *In*: Cook, H. E. & Enos, P. (eds), *Deep-water Carbonate Environments*, 5-17. Society of Economic Paleontologists and Mineralogists Special Publication, 25.

Byers, C. W. 1982. Geological significance of marine biogenic sedimentary structures. *In*: McCall, P. L. & Tevesz, M. J. S. (eds), *Animal-Sediment Relations*, 221-256. Plenum Press, New York.

Byrne, D. E. , Davis, D. M. & Sykes, L. R. 1988. Loci and maximum size of thrust earthquakes and the mechanics of the shallow region of subduction zones. *Tectonics*, 7, 833-857.

Byrne, T. , Chan, Y. -C. , Rau, R. -J. , Lu, C. -Y. , Lee, Y. -H. & Wang, Y. -J. 2011. In: Brown, D. & Ryan, P. D. (eds), *Arc-Continent Collision*, 213-245. Springer, Frontiers in Earth Sciences.

Cacchione, D. A. & Drake, D. E. 1986. Nepheloid layers and internal waves over continental shelves and slopes. *Geo-Marine Letters*, 6, 147-152.

Cacchione, D. A. & Southard, J. B. 1974. Incipient sediment movement by shoaling internal gravity waves. *Journal of Geophysical Research*, 70, 2237-2242.

Cacchione, D. A. , Rowe, G. T. & Malahoff, A. 1978. Submersible investigation of outer Hudson submarine canyon. *In*: Stanley, D. J. & Kelling, G. (eds), *Sedimentation in Submarine Canyons, Fans, and Trenches*, 42-50. Stroudsburg, PA: Dowden, Hutchinson & Ross.

Cadet, J. P. , Kobayashi, K. , Lallemand, S. , Jolivet, L. , Auboin, J. , Boulégue, J. , Dubois, J. , Hotta, H. , Ishii, T. , Konishi, K. , Niitsuma, N. & Shimamura, H. 1987. Deep scientific dives in the Japan and Kuril Trenches. *Earth and Planetary Science Letters*, 83, 313-328.

Cainelli, C. & Mohriak, W. U. 1999. Some remarks on the evolution of sedimentary basins along the eastern Brazilian continental margin. *Episodes*, 22, 206-216.

Caixeta, J. M. 1998. Estudo faciologico e caracteristicas de reservatorio dos arenitos produtores de gas do Campo de Jacuipe (Cretaceo inferior), Bacia do Reconcavo, Brasil. Unpublished M. Sc. Thesis, Universidade Federal de Ouro Preto, Brazil, 131 pp.

Caixeta, J. M. , Milhomem, P. S. , Witzke, R. E. , Dupuy, I. S. S. & Gontijo, G. A. 2007. Bacia de Camamu. *Boletim de Geociências da Petrobrás*, 15, 455-461.

Callec, Y. 2004. The turbidite fill of the Annot sub-basin (SE France): a sequence-stratigraphy approach. In: Joseph, P. & Lomas, S. A. (eds), *Deep-Water Sedimentation in the Alpine Basin of SE France: New Perspectives on the Grès d'Annot and Related Systems*. Geological Society, London, Special Publication, 221, 111-135. London: The Geological Society.

Callec, Y. , Deville, E. , Desaubliaux, G. , Griboulard, R. , Huyghe, P. , Mascle, A. , Mascle, G. , Noble, M. , Padron de Carillo, C. & Schmitz, J. 2010. The Orinoco turbidite system: tectonic controls on sea-floor morphology and sedimentation. *American Association of Petroleum Geologists Bulletin*, 94, 869-887.

Callow, R. H. T. & McIlroy, D. 2011. Ichnofabrics and ichnofabric-forming trace fossils in Phanerozoic turbidites. *Bulletin of Canadian Petroleum Geology*, 59, 103-111.

Callow, R. H. T. , McIlroy, D. , Kneller, B. & Dykstra, M. 2013. Integrated Ichnological and sedimentological analysis of a Late Cretaceous submarine channel-levée system: The Rosario Formation, Baja California, Mexico. *Marine and Petroleum Geology*, 41, 277-294.

Callow, R. H. T. , McIlroy, D. , Kneller, B. & Dykstra, M. 2012. Integrated Ichnological and sedimentological analysis of a Late Cretaceous submarine channel-levée system: The Rosario Formation, Baja California, *Mexico. Marine and Petroleum Geology*, doi 10. 1016/j. marpetgeo. 2012. 02. 001.

Calvert, S. E. 1966. Accumulation of diatomaceous silica in the sediments of the Gulf of California. *Geological Society of America*

Bulletin, 77, 569-596.

Cantero, M. I., Cantelli, A., Pirmez, C., Balachandar, S., Mohrig, D., Hickson, T. A., Yeh, T., Hajime Naruse, H., & Parker, G. 2012. Emplacement of massive turbidites linked to extinction of turbulence in turbidity currents. *Nature Geoscience*, 5, 42-45.

Camerlenghi, A. & Pini, G. A. 2009. Mud volcanoes, olistostromes and Argille scagliose in the Mediterranean region. *Sedimentology*, 56, 319-365.

Cameron, B. 2010. Carnarvon Basin. *GEO ExPro*, 7, 54-56.

Camerlenghi, A. & Pini, G. A. 2009. Mud volcanoes, olistostromes and Argille scagliose in the Mediterranean region. *Sedimentology*, 56, 319-365.

Campion, K. M., Sprague, A. R., Mohrig, D., Lovell, R. W., Drzewiecki, P. A., Sullivan, M. D., Ardill, J. A., Jensen, G. N. & Sickafoose, D. K. 2000. Outcrop expression of confined channel complexes. *In*: Weimer, P., Slatt, R. M., Coleman, J., Rosen, N. C., Nelson, H., Bouma, A. H., Styzen, M. J. & Lawrence, D. T. (eds), *Gulf Coast Section-Society of Economic Paleontologists and Mineralogists Foundation 20th Annual Bob F. Hoskins Research Research Conference, Deep-Water Reservoirs of the World*, 127-151. CD-ROM Society of Economic Paleontologists and Mineralogists Special Publications.

Campion, K., Sprague, A. & Sullivan M. 2005. *Architecture and Lithofacies of the Capistrano Formation (Miocene-Pliocene), San Clemente, California. Fullerton, California*. Pacific Section SEPM, Society for Sedimentary Geology.

Cantalejo, B. & Pickering, K. T. 2014. Climate forcing of fine-grained deep-marine system in an active tectonic setting: Middle Eocene, Ainsa Basin, Spanish Pyrenees. *Palaeogeography, Palaeoclimatology, Palaeoecology*, 410, 351-371.

Cantalejo, B. & Pickering, K. T. 2015. Orbital forcing as principal driver for fine-grained deep-marine siliciclastic sediments, Middle-Eocene Ainsa Basin, Spanish Pyrenees. *Palaeogeography, Palaeoclimatology, Palaeoecology*, 421, 24-47.

Carey, S. & Sigurdsson, H. 1978. Deep-sea evidence for distribution of tephra from the mixed magma eruption of the Soufriere of St Vincent, 1902: ash turbidites and air fall. *Geology*, 6, 271-274.

Carey, S. & Sigurdsson, H. 1984. A model of volcanogenic sedimentation in marginal basins. *In*: Kokelaar, B. P. & Howells, M. F. (eds), *Marginal Basin Geology*, 37-58. Geological Society, London, Special Publications, 16. London: The Geological Society.

Carlson, J. 1998. Analytical and Statistical approaches toward understanding sedimentation in siliclastic depositional systems. Unpublished PhD Thesis, Department of Earth, Planetary and Atmospheric Sciences, MIT, Cambridge, MA, 406 pp.

Carlson, J. & Grotzinger, J. P. 2001. Submarine fan environment inferred from turbidite thickness distributions. *Sedimentology*, 48, 1331-1351.

Carlson, P. R. & Karl, H. A. 1988. Development of large submarine canyons in the Bering Sea, indicated by morphologic, seismic, and sedimentologic characteristics. *Geological Society of America Bulletin*, 100, 1594-1615.

Carlson, P. R., Stevenson, A. J., Bruns, T. R., Mann, D. M. & Huggett, Q. 2006. Sediment pathways in Gulf of Alaska from beach to abyssal plain. *In*: Gardner, J. V., Field, M. E. & Twichell, D. C. (eds), *Geology of the United States' Seafloor: The View from GLORIA*, 255-278. Cambridge University Press. ISBN: 9780521433105.

Carmignani, L., Cornamusini, C. P. & Meccheri, M. 2004. The Internal Northern Apennines, The Northern Tyrrhenian Sea and the Sardinia-Corsica Block. Special Volume of the Italian Geological Society for the IGC 32 Florence-2004, 59-77.

Cantero, M. I., Cantelli, A., Pirmez, C., Balachandar, S., Mohrig, D., Hickson, T. A., Yeh, T., Hajime Naruse, H. & Parker, G. 2012. Emplacement of massive turbidites linked to extinction of turbulence in turbidity currents. *Nature Geoscience*, 5, 42-45.

Carpenter, G. 1981. Coincident sediment slump/clathrate complexes on the US Atlantic continental slope. *Geo-Marine Letters*, 1, 29-32.

Carr, M. & Gardner, M. H. 2000. Portrait of a basin-floor fan for sandy deep-water systems, Permian Brushy Canyon Formation. *In*: Bouma, A. H., Stelting, C. E. & Stone, C. G. (eds), *Fine-Grained Turbidite Systems and Submarine Fans*, American Association of Petroleum Geologists Memoir 72/Society of Economic Paleontologists and Mineralogists Special Publication.

Carson, B., Westbrook, G. K., Musgrave, R. J. & Suess, E. (eds) 1995. *Proceedings. Ocean Drilling Program, Scientific Results*, 146 (Part 1). College Station, Texas, USA: Ocean Drilling Program.

Carter, L. & McCave, I. N. 1994. Development of sediment drifts approaching an active plate margin under the SW Pacific Deep Western Boundary Current. *Paleoceanography*, 9, 1061-1085. doi: 10.1029/94PA01444.

Carter, L. & McCave, I. N. 2002. Eastern New Zealand drifts, Miocene-Recent. *In*: Stow, D. A. V., Pudsey, C. J., Howe, J. A., Faugères, J.-C. & Viana, A. R. (eds), *Deep-water Contourite Systems: Modern Drifts and Ancient Series, Seismic and Sedimentary Characteristics*. Geological Society London Memoir, 22, 385-407.

Carter, L. & Schafer, C. T. 1983. Interaction of the Western Boundary Undercurrent with the continental margin off Newfoundland. *Sedimentology*, 30, 751-768.

Carter, L., Carter, R. M. & McCave, I. N. 2004. Evolution of the sedimentary system beneath the deep Pacific inflow off eastern New Zealand. *Marine Geology*, 205, 9-27.

Carter, L., Schafer, C. T. & Rashid, M. A. 1979. Observations on depositional environments and benthos of the continental slope and rise, east of Newfoundland. *Canadian Journal of Earth Science*, 16, 831-846.

Carter, L., Milliman, J. D., Talling, P. J., Gavey, R. & Wynn, R. B. 2012. Near-synchronous and delayed initiation of long run-out submarine sediment flows from a record-breaking river flood, offshore Taiwan. *Geophysical Research Letters*, 39, L12603, 10. 1029/2012GL051172.

Carter, L., Gavey, R., Talling, P. J. & Liu, J. T. 2014. Insights into submarine geohazards from breaks in subsea telecommunication cables. *Oceanography*, 27, 58-67.

Carter, R. M. 1975. A discussion and classification of subaqueous mass-transport with particular application to grain-flow, slurry-flow and fluxoturbidites. *Earth-Science Reviews*, 11, 145-177.

Carter, R. M. 1988. The nature and evolution of deep-sea channel systems. *Basin Research*, 1, 41-54.

Cartigny, M., Postma, G., van den Berg, J. H. & Mastbergen, D. R. 2011. A comparative study of sediment waves and cyclic steps based on geometries, internal structures and numerical modeling. *Marine Geology*, 280, 40-56.

Cartigny, M. J. B., Ventra, D., Postma, G. & van den Berg, J. H. 2014. Morphodynamics and sedimentary structures of bedforms under supercritical-flow conditions: New insights from flume experiments. *Sedimentology*, 61, 712-748.

Carter, R. M. & Carter, L. 1987. The Bounty channel system: a 55-million-year-old sediment conduit to the deep sea, southwest Pacific Ocean. *Geo-Marine Letters*, 7, 183-190.

Carter, R. M. & Lindqvist, J. K. 1975. Sealers Bay submarine fan complex, Oligocene, southern New Zealand. *Sedimentology*, 22, 465-483.

Carter, R. M. & Lindqvist, J. K. 1977. Balleny Group, Chalky Island, southern New Zealand: an inferred Oligocene submarine canyon and fan complex. *Pacific Geology*, 12, 1-46.

Carter, R. M. & Norris, R. J. 1977. Redeposited conglomerates in Miocene flysch sequence at Blackmount, western Southland, New Zealand. *Sedimentary Geology*, 18, 289-319.

Carvajal, C. R. & Steel, R. J. 2006. Thick turbidite successions from supply-dominated shelves during sea-level highstand. *Geology*, 34, 665-668.

Cas, R. 1979. Mass-flow arenites from a Paleozoic interarc basin, New South Wales, Australia: mode and environment of emplacement. *Journal of Sedimentary Petrology*, 49, 29-44.

Cas, R. A. F. & Wright, J. V. 1987. *Volcanic Successions: Modern and Ancient: A Geological Approach to Processes, Products and Successions*. London: Unwin-Hyman, 528 pp.

Cas, R. A. F. & Wright, J. V. 1991. Subaqueous pyroclastic flows and ignimbrites: an assessment. *Bulletin of Volcanology*, 53, 357-380.

Cashman, K. V. & Popenoe, P. 1985. Slumping and shallow faulting related to the presence of salt on the continental slope and rise off North Carolina. *Marine and Petroleum Geology*, 2, 260-271.

Castelltort, S. & Van den Driessche, J. 2003. How plausible are high-frequency sediment supply-driven cyclesin the stratigraphic record? *Sedimentary Geology*, 157, 3-13.

Castle, J. W. 2001. Foreland-basin sequence response to collisional tectonism. *Geological Society of America Bulletin*, 113, 801-812.

Cattaneo, A. & Ricci Lucchi, F. 1995. Long-distance correlation of sandy turbidites: a 2. 5 km long cross-section of Marnoso arenacea, Santerno Valley, Northern Apennines. *In*: Pickering, K. T., Hiscott, R. N., Kenyon, N. H., Ricci Lucchi, F. & Smith, R. D. A. (eds), *Atlas of Deep Water Environments: Architectural Style in Turbidite Systems*, 303-306. London: Chapman and Hall.

Catuneanu, O. & Zecchin, M. 2012. High-resolution sequence stratigraphy of clastic shelves II: Controls on sequence development. *Marine and Petroleum Geology*, 39, 25-38.

Cawood, P. A. & Nemchin, A. A. 2001. Source regions for Laurentian margin sediments: constraints from U/Pb dating of detrital zircons in the Newfoundland Appalachians. *Geological Society of America Bulletin*, 113, 1234-1246.

Cazzola, A., Fantoni, R., Franciosi, R., Gatti, V., Ghielmi, M. & Pugliese, A. 2011. From Thrust and Fold Belt to Foreland Basins: Hydrocarbon Exploration in Italy. *American Association of Petroleum Geologists*, *Search and Discovery Article* #10374.

Cerrina Feroni, A., Martelli, L., Martelli, P. & Ottria, G. 2002. Structural-Geologic Map of Emilia Romagna Apennines, 1: 250,000. *Regiona Emilia Romagna e Consiglio Nazionale delle Ricerche (CNR)*, SELCA Firenze.

Chadwick, R. A. 1986. Extension tectonics in the Wessex Basin, southern England. *Journal of the Geological Society (London)*, 143, 465-488.

Chakraborty, P. P., Mukhopadhyay, B., Pal, T. & Gupta, T. D. 2002. Statistical appraisal of bed thickness patterns in turbidite successions, Andaman Flysch Group, Andaman Islands, India. *Journal of Asian Earth Sciences*, 21, 189-196.

Chamberlain, C. K. 1971. Morphology and ethology of trace fossils from the Ouachita Mountains, Southeast Oklahoma. *Journal of Paleontology*, 45, 212-246.

Chambers, J. M., Cleveland, W. S., Kleiner, B. & Tukey, P. A. 1983. *Graphical Methods for Data Analysis*. Belmont, CA: Wadsworth.

Chamot-Rooke, N. & Le Pichon, X. 1989. Zenisu Ridge: mechanical model of formation. *Tectonophysics*, 160, 175-193.

Champagnac, J.-D., Molnar, P., Sue, S. & Herman, F. 2012. Tectonics, climate, and mountain topography, *Journal of Geophysical Research*, 117, 1-34. doi: 10.1029/2011JB008348.

Chan, M. A. & Dott, R. H. 1983. Shelf and deep sea sedimentation in Eocene forearc basin, western Oregon fan or non fan? *American Association of Petroleum Geologists Bulletin*, 67, 2100-2116.

Chang, H. K., Kowsmann, R. O., Figueiredo, A. M. F. & Bender, A. A. 1992. Tectonics and stratigraphy of the East Brazil Rift system: an overview *Tectonophysics*, 213, 97-138.

Charlton, T. R. 1991. Postcollision extension in arc-continent collision zones, eastern Indonesia. *Geology*, 19, 28-31.

Charlton, T. R., Kaye, S. J., Samodra, H. & Sardjono 1991. Geology of the Kai Islands: implications for the evolution of the Aru Trough and Weber Basin, Banda Arc, Indonesia. *Marine and Petroleum Geology*, 8, 62-69.

Chapin, M. A., Davies, P., Gibson, J. L. & Pettingill, H. S. 1994. Reservoir architecture of turbidite sheet sandstones in laterally extensive outcrops, Ross Formation, Western Ireland. In: Weimer, P., Bouma, A. H. & Perkins, B. F. (eds), *Gulf Coast Section-Society of Economic Paleontologists and Mineralogists Foundation* 15*th Annual Research Conference, Submarine Fans and Turbidite Systems: Sequence Stratigraphy, Reservoir Architecture and Production Characteristics*, 53-68.

Chen, C. & Hiscott, R. N. 1999a. Statistical analysis of turbidite cycles in submarine fan successions: tests for short-term persistence. *Journal of Sedimentary Research*, 69B, 486-504.

Chen, C. & Hiscott, R. N. 1999b. Statistical analysis of facies clustering in submarine-fan turbidite successions. *Journal of Sedimentary Research*, 69B, 505-517.

Cheng-Shing Chiang, Ho-Shing Yu & Ying-Wei Chou 2004. Characteristics of the wedge-top depozone of the southern Taiwan foreland basin system. *Basin Research*, 16, 65-78.

Chiang, C. S. 1998. Tectonic features of the Kaoping shelf-slope region off southwestern Taiwan. PhD Thesis, National Taiwan University.

Chipping, D. H. 1972. Sedimentary structures and environment of some thick sandstone beds of turbidite type. *Journal of Sedimentary Petrology*, 42, 587-595.

Chiu, J.-K. & Liu, C.-S. 2008. Comparison of sedimentary processes on adjacent passive and active continental margins offshore of SW Taiwan based on echo character studies. *Basin Research*, 20, 503-518.

Chi-Yue Huang, Peter B. Yuan & Shuh-Jung Tsao 2006. Temporal and spatial records of active arc-continent collision in Taiwan: A synthesis. *Geological Society of America Bulletin*, 118, 274-288.

Chou, Y. W. 1999. Tectonic framework, flexural uplift history and structural patterns of flexural extension in western Taiwan foreland basin. PhD Thesis, National Taiwan University.

Chough, S. & Hesse, R. 1976. Submarine meandering thalweg and turbidity currents flowing for 4000 km in the Northwest Atlantic Mid-Ocean Channel, Labrador Sea. *Geology*, 4, 529-534.

Chough, S. & Hesse, R. 1980. Northwest Atlantic Mid-Ocean Channel of the Labrador Sea: III. *Head spill vs body spill deposits from turbidity currents on natural levées. Journal of Sedimentary Petrology*, 50, 227-234.

Chough, S. K. & Hesse, R. 1985. Contourites from Eirik Ridge, south of Greenland. *Sedimentary Geology*, 41, 185-199.

Choukroune, P., Roure, F., Pinet, B. & ECORS Pyrenees Team 1990. Main results of the ECORS Pyrenees profile. *Tectonophysics*, 173, 411-423.

Christensen, C. J., Gorsline, D. S., Hammond, D. E. & Lund, S. P. 1994. Non-annual laminations and expansion of anoxic basin-floor conditions in Santa Monica Basin, California Borderland, over the past four centuries. *Marine Geology*, 116, 399-418.

Christie-Blick, N. & Biddle, K. T. 1985. Deformation and basin formation along strike-slip faults. *Society of Economic Paleontolo-*

gists and Mineralogists Special Publication, 37, 1-34.

Christie-Blick, N. & Driscoll, N. W. 1995. Sequence Stratigraphy. *Annual Reviews in Earth and Planetary Sciences*, 23, 451-478.

Cita, M. B., Beghi, C., Camerlenghi, A., Karstens, K. A., McCoy, F. W., Nosetto, A., Parisi, E., Scolari, F. & Tomadin, L. 1984. Turbidites and megaturbidites from the Herodotus Abyssal Plain (eastern Mediterranean) unrelated to seismic events. *Marine Geology*, 55, 79-101.

Clari, P. & Ghibaudo, G. 1979. Multiple slump scars in the Tortonian type area (Piedmont Basin, northwestern Italy). *Sedimentology*, 26, 719-730.

Clark, I. R. & Cartwright, J. A. 2009. Interactions between submarine channel systems and deformation in deepwater fold belts: Examples from the Levant Basin, Eastern Mediterranean sea. *Marine and Petroleum Geology*, 26, 1465-1482.

Clark, J. D. 1995. Detailed section across the Ainsa II Channel complex, South Central Pyrenees, Spain. *In*: Pickering, K. T., Hiscott, R. N., Kenyon, N. H., Ricci Lucchi, F. & Smith, R. D. A. (eds). *Atlas of Deep Water Environments: Architectural Style in Turbidite Systems*, 139-144. Chapman and Hall. London.

Clark, J. D. & Pickering, K. T. 1996a. Architectural elements and growth patterns of submarine channels: application to hydrocarbon exploration. *American Association of Petroleum Geologists Bulletin*, 80, 194-221.

Clark, J. D. & Pickering, K. T. 1996b. Submarine Channels: Processes and Architecture. Marketed by: American Association of Petroleum Geologists, and Vallis Press (London), 232 pp. ISBN: 0-9527313-0-4.

Clark, J. D., Kenyon, N. H. & Pickering, K. T. 1992. Quantitative analysis of the geometry of submarine channels: implications for the classification of submarine fans. *Geology*, 20, 633-636.

Clift, P. D., Carter, A., Nicholson, U. & Masago, H. 2013. Zircon and apatite thermochronology of the Nankai Trough accretionary prism and trench, Japan: Sediment transport in an active and collisional margin setting. *Tectonics*, doi: 10.1002/tect. 20033.

Cloos, M. 1992. Thrust-type subduction zone earthquakes and seamount asperities: A physical model for earthquake rupture. *Geology*, 20, 601-604.

Cloos, M. & Shreve, R. 1996. Shear-zone thickness and the seismicity of Chileanand Marianas-type subduction zones. *Geology*, 24, 107-110.

Close, D. I., Watts, A. B. & Stagg, H. M. J. 2009. A marine geophysical study of the Wilkes Land rifted continental margin, Antarctica. *Geophysical Journal International*, 177, 430-450. doi: 10.1111/j. 1365-246X. 2008. 04066. x.

Cochran, J. R. 1983. Effects of finite rifting times on the development of sedimentary basins. *Earth and Planetary Science Letters*, 66, 289-302.

Cofaigh, C. O. & Dowdeswell, J. A. 2001. Laminated sediments in glacimarine environments diagnostic criteria for their interpretation. *Quaternary Science Reviews*, 20, 1411-1436.

Cole, D. I. 1992. Evolution and development of the Karoo Basin. *In*: De Wit, M. J. & Ransome, I. (eds), *Inversion Tectonics of the Cape Fold Belt*, Karoo and Cretaceous Basins of Southern Africa, 87-99. Rotterdam: Balkema.

Colella, A. & d'Alessandro, A. 1988. Sand waves, Echinocardium traces and their bathyal depositional setting (Monte Torre Palaeostrait, Plio-Pleistocene, southern Italy). *Sedimentology*, 35, 219-237.

Coleman, Jr. J. L., Browne, G. H., King, P. R., Slatt, R. M., Spang, R. J., Williams, E. T. & Clemenceau, G. R. 2000. The inter-relationships of scales of heterogeneity in subsurface, deep water E&P projects-lessons learned from the Mount Messenger Formation (Miocene), Tartanaki Basin, New Zealand. In: Weimer, P., Slatt, R. M., Coleman, J., Rosen, N. C., Nelson, H., Bouma, A. H., Styzen, M. J. & Lawrence, D. T. (eds), *Gulf Coast Section-Society of Economic Paleontologists and Mineralogists Foundation 20th Annual Bob F. Hoskins Research Research Conference, Deep-Water Reservoirs of the World*, 263-283. CD-ROM Society of Economic Paleontologists and Mineralogists Special Publications.

Collinson, J. D. 1969. The sedimentology of the Grindslow Shales and the Kinderscout Grit: a deltaic complex in the Namurian of northern England. *Journal of Sedimentary Petrology*, 39, 194-221.

Collinson, J. D. 1970. Deep channels, massive beds and turbidity current genesis in the Central Pennine Basin. *Proceedings of the Yorkshire Geological Society*, 37, 495-520.

Collot, J. Y., Daniel, J. & Burne, R. V. 1985. Recent tectonics associated with the subduction/collision of the d'Entrecasteaux Zone in the central New Hebrides. *Tectonophysics*, 112, 325-356.

Coniglio, M. 1986. Synsedimentary submarine slope failure and tectonic deformation in deepwater carbonates. Cow Head Group, western Newfoundland. *Canadian Journal of Earth Science*, 23, 476-490.

Cook, H. E. & Enos, P. (eds) 1977. Deep-water Carbonate Environments. Society of Economic Paleontologists and Mineralogists

Special Publication, 25.

Cooper, M. 2007. Structural style and hydrocarbon prospectivity in fold and thrust belts: a global review. In: Ries, A. C., Butler, R. W. H. & Graham, R. H. (eds), *Deformation of the Continental Crust: The Legacy of Mike Coward*, 447–472. The Geological Society, London, Special Publications, 272. Bath, UK: The Geological Society, London.

Cooper, A. K., O'Brien, P. E. & ODP Leg 188 Shipboard Scientific Party 2001. Early stages of East Antarctic glaciation-insights from drilling and seismic reflection data in the Prydz Bay region. In: Florindo, F. & Cooper, A. K. (eds), *The Geologic Record of the Antarctic Ice Sheet from Drilling, Coring and Seismic Studies*, 41–42. Quaderni di Geofisica, Instituto Nazionale di Geofisica e Vulcanologia, Erice.

Coranumsini, G. 2004. Sand–rich turbidite system of the Late Oligocene Northern Apennines foredeep: physical stratigraphy and architecture of the "Macigno costiero" (coastal Tuscany, Italy). In: Lomas, S. A. & Joseph, P. (eds), *Confined Turbidite Systems*, 261–283. Geological Society, London, Special Publications, 222. London: The Geological Society.

Corbett, K. D. 1972. Features of thick – bedded sandstones in a proximal flysch sequence, Upper Cambrian, southwest Tasmania. *Sedimentology*, 19, 99–114.

Corliss, B. H. & Chen, C. 1988. Morphotype patterns of Norwegian Sea deep-sea benthic foraminifera and ecological implications. *Geology*, 16, 716–719.

Corney, R. K. T., Peakall, J., Parsons, D. R., Elliott, L., Amos, K. J., Best, J. L., Keevil, G. M. & Ingham, D. B. 2006. The orientation of helical flow in curved channels. *Sedimentology*, 53, 249–257.

Corella, J. P., Arantegui, A., Loizeau, J. L., DelSontro, T., Le Dantec, N., Stark, N., Anselmetti, F. S. & Girardclos, S. 2013. Sediment dynamics in the subaquatic channel of the Rhone delta (Lake Geneva, France/Switzerland). *Aquatic Sciences*, 76, 73–87.

Cossey, S. P. J. & Jacobs, R. E. 1992. Oligocene Hackberry Formation of southwest Louisiana: sequence stratigraphy, sedimentology, and hydrocarbon potential (1). *American Association of Petroleum Geologists Bulletin*, 76, 589–606.

Cossey, S. P. J. & Kleverlaan, K. 1995. Heterogeneity within a sand–rich submarine fan, Tabernas Basin, Spain. In: Pickering, K. T., Hiscott, R. N., Kenyon, N. H., Ricci Lucchi, F. & Smith, R. D. A. (eds), *Atlas of Deep Water Environments: Architectural Style in Turbidite Systems*, 157–161. London: Chapman and Hall.

Cossu, R. & Wells, M. G. 2012. The evolution of submarine channels under the influence of Coriolis forces: experimental observations of flow structures. *Terra Nova*, 25, 65–71.

Covault, J. A. & Graham, S. A. 2008. Turbidite architecture in proximal foreland basin–system deep–water depocenters: insights from the Cenozoic of Western Europe. *Australian Journal of Earth Sciences*, 101, 36–51.

Covault, J. A. & Romans, B. W. 2009. Growth patterns of deep–sea fans revisited: Turbiditesystem morphology in confined basins, examples from the California Borderland. *Marine Geology*, 265, 51–66.

Covault, J. A., Normark, W. R., Romans, B. W. & Graham, S. A. 2007. Highstand fans in the California borderland: The overlooked deep–water depositional systems. *Geology*, 35, 783–786.

Covault, J. A., Hubbard, S. M., Graham, S. A., Hinsch, R. & Linzer, H. –G. 2009. Turbiditereservoir architecture in complex foredeep–margin and wedge–top depocenters, Tertiary Molasse foreland basin system, Austria. *Marine and Petroleum Geology*, 26, 379–396.

Covault, J. A., Kostic, S., Paull, C. K., Ryan, H. F. & Fildani, A. 2014. Submarine channel initiation, filling and maintenance from seafloor geomorphology and morphodynamic modelling of cyclic steps. *Sedimentology*, 61, 1031–1054.

Covey, M. 1986. The evolution of foreland basins to steady state: evidence from the western Taiwan foreland basin. In: Allen, P. A. & Homewood, P. (eds), *Foreland Basins*, 77–90. International Association of Sedimentologists Special Publication, 8. Oxford: Blackwell Scientific.

Cowan, D. S. 1985. The origin of some common types of melange in the Western Cordillera of North America. In: Nasu, N. *et al.* (eds), *Formation of Active Ocean Margins*, 257–272. Tokyo: Terrapub.

Coward, M. P. & A. C. Ries (eds) 1986. *Collision Tectonics*. Geological Society of London Special Publication, 19. Oxford: Blackwell Scientific.

Coward, M. P., Dewey, J. F. & Hancock, P. L. (eds) 1987. *Continental Extensional Tectonics*. Geological Society London Special Publication, 28. Oxford: Blackwell Scientific.

Cox, S. C. & Sutherland, R. 2007. A Continental Plate Boundary: Tectonics at South Island, *New Zealand*. *Geophysical Monograph Series*, 175. 19–46. American Geophysical Union.

Coxall, H. K., Wilson, P. A., Palike, H., Lear, C. H. & Backman, J. 2005. Rapid stepwise onset of Antarctic glaciation and deeper calcite compensation in the Pacific Ocean. *Nature*, 433, 53-57.

Crane, W. H. & Lowe, D. R. 2008. Architecture and evolution of the Paine channel complex, Cerro Toro Formation (Upper Cretaceous), Silla Syncline, Magallanes Basin, Chile. *Sedimentology*, 55, 979-1009.

Cremer, M. 1989. Texrture and microstructure of Neogene-Quaternary sediments, ODP Sites 645 and 646, Baffin Bay and Labrador Sea. *In*: Srivastava, S. P., Arthur, M., Clement, B. *et al.*, *Proceedings of the Ocean Drilling Program*, *Scientific Results*, 105, 7-20. College Station, Texas, USA: Ocean Drilling Program.

Crimes, P. T. 1977. Trace fossils of an Eocene deep-sea fan, northern Spain. *In*: Crimes, P. T. & Harper, J. C. (eds). *Trace Fossils* 2, Geological Journal Special Issue, 9, 71-90.

Crimes, P. T., Goldring, R., Homewood, P., Stuijvenberg, J. & Winkler, W. 1981. Trace fossil assemblages of deep-sea fan deposits, Gurnigel and Schlieren flysch Cretaceous-Eocene, Switzerland. *Eclogae Geologicae Helveticae*, 74, 953-995.

Cronin, B. T. 1995. Structurally-controlled deep-sea channel course: examples from the Miocene of southeast Spain and the Alboran Sea, southwest Mediterranean. *In*: Hartley, A. J. & Prosser, D. J. (eds), *Characterization of Deep Marine Clastic Systems*, 115-135. Geological Society, London, Special Publication, 94. Bath: The Geological Society.

Crouch, J. K. 1981. Northwest margin of California Continental Borderland: marine geology and tectonic evolution. *American Association of Petroleum Geologists Bulletin*, 65, 191-218.

Crouch, J. K. & Suppe, J. 1993. Late Cenozoic tectonic evolution of the Los Angeles basin and inner California borderland - A model for core complex-like crustal extension. *Geological Society of America Bulletin*, 103, 1415-1434.

Crowell, J. C. 1974a. Origin of Late Cenozoic basins in southern California. *Society of Economic Paleontologists and Mineralogists Special Publication*, 22, 190-204.

Crowell, J. C. 1974b. Sedimentation along the San Andreas fault, California. *Society of Economic Paleontologists and Mineralogists Special Publication*, 19, 292-303.

Crowell, J. C. 1957. Origin of pebbly mudstones. *Bulletin of the Geological Society of America*, 68, 993-1010.

Csejtey, Bela, Jr., Cox, D. P. & Evarts, R. C. 1982. The Cenozoic Denali fault system and the Cretaceous accretionary development of southern Alaska. *Journal of Geophysical Research*, 87, 3741-3754.

Csejtey, Bela, Jr., Mullen, M. W., Cox, D. P. & Stricker, G. D. 1992. Geology and geochronology of the Healy quadrangle, southcentral Alaska. *U. S. Geological Survey Miscellaneous Investigations Series Map I-1961*, scale 1: 250, 000, 2 sheets.

Cummings, J. P. & Hodgson, D. M. 2011. Assessing Controls on the Distribution of Ichnotaxa in Submarine Fan Environments, the Basque Basin, Northern Spain. *Sedimentary Geology*, 239, 162-187.

Curran, K. J., Hill, P. S. & Milligan, T. G. 2002. Fine-grained suspended sediment dynamics in the Eel River flood plume. *Continental Shelf Research*, 22, 2537-2550.

Curran, K. J., Hill, P. S., Schell, T. M., Milligan, T. G. & Piper, D. J. W. 2004. Inferring the mass fraction of floc-deposited mud: application to fine-grained turbidites. *Sedimentology*, 51, 927-944.

Curray, J. R. & Moore, D. G. 1974. Sedimentary and tectonic processes in the Bengal deep-sea fan and geosyncline. In: Burk, C. A. & Drake, C. L. (eds), *The Geology of Continental Margins*, 617-627. New York: Springer.

Curray, J. R., Moore, D. G., Lawver, L. A., Emmel, F. J., Raitt, R. W., Henry, M. & Kieckhefer, R. 1979. Tectonics of the Andaman Sea and Burma. *In*: Watkins, J. S., Montadert, L. & Dickerson, P. W. (eds), *Geological and Geophysical Investigations of Continental Margins*, 189-198. American Association of Petroleum Geologists Memoir, 29.

Curray, J. R., Emmel, F. J. & Moore, D. G. 2003. The Bengal Fan: morphology, geometry, stratigraphy, history and processes. *Marine and Petroleum Geology*, 19, 1191-1223.

Curray, J. R., Moore, D. G. *et al.* 1982a. *Initial Reports Deep Sea Drilling Project*, 64. Washington, DC: US Government Printing Office.

Curray, J. R., Moore, D. G., Kelts, K. & Einsele, G. 1982b. Tectonics and geological history of the passive continental margin at the tip of Baja California. *In*: Curray, J. R., Moore, D. G. *et al.*, *Initial Reports Deep Sea Drilling Project*, 64. 1089-1116. Washington, DC: US Government Printing Office.

Curry, G. B., Ingham, J. K., Bluck, B. J. & Williams, A. 1982. The significance of a reliable Ordovician age for some Highland Border rocks in Central Scotland. *Journal of the Geological Society*, *London*, 139, 451-454.

Da Silva, J. C. B., New, A. L. & Magalhaes, J. M. 2009. Internal solitary waves in the Mozambique Channel: Observations and interpretation. *Journal of Geophysical Research*, 114, 1-12. doi: 10. 1029/2008JC005125.

Dacey, M. F. 1979. Models of bed formation. *Mathematical Geology*, 11, 655-668.

Dade, W. B. & Friend, P. F. 1998. Grain-size, sediment-transport regime, and channel slope in alluvial rivers. *Journal of Geolo-

gy, 106, 661- 675.

Dade, W. B. & Huppert, H. E. 1995. A box model for non-entraining, suspension-driven gravity surges on horizontal surfaces. *Sedimentology*, 42, 453-471.

Dade, W. B. , Lister, J. R. & Huppert, H. E. 1994. Fine-sediment deposition from gravity surges on uniform slopes. *Journal of Sedimentary Research*, A64, 423-432.

Dakin, N. , Pickering, K. T. , Mohrig, D. & Bayliss, N. J. 2013. Channel-like features created by erosive submarine debris flows: Field evidence from the Middle Eocene Ainsa Basin, Spanish Pyrenees. *Marine and Petroleum Geology*, 41, 62-71.

Daly, R. A. 1936. Origin of submarine canyons. *American Journal of Science*, 31, 410-420.

Damuth, J. E. 1977. Late Quaternary sedimentation in the western equatorial Atlantic. *Geological Society of America Bulletin*, 88, 695-710.

Damuth, J. E. 1980. Use of high-frequency (3. 5-12 kHz) echograms in the study of near-bottom sedimentation processes in the deep-sea: a review. *Marine Geology*, 38, 51-75.

Damuth, J. E. 1994. Neogene gravity tectonics and depositional processes on the deep Niger Delta continental margin. *Marine and Petroleum Geology*, 11, 320-346.

Damuth, J. E. & Embley, R. W. 1981. Mass-transport processes on Amazon Cone: western equatorial Atlantic. *American Association of Petroleum Geologists Bulletin*, 65, 629-643.

Damuth, J. E. & Flood, R. D. 1984. Morphology, sedimentation processes and growth pattern of the Amazon deep-sea fan. *Geo-Marine Letters*, 3, 109-117.

Damuth, J. E. & Flood, R. D. 1985. Amazon Fan, Atlantic Ocean. *In*: Bouma, A. H. , Normark, W. R. & Barnes, N. E. (eds), *Submarine Fans and Related Turbidite Systems*, 97-106. New York: Springer.

Damuth, J. E. & Kumar, N. 1975a. Amazon Cone: morphology, sediments, age, and growth pattern. *Geological Society of America Bulletin*, 86, 863-878.

Damuth, J. E. & Kumar, N. 1975b. Late Quaternary depositional processes on the continental rise of the western equatorial Atlantic: comparison with the western North Atlantic and implications for reservoir rock distribution. *American Association of Petroleum Geologists Bulletin*, 59, 2171-2181.

Damuth, J. E. , Kolla, V. , Flood, R. D. , Kowsmann, R. O. , Monteiro, M. C. , Gorini, M. A. , Palma, J. J. C. & Belderson, R. H. 1983. Distributary channel meandering and bifurcation patterns on the Amazon deep-sea fan as revealed by long-range side-scan sonar (GLORIA). *Geology*, 11, 94-98.

Damuth, J. E. , Flood, R. D. , Kowsmann, R. O. , Belderson, R. H. & Gorini, M. A. 1988. Anatomy and growth pattern of Amazon deep-sea fan as revealed by long-range side-scan sonar (GLORIA) and high-resolution seismic studies. *American Association of Petroleum Geologists Bulletin*, 72, 885-911.

Damuth, J. E. , Flood, R. D. , Pirmez, C. & Manley, P. L. 1995. Architectural elements and depositional processes of Amazon Deep-sea Fan imaged by sidescan sonar (GLORIA), bathymetric swath-mapping (SeaBeam), high-resolution seismic, and piston-core data. *In*: Pickering, K. T. , Hiscott, R. N. , Kenyon, N. H. , Ricci Lucchi, F. & Smith, R. D. A. (eds), *Atlas of Deep Water Environments: Architectural Style in Turbidite Systems*, 105-121. London: Chapman and Hall.

Danforth, A. , Granath, J. W. , Gross, J. S. , Horn, B. W. , McDonough, K. -J. & Sterne, E. J. 2012. Deepwater fans across a transform margin, offshore East Africa. *GEO ExPro*, 9, 76-78.

Daniel, W. W. 1978. *Applied Nonparametric Statistics*. Boston: Houghton Mifflin.

Darby, S. E. & Peakall, J. 2012. Modelling the equilibrium bed topography of submarine meanders that exhibit reversed secondary flows. *Geomorphology*, 163-164, 99-109.

Das Gupta, K. & Pickering, K. T. 2008. Petrography and temporal changes in petrofacies of deep-marine Ainsa-Jaca basin sandstone systems, Early and Middle Eocene, Spanish Pyrenees. *Sedimentology*, 55, 1083-1114.

Das, H. S. , Imran, J. & Mohrig, D. 2004. Numerical modelling of flow and bed evolution in meandering submarine channels. *Journal of Geophysical Research C, Oceans*, 109, 1-17.

Davey, F. J. , Hampton, M. , Childs, J. , Fisher, M. A. , Lewis, K. & Pettinga, J. R. 1986. Structure of a growing accretionary prism, Hikurangi margin, New Zealand. *Geology*, 14, 663-666.

Davies, I. C. & Walker, R. G. 1974. Transport and deposition of resedimented conglomerates: the Cap Enrage Formation, Cambro-Ordovician, Gaspe, Quebec. *Journal of Sedimentary Petrology*, 44, 1200-1216.

Davies, G. R. 1977. Turbidites, debris sheets and truncation structures in upper Paleozoic deep-water carbonates of the Svedrup Basin, Arctic Archipelago. *In*: Cook, H. E. & Enos, P. (eds), *Deep-water Carbonate Environments*, 221-249. Society of Economic Paleontologists and Mineralogists, Special Publication, 25.

Davies, J. R. & Waters, R. A. 1995. The Caban Conglomerate and Ystrad Meurig Grits Formation-nested channels and lobe switching on a mud-dominated latest Ashgill to Llandovery slope apron, Welsh Basin, UK. *In*: Pickering, K. T., Hiscott, R. N., Kenyon, N. H., Ricci Lucchi, F. & Smith, R. D. A. (eds), *Atlas of Deep Water Environments: Architectural Style in Turbidite Systems*, 184-193. London: Chapman and Hall.

Davison, I., Dinkelman, M. G. & Kool, W. 2010. Two frontier basins come to light. *GEO ExPro*, 7, 36-40.

De Boer, P. L. & Alexandre, J. T. 2012. Orbitally forced sedimentary rhythms in the stratigraphic record: is there room for tidal forcing? *Sedimentology*, 59, 379-392.

De Boer, P. L. & Smith, D. G. (eds) 1994. *Orbital Forcing and Cyclic Sequences*. International Association of Sedimentologists Special Publication, 19.

De Boer, P. L., Pragt, J. S. J. & Oost, A. P. 1991. Vertically persistent sedimentary facies boundaries along growth anticlines and climate-controlled sedimentation in the thrust-sheet-top South Pyrenean Tremp-Graus Foreland Basin. *Basin Research*, 3, 63-78.

De Quatrefages, M. A. 1849. Note sur la Scolicia prisca (A. De Q.) annélide fossile de la craie. *Annales des Sciences Naturelles*, 3 Sèrie, Zoologie, 12, 265-266.

De Silva, N. R. 1994. Submarine fans on the northeastern Grand Banks, offshore Newfoundland. *In*: Weimer, P., Bouma, A. H. & Perkins, B. F. (eds), *Gulf Coast Section-Society of Economic Paleontologists and Mineralogists Foundation 15th Annual Research Conference*, *Submarine Fans and Turbidite Systems: Sequence Stratigraphy, Reservoir Architecture and Production Characteristics*, 95-104.

De Smet, M. E. M., Fortuin, A. R., Troelstra, S. R., Van Marle, L. J., Karmini, M., Tjokosaproetro, S. & Hadiwasastra, S. 1990. Detection of collision related vertical movements in the Outer Banda Arc (Timor, Indonesia), using micropaleontological data. *Journal of SE Asian Earth Sciences*, 4, 337-356.

DeConto, R. M. & Pollard, D. 2003. Rapid Cenozoic glaciation of Antarctica induced by declining atmospheric CO_2. *Nature*, 421, 245-249.

Dehyle, A., Kopf, A., Frape, S. & Hesse, R. 2003. Evidence for fluid flow in the Japan Trench forearc using isotope geochemistry (Cl, Sr, B): Results from ODP Site 1150. *The Island Arc*, 13, 258-270.

Del Ben, A., Barnaba, C. & Taboga, A. 2008. Strike-slip systems as the main tectonic features in the Plio-Quaternary kinematics of the Calabrian Arc. *Marine Geophysical Research*, 29, 1-12.

DeMets, C. 1992. Oblique convergence and deformation along the Kuril and Japan trenches. *Journal of Geophysical Research*, 97, 17, 615-17, 626.

DeMets, C., Gordon, R. G., Argus, D. F. & Stein, S. 1990. Current plate motions. *Geophysical Journal International*, 101, 425-478.

DeMets, C., Jansma, P. E., Mattioli, G. S., Dixon, T. H., Farina, F., Bilham, R., Calais, E. & Mann, P. 2000. GPS geodetic constraints on Caribbean-North America plate motion. *Geophysical Research Letters*, 27, 437-440.

Demko, T. M., Fedele, J., Hoyal, D., Pederson, K., Hamilton, P., Abreu, V. & Postma, G. 2014. Bedforms indicative of supercritical flow in steep, sandy submarine afns and fan deltas: Ainsa, Ebro and Tabernas basins, Spain. *Geological Society of America Annual Meeting*, Vancouver, British Columbia, 19-22 October, Abstract Volume.

Dennielou, B., Huchona, A., Beaudouinc, C & Bernéa, S. 2006. Vertical grain-size variability within a turbidite levee: autocyclicity or allocyclicity? A case study from the Rhône neofan, Gulf of Lions, Western Mediterranean. *Marine Geology*, 234, 191-213.

Deptuck, M. E., Steffens, G. S., Barton, M. & Pirmez, C. 2003. Architecture and evolution of upper fan channel belts on the Niger Delta slope and in the Arabian Sea. *Marine and Petroleum Geology*, 20, 649-676.

Deptuck, M. E., Sylvester, Z., Pirmez, C. & O'Byrne, C. 2007. Migration-aggradation history and 3-D seismic geomorphology of submarine channels in the Pleistocene Benin-major Canyon, western Niger Delta slope. *Marine and Petroleum Geology*, 24, 406-433.

Deptuck, M. E., Piper, D. J. W., Savoye, B. & Gervais, A. 2008. Dimensions and architecture of late Pleistocene submarine lobes off the northern margin of East Corsica. *Sedimentology*, 55, 869-898.

Deutsch, C. V. & Journel, A. 1998. *GSLIB: Geostatistical Software Library and User's Guide*, 2nd edn. Oxford University Press, New York 369 pp.

Deutsch, C. V. & Tran, T. T. 2002. FLUVSIM: a program for object-based stochastic modeling of fluvial depositional systems. *Computers & Geosciences*, 28, 525-535.

Deville, E., Callac, Y., Desaubliaux, G., Mascle, A., Huyghe-Mugnier, P., Griboulard, R. & Noble, M. 2003. Deepwater erosion processes in the Orinoco turbidite system. *Offshore*, 10/01/2003.

Dewey, J. F. 1962. The provenance and emplacement of upper Arenigian turbidites in Co. Mayo, Eire. *Geological Magazine*, 99, 238-252.

Dewey, J. F. & Sengör, A. M. C. 1979. Aegean and surrounding regions: complex multiplate and continuum tectonics in a convergent zone. *Geological Society of America Bulletin*, 90, 84-92.

d'Heilly, P., Millot, C., Monaco, A. & Got, H. 1988. Hydrodynamic study of the furrow of the Petit Rhône canyon. *Deep-Sea Research*, 35, 465-471.

Di Celma, C. N., Brunt, R. L., Hodgson, D. M., Flint, S. S. & Kavanagh, J. P. 2011. Spatial and Temporal evolution of a Permian submarine slope channel-levée system, Karoo Basin, South Africa. *Journal of Sedimentary Research*, 81, 579-599.

Di Iorio, D., Akal, T., Guerrini, P., Yüce, H., Gezgin, E. & Özsoy, E. 1999. Oceanographic Measurements of the West Black Sea: June 15 to July 5, 1996. *NATO: Report SR-305, SACLANTCEN*, La Spezia, Italy.

Di Toro, G. A. E. 1995. Angel Formation turbidites in the Wanea field area, Dampier sub-basin, North-West shelf, Australia. *In*: Pickering, K. T., Hiscott, R. N., Kenyon, N. H., Ricci Lucchi, F. & Smith, R. D. A. (eds), *Atlas of Deep Water Environments: Architectural Style in Turbidite Systems*, 2260-266. London: Chapman and Hall.

Dickinson, W. R. 1974. Plate tectonics and sedimentation. *In*: Dickinson, W. R. (ed.), *Tectonics and Sedimentation*. Special Publication of the Society of Economic Paleontologists and Mineralogists, 22, 1-27. Tulsa, Oklahoma.

Dickinson, W. R. & Seely, D. R. 1979. Structure and stratigraphy of forearc regions. *American Association of Petroleum Geologists Bulletin*, 63, 2-31.

Dickinson, W. R. & Suczek, C. 1979. Plate tectonics and sandstone composition. *American Association of Petroleum Geologists Bulletin*, 63, 2164-2182.

Dickinson, W. R., Beard, L. S., Brakenridge, G. R., Erjavec, J. L., Ferguson, R. C., Inman, K. F., Knepp, R. A., Lindberg, F. A. & Ryberg, P. T. 1983. Provenance of North American Phanerozoic sandstones in relation to tectonic setting. *Geological Society of American*, Bulletin, 94, 222-235.

Dickinson, W. R., Ducea, M., Rosenberg, L. I., Greene, H. G., Graham, S. A., Clark, J. C., Weber, G. E., Kidder, S., Ernst, W. G. & Brabb, E. E. 2005. Net dextral slip, Neogene San Gregorio-Hosgri fault zone, coastal California: Geologic evidence and tectonic implications. *Geological Society of America*, Special Paper, 391.

Dill, R. F. 1964. Sedimentation and erosion in Scripps submarine canyon head. *In*: Miller, R. L. (ed.), *Papers in Marine Geology*, 23-41. New York: McMillan.

Dimberline, A. J. & Woodcock, N. H. 1987. The southeast margin of the Wenlock turbidite system, Mid-Wales. *Geological Journal*, 22, 61-71.

Dimitrijevic, M. N. & Dimitrijevic, M. D. (eds) 1987. *Turbiditic Basins of Serbia*. Serbian Academy of Sciences and Arts, Monographs, 61, 304 pp.

Dimitrov, L. I. 2002. Mud volcanoes-the most important pathway for degassing deeply buried sediments. *Earth-Science Reviews*, 59, 49-76.

Dinkelman, M. G., Granath, J. W. & Whitaker, R. 2010. The NE Greenland continental margin. *GEO ExPro*, 7, 36-40.

Dixon, J. F., Steel, R. J. & Olariu, C. 2012. River-dominated, shelf-edge deltas: delivery of sand across the shelf break in the absence of slope incision. *Sedimentology*, 59, 1133-1157.

Dixon, R. J., Schofield, K., Anderton, R., Reynolds, A. D., Alexander, R. W. S., Williams, M. C. & Davies, K. G. 1995. Sandstone diapirism and clastic injection in the Tertiary submarine fans of the Bruce-Beryl embayment, quadrant 9, UKCS. *In*: Hartley, A. J. & Prosser, D. J. (eds), *Characterization of Deep Marine Clastic Systems*, 77-94. Geological Society London Special Publication, 94.

Dixon, T. H. & Moore, J. C. (eds) 2007. *The Seismogenic Zone of Subduction Thrust Faults*. New York: Columbia University Press, 680 pp.

Dolan, J. F., Beck, C., Ogawa, Y. & Klaus, K. 1990. Eocene-Oligocene sedimentation in the Tiburon Rise/ODP Leg 110 area: an example of significant upslope flow of distal turbidity currents. *In*: Moore, J. C, Mascle, A. *et al.*, *Proceedings of the Ocean Drilling Program*, Scientific Results, 110, 47-83. College Station, Texas, USA: Ocean Drilling Program.

Dolan, J. F., Sieh, K. & Rockwell, T. K. 2000. Late Quaternary activity and seismic potential of the Santa Monica fault system, Los Angeles, California. *Geological Society of America Bulletin*, 112, 1559-1581.

Dominguez, S., Lallemand, S. E., Malavieille, J. & von Huene, R. 1998. Upper plate deformation associated with seamount subduction. *Tectonophysics*, 293, 207-224.

Donovan, S. K. (including a joint contribution with Harper, D. A. T.) 2005. The geology of Barbados: a field guide. *Caribbean Journal of Earth Science*, 38, 21-33. Geological Society of Jamaica.

Dooley, T. & McClay, K. 1997. Analog modeling of pull-apart basins. *American Association of Petroleum Geologists Bulletin*, 81, 1804-1826.

Doré, A. G. & Vining, B. A. (eds) 2005. *Petroleum Geology: North-west Europe and Global Perspectives-Proceedings of the 6th Petroleum Geology Conference*, 1. London: The Geological Society.

Doré, G. & Robbins, J. 2005. The Buzzard Field. In: Doré, A. G. & Vining, B. A. (eds), *Petroleum Geology: North-west Europe and Global Perspectives-Proceedings of the 6th Petroleum Geology Conference*, Volume 1, 241-252. London: The Geological Society.

Dott, R. H. Jr 1961. Squantum "Tillite", Massachusetts: evidence of glaciation or subaqueous mass movements? *Geological Society of America Bulletin*, 72, 1289-1306.

Dorel, J. 1981. Seismicity and seismic gap in the Lesser Antilles arc and earthquake hazard in Guadeloupe. *Geophysical Journal of the Royal Astronomical Society*, 67, 679-695.

Dowdeswell, J. A. , Whittington, R. J. , Marienfeld, P. 1994. The origin of massive diamicton facies by iceberg rafting and scouring, Scoresby Sund, East Greenland. *Sedimentology*, 41, 21-35.

Downie, N. M. & Heath, R. W. 1983. *Basic Statistical Methods*. New York: Harper & Row.

Doxsee. W. W. 1948. The Grand Banks earthquake of November 18, 1929. *Publications of the Dominion Observatory*, 7 (7), 323-335.

Doyle, L. J. & Pilkey, O. H. (eds) 1979. *Geology of Continental Slopes*. Society of Economic Paleontologists and Mineralogists Special Publication, 27.

Drake, D. E. , Kolpack, R. L. & Fischer, P. J. 1972. Sediment transport on the Santa Barbara-Oxnard shelf, Santa Barbara Channel, California. *In*: Swift, D. J. P. , Duane, D. B. & Pilkey, O. H. (eds), *Shelf Sediment Transport*, 307-331. Stroudsburg, PA: Dowden, Hutchinson & Ross.

Drake, D. E. , Hatcher, P. G. & Keller, G. H. 1978. Suspended particulate matter and mud deposition in Upper Hudson submarine canyon. *In*: Stanley, D. J. & Kelling, G. (eds), *Sedimentation in Submarine Canyons, Fans, and Trenches*, 33-41. Stroudsburg, PA: Dowden, Hutchinson & Ross.

Draut, A. E. , Clift, P. D. & Scholl, D. W. (eds) 2008. Formation and Application of the Sedimentary Record in Arc Collision Zones. The Geological Society of America, Special Paper 436.

Dreyer, T. , Corregidor, J. , Arbues, P. & Puigdefabregas, C. 1999. Architecture of the tectonically influenced Sobrarbe deltaic complex in the Ainsa Basin, northern Spain. *Sedimentary Geology*, 127, 127-169.

Drinkwater, N. J. 1995, Sheet-like turbidite system: the Kongsfjord Formation, Finnmark, north Norway. *In*: Pickering, K. T. , Hiscott, R. N. , Kenyon, N. H. , Ricci Lucchi, F. & Smith, R. D. A. (eds), *Atlas of Deep Water Environments: Architectural Style in Turbidite Systems*, 267-275. London: Chapman and Hall.

Drinkwater, N. J. & Pickering, K. T. 2001. Architectural elements in a high-continuity sandprone turbidite system, late Precambrian Kongsfjord Formation, northern Norway: Application to hydrocarbon reservoir characterization. *American Association of Petroleum Geologists Bulletin*, 85, 1731-1757.

Drinkwater, N. J, Pickering, K. T & Siedlecka, A. 1996. Deep-water fault-controlled sedimentation, Arctic Norway and Russia: response to Late Proterozoic rifting and the opening of the Iapetus Ocean. *Journal of the Geological Society*, London, 153, 427-436.

Driscoll, M. L. , Tucholke, B. E. & McCave, I. N. 1985. Seafloor zonation in sediment texture on the Nova Scotian lower continental rise. *Marine Geology*, 66, 25-41.

Dorrell, R. M. , Darby, S. E. , Peakall, J. , Sumner, E. J. , Parsons, D. R. & Wynn, R. B. 2013. Superelevation and overspill control secondary flow dynamics in submarine channels. *Journal of Geophysical Research: Oceans*, 118, 3895-3915.

Droser, M. L. & Bottjer, D. J. 1986. A semiquantitative field classification of ichnofabric. *Journal of Sedimentary Petrology*, 56, 558-559.

Droser, M. L. & Bottjer, D. J. 1988. Trends in depth and extent of bioturbation in Cambrian carbonate marine environments, western United States. *Geology*, 16, 233-236.

Droser, M. L. & Bottjer, D. J. 1989. Ichnofabric of sandstone deposited in high-energy nearshore environments: measurement and utilization. *Palaios*, 4, 598-604.

Droz, L, Rigaut, F., Cochonat, P. & Tofani, R. 1996. Morphology and recent evolution of the Zaire turbidite system (Gulf of Guinea). *Geological Society of America Bulletin*, 108, 253-269.

Droz, L. & Bellaiche, G. 1985. Rhône deep-sea fan: morphostructure and growth pattern. *American Association of Petroleum Geologists Bulletin*, 69, 460-479.

Droz, L. & Bellaiche, G. 1991. Seismic facies and geologic evolution of the central portion of the Indus Fan. *In*: Weimer, P. & Link, M. H. (eds), *Seismic Facies and Sedimentary Processes of Submarine Fans and Turbidite Systems*, 383-402. New York: Springer-Verlag.

Droz, L. & Mougenot, D. 1987. Mozambique Upper Fan: origin of depositional units. *American Association of Petroleum Geologists Bulletin*, 71, 1355-1365.

Drummond, C. N. 1999. Bed-thickness structure of multi-sourced ramp turbidites: Devonian Brallier Formation, central Appalachian basin. *Journal of Sedimentary Research*, 69, 115-121.

Drummond, C. N. & Wilkinson, B. H. 1996. Stratal thickness frequencies and the prevalence of orderedness in stratigraphic sequences. *Journal of Geology*, 104, 1-18.

Du Fornel, E., Joseph, P., Desaubliaux, G., Eschard, R., Guillocheau, F., Lerat, O., Muller, C., Ravenne, C. & Sztrakos, K. 2004. The southern Grès d'Annot Outcrops (French Alps): an attempt at regional correlation. *In*: Joseph, P. & Lomas, S. A. (eds), *Deep-Water Sedimentation in the Alpine Basin of SE France: New Perspectives on the Grès d'Annot and Related Systems*, 137-160. Geological Society, London, Special Publication, 221. London: The Geological Society.

Duarte, L. V., Silva, R. L., Oliveira, L. C. E., Comas-Rengifo, M. J. & Silva, F. 2010. Organicrich facies in the Sinemurian and Pliensbachian of the Lusitanian Basin, Portugal: Total organic carbon distribution and relation to transgressive-regressive facies cycles. *Geologica Acta*, 8, 325-340.

Dubois, J. & Deplus, C. 1989. Gravimetry on the Erimo Seamount, Japan. *Tectonophysics*, 160, 267-275.

Duda, S. J. 1965. Secular seismic energy release in the circum-Pacific belt. *Tectonophysics*, 2, 409-452.

Dunbar, R. B. 1981. Sedimentation and the history of upwelling and climate in high fertility areas of the northeastern Pacific Ocean. Ph. D. thesis San Diego, Scripps Institution of Oceanography.

Dunbar, R. B. & Berger, W. H. 1981. Fecal pellet flux to modern bottom sediment of Santa Barbara Basin (California) based on sediment trapping. *Geological Society of America Bulletin*, 92, 212-218.

Duncan, R. A. 1982. A captured island chain in the Coast Range of Oregon and Washington. *Journal of Geophysical Research*, 87, 10, 827-10, 837.

Dutton, S. P., Flanders, W. A. & Barton, M. D. 2003. Reservoir characterization of a Permian deep-water sandstone, East Ford field, Delaware basin, Texas. *American Association of Petroleum Geologists Bulletin*, 87, 609-627.

Duval, G. 2013. The UK West Central Graben. *GEO ExPro*, 10, 58-62.

Dykstra, M. & Kneller, B. 2009. Lateral accretion in a deep-marine channel complex: implications for channellized flow processes in turbidity currents. *Sedimentology*, 56, 1411-1432.

Dykstra, M., Kneller, B. & Milana, J. -P. 2012. Bed-thickness and grain-size trends in a smallscale proglacial channel-levée system; the Carboniferous Jejenes Formation, Western Argentina: implications for turbidity current flow processes. *Sedimentology*, 59, 605-622.

Dziadzio, P. S., Enfield, M. A., Watkinson, M. P. & Porebski, S. 2006. The Ciezkowice Sandstone: examples of basin-floor fan-stacking patterns from the Main (Upper Paleocene to Eocene) Reservoir in the Polish Carpathians. *In*: Golonka, J. & Picha, F. J. (eds), *The Carpathians and their Foreland: Geology and Hydrocarbon Resources*, 477-496. American Association of Petroleum Geologists Memoir, 84.

Dzułynski, S. & Sanders, J. E. 1962. Current marks on firm mud bottoms. *Transactions of the Connecticut Academy of Arts and Sciences*, 42, 57-96.

Dzułynski, S. & Walton, E. K. 1965. Sedimentary Features of Flysch and Greywackes. *Developments in Sedimentology*, 7, 274 pp. Amsterdam: Elsevier.

Dzułynski, S., Ksiaskiewicz, M. & Kuenen, Ph. H. 1959. Turbidites in flysch of the Polish Carpathian Mountains. *Bulletin of the Geological Society of America*, 70, 1089-1118.

Eastham, K. R. & Ridgeway, K. D. 2000. Stratigraphic and provenance data from the Upper Jurassic to Upper Cretaceous Kahiltna assemblage of South-Central Alaska. *Studies by the U. S. Geological Survey in Alaska*, U. S. Geological Survey Professional Paper, 1662.

Edgers, L. & Karlsrud, K. 1982. Soil flows generated by submarine slides-case studies and consequences. *Norges Geotekniske In-*

stututt, 143, 1-11.

Ediger, V., Okyar, M. & Ergin, M. 1993. Seismic stratigraphy of the fault-controlled submarine canyon/valley system on the shelf and upper slope of Anamur Bay, Northeastern Mediterranean Sea. *Marine Geology*, 115, 129-142.

Edwards, D. A. 1993. Turbidity currents: dynamics, deposits and reversals. *Lecture notes in Earth Sciences*, 44. Berlin: Springer-Verlag. 173 pp.

Edwards, D. A., Leeder, M. R., Best, J. L. & Pantin, H. M. 1994. On experimental reflected density currents and the interpretation of certain turbidites. *Sedimentology*, 41, 437-461.

Edwards, B. D., Lee, H. J. & Field, M. E. 1995. Mudflow generated by retrogressive slope failure, Santa Barbara Basin, California continental borderland. *Journal of Sedimentary Research*, 65, 57-68.

Edwards, M. B. 1986. Glacial environments. *In*: Reading, H. G. (ed.), *Sedimentary Environments and Facies*, 2nd edn, 445-470. Oxford: Blackwell Scientific.

Egan, J. A. & Sangrey, D. A. 1978. Critical state model of cyclic load pore pressures. *American Society of Civil Engineers Special Conference*, *Earthquake Engineering Soil Dynamics*, 1, 410-424.

Eggenhuisen, J. T. & McCaffrey, W. D. 2012. The vertical turbulence structure of experimental turbidity currents encountering basal obstructions: implications for vertical suspended sediment distribution in non-equilibrium currents. *Sedimentology*, 59, 1101-1120.

Egger, H., Homayoun, M. & Schnabel, W. 2002. Tectonic and climatic control of Paleogene sedimentation in the Rhenodanubian Flysch basin (Eastern Alps, Austria). *Sedimentary Geology*, 152, 247-262.

Elders, C. 1987. The provenance of granite boulders in conglomerates of the Northern and Central Belts of the Southern Uplands of Scotland. *Journal of the Geological Society*, *London*, 144, 853-863.

Eichelberger, J., Gordeev, E., Kasahara, M., Izbekov, P. & Lees, J. (eds) 2007. *Volcanism and Subduction: The Kamchatka Region*. *Geophysical Monograph Series*, 172, 369 pp.

Eidvin, T., Jansen, E. & Riis, F. 1993. Chronology of Tertiary fan deposits off the western Barents Sea: implications for uplift and erosion history of the Barents shelf. *Marine Geology*, 112, 109-131.

Ehlig, P. L. 1981. Origin and tectonic history of the basement terrane of the San Gabriel Mountains, central Transverse Region. *In*: Ernst, G. (ed.), *The Geotectonic Development of California*, 254-283. New Jersey: Prentice-Hall.

Eiler, J. 2004. *Inside the Subduction Factory*. American Geophysical Union, *Geophysical Monograph Series*, 138, 324 pp.

Einsele, G. 1992. Sedimentary Basins: *Evolution*, *Facies*, *and Sediment Budget*. Berlin, Germany: Springer-Verlag, 628 pp.

Einsele, G. 1985. Response of sediments to sea-level changes in differing subsiding stormdominated marginal and epeiric basins. *In*: Bayer, U. & Seilacher, A. (eds), *Sedimentary and Evolutionary Cycles*, 68-97. Lecture Notes in Earth Sciences, 1.

Einsele, G., Gieskes, J. M., Curray, J. M., Moore, D., Aguayo, E., Aubry, M-P., Fornari, D., Guerrero, J., Kastner, M., Kelts, K., Lyle, M., Matola, M., Molina-Cruz, A., Niemitz, J., Rueda, J., Saunders, A., Schrader, H., Simoniet, B. & Vacquier, V. 1980. Intrusion of basaltic sills into highly porous sediments, and resulting hydrothermal activity. *Nature*, 283, 441-445.

Eittreim, S., Grantz, A. & Greenberg, J. 1982. Active geologic processes in Barrow Canyon, northeast Chukchi Sea. *Marine Geology*, 50, 61-76.

Ekdale, A. A. 1980. Graphoglyptid burrows in modern deep-sea sediment. *Science*, 207, 304-306.

Ekdale, A. A. 1985. Paleoecology of the marine endobenthos. *Palaeogeography*, *Palaeoclimatology*, *Palaeoecology*, 50, 63-81.

Ekdale, A. A. & Berger, W. H. 1978. Deep-sea ichnofacies: modern organism traces on and in pelagic carbonates of the western equatorial Pacific. *Palaeogeography*, *Palaeoclimatology*, *Palaeoecology*, 23, 268-278.

Ekdale, A. A. & Bromley, R. G. 1983. Trace fossils and ichnofabrics in the Kjølby Gaard Marl, uppermost Cretaceous, Denmark. *Bulletin of the Geological Society of Denmark*, 31, 107-119.

Ekdale, A. A. & Bromley, R. G. 1991. Analysis of composite ichnofabrics: an example in Uppermost Cretaceous Chalk of Denmark. *Palaios*, 6, 232-249.

Ekdale, A. A. & Mason, T. R. 1988. Characteristic trace-fossil associations in oxygen-poor sedimentary environments. *Geology*, 16, 720-723.

Ekdale, A. A., Bromley, R. G. & Knaust, D. 2012. The Ichnofabric Concept. *In*: Knaust, D. & Bromley, R. G. (eds), *Trace Fossils as Indicators of Sedimentary Environments*, 139-156. Developments in Sedimentology, 64. Amsterdam: Elsevier.

Ekdale, A. A., Bromley, R. G. & Pemberton, G. 1985. Ichnology, Trace Fossils in Sedimentology and Stratigraphy. Society of Economic Paleontologists & Mineralogists Short Course, 15.

Elitok, O. & Dolmaz, M. N. 2011. Tectonic escape mechanism in the crustal evolution of Eastern Anatolian region (Turkey) *In*: Schattner, U. (ed.), *New Frontiers in Tectonic Research at the Midst of Plate Convergence*, 289−302. Rijeka, Croatia: Intech.

Elliott, T. 2000a. Megaflute erosion surfaces and the initiation of turbidite channels. *Geology*, 28, 119−122.

Elliott, T. 2000b. Depositional architecture of a sand−rich, channelized turbidite system: the Upper Carboniferous Ross Sandstone Formation, western Ireland. *In*: Weimer, P., Slatt, R. M., Coleman, J., Rosen, N. C., Nelson, H., Bouma, A. H., Styzen, M. J. & Lawrence, D. T. (eds), *Gulf Coast Section−Society of Economic Paleontologists and Mineralogists Foundation 20th Annual Bob F. Hoskins Research Research Conference, Deep−Water Reservoirs of the World*, 342−364. CD−ROM Society of Economic Paleontologists and Mineralogists Special Publications.

Elliott, T., Apps, G., Davies, H., Evans, M., Ghibaudo, G. & Graham, R. H. 1985. A structural and sedimentological traverse through the Tertiary foreland basin of the external alps of southeast France. *In*: Allen, P. A. & Homewood, P. (eds), *Field Excursions Guidebook for the International Association of Sedimentologists Meeting on Foreland Basins. (Fribourg)*, 39−73. International Association of Sedimentologists.

Ellis, M. 1988. Lithospheric strength in compression: initiation of subduction, flake tectonics, foreland migration of thrusting, and an origin of displaced terranes. *Journal of Geology*, 96, 91−100.

Elmore, R. D., O. H. Pilkey, W. J. Cleary & H. A. Curran 1979. Black Shell turbidite, Hatteras Abyssal Plain, western Atlantic Ocean. *Geological Society of America Bulletin*, 90, 1165−1176.

Elrick, M. & Snider, A. C. 2002. Deep−water stratigraphic cyclicity and carbonate mud mound development in the Middle Cambrian Marjum Formation, House Range, Utah, USA. *Sedimentology*, 49, 1021−1047.

Embley, R. W. 1976. New evidence for occurrence of debris flow deposits in the deep sea. *Geology*, 4, 371−374.

Embley, R. W. 1980. The role of mass transport in the distribution and character of deep−ocean sediments with special refer−ence to the North Atlantic. *Marine Geology*, 38, 23−50.

Embley, R. W., Ewing, J. I. & Ewing, M. 1970. The Vidal deep−sea channel and its relationship to the Demerara and Barracuda abyssal plain. *Deep−Sea Research*, 17, 539−552.

Emeis, K. −C. & Weissert, H. 2009. Tethyan−Mediterranean organic carbon−rich sediments from Mesozoic black shales to sapropels. *Sedimentology*, 56, 247−266.

Emery, K. O. 1960. Basin plains and aprons off southern California. *Journal of Geology*, 68, 464−479.

Emery, K. O. & Milliman, J. D. 1978. Suspended matter in surface waters: influence of river discharge and of upwelling. *Sedimentology*, 25, 125−140.

Emery, K. O. & Uchupi, E. 1972. Western North Atlantic Ocean: topography, rocks, structure, water, life and sediments. *American Association of Petroleum Geologists Memoir*, 17.

Emery, K. O. & Uchupi, E. 1984. *The Geology of the Atlantic Ocean*. New York: Springer−Verlag. 1,050 pp. + 23 oversize charts. ISBN: 3540960325.

Emmel, F. J. & Curray, J. R. 1981. Dynamic events near the upper and mid−fan boundary of the Bengal Fan. *Geo−Marine Letters*, 1, 201−205.

England, T. D. J. & Hiscott, R. N. 1992. Lithostratigraphy and deep−water setting of the upper Nanaimo Group (Upper Cretaceous), outer Gulf Islands of southwestern British Columbia. *Canadian Journal of Earth Sciences*, 29, 574−595.

Enos, P. 1969a. Cloridorme Formation, Middle Ordovcian Flysch, Northern Gaspé Peninsula, Quebec. Geological Society of America, Special Paper, 117, 66 pp.

Enos, P. 1969b. Anatomy of a flysch. *Journal of Sedimentary Petrology*, 39, 680−723.

Enos, P. 1977. Flow regimes in debris flow. *Sedimentology*, 24, 133−142.

Erba, E. & Silva, I. P. 1994. Orbitally driven cycles in trace−fossil distribution from the Piobbico core late Albian, central Italy. In: Deboer, P. & Smith, D (eds), *Orbital Forcing and Cyclic Sequences*, 211−225. International Association of Sedimentologists, Special Publication, 19.

Erbacher, J., Mosher, D. C., Malone, M. J. *et al*. 2004. *Proceedings of the Ocean Drilling Program, Initial Reports*, 207. College Station, Texas, USA: Ocean Drilling Program.

Erbacher, J., Friedrich, O., Wilson, P. A., Birch, H. & Mutterlose, J. 2005. Stable organic carbon isotope stratigraphy across oceanic anoxic Event 2 of Demerara rise, western tropical Atlantic. *Geochemistry, Geophysics & Geosystems*, 6, Q06010. doi: 10.1029/2004GC000850.

Ercilla, G., Wynn, R. B., Alonso, B. & Baraza, J. 2002. Initiation and evolution of turbidity current sediment waves in the Magdalena turbidite system. *Marine Geology*, 192, 153−169.

Ercilla, G., Casas, D., Estrada, F., Vázquez, J. T., Iglesias, J., García, M., Gómez, M., Acosta, J., Gallart, J., Maestro-González, A. & Marconi Team 2008. Morphosedimentary features and recent depositional architectural model of the Cantabrian continental margin. *Marine Geology*, 247, 61–83.

Ettensohn, F. R. 2008. The Appalachian Foreland Basin in Eastern United States. *In*: *Sedimentary Basins of the World*, 5, 105–179.

Ettienne, S., Mulder, T., Bez, M., Desaubliaux, G., Kwasniewski, A., Parize, O., Dujoncquoy, E. & Salles, T. 2012. Multiple scale characterization of sand-rich distal lobe deposit variability: examples from the Annot Sandstones Formation, Eocene-Oligocene, SE France. *Sedimentary Geology*, 273–274, 1–18.

Euzen, T., Joseph, P., Du Fornel, E., Lesur, S., Granjeon, D. & Guillocheau, F. 2004. Threedimensional stratigraphic modelling of the Grès d'Annot system, Eocene–Oligocene, SE France. *In*: Joseph, P. & Lomas, S. A. (eds), *Deep-Water Sedimentation in the Alpine Basin of SE France*: *New Perspectives on the Grès d'Annot and Related Systems*, 161–180.

Geological Society, London, Special Publication, 221. London: The Geological Society.

Evans, M. J., Elliott, T., Apps, G. M. & Mange-Rajetzky, M. A. 2004. The Tertiary Grès de Ville of the Barr6me Basin: feather edge equivalent to the Grès d'Annot? *In*: Joseph, P. & Lomas, S. A. (eds), *Deep-Water Sedimentation in the Alpine Basin of SE France*: *New Perspectives on the Grès d'Annot and Related Systems*. Geological Society, 97–110. London, Special Publication, 221. London: The Geological Society.

Ewing, M. & Thorndike, E. M. 1965. Suspended matter in deep ocean water. *Science*, 147, 1291–1294.

Exon, N. F., Kennett, J. P. & Malone, M. J. 2004 (eds). Leg 189 synthesis: Cretaceous–Holocene history of the Tasmanian gateway. *In*: Exon, N. F., Kennett, J. P. & Malone, M. J. (eds), *Proceedings of the Ocean Drilling Program*, *Scientific Results*, 189, 1–37. College Station, Texas, USA: Ocean Drilling Program.

Expedition 317 Scientists 2010. Canterbury Basin Sea Level: Global and local controls on continental margin stratigraphy. *Integrated Ocean Drilling Program*, *Preliminary Report*, 317. College Station, Texas, USA: Ocean Drilling Program. doi: 10.2204/iodp. pr. 317. 2010.

Expedition 318 Scientists 2010. Wilkes Land Glacial History: Cenozoic East Antarctic Ice Sheet evolution from Wilkes Land margin sediments. *Integrated Ocean Drilling Program*, *Preliminary Report*, 318. College Station, Texas, USA: Ocean Drilling Program. doi: 10.2204/iodp. pr. 318. 2010.

Expedition 331 Scientists 2010. Deep hot biosphere. *Integrated Ocean Drilling Program*, *Preliminary Report*, 331. College Station, Texas, USA: Ocean Drilling Program. doi: 10.2204/iodp. pr. 331. 2010.

Expedition 339 Scientists 2012. Mediterranean outflow: environmental significance of the Mediterranean Outflow Water and its global implications. *Integrated Ocean Drilling Program*, *Preliminary Report*, 339. College Station, Texas, USA: Ocean Drilling Program. doi: 10.2204/iodp. pr. 339. 2012.

Expedition 340 Scientists 2012. Lesser Antilles volcanism and landslides: implications for hazard assessment and long-term magmatic evolution of the arc. *Integrated Ocean Drilling Program*, *Preliminary Report*, 340. doi: 10.2204/ iodp. pr. 340. 2012.

Expedition 342 Scientists, 2012. Paleogene Newfoundland sediment drifts. *Integrated Ocean Drilling Program*, *Preliminary Report*, 342. doi: 10.2204/iodp. pr. 342. 2012.

Expedition 348 Scientists & Scientific Participants 2014. NanTroSEIZE Stage 3: NanTroSEIZE plate boundary deep riser 3. *Integrated Ocean Drilling Program*, *Preliminary Report*, 348. doi: 10.2204/iodp. pr. 348. 2014.

Eyles, N. 1990. Marine debris flows: Late Precambrian "tillites" of the Avalonian–Cadomian orogenic belt. *Palaeogeography*, *Palaeoclimatology*, *Palaeoecology*, 79, 73–98.

Eyles, N. & Eyles, C. H. 1989. Glacially-influenced deep marine sedimentation of the Late Precambrian Gaskiers Formation, Newfoundland, Canada. *Sedimentology*, 36, 601–620.

Fagel, N., Robert, C. & Hillaire-Marcel, C. 1996. Clay mineral signature of the NW Atlantic Boundary Undercurrent. *Marine Geology*, 130, 19–28.

Fagel, N., Robert, C. & Hillaire-Marcel, C. 1997. Changes in the Western Boundary Undercurrent outflow since the Last Glacial Maximum, from smectite/illite ratios in deep Labrador Sea sediments. *Paleoceanography*, 12, 77–96.

Fagel, N., Robert, C., Preda, M. & Thorez, J. 2001. Smectite composition as a tracer of deep circulation: the case of the Northern North Atlantic. *Marine Geology*, 172, 309–330.

Falcini, F., Marini, M., Milli, S. & Moscatelli, M. 2009. An inverse problem to infer paleoflow conditions from turbidites. *Journal of Geophysical Research*, 114, doi: 10.1029/2009JC005294.

Falivene, O., Arbués, P., Gardiner, A., Pickup, G., Muñoz, J. A. & Cabrera, L. 2006a. Best practice stochastic facies modeling from a channel-fill turbidite sandstone analog (the Quarry outcrop, Eocene Ainsa basin, northeast Spain). *American Association of Petroleum Geologists Bulletin*, 90, 1003-1029.

Falivene, O., Arbués, P., Howell, J., Muñoz, J. A. & Fernandez, O. 2006b. Hierarchical geocellular facies modelling of a turbidite reservoir analogue from the Eocene of the Ainsa basin, NE Spain. *Marine and Petroleum Geology*, 23, 679-701.

Farley, K. A. & Eltgroth, S. F. 2003. An alternative age model for the Paleocene-Eocene thermal maximum using extraterrestrial 3He. *Earth and Planetary Science Letters*, 208, 135-148.

Farre, J. A., McGregor, B. A., Ryan, W. B. F. & Robb, J. M. 1983. Breaching the shelfbreak: passage from youthful to mature phase in submarine canyon evolution. *In*: Stanley, D. J. & Moore, G. T. (eds), *The Shelfbreak: Critical Interface on Continental Margins*, 25-39. Society of Economic Paleontologists and Mineralogists, Special Publication, 33.

Faugères, J.-C. & Mulder, T. 2011. Contour currents and contourite drifts. *In*: Hüneke, H. & Mulder, T. (eds), *Deep-Sea Sediments*. Developments in Sedimentology, 63, 149-214. Amsterdam: Elsevier.

Faugères, J.-C., Stow, D. A. V. & Gonthier, E. 1984. Contourite drift moulded by deep Mediterranean outflow. *Geology*, 12, 296-300.

Faugères, J.-C., Stow, D. A. V., Imbert, P. & Viana, A. 1999. Seismic features diagnostic of contourite drifts. *Marine Geology*, 162, 1-38.

Feary, D. A. & James, N. P. 1998. Seismic stratigraphy and geological evolution of the Cenozoic, coolwater, Eucla Platform, Great Australian Bight. *American Association of Petroleum Geologists Bulletin*, 82, 792-816.

Feder, J. 1988. *Fractals*. New York: Plenum. 283 pp. ISBN: 0-306-42851-2.

Feeley, M. H. 1984. Seismic stratigraphic analysis of the Mississippi Fan. Ph. D. Thesis, Texas &aM University, College Station, Texas.

Felix, D. W. & Gorsline, D. S. 1971. Newport submarine canyon, California: an example of the effects of shifting loci of sand supply upon canyon position. *Marine Geology*, 10, 177-198.

Felix, M. 2001. A two-dimensional numerical model for a turbidity current. In: McCaffrey, W., Kneller, B. & Peakall, J. (eds), *Particulate Gravity Currents*, 71-82. International Association of Sedimentologists, Special Publication, 31. Oxford: Blackwell Scientific.

Felix, M. 2004. The significance of single value variables in turbidity currents. *Journal of Hydraulic Research*, 42, 323-330.

Felix, M., Peakall, J. & McCaffrey, W. D. 2006. Relative importance of processes that govern the generation of particulate hyperpycnal flows. *Journal of Sedimentary Research*, 76, 382-387.

Felletti, F. 2004. Spatial variability of Hurst statistics in the Castagnola Formation, Tertiary Piedmont Basin, northern Italy: discrimination of sub-environments in a confined turbidite system. *In*: Lomas, S. A. & Joseph, P. (eds), *Confined Turbidite Systems*, 285-306. Geological Society London, Special Publication, 222. London: The Geological Society.

Felletti, F. & Bersezio, R. 2010a. Quantification of the degree of confinement of a turbiditefilled basin: a statistical approach based on bed thickness distribution. *Marine and Petroleum Geology*, 27, 515-532.

Felletti, F. & Bersezio, R. 2010b. Validation of Hurst statistics, a predictive tool to discriminate turbiditic sub-environments in a confined basin. *Petroleum Geoscience*, 16, 401-412.

Fernandez, O., Muñoz, J. A., Arbues, P., Falivene, O. & Marzo, M. 2004. Three-dimensional reconstruction of geological surfaces: An example of growth strata and turbidite systems from the Ainsa basin, Pyrenees, Spain. *American Association of Petroleum Geologists Bulletin*, 88, 1049-1068.

Fielding, C. R. 2015. Anatomy of falling-stage deltas in the Turonian Ferron Sandstone of the western Henry Mountains Syncline, Utah: Growth faults, slope failures and mass transport complexes. *Sedimentology*, 62, 1-26.

Figuerido, J. J. P., Hodgson, D. M., Flint, S. S. & Kavanagh, J. P. 2010. Depositional environments and sequence stratigraphy of an exhumed Permian mudstone-dominated submarine slope succession, Karoo Basin, South Africa. *Journal of Sedimentary Research*, 80, 97-118.

Figuerido, J. J. P., Hodgson, D. M., Flint, S. S. & Kavanagh, J. P. 2013. Architecture of a channel complex formed and filled during long-term degradation and entrenchment on the upper submarine slope, Unit F, Fort Brown Fm., SW Karoo Basin, South Africa. *Marine and Petroleum Geology*, 41, 104-116.

Fildani, A., Normark, W. R., Kostic, S. & Parker, G. 2006. Channel formation by flow stripping: large-scale scour features along the Monterey East Channel and their relation to sediment waves. *Sedimentology*, 53, 1265-1289.

Fildani, A., Hubbard, S. M., Covault, J. A., Maier, K. L., Romans, B. W., Traer, M. & Rowland, J. C. 2013. Erosion at inception of deep-sea channels. *Marine and Petroleum Geology*, 41, 48-61.

Fillion, D. & Pickerill, R. K. 1990. Ichnology of the Upper Cambrian? to Lower Ordovician Bell Island and Wabana groups of eastern Newfoundland, Canada. *Canadian Society of Petroleum Geologists*, 7, 119.

Finney, S. C. , Grubb, B. J. & Hatcher, Jr. R. D. 1996. Graphic correlation of Middle Ordovician graptolite shale, southern Appalachians: An approach for examining the subsidence and migration of a Taconic foreland basin. *Geological Society of America Bulletin*, 108, 355-371.

Fischer-Ooster, C. 1858. *Die fossilen Fucoiden der Schweizer Alpen, nebst Erörterungenüber deren geologisches Alter*. Huber, Bern. 72 pp.

Fisher, A. T. & Hounslow, M. W. 1990a. Heat flow through the toe of the Barbados accretionary complex. In: Moore, J. C. , Mascle, A. *et al*. , *Proceedings of the Ocean Drilling Program*, *Scientific Results*, 110, 345-363. College Station, TX: Ocean Drilling Program.

Fisher, A. T. & Hounslow, M. W. 1990b. Transient fluid flow through the toe of the Barbados accretionary complex: constraints from Ocean Drilling Program Leg 110 heat flow studies and simple models. *Journal of Geophysical Research*, 95, 8845-8858.

Fisher, M. A. , Collot, J. -Y. & Smith, G. L. 1986. Possible causes for structural variation where the New Hebrides island arc and the d'Entrecasteaux zone collide. *Geology*, 14, 951-954.

Fisher, M. A. , Normark, W. R. , Bohannon, R. G. , Sliter, R. W. & Calvert, A. J. 2003. Geology of the continental margin beneath Santa Monica Bay, Southern California, from seismic-reflection data. *Bulletin of the Seismological Society of America*, 93, 1955-1983.

Fisher, R. V. 1983. Flow transformations in sediment gravity flows. *Geology*, 11, 273-274.

Fisher, R. V. & Schmincke, H. -U. 1984. *Pyroclastic Rocks*. Berlin: Springer-Verlag, 472 pp. ISBN 3-540- 12756-9.

Fisz, M. 1963. *Probability Theory and Mathematical Statistics*. New York: Wiley.

Fitzsimmons, R. , Veiberg, D. & Kråkenes, T. 2005. Characterization of the Heimdal Sandstones within Alveim, Quads 24 and 25, Norwegian North Sea. In: Doré, A. G. & Vining, B. A. (eds), *Petroleum Geology: North-west Europe and Global Perspectives-Proceedings of the 6th Petroleum Geology Conference*, 123-131. London: The Geological Society.

Flemings, P. B. , Behrmann, J. , Davies, T. , John, C. & Expedition 308 Project Team. 2005. Gulf of Mexico hydrogeology-overpressure and fluid flow processes in the deepwater Gulf of Mexico: slope stability, seeps, and shallow-water flow. *IODP Scientific Prospectus*, 308. College Station, Texas, USA: Ocean Drilling Program.

Fletcher, J. M. , Grove, M. , Kimbrough, D. , Lovera, O. & Gehrels, G. E. 2007. Ridge-trench interactions and the Neogene tectonic evolution of the Magdalena shelf and southern Gulf of California: insights from detrital zircon U-Pb ages from the Magdalena fan and adjacent areas. *Bulletin of the Geological Society of America*, 119, 1313-1336.

Flint, S. S. & Bryant, I. D. 1993. *The Geological Modelling of Hydrocarbon Reservoirs and Outcrop analogues*. International Association of Sedimentologists, Special Publication, 15, 269 pp.

Flint, S. , Hodgson, D. , Sprague, A. & Box, D. 2008. A physical stratigraphic hierarchy for deep-water slope system reservoirs 1: super sequences to complexes. *American Association of Petroleum Geologists International Conference and Exhibition*, Cape Town, South Africa, Abstracts.

Flint, S. S. , Hodgson, D. M. , Sprague, A. R. , Brunt, R. L. , Van der Merwe, W. C. , Figueiredo, J. J. P. , Prélat, A. , Box, D. , Di Celma, C. & Kavanagh, J. P. 2011. Depositional architecture and sequence stratigraphy of the Karoo basin floor to shelf edge succession, Laingsburg depocentre, South Africa. *Marine and Petroleum Geology*, 28, 658-674.

Flood, R. D. 1978. Studies of deep sea sedimentary microtopography in the North Atlantic Ocean. Ph. D. Thesis. Massachusetts Institute of Technology & Woods Hole Oceanographic Institution, Woods Hole Oceanographic Institution Report WHOI-78-64.

Flood, R. D. 1988. A lee wave model for deep-sea mudwave activity. *Deep-Sea Research*, A35, 973-983.

Flood, R. D. & Giosan, L. 2002. Migration history of a fine-grained abyssal sediment wave on the Bahama Outer Ridge. *Marine Geology*, 192, 259-273.

Flood, R. D. & Piper, D. J. W. 1997. Amazon Fan sedimentation: the relationship to equatorial climate change, continental denudation, and sea-level fluctuations. In: *Proceedings Ocean Drilling Program*, *Scientific Results*, 155, 653-675. College Station, Texas, USA: Ocean Drilling Program.

Flood, R. D. , Manley, P. C. , Kowsman, R. O. , Appi, C. J. & Pirmez, C. 1991. Seismic facies and Late Quaternary growth of Amazon Submarine Fan. In: Weimer, P. & Link, M. H. (eds), *Seismic Facies and Sedimentary Processes of Submarine Fans and Turbidite Systems*, 415-433. New York: Springer-Verlag.

Flood, R. D. , Piper, D. J. W. & Shipboard Scientific Party 1995. Introduction. In: *Proceedings Ocean Drilling Program*, *Initial Reports*, 155, 5-16. College Station, Texas, USA: Ocean Drilling Program.

Flood, R. D. , Piper, D. J. W. , Klaus, A. & Peterson, L. C. (eds) 1997. *Proceedings Ocean Drilling Program*, *Scientific Results*, 155. College Station, Texas, USA: Ocean Drilling Program.

Flores, G. 1955. Les résultats des études pour la recherche pétrolifère en Sicile: discussion. *Proceedings*, *4th Word Petroleum Congress*, *Ed. Carlo Colombo, Roma*, 121-122.

Flueh, E. R. & Fisher, M. A. & Cruise Participants 1996. F S Sonne Cruise report SO 108 Orwell. *GEOMAR Report*, 49, ISSN 0936-5788, GEOMAR, Kiel, Germany, 262 pp.

Flueh, E. R. , Fisher, M. A. , Bialas, J. , Childs, J. R. , Klaeschen, D. , Kukowski, N. , Parsons, T. , Scholl, D. W. , ten Brink, U. , Tréhu, A. M. & Vidal, N. 1998. New seismic images of the Cascadia subduction zone from cruise SO108-OR-WELL. *Tectonophysics*, 293, 69-84.

Folk, R. L. 1974. *Petrology of Sedimentary Rocks*. Austin, Texas: Hemphill Publishing. 182 pp.

Föllmi, K. B. & Grimm, K. A. 1990. Doomed pioneers: gravity-flow deposition and bioturbation in marine oxygen-deficient environments. *Geology*, 18, 1069-1072.

Ford, M. & Likorish, H. 2004. Foreland basin evolution around the western Alpine Are. *In*: Joseph, P. & Lomas, S. A. (eds), *Deep-Water Sedimentation in the Alpine Basin of SE France: New Perspectives on the Grès d'Annot and Related Systems*. Geological Society, London, Special Publication, 221, 39-63. London: The Geological Society.

Fortuin, A. R. , Roep. Th. B. & Sumosusastro, P. A. 1994. The Neogene sediments of east Sumba, Indonesia products of a lost arc? *Journal of Southeast Asian Earth Sciences*, 9, 67-79.

France-Lanord, C. , Spiess, V. , Klaus, A. and the Expedition 354 Scientists 2015. Bengal Fan: Neogene and late Paleogene record of Himalayan orogeny and climate: a transect across the Middle Bengal Fan. *International Ocean Discovery Program Preliminary Report*, 353. 10. 14379/iodp. pr. 354. 2015.

Francis, R. D. , Sigurdson, D. R. , Legg, M. R. , Grannell, R. B. & Ambos, E. L. 1999. Student participation in an offshore seismic-reflection study of the Palos Verdes Fault, California continental borderland. *Journal of Geo-Science Education*, 47, 23-30.

Fraser, A. J. , Hilkewich, D. , Syms, R. , Penge, J. , Raposo, A. & Simon, G. 2005. Angola Block 18: a deep-water exploration success story. *In*: Doré, A. G. & Vining, B. A. (eds), *Petroleum Geology: North-west Europe and Global Perspectives—Proceedings of the 6th Petroleum Geology Conference*, Volume 1, 1199-1216. London: The Geological Society.

Freund, R. 1974, Kinematics of transform and transcurrent faults. *Tectonophysics*, 21, 93-134.

Freundt, A. 2003. Entrance of hot pyroclastic flows into the sea: experimental observations. *Bulletin of Volcanology*, 65, 144-164.

Freundt, A. & Schmincke, H. U. 1998. Emplacement of ash layers related to high-grade ignimbrite P1 in the sea around Gran Canaria. In: Weaver, P. P. E. , Schmincke, H. -U. , Firth, J. V. & Duffield, W. A. (eds.), *Proceedings of the Ocean Drilling Program*, *Scientific Results*, 157, 201-218.

Frey, R. W. & Goldring, R. 1992. Marine event beds and recolonization surfaces as revealed by trace fossil analysis. *Geology Magazine*, 129, 325-335.

Frey, R. W. & Pemberton, S. G. 1985. Biogenic structures in outcrops and cores. 1. Approaches to Ichnology. *Bulletin of Canadian Petroleum Geology*, 33, 72-115.

Frey, R. W. & Pemberton, S. G. 1987. The Psilonichnus ichnocoenose, and its relationship to adjacent marine and nonmarine ichnocoenoses along the Georgia coast. *Bulletin of Canadian Petroleum Geology*, 35, 155-158.

Frey, R. W. & Seilacher, A. 1980. Uniformity in marine invertebrate ichnology. *Lethaia*, 13, 183-207.

Frey, R. W. , Howard, J. D. & Hong, J. S. 1987. Prevalent lebensspuren on a modern macrotidal flat, Inchon, Korea: Ethological and environmental significance. *Palaios*, 2, 517-593.

Frey, R. W. , Pemberton, S. G. & Saunders, T. D. 1990. Ichnofacies and bathymetry: A passive relationship. *Journal of Paleontology*, 64, 155-158.

Freymueller, J. T. , Haeussler, P. J. , Wesson, R. L. & Ekström G. (eds) 2008. *Active Tectonics and Seismic Potential of Alaska*. *Geophysical Monograph Series*, 179, 431 pp.

Friedmann, S. J. & Beaubouef, RT. 1999. Relationships between depositional process, stratigraphy, and salt tectonics in a closed, intraslope basin: E. Breaks area, Gulf of Mexico. *American Association of Petroleum Geologists Annual Meeting*, *San Antonio*, *Abstracts with program*.

Friend, P. F. , Slater, M. J. & Williams, R. C. 1979. Vertical and lateral building of river sandstone bodies, Ebro Basin, Spain. *Journal of the Geological Society*, *London*, 136, 39-46.

Friès, G & Parize, O. 2003. Anatomy of ancient passive margin slope systems: Aptian gravitydriven deposition on the Vocontian palaeomargin, western Alps, south-east France. *Sedimentology*, 50, 1231-1270.

Frisch, W. , Meschede, M. & Blakey, R. 2011. Plate *Tectonics*: *Continental Drift and Mountain Building*, 217 pp. Berlin: Springer-Verlag. ISBN: 978-3-540-76503-5.

Frost, R. E. & Rose, J. F. 1996. Tectonic quiescence punctuated by strike-slip movement: influences on Late Jurassic sedimentation in the Moray Firth and the North Sea region. *In*: Hurst, A. *et al.* (eds), *Geology of the Humber Group*: *Central Graben and Moray Firth*, *UKCS*, 145–162. Geological Society of London, Special Publication, 114.

Fruth, L. S. Jr 1965. The 1929 Grand Banks turbidite and the sediments of the Sohm Abyssal Plain. Ph. D. thesis, Columbia University, New York.

Fu, S. 1991. Funktion, Verhalten und Einteilung fucoider und lophocteniider Lebensspuren. *Courier Forschungs-Institut Senckenberg*, 135, 1–79.

Fuh, S. -C. , Chern, C. -C. , Liang, S. -C. , Yang, Y. -L. , Wu, S. -H. , Chang, T. -Y. & Lin, J. -Y. 2009. The biogenic gas potential of the submarine canyon systems of Plio-Peistocene foreland Basin, southwestern Taiwan. *Marine and Petroleum Geology*, 26, 1087–1099.

Füchs, T. 1895. Studien über fucoiden und hieroglyphen. *Denkschr Akad Wiss Wien Math-Naturwiss Kl*, 62, 369–448.

Fukushima, Y. , Parker, G. & Pantin, H. M. 1985. Prediction of ignitive turbidity currents in Scripps Submarine Canyon. *Marine Geology*, 67, 55–81.

Fuller, C. W. , Willett, S. D. & Brandon, M. T. 2006. Formation of forearc basins and their influence on subduction zone earthquakes. *Geology*, 34, 65–68.

Fulthorpe, C. S. & Melillo, A. J. 1988. Middle Miocene carbonate gravity flows in the strata of Florida at Site 626. *In*: Austin, J. A. , Jr. , Schlager, W. *et al.* , *Proceedings of the Ocean Drilling Program*, *Scientific Results*, 101, 179–191. College Station, Texas, USA: Ocean Drilling Program.

Fürsich, F. T. , Werner W. , Schneider S. & Mäuser M. 2007. Sedimentology, taphonomy, and palaeoecology of a laminated plattenkalk from the Kimmeridgian of the northern Franconian Alb (southern Germany). *Palaeogeography*, *Palaeoclimatology*, *Palaeoecology*, 243, 92–117.

Gabelli, L. De. 1900. Sopra un interessante impronta medusoidae. *Il Pensiero Aristotelico della Scienza Moderna*, 1, 74–78.

Gaina, C. & Müller, R. D. 2007. Cenozoic tectonic and depth/age evolution of the Indonesian gateway and associated backarc basins. *Earth-Science Reviews*, 83, 177–203.

Galloway, W. E. 1989a. Genetic stratigraphic sequences in basin analysis: I, Architecture and genesis of flooding-surface bounded depositional units. *American Association of Petroleum Geologists Bulletin*, 73, 125–142.

Galloway, W. E. 1989b. Genetic stratigraphic sequences in basin analysis: II, Application to Northwest Gulf of Mexico Cenozoic basin. *American Association of Petroleum Geologists Bulletin*, 73, 143–154.

Galloway, W. E. & Williams, T. A. 1991. Sediment accumulation rates in time and space: Paleogene genetic stratigraphic sequences of the northwestern Gulf of Mexico basin. *Geology*, 19, 986–989.

Gamberi, F. 2010. Subsurface sediment remobilization as an indicator of regional-scale defluidization within the upper Tortonian Marnoso-arenacea formation (Apenninic foredeep, northern Italy). *Basin Research*, 22, 562–577.

Gamberi, F. & Rovere, M. 2010. Mud diapirs, mud volcanoes and fluid flowin the rear of the Calabrian Arc OrogenicWedge (southeastern Tyrrhenian sea). *Basin Research*, 22, 452–464.

Gamberi, F. & Rovere, M. 2011. Architecture of a modern transient slope fan (Villafranca fan, Gioia basin-Southeastern Tyrrhenian Sea). *Sedimentary Geology*, 236, 211–225.

Gamberi, F. , Rovere, M. & Marani, M. 2010. Modern examples of mass-transport complexes, debrite and turbidite associations: geometry, stratigraphic relationships and implications for hydrocarbon trap development. *American Association of Petroleum Geologists Search & Discovery*, Article #40536.

Gamberi, F. , Rovere, M. , Dykstra, M. , Kane, I. A. & Kneller, B. C. 2013. Integrating modern seafloor and outcrop data in the analysis of slope channel architecture and fill. *Marine and Petroleum Geology*, 41, 83–103.

Gandolfi, G. , Paganelli, L. & Zuffa, G. G. 1983. Petrology and dispersal directions in the Marnoso Arenacea Formation (Miocene, Northern Apennines). *Journal of Sedimentary Petrology*, 53, 493–507.

Garcia, D. , Joseph, P. , Maréchal, P. & Moutte, J. 2004. Patterns of geochemical variability in relation to turbidite facies in the Grès d'Annot Formation. *In*: Joseph, P. & Lomas, S. A. (eds), *Deep-Water Sedimentation in the Alpine Basin of SE France*: *New Perspectives on the Grès d'Annot and Related Systems*, 349–365. Geological Society, London, Special Publication, 221. London: The Geological Society.

García, M. & Parker, G. 1989. Experiments on hydraulic jumps in turbidity currents near a canyon-fan transition. *Science*, 245,

393－396.

Garcia, M. , Riquelme, R. , Farías, M. , Hérail, M. & Reynaldo, C. 2011. Late Miocene－Holocene canyon incision in the west-ern Altiplano, northern Chile: tectonic or climatic forcing? *Journal of the Geological Society*, *London*, 168, 1047－1060.

Garcia－Mondejar, J. , Hines, F. M. , Pujalte, V. & Reading, H. G. 1985. Sedimentation and tectonics in the western Basque－Cantabrian area (northern Spain) during Cretaceous and Tertiary times. *In*: Mila, M. D. & Rosell, J. (eds), *Excursion Guide-book*, *6th European Regional Meeting*, *Lleida*, Spain. International Association of Sedimentologists.

Gardiner, S. & Hiscott, R. N. 1988. Deep－water facies and depositional setting of the lower Conception Group (Hadrynian), southern Avalon Peninsula, Newfoundland. *Canadian Journal of Earth Sciences*, 25, 1579－1594.

Gardner, J. V. , Dartnell, P. , Mayer, L. A. & Hughes Clarke, J. E. 2003a. Geomorphology, acoustic backscatter, and processes in Santa Monica Bay from multibeam mapping. *Marine Environmental Research*, 56, 15－46.

Gardner, M. H. , Borer, J. & Johnson, K. , 2000. Submarine channel architecture along a slope to basin profile, Permian Brushy Canyon Formation. *In*: Bouma, A. H. , Stelting, C. E. & Stone, C. G. (eds), *Fine－Grained Turbidite Systems and Submarine Fans*, 195－215. American Association of Petroleum Geologists Memoir 72/Society of Economic Paleontologists and Mineralogists Special Publication.

Gardner, M. H. , Borer, J. M. , Melick, J. J. , Mavilla, N. , Dechesne, M. & Wagerle, R. N. 2003b. Stratigraphic process－re-sponse model for submarine channels and related features from studies of Permian Brushy Canyon outcrops, West Texas. *Marine and Petroleum Geology*, 20, 757－787.

Gardner, W. D. , Biscaye, P. E. , Zaneveld, J. R. V. & Richardson, M. J. 1985. Calibration and comparison of the LDGO nephe-lometer and the OSU transmissometer on the Nova Scotian rise. *Marine Geology*, 66, 323－344.

Garfunkel, Z. 1984. Large－scale submarine rotational slumps and growth faults in the Eastern Mediterranean. *Marine Geology*, 55, 305－324.

Garfunkel, Z. & Almagor, G. 1985. Geology and structure of the continental margin off northern Israel and the adjacent part of the Levantine Basin. *Marine Geology*, 62, 105－131.

Garner, J. V. , Mayer, L. A. & Hughs Clarke, J. E. 2000. Morphology and processes in Lake Tahoe (California－Nevada). *Geo-logical Society of America Bulletin*, 112, 736－746.

Garrison, L. E. , Kenyon, N. H. & Bouma, A. H. 1982. Channel systems and lobe construction in the Mississippi Fan. *Geo－Marine Letters*, 2, 31－39.

Garton, M. & McIlroy, D. 2006. Large thin slicing: a new method for the study of fabrics in lithified sediments. *Journal of Sedi-mentary Research*, 76, 1252－1256.

Garzanti, E. , Doglioni, C. , Vezzoli, G. & Andò, S. 2007. Orogenic Belts and Orogenic Sediment Provenance. *The Journal of Ge-ology*, 115, 315－334.

Gawthorpe, R. L. , Sharp, I. , Underhill, J. R. & Gupta, S. 1997. Linked sequence stratigraphic and structural evolution of propa-gating normal faults. *Geology*, 25, 795－798.

GEBCO 2003. *IHO－UNESCO*, *General Bathymetric Chart of the Oceans*, *Digital Edition*, 2003, http: //www. gebco. net/.

Gee, M. J. R. & Gawthorpe, R. L. 2006. Submarine channels controlled by salt tectonics: examples from 3D seismic data offshore Angola. *Marine and Petroleum Geology*, 23, 443－458.

Gee, M. J. R. , Gawthorpe, R. L. , Friedmann, S. J. 2006. Triggering and evolution of a giant submarine landslide, offshore Ango-la, revealed by 3D seismic stratigraphy and geomorphology. *Journal of Sedimentary Research*, 76, 9－19.

Gee, M. J. R. , Gawthorpe, R. L. , Bakke, K. & Friedmann, S. J. 2007. Seismic geomorphology and evolution of submarine chan-nels from the Angolan continental margin. *Journal of Sedimentary Research*, 77, 433－446.

Geist, E. L. , Childs, J. R. & Scholl, D. W. 1988. The origin of summit basins of the Aleutian Ridge: implications for block rota-tion of the arc massif. *Tectonics*, 7, 327－341.

Gennesseaux, M. , Guibout, P. & Lacombe, H. 1971. Enregistrement de courants de turbidite dans la vallee sous－marine du Var (Alpes－Maritimes). *Comptes Rendus de l'Académie des Sciences Paris*, 273, 2456－2459.

Gennesseaux, M. , Mauffret, A. & Pautot, G. 1980. Les glissements sous－marins de la pente continentale niçoise et la rupture de cables en mer Ligure (Mediterranée occidentale). *Comptes Rendus de l'Académie des Sciences Paris (D)*, 290, 959－962.

Georgiopoulou, A. & Cartwright, J. A. 2013. A critical test of the concept of submarine equilibrium profile. *Marine and Petroleum Geology*, 41, 35－47.

Gersonde, R. , Hodell, D. A. , Blum, P. *et al.* 1999. *Proceedings of the Ocean Drilling Program*, *Initial Reports*, 177. College Station, Texas, USA: Ocean Drilling.

Gertsch, B., Adatte, T., Keller, G., Tantawy, A. A. A. M., Berners, Z., Mort, H. P. & Fleitmann, D. 2010. Middle and late Cenomanian oceanic anoxic events in shallow and deeper shelf environments of western Morocco. *Sedimentology*, doi: 10.1111/j. 1365-3091. 2010. 01151. x.

Gervais, A., Mulder, T., Savoye, B. & Gonthier, E. 2006. Sediment distribution and evolution of sedimentary processes in a small sandy turbidite system (Golo system, Mediterranean Sea): implications for various geometries based on core framework. *Geo-Marine Letters*, 26, 373-395.

Geyer, W. R., Hill, P. S. & Kineke, G. C. 2004. The transport, transformation and dispersal of sediment by buoyant coastal flows. *Continental Shelf Research*, 24, 927-949.

Ghadeer, S. G. & Macquaker, J. H. S. 2011. Sediment transport processes in an ancient muddominated succession: a comparison of processes operating in marine offshore settings and anoxic basinal environments. *Journal of the Geological Society*, London, 168, 1121-1132.

Ghibaudo, G. 1980. Deep-sea fan deposits in the Macigno Formation (Middle-Upper Oligocene) of the Gordana Valley, northern Apennines. *Journal of Sedimentary Petrology*, 50, 723-742.

Ghibaudo, G. 1992. Subaqueous sediment gravity flow deposits: practical criteria for their field description and classification. *Sedimentology*, 39, 423-454.

Ghibaudo, G. 1995. Sandbody geometries in an onlapping turbiditic basin-fill: Montagne de Chalufy, Alpes des Hautes Provence, SE France. *In*: Pickering, K. T., Hiscott, R. N., Kenyon, N. H., Ricci Lucchi, F. & Smith, R. D. A. (eds), *Atlas of Deep Water Environments: Architectural Style in Turbidite Systems*, 242-243. London: Chapman and Hall.

Ghibaudo, G., Grandesso, P., Massari, F. & Uchman, A. 1996. Use of trace fossils in delineating sequence stratigraphic surfaces, Tertiary Venetian Basin, northeastern Italy. *Palaeogeography, Palaeoclimatology, Palaeoecology*, 120, 261-279.

Ghiglione, M. C., Quinteros, J., Yagupsky, D., Bonillo-Martínez, P., Hlebszevtich, J., Ramos, V. A., Vergani, G., Figueroa, D., Quesada, S. & Zapata, T. 2010. Structure and tectonic history of the foreland basins of southernmost South America. *Journal of South American Earth Sciences*, 29, 262-277.

Ghiglione, M. C., Yagupsky, D., Ghidella, M. & Ramos, V. A. 2008. Continental stretching preceding the opening of the Drake Passage: Evidence from Tierra del Fuego. *Geology*, 36, 643-646.

Gibson, R. E. 1958. The progress of consolidation in a clay layer increasing in thickness with time. *Geotechnique*, 8, 171-182.

Gibbs, A. D. 1984. Structural evolution of extensional basin margins. *Journal of the Geological Society (London)*, 141, 609-620.

Gibbs, R. J. 1985a. Estuarine flocs: their size, settling velocity and density. *Journal of Geophysical Research Oceans and Atmospheres*, 90, 3249-3251.

Gibbs, R. J. 1985b. Settling velocity, diameter, and density of flocs of illite, kaolinite, and montmorillonite. *Journal of Sedimentary Petrology*, 55, 65-68.

Gibbs, R. J. & Konwar, L. 1986. Coagulation and settling of Amazon River suspended sediment. *Continental Shelf Research*, 6, 127-149.

Gieskes, J. M., Johnston, K. & Boehm, M. 1984. Appendix. Interstitial water studies, Leg 66. *In*: von Huene, R., Aubouin, J. et al., *Initial Reports of the Deep Sea Drilling Project*, 66, 961-967. Washington, DC: US Government Printing Office.

Gieskes, J. M., Vrolijk, P. & Blanc, G. 1990. Hydrogeochemistry of the northern Barbados accretionary complex transect: Ocean Drilling Program Leg 110. *Journal of Geophysical Research*, 95. 8809-8818.

Gilbert, R. 1983. Sediment processes of Canadian arctic fjords. *Sedimentary Geology*, 36, 147-175.

Gill, J. B., Hiscott, R. N. & Vidal, Ph. 1994. Turbidite geochemistry and evolution of the Izu-Bonin arc and continents. *Lithos*, 33, 135-168.

Gingras, M. K., Pemberton, S. G., Dashtgard, S. & Dafoe, L. 2008. How fast do marine invertebrates burrow? *Palaeogeography, Palaeoclimatology, Palaeoecology*, 270, 280-286.

Giorgio Serchi, F., Peakall, J., Ingham, D. B. & Burns, A. D. 2011. A unifying computational fluid dynamics investigation on the river-like to river-reversed secondary circulation in submarine channel bends. *Journal of Geophysical Research-Oceans*, 116, C06012. doi: 10. 1029/2010JC006361.

Gladstone, C. & Pritchard, D. 2010. *Patterns of deposition from experimental turbidity currents with reversing buoyancy Sedimentology*, 57, 53-84.

Gladstone, C. & Sparkes, R. S. J. 2002. The significance of grain-size breaks in turbidites and pyroclastic density current deposits. *Journal of Sedimentary Research*, 72, 182-191.

Gladstone, C., Ritchie, L. J., Sparks, R. S. J. & Woods, A. W. 2004. An experimental investigation of density-stratified inertial gravity currents. *Sedimentology*, 51, 767–790.

Glasby, G. P. (ed.) 1977. *Marine Manganese Deposits*. Oceanography Series, 15. Amsterdam: Elsevier.

Glennie, K. W. (ed.) 1986a. *Introduction to the Petroleum Geology of the North Sea*, 2nd edn. Oxford: Blackwell Scientific.

Glennie, K. W. 1986b. Structural framework and pre-Permian history of the North Sea. *In*: Glennie, K. W. (ed.), *Introduction to the Petroleum Geology of the North Sea*, 853–864. Oxford: Blackwell Scientific.

Gloppen, T. G. & Steel, R. J. 1981. The deposits, internal structure and geometry of six alluvial fan-fan delta bodies (Devonian, Norway) a study in the significance of bedding sequences in conglomerates. *In*: Ethridge, F. G. & Flores, R. M. (eds), *Recent and Ancient Non-marine Depositional Environments: Models for Exploration*, 49–69. Society of Economic Paleontologists and Mineralogists Special Publication, 31.

Gnibidenko, H. S., Anosov, G. A., Argentov, V. V. & Pushchin, I. K. 1985. Tectonics of the Tonga-Kermadec Trench and Ozbourn Seamount junction area. *Tectonophysics*, 112, 357–383.

Gold, E. 1929. Notes on the frequency of occurrence of sequence in a series of events of two types. *Royal Meteorological Society Quarterly Journal*, 55, 307–309.

Goldfinger, C. 1994. *Active deformation of the Cascadia forearc: implications for great earthquake potential in Oregon and Washington*. Oregon State University, Corvallis, Ph. D. Thesis, 202 pp.

Goldfinger, C. 2011. Submarine paleoseismology based on turbidite records. *Annual Reviews of Marine Science*, 3, 35–66.

Goldfinger, C., Kulm, L. D., Yeats, R. S., Appelgate, B., MacKay, M. & Moore, G. F. 1992. Transverse structural trends along the Oregon convergent margin: Implications for Cascadia earthquake potential. *Geology*, 20, 141–144.

Goldfinger, C., Kulm, L. D., Yeats, R. S, McNeill, L. 1995. Super-scale slumping of the Southern Oregon Cascadia margin: tsunamis, tectonic erosion, and extension of the forearc. *EOS, Transactions of the American Geophysical Union*, 76, F361.

Goldfinger, C. Kulm, L. D., McNeill, L. C. & Watts, P. 2000. Super-scale failure of the Southern Oregon Cascadia margin. *Pure & Applied Geophysics*, 157, 1189–1226.

Goldfinger, C., Nelson, C. H., Johnson, J. E. and the Shipboard Party 2003. Deep-water turbidites as Holocene earthquake proxies: the Cascadia subduction zone and Northern San Andreas Fault systems. *Annals of Geophysics*, 46, 1169–1194.

Goldfinger, C., Morey, A. E., Nelson, C. H., Gutiérrez-Pastor, J., Johnson, J. E., Karabanov, E., Chaytor, J. D., Eriksson, A. & Shipboard Scientific Party 2007. Rupture lengths and temporal history of significant earthquakes on the offshore and north coast segments of the Northern San Andreas Fault based on turbidite stratigraphy. *Earth and Planetary Science Letters*, 254, 9–27.

Goldfinger, C., Grijalva, K., Bürgmann, R., Morey, A. E., Johnson, J. E., Nelson, C. H., Gutiérrez-Pastor, J., Eriksson, A., Karabanov, E., Chaytor, J. D., Patton, J. & Gràcia, E. 2008. Late Holocene rupture of the northern San Andreas Fault and possible stress linkage to the Cascadia subduction zone. *Bulletin of the Seismological Society of America*, 98, 861–889.

Goldfinger, C., Patton, J., Morey, A. E. & Nelson, C. H. 2009. Reply to "Comment on Late Holocene rupture of the northern San Andreas Fault and possible stress linkage to the Cascadia subduction zone". *Bulletin of the Seismological Society of America*, 99, 2599–2606.

Goldfinger, C., Nelson, C. H., Morey, A. E., Johnson, J. E., Patton, J. R., Karabanov, E., Gutiérrez-Pastor, J., Eriksson, A. T., Gràcia, E., Dunhill, G., Enkin, R. J., Dallimore, A. & Vallier, T. 2012. *Turbidite Event History-Methods and Implications for Holocene Paleoseismicity of the Cascadia Subduction Zone*. USGS Professional Paper 1661-F, 170 pp.

Goldfinger, C., Morey, A. E., Black, B., Beeson, J., Nelson, C. H. & Patton, J. 2013 Spatially limited mud turbidites on the Cascadia margin: segmented earthquake ruptures? *Natural Hazards and Earth System Sciences*, 13, 2109–2146.

Goldring, R. 1993. Ichnofacies and facies interpretation. *Palaios*, 8, 403–405.

Gómez-Paccard, M., López-Blanco, M., Costa, E., Garcés, M., Beamud, E. & Larrasoaña, J. C. 2011. Tectonic and climatic controls on the sequential arrangement of an alluvial fan/fan-delta complex (Montserrat, Eocene, Ebro Basin, NE Spain). *Basin Research*, 23, 1–19.

Gong, G., Wang, Y., Xu, S., Pickering, K. T., Peng, X., Li, W. & Yan, Q. 2015. The northeastern South China Sea margin created by the combined action of down-slope and along-slope processes: processes, products and implications for exploration and paleoceanography. *Marine and Petroleum Geology*, 64, 233–249.

Gonthier, E. G., Faugères, J. -C. & Stow, D. A. V. 1984. Contourite facies of the Faro Drift, Gulf of Cadiz. *In*: Stow, D. A. V. & Piper, D. J. W. (eds), *Fine-grained Sediments: Deep-water Processes and Facies*, 275–292. Geological Society of London Special Publication, 15. Oxford: Blackwell Scientific.

Gorsline, D. S. 1980. Deep-water sedimentologic conditions and models. *Marine Geology*, 38, 1–21.

Gorsline, D. S. 1984. A review of fine-grained sediment origins, characteristics, transport and deposition. *In*: Stow, D. A. V. &

Piper, D. J. W. （eds）, *Fine-grained Sediments: Deep-water Processes and Facies*, 17-34. Geological Society of London Special Publication, 15. Oxford: Blackwell Scientific.

Gorsline, D. S. 1996. Depositional events in Santa Monica Basin, California Borderland, over the past five centuries. *Sedimentary Geology*, 104, 73-88.

Gorsline, D. S., Kolpack, R. L., Karl, H. A., Drake, D. E., Fleischer, P., Thornton, S. E., Schwalbach, J. R. & Svarda, C. E. 1984. Studies of fine-grained sediment transport processes and products in the California Continental Borderland. In: Stow, D. A. V. & Piper, D. J. W. （eds）, *Fine-grained Sediments: Deep-water Processes and Facies*, 395-415. Geological Society of London Special Publication, 15. Oxford: Blackwell Scientific.

Gorsline, D. S., De Diegob, T. & Nava-Sanchezc, E. H. 2000. Seismically triggered turbidites in small margin basins: Alfonso Basin, Western Gulf of California and Santa Monica Basin, California Borderland. *Sedimentary Geology*, 135, 21-35.

Gradstein, F. M., Fearon, J. M. & Huang, Z. 1989. BURSUB and DEPOR version 3. 50-two FORTRAN 77 programs for porosity and subsidence analysis. *Geological Survey of Canada Open-File Report*, 1283, 1-10.

Gradstein, F. M., Ogg, J. G. & Schmitz, M. 2012. *The Geologic Time Scale 2012*. Amsterdam: Elsevier Science & Technology Books.

Graham, R. H. 1978. Wrench faults, arcuate fold patterns and deformation in the southern French Alps. *Proceedings of the Geologists Association*, 89, 125-142.

Graham, S. A. & Dickinson. W. R. 1978. Evidence for 115 kilometres of right-slip on the San Gregorio-Hosgri fault trend. *Science*, 199, 179-181.

Grahame, J. & Silva-Gonzalez, P. 2013. Zeus and Zeebries: enhanced exploration potential from new high-quality 3D data acquired by Fugro in the northern Carnarvon Basin. *GEO ExPro*, 10, 38-40.

Grammer, G. M. & Ginsburg, N. 1992. Highstand versus lowstand deposition on carbonate platform margins: insight from Quaternary foreslopes in the Bahamas. *Marine Geology*, 103, 125-136.

Grecula, M., Flint, S., Wickens, D. & Potts, G. J. 2003a. Partial ponding of turbidite systems in a basin with subtle growth-fold topography: Laingsburg-Karoo, South Africa. *Journal of Sedimentary Research*, 73, 603-620.

Grecula, M., Flint, S., Wickens, H. deV. & Johnson, S. 2003b. Upward-thickening patterns and lateral continuity of Permian sand-rich turbidite channel-fills, Laingsburg Karoo, South Africa. *Sedimentology*, 50, 831-853.

Greene, H. G., Murai, L. Y., Watts, P., Maher, N. A., Fisher, M. A., Paull, C. E. & Eichhubl, P. 2006. Submarine landslides in the Santa Barbara Channel as potential tsunami sources. *Natural Hazards and Earth System Sciences*, 6, 63-88.

Greenhalgh, J. & Whaley, M. 2012. Exploration potential of the Nigerian transform margin. *GEO ExPro*, 9, 36-40.

Greenlee, S. M. & Moore, T. C. 1988. Recognition and interpretation of depositional sequences and calculation of sea-level changes from stratigraphic data-offshore New Jersey and Alabama Tertiary. In: Wilgus, C. K., Hastings, B. S., Posamentier, H., Van Wagoner, J., Ross, C. A. & Kendall, C. G. St. C. （eds）, *Sea-Level Changes: An Integrated Approach*. Society of Economic Paleontologists and Mineralogists, Special Publication, 42, 329-353.

Griggs, G. B. & Kulm, L. D. 1970. Sedimentation in Cascadia deep-sea channel. *Geological Society of America Bulletin*, 81, 1361-1384.

Griggs, G. B. & Kulm, L. D. 1973. Origin and development of Cascadia deep-sea channel. *Journal of Geophysical Research*, 78, 6325-6339.

Grim, P. J. & Naugler, F. P. 1969. Fossil deep-sea channel on the Aleutian Abyssal Plain. *Science*, 163, 383-386.

Groenenberg, R. M., Hodgson, D. M., Prélat, A., Luthi, S. M. & Flint, S. S. 2010. Flow-deposit interaction in submarine lobes: insights from outcrop observations and realizations of a process-based numerical model. *Journal of Sedimentary Research*, 80, 252-267.

Grosheny, D., Ferry, S. & Courjault, T. 2015. Progradational patterns at the head of single units of base-of-slope, submarine granular flowdeposits （"Conglomérats des Gâs", Coniacian, SE France）. *Sedimentary Geology*, 317, 102-115.

Grundvåg, S. -A., Johannessen, E. P., Helland-Hansen, W. & Plink-Björklund, P. 2014. Depositional architecture and evolution of progradationally stacked lobe complexes in the Eocene Central Basin of Spitsbergen. *Sedimentology*, 61, 535-569.

Guillocheau, F., Quéméner, J. -M., Robin, C., Joseph, P. & Broucke, O. 2004. Genetic units/parasequences of the Annot turbidite system, SE France. In: Joseph, P. & Lomas, S. A. （eds）, *Deep-Water Sedimentation in the Alpine Basin of SE France: New Perspectives on the Grès d'Annot and Related Systems*. Geological Society, London, Special Publication, 221, 111-135. London: The Geological Society.

Guo, J. & Underwood, M. B. 2012. Data report: clay mineral assemblages from the Nankai Trough accretionary prism and the Kumano Basin, IODP Expeditions 315 and 316, NanTroSEIZE Stage 1. *In*: Kinoshita, M., Tobin, H., Ashi, J., Kimura, G., Lallemant, S., Screaton, E. J., Curewitz, D., Masago, H., Moe, K. T. and the Expedition 314/315/316 Scientists, *Proceedings of the Integrated Ocean Drilling Program*, 314/315/316. Washington, DC (Integrated Ocean Drilling Program).

Guo, J., Underwood, M. B., Likos, W. J. & Saffer, D. M. 2013. Apparent overconsolidation of mudstones in the Kumano Basin of southwest Japan: Implications for fluid pressure and fluid flow within a forearc setting. *Geochemistry, Geophysics, Geosystems*, 14, 1023-1038.

Gürer, O. F., Kaymakci, N., Cakir, S. & Ozburan, N. 2003. Neotectonics of the southeast Marmara region, NW Anatolia, Turkey. *Journal of Asian Earth Sciences*, 21, 1041-1051.

Gutscher, M. -A., Klaeschen, D., Flueh, E. & Malavieille, J. 2001. Non-Coulomb wedges, wrong-way thrusting, and natural hazards in Cascadia. *Geology*, 29, 379-382.

Guy, M. 1992. Facies analysis of the Kopervik sand interval, Kilda Field, Block 16/26, UK North Sea. *In*: Hardman, R. F. P. (ed.) *Exploration Britain: Geological insights for the next decade. Geological Society London Special Publication*, 67, 187-220.

Hacquebard, P. A., Buckley, D. E. & Vilks, G. 1981. The importance of detrital particles of coal in tracing the provenance of sedimentary rocks. *Bulletin Des Centres De Recherches Exploration-Production Elf Aquitaine*, 5, 555-572.

Hadlari, T., Lemieux, Y., Zantvoort, W. G. & Catuneanu, O. 2009. Slope and Submarine Fan Turbidite Facies of the Upper Devonian Imperial Formation, Northern Mackenzie Mountains, NWT. *Bulletin of Canadian Petroleum Geology*, 57, 192-208.

Haeussler, P. J., Bradley, D. C., Wells, R. E. & Miller, M. L. 2003. Life and death of the Resurrection plate: evidence for its existence and subduction in the northeastern Pacific in Paleocene-Eocene time. *Geological Society of America Bulletin*, 15, 867-880.

Haines, A. J., Hulme, T. & Yu, J. 2004. General elastic wave scattering problems using an impedance operator approach. 1, Mathematical development. *Geophysical Journal International*, 159, 643-657.

Haldeman, S. S. 1840. *In*: Paludina & Anculosa. J. Dobson (eds), Supplement to Number One of "A Monograph of the Limniades, or Freshwater Univalve shells of North America". *Containing descriptions of apparently new animals in different classes, and the names and characters of the subgenera*. Philadelphia.

Haldorsen, H. H. & Chang, D. W. 1986. Notes on stochastic shales, from outcrop to simulation model. *In*: Lake, L. W. & Carroll, H. B. (eds), Reservoir *Characterization*, 445-485. London: Academic Press.

Haldorsen, H. H. & Lake L. W. 1984. A new approach to shale management in field-scale model. *Society of Petroleum Engineers Journal April*, 447-457.

Hall, J. 1847. *Paleontology of New York. Volume 1. C*. Albany: Van Benthuysen. 338 pp.

Hall, R. 2011. Australia-SE Asia collision: plate tectonics and crustal flow. *In*: Hall, R., Cottam, M. A. &Wilson, M. E. J. (eds), *The SE Asian Gateway: History and Tectonics of the Australia-Asia Collision, Geological Society, London, Special Publications*, 355, 75-109. Bath, UK: The Geological Society, London.

Hall, R. & Smyth, H. R. 2008. Cenozoic arc processes in Indonesia: Identification of the key influences on the stratigraphic record in active volcanic arcs. *Geological Society of America, Special Papers*, 436, 27-54. doi: 10.1130/2008.2436.03.

Hallworth, M. A., Huppert, H. E., Phillips, J. C. & Sparks, R. S. J. 1996. Entrainment into two-dimensional and axisymmetric turbulent gravity currents. *Journal of Fluid Mechanics*, 308, 289-311.

Hamberg, L., Jepsen, A. M., Borch, N. T., Dam, G., Engkilde, M. K. & Svendsen, J. B. 2007. Mounded Structures of Injected Sandstones in Deep-marine Paleocene Reservoirs, Cecile Field, Denmark. *In*: Hurst, A. & Cartwright, J. (eds), *Sand Injectites: Implications for Hydrocarbon Exploration and Production*, 69-79. American Association of Petroleum Geologists Memoir, 87. Tulsa, Oklahoma.

Hamilton, E. L. 1967. Marine geology of abyssal plains in the Gulf of Alaska. *Journal of Geophysical Research*, 72, 4189-4213.

Hamilton, E. L. 1973. Marine geology of the Aleutian Abyssal Plain. *Marine Geology*, 14, 295-325.

Hamilton, P. B., Strom, K. & Hoyal, D. C. J. D. 2013. Autogenic incision-backfilling cycles and lobe formation during the growth of alluvial fans with supercritical distributaries. *Sedimentology*, 60, 1498-1525.

Hamilton, P. B., Strom, K. & Hoyal, D. C. J. D. 2015. Hydraulic and sediment transport properties of autogenic avulsion cycles on submarine fans with supercritical distributaries. *Journal of Geophysical Research*, doi: 10.1002/2014JF003414.

Hampton, M. A 1975. Competence of fine-grained debris flows. *Journal of Sedimentary Petrology*, 45, 834-844.

Hampton, M. A. 1972. The role of subaqueous debris flow in generating turbidity currents. *Journal of Sedimentary Petrology*, 42, 775-793.

Hampton, M. A. 1979. Buoyancy in debris flows. *Journal of Sedimentary Petrology*, 49, 753-758.

Hampton, M. A., Bouma, A. H., Carlson, P. R., Molnia, B. F., Clukey, E. C. & Sangrey, D. A. 1978. Quantitative study of slope instability in the Gulf of Alaska. *Proceedings of the 10th Offshore Technology Conference* OTC3314, 2307−2318.

Hampton, M. A., Lee, H. J. & Locat, J. 1996. Submarine landslides. *Reviews of Geophysics*, 34, 33−59.

Hand, B. M. 1997. Inverse grading resulting from coarse−sediment transport lag. *Journal of Sedimentary Research*, 67, 124−129.

Hand, B. M. & J. B. Ellison, J. B. 1985. *Inverse Grading in Density−current Deposits. Abstracts*, 1985 *Mid−year meeting*, *Society of Economic Paleontologists and Mineralogists*, Golden, Colorado.

Hand, B. M., Middleton, G. V. & Skipper, K. 1972. Antidune cross−stratification in a turbidite sequence, Cloridorme Formation, Gaspé, Québec. *Sedimentology* 18, 135−138.

Hanebuth, T. J. J., Zhang, W., Hoffman, A. L., Löwemark, L. A. & Schwenk, T. 2015. Oceanic density fronts steering bottom −current induced sedimentation deduced from a 50 ka contouritedrift record and numerical modeling (off NW Spain). *Quaternary Science Reviews*, 112, 207−225.

Haner, B. E. 1971. Morphology and sediments of Redondo submarine fan, southern California. *Geological Society of America Bulletin*, 82, 2413−2432.

Häntzschel, W. 1975. Trace fossils and problematica. *In*: Teichert, C. (ed.), *Treatise on Invertebrate Paleontology*. Geological Society of America and Kansas University Press.

Haq, B. U. 1981. Paleogene palaeoceanography: Early Cenozoic ocean revisited. *Oceanologica Acta Proceedings of the International Geological Congress*, Geology of Oceans Symposium Paris, 71−82.

Haq, B. U. & Al−Qahtani, A. M. 2005. Phanerozoic cycles of sea−level change on the Arabian Platform. *GeoArabia*, 10, 127−160.

Haq, B. U. & Schutter, S. R. 2008. A chronology of Paleozoic sea−level changes. *Science*, 322, 64−68.

Haq, B. U., Hardenbol, J. & Vail, P. R. 1987. Chronology of fluctuating sea levels since the Triassic (250 years ago to present). *Science*, 235, 1156−1167.

Haq, B. U., Hardenbol, J. & Vail, P. R. 1988. Mesozoic and Cenozoic Chronostratigraphy and Eustatic Cycles. *In*: Wilgus, C. K., Hastings, B. S., Posamentier, H., Van Wagoner, J., Ross, C. A. & Kendall, C. G. St. C. (eds), *Sea−Level Changes: An Integrated Approach*. Society of Economic Paleontologists and Mineralogists, Special Publication, 42, 71−108.

Hara, H., Kunii, M., Hisada, K., Ueno, K., Kamata, Y., Srichan, W., Charusiri, P., Charoentitirat, T., Watarai, M., Adachi, Y. & Kurihara, T. 2012. Petrography and geochemistry of clastic rocks within the Inthanon zone, northern Thailand: Implications for Paleo−Tethys subduction and convergence. *Journal of Asian Earth Sciences*, 61, 2−15.

Harbert, W. 1987. New paleomagnetic data from the Aleutian Islands: Implications for terrane migration and deposition of the Zodiac fan. *Tectonics*, 6, 585−602.

Harding, T. P. 1974. Petroleum traps associated with wrench faults. *American Association of Petroleum Geologists Bulletin*, 58, 1290−1304.

Harding, T. P. 1976. Tectonic significance and hydrocarbon trapping consequences of sequential folding synchronous with San Andreas faulting, San Joaquin Valley, California. *American Association of Petroleum Geologists Bulletin*, 60, 356−378.

Harding, T. P. 1983. Divergent wrench fault and negative flower structure, Andaman Sea. *In*: Bally, A. W. (ed.), *Seismic Expression of Structural Styles*, 3, 4. 2−1−4. 2−8. American Association of Petroleum Geologists, Studies in Geology Series 15.

Harding, T. P. 1990. Identification of wrench faults using subsurface structural data: criteria and pitfalls. *American Association of Petroleum Geologists Bulletin*, 74, 1590−1609.

Harding, T. P., Vierbuchen, R. C. & Christie−Blick, N. 1985. Structural styles, plate−tectonic settings, and hydrocarbon traps of divergent (transtensional) wrench faults. *In*: Biddle, K. T. & Christie−Blick, N. (eds), *Strike−slip Deformation*, *Basin Formation*, *and Sedimentation*, 51−77. Society of Economic Paleontologists and Mineralogists, Special Publication, 37.

Harland, W. B., Armstrong, R. L., Cox, A. V., Craig, L. E., Smith, A. G. & Smith, D. G.. 1990. *A Geologic Time Scale* 1989. Cambridge: Cambridge University Press.

Harms, J. C. & Fahnestock, R. K. 1965. Stratification, bed forms and flow phenomena (with an example from the Rio Grande). *In*: Middleton, G. V. (ed.), *Primary Sedimentary Structures and their Hydrodynamic Interpretation*, 84−115. Society of Economic Paleontologists and Mineralogists Special Publication, 12.

Harms, J. C., Tackenberg, P., Pickles, E. & Pollock, R. E. 1981. The Brae oilfield area. *In*: Illing, L. V. & Hobson, G. D. (eds), *Petroleum Geology of the Continental Shelf of North−West Europe*, 352−357. London: Heyden.

Harper, C. W. Jr. 1984. Facies models revisited: an examination of quantitative methods. *Geoscience Canada*, 11, 203−207.

Harper, C. W., Jr. 1998. Thickening and/or thinning upward patterns in sequences of strata: tests of significance. *Sedimentology*,

45, 657-696.

Harris, P. T. , Barrie, J. V. , Conway, K. W. & Greene, H. G. 2013. Hanging canyons of Haida Gwaii, British Columbia, Canada: fault control on submarine canyon geomorphology along active continental margins. *Deep Sea Research Part II: Topical Studies in Oceanography*, doi. org/10. 1016/j. dsr2. 2013. 06. 017.

Harrison, C. P. & Graham, S. A. 1999. Upper Miocene Stevens Sandstone, San Joaquin Basin, California: reinterpretation of a petroliferous, sand-rich, deep-sea depositional system. *American Association of Petroleum Geologists Bulletin*, 83, 898-924.

Harrowfield, M. , Cunneen, J. , Keep, M. & Crowe, W. 2003. Early-stage orogenesis in the Timor Sea region, NW Australia. *Journal of the Geological Society*, London, 160, 991-1001.

Hatayama, T. , Awaji, T. & Akitomo, K. 1996. Tidal currents in the Indonesian seas and their effect on transport and mixing. *Journal of Geophysical Research*, doi: 101: 12, 353-12, 373.

Hatcher, R. D. , Jr. 1989. Tectonic synthesis of the U. S. Appalachians. *In*: Hatcher, R. D. , Jr. , Thomas, W. A. & Viele, G. W. (eds), *The Appalachian-Ouachita Orogen in the United States: The Geology of North America*, F-2, 511-535.

Haughton, P. D. W. 1994 Deposits of deflected and ponded turbidity currents, Sorbas Basin, southeast Spain. *Journal of Sedimentary Research*, A64, 233-246.

Haughton, P. D. W. 2000. Evolving turbidite systems on a deforming basin floor, Tabernas, SE Spain. *Sedimentology*, 47, 497-518.

Haughton, P. D. W. & Shannon, P. 2013. Upper Carboniferous Deepwater, Slope and Deltaic Deposits, County Claire, Eire. 30th International Association of Sedimentologists, Manchester, Field Trip Guidebook FTA5.

Haughton, P. , Barker, S. P. & McCaffrey, W. D. 2003. "Linked" debrites in sand-rich turbidite systems-origin and significance. *Sedimentology*, 50, 459-482.

Haughton P. , Davis, C. , McCaffrey, W. & Barker, S. 2009. Hybrid sediment gravity flow deposits-Classification, origin and significance. *Marine and Petroleum Geology*, 26, 1900-1918.

Haughton, P. , Davis, C. , McCaffrey, W. D. Barker, S. 2010. Reply to Comment by R. Higgs on 'Hybrid sediment gravity flows-classification, origin and significance'. *Marine and Petroleum Geology*, 27, 2066-2069.

Hay, A. E. 1983a. On the frontal speeds of internal gravity surges on sloping boundaries. *Journal of Geophysical Research*, 88, 751-754.

Hay, A. E. 1987a. Turbidity currents and submarine channel formation in Rupert Inlet, British Columbia, Part I: Surge observations. *Journal of Geophysical Research*, 92, 2875-2882.

Hay, A. E. 1987b. Turbidity currents and submarine channel formation in Rupert Inlet, British Columbia, Part II: the roles of continuous and surge-type flows. *Journal of Geophysical Research*, 92, 2883-2900.

Hay, A. E. , Burling, R. W. & Murray, J. W. 1982. Remote acoustic detection of a turbidity current surge. *Science*, 217, 833-835.

Hay, W. W. 1983b. The global significance of regional Mediterranean Neogene paleoenvironmental studies. *In*: Meulenkamp, J. E. (ed.), *Reconstruction of marine paleoenvironments*, 9-23. Utrecht Micropaleontology Bulletin, 30.

Hay, W. W. , Sibuet, J. -C. et al. 1984. *Initial Reports Deep Sea Drilling Project*, 75. Washington, DC: US Government Printing Office.

Hay, W. W. , DeConto, R. , Wold, C. N. , Wilson, K. M. , Voigt, S. , Schulz, M. , Wold-Rossby, Dullo, W. C. , Ronv, A. B. , Baluukhovsky, A. N. & Soeding, E. 1999. Alternative global Cretaceous paleogeography. *In*: Barrera, E. & Johnson, C. (eds), *The Evolution of Cretaceous Ocean/Climate Systems*, 1-47. Geological Society of America Special Paper, 332.

Hawkins, J. , Parson, L. , Allan, J. et al. 1994. *Proceedings of the Ocean Drilling Program, Scientific Results*, 135. College Station, Texas, USA: Ocean Drilling Program.

Heard, T. G. & Pickering, K. T. 2008. Trace fossils as diagnostic indicators of deep-marine environments, Middle Eocene Ainsa-Jaca basin, Spanish Pyrenees. *Sedimentology*, 55, 809-844.

Heard, T. G. , Pickering, K. T. & Robinson, S. A. 2008. Milankovitch forcing of bioturbation intensity in deep-marine thin-bedded siliciclastic turbidites. *Earth and Planetary Science Letters*, 272, 130-138.

Heard, T. G. , Pickering, K. T. & Clark, J. D. 2014. Ichnofabric characterization of a deep-marine clastic system: a subsurface study of the Middle Eocene Ainsa System, Spanish Pyrenees. *Sedimentology*, 61, 1298-1331.

Heaton, T. H. & Kanamori, H. 1984. Seismic potential associated with subduction in the northwestern United States. *Bulletin of the Seismological Society of America*, 74, 993-941.

Hedberg, H. D. 1974. Relation of methane generation to under-compacted shale, shale diapirs, and mud volcanoes. *American As-*

sociation of Petroleum Geologists Bulletin, 58, 661-673.

Hedström, B. O. A. 1952. Flow of plastic materials in pipes. *Industrial and Engineering Chemistry Research*, 44, 651-656.

Heer, O. 1877. *Flora fossilis helvetiae. Vorweltliche flora der Schweiz.* J. Wurster and Comp. Zürich. 182 pp.

Heezen, B. C. (ed.) 1977. Influence of abyssal circulation on sedimentary accumulations in space and time. *Marine Geology*, 23 (special issue).

Heezen, B. C. & Ewing, M. 1952. Turbidity currents and submarine slumps and the 1929 Grand Banks earthquake. *American Journal of Science*, 250, 849-873.

Heezen, B. C. & Hollister, C. D. 1971. *The Face of the Deep.* New York: Oxford University Press.

Heezen, B. C. & Johnson, G. L. 1965. The south sandwich trench. *Deep Sea Research and Oceanographic Abstracts*, 12, 185-197.

Heezen, B. C. , Ericson, D. B. & Ewing, M. 1954. Further evidence for a turbidity current following the 1929 Grand Banks earthquake. *Deep-Sea Research*, 1, 193-202.

Heezen, B. C. , Hollister, C. D. & Ruddiman, W. F. 1966. Shaping of the continental rise by deep geostrophic contour currents. *Science*, 152, 502-508.

Heezen, B. C. , Tharp, M. & Ewing, M. 1959. The floors of the oceans: I. The North Atlantic. *Geological Society of America Special Paper*, 65.

Heezen, B. C. , Menzies, R. J. , Schneider, E. D. , Ewing, W. M. & Granelli, N. C. L. 1964. Congo submarine canyon. *American Association of Petroleum Geologists Bulletin*, 48, 1126-1149.

Heezen, B. C. , Johnson, G. L. & Hollister, D. C. 1969. The Northwest Atlantic Mid-Ocean Canyon. Canadian *Journal of Earth Sciences*, 6, 1441-1453.

Hegarty, K. A. , Weissel, J. K. & Mutter, J. C. 1988. Subsidence history of Australia's southern margin: constraints on basin models. *American Association of Petroleum Geologists Bulletin*, 72, 615-633.

Hein, F. J. 1979. Deep-sea valley-fill sediments, Cap Enragé Formation, Quebec. PhD Thesis. Hamilton, Ontario, McMaster University.

Hein, F. J. 1982. Depositional mechanisms of deep-sea coarse clastic sediments, Cap Enragé Formation, Québec. *Canadian Journal of Earth Sciences*, 19, 267-287.

Hein, F. J. & Gorsline, D. S. 1981. Geotechnical aspects of fine grained mass flow deposits: California Continental Borderland. *Geo-Marine Letters*, 1, 1-5.

Hein, F. J. & Walker, R. G. 1982. The Cambro-Ordovician Cap Enragé Formation, Québec, Canada: conglomeratic deposits of a braided submarine channel with terraces. *Sedimentology*, 29, 309-329.

Heiniö, P. & Davies, R. J. 2007. Knickpoint migration in submarine channels in response to fold growth, western Niger Delta. *Marine and Petroleum Geology*, 24, 434-449.

Heinrich, H. 1988. Origin and consequences of cyclic ice rafting in the northeast Atlantic Ocean during the past 130, 000 years. *Quaternary Research*, 29, 142-152.

Heller, P. L. & Dickinson, W. R. 1985. Submarine ramp facies model for delta-fed, sand-rich turbidite systems. *American Association of Petroleum Geologists Bulletin*, 69, 960-976.

Hempton, M. , Marshall, J. , Sadler, S. , Hogg, N. , Charles, R. & Harvey, C. 2005. Turbidite reservoirs of the Sele Formation, central North Sea: geological challenges for improving production. *In*: Doré, A. G. & Vining, B. A. (eds), *Petroleum Geology: North-west Europe and Global Perspectives-Proceedings of the 6th Petroleum Geology Conference*, Volume 1, 449-459. London: The Geological Society.

Hendry, H. E. 1972. Breccias deposited by mass flow in the Breccia Nappe of the French pre-Alps. *Sedimentology*, 8, 277-292.

Hendry, H E. 1973. Sedimentation of deep water conglomerates in Lower Ordovician rocks of Quebec-composite bedding produced by progressive liquefaction of sediment? *Journal of Sedimentary Petrology*, 43, 125-136.

Hendry, H. E. 1978. Cap des Rosiers Formation at Grosses Roches, Quebec-deposits in the mid-fan region on an Ordovician submarine fan. *Canadian Journal of Earth Sciences*, 15, 1472-1488.

Henry, P. , Le Pichon, X. , Lallemant, S. , Foucher, J. -P. , Westbrook, G. & Hobart, M. 1990. Mud volcano field seaward of the Barbados Accretionary Complex: a deep-towed side scan sonar survey. *Journal of Geophysical Research: Solid Earth*, 95, 8917-8829.

Henry, S. , Kumar, N. , Danforth, A. , Nutall, P. & Venkatraman, S. 2011. Ghana/Sierra Leone lookalike plays in Northern Brazil. *GEO ExPro*, 8, 36-40.

Hernández-Molina, F. J. , Llave, E. , Preu, B. , Ercilla, G. , Fontan, A. , Bruno, M. , Serra, N. , Gomiz, J. J. , Brackenridge,

R. E. , Sierro, F. J. , Stow, D. A. V. , Garcia, M. , Juan, C. , Sandoval, N. & Amaiz, A. 2014. Contourite processes associated with the Mediterranean Outflow Water after its exit from the Strait of Gibraltar: Global and conceptual implications. *Geology*, 42, 227-230.

Hesse, R. 1965. Herkunfe und Transport der Sedimente im Bayerischen Flyschtrog. *Zeitschrift der Deutschen Gesellschaft für Geowissenschaften*, 116, 147-170.

Hesse, R. 1974. Long-distance continuity of turbidites: possible evidence for an early Cretaceous trench-abyssal plain in the East Alps. *Geological Society of America Bulletin*, 85, 859-870.

Hesse, R. 1975. Turbiditic and non-turbiditic mudstone of Cretaceous flysch sections of the East Alps and other basins. *Sedimentology*, 22, 387-416.

Hesse, R. 1982. Cretaceous-Palaeogene Flysch Zone of the East Alps and Carpathians: identification and plate-tectonic significance of "dormant" and "active" deep-sea trenches in the Alpine-Carpathian Arc. *In*: Leggett, J. K. (ed.), *Trench-Forearc Geology*, 471-494. Geological Society of London Special Publication of the Geological Society, London, 10. Oxford: Blackwell Scientific.

Hesse, R. 1995a. Continental slope and basin sedimentation adjacent to an ice-margin: a continuous sleeve-gun profile across the Labrador Slope, Rise and Basin. *In*: Pickering, K. T. , Hiscott, R. N. , Kenyon, N. H. , Ricci Lucchi, F. & Smith, R. D. A. (eds), *Atlas of Deep Water Environments: Architectural Style in Turbidite Systems*, 14-17. London: Chapman and Hall.

Hesse, R. 1995b. Bed-by-bed correlation of trench-plain turbidite sections, Campanian Zementmergel Formation, Rhenodanubian Flysch Zone of the East Alps. *In*: Pickering, K. T. , Hiscott, R. N. , Kenyon, N. H. , Ricci Lucchi, F. & Smith, R. D. A. (eds), *Atlas of Deep Water Environments: Architectural Style in Turbidite Systems*, 307-309. London: Chapman and Hall.

Hesse, R. & Butt, A. A. 1976. Paleobathymetry of Cretaceous turbidite basins of the East Alps relative to the calcite compensation level. *Journal of Geology*, 84, 505-533.

Hesse, R. & Chough, S. K. 1980. The Northwest Atlantic Mid-Ocean Channel of the Labrador Sea: II. Deposition of parallel laminated levée-muds from the viscous sublayer of low density turbidity currents. *Sedimentology*, 27, 697-711.

Hesse, R. & Khodabakhsh, S. 2006. Significance of fine-grained sediment lofting from meltwater generated turbidity currents for the timing of glaciomarine sediment transport into the deep sea. *Sedimentary Geology*, 186, 1-11.

Hesse, R. & Klaucke, I. 1995. A continuous along-slope seismic profile from the upper Labrador Slope. *In*: Pickering, K. T. , Hiscott, R. N. , Kenyon, N. H. , Ricci Lucchi, F. & Smith, R. D. A. (eds), *Atlas of Deep Water Environments: Architectural Style in Turbidite Systems*, 18-22. London: Chapman and Hall.

Hesse, R. , Chough, S. K. & Rakofsky, A. 1987. The Northwest Atlantic Mid-Ocean Channel of the Labrador Sea. V. Sedimentology of a giant deep-sea channel. *Canadian Journal of Earth Sciences*, 24, 1595-1624.

Hesse, R. , Rakofsky, A. & Chough, S. K. 1990. The central Labrador Sea: facies and dispersal patterns of clastic sediment in a small ocean basin. *Marine and Petroleum Geology*, 7, 13-28.

Hesse, R. , Klaucke, I. , Ryan, W. B. F. , Edwards, M. E. & Piper, D. 1996. Imaging Laurentide ice sheet drainage into the deep sea: impact on sedimentation and bottom water. *GSA Today*, 6 (9), 3-9.

Hesse, R. , Khodabakhsh, S. Klaucke, I. & Ryan, W. B. F. 1997. Asymmetrical turbid surfaceplume deposition near ice-outlets of the Pleistocene Laurentide ice sheet in the Labrador Sea. *Geo-Marine Letters*, 17, 179-187.

Hesse, R. , Klaucke, I. Khodabakhsh, S. & Piper, D. 1999. Continental slope sedimentation adjacent to an ice margin. III. The upper Labrador Slope. *Marine Geology*, 155, 249-276.

Hesse, R. , Klaucke, I. Khodabakhsh, S. , Piper, D. J. W. , Ryan, W. B. F. & the NAMOC Study Group 2001. Sandy submarine braid plains: potential deep-water reservoirs. *American Association of Petroleum Geologists Bulletin*, 85, 1499-1521.

Hesselbo, S. P. , Jenkyns, H. C. , Duarte, L. V. & Oliveira, L. C. V. 2007. Carbon-isotope record of the Early Jurassic (Toarcian) Oceanic Anoxic Event from fossil wood and marine carbonate (Lusitanian Basin, Portugal). *Earth and Planetary Science Letters*, 253, 455-470.

Hicks, D. M. 1981. Deep-sea fan sediments in the Torlesse zone, Lake Ohau, South Canterbury, *New Zealand. New Zealand Journal of Geology & Geophysics*. , 24, 209-230.

Higgins, G. E. & Saunders, J. B. 1967. Report on 1964 Chatham Mud Island, Erin Bay, Trinidad, West Indies. *American Association of Petroleum Geologists Bulletin*, 51, 55-64.

Higgins, G. E. & Saunders, J. B. 1974. Mud volcanoes, their nature and origin. *In*: *Contributions to the Geology and Palaeo-biology of the Caribbean and Adjacent Areas*, 84, 101-152. Verhandlungen Naturforschenden Gesellschaft in Basel.

Higgins, J. A. & Schrag, D. P. 2006. Beyond methane: Towards a theory for the Paleocene-Eocene Thermal Maximum *Earth and*

Planetary Science Letters, 245, 523–537.

Hill, P. R. 1984a. Facies and sequence analysis of Nova Scotian Slope muds: turbidite vs "hemipelagic" deposition. *In*: Stow, D. A. V. & Piper, D. J. W. (eds), *Fine-grained Sediments: Deep-water Processes and Facies*, 311–318. Geological Society of London Special Publication, 15.

Hill, P. R. 1984b. Sedimentary facies of the Nova Scotian upper and middle continental slope, offshore eastern Canada. *Sedimentology*, 31, 293–309.

Hill, P. R., Moran, K. M. & Blasco, S. M. 1982. Creep deformation of slope sediments in the Canadian Beaufort Sea. *Geo-Marine Letters*, 2, 163–170.

Hill, P. S. 1998. Controls on floc size in the sea. *Oceanography*, 11 (2), 13–18.

Hill, P. S. & McCave, I. N. 2001. Suspended particle transport in benthic boundary layers. *In*: Boudreau, B. P. & Jørgensen, B. B. (eds), *The Benthic Boundary Layer: Transport Processes and Biogeochemistry*, 78–103. New York: Oxford University Press.

Hillenbrand, C. -D. & Fütterer, D. K. 2001. Neogene to Quaternary deposition of opal on the continental rise west of the Antarctic Peninsula, ODP Leg 178, Sites 1095, 1096, and 1101. *In*: Barker, P. F., Camerlenghi, A., Acton, G. D. & Ramsay, A. T. S. (eds), *Proceedings Ocean Drilling Program, Scientific Results*, 178, 1–33. College Station, Texas, USA: Ocean Drilling Program.

Hillis, R. R., Sandford, M., Reynolds, S. D. & Quigley, M. C. 2008. Present-day stresses, seismicity and Neogene-to-Recent tectonics of Australia's "passive" margins: intraplate deformation controlled by plate boundary forces. *In*: Johnson, H., Doré, A. G., Gatliff, R. W., Holdsworth, R., Lundin, E. & Ritchie, J. D. (eds) *The Nature and Origin of Compressive Margins*, 71–89. The Geological Society, London, Special Publications, 306. Bath, UK: The Geological Society, London.

Hilton, V. C. 1995. Sandstone architecture and facies from the Annot Basin of the Tertiary SW Alpine Foreland Basin, SE France. In: Pickering, K. T., Hiscott, R. N., Kenyon, N. H., Ricci Lucchi, F. & Smith, R. D. A. (eds), *Atlas of Deep Water Environments: Architectural Style in Turbidite Systems*, 227–235. London: Chapman and Hall.

Hilton, V. C. & Pickering, K. T. 1995. The Montagne de Chalufy turbidite onlap, Eocene-Oligocene turbidite sheet system, Hautes Provence, SE France. *In*: Pickering, K. T., Hiscott, R. N., Kenyon, N. H., Ricci Lucchi, F. & Smith, R. D. A. (eds), *Atlas of Deep Water Environments: Architectural Style in Turbidite Systems*, 236–241. London: Chapman and Hall.

Hinschberger, F., Malod, J. -A., Dyment, J., Honthaas, C., Rehault, J. -P. & Burhanuddin, S. 2001. Magnetic lineations constraints for the back-arc opening of the Late Neogene South Banda Basin (eastern Indonesia). *Tectonophysics*, 333, 47–59.

Hinschberger, F., Malod, J-A., Réhault, J. P., Villeneuve, M., Royer, J-Y. & Burhanuddin, S. 2005. Late Cenozoic geodynamic evolution of eastern Indonesia. *Tectonophysics*, 404, 91–118.

Hiscott, R. N. 1979. Clastic sills and dikes associated with deep-water sandstones, Tourelle formation, Ordovician, Quebec. *Journal of Sedimentary Petrology*, 49, 1–10.

Hiscott, R. N. 1980. Depositional framework of sandy mid-fan complexes of Tourelle Formation, Ordovician, Québec. *American Association of Petroleum Geologists Bulletin*, 64, 1052–1077.

Hiscott, R. N. 1981. Deep-sea fan deposits in the Macigno Formation (middle-upper Oligocene) of the Gordana Valley, northern Apennines, Italy-Discussion. *Journal of Sedimentary Petrology*, 51, 1015–1021.

Hiscott, R. N. 1984. Ophiolitic source rocks for Taconic-age flysch: Trace-element evidence. *Geological Society of America Bulletin*, 95, 1261–1267.

Hiscott, R. N. 1994a. Loss of capacity, not competence, as the fundamental process governing deposition from turbidity currents. *Journal of Sedimentary Research*, A64, 209–214.

Hiscott, R. N. 1994b. Traction-carpet stratification in turbidites-fact or fiction? *Journal of Sedimentary Research*, A64, 204–208.

Hiscott, R. N. 2001. Depositional sequences controlled by high rates of sediment supply, sealevel variations, and growth faulting: the Quaternary Bartam Delta of northwestern Borneo. *Marine Geology*, 175, 67–102.

Hiscott, R. N. & Aksu, A. E. 1994. Submarine debris flows and continental slope evolution in front of Quaternary ice sheets, Baffin Bay, Canadian Arctic. *American Association of Petroleum Geologists Bulletin*, 78, 445–460.

Hiscott, R. N. & Aksu, A. E. 1996. Quaternary sedimentary processes and budgets in Orphan Basin, southwest Labrador Sea. *Quaternary Research*, 45, 160–175.

Hiscott, R. N. & Devries, M. 1995. Internal characteristics of sandbodies of the Ordovician Tourelle Formation, Quebec, Canada. *In*: Pickering, K. T., Hiscott, R. N., Kenyon, N. H., Ricci Lucchi, F. & Smith, R. D. A. (eds), *Atlas of Deep Water Environments: Architectural Style in Turbidite Systems*, 207–211. London: Chapman and Hall.

Hiscott, R. N. & Gill, J. B. 1992. Major- and trace-element geochemistry of Oligocene to Quaternary volcaniclastic sands and sandstones from the Izu-Bonin Arc. In: Taylor, B. , Fujioka, K. , Janecek, T. *et al.* , *Proceedings of the Ocean Drilling Program*, *Scientific Results*, 126, 467-485.

Hiscott, R. N. & James, N. P. 1985. Carbonate debris flows, Cow Head Group, western Newfoundland. *Journal of Sedimentary Petrology*, 55, 735-745.

Hiscott, R. N. & Middleton, G. V. 1979. Depositional mechanics of thick-bedded sandstones at the base of a submarine slope, Tourelle Formation (Lower Ordovician), Québec, Canada. *In*: Doyle, L. J. & Pilkey, O. H. (eds), *Geology of Continental Slopes*, 307-326. Society of Economic Paleontologists and Mineralogists Special Publication, 27.

Hiscott, R. N. & Middleton, G. V. 1980. Fabric of coarse deep-water sandstones, Tourelle Formation, Québec, Canada. *Journal of Sedimentary Petrology*, 50, 703-722.

Hiscott, R. N. & Pickering, K. T. 1984. Reflected turbidity currents on an Ordovician basin floor, Canadian Appalachians. *Nature*, 311, 143-145.

Hiscott, R. N. , Pickering, K. T. & Beeden, D. R. 1986. Progressive filling of a confined Middle Ordovician foreland basin associated with the Taconic Orogeny, Quebec, Canada. *In*: Allen, P. A. & Homewood, P. (eds), *Foreland Basins*, 309-325. Special Publication of the International Association of Sedimentologists, 8. Oxford: Blackwell Scientific Publications.

Hiscott, R. N. , Cremer, M. & Aksu, A. E. 1989. Evidence from sedimentary structures for processes of sediment transport and deposition during post-Miocene time at Sites 645, 646, and 647, Baffin Bay and the Labrador Sea. *In*: Srivastava, S. P. , Arthur, M. , Clement, B. , *et al.* , *Proceedings of the Ocean Drilling Program*, *Scientific Results*, 105, 53-63. College Station, Texas, USA: Ocean Drilling Program.

Hiscott, R. N. , Wilson, R. C. L. , Gradstein, F. M. Pujalte, V. García-Mondéjar, J. , Boudreau, R. R. & Wishart, H. A. 1990. Comparative stratigraphy and subsidence history of Mesozoic rift basins of North Atlantic. *American Association of Petroleum Geologists Bulletin*, 74, 60-76.

Hiscott, R. N. , Colella, A. , Pezard, P. , Lovell, M. A. & Malinverno, A. 1992. Sedimentology of deep-water volcaniclastics, Oligocene Izu-Bonin forearc basin, based on formation microscanner images. *In*: Taylor, B. & Fujioka, K. (eds), *Proceedings of the Ocean Drilling Program Scientific Results*, 126, 75-96. College Station, Texas, USA: Ocean Drilling Program.

Hiscott, R. N. , Colella, A. , Pezard, P. , Lovell, M. A. & Malinverno, A. 1993. Basin plain turbidite succession of the Oligocene Izu-Bonin intraoceanic forearc basin. *Marine and Petroleum Geology*, 10, 450-466.

Hiscott, R. N. , Pickering, K. T. Bouma, A. H. Hand, B. M. Kneller, B. C. Postma, G. & Soh, W. 1997a. Basin-floor fans in the North Sea: sequence stratigraphic models vs. sedimentary facies: discussion. *American Association of Petroleum Geologists Bulletin*, 81, 662-665.

Hiscott, R. N. , Hall, F. R. & Pirmez, C. 1997b. Turbidity-current overspill from Amazon Channel: texture of the silt/sand load, paleoflow from anisotropy of magnetic susceptibility, and implications for flow processes. *In*: Flood, R. D. , Piper, D. J. W. , Klaus, A. & Peterson, L. C. (eds), *Proceedings Ocean Drilling Program*, *Scientific Results*, 155, 53-78. College Station, Texas, USA: Ocean Drilling Program.

Hiscott, R. N. , Pirmez, C. & Flood, R. D. 1997c. Amazon Submarine Fan drilling: a big step forward for deep-sea fan models. *Geoscience Canada*, 24, 13-24.

Hiscott, R. N. , Marsaglia, K. M. , Wilson, R. C. L. , Robertson, A. H. F. , Karner, G. D. , Tucholke, B. E. , Pletsch, T. , Petschick, R. 2008. Detrital sources and sediment delivery to the early postrift (Albian-Cenomanian) Newfoundland Basin east of the Grand Banks: results from ODP Leg 210. *Bulletin of Canadian Petroleum Geology*, 56, 69-92.

Hiscott, R. N. , Aksu, A. E. , Flood, R. D. , Kostylev, V. & Yaşar, D. 2013. Widespread overspill from a saline density-current channel and its interaction with topography on the SW Black Sea shelf. *Sedimentology*, 60, doi: 10. 1111/sed. 12071.

Hodgetts, D. , Drinkwater, N. J. , Hodgson, D. M. , Kavanagh, J. P. , Flint, S. S. , Keogh, K. J. & Howell, J. A. 2004. Three-dimensional geological models from outcrop data using digital data collection techniques: an example from the Tanqua Karoo depocenter, South Africa. *In*: Curtis, A. C. & Wood, R. (eds), *Geological Prior Information: Informing Science and Engineering*, 57-75. Geological Society of London, Special Publication, 239, London: The Geological Society.

Hodgson, D. M. 2009. Distribution and origin of hybrid beds in sand-rich submarine fans of the Tanqua depocentre, Karoo Basin, South Africa. *Marine and Petroleum Geology*, 26, 1940-1956.

Hodgson, D. M. , Flint, S. S. , Hodgetts, D. , Drinkwater, N. J. , Johannessen, E. P. & Luthi, S. M. 2006. Stratigraphic evolution of fine-grained submarine fan systems, Tanqua depocenter, Karoo Basin, South Africa. *Journal of Sedimentary Research*, 76, 20-40.

Hodgson, D. M. , Di Celma, C. N. , Brunt, R. L. & Flint, S. S. 2011. Submarine slope degradation and aggradation and the stratigraphic evolution of channel-levée systems. *Journal of the Geological Society* (*London*), 168, 1–4.

Hodgson, D. M. & Pickering, K. T. *in prep.* Sructurally-confined submarine-fan system the Tabernas-Sorbas Basin, SE Spain.

Hodgson, N. 2013. Power up! Selecting a 3D dataset for the 2013 Licence Round, offshore Lebanon. *GEO ExPro*, 10, 38–40.

Hodson, J. M. & Alexander, J. 2010. The effects of grain-density variation on turbidity currents and some implications for the deposition of carbonate turbidites. *Journal of Sedimentary Research*, 80, 515–528.

Hoel, P. G. 1971. *Introduction to Mathematical Statistics*, 4th edn. New York: Wiley.

Hoffert, M. 1980. Les "argiles rouges des grands fonds, dans le Pacifique centre-est: authigenese, transport, diagenese". Thesis, University Louis Pasteur Strasbourg, Memoir, 61.

Hoffman, P., Dewey, J. F. & Burke, K. 1974. Aulacogens and their genetic relation to geosynclines, with a Proterozoic example from Great Slave Lake, Canada. *In*: Dott, R. H. Jr & Shaver, R. H. (eds), *Modern and Ancient Geosynclinal Sedimentation*, 38–55. Society of Economic Paleontologists and Mineralogists Special Publication, 19.

Hogan, P., Lane, A., Hooper, J., Broughton, A. & Romans, B. 2008. Geohazard challenges of the Woodside OceanWay Secure Energy LNG development, offshore Southern California. Offshore Technology Conference, Houston, Texas, 5–6 May 2008, Paper 19563.

Hogg, N. G. 1983. A note on the deep circulation of the western North Atlantic: its nature and causes. *Deep-Sea Research*, 30, 945–961.

Hölker, A. B., Manatschal, G., Holliger, K. & Bernoulli, D. 2003. Tectonic nature and seismic response of top-basement detachment faults in magma-poor rifted margins. Tectonics, 22, 1035, doi: 10.1029/2001TC001347.

Holl, J. E. & Anastasio, D. J. 1993. Paleomagnetically derived folding rates, Southern Pyrenees, Spain. *Geology*, 13, 271–274.

Hollister, C. D. & Heezen, B. C. 1972. Geologic effects of ocean bottom currents: western North Atlantic. In: Gordon, A. L. (ed.), *Studies in Physical Oceanography*, 2, 37–66. New York: Gordon & Breach.

Hollister, C. D. & McCave, I. N. 1984. Sedimentation under deep-sea storms. *Nature*, 309, 220–225.

Hollister, C. D. & Nowell, A. R. M. 1991a. Prologue: Abyssal storms as a global geologic process. *Marine Geology*, 99, 275–280.

Hollister, C. D. & Nowell, A. R. M. 1991b. HEBBLE epilogue. *Marine Geology*, 99, 445–460.

Hollister, C. D., Southard, J. B., Flood, R. D. & Lonsdale, P. F. 1976b. Flow phenomena in the benthic boundary layer and bed forms beneath deep-current systems. *In*: McCave, I. N. (ed.), *The Benthic Boundary Layer*, 183–204. New York: Plenum.

Hollister, C. D., Craddock, C. *et al.* 1976a. *Initial Reports Deep Sea Drilling Project*, 35. Washington, DC: US Government Printing Office.

Hopfinger, E. J. 1983. Snow avalanche motion and related phenomena. *Annual Review of Fluid Mechanics*, 15, 47–76.

Hori, T., Kato, N., Hirahara, K., Baba, T. & Kaneda, Y. 2004. A numerical simulation of earthquake cycles along the Nankai Trough in southwest Japan: lateral variation in frictional property due to the slab geometry controls the nucleation position. *Earth and Planetary Science Letters*, 228, 215–226.

Horn, D. R. (ed.) 1972. *Ferromanganese Deposits on the Ocean Floor*. New York: Arden House, Harriman and Lamont-Doherty Geological Observatory.

Ho-Shing Yua & Hong, E. 2005. Shifting submarine canyons and development of a foreland basin in SW Taiwan: controls of foreland sedimentation and longitudinal sediment transport. *Journal of Asian Earth Sciences*, 27, 922–932.

Ho-Shing Yua, Cheng-Shing Chiangb & Su-Min Shen 2008. Tectonically active sediment dispersal system in SW Taiwan margin with emphasis on the Gaoping (Kaoping) Submarine Canyon. *Journal of Marine Systems*, 76, 369–382.

Hoskin, C. M. & Burrell, D. C. 1972. Sediment transport and accumulation in a fjord basin, Glacier Bay, Alaska. *Journal of Geology*, 80, 539–551.

Hoskins, E. G. & Griffiths, J. R. 1971. Hydrocarbon potential of northern and central California offshore. In: Cram, I. H. (ed.), *Future Petroleum Provinces of the United States-Their Geology and Potential*, 212–228. American Association of Petroleum Geologists Memoir, 15.

Houseknecht, D. W., Schenk, C. J., Lepain, D. L., Burruss, R. C., Moore, T. E. & Bird, K. J. 1999. Petroleum Potential of Torok and Nanushuk Depositional Sequences in the National Petroleum Reserve-Alaska (NPRA) and Adjacent Areas Anonymous. American Association of Petroleum Geologists, Annual Meeting San Antonio, TX, United States, Apr. 11–14, 1999, Expanded Abstracts, 1999, A62–A63.

Houtz, R. E. & Hayes, D. E. 1984. Seismic refraction data from Sunda shelf. *American Association of Petroleum Geologists Bulletin*, 68, 1870–1878.

Howard, J. D. & Frey, R. W. 1984. Characteristic trace fossils in nearshore to offshore sequences, Upper Cretaceous of east-central Utah. *Canadian Journal of Earth Sciences*, 21, 200–219.

Howell, D. G. (ed.) 1985. *Tectono-stratigraphic Terranes of the Circum-Pacific*. Houston Texas: Circum-Pacific Council for Energy & Mineral Resources.

Howell, D. G. & Link, M. H. 1979. Eocene conglomerate sedimentology and basin analysis, San Diego and the southern California Borderland. *Journal of Sedimentary Petrology*, 49, 517-540.

Howell, D. G., Crouch, J. K., Greene, H. G., McCulloch, D. S. & Vedder, J. G. 1980. Basin development along the Late Mesozoic and Cenozoic California margin: a plate tectonic margin of subduction, oblique subduction, and transform tectonics. In: Balance, P. F. & Reading, H. G. (eds), *Sedimentation in Oblique-slip Mobile Zones*, 43-62. International Association of Sedimentologists Special Publication, 4. Oxford: Blackwell Scientific.

Howell, D. G., Jones, D. L. & Schermer, E. R. 1985. Tectono-stratigraphic terranes of the circum-Pacific region. In: Howell, D. G. (ed.), *Tectono-stratigraphic Terranes of the Circum-Pacific*, 3-30. Houston Texas: Circum-Pacific Council for Energy & Mineral Resources.

Hoyal, D., Sheets, B., Wellner, R., Box, D., Sprague, A. & Bloch, R. 2011. Architecture of Froude critical-supercritical submarine fans: tank experiments versus field observations. *American Association of Petroleum Geologists Annual Convention and Exhibition*, April 10-13, Datapages/Search and Discovery Article #90124.

Hoyal, D. C. H., Demko, T., Postma, G., Wellner, R. W., Pederson, K., Abreu, V., Fedele, J. J., Box, D., Sprague, A., Ghayour, K., Strom, K. & Hamilton, P. 2014. Evolution, architecture and stratigraphy of Froude supercritical submarine fans. *American Association of Petroleum Geologists Annual Convention and Exhibition*, April 6-9, Datapages/Search and Discovery Article #90189.

Hsü, K. J. 1974. Mélanges and their distinction from olistostromes. In: Dott, R. H. Jr & Shaver, R. H. (eds), *Modern and Ancient Geosynclinal Sedimentation*, 321-333. Society of Economic Paleontologists and Mineralogists Special Publication, 19.

Hsü, K. J. 1977. Studies of Ventura Field, *California*. I: facies geometry and genesis of Lower Pliocene turbidites. *American Association of Petroleum Geologists Bulletin*, 61, 137-168.

Hsü, K. J. & Jenkyns, H. C. (eds) 1974. *Pelagic Sediments: On Land and Under the Sea*. International Association of Sedimentologists Special Publication, 1. Oxford: Blackwell Scientific.

Huang, H., Imran, J., Pirmez, C., Zhang, Q. & Chen, G. 2009. The critical densimetric Froude number of subaqueous gravity currents can be non-unity or non-existent. *Journal of Sedimentary Research*, 79, 479-485.

Hubbard, S. M. & Shultz, M. R. 2008. Deep burrows in submarine fan-channel deposits of the Cerro Toro Formation (Cretaceous), Chilean Patagonia: Implications for firmground development and colonization in the deep sea. *Palaios*, 23, 223-232.

Hubbard, S. M., Romans, B. W. & Graham, S. A. 2007. An outcrop example of large-scale conglomeratic intrusions sourced from deep-water channel deposits, Cerro Toro formation, Magallanes basin, southern Chile. In: Hurst, A. & Cartwright, J. (eds), *Sand Injectites: Implications for Hydrocarbon Exploration and Production*, 199-207. American Association of Petroleum Geologists Memoir, 87. Tulsa, Oklahoma.

Hubbard, S. M., Romans, B. W. & Graham, S. A. 2008. Deep-water foreland basin deposits of the Cerro Toro Formation, Magallanes basin, Chile: architectural elements of a sinuous basin axial channel belt. *Sedimentology*, 55, 1333-1359.

Hubbard, S. M., de Ruig, M. J. & Graham, S. A. 2009. Confined channel-levee complex development in an elongate depocenter: deep-water Tertiary strata of the Austrian Molasse basin. *Marine and Petroleum Geology*, 26, 85-112.

Hubbard, S. M., MacEachern, J. A. & Bann, K. L. 2012. Slopes. In: Knaust, D. & Bromley, R. G. (eds), *Trace Fossils as Indicators of Sedimentary Environments*, 607-642. Developments in Sedimentology, 64. Amsterdam: Elsevier.

Hubert, J. F. 1966a. Modification of the model for internal structures in graded beds to include a dune division. *Nature*, 211, 614-615.

Hubert, J. F. 1966b. Sedimentation history of Upper Ordovician geosynclinal rocks, Girvan, Scotland. *Journal of Sedimentary Petrology*, 36, 677-699.

Hubert, C., Lajoie, J. & Leonard, M. A. 1970. Deep sea sediments in the Lower Paleozoic Quebec Supergroup. In: Lajoie, J. (ed.), *Flysch Sedimentology in North America*, 103-125. Geological Association of Canada Special Paper, 7. Toronto: Business & Economic Service.

Hubscher, C., Spiesz, V., Breitzke, M. & Weber, M. E. 1997. The youngest channel-levée system of the Bengal Fan: results from digital sediment echosounder data. *Marine Geology*, 21, 125-145.

Huchon, P. & Kitazato, H. 1984. Collision of the Izu block with central Japan during the Quaternary and geological evolution of the Ashigara area. *Tectonophysics*, 110, 201-210.

Huchon, P., Taylor, B. & Klaus, A. (eds) 2001. *Proceedings of the Ocean Drilling Program*, *Scientific Results*, 180. College

Station, Texas, USA: Ocean Drilling Program.

Hughes Clarke, J. E., Shor, A. N., Piper, D. J. W. & Mayer, L. A. 1990. Large-scale currentinduced erosion and deposition in the path of the 1929 Grand Banks turbidity current. *Sedimentology*, 37, 613–629.

Hughes Clarke, J. E., Brucker, S., Muggah, J., Church, I., Cartwright, D. 2011. The Squamish delta repetitive survey program: a simultaneous investigation of prodeltaic sedimentation and integrated system accuracy. *Squamish Repetitive Survey Program, Paper: Mapping-5*. U. S. Hydrographic Conference 2011, 16 pp.

Hughes Clarke, J. E., Brucker, S., Muggah, J., Hamilton, T., Cartwright, D., Church, I. & Kuus, P. 2012a. Temporal progression and spatial extent of mass wasting events on the Squamish prodelta slope. *In*: Eberhardr, E., Froese, C., Turner, K. & Leroueil, S. (eds), *Landslides and Engineered Slopes: Protecting Society Through Improved Understanding*, 1091–1096. London: Taylor & Francis Group, ISBN 978-0-415-62123-6.

Hughes Clarke, J. E., Brucker, S., Muggah, J., Church, I. Cartwright, D., Kuus, P., Hamilton, T., Pratamo, D. & Eisan, B. 2012b. The Squamish prodelta: monitoring active landslides and turbidity currents. *In*: *The Arctic, Old Challenges New*, Niagara Falls, Canada 15–17 May 2012.

Hulme, T., Haines, A. J. & Yu, J. 2004. General elastic wave scattering problems using an impedance operator approach. 2, Two-dimensional isotropic validation and examples. *Geophysical Journal International*, 159, 658–666.

Hults, C. P., Wilson, F. H., Donelick, R. A. & O'Sullivan, P. B. 2013. Two flysch belts having distinctly different provenance suggest no stratigraphic link between the Wrangellia composite terrane and the paleo-Alaskan margin. *Lithosphere*, 5, 575–594.

Humphrey, N. F. & Heller, P. L. 1995. Natural oscillations in coupled geomorphic systems: an alternative origin for cyclic sedimentation. *Geology*, 23, 499–502.

Humphris, C. C. Jr 1978. Salt movement on the continental slope, northern Gulf of Mexico. *In*: Bouma, A. H., Moore, G. T. & Coleman, J. M. (eds), *Framework, Facies, and Oil-trapping Characteristics of the Upper Continental Margin*, 69–85. American Association of Petroleum Geologists Studies in Geology, 7.

Hüneke, H. & Mulder, T. (eds) 2011. *Deep-sea Sediments. Developments in Sedimentology*, 63, 849 pp. Amsterdam: Elsevier B. V. ISBN: 978-0-444-53000-4.

Hüneke, H. & Stow, D. A. V. 2008. Identificiation of ancient contourites: problems and palaeoceanographic significance. *In*: Rebesco, M. & Camerlenghi, A. (eds), *Contourites*, 323–344. Developments in Sedimentology, 60. Amsterdam: Elsevier.

Hurst, A. & Cartwright, J. A. (eds) 2007. *Sand Injectites: Implications for Hydrocarbon Exploration and Production*. American Association of Petroleum Geologists Memoir, 87. Tulsa, Oklahoma.

Hurst, A., Scott, A. & Vigorito, M. 2011. Physical characteristics of sand injectites. *Earth-Science Reviews*, 106, 215–246.

Hurst, H. E. 1951. Long term storage capacity of reservoirs. *Transactions of the American Society of Civil Engineers*, 116, 770–808.

Hurst, H. E. 1956. Methods of using long-term storage in reservoirs. *Proceedings of the Institute of Civil Engineers*, Part I, 5, 519–590.

Hutton, D. H. W. & Dewey, J. F. 1986. Palaeozoic terrane accretion in the western Irish Caledonides. Tectonics, 5, 1115–1124.

Huyghe, D., Castellort, S., Mouthereau, F., Serra-Kiel, J., Filleaudeau, P., Emmanuel, L., Berthier, B. & Renard, M. 2012. Large scale facies change in the middle Eocene South-Pyrenean foreland basin: The role of tectonics and prelude to Cenozoic ice-ages. *Sedimentary Geology*, 253–254, 25–46.

Hyne, N. J. 1969. *Sedimentology and Pleistocene history of Lake Tahoe, California-Nevada*. Los Angeles: University of Southern California, Ph. D. dissertation, 121 pp.

Hyne, N. J., Chelminski, P., Court, J. E., Gorsline, D. S. & Goldman, C. R. 1972. Quaternary history of Lake Tahoe, California-Nevada. *Geological Society of America Bulletin*, 83, 1435–1448.

Hyne, N. J., Goldman, C. R. & Court, J. E. 1973. Mounds in Lake Tahoe, *California-Nevada: a model for landslide topography in the subaqueous environment: Journal of Geology*, 81, 176–188.

Ichinose, G. A., Thio, H. K., Sato, T., Ishii, T. & Somerville, P. G. 2003. Rupture process of the 1944 Tonankai earthquake (Ms 8. 1) from the inversion of teleseismic and regional seismograms. *Journal of Geophysical Research*, 108. doi: 10. 1029/2003JB002393.

Ikari, M. J. & Saffer, D. M. 2011. Comparison of frictional strength and velocity dependence between fault zones in the Nankai accretionary complex, *Geochemistry, Geophysics, Geosystems*, 12, doi: 10. 1029/2010GC003442.

Ikehara, K. 1989. The Kuroshio-generated bedform system in the Osumi Strait, southern Kyushu, Japan. In: Taira, A. & Masuda, F. (eds), *Sedimentary Facies in the Active Plate Margin*, 261–273. Tokyo: Terra Scientific Publishing Company.

Ilstad, T., Marr, J. G., Elverhøi, A. & Harbitz, C. B. 2004a. Laboratory studies of subaqueous debris flows by measurements of pore-fluid pressure and total stress. *Marine Geology*, 213, 403-414.

Ilstad, T., De Blasio, F. V., Elverhøi, A., Hartiz, C. B., Engvik, L., Longva, O. & Marr, J. G. 2004b. On the frontal dynamics and morphology of submarine debris flows. *Marine Geology*, 213, 481-497.

Imbrie, J. & Imbrie, K. P. 1979. *Ice Ages: Solving the Mystery*. Short Hills New Jersey: Enslow Publications, 224 pp. ISBN: 0333267672.

Imbrie, J. & Imbrie, K. P. 1980. Modelling the climatic response to orbital variations. *Science*, 207, 943-953.

Imbrie, J., Hays, J. D., Martinson, D. G., McIntyre, A., Mix, A. C., Morley, I. J., Pisias, N. G., Prell, W. L. & Shackleton, N. J. 1984. The orbital theory of Pleistocene climate: support from revised chronology of the marine δ^{18}O record. *In*: Berger, A. L., Imbrie, J. Hays, J., Kukla, G. & Saltzman, B. (eds), *Milandovitch and Climate*, *Part I*, 269-305. NATO ASI Series C, 126. Dordrecht: Reidel.

Imran, J., Parker, G., Locat, J. & Lee, H. 2001. 1D numerical model of muddy subaqueous and subaerial debris flows. *Journal of Hydraulic Engineers*, 127, 959-968.

Ingersoll, R. V. 1978a. Submarine fan facies of the Upper Cretaceous Great Valley Sequence, northern and central California. *Sedimentary Geology*, 21, 205-230.

Ingersoll, R. V. 1978b. Petrofacies and petrologic evolution of the Late Cretaceous fore-arc basin, northern and central California. *Journal of Geology*, 86, 335-352.

Ingersoll, R. V. 2008. Reconstructing southern California. *In*: Spencer, J. E. & Titley, S. R. (eds), *Ores and orogenesis: Circum-Pacific tectonics, geologic evolution, and ore deposits. Arizona Geological Society Digest*, 22, 409-417.

Ingle, J. D., Jr. 1975. Paleobathymetric analysis of sedimentary basins. In: Dickinson, W. R. (ed), *Current Concepts of Depositional Systems with Applications for Petroleum Geology*, 11-1 to 11-12. San Joaquin Geological Society, Bakersfield, California.

Ingle, J. C., Jr. 1980. Cenozoic paleobathymetry and depositional history of selected sequences within the southern California continental borderland. *In*: Sliter, W. V. (ed.), *Studies in Marine Micropaleontology and Paleoecology*, *A mMemorial Volume to Orville L. Bandy*, 163-195. Cushman Foundation for Foraminiferal Research, Special Publication, 19. Lawrence, Kansas: Allen Press.

Inglis, I., Lepvraud, A., Mousset, E., Salim, A. & Vially, R. 1981. *Étude sédimentologique des Grès d'Annot Région de Colmars les Alpes et du Col de la Cayolle. ENSPM Réf.* 29765.

Ingram, R. L. 1954. Terminology for the thickness of stratification and parting units in sedimentary rocks. *Geological Society of America Bulletin*, 65, 937-938.

Inman, D. L., Nordstrom, C. E. & Flick, R. E. 1976. Currents in submarine canyons: an air-sealand interaction. *Annual Reviews in Fluid Mechanics*, 8, 275-310.

Isaacs, C. M. 1981. Lithostratigraphy of the Monterey Formation, Coleta to Point Conception, Santa Barbara Coast California. *In*: *American Association of Petroleum Geologists Annual Meeting*, *Guide 4*, 9-24.

Isaacs, C. M. 1984. Hemipelagic deposits in a Miocene basin California: toward a model of lithologic variation and sequence. *In*: Stow, D. A. V. & Piper, D. J. W. (eds), *Fine-grained Sediments: Deep-water Processes and Facies*, 481-496. Geological Society of London Special Publication, 15. Oxford: Blackwell Scientific.

Ishihara, Y., Abe, H. & Oshikawa, M. 2009. Sediment gravity flow deposits and specificity of stratigraphic patterns in the Neogene Aoshima Formation, Miyazaki Group, Nichinan Coast, SW Japan. *Journal of the Sedimentological Society of Japan*, 67, 65-84.

Ishiwatari, R., Hirakawa, Y., Uzaki, M., Yamada, K. & Yada, T. 1994. Organic geochemistry of the Japan Sea sediments-1: bulk organic matter and hydrocarbon analyses of core KH-79-3, C-3 from the Oki Ridge for paleoenvironment assessments. *Journal of Oceanography*, 50, 179-195.

Israel, S., Beranek, L., Friedman, R. M. & Crowley, J. L. 2014. New ties between the Alexander terrane and Wrangellia and implications for North America Cordilleran evolution. *Lithosphere*, doi: 10. 1130/L364. 1.

Ito, M., Ishikawa, K. & Nishida, N. 2014. Distinctive erosional and depositional structures formed at a canyon mouth: A lower Pleistocene deep-water succession in the Kazusa forearc basin on the Boso Peninsula, Japan. *Sedimentology*, 61, 2042-2062.

Ito, M., Nishikawa, T. & Sugimoto, H. 1999. Tectonic control of high-frequency depositional sequences with durations shorter than Milankovitch cyclicity: An example from the Pleistocene paleo-Tokyo Bay, Japan. *Geology*, 27, 763-766.

Ito, M. & Saito, T. 2006. Gravel waves in an ancient canyon: analogous features and formative processes of coarse-grained bedforms in a submarine-fan system, the Lower Pleistocene of the Boso Peninsula, Japan. *Journal of Sedimentary Research*, 76, 1274-1283.

Ito, Y. 1986. Differential rotation of northeastern part of southwest Japan-paleomagnetism of early to late Miocene rocks from Yatsuo area in Chichibu district. *Journal of Geomagnetism & Geoelectrics*, 38, 325-334.

Ivanov, V. V., Shapiro, G. I., Huthnance, J. M., Aleynik, D. L. & Golovin, P. N. 2004. Cascades of dense water around the world ocean. *Progress in Oceanography*, 60, 47-98.

Iverson, R. M. 1997. The physics of debris flows. *Reviews in Geophysics*, 35, 245-296.

Iwai, I., Osamu, F., Hiroyasu, M., Nozomu, I., Harumasa, K., Motoyoshi, O., Hiromi, M. & Makoto, O. 2004. Holocene seismoturbidites from the Tosabae Trough, a landward slope basin of Nankai Trough off Muroto: Core KR9705P1. *Memoirs of the Geological Society of Japan*, 58, 137-152.

Jacka, A. D., Beck, R. H., Germain, L. St. C. & Harrison, S. G. 1968. Permian deep-sea fans of the Delaware Mountain Group (Guadalupian), Delaware Basin. *In*: Silver, B. A. (ed.), *Guadalupian Facies, Apache Mountain Area, West Texas*, 49-90. Permian Basin Section, Society of Economic Paleontologists and Mineralogists, Publication 68-11.

Jackson, C. A.-L. & Sømme, T. O. 2011. Borehole evidence for wing-like clastic intrusion complexes on the western Norwegian margin. *Journal of the Geological Society (London)*, 168, 1075-1078.

Jackson, C. A.-L., Barber, G. P. & Martinsen, O. J. 2008. Submarine slope morphology as a control on the development of sand-rich turbidite depositional systems: 3D seismic analysis of the Kyrre Formation (Upper Cretaceous), Maløy Slope, offshore Norway. *Marine and Petroleum Geology*, 25, 663-680.

Jackson, D., Protacio, A., Silva, M., Helwig, J. A. & Dinkelman, M. G. 2012. The North East Greenland Danmarkshavn Basin. *GEO ExPro*, 9, 60-62.

Jackson, T. A. & Smith, T. E. 1979. The tectonic significance of basalts and dacites in the Wagwater Belt, Jamaica. *Geological Magazine*, 116, 365-374.

Jacobs, C. L. 1995. Mass wasting along the Hawaiian Ridge: giant debris avalanches. *In*: Pickering, K. T., Hiscott, R. N., Kenyon, N. H., Ricci Lucchi, F. & Smith, R. D. A. (eds), *Atlas of Deep Water Environments: Architectural Style in Turbidite Systems*, 26-28. London: Chapman and Hall.

Jacobson, R. S., Shor, G. G., Kieckhefer, R. M. & Purdy, G. M. 1979. Seismic refraction and reflection studies in the Timor-Aru Trough system and Australian continental shelf. *In*: Watkins, J. S., Montadert, L. & Dickerson, P. W. (eds), *Geological and Geophysical Investigations of Continental Margins*, 209-222. American Association of Petroleum Geologists Memoir, 29.

Jaeger, J., Gulick, S., Mix, A. & Petronotis, K. 2011. Southern Alaska margin: interactions of tectonics, climate, and sedimentation. *IODP Scientific Prospectus*, 341. doi: 10.2204/iodp.sp.341.2011.

James, N. P. 1981. Megablocks of calcified algae in the Cow Head Breccia, western Newfoundland; vestiges of a Lower Paleozoic continental margin. *Geological Society of America Bulletin*, 92, 799-811.

James, N. P. & Bone, Y. 1991. Origin of a cool-water, Oligo-Miocene deep shelf limestone, Eucla Platform, southern Australia. *Sedimentology*, 38, 323-342.

James, N. P. & Stevens, R. K. 1986. Stratigraphy and correlation of the Cambro-Ordovician Cow Head Group, western Newfoundland. *Bulletin of the Geological Survey of Canada*, 366, 143 pp.

James, N. P. & Wood, R. A. 2010. Reefs and reef mounds. *In*: James, N. P. & Dalrymple, R. W. (eds), *Facies Models* 4, 421-448. Newfoundland, Canada: Geological Association of Canada.

James, N. P., Stevens, R. K., Barnes, C. R. & Knight, I. 1989. Evolution of a Lower Paleozoic continental-margin carbonate platform, northern Canadian Appalachians. *In*: Crevello, P. D., Wilson, J. J., Sarg, J. F. & Read, J. F. (eds), *Controls on Carbonate Platform and Basin Development*, 123-146. Society of Economic Paleontologists and Mineralogists Special Publication, 44, Tulsa, OK.

Jameson, M., Ragbir, S., Loader, C., Bird, T., Smith, C. & Reiser, C. 2011. Central North Sea. *GEO ExPro*, 8, 58-62.

Janocko, M., Cartigny, M. B. J., Nemec, W. & Hansen, E. W. M. 2013a. Turbidity current hydraulics and sediment deposition in erodible sinuous channels: laboratory experiments and numerical simulations. *Marine and Petroleum Geology*, 41, 222-249.

Janocko, M., Nemec, W., Henriksen, S. & Warchol, M. 2013b. The diversity of deep-water sinuous channel belts and slope valley-fill complexes. *Marine and Petroleum Geology*, 41, 7-34.

Jarrard, R. D. 1986. Terrane motion by strike-slip faulting of forearc slivers. *Geology*, 14, 780-783.

Jarsve, E. M., Thyberg, B. I., Moss, C., Pedley, A. & Berstad, S. 2012. Western margin of UK Central Graben. *GEO ExPro*, 9, 38-40.

Jipa, D. & Kidd, R. S. 1974. Sedimentation of coarser grained interbeds in Arabian Sea and sedimentation processes of the Indus Cone. *In*: Whitmarsh, R. B., Weser, O. E., Ross, D. A. *et al.*, *Initial Reports Deep Sea Drilling Project*, 23, 471-495. Washington, DC: US Government Printing Office.

Jean, P. S., Kerckhove, C., Perriaux, J. & Ravenne, C. 1985. Un modéle Paleogéne de bassin á turbidites les Grès d'Annot du

NW du Massif de l'Argentera-Mercantour. *Gèologie Alpine*, 61, 115-143.

Jeffery, G. B. 1922. The motion of ellipsoidal particles immersed in a viscous fluid. *Proceedings of the Royal Society*, London, (A), 102, 161-179.

Jegou, I., Savoye, B., Pirmez, C. & Droz, L. 2008. Channel-mouth lobe complex of the recent Amazon Fan: the missing piece. *Marine Geology*, 252, 62-77.

Jenkyns, H. C. 1980. Cretaceous anoxic events: from continents to oceans. *Journal of the Geological Society (London)*, 137, 171-188.

Jenkyns, H. C. 1986. Pelagic environments. *In*: Reading, H. G. (ed.), *Sedimentary Environments and Facies*, 2nd edn, 343-397. Oxford: Blackwell Scientific.

Jenkyns, H. C. 2010. Geochemistry of oceanic anoxic events. *Geochemistry, Geophysics, Geosystems*, 11, doc: 10.1029/2009GC002788.

Jenssen, A. I., Bergslien, D., Rye-Larsen, M. & Lindholm, R. M. 1991. Origin of complex mound geometry of Paleocene submarine-fan sandstone reservoirs, Balder Field, Norway. *In*: Parker, J. R. (ed.). *Petroleum Geology of Northwest Europe: Proceedings of the 4th Conference*, 135-143. London: Geological Society.

Jobe, Z. R., Bernhardt, A. & Lowe, D. R. 2010. Facies and architectural asymmetry in a conglomerate-rich submarine channel fill, Cerro Toro Formation, Sierra Del Toro, Magallanes Basin, Chile. *Journal of Sedimentary Research*, 80, 1085-1108.

Jobe, Z. R., Lowe, D. R. & Morris, W. R. 2012. Climbing-ripple successions in turbidite systems: depositional environments, sedimentation rates and accumulation times. *Sedimentology*, 59, 867-898.

Johansson, M. 2005. High-resolution borehole image analysis in a slope fan setting: examples from the late Miocene Mt. Messenger Formation, New Zrealand. In: Hodgson, D. M. & Flint, S. S. (eds), *Submarine Slope Systems: Processes and Products*, 75-88. Geological Society, London, Special Publication, 244.

John, C. M., Karner, G. D., Browning, E., Leckie, R. M., Mateo, Z., Carson, B. & Lowery, C. 2011. Timing and magnitude of Miocene eustasy derived from the mixed siliciclastic-carbonate stratigraphic record of the northeastern Australian margin. *Earth and Planetary Science Letters*, 304, 455-467.

Johnson, A. M. (with contributions by J. R. Rodine) 1984. Debris flow. In: Brunsden, D. & Prior, D. B. (eds), *Slope Instability*, 257-362. New York: Wiley.

Johnson, A. M. 1970. *Physical Processes in Geology*. San Francisco: Freeman, Cooper. ISBN: 0877353204.

Johnson, B. A. & Walker, R. G. 1979. Paleocurrents and depositional environments of deep water conglomerates in the Cambro-Ordovician Cap Enrage Formation, Quebec Appalachians. *Canadian Journal of Earth Sciences*, 16, 1375-1387.

Johnson, D. 1939. The origin of submarine canyons. *Journal of Geomorphology*, 2, 42-60, 133-158, 213-236.

Johnson, D. W. 1967 (originally published 1925). *The New England-Acadian Shoreline*. New York: Hafner.

Johnson, D. D. & Beaumont, C. 1995. Preliminary results from a planform kinematic model of orogen evolution, surface processes and the development of clastic foreland basin stratigraphy. *In*: Dorobek, S. L. & Ross, G. M. (eds), *Stratigraphic Evolution of Foreland Basins*, 3-24. Society for Sedimentary Geology Special Publication, 52.

Johnson, G. L. & Schneider, E. D. 1969. Depositional ridges in the North Atlantic. *Earth and Planetary Science Letters*, 6, 416-422.

Johnson, H. D., Levell, B. K. & Siedlecki, S. 1978. Late Precambrian sedimentary rocks in East Finnmark, north Norway and their relationship to the Trollfiord-Komagelv fault. *Journal of the Geological Society (London)*, 135, 517-533.

Johnson, S. D., Flint, S., Hinds, D. & Wickens, H. DeV. 2001. Anatomy of basin floor to slope turbidite systems, Tanqua Karoo, South Africa: Sedimentology, sequence stratigraphy and implications for subsurface prediction. *Sedimentology*, 48, 987-1023.

Johnson, M. R. 1991. Sandstone petrography, provenance and plate tectonic setting in Gondwana context of the southeastern Cape-Karoo Basin. South African *Journal of Geology*, 94, 137-154.

Jolly, R. J. H. & Lonergan, L. 2002. Mechanisms and control on the formation of sand intrusions. *Journal of the Geological Society*, London, 159, 605-617.

Jones, D. L., Silberling, N. J., Gilbert, W. G. & Coney, P. J. 1982. Character, distribution, and tectonic significance of accretionary terranes in the central Alaska Range. *Journal of Geophysical Research*, 87, 3709-3717.

Jones, D. L., Silberling, N. J. & Coney, P. J. 1986. Collision tectonics in the Cordillera of western North America: examples from Alaska. *In*: Coward, M. P. & Ries, A. C. (eds), *Collision Tectonics*. Geological Society of London Special Publication 19, 367-387.

Jones, K. P. N. , McCave, I. N. & Weaver, P. P. E. 1992. Textural and dispersal patterns of thick mud turbidites from the Madeira abyssal plain. *Marine Geology*, 107, 149–173.

Jones, M. E. & Preston, R. M. F. (eds) 1987. *Deformation of Sediments and Sedimentary Rocks*. Geological Society, London, Special Publication, 29. Oxford: Blackwell Scientific.

Jones, T. A. 2001. Using flowpaths and vector fields in object-based modeling. *Computers & Geosciences*, 27, 133–138.

Jonk, R, Duranti, D. , Parnell, J. , Hurst, A. & Fallick, E. 2003. The structural and diagenetic evolution of injected sandstones: examples from the Kimmeridgian of NE Scotland. *Journal of the Geological Society*, London, 160, 881–894.

Jopling, A. V. & Walker, R. G. 1968. Morphology and origin of ripple-drift cross-lamination, with examples from the Pleistocene of Massachusetts. *Journal of Sedimentary Petrology*, 38, 971–984.

Jordan, D. W. , Lowe, D. R. , Slatt, R. M. , Stone, C. G. , D'Agostino, A. , Scheihing, M. H. & Gillespie, R. H. 1991. Scales of Geological Heterogeneity of Pennsylvanian Jackfork Group, Ouachita Mountains, Arkansas: Application to Field Development and Exploration for Deepwater Sandstones. Dallas Geological Society: Field Trip 3, Guidebook.

Jordan, D. W. , Schultz, D. J. & Cherng, J. A. 1994. Facies architecture and reservoir quality of Miocene Mt. Messenger deep-water deposits, Taranaki Peninsula, New Zealand. *In*: Weimer, P. , Bouma, A. H. & Perkins, B. F. (eds), *Gulf Coast Section-Society of Economic Paleontologists and Mineralogists Foundation 15th Annual Research Conference, Submarine Fans and Turbidite Systems: Sequence Stratigraphy, Reservoir Architecture and Production Characteristics*, 151–166.

Jordan, T. E. 1981. Enigmatic deep-water depositional mechanisms, upper part of the Oquirrh Group, Utah. *Journal of Sedimentary Petrology*, 51, 879–894.

Jorry, S. J. , Droxler, A. W. & Francis, J. M. 2010. Deepwater carbonate deposition in response to re-flooding of carbonate bank and atoll-tops at glacial terminations. Quaternary Science *Reviews*, 29, 2010–2026.

Joseph, P. & Lomas, S. A. (eds) 2004a. *Deep-Water Sedimentation in the Alpine Basin of SE France: New Perspectives on the Grès D'Annot and Related Systems*. Geological Society, London, Special Publication, 221, 437 pp. London: The Geological Society.

Joseph, P. & Lomas, S. A. (eds) 2004b. Deep-water sedimentation in the Alpine Foreland Basin of SE France: New perspectives on the Grès d'Annot and related systems-an introduction. In: Joseph, P. & Lomas, S. A. (eds), *Deep-Water Sedimentation in the Alpine Basin of SE France: New Perspectives on the Grès d'Annot and Related Systems*. Geological Society, London, Special Publication, 221, 1–16. London: The Geological Society.

Joseph, P. , Babonneau, N. , Bourgeois, A. , Cotteret, G. , Eschard, R. , Garin, B. , Granjeon, D. , Lerat, O. & Ravenne, C. 2000. The Annot Sandstone outcrops (French Alps): architecture description as input for quantification and 3D reservoir modeling. *In*: Weimer, P. , Slatt, R. M. , Coleman, J. , Rosen, N. C. , Nelson, H. , Bouma, A. H. , Styzen, M. J. & Lawrence, D. T. (eds), *Gulf Coast Section-Society of Economic Paleontologists and Mineralogists Foundation 20th Annual Bob F. Hoskins Research Research Conference, Deep-Water Reservoirs of the World*, 422–449. CD-ROM Society of Economic Paleontologists and Mineralogists Special Publications.

Junger, A. & Wagner, H. C. 1977. *Geology of the Santa Monica and San Pedro Basins, California Continental Borderland. United States Geological Survey Map* MF-820.

Kahler, G. & Stow, D. A. V. 1998. Turbidites and contourites of the Paleogene Lefkara Formation, southern Cyprus. *Sedimentary Geology*, 115, 215–231.

Kaiho, K. 1991. Global changes of Paleogene aerobic-anaerobic benthic foraminifera and deep sea circulation. *Palaeogeography, Palaeoclimatology, Palaeoecology*, 83, 65–85.

Kaiho, K. 1994. Benthic foraminiferal dissolved-oxygen index and dissolved-oxygen levels in the modern ocean. *Geology*, 22, 719–722.

KAIKO II Research Group 1987. 6000 *Meters Deep: A Trip to the Japanese Trenches; Photographic Records of the Nautile Dives in the Japanese Subduction Zones*, 104 pp. University of Tokyo Press, IFREMER-CNRS.

KAIKO Project Shipboard Scientific Party 1985. Japanese deep-sea trench survey. *Nature*, 313, 432–433.

Kaminski, M. A. , Aksu, A. E. , Hiscott, R. N. , Box, M. Al-Salameen, M. & Filipescu, S. 2002. Late glacial to Holocene benthic foraminifera in the Marmara Sea: implications for Black Sea −Mediterranean Sea connections following the last deglaciation. *Marine Geology*, 190, 165–202.

Kanazawa, T. , Sager, W. W. , Escutia, C. *et al.* 2001. Site 1179. *Proceedings of the Ocean Drilling Program, Initial Reports*, 191. College Station, Texas, USA: Ocean Drilling Program.

Kane, I. A. & Hodgson, D. M. 2011. Sedimentological criteria to differentiate submarine channel levée subenvironments: exhumed examples from the Rosario Fm. (Upper Cretaceous) of Baja California, Mexico, and the Fort Brown Formation, (Permian), Karoo Basin, S. Africa. *Marine and Petroleum Geology*, 28, 807–823.

Kane, I. A., Kneller, B. C., Dykstra, M., Kassem, A. & McCaffrey, W. D. 2007. Anatomy of a submarine channel-levée: An example from Upper Cretaceous slope sediments, Rosario Formation, Baja California, Mexico. *Marine and Petroleum Geology*, 24, 540–563.

Kane, I. A., McCaffrey, W. D. & Peakall, J. 2008. Controls on sinuosity evolution within submarine channels. *Geology*, 36, 287–290.

Kane, I. A., Dykstra, M. L., Kneller, B. C., Tremblay, S. & McCaffrey, W. D. 2009. Architecture of a coarse-grained channel-levée system: the Rosario Formation, Baja California, Mexico. *Sedimentology*, 56, 2207–2234.

Kane, I. A., Catterall, V., McCaffrey, W. D. & Martinsen, O. J. 2010. Submarine channel response to intrabasinal tectonics: The influence of lateral tilt. *American Association of Petroleum Geologists Bulletin*, 94, 189–219.

Kaneko, Y., Maruyama, S., Kadarusman, A., Ota, T., Ishikawa, M., Tsujimori, T., Ishikawa, A. & Okamoto, K. 2007. On-going orogeny in the outer-arc of the Timor-Tanimbar region, eastern Indonesia. *Gondwana Research*, 11, 218–233.

Kanmera, K. 1976a. Comparison between past and present geosynclinal sedimentary bodies I. *Kagaku (Science)*, 46, 284–291.

Kanmera, K. 1976b. Comparison between past and present geosynclinal sedimentary bodies II. *Kagaku (Science)*, 46, 371–378.

Kao, T. W., Pan, F. -S. & Renouard, D. 1985. Internal solitons on the pycnocline: generation, propagation, and shoaling and breaking over a slope. *Journal of Fluid Mechanics*, 159, 19–53.

Karig, D. E., Suparka, S., Moore, G. F. & Hehanussa, P. E. 1979. Structure and Cenozoic evolution of the Sunda Arc in the Central Sumatra region. *In*: Watkins, J. S., Montadert, L. & Dickerson, P. W. (eds), *Geological and Geophysical Investigations of Continental Margins*, 223–237. American Association of Petroleum Geologists Memoir, 29.

Karig, D. E., Kagami, H. & DSDP Leg 87 Scientific Party 1983. Varied response to subduction in Nankai Trough and Japan Trench forearcs. *Nature*, 304, 148–151.

Karig, D. E., Barber, A. J., Charlton, T. R., Klemperer, S. & Hussong, D. M. 1987. Nature and distribution of deformation across the Banda arc – Australian collision zone at Timor. *Geological Society of America Bulletin*, 98, 18–32.

Karner, G. D. & Shillington, D. J. 2005, Basalt sills of the U reflector, Newfoundland Basin: A serendipitous dating technique. *Geology*, 33, 985–988.

Karl, H. A., Hampton, M. A. & Kenyon, N. H. 1989. Lateral migration of Cascadia Channel in response to accretionary tectonics. *Geology*, 17, 144–147.

Khan, Z. A. & Arnott, R. W. C. 2011. Stratal attributes and evolution of asymmetric inner-and outer-bend levée deposits associated with an ancient deep-water channel-levée complex within the Isaac Formation, southern Canada. *Marine and Petroleum Geology*, 28, 824–842.

Kikuchi, M., Nakamura, M. & Yoshikawa, K. 2003. Source rupture processes of the 1944 Tonankai earthquake and the 1945 Mikawa earthquake derived from low-gain seismograms. *Earth, Planets and Space*, 55, 159–172.

Keefer, D. K. 1984. Landslides caused by earthquakes. *Geological Society of America Bulletin*, 95, 406–421.

Keep, M., Powell, C. McA. & Baillie, P. W. 1998. Neogene deformation of the North West Shelf, Australia. *In*: Purcell, P. G. & Purcell, R. R. (eds), *The Sedimentary Basins of Western Australia*, 2, 81–91. Perth, Australia: Petroleum Exploration Society of Australia.

Keevil, G. M., Peakall, J., Best, J. L. & Amos, K. J. 2006. Flow structure in sinuous submarine channels: velocity and turbulence structure of an experimental submarine channel. *Marine Geology*, 229, 241–257.

Keevil, G. M., Peakall, J. & Best, J. L. 2007. The influence of scale, slope and channel geometry on the flow dynamics of submarine channels. *Marine and Petroleum Geology*, 24, 487–503.

Keigwin, L. D., Rio, D., Acton, G. *et al.* 1998. *Proceedings of the Ocean Drilling Program, Initial Results*, 172. College Station, Texas, USA: Ocean Drilling Program.

Keith, B. D. & Friedman, G. M. 1977. A slope-fan-basin-plain model, Taconic sequence, New York and Vermont. *Journal of Sedimentary Petrology*, 47, 1220–1241.

Keller, G. H. 1982. Organic matter and the geotechnical properties of submarine sediments. *Geo-Marine Letters*, 2, 191–198.

Keller, G. & Barron, J. A. 1983. Paleoceanographic implications of Miocene deep-sea hiatuses. *Geological Society of America Bulletin*, 94, 590–613.

Kelling, G. 1961. The stratigraphy and structure of the Ordovician rocks of the Rhinns of Galloway. *Geological Society of London Quarterly Journal*, 117, 37–75.

Kelling, G. & Holroyd, J. 1978. Clast size, shape, and composition in some ancient and modern fan gravels. *In*: Stanley, D. J. &

711

Kelling, G. (eds), *Sedimentation in Submarine Canyons, Fans and Trenches*, 138–159. Stroudsburg, PA: Dowden, Hutchinson & Ross.

Kellogg, K. S. & Minor, S. A. 2005. Pliocene transpressional modification of depositional basins by convergent thrusting adjacent to the 'Big Bend' of the San Andreas fault: an examplefrom Lockwood Valley, southern California. *Tectonics*, 24, TC1004, 32 pp.

Kelts, K. & Arthur, M. A. 1981. Turbidites after ten years of deep-sea drilling-wringing out the mop? In: Douglas, R. G. & Winterer, E. L. (eds), *The Deep Sea Drilling Project: A Decade of Progress*, 91–127. Society of Economic Paleontologists and Mineralogists Special Publication, 32.

Kelts, K. & Niemitz, J. 1982. Preliminary sedimentology of Late Quaternary diatomaceous muds from Deep-Sea Drilling Pro-ject Site 480, Guyamas Basin slope, Gulf of California. In: Curray, J. R., Moore, D. G. *et al.*, *Initial Reports Deep Sea Drilling-Project*, 64, 1191–210. Washington, DC: US Government Printing Office.

Kendall, M. G. 1969. *Rank Correlation Methods*. London: Charles Griffin & Company.

Kendall, M. G. 1976. *Time Series*, 2nd edn. New York: Hafner Press (Macmillan).

Kendall, M. G. & Gibbons, J. D. 1990. *Rank Correlation Methods*, 5th edn. New York: Oxford University Press.

Kennard, L., Schafer, C. & Carter, L. 1990. Late Cenozoic evolution of Sackville Spur: a sediment drift on the Newfoundland continental slope. *Canadian Journal of Earth Sciences*, 27, 863–878.

Kennett, J. 1982. *Marine Geology*. Englewood Cliffs, New Jersey: Prentice-Hall. 813 pp. ISBN: 0135569362.

Kennett, J. P., Houtz, R. E., Andrews, P. V., Edwards, A. R., Gostin, V. A., Hajos, N., Hampton, M., Jenkins, D. G., Margolis, S. V., Ovenshine, A. T. & Perch-Nielsen, K. 1975. Cenozoic paleo-oceanography in the southwest Pacific Ocean and the development of the Circumpolar current. In: Kennett, J. P., Houtz, R. E. *et al.* *Initial Reports Deep Sea Drilling Project*, 29, 1155–1169. Washington, DC: US Government Printing Office.

Kennett, J. P., von der Borch, C. C. *et al.* 1986. *Initial Reports Deep Sea Drilling Project*, 90, 1325–1337. Washington, DC: US Government Printing Office.

Kenyon, C. S. 1974. Stratigraphy and sedimentology of the late Miocene to Quaternary deposits of Timor. PhD Thesis, University College London.

Kenyon, N. H. 1992. Channelised deep-sea siliciclastic systems: a plan view perspective. In: *Sequence Stratigraphy of European Basins*, 458–459. Dijon May 18–20 1992. CNRS/Institute français du Petroleum.

Kenyon, N. H. & Millington, J. 1995. Contrasting deep-sea depositional systems in the Bering Sea. In: Pickering, K. T., Hiscott, R. N., Kenyon, N. H., Ricci Lucchi, F. & Smith, R. D. A. (eds), *Atlas of Deep Water Environments: Architectural Style in Turbidite Systems*, 196–202. London: Chapman and Hall.

Kenyon, N. H., Belderson, R. H. & Stride, A. H. 1978. Channels canyons and slump folds on the continental slope between south west Ireland and Spain. *Oceanologica Acta*, 1, 369–380.

Kenyon, N. H., Amir, A. & Cramp, A. 1995a. Geometry of the younger sediment bodies on the Indus Fan. In: Pickering, K. T., Hiscott, R. N., Kenyon, N. H., Ricci Lucchi, F. & Smith, R. D. A. (eds), *Atlas of Deep Water Environments: Architectural Style in Turbidite Systems*, 89–93. London: Chapman and Hall.

Kenyon, N. H., Millington, J., Droz, L. & Ivanov, M. K. 1995b. Scour holes in a channel-lobe transition zone on the Rhone Cone. In: Pickering, K. T., Hiscott, R. N., Kenyon, N. H., Ricci Lucchi, F. & Smith, R. D. A. (eds), *Atlas of Deep Water Environments: Architectural Style in Turbidite Systems*, 212–215. London: Chapman and Hall.

Kenyon, N. H., Akhmetzhanov, A. M. & Twichell, D. C. 2002a. Sand wave fields beneath the Loop Current, Gulf of Mexico: reworking of fan sands. *Marine Geology*, 192, 297–307.

Kenyon, N. H., Klaucke, I., Millington, J. & Ivanov, M. K. 2002b. Sandy submarine canyonmouth lobes on the western margin of Corsica and Sardinia, Mediterranean Sea. *Marine Geology*, 184, 69–84.

Kern, J. P. 1980. Origin of trace fossils in Polish Carpathian flysch. *Lethaia*, 13, 347–362.

Keppie, J. D. 1986. The Appalachian collage. In: Gee, D. G. & Sturt, B. A. (eds), *The Caledonide Orogen – Scandinavia and Related Areas*, 1217–1226. New York: Wiley.

Kessler II L. G. & Moorhouse, K. 1984. Depositional processes and fluid mechanics of Upper Jurassic conglomerate accumulations, British North Sea. In: Koster, E. H. & Steel, R. J. (eds), *Sedimentology of Gravels and Conglomerates*, 383–397. Calgary Alberta: Canadian Society of Petroleum Geologists Memoir, 10.

Khripounoff, A., Vangriesheim, A., Babonneau, N., Crassous, P., Dennielou, B. & Savoye, B. 2003. Direct observation of intense turbidity current activity in the Zaire submarine valley at 4000m water depth. *Marine Geology*, 194, 151–158.

Kessler, L. G. II, Prave, A. R., Malo, M. & Bloechl, W. W. 1995. Mid-Upper Ordovician flysch deposition, northern Gaspé

Peninsula, Québec; a synthesis with implications for foreland and successor basin evolution in the Northern Appalachian Orogen. *In*: Cooper, J. D., Droser, M. L. & Finney, S. C. (eds), *Ordovician Odyssey*; *Short Papers for the Seventh International Symposium on the Ordovician System*, 251–255. Pacific Section, Society of Economic Paleontologists and Mineralogists, Field Guide, 77.

Kidd, R. B. & Hill, P. R. 1987. Sedimentation on Feni and Gardar sediment drifts. *In*: Ruddiman, W. F., Kidd, R. B., Thomas, E. *et al.*, *Initial Reports Deep Sea Drilling Project*, 94, 1217–1244. Washington DC: US Government Printing Office.

Kidd, R. B., M. B. Cita & W. B. F. Ryan 1978. Stratigraphy of eastern Mediterranean sapropel sequences recovered during DSDP Leg 42A and their paleoenvironmental significance. *In*: Kidd, R. B. & Worstell, P. J. (eds), *Initial Reports Deep Sea Drilling Project*, 42, 421–443. Washington DC: US Government Printing Office.

Kim, W. & Paola, C. 2007. Long–period cyclic sedimentation with constant tectonic forcing in an experimental relay ramp. *Geology*, 270, 331–334.

Kim, Y.-S. & Sanderson, D. J. 2005. The relationship between displacement and length of faults: a review. *Earth–Science Reviews*, 68, 317–334.

Kimura, G., Moore, G. F., Strasser, M., Screaton, E., Curewitz, D., Streiff, C. & Tobin, H. 2011. Spatial and temporal evolution of the megasplay fault in the Nankai Trough. *Geochemistry, Geophysics, Geosystems*, 12, doi: 10. 1029/2010GC003335.

Kimura, J.-I., Stern, R. J. & T. Yoshida, T. 2005. Reinitiation of subduction and magmatic responses in SW Japan during Neogene time. *Geological Societ of America Bulletin*, 117, 969–986.

Kimura, M. 1985. Back–arc rifting in the Okinawa Trough. *Marine and Petroleum Geology*, 2, 222–240.

Kimura, M. 1996. Active rift system in the Okinawa Trough and its northeastern continuation. *Bulletin of the Disaster Prevention Research Institute*, 45, 38–27.

Kimura, T. 1966. Thickness distribution of sandstone beds and cyclic sedimentation turbidite sequence at two localities in Japan. *Earthquake Research Institute*, 44, 561–607.

King, L. H. 1981. Aspects of regional surficial geology related to site investigation requirements; eastern Canadian Shelf. *In*: Ardus, D. A. (ed.), *Offshore Site Investigation*, 37–60. London: Graham & Trotman.

King, P. R., Browne, G. H. & Slatt, R. M. 1994. Sequence architecture of exposed late Miocene basin floor fan and channel–levée complexes (Mount Messanger Formation), Taranaki Basin, New Zealand. In: Weimer, P., Bouma, A. H. & Perkins, B. F. (eds), *Gulf Coast Section–Society of Economic Paleontologists and Mineralogists Foundation 15th Annual Research Conference, Submarine Fans and Turbidite Systems: Sequence Stratigraphy, Reservoir Architecture and Production Characteristics*, 177–192.

King, P. R., Ilg, B. R., Arnot, M. J., Browne, G. H., Strachan, L. J., Crundwell, M. P. & Helle, K. 2011. Outcrop and seismic examples of mass–transport deposits from a Late Miocene deepwater succession, Taranaki Basin, New Zealand. *In*: Shipp, R. C., Weimer, P. & Posamentier, H. W. (eds), *Mass–transport Deposits in Deepwater Settings*, 311–348. Special Publication, Society for Sedimentary Geology, 96. Tulsa, Okla: Society for Sedimentary Geology.

Kjøde, J., Storetvedt, K. H., Roberts, D. & Gidskehaug, A. 1978. Palaeomagnetic evidence for large–scale dextral displacement along the Trollfiord–Komagelv fault, Finnmark, north Norway. *Physics of Earth and Planetary Interiors*, 16, 132–144.

Klaucke, I. & Hesse, R. 1996. Fluvial features in the deep–sea: new insights from the glacigenic submarine drainage system of the Northwest Atlantic Mid–Ocean Channel in the Labrador Sea. *Sedimentary Geology*, 106, 223–234.

Klaucke, I., Hesse, R. & Ryan, W. B. F. 1997. Flow parameters of turbidity currents in a lowsinuosity giant deep–sea channel. *Sedimentology*, 44, 1093–1102.

Klaucke, I., Hesse, R. & Ryan, W. B. F. 1998a. Seismic stratigraphy of the Northwest Atlantic Mid–Ocean Channel: growth pattern of a mid–ocean channel–levée complex. *Marine and Petroleum Geology*, 15, 575–585.

Klaucke, I., Hesse, R. & Ryan, W. B. F. 1998b. Morphology and structure of a distal submarine trunk–channel: the Northwest Atlantic Mid–Ocean Channel between 53° and 44°30′N. *Geological Society of America Bulletin*, 110, 22–34.

Klaucke, I., Masson, D. G., Kenyon, N. H. & Gardner, J. V. 2004. Sedimentary processes of the lower Monterey Fan channel and channel–mouth lobe. *Marine Geology*, 206, 181–198.

Kleverlaan, K. 1989a. Neogene history of the Tabernas basin (SE Spain) and its Tortonian submarine fan development. *Geologie en Mijnbouw*, 68, 421–432.

Kleverlaan, K. 1989b. Three distinctive feeder–lobe systems within one time slice of the Tortonian Tabernas fan, SE Spain. *Sedimentology*, 36, 25–45.

Kleverlaan, K. 1994. Architecture of a sand–rich fan from the Tabernas submarine fan complex, southeast Spain. *In*: Weimer, P., Bouma, A. H. & Perkins, B. F. (eds), Gulf Coast Section–Society of Economic Paleontologists and Mineralogists Foundation 15th Annual Research Conference, Submarine Fans and Turbidite Systems: Sequence Stratigraphy, Reservoir Architecture and

Production Characteristics, 209-215.

Kleverlaan, K. & Cossey, S. P. J. 1993. Permeability barriers within sand-rich submarine fans: outcrop studies of the Tabernas Basin, SE Spain. In: Eschard, R. & Doligez, B. (eds), *Subsurface Reservoir Characterization from Outcrop Observations*, 161-164. Paris, Editions Technip.

Knaust, D. 2009. Characterisation of a Campanian deep-sea fan system in the Norwegian Sea by means of ichnofabrics. *Marine and Petroleum Geology*, 26, 1199-1211.

Knaust, D. 2012. Trace-fossil systematics In: Knaust, D. & Bromley, R. G. (eds), *Trace Fossils as Indicators of Sedimentary Environments*, 79-102. Developments in Sedimentology, 64. Amsterdam: Elsevier.

Knaust, D. & Bromley, R. G. (eds) 2012. *Trace Fossils as Indicators of Sedimentary Environments*, 960 pp. Amsterdam: Elsevier B. V. ISBN: 9780444538130.

Kneller, B. 1995. Beyond the turbidite paradigm: physical models for deposition of turbidites and their implications for reservoir prediction. In: Hartley, A. J. & Prosser, D. J. (eds), *Characterization of Deep Marine Clastic Systems*. Geological Society London Special Publication, 94, 31-49.

Kneller, B. C. 2003. The influence of flow parameters on turbidite slope channel architecture. *Marine and Petroleum Geology*, 20, 901-910.

Kneller, B. C. & Branney, M. J. 1995. Sustained high-density turbidity currents and the deposition of thick massive sands. *Sedimentology*, 42, 607-616.

Kneller, B. C. & Buckee, C. 2000. The structure and fluid mechanics of turbidity currents: a review of some recent studies and their geological implications. *Sedimentology*, 47, 62-94.

Kneller, B. C. & McCaffrey, W. D. 1999. Depositional effects of flow nonuniformity and stratification within turbidity currents approaching a bounding slope: deflection, reflection and facies variation. *Journal of Sedimentary Research*, 69, 980-991.

Kneller, B. C. & McCaffrey, W. D. 2003. The interpretation of vertical sequences in turbidite beds: the influence of longitudinal flow structure. *Journal of Sedimentary Research*, 73, 706-713.

Kneller, B., Edwards, E., McCaffrey, W. & Moore, R. 1991. Oblique reflection of turbidity currents. *Geology*, 19, 250-252.

Knipe, R. J. 1986. Microstructural evolution of vein arrays preserved in Deep Sea Drilling Project cores from the Japan Trench, Leg 57. In: Moore, J. C. (ed.), *Structural Fabric in Deep Sea Drilling Project Cores from Forearcs*, 75-87. Geological Society of America Memoir, 166.

Knudson, K. P. & Hendy, I. L. 2009. Climatic influences on sediment deposition and turbidite frequency in the Nitinat Fan, British Columbia. *Marine Geology*, 262, 29-38.

Kodaira, S. Takahashi, N., Nakanishi, A., Miura, S. & Kaneda, Y. 2000. Subducted seamount imaged in the rupture zone of the 1946 Nankaido earthquake. *Science*, 289, 104-106.

Kodama, K., Taira, A., Okamura, M. & Saito, Y. 1983. Paleomagnetisation of the Shimanto Belt in Shikoku, southwest Japan. In: Hashimoto, M. & Uyeda, S, (eds), *Accretion Tectonics in the Circum-Pacific Regions*, 231-241. Tokyo: Terrapub.

Kokelaar, B. P. & Howells, M. F. (eds) 1984. *Marginal Basin Geology: Volcanic and Associated Sedimentary and Tectonic Processes in Modern and Ancient Marginal Basins*. The Geological Society, London, Special Publications, 16. Oxford: Blackwell Scientific Publications. ISBN 0-632-01073-8.

Kolla, V. & Coumes, F. 1987. Morphology, internal structure, seismic stratigraphy, and sedimentation of Indus Fan. *American Association of Petroleum Geologists Bulletin*, 71, 650-677.

Kolla, V. & Macurda, D. B. Jr. 1988. Sea-level changes and timing of turbidity-current events in deep-sea fan systems In: Wilgus, C. K., Hastings, B. S., Posamentier, H., Van Wagoner, J., Ross, C. A. & Kendall, C. G. St. C. (eds), *Sea-Level Changes: An Integrated Approach*, 381-392. Society of Economic Paleontologists and Mineralogists, Special Publication No. 42.

Kolla, V., Eittreim, S., Sullivan, L., Kostecki, J. A. & Burckle, L. H. 1980a. Current-controlled, abyssal microtopography and sedimentation in Mozambique Basin, southwest Indian Ocean. *Marine Geology*, 34, 171-206.

Kolla, V., Kostecki, J. A., Henderson, L. & Hess, L. 1980b. Morphology and Quaternary sedimentation of the Mozambique Fan and environs, southwestern Indian Ocean. *Sedimentology*, 27, 357-378.

Kolla, V., Bourges, Ph., Urruty, J.-M. & Sufa, P. 2001. Evolution of deep-water Tertiary sinuous channels offshore Angola (west Africa) and implications for reservoir architecture. *American Association of Petroleum Geologists Bulletin*, 85, 1373-1405.

Kolla, V., Posamentier, H. W. & Wood, L. J. 2007. Deep-water and fluvial sinuous channels-characteristics, similarities and dissimilarities, and modes of formation. *Marine and Petroleum Geology*, 24, 388-405.

Kolmogorov, A. N. 1951. Solution of a problem in probability theory connected with the problem of the mechanics of stratification.

Transactions of the American Mathematical Society, 53, 171-177.

Komar, P. D. 1969. The channelized flow of turbidity currents with application to Monterey deep-sea fan channel. *Journal of Geophysical Research*, 74, 4544-4558.

Komar, P. D. 1971. Hydraulic jumps in turbidity currents. *Geological Society of America Bulletin*, 82, 1477-1488.

Komar, P. D. 1977. Computer simulation of turbidity current flow and the study of deep-sea channels and fan sedimentation. *In*: Goldberg, E. D., McCave, I. N., O'Brien, J. J. & Steele, J. H. (eds), *The Sea*, *Vol.* 6, *Marine Modelling*, 603-621. New York: Wiley.

Komar, P. D. 1985. The hydraulic interpretation of turbidites from their grain sizes and sedimentary structures. *Sedimentology*, 32, 395-408.

Kominz, M. A., Browning, J. V., Miller, K. G., Sugarman, P. J., Misintseva, S. & Scotese, C. R. 2008. Late Cretaceous to Miocene sea-level estimates from the New Jersey and Delaware coastal plain coreholes: an error analysis. *Basin Research*, 20, 211-226.

Konishi, K. 1989. Limestone of the Daiichi Kashima Seamount and the fate of a subducting guyot: fact and speculation from the Kaiko "Nautile" dives. *Tectonophysics*, 160, 249-265.

Konsoer, K., Zinger, J. & Parker, G. 2013. Bankfull hydraulic geometry of submarine channels created by turbidity currents: relations between bankfull channel characteristics and formative flow discharge. *Journal of Geophysical Research*, *Earth Surface*, 118, 216-228.

Kosa, E. 2007. Differential subsidence driving the formation of mounded stratigraphy in deepwater sediments: Palaeocene, central North Sea. *Marine and Petroleum Geology*, 24, 632-652.

Kotarba, M. J. 2012. Origin of natural gases in the Paleozoic-Mesozoic basement of the Polish Carpathian foredeep. *Geologica Carpathica*, 63, 307-318.

Kostic, S. & Parker, G. 2007. Conditions under which a supercritical turbidity current traverses an abrupt transition to vanishing bed slope without a hydraulic jump. *Journal of Fluid Mechanics*, 586, 119-145.

Kranck, K. 1984. Grain-size characteristics of turbidites. *In*: Stow, D. A. V. & Piper, D. J. W. (eds), *Fine-grained Sediments*: *Deep-water Processes and Facies*, 83-92. Geological Society of London Special Publication, 15. Oxford: Blackwell Scientific.

Kreuser, T. & Woldu, G. 2010. Formation of euxinic lakes during the deglaciation phase in the Early Permian of East Africa. *Geological Society of America*, *Special Papers*, 468, 101-112.

Kreyszig, E. 1967. *Advanced Engineering Mathematics*, 2nd edn. New York: Wiley.

Krissek, L. A. 1984. Continental source area contributions to fine-grained sediments on the Oregon and Washington continental slope. *In*: Stow, D. A. V. & Piper, D. J. W. (eds), *Finegrained Sediments*: *Deep-water Processes and Facies*, 363-375. Geological Society of London Special Publication, 15. Oxford: Blackwell Scientific.

Krissek, L. A. 1989. Late Cenozoic records of ice-raftng at ODP Sites 642, 643 and 644, Norwegian Sea: onset, chronology, and characteristics of glacial/interglacial fluctuations. *In*: Eldholm, O., Thiede, J., Taylor, E. *et al.*, *Proceedings of the Ocean Drilling Program*, *Scientific Results*, 104, 61-74. College Station, Texas, USA: Ocean Drilling Program.

Krissek, L. A. 1995. Late Cenozoic ice-rafting records from Leg 145 sites in the North Pacific: Late Miocene onset Late Pliocene intensification, and Pliocene-Pleistocene events. *In*: Rea, D. K., Basov, I. A., Scholl, D. W. & Allan, J. F. (eds), *Proceedings of the Ocean Drilling Program*, *Scientific Results*, 145, 179-194. College Station, Texas, USA: Ocean Drilling Program.

Kristoffersen, Y., Sorokin, M. Y., Jokat, W. & Svendsen, O. 2004. A submarine fan in the Amundsen Basin, Arctic Ocean. *Marine Geology*, 204, 317-324.

Kroon, D., Zachos, J. C. & Leg 208 Scientific Party 2007. Leg 208 synthesis: Cenozoic climate cycles and excursions. *In*: Kroon, D., Zachos, J. C. & Richter, C. (eds), *Proceedings of the Ocean Drilling Program Scientific Results*, 208, 1-55. College Station, Texas, USA: Ocean Drilling Program.

Książkiewicz, M. 1954. Graded and laminated bedding in the Carpathian flysch. *Annales Societatis Geologorum Poloniae*, 22, 399-449.

Książkiewicz, M. 1960. Pre-orogenic sedimentation in the Carpathian geosyncline. *Geologisches Rundschau*, 50, 8-31.

Książkiewicz, M. 1968. O niektórych problematykach z flisz Karpat polskich. Cześc III. (Onsome problematic organic traces from the flysch of the Polish Carpathians, Part 3). *Rocznik Polskiego Towarzystwa Geologicznego*, 38, 3-17.

Książkiewicz, M. 1970. Observations on the ichnofauna of the Polish Carpathians. *In*: Crimes, P. T. & Harper, C. (eds). *Trace Fossils*, 283-322. Geological Journal, Special Issue, 3.

Książkiewicz, M. 1977. Trace fossils in the flysch of the Polish Carpathians. *Palaeontologica Polonica*, 36, 1-208.

Kuenen, Ph. H. 1951. Properties of turbidity currents of high density. *In*: Hough, J. L. (ed.), *Turbidity Currents*, 14-33. Society of Economic Paleontologists & Mineralogists Special Publication, 2.

Kuenen, Ph. H. 1953. Significant feature of graded bedding. *American Association of Petroleum Geologists Bulletin*, 37, 1044-1066.

Kuenen, Ph. H. 1964. Deep-sea sands and ancient turbidites. *In*: Bouma, A. H. & Brouwer, A. (eds), *Turbidites*, 3-33. Developments in Sedimentology, 3. Amsterdam: Elsevier.

Kuenen, Ph. H. 1966. Matrix of turbidites: experimental approach. *Sedimentology*, 7, 267-297.

Kuenen, Ph. H. & Migliorini, C. I. 1950. Turbidity currents as a cause of graded bedding. *Journal of Geology*, 58, 91-127.

Kuhn, G. & Meischner, D. 1988. Quaternary and Pliocene turbidites in the Bahamas, Leg 101, Sites 628, 632, and 635. *In*: Austin, J. A., Jr., Schlager, W. *et al.*, *Proceedings of the Ocean Drilling Program*, *Scientific Results*, 101, 203-212. College Station, Texas, USA: Ocean Drilling Program.

Kuramoto, S., Ashi, J., Greinert, J., Gulick, S., Ishimura, T., Morita, S., Nakamura, K., Okada, M., Okamoto, T., Rickert, D., Saito, S., Suess, E., Tsunogai, U. & Tomosugi, T. 2001. Surface observations of subduction related mud volcanoes and large thrust sheets in the Nankai subduction margin: Report on YK00-10 and YK01-04 cruises. *JAMSTEC Journal of Deep Sea Research*, 19, 131-139.

Kurtz, D. D. & Anderson, J. B. 1979. Recognition and sedimentologic description of recent debris flow deposits from the Ross and Weddell Seas, Antarctica. *Journal of Sedimentary Petrology*, 49, 1159-1169.

Kuribayashi, E. & Tatsuoka, F. 1977. History of earthquake-induced soil liquefaction in Japan. *Public Works Research Bulletin* (Japan Ministry of Construction), 31, 1-26.

Labaume, P., Mutti, E., Séguret, M. & Rosell, J. 1983a. Mégaturbidites carbonatées du basin turbiditique de l'Eocene inférieur et moyen sud-pyrénéen. *Bulletin de la Société Géologique de France*, 7 (XXV-6), 927-941.

Labaume, P., Mutti, E., Seguret, M. & Rosell, J. 1983b. Mégaturbidites carbonates du basin turbiditique de l'Eocene inférieur et moyen sud-pyrénéen. *Société Géologique de France*, *Bulletin*, 25, 927-941.

Labaume, P., Séguret, M. & Seyve, C. 1985. Evolution of a turbiditic foreland basin and analogy with an accretionary prism: Example of the Eocene South-Pyrenean basin. *Tectonics*, 4, 661-685.

Labaume, P., Mutti, E. & Séguret, M. 1987. Megaturbidites: a depositional model from the Eocene of the SW-Pyrenean Foreland Basin, Spain. *Geo-Marine Letters*, 7, 91-101.

Labourdette, R., Crumeyrollea, P. & Remacha, E. 2008. Characterisation of dynamic flow patterns in turbidite reservoirs using 3D outcrop analogues: Example of the Eocene Morillo turbidite system (south-central Pyrenees, Spain). *Marine and Petroleum Geology*, 25, 255-270.

Lacombe, O., Lavé, J., Roure, F. M. & Verges, J. (eds) 2007. *Thrust Belts and Foreland Basins: From Fold Kinematics to Hydrocarbon Systems*. Springer: Frontiers in Earth Sciences, 492 pp. ISBN: 9783540694250.

Laigle, M., Becel, A., De Voogd, B., Alfred Hirn., Taymaz, T., Ozalaybey, S. & Team, Seismarmara Leg 2008. A first deep seismic survey in the Sea of Marmara: Deep basins and whole crust architecture and evolution. *Earth and Planetary Science Letters*, 270, 168-179.

Laird, M. G. 1968. Rotational slumps and slump scars in Silurian rocks, western Ireland. *Sedimentology*, 10, 111-120.

Laird, M. G. 1970. Vertical sheet structures – a new indication of sedimentary fabric. *Journal of Sedimentary Petrology*, 40, 428-434.

Lallemand, S. & Le Pichon, X. 1987. Coulomb wedge model applied to the subduction of seamounts in the Japan Trench. *Geology*, 15, 1065-1069.

Lallemand, S., Culotta, R. & von Huene, R. 1989. Subduction of the Daiichi Kashima Seamount in the Japan Trench. *Tectonophysics*, 160, 231-233, 237-247.

Lallemant, H. P., Nakamura, S., Tsunogai, K., Mazzotti, U., Kobayashi, S. & Marine, K. 2002. Surface expression of fluid venting at the toe of the Nankai wedge and implications for flow paths. *Geology*, 187, 119-143.

Lallemant, S., Chamot-Rooke, N., Le Pichon, X. & Rangin, C. 1987. Zenisu Ridge: a deep intraoceanic thrust related to subduction off Southwest Japan. *Tectonophysics*, 160, 151-174.

Lamb, M. P., Hickson, T. A., Marr, J. G., Sheets, B., Paola, C. & Parker, G. 2004. Surging versus continuous turbidity currents: flow dynamics and deposits in an experimental intraslope minibasin. *Journal of Sedimentary Research*, 74, 148-155.

Lambeck, K. & Chappell, J. 2001. Sea level change through the last glacial cycle. *Science*, 292, 679-686.

Lance, S., Henry, P., Le Pichon, X., Lallemant, S., Chamley, H., Rostek, F., Faugères, J.-C., Gonthier, E. & Olu, K.

1998. Submersible study of mud volcanoes seaward of the Barbados accretionary wedge: sedimentology, structure and rheology. *Marine Geology*, 145, 55–292.

Lancien, P., Metivier, F., Lajeunesse, E. & Cacas, M. 2004. Simulating submarine channels in flume experiments: aspects of the channel incision dynamic. *American Geophysical Union Fall Meeting*, San Francisco, Abstract #OS41D–0509.

Langseth, M. G., Westbrook, G. K. & Hobart, M. A. 1988. Geophysical survey of a mud volcano seaward of the Barbados Ridge Accretionary Complex. *Journal of Geophysical Research: Solid Earth*, 93, 1049–1061.

Lansigu, C. & Bouroullec, R. 2004. Staircase normal fault geometry in the Grès d'Annot (SE France). *In*: Joseph, P. & Lomas, S. A. (eds), *Deep-Water Sedimentation in the Alpine Basin of SE France: New Perspectives on the Grès d'Annot and Related Systems. Geological* Society, London, Special Publication, 221, 223–240. London: The Geological Society.

Laroche, P. J. 1983. Appalachians of southern Québec seen through seismic line no. 2001. *In*: Bally, A. W. (ed.), *Seismic Expression of Structural Styles*, volume 3, 3. 2. 1–7 to 3. 2. 1–24. American Association of Petroleum Geologists Studies in Geology, 15.

Larue, D. K. & Provine, K. G. 1988. Vacillatory turbidites, Barbados. *Sedimentary Geology*, 57, 211–219.

Larue, D. K. & Speed, R. C. 1983. Quartzose turbidites of the accretionary complex of Barbados, I: Chalky Mount succession. *Journal of Sedimentary Petrology*, 53, 1337–1352.

Larue, D. K. & Speed, R. C. 1984. Structure of the accretionary complex of Barbados, II: Bissex Hill. *Geological Society of America Bulletin*, 95, 1360–1372.

Lash, G. 1985. Recognition of trench fill in orogenic flysch sequences. *Geology*, 13, 867–870.

Laskar, J. 1999. The limits of Earth orbital calculations for geological time–scale use. *Philosophical Transactions of the Royal Society, London, A*, 357, 1735–1759.

Laursen, J. & Normark, W. R. 2002. Late Quaternary evolution of the San Antonio Submarine Canyon in the central Chile forearc (33°S). *Marine Geology*, 188, 365–390.

Laval, A., Cremer, M., Beghin, P. & Ravenne, C. 1988. Density surges: two–dimensional experiments. *Sedimentology*, 35, 73–84.

Lawrence, D. T., Doyle, M., Snelson, S. & Horsfield, W. T. 1987. Stratigraphic modeling of sedimentary basins. *American Association of Petroleum Geologists Bulletin*, 71, 582.

Lawrence, D. T., Doyle, M. & Aigner, T. 1989. Calibration of stratigraphic forward models in clastic, carbonate and mixed clastic/carbonate regimes. 28*th International Geological Conference*, *Abstracts*, 2, 264.

Lawrence, D. T. Doyle, M. & Aigner, T. 1990. Stratigraphic simulation of sedimentary basins: concepts and calibration. *American Association of Petroleum Geologists Bulletin*, 74, 273–295.

Lay, T., Kanamori, H., Ammon, C. J., Nettles, M., Ward, S. N., Aster, R. C., Beck, S. L., Bilek, S. L., Brudzinski, M. R., Butler, R., DeShon, H. R., Ekstrom, G., Satake, K. & Sipkin, S. 2005. The Great Sumatra–Andaman Earthquake of 26 December 2004. *Science*, 308, 1127–1133.

Le Friant, A., Ishizuka, O., Boudon, G., Palmer, M. R., Talling, P. J., Villemant, B., Adachi, T. Aljahdali, M., Breitkreuz, C., Brunet, M., Caron, B., Coussens, M., Deplus, C., Endo, D., Feuillet, N., Fraas, A. J., Fujinawa, A., Hart, M. B., Hatfield, R. G., Hornbach, M., Jutzeler, M., Kataoka, K. S., Komorowski, J. –C., Lebas, E., Lafuerza, S., Maeon, F., Manga, M., Martinez–Colon, M., McCanta, M., Morgan, S., Saito, T., Slagle, A., Sparks, S., Stinton, A., Stroncik, N., Subramanyam, K. S. V., Tamura, Y., Trofimovs, J., Voight, B., Wall–Palmer, D., Wang, F. & Watt, S. F. L. 2015. Submarine record of volcanic island construction and collapse in the Lesser Antilles arc: first scientific drilling of submarine volcanic island landslides by IODP Expedition 340. Geochemistry, Geophysics, Geosystems, 16, 420–442.

Le Pichon, X., Kobayashi, K., Cadet, J. –P., Iiyama, T., Nakamura, K., Pautot, G., Renard, V. & the Kaiko Scientific Crew 1987a. Project Kaiko–Introduction. *Earth and Planetary Science Letters*, 83, 183–185.

Le Pichon, X., Iiyama, T., Chamley, H., Charvet, J., Faure, M., Fujimoto, H., Furuta, T., Ida, Y., Kagami, H., Lallemant, S., Leggett, J., Murata, Y., Okada, H., Rangin, C., Renard, V., Taira, A. & Tokuyama, H. 1987b. The eastern and western ends of Nankai Trough: results of Box 5 and Box 7 Kaiko survey. *Earth and Planetary Science Letters*, 83, 199–213.

Le Varlet, X. & Roy, J. P. 1983. *Étude de la série priabonienne de la région Vallée de l'Ubaye, Les Trois Evêchés*. ENSPM Réf. 32428.

Leckie, R. M. 1984. Mid–Cretaceous planktonic foraminiferal biostratigraphy offcentral Morocco, Deep Sea Drilling Project Leg 79, Sites 545 and 547. *In*: Hinz, K., Winterer, E. L. *et al.*, *Initial Reports Deep Sea Drilling Project*, 79, 579–620. Washington, DC: US Government Printing Office.

Ledbetter, M. T. 1979. Fluctuations of Antarctic bottom water velocity in the Vema Channel during the last 160,000 years. *Marine Geology*, 33, 71-89.

Ledbetter, M. T. 1984. Bottom-current speed in the Vema Channel recorded by particle size of sediment fine-fraction. *Marine Geology*, 58, 137-149.

Ledbetter, M. T. & Ellwood, B. B. 1980. Spatial and temporal changes in bottom water velocity and direction from analyses of particle size and alignment in deep-sea sediment. *Marine Geology*, 38, 245-261.

Lee, H. J., Syvitski, J. P. M., Parker, G., Orange, D., Locat, J., Hutton, E. W. H. & Imran, J. 2002. Distinguishing sediment waves from slope failure deposits: field examples, including the "Humbolt slide", and modelling results. *Marine Geology*, 192, 79-104.

Lee, S. E., Amy, L. A. & Talling, P. J. 2004. The character and origin of thick base-of-slope sandstone units of the Peira Cava outlier, SE France. In: Joseph, P. & Lomas, S. A. (eds), *Deep-Water Sedimentation in the Alpine Basin of SE France: New Perspectives on the Grès d'Annot and Related Systems*. Geological Society, London, Special Publication, 221, 331-347. London: The Geological Society.

Leeder, M. R. 1983. On the dynamics of sediment suspension by residual Reynolds stresses-confirmation of Bagnold's theory. *Sedimentology*, 30, 485-492.

Leeder, M. R., Gray, T. E. & Alexander, J. 2005. Sediment suspension dynamics and a new criterion for the maintenance of turbulent suspensions. *Sedimentology*, 52, 683-691.

Legg, M. R. 1991. Developments in understanding the tectonic evolution of the California Continental Borderland. In: Osborne, R. H. (ed.), *From Shoreline to Abyss*, 291-312. Society of Economic Paleontologists and Mineralogists Shepard Commemorative Volume, 46.

Legg, M. R., Goldfinger, C., Kamerling, M. J., Chaytor, J. D. & Einstein, D. E. 2007. Morphology, structure and evolution of California Continental Borderland restraining bends. In: Cunningham, W. D. & Mann, P. (eds), *Tectonics of Strike-Slip Restraining and Releasing Bends*. Geological Society London Special Publication, 290, 143-168. The Geological Society of London.

Leggett, J. K. 1980. The sedimentological evolution of a Lower Palaeozoic accretionary forearc in the Southern Uplands of Scotland. *Sedimentology*, 27, 401-417.

Leggett, J. K. (ed.) 1982. *Trench-Forearc Geology*. Geological Society of London Special Publication, 10. Oxford: Blackwell Scientific.

Leggett, J. K. 1985. Deep-sea pelagic sediments and palaeooceanography: a review of recent progress. In: Brenchley, P. J. & Williams, B. P. J. (eds), *Sedimentology Recent Developments and Applied Aspects*, 95-121. Geological Society of London Special Publication, 18. Oxford: Blackwell Scientific.

Leggett, J. K., Aoki, Y. & Toba, T. 1985. Transition from frontal accretion to underplating in a part of the Nankai Trough accretionary complex off Shikoku (SW Japan) and extensional features on the lower trench slope. *Marine and Petroleum Geology*, 2, 131-141.

Legros, F. 2002. Can dispersive pressure cause inverse grading in grain flows? *Journal of Sedimentary Research*, 72, 166-170.

Lehmann, D., Brett, C. E., Cole, R. & Baird, G. 1995. Distal sedimentation in a peripheral foreland basin: Ordovician black shales and associated flysch of the western Taconic foreland, New York State and Ontario. *Geological Society of America Bulletin*, 107, 708-724.

Leinfelder, R. R. & Wilson, R. C. L. 1998. Third-order sequences in an Upper Jurassic riftrelated second-order sequence, central Lusitanian Basin, Portugal. In: Hardenbol J., Thierry J., Farley, M. B., Jacquin Th., de Graciansky P. -C. & Vail P. R. (eds), *Mesozoic and Cenozoic Sequence Stratigraphy of European Basins*, 509-525. Society of Economic Paleontologists and Mineralogists, Special Publication, 60.

Leitch, E. C. 1984. Marginal basins of the SW Pacific and the preservation and recognition of their ancient analogues: a review. In: Kokelaar, B. P. & Howells, M. F. (eds), *Marginal Basin Geology*, 97-108. Geological Society, London, Special Publications, 16. London: The Geological Society.

León, R., Medialdea, T., Javier-Gonzalez, Gimenez-Motreno, C. J. & Perez-Lopez, R. 2014. Pockmarks on either side of the Strait of Gibralter: formation from overpressutred shallow contourite gas reservoirs and internal wave action during the last glacial sea-level lowstand? *Geo-Marine Letters*, 34, 131-151.

Leopold, L. B. & Langbein, W. B. 1962. The concept of entropy in landscape evolution. *U. S. Geological Survey Professional Paper*, 500-A.

Letouzey, J. & Kimura, M. 1985. Okinawa Trough genesis: structure and evolution of a backarc basin developed in a continent.

Marine and Petroleum Geology, 2, 111-130.

Letouzey, J. & Kimura, M. 1986. The Okinawa Trough: genesis of a back-arc basin developing along a continental margin. *Tectonophysics*, 125, 209-230.

Levell, B. K. 1980a. A late Precambrian tidal shelf deposit, the Lower Sandfiord Formation, Finnmark, North Norway. *Sedimentology*, 27, 539-557.

Levell, B. K. 1980b. Evidence for currents associated with waves in Late Precambrian shelf deposits from Finnmark, North Norway. *Sedimentology*, 27, 153-166.

Levell, B. K. & Roberts, D. 1977. A re-interpretation of the geology of north-west Varanger Peninsula, East Finnmark, North Norway. *Norges Geologiske Undersokelse*, 334, 83-90.

Leverenz, A. 2000. Trench-sedimentation versus accreted submarine fan—an approach to regional-scale facies analysis in a Mesozoic accretionary complex: "Torlesse" terrane, northeastern North Island, New Zealand. *Sedimentary Geology*, 132, 125-160.

Lewis, D. W. & Ekdale, A. A. 1992. Composite ichnofabric of a Mid-Tertiary unconformity on a pelagic limestone. *Palaios*, 7, 222-235.

Lewis, J. C., Byrne, T. B. & Kanagawa, K. 2013. Evidence for mechanical decoupling of the upper plate at the Nankai subduction zone: Constraints from core-scale faults at NantroSEIZE Sites C0001 and C0002. *Geochemistry, Geophysics, Geosystems*, 14, 620-633.

Lewis, J. F., Draper, G., Bourdon, C., Bowin, C., Mattson, P. O., Maurrasse, F., Nagle, F. & Pardo, G. 1990. Geology and tectonic evolution of the northern Caribbean margin. *In*: Dengo, G. & Case, J. E. (eds), *The Caribbean Region, Volume H of the Geology of North America*, 77-140. Boulder Colorado: Geological Society of America.

Lewis, K. B. 1971. Slumping on a continental slope inclined at 1°-4°. *Sedimentology*, 16, 97-110.

Lewis, K. B. & Pantin, H. M. 2002. Channel-axis, overbank and drift sediment waves in the southern Hikurangi Trough, New Zealand. *Marine Geology*, 192, 123-151.

Lewis, K. B., Bennett, D. J., Herzer, R. H. & von der Borch, C. C. 1986. Seismic stratigraphy and structure adjacent to an evolving plale boundary, western Chatham Rise, New Zealand. *In*: Kennett, J. P., von der Borch, C. C. et al., Initial Reports Deep Sea Dnlhng Project, 90, 1325-1337. Washington, DC: US Government Printing Office.

Lie, O., Fürstenau, J. & Comstock, J. 2013. Will Lebanon be the next oil province? *GEO ExPro*, 10, 36-40.

Lien T., Walker, R. G. & Martinsen, O. J. 2003. Turbidites in the Upper Carboniferous Ross Formation, western Ireland: reconstruction of a channel and spillover system. *Sedimentology*, 50, 113-148.

Lien, T., Midtbø, R. E., Martinsen, O. 2006. Depositional facies and reservoir quality of deepmarine sandstones in the Norwegian Sea. *Norwegian Journal of Geology*, 86, 71-92.

Lindsay, J. F. 1968. The development of clast fabric in mudflows. *Journal of Sedimentary Petrology*, 38, 1242-1253.

Lipman, P. W., Normark, W. R., Moore, J. G., Wilson, J. B. & Gutmacher, C. E. 1988. The giant submarine Alika debris slide, Mauna Loa, Hawaii. *Journal of Geophysical Research*, 93, 4, 279-4, 299.

Lisitzin, A. P. (ed.) 1972. Sedimentation in the World Ocean. Society of Economic Paleontologists and Mineralogists Special Publication, 17.

Liu, C-S., Huang, I. L. & Teng, L. S. 1997. Structural features off southwestern Taiwan. *Marine Geology*, 137, 305-319.

Liu, J. Y. & Bryant, W. R. 2000. Sea floor morphology and sediment paths of the northern Gulf of Mexico deepwater. *In*: Bouma, A. H. & Stone, C. G. (eds), *Fine-grained Turbidite Systems*, 33-46. American Association of Petroleum Geologists Memoir, 72 & Society of Sedimentary Geologists, Special Publication, 68. Joint publication, Tulsa, Oklahoma.

Liu, S, Qian, T., Li, W., Dou, G. & Wu, P. 2015. Oblique closure of the northeastern Paleo-Tethys in central China. *Tectonics*, 34, 413-434.

Liu, X. & Galloway, W. E. 1997. Quantitative determination of Tertiary sediment supply to the North Sea basin. *American Association of Petroleum Geologists Bulletin*, 81, 1482-1509.

Liu, Z., Pagani, M., Zinniker, D., DeConto, R., Huber, M., Brinkhuis, H., Shah, S. R., Leckie, R. M. & Pearson, A. 2009. Global cooling during the Eocene-Oligocene Climate Transition. *Science*, 323, 1187-1190.

Lizarralde, D., Axen, G. J., Brown, H. E., Fletcher, J. M., Gonzalez-Fernandez, A., Harding, A. J., Holbrook, W. S., Kent, G. M., Paramo, P., Sutherland, F. & Umhoefer, P. J. 2007. Variation in styles of rifting in the Gulf of California. *Nature*, 448, 466-469.

Locat, J. 1997. Normalized rheological behaviour of fine muds and their flow properties in a pseudoplastic regime. *Proceedings of 1st International Conference*, American Society of Civil Engineers, Reston, Virginia, 260-269.

Locat, J. 2001. Instabilites along ocean margins: a geomorphological and geotechnical perspective. *Marine and Petroleum Geology*,

18, 508–512.

Logan, W. E. 1883. Report on the Geology of Canada. Geological Survey of Canada, Report of Progress to 1863.

Lonergan, L., Lee, N., Johnson, H. D., Cartwright, J. A. & Jolly, R. J. H. 2000. Remobilization and injection in deepwater depositional systems: implications for reservoir architecture and prediction. *In*: Weimer, P., Slatt, R. M., Coleman, J., Rosen, N. C., Nelson, H., Bouma, A. H., Styzen, M. J. & Lawrence, D. T. (eds), *Gulf Coast Section–Society of Economic Paleontologists and Mineralogists Foundation 20th Annual Bob F. Hoskins Research Research Conference, Deep–Water Reservoirs of the World*, 515–532. CD–ROM Society of Economic Paleontologists and Mineralogists Special Publications.

Londoño, J. & Lorenzo, J. M. 2004. Geodynamics of continental plate collision during late tertiary foreland basin evolution in the Timor Sea: constraints from foreland sequences, elastic flexure and normal faulting. *Tectonophysics*, 392, 37–54.

Lonergan, J., Borlandelli, C., Taylor, A., Quine, M., Flanagan, K. 2007. The three dimensional geometry of sandstone injection complexes in the Gryphon Field, United Kingdom, North Sea. *In*: Hurst, A. & Cartwright, J. (eds), *Sand Injectites: Implications for Hydrocarbon Exploration and Production*, 103–112. American Association of Petroleum Geologists Memoir, 87. Tulsa, Oklahoma.

Long, D. G. F. 1977. Resedimented conglomerate of Huronian (Lower Aphebian) age, from the north shore of Lake Huron, Ontario, Canada. *Canadian Journal of Earth Sciences*, 14, 2495–2509.

Lonsdale, P. F. 1985. A transform continental margin rich in hydrocarbons, Gulf of California. *American Association of Petroleum Geologists Bulletin*, 69, 1160–1180.

Lonsdale, P. 1991. Structural patterns of the Pacific floor offshore of peninsular California. *In*: Dauphin, J. P. & Simoneit, B. R. T. (eds), *The Gulf and Peninsular Province of the Californias*, 87–125. American Association of Petroleum Geologists Memoir, 47.

López Cabrera, M. I., Olivero, E. B., Carmona, N. B. & Ponce, J. J. 2008. Cenozoic trace fossils of the Cruziana, Zoophycos, and Nereites ichnofacies from the Fuegian Andes, Argentina. *Ameghiniana*, 45, 377–392.

Lovell, J. P. B. 1969. Tyee Formation: a study of proximality in turbidites. *Journal of Sedimentary Petrology*, 39, 935–953.

Lovell, J. P. B. & Stow, D. A. V. 1981. Identification of ancient sandy contourites. *Geology*, 9, 347–349.

Lowe, D. R. 1975. Water escape structures in coarse–grained sediments. *Sedimentology*, 22, 157–204.

Lowe, D. R. 1976a. Grain flow and grain flow deposits. *Journal of Sedimentary Petrology*, 46, 188–199.

Lowe, D. R. 1976b. Subaqueous liquefied and fluidized sediment flows and their deposits. *Sedimentology*, 23, 285–308.

Lowe, D. R. 1982. Sediment gravity flows: II. *Depositional models with special reference to the deposits of high–density turbidity currents. Journal of Sedimentary Petrology*, 52, 279–297.

Lowe, D. R. 1985. Ouachita trough: part of a Cambrian failed rift system. *Geology*, 13, 790–793.

Lowe, D. R. 1988. Suspended–load fallout rate as an independent variable in the analysis of current structuResearch *Sedimentology*, 35, 765–776.

Lowe, D. R. & Guy, M. 2000. Slurry–flow deposits in the Britannia Formation (Lower Cretaceous), North Sea: a new perspective on the turbidity current and debris flow problem. *Sedimentology*, 47, 31–70.

Lowe, D. R. & LoPiccolo, R. D. 1974. The characteristics and origins of dish and pillar structure. *Journal of Sedimentary Petrology*, 44, 484–501.

Lowe, D. R., Guy, M. & Palfrey, A. 2003. Facies of slurry–flow deposits, Britannia Formation (Lower Cretaceous), North Sea: implications for flow evolution and deposit geometry. *Sedimentology*, 50, 45–80.

Lowell, J. D. 1985. *Structural Styles in Petroleum Exploration*. Tulsa, Oil and Gas Consultants International, 460 pp.

Lowey, G. W. 1992. Variation in bed thickness in a turbidite succession, Dezadeash Formation (Jurassic–Cretaceous), Yukon, Canada: evidence of thinning–upward and thickening–upward cycles. *Sedimentary Geology*, 78, 217–232.

Lu, H. & Fulthorpe, C. S. 2004. Controls on sequence stratigraphy of a middle Miocene–Holocene, current–swept, passive margin: Offshore Canterbury Basin, New Zealand. *Geological Society of America Bulletin*, 116, 1345–1366.

Lu, H., Fulthorpe, C. S. & Mann, P. 2003. Three–dimensional architecture of shelf–building sediment drifts in the o! shore Canterbury Basin, New Zealand. *Marine Geology*, 193, 19–47.

Lu, H. & Hayashi, D. 2001. Genesis of Okinawa Trough and thrust development within accretionary prism by means of 2D finite element method. *Structural Geology* (Journal of Tectonic Research Group Japan), 45, 47–67.

Lu, N. Z., Suhayda, J. N., Prior, D. B., Bornhold, B. D., Keller, G. H., Wiseman, W. J. Jr Wright, L. D. & Yang, Z. S. 1991. Sediment thixotropy and submarine mass movement, Huanghe Delta, China. *Geo–Marine Letters*, 11, 9–15.

Lu, R. S. & McMillen, K. J. 1983. Multichannel seismic survey of the Columbia Basin and adjacent margins. In: Watkins, J. S. &

Drake, C. L. (eds), *Studies in Continental Margin Geology*, 395-410. American Association of Petroleum Geologists. Memoir, 34.

Lucchi, R. & Camerlenghi, A. 1993. Upslope turbiditic sedimentation on the southeastern flank of the Mediterranean Ridge. *Bollettino di oceanologia teorica ed applicata*, 11, 3-25.

Lucchi, R. G., Rebesco, M., Camerlenghi, A., Busetti, M., Tomadin, L., Villa, G., Persico, D., Morigi, C., Bonci, M. C. & Giorgetti, G. 2002. Mid-late Pleistocene glacimarine sedimentary processes of a high-latitude, deep-sea sediment drift (Antarctic Peninsula Pacific margin). *Marine Geology*, 189, 343-370.

Lucente, C. C. & Pini, G. A. 2003. Anatomy and emplacement mechanism of a large submarine slide within a Miiocene foreddep in the northern Apennines, Italy: a field perspective. *American Journal of Science*, 303, 565-602.

Ludden, J. N., Gradstein, F. M. *et al.* 1990. *Proceedings of the Ocean Drilling Program*, *Initial Reports*, 123. College Station, Texas, USA: Ocean Drilling Program.

Lundberg, N. 1982. Evolution of the slope landward of the Middle America Trench, Nicoya Peninsula, Costa Rica. *In*: Leggett, J. K. (ed.), *Trench-Forearc Geology*, 131-147. The Geological Society of London, Special Publication, 10. London: The Geological Society.

Lundegard, P. D., Samuels, N. D. & Pryor, W. A. 1980. Sedimentology, Petrology and Gas Potential of the Brallier Formation-Upper Devonian Turbidite Facies of the Central and Southem Appalachians. US Department of Energy Report DOE/METC/5201-5.

Lundgren, B. 1891. Studier ofver fossilforande losa block. *Geologiska Föreningens i Stockholm Förhandlingar*, 13, 111-121.

Luo, S., Z. Gao, He, Y. & Stow, D. A. V. 2002. Ordovician carbonate contourite drifts in Hunan and Gansu Provinces, China. *In*: Stow, D. A. V., Pudsey, C. J., Howe, J. A., Faugères, J. -C. & Viana, A. R. (eds), *Deep-water Contourite Systems: Modern Drifts and Ancient Series*, *Seismic and Sedimentary Characteristics*, 433-442. Geological Society London Memoir, 22.

Lüthi, S. 1981. Experiments on non-channelized turbidity currents and their deposits. *Marine Geology*, 40, M59-M68.

Luthi, S. M., Hodgson, D. M., Geel, C. R., Flint, S. S., Goedbloed, J. W., Drinkwater, N. J. & Johannessen, E. P. 2006. Contribution of research borehole data to modelling fine-grained turbidite reservoir analogues, Permian Tanqua-Karoo basinfloor fans (South Africa). *Petroleum Geosciences*, 12, 1-16.

Lykousis, V., Sakellariou, D. & Locat, J. (eds) 2007. Submarine Mass Movements and their Consequences. Advances in Natural and Technological Hazards Research, 27, 3rd International Symposium Series. The Netherlands, Springer, 436 pp. ISBN 978-1-4020-6511-8.

Lyle, M. & Wilson, P. A. 2004. Leg 199 synthesis: Evolution of the equatorial Pacific in the early Cenozoic. In: Wilson, P. A., Lyle, M. & Firth, J. V. (eds), *Proceedings of the Ocean Drilling Program*, *Scientific Results*, 199, 1-39. College Station, Texas, USA: Ocean Drilling Program.

Lyle, M., Koizumi, I., Richter, C. *et al.* 1997. *Proceedings of the Ocean Drilling Program*, *Initial Results*, 167. College Station, Texas, USA: Ocean Drilling Program.

Lyle, M., Koizumi, I., Delaney, M. L. & Barron, J. A. 2000. Sedimentary record of the California current system, Middle Mioce to Holocene: a synthesis of Leg 167 results. *In*: Lyle, M., Koizumi, I., Richter, C. & Moore, T. C., Jr. (eds), *Proceedings of the Ocean Drilling Program*, *Scientific Results*, 167, 341-376. College Station, Texas, USA: Ocean Drilling Program.

Ma, C. 1996. Continuity of sandstone beds in the Ordovician Cloridorme Formation, Gaspé Peninsula, Québec. MSc Thesis, Memorial University, St. John's, Newfoundland & Labrador.

Macdonald, D. I. M., Barker, P. F., Garrett, S. W., Ineson, J. R., Pirrie, D., Storey, B. C., Whitham, A. G., Kinghorn, R. R. F. & Marshall, J. E. A. 1988. A preliminary assessment of the hydrocarbon potential of the Larsen Basin, Antarctica. *Marine and Petroleum Geology*, 5, 34-53.

Macdonald, D. I. M. (ed.) 1991. *Sedimentation, Tectonics and Eustasy: Sea-level Changes at Active Margins*. Special Publication of the International Association of Sedimentologists, 12, Oxford: Blackwell Scientific Publications, 518 pp.

Macdonald, H. A., Peakall, J., Wignall, P. B. & Best, J. 2011a. Sedimentation in deep-sea lobeelements: implications for the origin of thickening-upward sequences. *Journal of the Geological Society* (London), 168, 319-332.

Macdonald, H. A., Wynn, R. B., Huvenne, V. A. I., Peakall, J., Masson, D. G., Weaver, P. P. E. & McPhail, S. D. 2011b. New insights into the morphology, fill, and remarkable longevity (>0.2m. y.) of modern deep-water erosional scours along the northeast Atlantic margin. *Geosphere*, 7, 845-867.

MacDonald, G. J. 1990 Role of methane clathrates in past and future climates. *Climate Change*, 16, 247-281.

Machlus, M. L., Olsen, P. E., Christie-Blick, N. & Hemming, S. R. 2008. Spectral analysis of the lower Eocene Wilkins Peak Member, Green River Formation, Wyoming: support for Milankovitch cyclicity. *Earth and Planetary Science Letters*, 268, 64-75.

MacKay, M. E. 1995. Structural variation and landward vergence at the toe of the Oregon accretionary prism. *Tectonics*, 14, 1309–1320.

MacKay, M. E. , Moore, G. F. , Cochrane, G. R. , Moore, J. C. & Kulm, L. D. 1992. Landward vergence and oblique structural trends in the Oregon margin accretionary prism: Implications and effect on fluid flow. *Earth and Planetary Science Letters*, 109, 477–491.

MacLeay, W. S. 1839. Note on the Annelida. *In*: Murchinson, R. I. (ed.). *The Silurian System, Part II, Organic Remains*, 699–701. J. Murray, London.

Magalhaes, P. M. & Tinterri, R. 2010. Stratigraphy and depositional setting of slurry and contained (reflected) beds in the Marnoso-arenacea Formation (Langhian–Serravallian) Northern Apennines, Italy. *Sedimentology*, 57, 1685–1720.

Magwood, J. P. A. 1992. Ichnotaxonomy: A burrow by any other name…? *In*: Maples, C. G. & West, R. R. (eds) , *Trace Fossils*, 15–33. Short courses in Paleontology 5, University of Tennessee, Knoxville.

Mahony, S. H. , Wallace, L. M. , Miyoshi, M. , Villamor, P. , Sparks, R. S. J. & Hasenaka, T. 2011. Volcano-tectonic interactions during rapid plate-boundary evolution in the Kyushu region, SW Japan. *Geological Society of America Bulletin*, 123, 2201–2223.

Maier, K. L. , Fildani, A. , Paull, C. K. , Graham, S. A. , McHargue, T. R. Caress, D. W. & McGann, M. 2011. The elusive character of discontinuous deep-water channels: New insights from Lucia Chica channel system, offshore California. *Geology*, 39, 327–330.

Maier, K. L. , Fildani, A. , Paull, C. K. , McHargue, T. R. , Graham, S. A. & Caress, D. W. 2013. Deep-sea channel evolution and stratigraphic architecture from inception to abandonment from high-resolution Autonomous Underwater Vehicle surveys offshore central California. *Sedimentology*, 60, 935–960.

Maiklem, W. C. 1968. Some hydraulic properties of bioclastic carbonate grains. *Sedimentology*, 10, 101–109.

Major, J. J. 1997. Depositional processes in large-scale debris-flow experiments. *Journal of Geology*, 105, 345–366.

Malgesini, G. , Talling, P. J. , Hogg, A. J. , Armitage, D. , Goater, A. & Felletti, F. 2015. Quantitative analysis of submarine-flow deposit shape in the Marnoso-arenacea Formation: what is the signature of hindered settling from dense near-bed layers? *Journal of Sedimentary Research*, 85, 170–191.

Mallarino, G. Droxler, A. W. & Fitton, R. 2005. Timing of turbidite input and Late Quaternary sea level: comparison between siliciclastic (Western Gulf of Mexico) , carbonate (Northern Nicaragua Rise) , and mixed carbonate-siliciclastic (Pandora Trough, Coral Sea) systems. *American Association of Petroleum Geologists Annual Convention (June 19–22, 2005) Technical Program, Abstract Volume*.

Malinverno, A. 1997. On the power law size distribution of turbidite beds. *Basin Research*, 9, 263–274.

Malinverno, A. , Ryan, W. B. F. , Auffret, G. & Pautot, G. 1988. Sonar images of the path of recent failure events on the continental margin off Nice, France. *In*: Clifton, H. E. (ed.) , *Sedimentologic Consequences of Convulsive Geologic Events*, 59–75. Geological Society of America Special Paper, 229.

Malod, J. A. , Karta, K. , Beslier, M. O. & Zen, Jr. M. T. 1995. From normal to oblique subduction: Tectonic relationships between Java and Sumatra. *Journal of Southeast Asian Earth Sciences*, 12, 85–93.

Malouta, D. N. , Gorsline, D. S. & Thornton, S. E. 1981. Processes and rates of Recent (Holocene) basin filling in an active transform margin: Santa Monica Basin, California Continental Borderland. *Journal of Sedimentary Petrology*, 51, 1077–1095.

Mammerickx, J. 1970. Morphology of the Aleutian Abyssal Plain. *Geological Society of America Bulletin*, 81, 3457–3464.

Mancin, N. , Di Giulio, A. & Cobianchi, M. 2009. Tectonic vs. climate forcing in the Cenozoic sedimentary evolution of a foreland basin (Eastern South Alpine system, Italy) . *Basin Research*, 21, 799–823.

Manders, A. M. M. , Maas, L. R. M. & Gerkema, T. 2004. Observations of internal tides in the Mozambique Channel. *Journal of Geophysical Research*, 109, 1–9. doi: 10. 1029/2003JC002187.

Mangano, M. G. , Buatois, L. A. , Maples, C. G. & West, R. R. 2000. A new Ichnospecies of Nereites from Carboniferous tidal-flat facies of eastern Kansas, USA: implications for the Nereites-Neonereites debate. *Journal of Paleontology*, 74, 149–157.

Mann, J. 2013. The Santos Basin, Brazil. *GEO ExPro*, 10, 76–78.

Mann, M. E. & Lees, J. M. 1996. Robust estimation of background noise and signal detection in climatic time series. *Climate Change*, 33, 409–445.

Mann, P. 2007. Global catalogue, classification and tectonic origins of restraining- and releasing bends on active and ancient strike-slip fault systems. *In*: Cunningham, W. D. & Mann, P. (eds) , *Tectonics of Strike-Slip Restraining and Releasing Bends*. Geological Society, London, Special Publications, 290, 13–142. London: The Geological Society.

Mann, P., Hempton, M. R., Bradley, D. C. & Burke, K. 1983. Development of pull-apart basins. *Journal of Geology*, 91, 529-554.

Mann, P., Draper, G. & Burke, K. 1985. Neotectonics of a strike-slip restraining bend system, Jamaica. *In*: Biddle, K. & Christie-Blick, N. (eds), *Strike-Slip Deformation, Basin Formation, and Sedimentation*. Society of Economic Paleontologists and Mineralogists, Special Publications, 37, 211-226.

Mann, P., DeMets, C. & Wiggins-Grandison, M. 2007. Toward a better understanding of the Late Neogene strike-slip restraining bend in Jamaica: geodetic, geological, and seismic constraints. *In*: Cunningham, W. D. & Mann, P. (eds), *Tectonics of Strike-Slip Restraining and Releasing Bends*. Geological Society, London, Special Publications, 290, 239-253. London: The Geological Society.

Mantyla, A. W. & Reid, J. L. 1983. Abyssal characteristics of the World Ocean waters. *Deep-Sea Research*, 30, 805-833.

Mariano I. Cantero, M. I., Cantelli, A., Pirmez, C., Balachandar, S., Mohrig, D., Hickson, T. A., Yeh, T., Hajime Naruse, H. & Parker, G. 2012. Emplacement of massive turbidites linked to extinction of turbulence in turbidity currents. *Nature Geoscience*, 5, 42-45.

Marjanac, T. 1985. Composition and origin of the megabed containing huge clasts, flysch formation, middle Dalmatia, Yugoslavia. *In*: 6th European Regional Meeting, Lleida, Spain, *Abstracts and Poster Abstracts Volume*, 270-273. International Association of Sedimentologists.

Marjanač, T. 1990. Reflected sediment gravity flows and their deposits in flysch of Middle Dalmatia, Yugoslavia. *Sedimentology*, 37, 921-929.

Marr, J. G., Harff, P. A., Shanmugam, G. & Parker, G. 2001. Experiments on subaqueous gravity flows: the role of clay and water content in flow dynamics and depositional structure. *Geological Society of America Bulletin*, 113, 1377-1386.

Marroni, M. & Treves, B. 1998. Hidden Terranes in the Northern Apennines, Italy: A Record of Late Cretaceous-Oligocene Transpressional Tectonics. *The Journal of Geology*, 106, 149-162.

Marsaglia, K. M. & Ingersoll, R. V. 1992. Compositional trends in arc-related, deep-marine sand and sandstone: a reassessment of magmatic-arc provenance. *Geological Society of America Bulletin*, 104, 1637-1649.

Marsaglia, K. M., Ingersoll, R. V. & Packer, B. M. 1992. Tectonic evolution of the Japanese islands as reflected in modal compositions of Cenozoic forearc and backarc sand and sandstone. *Tectonics*, 11, 028-1044.

Marsaglia, K. M., Torrez, X. V., Padilla, I. & Rimkus, K. C. 1995. Provenance of Pleistocene and Pliocene sand and sandstone, ODP Leg 141, Chile margin. *In*: Lewis, S. D., Behrmann, J. H., Musgrave, R. J. & Cande, S. C. (eds), *Proceedings of the Ocean Drilling Program, Scientific Results*, 141, 133-151.

Marschalko, R. 1964. Sedimentary structures and paleocurrents in the marginal lithofacies of the central-Carpathian flysch. *In*: Bouma, A. H. & Brouwer, A. (eds), Turbidites, 106-126. Developments in Sedimentology, 3. Amsterdam: Elsevier.

Marschalko, R. 1975. Depositional environment of conglomerate as interpreted from sedimentological studies (Paleogene of Klippen Belt and adjacent tectonic units in East Slovakia). *Nauka o Zemi*, 9, Veda, Bratislava 1-47 (In Slovak, English summary.)

Martin, J., Toothill, S. & Moussavou, R. 2009. Pre-salt basins identified in Gabon deepwater area. Cameron, B. 2010. Carnarvon Basin. *GEO ExPro*, 6, 38-41.

Martin, R. G. & A. H. Bouma 1978. Physiography of Gulf of Mexico. *In*: Bouma, A. H., Moore, G. T. & Coleman, J. M. (eds), *Framework, Facies, and Oil-trapping Characteristics of the Upper Continental Margin*, 3-19. American Association of Petroleum Geologists Studies in Geology, 7.

Martín-Chivelet, J., Fregenal-Martínez & Chacón, B. 2008. Traction structures in contourites. In: Rebesco, M. & Camerlenghi, A. (eds), *Contourites*, 159-182. Developments in Sedimentology, 60. Amsterdam: Elsevier.

Martinez, F., Okino, Y., Ohara, Y., Reysenbach, A. -L. & Goffredi, S. K. 2007. Back-arc basins. *Oceanography*, 20, 116-127.

Martinelli, G., Cremonini, S. & Samonati, E. 2012. In: Al-Megren, H. (ed.), *Geological and Geochemical Setting of Natural Hydrocarbon Emissions in Italy, Advances in Natural Gas Technology*, 79-120. Rijeka, Croatia: IntTech.

Martinsen, O. J., Lien, T. & Walker, R. G. 2000. Upper Carboniferous deep water sediments, western Ireland: analogues for passive margin turbidite plays. *In*: Weimer, P., Slatt, R. M., Coleman, J., Rosen, N. C., Nelson, H., Bouma, A. H., Styzen, M. J. & Lawrence, D. T. (eds), *Gulf Coast Section-Society of Economic Paleontologists and Mineralogists Foundation 20th Annual Bob F. Hoskins Research Research Conference, Deep-Water Reservoirs of the World*, 533-555. CD-ROM Society of Economic Paleontologists and Mineralogists Special Publications.

Martinsen, O. J., Lein, T. & Jackson, C. 2005. Cretaceous and Palaeogene turbidite systems in the North Sea and Norwegian Sea basins: source, staging area and basin physiography controls on reservoir development. *In*: Doré, A. G. & Vining, B. A. (eds), *Petroleum Geology: Northwest Europe and Global Perspectives - Proceedings of the 6th Petroleum Geology Conference*, 1, 1147-1167. London: The Geological Society.

Martinsson, A. 1965. Aspects of a Middle Cambrian thanatotope on Öland. *Geologiska Förening in Stockholm Förhandlingar*, 87, 181-230.

Martinsson, A. 1970. Toponomy of trace fossils. *In*: Crimes, T. P. & Harper, J. C. (eds), *Trace Fossils*, 323-330. Geological Journal Special Issues, 3.

Mascarelli, A. L. 2009. A sleeping giant? *Nature Reports*, 3, 46-49.

Mascle, A., Puigde Fabregas, C., Luterbacher, H. P. & Fernandez, M. (eds) 1998. *Cenozoic Foreland Basins of Western Europe. Geological Society Special Publication* 134, 134-427.

Mascle, A., Moore, J. C. et al. 1988. *Proceedings of the Ocean Drilling Program, Initial Reports (Part A)*, 110. Texas, USA: College Station, (Ocean Drilling Program).

Mascle, J., Zitter, T., Bellaiche, G., Droz, L., Gaullier, V., Loncke, L. & Prismed Scientific Party 2001. The Nile deep sea fan: preliminary results from a swath bathymetry survey. *Marine and Petroleum Geology*, 18, 471-477.

Maslin, M., Owen, M., Betts, R., Day, S., Dunkley, T. & Ridgwell, A. 2010. Gas hydrates: past and future geohazard? *Philosophical Transactions of the Royal Society* A, 368, 2369-2393.

Massalongo, A. 1855. Zoophycos, novum genus Plantarum fossilium. *Typis Antonellianis, Veronae*, 45-52.

Masson, D. G. 1994. Late Quaternary turbidity current pathways to the Madeira Abyssal Plain and some constraints on turbidity current mechanisms. *Basin Research*, 6, 17-33.

Masson, D. G., Kidd, R. B., Gardner, J. V., Huggett, Q. & Weaver, P. P. E. 1992. Saharan continental rise: facies distribution and sediment slides. *In*: Poag, C. W. & de Graciansky, P. C. (eds), *Geological Evolution of Atlantic Continental Rises*, 327-343. New York: van Nostrand Reinhold.

Masson, D. G., Huggett, Q. J. & Brunsden, D. 1993. The surface texture of the Saharan Debris Flow deposit and some speculations on debris flow processes. *Sedimentology*, 40, 583-598.

Masson, D. G., Kenyon, N. H., Gardner, J. V. & Field, M. E. 1995. Monterey Fan: channel and overbank morphology. *In*: Pickering, K. T., Hiscott, R. N., Kenyon, N. H., Ricci Lucchi, F. & Smith, R. D. A. (eds), *Atlas of Deep Water Environments: Architectural Style in Turbidite Systems*, 74-79. London: Chapman and Hall.

Masson, D. G., Howe, J. A. & Stoker, M. S. 2002. Bottom-current sediment waves, sediment drifts and contourites in the northern Rockall Trough. *Marine Geology*, 192, 215-237.

Masson, D. G., Herbitz, C. B., Wynn, R. B., Pedersen, G. & Løvholt, F. 2006. Submarine landslides: processes, triggers and hazard prediction. *Philosophical Transactions of the Royal Society, London*, 364, 2009-2039.

Masson, D. G., Arzola, R. G., Wynn, R. B., Hunt, J. E. & Weaver, P. P. E. 2011a. Seismic triggering of landslides and turbidity currents offshore Portugal. *Geochemistry Geophysics Geosystems*, 12, 1-19. doi: 10.1029/2011GC003839.

Masson, D. G., Huvenne, V. A. I., de Stigter, H. C., Arzola, R. G. & LeBas, T. P. 2011b. Sedimentary processes in the middle Nazaré Canyon. *Deep Sea Research Part II: Topical Studies in Oceanography*, 58, 2, 369-2, 387.

Mastbergen, D. R. & Van Den Berg, J. H. 2003. Breaching in fine sands and the generation of sustained turbidity currents in submarine canyons. *Sedimentology*, 50, 625-638.

Mattern, F. 2005. Ancient sand-rich submarine fans: depositional systems, models, identification, and analysis. *Earth-Science Reviews*, 70, 167-202.

Mattern, F. & Wang, P. 2008. Out-of-sequence thrusts and paleogeography of the Rhenodanubian Flysch Belt (Eastern Alps) revisited. *International Journal of Earth Sciences*, 97, 821-833.

Maurer, F., Reijmer, J. J. G. & Schlager, W. 2001. Quantification of input and compositional variations of calciturbidites in a Middle Triassic basinal succession (Seceda, Dolomites, Southern Alps). *International Journal of Earth Sciences* (Geologisches Rundshau), 92, 593-609.

Maurin, J. C., Benkhelil, J. & Robineau, R. 1986. Fault rocks of the Kaltunga lineament, NE Nigeria, and their relationship with Benue Trough tectonics. *Journal of the Geological Society* (London), 143, 587-599.

May, J. A. & Warme, J. E. 2000. Bounding surfaces, lithologic variability, and sandstone connectivity within submarine-canyon outcrops, Eocene of San Diego, California. *In*: Weimer, P., Slatt, R. M., Coleman, J., Rosen, N. C., Nelson, H., Bouma, A. H., Styzen, M. J. & Lawrence, D. T. (eds), *Gulf Coast Section-Society of Economic Paleontologists and Mineralogists Foundation 20th Annual Bob F. Hoskins Research Research Conference, Deep-Water Reservoirs of the World*, 556-577. CD-ROM Society of Economic Paleontologists and Mineralogists Special Publications.

Mayall, M., Jones, E. & Casey, M. 2006. Turbidite channel reservoirs – key elements in facies prediction and effective development. *Marine and Petroleum Geology*, 23, 821–841.

Maynard, J. B., Valloni, R. & Yu, H. –S. 1982. Composition of modern deep–sea sands from arcrelated basins. In: Leggett, J. K. (ed.), *Trench–Forearc Geology*, 551–561. The Geological Society of London, Special Publication, 10. London: The Geological Society.

McAdoo, B. G., Orange, D. L., Screaton, E., Lee, H. & Kayen, R. 1997. Slope basins, headless canyons, and submarine palaeoseismology of the Cascadia accretionary complex. *Basin Research*, 9, 313–324.

McArthur, J. M. 2007. Discussion: Comment on "Carbon–isotope record of the Early Jurassic (Toarcian) Oceanic Anoxic Event from fossil wood and marine carbonate (Lusitanian Basin, Portugal)" by Hesselbo S., Jenkyns H. C., Duarte L. V. & Oliveira L. C. V. *Earth and Planetary Science Letters*, 259, 634–639.

McBride, E. F. 1960. Martinsburg flysch of the central Appalachians. PhD Thesis, Johns Hopkins University, Baltimore, Maryland.

McBride, E. F. 1962. Flysch and associated beds of the Martinsburg Formation (Ordovician), Central Appalachians. *Journal of Sedimentary Petrology*, 32, 39–91.

McCabe, P. J. 1978. The Kinderscoutian Delta (Carboniferous) of northern England; a slope influenced by density currents. *In*: Stanley, D. J. & Kelling, G. (eds), *Sedimentation in Submarine Canyons, Fans, and Trenches*, 116–126. Stroudsburg Pennsylvania: Dowden, Hutchinson & Ross.

McCaffrey, R. 1992. Oblique plate convergence, slip vectors, and forearc deformation. *Journal of Geophysical Research*, 97, 8905–8915.

McCaffrey, R. 1993. On the role of the upper plate in great subduction zone earthquakes. *Journal of Geophysical Research*, 98, 11953–11966.

McCaffrey, R. 2009. The tectonic framework of the Sumatran subduction zone. *The Annual Review of Earth and Planetary Sciences*, 37, 345–366.

McCaffrey, R. & Abers, G. A. 1991. Orogeny in arc–continent collision: The Banda arc and western New Guinea *Geology*, 19, 563–566.

McCaffrey, R. & Goldfinger, C. 1995. Forearc deformation and great earthquakes: Implications for Cascadia earthquake potential. *Science*, 267, 856–859.

McCaffrey, W., Kneller, B. & Peakall, J. (eds) 2001. *Particulate Gravity Currents*. International Association of Sedimentologists, Special Publication, 31. Oxford: Blackwell Scientific.

McCaffrey, W. D., Gupta, S. & Brunt, R. 2002. Repeated cycles of submarine channel incision, infill and transition to sheet sandstone development in the Alpine Foreland Basin, SE France. *Sedimentology*, 49, 623–635.

McCaffrey, W. D. & Kneller, B. C. 2004. Scale effects of non–uniformity on deposition from turbidity currents with reference to the Grès d'Annot of SE France. In: Joseph, P. & Lomas, S. A. (eds), *Deep–Water Sedimentation in the Alpine Basin of SE France: New Perspectives on the Grès d'Annot and Related Systems*. Geological Society, London, Special Publication, 221, 301–310. London: The Geological Society.

McCann, T. & Pickerill, R. K. 1988. Flysch trace fossils from the Cretaceous Kodiak Formation of Alaska. *Journal of Paleontology*, 62, 330–348.

McCave, I. N. 1972. Transport and escape of fine–grained sediment from shelf areas. *In*: Swift, D. J. P., Duane, D. B. & Pilkey, O. H. (eds), *Shelf Sediment Transport: Process and Pattern*, 225–248. Stroudsburg, PA: Hutchinson & Ross.

McCave, I. N. 1982. Erosion and deposition by currents on submarine slopes. *Bulletin d'Institut de Geologie du Bassin d'Aquitaine*, 31, 47–55.

McCave, 1. N. 1984. Erosion, transport and deposition of fine–grained marine sediments. *In*: Stow, D. A. V. & Piper, D. J. W. (eds), *Fine–grained Sediments: Deep–water Processes and Facies*, 35–69. Special Publication of The Geological Society London, 15. Oxford: Blackwell Scientific Publications.

McCave, I. N. 2008. Size sorting during transport and deposition of fine sediments: sortable silt and flow speed. *In*: Rebesco, M. & Camerlenghi, A. (eds), *Contourites*, 121–142. Developments in Sedimentology, 60. Amsterdam: Elsevier.

McCave, I. N. & Hollister, C. D. 1985. Sedimentation under deep–sea current systems: pre–HEBBLE ideas. *Marine Geology*, 66, 13–24.

McCave, I. N. & Jones, P. N. 1988. Deposition of ungraded muds from high–density nonturbulent turbidity currents. *Nature*, 333,

250-252.

McCave, I. N. & Tucholke, B. E. 1986. Deep current-controlled sedimentation in the western North Atlantic. In: Vogt, P. R. & Tucholke, B. E. (eds), *The Geology of North America. Volume M, the Western North Atlantic Region*, 451-68. Boulder, Colorado: Geological Society of America.

McCave, I. N., Lonsdale, P. F., Hollister, C. D. & Gardner, W. D. 1980. Sediment transport over the Hatton and Gardar contourite drifts. *Journal of Sedimentary Research*, 50, 1049-1062.

McCave, I. N., Manighetti, B. & Robinson, S. G. 1995. Sortable silt and fine sediment size/composition slicing: parameters for paleocurrent speed and paleoceanography. *Paleoceanography*, 10, 593-610.

McCave, I. N., Chandler, R. C., Swift, S. A. & Tucholke, B. E. 2002. Contourites of the Nova Scotia continental rise and the HEBBLE area. In: Stow, D. A. V., Pudsey, C. J., Howe, J. A., Faugères, J. -C. & Viana, A. R. (eds), *Deep-water Contourite Systems: Modern Drifts and Ancient Series, Seismic and Sedimentary Characteristics*, 21-38. Geological Society London Memoir, 22.

McClay, K. & Bonora, M. 2001. Analog models of restraining stopovers in strike-slip fault systems. *American Association of Petroleum Geologists Bulletin*, 85, 233-260.

McGrail, D. W. & Carnes, M. 1983. Shelf-edge dynamics and the nepheloid layer in the northwestern Gulf of Mexico. In: Stanley, D. J. & Moore, G. T. (eds), *The Shelfbreak: Critical Interface on Continental Margins*, 251-264. Society of Economic Paleontologists and Mineralogists, Special Publication, 33.

McClay, K. R. & White, M. J. 1995. Analogue modelling of orthogonal and oblique rifting. *Marine and Petroleum Geology*, 12, 137-151.

McGregor, B. A., Stubblefield, W. L., Ryan, W. B. F. & Twichell, D. C. 1982. Wilmington submarine canyon: a marine fluvial-like system. *Geology*, 10, 27-30.

McHargue, T., Pyrcz, M. J., Sullivan, M. D., Clark, J., Fildani, A., Romans, B., Covault, J., Levy, M., Posamentier, H. & Drinkwater, N. 2011. Architecture of turbidite channel systems on the continental slope: patterns and predictions. *Marine and Petroleum Geology*, 28, 728-743.

McHargue, T. R. 1991. Seismic facies, processes and evolution of Miocene inner fan channels, Indus Submarine Fan. In: Weimer, P. & Link, M. H. (eds), *Seismic Facies and Sedimentary Processes of Submarine Fans and Turbidite Systems*, 403-414. New York: Springer.

McHugh, C. M. G. & Ryan, W. B. F. 2000. Sedimentary features associated with channel overbank flow: examples from the Monterey Fan. *Marine Geology*, 163, 199-215.

McIlroy, D. 2004. Some ichnological concepts, methodologies, applications and frontiers. In: McIlroy, D. (ed.), *The Application of Ichnology to Palaeoenvironmental and Stratigraphic Analysis*, 3-27. Geological Society, London, Special Publications, 228. London: The Geological Society.

McIlroy, D. 2007. Lateral variability in shallow marine ichnofabrics: implications for theichnofabric analysis method. *Journal of the Geological Society, London*, 164, 359-369.

McIlroy, D. 2008. Ichnological analysis: The common ground between ichnofacies workers and ichnofabric analysts. *Palaeogeography, Palaeoclimatology, Palaeoecology*, 270, 332-338.

McKelvey, B. C., Chen, W. & Arculus, R. J. 1995. Provenance of Pliocene-Pleistocene icerafted debris, Leg 145, Northern Pacific Ocean. In: Rea, D. K., Basov, I. A., Scholl, D. W. & Allan, J. F. (eds), *Proceedings of the Ocean Drilling Program, Scientific Results*, 145, 195-204. College Station, Texas, USA: Ocean Drilling Program.

McKenzie, D. P. 1978. Some remarks on the development of sedimentary basins. *Earth and Planetary Science Letters*, 40, 25-32.

McKerrow, W. S., Lambert, R. St-J. & Cocks, L. R. M. 1985. The Ordovician, Silurian and Devonian Periods. In: Snelling, N. J. (ed.), *The Chronology of the Geological Record*, 73-80. Geological Society, London, Memoir, 10.

McLean, H. & Howell, D. G. 1984. Miocene Blanca Fan, northern Channel Islands, California: small fans reflecting tectonism and volcanism. *Geo-Marine Letters*, 3, 161-166.

McLennan, S. M., Taylor, S. R., McCulloch, M. T. & Maynard, J. B. 1990. Geochemical and NdSr isotopic composition of deep-sea turbidites: crustal evolution and plate tectonic associations. *Geochimica Cosmochimica Acta*, 54, 2015-2050.

Macpherson, B. A. 1978. Sedimentation and trapping mechanism in upper Miocene Stevens and older turbidite fans of south-eastern San Joaquin Valley, California. *American Association of Petroleum Geologists Bulletin*, 62, 2243-2274.

McQuillin, R., Bacon, M. & Barclay, W. 1984. *An Introduction to Seismic Interpretation*. Houston: Gulf Publishing Company.

Meacham, I. 1968. Correlation in sequential data—three simple indicators. *Civil Engineering Transactions of the Institution of Engi-*

neers (*Australia*), CE10, 225-228.

Meadows, A., Meadows, P. S., Wood, D. M. & Murray, J. M. H. 1994. Microbiological effects on slope stability: an experimental analysis. *Sedimentology*, 41, 423-435.

Melick, J., Cavanna, G., Benevelli, G., Tinterri, R. & Mutti, E. 2004. The Lutetian Ainsa sequence: an example of a small turbidite system deposited in a tectonically controlled basin. *Search and Discovery Article* #50008.

Mellere, D. Plink-Bjorklund P. & Steel, R. 2002. Anatomy of shelf deltas at the edge of a prograding Eocene shelf margin, Spitsbergen. *Sedimentology*, 49, 1181-1206.

Menard, H. W. 1955. Deep-sea channels, topography, and sedimentation. *American Association of Petroleum Geologists Bulletin*, 39, 236-255.

Meneghini, G. 1850. Paleodictyon. In: Savi, P. & Meneghini, G. (eds). *Osservazioni stratigrafiche e paleontologicke concernati la geologie della Toscana e dei paesi limitrofi*. Appendix to R. R. Murchinson, *Memoria sulla struttura geologie delle Alpi*, Firenze. pp. 246.

Mensing, S. A., Benson, L. V., Kashgarian, M. & Lund, S. 2004. A Holocene pollen record of persistent droughts from Pyramid Lake, Nevada, USA. *Quaternary Research*, 62, 29-38.

Métivier, F. 1999. Diffusive-like buffering and saturation of large rivers. *Physical Review E, Statistical Physics, Plasmas, Fluids, and Related Interdisciplinary Topics*, 60, 5827- 5832.

Métivier, F. & Gaudemer, Y. 1999. Stability of output fluxes of large rivers in South and East Asia during the last 2 million years: implications on floodplain processes. Basin *Research*, 11, 293- 303.

Meyer, L. 2004. *Internal architecture of an ancient deep-water, passive margin, basin-floor fan system, upper Kaza Group, Windermere Supergroup, Castle Creek, British Columbia* [*unpublished MS thesis*]. University of Calgary, Alberta, Canada, 175 pp.

Meyers, P. A., Dunham, K. W. & Ho, E. S. 1987. Organic geochemistry of Cretaceous black shales from the Galicia Margin, Ocean Drilling Program Leg 103. *Advances in Organic Geochemistry*, 13, 89-96.

Miall, A. D. 1985. Architectural-element analysis: a new method of facies analysis applied to fluvial deposits. *Earth-Science Reviews*, 22, 261-308.

Miall, A. D. 1986. Eustatic sea level changes interpreted from seismic stratigraphy: a critique of the methodology with particular reference to the North Sea Jurassic record. *American Association of Petroleum Geologists Bulletin*, 70, 131-137.

Miall, A. D. 1989. Architectural elements and bounding surfaces in channelized clastic deposits: notes on comparisons between fluvial and turbidite systems. *In*: Taira, A. & Masuda, F. (eds), *Sedimentary Facies in the Active Plate Margin*, 3-16. Tokyo: Terra Scientific Publishing.

Miall, A. D. 1992a. Alluvial deposits. *In*: Walker, R. G. & James, N. P. (eds), Facies Models: Response to Sea-Level Change. GeoText, 1, 119-143. Geological Association of Canada, St. John's, Newfoundland.

Miall, A. D. 1992b. The Exxon global cycle chart: An event for every occasion? *Geology*, 20, 787-780.

Michelson, J. E. 1976. Miocene deltaic oil habitat, *Trinidad. Bull. American Association of Petroleum Geologists Bulletin*, 60, 1502-1519.

Middleton, G. V. 1965. Antidune cross-bedding in a large flume. *Journal of Sedimentary Petrology*, 35, 922-927.

Middleton, G. V. 1966a. Experiments on density and turbidity currents: I. Motion of the head. *Canadian Journal of Earth Sciences*, 3, 523-546.

Middleton, G. V. 1966b. Experiments on density and turbidity currents: II Uniform flow ofdensity currents. *Canadian Journal of Earth Sciences*, 3, 627-637.

Middleton, G. V. 1966c. Small scale models of turbidity currents and the criterion for autosuspension. *Journal of Sedimentary Petrology*, 36, 202-208.

Middleton, G. V. 1967. Experiments on density and turbidity currents: IIIDeposition ofsediment. *Canadian Journal of Earth Sciences*, 4, 475-505.

Middleton, G. V. 1970. Experimental studies related to problems of flysch sedimentation. *In*: Lajoie, J. (ed.), *Flysch sedimentology in North America*, 253-272. Geological Association of Canada Special Paper, 7, 405-26.

Middleton, G. V. 1976. Hydraulic interpretation of sand size distributions. *Journal of Geology*, 84, 405-426.

Middleton, G. V. 1993. Sediment deposition from turbidity currents. *Annual Reviews in Earth and Planetary Sciences*, 21, 89-114.

Middleton, G. V. & Hampton, M. A. 1973. Sediment gravity flows: mechanics of flow and deposition. *In*: Middleton, G. V. & Bouma, A. H. (eds), *Turbidites and Deep Water Sedimentation*, 1-38. Short course notes, Pacific Section of The Society of Economc Paleontologists and Mineralogists.

Middleton, G. V. & Hampton, M. A. 1976. Subaqueous sediment transport and deposition by sediment gravity flows. *In*: Stanley, D. J. & Swift, D. J. W. (eds), *Marine Sediment Transport and Environmental Management*, 197–218. New York: Wiley.

Middleton, G. V. & Neal, W. J. 1989. Experiments on the thickness of beds deposited by turbidity currents. *Journal of Sedimentary Petrology*, 59, 297–307.

Middleton, G. V. & Southard, J. B. 1984. Mechanics of Sediment Transport, 2nd edn. Society of Economic Paleontologists and Mineralogists Eastern Section Short Course No. 3, Providence.

Middleton, G. V. & Wilcock, P. R. 1994. *Mechanics in the Earth and Environmental Sciences*. Cambridge: Cambridge University Press, 459 pp. ISBN: 0-521-44124-2.

Migeon, S., Savoye, B., Faugères, J.-C. 2000. Quaternary development of migrating sediment waves in the Var deep-sea fan: distribution, growth pattern, and implication for levée evolution. *Sedimentary Geology*, 133, 265–293.

Migeon, S., Savoye, B. Zanella, E. Mulder, T., Faugères, J.-C. Weber, O. 2001. Detailed seismic-reflection and sedimentary study of turbidite sediment waves on the Var Sedimentary Ridge (SE France): significance for sediment transport and deposition and for the mechanisms of sediment-wave construction. *Marine and Petroleum Geology*, 18, 179–208.

Migeon, S., Ducassou, E., Le Gonidec, Y., Rouillard, P., Mascle, J. & Revel-Rolland, M. 2010. Lobe construction and sand/mud segregation by turbidity currents and debris flows on the western Nile deep-sea fan (Eastern Mediterranean). *Sedimentary Geology*, 229, 124–143.

Miki, M., Matsuda, T. & Otofuji, Y. 1990. Opening mode of the Okinawa Trough: paleomagnetic evidence from the South Ryukyu Arc. Tectonophysics, 175, 335–347.

Miller, K. G., Fairbanks, R. G. & Mountain, G. S. 1987. Tertiary oxygen isotope synthesis, sea level history, and continental margin erosion. *Paleoceanography*, 2, 1–19.

Miller, K. G., Wright, J. D. & R. G. Fairbanks, R. G. 1991. Unlocking the ice house: Oligocene-Miocene oxygen isotopes, eustasy, and margin erosion. *Journal of Geophysical Research*, 96, 6829–6848.

Miller, K. G., Mountain, G. S., the Leg 150 Shipboard Party, and Members of the New Jersey Coastal Plain Drilling Project. 1996. Drilling and dating New Jersey Oligocene-Miocene sequences: ice volume, global sea level, and Exxon records. Science, 271, 1092–1094.

Miller, K. G., Mountain, G. S., Browning, J. V., Kominz, M., Sugarman, P. J., Christie-Blick, N., Katz, M. E. & Wright, J. D. 1998. Cenozoic global sea-level, sequences, and the New Jersey transect: results from coastal plain and slope drilling. *Reviews of Geophysics*, 36, 569–601.

Miller, K. G., Sugarman, P. H., Browning, J. V., Kominz, M. A., Hernàndez, J. S., Olsson, R. K., Wright, J. D., Feigenson, M. D. & van Sickel, W. 2003. Late Cretaceous chronology of large, rapid sea-level changes: Glacioeustasy during the greenhouse world. *Geology*, 31, 585–588.

Miller, K. G., Kominz, M. A., Browning, J. V., Wright, J. D., Mountain, G. S., Katz, M. E., Sugarman, P. J., Cramer, B. S., Christie-Blick, N. & Pekar, S. F. 2005a. The Phanerozoic record of global sea-level change. *Science*, 310, 1, 293–1, 298.

Miller, K. G., Wright, J. D. & Browning, J. V. 2005b. Visions of ice sheets in a greenhouse world. *Marine Geology*, 217, 215–231.

Miller, K. G., Mountain, G. S., Wright, J. D. & Browning, J. V. 2011. A 180-million-year record of sea level and ice volume variations from continental margin and deep-sea isotopic records. *Oceanography*, 24, 40–53. doi: 10. 5670/oceanog. 2011. 26.

Miller, M. F. & Smail, S. E. 1997. A semiquantitative field method for evaluating bioturbation on bedding planes. *Palaios*, 12, 391–396.

Miller, W. Ⅲ 1991. Paleoecology of graphoglyptids. *Ichnos*, 1, 305–312.

Miller, W. Ⅲ (ed.) 2007. *Trace Fossils Concepts, Problems, Prospect*, 611 pp. Amsterdam: Elsevier B. V. ISBN: 978-0-444-52949-7.

Milliken, K. L., Comer, E. J. & Marsaglia, K. M. 2012. Modal sand composition at Sites C0004, C0006, C0007, and C0008, IODP Expedition 316, Nankai accretionary prism. *In*: Kinoshita, M., Tobin, H., Ashi, J., Kimura, G., Lallemant, S., Screaton, E. J., Curewitz, D., Masago, H., Moe, K. T. and the Expedition 314/315/316 Scientists. *Proceedings of the Integrated Ocean Drilling Program*, 314/315/316. 1–17. Washington, DC (Integrated Ocean Drilling Program Management International, Inc.).

Millington, J. & Clark, J. D. 1995a. Submarine canyon and associated base-of-slope sheet system: the Eocene Charo-Arro system, south-central Pyrenees. *In*: Pickering, K. T., Hiscott, R. N., Kenyon, N. H., Ricci Lucchi, F. & Smith, R. D. A.

(eds), *Atlas of Deep Water Environments: Architectural Style in Turbidite Systems*, 150-156. London: Chapman and Hall.

Millington J. & Clark J. D. 1995b. The Charo/Arro canyon-mouth sheet system, south-central Pyrenees, Spain: a structurally influenced zone of sediment dispersal. *Journal of Sedimentary Research*, 65, 443-454.

Minisini, D. & Schwartz, H. 2007. An early Paleocene cold seep system in the Panoche and Tumey Hills, Central California, USA. *In:* Hurst, A. & Cartwright, J. (eds), *Sand Injectites: Implications for Hydrocarbon Exploration and Production*, 185-197. American Association of Petroleum Geologists Memoir, 87.

Mitchell, N. C. 2006. Morphologies of knickpoints in submarine canyons. *Geological Society of America Bulletin*, 118, 589-605.

Mitchum, R. M. Jr. 1977. Seismic Stratigraphy and global changes of sea level, part II: Glossary of terms used in seismic stratigraphy. *In:* Payton, C. E. (ed.), *Seismic Stratigraphy-Applications to Hydrocarbon Exploration*, 205-212. American Association of Petroleum Geologists, Memoir 26.

Mitchum, R. M. Jr. 1985. Seismic stratigraphic expression of submarine fans. *In:* Berg, O. R. & Woolverton, D. G. (eds), *Seismic Stratigraphy II: An Integrated Approach to Hydrocarbon Exploration*. American Association of Petroleum Geologists, Memoir 39, Tulsa, Oklahoma.

Mitchum, R. M. Jr. & Uliana, M. A. 1985. Seismic stratigraphy of carbonate depositional sequences, Upper Jurassic-Lower Cretaceous, Neuquen Basin, Argentina. *In:* Berg, O. R. & Woolverton, D. G. (eds), *Seismic Stratigraphy II: An Integrated Approach to Hydrocarbon Exploration*, 255-274. American Association of Petroleum Geologists Memoir 39.

Mitchum, R. M. Jr. Vail, P. R. & Thompson III S. 1977a. Seismic stratigraphy and global changes of sea level, part 2: the depositional sequence as a basic unit for stratigraphic analysis. *In:* Payton, C. E. (ed.), *Seismic Stratigraphy - Applications to Hydrocarbon Exploration*, 53-62. American Association of Petroleum Geologists, Memoir 26.

Mitchum, R. M. Jr. Vail, P. R. & Sangree, J. B. 1977b. Seismic stratigraphy and global changes of sea levels, part 6: stratigraphic interpretation of seismic reflection patterns in depositional sequences. *In:* Payton, C. E. (ed.), *Seismic Stratigraphy - Applications to Hydrocarbon Exploration*, 117-133. American Association of Petroleum Geologists, Memoir 26.

Mizutani, S. & Hattori, I. 1972. Stochastic analysis of bed-thickness distribution of sediments. *Mathematical Geology*, 4, 123-146.

Möbius, J., Lahajnar, N. & Emeis, K. -C. 2010. Diagenetic control of nitrogen isotope ratios in Holocene sapropels and recent sediments from the eastern Mediterranean Sea. *Biogeosciences*, 7, 3901-3914.

Mogi, A. & Nishizawa, K. 1980. Breakdown of a seamount on the slope of the Japan trench. *Proceedings of the Japanese Academy*, 56, 257-259. doi: 10.2183/pjab. 56. 257.

Mogi, K. 1990. Seismicity before and after large shallow earthquakes around the Japanese islands. *Tectonophysics*, 175, 1-34.

Mohn, K. & Bowen, B. 2012. Florida - the next US frontier: revisiting an old explorationregion of the Gulf of Mexico. *GEO ExPro*, 9, 74-78.

Mohn, K. & Bowen, B. E. 2011. Offshore Florida: regional perspective. *GEO ExPro*, 8, 58-62.

Mohrig, D., Whipple, K. X. Hondzo, M., Ellis, C. & Parker, G. 1998. Hydroplaning of subaqueous debris flows. *Geological Society of America Bulletin*, 110, 387-394.

Monaco, P. 2008. Taphonomic features of Paleodictyon and other graphoglyptid trace fossils in Oligo-Miocene thin-bedded turbidites, Northern Apennines, Italy. *Palaios*, 23, 667-682.

Monaco, P., Milighetti, M. & Checconi, A. 2010. Ichnocoenoses in the Oligocene to Miocene foredeep basins (Northern Apennines, central Italy) and their relation to turbidite deposition. *Acta Geologica Polonica*, 60, 53-70.

Moore, D. G. 1961. Submarine slumps. *Journal of Sedimentary Petrology*, 31, 343-357.

Moore, D. G. 1965. Erosional channel wall in La Jolla sea-fan valley seen from bathyscope Trieste II. *Geological Society of America Bulletin*, 76, 385-392.

Moore, G. H. & Wallis, W. A. 1943. Time series tests based on signs-of-differences. *American Statistical Association Journal*, 38, 153-164.

Moore, G. F. 1979. Petrography of subduction zone sandstones from Nias Island, Indonesia. *Journal of Sedimentary Research*, 49, 71-84.

Moore, G. F., Curray, J. R. & Emmel, F. J. 1982. Sedimentation in the Sunda Trench and forearc region. *In:* Leggett, J. K. (ed.), *Trench-Forearc Geology*, 245-258. The Geological Society of London, Special Publication, 10. London: The Geological Society.

Moore, G. F., Taira, A., Kuramoto, S., Shipley, T. H. & Bangs, N. L. 1999. Structural setting of the 1999 U. S. -Japan Nankai Trough 3-D seismic reflection survey. *EOS*, 80, F569.

Moore, G. F. , Taira, A. , Klaus, A. *et al.* 2001. *Proceedings of the Ocean Drilling Program*, *Initial Reports*, 190: College Station, TX: Ocean Drilling Program.

Moore, G. F. , Taira, A. , Klaus, A. , Becker, L. , Boeckel, B. , Cragg, B. A. , Dean, A. , Fergusson, C. L. , Henry, P. , Hirano, S. , Hisamitsu, T. , Hunze, S. , Kastner, M. , Maltman, A. J. , Morgan, J. K. , Murakami, Y. , Saffer, D. M. , Sánchez-Gómez, M. , Screaton, E. J. , Smith, D. C. , Spivack, A. J. , Steurer, J. , Tobin, H. J. , Ujiie, K. , Underwood, M. B. & Wilson, M. 2001. New insights into deformation and fluid flow processes in the Nankai Trough accretionary prism: results of Ocean Drilling Program Leg 190. *Geochemistry*, *Geophysics & Geosystems*, 2, 1058.

Moore, G. F. , Bangs, N. L. , Taira, A. , Kuramoto, S. , Pangborn, E. & Tobin, H. J. 2007. Threedimensional splay fault geometry and implications for tsunami generation. *Science*, 318, 1128–1131.

Moore, G. F. , Park, J. -O. , Bangs, N. L. , Gulick, S. P. , Tobin, H. J. , Nakamura, Y. , Sato, S. , Tsuji, T. , Yoro, T. , Tanaka, H. , Uraki, S. , Kido, Y. , Sanada, Y. , Kuramoto, S. & Taira, A. 2009. Structural and seismic stratigraphic framework of the NanTroSEIZE Stage 1 transect, in Proceedings of the Integrated Ocean Drilling Program, 314/315/316. In: Kinoshita, M. , Tobin, H. , Ashi, J. , Kimura, G. , Lallemant, S. , Screaton, E. J. , Curewitz, D. , Masago, H. , Moe, K. T. & Expedition 314/315/316 Scientists, *Proceedings of the Integrated Ocean Drilling Program*, 314/315/316, 1–46. Washington, DC: Integrated Ocean Drilling Program Management International Incorporated.

Moore, G. F. , Kanagawa, K. , Strasser, M. , Dugan, B. , Maeda, L. , Toczko, S. & the Expedition 338 Scientists 2013a. NanTroSEIZE Stage 3: NanTroSEIZE plate boundary deep riser 2.

Integrated Ocean Drilling Program Preliminary Report, 338. Washington, DC: IntegratedOcean Drilling Program Management International Incorporated. doi: 10. 2204/iodp. pr. 338. 2013.

Moore, G. F. , Boston, B. B. , Sacks, A. F. & Saffer, D. M. 2013b. Analysis of normal fault populations in the Kumano Forearc Basin, Nankai Trough, Japan: 1. Multiple orientations and generations of faults from 3–D coherency mapping. *Geochemistry*, *Geophysics*, *Geosystems*, 114, 1989–2002.

Moore, G. F. , Kanagawa, K. , Strasser, M. , Dugan, B. , Maeda, L. , Toczko, S. & the IODP Expedition 338 Scientific Party 2014. IODP Expedition 338: NanTroSEIZE Stage 3: NanTroSEIZE plate boundary deep riser 2. *Scientific Drilling*, 17, 1–12.

Moore, J. C. 1974. Turbidites and terrigenous muds, DSDP Leg 25. *In*: Simpson, E. S. W. , Schlich, R. *et al.* , *Initial Reports Deep Sea Drilling Project*, 25, 441–479. Washington, DC: US Government Printing Office.

Moore, J. C. (ed.) 1986. *Structural Fabric in Deep Sea Drilling Project Cores from Forearcs. Geological Society of America Memoir*, 166.

Moore, J. C. 2000. Synthesis of results: logging while drilling, northern Barbados accretionary prism. *In*: Moore, J. C. , Klaus, A. *et al.* , *Proceedings of the Ocean Drilling Program*, *Scientific Results*, 171A, 1–25. College Station, Texas, USA: Ocean Drilling Program.

Moore, J. C. & Saffer, D. M. 2001. Updip limit of the seismogenic zone beneath the accretionary prism of southwest Japan: An effect of diagenetic to low-grade metamorphicprocesses and increasing effective stress. *Geology*, 29, 183–186.

Moore, J. C. , Klaus, A. et al. 2000. *Proceedings of the Ocean Drilling Program*, *Scientific Results*, 171A. College Station, Texas, USA: Ocean Drilling Program.

Moore, J. C. , Byrne, T. , Plumley, P. W. , Reid, M. , Gibbons, H. & Coe, R. S. 1983. Paleogene evolution of the Kodiak Islands, Alaska: consequences of ridge-trench interaction in a more southerly latitude. *Tectonics*, 2, 265–293.

Moore, J. C, Mascle, A. *et al.* 1990. *Proceedings of the Ocean Drilling Program*, *Scientific Results*, 110. College Station, Texas, USA: Ocean Drilling Program.

Moore, J. G. , Clague, D. A. , Holcomb, R. T. , Lipman, P. W. , Normark, W. R. & Torresan, E. 1989. Prodigious submarine landslides on the Hawaiian Ridge. *Journal of Geophysical Research*, 94, 17, 465–17, 484.

Moraes, M. A. S. , Blaskovski, P. R. & Joseph, P. 2004. The Grès d'Annot as an analogue for Brazilian Cretaceous sandstone reservoirs: comparing convergent to passive-margin confined turbidites. *In*: Joseph, P. & Lomas, S. A. (eds), *Deep-Water Sedimentation in the Alpine Basin of SE France: New Perspectives on the Grès d'Annot and Related Systems*. Geological Society, London, Special Publication, 221, 419–436. London: The Geological Society.

Morgan, S. R. & Campion, K. M. 1987. Eustatic controls on stratification and faciesassociations in deep-water deposits, Great Valley Sequence, Sacramento Valley, California, abstract. *American Association of Petroleum Geologists Bulletin*, 71, 595.

Morgenstern, N. R. 1967. Submarine slumping and the initiation of turbidity currents. *In*: Richards, A. F. (ed.), *Marine Geotechnique*, 189–220. Urbana: Illinois University Press.

Morley, C. K. 2002. Evolution of Large Normal Faults: Evidence from Seismic Reflection Data. *American Association of Petroleum*

Geologists Bulletin, 86, 961-978.

Morris, R. C. 1971. Classification and interpretation of disturbed bedding types in the Jackfork flysch rocks (Upper Mississippian), Ouachita Mountains, Arkansas. *Journal of Sedimentary Petrology*, 41, 410-424.

Morris, S. A. & Alexander, J. 2003. Changes in flow direction at a point caused by obstacles during passage of a density current. *Journal of Sedimentary Research*, 73, 621-629.

Morris, W. R. & Normark, W. R. 2000. Sedimentologic and geometric criteria for comparing modern and ancient sandy turbidite elements. *In*: Weimer, P., Slatt, R. M., Coleman, J., Rosen, N. C., Nelson, H., Bouma, A. H., Styzen, M. J. & Lawrence, D. T. (eds), *Deep-water Reservoirs of the World*, 606-628. Houston, Texas: Gulf Coast Section, Society of Economic Paleontologists and Mineralogists.

Morrison, K. 2011. Unlocking the exploration potential of the Seychelles. *GEO ExPro*, 8, 58-62.

Mortimer, N. 2004. New Zealand's geological foundations. *Gondwana Research*, 7, 261-272.

Moscardelli, M. & Wood, L. 2007. Newclassification systemformass transport complexes in offshore Trinidad. *Basin Research*, doi: 10.1111/j.1365-2117.2007.00340.x.

Moscardelli, M., Wood, L. & Mann, P. 2006. Mass-transport complexes and associated processes in the offshore area of Trinidad and Venezuela. *American Association of Petroleum Geologists Bulletin*, 90, 1059-1088.

Mosher, D. C., Erbacher, J. & Malone, M. J. (eds) 2007. *Proceedings of the Ocean Drilling Program, Scientific Results*, 207, 1-26. College Station, Texas, USA (Ocean Drilling Program). College Station, Texas, USA: Ocean Drilling Program.

Mosher, D. C., Moscardelli, L., Shipp, C., Chaytor, J. D., Baxter, C. D. P., Lee, H. J. & Urgeles, R. (eds) 2010. *Submarine Mass Movements and their Consequences*. Advances in Natural and Technological Hazards Research, 28, 4th International Symposium Series. The Netherlands: Springer, 220 pp. ISBN: 978-90-481-3030-2.

Mouterde, R. 1955. Le Lias de Peniche. *Comunicações Serviços Geológicos de Portugal*, 36, 87-115.

Mount, J. F. 1993. Formation of fluidization pipes during liquefaction: examples from the Uratanna Formation (Lower Cambrian), South Australia. *Sedimentology*, 40, 1027-1037.

Mountjoy, J. J., Barnes, P. M. & Pettinga, J. R. 2009. Morphostructure and evolution of submarine canyons across an active margin: Cook Strait sector of the Hikurangi Margin, New Zealand. *Marine Geology*, doi: 10.1016/j.margeo.2009.01.006.

Muck, M. T. & Underwood, M. B. 1990. Upslope flow of turbidity currents: a comparison among field observations, theory, and laboratory models. *Geology*, 18, 54-57.

Muehlberger, W. R. 1996. Tectonic map of North America. American Association of Petroleum Geologists, 4 pp., scale 1:5,000,000.

Mueller, C. 1994. Northridge, California, earthquake of January 17, 1994: Ground motion. *Earthquakes and Volcanoes*, 25, 75-84.

Mulder, T. & Alexander, J. 2001. The physical character of subaqueous sedimentary density flows and their deposits. *Sedimentology*, 48, 269-299.

Mulder, T. & Cochonat, P. 1996. Classification of offshore mass movements. *Journal of Sedimentary Research*, 66, 43-57.

Mulder, T. & Syvitski, J. P. M. 1995. Turbidity currents generated at river mouths during exceptional discharge to the world oceans. *Journal of Geology*, 103, 285-298.

Mulder, T., Savoye, B. & Syvitski, J. P. M. 1997. Numerical modelling of a mid-sized gravity flow: the 1979 Nice turbidity current (dynamics, processes, sediment budget and seafloor impact). *Sedimentology*, 44, 305-326.

Mulder, T., Migeon, S., Savoye, B. & Faugères, J.-C. 2001. Inversely graded turbidite sequences in the deep Mediterranean: a record of deposits from flood-generated turbidity currents? *Geo-Marine Letters*, 21, 86-93.

Mulder, T., Syvitski, J. P. M., Migeon, S. Faugères, J.-C. & Savoye, B. 2003. Marine hyperpycnal flows: initiation, behavior and related deposits. A review. *Marine and Petroleum Geology*, 20, 861-882.

Mulder, T., Callec, Y., Parize, O., Joseph, P., Schneider, J.-L., Robin, C., Dujoncquoy, E., Salles, T., Allard, J., Bonnel, C., Ducassou, E., Etienne, S., Ferger, B., Gaudin, M., Hanquiez, V., Linares, F., Marches, E., Toucanne, S. & Zaragosi, S. 2010. High-resolution analysis of submarine lobes deposits: Seismic-scale outcrops of the Lauzanier area (SE Alps, France). Sedimentary Geology, 229, 160-191.

Müller, R. D. & Landgrebe, T. C. W. 2012. The link between great earthquakes and the subduction of oceanic fracture zones. *Solid Earth*, 3, 447-465.

Mullins, H. T. 1983. Modern carbonate slopes and basins of the Bahamas. Society of Economic Paleontologists & Mineralogists, Short Course Notes, 12, 4-1-4-138.

Mullins, H. T. & Cook, H. E. 1986. Carbonate apron models: alternatives to the submarine fan model for paleoenvironmental analysis and hydrocarbon exploration. *Sedimentary Geology*, 48, 37–79.

Mullins, H. T. & Neumann, A. C. 1979. Deep carbonate bank margin structure and sedimentation in the northern Bahamas. *In*: Doyle, L. J. & Pilkey, O. H. (eds), *Geology of Continental Margins*, 165–192. Society of Economic Paleontologists and Mineralogists Special Publication, 27.

Muñoz, J. A. 1992. Evolution of a continental collision belt: ECORS–Pyrenean crustal balanced section. *In*: McClay, K. R. (ed.), *Thrust Tectonics*, 235–246. New York: Chapman and Hall.

Muñoz, J. A., McClay, K. & Poblet, J. 1992. Synchronous extension and contraction in frontal thrust sheets of the Spanish Pyrenees. *Geology*, 22, 921–924.

Muñoz, J. A., Arbues, P. & Serra-Kiel, J. 1998. The Ainsa basin and the Sobrarbe oblique thrust system: Sedimentological and tectonic processes controlling slope and platformsequences deposited synchronously with a submarine emergent thrust system. *In*: *International Association of Sedimentologists 15th International Sedimentological Congress*, *Alicante*, *Spain*, *Field Trip Guidebook*, 213–223.

Muñoz, J. A., Beamud, E., Fernández, O., Arbués, P., Dinarès-Turell, J. & Poblet, J. 2013. The Ainsa fold and thrust oblique zone of the central Pyrenees: kinematics of a curved contractional system from paleomagnetic and structural data. *Tectonics*, 32, 1142–1175.

Münoza, A., J. Cristobo, Rios, P., Druet, M., Polonio, V., Uchupi, E., Acosta, J. & Atlantis Group 2012. Sediment drifts and cold-water coral reefs in the Patagonian upper and middle continental slope. *Marine and Petroleum Geology*, 36, 70–82.

Murray, C. J., Lowe, D. R., Graham, S. A., Martinez, P. A., Zeng, J., Carroll, A. R., Cox, R., Hendrix, M., Heubeck, C., Miller, D., Moxon, I. W., Sobel, E., Wendebourg, J. & Williams, T. 1996. Statistical analysis of bed-thickness patterns in a turbidite section from the Great Valley Sequence, Cache Creek, northern California. *Journal of Sedimentary Research*, A66, 900–908.

Muto, T. 1995. The Kolmogorov model of bed-thickness distribution: an assessment based on numerical simulation and field-data analysis. *Terra Nova*, 7, 417–423.

Muto, T. & Steel, R. J. 2002. In defense of shelf-edge delta development during falling and lowstand of relative sea level. *Journal of Geology*, 110, 421–436.

Mutti, E. 1974. Examples of ancient deep-sea fan deposits from circum-Mediterraneangeosynclines. In: Dott, R. H. Jr. & Shaver, R. H. (eds), *Modern and Ancient Geosynclinal Sedimentation*, 92–105. Society of Economic Paleontologists and Mineralogists Special Publication, 19.

Mutti, E. 1977. Distinctive thin-bedded turbidite facies and related depositional environments in the Eocene Hecho Group (south-central Pyrenees, Spain). *Sedimentology*, 24, 107–131.

Mutti, E. 1979. Turbidites et cônes sous-marins profonds. *In*: Homewood, P. (ed.), *Sedimentation détritique (fluviatile, littorale et marine)*, 353–419. Switzerland: Institut Geologique, Université de Fribourg.

Mutti, E. 1984. The Hecho Eocene submarine-fan system, south central Pyrenees, Spain. *Geo-Marine Letters*, 3, 199–202.

Mutti, E. 1985. Turbidite systems and their relations to depositional sequences. *In*: Zuffa, G. G. (ed.), *Provenance of Arenites*, 65–93. NATO Advanced Scientific Institute. Dordrecht, Holland: D. Reidel.

Mutti, E. 1992. *Turbidite Sandstones*. Parma: Agip and Università di Parma. 275 pp.

Mutti, E. & Ghibaudo, G. 1972. Un esempio di torbiditi di conoide sottomarina esterna: le Arenarie di San Salvatore (Formazione di Bobbio, Miocene) nell'Appennino di Piacenza. *Accademia delle Scienze di Torino*, *Memorie Classe di scienze fisiche*, *matematiche enaturali*, *Serie 4*, no. 16, 40 pp.

Mutti, E. & Johns, D. R. 1979. The role of sedimentary by-passing in the genesis of basin plain and fan fringe turbidites in the Hecho Group System (South-Central Pyrenees). *Societa Geologica Italiana. Memorie*, 18, 15–22.

Mutti, E. & Normark, W. R. 1987. Comparing examples of modern and ancient turbidite systems: problems and concepts. *In*: Leggett, J. K. & Zuffa, G. G. (eds), *Marine Clastic Sedimentology*, 1–38. London: Graham & Trotman.

Mutti, E. & Normark, W. R. 1991. An integrated approach to the study of turbidite systems. *In*: Weimer, P. & Link, M. H. (eds), *Seismic Facies and Sedimentary Processes of Modern and Ancient Submarine Fans*, 75–106. New York: Springer Verlag.

Mutti, E. & Ricci Lucchi, F. 1972. Le torbiditi dell'Appennino settentrionale: introduzioneall'analisi di facies. *Memoirs of the Geological Society*, *Italy*, 11, 161–99. (1978 English translation by T. H. Nilsen, *International Geology Review*, 20, 125–166.)

Mutti, E. & Ricci Lucchi, F. 1974. La signification de certaines unites sequentielles dans les series a turbidites. *Bulletin Geological Society of France*, 16, 577–582.

Mutti, E. & Ricci Lucchi, F. 1975. Turbidite facies and facies associations. *In*: *Examples of Turbidite Facies and Facies Associations from Selected Formations of the NorthernApennines*, *Field Trip Guidebook A–ll*, 21–36. IX International Congress of Sedimentologists, Nice, France. International Association of Sedimentologists.

Mutti, E. & Ricci Lucchi, F. 1978. Turbidites of the Northern Apennines: introduction to facies analysis. *International Geology Review*, 20, 125–166.

Mutti, E. & Sonnino, M. 1981. Compensation cycles: a diagnostic feature of turbidite sandstone lobes. *In*: *International Association of Sedimentologists 2nd European Regional Meeting*, *Bologna*, *Italy*, *Abstracts Volume*, 120–123.

Mutti, E., Nilsen, T. H. & Ricci Lucchi, F. 1978. Outer fan depositional lobes of the Laga Formation (upper Miocene and lower Pliocene), east–central Italy. *In*: Stanley, D. J. & Kelling, G. (eds), *Sedimentation in Submarine Canyons, Fans, and Trenches*, 210–223. Stroudsburg, PA: Dowden, Hutchinson & Ross.

Mutti, E., Barros, M., Possato, S., Rumenos, L., 1980. Deep–sea fan turbidite sediments winnowed by bottom currents in the Eocene of the Campos Basin, Brazilian offshore. *In*: *International Association of Sedimentologists First European Regional Meeting*, *Abstracts Volume*, p. 114.

Mutti, E., Ricci Lucchi, F., Seguret, M. & Zanzucchi, G. 1984. Seismoturbidites: A new group of resedimented deposits. *Marine Geology*, 55, 103–116.

Mutti, E., Remacha, E., Sgavetti, M., Rosell, J., Valloni, R. & Zamorano, M. 1985. Stratigraphy and facies characteristics of the Eocene Hecho Group turbidite systems, southcentral Pyrenees. *In*: Mila, M. D. & Rosell, J. (eds), *International Association of Sedimentologists*, 6th *European Regional Meeting*, *Llerida*, Excursion Guidebook, 521–576.

Mutti, E., Seguret, M. & Sgavetti, M. 1988. Sedimentation and Deformation in the Tertiary Sequences of the Southern Pyrenees. *American Association of Petroleum Geologists*, *Mediterranean Basins Conference*, *Nice*, *France*, *Field Trip 7 Guidebook*. Special Publication of the Institute of Geology of the University of Parma, 169 pp.

Mutti, E., Davoli, G., Mora, S. & Papani, L. 1994. Internal stacking patterns of ancient turbidite systems from collisional basins. *In*: Weimer, P., Bouma, A. H. & Perkins, B. F. (eds), *Gulf Coast Section–Society of Economic Paleontologists and Mineralogists Foundation 15th Annual Research Conference*, *Submarine Fans and Turbidite systems*: *Sequence Stratigraphy*, *Reservoir Architecture and Production Characteristics*, 257–268.

Mutti, E., Tinterri, R., Benevelii, G., di Biase, D. & Cavanna, G. 2003. Deltaic, mixed and turbidite sedimentation of ancient foreland basins. *Marine and Petroleum Geology*, 20, 733–755.

Myers, R. A. 1986. *Late Cenozoic sedimentation in the Northern Labrador Sea: a seismicstratigraphic analysis*. MSc. thesis. Halifax: Dalhousie University.

Myers, R. A. & Piper, D. J. W. 1988. Seismic stratigraphy of late Cenozoic sediments in the northern Labrador Sea: a history of bottom circulation and glaciation. *Canadian Journal of Earth Sciences*, 25, 2059–2074.

Myrow, P. M. & Hiscot, R. N. 1993. Depositional history and sequence stratigraphy of the Precambrian–Cambrian boundary stratotype section, Chapel Island Formation, southeast Newfoundland. *Palaeogeography*, *Palaeoclimatology*, *Palaeoecology*, 104, 13–35.

Nagel, D. K. & Mullins, H. T. 1983. Late Cenozoic offset and uplift along the San Gregorio Fault zone: central California continental margin. *In*: Anderson, D. W. & Rymer, M. J. (eds), *Tectonics and Sedimentation Along Faults of the San Andreas System*, 91–103. Society of Economic Paleontologists and Mineralogists Symposium, Pacific Section.

Nagel, D. K., Mullins, H. T. & Greene, H. G. 1986. Ascension submarine canyon, California–evolution of a multi–head canyon system along a strike–slip continental margin. *Marine Geology*, 73, 285–310.

Nakajima, T. 2000. Initiation processes of turbidity currents: implications for assessments of recurrence intervals of offshore earthquakes using turbidites. *Bulletin of the Geological Survey of Japan*, 51, 79–87.

Nakajima, T. & Kanai, Y. 2000. Sedimentary features of seismoturbidites triggered by the 1983 and older historical earthquakes in the eastern margin of the Japan Sea. *Sedimentary Geology*, 135, 1–19.

Nakajima, T. & Satoh, M. 2001. The formation of large mudwaves by turbidity currents on the levées of the Toyama deep–sea channel, Japan Sea. *Sedimentology*, 48, 435–463.

Nakajima, T., Satoh, M. & Okamura, Y. 1998. Channel–levée complexes, terminal deep–sea fan and sediment wave fields associated with the Toyama Deep–Sea Channel system in the Japan Sea. *Marine Geology*, 147, 25–41.

Nakazawa, T., Nishimura, A., Iryu, Y., Yamada, T., Shibasaki, H. & Shiokawa, S. 2007. Rapid subsidence of the Kikai Seamount inferred from drowned Pleistocene coral limestone: Implication for subduction of the Amami Plateau, northern Philippine Sea. *Marine Geology*, 247, 35–45.

Nardin, T. R. 1983. Late Quaternary depositional systems and sea level changes – Santa Monica and San Pedro Basins, California

Continental Borderland. *American Association Petroleum Geologists Bulletin*, 67, 1104−1124.

Nardin, T. R. & Henyey, T. L. 1978. Pliocene−Pleistocene diastrophism of Santa Monica and San Pedro shelves, California continental borderland. *American Association Petroleum Geologists Bulletin*, 62, 247−272.

Natland, M. L. 1933. Temperature and depth classification of some Recent and fossilforaminifera in the southern California region. *Scripps Institute of Oceanography Bulletin*, Technical Series, 225−230.

Navarre, J. −C., Claude, D., Librelle, F., Safa, P., Villon, G. & Keskes, N. 2002. Deepwater turbidite system analysis, West Africa: sedimentary model and implications for reservoir model construction. *The Leading Edge*, 21, 1132−1139.

Naylor, M. A. 1980. The origin of inverse grading in muddy debris flow deposits − a review. *Journal of Sedimentary Petrology*, 50, 1111−1116.

Naylor, M. A. 1982. The Casanova Complex of the northern Apennines: a mélange formed on a distal passive continental margin. *Journal of Structural Geology*, 4, 1−18.

Naylor, M. & Sinclair, H. D. 2007. Punctuated thrust deformation in the context of doubly vergent thrust wedges: Implications for the localization of uplift and exhumation. *Geology*, 35, 559−562.

Nederbragt, A. J. & Thurow, J. W. 2001. A 6000 yr varve record of Holocene climate in Saanich Inlet, British Columbia, from digital sediment colour analysis of ODP Leg 169S cores. *Marine Geology*, 174, 95−110.

Nederlof, F. H. 1959. Structure and sedimentology of the Upper Carboniferous of the upper Pisuega valleys, Cantabrian Mountains, Spain. *Leidse Geologische Mededelingen*, 24, 603−703.

Nelson, C. H. 1976. Late Pleistocene and Holocene depositional trends, processes, and history of Astoria deep−sea fan, northeast Pacific. *Marine Geology*, 20, 129−173.

Nelson, C. H. & Damuth, J. E. 2003. Myths of turbidite system control: insights provided by modern turbidite studies. *International Conference "Deep Water Processes in Modern and Ancient Environments"*, Barcelona and Ainsa, Abstracts Volume, p. 32.

Nelson, A. R., Kelsey, H. M. & Witter, R. C. 2008. Great earthquakes of variable magnitude at the Cascadia subduction zone. *Quaternary Research*, 65, 354−365.

Nelson, C. H. & Kulm, L. D. 1973. Submarine fans and deep−sea channels. *In*: Middleton, G. V. & Bouma, A. H. (eds), *Turbidites and Deep−water Sedimentation*, 39−78. Society of Economic Paleontologists and Mineralogists, Pacific Section Short Course Notes, Anaheim.

Nelson, C. H., Carlson, P. R., Byrne, J. V. & Alpha, T. R. 1970. Development of the astoria canyon−fan physiography and comparison with similar systems. *Marine Geology*, 8, 259−291.

Nelson, C. H., Mutti, E. & Ricci Lucchi, F. 1975. Comparison of proximal and distal thinbedded turbidites with current−winnowed deep−sea sands. *9th International Congress Sedimentology*, Nice, France, Theme 5, 317−324.

Nelson, C. H., Normark, W. R., Bouma, A. H. & Carlson, P. R. 1978. Thin−bedded turbidites in modern submarine canyons and fans. *In*: Stanley, D. J. & Kelling, G. (eds), *Sedimentation in Suhmanne Canyons, Fans, and Trenches*, 177−189. Stroudsburg, PA: Dowden, Hutchinson & Ross.

Nelson, C. H., Maldonado, A., Coumes, F., Got, H. & Monaco, A. 1984. The Ebro deep−sea fan system. *Geo−Marine Letters*, 3, 125−132.

Nelson, C. H., Twichell, D. C., Schwab, W. C., Lee, H. J. & Kenyon, N. H. 1992 Upper Pleistocene turbidite sand beds and chaotic silt beds in the channelized, distal, outer−fan lobes of the Mississippi fan. *Geology*, 20, 693−696.

Nelson, C. H., Karabanov, E. B., Colman, S. M. & Escutia, C. 1999. Tectonic and sediment supply control of deep rift lake turbidite systems: Lake Baikal, Russia. *Geology*, 27, 163−166.

Nelson, C. S. 1978. Temperate shelf carbonate sediments in the Cenozoic of New Zealand. *Sedimentology*, 25, 737−771.

Nelson, K. D. 1981. Mélange development in the Boones Point Complex, north−centralNewfoundland. *Canadian Journal of Earth Sciences*, 18, 433−442.

Nelson, T. A. & Stanley, D. J. 1984. Variable depositional rates on the slope and rise off the Mid−Atlantic states. *Geo−Marine Letters*, 3, 37−42.

Nemcok, M. & Henk, A. 2006. Oil reservoirs in foreland basins charged by thrustbelt source rocks: insights from numerical stress modelling and geometric balancing in the West Carpathians. *In*: Butler, S. J. H. & Schreurs, G. (eds), *Analogue and Numerical Modelling of Crustal−scale Processes*, 253, 415−428. Geological Society, London, Special Publications. Bath: The Geological Society, London.

Nemec, W. 1990. Aspects of sediment movement on steep delta slopes. *In*: Colella, A. & Prior, D. B. (eds), *Coarse−Grained Deltas*, 29−73. International Association of Sedimentologists, Special Publication, 10.

Nemec, W. 1995. The dynamics of deltaic suspension plumes. *In*: Oti, M. N. & Postma, G. (eds), *Geology of Deltas*, 31-93. Rotterdam: A. A. Balkema.

Nemec, W. & Steel R. J. 1984. Alluvial and coastal conglomerates: their significant features and some comments on gravelly mass-flow deposits. *In*: Koster, E. H. & Steel, R. J. (eds), *Sedimentology of Gravels and Conglomerates*, 1-31. Calgary: Canadian Society of Petroleum Geologists Memoir, 10.

Nemec, W., Porebski, S. J. & Steel, R. J. 1980. Texture and structure of resedimented conglomerates-examples from Ksaiz Formation (Famennian-Tournaisian), southwestern Poland. *Sedimentology*, 27, 519-538.

Nemec, W., Steel, R. J., Gjelberg, J., Collinson, J. D. Prestholm, E. & Øxnevad, I. E. 1988. Anatomy of collapsed and re-established delta front in Lower Cretaceous of eastern Spitsbergen: gravitational sliding and sedimentation processes. *American Association of Petroleum Geologists Bulletin*, 72, 454-476.

Newman, M. St. J., Reeder, M. L., Woodruff, A. H. W. & Hatton, I. R. 1993. The geology of the Gryphon Oil Field. In: Parker, J. R. (ed.). *Petroleum Geology of Northwest Europe: Proceedings of the 4th Conference*, 123-133. London: Geological Society.

Nichols, R. J. 1995. The liquification and remobilization of sandy sediments. *In*: Hartley, A. J. & Prosser, D. J. (eds), *Characterization of Deep Marine Clastic Systems*, Geological Society London Special Publication, 94, 63-76.

Nichols, R. J., Sparks, R. S. J. & Wilson, C. J. N. 1994. Experimental studies of the fluidization of layered sediments and the formation of fluid escape structures. *Sedimentology*, 41, 233-253.

Nicholson, H. A. 1873. Contributions to the study of the errant annelids of the older Palaeozoic rock. *Proceedings of the Royal Society of London*, 21, 288-290.

Nicol, A., Mazengarb, C., Chanier, F., Rait, G., Uruski, C. & Wallace, L. 2007. Tectonic evolution of the active Hikurangi subduction margin, New Zealand, since the Oligocene. *Tectonics*, 26, 24 pp. doi: 10.1029/2006TC002090.

Nielsen, T., Knutz, P. C. & Kuijpers, A. 2008. Seismic expression of contourite depositional systems. *In*: Rebesco, M. & Camerlenghi, A. (eds), *Contourites*, 301-321. Developments in Sedimentology, 60. Amsterdam: Elsevier.

Nielsen, T. K., Christian Larsen, H. & Hopper, J. R. 2002. Contrasting rifted margin style south of Greenland: implications for mantle plume dynamics. *Earth and Planetary Science Letters*, 200, 271-286.

Niem, A. R. 1976. Patterns of flysch deposition and deep-sea fans in the lower Stanley Group (Mississippian), Ouachita Mountains, Oklahoma and Arkansas. *Journal of Sedimentary Petrology*, 46, 633-646.

Niemi, T. M., Ben-Avraham, Z., Hartnady, C. J. H. & Reznikov, M. 2000. Post-Eocene seismic stratigraphy of the deep ocean basin adjacent to the southeast African continental margin: a record of geostrophic bottom current systems. *Marine Geology*, 162, 237-258.

Nijman, W. 1998. Cyclicity and basin axis shift in a piggyback basin: towards modelling of the Eocene Tremp-Ager Basin, South Pyrenees, Spain. *In*: Mascle, A. Puigdefabregas, C., Luterbacher, H. P. & Fernandez, M. (eds), *Cenozoic Foreland Basins of Western Europe*, 135-162. Geological Society of London, Special Publication, 134.

Nijman, W. & Nio, S. D. 1975. The Eocene Montanana Delta (Tremp-Graus Basin, Provinces Lerida and Huesca, Southern Pyrenees, N. Spain). *In*: Puigdefabregas, C. and Rosell, J. (eds), *International Association of Sedimentologists*, 9th European Regional Meeting, Nice, Excursion Guidebook, 19, Part B. International Association of Sedimentologists.

Nilsen, T. H. 2000. The Hilt Bed, an Upper Cretaceous compound basin-plain seismoturbidite in the Hornbrook forearc basin of southern Oregon and northern California, USA. *Sedimentary Geology*, 135, 51-63.

Nilsen, T. H. & Simoni, T. R. 1973. Deep-sea fan paleocurrent patterns of the Eocene Butano Sandstone, Santa Cruz Mountains, California. *United States Geological Survey Journal of Research*, 1, 439-452.

Nilsen, T. H. & Zuffa, G. G. 1982. The Chugach Terrane, a Cretaceous trench-fill deposit, southern Alaska. *In*: Leggett, J. K. (ed.), *Trench-Forearc Geology*, 213-227. The Geological Society of London, Special Publication, 10. London: The Geological Society.

Nilsen, T. H. & Sylvester, A. G. 1995. Strike-slip basins. *In*: Busby, C. J. & Ingersoll, R. V. (eds), *Tectonics of Sedimentary Basins*, 425-457. Oxford: Blackwell Scientific.

Nisbet, E G. 1992. Sources of atmospheric CH4 in early Postglacial time. *Journal of Geophysical Research*, 97, 12, 859-12, 867.

Nishizawa, A., Kaneda, K., Watanabe, N. & Oikawa, M. 2009. Seismic structure of the subducting seamounts on the trench axis: Erimo Seamount and Daiichi-Kashima Seamount, northern and southern ends of the Japan Trench. *Earth*, *Planets and Space*, 61, e5-e8.

Nittrouer, C. A., Austin, J. A., Field, M. E., Kravitz, J. H., Syvitski, J. P. M. & Wiberg, P. L. (eds) 2007. *Continental Margin Sedimentation: From Sediment Transport to Sequence Stratigraphy*. International Association of Sedimentologists, Special Publication, 37, 549 pp. ISBN: 978-1-4051-6934-9.

Noda, A. & Toshimitsu, S. 2009. Backward stacking of submarine channel-fan successions controlled by strike-slip faulting: The Izumi Group (Cretaceous), southwest Japan. *Lithosphere*, 1, 41-59.

Nokleberg, W. J., Plafker, G. & Wilson, F. H. 1994. Geology of south-central Alaska. *In*: Plafker, G. & Berg, H. C. (eds), *The Geology of Alaska*, *Volume G-1 of the geology of North America*, 311-366. Boulder Colorado: Geological Society of America.

Normark, W. R. 1970. Growth patterns of deep-sea fans. *American Association of Petroleum Geologists Bulletin*, 54, 2170-2195.

Normark, W. R. 1978. Fan valleys, channels, and depositional lobes on modern submarine fans: characters for recognition of sandy turbidite environments. *American Association of Petroleum Geologists Bulletin*, 62, 912-931.

Normark, W. R. 1989. Observed parameters for turbidity-current flow in channels, Reserve Fan, Lake Superior. *Journal of Sedimentary Petrology*, 59, 423-431.

Normark, W. R. & Dickson, F. H. 1976. Man-made turbidity currents in Lake Superior. *Sedimentology*, 23, 815-832.

Normark, W. R. & McGann, M. 2004. Late Quaternary Deposition in the Inner Basins of the California Continental Borderland - Part A. Santa Monica Basin. *United States Geological Survey*, *Scientific Investigations Report*, 2004-5183, 21 pp. United States Geological Survey.

Normark, W. R. & Piper, D. J. W. 1972. Sediments and growth pattern of Navy deep-sea fan, San Clemente Basin, California Borderland. *Journal of Geology*, 80, 192-223.

Normark, W. R. & Piper, D. J. W. 1984. Navy Fan, Caiifornia Borderland: growth pattern and depositional processes. *Geo-Marine Letters*, 3, 101-108.

Normark, W. R. & Piper, D. J. W. 1991. Initiation processes and flow evolution of turbidity currents: implications for the depositional record. *In*: Osborne, R. H. (ed.), *From Shoreline to Abyss*: *Contributions in Marine Geology in Honor of Francis Parker Shepard*, 207-230. Society of Economic Paleontologists and Mineralogists, Special Publication, 46.

Normark, W. R. & Piper, D. J. W. 1998. Preliminary Evaluation of Recent Movement on Structures Within the Santa Monica Basin, Offshore southern California. U. S. Geological Survey Open-File Report No. 98-518, 60 pp.

Normark, W. R., Piper, D. J. W. & Hess, G. R. 1979. Distributary channels, sand lobes, and mesotopography of Navy Submarine Fan, California Borderland, with applications to ancient fan sediments. *Sedimentology*, 26, 749-774.

Normark, W. R., Hess, G. R., Stow, D. A. V. & Bowen, A. J. 1980. Sediment waves on the Monterey Fan levée: a preliminary physical interpretation. *Marine Geology*, 37, 1-18.

Normark, W. R., Barnes, N. E. & Coumes, F. 1984. Rhône deep sea fan: a review. *Geo-Marine Letters*, 3, 155-160.

Normark, W. R., Wilde, P., Campbell, J. F., Chase, T. E. & Tsutsui, B. 1993a. Submarine slope failures initiated by Hurricane Iwa, Kahe Point, Oahu, Hawaii. *Bulletin of the US Geological Survey* 2002, 197-204.

Normark, W. R., Posamentier, H. & Mutti, E. 1993b. Turbidite systems: state of the art and future directions. *Reviews in Geophysics*, 31, 91-116.

Normark, W. R., Damuth, J. E., Cramp, A., Flood, R. D., Goni, M. A., Hiscott, R. N., Kowsmann, R. O., Lopez, M., Manley, P. L., Nanayama, F., Piper, D. J. W., Pirmez, C. & Schneider, R. 1997. Sedimentary facies and associated depositional elements of Amazon Fan. *In*: Flood, R. D., Piper, D. J. W., Klaus, A. *et al.*, *Proceedings Ocean Drilling Program*, *Scientific Result*, 155, 611-651. College Station, Texas, USA: Ocean Drilling Program.

Normark, W. R., Piper, D. J. W. & Hiscott, R. N. 1998. Sea level controls on the textural and depositional architecture of the Hueneme and associated submarine fan systems, Santa Monica Basin, California. *Sedimentology*, 45, 53-70.

Normark, W. R., Piper, D. J. W., Posamentier, H., Pirmez, C. & Migeon, S. 2002. Variability in form and growth of sediment waves on turbidite channel levées. *Marine Geology*, 192, 23-58.

Normark, W. R., Piper, D. J. W. & Sliter, R. 2006. Sea-level and tectonic control of middle to late Pleistocene turbidite systems in Santa Monica Basin, offshore California. *Sedimentology*, 53, 867-897.

Norris, R. J., Carter, R. M. & Turnbull, I. M. 1978. Cainozoic sedimentation in basins adjacent to a major continental transform boundary in southern New Zealand. *Journal of the Geological Society*, London, 135, 191-205.

North American Commission on Stratigraphic Nomenclature. 1983. North American stratigraphic code. *American Association of Petroleum Geologists Bulletin*, 67, 841-875.

Nowell, A. R. M. & Hollister, C. D. (eds) 1985. Deep ocean sediment transport - preliminary results of the high energy benthic boundary layer experiment. Special Issue, Marine Geology, 66.

Nummedal, D. 2001. Internal tides and bedforms at the shelf edge. *In*: *Session No. 67*: *Dynamics of Sediments and Sedimentary Environments I*: *A Session in Honor of John B. Southard*. Geological Society of America Annual Meeting, Nov. 5-8, 2001, Paper No. 67.

Nuñes, F. & Norris, R. D. 2006. Abrupt reversal in ocean overturning during the Palaeocene/Eocene warm period. Nature, 439, 60-63.

O'Connell, S. B. 1990. Sedimentary facies and depositional environment of the Lower Cretaceous East Antarctic margin Sites 692 and 693. In: Barker, P. R, Kennett, J. P. et al., Proceedings of the Ocean Drilling Program, Scientific Results, 113, 71-88. College Station, Texas, USA: Ocean Drilling Program.

O'Connell, S., Normark, W. R., Ryan, W. B. F. & Kenyon, N. H. 1991. An entrenched thalweg channel on the Rhône Fan: interpretation from a SEABEAM and SEAMARC I survey. In: Osborne, R. H. (ed.), From Shoreline to Abyss: Contributions in Marine Geology in Honor of Francis Parker Shepard, 259-270. Society of Economic Paleontologists and Mineralogists Special Publication, 46. Tulsa, Oklahoma: Society of Economic Paleontologists and Mineralogists.

Oakman, C. D. 2005. The Lower Cretaceous plays of the central and northern North Sea: Atlantean drainage models and enhanced hydrocarbon potential. In: Doré, A. G. & Vining, B. A. (eds), Petroleum Geology: North-west Europe and Global Perspectives - Proceedings of the 6th Petroleum Geology Conference, 1, 187-198. London: The Geological Society.

Obana, K., Kodaira, S., Mochizuki, K. & Shinohara, M. 2001. Micro-seismicity around the seaward updip limit of the 1946 Nankai earthquake dislocation area. Geophysical Research Letters, 28, 2333-2336.

Obana, K., Scherwath, M., Yamamoto, Y., Kodaira, S., Wang, K., Spence, G., Riedel, M. & Kao, H. 2014. Earthquake activity in northern Cascadia subduction zone off Vancouver Island revealed by ocean-bottom seismograph observations. Bulletin of the Seismological Society of America, doi: 10.1785/0120140095.

Oberhansli, H. & Hsü, K. J. 1986. Paleocene-Eocene paleoceanography. In: Hsü, K. J. (ed.), Mesosoic and Cenozoic Oceans, 85-100. Geodynamics Series 15. Boulder, Colorado: Geological Society of America.

O'Brien, P. E., Cooper, A. K., Richter, C. et al. 2001. Proceedings of the Ocean Drilling Program, Initial Reports, 188. College Station, Texas, USA: Ocean Drilling Program. doi: 10.2973/odp.proc.ir.188.2001.

Odigi, M. I. & Amajor, L. C. 2008. Petrology and geochemistry of sandstones in the southern Benue Trough of Nigeria: Implications for provenance and tectonic setting. Chinese Journal of Geochemistry, 27, 384-394.

Ofurhie, M. A., Agha, G. U., Lufadeju, A. O. & Ineh, G. C. 2002. Turbidite depositional environment in deepwater of Nigeria. In: Proceedings of the Offshore Technology Conference, Houston, Texas USA, 6-9 May 2002. Paper OTC 14068, 10 pp.

Ogawa, Y. 1982. Tectonics of some forearc fold belts in and around the arc-arc crossing area in central Japan. In: Leggett, J. K. (ed.), Trench-Forearc Geology, 49-61. The Geological Society of London, Special Publication, 10. London: The Geological Society.

Ogawa, Y. 1983. Mineoka ophiolite belt in the Izu forearc area-Neogene accretion of oceanic and island arc assemblages on the northeastern corner of the Philippine Sea Plate. In: Hashimoto, M. & Uyeda, S. (eds), Accretion Tectonics in the Circum-Pacific Regions, 245-260. Tokyo: Terrapub.

Ogawa, Y. 1985. Variety of subduction and accretion processes in Cretaceous to Recent plate boundaries around southwest and central Japan. Tectonophysics, 112, 493-518.

Ojakangas, R. W. 1968. Cretaceous sedimentation, Sacramento Valley, California. Geological Society of America Bulletin, 79, 973-1008.

Ojakangas, R. W., Srinivasan, S., Hegde, G. S., Chandrakant, S. M. & Srikantia, S. V. 2014. The Talya Conglomerate: an Archean (2.7 Ga) Glaciomarine Formation, Western Dharwar Craton, Southern India. Current Science, 106, 387-396.

Okada, H. & Tandon, S. K. 1984. Resedimented conglomerates in a Miocene collision suture, Hokkaido, Japan. In: Koster, E. H. & Steel, R. J. (eds), Sedimentology of Gravels and Conglomerates, 413-427. Calgary Alberta: Canadian Society of Petroleum Geologists Memoir, 10.

Okay, A. I., Demirbag, E., Kurt, H., Okay, N. & Kuscu, I. 1999. An active, d eepl narines trikeslipb asina longt he North Anatolian fault in Turkey. Tectonics, 18, 129-147.

Okay, N. & Ergün, B. 2005. Source of the basinal sediments in the Marmara Sea investigated using heavy minerals in the modern beach sands. Marine Geology, 216, 1-15.

O'Leary, D. W. 1993. Submarine mass movement, a formative process of passive continental margins: the Munson-Nygren Landslide Complex and the Southeast New England Landslide Comples. In: Schwab, W. C., Lee, H. J. & Twichell, D. C. (eds), Submarine Landslides: Selected Studies in the U. S. Exclusive Economic Zone, 23-39. Bulletin U. S. Geological Survey.

Oliveira, C. M. M., Hodgson, D. M. & Flint, S. S. 2011. Distribution of soft-sediment deformation structures in clinoform successions of the Permian Ecca Group, Karoo Basin, South Africa. Sedimentary Geology, 235, 314-330.

Olivero, E. B., Lopez C, M. I., Malumian, N. & Carbonell, P. J. T. 2010. Eocene graphoglyptids from shallow-marine, high-energy, organic-rich, and bioturbated turbidites, Fuegian Andes, Argentina. Acta *Geologica Polonica*, 60, 77-91.

Oppenheimer, D., Beroza, G., Carver, G., Dengler, L., Eaton, J., Gee, L., Gonzalez, F., Jayko, A., Li, W. H., Lisowski, M., Magee, M., Marshall, G., Murray, M., McPherson, R., Romanowicz, B., Satake, K., Simpson, R., Somerville, P., Stein, R. & Valentine, D. 1993. The Cape Mendocino, California, earthquakes of April 1992: Subduction at the triple junction. *Science*, 261, 433-438.

Ori, G. G., Roveri, M. & Vannoni, F. 1986. Plio-Pleistocene sedimentation in the Apenninic-Adriatic foredeep (central Adriatic Sea, Italy). In: Allen, P. A. & Homewood, P. (eds), *Foreland Basins*, 183-198. International Association of Sedimentologists Special Publication, 8. Oxford: Blackwell Scientific.

Orr, P. J. 2001. Colonization of the deep-marine environment during the early Phanerozoic: the ichnofaunal record. *Geological Journal*, 36, 265-278.

Orr, P. J., Benton, M. J. & Briggs, D. E. G. 2003. Post-Cambrian closure of the deep-water slope-basin taphonomic window. *Geology*, 31, 769-772.

Osleger, D. A., Heyvaert, A. C., Stoner, J. S. & Verosub, K. L. 2009. Lacustrine turbidites as indicators of Holocene storminess and climate: Lake Tahoe, California and Nevada. *Journal of Paleolimnology*, 42, 103-122.

Ovenshine, A. T. 1970. Observations of iceberg rafting in Glacier Bay, Alaska, and the identification of ancient ice-rafted deposits. *Bulletin of the Geological Society of America*, 81, 891-894.

Page, B. M. & Suppe, J. 1981. The Pliocene Lichi melange of Taiwan: its plate-tectonic and olistostromal origin. *American Journal of Science*, 281, 193-227.

Paillard, D., Labeyrie, L. & Yiou, P. 1996. Macintosh program performs time-series analysis. Eos, *Transactions American Geophysical Union*, 77, 379.

Palike, H., Shackleton, N. J. & Röhl, U. 2001. Astronomical forcing in Late Eocene marine sediments. *Earth and Planetary Science Letters*, 193, 589-602.

Pang, X., Chen, C., Peng, D., Zhu, M., Shu, Y., Shen, J. & Liu, B. 2007. Sequence stratigraphy of deep-water fan system of Pearl River, South China Sea. *Earth Science Frontiers*, 14, 220-229.

Pantin, H. M. 1979. Interaction between velocity and effective density in turbidity flow: phase plane analysis, with criteria for autosuspension. *Marine Geology*, 31, 59-99.

Pantin, H. M. 2001. Experimental evidence for autosuspension. In: McCaffrey, W., Kneller, B. & Peakall, J. (eds), *Particulate Gravity Currents*, 189-206. International Association of Sedimentologists, Special Publication, 31. Oxford: Blackwell Scientific.

Pantopoulos, G., Vakalas, I., Maravelis, A. & Zelilidis, A. 2013. Statistical analysis of turbidite bed thickness patterns from the Alpine fold and thrust belt of western and southeastern Greece. *Sedimentary Geology*, 294, 37-57.

Paola, C. 2000. Quantitative models of sedimentary basin filling. *Sedimentology*, 47, 121-178.

Paola, C. & Southard, J. B. 1983. Autosuspension and the energetics of two-phase flows: reply to comments on 'experimental test of autosuspension' by J. B. Southard & M. E. Mackintosh. *Earth Surface Processes Landforms*, 8, 273-279.

Paola, C., Heller, P. L. & Angevine, C. L. 1992. The large-scale dynamics of grain-size variation in alluvial basins: I. Theory. *Basin Research*, 4, 73-90.

Paola, C., Straub, K., Mohrig, D. & Reinhardt, L. 2009. The "unreasonable effectiveness" of stratigraphic and geomorphic experiments. *Earth-Science Reviews*, 97, 1-43.

Parea, G. C. 1975. The calcareous turbidite formations of the Northern Apennines. In: *Examples of Turbidite Facies and Facies Associations from Selected Formations of the Northern Apennines*, Field Trip Guidebook A-ll, 52-62. IXth International Congress of Sedimentologists, Nice, France. International Association of Sedimentologists.

Park, J.-O. & Kodaira, S. 2012. Seismic reflection and bathymetric evidences for the Nankai earthquake rupture across a stable segment-boundary. *Earth, Planets and Space*, 64, 299-303.

Park, J.-O., Tsuru, T., Kodaira, S., Cummins, P. R. & Kaneda, Y. 2002. Splay fault branching along the Nankai subduction zone. *Science*, 297, 1157-1160.

Park, J.-O., Tsuru, T., No, T., Takizawa, K., Sato, S. & Kaneda, Y. 2008. High-resolution 3D seismic reflection survey and prestack depth imaging in the Nankai Trough off southeast Kii Peninsula. *Butsuri Tansa*, 61, 231-241 (in Japanese, with abstract in English).

Parker, G. 1982. Conditions for the ignition of catastrophically erosive turbidity currents. *Marine Geology*, 46, 307-327.

Parker, G., Fukushima, Y. & Pantin, H. M. 1986. Self-accelerating turbidity currents. *Journal of Fluid Mechanics*, 171, 145-

181.

Parsons, D. R., Peakall, J., Aksu, A. E., Flood, R. D., Hiscott, R. N., Besiktepe, S. & Mouland, D. 2010. Gravity-driven flow in a submarine channel bend: direct field evidence of helical flow reversal. *Geology*, 38, 1063–1066.

Parsons, J. D., Bush, J. W. M. & Syvitski, J. P. M. 2001. Hyperpycnal plume formation from riverine outflows with small sediment concentrations. *Sedimentology*, 48, 465–478.

Parsons, J. D., Friedrichs, C. T., Traykovski, P. A., Mohrig, D., Imran, J., Syvitski, J. P. M., Parker, G., Puig, P., Buttles, J. L. & Garcia, M. H. 2007. The mechanics of marine sediment gravity flows. *In*: Nittrouer, C. A., Austin, J. A., Field, M. E., Kravitz, J. H., Syvitski, J. P. M. & Wiberg, P. L. (eds), *Continental Margin Sedimentation: From Sediment Transport to Sequence Stratigraphy.* 275–337. International Association of Sedimentologists, Special Publication, 37. ISBN: 978-1-4051-6934-9.

Parsons, T., Wells, R. E., Fisher, M. A., Flueh, E. & ten Brink, U. S. 1999. Three-dimensional velocity structure of Siletzia and other accreted terranes in the Cascadia forearc of Washington. *Journal of Geophysical Research*, 104, 18015–18039.

Paskevich, V., Twichell, D. & Schwab, W. 2001. SeaMARC1A sidescan mosaic, cores and depositional interpretation of the Mississippi Fan. ArcView GIS Data Release, 2001, *U. S. Geological Survey Open-File Report* 00–352, 1 CD-ROM.

Passchier, S. 2007. East Antarctic ice-sheet dynamics between 5. 2 and 0 Ma from a highresolution terrigenous particle record, ODP Site 1165, Prydz Bay-Cooperation Seain Antarctica. *In*: Cooper, A., Raymond, C. and the 10th ISAES Editorial Team (eds), *Antarctica: A Keystone in a Changing World-Online Proceedings for the* 10th *International Symposium on Antarctic Earth Sciences, Santa Barbara, California, U. S. A. – August 26 to September 1, 2007.* U. S. Geological Survey and The National Academies; USGS OF-2007-1047, Short Research Paper 043. doi: 10. 3133/of2007-1047. srp043.

Passchier, S., O'Brien, P. E., Damuth, J. E., Januszczak, N., Handwerger, D. A. & Whitehead, J. M. 2003. Pliocene-Pleistocene glaciomarine sedimentation in eastern Prydz Bay and development of the Prydz trough-mouth fan, ODP Sites 1166 and 1167, East Antarctica. Marine *Geology*, 199, 279–305.

Patton, J. R., Goldfinger. C., Morey, A. E., Romsos, C., Black, B., Djadjadihardja, Y. & Udrekh, U. 2013. Seismoturbidite record as preserved at core sites at the Cascadia and Sumatra-Andaman subduction zones. *Natural Hazards and Earth System Sciences*, 13, 1–35.

Paull, C. K., Greene, H. G., Ussler III W. & Mitts, P. J. 2002. Pesticides as tracers of sediment transport through Monterey Canyon. *Geo-Marine Letters*, 22, 121–126.

Paull, C. K., Ussler III W., Greene, H. G., Keaten, R., Mitts, P. & Barry, J. 2003. Caught in the act: the 20 December 2001 gravity flow event in Monterey Canyon. *Geo-Marine Letters*, 22, 227–232.

Paull, C. K., McGann, M., Sumner, E. J., Barnes, P. M., Lundsten, E. M., Krystle, A., Gwiazda, R., Edwards, B. & Caress, D. W. 2014. Sub-decadal turbidite frequency during the early Holocene: Eel Fan, offshore northern California. *Geology*, doi: 10. 1130/G35768. 1.

Pautot, G., Nakamura, K., Huchon, P., Angelier, J., Bourgois, J., Fujioka, K., Kanazawa, T., Nakamura, Y., Ogawa, Y., Séguret, M. & Takeuchi, A. 1987. Deep-sea submersible survey in the Suruga, Sagami and Japan Trenches: preliminary results of the 1985 Kaiko cruise, Leg 2. *Earth and Planetary Science Letters*, 83, 300–312.

Payros, A. & Pujalte, V. 2008. Calciclastic submarine fans: An integrated overview. *Earth-Science Reviews*, 86, 203–246.

Payros, A., Pujalte, V. & Orue-Etxebarria, X. 1999. The South Pyrenean Eocene carbonate megabreccias revisited: new interpretation based on evidence from the Pamplona Basin. *Sedimentary Geology*, 125, 165–194.

Payros, A., Pujalte, V. & Orue-Etxebarria, X. 2007. A point-sourced calciclastic submarine fan complex (Eocene Anotz Formation, western Pyrenees): facies architecture, evolution and controlling factors. *Sedimentology*, 54, 137–168.

Payros, A., Tosquella, J., Bernaola, G., Dinares-Turell, J., Orue-Etxebarria, X. & Pujalte, V. 2009. Filling the North European Early/Middle Eocene (Ypresian/Lutetian) boundary gap: Insights from the Pyrenean continental to deep-marine record. *Palaeogeography, Palaeoclimatology and Palaeoecology*, 280, 313–332.

Peace, D. 2011. Eastern Mediterranean: the hot new exploration region. *GEO ExPro*, 8, 38–40.

Peakall, J., McCaffrey, B. & Kneller, B. 2000a. A process model for the evolution, morphology, and architecture of sinuous submarine channels. *Journal of Sedimentary Research*, 70, 434–448.

Peakall, J., McCaffrey, W. D., Kneller, B. C., Stelting, C. E., McHargue, T. R. & Schweller, W. J. 2000b. A process model for the evolution of submarine fan channels: implications for sedimentary architecture. *In*: Bouma, A. H. & Stone, C. G. (eds), *Fine-grained Turbidite Systems*, 73–88. American Association of Petroleum Geologists. Memoir, 72 & Society of Sedimentary Geologists, Special Publication, 68. Joint publication, Tulsa, Oklahoma.

Peakall, J. , Ashworth, P. J. & Best, J. L. 2007. Meander bend evolution, alluvial architecture, and the role of cohesion in sinuous river channels: a flume study. *Journal of Sedimentary Research*, 77, 197–212.

Peizhen, Z. , Molnar, P. & Downs, W. R. 2001. Increased sedimentation rates and grain sizes 2–4 Myr ago due to the influence of climate change on erosion rates. *Nature*, 410, 891–897.

Pekar, S. F. , Hucks, A. , Fuller, M. & Li, S. 2005. Glacioeustatic changes in the early and middle Eocene (51–42Ma): Shallow-water stratigraphy from Ocean Drilling Program Leg 189 Site 1171 (South Tasman Rise) and deep–sea δ^{18} O records. *Geological Society of America Bulletin*, 117, 1081–1093.

Pemberton, S. G. & Frey, R. W. 1982. Trace fossil nomenclature and the Planolites–Palaeophycus dilemma. *Journal of Paleontology*, 56, 843–881.

Pemberton, S. G. & Gingras, M. K. 2005. Classification and characterizations of biogenically enhanced permeability. *American Association of Petroleum Geologists Bulletin*, 89, 1493–1517.

Pemberton, S. G. , MacEachern, J. A. & Frey, R. W. 1992. Trace fossil facies models: environmental and allostratigraphic significance. *In*: Walker, R. G. & James, N. P. (eds) . *Facies Models–Response to Sea Level Change*, 47–72. Ottowa: Geological Association of Canada.

Pemberton, S. G. Zhou, Z. & MacEachern, J. 2001. Modern ecological interpretation of opportunistic r–selected trace fossils and equilibrium K–selected trace fossils. *Acta Palaeontologica Sinica*, 40, 134–142.

Pemberton, S. G. , Spila, M. V. , Pulham, A. J. , Saunders, T. , MacEachern, J. A. , Robbins, D. & Sinclair, I. 2001. Ichnology and sedimentology of shallow and marginal marine systems: Ben Nevis and Avalon reservoirs, Jeanne D´Arc Basin. *Geological Association of Canada*, *Short Course Notes*, 15, 343 pp. St John's, Newfoundland.

Pérez, L. F. , Hernández–Molina, F. J. , Esteban, F. D. , Tassone, A. , Piola, A. R. , Maldonado, A. , Preu, B. , Violante, R. A. & Lodolo, E. 2015. Erosional and depositional contourite features at the transition between the western Scotia Sea and southern South Atlantic Ocean: links with regional water–mass circulation since the Middle Miocene. *Geo–Marine Letters*, doi: 10. 1007/s00367-015-0406-6.

Petersen, S. , Kuhn, K. , Kuhn, T. , Augustin, N. , Hékinian, R. , Franz, L. & Borowski, C. 2009. The geological setting of the ultramafic- hosted Logatchev hydrothermal field (14° 45′ N, Mid – Atlantic Ridge) and its influence on massive sulfide formation. *Lithos*, 112, 40–56.

Petters, S. W. & Ekweozor, C. M. 1982. Petroleum geology of Benue Trough and southeastern Chad Basin, Nigeria. *American Association of Petroleum Geologists Bulletin*, 66, 1141–1149.

Philips, S. 1987. Dipmeter interpretation of turbidite–channel reservoir sandstones, Indian Draw Field, New Mexico. In: Tillman, R. W. & Weber, K. J. (eds), *Reservoir Sedimentology*, 113–128. Society of Economic Paleontologists and Mineralogists Special Publication, 40. Tulsa, Oklahoma: Society of Economic Paleontologists and Mineralogists.

Phillips, C. , McIlroy, D & Elliott, T. 2011. Ichnological characterization of Eocene/Oligocene turbidites from the Grès d'Annot Basin, French Alps, SE France. *Palaeogeography*, *Palaeoclimatology*, *Palaeoecology*, 300, 67–83.

Pianka, E. R. 1970. On r– and K–selection. American Naturalist, 104, 592–597.

Picha, F. 1979. Ancient submarine canyons of Tethyan continental margins, Czechoslovakia. *American Association of Petroleum Geologists Bulletin*, 63, 67–86.

Pickerill, R. K. , Fillion, D. & Harland, T. L. 1984. Middle Ordovician trace fossils in carbonates of the Trenton Group between Montreal and Quebec City, St. Lawrence Lowland, Eastern Canada. *Journal of Paleontology*, 58, 416–439.

Pickerill, R. K. , Donovan, S. K. , Doyle, E. N. & Dixon, H. L. 1993. Ichnology of the Palaeogene Richmond Formation of eastern Jamaica–the final chapter? *Atlantic Geology*, 29, 61–67.

Pickering, K. T. 1979. Possible retrogressive flow slide deposits from the Kongsfjord Formation: a Precambrian submarine fan, Finnmark, *N. Norway*. *Sedimentology*, 26, 295–306.

Pickering, K. T. 1981a, The Kongsfjord Formation–a late Precambrian submarine fan in northeast Finnmark, North Norway. *Norges geologiske Undersøgelse*, 367, 77–104.

Pickering, K. T. 1981b. Two types of outer fan lobe sequence, from the late Precambrian Kongsfjord Formation Submarine Fan, Finnmark, North Norway. *Journal of Sedimentary Petrology*, 51, 1277–1286.

Pickering, K. T. 1982a. A Precambrian upper basin–slope and prodelta in northeast Finnmark, North Norway–a possible ancient upper continental slope. *Journal of Sedimentary Petrology*, 52, 171–186.

Pickering, K. T. 1982b. Middle–fan deposits from the late Precambrian Kongsfjord Formation Submarine Fan, northeast Finnmark, northern Norway. *Sedimentary Geology*, 33, 79–110.

Pickering, K. T. 1982c. The shape of deep-water siliciclastic systems-a discussion. *Geo-Marine Letters*, 2, 41-46.

Pickering, K. T. 1983a. Small-scale syn-sedimentary faults in the Upper Jurassic 'Boulder Beds'. *Scottish Journal of Geology*, 19, 169-181.

Pickering, K. T. 1983b. Transitional submarine fan deposits from the late Precambrian Kongsfjord Formation submarine fan, NE. Finnmark, N. Norway. *Sedimentology*, 30, 181-199.

Pickering, K. T. 1984a. Facies, facies-associations and sediment transport/deposition processes in a late Precambrian upper basin-slope/prodelta, Finnmark, N. Norway. In: Stow, D. A. V. & Piper, D. J. W. (eds), *Fine-grained Sediments: Deep-water Processes and Facies*, 343-362. Special Publication of The Geological Society London, 15. Oxford: Blackwell Scientific Publications.

Pickering, K. T. 1984b. The Upper Jurassic "Boulder Beds" and related deposits: a faultcontrolled submarine slope, *NE. Scotland. Journal of the Geological Society* (*London*), 141, 357-374.

Pickering, K. T. 1985. Kongsfjord turbidite system, Norway. In: Bouma, A. H., Normark, W. R. & Barnes, N. E. (eds), *Submarine Fans and Related Turbidite Systems*, 267-273. New York: Springer.

Pickering, K. T. 1987a. Wet-sediment deformation in the Upper Ordovician Point Leamington Formation: an active thrust-imbricate system during sedimentation, Notre Dame Bay, northcentral Newfoundland. In: Jones, M. E. & Preston, R. M. F. (eds), *Deformation of Sediments and Sedimentary Rocks*. Special Publication of The Geological Society London, 29, 213-239. Oxford: Blackwell Scientific Publications.

Pickering, K. T. 1987b. Deep-marine foreland basin and forearc sedimentation: a comparative study from the Lower Palaeozoic northern Appalachians, Quebec and Newfoundland. In: Leggett, J. K. & Zuffa, G. G. (eds), *Marine Clastic Sedimentology: New Developments and Concepts*, 190-211. London: Graham & Trottman.

Pickering, K. T. & Bayliss, N. J. 2009. Deconvolving tectono-climatic signals in deep-marine siliciclastics, Eocene Ainsa basin, Spanish Pyrenees: Seesaw tectonics versus eustasy. *Geology*, 37, 203-206.

Pickering, K. T. & Corregidor, J. 2000. 3D Reservoir scale study of Eocene confined submarine fans, south central Spanish Pyrenees. In: Weimer, P., Slatt, R. M., Coleman, J., Rosen, N. C., Nelson, H., Bouma, A. H., Styzen, M. J. & Lawrence, D. T. (eds), *Deep Water Reservoirs of the World*, 776-781. Gulf Coast Section Society of Economic Paleontologists and Mineralogists Foundation 20th Annual Bob F. Perkins Research Conference.

Pickering, K. T. & Corregidor, J. 2005. Mass-transport complexes (MTCS) and tectonic control on basin-floor submarine fans, Middle Eocene, south Spanish Pyrenees. *Journal of Sedimentary Research*, 75, 761-783.

Pickering, K. T. & Hilton, V. C. 1998. Turbidite Systems of Southeast France. Marketed by: American Association of Petroleum Geologists, and Vallis Press (London), 229 pp. ISBN 0-9527313-1-2.

Pickering, K. T. & Hiscott, R. N. 1985. Contained (reflected) turbidity currents from the Middle Ordovician Cloridorme Formation, Quebec, Canada: an alternative to the antidune hypothesis. *Sedimentology*, 32, 373-394.

Pickering, K. T. & Hiscott, R. N. 1995. Foreland basin-floor turbidite system, Cloridorme Formation, Québec, Canada: long-distance correlation in sheet turbidites. In: Pickering, K. T., Hiscott, R. N., Kenyon, N. H., Ricci Lucchi, F. & Smith, R. (eds), *Atlas of Architectural Styles in Turbidite Systems*, 310-316. London: Chapman & Hall.

Pickering, K. T. & Smith, A. G. 1995. Arcs and back-arc basins in the Lower Palaeozoic circum-Atlantic. *The Island Arc*, 4, 1-67.

Pickering, K. T. & Smith, A. G. 1997. European Caledonides. In: Van der Pluijm, B. & Marshak, S. (eds), *Earth Structure: An Introduction to Structural Geology and Tectonics*, 435-444. New York: Wm. C. Brown.

Pickering, K. T. & Smith, A. G. 2004. The Caledonides. In: van der Pluijm, B. & Marshak, S. (eds), Earth Structure: *An Introduction to Structural Geology and Tectonics*, 2nd edn, 593-606. New York: W. W. Norton & Company.

Pickering, K. T. & Taira, A. 1994. Tectonosedimentation; with examples from the Tertiary-Recent of southeast Japan. In: Hancock, P. L. (ed.), *Continental Deformation*, [Chapter 16] 320-354. Oxford: Pergamon Press.

Pickering, K. T., Stow, D. A. V., Watson, M. P. & Hiscott, R. N. 1986a. Deep-water facies, processes and models: a review and classification scheme for modern and ancient sediments. *Earth-Science Reviews*, 23, 75-174.

Pickering, K. T., Coleman, J., Cremer, M., Droz, L., Kohl, B., Normark, W., O'Connell, S., Stow, D. & Meyer-Wright, A. 1986b. A high-sinuosity, laterally-migrating submarine fan channel-levée-overbank: results from DSDP Leg 96 on the Mississippi Fan, Gulf of Mexico. *Marine and Petroleum Geology*, 3, 3-18.

Pickering, K. T., Agar, S. M. & Ogawa, Y. 1988a. Genesis and deformation of mud injections containing chaotic basalt-limestone-chert associations: examples from the southwest Japan forearc. *Geology*, 16, 881-885.

Pickering, K. T. , Bassett, M. G. & Siveter, D. J. 1988b. Late Ordovician-early Silurian destruction of the Iapetus Ocean: Newfoundland, British Isles and Scandinavia—a discussion. *Transactions of the Royal Society of Edinburgh: Earth Sciences*, 79, 361-382.

Pickering, K. T. , Hiscott, R. N. & Hein, F. J. 1989. *Deep Marine Environments: Clastic Sedimentation and Tectonics*. London: Chapman & Hall, 416 pp. ISBN 004-4452012/5511225.

Pickering, K. T. , Underwood, M. B. & Taira, A. 1992. Open ocean to trench turbidity-current flow in the Nankai Trough: Flow collapse and reflection. *Geology*, 20, 1099-1102.

Pickering, K. T. , Underwood, M. B. & Taira, A. 1993a. Open-ocean to trench turbidity-current flow in the Nankai Trough: flow collapse and flow reflection. In: Taira, A. , Hill, I. A. H. , Firth, J. , Vrolijk, P. J. *et al.* (eds), *Proceedings of the Ocean Drilling Program Leg*131, 35-43. Texas A&M: Ocean Drilling Program.

Pickering, K. T. , Underwood, M. B. & Taira, A. 1993b. Stratigraphic synthesis of the DSDPODP sites in the Shikoku Basin, Nankai Trough, and accretionary prism. In: Taira, A. , Hill, I. A. H. , Firth, J. , Vrolijk, P. J. *et al.* (eds), *Proceedings of the Ocean Drilling Program Leg* 131, 313-330. College Station, Texas, USA: Ocean Drilling Program.

Pickering, K. T. , Hiscott, R. N. , Kenyon, N. H. , Ricci Lucchi, F. & Smith, R. D. A. 1995a. *Atlas of Deep Water Environments: Architectural Style in Turbidite Systems*. London: Chapman & Hall, 333 pp. ISBN 0-412-56110-7.

Pickering, K. T. , Clark, J. D. , Smith, R. D. A. , Hiscott, R. N. , Ricci Lucchi, F. & Kenyon, N. H. 1995b. Architectural element analysis of turbidite systems, and selected topical problems for sand-prone deep-water systems In: Pickering, K. T. , Hiscott, R. N. , Kenyon, N. H. , Ricci Lucchi, F. & Smith, R. D. A. (eds), *Atlas of Deep Water Environments: Architectural Style in Turbidite System*, 1-11. London: Chapman & Hall.

Pickering, K. T. , Vining, B. A. & Ioannides, N. S. 1997. Core photograph-based study of stratigraphic relationships of some Tertiary lowstand depositional systems in the Central North Sea. *In*: Oakman, C. D. , Martin, J. H. & Corbett, W. M. (eds), *Cores from the Northwest European Petroleum Province: An Illustration of Geological Applications from Exploration to Development*, 49-65. Bath: The Geological Society Publishing House.

Pickering, K. T. , Souter, C. , Oba, T. , Taira, A. , Schaaf, M. & Platzman, E. 1999. Glacioeustatic control on deep-marine clastic forearc sedimentation, Pliocene-mid-Pleistocene (c. 1180-600 ka) Kazusa Group, SE Japan. *Journal of the Geological Society* (London), 156, 125-136.

Pickering, K. T. , Hodgson, D. M. , Platzman, E. , Clark, J. D. & Stephens, C. 2001. A new type of bedform produced by back-filling processes in a submarine channel, Late Miocene, Tabernas-Sorbas basin, SE Spain. *Journal of Sedimentary Research*, 71, 692-704.

Pickering, K. T. , Underwood, M. B. , Saito, S. , Naruse, H. , Kutterolf, S. , Scudder, R. , Park, J. -O. , Moore, G. F. & Slagle, A. 2013. Depositional architecture, provenance, and ectonic/eustatic modulation of Miocene submarine fans in the Shikoku Basin: Results from Nankai Trough Seismogenic Zone Experiment. *Geochemistry, Geophysics, Geosystems*, 14, 1722-1739.

Pickering, K. T. , Corregidor, J. & Clark, J. 2015. Architecture and stacking patterns of lowerslope and proximal basin-floor channelised submarine fans, Middle Eocene Ainsa system, Spanish Pyrenees: an Integrated outcrop-subsurface study. *Earth-Science Reviews*, 144, 47-81.

Pickett, T. E. , Kraft, J. C. & Smith, K. 1971. Cretaceous burrows: Chesapeake and Delaware Canal, Delaware. *Journal of Paleontology*, 45, 209-211.

Pierce, C. , Haughton, P. D. W. , Shannon, P. M. , Martinsen, O. J. , Pulham, A. & Elliott, T. 2010. First results from behind-outcrop boreholes in Clare Basin turbidites, western Ireland. *American Association of Petroleum Geologists* 2010 Annual Convention Abstracts Volume, 90104.

Pierson, T. C. 1981. Dominant particle support mechanisms in debris flows at Mt. Thomas, New Zealand, and implications for flow mobility. *Sedimentology*, 28, 49-60.

Pierson, T. C. & Costa, J. E. 1987. A rheological classification of subaerial sediment-water flows. In: Costa, J. E. & Wieczorek, G. F. (eds), *Debris Flows/Avalanches: Process, Recognition, and Mitigation*, 1-12. Geological Society of America, Reviews in Engineering Geology, Ⅶ.

Pindell, J. , Radovich, B. & Horn, B. W. 2011. Western Florida: a new exploration frontier in the US Gulf of Mexico. *GEO ExPro*, 8, 36-40.

Pinet, N. , Keating, P. , Lavoie, D. & Brouillette, P. 2010. Forward potential-field modelling of the Appalachian orogen in Gaspé Peninsula (Quebec, Canada): implications for the extent of rift magmatism and the geometry of the Taconian orogenic wedge. *American Journal of Science*, 310, 89-110.

Piper, D. J. W. 1970. A Silurian deep-sea fan deposit in western Ireland and its bearing on the nature of turbidity currents. *Journal of Geology*, 78, 509-522.

Piper, D. J. W. 1972a. Turbidite origin of some laminated mudstones. *Geological Magazine*, 109, 115-126.

Piper, D. J. W. 1972b. Sediments of the Middle Cambrian Burgess Shale, Canada. *Lethaia*, 5, 169-175.

Piper, D. J. W. 1973. The sedimentology of silt turbidites from the Gulf of Alaska. *In*: Kulm, L. D., von Huene, R. *et al.*, *Initial Reports Deep Sea Drilling Project*, 18, 847-167. Washington, DC: US Government Printing Office.

Piper, D. J. W. 1978. Turbidite muds and silts on deep-sea fans and abyssal plains. *In*: Stanley, D. J. & Kelling, G. (eds), *Sedimentation in Submarine Canyons, Fans, and Trenches*, 163-176. Stroudsburg, PA: Dowden, Hutchinson & Ross.

Piper, D. J. W. & Aksu, A. E. 1987. The source and origin of the 1929 grand banks turbidity current inferred from sediment budgets. *Geo-Marine Letters*, 7, 177-182.

Piper, D. J. W. & Brisco, D. C. 1975. Deep-water continental-margin sedimentation, DSDP Leg 28, Antarctica. *In*: Hayes, D. E., Frakes, L. A. *et al.*, *Initial Reports Deep Sea Drilling Project*, 28, 727-755. Washington, DC: US Government Printing Office.

Piper, D. J. W. & Deptuck, M. 1997. Fine-grained turbidites of the Amazon Fan: facies characterization and interpretation. *In*: Flood, R. D., Piper, D. J. W., Klaus, A. *et al.*, *Proceedings Ocean Drilling Program*, *Scientific Result*, 155, 79-108. College Station, Texas, USA: Ocean Drilling Program.

Piper, D. J. W. & Fader, G. B. 1990. Acoustic and lithological data. *In*: Keen, M. J. & Williams, G. L. (eds), *Geology of the Continental Margin off Eastern Canada*, 494-497. Geological Survey of Canada, Geology of Canada, no. 2 (also Geological Society of America, The Geology of North America, v. I-1).

Piper, D. J. W. & Kontopoulos, N. 1994. Bedforms in submarine channels: comparison of ancient examples from Greece with studies of recent turbidite systems. *Journal ofSedimentary Research*, 64, 247-252.

Piper, D. J. W. & Normark, W. R. 1983. Turbidite depositional patterns and flow characteristics, Navy Submarine Fan, California Borderland. *Sedimentology*, 30, 681-694.

Piper, D. J. W. & Normark, W. R. 2001. Sandy fans – from Amazon to Hueneme and beyond. *American Association of Petroleum Geologists Bulletin*, 85, 1407-1438.

Piper, D. J. W. & Savoye, B. 1993. Processes of late Quaternary turbidity current flow and deposition on the Var deep-sea fan, north-west Mediterranean Sea. *Sedimentology*, 40, 557-582.

Piper, D. J. W. & Stow, D. A. V. 1991. Fine-grained turbidites. In: Einsele, G., Ricken, W. & Seilacher, A. (eds), *Cycles and Events in Stratigraphy*, 360-376. Berlin: Springer-Verlag.

Piper, D. J. W., Normark, W. R. & Ingle, J. C. 1976. The Rio Dell Formation: a Plio-Pleistocene basin slope deposit in northern California. *Sedimentology*, 23, 309-328.

Piper, D. J. W., Panagos, A. G. & Pe, G. G. 1978. Conglomeratic Miocene flysch, western Greece. *Journal of Sedimentary Research*, 48, 117-125.

Piper, D. J. W., von Huene, R. & Duncan, J. R. 1973. Late Quaternary Sedimentation in the Active Eastern Aleutian Trench. *Geology*, 1, 19-22.

Piper, D. J. W., Shor, A. N., Farre, J. A., O'Connell, S. & Jacobi, R. 1985. Sediment slides and turbidity currents on the Laurentian Fan: sidescan sonar investigations near the epicenter of the 1929 Grand Banks earthquake. *Geology*, 13, 538-541.

Piper, D. J. W., Shor, A. N. & Hughes-Clarke, J. E. 1988. The 1929 "Grand Banks" earthquake, slump, and turbidity current. In: Clifton, H. E. (ed.), *Sedimentologic Consequences of Convulsive Geologic Events*, 77-92. Geological Society of America Special Paper, 229.

Piper, D. J. W., Pirmez, C., Manley, P. L., Long, D., Flood, R. D., Normark, W. R. & Showers, W. 1997. Mass transport deposits of the Amazon Fan. *In*: Proceedings Ocean Drilling Program, *Scientific Results*, 155, 109-146. College Station, Texas, USA: Ocean Drilling Program.

Piper, D. J. W., Hiscott, R. N. & Normark, W. R. 1999. Outcrop-scale acoustic facies analysis and latest Quaternary development of Hueneme and Dume fans, offshore California. *Sedimentology*, 46, 47-78.

Piper, D. J. W., Deptuck, M. E., Mosher, D. C., Hughes-Clarke, J. & Migeon, S. 2012. Erosional and depositional features of glacial meltwater discharges on the eastern Canadian continental margin. *In*: Prather, B. E., Deptuck, M. E., Mohrig, D., van Hoorn, B. & Wynn, R. B. (eds), *Application of the Principles of Seismic Geomorphology to Continental Slope and Base-ofslope Systems: Case Studies from Seafloor and Near-seafloor Analogues*, 61-80. SEPM (Society for Sedimentary Geology), 99.

Pirmez, C. 1994. Growth of a submarine meandering channel-levée system on Amazon Fan. Ph. D. Thesis, Columbia University,

New York.

Pirmez, C. & Flood, R. D. 1995. Morphology and structure of Amazon Channel. *In*: Proceedings Ocean Drilling Program, Initial Reports, 155, 23–45 College Station, Texas, USA: Ocean Drilling Program.

Pirmez, C., Hiscott, R. N. & Kronen, J. D., Jr. 1997. Sandy turbidite successions at the base of channel–levée systems of the Amazon Fan revealed by FMS logs and cores: unraveling the facies architecture of large submarine fans. *In*: Flood, R. D., Piper, D. J. W., Klaus, A. & Peterson, L. C. (eds), *Proceedings of the Ocean Drilling Program*, *Scientific Results*, 155, 7–33. College Station, Texas, USA: Ocean Drilling Program.

Pirmez, C., Beaubouef, R. T., Friedmann, S. J. & Mohrig, D. C. 2000. Equilibrium profile and baselevel in submarine channels: examples from Late Pleistocene systems and implications for the architecture of deepwater reservoirs. *In*: Weimer, P., Slatt, R. M., Coleman, J., Rosen, N. C., Nelson, H., Bouma, A. H., Styzen, M. J. & Lawrence, D. T. (eds), *Deep–water Reservoirs of the World*, 782–805. Houston, Texas: Gulf Coast Section, Society of Economic Paleontologists and Mineralogists.

Pirrie, D. & Riding, J. B. 1988. Sedimentology, palynology and structure of Humps Island, northern Antarctic Peninsula. *British Antarctic Survey Bulletin*, 80, 1–19.

Pitman, W. C. Ⅲ 1978. Relationship between eustasy and stratigraphic sequences of passive margins. *Geological Society of America Bulletin*, 89, 1389–1403.

Pitman, W. C. Ⅲ & Golovchenko, X. 1983. The effect of sea level change on the shelfedge and slope of passive margins. In: Stanley, D. J. & Moore, G. T. (eds), *The Shelfbreak*: *Critical Interface on Continental Margins*. Society of Economic Paleontologists and Mineralogists, Special Publication 33.

Plafker, G. & Berg, H. C. 1994. Overview of the geology and tectonic evolution of Alaska. *In*: Plafker, G. & Berg, H. C. (eds), *The Geology of North America*, G–1 of *The Geology of Alaska*, 989–1021. Boulder, Colorado: Geological Society of America.

Platt, J. P. 1986. Dynamics of orogenic wedges and the uplift of high–pressure metamorphic rocks. *Geological Society of America Bulletin*, 97, 1037–1053.

Platt, J. P., Leggett, J. K., Young, J., Raza, H. & Alam, S. 1985. Large–scale sediment underplating in the Makran accretionary prism, southwest Pakistan. *Geology*, 13, 507–11.

Plink–Bjorklund P., Mellere, D. & Steel, R. J. 2001. Turbidite variability and architecture of sand–prone, deep–water slopes: Eocene clinoforms in the Central Basin, Spitsbergen. *Journal of Sedimentary Research*, 71, 895–912.

Plink–Björklund, P. & Steel, R. J. 2004. Initiation of turbidity currents: outcrop evidence for Eocene hyperpycnal flow turbidites. *Sedimentary Geology*, 165, 29–52.

Plint, A. G. 2009. High–frequency relative sea–level oscillations in Upper Cretaceous shelf clastics of the Alberta Foreland Basin: possible evidence for a glacio–eustatic control? *In*: Macdonald, D. I. M. (ed.), *Sedimentation*, *Tectonics and Eustasy*: *Sea–level Changes at Active Margins*, Chapter 22. Oxford, UK: Blackwell Publishing Ltd. doi: 10.1002/9781444303896.

Poag, C. W., Watts, A. B. et al. 1987. *Initial Reports Deep Sea Drilling Project*, 95. Washington, DC: US Government Printing Office.

Poblet, J., Muñoz, J. A., Travé, A. & Serra–Kiel, J. 1998. Quantifying the kinematics of detachment folds using three–dimensional geometry: Application to the Mediano anticline (Pyrenees, Spain). *Geological Society of America Bulletin*, 110, 111–125.

Polonia, A., Panieri, G., Gasperini, L., Gasparotto, A., Bellucci, L. G. & Torelli, L. 2013. Turbidite paleoseismology in the Calabrian Arc subduction complex (Ionian Sea). *Geochemistry*, *Geophysics*, *Geosystems*, 14, 112–140.

Pond, S. & Picard, G. L. 1978. *Introduction to Dynamic Oceanography*. Oxford: Pergamon. Porbski, S. J. & Steel, R. J. 2006. Deltas and Sea–Level Change. *Journal of Sedimentary Research*, 76, 390–403.

Posamentier, H. W. 1988. Fluvial deposition in a sequence stratigraphic framework. *In*: James, D. P. & Leckie, D. A. (eds), *Sequences*, *Stratigraphy*, *Sedimentology*; *Surface and Subsurface*. CSPG Memoir, 15, 582–583.

Posamentier, H. & Allen, G. P. 2000. *Siliciclastic Sequence Stratigraphy – Concepts and Applications*. SEPM Concepts in Sedimentology and Paleontology Series 7, 204 pp. Tulsa, Oklahoma: Society for Sedimentary Geology (SEPM). ISBN 1–56576–070–0.

Posamentier, H. W. & Jervey, M. T. 1988. Sequence stratigraphy; implications for facies models and reservoir occurrence. *In*: James, D. P. & Leckie, D. A. (eds), *Sequences*, *Stratigraphy*, *Sedimentology*; *Surface and Subsurface*, 1–2. CSPG Memoir, 15.

Posamentier, H. W. & Kolla, V. 2003. Seismic geomorphology and stratigraphy of depositional elements in deep–water settings. *Journal of Sedimentary Research*, 73, 367–388.

Posamentier, H. W. & Vail, P. R. 1988a. Eustatic controls on clastic deposition II–sequence and systems tract models. *In*: Wilgus, C. K., Hastings, B. S., Posamentier, H., Van Wagoner, J., Ross, C. A. & Kendall, C. G. St. C. (eds), *Sea–Level*

Changes：An Integrated Approach, 125－154. Society of Economic Paleontologists and Mineralogists, Special Publication, 42.

Posamentier, H. W. & Vail, P. R. 1988b. Sequence stratigraphy；sequences and systems tract development. *In*：James, D. P. & Leckie, D. A. （eds）, *Sequences, Stratigraphy, Sedimentology；Surface and Subsurface*, 571－572. CSPG Memoir, 15.

Posamentier, H. W. & Walker, R. G. 2006. Deep－water turbidites and submarine fans. *In*：Posamentier, H. W. & Walker, R. G. （eds）, *Facies Models Revisited.*, 397－520. Society of Economic Paleontologists & Mineralogists, Special Publication, 84.

Posamentier, H. W., Jervey, M. T. & Vail, P. R. 1988. Eustatic Controls on Clastic Deposition I－Conceptual Framework. *In*：Wilgus, C. K., Hastings, B. S., Posamentier, H., Van Wagoner, J., Ross, C. A. & Kendall, C. G. St. C. （eds）, *Sea－Level Changes：An Integrated Approach*, 109－124. Society of Economic Paleontologists and Mineralogists, Special Publication No. 42.

Posamentier, H. W., James, D. P. & Allen, G. P. 1990. Aspects of sequence stratigraphy：recent and ancient examples of forced regressions. *American Association of Petroleum Geologists Bulletin*, 74, 742.

Posamentier, H. W., Erskine, R. D. & Mitchum, Jr. R. M. 1991. Models for submarine－fan deposition within a sequence－stratigraphic framework. *In*：Weimer, P. & Link, M. H. （eds）, *Seismic Facies and Sedimentary Processes of Submarine Fans and Turbidite Systems*, 127－136. New York：Springer.

Posamentier, H. W., Allen, G. P., James, D. P. & Tesson, M. 1992. Forced Regressions in a Sequence Stratigraphic Framework：Concepts, Examples, and Exploration Significance. *American Association of Petroleum Geologists Bulletin*, 76, 1687－1709.

Posamentier, H. W., Meizarwin, Wisman, P. S. & Plawman, T., 2000, Deep water depositional systems－Ultra－deep Makassar Strait, Indonesia. *In*：Weimer, P., Slatt, R. M., Coleman, J., Rosen, N. C., Nelson, H., Bouma, A. H., Styzen, M. J. & Lawrence, D. T. （eds）, *Deep－water Reservoirs of the World*, 806－816. Houston, Texas：Gulf Coast Section, Society of Economic Paleontologists and Mineralogists.

Postma, G. 1984. Slumps and their deposits in fan delta front and slope. *Geology*, 12, 27－30.

Postma, G. 1986. Classification for sediment gravity－flow deposits based on flow conditions during sedimentation. *Geology*, 14, 291－294.

Postma, G. & Cartigny, M. J. B. 2014. Supercritical and subcritical turbidity currents and their deposits－a synthesis. *Geology*, 42, 987－990.

Postma, G., Nemec, W. & Kleinspehn, K. L. 1988. Large floating clasts in turbidites：a mechanism for their emplacement. *Sedimentary Geology*, 58, 47－61.

Postma, G., Kleinhans, M. G., Meijer, P.－Th. & Eggenhuisen, J. T. 2008. Sediment transport in analogue flume models compared with real－world sedimentary systems：a new look at scaling evolution of sedimentary systems in a flume. *Sedimentology*, 55, 1541－1557.

Postma, G., Kleverlaan, K. & Cartigny, M. J. B. 2014. Recognition of cyclic steps in sandy and gravelly turbidite sequences, and consequences for the Bouma facies model. *Sedimentology*, doi：10. 1111/sed. 12135.

Postma, H. 1969. Suspended matter in the marine environment. *In*：*Morning Review. Lectures of the Second International Oceanographic Congress*, Moscow, 1966, 213－219.

Potter, P. E. 1978. Significance and origin of big rivers. *Journal of Geology*, 86, 13－33.

Powers, D. W. & Easterling, R. G. 1982. Improved methodology for using embedded Markov chains to describe cyclical sediments. *Journal of Sedimentary Petrology*, 52, 913－923.

Prather, B. E. 2000. Calibration and visualization of depositional process models for abovegrade slopes：a case study from the Gulf of Mexico. *Marine and Petroleum Geology*, 17, 619－638.

Prather, B. E. 2003. Controls on reservoir distribution, architecture and stratigraphic trapping in slope settings. *Marine and Petroleum Geology*, 20, 529－545.

Prather, B. E., Booth, J. R., Steffens, G. S. & Craig, P. A. 1998. Classification, lithologic calibration, and stratigraphic succession of seismic facies of intraslope basins, deep－water Gulf of Mexico. *American Association of Petroleum Geologists Bulletin*, 82, 701－728.

Prather, B. E., Keller, F. B. & Chapin, M. A. 2000. Hierarchy of deep－water architectural elements with reference to seismic resolution：implications for reservoir prediction andmodeling. *In*：Weimer, P., Slatt, R. M., Coleman, J., Rosen, N. C., Nelson, H., Bouma, A. H., Styzen, M. J. & Lawrence, D. T. （eds）, *Deep－water Reservoirs of the World*, 817－835. Houston, Texas：Gulf Coast Section, Society of Economic Paleontologists and Mineralogists.

Prather, B. E., Pirmez, C. & Winker, C. D. 2012a. Stratigraphy of linked intraslope basins：Brazos－Trinity system, western Gulf of Mexico. *In*：Prather, B. E., Deptuck, M. E., Mohrig, D., van Hoorn, B. & Wynn, R. B. （eds）, *Application of the Principles of Seismic Geomorphology to Continental Slope and Base－of－slope Systems：Case Studies from Seafloor and Nearseafloor Analogues*, 83－109. SEPM （Society for Sedimentary Geology）, 99.

Prather, B. E. , Pirmez, C. Sylvester, Z. & Prather, D. S. 2012b. Stratigraphy response to evolving geomorphology in a usbmarine apron perchedon the upper Nider Delta slope. *In*: Prather, B. E. , Deptuck, M. E. , Mohrig, D. , van Hoorn, B. & Wynn, R. B. (eds), *Application of the Principles of Seismic Geomorphology to Continental Slope and Base-of-slope Systems: Case Studies from Seafloor and Near-seafloor Analogues*, 145-161. SEPM (Society for Sedimentary Geology), 99.

Prather, B. E. , Deptuck, M. E. , Mohrig, D. , van Hoorn, B. & Wynn, R. B. (eds), 2012c. *Application of the Principles of Seismic Geomorphology to Continental Slope and Base-ofslope Systems: Case Studies from Seafloor and Near-seafloor Analogues*. SEPM (Society for Sedimentary Geology), 99.

Pratson, L. F. , Imran, J. , Parker, G. , Syvitski, J. P. M. & Hutton, E. 2000. Debris flows vs. turbidity currents: a modeling comparison of their dynamics and deposits. *In*: Bouma, A. H. & Stone, C. G. (eds), *Fine-grained Turbidite Systems*, 57-72. American Association of Petroleum Geologists. Memoir, 72 & Society of Sedimentary Geologists, Special Publication, 68. Joint publication, Tulsa, Oklahoma.

Prave, A. R. & Duke, W. L. 1990. Small - scale hummocky cross - stratification in turbidites: a form of antidune stratification. *Sedimentology*, 37, 531-539.

Prélat, A. , Hodgson, D. M. & Flint, S. S. 2009. Evolution, architecture and hierarchy of distributary deep-water deposits: a high-resolution outcrop investigation of submarine lobe deposits from the Permian Karoo Basin, South Africa. *Sedimentology*, 56, 2132-2154.

Prélat, A. , Covault, J. A. , Hodgson, D. M. , Fildani, A. & Flint, S. S. 2010. Intrinsic controls on the range of volumes, morphologies, and dimensions of submarine lobes. *Sedimentary Geology*, 232, 66-76.

Press, W. H. , Flannery, B. P. , Teukolsky, S. A. & Vetterling, W. T. 1986. *Numerical Recipes: The Art of Scientific Computing*. Cambridge U. K. : Cambridge University Press.

Pringle, J. K. , Westerman, A. R. , Clark1, J. D. , Drinkwater, N. J. & Gardiner, A. R. 2004. 3D high-resolution digital models of outcrop analogue study sites to constrain reservoir model uncertainty: an example from Alport Castles, Derbyshire, UK. *Petroleum Geoscience*, 10, 343-352.

Pringle, J. K. , Brunt, R. L. , Hodgson, D. M. & Flint, S. S. 2010. Capturing stratigraphic and sedimentological complexity from submarine channel complex outcrops to digital 3D models, Karoo Basin, South Africa. *Petroleum Geoscience*, 16, 307-330.

Prior, D. B. & Coleman, J. B. 1982. Active slides and flow in underconsolidated marine sediments on the slopes of the Mississippi Delta. *In*: Saxov, S. & Nieuwenhuis, J. K. (eds), *Submarine Slides and Other Mass Movements*, 21-50. New York: Plenum.

Prior, D. B. , Bornhold, B. D. & Johns, M. W. 1984. Depositional characteristics of a submarine debris flow. *Journal of Geology*, 92, 707-727.

Propescu, I. , Lericolais, G. , Panin, N. & Normand, A. 2004. The Danube submarine canyon (Black Sea): morphology and sedimentary processes. *Marine Geology*, 206, 249-265.

Puga-Bernabéu, A. , Vonk, A. J. , Nelson, C. S. & Kamp, P. J. J. 2009. Mangarara Formation: exhumed remnants of a middle Miocene, temperate carbonate, submarine channel-fan system on the eastern margin of Taranaki Basin, New Zealand. *New Zealand Journal of Geology & Geophysics*, 52, 73-93.

Puig, P. , Ogston, A. S. , Mullenbach, B. L. , Nittrouer, C. A. & Sternberg, R. W. 2003. Shelf-tocanyon sediment-transport processes on the Eel continental margin (northern California). *Marine Geology*, 193, 129-149.

Puigdefabregas, C. & Souquet, P. 1986. Tectono-sedimentary cycles and depositional sequences of the Mesozoic and Tertiary from the Pyrenees. *Tectonophysics*, 129, 173-203.

Pudsey, C. J. & Reading, H. G. 1982. Sedimentology and structure of the Scotland Group, Barbados. *In*: Leggett, J. K. (ed.), *Trench-Forearc Geology*, 197-214. The Geological Society of London, Special Publication, 10. London: The Geological Society.

Puigdefabregas, C. , Gjelberg, J. & Vaksdal, M. 2004. The Grès d'Annot in the Annot syncline: outer basin-margin onlap and associated soft-sediment deformation. *In*: Joseph, P. & Lomas, S. A. (eds), *Deep-Water Sedimentation in the Alpine Basin of SE France: New Perspectives on the Grès d'Annot and Related Systems*. Geological Society, London, Special Publication, 221, 367-388. London: The Geological Society.

Pugh, F. J. & Wilson, K. C. 1999. Velocity and concentration distributions in sheet flow above plane beds. *Journal of Hydraulic Engineering (ASCE)*, 125, 117-125.

Püspöki, Z. , Tóth-Makk, A. , Kozák, M. , Dávid, A. , McIntosh, R. W. , Buday, T. , Demeter, G. , Kiss, J. , Püspöki-Terebesi, M. , Barta, K. , Csordás, C. & Kiss, J. 2009. Truncated higher order sequences as responses to compressive intraplate tectonic events superimposed on eustatic sea-level rise. Sedimentary Geology, 219, 208-236.

Pyles, D. 2008. Multiscale stratigraphic analysis of a structurally confined submarine fan: Carboniferous Ross Sandstone, Ireland. *American Association of Petroleum Geologists Bulletin*, 92, 557–587.

Pyles, D. R. & Jennette, D. C. 2009. Geometry and architectural associations of co-genetic debrite-turbidite beds in basin-margin strata, Carboniferous Ross Sandstone (Ireland): Applications to reservoirs located on the margins of structurally confined submarine fans. *Marine and Petroleum Geology*, 26, 1974–1996.

Pyles, D. R., Syvitski, J. P. M. & Slatt, R. M. 2011. Defining the concept of stratigraphic grade and applying it to stratal (reservoir) architecture and evolution of the slope-to-basin profile: An outcrop perspective. *Marine and Petroleum Geology*, 28, 675–697.

Pyles, D. R., Tomasso, M. & Jennette, D. C. 2012. Flow processes and sedimentation associated with erosion and filling of sinuous submarine channels. *Geology*, 40, 143–146.

Pyrcz, M. J., Catuneanu, O. & Deutsch, C. V. 2005. Stochastic surface-based modeling of turbidite lobes. *American Association of Petroleum Geologists Bulletin*, 89, 177–191.

Pysklywec, R. N. & Mitrovica, J. X. 1999. The role of subduction-induced subsidence in the evolution of the Karoo Basin. *Journal of Geology*, 107, 155–164.

Quatrefages, M. A. de. 1849. Note sur la Scolicia prisca (A. De Q.) annélide fossile de la craie. Annales des *Sciences Naturelles*, 3 *Sèrie, Zoologie*, 12, 265–266.

Quinlan, G. M. & Beaumont, C. 1984. Appalachian thrusting, lithospheric flexure, and the Paleozoic stratigraphy of the Eastern Interior of North America. *Canadian Journal of Earth Sciences*, 21, 973–996.

Radhakrishnan, S., Srikanth, G. & Mehta, C. H. 1991. Segmentation of well logs by maximum likelihood estimation: the algorithm and Fortran-77 implementation. *Computers and Geosciences*, 17, 1173–1196.

Radovich, B., Horn, B., Nutall, P. & McGrail, A. 2011. The only complete regional perspective: RTM re-processing gives a new look at the Gulf of Mexico continental margin. *GEO ExPro*, 8, 38–40.

Rahe, B., Ferrill, D. A. & Morris, A. P. 1998. Physical analog modeling of pull-apart basin evolution. *Tectonophysics*, 285, 21–40.

Rajchel, J. & Uchman, A. 1998. Ichnological analysis of an Eocene mixed marly-siliciclastic flysch deposits in the Nienadowa Marl Member, Skole Unit, Polish Flysch Carpathians. *Annales Societatis Geologorum Poloniae*, 68, 61–74.

Ramsay, A. T. S. 1977. Sedimentological clues to palaeo-oceanography. *In*: Ramsay, A. T. S. (ed.), *Oceanic Micropalaeontology*, 1371–1453. London: Academic Press.

Ravenne, C., Vially, R., Riche, P. & Tremolieres, P. 1987. Sédimentation et tectonique dans le bassin marin Eocène supérieur-Oligocène des Alpes du sud. *Revue de l'Institut Français du Pétrole*, 42, 529–553.

Ray R. D., Egbert, G. D. & Erofeeva, S. Y. 2005. A brief overview of tides in the Indonesian seas. *Oceanography*, 18, 74–79.

Raymo, M. E., Ruddiman, W. F. & Froelich, P. N. 1988. Influence of late Cenozoic mountain building on ocean geochemical cycles. *Geology*, 16, 649–653.

Rea, D. K., Basov, I. A., Krissek, L. A. & Leg 145 Scientific Party 1995. Scientific results of drilling the North Pacific transect. *In*: Rea, D. K., Basov, I. A., Scholl, D. W. & Allan, J. F. (eds), *Proceedings of the Ocean Drilling Program, Scientific Results*, 145, 577–596. College Station, Texas, USA: Ocean Drilling Program.

Reading, H. G. 1980. Characteristics and recognition of strike-slip fault systems. *International Association of Sedimentologists Special Publication*, 4, 7–26.

Reading, H. G. & Richards, M. 1994. Turbidite systems in deep-water basin margins classified by grain size and feeder system. *American Association of Petroleum Geologists Bulletin*, 78, 792–822.

Rebesco, M. & Camerelenghi, A. (eds) 2008. Contourites. *Developments in Sedimentology*, 60, 769pp. Amsterdam: Elsevier B. V. ISBN: 978-0-444-52998-5.

Rebesco, M., Hernández-Molina, F. J., van Rooij, D. & Wåhlin, A. 2014. Contourites and associated sediments controlled by deep-water circulation processes: State-of-the-art and future considerations. Marine Geology, 352, 111–154.

Reece, R. S., Gulick, S. P. S., Horton, B. K., Christeson, G. L. & Worthington, L. L. 2011. Tectonic and climatic influence on the evolution of the Surveyor Fan and channel system, Gulf of Alaska. *Geosphere*, 7, 830–844.

Rees, A. I. 1968. The production of preferred orientation in a concentrated dispersion of elongated and flattened grains. *Journal of Geology*, 76, 457–465.

Reijmer, J. J. G., Betzler, C., Kroon, D., Tiedemann, R & Eberli, G. P. 2002. Bahamian carbonate platform development in response to sea-level changes and the closure of the Isthmus of Panama. *International Journal of Earth Sciences (Geologisches Runds-*

chau）, 91, 482-489.

Reimnitz, E. 1971. Surf-beat origin for pulsating bottom currents in the Rio Balsas submarine canyon, Mexico. *Geological Society of America Bulletin*, 82, 81-90.

Reimnitz, E. & Bruder, K. F. 1972. River discharge into an ice covered ocean and related sediment dispersal, Beaufort Sea, coast of Alaska. *Geological Society of America Bulletin*, 83, 861-866.

Reimnitz, E. & Gutierrez-Estrada, M. 1970. Rapid changes in the head of the Rio Balsas Submarine Canyon system, Mexico. *Marine Geology*, 8, 245-258.

Reineck, H. E. 1963. Sedimentgefüge im Bereich der südlichen Nordsee. *Abhandlungen der Senckenbergischen Naturforschenden Gesellschaft*, 505, 1-138.

Reineck, H. E. 1973. Schichtung und Wühlgefüge in Grundproben vor der ostafrikanischen Küste. *Meteor-Forschungs-Ergebnisse*, *Reihe* C, 16, 67-81.

Reiser, C. & Bird, T. 2013. Recorded broadband 3D: improving reservoir understanding and characterization with recorded broadband seismic. *GEO ExPro*, 10, 76-78.

Remacha, E. & Fernández, L. P. 2003. High resolution correlation patterns in the turbiditic systems of the Hecho Group south-central Pyrenees, Spain. *Marine and Petroleum Geology*, 20, 711-726.

Remacha, E. & Fernandez, L. P. 2005. The Ttransition between sheet-like lobe and basin-plain turbidites in the Hecho Basin (south-central Pyrenees, Spain). *Journal of Sedimentary Research*, 75, 798-819.

Remacha, E., Pickart, J. & Oms, O. 1991. The Rapitan turbidite channel. *In*: Colombo, F., Ramos-Guerrero, E. & Riera, S. (eds), 1*st Congress of the Spanish Group on the Tertiary*, 280-282. Barcelona: University of Barcelona.

Remacha, E., Oms, O. & Coello, J. 1995. The Rapitan turbidite channel and its related eastern levée-overbank deposits, Eocene Hecho group, south-central Pyrenees, Spain. *In*: Pickering, K. T., Hiscott, R. N., Kenyon, N. H., Ricci Lucchi, F. & Smith, R. D. A. (eds), *Atlas of Deep Water Environments: Architectural Style in Turbidite Systems*, 145-149. London: Chapman and Hall.

Remacha, E., Fernández, L. P., Maestro, E., Oms, O., Estrada, R. & Teixell, A. 1998. The Upper Hecho Group turbidites and their vertical evolution to deltas Eocene, south-central Pyrenees. *In*: *Association of Sedimentologists 15th International Sedimentological Congress Field Trip Guidebook*, University d'Alacant. Alacante, 1-25.

Remacha, E., Oms, O., Gual, G., Bolaño, F., Climent, F., Fernandez, L. P., Crumeyrollle, P., Pettingill, H., Vicente, J. C. & Suarez, J. 2003. Sand-rich turbidite systems of the Hecho Group from slope to basin plain. *Facies, stacking patterns, controlling factors and diagnostic features. Geological Field Trip* 12. *South-Central Pyrenees. American Association of Petroleum Geologists International Conference and Exhibition*, Barcelona, Spain, September 21-24, 78.

Remacha, E., Fernández, L. P. & Maestro, E. 2005. The transition between sheet-like lobe and basin-plain turbidites in the Hecho Basin south-central Pyrenees, Spain. *Journal of Sedimentary Research*, 75, 795-819.

Reza, Z. A., Pranter, M. J. & Weimer, P. 2006. ModDRE: A program to model deepwaterreservoir elements using geomorphic and stratigraphic constraints. *Computers & Geosciences*, 32, 1205-1220.

Rial, J. A. 1999. Pacemaking the Ice Ages by frequency modulation of Earth's orbital eccentricity. Science, 285, 564-568.

Ribeiro Machado, L. C., Kowsmann, R. O., de Almeida, W. Jr, Murakami, C. Y., Schreiner, S., Miller, D. J., Orlando, P. & Piauilino, V. 2004. Geometry of the proximal part of the modern turbidite depositional system of the Carapebus Formation, Campos Basin: a model for reservoir heterogeneities. *Boletim de Geociencias da Petrobras*, 12, 287-315.

Ricci Lucchi, F. 1969. Channelized deposits in the middle Miocene flysch of Romagna (Italy). *Giornale di Geologia*, 36, 203-282.

Ricci Lucchi, F. 1975a. Miocene palaeogeography and basin analysis in the Periadriatic Apennines. *In*: Squyres, C. (ed.), *Geology of Italy*, 5-111. Tripoli: Petrolm Exploration Society Libya.

Ricci Lucchi, F. 1975b. Depositional cycles in two turbidite formations of northern Apennines. *Journal of Sedimentary Petrology*, 45, 1-43.

Ricci Lucchi, F. 1978. Turbidite dispersal in a Miocene deep-sea plain: the Marnoso-arenacea of the Northern Apennines. *Geologie en Mijnbouw*, 57, 550-576.

Ricci Lucchi, F. 1981. The Marnoso-arenacea: a migrating turbidite basin "over-supplied, by a highly efficient dispersal svstem". In: Ricci Lucchi, F. (ed.), *Excursion guidebook with Contributions on Sedimentology of some Italian Basins*, 231-275. 2nd European Regional Meeting, Bologna, Italy. International Association of Sedimentologists.

Ricci Lucchi, F. 1984. The deep-sea fan deposits of the Miocene Marnoso-arenacea Formation, northern Apennines. *Geo-Marine*

Letters, 3, 203-210.

Ricci Lucchi, F. 1986. The Oligocene to Recent foreland basins of the northern Apennines. *In*: Allen, P. A. & Homewood, P. (eds). *Foreland Basins*, 105-139. International Association of Sedimentologists Special Publication, 8. Oxford: Blackwell Scientific.

Ricci Lucchi, F. 1995. *Sedimentographica*: *A Photographic Atlas of Sedimentary Structures*, 2nd edn. New York: Columbia University Press.

Ricci Lucchi, F. & Ori, G. G. 1984. Orogenic clastic wedges of the Alps and Apennines (abstract). *Geological Society of America Bulletin*, 64, 798.

Ricci Lucchi, F. & Ori, G. G. 1985, Field excursion D: syn-orogenic deposits of a migrating basin system in the NW Adriatic foreland: examples from Emilia-Romagna region, northern Apennines. *In*: Allen, P. A., Homewood, P. & Williams, G. (eds), *International Symposium on Foreland Basins*, *Excursion Guidebook*, 137-176. International Association of Sedimentologists. London: CSP Economic Publications Limited.

Ricci Lucchi, F. & Pialli, G. 1973. Apporti secondari nella Marnoso-arenacea; 1. Torbiditi di conoide e di pianura sotto-marine a Est-Nordest di Perugia. *Bulletin of the Geological Society*, Italy, 92, 669-712.

Ricci Lucchi, F. & Valmori, E. 1980. Basin-wide turbidites in a Miocene, over-supplied deepsea plain: a geometrical analysis. *Sedimentology*, 27, 241-270.

Rickard, L. V. & Fisher, D. W. 1973. Middle Ordovician Normanskill Formation, eastern New York: age, stratigraphic and structural position. *American Journal of Science*, 273, 580-590.

Richards, M., Bowman, M. & Reading, H. 1998. Submarine-fan systems I: characterization and stratigraphic prediction. *Marine and Petroleum Geology*, 15, 689-717.

Richards, P. C., Ritchie, J. D., Thomson, A. R. 1987. Evolution of deep-water climbing dunes in the Rockall Trough-implications for overflow currents across the Wyville-Thomson Ridge in the (?) Late Miocene. *Marine Geology*, 76, 177-183.

Richardson, A. N. & Blundell, D. J. 1996. Continental collision in the Banda arc. *In*: Hall, R. & Blundell, D. (eds), *Tectonic Evolution of Southeast Asia*, 47-60. Geological Society of London Special Publication, 106. Bath: The Geological Society, London.

Richardson, M. J., Wimbush, M. & Mayer, L. 1981. Exceptionally strong near-bottom flows on the continental rise of Nova Scotia. *Science*, 213, 887-888.

Richardson, N. J. & Underhill, J. R. 2002. Controls on the structural architecture and sedimentary character of syn-rift sequences, North Falkland Basin, South Atlantic. *Marine and Petroleum Geology*, 19, 417-443.

Ridd, M. F., Barber, A. J. & Crow, M. J. (eds) 2011. *The Geology of Thailand*. London: The Geological Society, 626 pp.

Ridente, D., Tricardi, F & Asioli, A. 2009. The combined effect of sea level and supply during Milankovitch cyclicity: Evidence from shallow-marine $\delta^{18}O$ records and sequence architecture (Adriatic margin). *Geology*, 37, 1003-1006.

Riedel, M., Collett, T. S., Malone, M. J. & Expedition 311 Scientists 2005. *Proceedings of the Integrated Ocean Drilling Program*, 311. Washington, DC: Integrated Ocean Drilling Program Management International Inc.

Rieth, A. 1932 Neue Funde spongeliomorpher Fucoiden aus dem Jura Schwabens. *Geologische und Palaeontologische Abhandlungen*, 19, 257-294.

Rigsby, C. A., Zierenberg, R. A. & Baker, P. A. 1994. Sedimentary and diagenetic structures and textures in turbiditic and hemiturbiditic strata as revealed by whole-core X-radiography, Middle Valley, northern Juan de Fuca Ridge. *In*: Mott, M. J., Davis, E. E., Fisher, A. T. & Slack, J. F. (eds), *Proceedings of the Ocean Drilling Program*, *Scientific Results*, 139, 105-111. College Station, Texas, USA: Ocean Drilling Program.

Rimoldi, B., Alexander, J. & Morris, S. 1996. Experimental turbidity currents entering densitystratified water: analogues for turbidites in Mediterranean hypersaline basins. *Sedimentology*, 43, 527-540.

Rindsberg, A. K. 2012. Ichnotaxonomy: finding patterns in a welter of information. *In*: Knaust, D. & Bromley, R. G. (eds), *Trace Fossils as Indicators of Sedimentary Environments*, 45-78. Developments in Sedimentology, 64. Amsterdam: Elsevier.

Riva, J. 1968. Graptolite faunas from the Middle Ordovician of the Gaspé north shore. *Naturaliste Canadien*, 93, 1379-1400.

Riva, J. 1974. A revision of some Ordovician graptolites of eastern North America. *Palaeontology*, 17, 1-40.

Roberts, D. G. & Kidd, R. B. 1979. Abyssal sediment-wave fields on Feni Ridge, Rockall Trough: long range sonar studies. *Marine Geology*, 33, 175-191.

Roberts, D. & Siedlecka, A. 2012. Provenance and sediment routing of Neoproterozoic formations on the Varanger, Nordkinn, Rybachi and Sredni peninsulas, North Norway and Northwest Russia: a review. *Norges Geologiske Undersøkelse Bulletin*, 452, 1-19.

Roberts, H. H. & Thayer, D. A. 1985. Petrology of Mississippi fan depositional environments. In: Bouma, A. H., Normark, W. R. & Barnes, N. E. (eds), *Submarine Fans and Related Turbidite Systems*, Chapter 47. New York: Springer-Verlag.

Roberts, H. H., Cratsley, D. W. & Whelan, T. 1976. Stability of Mississippi Delta Sediments as Evaluated by Analysis of Structural Features in Sediment Borings. Offshore Technical Conference Pap. OTC2425.

Roberts, M. T. 1983. Seismic examples of complex faulting from northwest shelf of Palawan, Philippines. In: Bally, A. W. (ed.), *Seismic Expression of Structural Styles*, 3, 4.2-18-4.2-24. American Association of Petroleum Geologists, Studies in Geology, Series 15.

Robertson, A. H. F. 1976. Pelagic chalks and calciturbidites from the Lower Tertiary of the Troodos Massif, Cyprus. Journal of Sedimentary Petrology, 46, 1007-1016.

Robertson, A. H. F. 1984. Origin of varve-type lamination, graded claystones and limestoneshale "couplets", in the Lower Cretaceous of the western North Atlantic. In: Stow, D. A. V. & Piper, D. J. W. (eds), *Fine-grained Sediments: Deep-water Processes and Facies*, 437-452. Geological Society of London Special Publication, 15. Oxford: Blackwell Scientific.

Robertson, A. H. F. 1987. The transition from a passive margin to an Upper Cretaceous foreland basin related to ophiolite emplacement in the Oman Mountains. *American Association of Petroleum Geologists Bulletin*, 99, 633-653.

Robertson, A. H. F. & Ogg, J. G. 1986. Palaeoceanographic setting of the Callovian North Atlantic. *In*: Summerhayes, C. P. & Shackleton, N. J. (eds), *North Atlantic Palaeoceanography*, 283-298. Geological Society of London Special Publication, 21. Oxford: Blackwell Scientific.

Robertson, R. & Ffield, A. 2008. Baroclinic tides in the Indonesian seas: tidal fields and comparisons to observations. *Journal of Geophysical Research*, 113, C07031, doi: 10.1029/2007JC004677.

Rocheleau, M. & Lajoie, J. 1974. Sedimentary structures in resedimented conglomerate of the Cambrian flysch, L'Islet, Quebec Appalachians. *Journal of Sedimentary Petrology*, 44, 826-836.

Rock, N. M. S. 1988. *Numerical Geology*. Berlin: Springer-Verlag.

Rodine, J. D. & Johnson, A. M. 1976. The ability of debris, heavily freighted with coarse clastic materials, to flow, on gentle slopes. *Sedimentology*, 23, 213-234.

Röhl, U., Bralower, T. J., Norris, R. D. & Wefer, G. 2000. New chronology for the late Paleocene thermal maximum and its environmental implications. *Geology*, 28, 927-930.

Röhl, U., Westerfield, T., Bralower, T. J. & Zachos, J. C. 2007. On the duration of the Paleocene-Eocene thermal maximum (PETM). *Geochemistry, Geophysics, Geosystems*, 8, doi: 10.1029/2007GC001784.

Romans, B. W., Fildani, A., Hubbard, S. M., Covault, J. A., Fosdick, J. C. & Graham, S. A. 2011. Evolution of deep-water stratigraphic architecture, Magallanes Basin, Chile. *Marine and Petroleum Geology*, 28, 612-628.

Rosas, S., Fontboté, L. & Tankard, A. 2007. Tectonic evolution and paleogeography of the Mesozoic Pucara Basin, central Peru. *Journal of South American Earth Sciences*, 24, 1-24.

Rosencrantz, E. & Mann, P. 1991. SeaMARC II mapping of transform faults in the Cayman Trough, Caribbean Sea. *Geology*, 19, 690-693.

Rosidi, H. M. D., Suwitodirdjo, K. & Tjokrosapoetro, S., 1981. *Geological Map of the Kupang-Atambua Quadrangles*, Timor, scale 1: 250.000. Bandung, Indonesia: Geological Research and Development Centre.

Ross, G. M. 1991. Tectonic setting of the Windermere Supergroup revisited. *Geology*, 19, 1125-1128.

Ross, G. M. & Arnott, R. W. 2006. Regional geology of the Windermere Supergroup, southern Canadian Cordillera and stratigraphic setting of the Castle Creek study area. *In*: Nilsen, T. H., Shew, R. D., Steffens, G. S. & Studlick, J. R. J. (eds), *Atlas of Deep-water Outcrops*. American Association of Petroleum Geologists, Studies in Geology, 56.

Ross, G. M., Bloch, J. D. & Krouse, H. R. 1995. Neoproterozoic strata of the southern Canadian Cordillera and the evolution of seawater sulfate: *Precambrian Research*, 73, 71-99.

Ross, R. J. Jr. and 28 others 1982. The Ordovician System in the United States: Correlation Chart and Explanatory Notes. *International Union of Geological Sciences Publication*, 12. Paris: IUGS Secretariat.

Ross, W. C. 1989. Modeling base-level dynamics as a control on basin-fill geometries and facies distribution: a conceptual framework. *In*: Cross, T. (ed.), *Quantitative Dynamic Stratigraphy*, 387-399. Englewood Cliffs, NJ: Prentice-Hall.

Ross, W. C., Watts, D. E. & May, J. A. 1995. Insights from stratigraphic modeling: mud limited versus sand-limited depositional systems. *American Association of Petroleum Geologists Bulletin*, 79, 231-258.

Rossignol-Strick, M. 1985. Mediterranean Quaternary sapropels, an immediate response of the African monsoon to variations of insolation. *Palaeogeography, Palaeoclimatology, Palaeoecology*, 49, 237-263.

Roth, S. & Reijmer, J. J. G. 2004. Holocene Atlantic climate variations deduced from carbonate periplatform sediments (leeward margin, Great Bahama Bank). *Paleoceanography*, 19, 1-14.

Rothman, D. H. & Grotzinger, J. P. 1994. Scaling in turbidite deposition. *Journal of Sedimentary Research*, 64, 59-67.

Rothman, D. H. & Grotzinger, J. P. 1995. Scaling properties of gravity-driven sediments. *Nonlinear Processes in Geophysics*, 2, 178-185.

Rothman, D. H. & Grotzinger, J. P. 1996. Scaling properties of gravity-driven sediments. *Nonlinear Processes Geophysics*, 2, 178-185.

Rothman, D. H. & Grotzinger, J. P. 1997. On the power law size distribution of turbidite beds. *Basin Research*, 4, 263-274.

Rothman, D. H., Grotzinger, J. P. & Flemings, P. 1994. Scaling in turbidite deposition. *Journal of Sedimentary Research*, 64, 59-67.

Rothwell, R. G., Weaver, P. P. E., Hodkinson, R. A., Prat, C. E., Styzen, M. J. & Higgs, N. C. 1994. Clayey nannofossil ooze turbidites and hemipelagites at Sites 834 and 835 (Lau Basin, southwest Pacific). In: Hawkins, J., Parson, L., Allan, J., *et al.*, *Proceedings of the Ocean Drilling Program*, *Scientific Results*, 135, 101-130. College Station, Texas, USA: OceanDrilling Program.

Rothwell, R. G., Thomson, J. & Kahler, G. 1998. Low-sea-level emplacement of a very large Late Pleistocene 'megaturbidite' in the western Mediterranean Sea. *Nature*, 392, 377-380.

Rouse, H. 1937. Modern conceptions of the mechanics of turbulence. *Transactions of the American Society of Civil Engineers*, 102, 436-505.

Roveri, M. 2002. Sediment drifts of the Corsica Channel, northern Tyrrhenian Sea. *Geological Society*, *London*, *Memoirs*, 22, 191-208.

Roveri, M., Ricci Lucchi, F., Lucente, C. C., Manzi, V. & Mutti, E. 2002. Stratigraphy, facies and basin fill history of the Marnoso-arenacea Formation. In: Mutti, E., Ricci Lucchi, F. & Roveri, M. (eds), *Revisiting Turbidites of the Marnoso-Arenacea Formation and their Basin-Margin Equivalents*: *Problems with Classic Models*, III-1 to III-15. Excursion Guidebook, Università di Parma and Eni-Agip Division, 64th European Association of Geoscientists & Engineers Conference and Exhibition, Florence (Italy).

Roveri, M., Manzi, V., Ricci Lucchi, F. & Rogledi, S. 2003. Sedimentary and tectonic evolution of the Vena del Gesso basin (northern Apennines, Italy): implications for the onset of the Messinian salinity crisis. *Geological Society of America Bulletin*, 115, 387-405.

Royden, L. & Keen, C. E. 1980. Rifting process and thermal evolution of the continental margin of eastern Canada determined from subsidence curves. *Earth and Planetary Science Letters*, 51, 343-361.

Ruff, L. & Kanamori, H. 1993. Seismic coupling and uncoupling at subduction zones. *Tectonophysics*, 99, 99-117.

Rupke, N. A. 1975. Deposition of fine-grained sediments in the abyssal environment of the Algero-Balearic Basin, western Mediterranean Sea. *Sedimentobgy*, 22, 95-109.

Rutherford, E., Burke, K. & Lytwyn, J. 2001. Tectonic history of Sumba Island, Indonesia, since the Late Cretaceous and its rapid escape into the forearc in the Miocene. *Journal of Asian Earth Sciences*, 19, 453-

Ryan, H. F. & Scholl, D. W. 1993. Geologic implications of great interplate earthquakes along the Aleutian arc. *Journal of Geophysical Research*, 98, 22135-22146.

Ryan, H. F., Draut, A. E., Keranen, K. & Scholl, D. W. 2012. Influence of the Amlia fracture zone on the evolution of the Aleutian Terrace forearc basin, central Aleutian subduction zone. *Geosphere*, 8, 1254-1273.

Sachse, V. F., Strozyk, F., Anka, Z., Rodriguez, J. F. & di Primio, R. 2015. The tectonostratigraphic evolution of the Austral Basin and adjacent areas against the background of Andean tectonics, southern Argentina, *South America*. *Basin Research*, doi: 10.1111/bre.12118.

Sacks, A., Saffer, D. M. & Fisher, D. 2013. Analysis of normal fault populations in the Kumano forearc basin, Nankai Trough, Japan: 2. Principal axes of stress and strain from inversion of fault orientations. *Geochemistry*, *Geophysics*, *Geosystems*, 14, 1973-1988.

Sadler, P. M. 1982. Bed thickness and grain size of turbidites. *Sedimentology*, 29, 37-51.

Saffer, D. M. & Marone, C. 2003. Comparison of smectite- and illite-rich gouge frictional properties: application to the updip limit of the seismogenic zone along subduction megathrusts. *Earth and Planetary Science Letters*, 215, 219-235.

Saffer, D. M., Flemings, P. B., Boutt, D., Doan, M.-L., Ito, T., McNeill, L., Byrne, T., Conin, M. Lin, W. Kano, Y. Araki, E. Eguchi, N. & Toczko, S. 2013. In situ stress and pore pressure in the Kumano Forearc Basin, offshore SW Honshu from downhole measurements during riser drilling. *Geochemistry*, *Geophysics*, *Geosystems*, 14, 1454-1470.

Saffer, D. M. & Screaton, E. J. 2003. Fluid flow at the toe of convergent margins: interpretation of sharp pore-water geochemical gradients. *Earth and Planetary Science Letters*, 213, 261-270.

Saffer, D. M. & Tobin, H. J. 2011. Hydrogeology and mechanics of subduction zone forearcs: fluid flow and pore pressure. Annual Review of Earth and Planetary Sciences, 39, 157-186.

Saffer, D. M., Underwood, M. B. & McKiernan, A. W. 2008. Evaluation of factors controlling smectite transformation and fluid production in subduction zones: Application to the Nankai Trough. *Island Arc*, 17, 208–230.

Sagri, M. 1972. Rhythmic sedimentation in the turbidite sequences of the northern Apennines (Italy). *In: Proceedings of the 24th International Geological Congress*, 6, 82–87.

Sagri, M. 1974. Rhythmic sedimentation in the deep-sea carbonate turbidites (Monte Antola Formation, northern Apennines). *Bulletin of the Geological Society*, *Italy*, 93, 1013–1027.

Sahagian, D., Pinous, O., Olferiev, A. & Zakharov, V. 1996. Eustatic curve for the Middle Jurassic-Cretaceous based on Russian platform and Siberian stratigraphy: Zonal resolution. *American Association of Petroleum Geologists Bulletin*, 80, 1, 433–1, 458.

Saito, S. & Goldberg, D. 2001. Compaction and dewatering processes of the oceanic sediments in the Costa Rica and Barbados subduction zones: estimates from in situ physical property measurements. *Earth and Planetary Science Letters*, 191, 283–293.

Saito, S., Underwood, M. B. & Kubo, Y. 2009. NanTroSEIZE Stage 2: subduction inputs. *International Ocean Drilling Program Scientific Prospectus*, 322. doi: 10.2204/iodp. sp. 322. 2009.

Saito, S., Underwood, M. B., Kubo, Y. & the Expedition 322 Scientists 2010. Proceedings of the Integrated Ocean Drilling Program, 322. Tokyo (Integrated Ocean Drilling Program Management International, Inc.). doi: 10.2204/iodp. proc. 322. 103. 2010.

Sakariassen, R., Dowd, N. & Lowrey, C. 2012. Broadband 3D: building blocks for exploration in a mature setting. *GEO ExPro*, 9, 36–40.

Salaheldin, T. M., Imran, J., Chaudhry, M. H. & Reed, C. 2000. Role of fine-grained sediment in turbidity current flow dynamics and resulting deposits. *Marine Geology*, 171, 21–38.

Salles, L., Ford, M., Joseph, P., Le Carlier de Veslud, C. & Le Solleuz, A. 2011. Migration of a synclinal depocentre from turbidite growth strata: the Annot syncline, SE France. *Bulletin de la Société Géologique de France*, 182, 199–220.

Salles, L., Ford, M. & Joseph, P. 2014. Characteristics of axially-sourced turbidite sedimentation on an active wedge-top basin (Annot Sandstone, SE France). *Marine and Petroleum Geology*, 56, 305–323.

Samson, T. M., Cruse, A. M. & Paxton, S. T. 2006. Spectral gamma ray logs as paleoenvironmental indicators in Carboniferous black shales. *Geological Society of America Abstracts with Programs*, 38, 23.

Sanchez, G. J., Baptista, N., Parra, M., Montilla, L., Guzman, O. J. & Finno, A. 2011. The Monagas fold-thrust belt of eastern Venezuela. Part II: structural and palaeo-geographic controls on the turbidite reservoir potential of the middle Miocene foreland sequence. *Marine and Petroleum Geology*, 28, 70–80.

Sanders, J. E. 1965. Primary sedimentary structures formed by turbidity currents and related resedimentation mechanisms. In: Middleton, G. V. (ed.), *Primary Sedimentary Structures and their Hydrodynamic Interpretation*, 192–219. Society of Economic Paleontologists and Mineralogists Special Publication, 12.

Sandy, M. R., Lazăr, I., Peckmann, J., Birgel, D., Stoica, M. & Roban, R. D. 2012. Methaneseep brachiopod fauna within turbidites of the Sinaia Formation, Eastern Carpathian Mountains, Romania. *Palaeogeography*, *Palaeoclimatology*, *Palaeoecology*, 323–325, 42–59.

Sanford, B. V., Grant, A. C., Wade, J. A. & Barss, M. S. 1979. *Geology of Eastern Canada and Adjacent Areas. Geological Survey of Canada Map*, 1401A.

Sani, F., Ventisette, C. Del, Montanari, D., Coli, M., Nafissi, P., Piazzini, A. 2004. Tectonic evolution of the internal sector of the Central Apennines, Italy. *Marine and Petroleum Geology*, 21, 1235–1254.

Sari, E. & Çagatay, M. N. 2006. Turbidites and their association with past earthquakes in the deep Çlnarclk Basin of the Marmara Sea. *Geo-Marine Letters*, 26, 69–76.

Satake, K., Baba, T., Hirata, K., Iwasaki, S. −I., Kato, T., Koshimura, S., Takenaka, J. & Terada, Y. 2005. Tsunami source of the 2004 off the Kii Peninsula earthquakes inferred from offshore tsunami and coastal tide gauges. *Earth*, *Planets and Space*, 57, 173–178.

Sattar, N., Juhlin, C. & Ahmad, N. 2012. *Seismic Stratigraphic Framework of an Early Cretaceous Sand Lobe at the Slope of Southern Loppa High*, *Barents Sea*, Norway. American Association of Petroleum Geologists Search and Discovery Article, #30230.

Satterfield, W. M. & Behrens, E. W. 1990. A late Quaternary canyon/channel system, northwest Gulf of Mexico continental slope. *Marine Geology*, 92, 51–67.

Satur, N., Hurst, A., Cronin, B. T., Kelling, G. & Gürbüz, K. 2000. Sand body geometry in a sand-rich, deep-water clastic system, Miocene Cingöz Formation of southern Turkey. *Marine and Petroleum Geology*, 17, 239–252.

Saunders, A. D., Rogers, G., Marriner, G. F., Terrell, D. J. & Verma, S. P. 1987. Geochemistry of Cenozoic volcanic rocks,

Baja California, Mexico: implications for the petrogenesis of postsubduction magmas. 7. *Volcanology & Geothermal Research*, 32, 223-245.

Saunders, M., Bowman, S. & Geiger, L. 2013. The Pelotas Basin oil proivince revealed. *GEO ExPro*, 10, 38-40.

Savage, S. B. 1989. Flow of granular materials. *In*: Germain, P., Piau, M. & Caillerie, D. (eds), *Theoretical and Applied Mechanics*, 241-266. Amsterdam: Elsevier.

Savage, S. B. & Lun, C. K. K. 1988. Particle size segregation in inclined chute flow of dry cohesionless granular solids. *Journal of Fluid Mechanics*, 189, 311-335.

Savage, S. B. & McKeown, S. 1983. Shear stresses developed during rapid shear of concentrated suspensions of large spherical particles between concentric cylinders. *Journal of Fluid Mechanics*, 127, 453-472.

Savage, S. B. & Sayed, M. 1984. Stresses developed by dry cohesionless granular materials sheared in an annular shear cell. *Journal of Fluid Mechanics*, 142, 391-430.

Savoye, B., Piper, D. J. W. & Droz, L. 1993. Plio-Pleistocene evolution of the Var deep-sea fan off the French Riviera. *Marine and Petroleum Geology*, 10, 550-571.

Savrda, C. E. & Bottjer, D. J. 1986. Trace-fossil model for reconstruction of paleo-oxygenation in bottom waters. *Geology*, 14, 3-6.

Savrda, C. E. & Bottjer, D. J. 1987. The exaerobic zone, a new oxygen-deficient marine biofacies. Nature, 327, 54-56.

Savrda, C. E. & Bottjer, D. J. 1989. Trace-fossil model for reconstructing oxygenation histories of ancient marine bottom waters: application to Upper Cretaceous Niobrara Formation, Colorado. *Palaeogeography, Palaeoclimatology, Palaeoecology*, 74, 49-74.

Savrda, C. E. & Bottjer, D. J. 1994. Ichnofossils and ichnofabrics in rhythmically bedded pelagic/hemipelagic carbonates: recognition and evaluation of benthic redox and scour cycles. *In*: Deboer, P. & Smith, D. (eds), *Orbital Forcing and Cyclic Sequences*, 195-210.

International Association of Sedimentologists, Special Publication, 19.

Savrda, C. E., Krawinkel, H., McCarthy, F. M. G., McHugh, C. M. G., Olson, H. C. & Mountain, G. 2001. Ichnofabrics of a Pleistocene slope succession, New Jersey margin: relations to climate and sea-level dynamics. *Paleogeography, Paleoclimatology, Paleoecology*, 171, 41-46.

Saxov, S. & Nieuwenhuis, J. K. (eds) 1982. *Marine Slides and Other Mass Movements*. New York: Plenum.

Severinghaus, J. & Atwater, T. 1989. Cenozoic geometry and thermal condition of the subducting slabs beneath western North America. *In*: Wernicke, B. (ed.), *Basin and Range Extensional Tectonics near the Latitude of Las Vegas*, 1-22. Geological Society of America Memoir, 176.

Schafer, C. T. & Asprey, K. W. 1982. Significance of some geotechnical properties of continental slope and rise sediments off northeast Newfoundland. *Canadian Journal of Earth Sciences*, 19, 153-141.

Schäfer, W. 1956. Wirkungen der Benthos-Organismen auf den jungen Schichtverband: Senckengergiana. *Lethaea*, 37, 183-263.

Scheibner, C., Reijmer, J. J. G., Marzouk, A. M., Speijer, R. P. & Kuss, J. 2003. From platform to basin: the evolution of a Paleocene carbonate margin (Eastern Desert, Egypt). *International Journal of Earth Sciences (Geologisches Rundschau)*, 92, 624-640.

Schindlbeck, J. C., Kutterolf, S., Freundt, A., Scudder, R. P., Pickering, K. T. & Murray, R. W. 2013. Emplacement processes of submarine volcaniclastic deposits (IODP Site C0011, Nankai Trough). *Marine Geology*, 343, 115-124.

Schlager, W. & James, N. P. 1978, Low-magnesian calcite limestones forming at the deep-sea floor, Tongue of the Ocean, Bahamas. *Sedimentology*, 25, 675-702.

Schlager. W., Reijmer. J. J. G. & Droxler. A. W. 1994. Highstand shedding of carbonate platforms. Journal of *Sedimentary Research*, 64B, 270-281.

Schlanger, S. O., Athur, M. A., Jenkyns, H. C. & Scholle, P. A. 1987. The Cenomanian-Turonian Oceanic Anoxic Event, I. Stratigraphy and distribution of organic carbon-rich beds and the marine δ13C excursion. *In*: Brooks, J. & Fleet, A. J. (eds), *Marine Petroleum Source Rocks*, 371-399. Geological Society, London, Special Publications, 26. The Geological Society, London.

Schlirf, M. 2000. Upper Jurassic trace fossils from the Boulonnais northern France. *Geologica et Palaeontologica*, 34, 145-213.

Schlirf, M. & Uchman, A. 2005. Revision of the Ichnogenus Sabellarifix Richter, 1921 and its relationship to Skolithos Haldeman, 1840 and Polykladichnus Fursich, 1981. *Journal of Systematic Palaeontology*, 32, 115-131.

Schlüter, H. U. & Fritsch J. 1985. Geology and tectonics of the Banda Arc between Tanimbar island and Aru island. *Geologisches Jahrbuch*, 30, 3-41.

Schnabel, G. W. 1992. New data on the Flysch Zone of the Eastern Alps in the Austrian sector and new aspects concerning the transition to the Flysch Zone of the Carpathians. *Cretaceous Research*, 13, 405-419.

Schneider, C. L., Hummon, C., Yeats, R. S. & Huftile, G. L. 1996. Structural evolution of the northern Los Angeles basin, California, based on growth strata. *Tectonics*, 15, 341-355.

Scholl, D. W. & Creager, J. S. 1971. Deep Sea Drilling Project, Leg 19. *Geotimes*, November, 12-15.

Scholle, P. A. 1971. Sedimentology of fine-grained deep-water carbonate turbidites, Monte Antola Flysch (Upper Cretaceous), Northern Apennines, Italy. *Bulletin of the Geological Society of America*, 82, 629-658.

Scholle, P. A. & Ekdale, A. A. 1983. Pelagic environments. In: Scholle, P. A., Bebout, D. G. & Moore, C. H. (eds), *Carbonate Depositional Environments*, 620-691. American Association of Petroleum Geologists, Memoir, 33.

Scholz, C. H. & Small, C. 1997. The effect of seamount subduction on seismic coupling. *Geology*, 25, 487-490.

Schrader, H. J. 1971. Fecal pellets: role in sedimentation of pelagic diatoms. Science, 174, 55-57.

Schulz, M. & Mudelsee, M. 2002. REDFIT: estimating red-noise spectra directly from unevenly spaced paleoclimatic time-series. *Computers and Geosciences*, 28, 421-426.

Schulz, M., Bergmann, M., von Juterzenka, K. & Soltwedel, T. 2010. Colonisation of hard substrata along a channel system in the deep Greenland Sea. *Polar Biology*, 33, 1359-1369.

Schumann, K., Behrmann, J. H., Stipp, M., Yamamoto, Y., Kitamura, Y. & Lempp, C. 2014.

Geotechnical behavior of mudstones from the Shimanto and Boso accretionary complexes, and implications for the Nankai accretionary prism. *Earth*, *Planets and Space*, 66, doi: 10.1186/1880-5981-66-129.

Schumm, S. A. 1981. Evolution and response of the fluvial system, sedimentologic implications. *In*: Ethridge, F. G. (ed.), *Recent and Ancient Nonmarine Depositional Environments*; *Models for Exploration*, 19-29. Society of Economic Paleontologists and Mineralogists Special Publications, 31.

Schumm, S. A. & Khan, H. R. 1972. Experimental study of channel patterns. *Bulletin of the Geological Society of America*, 88, 1755-1770.

Schumm, S. A., Khan, H. R., Winkley, B. R. & Robins, L. G. 1972. Variability of river patterns. *Nature*, 237, 75-76.

Schuppers, J. D. 1995. Characterization of deep-marine clastic sediments from foreland basinsoutcrop-derived concepts for exploration, production and reservoir modeling. Ph. D. thesis. Technische Universiteit Delft, Netherlands. 272 pp.

Schwab, W. C., Lee, H. J. & Twichell, D. C. (eds) 1993. *Submarine Landslides: Selected Studies in the U. S. Exclusive Economic Zone*. Bulletin U. S. Geological Survey, 2002.

Schwab, W. C., Lee, H. J., Twichell, D. C., Locat, J., Nelson, C. H., McArthur, W. G. & Kenyon, N. 1996. Sediment mass-flow processes on a depositional lobe, outer Mississippi Fan. *Journal of Sedimentary Research*, A66, 916-927.

Schwab, A. M., Cronin, B. T. & Ferreira, H. 2007. Seismic expression of channel outcrops: offset stacked versus amalgamated channel systems. *Marine and Petroleum Geology*, 24, 504-514.

Schwalbach, J. R., Edwards, B. D. & Gorsline, D. S. 1996. Contemporary channel-levée systems in active borderland basin plains, California Continental Borderland. *Sedimentary Geology*, 104, 53-72.

Schwarz, E. & Arnott, R. W. C. 2007. Anatomy and evolution of a slope channel-complex set (Neoproterozoic Isaac Formation, Windermere Supergroup, southern Canadian Cordillera): implications for reservoir characterization. *Journal of Sedimentary Research*, 77, 89-109.

Schweller, W. J. & Kulm, L. D. 1978. Depositional patterns and channelized sedimentation in active eastern Pacific trenches. In: Stanley, D. J. & Kelling, G. (eds), *Sedimentation in Submarine Canyons*, *Fans*, *and Trenches*, 311-324. Stroudsburg, PA: Dowden, Hutchinson & Ross.

Schwenk, T., Spieβ, V., Breitke, M. & Hübscher, C. 2005. The architecture and evolution of the Middle Bengal Fan in vicinity of the active channel-levee system imaged by highresolution seismic data. *Marine and Petroleum Geology*, 22, 637-656.

Scrocca, D. 2005. Deep structure of the southern Apennines, Italy: thin-skinned or thickskinned? *Tectonics*, 24, 1-20.

Scotchman, J. I., Bown, P., Pickering, K. T., BouDagher-Fadel, M., Bayliss, N. J. & Robinson, S. A. 2015a. A new age model for the middle Eocene deep-marine Ainsa Basin, Spanish Pyrenees. *Earth-Science Reviews*, 144, 10-22.

Scotchman, J. I., Pickering, K. T., Sutcliffe, C., Dakin, N. & Armstrong, E. 2015b. Milankovitch cyclicity within the middle Eocene deep-marine Guaso System, Ainsa Basin, Spanish Pyrenees. *Earth-Science Reviews*, 144, 107-121.

Scott, K. M. 1966. Sedimentology and dispersal pattern of a Cretaceous flysch sequence, Patagonian Andes, southern Chile. *American Association of Petroleum Geologists Bulletin*, 50, 72-107.

Seeber, L., Emre, O., Cormier, M. -H., Sorlien, C. C., McHugh, C. M. G., Polonia, A., Ozer, N. & Cagatay, N. 2004. Uplift and subsidence from oblique slip: the Ganos-Marmara bend of the North Anatolian transform, western Turkey. *Tectonophys-*

ics, 391, 239-258.

Seed, H. B. & Lee, K. L. 1966. Liquefaction of saturated sands during cyclic loading. *Journal of Soil Mechanics Found. Division*, *American Society of Civil Engineers*, 92, 105-134.

Seely, D. R. 1979. The evolution of structural highs bordering maJor forearc basins. *In*: Watkins, J. S., Montadert, L. & Dickerson, P. W. (eds), *Geological and Geophysical Investigations of Continental Margins*, 245-260. American Association of Petroleum Geologists Memoir, 29.

Seguret, M., Labaume, P. & Madariago, R. 1984. Eocene seismicity in the Pyrenees from megaturbidites in the South Pyrenean basin (North Spain). *Marine Geology*, 55, 117-131.

Seilacher, A. 1953a. Studien zur palichnologie. I. Über die methoden der palichnologie. *Neues Jahrbuch für Geologie und Paläontologie*, 96, 421-452.

Seilacher, A. 1953b. Studien zur palichnologie. II. Die fossilen ruhespuren (*Cubichnia*). *Neues Jahrbuch für Geologie und Paläontologie*, 98, 87-124.

Seilacher, A. 1955. Spuren und fazies im unterkambrium. *In*: Schindewolf, O. H. & Seilacher, A. (eds). Beiträge zur Kenntnis des Kambriums in der Salt Range Pakistan. *Akademie der Wissenschaften und der Literatur*, *Mainz*, *Abhandlungen der mathematischnaturwissenschaftlichen Klasse*, 10, 261-446.

Seilacher, A. 1964a. Biogenic sedimentary structures. *In*: Imbrie, J. & Newell, N. (eds), *Approaches to Paleoecology*, 296-316. Wiley, New York.

Seilacher, A. 1964b. Sedimentological classification and nomenclature of trace fossils. *Sedimentology*, 3, 253-256.

Seilacher, A. 1967. Bathymetry of trace fossils. Marine *Geology*, 5, 413-428.

Seilacher, A. 1974. Flysch trace fossils: evolution of behavioural diversity in the deep-sea. *Neues Jahrbuch für Geologie und Paläontologie*, *Monatshefte*, *Jahrgang* 1974, 233-245.

Seilacher, A. 1977. Pattern analysis of Paleodictyon and related trace fossils. *In*: Crimes, T. P. & Harper, J. C. (eds). *Trace Fossils* 2, 289-334. Geology Journal Special Issue 9.

Seilacher, A. 2007. *Trace Fossil Analysis*, 226 pp. Heidelberg: Springer Verlag. ISBN 9783 540 47225 4.

Seno, T. 1989. Philippine sea plate kinematics. *Modern Geology*, 14, 87-97.

Sengör, A M. C. 1979. The North Anatollan transform fault Its age, offset and tectonic significance. *Journal of the Geological Society*, *London*, 136, 269-282.

Sengör, A M. C., Gorür, N. & Saroglu, F. 1985. Strike-slip faulting and related basin formation in zones of tectonic escape: Turkey as a case study. *In*: Biddle, K. T. & Christie-Blick, N.

(eds), *Strike-slip Deformation*, *Basin Formation*, *and Sedimentation*, 227-264. The Society of Economic Paleontologists and Mineralogists (SEPM) Special Publication, 37.

Sercombe, W. J. & Radford, T. W. 2007. Deep Water Gulf of Mexico High Gamma Ray Shales and their Implications for flooding surfaces Source Rocks and Extinctions. *American Association of Petroleum Geologists/European Region Energy Conference and Exhibition*, *Technical Program*.

Sestini, G. 1970. Flysch facies and turbidite sedimentology. Sedimentary *Geology*, 4, 559-597.

Severinghaus, J. & Atwater, T. 1989. Cenozoic geometry and thermal condition of the subducting slabs beneath western North America. *In*: Wernicke, B. (ed.), *Basin and Range Extensional Tectonics Near the Latitude of Las Vegas*, 1-22. Geological Society of America Memoir, 176.

Sexton, P. F., Wilson, P. A., Norris, R. D. 2006. Testing the Cenozoic multisite composite $\delta^{18}O$ and $\delta^{13}C$ curves: New monospecific Eocene records from a single locality, Demerara Rise Ocean Drilling Program Leg 207. *Paleoceanography*, 21, 2019-2036.

Seyfried, H., Astorga, A., Amann, H., Calvo, C., Kolb, W., Schmidt, H. & Winsemann, J. 1991. Anatomy of an evolving island arc: tectonic and eustatic control in the south Central American fore-arc area. *In*: Macdonald, D. I. M. (ed.), Sedimentation, *Tectonics*, *and EEustasy*, 217-240. Special Publication of the International Association of Sedimentologists, 12.

Shackleton, N. J., Berger, A. & Peltier, W. R. 1990. An alternative astronomical calibration of the lower Pleistocene timescale based on ODP Site 677. *Transactions of the Royal Society of Edinburgh*: *Earth Sciences*, 81, 251-261.

Shanmugam, G. 1980. Rhythms in deep sea, fine-grained turbidite and debris flow sequences, Middle Ordovician, eastern Tennessee. *Sedimentology*, 27, 419-432.

Shanmugam, G. 1996. High-density turbidity currents: are they sandy debris flows? *Journal of Sedimentary Research*, A66, 2-10.

Shanmugam, G. 1997. The Bouma Sequence and the turbidite mind set. *Earth-Science Reviews*, 42, 201-229.

Shanmugam, G. 2000. 50 years of the turbidite paradigm (1950s-1990s): deep-water processes and facies models - a critical perspective. *Marine and Petroleum Geology*, 17, 285–342.

Shanmugam, G. 2002. Ten turbidite myths. *Earth–Science Reviews*, 58, 311–341.

Shanmugam, G. 2003. Deep–marine tidal bottom currents and their reworked sands in modern and ancient submarine canyons. *Marine and Petroleum Geology*, 20, 471–491.

Shanmugam, G. 2008. Deep–water bottom currents and their deposits. In: Rebesco, M. & Camerlenghi, A. (eds), Contourites, 59–81. Developments in Sedimentology, 60. Amsterdam: Elsevier.

Shanmugam, G. 2015. The landslide problem. *Journal of Palaeogeography*, 4, 109–166.

Shanmugam, G. & Moiola, R. J. 1985. Submarine fan models: problems and solutions. *In*: Bouma, A. H., Normark, W. R. & Barnes, N. E. (eds), *Submarine Fans and Related Turbidite Systems*, 29–34. New York: Springer.

Shanmugam, G. & Moiola, R. J. 1988. Submarine fans: characteristics, models, classification, and reservoir potential. *Earth–Science Reviews*, 24, 383–428.

Shanmugam, G. & Moiola, R. J. 1991. Types of submarine fan lobes: models and implications. American *Association of Petroleum Geologists Bulletin*, 75, 156–179.

Shanmugam, G. & Moiola, R. J. 1995. Reinterpretation of depositional processes in a classic flysch sequence (Pennsylvanian Jackfork Group), Ouachita Mountains, Arkansas and Oklahoma. *American Association of Petroleum Geologists Bulletin*, 79, 672–695.

Shanmugam, G., Spalding, T. D. & Rofheart, D. H. 1993a. Traction structures in deep–marine, bottom–current–reworked sands in the Pliocene and Pleistocene, Gulf of Mexico. *Geology*, 21, 929–932.

Shanmugam, G., Spalding, T. D. & Rofheart, D. H. 1993b. Process sedimentology and reservoir quality of deep–marine bottom–current–reworked sands (sandy contourites): an example from the Gulf of Mexico. *American Association of Petroleum Geologists Bulletin*, 77, 1241–1259.

Shanmugam, G, Lehtonen, L. R., Straume, T., Syversten, S. E., Hodgkinson, R. J. & Skibeli, M. 1994. Slump and debris flow dominated upper slope facies in the Cretaceous of the Norwegian and Northern North Seas (61–67°N): implications for sand distribution. *American Association of Petroleum Geologists Bulletin*, 78, 910–937.

Shanmugam, G., Bloch, R. B., Mitchell, S. M., Beamish, G. W. J., Hodgkinson, R. J., Damuth, J. E., Straume, T., Syvertsen, S. E. & Shields, K. E. 1995. Basin–floor fans in the North Sea: sequence stratigraphic models vs. sedimentary facies. *American Association of Petroleum Geologists Bulletin*, 79, 477–512.

Shanmugam, G., Bloch, R. B., Damuth, J. E. & Hodgkinson, R. J. 1997. Basin–floor fans in the North Sea: sequence stratigraphic models vs. sedimentary facies; reply. *American Association of Petroleum Geologists Bulletin*, 81, 666–672.

Shannon, P. M., Stoker, M. S., Praeg, D., van Weering, T. C. E., de Haas, H., Nelsen, T., Dahlgren, K. I. T. & Hjelstuen, B. O. 2005. Sequence stratigraphic analysis in deep–water, underfilled NW European passive margin basins. *Marine and Petroleum Geology*, 22, 1, 185–1, 200.

Shaw, J., Puig, P. & Han, G. 2013. Megaflutes in a continental shelf setting, Placentia Bay, *Newfoundland. Geomorphology*, 189, 12–25.

Shepard, F. P. 1933. Canyons beneath the seas. *Scientific Monthly*, 37, 31–39.

Shepard, F. P. 1951. Mass movements in submarine canyon heads. *Transactions of the American Geophysical Union*, 32, 405–418.

Shepard, F. P. 1955. Delta–front valleys bordering the Mississippi distributaries. *Geological Society of America Bulletin*, 66, 1489–1498.

Shepard, F. P. 1963. *Submarine Geology*, 2nd edn. New York: Harper & Row, xviii + 557 pp.

Shepard, F. P. 1966. Meander in a valley crossing a deep–sea fan. *Science*, 154, 385–386.

Shepard, F. P. 1975. Progress of internal waves along submarine canyons. *Marine Geology*, 19, 131–138.

Shepard, F. P. 1976. Tidal components of currents in submarine canyons. Journal of *Geology*, 84, 343–350.

Shepard, F. P. 1977. Geological Oceanography: *Evolution of Coasts, Continental Margins, and the Deep–sea Floor*. New York: Crane, Russak & Co, 214 pp.

Shepard, F. P. 1981. Submarine canyons: multiple causes and long–time persistence. *American Association of Petroleum Geologists Bulletin*, 65, 1062–1077.

Shepard, F. P. & Marshall, N. F. 1969. Currents in La Jolla and Scripps submarine canyons. *Science*, 165, 177–178.

Shepard, F. P. & Marshall, N. F. 1973a. Storm–generated *current in a La Jolla submarine canyon*, California. *Marine Geology*, 15, Ml9–M24.

Shepard, F. P. & Marshall, N. F. 1973b. Currents along floors of submarine canyons. *Geological Society of America Bulletin*, 57, 244–264.

Shepard, F. P. & Marshall, N. F. 1978. Currents in submarine canyons and other sea valleys. *In*: D. J Stanley & Kelling, G. (eds), *Sedimentation in Submarine Canyons, Fans, and Trenches*, 3–14. Stroudsburg, PA: Dowden, Hutchinson & Ross.

Shepard, F. P., Marshall, N. F. & McLoughlin, P. A. 1974. Currents in submarine canyons. *Deep-Sea Research*, 21, 691–706.

Shepard F. P., Marshall, N. F. & McLoughlin, P. A. 1975. Pulsating turbidity currents with relationship to high swell and high tides. *Nature*, 258, 704–706.

Shepard, F. P., Marshall, N. F., McLoughlin, P. A. & Sullivan, G. G. 1979. Currents in submarine canyons and other sea valleys. *American Association of Petroleum Geologists*, *Studies in Geology*, 8, 173 pp.

Sheridan, R. E. 1986. Pulsation tectonics as the control on North Atlantic palaeoceanography. In: Summerhayes, C. P. & Shackleton, N. J. (eds), *North Atlantic Palaeoceanography*, 255–275. Geological Society of London Special Publication, 21. Oxford: Blackwell Scientific.

Sheridan, R. E., Gradstein, F. M. *et al*. 1983. Initial *Reports of the Deep Sea Drilling Project*, 76. Washington, DC: US Government Printing Office.

Shiki, T., Kumon, F., Inouchi, Y, Kontani, Y., Sakamoto, T., Tateishi, M., Matsubara, H. & Fukuyama, K. 2000. Sedimentary features of the seismo-turbidites, Lake Biwa, Japan. *Sedimentary Geology*, 135, 37–50.

Shimamura, K. 1986. Topography and geological structure in the bottom of the Suruga Trough: a geological consideration of the subduction zone near the collisional plate boundary. *Journal of Geography*, *Tokyo Geographical Society*, 95, 317–338.

Shimamura, K. 1989. Topography and sedimentary facies of the Nankai deep sea channel. *In*: Taira, A. & Masuda, F. (eds), *Sedimentary Facies in the Active Plate Margin*, 529–556. Tokyo: Terra Scientific Publishing Company (TERRAPUB).

Shimoda, G., Tatsumi, Y., Nohda, S., Ishizaka, K. & Jahn, B. M. 1998. Setouchi high-Mg andesites revisited: geochemical evidence for melting of subducting sediments. *Earth and Planetary Science Letters*, 160, 479–492.

Shipley, T. H., Ogawa, Y., Blum, P. et al. 1995. *Proceedings of the Ocean Drilling Program*, *Initial Reports*, 156. College Station, TX: Ocean Drilling Program.

Shipp, R. C., Weimer, P. & Posamentier, H. W. 2011. *Mass-Transport Deposits in Deepwater Settings*. SEPM (Society for Sedimentary Geology), 96, 527 pp. Tulsa, Oklahoma. ISBN: 978-1-56576-286-2.

Shipboard Scientific Party 1975. Site 297. *In*: Karig, D. E., Ingle Jr., J. C. *et al*., *Initial Reports of the Deep Sea Drilling Project*, 31, 275–316. Washington, DC: US Government Printing Office.

Shipboard Scientific Party 1986. Site 582. *In*: Kagami, H., Karig, D. E., Coulbourn, W. T. *et al*., *Initial Reports of the Deep Sea Drilling Project*, 87, 35–122. Washington, DC: US Government Printing Office.

Shipboard Scientific Party 1990. Sites 792 & 793. *In*: *Proceedings Ocean Drilling Program*, *Initial Reports*, 126, 221–403. College Station, Texas, USA: Ocean Drilling Program.

Shipboard Scientific Party 1991. Site 808. *In*: Taira, A., Hill, I., Firth, J. V. *et al*., *Proceedings Ocean Drilling Program*, *Initial Reports*, 131, 71–269. College Station, Texas, USA: OceanDrilling Program.

Shipboard Scientific Party 1995a. Leg synthesis. *In*: *Proceedings Ocean Drilling Program*, *Initial Reports*, 155, 17–21. College Station, Texas, USA: Ocean Drilling Program.

Shipboard Scientific Party 1995b. Site 934. *In*: *Proceedings Ocean Drilling Program*, *Initial Reports*, 155, 241–271. College Station, Texas, USA: Ocean Drilling Program.

Shipboard Scientific Party 1995c. Site 945. *In*: *Proceedings Ocean Drilling Program*, *Initial Reports*, 155, 635–655. College Station, Texas, USA: Ocean Drilling Program.

Shipboard Scientific Party 1995d. Explanatory notes. *In*: *Proceedings Ocean Drilling Program*, *Initial Reports*, 155, 47–81. College Station, Texas, USA: Ocean Drilling Program.

Shipboard Scientific Party 1995e. Site 941. *In*: *Proceedings Ocean Drilling Program*, *Initial Reports*, 155, 503–536. College Station, Texas, USA: Ocean Drilling Program.

Shipboard Scientific Party 1995f. Site 935. *In*: *Proceedings Ocean Drilling Program*, *Initial Reports*, 155, 273–319. College Station, Texas, USA: Ocean Drilling Program.

Shipboard Scientific Party 1997. Site 1015. *In*: *Proceedings of the Ocean Drilling Program*, *Initial Reports*, 167, 223–237. College Station, Texas, USA: Ocean Drilling Program.

Shipboard Scientific Party 1998. Deep Blake-Bahama Outer Ridge, Sites 1060, 1061, and 1062. *In*: *Proceedings Ocean Drilling Program*, *Initial Reports*, 172, 157–252. College Station, Texas, USA: Ocean Drilling Program.

Shipboard Scientific Party 2000. Leg 182 Summary: Great Australian Bight – Cenozoic coolwater carbonates. *In*: *Proceedings Ocean Drilling Program*, *Initial Reports*, 182, 1–58. College Station, Texas, USA: Ocean Drilling Program.

Shipboard Scientific Party 2004a. Leg 210 Summary. *In*: *Proceedings Ocean Drilling Program*, *Initial Reports*, 210, 1−78. College Station, Texas, USA: Ocean Drilling Program.

Shipboard Scientific Party 2004b. Site 1276. *In*: *Proceedings Ocean Drilling Program*, *Initial Reports*, 210, 1−358. College Station, Texas, USA: Ocean Drilling Program.

Shor, A. N., Piper, D. J. W., Hughes Clarke, J. & Meyer, L. A. 1990. Giant flute-like scours and other erosional features formed by the 1929 Grand Banks turbidity current. *Sedimentology*, 37, 631−645.

Shultz, A. W. 1984. Subaerial debris-flow deposition in the Upper Paleozoic Cutter Formation. *Journal of Sedimentary Petrology*, 54, 759−772.

Siebert, L. & Simkin, T. 2002. Volcanoes of the World: an Illustrated Catalog of Holocene Volcanoes and their Eruptions. Smithsonian Institution, Global Volcanism Program Digital Information Series, GVP−3, http: //www. volcano. si. edu/world/.

Siedlecka, A. 1972. Kongsfjord Formation − a late Precambrian flysch sequence from the Varanger Peninsula, Northern Norway. *Norges Geologiske Undersφkelse*, 278, 41−80.

Siedlecka, A. 1978. Late Precambrian tidal-flat deposits and algal stromatolites in the Batsfiord Formation, East Finnmark, North Norway. *Sedimentary Geology*, 21, 177−310.

Siedlecka, A. 1985. Development of the Upper Proterozoic sedimentary basins of the Varanger Peninsula, East Finnmark, North Norway. *Bulletin of the Geological Survey of Finland*, 331, 175−185.

Siedlecka, A. & Edwards, M. B. 1980. Lithostratigraphy and sedimentation of the Riphean Basnaering Formation, Varanger Peninsula, North Norway. *Norges Geologiske Undersokelse*, 355, 27−47.

Siedlecka, A. & Siedlecki, S. 1967. Some new aspects of the geology of Varanger peninsula (Northern Norway). *Norges Geologiske Undersokelse*, 247, 288−306.

Siedlecka, A., Pickering, K. T. & Edwards, M. B. 1989. Upper Proterozoic passive margin deltaic complex, Finnmark, N Norway. *In*: Whateley, M. K. G. & Pickering, K. T. (eds), *Deltas*: *Sites and Traps for Fossil Fuels*, *Geological Society of London*, *Special Publication*, 41. Oxford: Blackwell Scientific.

Siedlecka, A., Negrutsa, V. Z. & Pickering, K. T. 1994. Upper Proterozoic Turbidite System of the Rybachi Peninsula, northern Russia − a possible stratigraphic counterpart of the Kongsfjord Submarine Fan of the Varanger Peninsula, northern Norway. *In*: *Geology of the Eastern Finnmark − Western Kola Region*, 201−216. Norges Geologiske Unders Økelse. Special Publication No. 7.

Siegel, S. 1956. *Non-parametric Statistics for the Behavioral Sciences*. New York: McGraw-Hill.

Siemers, C. T., Tillman, R. W. & Williamson, C. R. (eds) 1981. *Deep-water Clastic Sediments*: *A Core Workshop*. Core workshop 2. Tulsa, Oklahoma. Society of Economic Paleontologists and Mineralogists.

Sigurdsson, H., Sparks, R. S. J., Carey, S. & Huang, T. C. 1980. Volcanogenic sedimentation in the Lesser Antilles Arc. *Journal of Geology*, 88, 523−540.

Sikkema, W. & Wojcik, K. M. 2000. 3D visualization of turbidite systems, lower Congo Basin, offshore Angola. *In*: Weimer, P., Slatt, R. M., Coleman, J., Rosen, N. C., Nelson, H., Bouma, A. H., Styzen, M. J. & Lawrence, D. T. (eds), *Deep-water Reservoirs of the World*, 928−939. Houston, Texas: Gulf Coast Section, Society of Economic Paleontologists and Mineralogists.

Silva-Gonzalez, P. 2012. Zeebries: new high quality data in Australia's most prospective basin. *GEO ExPro*, 9, 38−40.

Silver, E. A. 1972. Pleistocene tectonic accretion of the continental slope off Washington. *Marine Geology*, 13, 239−249.

Simó, A. & Puigdefàbregas, C 1985. Transition from shelf to basin on an active slope, Upper Cretaceous, Tremp area, southern Pyrenees *In*: Mila, M. D. & Rosell, J. (eds), *International Association of Sedimentologists*, *6th European Regional Meeting*, *Llerida*, *Excursion Guidebook*, 63−108.

Simm, R. W. & Kidd, R. B. 1984. Submarine debris flow deposits detected by long range sidescan sonar 1000 km from source. *Geo-Marine Letters*, 3, 13−16.

Simm, R. W., Weaver, P. P. E., Kidd, R. B. & Jones, E. J. W. 1991. Late Quaternary mass movement on the lower continental rise and abyssal plain off Western Sahara. *Sedimentology*, 38, 27−40.

Simmons, J. R. 1992. Evolution of a Miocene calciclastic turbidite depositional system. *In*: Gradstein, F. M., Ludden, J. N. *et al.*, *Proceedings of the Ocean Drilling Program*, *Scientific Results*, 123, 151−164. College Station, Texas, USA: Ocean Drilling Program.

Simons, D. B., Richardson, E. V. & Nordin, C. F. Jr. 1965. Sedimentary structures generated by flow in alluvial channels. *In*: Middleton, G. V. (ed.), *Primary Sedimentary Structures and their Hydrodynamic Interpretation*, 34−52. Society of Economic Paleontolgists and Mineralogists Special Publication, 12.

Simpson, G. G., Roe, A. & Lewontin, R. C. 1960. *Quantitative Zoology*, revised edn. New York: Harcourt Brace.

Simpson, J. E. 1982. Gravity currents in the laboratory, atmosphere, and ocean. *Annual Reviews in Fluid Mechanics*, 14, 213–234.

Simpson, J. E. 1997. *Gravity Currents: In the Environment and the Laboratory*. Cambridge: Cambridge University Press, 244 pp.

Simpson, S. 1957. On the trace fossil Chondrites. *Quarterly Journal of the Geological Society of London*, 112, 475–499.

Sinclair, H. D. & Cowie, P. A. 2003. Basin-floor topography and the scaling of turbidites. *The Journal of Geology*, 111, 277–299.

Sinclair, H. D. & Tomasso, M. 2002. Depositional evolution of confined turbidite flows. *Journal of Sedimentary Research*, 72, 451–456.

Sinclair, H. D., Gibson, M., Naylor, M. & Morris, R. G. 2005. Asymmetric growth of the Pyrenees revealed through measurement and modelling of orogenic fluxes. *American Journal of Science*, 305, 369–406.

Sinclair, I. K. 1988. Evolution of Mesozoic-Cenozoid sedimentary basins in the Grand Banks area of Newfoundland and comparison with Falvey's (1974) rift model. *Bulletin Canadian Petroleum Geologists*, 36, 255–273.

Singh, S. C., Hananto, N., Mukti, M., Robinson, D. P., Das, S., Chauhan, A., Carton, H., Gratacos, B., Midnet, S., Djajadihardja, Y. & Harjono, H. 2011. Aseismic zone and earthquake segmentation associated with a deep subducted seamount in Sumatra. *Nature Geoscience*, 4, 308–311.

Sixsmith, P. J., Flint, S., Wickens, H deV & Johnson, S. 2004. Anatomy and stratigraphic development of an early foreland basin turbidite system: Laingsburg Formation, Karoo basin, South Africa. *Journal of Sedimentary Research*, 74, 239–254.

Skene, K. I., Piper, D. J. W. & Hill, P. S. 2002. Quantitative analysis of variations in depositional sequence thickness from submarine channel levees. *Sedimentology*, 49, 1411–1430.

Skipper, K. 1971. Antidune cross-stratification in a turbidite sequence, Cloridorme Formation, Gaspé, Québec. *Sedimentology*, 17, 51–68.

Skipper, K. & Middleton, G. V. 1975. The sedimentary structures and depositional mechanics of certain Ordovician turbidites, Cloridorme Formation, Gaspé Peninsula, Quebec. *Canadian Journal of Earth Sciences*, 12, 1934–1952.

Skipper, K. & Bhattacharjee, S. B. 1978. Backset bedding in turbidites: a further example from the Cloridorme Formation (Middle Ordovician), Gaspé, Québec. *Journal of Sedimentary Petrology*, 48, 193–202.

Slazca, A. & Walton, E. K. 1992. Flow characteristics of Metresa: an Oligocene seismoturbidite in the Dukla Unit, Polish Carpathians. *Sedimentology*, 39, 383–392.

Slacka, A., Kruglov, S., Golonka, J., Oszczypko, N. & Popadyuk, I. 2006. Geology and hydrocarbon resources of the Outer Carpathians, Poland, Slovakia, and Ukraine: general geology. In: Golonka, J. & Picha, F. J. (eds), *The Carpathians and their Foreland: Geology and Hydrocarbon Resources*, 221–258. American Association of Petroleum Geologists Memoir, 84.

Sliter, W. V. 1973. Upper Cretaceous foraminifers from the Vancouver Island area, British Columbia, Canada. *Journal of Foraminiferal Research*, 3, 167–186.

Slivitzky, A., St-Julien, P. & Lachambre, G. 1991. Synthèse géologique du Cambro-Ordovicien du nord de la Gaspésie. Ministère de l'Énergie et des Ressources du Québec, MM-85-04.

Sloss, L. L. 1979. Global sea level changes: a view from the craton. In: Watkins, J. S., Montadert, L. & Dickerson, P. W. (eds), *Geological and Geophysical Investigations of Continental Margins*, 461–467. American Association of Petroleum Geologists Memoir, 29.

Sluijs, A., Bowen, G. L., Brinkhuis, H., Lourens, L. J. & Thomas, E. 2007. The Palaeocene-Eocene Thermal Maximum super greenhouse: biotic and geochemical signatures, age models and mechanisms of global change. In: Williams, M., Haywood, A. M., Gregory, F. J. & Schmidt, D. N. (eds), *Deep-time Perspectives on Climate Change: Marrying the Signal fromComputer Models and Biological Proxies*, 323–349. The Micropalaeontological Society, Special Publications. The Geological Society, London.

Sluijs, A., Bijl, P. K. Schouten, S., Röhl, U., Reichart, G. -J. & Brinkhuis, H. 2011. Southern ocean warming, sea level and hydrological change during the Paleocene-Eocene thermal maximum. *Climate of the Past*, 7, 47–61.

Smith, A. G. & Pickering, K. T. 2003. Oceanic gateways as a critical factor to initiate icehouse Earth. Journal of the *Geological Society, London*, 160, 337–340.

Smith, R. D. A. 1987. The *griestoniensis* Zone Turbidite System, Welsh Basin. In: Leggett, J. K. & Zuffa, G. G. (eds), *Marine Clastic Sedimentology*, 89–107. London: Graham & Trotman.

Smith, R. D. A. 1995a. Complex bedding geometries in proximal deposits of the Castelnuovo Member, Rochetta Formation, Tertiary Piedmont Basin, NW Italy. In: Pickering, K. T., Hiscott, R. N., Kenyon, N. H., Ricci Lucchi, F. & Smith, R. D. A. (eds), *Atlas of Deep Water Environments: Architectural Style in Turbidite Systems*, 244–249. London: Chapman and Hall.

Smith, R. D. A. 1995b. Sheet-like and channelized sediment bodies in a Silurian turbidite system, Welsh Basin, UK. *In*: Pickering, K. T., Hiscott, R. N., Kenyon, N. H., Ricci Lucchi, F. & Smith, R. D. A. (eds), *Atlas of Deep Water Environments*: *Architectural Style in Turbidite Systems*, 250-254. London: Chapman and Hall.

Smith, R. D. A. 1995c. Architecture of turbidite sandstone bodies in a rift-lake setting, Gabon Basin, offshore Gabon. *In*: Pickering, K. T., Hiscott, R. N., Kenyon, N. H., Ricci Lucchi, F. & Smith, R. D. A. (eds), *Atlas of DeepWwater Environments*: *Architectural Style in Turbidite Systems*, 255-259. London: Chapman and Hall.

Smith, R. D. A. 2004. Silled sub-basins to connected tortuous corridors: sediment distribution systems on topographically complex sub-aqueous slopes. *In*: Lomas, S. A. & Joseph, P. (eds), *Confined Turbidite Systems*, 23-43. Geological Society, London, Special Publication, 222. London: The Geological Society.

Smith, R. D. A. & Joseph, P. 2004. Onlap stratal architectures in the Grès d'Annot: geometric models and controlling factors. *In*: Joseph, P. & Lomas, S. A. (eds), *Deep-Water Sedimentation in the Alpine Basin of SE France*: *New Perspectives on the Grès d'Annot and Related Systems*, 389-399. Geological Society, London, Special Publication, 221. London: The Geological Society.

Smith, R. D. A. & Spalletti, L. A. 1995. Erosional, depositional and post-depositional features of a turbidite channel-fill, Jurassic, Neoquen Basin, Argentina. *In*: Pickering, K. T., Hiscott, R. N., Kenyon, N. H., Ricci Lucchi, F. & Smith, R. D. A. (eds), *Atlas of Deep Water Environments*: *Architectural Style in Turbidite Systems*, 162-166. London: Chapman andHall.

Smith, R. D. A., Waters, R. A. & Davies, J. R. 1991. Late Ordovician and early Silurian turbidite systems in the Welsh Basin. *In*: *13th International Sedimentological Congress, Nottingham, Field Guide*, 20. British Sedimentological Research Group.

Smith, S. B., Karlin, R. E., Kent, G. M., Seitz, G. G. & Driscoll, N. W. 2013. Holocene subaqueous paleoseismology of Lake Tahoe. *Geological Society of America Bulletin*, doi: 10.1130/B30629.1.

Snavely, Jr. P. D., Jr. & McClellan, P. H. 1987. Preliminary Geologic Interpretation of USGS S. P. Lee Seismic Profile WO 76-7 on the Continental Shelf and Upper Slope, Northwestern Oregon. U. S. Geological Survey Open File Report, 87-612, 12 pp.

Snavely, Jr. P. D., Wagner, H. C. & Lander, D. L. 1980. *Geologic Cross Section of the Central Oregon Continental Margin*. Map and Chart Series MC-28J, scale 1: 250, 000. Boulder, Colorado: Geological Society of America.

Snyder, D. B., Prasetyo, H., Blundell, D. J., Pigram, C. J., Barber, A. J., Richardson, A. & Tjokosaproetr, S. 1996. A dual doubly vergent orogen in the Banda Arc continent-arc collision zone as observed on deep seismic reflection profiles. *Tectonics*, 15, 34-53.

Soh, W. 1987. Transportation mechanism of resedimented conglomerate examined from clast fabric. *Journal of the Geological Society of Japan*, 93, 909-923.

Soh, W., Pickering, K. T., Taira, A. & Tokuyama, H. 1991. Basin evolution in the arc-arc Izu Collision Zone, Mio-Pliocene Miura Group, central Japan. *Journal of the Geological Society*, *London*, 148, 317-330.

Song, Y., Zhao, M., Liu, S., Hong, F. & Fang, S. 2010. Oil and gas accumulations in the foreland basins, central and western China. *Acta Geologica Sinica*, 84, 382-405.

Sohn, Y. K. 1997. On traction-carpet sedimentation. *Journal of Sedimentary Research*, 67, 502-509.

Sohn, Y. K. 2000. Depositional processes of submarine debris flows in the Miocene fan deltas, Pohang Basin, SE Korea with special reference to flow transformations. Journal of *Sedimentary Research*, A70, 491-503.

Sopaheluwakan, J. 1990. Ophiolite obduction in the Mutis complex, Timor, eastern Indonesia: an example of inverted, isobaric, medium-high pressure metamorphism. Ph. D. Thesis, Vrije Universiteit, Amsterdam, the Netherlands.

Soper, N. J. & Hutton, D. H. W. 1984. Late Caledonian sinistral displacements in Britain: implications for a three-plate collision model. Tectonics, 3, 781-794.

Soper, N. J., Webb, B. C. & Woodcock, N. H. 1987. Late Caledonian transpression in north west England: timing, geometry and geotectonic significance. *Proceedings of the Yorkshire Geological Society*, 46, 175-192.

Soreghan, M. J., Scholz, C. A. & Wells, J. T. 1999. Coarse-grained, deep-water sedimentation along a border fault margin of Lake Malawi, Africa: seismic stratigraphic analysis. *Journal of Sedimentary Research*, B69, 832-846.

Southard, J. B. & Mackintosh, M. E. 1981. Experimental test of autosuspension. *Earth Surface Processes Landforms*, 6, 103-111.

Souquet, P., Debroas, E., Boirie, J. M., Pons, Ph., Fixari, G., Roux, J. C., Dol. J., Thieuloy, J. P., Bonnemaison, M., Manivit, H. & Peybernes, B. 1985. Le Groupe du Flysch Noir (Albo-Cenomanien) dans les Pyrénées. *Bulletin des Centres de Recherches Exploration-Production Elf-Aquitaine*, 9, 183-252.

Soyinka, O. A. & Slatt, R. M. 2008. Identification and micro-stratigraphy of hyperpycnites and turbidites in Cretaceous Lewis Shale, Wyoming. *Sedimentology*, 55, 1117-1134.

Spakman, W. & Hall, R. 2010. Surface deformation and slab-mantle interaction during Banda arc subduction rollback. *Nature Ge-*

oscience, 3, 562–566.

Speed, R. C. 1983. Structure of the accretionary complex of Barbados, I: Chalky Mount. *Geological Society of America Bulletin*, 94, 92–116.

Speed, R. C. & Larue, D. K. 1982. Barbados: Architecture and implications for accretion. *Journal of Geophysical Research*, 87, 3633–3643.

Speed, R. C., Barker, L. H. & Payne, P. L. B. 1991. Geologic and hydrocarbon evolution of Barbados. *Journal of Petroleum Geology*, 14, 323–342.

Speed, R. C., Speed, C. & Sedlock, R. 2013. Geology and geomorphology of Barbados: a companion text to maps with accompanying cross sections, Scale 1: 10, 000. *Geological Society of America*, *Special Papers*, 491, 1–63. doi: 10.1130/2012.2491.

Spencer, J. E. & Normark, W. R. 1979. Tosco–Abreojos fault zone: a Neogene transform plate boundary within the Pacific margin of southern Baja California, Mexico. *Geology*, 7, 554–557.

Spencer, J. W. 1903. Submarine valleys off the American coast and in the North Atlantic. *Geological Society of America Bulletin*, 14, 207–226.

Sprague, A. R. G., Sullivan, M. D., Campion, K. M., Jensen, G. N., Goulding, F. J., Garfield, T. R., Sickafoose, D. K., Rossen, C., Jennette, D. C., Beaubouef, R. T., Abreu, V., Ardill, J., Porter, M. L. & Zelt, F. B., 2002. The physical stratigraphy of deep–water strata: a hierarchical approach to the analysis of genetically related stratigraphic elements for improved reservoir prediction (abstract). American Association of Petroleum Geologists, Annual Meeting, March 10–13, 2002, *Houston*, *Texas*, *Official Program*, p. A167.

Sprague, A. R. G., Garfield, T. R., Goulding, F. J., Beaubouef, R. T., Sullivan, M. D., Rossen, C., Campion, K., Sickafoose, D. K., Abreu, V., Schellpeper, M. E., Jensen, G. N., Jennette, D. C., Pirmez, C., Dixon, B. T., Ying, D., Mohrig, D. C., Porter, M. L., Farrell, M. E. & Mellere, D. 2005. Integrtaed slope channel depositional models: the key to successful prediction of reservoir presence and quality in offshore West Africa. *CIPM*, *cuarto EExitep* 2005, *February* 2–23, 2005, Veracruz, Mexico, 1–13.

Sprague, A., Box, D., Hodgson, D. & Flint, S. 2008. A physical stratigraphic hierarchy for deep–water slope system reservoirs 2: complexes to storeys. *American Association of Petroleum Geologists International Conference and Exhibition*, *Cape Town*, *South Africa*, *Abstracts*.

Squinabol, S. 1890. Alghe a Pseudoalghe fossili italiane. *Atti della Societa Linguistica di Scienze Naturali e Geografiche*, 1, 29–49, 166–199.

Srivastava, S. P., Arthur, M. A., Clement, B. *et al.* 1987. Site 645. In: *Proceedings of the Initial Reports of the Ocean Drilling Program* (*Pt A*), 105, 61–418. College Station, Texas: Ocean Drilling Program.

St. John, K., Leckie, R. M., Pound, K., Jones, M. & Krissek, L. 2012. *Reconstructing Earth's Climate History: Inquiry–Based Exercises for Lab and Class*. John Wiley & Sons, 485 pp. ISBN: 978–0–470–65805–5.

St–Julien, P. & Hubert, C. 1975. Evolution of the Taconian Orogen in the Québec Appalachians. *American Journal of Science*, 275–A, 337–362.

Stacey, M. W. & Bowen, A. J. 1988. The vertical structure of density and turbidity currents: theory and observations. *Journal of Geophysical Research*, 93, 3528–3542.

Stam, B., Gradstein, F. M., Lloyd, P. & Gillis, D. 1987. Algorithms for porosity and subsidence history. *Computers Geoscience*, 13, 317–349.

Stanbrook, D. A. & Clark, J. D. 2004. The Marnes Brunes Inf rieures in the Grand Coyer remnant: characteristics, structure and relationship to the Grès d'Annot. *In*: Joseph, P. & Lomas, S. A. (eds), *Deep–Water Sedimentation in the Alpine Basin of SE France: New Perspectives on the Grès d'Annot and Related Systems*. Geological Society, London, Special Publication, 221, 285–300. London: The Geological Society.

Stanley, D. C. A. & Pickerill R. K. 1995. Arenitube, a new name for the trace fossil Ichnogenus Micatuba Chamberlain, 1971. *Journal of Paleontology*, 69, 612–614.

Stanley, D. J. 1981. Unifites: structureless muds of gravity–flow origin in Mediterranean basins. *Geo–Marine Letters*, 1, 77–83.

Stanley, D. J. 1987. Turbidite to current–reworked sand continuum in Upper Cretaceous rocks, U. S. Virgin Islands. *Marine Geology*, 78, 143–151.

Stanley, D. J. 1988. Deep–sea current flow in the Late Cretaceous Caribbean: measurements on St. Croix, U. S. Virgin Islands. *Marine Geology*, 79, 127–133.

Stanley, D. J. & Kelling, G. (eds) 1978. *Sedimentation in Submarine Canyons, Fans, and Trenches*. Stroudsburg, PA: Dowden,

Hutchinson & Ross. 395 pp. ISBN：0879333138.

Stanley, D. J. & Maldonado, A. 1981. Depositional models for fime-grained sediments in the western Hellenic Trench, eastern Mediterranean. *Sedimentology*, 28, 273-290.

Stanley, D. J. & Unrug, R. 1972. Submarine channel deposits, fluxoturbidites and other indicators of slope and base-of-slope environments in modern and ancient marine basins. *In*：Rigby, J. K. & Hamblin, W. K. (eds), *Recognition of Ancient Sedimentary Environments*, 287-340. Society of Economic Paleontologists and Mineralogists Special Publication, 16.

Stanley, D. J., Fenner, P. & Kelling, G. 1972. Currents and sediment transport at Wilmington Canyon shelf-break, as observed by underwater television. *In*：Swift, D. J. P., Duane, D. B. & Pilkey, O. H. (eds), *Shelf Sediment Transport：Process and Pattern*, 630-641. Stroudsburg, PA：Dowden, Hutchinson & Ross.

Stanley, D. J., Palmer, H. D. & Dill, R. F. 1978. Coarse sediment transport by mass flow and turbidity current processes and downslope transformation in Annot Sandstone canyon-fan valley systems. *In*：Stanley, D. J. & Kelling, G. (eds). *Sedimentation in Submarine Canyons, Fans and Trenches*, 85-115. Stroudsburg, PA：Dowden, Hutchinson & Ross.

Stauffer, P. H. 1967. Grain flow deposits and their implications, Santa Ynez Mountains, California. *Journal of Sedimentary Petrology*, 37, 487-508.

Staukel, C., Lamy, F., Stuut, J.-B. W., Tiedemann, R. & Vogt, C. 2011. Distribution and provenance of wind-blown SE Pacific surface sediments. *Marine Geology*, doi：10.1016/j.margeo.2010.12.006.

Stax, R. & Stein, R. 1994. Quaternary organic carbon cycles in the Japan Sea (ODP-site 798) and their paleoceanographic implications. *Palaeogeography, Palaeoclimatology, Palaeoecology*, 108, 509-521.

Steckler, M. S. & Watts, A. B. 1978. Subsidence of the Atlantic-type continental margin off New York. *Earth and Planetary Science Letters*, 41, 1-13.

Stefani, C. De. 1895. Aperçu géologique et description paléontologique de l'île de Karpathos. *In*：Stefani, C. de., Forsyth Major, C. J. & Barbey, W. (eds), *Karpathos. Étude géologique, paléontologique et botanique*, 1-28. Lausanne：G. Bridel.

Steffens, G. 1986. Pleistocene entrenched valley/canyon systems, Gulf of Mexico. *American Association of Petroleum Geologists Bulletin*, 70, 1189.

Sternberg, G. K. 1833. Versuch einer geognostisch, botanischen Darstellung der Flora der Vorvwelt. *IV Heft*. Brenck, C. E. Regensburg, 48 pp.

Stevens, S. H. & Moore, G. F. 1985. Deformational and sedimentary processes in trench slope basins of the western Sunda Arc, Indonesia. *Marine Geology*, 69, 93-112.

Stevenson, A. J., Scholl, D. W. & Vallier, T. L. 1983. Tectonic and geologic implications of the Zodiac fan, Aleutian Abyssal Plain, northeast Pacific. *Geologicla Society of America Bulletin*, 94, 259-273.

Stevenson, A. J., Talling, P. J., Wynn, R. B., Masson, D. G., Hunt, J. E., Frenz, M., Akhmetzhanhov, A. & Cronin, B. T. 2013. The flows that left no trace：Very large-volume turbidity currents that bypassed sediment through submarine channels without eroding the sea floor. *Marine and Petroleum Geology*, 41, 186-205.

Stevenson, C. J., Talling, P. J., Masson, D. G., Sumner, E. J., Frenz, M. & Wynn, R. B. 2014. The spatial and temporal distribution of grain-size breaks in turbidites. *Sedimentology*, 61, 1120-1156.

Stommel, H. & Arons, A. B. 1961. On the abyssal circulation of the world ocean. I. Stationary planetary flow patterns on a sphere. *Deep-Sea Research*, 6, 140-154.

Stoneley, R. 1962. Marl diapirism near Gisbourne, New Zealand. *New Zealand Journal of Geology and Geophysics*, 5, 630-641.

Storti, F., Holdsworth, R. E. & Salvini, F. (eds) 2003. *Intraplate Strike-Slip Deformation Belts*. Geological Society, London, Special Publications, 210. London：The Geological Society.

Stow, D. A. V. 1976. Deep water sands and silts on the Nova Scotian continental margin. *Marine Sediments*, 12, 81-90.

Stow, D. A. V. 1979. Distinguishing between fine-grained turbidites and contourites on the Nova Scotian deep water margin. *Sedimentology*, 26, 371-387.

Stow, D. A. V. 1981. Laurentian Fan：morphology, sediments, processes and growth patterns. *American Association of Petroleum Geologists Bulletin*, 65, 375-393.

Stow, D. A. V. 1982. Bottom currents and contourites in the North Atlantic. *Bulletin d'Institut de Geologie du Bassin d'Aquitaine*, 31, 151-166.

Stow, D. A. V. 1984. Turbidite facies associations and sequences in the southeastern Angola Basin. In：Hay, W. W., Sibuet, J. C. et al., *Initial Reports Deep Sea Drilling Project*, 75, 785-99. Washington, DC：US Government Printing Office.

Stow, D. A. V. 1985. Deep-sea clastics：where are we and where are we going? *In*：P. J Brenchley & B. P. J. Williams (eds),

Sedimentology: *Recent Developments and Applied Aspects*, 67-93. Geological Society, London, Special Publicationn, 18. Oxford: Blackwell Scientific.

Stow, D. A. V. 1986. Deep clastic seas. *In*: Reading, H. G. (ed.), *Sedimentary Environments and Facies*, 2nd edn, 399-444. Oxford: Blackwell Scientific.

Stow, D. A. V. & Bowen, A. J. 1980. A physical model for the transport and sorting of finegrained sediments by turbidity currents. *Sedimentology*, 27, 31-46.

Stow, D. A. V. & Dean, W. E. 1984. Middle Cretaceous black shales at Site 530 in the southeastern Angola Basin. *In*: W. W. Hay, W. W., Sibuet, J. C. *et al.*, *Initial reports Deep Sea Drilling Project*, 75, 809-817. Washington, DC: US Government Printing Office.

Stow, D. A. V. & Faugères, J.-C. 2008. Contourite facies and the facies model. *In*: Rebesco, M. & Camerlenghi, A. (eds), *Contourites*, 223-250. Developments in Sedimentology, 60. Amsterdam: Elsevier.

Stow, D. A. V. & Holbrook, J. A. 1984. North Atlantic contourites: an overview. *In*: Stow, D. A. V. & Piper, D. J. W. (eds), *Fine-grained Sediments*: *Deep-water Processes and Facies*, 245-256. Geological Society of London Special Publication, 15. Oxford: Blackwell Scientific.

Stow, D. A. V. & Johansson, M. 2000. Deep-water massive sands: nature, origin and hydrocarbon implications. *Marine and Petroleum Geology*, 17, 145-174.

Stow, D. A. V. & Lovell, J. P. B. 1979. Contourites: their recognition in modern and ancient sediments. *Earth-Science Reviews*, 14, 251-291.

Stow, D. A. V. & Mayall, M. 2000. Deep-water sedimentary systems: new models for the 21st century. *Marine and Petroleum Geology*, 17, 125-135.

Stow, D. A. V. & D. J. W. Piper (eds) 1984a. *Fine-grained Sediments*: *Deep-water Processes and Facies*. Geological Society, London, Special Publication, 15. Oxford: Blackwell Scientific.

Stow, D. A. V. & Piper, D. J. W. 1984b. Deep-water fine-grained sediments: facies models. *In*: Stow, D. A. V. & Piper, D. J. W. (eds), *Fine-grained Sediments*: *Deep-water Processes and Facies*, 611-646. Geological Society of London Special Publication, 15. Oxford: Blackwell Scientific.

Stow, D. A. V. & Shanmugam, G. 1980. Sequence of structures in fine-grained turbidites: comparison of recent deep-sea and ancient flysch sediments. *Sedimentary Geology*, 25, 23-42.

Stow, D. A. V., Bishop, C. D. & Mills, S. J. 1982. Sedimentology of the Brae oilfield, North Sea: fan models and controls. *Journal of Petroleum Geology*, 5, 129-148.

Stow, D. A. V., Cremer, M., Droz, L., Meyer, A. W., Normark, W. R., O'Connell, S., Pickering, K. T., Stelting, C. E., Angell, S. A. & Chaplin, C. 1986. Facies, composition, and tecture of Missisippi Fan sediments, Deep Sea Drilling Project Leg 96, Gulf of Mexico. *In*: Bouraa, A. H., Coleman, J. M., Meyer, A. W. et al., *Initial Reports of the Deep Sea Drilling Project*, 96, 475-487. Washington: U. S. Government Printing Office.

Stow, D. A. V., Amano, K., Balson, P. S., Brass, G. W., Corrigan, J., Raman, C. V., Tiercelin, J.-J., Townsend, M. & Wijayananda, N. P. 1990. Sediment facies and processeson the distal Bengal Fan, Leg 116. *In*: Cochran, J. R., Stow, D. A. V. et al., *Proceedings of the Ocean Drilling Program*, *Scientific Results*, 116, 377-396. College Station, Texas, USA: Ocean Drilling Program.

Stow, D. A. V., Faugère, J.-C., Viana, A. R. & Gonthier, E. 1998a. Fossil contourites: a critical review. *Sedimentary Geology*, 115, 3-31.

Stow, D. A. V., Taira, A., Ogawa, Y., Soh, W., Taniguchi, T. & Pickering, K. T. 1998b. Volcaniclastic sediments, process interaction and depositional setting of the Mio-Pliocene Miura Group, SE Japan. *Sedimentary Geology*, 115, 351-381.

Stow, D. A. V., Faugères, J.-C., Howe, J. A., Pudsey, C. J. & Viana, A. R. 2002a. Bottom currents, contourites and deep-sea sediment drifts: current state-of-the-art. *In*: Stow, D. A. V., Pudsey, C. J., Howe, J. A., Faugères, J.-C. & Viana, A. R. (eds), *Deep-water Contourite Systems*: *Modern Drifts and Ancient Series*, *Seismic and Sedimentary Characteristics*, 7-20. Geological Society London Memoir, 22.

Stow, D. A. V., Pudsey, C. J., Howe, J. A., Faugères, J.-C. & Viana, A. R. (eds), 2002b. Deepwater Contourite Systems: Modern Drifts and Ancient Series, Seismic and Sedimentary Characteristics. Geological Society London Memoir, 22.

Stow, D. A. V., Kahler, G. & Reeder, M. 2002c. Fossil contourites: type example from an Oligocene palaeoslope system, Cyprus. *In*: Stow, D. A. V., Pudsey, C. J., Howe, J. A., Faugères, J.-C. & Viana, A. R. (eds), *Deep-water Contourite Systems*: *Modern Drifts and Ancient Series*, *Seismic and Sedimentary Characteristics*, 443-455. Geological Society London Memoir, 22.

Strachan, L. J. 2008. Flow transformations in slumps: a case study from the Waitemata Basin, New Zealand. *Sedimentology*, 55, 1311-1332.

Srand, K., Marsaglia, K., Forsythe, R., Kurnosov, V. & Vergara, H. 1995. Outer margin depositional systems near the Chile margin triple junction. *In*: Lewis, S. D., Behrmann, J. H., Musgrave, R. J. & Cande, S. C. (eds.), *Proceedings of the Ocean Drilling Program, Scientific Results*, 141, 379-397.

Strasser, M., Moore, G. F., Kimura, G., Kopf, A. J., Underwood, M. B., Guo, J. & Screaton, E. J. 2011. Slumping and mass transport deposition in the Nankai fore arc: Evidence from IODP drilling and 3-D reflection seismic data. *Geochemistry, Geophysics, Geosystems*, 12, doi: 10. 1029/2010GC003431.

Straub, K. M. 2001. Bagnold revisited: implications for the rapid motion of high-concentration sediment flows. *In*: McCaffrey, W., Kneller, B. & Peakall, J. (eds), *Particulate Gravity Currents*, 91-112. International Association of Sedimentologists, Special Publication, 31. Oxford: Blackwell Scientific.

Straub, K. M., Mohrig, D., McElroy, B., Buttles, J. & Pirmez, C., 2008. Interactions between turbidity currents and topography in aggrading sinuous submarine channels: a laboratory study. *Geological Society of America Bulletin*, 120, 368-385.

Straub, K. M., Mohrig, D., Buttles, J., McElroy, B. & Pirmez, C. 2011. Quantifying the influence of channel sinuosity on the depositional mechanics of channelized turbidity currents: a laboratory study. *Marine and Petroleum Geology*, 28, 744-760.

Straub, K. M. Mohrig, D. & Pirmez, C. 2012. Architecture of an aggradational tributary submarine-channel network on the continental slope offshore Brunei Darussalam. *In*: Prather, B. E., Deptuck, M. E., Mohrig, D., van Hoorn, B. & Wynn, R. B. (eds), *Application of the Principles of Seismic Geomorphology to Continental Slope and Base-of-slope Systems: Case Studies from Seafloor and Near-seafloor Analogues*, 13-30. SEPM (Society for Sedimentary Geology), 99.

Stride, A. H., Belderson, R. H. & Kenyon, N. H. 1982. Structural grain, mud volcanoes and other features on the Barbados Ridge Complex revealed by GLORIA long-range side-scan sonar. *Marine Geology*, 49, 187-196.

Stright, L., Stewart, J., Campion, K. & Graham, S. 2014. Geologic and seismic modeling of a coarse-grained deep-water channel reservoir analog (Black's Beach, La Jolla, California). *American Association of Petroleum Geologists Bulletin*, 98, 695-728.

Strebelle, S., Payrazyan, K. & Caers, J. 2002. Modeling of a deepwater turbidite reservoir conditional to seismic data using multiple-point geostatistics. *In*: Society of Petroleum Engineers (SPE) Annual Conference and Technical Meeting, SPE 77429, San Antonio, Texas, 16 pp.

Strogen, D. P., Burwood, R. & Whitham, A. G. 2005. Sedimentology and geochemistry of Late Jurassic organic-rich shelfal mudstones from East Greenland: regional and stratigraphic variations in source-rock quality. *In*: Petroleum Geology: From Mature Basins to New Frontier-Proceedings of the 7th Petroleum Geology Conference, 6, 903-912. London: The Geological Society.

Strong, P. G. & Walker, R. G. 1981. Deposition of the Cambrian continental rise: the St. Roch Formation near St. Jean-Port-Joli, Quebec. *Canadian Journal of Earth Sciences*, 18, 1320-1335.

Strong, S. W. S. 1931. Ejection of fault breccia in the Waimata survey district, Gisbourne. *New Zealand Journal of Science and Technology*, 12, 257-267.

Styzen, M. J. (compiler) 1996. Late Cenozoic Chronostratigraphy of the Gulf of Mexico. Gulf Coast Society of Economic Paleontologists and Mineralogists Foundation, chart, 2 sheets.

Sugioka, H., Okamoto, T., Nakamura, T., Ishihara, Y., Ito, A., Obana, K., Kinoshita, M., Nakahigashi, K., Shinohara, M. & Fukao, Y. 2012. Tsunamigenic potential of the shallow subduction plate boundary inferred from slow seismic slip. *Nature Geoscience*, 5, 414-418.

Sullivan, S., Wood, L. J. & Mann, P. 2004. Distribution, Nature and Origin of Mobile Mud Features Offshore Trinidad. *In*: Post, P., Olson, D., Lyons, K., Palmes, S., Harrison, P. & Rosen, N. (eds), *Salt Sediment Interactions and Hydrocarbon Prospectivity: Concepts, Applications, and Case Studies for the 21st Century*. 24th GCS-SEPM Annual Proceedings, 24, 840-867.

Sullwold, H. H. Jr 1960. Tarzana fan, deep submarine fan of late Miocene age, Los Angeles County, California. *American Association of Petroleum Geologists Bulletin*, 44, 433-457.

Sumer, B. M., Kozakiewicz, A., Fredsøe, J. & Deigaard, R. 1996. Velocity and concentration profiles in sheet flow layer of movable bed. *Journal of Hydraulic Engineering (ASCE)*, 122, 549-558.

Sumner, E. J., Talling, P. J. & Amy, L. A. 2009. Deposits of flows transitional between turbidity current and debris flow. *Geology*, 37, 991-994.

Summerhayes, C. P. 1979. *Marine Geology of the New Zealand sub-Antarctic Seafloor*. New Zealand Department of Scientific and Industrial Research, Bulletin, 190.

Surlyk, F. 1978. Submarine fan sedimentatiom along fault scarps on tilted fault blocks (Jurassic-Cretaceous boundary, East Greenland). *Bulletin Grønlands Geologiske Undersogelse*, 128.

Surlyk, F. 1984. Fan-delta to submarine fan conglomerates of the Volgian-Valanginian Wollaston Foreland Group, East Greenland. *In*: Koster, E. H. & Steel, R. J. (eds), *Sedimentology of Gravels and Conglomerates*, 359-382. Canadian Society of Petroleum Geologists, Memoir, 10.

Surlyk, F. 1987. Slope and deep shelf gully sandstones, Upper Jurassic, East Greenland. *American Association of Petroleum Geologists Bulletin*, 71, 464-475.

Surlyk, F. 1995. Deep-sea fan valleys, channels, lobes and fringes of the Silurian Peary Land Group, North Greenland. *In*: Pickering, K. T., Hiscott, R. N., Kenyon, N. H., Ricci Lucchi, F. & Smith, R. D. A. (eds), *Atlas of Deep Water Environments: Architectural Style in Turbidite Systems*, 124-138. London: Chapman and Hall.

Surlyk, F. & Hurst, J. M. 1984. The evolution of the early Paleozoic deep-water basin of North Greenland. *American Association of Petroleum Geologists Bulletin*, 95, 131-154.

Surpless, K. D., Ward, R. B. & Graham, S. A. 2009. Evolution and stratigraphic architecture of marine slope gully complexes: Monterey Formation (Miocene), Gaviota Beach, California. *Marine and Petroleum Geology*, 26, 269-288.

Susilohadi, S., Gaedicke, C. & Ehrhardt, A. 2005. Neogene structures and sedimentation history along the Sunda forearc basins off southwest Sumatra and southwest Java. *Marine Geology*, 219, 133-154.

Susilohadi, S., Gaedicke, C. & Djajadihardja, Y. 2009. Structures and sedimentary deposition in the Sunda Strait, Indonesia. *Tectonophysics*, 467, 55-71.

Sutcliffe, C. & Pickering, K. T. 2009. End-signature of deep-marine basin-fill, as a structurally confined low-gradient clastic slope: the Middle Eocene Guaso system, south-central Spanish Pyrenees. *Sedimentology*, 56, 1670-1689.

Sutherland, R. 1999. Basement geology and tectonic development of the greater New Zealand region: an interpretation from regional magnetic data. *Tectonophysics*, 308, 341-362.

Suzuki, T. & Hada, S, 1979. Cretaceous tectonic melange of the Shimanto Belt in Shikoku, Japan. *Journal of the Geological Society of Japan*, 85, 467-479.

Swart, R. 1990. The sedimentology of the Zerissene turbidite system, Damara Orogen, Namibia. Ph. D. Thesis, Rhodes University, South Africa.

Swift, D. J. P. 1968. Coastal erosion and transgressive stratigraphy. *Journal of Geology*, 76, 444-456.

Swift, S. A., Hollister, C. D. & Chandler, R. S. 1985. Close-up stereo photographs of abyssal bedforms on the Nova Scotian continental rise. *Marine Geology*, 66, 303-322.

Sylvester, A. G. 1988. Strike-slip faults. *Geological Society of America Bulletin*, 100, 1666-1703.

Sylvester, A. G. & Smith, R. R. 1976. Tectonic transpression and basement-controlled deformation in the San Andreas fault zone, Salton trough, California. *American Association of Petroleum Geologists Bulletin*, 60, 74-96.

Sylvester, Z. 2007. Turbidite bed thickness distributions: methods and pitfalls of analysis and modelling. *Sedimentology*, 54, 847-870.

Taira, A. 1981. The Shimanto Belt of southwest Japan and arc-trench sedimentary tectonics. *Recent Progress of Natural Sciences in Japan*, 6, 147-162.

Taira, A. 1985. Sedimentary evolution of the Shikoku subduction zone: the Shimanto Belt and Nankai Trough. In: Nasu, N., Kobayashi, K., Veda, S., Kushiro, . I. & Kagami, H. (eds), *Formation of Active Margins*, 835-851. Tokyo: Terrapub.

Taira, A. 1988. *The Shimanto Belt, Southwest Japan: Studies on the Evolution of an Accretionary Prism. Modern Geology*: Netherlands: Gordon & Breach Science Publishers Ltd. 536 pp. ISBN: 9780677256801.

Taira, A. 2001. Tectonic evolution of the Japanese island arc system. *Annual Reviews in Earth and Planetary Sciences*, 29, 109-134.

Taira, A. & Niitsuma, N. 1986. Turbidite sedimentation in the Nankai Trough as interpreted from magnetic fabric, grain size, and detrital modal analyses. *In*: Kagami, H., Karig, D. E., Coulbourn, W. T., et al., *Initial Reports Deep Sea Drilling Project*, 87, 611-632. Washington, DC: US Government Printing Office.

Taira, A., Tashiro, M., Okamura, M. & Katto, J. 1980. The geology of the Shimanto Belt in the Kochi Prefecture, Shikoku, Japan. In: Taira, A. & Tashiro, M. (eds), *Geology and Paleontology of the Shimanto Belt (Cretaceous)*, 319-389. Kochi: Rinya-kosaikai Press.

Taira, A., Okada, H., Whitaker, J. H. & Smith, A. J. 1982. The Shimanto Belt of Japan: Cretaceous-lower Miocene active-margin sedimentation. *In*: Leggett, J. K. (ed.), *Trench-Forearc Geology*, 5-26. The Geological Society of London, Special Publication, 10. London: The Geological Society.

Taira, A., Saito, Y. & Hashimoto, M. 1983. The role of oblique subduction and strike-slip tectonics in the evolution of Japan. *In*: Hilde, T. W. C. & Uyeda, S. (eds), *Geodynamics of the Western Pacific - Indonesian Region*, 303–316. American Geophysical Union Geodynamics Series, 11.

Taira, A., Tokuyama, H., & Soh. W. 1989, Accretion tectonics and evolution of Japan. *In*: Ben-Avraham, Z. (ed.), *The Evolution of the Pacific Ocean Margins*, 100–123. Oxford Monographs in Geology & Geophysics, 8. Oxford, UK: Oxford University Press.

Taira, A., Hill, I., Firth, J., Berner, U., Brückmann, W., Byrne, T., Chabernaud, T., Fisher, A., Foucher, J. -P., Gamo, T., Gieskes, J., Hyndman, R., Karig, D., Kastner, M., Kato, Y., Lallement, S., Lu, R., Maltman, A., Moore, G., Moran, K., Olaffson, G., Owens, W., Pickering, K. T., Siena, F., Taylor, E., Underwood, M., Wilkinson, C., Yamano, M. & Zhang, J. 1992.

Sediment deformation and hydrogeology of the Nankai Trough accretionary prism: synthesis of shipboard results of Ocean Drilling Program Leg 131. *Earth and Planetary Science Letters*, 109, 431–450.

Takahashi, T. 1981. Debris flow. *Annual Review of Fluid Mechanics*, 13, 57–77.

Takano, O. 2002. Changes in depositional systems and sequences in response to basin evolution in a rifted and inverted basin: an example from the Neogene Niigata-Shin'etsubasin, Northern Fossa Magna, central Japan. *Sedimentary Geology*, 152, 79–97.

Talling, P. J. 2001. On the frequency distribution of turbidite thickness. *Sedimentology*, 48, 1297–1329.

Talling, P. J. 2014. On the triggers, resulting flow types and frequencies of subaqueous sediment density flows in different settings. *Marine Geology*, 352, 155–182.

Talling, P. J., Peakall, J., Sparks, R. S. J., Cofaigh, C. Ó., Dowdeswell, J. A., Felix, M., Wynn, R. B., Baas, J. H., Hogg, A. J., Masson, D. G., Taylor, J. & Weaver, P. P. E. 2002. Experimental constraints on shear mixing rates and processes: implications for the dilution of submarine debris flows. *In*: Dowdeswell, J. A. & Cofaigh, C. Ó. (eds), *Glacier-influenced Sedimentation on High-latitude Continental Margins*, 89–103. Geological Society of London Special Publication, 203.

Talling, P. J., Amy, L. A., Wynn, R. B., Peakall, J. & Robinson, M. 2004. Beds comprising debrite sandwiched within co-genetic turbidite: origin and widespread occurrence in distal depositional environments. Sedimentology, 51, 163–194.

Talling, P. J., Amy, L. A. & Wynn, R. B. 2007. New insights into the evolution of large volume turbidity currents; comparison of turbidite shape and previous modelling results. *Sedimentology*, 54, 737–769.

Talling, P. J., Wynn, R. B., Rixon, R. & Schmidt, D. 2010. How did submarine flows transport boulder sized mud clasts to the fringes of the Mississippi Fan? *Journal of Sedimentary Research*, 80, 829–851.

Talling, P. J., Masson, D. G., Sumner, E. J. & Malgesini, G. 2012. Subaqueous sediment density flows: depositional processes and deposit types. *Sedimentology*, 59, 1937–2003.

Talling, P. J., Malgesini, G. & Felletti, F. 2013. Can liquefied debris flows deposit clean sand over large areas of sea floor? *Field evidence from the Marnoso-arenacea Formation*, Italian Apennines Sedimentology, 60, 720–762.

Talling, P. J., Joshua Allin, Armitage, D. A., Arnott, R. W. C., Cartigny, M. J. B., Clare, M. A., Felletti, F., Covault, J. A., Girardclos, S., Ernst Hansen, Hill, P. R., Hiscott, R. N., Hogg, A. J., Clarke, J. H., Jobe, Z. R., Malgesini, G., Mozzato, A., Naruse, H., Parkinson, S., Peel, F. J., Piper, D. J. W., Pope, E., Postma, G., Rowley, P., Sguazzini, A., Stevenson, C. J., Sumner, E. J., Sylvester, Z., Watts, C., Xu, J. 2015. Key Future Directions For Research On Turbidity Currents And Their Deposits. *Journal of Sedimentary Research*, 85, 153–169.

Talwani, K. & Pitman III W. C. (eds) 1977. *Island Arcs, Deep-sea Trenches and Back-arc Basins*. Maurice Ewing Series 1. Washington, DC: American Geophysical Union.

Talwani, T., Udinstev, G. et al. 1976. *Initial Reports Deep Sea Drilling Project*, 38. Washington, DC: US Government Printing Office.

Tamaki, K. & Honza, E. 1991. Global tectonics and formation of marginal basins: role of the western Pacific. Episodes, 14, 224–230.

Tamburini, F., Adatte, T & Föllmi, K. B. 2003. Origin and nature of green clay layers, ODP Leg 184, South China Sesa. *In*: Prell, W. L., Wang, P., Blum, P., Rea, D. K. & Clemens, S. C. (eds), *Proceedings of the Ocean Drilling Program*, *Scientific Results*, 184, 1–23. College Station, Texas, USA: Ocean Drilling Program.

Tanaka, K. 1970. Sedimentation of the Cretaceous flysch sequence in the Ikushumbetsu area, Hokkaido, Japan. *Geological Survey of Japan*, *Report*, 236, 1–102.

Tankard, A. J. 1986. On the depositional response to thrusting and lithospheric flexure: examples from the Appalachian and Rocky Mountain basins. *In*: Allen, P. A. Homewood, P. (eds), Foreland Basins, 369–392. Special Publication of the International

Association of Sedimentologists, 8. Oxford: Blackwell Scientific Publications.

Tankard, A. J. & Welsink, H. J. 1987. Extensional tectonics and stratigraphy of Hibernia oil field, Grand Banks, *Newfoundland. American Association of Petroleum Geologists Bulletin*, 71, 1210–1232.

Tankard, A., Welsink, H., Aukes, P., Newton, R. & Stettler, E. 2009. Tectonic evolution of the Cape and Karoo basins of South Africa. *Marine and Petroleum Geology*, 26, 1379–1412.

Tappin, D. R., McNeill, L. C., Henstock, T. & Mosher, D. 2007. Mass wasting processes–offshore Sumatra. In: Lykousis, V., Sakellariou, D. & Locat, J. (eds), *Submarine Mass Movements and their Consequences*, 327–336. New York: Springer–Verlag.

Tarlao, A., Tunis, G. & Venturini, S. 2005. Dropstones, pseudoplanktonic forms and deepwater decapod crustaceans within a Lutetian condensed succession of central Istria (Croatia): relation to palaeoenvironmental evolution and palaeogeography. *Palaeogeography, Palaeoclimatology, Palaeoecology*, 218, 325–345.

Tarney, J., Pickering, K. T., Knipe, R. J. & Dewey, J. F. (eds) 1991. *The Behaviour and Influence of Fluids in Subduction Zones*. London: The Royal Society, 418 pp.

Taylor, A. M. & Gawthorpe, R. L. 1993. Application of sequence stratigraphy and trace fossil analysis to reservoir description: examples from the Jurassic of the North Sea. In: Parker, J. R. (ed.). *Petroleum Geology of Northwest Europe: Proceedings of the 4th Conference*, 317–335. London: Geological Society.

Taylor, A. M. & Goldring, R. 1993. Description and analysis of bioturbation and ichnofabric. *Journal of the Geological Society*, London, 150, 141–148.

Taylor, A. M., Goldring, R. & Gowland, S. 2003. Analysis and application of ichnofabrics. *Earth–Science Reviews*, 60, 227–225.

Tazaki, K. & Inomata, M. 1980. Umbers in pillow lava from the Mineoka tectonic belt, Boso Peninsula. *Journal of the Geological Society of Japan*, 86, 413–416.

Taylor, B. & Natland, J. (eds) 1995. *Active Margins and Marginal Basins of the Western Pacific*. American Geophysical Union, Geophysical Monograph Series, 88, 417 pp.

Tchoumatchenco, P. & Uchman, A. 1999. Lower and Middle Jurassic flysch trace fossils from the eastern Stara Planina Mountains, Bulgaria: A contribution to the evolution of Mesozoic ichnodiversity. *Neues Jahrbuch für Geologie und Paläontologie*, 213, 169–199.

Tchoumatchenco, P. & Uchman, A. 2001. The oldest deep–sea Ophiomorpha and Scolicia and associated trace fossils from the Upper Jurassic–Lower Cretaceous deep–water turbidite deposits of SW Bulgaria. *Palaeogeography Palaeoclimatology, Palaeoecology*, 169, 85–99.

Teale, T. 1985. Occurrence and geological significance of olisto–liths from the Longobucco Group, Calabria, southern Italy. In: 6th *European Regional Meeting, Lleida, Spain, International Association of Sedimentologists Abstracts volume*, 457–460.

Teraoka, Y. 1979. Provenance of the Shimanto geosynclinal sediments inferred from sandstone compositions. *Journal of the Geological Society of Japan*, 83, 795–810.

Terlaky, V. & Arnott, R. W. C. 2014. Matrix–rich and associated matrix–poor sandstones: avulsion splays in slope and basin–floor strata. *Sedimentology*, 61, 1175–1197.

Terlaky, V., Longuépée, H., Rocheleau, J., Meyer, L., Privett, K., van Hees, G., Cramm, G., Tudor, A. & Arnott, R. W. 2010. Facies, architecture and compartmentalization of basin–floor deposits: Upper and Middle Kaza Groups, British Columbia, Canada. *American Association of Petroleum Geologists Search and Discovery Article*, #50301.

Thayer, C. W. 1979. Biological bulldozers and the evolution of marine benthic communities. *Nature*, 203, 458–461.

Thiede, J. & Myhre, A. M. 1996. Introduction to the North Atlantic–Arctic gateways: plate tectonic–paleoceanographic history and significance. In: Thiede, J., Myhre, A. M., Firth, J. V., Johnson, G. L. & Ruddiman, W. F. (eds), *Proceedings of the Ocean Drilling Program, Scientific Results*, 151, 1–23. College Station, Texas, USA: Ocean Drilling Program.

Thomas, B., Despland, P. & Holmes, L. 2012. Submarine Sediment Distribution Patterns within the Bengal Fan System, Deep Water Bengal Basin, India. *American Association of Petroleum Geologists Search & Discovery*, Article #50756.

Thomas, W. A. 1977. Evolution of Appalachian – Ouachita salients and recesses from reentrants and promontories in the continental margin. *American Journal of Science*, 277, 1233–1278.

Thomas, W. A. 1985. The Appalachian – Ouachita connection: Paleozoic Orogenic Belt at the Southern Margin of North America. *Annual Reviews in Earth and Planetary Science*, 13, 175–199.

Thomas, W. A. & Becker, T. P. 2007. Crustal recycling in the Appalachian foreland. *Geological Society of America*, Memoirs, 200, 33–40.

Thompson, A. F. & Thomasson, M. R. 1969. Shallow to deep water facies development in the Dimple Limestone (Lower Pennsylvanian), Marathon region, Texas. *In*: Friedman, G. M. (ed.), *Depositional Environments in Carbonate Rocks*, 57–78. *Society of Economic Paleontologists* and Mineralogists Special Publication, 14.

Thompson, B. J., Garrison, R. E. & Moore, C. J., 1999. A late Cenozoic sandstone intrusion west of S. Cruz, California. Fluidized flow of water and hydrocarbon-saturated sediments. *In*: Garrison, R. E., Aiello, I. W. & Moore, J. C. (eds.), *Late Cenozoic Fluid Seeps and Tectonics along the San Gregorio Fault Zone in the Monterey Bay Region*, *California GB-76*, 53–74.

Annual Meeting of the Pacific Section. American Association of Petroleum Geologists, Monterey, California.

Thompson, B. J., Garrison, R. E. & Moore, C. J., 2007. A reservoir-scale Miocene injectite near Santa Cruz, California. In: Hurst, A. & Cartwright, J. (eds.), *Sand Injectites*: *Implications for Hydrocarbon Exploration and Production*, 151–162. Tulsa, Oklahoma: American Association of Petroleum Geologists Memoir, 87.

Thornburg, T. M. & Kulm, L. D. 1987. Sedimentation in the Chile Trench: depositional morphologies, lithofacies, and stratigraphy. *Geological Society of America Bulletin*, 98, 33–52.

Thornburg, T. M., Kulm, L. D. & Hussong, D. M. 1990. Submarine-fan development in the southern Chile Trench: A dynamic interplay of tectonics and sedimentation. *Geological Society of America Bulletin*, 102, 1658–1680.

Thorne, J. & Watts, A. B. 1984. Seismic reflectors and uncon formities at passive continental margins. *Nature*, 311, 365–368.

Thorne, J. A. & Swift, D. J. P. 1991. Sedimentation on continental margins. Part II: *Application of resin merriamgime concept. International Association of Sedimentologists Special Publication*, 14, 33–58.

Thornton, S. E. 1981. Suspended sediment transport in surface waters of the California Current off southern California: 1977–1978 floods. *Geo-Marine Letters*, 1, 23–28.

Thornton, S. E. 1984. Basin model for hemipelagic sedimentation in a tectonically active continental margin: Santa Barbara Basin, California Continental Borderland. *In*: Stow, D. A. V. & Piper, D. J. W. (eds), *Fine-grained Sediments*: *Deep-water Processes and Facies*, 377–394. Geological Society of London Special Publication, 15. Oxford: Blackwell Scientific.

Tillman, R. W. & Ali, S. A. (eds) 1982. Deep Water Canyons, Fans and Facies: Models for Stratigraphic Trap Exploration. *Reprint Series*, 26. American Association of Petroleum Geologists.

Tilman, R. W. & Weber, K. J. (eds) 1987. *Reservoir Sedimentology*. Society of Economic Paleontologists & Mineralogists, Special Publication, 40. ISBN: 0-918985-69-2.

Timbrell, G. 1993. Sandstone architecture of the Balder Formation depositional system, UK Quadrant 9 and adjacent areas. *In*: Parker, J. R. (ed.), *Petroleum Geology of Northwest Europe*: *Proceedings of the 4th Conference*, 107–121. London: The Geological Society.

Tinterri, R. & Magalhaes, P. M. 2011. Synsedimentary-structural control on foredeep turbidites: An example from Miocene Marnoso-arenacea Formation, Northern Apennines, Italy. *Marine and Petroleum Geology*, 28, 629–657.

Tobin, H., Kinoshita, M., Ashi, J., Lallemant, S., Kimura, G., Screaton, E. J., Moe, K. T., Masago, H., Curewitz, D. & the Expedition 314/315/316 Scientists 2009. NanTroSEIZE Stage 1 expeditions: introduction and synthesis of key results. *In*: Kinoshita, M., Tobin, H., Ashi, J., Kimura, G., Lallemant, S., Screaton, E. J., Curewitz, D., Masago, H., Moe, K. T. & the Expedition 314/315/316 Scientists. *Proceedings of the IODP*, 314/315/316. Washington, DC (Integrated Ocean Drilling Program Management International, Inc.). doi: 10.2204/iodp.proc.314315316.101.2009.

Tobin, H. J. & Kinoshita, M. 2006a. Investigations of Seismogenesis at the Nankai Trough, Japan. IODP Sci. Prosp., NanTroSEIZE Stage 1. doi: 10.2204/iodp.sp.nantroseize1.2006.

Tobin, H. J. & Kinoshita, M. 2006b. NanTroSEIZE: the IODP Nankai Trough Seismogenic Zone Experiment. *Scientific Drilling*, 2, 23–27. doi: 10.2204/iodp.sd.2.06.2006.

Tokuhashi, S. 1979. Three dimensional analysis of large sandy-flysch body, Mio-Pliocene Kiyosumi Formation, Boso Peninsula, Japan. *Memoirs of the Faculty of Sciences*, *Kyoto University*, *Series of Geology & Mineralogy*, 46, 1–61.

Tokunaga, T. 2000. The role of turbidites on compaction and dewatering of under thrust sediments at the toe of the northern Barbados accretionary prism: new evidence from Logging While Drilling, ODP Leg 171A. *Earth and Planetary Science Letters*, 178, 385–395.

Tomasso, M. & Sinclair, H. D. 2004. Deep-water sedimentation on an evolving fault-block: the Braux and St Benoit outcrops of the Grès d'Annot. *In*: Joseph, P. & Lomas, S. A. (eds), *Deep-Water Sedimentation in the Alpine Basin of SE France*: *New Perspectives on the Grèsd'Annot and Related Systems*. Geological Society, London, Special Publication, 221, 267–283. London: The Geological Society.

Toniolo, H., Lamb, M. & Parker, G. 2006. Depositional turbidity currents in diapiric minibasins on the continental slope: formulation and theory. *Journal of Sedimentary Research*, 76, 783–797.

Tonkin, N. S. , McIlroy, D. , Meyer, R. & Moore-Turpin, A. 2010. Bioturbation influence on reservoir quality: a case study from the Cretaceous Ben Nevis Formation, Jeanne d'Arc Basin, offshore Newfoundland, Canada. *American Association of Petroleum Geologists Bulletin*, 94, 1059-1078.

Torell, O. M. 1870. Petrifacta Suecana Formationis Cambricae. *Lunds Universitets Årsskrift*, 6. 1-14.

Trautwein, B. , Dunk, I. , Kuhlemann, J. & Frisch, W. 2001. Cretaceous-Tertiary Rhenodanubian flysch wedge (Eastern Alps): clues to sediment supply and basin configuration from zircon fission-track data. *Terra Nova*, 13, 382-393.

Tréhu, A. M. , Asudeh, I. , Brocher, T. M. , Leutgert, J. , Mooney, W. D. , Nabelek, J. N. & Nakamura, Y. 1994. Crustal architecture of the Cascadia fore arc. *Science*, 265, 237-243.

Tréhu, A. M. , Lin, G. , Maxwell, E. & Goldfinger, C. 1995. A seismic reflection profile across the Cascadia subduction zone offshore central Oregon: New constraints on the deep crustal structure and on the distribution of methane in the accretionary prism. *Journal of Geophysical Research*, 100, 15, 101-15, 116.

Tréhu, A. M. , Blakely, R. J. &Williams, M. C. 2012. Subducted seamounts and recent earthquakes beneath the central Cascadia forearc. *Geology*, 40, 103-106.

Treloar, P. J. & Searle, M. P. (eds) 1995. *Himalayan Tectonics*. Geological Society Special Publications, 74, 630 pp. London: The Geological Society. ISBN 0-903317-92-3.

Tripati, A. K. , Eagle, R. A. , Morton, A. C. , Dowdeswell, J. A. , Atkinson, K. L. , Bahé, Y. , Dawber, C. F. , Khadun, E. , Shaw, R. M. H. , Shorttle, O. & Thanabalasundaram, M. 2006. Evidence for glaciation in the Northern Hemisphere back to 44 Ma from ice-rafted debris in the Greenland Sea. *Earth and Planetary Science Letters*, 265, 112-122.

Trofimovs, J. , Talling, P. J. , Fisher, J. K. , Sparks, R. S. J. , Watt, S. F. L. , Hart, M. B. , Smart, C. W. , Le Friant, A. , Cassidy, M. , Moreton, S. G. & Leng, M. J. 2013. Timing, origin and emplacement dynamics of mass flows offshore of SE Montserrat in the last 110 ka: Implications for landslide and tsunami hazards, eruption history, and volcanic island evolution. Geochemistry, *Geophysics*, *Geosystems*, 14, 385-406.

Trop, J. M. , Ridgway, K. D. , Sweet, A. R. & Layer, P. W. 1999. Submarine fan depositsystems and tectonics of a Late Cretaceous forearc basin along an accretionary convergent plate boundary, MacColl Ridge Formation, Wrangell Mountains, Alaska. *Canadian Journal of Earth Sciences*, 36, 433-458.

Trop, J. M. , Ridgway, K. D. , Manuszak, J. D. & Layer, P. 2002. Mesozoic sedimentary-basin development on the allochthonous Wrangellia composite terrane, Wrangell Mountains basin, Alaska: a long-term record of terrane migration and arc construction. *Geological Society of America Bulletin*, 114, 693-717.

Trop, J. M. , Szuch, D. A. , Rioux, M. & Blodgett, R. B. 2005. Sedimentology and provenance of the Upper Jurassic Naknek Formation, Talkeetna Mountains, Alaska: Bearings on the accretionary tectonic history of the Wrangellia composite terrane. *Geological Society of America Bulletin*, 117, 570-588.

Tucholke, B. E. 1979. Furrows and focussed echoes on the Blake Outer Ridge. *Marine Geology*, 31, M13-M20.

Tucholke, B. E. , Hollister, C. D. , Biscaye, P. E. & Gardner, W. D. 1985. Abyssal current character determined from sediment bedforms on the Nova Scotian continental rise. *Marine Geology*, 66, 43-57.

Tucker, M. E. & Wright, V. P. 1990. *Carbonate Sedimentology*. Blackwell Scientific Publications (Wiley-Blackwell), 482 pp. ISBN: 978-0-632-01472-9.

Tunis, G. & Uchman, A. 1992. Trace fossils in the "Flysch del Grivó" Lower Tertiary in the Julian Prealps, NE Italy: Preliminary observations. Gortania, 14, 71-104.

Tunis, G. & Uchman, A. 1996a. Trace fossils and changes in Cretaceous-Eocene flysch deposits of the Julian Prealps Italy and Slovenia: consequences of regional and world-wide changes. *Ichnos*, 4, 169-190.

Tunis, G. & Uchman, A. 1996b. Ichnology of Eocene flysch deposits of the Istria Peninsula, Croatia and Slovenia. *Ichnos*, 5, 1-22.

Turini, C. & Rennison, P. 2004. Structural style from the Southern Apennines' hydrocarbon province – an integrated view. *In*: McClay, K. R. (ed.), Thrust *Tectonics and Hydrocarbon Systems*, 558-578. American Association of Petroleum Geologists Memoir. 82.

Turner, C. C. , Cohen, J. M. , Connell, E. R. & Cooper, D. M. 1987. A depositional model for the South Brae oilfield. *In*: Brooks, J. & Glennie, K. W. (eds), *Petroleum Geology of North-west Europe*, 853-864. London: Graham & Trotman.

Twichell, D. C. & Roberts, D. G. 1982. Morphology, distribution, and development of submarine canyons on the United States Atlantic continental slope between Hudson and Baltimore Canyons. *Geology*, 10, 408-412.

Twichell, D. C. , Kenyon, N. H. , Parson, L. M. & McGregor, B. A. 1991. Depositional patterns of the Mississippi Fan surface: Evidence from GLORIA II and high-resolution seismic profiles. *In*: Weimer, P. & Link, M. H. (eds), *Seismic Facies and Sedi-*

mentary Processes of Submarine Fans and Turbidite Systems, 349–364. New York: Springer–Verlag.

Twichell, D. C. , Schwab, W. C. , Nelson, C. H. , Kenyon, N. H. & Lee, H. J. 1992. Characteristics of a sandy depositional lobe on the outer Mississippi Fan from SeaMARC IA sidescan sonar images. *Geology*, 20, 689–692.

Tyler, J. E. & Woodcock, N. H. 1987. The Bailey Hill Formation: Ludlow Series turbidites in the Welsh Borderland reinterpreted as distal storm deposits. *Geological Journal*, 22, 73–86.

Uchman, A. 1995. Taxonomy and palaeocology of flysch trace fossils: The Marnoso–arenacea Formation and associated facies, Miocene, Northern Apennines, Italy. *Beringeria*, 15, 3–115.

Uchman, A. 1998. Taxonomy and ethology of flysch trace fossils: revision of the Marian Ksiażkíewicz collection and studies of complementary material. *Annales Societatis Geologorum Poloniae*, 68, 105–218.

Uchman, A. 1999. Ichnology of the Rhenodanubian Flysch Lower Cretaceous–Eocene in Austria and Germany. *Beringeria*, 25, 67–173.

Uchman, A. 2001. Eocene flysch trace fossils from the Hecho Group of the Pyrenees, northern Spain. *Beringeria*, 28, 3–41.

Uchman, A. 2009. The Ophiomorpha rudis ichnosubfacies of the Nereites ichnofacies: Characteristics and constraints. *Palaeogeography, Palaeoclimatology, Palaeoecology*, 276, 107–119.

Uchman, A. & Demircan, H. 1999. Trace fossils of Miocene deep-sea fan fringe deposits from the Cingöz Formation, southern Turkey. *Annales Societatis Geologorum Poloniae*, 69, 125–153.

Uchman, A. & Wetzel, A. 2011. Deep-sea ichnology: the relationships between depositional environment and endobenthic organisms. *In*: Hüneke, H. & Mulder, T. (eds), *Deep-sea Sediments*, 517–556. Developments in Sedimentology, 63. Amsterdam: Elsevier.

Uchman, A. & Wetzel, A. 2012. Deep-sea fans. *In*: Knaust, D. & Bromley, R. G. (eds), *Trace Fossils as Indicators of Sedimentary Environments*, 643–672. Developments in Sedimentology, 64. Amsterdam: Elsevier.

Uchman, A. , Bubniak, I. & Bubniak, A. 2000. Glossifungites ichnofacies in the area of its nomenclatural archetype, Lviv, Ukraine. *Ichnos*, 7, 183–193.

Uchman. A. , Janbu, N. E. & Nemec, W. 2004. Trace Fossils in the Cretaceous–Eocene flysch of the Sinop–Boyabat Basin, Central Pontides, Turkey. *Annales Societatis Geologorum Poloniae*, 74, 197–235.

Uenzelmann–Neben, G. & Gohl, K. 2012. Amundsen Sea sediment drifts: Archives of modifications in oceanographic and climatic conditions. *Marine Geology*, 299–302, 51–62.

Underwood, M. B. 1986. Transverse infilling of the Central Aleutian Trench by unconfined turbidity currents. *Geo–Marine Letters*, 6, 7–13.

Underwood, M. B. 1993. Thermal Evolution of the Tertiary Shimanto Belt, SW Japan: An Example of Ridge–Trench Interaction. *Geological Society of America*, Special Paper, 273, 1–172.

Underwood, M. B. 2002. Strike–parallel variations in clay minerals and fault vergence in the Cascadia subduction zone. *Geology*, 30, 155–158.

Underwood, M. B. 2007. Sediment inputs to subduction zones: why lithostratigraphy and clay mineralogy matter. In: Dixon, T. H. & Moore, J. C. (eds), *The Seismogenic Zone of Subduction Thrust Faults*, 42–85. New York: Columbia University Press.

Underwood, M. B. & Bachman, S. B. 1982. Sedimentary facies associations within subduction complexes. *In*: Leggett, J. K. (ed.), *Trench–Forearc Geology*, 537–550. The Geological Society of London, Special Publication, 10. London: The Geological Society.

Underwood, M. B. & Fergusson, C. L. 2005. Late Cenozoic evolution of the Nankai trenchslope system: evidence from sand petrography and clay mineralogy. *In*: Hodgson, D. M. & Flint, S. S. (eds), *Submarine Slope Systems: Processes and Products*, 113–129. Geological Society, London, Special Publications, 244. London: The Geological Society.

Underwood, M. B. & Karig, D. E. 1980. Role of submarine canyons in trench and trench–slope sedimentation. *Geology*, 8, 432–436.

Underwood, M. B. & Norville, C. R. 1986. Deposition of sand in a trench–slope basin by unconfined turbidity currents. *Marine Geology*, 71, 383–392.

Underwood, M. B. & Pickering, K. T. 1996. Clay-mineral provenance, sediment dispersal patterns, and mudrock diagenesis in the Nankai accretionary prism, southwest Japan. *Clays and Clay Minerals*, 44, 339–356.

Underwood, M. B. & Steurer, J. F. 2003. Composition and sources of clay from the trench slope and shallow accretionary prism of Nankai Trough. *In*: Mikada, H. , Moore, G. F. , Taira, A. , Becker, K. , Moore, J. C. & Klaus, A. (eds), *Proceedings of the Ocean Drilling Program, Scientific Results*, 190/196. College Station, Texas, USA: Ocean Drilling Program.

Underwood, M. B., Pickering, K. T., Gieskes, J. M., Miriam Kastner, M. & Orr, R. 1993. Sediment geochemistry, clay mineralogy, and diagenesis: a synthesis of data from Leg 131, Nankai Trough. In: Taira, A., Hill, I. A. H., Firth, J., Vrolijk, P. J. et al. (eds), *Proceedings of the Ocean Drilling Program Leg*, 131, 343–363. College Station, Texas, USA: Ocean Drilling Program.

Underwood, M. B., Ballance, P. F., Clift, P., Hiscott, R. N., Marsaglia, K. M., Pickering, K. T. & Reid, R. P. 1995. Sedimentation in Forearc Basins, Trenches, and Collision Zones of the Western Pacific: A summary of Results from the Ocean Drilling Program. WPAC. In: Taylor, B. & Natland, J. (eds), *Active Margins and Marginal Basins of the Western Pacific*, 315–353. American Geophysical Monograph, 88. Washington DC: American Geophysical Union.

Underwood, M. B., Moore, G. F., Taira, A., Klaus, A., Wilson, M. E. J., Fergusson, C. L., Hirano, S., Steurer, J. & the LEG 190 Shipboard Scientific Party 2003. Sedimentary and Tectonic Evolution of a Trench-Slope Basin in the Nankai Subduction Zone of Southwest Japan. *Journal of Sedimentary Research*, 73, 589–602.

Underwood, M. B., Saito, S., Kubo, Y. & the Expedition 322 Scientists 2009. Integrated Ocean Drilling Program Expedition 322 Preliminary Report NanTroSEIZE Stage 2: Subduction Inputs 1 September–10 October 2009. Integrated Ocean Drilling Program Preliminary Reports, 322. doi: 10.2204/iodp. pr. 322. 2009.

Underwood, M. B., Saito, S., Kubo, Y. & the Expedition 322 Scientists 2010. *Exp. 322. Proceedings of the IODP*, 322. Tokyo: Integrated Ocean Drilling Program. doi: 10.2204/iodp. proc. 322. 101. 2010.

Vail, P. R. & Hardenbol, J. 1979. Sea-level changes during the Tertiary. *Oceanus*, 22, 71–79.

Vail, P. R. 1987. Seismic stratigraphy interpretation using sequence stratigraphy, Part 1: Seismic stratigraphy interpretation procedure. In: Bally, A. W. (ed.), *Atlas of Seismic Stratigraphy*. American Association of Petroleum Geologists, Studies in Geology, 27, 1–10.

Vail, P. R. & Posamentier, H. W. 1988. Principles of sequence stratigraphy. In: James, D. P. & Leckie, D. A. (eds), *Sequences, Stratigraphy, Sedimentology; Surface and Subsurface*. CSPG Memoir 15, 572.

Vail, P. R. & Todd, R. G. 1981. Northern North Sea Jurassic unconformities, chronostratigraphy and sea-level changes from seismic stratigraphy. In: Illing, L. V. & Hobson, G. D. (eds), *Petroleum Geology of the Continental Shelf of Northwest Europe, Conference Proceedings*, 216–235. London: Heyden and Son.

Vail, P. R., Mitchum, R. M., Jr. & Thompson, S., III 1977a. Seismic stratigraphy and global changes of sea level, Part 4, global cycles of relative changes of sea level. In: Payton, C. E. (ed.), *Seismic Stratigraphy - Applications to Hydrocarbon Exploration*, 83–89. American Association of Petroleum Geologists, Memoir 26.

Vail, P. R., Mitchum, R. M., Jr. & Thompson, III, S. 1977b. Seismic stratigraphy and global changes of sea level, Part 3, relative changes of sea level from coastal onlap. In: Payton, C. E. (ed.), *Seismic Stratigraphy -Applications to Hydrocarbon Exploration*, 63–82. American Association of Petroleum Geologists, Memoir 26.

Vail, P. R., Hardenbol, J. & Todd, R. G. 1984. Jurassic unconformities, chronostratigraphy an sea level changes from seismic stratigraphy and biostratigraphy. In: Schlee, J. S. (ed.), *Interregional Unconformities and Hydrocarbon Accumulation*, 129–144. American Association of Petroleum Geologists Memoir 36.

Vail, P. R., Audemard, F., Bowman, S. A., Eisner, P. N. & Perez-Cruz, G. 1991. The stratigraphic signatures of tectonics, eustasy and sedimentation. In: Einsele, G. et al. (eds), *Cyclic and Events in Stratigraphy*, 617–659. Berlin: Springer-Verlag.

Vakarelov, B. K., Bhattacharya, J. P. & Nebrigic, D. D. 2006. Importance of high-frequency tectonic sequences during greenhouse times of Earth history. *Geology*, 34, 797–800.

Valle, G. D. & Gamberini, F. 2010. Erosional sculpting of the Caprera confined deep-sea fan as a result of distal basin-spilling processes (eastern Sardinian margin, Tyrrhenian Sea). *Marine Geology*, 268, 55–66.

Van Andel, Tj. H. 1964. Recent marine sediments of Gulf of California. In: Van Andel, Tj. H. & Shor, G. G. (eds), *Marine Geology of the Gulf of California; A Symposium*, 216–310. American Association of Petroleum Geologists Memoir, 3.

Van Andel, Tj. H. & Komar, P. D. 1969. Ponded sediments of the Mid-Atlantic Ridge between 22° and 23° north latitude. *Geological Society of America Bulletin*, 80, 1163–1190.

Van den Berg, J. H., van Gelder, A. & Mastbergen, D. R. 2002. The importance of breaching as a mechanism of subaqueous slope failure in fine sand. *Sedimentology*, 49, 81–96.

Van Daele, M., Cnudde, V., Duyck, P., Pino, M., Urrutia, R. & de Batist, M. 2014. Multidirectional, synchronously-triggered seismo-turbidites and debrites revealed by X-ray computed tomography (CT). *Sedimentology*, 61, 861–880.

Van Dijk, M., Postma, G. & Kleinhans, M. G. 2009. Autocyclic behaviour of fan deltas: an analogue experimental study. *Sedimentology*, 56, 1569–1589.

Van der Lingen, G. J. 1969. The turbidite problem. *New Zealand Journal of Geology and Geophysics*, 12, 7–50.

Van der Lingen, G. J. 1982. Development of the North Island subduction system, New Zealand. *In*: Leggett, J. K. (ed.), *Trench-Forearc Geology*, 259–272. Geological Society of London Special Publication of the Geological Society, London, 10. Oxford: Blackwell Scientific.

Van der Merwe, W., Flint, S. S. & Hodgson, D. M. 2010. Sequence stratigraphy of an argillaceous, deepwater basin-plain succession: Vischkuil Formation (Permian), Karoo Basin, South Africa. *Marine and Petroleum Geology*, 27, 321–333.

Van der Pluijm, B. A. & Marshak, S. 2004. *Earth Structure: An Introduction to Structural Geology and Tectonics*, 2nd edn, 656 pp. New York: W. W. Norton & Company.

Van der Werff, W. & Johnson, S. 2003a. High resolution stratigraphic analysis of a turbidite system, Tanqua Karoo Basin, South Africa. *Marine and Petroleum Geology*, 20, 45–69.

Van der Werff, W. & Johnson, S. 2003b. Deep-sea fan pinch-out geometries and their relationship to fan architecture, Tanqua Karoo basin (South Africa). *International Journal of Earth Sciences (Geologisches Rundschau)*, 92, 728–742.

Van Hinte, J. E., Wise Jr S. W, Biart, B. N. M., Covington, J. M., Dunn, D. A., Haggerty, J. A., Johns, M. W. Meyers, P. A., Moullade, M. R., Muza, J. P., Ogg, J. G., Okamura, M. Sarti, M. & von Rad, U. 1985a. DSDP Site 603: first deep (>1000 m) penetration of the continental rise along the passive margin of eastern North America. *Geology*, 13, 392–396.

Van Hinte, J. E., Wise Jr S. W., Biart, B. N. M., Covington, J. M. Dunn, D. A. Haggerty, J. A., Johns, M. W., Meyers, P. A., Moullade, M. R., Muza, J. P. Ogg, J. G., Okamura, M. Sarti, M. & von Rad, U. 1985b. Deep-sea drilling on the upper continental rise of New Jersey, DSDP Sites 604 and 605. *Geology*, 13, 397–400.

Van Hoorn, B. 1970. Sedimentology and paleography of an Upper Cretaceous turbidite basin in the south-central Pyrenees, Spain. *Leidse Geologische Mededelingen*, 45, 73–154.

Van Lente, B. 2004. Chemostratigraphic trends and provenance of the Permian Tanqua and Laingsburg Depocentres, southwestern Karoo Basin, South Africa. Ph. D thesis, University of Stellenbosch, 439 pp.

Van Wagoner, J. C. & Bertram, G. T. 1995. *Sequence Stratigraphy of Foreland Basin Deposits. American Association of Petroleum Geologists*, Memoir 64, 487 pp. ISBN 0-89181-343-8.

Van Wagoner, J. C., Mitchum Jr. R. M., Posamentier, H. W. & Vail, P. R. 1987. Seismic stratigraphy interpretation using sequence stratigraphy; Part 2, Key definitions of sequence stratigraphy. *In*: Bally, A. W. (ed.), *Atlas of Seismic Stratigraphy*, 11–14. American Association of Petroleum Geologists, Studies in Geology, 27, volumes 1–3.

Van Wagoner, J. C., Posamentier, H. W., Mitchum, Jr. R. M., Vail, P. R., Sarg, J. F., Loutit, T. S. & Hardenbol, J. 1988. An overview of the Fundamentals of Sequence Stratigraphy and key definitions. In: Wilgus, C. K., Hastings, B. S., Posamentier, H., Van Wagoner, J., Ross, C. A. & Kendall, C. G. St. C. (eds), *Sea-level Changes: An Integrated Approach*, 39–45. Society of Economic Paleontologists and Mineralogists, Special Publication No. 42.

Van Wagoner, J. C., Mitchum Jr. R. M., Campion, K. M. & Rahmanian, V. D. 1990. Siliciclastic sequence stratigraphy in well logs, core and outcrop: Concepts for high-resolution correlation of time and facies. *American Association of Petroleum Geology, Methods in Exploration*, 7, 55 pp.

Van Weering, T. C. E., Kridoharto, P., Kusnida, D., Lubis, S., Tjokrosapoetro, S. & Munadi, S. 1989. The seismic structure of the Lombok and Savu forearc basins, Indonesia. *Journal of Sea Research*, 24, 251–262.

Vandorpe, T., Van Rooij, D. & de Haas, P. 2014. Stratigraphy and paleoceanography of a topography-controlled contourite drift in the Pen Duick area, southern Gulf of Cádiz. *Marine Geology*, 349, 136–151.

Vanneste, M., Mienert, J. & Bünz, S. 2006. The Hinlopen Slide: A giant, submarine slope failure on the northern Svalbard margin, Arctic Ocean. *Earth and Planetary Science Letters*, 245, 373–388.

Vossler, S. M. & Pemberton, S. G. 1988. Skolithos in the Upper Cretaceous Cardium Formation: an ichnofossil example of opportunistic ecology. *Lethaia*, 21, 351–362.

Vassoevitch, N. B. 1948. Flish i metodika ego izucheniia. Leningrad-Moscow, Vsesoiznyï Nauchno-IssledovateVskii Institut (also in French translation as *le flysch et les méthodes de son étude*. Bureau de Recherches géologiques et minières, Paris).

Vedder, J. G., Beyer, L. A., Junger, A., Moore, G. W., Roberts, A. E., Taylor, J. C. & Wagner, H. C. 1974. *Preliminary Report on the Geology of the Continental Borderland of Southern California. United States Geological Survey, Miscellaneous Field Studies Map*, MF-624.

Veevers, J. J., Hietzler, J. R. et al. 1974. *Initial Reports of the Deep Sea Drilling Project*, 27. Washington, DC: US Government Printing Office.

Veevers, J. J.; Cole, D. I. & Cowan, E. J. 1994. Southern Africa: Karoo Basin and Cape Fold Belt. In: Veevers, J. J. & Powell,

C. McA. （eds）, *Permian-Triassic Pangean Basins and Foldbelts Along the Panthalassan Margin of Gondwanaland*, 223-279. Geological Society of America Memoir, 184.

Venuti, A., Florindo, F., Caburlotto, A., Hounslow, M. W., Hillenbrand, C. -D., Strada, E., Talarico, F. M. & Cavallo, A. 2011. Late Quaternary sediments from deep-sea sediment drifts on the Antarctic Peninsula Pacific margin：Climatic control on provenance of minerals. *Journal of Geophysical Research*, 116, B06104, doi：10. 1029/2010JB007952.

Vergés, J., Millan, H., Roca, E., Muñoz, J. A., Marzo, M., Cires, J., Denbezemer, T., Zoetemeijer, R. & Cloetingh, S. 1995. Eastern Pyrenees and related foreland basins-Precollisional, syncollisional and postcollisional crustal-scale cross-sections. *Marine and Petroleum Geology*, 12, 903-915.

Verges, J. Marzo, M. Santaeularia, T. Serra-Kiel, J. Burbank, D. W. Muñoz, J. A. & Gimenez-Montsant, J. 1998. Quantified vertical motions and tectonic evolution of the SE Pyrenean foreland basin. *In*：Mascle, A. Puigdefabregas, C., Luterbacher, H. P. and Fernandez, M. （eds）, *Cenozoic Foreland Basins of Western Europe*, 107-134. Geological Society of London, Special Publication, 134.

Viana, A. R. & Rebesco, M. （eds）2007. *Economic and Palaeoceanographic Significance of Contourite Deposits*. Geological Society, London, Special Publication, 360 pp. London：The Geological Society.

Vicente Bravo, J. C. & S. Robles 1995, Large-scale mesotopographic bedforms from the Albion Black Flysch, northern Spain：characterization, setting and comparison with recentchannel-lobe transition zone analogues. *In*：Pickering, K. T., Hiscott, R. N., Kenyon, N. H., Ricci Lucchi, F. & Smith, R. D. A. （eds）, *Atlas of Deep Water Environments：Architectural Style in Turbidite Systems*, 216-226. London：Chapman and Hall.

Vigorito, M. & Hurst, A. 2010. Regional sand injectite architecture as a record of porepressure evolution and sand redistribution in the shallow crust：insights from the Panoche GiantInjection Complex, California. *Journal of the Geological Society*, *London*, 167, 889-904.

Vigorito, M. Murru, M. & Simone, L. 2005. Anatomy of a submarine channel system and related fan in a foramol/rhodalgal carbonate sedimentary setting：a case history from the Miocene syn-rift Sardinia Basin, Italy. *Sedimentary Geology*, 174, 1-30.

Vining, B., Ioannides, N. & Pickering, K. T. 1994. Stratigraphic relationships of some Tertiary lowstand depositional systems in the Central North Sea. In：Parker, J. R. （ed.）, *Petroleum Geology of Northwest Europe：Proceedings of the 4th Conference*, 17-29. ［2 volumes］London：The Geological Society, London.

Violet, J., Sheets, B., Pratson, L., Paola, C., Beaubouef, R. & Parker, G. 2005. Experiment on turbidity currents and their deposits in a model 3D subsiding minibasin. *Journal of Sedimentary Research*, 75, 820-843.

Visser, J. N. J. 1992. Basin tectonics in southwestern Gondwana during the Carboniferous and Permian. *In*：De Wit, M. J. & Ransome, I. （eds）, *Inversion Tectonics of the Cape Fold Belt*, *Karoo and Cretaceous Basins of Southern Africa*, 109-115. Rotterdam：Balkema.

Vittori, J., Morash, A., Savoye, B., Marsset, T., Lopez, M., Droz, L. & Cremer, M. 2000. The Quaternary Congo deep-sea fan：preliminary results on reservoir complexity in turbiditic systems using 2D high resolution seismic and multibeam data. In：Weimer, P., Slatt, R. M., Coleman, J., Rosen, N. C., Nelson, H., Bouma, A. H., Styzen, M. J. & Lawrence, D. T. （eds）, *Deep-water Reservoirs of the World*, 1045-1058. Houston, Texas：Gulf Coast Section, Society of Economic Paleontologists and Mineralogists.

Völker, D., Reichel, T., Wiedicke, M. & Heubeck, C. 2008. Turbidites deposited on Southern Central Chilean seamounts：Evidence for energetic turbidity currents. *Marine Geology*, 251, 15-31.

Von der Borch, C. C., Grady, A. E., Aldam, R., Miller, D., Neumann, R., Rovira, A. & Eickhoff, K. 1985. A large-scale meandering submarine canyon：outcrop example from the Late Proterozoic Adelaide Geosyncline, South Australia. *Sedimentology*, 32, 507-518.

Von Huene, R., Aubouin, J. et al. 1985. *Initial Reports Deep Sea Drilling Project*, 84. Washington, DC：US Government Printing Office.

Von Lom-Keil, H., Spieβ, V. & Hopfauf, V. 2002. Fine-grained sediment waves on the western flank of the Zapiola Drift, Argentine Basin：evidence for variations in Late Quaternary bottom flow activity. *Marine Geology*, 192, 239-258.

Von Rad, U. & Exon, N. F. 1983. Mesozoic-Cenozoic sedimentary and volcanic evolution of the starved passive continentai margin off northwest Australia. *In*：Watkins, J. S. & Drake, C. L. （eds）, *Studies in Continental Margin Geology*, 253-281. American Association of Petroleum Geologists. Memoir, 34.

Von Rad, U. & Tahir, M. 1997. Late Quaternary sedimentation on the outer Indus shelf and slope （Pakistan）：evidence from high-resolution seismic data and coring. *Marine Geology*, 138, 193-236.

Vorren, T. O. & Laberg, J. S. 1997. Trough mouth fans: paleoclimate and ice-sheet monitors. *Quaternary Science Review*, 16, 865–881.

Vrolijk, P. 1990. On the mechanical role of smectite in subduction zones. *Geology*, 18, 703–707.

Wagreich, M. 2008. Lithostratigraphic definition and depositional model of the Hütteldorf Formation (Upper Albian–Turonian, Rhenodanudian Flysch Zone, Austria). *Austrian Journal of Earth Sciences*, 101, 70–80.

Wakabayashi, J., Hengesh, J. V. & Sawyer, T. L. 2004. Four-dimensional transform fault processes: progressive evolution of step-overs and bends. *Tectonophysics*, 392, 279–301.

Walcott, R l. 1978. Geodetic strains and large earthquakes in the axial tectonic belt of North Island, New Zealand. *Journal of Geophysical Research*, 83, 4419–4429.

Walcott, R. I. 1970. Flexural rigidity, thickness and viscosity of the lithosphere. *Journal of Geophysical Research*, 75, 3941–3954.

Wald, A. & Wolfowitz, J. 1944. An exact test for randomness in the non-parametric case based on serial correlation. *Annals of Mathematical Statistics*, 14, 378–388.

Waldron, J. W. F. 1987. A statistical test for significance of thinning- and thickening-upward cycles in turbidites. *Sedimentary Geology*, 54, 137–146.

Waldron, J. W. F., McNicoll, V. J. & van Staal, C. R. 2012. Laurentia-derived detritus in the Badger Group of central Newfoundland: deposition during closing of the Iapetus Ocean. *Canadian Journal of Earth Sciences*, 49, 207–221.

Walker, J. R. & Massingill, J. V. 1970. Slump features on the Mississippi fan, northeastern Gulf of Mexico. *Geological Society of America Bulletin*, 81, 3101–3108.

Walker, K. R., Shanmugam, G. & Ruppel, S. C. 1983. A model for carbonate to terrigenous clastic sequences. *Geological Society of America Bulletin*, 94, 700–712.

Walker, R. G. 1965. The origin and significance of the internal sedimentary structures ofturbidites. *Proceedings of the Yorkshire Geological Society*, 35, 1–32.

Walker, R. G. 1966a. Deep channels in turbidite-bearing formations. *American Association of Petroleum Geologists Bulletin*, 50, 1899–1917.

Walker, R. G. 1966b. Shale Grit and Grindslow Shales: transition from turbidite to shallow water sediments in the Upper Carboniferous of Northern England. *Journal of Sedimentary Petrology*, 36, 90–114.

Walker, R. G. 1967a. Upper flow regime bed forms in turbidites of the Hatch Formation, Devonian of New York State. *Journal of Sedimentary Petrology*, 37, 1052–1058.

Walker, R. G. 1967b. Turbidite sedimentary structures and their relationship to proximal and distal depositional environments. *Journal of Sedimentary Petrology*, 37, 25–43.

Walker, R. G. 1970. Review of the geometry and facies organisation of turbidites and turbiditebearing basins. *In*: Lajoie, J. (ed.), *Flysch Sedimentology in North America*, 219–251. Geological Association of Canada Special Paper, 7. Toronto: Business & Economic Service.

Walker, R. G. 1975a. Generalized facies model for resedimented conglomerates of turbidite association. *Geological Society of America Bulletin*, 86, 737–748.

Walker, R. G. 1975b. Upper Cretaceous resedimented conglomerates at Wheeler Gorge, California: description and field guide. *Journal of Sedimentary Petrology*, 45, 105–112.

Walker, R. G. 1975c. Nested submarine-fan channels in the Capistrano Formation, San Clemente, California. *Geological Society of America Bulletin*, 86, 915–924.

Walker, R. G. 1976. Facies models 2. Turbidites and associated coarse clastic deposits. *Geoscience Canada*, 3, 25–36.

Walker, R. G. 1977. Deposition of Upper Mesozoic resedimented conglomerates and associated turbidites in southwestern Oregon. *Geological Society of America Bulletin*, 88, 273–285.

Walker, R. G. 1978. Deep water sandstone facies and ancient submarine fans: models for exploration for stratigraphic traps. *American Association of Petroleum Geologists Bulletin*, 62, 932–966.

Walker, R. G. 1984. Turbidites and associated coarse clastic deposits. *In*: Walker, R. G. (ed.), *Facies Models*, 2nd edn, 171–188. Geoscience Canada Reprint Series 1. Kitchener, Ontario: Ainsworth Press.

Walker, R. G. 1985. Mudstones and thin-bedded turbidites associated with the Upper Cretaceous Wheeler Gorge conglomerates, California: a possible channel-levée complex. *Journal of Sedimentary Petrology*, 55, 279–290.

Walker, R. G. 1992. Turbidites and submarine fans. *In*: Walker, R. G. & James, N. P. (eds), *Facies Models: Response to Sea Level Change*, 239–263. St. John's, Newfoundland: Geological Association of Canada.

Walker, R. G. & Mutti, E. 1973. Turbidite facies and facies associations. In: Middleton, G. V. & Bouma, A. H. (eds), *Turbidites and Deep-water Sedimentation*, 119-157. Society of Economic Paleontologists and Mineralogists, Pacific Section Short Course Notes, Anaheim.

Wallace W. K., Hanks, C. L. & Rogers, J. F. 1989. The southern Kahiltna terrane; implications for the tectonic evolution of southwestern Alaska. *Geological Society of America Bulletin*, 101, 1389-1407.

Walton, E. K. 1967. The sequence of internal structures in turbidites. *Scottish Journal of Geology*, 3, 306-317.

Wan, S., Yu, Z., Clift, P. D., Sun, H., Li, A. & Li, T. 2012. History of Asian eolian input to the West Philippine Sea over the last one million years. *Palaeogeography, Palaeoclimatology, Palaeoecology*, 326-328, 152-159.

Wang, D. & Hesse, R. 1996. Continental slope sedimentation adjacent to an ice-margin. II. Glaciomarine depositional facies on Labrador Slope and glacial cycles. *Marine Geology*, 135, 65-96.

Wang, K. & Hu, Y. 2006. Accretionary prisms in subduction earthquake cycles: The theory of dynamic Coulomb wedge. *Journal of Geophysical Research*, 111, B06, B06410, doi: 10. 1029/2005JB004094.

Warrick, J. A. & Milliman, J. D. 2003. Hyperpycnal sediment discharge from semiarid southern California rivers - Implications for coastal sediment budgets. *Geology*, 31, 781-784.

Waterston, C. D. 1950. Note on the sandstone injections of Eathie Haven, Cromarty. *Geological Magazine*, 87, 133-139.

Watkins J. S., Moore J. C. *et al.* 1982. *Initial Report of the Deep Sea Drilling Project*, 66. Washington, DC: US Government Printing Office, Washington.

Watkins, J. S. Montadert, L. & Dickerson, P. W. (eds) 1979. *Geological and Geophysical Investigations of Continental Margins. American Association of Petroleum Geologists Memoir*, 29.

Watkinson, I. M., Hall, R. & Ferdian, F. 2011. Tectonic re-interpretation of the Banggai-Sula-Molucca Sea margin, Indonesia. *In*: Hall, R., Cottam, M. A. & Wilson, M. E. J. (eds), *The SE Asian Gateway: History and Tectonics of the Australia-Asia Collision*, 203-224. Geological Society, London, Special Publications, 355.

Watson, M. P. 1981. Submarine fan deposits of the Upper Ordovician Lower Silurian Milliners Arm Formation, New World Island, Newfoundland. D. Phil thesis, University of Oxford, UK.

Watts, A. B. 2007. An overview. In: Watts, A. B. (ed), *Crust and lithosphere dynamics*, 1-48. Treatise on Geophysics, 6. Amsterdam: Elsevier.

Watt, S. F. L., Talling, P. J., Vardy, M. E., Heller, V., Hühnerbach, V., Urlaub, M., Sarkar, S., Masson, D. G., Henstock, T. J., Minshull, T. A., Paulatto, M., Le Friant, A., Lebas, E., Berndt, C., Crutchley, G. J., Kartstens, J., Stinton, A. J. & Maeono, F. 2012. Combinations of volcanicflank and seafloor-sediment failure offshore Montserrat, and their implications for tsunami generation. *Earth and Planetary Science Letters*, 319-320, 228-240.

Watts, A. B. & Thorne, J. 1984. Tectonic, global changes in sea level, and their relationship to stratigraphical sequences at the US Atlantic continental margin. *Marine and Petroleum Geology*, 1, 319-339.

Weaver, P. P. E. 1994. Determination of turbidity current erosional characteristics fromreworked coccolith assemblages, Canary Basin, north-east Atlantic. *Sedimentology*, 41, 1025-1038.

Weaver, P. P. E. & Kuijpers, A. 1983. Climatic control of turbidite deposition on the Madeira Abyssal Plain. *Nature*, 306, 360-363.

Weaver, P. P. E. & Rothwell, R. G. 1987. Sedimentation on the Madeira Abyssal Plain over the last 300 000 years. In: Weaver, P. P. E. & Thomson, J. (eds), *Geology and Geochemistry of Abyssal Plains*, 71-86. Geological Society of London Special Publication, 31. Oxford: Blackwell Scientific.

Weaver, P. P. E., Searle, R. C. & Kuijpers, A. 1986. Turbidite deposition and the origin of the Madeira Abyssal Plain. In: Summerhayes, C. P. & Shackleton, N. J. (eds), *North Atlantic Palaeoceanography*, 131-143. Geological Society of London Special Publication, 21. Oxford: Blackwell Scientific.

Weaver, P. P. E. & Rothwell, R. G. 1987. Sedimentation on the Madeira Abyssal Plain over the last 300 000 years. *In*: Weaver, P. P. E. & Thomson, J. (eds), *Geology and Geochemistry of Abyssal Plains*, 71-86. Geological Society of London Special Publication, 31. Oxford: Blackwell Scientific.

Weaver, P. P. E., Rothwell, R. G., Ebbing, J., Gunn, D. & Hunter, P. M. 1992. Correlation, frequency of emplacment and source directions of megaturbidites on the Madeira abyssal plain. *Marine Geology*, 109, 1-20.

Weaver, P. P. E., Masson, D. G., Gunn, D. E., Kidd, R. B., Rothwell, R. G. & Maddison, D. A. 1995. Sediment mass wasting in the Canary Basin. *In*: Pickering, K. T., Hiscott, R. N., Kenyon, N. H., Ricci Lucchi, F. & Smith, R. D. A. (eds), *Atlas of Deep Water Environments: Architectural Style in Turbidite Systems*, 287-296. London: Chapman and Hall.

Weaver, P. P. E. , Jarvis, I. , Lebreiro, S. M. , Alibés, B. , Baraza, J. , Howe, R. & Rothwell, R. G. 1998. Neogene turbidite sequence on the Madeira Abyssal Plain: basin filling and diagenesis in the deep ocean. *In*: Weaver, P. P. E. , Schmincke, H. −U. , Firth, J. V. & Duffield, W. (eds), *Proceedings of the Ocean Drilling Program*, *Scientific Results*, 157, 619−634. College Station, Texas, USA: Ocean Drilling Program.

Weber, K. J. 1971. Sedimentological aspects of oil fields in the Niger delta. *Geologie en Mijnbouw*, 50, 559−576.

Weber, M. E. , Wiedicke, M. H. , Kudrass, H. R. , Hübsher, C. & Erlenkeuser, H. 1997. Active growth of the Bengal Fan during sea−level rise and highstand. *Geology*, 25, 315−318.

Weber, M. E. , Wiedicke−Hombach, M. , Kudrass & Erlenkeuser, E. 2003. Bengal Fan sediment transport activity and response to climate forcing inferred from sediment physical properties. *Sedimentary Geology*, 155, 361−381.

Webster, R. 1973. Automatic soil−boundary location from transect data. *Mathematical Geology*, 5, 27−37.

Webster, R. 1980. Divide: a Fortran IV program for segmenting multivariate one−dimensional spatial series. *Computers and Geosciences*, 6, 61−68.

Weedon, G. 2005. *Time−series Analysis and Cyclostratigraphy*: *Examining Stratigraphic Records of Environmental Cycles*. Cambridge: Cambridge University Press.

Weedon, G. P. & McCave, I. N. 1991. Mud turbidites from the Oligocene and Miocene Indus Fan at Sites 722 and 731 on the Owen Ridge. *In*: Prell, W. L. , Niitsuma, N. *et al.* , *Proceedings of the Ocean Drilling Program*, *Scientific Results*, 117, 215−220. College Station, Texas, USA: Ocean Drilling Program.

Weigand, P. W. 1994. Timing and cause of middle Tertiary magmatism in onshore and offshore southern California (abstract). *American Association of Petroleum Geologists Bulletin*, 78, 676.

Weimer, P. 1990. Sequence stratigraphy, facies geometries, and depositional history of the Mississippi Fan, Gulf of Mexico. *American Association of Petroleum Geologists Bulletin*, 74, 425−453.

Weimer, P. 1991. Sesmic facies, characteristics and variations in channel evolution, Mississippi fan (Plio−Pleistocene), Gulf of Mexico. In: Weimer, P. & Link, M. H. (eds), *Seismic Facies and Sedimentary Processes of Submarine Fans and Turbidite Systems*, 323−348. New York: Springer−Verlag.

Weimer, P. 1995. Sequence stratigraphy of the Mississippi Fan (late Miocene−Pleistocene), northern deep Gulf of Mexico. *In*: Pickering, K. T. , Hiscott, R. N. , Kenyon, N. H. , Ricci Lucchi, F. & Smith, R. D. A. (eds), *Atlas of Deep Water Environments*: *Architectural Style in Turbidite Systems*, 94−99. London: Chapman and Hall.

Weimer, P. & Buffler, R. T. 1988. Distribution and seismic facies of Mississippi fan channels. *Geology*, 16, 900−903.

Weirich, F. H. 1988. Field evidence for hydraulic jumps in subaqueous sediment gravity flows. *Nature*, 332, 626−629.

Welch, P. D. 1967. The use of the fast Fourier transform for the estimation of power spectra: A method based on time averaging over short, modified periodograms. *IEEE Transactions on Audio and Electroacoustics*, 15, 70−73.

Weller, S. 1899 Kinderhook faunal studies. I. The fauna of the vermicular sandstone atNorthview, Webster County, Missouri. *Transaction of the Academy of Sciences St Louis*, 9, 9−51.

Wells, J. T. , Scholz, C. A. & Soreghan, M. J. 1999. Processes of sedimentation on a lacustrine border−fault margin: interpretation of cores from Lake Malawi, East Africa. *Journal of Sedimentary Research*, B69, 816−831.

Wells, R. E. , Engebretson, D. C. , Snavely Jr. P. D. & Coe, R. S. 1984. Cenozoic plate motions and the volcano−tectonic evolution of western Oregon and Washington. *Tectonics*, 3, 275−294.

Wells, R. E. , Weaver, C. S. & Blakely, R. J. 1998. Fore−arc migration in Cascadia and its neotectonic significance. *Geology*, 26, 759−762.

Wells, R. E. , Blakely, R. J. , Sugiyama, Y. , Scholl, D. W. & Dinterman, P. A. 2003. Basin−centered asperities in great subduction zone earthquakes: A link between slip, subsidence, and subduction erosion? *Journal of Geophysical Research*, 108, 2507, doi: 10. 1029/2002JB002072.

Wells, S. W. , Warner, M. , Greenhalgh, J. & Borsato, R. 2012. Offshore Cote d'Ivoire: a modern exploration frontiere. *GEO ExPro*, 9, 38−40.

Weltje, G. J. & de Boer, P. L. 1993. Astronomically induced paleoclimatic oscillations reflected in Pliocene turbidite deposits on Corfu (Greece): Implications for the interpretation of higher order cyclicity in ancient turbidite systems. *Geology*, 21, 307−310.

Weltje, G. J. , Assenwoude, V. & De Boer, P. L. 1996. High−frequency detrital signals in Eocene fan−delta sandstones of mixed parentage (south central Pyrenees, Spain): a reconstruction of chemical weathering in transit. *Journal of Sedimentary Research*, 66, 119−131.

Wentworth, C. M. 1967. Dish structure, a primary sedimentary structure in coarse turbidites (abstract). *American Association of*

Petroleum Geologists Bulletin, 51, 485.

Werner F. & Wetzel, A. 1982. Interpretation of biogenic structures in oceanic sediments. *Bulletin de l'Institut de Géologie du Bassin d'Aquitaine*, 31, 275–288.

Wernicke, B. 1985. Uniform–sense normal simple shear of the continental lithosphere. Canadian Journal of Earth Sciences, 22, 108–125.

Wernicke, B. & Burchfiel, B. C. 1982. Modes of extensional tectonics. *Journal of Structural Geology*, 4, 105–115.

Wescott, W. A. & Ethridge, F. G. 1982. Bathymetry and sediment dispersal dynamics along the Yallahs fan delta front, Jamaica. *Marine Geology*, 46, 245–260.

Wescott, W. A. & Ethridge, F. G. 1983. Eocene fan delta/submarine fan deposition in the Wagwater Trough, east–central Jamaica. *Sedimentology*, 30, 235–247.

Westbrook, G. K. 1982. The Barbados Ridge Complex: tectonics of a mature forearc system. In: Leggett, J. K. (ed.), *Trench–Forearc Geology*, 275–290. Geological Society of London Special Publication of the Geological Society, London, 10. Oxford: Blackwell Scientific.

Westbrook, G. K. & Smith, M. J. 1983. Long decollements and mud volcanoes: Evidence from the Barbados Ridge Complex for the role of high pore–fluid pressure in the development of an accretionary complex. *Geology*, 11, 279–283.

Westbrook, G. K., Mascle, A. & Biju–Duval, B. 1984. Geophysics and the structure of the Lesser Antilles forearc. *In*: Biju–Duval, B., Moore, J. C. *et al.* 1984. *Initial Reports of the Deep Sea Drilling Program*, 78A, 23–38. Washington, DC: US Government Printing Office.

Westbrook, G. K., Ladd, J. W., Buhl, P., Bangs, N. & Tiley, G. J. 1988. Cross section of an accretionary wedge: Barbados Ridge complex. *Geology*, 16, 631–635.

Wetzel, A. 1981. Ökologische und stratigraphische Bedeutung biogener Gefüge in quartären Sedimenten am NW–afrikanischen Kontinentalrand. *Meteor Forschungs–Ergebnisse Reihe C*, 34, 1–47.

Wetzel, A. 1983. Biogenic Sedimentary structures in a modern upwelling region: Northwest African continental margin. *In*: Thiede, J. & Suess, E. (eds). *Coastal Upwelling and its Sediment Record*, *Part B*, *Sedimentary Records of Ancient Coastal Upwelling*, 123–144. New York: Plenum.

Wetzel, A. 1984. Bioturbation in deep–sea fine–grained sediments: influence of sedimenttexture, turbidite frequency and rates of environmental change. *In*: Stow, D. A. V. & Piper, D. J. W. (eds), *Fine–grained Sediments: Deep–water Processes and Facies*, 595–608. Geological Society of London Special Publication, 15. Oxford: Blackwell Scientific.

Wetzel, A. 1991. Ecologic interpretation of deep–sea trace fossil communities. *Palaeogeogaphy, Palaeoclimatology, Palaeoecology*, 85, 47–69.

Wetzel, A. 1993. The transfer of river load to deep–sea fans: a quantitative approach. *American Association of Petroleum Geologists Bulletin*, 77, 1679–1692.

Wetzel, A. & Aigner, T. 1986. Stratigraphic completeness: Tiered trace fossils provide a measuring stick. *Geology*, 14, 234–237.

Wetzel, A. & Bromley, R. G. 1994. Phycosiphon incertum revisited: Anconichnus horizontalis is its junior subjective synonym. *Journal of Paleontology*, 68, 1396–1402.

Wetzel, A. & Bromley, R. G. 1996. Re–evaluation of ichnogenus Helminthopsis Heer 1877 – a new look at the type material. *Palaeontology*, 39, 1–19.

Wetzel, A. & Uchman, A. 1997. Ichnology of deep–sea fan overbank deposits of the Ganei Slates Eocene, Switzerland–a classical flysch trace fossil locality studied first by OswaldHeer. *Ichnos*, 5, 139–162.

Wetzel, A. & Uchman, A. 1998a. Deep–sea benthic food content recorded by ichnofabrics: A conceptual model based on observations from Paleogene Flysch, Carpathians, Poland. *Palaios*, 13, 533–546.

Wetzel, A., & Uchman, A. 1998b. Biogenic sedimentary structures in mudrocks–an overview. *In*: Schieber, J., Zimmerle, W., Sethi, P. (eds). *Shales and Mudrocks*. I, 351–369. Stuttgart: Schweizerbart.

Wetzel, A. & Uchman, A. 2001. Sequential colonization of muddy turbidites: examples from Eocene Beloveza Formation, Carpathians, Poland. *Palaeogeography, Palaeoclimatology, Palaeoecology*, 168, 171–186.

Wetzel, A. & Uchman, A. 2012. Hemipelagic and pelagic basin plains. *In*: Knaust, D. & Bromley, R. G. (eds), *Trace Fossils as Indicators of Sedimentary Environments*, 673–702. Developments in Sedimentology, 64. Amsterdam: Elsevier.

Wheeler, H. E. 1958. Time–stratigraphy. *American Association of Petroleum Geologists Bulletin*, 42, 1047–1063.

Wheeler, H. E. 1959a. Note 24–Unconformity–bounded units in stratigraphy. *American Association of Petroleum Geologists Bulletin*, 43, 1975–1977.

Wheeler, H. E. 1959b. Stratigraphic units in time and space. *American Journal of Science*, 257, 692–706.

Whipple, K. X., Parker, G., Paola, C. & Mohrig, D. 1998. Channel dynamics, sediment transport, and the slope of alluvial fans; experimental study. *Journal of Geology*, 106, 677–693.

Whitaker, J. H. McD. 1962. The geology of the area around Leintwardine, Herefordshire. *Quarterly Journal of the Geological Society*, *London*, 118, 319–351.

Whitaker, J. H. McD. 1974. Ancient submarine canyons and fan valleys. *In*: Dott, R. H. Jr & Shaver, R. H. (eds), *Modern and Ancient Geosynclinal Sedimentation*, 106–125. Society of Economic Paleontologists and Mineralogists Special Publication, 19.

Whitcar, M. J. & Elvert, M. E. 2000. Organic geochemistry of Saanich Inlet, BC, during the Holocene as revealed by Ocean Drilling Program Leg 169S. *Marine Geology*, 174, 249–271.

White, D. E. 1965. Saline waters of sedimentary rocks. *In*: Galley, J. E. (ed.), *Fluids in Subsurface Environments*, 342–366. American Association of Petroleum Geologists. Memoir, 4.

White, R. S. & Louden, K. E. 1983. The Makran continental margin: structure of a thickly sedimented convergent plate boundary. *In*: Watkins, J. S. & Drake, C. L. (eds), *Studies in Continental Margin Geology*, 499–518. American Association of Petroleum Geologists Memoir, 34.

Wickens, H. deV. 1992. Submarine fans of the Permian Ecca Group in the SW Karoo basin: Their origin and reflection on the tectonic evolution of the basin and its source areas. *In*: de Wit, M. J. & Ransome, I. G. D. (eds), *Inversion Tectonics of the Cape Fold Belt*, *Karoo and Cretaceous Basins of Southern Africa*, 117–125. Rotterdam: Balkema.

Wickens, H. de. V. 1994. Basin floor fan building turbidites of the southwestern Karoo Basin, Permian Ecca Group. Ph. D Thesis, Port Elizabeth University, South Africa, 233 pp.

Wickens, H. deV. & Bouma, A. H. 2000. The Tanqua fan complex, Karoo Basin, South Africa–outcrop analog for fine–grained, deepwater deposits. *In*: Bouma, A. H. & Stone, C. G. (eds), *Fine–grained Turbidite Systems*, 153–164. American Association of Petroleum Geologists Memoir, 72 & Society of Sedimentary Geologists, Special Publication, 68. Joint publication, Tulsa, Oklahoma.

Wignall, P. B. 1994. *Black Shales*. Oxford: Oxford Science Publications, 127 pp. ISBN 0–19–854038–8.

Wignall, P. & Pickering, K. T. 1993. Palaeoecology and sedimentology across a Jurassic fault scarp, NE Scotland. *Journal of the Geological Society*, *London*, 150, 323–340.

Wignall, P. B. 1991. Dysaerobic Trace Fossils and Ichnofabrics in the Upper Jurassic Kimmeridge Clay of Southern England. *Palaios*, 6, 264–270.

Wignall, P. B. & Best, J. L. 2000. The Western Irish Namurian Basin reassessed. *Basin Research*, 12, 59–78.

Wignall, P. B. & Best, J. L. 2002. Reply to: The Western Irish Namurian Basin reassessed–a discussion by O. J. Martinsen & J. D. Collinson. *Basin Research*, 14, 531–542.

Wilcox, R. E., Harding, T. P. & Seely, D. R. 1973. Basic wrench tectonics. *American Association of Petroleum Geologists Bulletin*, 57, 74–96.

Wild, R. J., Hodgson, D. M. & Flint, S. S. 2005. Architecture and stratigraphic evolution of multiple, vertically–stacked slope channel complexes, Tanqua depocentre Karoo Basin, South Africa. *In*: Hodgson, D. M. & Flint, S. S. (eds), *Slope Systems*, *Processes and Products*, 89–111. The Geological Society, London, Special Publication, 244. London: The Geological Society.

Williams, H. & Hatcher, R. D. Jr. 1982. Suspect terranes and accretionary history of the Appalachian orogen. *Geology*, 10, 530–536.

Williams, H. & Hatcher, R. D. Jr. 1983. Appalachian suspect terranes. In: Hatcher, R. D. Jr., Williams, H. & Zietz, I. (eds), *Contnbutions to the Tectonics and Geophysics of Mountain Chains*, 33–53. Geological Society of America Memoir, 158.

Wilson, J. T. 1966. Did the Atlantic close and then re–open? Nature, 210, 678–681.

Wilson, P. A. & Roberts, H. H. 1995. Density cascading: off–shelf sediment transport, evidence and implications, Bahama Banks. *Journal of Sedimentary Research*, A65, 45–56.

Wilson, R. C. L. & Williams, C. A. 1979. Oceanic transform structures and the development of Atlantic continental margin sedimentary basins: a review. *Journal of the Geological Society* (*London*), 136, 311–320.

Wilson, R. C. L., Hiscott, R. N., Willis, M. G. & Gradstein, F. M. 1989. The Lusitanian Basin of west central Portugal: Mesozoic and Tertiary tectonic, stratigraphic and subsidence history. *In*: Tankard, A. J. & Balkwill, H. (eds), *Extensional Tectonics and Stratigraphy of the North Atlantic Margins*, 341–361. American Association of Petroleum Geologists Memoir, 46.

Winker, C. D. 1993. Levéed slope channels and shelf–margin deltas of the Late Pliocene to Middle Pleistocene Mobile River, NE Gulf of Mexico: comparison with sequence stratigraphic models (abstract). *In*: *American Association of Petroleum Geologists* 1993

Annual Convention Program, Abstract Volume, p. 201.

Winn, R. D. Jr & Dott, R. H. Jr 1977. Large-scale traction-produced structures in deep-water fan-channel conglomerates in southern Chile. Geology, 5, 41-44.

Winn, R. D. Jr & Dott, R. H. Jr 1978. Submarine-fan turbidites and resedimented conglomerates in a Mesozoic arc-rear marginal basin in southern South America. In: Stanley, D. J. & Kelling, G. (eds), Sedimentation in Submarine Canyons, Fans, and Trenches, 362-376. Stroudsburg, PA: Dowden, Hutchinson & Ross.

Winn, R. D. Jr & Dott, R. H. Jr 1979. Deep-water fan-channel conglomerates of LateCretaceous age, southern Chile. Sedimentology, 26, 203-228.

Winsemann, J. & Seyfried, H. 2009. Response of deep-water fore-arc systems to sea-level changes, tectonic activity and volcaniclastic input in Central America. In: Macdonald, D. I. M. (ed.), Sedimentation, Tectonics and Eustasy: Sea-level Changes at Active Margins, Chapter 16. Oxford: Blackwell Publishing Ltd. doi: 10. 1002/9781444303896.

Withjack, M. O. & Jamison, W. R. 1986. Deformation produced by oblique rifting. Tectonophysics, 126, 99-124.

Withjack, M. O., Schlische, R. W. & Olsen, P. E. 1998. Diachronous rifting, drifting, and inversion on the passive margin of central eastern North America: an analog for other passive margins. American Association of Petroleum Geologists Bulletin, 82, 817-835.

Wood, A. & Smith, A. J. 1959. The sedimentation and sedimentary history of the Aberystwyth Grits (upper Llandoverian). Quarterly Journal of the Geological Society, London, 114, 163-195.

Wood, A. W. 1981. Extensional tectonics and the birth of the Lagonegro Basin (southern Italian Apennines), Neues Jahrbuch für Geologie und Paläontologie Abhandlungen, 161, 93-131.

Woodcock, N. H. 1976a. Structural style in slump sheets: Ludlow Series, Powys, Wales. Journal of the Geological Society, London, 132, 399-415.

Woodcock, N. H. 1976b. Ludlow Series slumps and turbidites and the form of the Montgomery Trough, Powys, Wales. Proceedings of the Geologists Association, 87, 169-182.

Woodcock, N. H. 1979a. Sizes of submarine slides and their significance. Journal of Structural Geology, 1, 137-142.

Woodcock, N. H. 1979b. The use of slump structures as palaeo-slope orientation estimators. Sedimentology, 26, 83-99.

Wonham, J. P., Jayr, S. Mougamba, R. & Chuilon, P. 2000. 3D sedimentary evolution of a canyon fill (Lower Miocene-age) from the Mandorove Formation, offshore Gabon. Marine and Petroleum Geology, 17, 175-197.

Woodring, W. P., Bramlette, M. N. & Kew, W. S. W. 1946. Geology and Paleontology of Palos Verdes Hills, California. United States Geological Survey Professional Paper, P207.

Woodside, J. M. 1977. Tectonic elements and crust of the eastern Mediterranean Sea. Marine Geophysical Research, 3, 317-354.

Worthington, L. V. 1976. On the North American Circulation. Baltimore: Johns Hopkins University Press.

Wright, D. J., Bloomer, S. H., MacLeod, C. J., Taylor, B. & Goodlife, A. M. 2000. Bathymetry of the Tonga Trench and Forearc: a map series. Marine Geophysical Researches, 21, 489-511.

Wright, L. D. 1977. Sediment transport and deposition at river mouths: a synthesis. Geological Society of American Bulletin, 88, 857-868.

Wright, L. D. 1995. Morphodynamics of Inner Continental Shelves. Boca Raton, Florida: CRC Press, 241 pp. ISBN: 084938043X.

Wright, L. D., Wiseman, W. J., Bornhold, B. D., Prior, D. B., Suhayda, J. N., Keller, G. H., Yang, Z. -S. & Fan, Y. B. 1988. Marine dispersal and deposition of Yellow River silts by gravitydriven underflows. Nature, 332, 629-632.

Wright, T. L. 1991. Structural geology and tectonic evolution of the Los Angeles basin. In: Biddle, K. T. (ed.), Active Margin Basins, 13-134. American Association of Petroleum Geologists Memoir, 52.

Wu, L. C. 1993. Sedimentary basin succession of the upper Neogene and Quaternary series in the Chishan area, southern Taiwan and its tectonic evolution. Ph. D Thesis, National Taiwan University.

Wynn, R. B. & Stow, D. A. V. 2002. Classification and characterisation of deep-water sediment waves. Marine Geology, 192, 7-22.

Wynn, R. B., Masson, D. G., Stow, D. A. V. & Weaver, P. P. E. 2000. The northwest African slope apron: a modern analogue for deep-water systems with complex seafloor topography. Marine and Petroleum Geology, 17, 253-265.

Wynn, R. B., Masson, D. G. & Brett, B. J. 2002a. Hydrodynamic significance of variable ripple morphology across deep-water barchan dunes in the Faroe-Shetland Channel. Marine Geology, 192, 309-319.

Wynn, R. B., Piper, D. J. W. & Gee, M. J. R. 2002b. Generation and migration of coarse-grained sediment waves in turbidity current channels and channel-lobe transition zones. Marine Geology, 192, 59-78.

Wynn, R. B., Cronin, B. T. & Peakall, J. 2007. Sinuous deep-water channels: Genesis, geometry and architecture. Marine and Petroleum Geology, 24, 341-387.

Xie, Y., Deutsch, C. V. & Cullick, S. 2000. Surface geometry and trend modeling for integration of stratigraphic data in reservoir models. *In*: Kleingeld, W. J. & Krige, D. G. (eds), *Geostats* 2000, 1, 287-295.

Xu, Z., Li, T., Wan, S., Nan, Q., Li, A., Chang, F., Jiang, F. & Tang, Z. 2012. Evolution of East Asian monsoon: clay mineral evidence in the western Philippine Sea over the past 700 kyr, *Journal of Asian Earth Sciences*, doi: 10.1016/j. jseaes. 2012. 08. 018.

Yagishita, K. 1994. Antidunes and traction-carpet deposits in deep-water channel sandstones, Cretaceous, British Columbia, Canada. *Journal of Sedimentary Research*, A64, 34-41.

Yagishita, K. & Taira, A. 1989. Grain fabric of a laboratory antidune. *Sedimentology*, 36, 1001-1005.

Yamada, Y., Kawamura, K., Ikehara, K., Ogawa, Y., Urgeles, R., Mosher, D., Chaytor, J. & Strasser, M. (eds) 2012. Submarine Mass Movements and their Consequences. Advances in Natural and Technological Hazards Research, 31, 5th International Symposium Series, Springer, 756 pp. ISBN 978-94-007-2161-6.

Yeats, R. S., Haq, B. U. et al. 1981. *Initial Reports of the Deep Sea Drilling Project*, 63. Washington, DC: US Government Printing Office.

Yeats, R. S., Yamazaki, H., Taira, A., Goldfinger, C. & Kulm, L. D. 1994. Seismotectonics of the Cascadia and Nankai subduction zones. *Geological Society of America Abstracts with Programs*, 26, A-456.

Yamaji, A. 2003. Slab rollback suggested by latest Miocene to Pliocene forearc stress and migration of volcanic front in southern Kyushu, northern Ryukyu Arc. *Tectonophysics*, 364, 9-24.

Yang, F. -L., Xu, X., Zhao, W. -F. & Sun, Z. 2011. Petroleum accumulations and inversion structures in the Xihu depression, East China Sea Basin. *Journal of Petroleum Geology*, 34, 429-440.

Yang, H., Liu, Y. & Lin, J. 2012. Effects of subducted seamounts on megathrust earthquake nucleation and rupture propagation. *Geophysical Research Letters*, 39, doi: 10. 1029/2012GL053892.

Yamazaki, T. & Okamura, Y. 1989. Subducting seamounts and deformation of overriding forearc wedges around Japan. *Tectonophysics*, 160, 207-217, 221-229.

Yerkes, R. F., Gorsline, D. S. & Rusnak, G. A. 1967. Origin of Redondo submarine canyon, southern California. *U. S. Geological Survey, Professional Paper*, 575-C, 97-105.

Yu, Ho-Shin & Hong, E. 2006. Shifting submarine canyons and development of a foreland basin in SW Taiwan: controls of foreland sedimentation and longitudinal sediment transport. *Journal of Asian Earth Sciences*, 27, 922-932.

Zachariasse, W. J., van Hinsbergen, D. J. J. & Fortuin, A. R. 2008. Mass wasting and uplift on Crete and Karpathos during the early Pliocene related to initiation of south Aegean left-lateral, strike-slip tectonics. *Geological Society of American Bulletin*, 120, 976-993.

Zachos, J. C., Pagani, M., Sloan, L., Thomas, E & Billups, K. 2001. Trends, rhythms, and aberrations in global climate 65 Ma to present. *Science*, 292, 689-693.

Zachos, J. C., Dickens, G. R. & Zeebe, R. E. 2008. An early Cenozoic perspective on greenhouse warming and carbon-cycle dynamics. *Nature*, 451, 279-283.

Zagorevski, A., van Staal, C. R., McNicoll, V. J., Hartree, L. & Rogers, N. 2012. Tectonic evolution of the Dunnage Mélange tract and its significance to the closure of Iapetus. *Tectonophysics*, 568-569, 371-387.

Zalasiewicz, J. A., Taylor, L., Rushton, A. W. A., Loydell, D. K., Rickards, R. B. & M. Williams, M. 2009. Graptolites in British stratigraphy. *Geological Magazine*, 146, 785-850.

Zecchin, M. & Catuneanu, O. 2012. High-resolution sequence stratigraphy of clastic shelves I: Units and bounding surfaces. *Marine and Petroleum Geology*, 39, 1-25.

Zelt, F. & Rossen, C. 1995. Geometry and continuity of deep-water sandstone and siltstones of the Brushy Canyon formation (Permian) Delaware Mountains, Texas. *In*: Pickering, K. T., Hiscott, R. N., Kenyon, N. H., Ricci Lucchi, F. & Smith, R. D. A. (eds), *Atlas of Deep Water Environments: Architectural Style in Turbidite Systems*, 167-183. London: Chapman and Hall.

Zeng, J. & Lowe, D. R. 1997a. Numerical simulation of turbidity current flow and sedimentation: I. *Theory. Sedimentology*, 44, 67-84.

Zeng, J. & Lowe, D. R. 1997b. Numerical simulation of turbidity current flow and sedimentation: II. *Results and geological applications Sedimentology*, 44, 85-104.

Zeng, J., Lowe, D. R., Prior, D. B., Wiseman, W. J. Jr. & Bornhold, B. 1991. Flow properties of turbidity currents in Bute Inlet, British Columbia. *Sedimentology*, 38, 975-996.

Zenk, W. 2008. Abyssal and contour currents. In: Rebesco, M. & Camerlenghi, A. (eds), *Contourites*, 37-57. Developments in Sedimentology, 60. Amsterdam：Elsevier.

Ziegler, P. A. 1986a. Late Caledonian framework of western and central Europe. *In*：Gee, D. G. & Sturt, B. A. （eds）, *The Caledonide Orogen-Scandinavia and Related Areas*, 3-18. New York：Wiley.

Ziegler, P. A. 1986b. Caledonian, Acadian-Ligurian, Bretonian, and Variscan orogens - is a clear distinction justified? *In*：Gee, D. G. & Sturt, B. A. （eds）, *The Caledonide Orogen-Scandinavia and Related Areas*, 1241-1248. New York：Wiley.

Ziegler, P. A. 1986c. Geodynamic model for the Palaeozoic crustal consolidation of western and central Europe. *Tectonophysics*, 126, 303-328.

Zierenberg, R. A., Fouquet, Y., Miller, D. J. & Normark, W. R. （eds） 2000. *Proceedings of the Ocean Driling Program*, *Scientific Results*, 169. College Station, Texas, USA：Ocean Drilling Program.

Zolnai, G. 1991. *Continental Wrench-tectonics and Hydrocarbon Habitat*, 2nd edn. American Association of Petroleum Geologists Continuing Education Course Notes, 30, unpaginated.

Zonenshain, L. P. & Le Pichon, X. 1986. Deep basins of the Black Sea and Caspian Sea as remnants of Mesozoic back-arc basins. *Tectonophysics*, 123, 181-211.

Zuffa, G. G., de Rosa, R. & Normark, W. R. 1997. Shifting sources and transport paths for the Late Quaternary Escanaba Trough sediment fill （northeast Pacific）. *Giornale di Geologia*, 59, 35-53.

Zuffa, G. G., Normark, W. R., Serra, F. & Brunner, C. A. 2000. Turbidite megabeds in an oceanic rift valley recording jökulhlaups of late Pleistocene glacial lakes of the western United States. Journal of Geology, 108, 253-274.